新世纪土木工程系列教材

建筑工程
毕业设计指南

JIANZHU GONGCHENG BIYE SHEJI ZHINAN

沈蒲生　主编

高等教育出版社·北京

内容提要

本书是新世纪土木工程系列教材之一，参照我国最新专业规范编写而成。

本书对高层建筑设计的基本设计知识进行了介绍，并以工程中应用最多的钢筋混凝土高层框架房屋、钢筋混凝土高层框架—剪力墙房屋和高层钢框架房屋为对象，通过设计例题，对其建筑、结构和施工组织设计方法做了较为详细的介绍，可供各高校进行同类毕业设计参考。

图书在版编目(CIP)数据

建筑工程毕业设计指南/沈蒲生主编. —北京：高等教育出版社，2007.1(2017.12重印)

ISBN 978-7-04-020219-9

Ⅰ.建... Ⅱ.沈... Ⅲ.建筑工程-毕业设计-高等学校-教材 Ⅳ.TU

中国版本图书馆 CIP 数据核字(2006)第 146164 号

策划编辑	赵湘慧	责任编辑	葛 心	封面设计	于 涛	责任绘图	朱 静
版式设计	王艳红	责任校对	殷 然	责任印制	赵义民		

出版发行	高等教育出版社	咨询电话	400-810-0598
社　　址	北京市西城区德外大街4号	网　　址	http://www.hep.edu.cn
邮政编码	100120		http://www.hep.com.cn
印　　刷	固安县铭成印刷有限公司	网上订购	http://www.landraco.com
开　　本	787×1092　1/16		http://www.landraco.com.cn
印　　张	37.5	版　　次	2007年1月第1版
字　　数	920 000	印　　次	2017年12月第5次印刷
购书热线	010-58581118	定　　价	54.00元

本书如有缺页、倒页、脱页等质量问题，请到所购图书销售部门联系调换。

版权所有　侵权必究

物 料 号　20219-A0

教育部高等教育出版社土建类系列教材

编辑委员会委员名单

名誉主任：沈蒲生（湖南大学）
主任委员：周绪红（重庆大学）
副主任委员：（按姓氏笔画排序）
　　　　　叶志明（上海大学）
　　　　　白国良（西安建筑科技大学）
　　　　　沙爱民（长安大学）
　　　　　吴胜兴（河海大学）
　　　　　邹超英（哈尔滨工业大学）
　　　　　强士中（西南交通大学）
委　　员：（按姓氏笔画排序）
　　　　　卫　军（中南大学）　　　　王　健（北京建筑大学）
　　　　　王　湛（华南理工大学）　　王清湘（大连理工大学）
　　　　　朱彦鹏（兰州理工大学）　　刘　明（沈阳建筑大学）
　　　　　江见鲸（清华大学）　　　　杨和礼（武汉大学）
　　　　　李远富（西南交通大学）　　张印阁（东北林业大学）
　　　　　张家良（辽宁工业大学）　　尚守平（湖南大学）
　　　　　周　云（广州大学）　　　　赵明华（湖南大学）
　　　　　高　波（西南交通大学）　　黄政宇（湖南大学）
　　　　　黄醒春（上海交通大学）　　梁兴文（西安建筑科技大学）
　　　　　廖红建（西安交通大学）　　霍　达（北京工业大学）

出版者的话

根据1998年教育部颁布的《普通高等学校本科专业目录（1998年）》，我社从1999年开始进行土木工程专业系列教材的策划工作，并于2000年成立了由具丰富教学经验、有较高学术水平和学术声望的教师组成的"高等教育出版社土建类教材编委会"，组织出版了新世纪土木工程系列教材，以适应当时"大土木"背景下的专业、课程教学改革需求。系列教材推出以来，几经修订，陆续完善，较好地满足了土木工程专业人才培养目标对课程教学的需求，对我国高校土木工程专业拓宽之后的人才培养和课程教学质量的提高起到了积极的推动作用，教学适用性良好，深受广大师生欢迎。至今，共出版37本，其中22本纳入普通高等教育"十一五"国家级规划教材，5本被评为普通高等教育精品教材，若干本获省市级优秀教材奖。

2012年教育部颁布了新修订的《普通高等学校本科专业目录（2012年）》。新的专业目录中土木与建筑分开单独设类，土木类包括土木工程、建筑环境与能源应用工程、给排水科学与工程、建筑电气与智能化等4个专业，并增加了城市地下空间工程和道路桥梁与渡河工程2个特设专业。其中土木工程专业包含了1998年版专业目录中土建类的土木工程和建筑工程教育。

为了更好地帮助各高等学校根据新的专业目录对土木工程专业进行设置和调整，利于其人才培养，与时俱进，编委会决定，根据新的专业目录精神对本系列教材进行重新审视，并予以调整和修订。进行这一工作的指导思想是：

一、紧密结合人才培养模式和课程体系改革，适应新专业目录指导下的土木工程专业教学需求。

二、加强专业核心课程与专业方向课程的有机沟通，用系统的观点和方法优化课程体系结构。具体如，在体系上，将既有的一个系列整合为三个系列，即专业核心课程教材系列、专业方向课程教材系列和专业教学辅助教材系列。在内容上，对内容经典、符合新的专业设置要求的课程教材继续完善；对因新的专业设置要求变化而必须对内容、结构进行调整的课程教材着手修订。同时，跟踪已推出系列教材使用情况，以适时进行修订和完善。

三、各门课程教材要具有与本门学科发展相适应的学科水平，以科技进步和社会发展的最新成果充实、更新教材内容，贯彻理论联系实际的原则。

四、要正确处理继承、借鉴和创新的关系，不能简单地以传统和现代划线，决定取舍，而应根据教学需求取舍。继承、借鉴历史和国外的经验，注意研究结合我国的现实情况，择善而从，消化创新。

五、随着高新技术、特别是数字化和网络技术的发展，在本系列教材建设中，要充分考虑文字教材与音像、电子、网络教材的综合发展，发挥综合媒体在教学中的优势，提高教学质量与效率。在开发研制教学软件时，要充分借鉴和利用精品课程建设和精品资源共享课建设的优质课程教学资源，要注意使文字教材与先进的软件接轨，明确不同形式教学资源之间的关系是相辅相成、相互补充的。

六、坚持质量第一。图书是特殊的商品，教材是特殊的图书。教材质量的优劣直接影响教学质量和教学秩序，最终影响学校人才培养的质量。教材不仅具有传播知识、服务教育、积累文化的功能，也是沟通作者、编辑、读者的桥梁，一定程度上还代表着国家学术文化或学校教学、科研水平。因此，遴选作者、审定教材、贯彻国家标准和规范等方面需严格把关。

为此，编委会在原系列教材的基础上，研究提出了符合新专业目录要求的新的土木工程专业系列教材的选题及其基本内容与编审或修订原则，并推荐作者。希望通过我们的努力，可以为新专业目录指导下的土木工程专业学生提供一套经过整合优化的比较系统的专业系列教材，以期为我国的土木工程专业教材建设贡献自己的一份力量。

本系列教材的编写和修订都经过了编委会的审阅，以求教材质量更臻完善。如有疏漏之处，恳请读者批评指正！

高等教育出版社
高等教育理工出版事业部
建筑与力学分社
二〇一三年三月一日

前　言

毕业设计是土木工程专业建筑工程方向学生在校学习期间最后的一个教学环节，是学生走向工作岗位前的一次设计演习。学生通过毕业设计不但可以学会综合应用大学阶段所学的相关知识，而且可以为未来的工作做好准备。

我国高层建筑发展十分迅速，建筑工程方向的毕业生参与高层建筑设计、施工和管理的可能性非常大，以高层建筑作为毕业设计题可以更多地将大学所学的知识结合在一起。因此，许多学校在建筑工程方向学生毕业设计中选用高层建筑作为毕业设计题。本书即是针对此类设计题而编写的。

本书在第1章对高层建筑设计的基本设计知识进行介绍以后，选择了工程中应用最多的钢筋混凝土高层框架房屋、钢筋混凝土高层框架—剪力墙房屋和高层钢框架房屋为对象，通过设计例题，对它们的建筑、结构和施工组织设计方法做了较为详细的介绍，可供各高校进行同类毕业设计时参考。

本书由沈蒲生主编。其中第1章由席宏正（建筑）、沈蒲生（结构）、卜良桃（施工）编写，第2章由席宏正（建筑）、廖莎（结构）、卜良桃（施工）编写，第3章由邓广（建筑）、刘霞（结构）、卜良桃（施工）编写，第4章由邓广（建筑）、舒兴平和杜运兴（结构）、陈大川（施工）编写。由于水平所限，书中不妥之处，欢迎批评指正。

编　者
2006年9月

目 录

第1章 高层房屋设计基本知识 …… 1
1.1 建筑设计基本知识 …… 1
1.1.1 高层建筑选址 …… 1
1.1.2 高层建筑空间设计 …… 2
1.1.3 高层建筑防火 …… 3
1.1.4 高层建筑设备与停车 …… 7
1.2 结构设计基本知识 …… 11
1.2.1 高层建筑结构的选型与布置 …… 11
1.2.1.1 高层建筑结构的选型 …… 11
1.2.1.2 高层建筑结构的布置 …… 17
1.2.2 高层建筑结构的荷载与地震作用 …… 20
1.2.2.1 高层建筑结构的荷载 …… 20
1.2.2.2 地震作用 …… 31
1.2.3 高层建筑结构的内力与位移计算方法 …… 37
1.2.3.1 一般规定 …… 37
1.2.3.2 计算参数 …… 38
1.2.3.3 重力二阶效应及结构稳定验算 …… 38
1.2.3.4 水平地震作用标准值下楼层剪力验算 …… 39
1.2.3.5 水平位移限值和舒适度要求 …… 40
1.2.4 作用效应组合与构件承载力计算方法 …… 42
1.2.4.1 作用效应组合 …… 42
1.2.4.2 构件承载力计算 …… 44
1.3 施工组织设计基本知识 …… 47
1.3.1 概述 …… 47
1.3.1.1 施工组织设计的分类及其内容 …… 47
1.3.1.2 单位工程施工组织文件的编制程序、依据、原则 …… 48
1.3.1.3 多层与高层框架结构房屋的施工特点 …… 51
1.3.1.4 高层剪力墙结构房屋施工特点 …… 52
1.3.2 施工方案 …… 53
1.3.2.1 施工部署与流水施工的组织 …… 53
1.3.2.2 基坑开挖与支护施工方案 …… 59
1.3.2.3 基础及主体结构施工方案 …… 64
1.3.2.4 装饰工程施工方案 …… 70
1.3.3 施工进度计划的编制 …… 71
1.3.3.1 施工持续时间的确定 …… 71
1.3.3.2 施工进度的编制 …… 72
1.3.4 施工现场平面布置 …… 73
1.3.4.1 施工平面布置的内容与原则 …… 73
1.3.4.2 施工平面图布置方法 …… 74
1.3.5 施工措施安排 …… 79
1.3.5.1 进度计划保证措施 …… 79
1.3.5.2 施工质量保证措施 …… 81
1.3.5.3 安全施工措施 …… 82
1.3.5.4 现场文明施工措施 …… 83
1.3.6 施工图预算 …… 84
1.3.6.1 施工图预算的内容与作用 …… 84
1.3.6.2 施工图预算的编制 …… 85

第2章 高层钢筋混凝土框架结构房屋设计例题 …… 88
2.1 建筑设计 …… 88
2.1.1 设计任务书 …… 88
2.1.2 设计步骤 …… 90

2.1.3　施工图设计 …………… 96
2.2　结构设计 ……………………… 102
　　2.2.1　结构选型和布置 ………… 102
　　　　2.2.1.1　结构选型 …………… 102
　　　　2.2.1.2　结构布置 …………… 102
　　　　2.2.1.3　初估截面尺寸 ……… 102
　　2.2.2　框架计算简图 …………… 103
　　　　2.2.2.1　计算简图说明 ……… 103
　　　　2.2.2.2　框架梁柱截面特征 … 103
　　　　2.2.2.3　框架梁柱的线刚度计算 … 105
　　2.2.3　荷载计算 ………………… 106
　　　　2.2.3.1　荷载标准值计算 …… 106
　　　　2.2.3.2　活载标准值计算 …… 109
　　2.2.4　竖向荷载作用下框架受载总图 … 110
　　　　2.2.4.1　顶层梁柱 …………… 110
　　　　2.2.4.2　标准层梁柱 ………… 112
　　　　2.2.4.3　底层梁柱 …………… 114
　　　　2.2.4.4　地下室荷载计算 …… 116
　　2.2.5　水平地震作用计算及内力、位移分析 ……………… 116
　　　　2.2.5.1　重力荷载标准值计算 … 116
　　　　2.2.5.2　重力荷载代表值计算 … 120
　　　　2.2.5.3　等效总重力荷载代表值计算 … 121
　　　　2.2.5.4　横向框架侧移刚度计算 …… 121
　　　　2.2.5.5　横向自振周期计算 … 124
　　　　2.2.5.6　水平地震作用及楼层地震剪力计算 ………… 125
　　　　2.2.5.7　水平地震作用下的位移验算 ………………… 127
　　　　2.2.5.8　水平地震作用下的框架内力计算 …………… 127
　　2.2.6　风荷载作用下的位移验算及内力计算 ………………… 132
　　　　2.2.6.1　风荷载作用下的位移验算 … 132
　　　　2.2.6.2　风荷载作用下的内力计算 … 132
　　2.2.7　迭代法计算竖向荷载作用下框架结构内力 …………… 137
　　　　2.2.7.1　恒载作用下的内力分析 …… 138
　　　　2.2.7.2　活载在第Ⅰ跨（BC 跨）的内力分析 …………… 139
　　　　2.2.7.3　活载在第Ⅱ跨（CD 跨）的内力分析 …………… 139
　　　　2.2.7.4　活载在第Ⅲ跨（DE 跨）的内力分析 …………… 139
　　　　2.2.7.5　重力荷载代表值作用下的内力分析 …………… 139
　　2.2.8　内力组合 ………………… 155
　　2.2.9　构件截面设计 …………… 171
　　　　2.2.9.1　梁截面设计 ………… 171
　　　　2.2.9.2　框架柱截面设计 …… 176
　　2.2.10　基础设计 ………………… 190
　　　　2.2.10.1　非抗震设计 ………… 190
　　　　2.2.10.2　抗震设计 …………… 193
　　2.2.11　施工图 …………………… 193
2.3　施工组织设计 ………………… 199
　　2.3.1　工程概况及目标 ………… 199
　　2.3.2　项目施工管理班子配备 … 199
　　2.3.3　施工总体部署 …………… 200
　　2.3.4　施工准备 ………………… 201
　　2.3.5　土方工程施工方案 ……… 205
　　2.3.6　钢筋工程施工方案 ……… 206
　　2.3.7　模板工程施工方案 ……… 210
　　2.3.8　混凝土工程施工方案 …… 212
　　2.3.9　砌体工程施工方案 ……… 215
　　2.3.10　防水工程施工方案 ……… 216
　　2.3.11　装饰工程施工方案 ……… 219
　　2.3.12　特殊季节施工措施 ……… 230
　　2.3.13　保证工程质量的技术措施 … 232
　　2.3.14　保证工程安全的技术措施 … 234
　　2.3.15　施工进度计划及保证措施 … 237
　　2.3.16　主要施工机械选用表 …… 250
　　2.3.17　主要劳动力使用计划表 … 252
　　2.3.18　施工平面布置图及布置说明 … 253
　　2.3.19　建筑工程预算书 ………… 156

第3章　高层框架—剪力墙房屋设计例题 …………………… 271

3.1 建筑设计 …………………………… 271
　3.1.1 设计任务书 …………………… 271
　3.1.2 图书馆建筑设计指导 ………… 273
3.2 结构设计 …………………………… 294
　3.2.1 结构选型及材料选用 ………… 294
　3.2.2 结构布置 ……………………… 294
　　3.2.2.1 框架布置及梁柱截面尺寸
　　　　　 要求 …………………… 294
　　3.2.2.2 剪力墙布置及截面尺寸
　　　　　 要求 …………………… 295
　　3.2.2.3 结构抗震等级 …………… 298
　　3.2.2.4 楼盖结构 ………………… 298
　3.2.3 基本假定和计算简图 ………… 298
　　3.2.3.1 基本假定 ………………… 298
　　3.2.3.2 计算简图 ………………… 298
　　3.2.3.3 总框架、总剪力墙、总连系
　　　　　 梁的刚度 ……………… 300
　　3.2.3.4 荷载计算 ………………… 309
　　3.2.3.5 侧移计算 ………………… 316
　3.2.4 重力二阶效应及结构稳定 …… 319
　3.2.5 剪重比验算 …………………… 319
　3.2.6 内力计算 ……………………… 320
　　3.2.6.1 水平荷载作用下的内力
　　　　　 计算 …………………… 320
　　3.2.6.2 竖向荷载作用下的内力
　　　　　 计算 …………………… 340
　3.2.7 内力组合 ……………………… 352
　　3.2.7.1 设计要点 ………………… 352
　　3.2.7.2 算例情况 ………………… 354
　3.2.8 截面配筋计算 ………………… 354
　　3.2.8.1 框架梁柱截面配筋设计 … 354
　　3.2.8.2 剪力墙的截面设计 ……… 385
　　3.2.8.3 连系梁的截面设计 ……… 392
3.3 施工组织设计 ……………………… 394
　3.3.1 施工条件与工程施工特点 …… 394
　3.3.2 施工方案 ……………………… 395
　3.3.3 主要分部分项工程施工方法 … 397
　3.3.4 施工进度计划及保证措施 …… 409

　3.3.5 施工平面布置 ………………… 410
　3.3.6 质量及技术管理措施 ………… 410
　3.3.7 安全保障措施 ………………… 411
　3.3.8 现场文明施工措施 …………… 411
　3.3.9 工日计算 ……………………… 412
　3.3.10 工期计算 …………………… 417
　3.3.11 施工机械及劳动力需用计划 … 421
　3.3.12 编制说明 …………………… 422
　3.3.13 建筑工程预算书 …………… 423

第4章 高层钢框架房屋设计例题 …………………………… 440

4.1 建筑设计 …………………………… 440
　4.1.1 设计任务书 …………………… 440
　4.1.2 商务式公寓建筑设计指导 …… 442
4.2 结构设计 …………………………… 453
　4.2.1 设计资料 ……………………… 453
　4.2.2 框架计算简图及梁柱线刚度 … 453
　4.2.3 荷载取值及荷载组合 ………… 456
　4.2.4 风荷载作用下的位移验算 …… 465
　4.2.5 水平地震作用下的计算 ……… 466
　4.2.6 内力计算 ……………………… 470
　4.2.7 水平荷载作用下的反弯点计算 … 476
　4.2.8 内力组合 ……………………… 489
　4.2.9 截面验算 ……………………… 496
　4.2.10 基础设计 …………………… 504
　4.2.11 结构施工图 ………………… 519
4.3 施工组织设计 ……………………… 519
　4.3.1 编制依据 ……………………… 519
　4.3.2 工程概况及施工条件 ………… 519
　4.3.3 施工准备工作 ………………… 520
　4.3.4 施工部署与施工顺序 ………… 524
　4.3.5 主要项目施工方法 …………… 525
　4.3.6 施工进度计划 ………………… 529
　4.3.7 施工平面图 …………………… 532
　4.3.8 冬季施工方案 ………………… 532
　4.3.9 成品保护措施 ………………… 532
　4.3.10 质量保证措施 ……………… 536

附录 ········· 537

- 附录1 常用构件代号 ········· 537
- 附录2 全国各城市的雪压值和风压值 ········· 538
- 附录3 我国主要城镇抗震设防烈度、设计基本地震加速度和设计地震分组 ········· 560
- 附录4 柱的抗侧刚度 ········· 573
- 附录5 柱修正的反弯点高度比 y_0、y_1、y_2 和 y_3 ········· 574
- 附录6 构件的挠度与裂缝控制 ········· 580
- 附录7 钢筋混凝土轴心受压构件稳定系数表 ········· 581
- 附录8 轴心受压和偏心受压柱的计算长度 l_0 ········· 581
- 附录9 混凝土和钢筋特征值 ········· 582

参考文献 ········· 585

第1章 高层房屋设计基本知识

1.1 建筑设计基本知识

建造房屋,从拟订计划到建成使用,通常有编制计划任务书、选择和勘测地基、设计、施工及交付使用后的回访总结等几个阶段。房屋设计包括建筑设计、结构设计及施工组织设计等几个部分。

建筑设计过程包括建筑前期的准备工作、初步设计阶段、技术设计阶段和施工图设计阶段。初步设计阶段的图纸和设计文件有:建筑总平面、各层平面及主要剖面和立面、说明书、建筑概算书等。

1.1.1 高层建筑选址

高层建筑是当地经济发展与土地紧张的产物,因此其选址和格局具有相当的随机性,但必须满足建筑法规的要求。

1. 总平面设计

(1) 与道路的关系

根据《城市道路交通规划设计规范》(GB 50220—1995)规定,地震设防的城市,应保证震后城市道路的通畅,干道两侧的高层建筑应由道路红线向后退 10~15 m。

根据《城市居住区规划设计规范》(GB 50180—1993)规定,居住区道路边缘距建筑物、构筑物的最小距离应符合表1.1.1的规定。

表1.1.1 居住区道路边缘距建筑物、构筑物的最小距离

与建筑物、构筑物的关系	道路级别	居住区道路	小区道路	宅间道路
建筑物面向道路	无出入口 高层	5.0	3.0	2.0
	无出入口 多层	3.0	3.0	2.0
	有出入口	—	5.0	2.5
建筑物山墙面向道路	高层	4.0	2.0	1.5
	多层	2.0	2.0	1.5
围墙面向道路		1.5	1.5	1.5

（2）与其他建筑物的间隔

《民用建筑设计通则》（JGJ 37—1987）规定，建筑物与相邻基地之间应按防火要求留出空地和道路。此外，还必须满足当地的日照标准和采光标准。

住宅侧面的间距也有规定：高层与各种层数住宅之间不宜小于 13 m。

高层塔式住宅，多层、中高层点式住宅与侧面有窗的各种层数住宅之间应考虑视觉卫生因素，适当加大间距。

（3）绿化布置

1）植物的种类与配置

植物的种类分为乔木、灌木、藤木、竹类、花卉及地被草坪等。体形高大、树冠浓密、主干分明、分枝点高的树木称之为乔木。叶形宽大者称为阔叶乔木，叶片细如针状者称为针叶乔木。灌木没有明显主干，多呈丛生状态，或自茎部分枝。根据秋天落叶情况，可分为常绿和落叶两类。凡本身不能直立，必须依靠其特殊器官或靠蔓延作用而依附于其他支承物上的植物，称为藤本，亦称攀援植物。

2）绿化在建筑环境中的作用

在建筑环境中，常用体形高大的乔木来阻挡冬季寒风的袭入。如果行道树和景观树为阔叶树，则会形成浓荫，在夏季遮挡骄阳。在建筑环境中常有一些有碍观瞻的设施存在，这时可利用小乔木或灌木围合在其周围，就能起到遮蔽的效果。当建筑场地与城市道路相邻时，道路边缘处选用不同类型的乔木、灌木相结合，既可以丰富景观，又可以降低噪声。植物具有吸尘和滞尘的作用，利用其这一功能，可有效地改善当地的环境。绿篱可以分隔空间，限定人们某些行为的发生。如利用绿篱分隔地面停车场和其他场所，利用绿篱限制人们穿越草坪等。

2. 建筑前庭及入口

（1）前庭

前庭位于高层建筑主入口的前方，是高层建筑总平面设计中的重要部分。高层建筑通过前庭与繁忙的交通干道隔开，形成一个较为安静的人造环境。前庭的铺地、绿化、水池与雕塑小品可以成为高层建筑的入口标志与内部空间的序幕。

前庭需要合理地分设出入口、步行道、车行道及停车场，彼此之间联系紧密又互不干扰。这样可使高层建筑的外部空间既有高质量的交通组织，又有安全舒适的活动场地。

（2）入口

入口是连接室内外空间的场所，由下部的室外台阶、缓冲平台和上部的雨篷共同组成。台阶位于室外，踏步宽度比楼梯稍大，以使得坡度平缓、行走舒适。其踏步高（h）一般为 100 ~ 150 mm 左右，踏步宽（b）一般在 300 ~ 400 mm 左右。踏步数量根据室内外高差确定。在台阶和入口大门之间，需设一缓冲平台，作为室内外空间的过渡。入口宽度根据其性质而定，上部雨篷宽度则以遮盖缓冲平台为准，如图 1.1.1 所示。

1.1.2 高层建筑空间设计

1. 高层建筑平面设计

平面设计从空间出发，首先是满足功能的需要，其次要采用合理的技术，最后必须符合规范的要求。

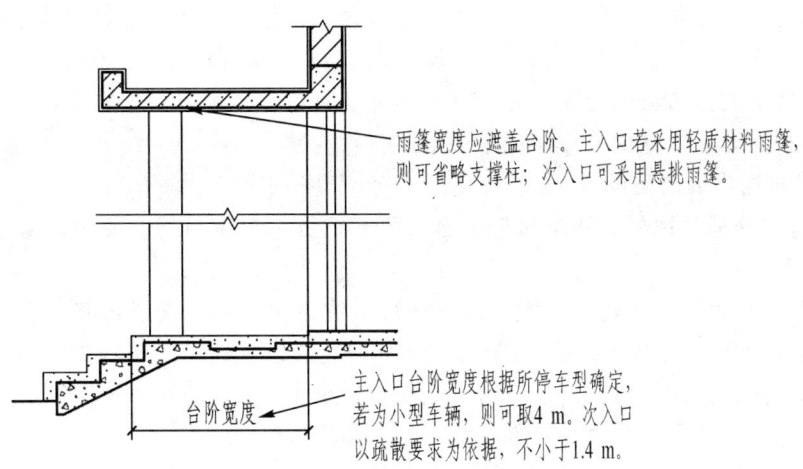

图 1.1.1 入口

例如，高层建筑有时会设置裙房，底层裙房与周围建筑尺度相接近，又使人与主体隔开一定的距离，大大改善了人们对高层的尺度感。

底层裙房可以是对外开放的商店、餐馆、小吃店或其他文化设施。

高层建筑内有若干人员集中的房间，如会议室、多功能厅等，其室内任何一点至疏散出口的直线距离不宜超过 30 m，其他房间内最远一点至房门的直线距离不宜超过 15 m。

位于两个安全出口之间的房间，当房间面积不超过 60 m^2 时，可只设置一个门，门的净宽不应小于 0.9 m。位于走廊尽端的房间，当面积不超过 75 m^2 时，可设置一个门，门的净宽不应小于 1.4 m。

2. 高层建筑立面设计

建筑立面可以看成是由多种构件组成的。如墙体、梁柱、墙墩等构成房屋的结构构件，门窗、阳台、外廊等和内部使用空间直接连通的建筑构件，以及台基、勒脚、檐口等保护外墙的建筑构件。恰当地确定立面中这些组成部分的比例和尺度，运用节奏韵律、虚实对比等规律设计出体型完整、形式与内容一致的建筑立面，是立面设计的主要任务。

例如，高层建筑如果没有裙房，其立面可采用分段处理的手法。下部采用"骑楼"的形式，使外部空间向内渗透，骑楼常安排一些社会服务的公共设施。这样做可使建筑立面丰富，空间自然亲切。

在立面划分上，可利用柱等竖向构件进行垂直划分；利用窗台等横向构件进行水平划分；利用墙体和玻璃进行虚实对比等。

3. 建筑高度控制

非文物保护单位及风景区的建筑物、不受航空控制高度控制的建筑物，其建筑高度的计算是：平顶房屋按室外地坪至建筑女儿墙顶部计算。屋顶上的附属物，如电梯间、楼梯间、水箱等，其总建筑面积不超过屋顶面积的 25%、高度不超过 4 m 者，其高度不计入建筑高度之内。

1.1.3 高层建筑防火

高层建筑的使用功能复杂、种类繁多、人员集中，因而安全疏散和扑救灭火成为高层建筑设计的重要部分。其中包括建筑本身的耐火构造设计和报警、疏散、排烟设计等方面。我国的高层建筑必须遵守我国《高层民用建筑设计防火规范》(GB 50045—1995)中的有关规定。

为了保证人员安全疏散的必要时间，建筑构件应具备符合规范要求的耐火能力，确保其构造层厚度及保护层厚度。室内装修避免采用可燃材料。

1. 总平面布局中的消防设计

① 选址应在交通便捷处。要求靠近干道，便于人员、车流通行，便于消防时的交通组织与疏散。

② 设置环行车道。高层建筑周围应设置环行消防通道。可与交通道路结合。当高层建筑的沿街长度超过 150 m，或建筑总长度超过 220 m 时，应设置通过建筑的消防通道，以便消防车能靠近高层主体，及时扑救。消防车道的宽度不宜小于 4 m，消防车道距高层建筑的外墙不宜大于 5 m。消防车道上空 4 m 以下的范围内不能有障碍物。

③ 裙房设置。高层建筑主体底部往往设有裙房，妨碍了消防车靠近主体建筑，因此我国规范明确规定，高层建筑主体的底部至少有一边长或四分之一的周长不能贴附高度大于 5 m、进深大于 4 m 的裙房，且此范围内必须设有直通室外的楼梯或直通楼梯间的出口。

④ 保持建筑物之间的防火间距。建筑物之间的防火间距如表 1.1.2 所示。

表 1.1.2 建筑物之间的防火间距　　　　　　　　　　　　　　　　　　　　　　　　　m

建筑类别	高层建筑	裙房	其他民用建筑		
			耐火等级		
			一、二级	三级	四级
高层建筑	13	9	9	11	14
裙房	9	6	6	7	9

具有危险性的项目不宜布置在高层主体内。

2. 防火与防烟分区

高层建筑体量大，标准层面积大，为将火势控制在所发生的单元内，阻止其蔓延，建筑内部空间应进行防火分区。防火分区即每层的防火单元允许的最大建筑面积。

防火单元是由防火墙和耐火楼板、防火门窗围合的空间。在设置有困难的开口部位，可采用水幕保护的防火卷帘，一旦有火警警报，由消控中心指挥防火卷帘自动下降，执行防火分区功能。

我国的高层防火规范按建筑性质规定分区。一类高层建筑的防火分区为 1 000 m²；二类高层为 1 500 m²；地下室为 500 m²。如使用自动喷淋设备，其使用部分的建筑面积可加倍计算。

穿越防火单元及防火墙的水平管道应由不燃材料制作。其中，为了防止烟火从风管通过，风管不宜穿过防火墙，必须穿过时应在两侧设防火阀。

垂直防火分区除确定楼板的耐火极限外，为阻止火焰向上蔓延，上下层窗洞之间的高度差不宜小于 1.7 m。出挑 0.5 m 以上的横向防火分隔物或凸出 0.3 m 以上的带形窗，其窗洞间的高度差可缩为 1.2 m。所有竖向管井分别做成独立的防火单元，井壁为耐火极限不低于 1 h 的难燃烧体，每隔 2~3 层，用同楼板的材料做防火分隔。

我国规范规定每个防烟分区的面积不宜超过 500 m²。防烟分区不应跨越防火分区。防烟分区的划分可以是挡烟垂壁、隔墙或是顶棚以下不小于 0.05 m 的梁。

3. 报警与消控中心

(1) 报警设备

在防火部位应安装自动报警设施，以便迅速、准确地报警。自动报警设施有"温感器"和"烟感器"两种，还有自动喷淋连带报警器等。

(2) 消控中心

即消防控制中心，它管理着高层建筑内分散各处的报警装置、自动灭火装置、防火门、排烟机等设备。它与各服务点、消防点有着紧密的联系。同时，高层建筑内的广播系统也在防灾疏散时起着重要作用。

消控中心在火灾发生时由电气设备控制，停止客梯运行，切断电源，接通事故照明电源，开通排烟风机，关闭防火阀、防火门，监测消防梯及消防水泵的工作情况。

消控中心应设在地面一层，位置明显处。直通室外，靠近建筑物入口，便于消防人员尽快取得火灾情报。消控中心应设耐火墙，与其他部门有防火分隔。

4. 疏散设计

火灾发生时，人员往往还在远离地面的高层，将他们全部迅速地疏散到安全地带是防火设计的重要环节。安全疏散设计是高层建筑交通设计中不可忽视的重要组成部分。疏散设计的原则是简单明了，便于人们在紧急情况时易于判断。同时为室内的任何位置都能提供两个方向的疏散。

(1) 疏散距离

我国高层建筑消防规范对安全疏散距离有明确规定，如表 1.1.3 所示。

表 1.1.3 高层建筑安全疏散距离

建筑物名称		门洞至外部出口或楼梯间的最大距离/m	
		位于两安全出口之间的房间	位于带形走道两侧或尽端的房间
医院	病房部分	24	12
	其他部分	30	15
教学楼、旅馆、展览馆		30	15
其他建筑		40	20

(2) 疏散楼梯与消防电梯的位置

疏散楼梯是在火灾发生时电梯停止使用的情况下，最主要的竖向交通疏散途径。其位置首先应符合安全疏散距离的规定，其次应符合人们的行走习惯。

1) 靠近电梯厅

人们在紧急情况下首先选择的逃生路线是自己习惯的、经常使用的路线，所以靠近电梯厅布置疏散楼梯有利于迅速疏散。疏散单元如图 1.1.2 所示。

2) 双向疏散

当人们往一个方向疏散受阻时，必然折向另一个方向。为了保证安全，疏散楼梯应位于标准层平面的两端，使其两端的房间均有双向疏散的条件。

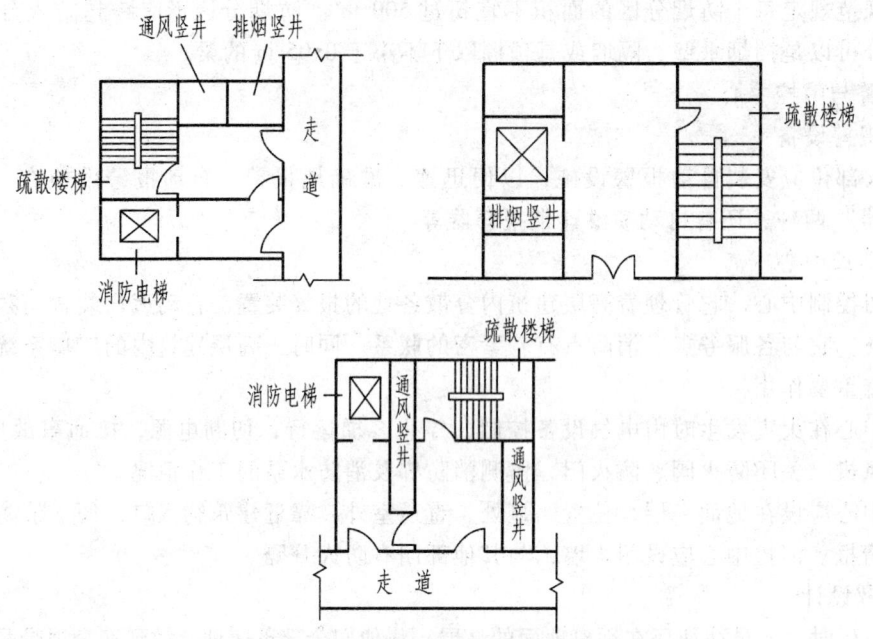

图 1.1.2 消防电梯与疏散楼梯合成疏散单元

疏散楼梯在竖向需能上能下,首层有直接对外出口,顶层可直达上人屋顶。

(3) 疏散楼梯间的防火排烟

疏散楼梯间如果只防火不排烟,则烟气袭入,将导致窒息死亡。所以防火排烟是关键问题。

疏散楼梯的避难前室是疏散路线中从水平到竖向的交通枢纽,可缓冲人们的混乱集聚,所以疏散楼梯的排烟设施需布置于此。其面积一般不小于 6 m²,如与消防电梯结合则不小于 10 m²。

按排烟方式的不同,疏散楼梯可分为下列几种:

1) 室外疏散楼梯

室外疏散楼梯是简易的疏散楼梯,位于标准层走廊尽端的外墙,楼梯与出口平台均用非燃烧材料制作,可用悬挑构件,使其不占用标准层面积,且排烟效果好,亦为最经济的疏散楼梯,可作为辅助的防烟楼梯。如图 1.1.3 所示。

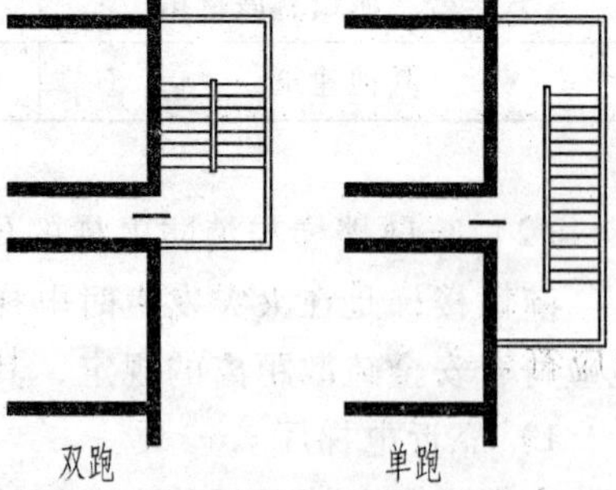

距离室外疏散楼梯至少 2 m 的墙面不应开其他门窗洞口,以免窜出烟火危及疏散楼梯。

2) 封闭楼梯间

裙房和除单元式、通廊式住宅外的建筑高度不超过 32 m 的二类建筑应设封闭楼梯间。

3) 防烟楼梯间

一类建筑和除单元式、通廊式住宅外的建筑高度超过 32 m 的二类建筑应设防烟楼梯间。防烟楼梯间的设置应符合以下规定:

图 1.1.3 室外疏散楼梯平面形式

① 楼梯间入口处应设置前室、阳台或凹廊;
② 前室的面积公共建筑不小于 6 m²;

③ 前室和楼梯间的门应为乙级防火门,且朝疏散的方向开。

楼梯间与避难室均在室内或一边临外墙,排烟处理较前两种困难。靠外墙时可利用外墙排烟;全室内时需设置排烟竖井,排烟效果较前者差。如图 1.1.4 所示。

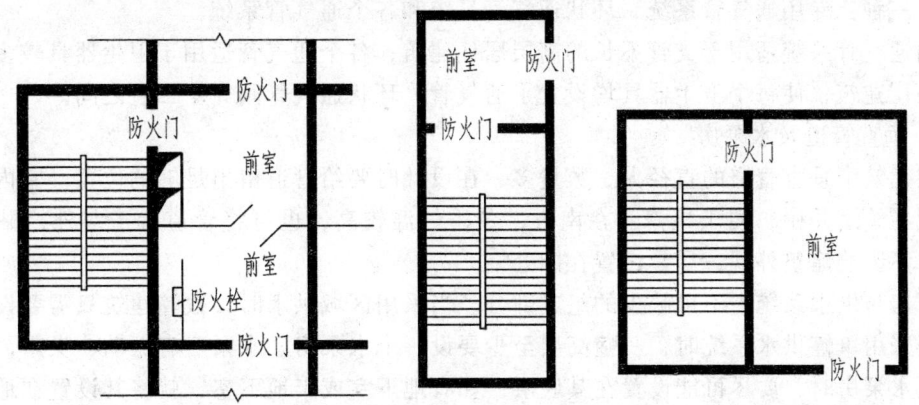

图 1.1.4　封闭疏散楼梯平面形式

1.1.4　高层建筑设备与停车

1. 高层建筑设备

(1) 高层建筑给水设备

高层建筑内人员多、耗水量大,因此供水必须十分可靠。同时,建筑物 24 m 以上部分的消防工作必须依靠自身的消防设备,因此高层建筑内必须保证消防用水。高层建筑的给水方式可分为三大类:高位水箱式、气压水箱式和无水箱式。

高位水箱给水方式的水箱在建筑物顶部,荷载大,对建筑结构不利。但设备简单,维修方便。气压水箱给水方式和无水箱给水方式,不占用高层建筑的空间,但设备费用、运行动力费用都较高。如图 1.1.5 所示。

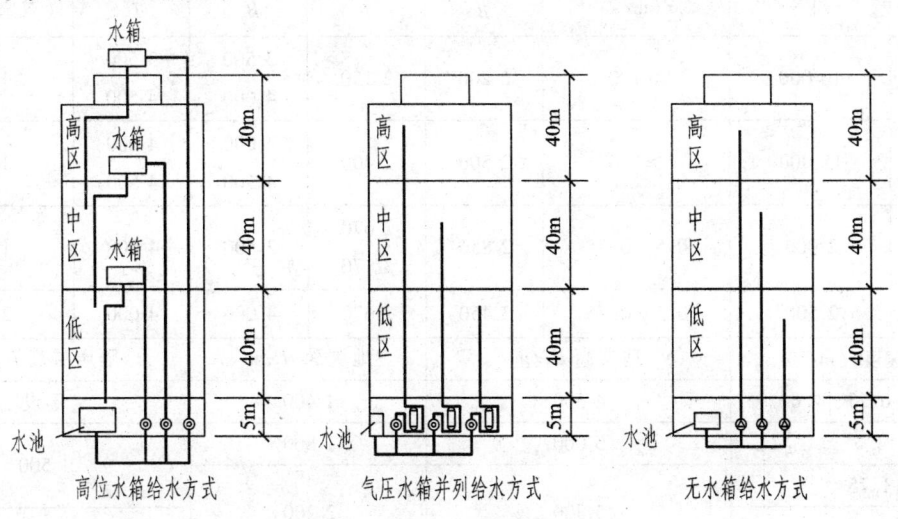

图 1.1.5　高层建筑给水方式

(2) 高层建筑的排水系统

高层建筑中,接入的卫生器具多,几个卫生器具同时放水的机会大,部分立管可能被水充满,形成水塞,破坏水封。为了防止这种情况发生,高层建筑的排水系统必须设置通气管。其形式共有三种:专用通气管系统、环状通气管系统和各个通气管系统。

专用通气管系统适用于支管不长的高层居住建筑;各个通气管适用于卫生器具较多、支管较长的高层建筑,使每个卫生器具均设置了通气管;环状通气管则介于二者之间。

(3) 垂直管道及水泵房

高层建筑中垂直管道的直径大、数量多,在设计时要给管道留出足够的位置。室内的垂直管道可做在管道井中,便于检修。在南方,冬季气温较高,也可将管道置于室外,贴外墙而下。为了不影响建筑外观,尽量设置在凹处。

水泵房是供水系统中不可缺少的组成部分。当采用区域供水时,数幢建筑只需要设一个水泵房。当采用单幢供水系统时,一幢高层至少要设一个水泵房。水泵房有振动、噪声,当建筑单体内设水泵房时,要尽可能设置在其底层;如有地下室或半地下室,就将其设置在地下室或半地下室内。水泵房耗电量大,其位置宜与大楼供电中心接近。

(4) 高层建筑电梯

电梯是高层建筑中极其重要的垂直交通工具。按照我国《高层民用建筑防火规范》的规定,一类建筑、塔式建筑、十二层及以上单元式住宅和高度超过 30 m 的其他二类高层建筑,在每个防火分区内宜设一台消防电梯,这台消防电梯平时可作为客梯或工作梯使用。从服务的角度,一幢高层建筑当建筑面积不大于 1 500 m² 时,至少要设置两台电梯,其中一台为消防电梯。

1) 电梯的主要参数

电梯的参数随生产厂家的不同而不同,主要有载重量、载客量、速度、轿箱尺寸、井道尺寸等,表 1.1.4 是电梯规格(参考)。

表 1.1.4 电 梯 规 格

电梯类型	额定载重量 /kN	额定速度 /(m/s)	井道尺寸(净)/mm		机房尺寸(净)/mm		门口尺寸 B_2/mm (双扇推拉门)
			B	L	B_1	L_1	
单台乘客电梯	10 000	≥1.0	2 200	2 150	3 500 4 000	3 500 4 500	1 100
	15 000	≥1.0	2 500	2 400	4 000 4 500	4 000 4 500	1 200
载货电梯	2 000	0.5~0.75	2 850	2 670 3 170	3 500		1 900
	2 500	0.5~0.75	3 450	2 670	4 000	4 000	2 400
额定速度/(m/s)		顶层高 H_1/m		地坑深 H_2/m		隔声层高 H_3/m	
0.5、0.75、1.0		4 500		1 400		不设	
1.5		5 000		1 800		1 500	
1.75		5 300		2 200			
2						1 800	

2) 电梯大隔声处理

电梯振动大，特别是对顶层用户的干扰不容忽视，在土建设计中常常要做隔声处理。图 1.1.6 所示是其隔声隔振做法。

3) 电梯井道与机房的关系

机房和井道的平面相对位置如图 1.1.7 所示，一般允许机房向井道的两个相邻方向伸出，尺寸由设备安装及结构要求决定。

4) 电梯井道

电梯井道内包括轿箱、平衡重等设备，如图 1.1.8 所示。电梯基坑应做防水处理，并预留钢筋安装缓冲器。

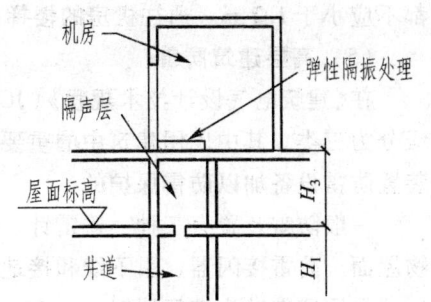

图 1.1.6 电梯机房隔声隔振处理

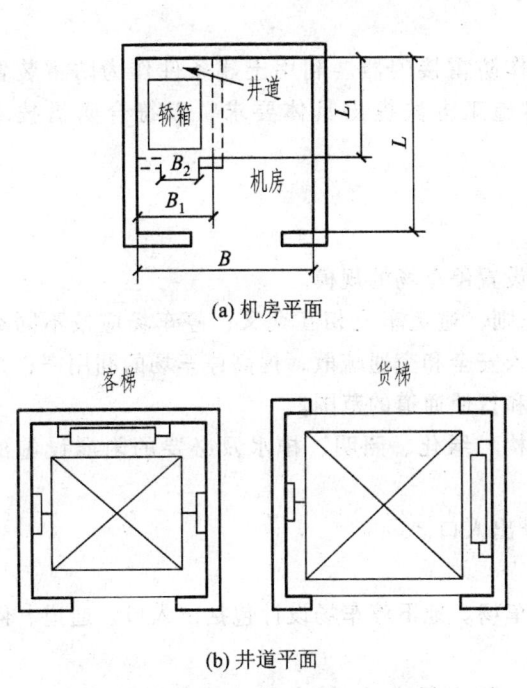

图 1.1.7 井道与机房平面

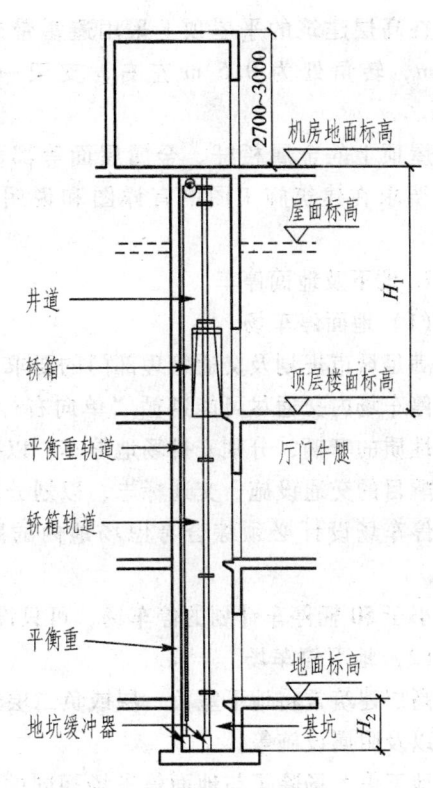

图 1.1.8 电梯井道剖面

5) 消防电梯的要求

① 消防电梯应设前室，其面积不小于 6 m²。与消防楼梯合用时，面积不小于 10 m²。前室宜靠外墙，在首层有直通室外的出口，或经长度不超过 30 m 的通道通向室外。消防电梯前室应采用乙级防火门或防火卷帘门。

② 消防电梯井、机房与相邻的电梯井、机房之间用耐火极限不低于 2.5 h 的井壁或隔墙隔开。如隔墙上要开门，则应设甲级防火门。消防电梯井的底部应有排水设施。

电梯机房和电梯井道是相互衔接的土建构件，当建筑平面上电梯井道的位置确定后，电梯机房的位置也就同时确定下来。电梯井道一般要求用混凝土墙壁，井道的底坑要求设防水层。机房内要求干燥，与屋顶水箱和烟道隔开。机房要求通风良好。通到机房的通道和楼梯的宽度都不应小于1.2 m。通往机房的楼梯的坡度不应大于45°。

(5) 高层建筑防雷

在《建筑电气设计技术规程》(JGJ 16—1983)中，根据建筑物和构筑物的重要性将防雷等级分为三类。其中民用建筑中的重要公共建筑物分别列入第一、第二类，这两类建筑物是必须装置防雷设备加以防雷保护的。

一般防雷装置有三种：避雷针、防雷网络或避雷带，统称为防雷接闪器，它们安装在建筑物屋面。防雷接闪器、引下线和接地装置一起构成防雷系统。

采用避雷针为接闪器时，在安装避雷针的屋面要预埋钢板。根据防雷设计提出的避雷高度，在土建结构计算中计算预埋钢板的尺寸。

在高层建筑的平屋顶上采用避雷带或避雷网络时，水平敷设的避雷带，其支架距离约为1 m，转角处为0.5 m左右，支架一般用扁钢制作，预埋在屋顶女儿墙压顶内或檐口处。

屋顶上的金属栏杆、金属屋面等都可以用作防雷接闪器。利用土建条件作为防雷装置时，要求在建筑施工图中有详图和说明，并对施工方法提出具体要求，以符合防雷技术规范。

2. 地下及地面停车

(1) 地面停车场

满足城市规划及交通管理部门的要求，合理设置停车场的规模。

停车场内交通尽可能遵循"单向右行"的原则，避免车流相互交叉；停车场应按不同类型及性质的车辆，分别安排场地停车，以确保出入安全和交通疏散，提高停车场的利用率；并设置醒目的交通设施、交通标志，以划分停车位和行使通道的范围。

停车场设计必须综合考虑场地内的路面结构、绿化、照明、排水及必要的附属设施的设计。

小于50辆停车计划的停车场，可只设置一个出入口。

(2) 地下停车场

高层建筑常将地下室负一层或负二层作为停车场。地下停车场设计包括出入口、通道、停车位以及附属设施等。

地下停车场除了与地面停车场相同的要求外，还必须满足《城市用地竖向规划规范》(CJJ 83—1999)的要求，小型车、微型车的直线坡道的最大值为15%，曲线坡道的最大值为12%。汽车库内当通车纵坡大于10%时，坡道上、下端均应设置缓坡。其直线缓坡坡段的水平长度不应小于3.6 m。缓坡坡度为坡道坡度的1/2，曲线缓坡坡段的水平长度不应小于2.4 m，曲线半径不应小于20 m，缓坡中点为坡道原起点或止点。如图1.1.9所示。

汽车库的汽车出入口宽度，单车行驶时不小于3.5 m，双车行驶时不小于6.0 m。汽车出入口还必须满足视线、防水、排水的要求。

此外，汽车库设计必须满足消防、暖通规范。

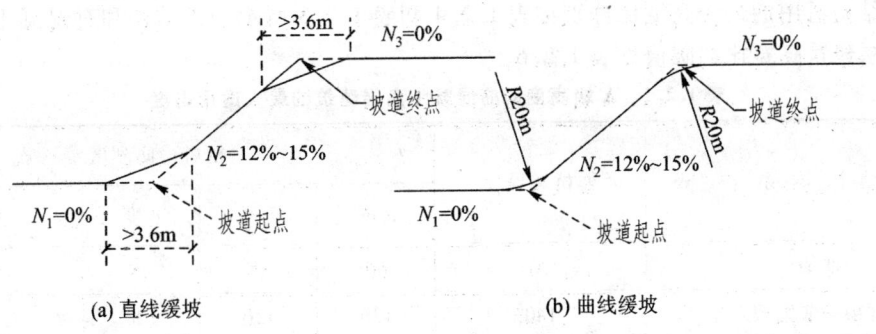

(a) 直线缓坡　　　　　　　　(b) 曲线缓坡

图 1.1.9　缓坡

1.2　结构设计基本知识

1.2.1　高层建筑结构的选型与布置

1.2.1.1　高层建筑结构的选型

10 层及 10 层以上或房屋高度大于 28 m 的建筑，称为高层建筑。

高层建筑结构的选型包括竖向承重结构的选型、水平承重结构的选型和下部承重结构的选型三部分。

1. 竖向承重结构的选型

随着房屋高度的增大，结构的轴力、弯矩和侧移都将加大，其中尤以水平荷载作用下的弯矩和侧移增长更快。因此，高层建筑应采用能较好抵抗水平荷载的竖向承重结构。

高层建筑钢筋混凝土结构可采用框架、剪力墙、框架—剪力墙、筒体、板柱—剪力墙等结构体系。

框架结构布置灵活，可形成大的使用空间，施工简便且较为经济，但其抗侧刚度较小，侧移较大，适合在 20 层以下的高层建筑中采用。

剪力墙结构刚度大、侧移小、室内墙面平整，但平面布置不够灵活，结构自重较大，造价较高，适合在高层旅馆和高层住宅中采用。

框架—剪力墙结构具有框架结构和剪力墙结构各自的优点，因而在高层建筑中应用较为广泛。

筒体结构刚度大，抗震性好，适合在超高层建筑中使用。

板柱—剪力墙结构中，虽然板柱的抗侧刚度小，但有剪力墙与之配合，可以在高层建筑中使用。

钢筋混凝土高层建筑结构的最大适用高度和最大高宽比分为 A 级和 B 级。B 级高度高层建筑结构的最大适用高度和最大高宽比比 A 级的有所放宽，但其抗震等级、有关的计算和构造措施则比 A 级的要求严格。

A 级和 B 级高度钢筋混凝土高层建筑的最大适用高度分别如表 1.2.1 和表 1.2.2 所示。钢结构和有混凝土剪力墙的钢结构高层建筑的适用高度见表 1.2.3。A 级和 B 级高度钢筋混凝土高层建筑结构适用的最大高宽比分别如表1.2.4和表1.2.5所示。钢结构和有混凝土剪力墙的钢结构高层建筑高宽比的限值见表1.2.6。

表1.2.1 A级高度钢筋混凝土高层建筑的最大适用高度　　　　　　　　　　　m

结构体系		非抗震设计	抗震设防烈度			
			6度	7度	8度	9度
框架		70	60	55	45	25
框架—剪力墙		140	130	120	100	50
剪力墙	全部落地剪力墙	150	140	120	100	60
	部分框支剪力墙	130	120	100	80	不应采用
筒体	框架—核心筒	160	150	130	100	70
	筒中筒	200	180	150	120	80
板柱—剪力墙		70	40	35	30	不应采用

注：1. 房屋高度指室外地面至主要屋面高度，不包括局部突出屋面的电梯机房、水箱、构架等高度；
2. 表中框架不含异形柱框架结构，异形柱结构可按照《混凝土异形柱结构技术规程》(JGJ 149—2006)设计；
3. 部分框支剪力墙结构指地面以上有部分框支剪力墙的剪力墙结构；
4. 平面和竖向均不规则的结构或Ⅳ类场地上的结构，最大适用高度应适当降低；
5. 甲类建筑，6、7、8度时宜按本地区抗震设防烈度提高1度后符合本表的要求，9度时应专门研究；
6. 9度抗震设防、房屋高度超过本表数值时，结构设计应有可靠依据，并采取有效措施。

表1.2.2 B级高度钢筋混凝土高层建筑的最大适用高度　　　　　　　　　　　m

结构体系		非抗震设计	抗震设防烈度		
			6度	7度	8度
框架—剪力墙		170	160	140	120
剪力墙	全部落地剪力墙	180	170	150	130
	部分框支剪力墙	150	140	120	100
筒体	框架—核心筒	220	210	180	140
	筒中筒	300	280	230	170

注：1. 房屋高度指室外地面至主要屋面高度，不包括局部突出屋面的电梯机房、水箱、构架等高度；
2. 部分框支剪力墙结构指地面以上有部分框支剪力墙的剪力墙结构；
3. 平面和竖向均不规则的建筑或位于Ⅳ类场地的建筑，表中数值应适当降低；
4. 甲类建筑，6、7度时宜按本地区设防烈度提高1度后符合本表的要求，8度时应专门研究；
5. 当房屋高度超过表中数值时，结构设计应有可靠依据，并采取有效措施。

表1.2.3 钢结构和有混凝土剪力墙的钢结构高层建筑的适用高度　　　　　　　　m

结构种类	结构体系	非抗震设防	抗震设防烈度		
			6度、7度	8度	9度
钢结构	框架	110	110	90	70
	框架—支撑	260	220	200	140
	各类筒体	360	300	260	180
有混凝土剪力墙的钢结构	钢框架—混凝土剪力墙	220	180	100	70
	钢框架—混凝土核心筒				
	钢框筒—混凝土核心筒	220	180	150	70

表1.2.4 A级高度钢筋混凝土高层建筑结构适用的最大高宽比

结构体系	非抗震设计	抗震设防烈度		
		6度、7度	8度	9度
框架、板柱—剪力墙	5	4	3	2
框架—剪力墙	5	5	4	3
剪力墙	6	6	5	4
筒中筒、框架—核心筒	6	6	5	4

表1.2.5 B级高度钢筋混凝土高层建筑结构适用的最大高宽比

非抗震设计	抗震设防烈度	
	6度、7度	8度
8	7	6

表1.2.6 钢结构和有混凝土剪力墙的钢结构高层建筑的高宽比限值

结构种类	结构体系	非抗震设防	抗震设防烈度		
			6度、7度	8度	9度
钢结构	框架	5	5	4	3
	框架—支撑	6	6	5	4
	各类筒体	6.5	6	5	5
有混凝土剪力墙的钢结构	钢框架—混凝土剪力墙	5	5	4	4
	钢框架—混凝土核心筒	5	5	4	4
	钢框筒—混凝土核心筒	6	5	5	4

2. 水平承重结构的选型

高层建筑结构除了要对竖向承重结构的形式进行选择外，还要对楼盖、屋盖及基础的形式进行合理选择。

楼盖和屋盖的主要形式有有梁体系和无梁体系两大类。有梁体系又可以分为单向板肋形楼盖、双向板肋形楼盖、井式楼盖、密肋楼盖等多种形式。无梁体系抗侧刚度弱，需配合剪力墙使用，只适用于 A 级高度房屋，且高度受到严格限制(见表 1.2.1)。

楼盖结构又可分为现浇式、装配整体式和装配式。它们的选用原则如下：

① 房屋高度超过 50 m 时，框架—剪力墙结构、筒体结构及复杂高层建筑结构应采用现浇楼盖结构，剪力墙结构和框架结构宜采用现浇楼盖结构。

现浇楼盖的混凝土强度等级不宜低于 C20，不宜高于 C40。

② 房屋高度不超过 50 m 时，8、9 度抗震设计的框架—剪力墙结构宜采用现浇楼盖结构；6、7 度抗震设计的框架—剪力墙结构可采用装配整体式楼盖，且应符合下列要求：

a. 楼盖每层宜设置钢筋混凝土现浇层。现浇层厚度不应小于 50 mm，混凝土强度等级不应低于 C20，不宜高于 C40，并应双向配置直径 6~8 mm、间距 150~200 mm 的钢筋网，钢筋应锚固在剪力墙内。

b. 楼盖的预制板板缝宽度不宜小于 40 mm，板缝大于 40 mm 时应在板缝内配置钢筋，并宜贯通整个结构单元。预制板板缝、板缝梁的混凝土强度等级应高于预制板的混凝土强度等级，且不应低于 C20。

③ 房屋高度不超过 50 m 的框架结构或剪力墙结构，当采用装配式楼盖时，应符合下列要求：

a. 第②条中第 b. 点有关板缝的构造规定；

b. 预制板搁置在梁上或剪力墙上的长度分别不宜小于 35 mm 和 25 mm；

c. 预制板板端宜预留胡子筋，其长度不宜小于 100 mm；

d. 预制板板孔堵头宜留出不小于 50 mm 的空腔，并采用强度等级不低于 C20 的混凝土浇灌密实。

④ 房屋的顶层、结构转换层、平面复杂或开洞过大的楼层、作为上部结构嵌固部位的地下室楼层应采用现浇楼盖结构。一般楼层现浇楼板厚度不应小于 80 mm，当板内预埋暗管时不宜小于 100 mm；顶层楼板厚度不宜小于 120 mm，宜双层双向配筋；转换层楼板应符合《高层建筑混凝土结构技术规程》(JGJ 3—2002)的有关规定；普通地下室顶板厚度不宜小于 160 mm；作为上部结构嵌固部位的地下室楼层的顶楼盖应采用梁板结构，楼板厚度不宜小于 180 mm，混凝土强度等级不宜低于 C30，应采用双层双向配筋，且每层每个方向的配筋率不宜小于 0.25%。

在高层钢结构中，楼(屋)盖的工程量占有很大的比重，其对结构的工作性能、造价及施工速度等都有着重要的影响。在确定楼盖的结构方案时，应考虑以下要求：

① 保证楼盖有足够的平面整体刚度；

② 减轻结构的自重及减小结构层的高度；

③ 有利于现场安装及快速施工；

④ 较好的防火、隔声性能，并便于管线的敷设。

高层建筑钢结构的常用楼面做法有：压型钢板组合楼板、预制楼板、叠合楼板和普通现浇楼板等。目前最常用的做法为在钢梁上铺设压型钢板，再浇注整体钢筋混凝土板，即形成组合楼板。此时的楼面梁亦相应形成钢与混凝土组合梁。

当采用组合楼板时，设计上应满足以下要求：

压型钢板组合楼板的主要特点除有利于各种复杂管线系统的铺设外，在施工过程中，还具有无传统模板支模拆模的繁琐作业，楼板浇注混凝土可独立进行不影响钢结构施工，浇灌混凝土后可很快形成其他后续工程的作业面等优点。

组合楼盖常用的压型钢板一般由厚 0.8~1.0 mm 的热镀锌薄板成型，长度为 8~12 m。各块压型钢板之间应用紧固件将其连成整体。安装时，压型钢板表面的油污应清除，避免长期暴露而生锈。对处于较严重腐蚀环境下的建筑，不宜采用压型钢板组合楼盖体系。

设计时，根据在楼盖结构体系中的作用，压型钢板可以有三种形式。即：

① 压型钢板只作为永久性模板使用；
② 压型钢板既是模板又作为底面受拉钢筋，即组合楼板；
③ 压型钢板承受全部静荷载和活载。

其中①、②两种是目前采用最多的。楼板的形式不同，其受力状态亦不同，设计时应有不同的考虑。

当仅作为永久性模板使用时，压型钢板承受施工荷载和混凝土的重量。混凝土达到设计强度后，单向密肋钢筋混凝土板即承受全部荷载，压型钢板已无结构功能。这种形式的楼板在使用阶段属非组合板，可按一般钢筋混凝土楼板进行设计。

对同时兼作模板和受拉钢筋的压型钢板组合楼板的设计，应分阶段验算，即对施工阶段和使用阶段分别验算。

3. 下部承重结构(基础)的选型

高层建筑基础的主要形式有：

(1) 柱下独立基础

适用：层数不多、土质较好的框架结构。

当地基为岩石时，可采用地锚将基础锚固在岩石上，锚入长度 $\geq 40d$（d 为锚固钢筋的直径）。

(2) 交叉梁基础(图 1.2.1 和图 1.2.2)

交叉梁基础是双向为条形的基础。

适用：层数不多、土质一般的框架、剪力墙、框架—剪力墙结构。

(3) 筏形基础(图 1.2.3 和图 1.2.4)

适用：层数不多、土质较弱，或层数较多、土质较好的情况。

(4) 箱形基础(图 1.2.5)

适用：层数较多、土质较弱的高层建筑。

(5) 桩基础(图 1.2.6)

适用：地基持力层较深时采用。

(6) 复合基础(图 1.2.7 和图 1.2.8)

适用：层数较多或土质较弱时采用。

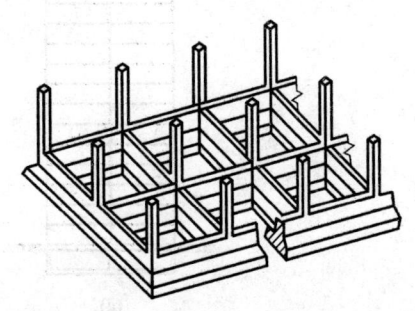

图 1.2.1 交叉梁基础

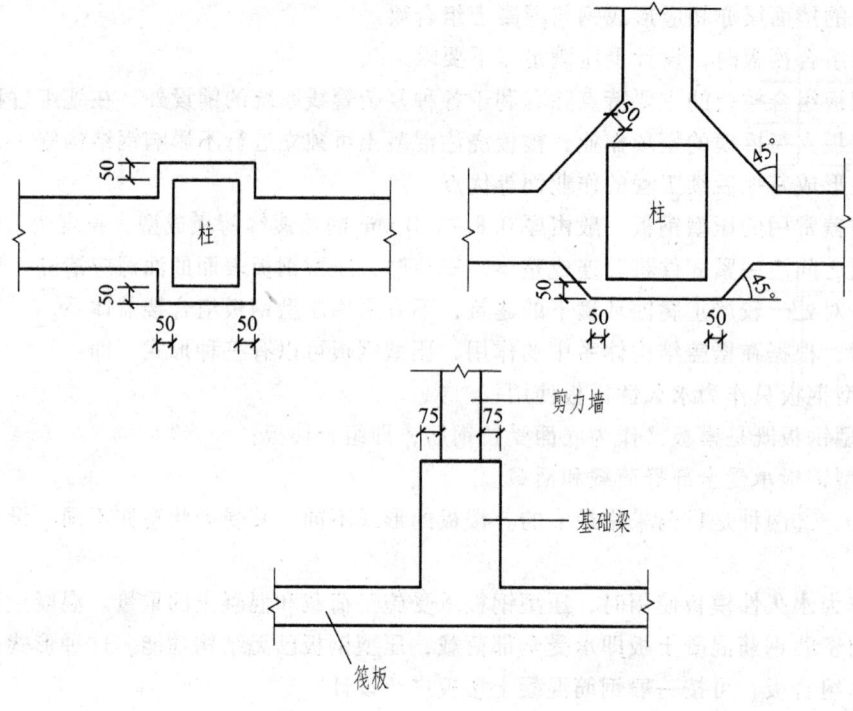

图 1.2.2 交叉梁与上部结构连接

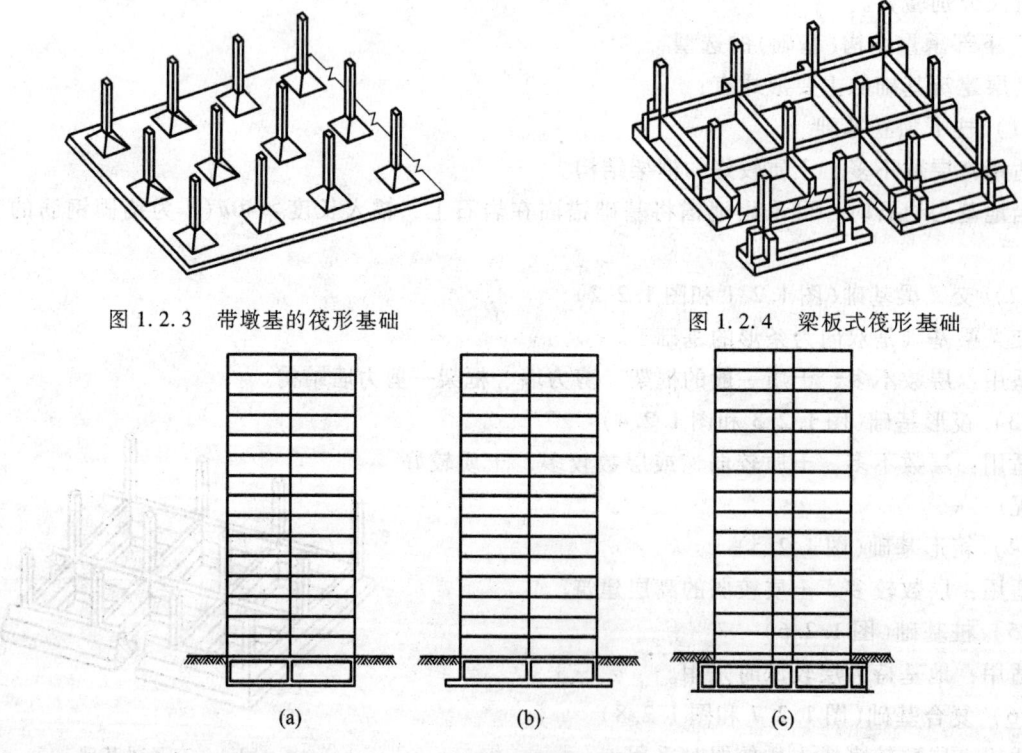

图 1.2.3 带墩基的筏形基础　　图 1.2.4 梁板式筏形基础

图 1.2.5 箱形基础横剖面

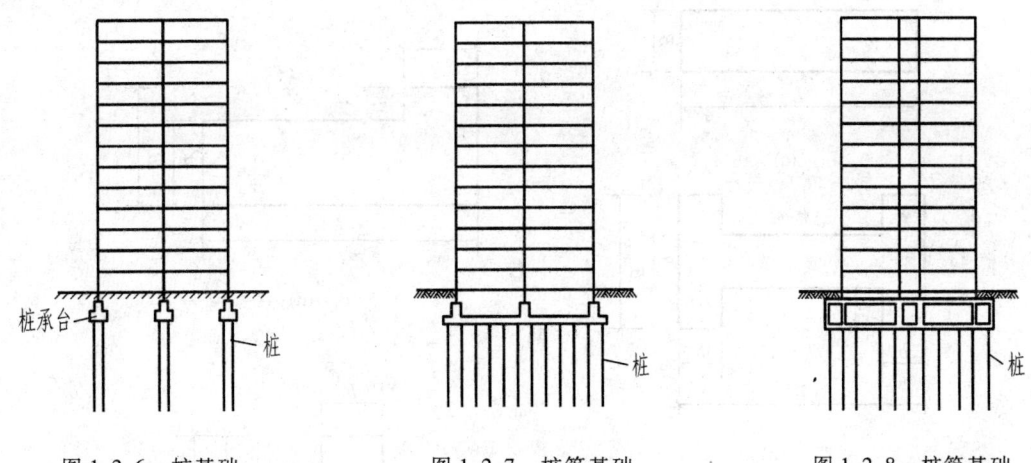

图 1.2.6　桩基础　　　　图 1.2.7　桩筏基础　　　　图 1.2.8　桩箱基础

1.2.1.2　高层建筑结构的布置

高层建筑结构的布置包括结构平面布置和结构竖向布置两部分。

1. 结构平面布置

高层建筑结构的平面布置要注意以下主要问题：

① 在高层建筑的一个独立结构单元内，宜使结构平面形状简单、规则，刚度和承载力分布均匀。不应采用严重不规则的平面布置。平面不规则的类型如表 1.2.7 所示。

表 1.2.7　平面不规则的类型

不规则类型	定　义
扭转不规则	楼层的最大弹性水平位移（或层间位移），大于该楼层两端弹性水平位移（或层间位移）平均值的 1.2 倍
凹凸不规则	结构平面凹进的一侧尺寸，大于相应投影方向总尺寸的 30%
楼板局部不连续	楼板的尺寸和平面刚度急剧变化，例如，有效楼板宽度小于该层楼板典型宽度的 50%，或开洞面积大于该层楼面面积的 30%，或较大的楼层错层

② 抗震设计的 A 级高度钢筋混凝土高层建筑，其平面布置宜符合下列要求：

a. 平面宜简单、规则、均匀、对称，减少偏心。

b. 平面长度不宜过长，突出部分长度 l 不宜过大（图 1.2.9）；L、l 等值宜满足表 1.2.8 的要求。

表 1.2.8　L、l 的限值

设防烈度	L/B	l/B_{max}	l/b
6 度、7 度	≤6.0	≤0.35	≤2.0
8 度、9 度	≤5.0	≤0.30	≤1.5

c. 不宜采用角部重叠的平面图形或细腰的平面图形（图 1.2.10）。

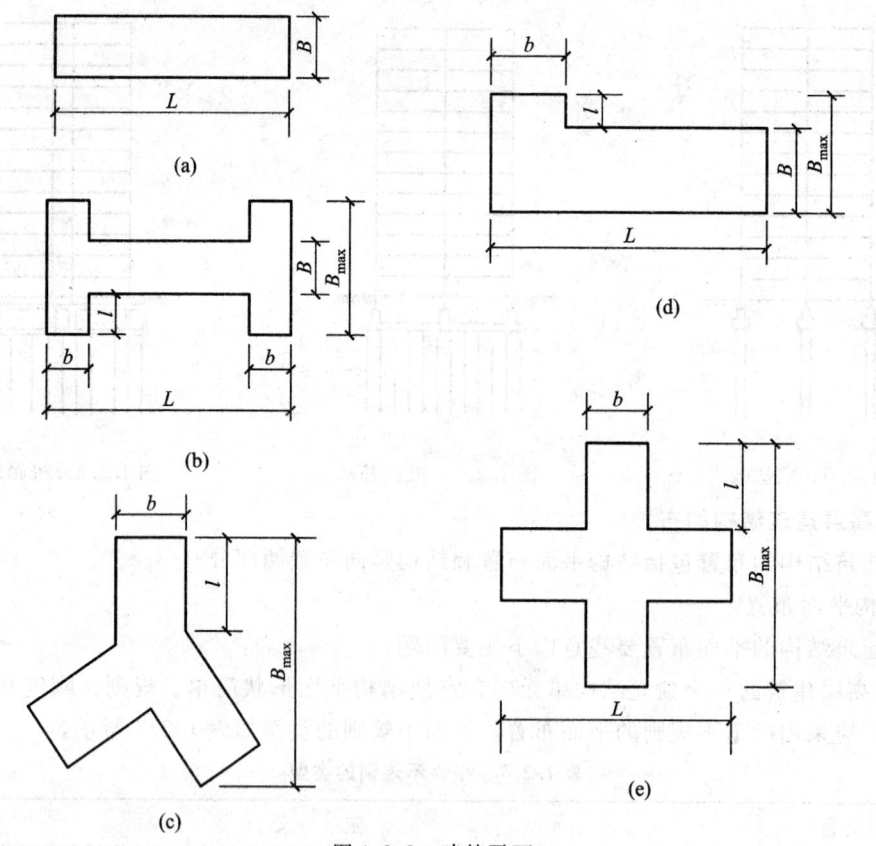

图1.2.9 建筑平面

③ 抗震设计的B级高度钢筋混凝土高层建筑、混合结构高层建筑和复杂高层建筑,其平面布置应简单、规则,减少偏心。

④ 高层建筑结构伸缩缝的最大间距宜符合表1.2.9的规定。

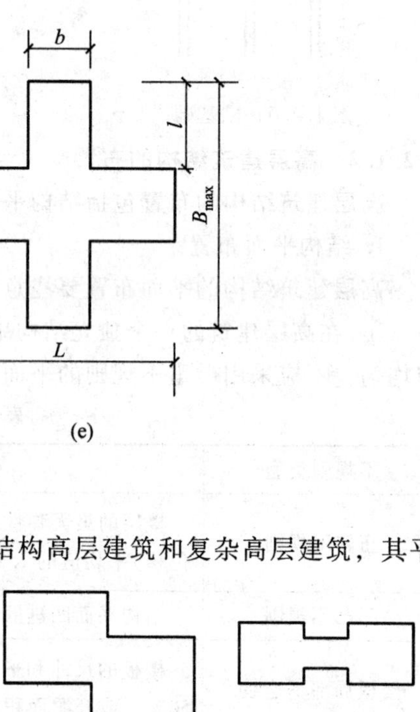

设置防震缝时,应符合下列规定:

① 防震缝最小宽度应符合下列要求:框架结构房屋,高度不超过15 m的部分,可取70 mm;超过15 m的部分,抗震设防烈度为6度、7度、8度和9度相应高度每增加5 m、4 m、3 m和2 m,宜加宽20 mm。框架—剪力墙结构房屋可取上述数值的70%,剪力墙房屋可取上述数值的50%,但二者均不宜小于70 mm。

图1.2.10 对抗震不利的建筑平面

表1.2.9 伸缩缝的最大间距

结 构 体 系	施工方法	最大间距/m	结 构 体 系	施工方法	最大间距/m
框架结构	现浇	55	剪力墙结构	现浇	45

注:1. 框架—剪力墙的伸缩缝间距可根据结构的具体布置情况取表中框架结构与剪力墙结构之间的数值;
   2. 当屋面无保温或隔热措施、混凝土的收缩较大或室内结构因施工外露时间较长时,伸缩缝间距应适当减小;
   3. 位于气候干燥地区、夏季炎热且暴雨频繁地区的结构,伸缩缝的间距宜适当减小。

② 防震缝两侧结构体系不同时,防震缝宽度应按不利的结构类型确定;防震缝两侧的房屋高度不同时,防震缝宽度应按较低的房屋确定。

③ 当相邻结构的基础存在较大沉降差时,宜增大防震缝的宽度。

④ 防震缝宜沿房屋的全高设置,地下室、基础可不设防震缝,但在与上部防震缝对应处应加强构造和连接。

⑤ 结构单元之间或主楼与裙房之间如无可靠措施,不应采用牛腿托梁的做法设置防震缝。

当采用下列构造措施和施工措施减少温度和混凝土收缩对结构的影响时,可适当放宽伸缩缝的间距:

① 提高顶层、底层、山墙和纵墙端开间等温度变化影响较大部位的配筋率。

② 加强顶层保温隔热措施,外墙设置外保温层。

③ 每30~40 m间距留出施工后浇带,带宽800~1 000 mm,钢筋采用搭接接头,后浇带混凝土宜在两个月后浇灌。

④ 顶部楼层改用刚度较小的结构形式或顶部设局部温度缝,将结构划分为较短的区段。

⑤ 采用收缩小的水泥,减少水泥用量,在混凝土中加入适宜的外加剂。

⑥ 提高每层楼板的构造配筋率或采用部分预应力结构。

2. 结构竖向布置

高层建筑结构的竖向布置应满足以下要求:

① 高层建筑的竖向体型宜规则、均匀,避免有过大的外挑和内收。结构的侧向刚度宜下大上小,逐渐均匀变化,不应采用竖向布置严重不规则的结构。

② 抗震设计的高层建筑结构,其楼层侧向刚度不宜小于相邻上部楼层侧向刚度的70%或其上相邻三层侧向刚度平均值的80%。

③ A级高度高层建筑的楼层层间抗侧力结构的受剪承载力不宜小于其上一层受剪承载力的80%,不应小于其上一层受剪承载力的65%;B级高度高层建筑的楼层层间抗侧力结构的受剪承载力不应小于其上一层受剪承载力的75%。

竖向不规则的类型见表1.2.10。

表1.2.10 竖向不规则的类型

不规则类型	定义
侧向刚度不规则	该层的侧向刚度小于相邻上一层的70%,或小于其上相邻三个楼层侧向刚度平均值的80%;除顶层外,局部收进的水平向尺寸大于相邻下一层的25%
竖向抗侧力构件不连续	竖向抗侧力构件(柱、抗震墙、抗震支撑)的内力由水平转换构件(梁、桁架等)向下传递
楼层承载力突变	抗侧力结构的层间受剪承载力小于相邻上一楼层的80%

楼层层间抗侧力结构受剪承载力是指在所考虑的水平地震作用方向上,该层全部柱及剪力

墙的受剪承载力之和。

④ 抗震设计时,结构竖向抗侧力构件宜上下连续贯通。

⑤ 抗震设计时,当结构上部楼层收进部位到室外地面的高度 H_1 与房屋高度 H 之比大于 0.2 时,上部楼层收进后的水平尺寸 B_1 不宜小于下部楼层水平尺寸 B 的 0.75 倍(图 1.2.11a、b);当上部结构楼层相对于下部楼层外挑时,下部楼层的水平尺寸 B 不宜小于上部楼层水平尺寸 B_1 的 0.9 倍,且水平外挑尺寸 a 不宜大于 4 m(图 1.2.11c、d)。

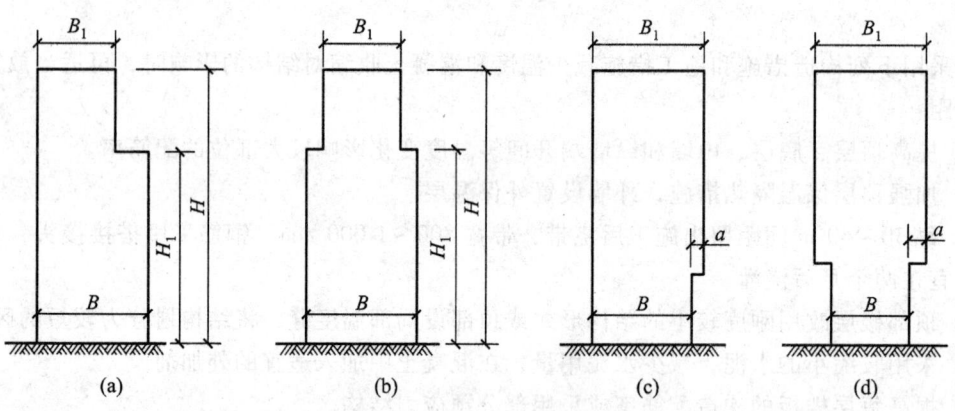

图 1.2.11 结构竖向收进和外挑示意

⑥ 结构顶层取消部分墙、柱形成空旷房间时,应进行弹性动力时程分析计算并采取有效构造措施。

⑦ 高层建筑宜设地下室。

1.2.2 高层建筑结构的荷载与地震作用

1.2.2.1 高层建筑结构的荷载

高层建筑结构的荷载分为恒载和活载两大类。恒载包括结构构件重量及其上的非结构构件重量。活载包括楼面活载、屋面活载、雪荷载和风荷载。

1. 恒载

恒载标准值等于构件的体积乘以材料的自重。常用材料的自重为:

钢筋混凝土　　25 kN/m³;　　钢材　　　78.5 kN/m³
水泥砂浆　　　20 kN/m³;　　混合砂浆　17 kN/m³
铝型材　　　　28 kN/m³;　　玻璃　　　25.6 kN/m³
杉木　　　　　4 kN/m³;　　 腐殖土　　16 kN/m³
砂土　　　　　17 kN/m³;　　卵石　　　18 kN/m³

其他材料的自重可从《建筑结构荷载规范》(GB 50009—2001)中查得。

2. 楼面活载

民用建筑楼面均布活载的标准值及其组合值、频遇值和准永久值系数,应按表 1.2.11 的规定采用。

表 1.2.11　民用建筑楼面均布活载标准值及其组合值、频遇值和准永久值系数

项次	类　别	标准值 /(kN/m²)	组合值系数 ψ_c	频遇值系数 ψ_f	准永久值系数 ψ_q
1	（1）住宅、宿舍、旅馆、办公楼、医院病房、托儿所、幼儿园 （2）教室、试验室、阅览室、会议室、医院门诊室	2.0	0.7	0.5 0.6	0.4 0.5
2	食堂、餐厅、一般资料档案室	2.5	0.7	0.6	0.5
3	（1）礼堂、剧场、影院、有固定座位的看台 （2）公共洗衣房	3.0 3.0	0.7 0.7	0.5 0.6	0.3 0.5
4	（1）商店、展览厅、车站、港口、机场大厅及其旅客等候室 （2）无固定座位的看台	3.5 3.5	0.7 0.7	0.6 0.5	0.5 0.3
5	（1）健身房、演出舞台 （2）舞厅	4.0 4.0	0.7 0.7	0.6 0.6	0.5 0.3
6	（1）书库、档案库、贮藏室 （2）密集柜书库	5.0 12.0	0.9	0.9	0.8
7	通风机房、电梯机房	7.0	0.9	0.9	0.8
8	汽车通道及停车库： （1）单向板楼盖（板跨不小于 2 m） 客车 消防车 （2）双向板楼盖和无梁楼盖（柱网尺寸不小于 6 m×6 m） 客车 消防车	 4.0 35.0 2.5 20.0	 0.7 0.7 0.7 0.7	 0.7 0.7 0.7 0.7	 0.6 0.6 0.6 0.6
9	厨房：（1）一般的 （2）餐厅的	2.0 4.0	0.7 0.7	0.6 0.7	0.5 0.7
10	浴室、厕所、盥洗室： （1）第 1 项中的民用建筑 （2）其他民用建筑	 2.0 2.5	 0.7 0.7	 0.5 0.6	 0.4 0.5
11	走廊、门厅、楼梯： （1）宿舍、旅馆、医院病房、托儿所、幼儿园、住宅 （2）办公楼、教室、餐厅、医院门诊部 （3）消防疏散楼梯，其他民用建筑	 2.0 2.5 3.5	 0.7 0.7 0.7	 0.5 0.6 0.5	 0.4 0.5 0.3

续表

项次	类别	标准值/(kN/m²)	组合值系数 ψ_c	频遇值系数 ψ_f	准永久值系数 ψ_q
12	阳台： (1) 一般情况 (2) 当人群有可能密集时	2.5 3.5	0.7	0.6	0.5

注：1. 本表所给各项活载适用于一般使用条件，当使用荷载较大或情况特殊时，应按实际情况采用。
  2. 第6项书库活载当书架高度大于2 m时，书库活载尚应按每米书架高度不小于2.5 kN/m²确定。
  3. 第8项中的客车活载只适用于停放载人少于9人的客车；消防车活载是适用于满载总重为300 kN的大型车辆；当不符合本表的要求时，应将车轮的局部荷载按结构效应的等效原则，换算为等效均布荷载。
  4. 第11项楼梯活载，对预制楼梯踏步平板，尚应按1.5 kN集中荷载验算。
  5. 本表各项荷载不包括隔墙自重和二次装修荷载；对固定隔墙的自重应按恒载考虑，当隔墙位置可灵活自由布置时，非固定隔墙的自重应取每延米长墙重(kN/m)的1/3作为楼面活载的附加值(kN/m²)计入，附加值不小于1.0 kN/m²。

3. 屋面活载

房屋建筑的屋面，其水平投影面上的屋面均布活载，应按表1.2.12采用。

表1.2.12 屋面均布活载

项次	类别	标准值/(kN/m²)	组合值系数 ψ_c	频遇值系数 ψ_f	准永久值系数 ψ_q
1	不上人的屋面	0.5	0.7	0.5	0
2	上人的屋面	2.0	0.7	0.5	0.4
3	屋顶花园	3.0	0.7	0.6	0.5

注：1. 不上人的屋面，当施工或维修荷载较大时，应按实际情况采用；对不同结构应按有关设计规范的规定，将标准值作0.2 kN/m²的增减；
  2. 上人的屋面，当兼作其他用途时，应按相应楼面活载采用；
  3. 对于因屋面排水不畅、堵塞等引起的积水荷载，应采取构造措施加以防止，必要时应按积水的可能深度确定屋面活载；
  4. 屋顶花园活载不包括花圃土石等材料自重。

屋面均布活载，不应与雪荷载同时组合。

4. 雪荷载

屋面水平投影面上的雪荷载标准值，应按下式计算：

$$s_k = \mu_r s_0 \tag{1.2.1}$$

式中 s_k——雪荷载标准值(kN/m²)；

   μ_r——屋面积雪分布系数；

   s_0——基本雪压(kN/m²)，重现期为50年的基本雪压值见图1.2.12，重现期为10年和100年的基本雪压值见附录2中的附表2.1。

雪荷载的组合值系数为0.7；频遇值系数为0.6；准永久值系数应按雪荷载分区Ⅰ、Ⅱ和

Ⅲ区的不同,分别取 0.5、0.2 和 0。雪荷载准永久值系数分区见图 1.2.13。

5. 风荷载

主体结构计算时,垂直于建筑物表面的风荷载标准值应按式(1.2.2)计算,风荷载作用面应取垂直于风向的最大投影面积。

$$w_k = \beta_z \mu_s \mu_z w_0 \tag{1.2.2}$$

式中 w_k——风荷载标准值(kN/m^2);

w_0——基本风压(kN/m^2);

μ_z——风压高度变化系数;

β_z——z 高度处的风振系数。

(1) 基本风压 w_0

50 年重现期的基本风压值可从图 1.2.14 中查得。

对于特别重要或对风荷载比较敏感的高层建筑,其基本风压应按 100 年重现期的风压值采用。房屋高度大于 60 m 的高层建筑可按 100 年一遇的风压值采用。100 年一遇的风压值可由附录 2 查得。

(2) 风压高度变化系数 μ_z

风压高度变化系数可根据离地面或海平面高度和地面粗糙度类别由表 1.2.13 查得。

表 1.2.13 风压高度变化系数 μ_z

离地面或海平面高度 /m	地面粗糙度类别			
	A	B	C	D
5	1.17	1.00	0.74	0.62
10	1.38	1.00	0.74	0.62
15	1.52	1.14	0.74	0.62
20	1.63	1.25	0.84	0.62
30	1.80	1.42	1.00	0.62
40	1.92	1.56	1.13	0.73
50	2.03	1.67	1.25	0.84
60	2.12	1.77	1.35	0.93
70	2.20	1.86	1.45	1.02
80	2.27	1.95	1.54	1.11
90	2.34	2.02	1.62	1.19
100	2.40	2.09	1.70	1.27
150	2.64	2.38	2.03	1.61
200	2.83	2.61	2.30	1.92
250	2.99	2.80	2.54	2.19
300	3.12	2.97	2.75	2.45
350	3.12	3.12	2.94	2.68
400	3.12	3.12	3.12	2.91
≥450	3.12	3.12	3.12	3.12

注:地面粗糙度的 A 类指近海海面和海岛、海岸、湖岸及沙漠地区;B 类指田野、乡村、丛林、丘陵以及房屋比较稀疏的乡镇和城市郊区;C 类指有密集建筑群的城市市区;D 类指有密集建筑群且房屋较高的城市市区。

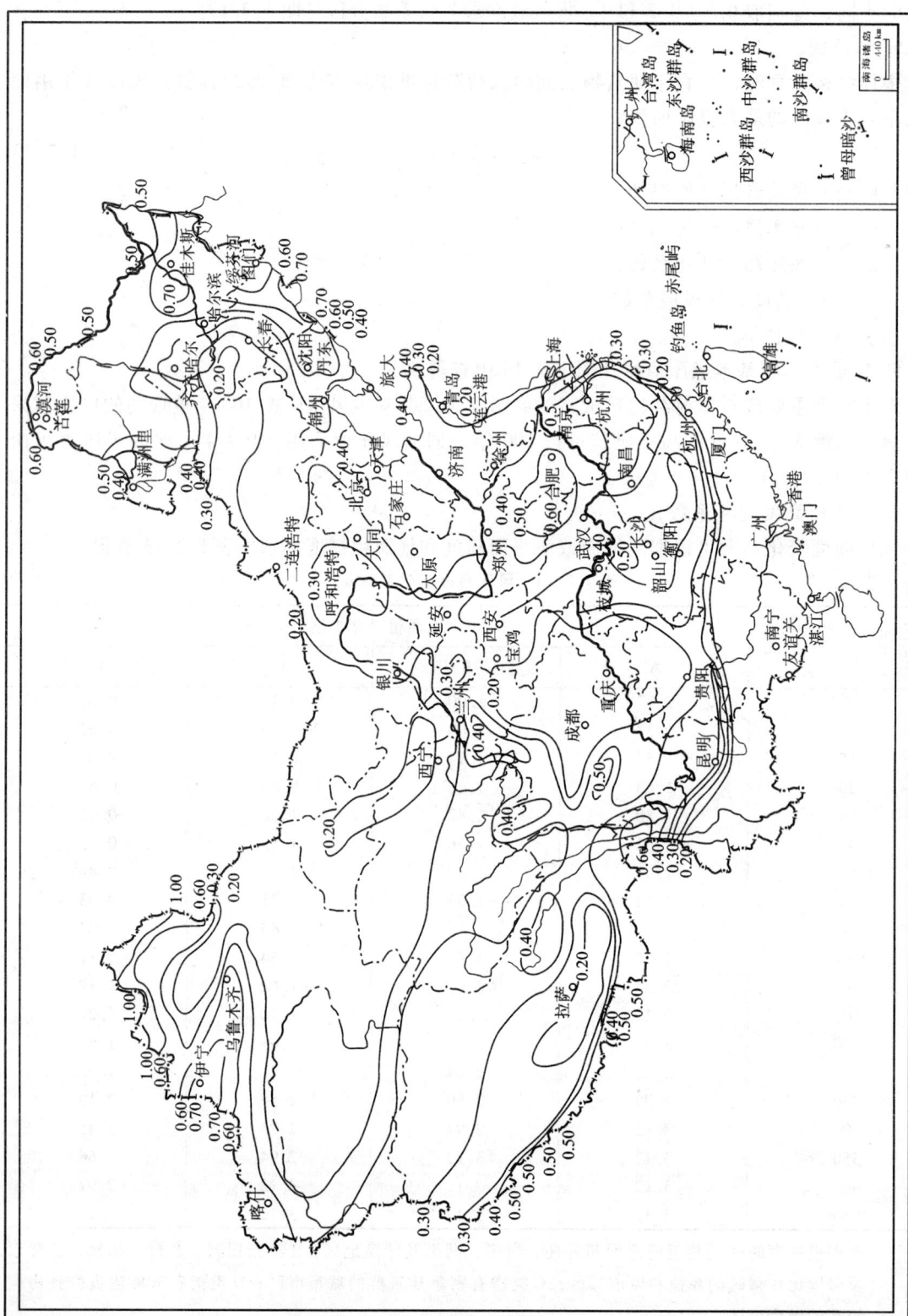

图 1.2.12 全国基本雪压分布图（单位：kN/m^2）

1.2 结构设计基本知识

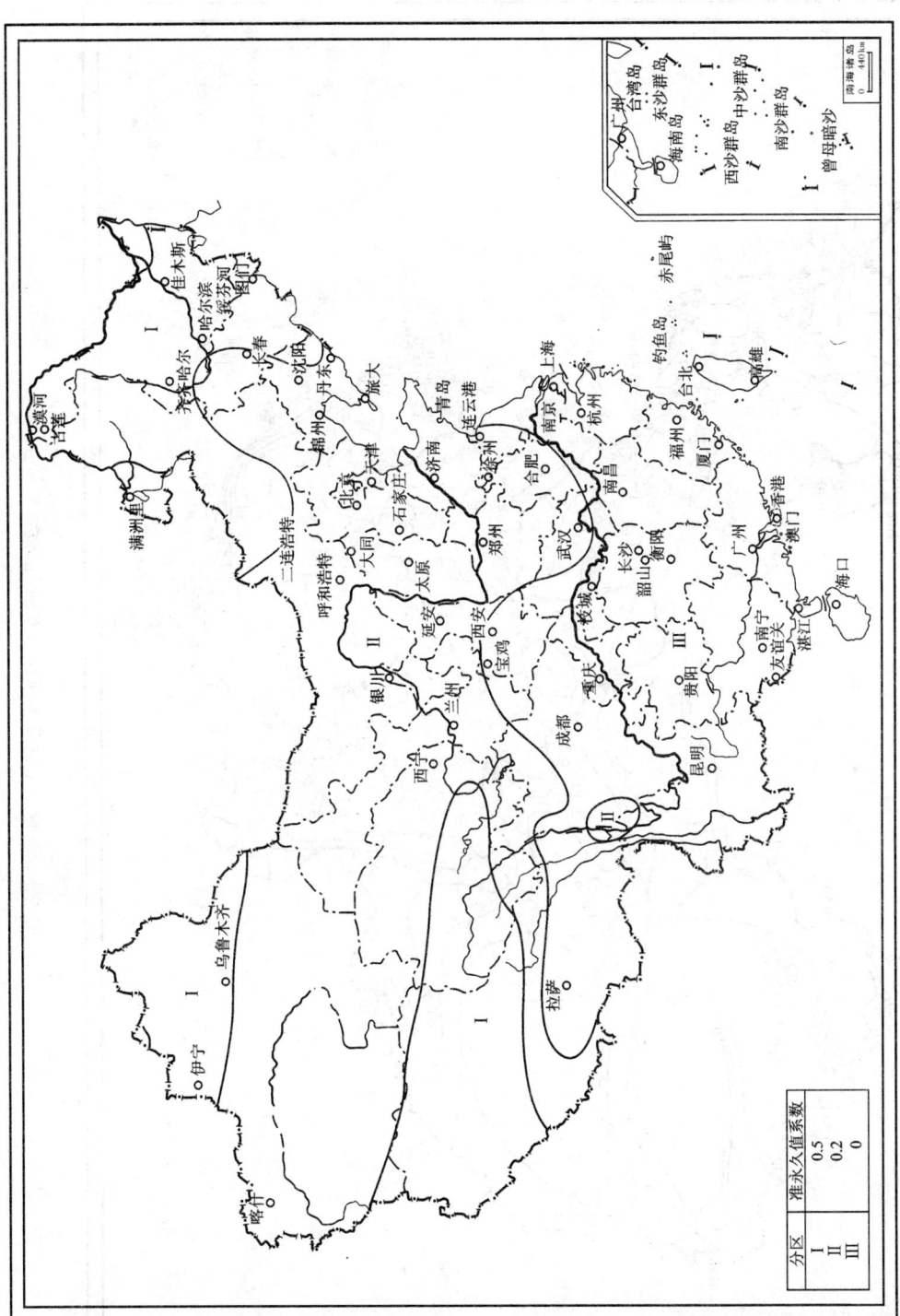

图 1.2.13 雪荷载准永久值系数分区图

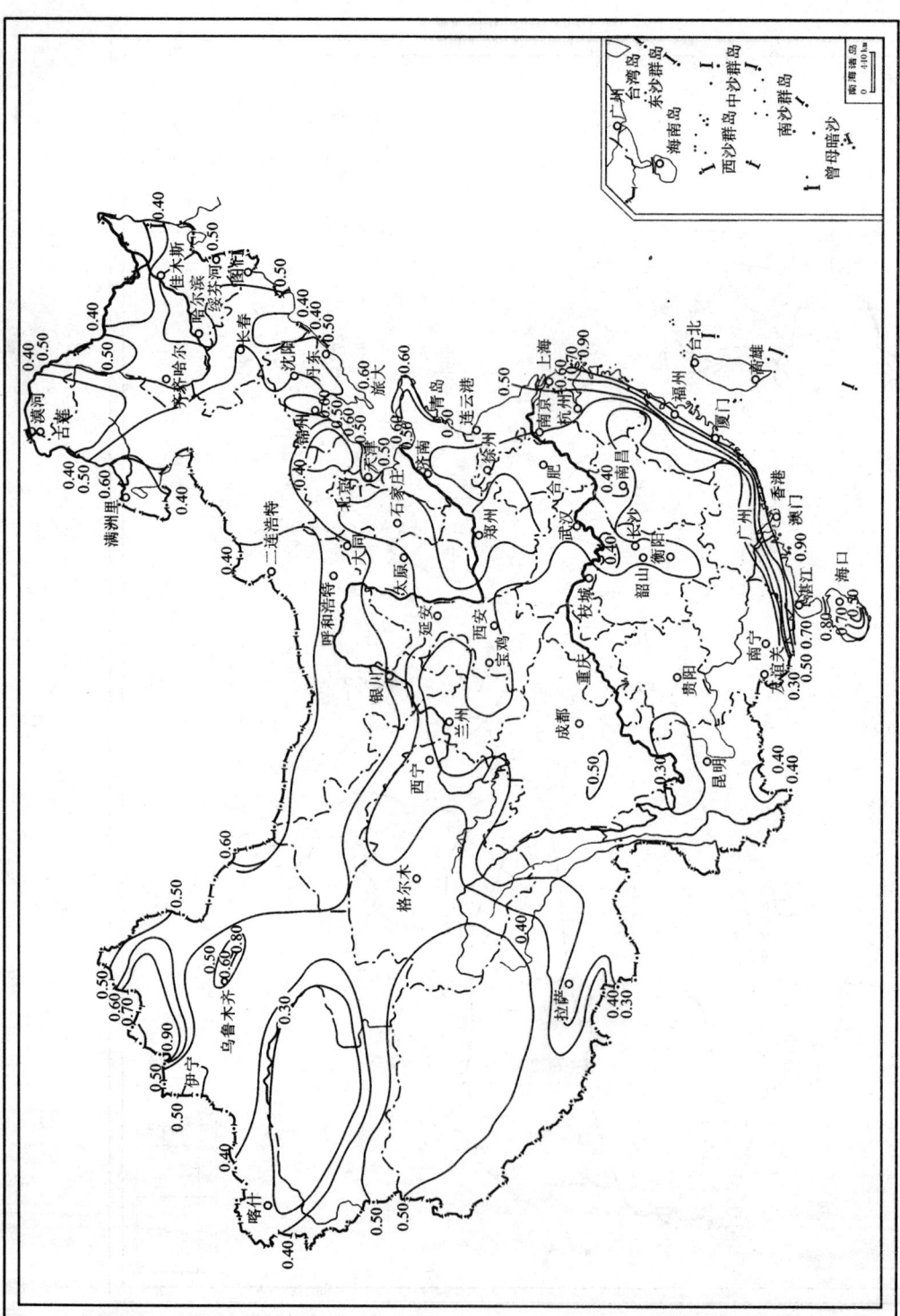

图 1.2.14 全国基本风压分布图(单位:kN/m²)

1.2 结构设计基本知识

(3) 风荷载体型系数

风荷载体型系数应根据建筑物平面形状按下列规定取用:

1) 矩形平面(图 1.2.15 和表 1.2.14)

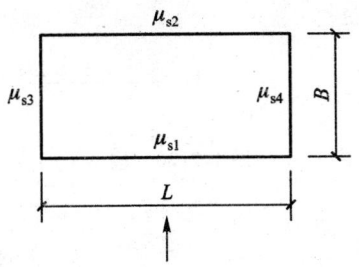

图 1.2.15 矩形平面

表 1.2.14 矩形平面体型系数

μ_{s1}	μ_{s2}	μ_{s3}	μ_{s4}
0.80	$-\left(0.48+0.03\dfrac{H}{L}\right)$	-0.60	-0.60

注:H 为房屋高度。

2) L 形平面(图 1.2.16 和表 1.2.15)

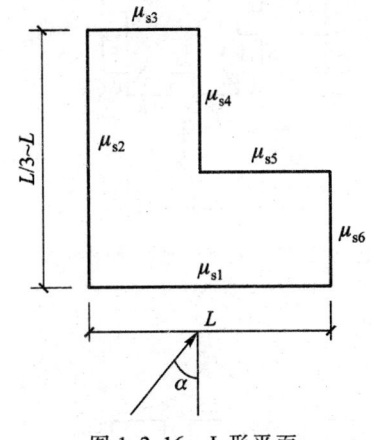

图 1.2.16 L 形平面

表 1.2.15 L 形平面体型系数

α μ_s	μ_{s1}	μ_{s2}	μ_{s3}	μ_{s4}	μ_{s5}	μ_{s6}
0°	0.80	-0.70	-0.60	-0.50	-0.50	-0.60
45°	0.50	0.50	-0.80	-0.70	-0.70	-0.80
225°	-0.60	-0.60	0.30	0.90	0.90	0.30

3) 槽形平面(图 1.2.17)

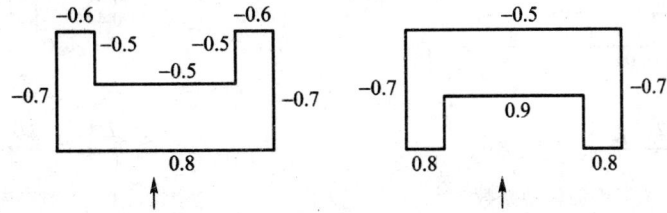

图 1.2.17 槽形平面体型系数

4) 正多边形平面、圆形平面(图 1.2.18)

① $\mu_s = 0.8 + \dfrac{1.2}{\sqrt{n}}$($n$ 为正多边形边数);

② 当圆形高层建筑表面较粗糙时,$\mu_s = 0.8$。

5) 扇形平面(图 1.2.19)

6) 梭形平面(图 1.2.20)

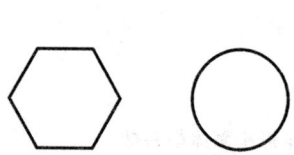

图 1.2.18 正多边形平面和圆形平面

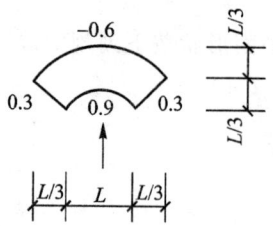

图 1.2.19 扇形平面体型系数

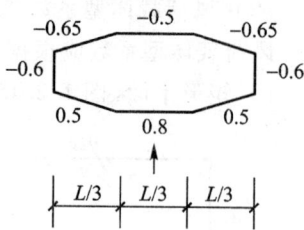

图 1.2.20 梭形平面体型系数

7) 十字形平面(图 1.2.21)

8) 井字形平面(图 1.2.22)

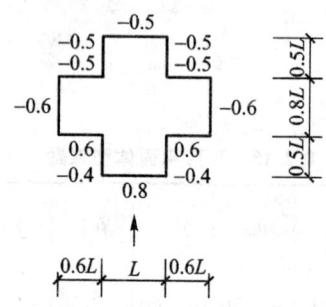

图 1.2.21 十字形平面体型系数

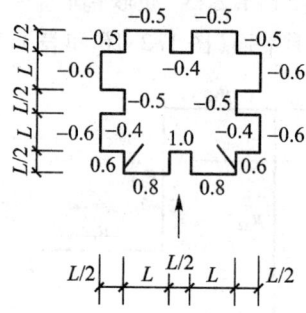

图 1.2.22 井字形平面体型系数

9) X 形平面(图 1.2.23)

10) ++ 形平面(图 1.2.24)

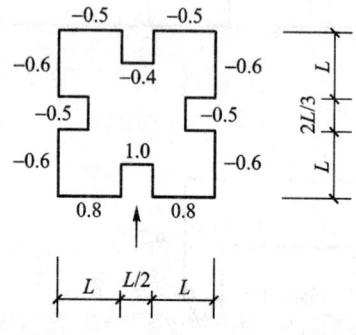

图 1.2.23 X 形平面体型系数

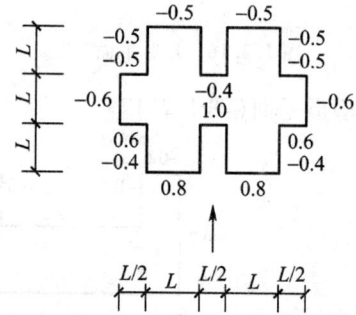

图 1.2.24 ++ 形平面体型系数

11) 六角形平面(图 1.2.25 和表 1.2.16)

12) Y 形平面(图 1.2.26 和表 1.2.17)

表 1.2.16 六角形平面体型系数

α	μ_s	μ_{s1}	μ_{s2}	μ_{s3}	μ_{s4}	μ_{s5}	μ_{s6}
0°		0.80	−0.45	−0.50	−0.60	−0.50	−0.45
30°		0.70	0.40	−0.55	−0.50	−0.55	−0.55

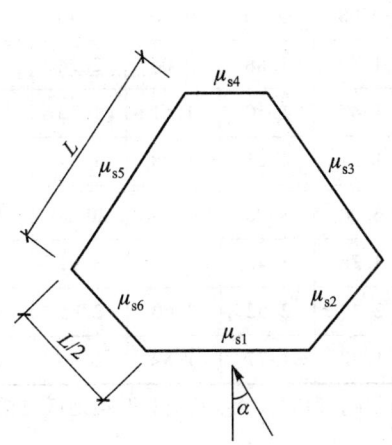
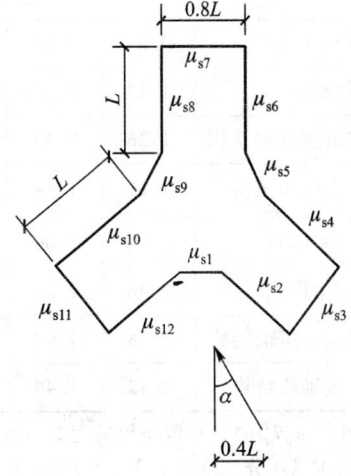

图 1.2.25　六角形平面　　　　　图 1.2.26　Y 形平面

表 1.2.17　Y 形平面体型系数

μ_s \ α	0°	10°	20°	30°	40°	50°	60°
μ_{s1}	1.05	1.05	1.00	0.95	0.90	0.50	-0.15
μ_{s2}	1.00	0.95	0.90	0.85	0.80	0.40	-0.10
μ_{s3}	-0.70	-0.10	-0.30	0.50	0.70	0.85	0.95
μ_{s4}	-0.50	-0.50	-0.55	-0.60	-0.75	-0.40	-0.10
μ_{s5}	-0.50	-0.55	-0.60	-0.65	-0.75	-0.45	-0.15
μ_{s6}	-0.55	-0.55	-0.60	-0.70	-0.65	-0.15	-0.35
μ_{s7}	-0.50	-0.50	-0.50	-0.55	-0.55	-0.55	-0.55
μ_{s8}	-0.55	-0.55	-0.55	-0.50	-0.50	-0.50	-0.50
μ_{s9}	-0.50	-0.50	-0.50	-0.50	-0.50	-0.50	-0.50
μ_{s10}	-0.50	-0.50	-0.50	-0.50	-0.50	-0.50	-0.50
μ_{s11}	-0.70	-0.60	-0.55	-0.55	-0.55	-0.55	-0.55
μ_{s12}	1.00	0.95	0.90	0.80	0.75	0.65	0.35

（4）风振系数

高度大于 30 m，高宽比大于 1.5 且可忽略扭转影响的高层建筑，风振系数 β_z 可按下式计算：

$$\beta_z = 1 + \frac{\varphi_z \xi v}{\mu_z} \quad (1.2.3)$$

式中　φ_z——振型系数，可由结构动力计算确定，计算时可仅考虑受力方向基本振型的影响；对于质量和刚度沿高度分布比较均匀的弯剪型结构，也可近似采用振型计算点距室外地面高度 z 与房屋高度 H 的比值。

　　　　ξ——脉动增大系数，可按表 1.2.18 采用。

　　　　v——脉动影响系数，外形、质量沿高度比较均匀的结构可按表 1.2.19 采用。

　　　　μ_z——风压高度变化系数。

表 1.2.18 脉动增大系数 ξ

$w_0 T_1^2 / (\mathrm{kN \cdot s^2/m^2})$	0.01	0.02	0.04	0.06	0.08	0.10	0.20	0.40	0.60
钢结构	1.47	1.57	1.69	1.77	1.83	1.88	2.04	2.24	2.36
有填充墙的房屋钢结构	1.26	1.32	1.39	1.44	1.47	1.50	1.61	1.73	1.81
混凝土及砌体结构	1.11	1.14	1.17	1.19	1.21	1.23	1.28	1.34	1.38
$w_0 T_1^2 / (\mathrm{kN \cdot s^2/m^2})$	0.80	1.00	2.00	4.00	6.00	8.00	10.00	20.00	30.00
钢结构	2.46	2.53	2.80	3.09	3.28	3.42	3.54	3.91	4.14
有填充墙的房屋钢结构	1.88	1.93	2.10	2.30	2.43	2.52	2.60	2.85	3.01
混凝土及砌体结构	1.42	1.44	1.54	1.65	1.72	1.77	1.82	1.96	2.06

注：计算 $w_0 T_1^2$ 时，对地面粗糙度 B 类地区可直接代入基本风压，而对 A 类、C 类和 D 类地区应按当地的基本风压分别乘以 1.38、0.62 和 0.32 后代入。

表 1.2.19 高层建筑的脉动影响系数 v

H/B	粗糙度类别	房屋总高度 H/m							
		≤30	50	100	150	200	250	300	350
≤0.5	A	0.44	0.42	0.33	0.27	0.24	0.21	0.19	0.17
	B	0.42	0.41	0.33	0.28	0.25	0.22	0.20	0.18
	C	0.40	0.40	0.34	0.29	0.27	0.23	0.22	0.20
	D	0.36	0.37	0.34	0.30	0.27	0.25	0.24	0.22
1.0	A	0.48	0.47	0.41	0.35	0.31	0.27	0.26	0.24
	B	0.46	0.46	0.42	0.36	0.36	0.29	0.27	0.26
	C	0.43	0.44	0.42	0.37	0.34	0.31	0.29	0.28
	D	0.39	0.42	0.42	0.38	0.36	0.33	0.32	0.31
2.0	A	0.50	0.51	0.46	0.42	0.38	0.35	0.33	0.31
	B	0.48	0.50	0.47	0.42	0.40	0.36	0.35	0.33
	C	0.45	0.49	0.48	0.44	0.42	0.38	0.38	0.36
	D	0.41	0.46	0.48	0.46	0.46	0.44	0.42	0.39
3.0	A	0.53	0.51	0.49	0.42	0.41	0.38	0.38	0.36
	B	0.51	0.50	0.49	0.46	0.43	0.40	0.40	0.38
	C	0.48	0.49	0.49	0.48	0.46	0.43	0.43	0.41
	D	0.43	0.46	0.49	0.49	0.48	0.47	0.46	0.45
5.0	A	0.52	0.53	0.51	0.49	0.46	0.44	0.42	0.39
	B	0.50	0.53	0.52	0.50	0.48	0.45	0.44	0.42
	C	0.47	0.50	0.52	0.52	0.50	0.48	0.47	0.45
	D	0.43	0.48	0.52	0.53	0.53	0.52	0.51	0.50
8.0	A	0.53	0.54	0.53	0.51	0.48	0.46	0.43	0.42
	B	0.51	0.53	0.54	0.52	0.50	0.49	0.46	0.44
	C	0.48	0.51	0.54	0.53	0.52	0.52	0.50	0.48
	D	0.43	0.48	0.54	0.53	0.55	0.55	0.54	0.53

1.2.2.2 地震作用

1. 一般规定

① 建筑应根据其使用功能的重要性分为甲类、乙类、丙类和丁类四个抗震设防类别。甲类建筑应属于重大建筑工程和地震时可能发生严重次生灾害的建筑；乙类建筑应属于地震时使用功能不能中断或需尽快恢复的建筑；丙类建筑应属于除甲、乙、丁类以外的一般建筑；丁类建筑应属于抗震次要建筑。

各抗震设防类别的高层建筑地震作用的计算，应符合下列规定：

a. 甲类建筑：应按高于本地区抗震设防烈度计算，其值应按批准的地震安全性评价结果确定；

b. 乙、丙类建筑：应按本地区抗震设防烈度计算。

② 高层建筑结构应按下列原则考虑地震作用：

a. 一般情况下，应允许在结构两个主轴方向分别考虑水平地震作用计算；有斜交抗侧力构件的结构，当相交角度大于15°时，应分别计算各抗侧力构件方向的水平地震作用。

b. 质量与刚度分布明显不对称、不均匀的结构，应计算双向水平地震作用下的扭转影响；其他情况，应计算单向水平地震作用下的扭转影响。

c. 8度、9度抗震设计时，高层建筑中的大跨度和长悬臂结构应考虑竖向地震作用。

d. 9度抗震设计时应计算竖向地震作用。

③ 计算单向地震作用时应考虑偶然偏心的影响。每层质心沿垂直于地震作用方向的偏移值可按下式采用：

$$e_i = \pm 0.05 L_i \tag{1.2.4}$$

式中 e_i——第 i 层质心偏移值(m)，各楼层质心偏移方向相同；

L_i——第 i 层垂直于地震作用方向的建筑物总长度(m)。

④ 高层建筑结构应根据不同情况，分别采用下列地震作用计算方法：

a. 高层建筑结构宜采用振型分解反应谱法，对质量和刚度不对称、不均匀的结构以及高度超过100 m的高层建筑结构应采用考虑扭转耦联振动影响的振型分解反应谱法。

b. 高度不超过40 m、以剪切变形为主且质量和刚度沿高度分布比较均匀的高层建筑结构，可采用底部剪力法。

c. 7~9度抗震设防的高层建筑，下列情况应采用弹性时程分析法进行多遇地震下的补充计算：

（a）甲类高层建筑结构；

（b）表1.2.20 所列的乙、丙类高层建筑结构；

（c）不满足1.2.1.2 节结构竖向布置中第②点至第⑤点规定的高层建筑结构；

（d）规程 JGJ 3—2003 规定的复杂高层建筑结构；

（e）质量沿竖向分布特别不均匀的高层建筑结构。

表1.2.20 采用时程分析法的高层建筑结构

设防烈度、场地类别	建筑高度范围
8度Ⅰ、Ⅱ类场地和7度	>100 m
8度Ⅲ、Ⅳ类场地	>80 m
9度	>60 m

⑤ 进行动力时程分析时，应符合下列要求：

a. 应按建筑场地类别和设计地震分组选用不少于两组实际地震记录和一组人工模拟的加速度时程曲线，其平均地震影响系数曲线应与振型分解反应谱法所采用的地震影响系数曲线在统计意义上相符,且弹性时程分析时,每条时程曲线计算所得的结构底部剪力不应小于振型分解反应谱法求得的底部剪力的 65%,多条时程曲线计算所得的结构底部剪力的平均值不应小于振型分解反应谱法求得的底部剪力的 80%。

b. 地震波的持续时间不宜小于建筑结构基本自振周期的 3~4 倍,也不宜少于 12 s,地震波的时间间距可取 0.01 s 或 0.02 s。

c. 输入地震加速度的最大值,可按表 1.2.21 采用。

表 1.2.21 弹性时程分析时输入地震加速度的最大值 cm/s²

设防烈度	7 度	8 度	9 度
加速度最大值	35(55)	70(110)	140

注:7、8 度时括号内的数值分别用于设计基本地震加速度为 0.15g 和 0.30g 的地区,此处 g 为重力加速度。

d. 结构地震作用效应可取多条时程曲线计算结果的平均值与振型分解反应谱法计算结果的较大值。

⑥ 计算地震作用时,建筑结构的重力荷载代表值应取永久荷载标准值和可变荷载组合值之和。可变荷载的组合值系数应按下列规定采用:

a. 雪荷载取 0.5。

b. 楼面活载按实际情况计算时取 1.0;按等效均布活载计算时,藏书库、档案库、库房取 0.8,一般民用建筑取 0.5。

⑦ 建筑结构的地震影响系数应根据烈度、场地类别、设计地震分组和结构自振周期及阻尼比确定。其水平地震影响系数最大值 α_{max} 应按表 1.2.22 采用;特征周期应根据场地类别和设计地震分组按表 1.2.23 采用,计算 8、9 度罕遇地震作用时,特征周期应增加 0.05 s。

表 1.2.22 水平地震影响系数最大值 α_{max}

地震影响	6 度	7 度	8 度	9 度
多遇地震	0.04	0.08(0.12)	0.16(0.24)	0.32
罕遇地震	—	0.50(0.72)	0.90(1.20)	1.40

注:7、8 度时括号内的数值分别用于设计基本地震加速度为 0.15g 和 0.30g 的地区。

表 1.2.23 特征周期值 T_g s

设计地震分组 \ 场地类别	I	II	III	IV
第一组	0.25	0.35	0.45	0.65
第二组	0.30	0.40	0.55	0.75
第三组	0.35	0.45	0.65	0.90

⑧ 高层建筑结构地震影响系数曲线(图 1.2.27)的形状参数和阻尼调整应符合下列要求:

a. 除有专门规定外,钢筋混凝土高层建筑结构的阻尼比应取 0.05,此时阻尼调整系数 η_2

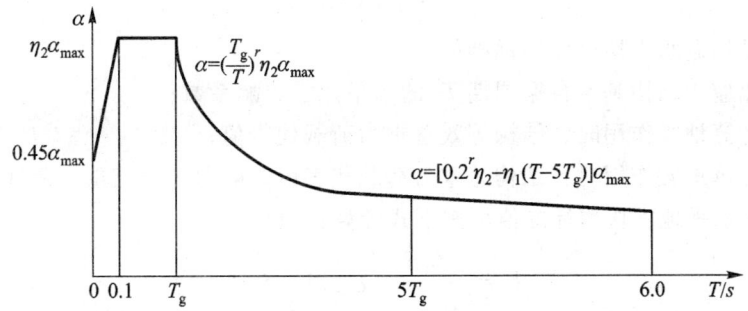

图 1.2.27 地震影响系数曲线

α—地震影响系数；α_{max}—地震影响系数最大值；T—结构自振周期；
T_g—特征周期；γ—衰减指数；η_1—直线下降段下降斜率调整系数；
η_2—阻尼调整系数

应取1.0，形状参数应符合下列规定：

(a) 直线上升段，周期小于 0.1 s 的区段。

(b) 水平段，自 0.1 s 至特征周期 T_g 的区段，地震影响系数应取最大值 α_{max}。

(c) 曲线下降段，自特征周期至 5 倍特征周期的区段，衰减指数 γ 应取 0.9。

(d) 直线下降段，自 5 倍特征周期至 6.0 s 的区段，下降斜率调整系数 η_1 应取 0.02。

b. 当建筑结构的阻尼比不等于 0.05 时，地震影响系数曲线的分段情况与本条第 1 款相同，但其形状参数和阻尼调整系数 η_2 应符合下列规定：

(a) 曲线水平段地震影响系数应取 $\eta_2 \alpha_{max}$。

(b) 曲线下降段的衰减指数应按下式确定：

$$\gamma = 0.9 + \frac{0.05 - \zeta}{0.5 + 5\zeta} \tag{1.2.5}$$

式中 γ——曲线下降段的衰减指数；
ζ——阻尼比。

(c) 直线下降段的下降斜率调整系数应按下式确定：

$$\eta_1 = 0.02 + (0.05 - \zeta)/8 \tag{1.2.6}$$

式中 η_1——直线下降段的斜率调整系数，小于 0 时应取 0。

(d) 阻尼调整系数应按下式确定：

$$\eta_2 = 1 + \frac{0.05 - \zeta}{0.06 + 1.7\zeta} \tag{1.2.7}$$

式中 η_2——阻尼调整系数，当 η_2 小于 0.55 时，应取 0.55。

2. 底部剪力法

采用底部剪力法计算高层建筑结构的水平地震作用时，各楼层在计算方向可仅考虑一个自由度(图 1.2.28)，并应符合下列规定：

① 结构总水平地震作用标准值应按下列公式计算：

$$F_{Ek} = \alpha_1 G_{eq} \tag{1.2.8}$$

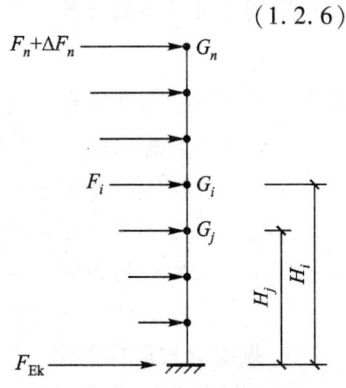

图 1.2.28 底部剪力法计算示意图

$$G_{eq} = 0.85 G_E \tag{1.2.9}$$

式中 F_{Ek}——结构总水平地震作用标准值;

α_1——相应于结构基本自振周期 T_1 的水平地震影响系数;

G_{eq}——计算地震作用时,结构等效总重力荷载代表值;

G_E——计算地震作用时,结构总重力荷载代表值,应取各质点重力荷载代表值之和。

② 质点 i 的水平地震作用标准值可按下式计算:

$$F_i = \frac{G_i H_i}{\sum_{j=1}^{n} G_j H_j} F_{Ek}(1-\delta_n) \tag{1.2.10}$$

$$(i = 1, 2, \cdots, n)$$

式中 F_i——质点 i 的水平地震作用标准值;

G_i、G_j——分别为集中于质点 i、j 的重力荷载代表值;

H_i、H_j——分别为质点 i、j 的计算高度;

δ_n——顶部附加地震作用系数,可按表 1.2.24 采用。

表 1.2.24 顶部附加地震作用系数 δ_n

T_g/s	$T_1 > 1.4 T_g$	$T_1 \leq 1.4 T_g$
≤ 0.35	$0.08 T_1 + 0.07$	不考虑
$0.35 \sim 0.55$	$0.08 T_1 + 0.01$	
≥ 0.55	$0.08 T_1 - 0.02$	

注:T_g 为场地特征周期;T_1 为结构基本自振周期。

③ 主体结构顶层附加水平地震作用标准值可按下式计算:

$$\Delta F_n = \delta_n F_{Ek} \tag{1.2.11}$$

式中 ΔF_n——主体结构顶层附加水平地震作用标准值。

对于质量和刚度沿高度分布比较均匀的框架结构、框架—剪力墙结构和剪力墙结构,其基本自振周期可按下式计算:

$$T_1 = 1.7 \psi_T \sqrt{u_T} \tag{1.2.12}$$

式中 T_1——结构基本自振周期(s)。

u_T——假想的结构顶点水平位移(m),即假想把集中在各楼层处的重力荷载代表值 G_i 作为该楼层水平荷载计算的顶点弹性水平位移。

ψ_T——考虑非承重墙刚度对结构自振周期影响的折减系数,框架结构取 0.6 ~ 0.7,框架—剪力墙结构取 0.7 ~ 0.8,剪力墙结构取 0.9 ~ 1.0。对于其他结构体系或采用其他非承重墙体时,可根据工程情况而定。

3. 振型分解反应谱法

采用振型分解反应谱方法时,对于不考虑扭转耦联振动影响的结构,可按下列规定进行地震作用和作用效应的计算:

① 结构第 j 振型 i 质点的水平地震作用的标准值应按下式确定:

$$F_{ji} = \alpha_j \gamma_j X_{ji} G_i \qquad (1.2.13)$$

$$\gamma_j = \frac{\sum_{i=1}^{n} X_{ji} G_i}{\sum_{i=1}^{n} X_{ji}^2 G_i} \quad (i=1,2,\cdots,n; j=1,2,\cdots,m) \qquad (1.2.14)$$

式中 G_i——质点 i 的重力荷载代表值；

F_{ji}——第 j 振型 i 质点水平地震作用的标准值；

α_j——相应于 j 振型自振周期的地震影响系数；

X_{ji}——j 振型 i 质点的水平相对位移；

γ_j——j 振型的参与系数；

n——结构计算总质点数，小塔楼宜每层作为一个质点参与计算；

m——结构计算振型数，规则结构可取 3，当建筑较高、结构沿竖向刚度不均匀时可取 5~6。

② 水平地震作用效应（内力和位移）应按下式计算：

$$S = \sqrt{\sum_{j=1}^{m} S_j^2} \qquad (1.2.15)$$

式中 S——水平地震作用效应；

S_j——j 振型的水平地震作用效应（弯矩、剪力、轴向力和位移等）。

4. 考虑扭转影响的地震作用计算

考虑扭转影响的结构，各楼层可取两个正交的水平位移和一个转角位移共三个自由度，按下列振型分解法计算地震作用和作用效应。确有依据时，尚可采用简化计算方法确定地震作用效应。

① j 振型 i 层的水平地震作用标准值，应按下列公式确定：

$$\left. \begin{array}{l} F_{xji} = \alpha_j \gamma_{tj} X_{ji} G_i \\ F_{yji} = \alpha_j \gamma_{tj} Y_{ji} G_i \\ F_{tji} = \alpha_j \gamma_{tj} r_i^2 \varphi_{ji} G_i \end{array} \right\} (i=1,2,\cdots,n; j=1,2,\cdots,m) \qquad (1.2.16)$$

式中 F_{xji}、F_{yji}、F_{tji}——分别为 j 振型 i 层的 x 方向、y 方向和转角方向的地震作用标准值；

X_{ji}、Y_{ji}——分别为 j 振型 i 层质心在 x、y 方向的水平相对位移；

φ_{ji}——j 振型 i 层的相对扭转角；

r_i——i 层转动半径，可取 i 层绕质心的转动惯量除以该层质量的商的正二次方根；

α_j——相应于第 j 振型自振周期 T_j 的地震影响系数；

γ_{tj}——考虑扭转的 j 振型参与系数；

n——结构计算总质点数，小塔楼宜每层作为一个质点参加计算；

m——结构计算振型数，一般情况下可取 9~15，多塔楼建筑每个塔楼的振型数不宜小于 9。

当仅考虑 x 方向地震作用时：

$$\gamma_{tj} = \sum_{i=1}^{n} X_{ji} G_i \bigg/ \sum_{i=1}^{n} (X_{ji}^2 + Y_{ji}^2 + \varphi_{ji}^2 r_i^2) G_i \qquad (1.2.17)$$

当仅考虑 y 方向地震作用时：

$$\gamma_{tj} = \sum_{i=1}^{n} Y_{ji} G_i \Big/ \sum_{i=1}^{n} (X_{ji}^2 + Y_{ji}^2 + \varphi_{ji}^2 r_i^2) G_i \tag{1.2.18}$$

当考虑与 x 方向夹角为 θ 的地震作用时：

$$\gamma_{tj} = \gamma_{xj} \cos\theta + \gamma_{yj} \sin\theta \tag{1.2.19}$$

式中　γ_{xj}、γ_{yj}——分别为由式(1.2.18)、式(1.2.19)求得的振型参与系数。

② 单向水平地震作用下，考虑扭转的地震作用效应，应按下列公式确定：

$$S = \sqrt{\sum_{j=1}^{m} \sum_{k=1}^{m} \rho_{jk} S_j S_k} \tag{1.2.20}$$

$$\rho_{jk} = \frac{8\zeta_j \zeta_k (1 + \lambda_T) \lambda_T^{1.5}}{(1 - \lambda_T^2)^2 + 4\zeta_j \zeta_k (1 + \lambda_T)^2 \lambda_T} \tag{1.2.21}$$

式中　S——考虑扭转的地震作用效应；

S_j、S_k——分别为 j、k 振型地震作用效应；

ρ_{jk}——j 振型与 k 振型的耦联系数；

λ_T——k 振型与 j 振型的自振周期比；

ζ_j、ζ_k——分别为 j、k 振型的阻尼比。

③ 考虑双向水平地震作用下的扭转地震作用效应，应按下列公式中的较大值确定：

$$S = \sqrt{S_x^2 + (0.85 S_y)^2} \tag{1.2.22}$$

或

$$S = \sqrt{S_y^2 + (0.85 S_x)^2} \tag{1.2.23}$$

式中　S_x——为仅考虑 x 向水平地震作用时的地震作用效应；

S_y——为仅考虑 y 向水平地震作用时的地震作用效应。

此处引用现行国家标准《建筑抗震设计规范》(GB 50011—2001)的规定。增加了考虑双向水平地震作用下的地震效应组合方法。根据强震观测记录的统计分析，两个方向水平地震加速度的最大值不相等，二者之比约为 1∶0.85，而且两个方向的最大值不一定发生在同一时刻，因此采用平方和开平方计算两个方向地震作用效应。公式中的 S_x 和 S_y 是指在两个正交的 x 和 y 方向地震作用下，在每个构件的同一局部坐标方向上的地震作用效应。

式(1.2.14)和式(1.2.17)所建议的振型数是对质量和刚度分布比较均匀的结构而言的。对于质量和刚度分布很不均匀的结构，振型分解反应谱法所需的振型数一般可取为振型有效质量达到总质量的 90% 时所需的振型数。振型有效质量与总质量之比可由计算分析程序提供。

5. 竖向地震作用计算

竖向地震作用比较复杂，目前考虑方法大体有三种：

① 输入地震波的动力时程计算。该方法比较精确，但费时、费力，而且地震波的选择和输入方式会对计算结果产生较大的差异。

② 以结构或构件重力荷载代表值为基础的地震影响系数方法。

该方法以重力荷载代表值乘以竖向地震影响系数计算地震作用，并且按照构件重力荷载代表值的比例进行竖向地震作用的分配。9 度抗震设防的高层建筑一般可采用此方法计算。

③ 直接将构件的重力荷载代表值乘以增大系数，更近似地考虑竖向地震作用的影响。大

跨度结构、长悬臂结构、转换层结构的转换构件、连体结构的连接体等，在没有更精确的计算手段时，一般均可采用这种方法近似考虑竖向地震作用。

高层建筑结构中的长悬挑结构、大跨度结构以及结构上部楼层外挑的部分对竖向地震作用比较敏感，应考虑竖向地震作用进行结构计算。结构的竖向地震作用的精确计算比较繁杂，为简化计算，将竖向地震作用取为重力荷载代表值的百分比，直接加在结构上进行内力分析。

结构竖向地震作用标准值可按下列规定计算(图 1.2.29)：

① 结构竖向地震作用的总标准值可按下列公式计算：

$$F_{Evk} = \alpha_{vmax} G_{eq} \quad (1.2.24)$$
$$G_{eq} = 0.75 G_E \quad (1.2.25)$$
$$\alpha_{vmax} = 0.65 \alpha_{max} \quad (1.2.26)$$

② 结构质点 i 的竖向地震作用标准值可按下式计算：

$$F_{vi} = \frac{G_i H_i}{\sum_{j=1}^{n} G_j H_j} F_{Evk} \quad (1.2.27)$$

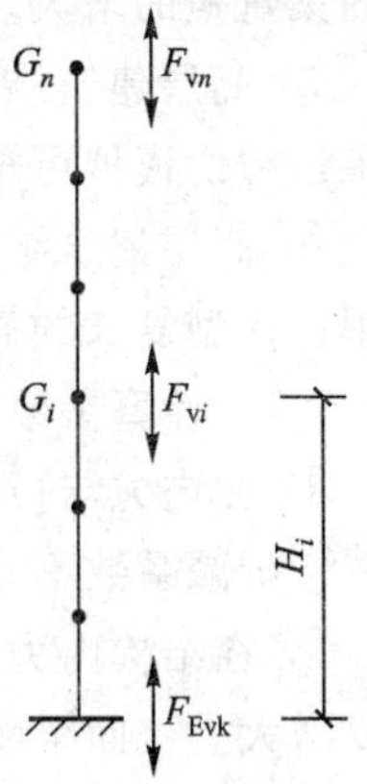

图 1.2.29 结构竖向地震作用标准值计算示意图

式中 F_{Evk}——结构总竖向地震作用标准值；

α_{vmax}——结构竖向地震影响系数的最大值；

G_{eq}——结构等效总重力荷载代表值；

G_E——计算竖向地震作用时，结构总重力荷载代表值，应取各质点重力荷载代表值之和；

F_{vi}——质点 i 的竖向地震作用标准值；

G_i、G_j——分别为集中于质点 i、j 的重力荷载代表值；

H_i、H_j——分别为质点 i、j 的计算高度。

③ 楼层各构件的竖向地震作用效应可按各构件承受的重力荷载代表值比例分配，9 度抗震设计时宜乘以增大系数 1.5。

水平长悬臂构件、大跨度结构及结构上部楼层外挑部分考虑竖向地震作用时，竖向地震作用的标准值在 8 度和 9 度设防时，可分别取该结构或构件承受的重力荷载代表值的 10% 和 20%。

所谓大跨度和长悬臂结构，是指结构转换层中的转换构件、跨度大于 24 m 的楼盖或屋盖、悬挑大于 2 m 的水平悬臂构件等，这些结构构件在 8 度和 9 度抗震设防时竖向地震作用的影响比较明显，设计中应予考虑。

1.2.3 高层建筑结构的内力与位移计算方法

1.2.3.1 一般规定

① 高层建筑的内力与位移可按弹性方法计算。框架梁及连系梁等构件可考虑局部塑性变形引起的内力重分布。

② 高层建筑结构分析模型应根据实际情况确定。所选取的分析模型应能较准确地反映结构中各构件的实际受力状况。

③ 进行高层建筑内力与位移计算时,可假定楼板在自身平面内为无限刚性,相应地,设计时应采取必要措施保证楼板平面内的整体刚度;否则应考虑楼板的面内变形进行计算。

④ 高层建筑结构内力计算中,当楼面活载大于 4 kN/m² 时,应考虑楼面活载不利布置引起的梁弯矩的增大。

⑤ 高层建筑结构进行重力荷载作用效应分析时,柱、墙轴向变形宜考虑施工过程的影响。施工过程的模拟可根据需要采用适当的简化方法。

⑥ 高层建筑结构进行风荷载效应分析时,正反两个方向的风荷载可按两个方向的较大值采用;体型复杂的高层建筑,应考虑风向角的影响。

1.2.3.2 计算参数

① 在内力与位移计算中,抗震设计的框架—剪力墙或剪力墙结构中的连系梁刚度可予以折减,折减系数不宜小于 0.5。

② 在结构内力与位移计算中,现浇楼面和装配整体式楼面中梁的刚度可考虑翼缘的作用予以增大。楼面梁刚度增大系数可根据翼缘情况取为 1.3~2.0。

对于无现浇面层的装配式结构,可不考虑楼面翼缘的作用。

③ 在竖向荷载作用下,可考虑框架梁端塑性变形内力重分布对梁端负弯矩乘以调幅系数进行调幅,并应符合下列规定:

a. 装配整体式框架梁端负弯矩调幅系数可取为 0.7~0.8;现浇框架梁端负弯矩调幅系数可取为 0.8~0.9。

b. 框架梁端负弯矩调幅后,梁跨中弯矩应按平衡条件相应增大。

c. 应先对竖向荷载作用下框架梁的弯矩进行调幅,再与水平作用产生的框架梁弯矩进行组合。

d. 截面设计时,框架梁跨中截面正弯矩设计值不应小于竖向荷载作用下按简支梁计算的跨中弯矩设计值的 50%。

④ 高层建筑结构楼面梁受扭计算中应考虑楼盖对梁的约束作用。当计算中未考虑楼盖对梁扭转的约束作用时,可对梁的计算扭矩乘以折减系数予以折减。梁扭矩折减系数应根据梁周围楼盖的情况确定。

1.2.3.3 重力二阶效应及结构稳定验算

重力二阶效应及结构稳定验算的要求是:

① 在水平力作用下,当高层建筑结构满足下列规定时,可不考虑重力二阶效应的不利影响:

a. 剪力墙结构、框架—剪力墙结构、筒体结构:

$$EJ_d \geqslant 2.7H^2 \sum_{i=1}^{n} G_i \qquad (1.2.28)$$

b. 框架结构:

$$D_i \geqslant 20 \sum_{j=i}^{n} G_j / h_i \quad (i = 1, 2, \cdots, n) \qquad (1.2.29)$$

式中 EJ_d——结构一个主轴方向的弹性等效侧向刚度,可按倒三角形分布荷载作用下结构顶点位移相等的原则,将结构的侧向刚度折算为竖向悬臂受弯构件的等效侧向刚度;

H——房屋高度;

G_i、G_j——分别为第 i、j 楼层重力荷载设计值；

h_i——第 i 楼层层高；

D_i——第 i 楼层的弹性等效侧向刚度，可取该层剪力与层间位移的比值；

n——结构计算总层数。

② 高层建筑结构不满足上一条的规定时，应考虑重力二阶效应对水平力作用下结构内力和位移的不利影响。

③ 高层建筑结构重力二阶效应，可采用弹性方法进行计算，也可采用对未考虑重力二阶效应的计算结果乘以增大系数的方法近似考虑。结构位移增大系数 F_1、F_{1i} 及结构构件弯矩和剪力增大系数 F_2、F_{2i} 可分别按下列规定近似计算，位移计算结果仍应满足 1.2.3.5 节的规定：

a. 对框架结构，可按下列公式计算：

$$F_{1i} = \frac{1}{1 - \sum_{j=i}^{n} G_j/(D_i h_i)} \quad (i = 1, 2, \cdots, n) \tag{1.2.30}$$

$$F_{2i} = \frac{1}{1 - 2\sum_{j=i}^{n} G_j/(D_i h_i)} \quad (i = 1, 2, \cdots, n) \tag{1.2.31}$$

b. 对剪力墙结构、框架—剪力墙结构、筒体结构，可按下列公式计算：

$$F_1 = \frac{1}{1 - 0.14H^2 \sum_{i=1}^{n} G_i/(EJ_d)} \tag{1.2.32}$$

$$F_2 = \frac{1}{1 - 0.28H^2 \sum_{i=1}^{n} G_i/(EJ_d)} \tag{1.2.33}$$

④ 高层建筑结构的稳定应符合下列规定：

a. 剪力墙结构、框架—剪力墙结构、筒体结构应符合下式要求：

$$EJ_d \geq 1.4H^2 \sum_{i=1}^{n} G_i \tag{1.2.34}$$

b. 框架结构应符合下式要求：

$$D_i \geq 10 \sum_{j=i}^{n} G_j/h_i \quad (i = 1, 2, \cdots, n) \tag{1.2.35}$$

EJ_d 代表剪力墙结构、框架—剪力墙结构和筒体结构的刚度，$D_i h_i$ 代表框架结构的刚度，$\sum_{i=1}^{n} G_i$ 为重力荷载设计值，因此，稳定验算实际上是对刚度与重量之比（简称刚重比）的验算。

1.2.3.4 水平地震作用标准值下楼层剪力验算

反应谱曲线是向下延伸的曲线，当结构的自振周期较长、刚度较弱时，所求得的地震剪力会较小，设计出来的高层建筑结构在地震中可能不安全，因此对于高层建筑规定其最小的地震剪力。

水平地震作用计算时，结构各楼层对应于地震作用标准值的剪力应符合下式要求：

$$V_{Eki} \geq \lambda \sum_{j=i}^{n} G_j \tag{1.2.36}$$

式中　V_{Eki}——第 i 层对应于水平地震作用标准值的剪力。

　　　λ——水平地震剪力系数,不应小于表 1.2.25 规定的值;对于竖向不规则结构的薄弱层,尚应乘以 1.15 的增大系数。

表 1.2.25　楼层最小地震剪力系数值

类　　别	7 度	8 度	9 度
扭转效应明显或基本周期小于 3.5 s 的结构	0.016(0.024)	0.032(0.048)	0.064
基本周期大于 5.0 s 的结构	0.012(0.018)	0.024(0.032)	0.040

注:1. 基本周期介于 3.5 s 和 5.0 s 之间的结构,应允许线性插入取值;
　　2. 7、8 度时括号内数值分别用于设计基本地震加速度为 $0.15g$ 和 $0.30g$ 的地区。

由于地震影响系数在长周期段下降较快,对于基本周期大于 3 s 的结构,由此计算所得的水平地震作用下的结构效应可能偏小。而对于长周期结构,地震地面运动速度和位移可能对结构的破坏具有更大影响,但是规范所采用的振型分解反应谱法尚无法对此作出估计。出于结构安全的考虑,增加了对各楼层水平地震剪力最小值的要求,规定了不同烈度下的楼层地震剪力系统(即剪重比),结构水平地震作用效应应据此进行相应调整。对于竖向不规则结构的薄弱层的水平地震剪力应乘以 1.15 的增大系数,并应符合本条的规定,即楼层最小剪力系数不应小于 1.15λ。

扭转效应明显的结构,一般是指楼层最大水平位移(或层间位移)大于楼层平均水平位移(或层间位移)1.2 倍的结构。

V_{Eki} 为第 i 层对应于水平地震作用标准值的剪力,$\sum_{j=i}^{n} G_j$ 为第 i 层承受的重力荷载代表值,式(1.2.37)实际上是对剪力与重量之比(简称剪重比)的验算。

1.2.3.5　水平位移限值和舒适度要求

水平位移限值和舒适度的要求是:

① 按弹性方法计算的楼层层间最大位移与层高之比 $\Delta u/h$ 宜符合以下规定:

a. 高度不大于 150 m 的高层建筑,其楼层层间最大位移与层高之比 $\Delta u/h$ 不宜大于表 1.2.26 的限值。

表 1.2.26　楼层层间最大位移与层高之比的限值

结 构 类 型	$\Delta u/h$ 限值	结 构 类 型	$\Delta u/h$ 限值
框架	1/550	筒中筒、剪力墙	1/1 000
框架—剪力墙、框架—核心筒、板柱—剪力墙	1/800	框支层	1/1 000

b. 高度等于或大于 250 m 的高层建筑,其楼层层间最大位移与层高之比 $\Delta u/h$ 不宜大于 1/500。

c. 高度在 150~250 m 之间的高层建筑,其楼层层间最大位移与层高之比 $\Delta u/h$ 的限值按本条第 1 款和第 2 款的限值线性插入取用。

楼层层间最大位移 Δu 以楼层最大的水平位移差计算,不扣除整体弯曲变形。抗震设计时,本条规定的楼层位移计算不考虑偶然偏心的影响。

② 高层建筑结构在罕遇地震作用下薄弱层弹塑性变形验算,应符合下列规定:

a. 下列结构应进行弹塑性变形验算:

（a）7~9度时楼层屈服强度系数小于0.5的框架结构。

（b）甲类建筑和9度抗震设防的乙类建筑结构。

（c）采用隔震和消能减震技术的建筑结构。

b. 下列结构宜进行弹塑性变形验算:

（a）表1.2.20所列高度范围且不满足1.2.1.2节结构竖向布置中第②点至第⑤点规定的高层建筑结构。

（b）7度Ⅲ、Ⅳ类场地和8度抗震设防的乙类建筑结构。

（c）板柱—剪力墙结构。

楼层屈服强度系数为按构件实际配筋和材料强度标准值计算的楼层受剪承载力与按罕遇地震作用计算的楼层弹性地震剪力的比值。

③ 结构薄弱层(部位)层间弹塑性位移应符合下式要求:

$$\Delta u_p \leq [\theta_p] h \qquad (1.2.37)$$

式中　Δu_p——层间弹塑性位移。

　　　$[\theta_p]$——层间弹塑性位移角限值,可按表1.2.27采用;对框架结构,当轴压比小于0.40时,可提高10%;当柱子全高的箍筋构造采用比规程中框架柱箍筋最小含箍特征值大于30%时,可提高20%,但累计不超过25%。

　　　h——层高。

表 1.2.27　层间弹塑性位移角限值

结构类别	$[\theta_p]$	结构类别	$[\theta_p]$
框架结构	1/50	剪力墙结构和筒中筒结构	1/120
框架—剪力墙结构、框架—核心筒结构、板柱—剪力墙结构	1/100	框支架	1/120

④ 高度超过150m的高层建筑结构应具有良好的使用条件,满足舒适度要求。10年一遇的风荷载取值计算的顺风向与横风向结构顶点最大加速度 a_{max} 不应超过表1.2.28的限值。必要时,可通过专门风洞试验结果计算确定顺风向与横风向结构顶点最大加速度 a_{max},且不应超过表1.2.28的限值。

表 1.2.28　结构顶点最大加速度限值 a_{max}

使用功能	$a_{max}/(m/s^2)$
住宅、公寓	0.15
办公、旅馆	0.25

高层钢结构的侧移应满足以下要求：

① 高层建筑钢结构不考虑地震作用时，结构在风荷载作用下，顶点质心位置的侧移不宜超过建筑高度的 1/500，质心层间侧移不宜超过建筑高度的 1/400。对于以钢筋混凝土结构为主要抗侧力构件的高层钢结构的位移，应符合现行国家标准《钢筋混凝土高层建筑结构设计与施工规程》(JGJ 3—2002)的有关规定，但在保证主体结构不开裂和装修材料不出现较大破坏的情况下，可适当放宽。

结构平面端部构件最大侧移不得超过质心侧移的 1.2 倍。

② 高层建筑钢结构的第一阶段抗震设计，其层间侧移标准值不得超过结构高度的 1/250。对于以钢筋混凝土结构为主要抗侧力构件的结构，其侧移值应符合现行国家标准《钢筋混凝土高层建筑结构设计与施工规程》的规定，但在保证主体结构不开裂和装修材料不出现较大破坏的情况下，可适当放宽。

结构平面端部构件最大侧移不得超过质心侧移的 1.3 倍。

③ 高层建筑钢结构的第二阶段抗震设计，其结构层间侧移不得超过层高的 1/70，结构层间侧移延性比不得大于表 1.2.29 的规定。

表 1.2.29　结构层间侧移延性比

结 构 类 别	层间侧移延性比	结 构 类 别	层间侧移延性比
钢框架	3.5	中心支撑框架	2.5
偏心支撑框架	3.0	有混凝土剪力墙的钢框架	2.0

1.2.4　作用效应组合与构件承载力计算方法

1.2.4.1　作用效应组合

1. 无地震作用效应组合

无地震作用效应组合时，荷载效应组合的设计值应按下式确定：

$$S = \gamma_G S_{Gk} + \psi_Q \gamma_Q S_{Qk} + \psi_w \gamma_w S_{wk} \tag{1.2.38}$$

式中　S——荷载效应组合的设计值；

　　　γ_G——永久荷载分项系数；

　　　γ_Q——楼面活荷载分项系数；

　　　γ_w——风荷载的分项系数；

　　　S_{Gk}——永久荷载效应标准值；

　　　S_{Qk}——楼面活荷载效应标准值；

　　　S_{wk}——风荷载效应标准值；

　　　ψ_Q、ψ_w——分别为楼面活荷载组合值系数和风荷载组合值系数，当永久荷载效应起控制作用时应分别取 0.7 和 0.0，当可变荷载效应起控制作用时应分别取 1.0 和 0.6 或 0.7 和 1.0。

注：对书库、档案库、储藏室、通风机房和电梯机房，本条楼面活荷载组合值系数取 0.7 的场合应取为 0.9。

无地震作用效应组合时,荷载分项系数应按下列规定采用:
(1) 承载力计算
承载力计算时:
① 永久荷载的分项系数 γ_G:当其效应对结构不利时,对由可变荷载效应控制的组合应取1.2,对由永久荷载效应控制的组合应取1.35;当其效应对结构有利时,应取不大于1.0。
② 楼面活荷载的分项系数 γ_Q:一般情况下应取1.4。
③ 风荷载的分项系数 γ_w 应取1.4。
(2) 位移计算
位移计算时,式(1.2.38)中各分项系数均应取1.0。

无地震作用效应组合且永久荷载效应起控制作用(永久荷载分项系数取1.35)时,仅考虑楼面活荷载效应参与组合,组合值系数一般取0.7,风荷载效应不参与组合(组合值系数取0.0);无地震作用效应组合且可变荷载效应起控制作用(永久荷载分项系数取1.2)的场合,当风荷载作为主要可变荷载、楼面活荷载作为次要可变荷载时,其组合值系数分别取1.0、0.7;对书库、档案库、储藏室、通风机房和电梯机房等楼面活荷载较大且相对固定的情况,其楼面活载组合值系数应由0.7改为0.9。当楼面活载作为主要可变荷载、风荷载作为次要可变荷载时,其组合值系数分别取1.0和0.6。依此规定,当不考虑楼面活载的不利布置时,由式(1.2.38)至少可以有以下的组合:

$$S = 1.35 S_{Gk} + 0.7 \times 1.4 S_{Qk} \tag{1.2.39}$$

$$S = 1.26(S_{Gk} + S_{Qk})(恒、活不分开) \tag{1.2.40}$$

$$S = 1.2 S_{Gk} + 1.0 \times 1.4 S_{Qk} \pm 0.6 \times 1.4 S_{wk} \tag{1.2.41}$$

$$S = 1.2 S_{Gk} + 1.0 \times 1.4 S_{wk} + 0.7 \times 1.4 S_{Qk} \tag{1.2.42}$$

$$S = 1.0 S_{Gk} + 1.0 \times 1.4 S_{Qk} \pm 0.6 \times 1.4 S_{wk} \tag{1.2.43}$$

$$S = 1.0 S_{Gk} \pm 1.0 \times 1.4 S_{wk} + 0.7 \times 1.4 S_{Qk} \tag{1.2.44}$$

2. 有地震作用效应组合

有地震作用效应组合时,荷载效应和地震作用效应组合的设计值应按下式确定:

$$S = \gamma_G S_{GE} + \gamma_{Eh} S_{Ehk} + \gamma_{Ev} S_{Evk} + \psi_w \gamma_w S_{wk} \tag{1.2.45}$$

式中 S——荷载效应和地震作用效应组合的设计值;

S_{GE}——重力荷载代表值的效应;

S_{Ehk}——水平地震作用标准值的效应,尚应乘以相应的增大系数或调整系数;

S_{Evk}——竖向地震作用标准值的效应,尚应乘以相应的增大系数或调整系数;

γ_G——重力荷载分项系数;

γ_w——风荷载分项系数;

γ_{Eh}——水平地震作用分项系数;

γ_{Ev}——竖向地震作用分项系数;

ψ_w——风荷载的组合值系数,一般取0.0,对60 m以上的高层建筑取0.2。

有地震作用效应组合时,荷载效应和地震作用效应的分项系数应按下列规定采用:
① 承载力计算时,分项系数应按表1.2.30采用。当重力荷载效应对结构承载力有利时,表1.2.30中 γ_G 不应大于1.0;

表 1.2.30　有地震作用效应组合时荷载和作用分项系数

所考虑的组合	γ_G	γ_{Eh}	γ_{Ev}	γ_w	说　明
重力荷载及水平地震作用	1.2	1.3	—	—	
重力荷载及竖向地震作用	1.2	—	1.3	—	9度抗震设计时考虑；水平长悬臂结构8度、9度抗震设计时考虑
重力荷载、水平地震及竖向地震作用	1.2	1.3	0.5	—	9度抗震设计时考虑；水平长悬臂结构8度、9度抗震设计时考虑
重力荷载、水平地震作用及风荷载	1.2	1.3	—	1.4	60 m 以上的高层建筑考虑
重力荷载、水平地震作用、竖向地震作用及风荷载	1.2	1.3	0.5	1.4	60 m 以上的高层建筑，9度抗震设计时考虑；水平长悬臂结构8度、9度抗震设计时考虑

注：表中"—"号表示组合中不考虑该项荷载或作用效应。

② 位移计算时，式(1.2.45)中各分项系数均应取 1.0。

依据式(1.2.45)和表 1.2.31 的规定，有地震作用效应的组合数是非常多的，具体的组合数与房屋高度、抗震设防烈度和是否长悬臂结构有关，归纳如表 1.2.31 所示。

表 1.2.31　与地震作用有关的作用效应组合工况数

组合数	γ_G	γ_{Eh}	γ_{Ev}	γ_w	ψ_w	考虑的场合
1~8(8)	1.2/1.0	±1.3	0.0	0.0	0.0	6、7、8、9 度
9~12(4)	1.2/1.0	0.0	±1.3	0.0	0.0	9度抗震设计时；水平长悬臂结构8度、9度抗震设计时
13~28(16)	1.2/1.0	±1.3	±0.5	0.0	0.0	9度抗震设计时；水平长悬臂结构8度、9度抗震设计时
29~44(16)	1.2/1.0	±1.3	0.0	±1.4	0.2	60 m 以上的高层建筑
45~76(32)	1.2/1.0	±1.3	±0.5	±1.4	0.2	60 m 以上的高层建筑，且9度抗震设计时或水平长悬臂结构8度、9度抗震设计时

1.2.4.2　构件承载力计算

高层建筑结构构件承载力应按下列公式验算：

无地震作用组合　　　　　　　$\gamma_0 S \leqslant R$ 　　　　　　(1.2.46)

有地震作用组合　　　　　　　$S \leqslant R/\gamma_{RE}$ 　　　　　　(1.2.47)

式中　γ_0——结构重要性系数，对安全等级为一级或设计使用年限为 100 年及以上的结构构件，不应小于 1.1；对安全等级为二级或设计使用年限为 50 年的结构构件，不应小于 1.0。

　　　S——作用效应组合的设计值。

R——构件承载力设计值。

γ_{RE}——构件承载力抗震调整系数。

抗震设计时,钢筋混凝土构件的承载力抗震调整系数应按表 1.2.32 采用;型钢混凝土构件和钢构件的承载力抗震调整系数分别按表 1.2.33 和表 1.2.34 采用。当仅考虑竖向地震作用组合时,各类结构构件的承载力抗震调整系数均应取为 1.0。

表 1.2.32 承载力抗震调整系数

构件类别	梁	轴压比小于 0.15 的柱	轴压比不小于 0.15 的柱	剪 力 墙		各类构件	节 点
受力状态	受弯	偏压	偏压	偏压	局部承压	受剪、偏拉	受剪
γ_{RE}	0.75	0.75	0.80	0.85	1.0	0.85	0.85

A 级高度高层建筑结构的抗震等级可由表 1.2.33 查得。

表 1.2.33 A 级高度的高层建筑结构抗震等级

结 构 类 型		烈 度						
		6 度		7 度		8 度		9 度
框架	高度/m	≤30	>30	≤30	>30	≤30	>30	≤25
	框架	四	三	三	二	二	一	一
框架—剪力墙	高度/m	≤60	>60	≤60	>60	≤60	>60	≤50
	框架	四	三	三	二	二	一	一
	剪力墙	三		二		二		一
剪力墙	高度/m	≤80	>80	≤80	>80	≤80	>80	≤60
	剪力墙	四	三	三	二	二	一	一
框支剪力墙	非底部加强部位剪力墙	四	三	三	二	二	一	不应采用
	底部加强部位剪力墙	三	二	二	二	一	一	
	框支框架	二	二	二	一	一	一	
筒体	框架—核心筒	框架	三		二		一		一
		核心筒	二		二		一		一
	筒中筒	内筒	三		二		一		一
		外筒	三		二		一		一
板柱—剪力墙	板柱的柱	三		二		一		不应采用
	剪力墙	二		二		二		

注:1. 接近或等于高度分界时,应结合房屋不规则程度及场地、地基条件适当确定抗震等级;
  2. 底部带转换层的筒体结构,其框支框架的抗震等级应按表中框支剪力墙结构的规定采用;
  3. 板柱—剪力墙结构中框架的抗震等级应与表中"板柱的柱"相同。

B级高度高层建筑结构的抗震等级可按表 1.2.34 确定。

表 1.2.34　B 级高度的高层建筑结构抗震等级

结构类型		烈　度		
		6 度	7 度	8 度
框架—剪力墙	框架	二	一	一
	剪力墙	二	一	特一
剪力墙	剪力墙	二	一	一
框支剪力墙	非底部加强部位剪力墙	二	一	一
	底部加强部位剪力墙	二	一	特一
	框支框架		特一	特一
框架—核心筒	框架	二	一	一
	筒体	二	一	特一
筒中筒	外筒	二	一	特一
	内筒	二	一	特一

注：底部带转换层的筒体结构，其框支框架和底部加强部位筒体的抗震等级应按表中框支剪力墙结构的规定采用。

特一级是比一级抗震等级更严格的构造措施。这些措施主要体现在：采用型钢混凝土或钢管混凝土构件提高延性；增大构件配筋率和配箍率；加大强柱弱梁和强剪弱弯的调整系数；加大剪力墙的受弯和受剪承载力；加强连系梁的构造配筋等。框架角柱的弯矩和剪力设计值仍应按 JGJ 3—2002 第 6.2.4 条的规定，乘以不小于 1.1 的增大系数。

高层规程中，特一级抗震等级主要用于抗震设计的 B 级高度高层建筑、复杂高层建筑结构、9 度抗震设防的乙类高层建筑结构。

高层建筑结构中，抗震等级为特一级的钢筋混凝土构件，除应符合一级抗震等级的基本要求外，尚应满足下列规定：

1. 框架柱

① 宜采用型钢混凝土柱或钢管混凝土柱。

② 柱端弯矩增大系数 η_c、柱端剪力增大系数 η_{vc} 应增大 20%。

③ 钢筋混凝土柱柱端加密区最小配箍特征值 λ_v 应按规程 JGJ 3—2002 中表 6.4.7 的数值增大 0.02 采用；全部纵向钢筋最小构造配筋百分率，中、边柱取 1.4%，角柱取 1.6%。

2. 框架梁

① 梁端剪力增大系数 η_{vb} 应增大 20%。

② 梁端加密区箍筋构造最小配箍率应增大 10%。

3. 框支柱

① 宜采用型钢混凝土柱或钢管混凝土柱。

② 底层柱下端及与转换层相连的柱上端的弯矩增大系数取 1.8，其余层柱端弯矩增大系

数 η_c 应增大 20%；柱端剪力增大系数 η_{vc} 应增大 20%；地震作用产生的柱轴力增大系数取 1.8，但计算柱轴压比时可不计该项增大。

③ 钢筋混凝土柱柱端加密区最小配箍特征值 λ_v 应按规程 JGJ 3—2002 中表 6.4.7 的数值增大 0.03 采用，且箍筋体积配箍率不应小于 1.6%；全部纵向钢筋最小构造配筋百分率取 1.6%。

4. 筒体和剪力墙

① 底部加强部位及其上一层的弯矩设计值应按墙底截面组合弯矩计算值的 1.1 倍采用，其他部位可按墙肢组合弯矩计算值的 1.3 倍采用；底部加强部位的剪力设计值，应按考虑地震作用组合的剪力计算值的 1.9 倍采用，其他部位的剪力设计值，应按考虑地震作用组合的剪力计算值的 1.2 倍采用。

② 一般部位的水平和竖向分布钢筋最小配筋率应取为 0.35%，底部加强部位的水平和竖向分布钢筋的最小配筋率应取为 0.4%。

③ 约束边缘构件纵向钢筋最小构造配筋率应取为 1.4%，配箍特征值宜增大 20%；构造边缘构件纵向钢筋的配筋率不应小于 1.2%。

④ 框支剪力墙结构的落地剪力墙底部加强部位边缘构件宜配置型钢，型钢宜向上、下各延伸一层。

5. 剪力墙和筒体的连系梁

① 当跨高比不大于 2 时，宜配置交叉暗撑；

② 当跨高比不大于 1 时，应配置交叉暗撑；

③ 交叉暗撑的计算和构造宜符合 JGJ 3—2002 第 9.3.8 条的规定。

1.3 施工组织设计基本知识

1.3.1 概述

施工组织设计是指导工程施工准备与施工生产的技术管理文件，是工程投标书的重要组成内容，是工程项目管理与技术组织安排的主要依据。其基本任务是根据业主对工程建设的要求，在人力和物力、时间和空间、技术和组织上作出全面合理的安排，以保证按照规定的目标（工期、质量、安全、文明施工）完成施工任务。

1.3.1.1 施工组织设计的分类及其内容

施工组织设计根据其对象可以分为施工组织总设计、单位工程施工组织设计和分部（分项）工程作业设计。

施工组织总设计是以整个建设项目或民用建筑群体为对象编制的，通过对整个工程的施工进行通盘考虑、全面规划，用以指导全场性的施工准备和有计划地运用施工力量，其内容包括确定拟建的各项工程的施工期限、施工程序、主要施工方法、各种临时设施的需要量及现场总的布置方案等，并提出各种物资与劳力资源需要量计划。

单位工程施工组织设计又称单体工程施工设计，它以单体工程为对象编制并用以直接指导单体工程的施工。如果该单位工程为拟建建设项目（或群体工程）中的一个组成部分，则应在施工组织总设计所规定的条件和总的施工部署的指导下,具体地安排人力、物力和建筑安装工作。如果单体工程是独立施工的单个建筑物,则应按独立的单个建筑物的条件来编制。单位工程施工组织设计的内容主要包括:工程概况与施工条件、施工部署与施工方案、主要施工项目施工方法、施工进度计划与施工准备工作计划、主要技术措施、各项需用量计划、施工平面图及主要技术经济指标等。

分部(分项)工程作业设计是以某些特别重要的和复杂的或者缺乏施工经验的分部(分项)工程(如复杂的基础工程、特大构件的吊装工程、大量土石方工程等)或冬、雨期施工等为对象编制的专门的、以施工方案及施工技术方法为主的详尽的施工设计文件。

1.3.1.2 单位工程施工组织文件的编制程序、依据、原则

1. 单位工程施工组织设计的编制程序

单位工程施工组织设计的编制程序如图 1.3.1 所示。

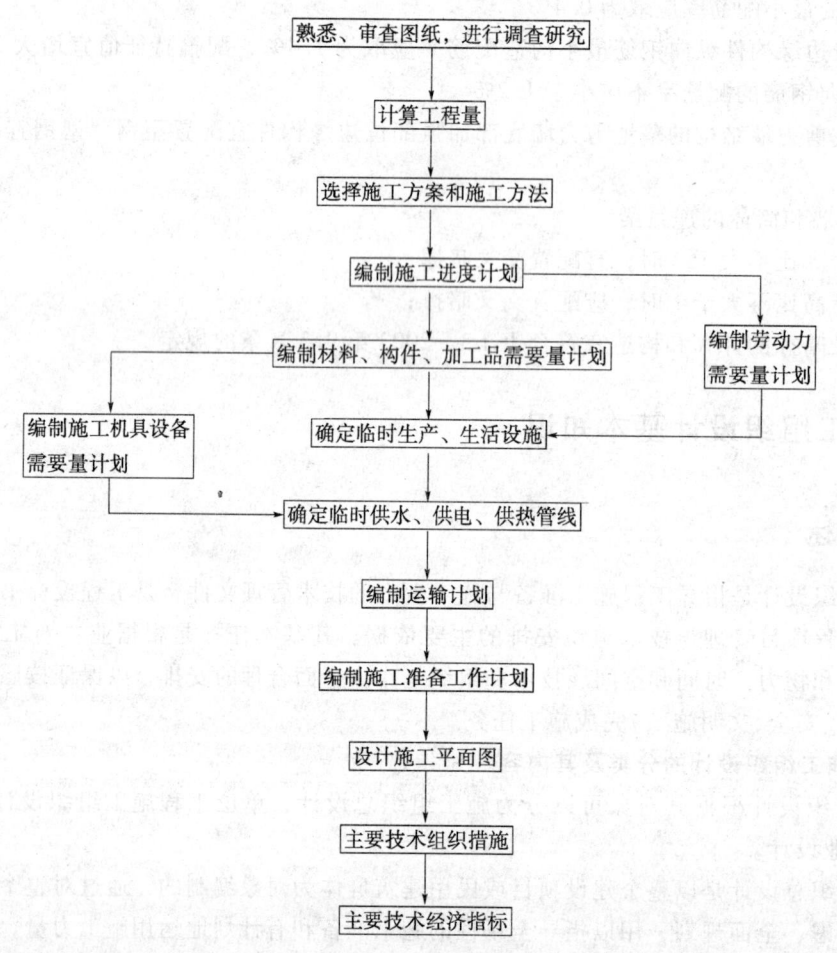

图 1.3.1 单位工程施工组织设计编制程序

编制时,应首先熟悉和审核施工图及其说明,同时进行现场施工条件调查分析。熟悉和审核施工图并能领会设计意图,明确工程内容,分析工程特点,弄清施工任务。在此基础上对施

工条件进行分析研究。将工程特点与施工条件结合起来进行分析，就可以得出必要的结论，作为拟定施工方案、编制施工进度计划和布置施工平面图的依据。这项工作，要求将工程概况和施工条件用简明扼要而突出重点的文字介绍，同时最好应附有拟建工程平面、剖面简图及周围环境图，以补充文字介绍的不足。

施工方案是在认真熟悉施工图纸、分析工程特点和明确施工任务、充分研究施工条件、提出几个可行方案并在技术经济比较的基础上做出的。施工方案所做出的决策，是编制施工进度计划的依据。施工进度应反映施工方案的内容和要求，施工平面图以施工方案和施工进度计划为依据进行布置。

2. 单位工程施工组织设计的编制依据

① 建设地区的气象与地质调查资料。调查内容与调查目的见表1.3.1。

② 材料、预制构件及半成品等的供应情况。包括主要材料、构件、半成品的来源及供应方式、运距及运输条件等。

③ 水电供应条件。包括水源、电源及其供应量，水压、电压及是否需要单独设置变压器或备用发电机。调查内容见表1.3.2。

④ 劳动力配备情况。施工期提供的总劳动量和专业工种劳动量。

⑤ 主要施工机械的配备情况、种类和数量。

⑥ 建设单位对工程的要求，开竣工日期和采用新技术的要求。

⑦ 各阶段设备安装进场的时间。

⑧ 建设单位为工程提供的条件及施工时的用地或邻地的条件，施工现场拆迁情况等。

⑨ 本工程的施工图、地区定额手册（施工定额、劳动定额和工期定额等）、操作规程和国家规范、建筑施工手册等。

表1.3.1 气象、地形、地质和水文调查表

项目	调查内容	调查目的
气温	（1）年平均温度，最高、最低、最冷、最热月的月平均温度，结冰期，解冻期 （2）冬、夏室外计算温度 （3）小于或等于 -3℃、0℃、+5℃的天数、起止时间	（1）防暑降温 （2）冬期施工 （3）混凝土、灰浆强度增长
降雨	（1）雨期起止时间 （2）全年降水量，昼夜最大降水量 （3）年雷暴日数	（1）雨期施工 （2）工地排水、防洪 （3）防雷
地质	（1）钻孔布置图 （2）地质剖面图（土层特征及厚度） （3）地质的稳定性、滑坡、流砂、冲沟 （4）物理力学指标：天然含水率，天然孔隙比，塑性指数，压缩试验 （5）最大冻结深度 （6）地基土强度结论 （7）地基土破坏情况，土坑、枯井、古墓、地下构筑物	（1）土方施工方法的选择 （2）地基处理方法 （3）基础施工 （4）障碍物拆除计划 （5）复核地基基础设计

续表

项目	调查内容	调查目的
地震	烈度大小	(1) 对地基影响 (2) 施工措施
风	(1) 主导风向及频率 (2) 大于或等于8级风全年天数,时间	(1) 布置临时设施 (2) 高空作业及吊装措施
地形	(1) 区域地形图 (2) 现场地形图 (3) 该区的城市管理要求 (4) 控制桩、水准点的位置	(1) 选择施工用地 (2) 布置施工平面图 (3) 现场平整土方量计算 (4) 障碍物及数量
地下水	(1) 最高、最低水位及时间 (2) 流向、流速及流量 (3) 水质分析 (4) 抽水试验	(1) 土方施工 (2) 基础施工方案的选择 (3) 降低地下水位 (4) 侵蚀性质及施工注意事项
地面水	(1) 临近的江河湖泊及距离 (2) 洪水、平水及枯水时期 (3) 流量、水位及航道深 (4) 水质分析	(1) 临时给水 (2) 航运组织 (3) 水工工程

表 1.3.2 水、电源和其他动力条件调查表

项　目	内　容
给水排水	(1) 与当地现有水源连接的可能性,可供水量,接管地点、管径、材料、埋深、水压、水质、水费,至工地距离,地形地物情况 (2) 自选临时江河水源,至工地距离,地形地物情况,水量,取水方式,水质及处理 (3) 自选临时水井水源的位置、深度、口径和出水量 (4) 利用永久排水设施的可能,施工排水方向、距离和坡度,洪水影响,现有防洪设施
供电与电信	(1) 电源位置,供电的可能性、方向,接线地点至工地的距离,地形地物情况,允许供电容量,电压、导线截面、电费 (2) 建设和施工单位自有发电设备的规格型号、台数,能力 (3) 利用邻近电信设施的可能性,电话、电报局至工地距离,可能增设电话设备和线路情况
蒸汽等	(1) 有无蒸汽来源,可供蒸汽量、管径、埋深、至工地距离,地形地物情况,蒸汽价格 (2) 建设和施工单位自有锅炉设备规格型号、台数和能力,所需燃料,用水水质 (3) 当地和建设单位的压缩空气、氧气的提供能力,至工地距离

3. 单位工程施工组织设计的基本原则
(1) 科学合理地安排施工程序

单位工程施工是在施工现场对建筑物这一施工对象组织施工，更主要的是建筑本身各结构部分之间有依附关系（如主体结构必须依附于基础工程上，装修工程又要依附于主体结构）。所以，一般都将整个工程划分为几个阶段，如施工准备、基础工程、预制工程、主体结构工程、屋面防水工程、装饰工程等。在各个施工阶段之间互有搭接，力求衔接紧凑，缩短工期。

（2）采用先进的技术和进行合理的施工组织

采用先进的技术是提高劳动生产率、保证工程质量、加快施工进度和降低工程成本的途径。应组织流水施工，采用网络计划技术安排施工进度。

（3）土建施工与设备安装应密切配合

一个建筑物从施工准备直至竣工验收，交付生产或使用，是土建工人与其他专业工人互相配合和共同努力的结果，尤其是某些工业建筑，设备安装工程量较大，为了能使整个厂房提前投产，土建施工应为设备安装创造条件，提出设备安装进场时间。设备安装时间应尽可能与土建搭接。在土建与设备安装搭接施工时，应考虑到施工安全和对设备的污染，最好采取分区分段进行，水电卫生设备的安装也应与土建交叉配合。

（4）简化现场施工工艺，尽量扩大作业空间，争取作业时间

建筑施工需要多专业、多工种的施工人员，多种机械设备等，这些生产力与资源在建筑物所在位置的有限空间内流动作业，往往会引起生产效率降低，工期延长。因此，施工组织应简化现场施工工艺、减少作业工种，确保连续施工，加快施工速度。

（5）应作技术经济比较后择优选定

在施工组织方案、施工方法和施工机具选择等方面，每项工程的施工都可能存在多种的方案供选择。在选择时要注意从实际出发，在确保工程质量和生产安全的前提下，使方案在技术上是先进的，在经济上是合理的，是切合现场实际的。

（6）确保工程质量和施工安全

在单位工程施工组织设计中，必须依据国家颁发的工程质量标准及施工安全规定，结合工程的施工项目及内容提出确保工程质量的技术措施和施工安全措施。

（7）加强文明施工

建立现场文明措施，既能减少环境污染，又能创造良好的施工条件，为施工安全提供保证。

（8）降低工程成本

合理安排劳动力与施工机械，提高劳动效率与机械利用率，合理布置施工平面图，减少临时设施和避免材料二次搬运，加强材料使用计划管理，减少浪费。

1.3.1.3 多层与高层框架结构房屋的施工特点

多层与高层框架结构一般采用现浇钢筋混凝土框架结构或装配式框架结构。现浇框架结构又分为现浇楼板和预制板两种形式，前者现浇混凝土量大，后者现浇与预制构件吊装穿插进行。高层建筑高空作业多，施工技术比较复杂，工期较长，季节性施工的影响不可避免。高层建筑基础与上部主体结构施工质量关系到整个工程的可靠性；施工的速度，决定了后续的围护工程、装饰工程、水和电及设备安装工程等能否及时投入施工，能否及时用框架迅速完成所提供的工作面；组织多专业、多工种的相互配合与立体交叉平行作业，对保证工程如期竣工，起着关键作用。高层建筑多位于市区，往往施工场地狭窄，交通拥挤，必须考虑施工对邻近建

(构)筑物的影响,确保高空作业及城市行车行人的安全,符合城市规划与管理的规定。必须有计划、有组织地安排现场物资的运输,控制现场工程材料的堆放,加速场地的周转利用。高层建筑装修工程量大,技术要求高,交叉作业多,工期长,与水、电、设备等专业施工存在有密切配合问题。

1.3.1.4 高层剪力墙结构房屋施工特点

高层剪力墙结构房屋的施工,除具有一般多层建筑施工的特点外,还具有自己的一些特点,主要有:

1. 施工的阶段性

① 施工准备阶段:踏勘现场,收集资料,编制施工组织设计;现场三通一平,测量定位,搭建临时设施,做好各种安全和保护措施等。

② 基础施工阶段:基础施工包括基坑支护、降低地下水位、土方开挖和运输、基础的模板制作和安装、钢筋成型和绑扎及混凝土浇筑、填土和拆除支护等。如果采用桩基础,桩基施工可另外分成一个独立的施工阶段,通常由专业施工单位施工。

③ 结构施工阶段:一般分为标准层施工阶段和非标准层施工阶段。标准层由于各层建筑、结构相同,可采用较先进的施工方法和管理方法,且施工的熟练程度逐渐提高,施工速度较快。而非标准层(公用层和顶层)由于开间尺寸和空间均有变化,层数只有1~3层,模板大多用散装散拆的模板,耗用人工多,施工速度较慢。

④ 装饰和水、电、风设备安装阶段:为缩短总工期,此阶段施工是与结构施工搭接进行,一般主体结构施工到七八层后,即可陆续开始。此阶段的分项工程很多,各分项工程之间,每个分项工程中的各工序之间,均须按一定的施工顺序进行,此时已有许多层楼的工作面,可组织立体交叉作业。但本阶段的施工工期仍是几个施工阶段中最长的。

⑤ 室外总体工程施工阶段:高层建筑的管线较多,最后要与室外或市政的管网接通;同时还有道路、围墙等。

2. 使用大型机械多

桩基础施工阶段要使用制桩、运桩、吊桩、沉桩机械;基础施工阶段要使用土方挖、运机械,起重运输机械,混凝土浇筑机械;结构施工阶段要使用塔式起重机、混凝土泵、快速升架或施工电梯等;装饰和设备安装阶段要使用施工电梯、井架、灰浆泵等机械。

3. 高空作业多、垂直运输量大

高层建筑的垂直运输量大,高空作业多,因此给施工带来了一系列新的问题,诸如垂直运输机械的选用、高空安全防护措施、通信联络及防火、防雷等。特别指出的是,垂直运输机械的选用和管理直接影响到高层建筑施工工期。

4. 模板工程是关键工序

在高层剪力墙结构房屋施工中,模板工程是耗工耗时最多的工序,模板类型的选择和设计是高层剪力墙结构房屋施工组织设计中的一个重要内容。结合工程特点、施工企业的特长和现有条件,根据混凝土浇筑的方式和程序,选择先进合理的模板类型,对减轻劳动强度、降低工程成本、提高工效和缩短工期起着很大的作用。

5. 生产关系复杂

在完成高层建筑施工的整个过程中,从施工准备到竣工交付使用,复杂多变,涉及了纵、横各方面的较多关系,有工程设计单位、咨询监理单位、分包施工单位,多达几个、十几个甚至几十个。因此,加强与建设单位、设计单位、监理单位的密切配合,做好总分包单位之间的协同工作,组织多个专业班组同时立体交叉在同一幢高层建筑内不同部位协调施工,这是一项综合性很强的施工组织管理工作。

6. 施工平面图绘制和管理占有重要地位

要使多个施工单位、多个专业工种能同时进场施工,合理安排和划分各施工单位、工种的材料堆放场地和临时设施,保持施工道路畅通,是确保施工进度按计划进行的措施之一。各施工阶段的平面图布置不同。

1.3.2 施工方案

施工方案一般包括施工部署(组织管理机构设置)、施工开展程序与起点流向、施工阶段的划分与各施工阶段工期的控制、施工顺序的确定与流水施工的组织和主要分部分项工程施工方法与主要施工机械设备的选择等。

1.3.2.1 施工部署与流水施工的组织

1. 施工部署

施工部署主要反映施工企业对施工项目的组织管理方式,施工项目机构设置及其职责(必要时可绘制出项目机构图),作业层与管理层运作模式。例如,某高层框架结构建筑工程项目的机构设置及其职责如下:

① 工程部:施工准备、生产准备、施工管理。

② 施工技术部:图纸审核、施工方案编制、测量施线、技术交底、技术复核、工程技术资料管理、技术交底与培训、检测试验、计划、统计。

③ 质检部:质量检查监督、评定、验收。

④ 安检部:安全监督与管理。

⑤ 合约部:合同管理、工程月结算、工程最终决算、财务管理、成本核算、收支来往结算。

⑥ 物资供应部:材料采购、管理、发放、设备调度、保养、维修。

⑦ 综合办公室:医疗、食堂管理、生活设施、文件、信函收发、对外关系协调、接待、生活办公用品及用具。

其作业层与管理层运作模式是:

作业层实行施工队(或专业队)长负责制,由项目经理与之签订合同,明确各自的权利和义务,以合同为杠杆,以结点工期目标、质量目标、安全文明施工目标为考核标准,确保各项施工任务的圆满完成。

在项目经理领导下,设两名副经理,一名分管土建施工及后方供应,一名分管安装工程施工,设项目主任工程师一名,分管土建安装技术,下设工程技术、质检、安检、合约、综合办公室、物资等业务部门,在主管领导下开展业务工作,形成以项目经理为首的以施工生产为中心的施工、技术、资源保障管理运作程序。

2. 流水施工的组织

(1)确定施工开展程序与施工流向

1)施工程序

施工程序是指一个单位(或单体)工程中形象部位之间或施工阶段间的先后客观次序,是建筑施工客观规律的反映。确定总的施工程序应注意以下三点:

① 按基建程序办事,必须做好施工准备工作,才能开工。

② 地基已经处理,并经检验合格,方能进行基础施工。

③ 一般应遵守"先地下、后地上","先土建、后设备","先主体,后围护","先结构、后装修"的原则。但对特殊情况应视具体情况决定,如在冬季之前尽可能完成土建主体和围护结构,以利于施工中的防寒。

2) 施工流向的确定

对于施工流向的确定,多层及高层建筑不但要定出基础及一层的流向,还要定出分层施工的施工流向。确定时应考虑以下几方面:生产使用的先后,适应施工组织的分区分段,与材料、构件运输方向不相冲突,适应主导工程的合理施工顺序。

(2) 施工阶段的划分和各施工阶段工期的控制

1) 施工阶段的划分

当施工程序确定后,将整个单位工程划分为若干施工阶段,便于有计划地进行物资资源的准备、施工的组织与管理、明确和落实各施工阶段的施工任务,从各个施工阶段的施工项目、内容、施工复杂程度,提出各施工阶段的施工要求和施工时间的控制,从而保证整个建筑物的施工质量和施工工期。

2) 工期与工期定额

工程工期的确定,以国家制定的《建筑安装工程工期定额》为依据,投标工程还应满足工程施工招标文件及施工合同要求。目前,施工组织设计考虑的工期,可在《建筑安装工程工期定额》的基础上,下浮15%左右确定。

《建筑安装工程工期定额》是编制施工组织设计、安排施工计划和考核施工工期的依据,是制定招标标底、投标标书和签订建筑安装工程合同的重要数据。该定额将全国划分为Ⅰ、Ⅱ、Ⅲ类地区,分别制定工期定额。

Ⅰ类地区:上海、江苏、浙江、安徽、福建、江西、湖北、湖南、广东、广西、四川、贵州、云南;

Ⅱ类地区:北京、天津、河北、山西、山东、河南、陕西、甘肃、宁夏;

Ⅲ类地区:内蒙、辽宁、吉林、黑龙江、西藏、青海、新疆。

定额使用时,应注意:

① 多用途的单位工程工期,分别套用不同用途的定额工期,按面积加权平均值计算;多种结构的单位工程工期,分别套用不同结构的定额工期,按面积加权平均值计算。如由不同层数组成的单位工程工期,当高层数部分的面积占30%及以上时,按高层数的定额计算工期;不足30%时,按低层数计算工期。

② 定额中的基础开挖,以三类土为准,如为四类土,单位工程工期乘1.02系数,石方乘1.05系数。定额中的基础埋深,Ⅰ、Ⅱ类地区以2 m、Ⅲ类地区以2.5 m以内为准,每增1 m另加工期10 d。8层以上的工程工期已包括打桩等基础工期,但桩长超过12 m时,另增超长部分的工期;7层以下工程不包括打桩工期,如遇打桩另加打桩工期。

③ 定额中的现浇框架结构指全现浇(梁、柱、板)。如部分现浇、部分预制,其工期按现浇

框架乘 0.96 的系数。

④ 高级商店的工期按商店工期乘 1.15 的系数；单身宿舍的工期按住宅的工期乘 0.90 的系数；高级病房、高级疗养用房的工期按医院、疗养用房的工期分别乘 1.15 和 1.30 的系数；高级住宅面积在 1 000 m² 以内的，其工期按住宅工期乘 1.50 的系数，面积超过 1 000 m² 乘 1.20 的系数；宾馆或宾馆性质的饭店按旅馆工期乘 1.30 的系数。

⑤ 带裙房的住宅、办公、教学、旅馆、医疗、科研楼，其工期另增 30 d。

常见建筑现浇框架结构工期定额见表 1.3.3。

3) 施工阶段控制工期

多层及高层框架结构，一般可划分为以下施工阶段：

① 施工准备阶段。

② 基础工程施工阶段：包括桩基施工、基坑开挖、基础垫层、基础支模、扎筋、浇筑混凝土、拆模及基础回填土等施工过程。

③ 主体结构工程施工阶段：主要有各层框架柱、梁的支模、扎筋、浇筑混凝土、拆模、养护及预制楼板安装、灌缝及楼面整浇层的混凝土、现浇楼梯、电梯井及现浇板等施工工作。

④ 围护结构工程施工阶段：包括框架内外填充墙的砌筑、内外脚手架的搭设、屋面隔热、防水等施工工作。

⑤ 装修工程施工阶段：主要有门窗安装、室内外抹灰、贴面、楼地面、油漆、玻璃等工程项目。

水电安装一般从基础施工阶段起，就配合土建施工进行埋设管线，到装修工程施工阶段进行水、暖、电、卫等工程最后组装，设备安装一般也在土建装修工程施工阶段进行，总之，施工组织设计时，应根据工程特点和施工条件，在确定施工开展程序后，从便于施工组织与管理的条件考虑，合理地划分施工阶段。

(3) 确定施工顺序和流水施工的组织

1) 确定施工顺序应满足的要求

每个施工阶段往往包括了若干个分项工程或工序(施工过程)。施工顺序是指分项工程或工序之间的施工先后次序，它的确定既是为了按照客观的施工规律组织施工，也是为了解决工种之间在时间上的搭接问题。确定施工顺序应满足施工工艺、施工方法、施工机械、施工组织安排、施工质量、气候条件和安全生产的要求。

2) 施工段的划分

多层及高层框架结构建筑以框架结构施工为主导工程，该主导工程施工的主要工作内容包括框架的模板支设、钢筋绑扎、混凝土浇筑、养护、拆模、安装预制板等。

分层分段时，水平方向以结构平面的伸缩缝、沉降缝、单元界限等为分段界限，这样可以减少施工缝的数量；为避免早期温度裂缝，根据温差不同，一般分段长度不宜超过 25~30 m，大工程在工期紧迫的情况下采用连续流水施工作业时，还应根据施工队数目和技术停歇等因素划分施工段。垂直方向按结构层次分层，在每层中先浇筑柱，再浇筑梁板。柱子浇筑宜在梁板模板安装后，梁板钢筋未绑扎前进行，以便利于梁板模板稳定柱模和作为浇筑柱混凝土操作平台用。流水施工段的划分，应考虑以下几个主要内容：

① 有利于结构的整体性，尽量利用伸缩缝或沉降缝，在平面上有变化处，以及留槎而不

影响质量处。

表 1.3.3 现浇框架结构工期定额

建筑	层数	建筑面积/m²	工期/d I	工期/d II	工期/d III	层数	建筑面积/m²	工期/d I	工期/d II	工期/d III	备注
住宅	6 以下	2 000 以内	240	255	290	12 以下	20 000 以内	515	545	605	包括电梯
	6 以下	3 000 以内	260	275	315	14 以下	10 000 以内	495	520	580	
	6 以下	5 000 以内	285	300	340	14 以下	15 000 以内	520	550	610	
	6 以下	7 000 以内	310	325	370	14 以下	20 000 以内	550	580	645	
	8 以下	5 000 以内	355	370	415	16 以下	10 000 以内	530	555	615	
	8 以下	7 000 以内	380	395	445	16 以下	15 000 以内	555	585	645	
	8 以下	10 000 以内	405	420	475	16 以下	20 000 以内	585	615	680	
	8 以下	15 000 以内	430	450	505	18 以下	15 000 以内	505	620	680	
	10 以下	7 000 以内	405	425	480	18 以下	20 000 以内	620	650	715	
	10 以下	10 000 以内	430	450	510	18 以下	25 000 以内	655	685	750	
	10 以下	15 000 以内	455	480	540	20 以下	15 000 以内	630	660	720	
	10 以下	20 000 以内	485	510	570	20 以下	20 000 以内	660	690	755	
	12 以下	10 000 以内	460	485	545	20 以下	25 000 以内	695	725	790	
	12 以下	15 000 以内	485	515	575	20 以下	30 000 以内	730	765	825	
旅馆	6 以下	3 000 以内	270	285	320	14 以下	10 000 以内	505	530	580	包括电梯
	6 以下	5 000 以内	290	305	350	14 以下	15 000 以内	535	560	610	
	6 以下	7 000 以内	315	330	380	14 以下	20 000 以内	570	595	645	
	8 以下	5 000 以内	365	380	425	16 以下	10 000 以内	540	565	615	
	8 以下	7 000 以内	390	405	455	16 以下	15 000 以内	570	595	645	
	8 以下	10 000 以内	415	435	485	16 以下	20 000 以内	605	630	680	
	8 以下	15 000 以内	440	465	515	18 以下	15 000 以内	605	630	685	
	10 以下	7 000 以内	415	435	485	18 以下	20 000 以内	640	665	720	
	10 以下	10 000 以内	440	465	515	18 以下	25 000 以内	675	700	765	
	10 以下	15 000 以内	470	495	545	20 以下	15 000 以内	640	670	730	
	12 以下	10 000 以内	470	495	545	20 以下	25 000 以内	675	705	765	
	12 以下	15 000 以内	500	525	575	20 以下	25 000 以内	710	740	810	
住宅低层商店	1	500 以内	25	25	30	2	1 000 以内	50	50	60	不单独使用
	1	1 000 以内	35	35	40						
	1	2 000 以内	45	45	50	2	2 000 以内	60	60	70	
科研用房	4 以下	1 000 以内	270	285	320	5 以下	3 000 以内	370	390	435	包括空调动力
	4 以下	2 000 以内	300	315	355	5 以下	5 000 以内	405	425	475	
	4 以下	3 000 以内	330	350	395	5 以下	7 000 以内	440	465	520	
	4 以下	5 000 以内	365	385	435						
	6 以下	3 000 以内	410	430	475	8 以下	10 000 以内	625	655	725	包括电梯空调动力
	6 以下	5 000 以内	445	465	515	8 以下	15 000 以内	665	695	770	
	6 以下	7 000 以内	480	505	560	10 以下	7 000 以内	625	655	725	
	6 以下	10 000 以内	520	545	605	10 以下	10 000 以内	665	695	770	
	8 以下	5 000 以内	550	575	635	10 以下	15 000 以内	705	735	815	
	8 以下	7 000 以内	585	615	680	10 以下	20 000 以内	750	785	865	

续表

建筑	层数	建筑面积/m²	工期/d			层数	建筑面积/m²	工期/d			备注
			Ⅰ	Ⅱ	Ⅲ			Ⅰ	Ⅱ	Ⅲ	
科研用房	12 以下	10 000 以内	710	745	820	14 以下	25 000 以内	895	945	1 035	包括电梯空调动力
	12 以下	15 000 以内	750	785	865	14 以下	30 000 以内	950	1 005	1 095	
	12 以下	20 000 以内	795	835	915	16 以下	20 000 以内	900	950	1 035	
	12 以下	25 000 以内	845	890	975	16 以下	25 000 以内	950	1 005	1 095	
	14 以下	15 000 以内	800	840	925	16 以下	30 000 以内	1 005	1 065	1 155	
	14 以下	20 000 以内	845	890	975	16 以下	35 000 以内	1 060	1 125	1 215	
教学用房	5 以下	2 000 以内	245	260	285	6 以下	3 000 以内	295	315	345	局部动力变电通风
	5 以下	3 000 以内	265	285	310	6 以下	5 000 以内	320	340	375	
	5 以下	5 000 以内	290	310	340	6 以下	7 000 以内	350	370	410	
	8 以下	5 000 以内	400	425	465	10 以下	20 000 以内	555	585	645	包括电梯局部动力变电通风
	8 以下	7 000 以内	430	455	500	12 以下	15 000 以内	555	585	645	
	8 以下	10 000 以内	460	485	535	12 以下	20 000 以内	590	625	685	
	8 以下	15 000 以内	490	515	570	12 以下	25 000 以内	630	665	725	
	10 以下	7 000 以内	460	485	535	14 以下	15 000 以内	595	625	685	
	10 以下	10 000 以内	490	515	570	14 以下	20 000 以内	630	665	725	
	10 以下	15 000 以内	520	545	605	14 以下	25 000 以内	670	705	765	
医院疗养用房	4 以下	1 000 以内	245	265	295	8 以下	10 000 以内	555	590	645	包括电梯（货梯）
	4 以下	2 000 以内	270	290	325	8 以下	15 000 以内	595	630	600	
	4 以下	3 000 以内	300	320	355	10 以下	7 000 以内	560	590	650	
	4 以下	5 000 以内	330	350	390	10 以下	10 000 以内	595	630	690	
	5 以下	3 000 以内	330	350	390	10 以下	15 000 以内	635	670	735	
	5 以下	5 000 以内	360	380	425	12 以下	10 000 以内	635	675	740	
	5 以下	7 000 以内	390	415	465	12 以下	15 000 以内	675	715	785	
	6 以下	3 000 以内	365	385	425	12 以下	20 000 以内	720	765	835	
	6 以下	5 000 以内	395	415	460	14 以下	15 000 以内	720	765	835	
	6 以下	7 000 以内	425	450	500	14 以下	20 000 以内	765	815	885	
	6 以下	10 000 以内	460	490	540	14 以下	25 000 以内	815	865	940	
	6 以下	15 000 以内	500	530	585	16 以下	20 000 以内	815	865	940	
	8 以下	5 000 以内	490	515	565	16 以下	25 000 以内	865	915	995	
	8 以下	7 000 以内	520	550	603	16 以下	30 000 以内	915	965	1 050	
多层厂房（二类）	2~3	3 000 以内	370	400	435	5	5 000 以内	470	500	540	包括货梯动力通风天车
	2~3	5 000 以内	400	430	470	5	7 000 以内	500	530	575	
	2~3	7 000 以内	430	460	505	5	10 000 以内	530	560	610	
	2~3	10 000 以内	460	490	540	5	15 000 以内	565	595	645	
	2~3	15 000 以内	495	525	575	5	20 000 以内	600	630	680	
	4	3 000 以内	405	435	470	6	5 000 以内	505	525	580	
	4	5 000 以内	435	465	505	6	7 000 以内	535	565	615	
	4	7 000 以内	465	495	540	6	10 000 以内	565	595	650	
	4	10 000 以内	495	525	575	6	15 000 以内	600	630	685	
	4	15 000 以内	530	560	610	6	20 000 以内	635	665	720	

续表

建筑	层数	建筑面积/m²	工期/d I	工期/d II	工期/d III	层数	建筑面积/m²	工期/d I	工期/d II	工期/d III	备注
多层厂房（二类）	6	25 000 以内	670	700	760	7	25 000 以内	705	735	800	包括货梯动力通风天车
	7	7 000 以内	570	600	655	7	30 000 以内	740	770	840	
	7	10 000 以内	600	630	690	8	10 000 以内	635	670	730	
	7	15 000 以内	635	665	725	8	15 000 以内	670	705	765	
	7	20 000 以内	670	700	760	8	20 000 以内	705	740	800	
办公用房	4 以下	2 000 以内	205	220	245	5	20 000 以内	305	320	360	包括局部磨石地面、木地板、吊顶
	4 以下	3 000 以内	230	245	270	6	25 000 以内	280	295	330	
	4 以下	5 000 以内	255	270	300	6	15 000 以内	305	320	360	
	5 以下	3 000 以内	255	270	300	6	20 000 以内	330	345	390	
	5 以下	5 000 以内	280	295	330						
	8 以下	5 000 以内	375	395	440	12 以下	15 000 以内	510	545	600	包括电梯、局部磨石地面、木地板、吊顶
	8 以下	7 000 以内	400	420	470	12 以下	20 000 以内	540	580	635	
	8 以下	10 000 以内	425	450	500	12 以下	25 000 以内	575	615	670	
	8 以下	15 000 以内	455	480	535	14 以下	15 000 以内	545	580	635	
	10 以下	7 000 以内	425	450	500	14 以下	20 000 以内	575	615	670	
	10 以下	10 000 以内	450	480	530	14 以下	25 000 以内	610	650	705	
	10 以下	15 000 以内	480	510	565	16 以下	15 000 以内	580	615	675	
	10 以下	20 000 以内	510	545	600	16 以下	20 000 以内	610	650	710	
	12 以下	10 000 以内	480	515	565	16 以下	25 000 以内	645	685	745	
	18 以下	15 000 以内	615	655	715	24 以下	25 000 以内	800	845	920	
	18 以下	20 000 以内	645	690	750	24 以下	30 000 以内	835	880	960	
	18 以下	25 000 以内	680	725	785	24 以下	35 000 以内	870	915	1 000	
	22 以下	20 000 以内	725	770	840	20 以下	20 000 以内	685	730	795	
	22 以下	25 000 以内	760	805	875	20 以下	25 000 以内	720	765	830	
	22 以下	30 000 以内	795	840	915	20 以下	30 000 以内	755	800	870	
图书馆	书库 6 以下	3 000 以内	355	375	425	书库 10 以下	5 000 以内	520	555	610	包括电梯
	书库 6 以下	5 000 以内	380	405	460	书库 10 以下	7 000 以内	550	590	650	
	书库 6 以下	7 000 以内	410	440	500	书库 10 以下	10 000 以内	585	625	690	
	书库 8 以下	5 000 以内	480	510	565	书库 10 以下	15 000 以内	625	665	730	
	书库 8 以下	7 000 以内	510	545	605	书库 12 以下	10 000 以内	635	675	740	
	书库 8 以下	10 000 以内	545	580	645	书库 12 以下	15 000 以内	675	715	780	
	书库 8 以下	15 000 以内	585	620	685	书库 12 以下	20 000 以内	720	765	830	

续表

建筑	层数	建筑面积/m²	工期/d			层数	建筑面积/m²	工期/d			备注
			Ⅰ	Ⅱ	Ⅲ			Ⅰ	Ⅱ	Ⅲ	
地下室工程	1	300 以内	40	40	50	2	2 000 以内	100	100	136	不单独使用
	1	500 以内	45	45	60	2	3 000 以内	115	115	155	
	1	1 000 以内	60	60	75	3	1 000 以内	120	120	135	
	1	2 000 以内	85	85	105	3	2 000 以内	140	140	165	
	2	500 以内	80	80	90	3	3 000 以内	160	160	185	
	2	1 000 以内	90	90	105	3	5 000 以内	190	190	210	

② 分段应尽量使各段工程量大致相等,以便组织等节奏流水作业,使施工均衡、连续、有节奏。

③ 段数的多少应与主要施工过程相协调,以主导施工过程为主形成工艺组合。工艺组合数应等于或小于施工段数。分段也不宜过多,过多则可能延长工期或使工作面狭窄;过少则因无法流水作业而使劳动力或机械设备停歇窝工。

④ 分段的人数应与劳动组织相适应,有足够的工作面,以机械为主的施工对象还应考虑机械的台班能力,使其能得以充分发挥。

1.3.2.2 基坑开挖与支护施工方案

1. 基坑开挖

一般基坑(槽)开挖施工方案应考虑:

(1) 挖土方法

确定是采用人工挖土还是机械开挖。如采用机械挖土,应选择挖土机的型号、数量、机械开挖方向与路线,机械开挖时人工如何配合修整坑槽坡底。开挖机械的选择可参考土方机械性能表(表1.3.4)。开挖机械选定的同时,应确定运、填、夯实机械的型号和数量,以及机械挖运方案。

表1.3.4 土方机械性能参考表

机械名称	型 号	主 要 性 能		理论生产率		常用台班产量	
				单位	数量	单位	数量
单斗挖土机		斗容量/m³	反铲时最大挖渠/m				
蟹斗机		0.2					80~120
履带式	W-301	0.3	2.6(基坑),4(沟)	m³/h	72	m³	150~250
轮胎式	W₃-30	0.3	4		63		200~300
履带式	W₁-50	0.5	5.56		120		250~350
履带式	W₁-60	0.6	5.2		120		300~400
履带式	W₃-100	1	5.0		240		400~600
履带式	W₁-100		6.5		180		350~550
单斗挖土机	东方红 200		挖土上宽1.2 m,下宽0.8 m,深2 m	m³/h	376		

续表

机械名称	型号	主要性能				理论生产率		常用台班产量	
						单位	数量	单位	数量
拖式铲运机		斗容量/m³	铲土宽/m、铲土深/cm、铺土厚/cm						运距200~300 m时
	2.25	2.25	1.86	15	20	m³/h	22~28（运距100 m）	m³	80~120
	C_6-2.5	2.5	1.9	15	20	m³/h		m³	100~150
	C_5-6	6	2.6	15	38	m³/h		m³	250~350
	6-8	6	2.6	30	38	m³/h		m³	300~400
	C_4-7	7	2.7	30	40	m³/h		m³	250~350
推土机		马力	铲刀宽/m、铲刀深/cm、切土深/cm				（运距50 m）		运距15~25 m时
	T_1-54	54	2.28	78	15	m³/h	28	m³	150~200
	T_3-60	75	2.28	78	29	m³/h		m³	200~300
	东方红-75	75	2.28	78	26.8	m³/h	60~65	m³	250~400
	T_1-100	90	33.0	110	18	m³/h	45	m³	300~500
	移山80	90	3.10	110	18	m³/h	40~80	m³	300~500
	移山80 温地	90	3.96	96	可在水深40~80 cm处堆土				
	T_1-100	90	3.80	86	65	m³/h	75~80	m³	300~500
	T_1-120	120	3.76	100	30	m³/h	80	m³	400~600
夯土机		夯板面积/m²	夯击次数/(次/min)	前进速度/(m/min)					
蛙式夯	HW-20	0.045	140~150	8~10		m³/h	100		
蛙式夯	HW-60	0.078	140~150	8~13		m³/班	200		
内燃夯	HN-80	0.042							
内燃夯	HN-60	0.083				m³/班	64		

注：1 马力 = 735.5 W。

(2) 挖土技术措施

应根据基础平面及深度尺寸、土的类别等条件，确定基坑单个挖土还是按柱列轴线连通开挖；是否留设工作面宽度及放坡开挖，放坡坡度多大；基坑（槽）是一次开挖还是预留开挖；如有地下水，应如何采取排水或降水方法及排除地表水的措施；基底排水沟渠、集水井的布置和所需设备；冬、雨期施工的技术措施等。

特别应重视深基坑施工方法的选择。

2. 深基坑工程施工

深基坑和浅基坑的深度界限尚没有明确规定，一般来说，深度 6 m 为深浅基坑的界限。

深基坑施工分为无支护开挖与有支护开挖两种。无支护放坡基坑开挖是施工场地处于空旷环境的一种普遍常用的基坑开挖方案，一般包括降水工程、土方开挖和地基加固及土坡护面三方面。有支护基坑工程一般的内容有：支护结构、支撑体系、土方开挖、降水工程、地基加固、监测和周边条件维护。城市高层建筑受周边条件影响往往采用有支护开挖方案。

3. 深基坑支护

（1）深基坑支护的基本要求

深基坑的支护，不仅要保证基坑内正常安全作业，而且要防止基底及坑外土体移动，保证基坑邻近建筑物、道路和地下管线的正常运行。支护方案必须满足的基本技术要求是：

① 安全可靠性：确保基坑工程的安全及周围环境的安全，支护结构必须在强度、稳定性和变形等方面满足要求。

② 经济合理性：基坑工程在支护结构安全可靠的前提下，要从工期、材料、设备、人工及环境保护等多方面综合研究其经济合理性。

③ 施工便利性和工期保证性：应最大限度地满足施工方便和缩短工期的要求。

（2）深基坑支护方案的内容

一个完整的支护结构设计，一般应包括：

1）基本内容

① 工程概况，说明工程特点、结构形式、基坑挖土深度、支护结构形式及选择理由，周围环境情况等。

② 设计依据及使用的设计规范。

③ 周围环境图，标明红线位置、周围道路、建筑物、地下管线位置及与基坑之间的距离等周围道路情况。

④ 地基土的土层分布及各层土的物理力学性能。

2）支护方案设计

① 支护结构体系的选择，包括支护结构形式、支撑体系及止水体系等。

② 支护结构、支撑体系的强度和变形计算。

③ 止水体系的设计计算。

④ 基坑内外土体的稳定性验算。

⑤ 基坑挖土施工方案。

⑥ 施工监测方案设计及应急措施。

3）附图

附图包括：支护结构挡墙平面图、剖面图、配筋图或结构施工图，各层支护体系平面布置图，立柱平面布置图和结构施工图，节点大样图，降低地下水位的深井泵或轻型井点的平面布置图或剖面图，土方开挖方案图。

（3）深基坑工程支护结构类型的特点及适用条件

常用的主要支护结构形式的特点及适用条件如表1.3.5所示，表中开挖深度指现今深基坑工程施工的一般开挖深度，随着深基坑工程支护技术的进步，该深度值会随之而增加。

基础及主体结构在框架结构房屋中作为主导工程，均为混凝土结构工程施工。施工方案应着重于对桩基础工程、施工测量、大体积混凝土工程、模板工程、钢筋工程、预应力工程、混凝土工程的施工方法、技术控制标准、技术工艺与施工要点进行选择与确定。

表 1.3.5 深基坑支护结构类型的特点及适用条件

支护结构类型	考虑的主要因素			特点及适用范围
	施工及场地条件	地质条件	开挖深度/m	
钢板桩	地下水位较高；邻近基坑边无重要建筑物或地下管线	软土、淤泥及淤泥质土	<10	优点：钢板桩系工厂制造，质量与接缝精度均能保证；有一定的挡水能力；施工速度快，工期短，打设后可立即开挖，无养护期；打设和拔除方便，可重复使用 缺点：打桩挤土，拔出时又带出土体，在砂砾层及密砂中施工困难；打拔桩有噪声、振动；刚度不足，柔性较大，一次性投资较大 较适用于地下水位较高，水量较多，软弱地基及深度不太大的基坑
H型钢桩加横挡板	地下水位较低；邻近基坑边无重要建筑物或地下管线	粘土、砂土	<25	优点：是一种工具式支护挡墙。材料采购容易，较为经济，但一次性投资较大；施工简单迅速，拔桩作业简单；主桩可重复使用 缺点：整体性差，止水性差；打拔桩噪声大；拔桩后留下孔洞需处理 适用于土质较好、地下水位较低的地区
地下连续墙	基坑周围施工宽度狭小；邻近基坑边有建筑物或地下管线需要保护	不限	<60	优点：施工噪声低，振动小，刚度大，变形小，对周围环境影响小；任何设计厚度或深度均能施工；止水效果好，施工范围可达基坑用地红线，提高了基地使用面积；可作为永久结构的一部分并可采用逆筑法、半逆筑法施工 缺点：工期长，造价高；泥浆处理、水下钢筋混凝土浇制的施工工艺较复杂，要求较高的施工技术、管理水平及大型的机械设备 适用范围：作为深基坑的主要支护挡墙，多用于-12m以下基坑，特别适用于地下水位高、软弱地层和建筑设施密集的城市市区的深基坑
稀疏桩排	基坑周围不具备放坡条件或重力式挡墙的宽度；邻近基坑边无重要建筑物或地下管线	一般粘性土	<10	优点：施工较为简便，噪声和振动小，造价较低廉，挖孔桩成桩质量容易保证 缺点：水泥用量较大，防水性差，整体刚度较差，变形大，施工劳动保护条件较差 适用于各种粘土、砂土及地下水位低的地质情况

续表

支护结构类型	考虑的主要因素			特点及适用范围
	施工及场地条件	地质条件	开挖深度/m	
密排桩或双排桩	基坑周围不具备放坡条件或重力式挡墙的宽度；邻近基坑边无重要建筑或地下管线	粘土地区一般粘性土	<4 软土地区 <10 一般粘性土	优点：施工单一，基坑深度不大时，从经济性、工期和作业性方面分析为较好的支护结构形式 缺点：不作防水抗溶渗措施则仍不能止水；对土的性质和荷载大小较敏感，坑顶水平位移及结构本身变形较大。粘土、砂土、软土、淤泥质土皆可应用 双排桩刚度大、位移小，施工简便，在悬臂式单排桩不能支护的深度，选用双排桩或多排桩体系，则位移不大
支撑排桩挡土结构	基坑平面尺寸较小或邻近基坑边有深基础建筑物；或基坑用地红线以外不允许占用地下空间；邻近地下管线需要保护	不限	<20	优点：受地区条件、土层条件及开挖深度等的限制较少，支撑设施的构架状态单纯，易于掌握应力状态，易于实施现场监测 缺点：挖土工作面不开阔；支撑内力的计算值与实际值常不相符，施工时需采取对策。在以往施工中，往往由于支撑结构不合理，施工质量差而造成事故
锚杆排桩挡土结构	基坑平面尺寸较小或邻近基坑边有深基础建筑物；或基坑用地红线以外不允许占用地下空间；邻近地下管线需要保护	锚杆的锚固段要求为较好土层，其余不限	<30	优点：用锚杆取代支撑可直接扩大作业空间，进行机械化施工；开挖面积特大时，或开挖平面形状不整齐时，或建筑物地下层高差复杂时，或倾斜开挖且土压力为单侧时采用锚杆支撑较有利 缺点：挖土作业需分层进行，当基坑用地红线以外不允许占用地下空间时，需采用拆卸式锚杆
深层搅拌水泥土桩挡墙	基坑周围不具备放坡条件但具备挡墙的施工宽度；邻近基坑边无重要建筑物或地下管线	软土、淤泥质土	<12	优点：环境保护要求不高，基坑深度≤10 m时，造价特别经济；既可挡土又可形成隔水帷幕；适用于任何平面形状；施工简便 缺点：坑顶水平位移较大，需要有较大的坑顶宽度 适合于软土地区，并可加固地基作防渗墙
灌注桩与搅拌桩结合	地下水位较高；基坑周围不具备放坡条件，但具备挡墙的施工宽度；邻近基坑边无重要建筑物或地下管线	软弱土层	<12	灌注桩作受力结构，搅拌桩作止水结构 优点：施工噪声低，振动不大，施工方便，止水效果较好。灌注桩与搅拌桩结合可形成连拱型结构，可取得较好的技术经济效果 适合软土丰水地区的基坑

续表

支护结构类型	考虑的主要因素			特点及适用范围
	施工及场地条件	地质条件	开挖深度/m	
土钉墙	基坑周围不具备放坡条件；邻近基坑边无重要建筑物、深基础建筑物或地下管线	一般粘性土，中密以上砂土	<15	优点：土钉与坑壁土通过注浆体喷射混凝土面层形成复合土体，提高边坡稳定性及承受坡顶荷载的能力；施工比较快捷，节省工期，设备简单，施工不需单独占用场地，造价低，振动小，噪声低 缺点：在淤泥、松砂或砂卵石中施工困难，土体内富含地下水，施工困难，在市区内或基坑周围有需要保护的建筑物时，应慎用土钉墙 土钉墙适宜于地下水位以上或经人工降水后的人工填土，粘性土和微胶结砂土的基坑开挖支护
拱圈支护结构	基坑周围施工宽度狭小；采用排桩支撑结构较困难或不经济；邻近基坑边无重要建筑物	硬塑粘性土砂土	<12	优点：结构受力合理，安全可靠，施工方便，工期短，造价低 缺点：拱圈结构只能解决支挡侧压力的问题，不能解决挡水问题。对地下水的处理还需采取降水、做防水帷幕或坑内明沟排水等方法解决
组合式支护结构	基坑周边施工场地狭窄；邻近基坑边有重要建筑物或地下管线	不限	<30	优点：单一的支护结构形式难以满足工程安全或经济要求时，可考虑组合式支护结构。其形式应根据具体工程条件与要求，确定能充分发挥所选结构单元特长的最佳组合形式
逆作法或半逆作法支护结构	基坑周边施工场地狭窄；邻近基坑边有重要建筑物或地下管线	不限	<20	优点：以地下室的梁板作支撑，自上而下，变形小，节省临时支护结构，可以地上、地下同时施工，立体交叉作业，施工进度快 缺点：挖土施工比较困难，节点处理较困难 适用于开挖平面不规则，基底高低不平或侧压力不平衡等作业条件下的工程

1.3.2.3 基础及主体结构施工方案

1. 桩基工程施工

我国地域辽阔，地质复杂，加上各类工程本身的性质、结构、荷载和沉降要求不同，施工环境或施工条件常有差异，因此，各种类型的桩名目繁多，常见的桩型如图1.3.2所示。必须有的放矢地根据各桩自身的结构性能与施工特点进行方案设计。

桩基础施工方案一般应侧重桩锤及打桩设备的选择，预制桩的现场制作或运输，预制桩的吊装、接桩、送桩工艺，打桩施工程序及施工工艺，打桩施工控制，施工方法及其要点的确定等。

2. 施工测量

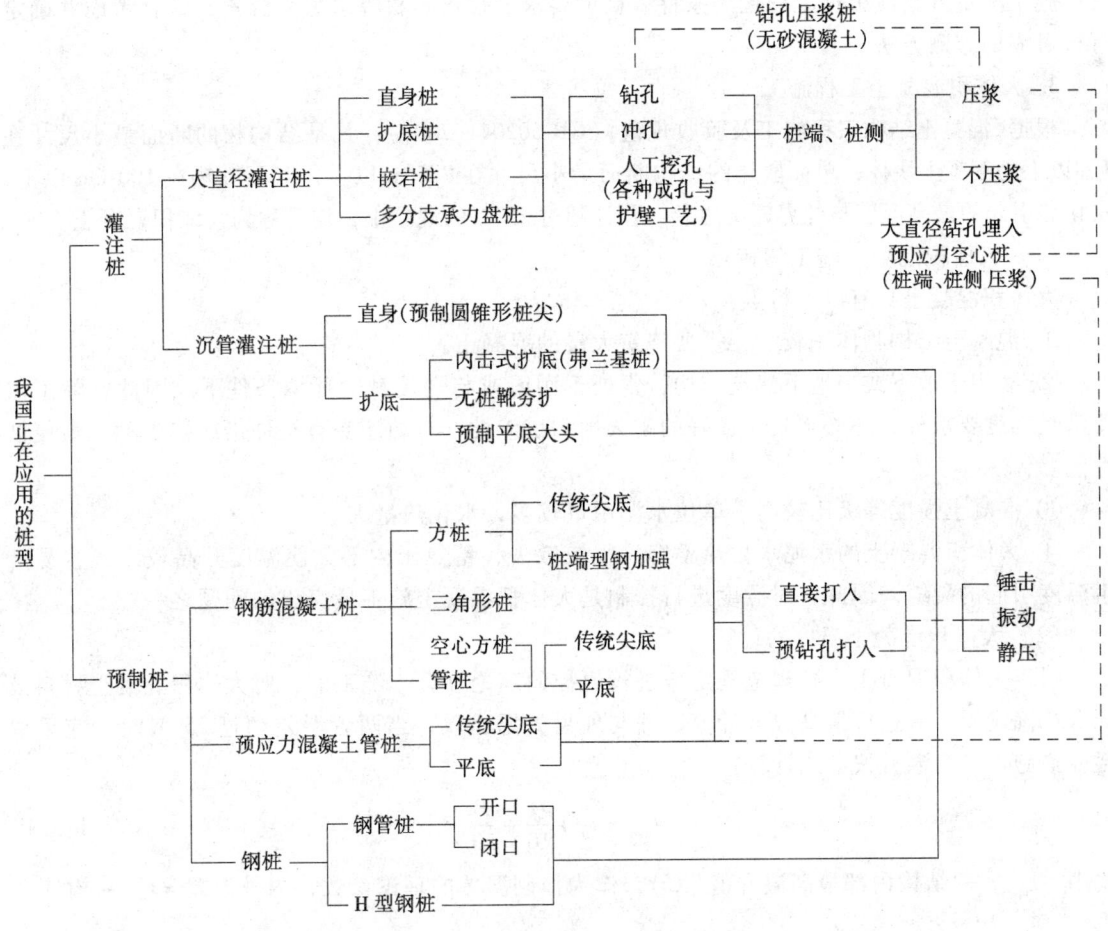

图 1.3.2 我国正在应用的桩型图示

施工测量方案的制定,是保证测量放线工作顺利进行的重要措施,主要应考虑以下方面:

① 对测量放线的基本要求:包括场地与规划红线的关系,定位条件及工程对测量精度与进度的要求。

② 场地测量准备工作:根据设计平面图与施工现场布置平面图,测定应保留地下管线、地下建(构)筑物与名贵树木、场地平整与暂设工程定位放线。

③ 起始依据的校测。

④ 场地控制网的测设:根据场地情况、设计与施工的要求,按照便于控制全面又能长期保留的原则,测设场地平面控制网与标高控制网。

⑤ 建筑物定位和基础工程测量放线:包括建筑物的定位放线与主要轴线的控制,护坡桩、桩基的定位与监测;基础开挖与±0.000以下各层施工的放线、抄平等。

⑥ ±0.000以上的测量放线:包括首层、非标准层与其上的各标准层的测量放线、竖向控制与标高传递等。

⑦ 特殊工程项目的测量工作。

⑧ 竣工测量与变形观测的要求与测法。

施工测量方案应根据工程现场条件、精度要求、仪器器材等多方面因素，综合考虑并确定可行可靠的施测方法。

3. 大体积混凝土工程施工

根据《混凝土结构工程施工及验收规范》(GB 50204—2002)，凡是结构物的断面最小尺寸在 3 m 以上的混凝土块体，单面散热的结构断面最小尺寸在 75 cm 以上，双面散热在 100 cm 以上，水化热引起的最高温度与外界气温之差，预计超过 25 ℃ 的混凝土，均可称为大体积混凝土。

(1) 大体积混凝土施工的特点

大体积混凝土具有以下特点：

① 混凝土结构物体积较大，需要浇筑大量的混凝土。

② 多用于地下或半地下建筑结构，常处于潮湿或与之接触的环境条件下。因此，除了需要满足强度要求外，还必须具有良好的耐久性和抗渗性，有的还要有抗冲击或抗震动及耐侵蚀性能。

③ 混凝土强度等级比较高，单位水泥用量较多，水化热量大。

④ 大体积混凝土的水泥水化热不容易很快散失，蓄热于内部，使温度升高较大，容易产生温度引起的裂缝。因此，对温度进行控制是大体积混凝土施工最突出的问题之一。

(2) 大体积混凝土温度的计算

对于大体积混凝土，按规范规定应进行温控的理论计算。施工前，对大体积混凝土材料及配合比确定后，应进行最高温升计算，并与外界气温比较，当两者温差超过 25 ℃ 时，应采取温控措施。最高温升按下式计算：

$$t_{\max} = t_0 + \frac{Q}{10} + \frac{F}{50} \tag{1.3.1}$$

式中　$t_{\max}$——结构内部最高温升值(℃)，作为控制温差的理论参数，内外温差 = $t_{\max}$ - 构件表面温度；

　　　t_0——混凝土浇筑温度(℃)；

　　　Q——每 1 m³ 混凝土中水泥的实际用量(kg/m³)；

　　　F——每 1 m³ 混凝土中磨细粉煤灰的实际用量(kg/m³)。

有时，也按下式进行绝热温升计算：

$$t_{\max 绝} = \frac{WQ}{c\rho} \tag{1.3.2}$$

式中　$t_{\max 绝}$——绝热温升，是指在结构四周没有任何散热条件下的最高温度(℃)，作为最不利温度状况时的理论控制参数；

　　　W——水泥水化热(J/kg)；

　　　c——混凝土比热[J/(kg·℃)]；

　　　ρ——混凝土密度(kg/m³)。

(3) 温控施工方案要点

1) 减小温差

减小温差的方式包括控制温升和控制降温两个方面，对构件内部要控制其温升：一是可以采用减小尺寸的方法，在施工允许的情况下，对尺寸大的构件，采取留设施工后浇带、分层分块浇筑或跳仓法浇筑方法,以达到减小构件变形的效果;二是要控制入模温度,注意避免运输过程的升温和控制原料(砂、石、水)入机搅拌时的温度;三是控制水泥水化热,注意用低水化热的水泥和减小水泥用量,通过调整配合比或掺加减水剂达到减少水泥用量的目的。

控制降温通过信息化施工和加强养护来实现。信息化施工是指在混凝土结构内不同部位及深度埋设热传感器,采用混凝土温度测定记录仪,进行施工全过程的跟踪和监测。养护的方法主要是两方面:一是通过循环水控温,二是采用保温保湿。

2)施工期约束变形的控制

控制的出发点一是减小约束应力;二是提高混凝土构件受拉区的抗拉强度;三是控制结构体的不均匀沉降,包括结构本身及其地基施工的控制。

4. 模板工程

在混凝土结构施工中,模板是混凝土结构构件的成型模具。模板工程的施工质量和速度,对整个混凝土结构施工质量与工期将起着重要作用,因此,施工方案中应予周详考虑。

(1) 模板结构的基本要求

模板结构由模板和支架两部分组成。模板结构必须满足的基本要求是:

① 保证工程结构和各构件形状、尺寸及相对位置的正确;

② 要有足够的强度、刚度和稳定性,并能可靠地承受新浇筑混凝土的自重和其所产生的侧向压力,以及施工中的其他荷载;

③ 构造要简单,装拆要方便,以便于钢筋的绑扎与安装,有利于混凝土的浇筑及养护;

④ 模板接缝应严密,不得漏浆;

⑤ 模板材料选择要合理、经济,以降低工程成本。

(2) 模板结构的分类及其施工方案要点

模板按其所用的材料可分为木模板、钢模板、胶合板模板、塑料模板、铝合金模板和玻璃钢模板等。按用途可分为通用模板体系和专用模板体系。

通用模板体系包括散装木模板和组合模板(组合钢模板和钢框人造板组合模板)。专用模板体系又可分为:

① 混凝土墙体专用模板,包括大模板、滑动模板和爬升模板。

② 专用模板,有台模和永久性模板。

③ 钢筋混凝土壁和顶模整体浇筑用的模板,即隧道模板。

④ 早拆模板体系,利用长短跨楼板拆模强度时间的不同达到长跨楼板模板早拆除的目的。

故而施工方案应根据施工条件、工程要求及工期要求,对模板结构的模板体系与结构支撑体系做出选择,对模板的安装、拆除方法及周转使用做出安排,对模板安装偏差及拆模要求按规范规程做出规定,对具有一定特殊性的工程,本着满足足够的强度、刚度和稳定性的要求,要进行模板结构设计和模板配模设计。

5. 钢筋工程

钢筋工程施工方案首先要明确材料的选用。材料的选用除须具有出厂合格证外,取样检验还必须满足工程用钢规范及设计规定。其次是要确定钢筋加工方式与方法,包括钢筋的冷拉、冷拔、调直、除锈等,同时钢筋的下料应有"下料表",运输应有合理安排。最后是对钢筋的连接和绑扎,按规范及设计规定确定相应的方法。

现浇钢筋混凝土结构施工中的钢筋连接,除采用一般传统方法施工外,主要是竖向大直径钢筋的连接必须适应高层建筑发展的需要,改进以往采用的搭接绑扎和手工电弧焊的方法。搭接绑扎不利于抗震,手工电弧焊电焊量大,钢材耗用多,劳动强度大,且给混凝土浇筑带来困难。目前钢筋连接技术有焊接与机械连接两大类。现场施工除了手工电弧焊,常见的有电渣压力焊、气压焊;常见的机械连接有带肋钢筋套筒挤压连接、钢筋锥螺纹接头连接、钢筋热剂连接等。因此,方案不但要确定钢筋连接方法,还要就其连接的工艺及施工操作要点及连接质量的检查与控制做出安排。

钢筋的安装为隐蔽工程,安装完成后要按规范进行检查验收,允许偏差是否合乎规范、构件的钢筋保护层留设是否符合设计要求,在方案中要做出验收安排及相应的标准规定。

高层全现浇框架结构为减轻楼板荷载,增加楼层净高,结构设计楼板为无粘结预应力混凝土,此时施工方案必须对无粘结筋的制作、端部处理及张拉工艺和操作要点作出安排。

6. 混凝土工程

混凝土工程施工方案主要应对混凝土的制备、运输、浇筑、养护等作出安排,除按一般混凝土结构施工要求进行布置外,对于高层框架结构混凝土工程施工,应根据工程特点和施工条件,着重对高层框架结构所要求的高强高性能混凝土的制备及混凝土的输送等在工艺与技术方法上作出选择与安排。

(1) 高强混凝土的制备与施工

1) 材料要求

① 水泥,宜采用优质高标号水泥。例如 C60 高强混凝土的制备,水泥应在 52.5 级以上,富余系数在 1.13 以上。

② 砂子,细度模数及含泥量均应符合要求,例如 C60 混凝土,一般要求砂子细度模数为 2.8~3.2,含泥量控制在 3% 以下。

③ 石子,规格、级配、含泥量均应符合要求。例如用碎石配制 C60 混凝土,规格取 5.0~30 mm 或 5.0~40 mm,级配要合格,含泥量小于 1%。

④ 掺合料,可掺入粉煤灰、沸石粉或硅粉,掺合料质量及掺入量应符合有关规程规定。

⑤ 外加剂,应保证混凝土施工的坍落度要求,且流动性、保水性、粘聚性等性能良好,减少坍落度损失。

2) 严格控制配合比

高强混凝土的配合比必须在理论计算的基础上通过实验室试配后加以确定。施工现场应根据当日砂和石的含水率进行调整为施工配合比。

3) 严格搅拌制度

要进行材料用前试验,如每批砂、石进场都要取样进行筛分和含泥量测定等试验,每批水泥进场都要进行物理性能复合试验,每次施工前或气候变化都要测定砂石含水率等。

要明确混凝土拌和加料顺序,宜采用"二次投料"法。采用二次投料工艺的,混凝土的 28 d 强度比一次投料工艺可提高 16%~25%,其他性能也可得到改善。

要确定好搅拌时间和坍落度控制值,坍落度应坚持在出盘、入模时进行测试。

4) 严格浇筑制度

混凝土浇灌前应将模板内杂物清理干净,混凝土从出盘到浇灌完毕,延续时间不得大于规定时间，为满足控制混凝土强度的需要，现场施工中应按早期推定混凝土强度试验方法推定，对于已完成浇筑成型工作的混凝土构筑物，可以采用真空吸水的方法，进一步提高混凝土的强度。

5）拆模与养护

拆模应符合施工规范的要求，如 C60 混凝土柱在常温下 10 h 后即可拆模。拆模后应立即用麻袋包裹或覆盖，淋水养护时间不得少于 7 d，以防止混凝土失水降低其强度。

(2) 泵送混凝土施工

1）混凝土垂直运输的选择

高层建筑混凝土垂直运输方式主要有塔吊运送和泵送两种，当采用塔吊运送混凝土达到条件 $t > [t]$ 时，宜选择混凝土泵输送混凝土，按式(1.3.3)计算。

$$t = \frac{(H_{\max}/V_1 + H_{\max}/V_2 + t_3 + t_4)Q}{60bcq} \tag{1.3.3}$$

式中 t——用塔吊提升混凝土时，每个标准层所需要的工期(d)；

$H_{\max}$——标准层最高一层标高(m)；

V_1——吊钩上升速度(m/min)；

V_2——空钩下降速度(m/min)；

t_3——起重臂每吊回转时间(min)；

t_4——装、卸吊钩时间(min)；

Q——每个标准层所需浇筑的混凝土量(m^3)；

b——每个台班工作时间(h)；

c——每天每台塔吊的台班数；

q——塔吊每吊混凝土量(m^3)。

例如，某市某大厦高层建筑施工混凝土输送机械的选择，已知结构施工进度为每天一层，且 $[t] = 1$ d，$Q = 360$ m^3，$H_{\max} = 95$ m，70HC 内爬塔吊的有关数据为：$V_1 = 28.7$ m/min，$V_2 = 57.2$ m/min，$q = 1$ m^3/吊，$b = 7$ h，$c = 3$ h。根据式(1.3.3)进行验算：

$$t = \frac{(95/28.7 + 95/57.2 + 0.5 + 2) \times 360}{60 \times 7 \times 3 \times 1} d = 2.1 \text{ d} > [t] = 1 \text{ d}$$

计算表明，用 1 台 70HC 内爬塔吊，不能满足标准层最高一层的混凝土输送要求，应采用混凝土泵送机械。

2）方案要点

① 泵送混凝土配合比设计：采用普通混凝土施工配合比设计方法，但要考虑满足混凝土可泵性要求，即根据结构特点、运输距离及气温条件、泵的性能和泵送距离及材质情况来确定合理的水灰比、水泥用量、坍落度和砂率及外加剂、粉煤灰的用量。

② 配管换算：目的是估计配管情况是否与混凝土泵的能力相适应，以选择好的配管方案。配管换算的基本方法有固定坍落度换算与等坍落度换算两种，无论哪种方法，配管的长度不应超过泵车最大压送距离，一般要求泵送配管的换算长度应小于 0.8 倍泵车压送距离。

③ 混凝土泵的布置：应力求靠近混凝土浇筑地点，泵机周围最好能停放两辆以上的混凝土搅拌运输车，便于泵机清洗等。

④ 输送管布置：楼地面水平管，应选用特制固定卡具，在管道连接处固定牢固，楼上水平管

可放在钢筋网片上,但下部要垫 10 cm×10 cm 的方木,并绑牢。垂直管必须与建筑物固定牢固。

⑤ 应作好混凝土泵送施工中的工艺技术与劳动组织安装。

1.3.2.4 装饰工程施工方案

装饰工程一般分为外装饰与内装饰,外装饰常用的有:装饰抹灰、面砖饰面、幕墙饰面、涂料类饰面和艺术混凝土饰面。

内装饰有平顶工程施工、隔墙施工、内墙面施工、地面施工等。平顶工程装饰有两类,一类是直接在楼板底用珍珠岩粉底、纸筋面或黄砂石灰底、纸筋面,再喷涂或涂刷各色涂料或油漆,或粘贴纸基塑料纸和玻璃纤维墙布等饰面层;另一类是吊平顶,吊平顶的龙骨有轻钢和木质两种。内墙面有墙纸和墙面饰面、点状涂料饰面、各种涂料饰面、木台度饰面、大理石和花岗岩饰面等。地面面层常有水泥类、木质类、块材类、涂料类、塑料类和地毯类等。

装饰工程应从装饰材料的选用、施工机具设备的选择、施工方法及操作要点和质量验收标准等作为施工方案重点考虑的内容。例如,某15层房屋外墙镶贴面砖施工方案如下:

1. 材料选用

(1) 面砖

乳白色 200 mm×800 mm×8 mm 一级品,符合外观一级品验收标准,有出厂合格证及抽检合格证,达到物理性能指标:①吸水率≤10%;②热稳定性:室内水温加 100 ℃ 一次不裂;③抗冻性:-15~20 ℃ 冻融循环 5 次不裂。

(2) 水泥砂浆

水泥用42.5级普通硅酸盐水泥,砂用中粗砂,粒径 0.35~0.5 mm,颗粒坚硬,含泥量不大于3%,用时过筛。水泥砂浆1:1.5。

2. 镶贴工艺

(1) 操作流程

$$\text{弹线} \to \text{分块抹粘结层} \to \text{粘贴面砖} \to \text{勾缝} \to \text{清理}$$

(2) 施工方法及要点

采用逐块铺贴法,操作要点如下:

① 刮糙层是一个平面粗糙,墙角方正,线条通顺的糙坯面。
② 按设计要求弹好分格线,面砖排列尽量避免半块。
③ 在墙面及转角处每隔 2 m 左右贴面砖标志点。
④ 面砖粘贴前洗刷干净,放入桶内用清水浸泡 2 h 以上后表面晾干使用。
⑤ 面砖粘贴分段或分块进行,每个分块自下而上粘贴。
⑥ 铺贴一定面积后即可用 1:1 水泥砂浆勾缝。
⑦ 表面清洁工作在当天即完成,对不洁之处用 5% 稀盐酸清洗。

3. 施工质量验收

饰面砖质量验收标准见表 1.3.6。

表 1.3.6 饰面砖质量验收标准

项 次	项 目	允许偏差/mm	检验方法
1	表面平整	2	用 2 m 直尺和楔形塞尺
2	立面垂直	2	用 2 m 托线板

续表

项次	项目	允许偏差/mm	检验方法
3	阳角方正	2	用200 mm方尺
4	接缝平直	3	5 m拉线检查
5	墙裙上口平直	3	5 m拉通线
6	接缝高低	1	用直尺和楔形塞尺

1.3.3 施工进度计划的编制

1.3.3.1 施工持续时间的确定

1. 确定的方法

施工项目的持续时间宜按正常情况确定，它的费用一般是最低的。待编制出初始计划并经过计算再结合实际情况作必要的调整，它是避免盲目抢工而造成浪费的有效办法。按照实际施工条件来估算项目的持续时间是较为简便的办法，现在一般也多采用这种办法。

具体计算法有以下两种：

（1）经验估计法

即根据过去的施工经验进行估计。这种方法多适用于采用新工艺、新方法、新材料等而无定额可循的工程。在经验估计法中，有时为了提高其准确程度，往往采用"三时估计法"确定项目的持续时间。

（2）定额计算法

项目的持续时间 t 按下式计算：

$$t = \frac{Q}{RSC} = \frac{QH}{RC} = \frac{P}{RC} \tag{1.3.4}$$

式中　Q——项目的工程量，为实物量单位；

R——拟配备的人力或机械的数量；

S——$S=1/H$，产量定额；

C——每天安排的工作班制数；

H——时间定额，可查施工定额或根据本企业水平确定；

P——劳动量（工日）或机械台班量（台班）。

在使用定额过程中，有时会遇到定额所列项目的工作内容与编制进度计划所确定的项目的工作内容不一致的情况，主要表现在：

1）当定额项目过于细化时

在此情况下，可将定额作适当的扩大和综合，使其能适应编制施工进度计划的要求。如若干个同一性质（计量单位一致）不同类型的分项工程合并时，可根据各个不同类型的分项工程的产量定额和工程量计算其扩大综合后的平均产量定额

$$\bar{S} = \frac{\sum_{i=1}^{n} Q_i}{\sum_{i=1}^{n} \frac{Q_i}{S_i}} \tag{1.3.5}$$

式中 $Q_1,Q_2,\cdots,Q_n$——各个同一性质不同类型分项工程的工程量；

$S_1,S_2,\cdots,S_n$——各个同一性质不同类型分项工程的产量定额。

2）当定额缺少相应项目时

有些新技术或因特殊条件出现的难见的施工方法，其相应项目还未列入定额手册中，此时，指标的确定可参考类似项目的定额与实际资料和经验进行。

2. 应考虑的因素

（1）最小劳动组合

建筑施工许多工序都不是一个人所能完成的，必须要有几个人共同配合进行。例如，人工打夯一般至少要有6人才能有效操作。而有的工序则必须在一定的劳动组合时生产效率才高。例如，砌墙就有一个技工与普工的比例，人数过少或比例不当都将引起劳动生产率下降。最小劳动组合是指某一个工序要进行正常施工所必需的最低限度的小组人数及其合理组合，每班人数一般不宜少于这一人数。主要施工项目的劳动力组合人数参见表1.3.7。

表1.3.7 主要施工项目的劳动力组合人数参考表

项目	土方工程	架子工程	砖石工程	手工木作工程	装饰工程
数量	8~12	6~10	12~20	8~12	12~18
项目	钢筋工程	混凝土及钢筋混凝土工程	模板工程	防水工程	金属构件工程
数量	8~13	16~25	10~20	10~12	8~10

（2）最小工作面

每一个工人或一个班组施工时，都需要有足够的工作面才能发挥高效能，保证施工安全。这种必需的工作面称为最小工作面。所以安排工人人数时，必然受到工作面的限制，不能为了缩短工期而无限制地增加工人的人数。如果在最小工作面的情况下，安排了最大的人数仍不能满足缩短工期的要求，就只能组织两班制或三班制来达到缩短工期的目的。

1.3.3.2 施工进度的编制

1. 施工进度计划的编制步骤

单位工程施工进度计划的编制依据包括施工总进度计划、施工方案、施工预算、预算定额、施工定额、资源供应状况、建设单位对工期的要求等，根据这些资料及条件，按照图1.3.3所示步骤，编制施工进度计划，以指导现场施工的调度。

2. 施工进度安排

编制进度时，必须考虑各施工项目的合理顺序。一般来说，施工顺序受工艺和组织两方面的制

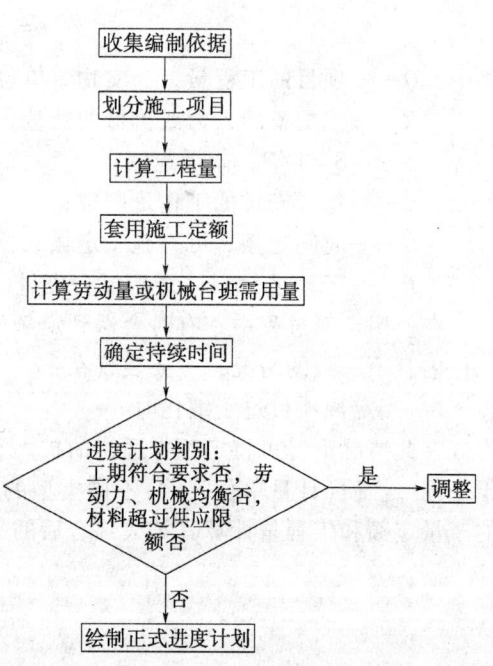

图1.3.3 施工进度计划编制步骤

约。当施工方案确定以后，项目之间的工艺顺序也就随之确定了，如果违背这种关系，将不可能施工，或者导致出现质量、安全事故，或者造成返工浪费。由于劳动力、机械、材料和构件等资源的组织和安排而形成的各项之间的先后顺序关系，称组织关系。这种关系不是由工程本身决定的，而是人为的。组织方式不同，组织关系也就不同，并且不是一成不变的。不同的组织关系产生不同的经济效果。所以组织关系不但可以调整，而且应该按规律、按管理需要与管理水平进行优化，并将工艺关系和组织关系有机地综合起来，形成项目之间的合理顺序关系。

在编排进度时，首先应分析施工对象的主导工程，尽量采用分层分段流水作业组织施工，以保证连续施工，尽可能予以配合、穿插、搭接或平行作业。此外，每个施工阶段也各有其本阶段内的主导工程。例如，基础施工阶段的浇筑混凝土、装修工程施工阶段的抹灰等分项工程，均应在本阶段控制工期范围内优先安排好。

编排进度时，可先做出由各施工阶段为施工项目的控制性进度计划。在控制性进度计划的基础上，分别安排各个施工阶段内各分部分项工程施工项目的施工组织和施工顺序及其进度，如框架结构工程施工阶段，由支模、扎筋、浇筑混凝土、养护、拆模等分项工程组成，根据框架结构施工阶段的工期要求，决定每层框架施工的天数，然后以浇灌混凝土主导分项工程，确定其进度，而支模、扎筋等分项工程的进度均应在保证实现浇筑混凝土的进度和连续施工的前提下进行安排。为此，应使其他分项工程的施工时间和施工段数相同或接近。这样有利于各分项工程之间形成最大限度的搭接施工。当各个施工阶段的施工进度分别安排好后，再按施工程序，将相邻的施工阶段内最后一项分项工程施工项目和接着进行的下一施工阶段的最先开始的分项工程施工项目，使其相互之间最大程度地搭接，最后汇总成整个单位工程进度计划的初步方案。

最后，对进度计划的初步方案进行检查，检查其施工顺序是否合理；是否满足规定的总工期的要求；劳动力、机械等使用有无出现较大的不均衡现象。根据检查结果，对初步方案进行必要的调整。在调整某一施工项目时，应注意到对其他施工项目的影响，因为它们是相互联系的。调整的方法是适当增减某施工项目的持续时间，或调整某施工项目的开工日期。根据实际情况尽可能组织平行施工。进度计划的调整往往要经过多次反复，直到最后达到既能满足规定工期的要求，又能达到技术上和组织上的合理为止，并且尽可能符合各工程的最佳工期，也就是使工程成本最低的工期。施工进度计划的表示方法常见的有横道图计划方法和网络计划方法，横道图直观明了，网络图主次分明，重点突出，更利于进度计划执行中的控制，这两种方法在施工组织设计中都经常使用。

1.3.4　施工现场平面布置

1.3.4.1　施工平面布置的内容与原则

1. 施工平面布置的内容

① 施工平面图上应表明的内容包括：建筑总平面上已建和拟建的地上和地下的房屋、构筑物及地下管线的位置和尺寸。

② 移动式起重机（包括有轨的塔式起重机）开行路线及垂直运输设施（如井架、门架等）的位置，必要时还应绘出预制构件布置位置。

③ 施工用的临时设施，包括运输道路、钢筋棚、木工棚、化灰池、砂浆搅拌站、混凝土搅拌站、构件预制场、材料仓库和堆放、行政管理及生活用临时建筑、临时给水排水管网、临

时供电线路、临时围墙及一切保安和消防设施等。

2. 施工平面布置的基本原则

① 在满足施工的条件下，尽可能地减少施工用地。减少施工用地，可以使现场布置紧凑，便于管理，并减少施工用的管线。

② 在保证施工顺利进行的前提下，尽可能减少临时设施费用。尽可能利用施工现场附近的原有建筑物作为施工临时设施，这些都是增产节约的有效途径。

③ 最大限度地减少场内运输，特别是减少场内二次搬运，各种材料尽可能按计划分期分批进场，充分利用场地。各种材料堆放的位置，根据使用时间的要求，尽量靠近使用地点，保证施工顺利进行，既节约劳动力，也减少材料多次转运中的损耗。

④ 临时设施的布置，应便利于施工管理及工人的生产和生活。办公用房应靠近施工现场，福利设施应在生活区范围之内。

⑤ 要符合劳动保护、技术安全和防火的要求。

1.3.4.2 施工平面图布置方法

1. 确定起重机械的位置

它的位置直接影响仓库、材料，砂浆和混凝土制备站的位置，以及场内运输道路和水电线路的布置等。因此，要首先予以考虑。

布置固定式垂直运输设备，如井架、门架桅杆等，主要根据机械性能、建筑物的平面形状和大小、施工段划分的情况、材料来向和已有运输道路情况而定。其目的是充分发挥起重机械的能力并使地面与楼面上的水平运距最小。但有时为了运输方便，运距稍大些也是可取的。

一般说来，当建筑物各部分的高度相同时，布置在施工段的分界线附近；当建筑物各部分的高度不同时，布置在高低分界线处。这样布置的优点是楼面上各施工段水平运输互不干扰。若有可能，井架、门架的位置，布置在有窗口之处为宜，以避免留槎过高和减少井架拆除后的修补工作。当外墙采用双排外脚手架进行砌筑时，井架立在脚手架外并有一定的距离为宜。为了在脚手架上运输砖、砂浆及其他材料的方便，在井架扒杆半径的一定范围内，在脚手架外附加搭设卸料平台。固定式起重运输设备中卷扬机的位置不应距离起重装置过近。卷扬机离井架水平距离最好与屋面高度一致，一般不小于 10 m，距离外脚手架 3 m 以上，以保安全，也便于卷扬机操作人员的视线能够看到整个升降过程。

塔式起重机的轨道布置方式，主要取决于建筑物的平面形状、尺寸和四周施工场地的条件。要使起重机的起重幅度能够将材料和构件直接吊运到任何施工地点，尽量避免出现"死角"，争取轨道距离最短。轨道布置方式通常是沿建筑物的一侧或内外两侧布置。在塔式起重机的工作幅度内的上空有高压电线通过时，要特别注意采取安全措施。同时做好轨道路基四周的排水工作。

无轨自行式起重机的开行路线，主要取决于建筑物的平面布置，构件的重量、安装高度和吊装方法等。

2. 确定搅拌站、仓库和材料、构件堆场的位置

搅拌站、仓库和材料、构件堆场的位置应尽量靠近使用地点或在塔式起重机的工作幅度范围内，并考虑运输和装卸料的方便。

根据施工阶段、施工层部位的标高和使用时间先后的不同，材料、构件等堆场位置一般有以下几种布置：

建筑物基础和第一层施工时所用的材料,应该堆置在建筑物的四周。此时,当基础回填土尚未完成时,应根据基槽(坑)的深度、宽度及其坡度确定材料堆放位置,使之与基槽边缘保持一定的安全距离,以免造成基槽(坑)的土壁塌方事故。

第二层以上施工用的材料,应布置在起重机的附近。

砂、卵石等大宗材料应尽量布置在搅拌站的附近。

采用塔式起重机作垂直运输时,砂浆、搅拌站、混凝土搅拌站出料口,应布置在塔式起重机工作幅度范围内,而砂、卵石堆场及水泥仓库,可不必布置在塔式起重机的工作幅度内,以利于需要垂直运输的其他材料堆场的布置。

当混凝土基础体积较大时,混凝土搅拌站可直接布置在基坑边缘附近,待混凝土浇筑完后再转移,以减少混凝土的运输距离。

主体结构施工阶段,应特别注意构件的堆放位置,并要考虑到吊装顺序。先吊的放在上面,后吊的放在下面,吊装的预制构件进场时间应密切与吊装进行配合,力求卸到就位位置,避免二次搬运。

此外,木工棚和钢筋加工棚的位置可考虑布置在建筑物四周以外的地方,但应有一定的堆场堆放木材、钢筋和成品。

石灰库和淋灰池的位置要接近砂浆搅拌站,沥青堆场及熬制沥青锅的位置要离开易燃仓库或堆场,并布置在下风向。

各种堆场及仓库的材料储备量应保持工程连续施工的需要,同时应与全现场的材料储备综合考虑,做到减少仓库面积,节省资金,其储备量按下式计算:

$$q = \frac{T_1 Q}{T_2} \tag{1.3.6}$$

式中 q——工程材料储备量;

T_1——储备天数,参见表1.3.8;

Q——计划期间内需用的材料数量;

T_2——需用该项材料的施工天数,并大于T_1。

表1.3.8 仓库及堆场面积计算所需数据(参考)

序号	材料名称	单位	储备时间 T_1/d	每1m^2储存量 P	堆置高度 /m	仓库类型
1	钢材(综合)	t	30~50	1.5	1.0	
	钢筋(直)	t	30~50	2.0~2.4	1.2	露天
	钢筋(盘)	t	30~50	0.8~1.2	0.1	露天80%,棚或库20%
	工字钢、槽钢	t	30~50	0.8~1.0	0.5	露天
	角钢	t	30~50	1.2~1.8	1.2	露天
	钢板	t	30~50	2.4~2.7	1.0	露天
	钢管(ϕ200以上)	t	30~50	0.5~0.7	1.2	露天
	钢管(ϕ200以下)	t	30~50	0.8~1.0	2.0	露天
	钢轨	t	20~30	2.3	1.0	露天
	铁皮	t	30~50	2.4	1.0	棚或库

续表

序号	材料名称	单位	储备时间 T_1/d	每 1 m^2 储存量 P	堆置高度 /m	仓库类型
2	生铁	t	40~50	5	1.4	露天
3	铸铁管	t	20~30	0.6~0.8	1.2	露天
4	暖气散热器	t	40~50	0.5	1.5	露天或棚
5	水暖零件	t	20~40	0.7	1.4	库和棚
6	五金	t	20~40	1.0	2.2	库
7	钢丝绳	t	30~50	0.7	1.0	库
8	电线电缆	t	30~50	0.3	2.0	库和棚
9	木材(综合)	m^3	30~50	0.8	2.0	露天
	原木	m^3	40~60	0.9	2.0	露天
	成材	m^3	20~40	0.7	2.0	露天
	枕木	m^3	15~20	1.0	2.0	露天
	灰板条	千条	15~20	5	3.0	露天
10	水泥	t	20~40	1.4	1.5	库
11	生石灰(块)	t	20~30	1~1.5	1.5	棚
	生石灰(袋)	t	10~20	1~1.3	1.5	棚
	石膏	t	10~20	1.2~1.7	2.0	棚
12	砂、石子(人工堆置)	m^3	10~30	1.2	1.5	露天
	砂、石子(机械堆置)	m^3	10~30	2.4	3.0	露天
13	块石	m^3	10~20	1.0	1.2	露天
14	砖	千块	10~30	0.5~0.7	1.5	露天
15	耐火砖	t	20~30	2.5	1.8	棚
16	粘土瓦、水泥瓦	千块	10~30	0.2	1.5	露天
17	石棉瓦	张	10~30	25	1.0	露天
18	水泥管、陶土管	t	20~30	0.5	1.5	露天
19	玻璃	箱	20~35	6~10	0.8	棚和库
20	卷材	卷	20~35	15~24	2.0	库
21	沥青	t	20~30	0.8	1.2	露天
22	各种油料	t	20~30	0.3	0.9	库
23	电石	t	20~30	0.3	1.2	库
24	炸药、雷管	t	10~30	0.7	1.0	库
25	煤	t	10~30	1.4	1.5	露天
26	炉渣	m^3	10~30	1.2	1.5	露天

续表

序号	材料名称	单位	储备时间 T_1/d	每 1 m² 储存量 P	堆置高度 /m	仓库类型
27	钢筋混凝土构件板	m³	3~7	0.14~0.24	2.2	露天
	梁、柱	m³	3~7	0.12~0.18	1.0	露天
28	钢筋成品	t	3~8	0.36~0.72	—	露天
29	钢筋骨架	t	3~7	0.18~0.36	—	露天
30	金属构件	t	3~7	0.20~0.28	—	露天
31	铁件	t	10~20	0.9~1.5	1.5	露天或棚
32	钢门窗	t	10~20	0.65	2	棚
33	木门窗	m³	3~7	30	2	棚
34	木屋架	m³	3~7	0.3	—	露天
35	木模板	m³	3~7	6~8	1.8	露天
36	钢模板	m³	3~7	12~20	1.8	露天或棚
37	大型砌块	m³	3~7	0.9	1.5	露天
38	轻质混凝土制品	m³	3~7	1.1	2	露天
39	水、电、卫设备	t	20~30	0.35	1	棚、库各占 1/4
40	工艺设备	t	30~40	0.6~0.8	—	库占 1/2
41	劳保用品	件	15~20	250	2	库

堆场及仓库面积按下式计算：

$$F = \frac{q}{P} \qquad (1.3.7)$$

式中 F——堆场或仓库面积(m^2)，包括通道面积；

P——每 1 m^2 堆场仓库面积上存放材料的数量，见表 1.3.8。

3. 确定场内运输道路及生活、行政临时房屋

现场主要道路应尽可能的利用永久道路，或先建好永久性道路的路基，在土建工程结束之前再铺路面。现场临时道路布置应按材料和构件运输的需要，沿着仓库和堆放位置，使之畅行无阻。道路宽度单行道不小于 3~3.5 m，双车道不小于 5.5~6 m，消防道不小于 3.5 m。主要施工道路宜安排在塔吊工作幅度范围内，以便运入构件能直接卸车堆放，这样可充分发挥塔式起重机的工作效率。道路最小允许曲线半径见表 1.3.9。

表 1.3.9 最小允许曲线半径表

车辆类型	路面内侧最小曲线半径/m		
	无拖车	有一辆拖车	有两辆拖车
三轮汽车	6	—	—
一般二轴载重汽车：			
单车道	9	12	15
双车道	7	—	—

续表

车 辆 类 型	路面内侧最小曲线半径/m		
	无 拖 车	有一辆拖车	有两辆拖车
三轴载重汽车、重型载重汽车	12	15	18
超重型载重汽车	15	18	21

为单位工程服务的生活用临时设施是很少的,一般有工地办公室、工人休息室、加工棚、工具库、门卫室等临时建筑物。确定它们的位置时,应考虑使用方便,不妨碍施工,并符合防火保安要求。门卫室设在工地出入口处。有关数据参见表1.3.10和表1.3.11。

表1.3.10 常用固定式定型房屋尺寸

序号	房屋用途	跨度/m	开间/m	檐高/m	布置说明
1	办公室	4~5	3~4	2.0~3.0	
2	宿舍	5~6	3~4	2.5~3.0	窗户面积约为地面的1/8,
3	工作间、机械房、材料库	6~8	3~4	按具体情况定	床板距离地面0.4~0.5 m,过
4	食堂兼礼堂	10~15	4	4.0~4.5	道1.2~1.5 m。进深约10 m,
5	工作棚、停机棚	8~10	4	按具体情况定	须设足够的出入口
6	工地卫生所	4~6	3~4	2.5~3.0	

注:1. 短期使用的宿舍可用单层或双层通铺,上下铺间净空应有1.0 m;
2. 食堂兼礼堂应与厨房、售票室、图书室、广播室一起布置。

表1.3.11 现场作业棚所需面积参考指标

序号	名 称	单 位	面 积	备 注
1	木工作业棚	m²/人	2	
2	电锯房	m²	30	
3	电锯房	m²	40	
4	钢筋作业棚	m²/人	3	
5	搅拌棚	m²/台	10~18	
6	卷扬机棚	m²/台	6~12	占地面积为2~3倍
7	烘炉房	m²	30~40	36~92 cm圆锯1台
8	焊工房	m²	20~40	小圆锯1台
9	电工房	m²	15	占地为建筑面积2~3倍
10	白铁工房	m²	20	
11	油漆工房	m²	20	
12	机、钳工修理房	m²	20	
13	立式锅炉房	m²/台	5~10	
14	发电机房	m²/kW	0.2~0.3	
15	水泵房	m²/台	3~8	
16	空压机屋(移动式)	m²/台	18~30	
	空压机屋(固定式)	m²/台	9~15	

续表

序号	名称		单位	面积	备注
17	石灰消化	贮灰池		5 m × 3 m = 15 m²	第二个贮灰池配一个淋灰池
		淋灰池		4 m × 3 m = 12 m²	
		淋灰槽		3 m × 2 m = 6 m²	
18	沥青锅场地			20 ~ 24 m²	台班产量 1 ~ 1.5 t/台

4. 布置水电道网

工地用的临时给水管,一般由建设单位的干管接到用水地点。布置时应力求管网总长度最短。管径的大小和阀门龙头数目的设置需视工程规模大小通过计算确定。管道可埋置于地下,也可铺设在地面上,由当时的气温条件和使用期限的长短而定。工地内要设置消防栓,消防栓距离建筑物不应小于 5 m,也不应大于 25 m,距离路边不大于 2 m。条件允许时,可利用城市或建设单位的永久消防设施。根据实践经验,一般 5 000 ~ 10 000 m² 的建筑物施工用水主管径为 50 mm,支管径为 40 mm 或 25 mm,消防水管直径不小于 100 mm,故单位工程施工用水总管管径用 100 mm。

有时,为了防止供水的意外中断,可在建筑物附近设置简易蓄水池,储存一定数量的生产和消防用水。如果水压不足时,尚应设置加压水泵。

为便于排除地面水和地下水,要及时修通永久性下水道,并结合现场地形在建筑物四周设置排泄地面水和地下水的沟渠。

施工中的临时用电问题,应在全工地性施工总平面图中一并考虑。只有独立的单位工程施工时,才根据计算出的现场用电量选用变压器和导线截面及类型。

1.3.5 施工措施安排

施工组织应对现场施工的进度提出相应的管理与技术措施,确保工程按期竣工。更加重要的是要建立行之有效的工程质量保证措施、施工安全保证措施及现场文明措施。下面以某高层框架结构综合楼工程项目的施工措施安排为例,说明应予以考虑的问题。

1.3.5.1 进度计划保证措施

1. 组织措施

① 公司将本工程作为重点工程组织施工,实施全面保证,全力以赴,确保项目所需施工设备、人力及材料资源的及时到位。

② 公司与项目经理部,项目经理部与施工队,施工队与作业层,层层签订保工期合同,实行重奖重罚,并根据情况撤换责任人或作业队伍。

③ 组织专业化作业队,采取分段分区大流水作业法,组织土建、安装及装饰装修各专业进行立体交叉施工作业。

④ 实行作业队长责任制,在项目经理部的统一指挥下,树立土建保安装,安装保装修,确保工期目标的实现。

⑤ 工程施工实行两班连续作业,节假日特别是春节、农忙季节均以高薪留住作业人员,

确保工程的连续进行。

⑥ 及时贮存大量材料及构件，项目物资部安排专人负责现场与生产生活基地的联络，确保施工物资及时供给。

2. 技术措施

① 采取水平模板快拆体系，以加速模板周转，尽快腾出作业面。柱、墙、板模实施定型设计，现场组装，以提高模板支设工效。

② 混凝土入模采用泵送技术，混凝土养护采用养护剂，最大限度地减少施工现场湿作业程序，为各专业施工创造条件。

③ 外脚手架采用外挑技术，使基坑能及时回填，及时插入室外安装，发挥有限施工场地的作用，为文明施工创造必要条件。

④ 尽最大可能提高工程机械化施工程度，并在机械选择上配备最精良的装备，以高效率的机械来完成预定任务。

⑤ 采取以下措施提高机械设备的利用率和完好率，充分发挥机械设备的功效。

a. 在全公司范围内挑选经验丰富、操作技术水平高、具有高度责任心的机械操作工进场施工。实行定员定岗，机操工的工资奖金要与其操作的机械设备的完好率和利用率紧密挂钩。

b. 按照公司"设备控制工作程序"的要求，对施工设备认真进行例行保养，严格执行交接班制度。交接班时，前班的机操工须如实填写交接班记录，真实地反映机械设备的运行情况。

c. 现场购备适量塔吊、混凝土输送泵、混凝土自动搅拌站等主要施工设备中易磨损、易出故障的零配件。当设备出现故障时，可及时更换设计中已磨损或已出故障的零配件，以满足施工的需要。

d. 施工设备的主要维修人员 24 h 值班。

⑥ 应用质量管理与质量统计技术，发挥验证过程能力和产品质量保证能力，及时发现潜在的不合格因素并分析原因，制定和采取预防措施，避免不合格产品的出现。

3. 管理措施

① 本项目进行全面质量管理，工作责任到人，确保工程全过程得到有效控制，以质量保工期。

② 应用现代施工技术与方法，以科技保质量进度。

③ 编制施工进度计划时，充分考虑本工程的建筑结构特点，施工条件、气候环境、成品保护及业主的要求，并结合公司的分承包方的具体情况，统筹安排，合理组织流水和立体交叉作业，使施工进度计划具有较强的科学性、合理性、预见性、可行性和适用性。

④ 以业主确认的施工总进度计划为目标，以控制关键线路的节点日期准点到达为主干，以滚动计划为链条，确保计划的衔接、稳定与均衡，对计划实行全过程的有效控制。

⑤ 项目工程总部根据已编制且经业主确认的施工总进度计划并结合实际情况编制详细的月、周、日作业计划和确定关键节点的完成日期。月、周、日作业计划均按两月、两周、两日编制，本月(周、日)计划为实施计划，下月(周、日)计划为预测计划，以便项目各部门、各作业队伍有一定量的时间进行施工前的准备工作。同时编制劳动力、材料、机具设备的月、周、日需用计划并绘制劳动力需用动态图，制定日作业卡。明确第二天要进行的各项具体工作和要

求。每天下午 5 点钟将作业卡分发给项目工程技术部、物资部、质安部及相关的作业队伍于次日实施。在实施的过程中由项目工程技术部负责跟踪检查，针对进度滞后于计划的情况进行原因分析和寻找对策，在日计划落后 5 天赶上，周计划滞后半月追上，在关键节点的完成日期不可变的原则下，通过改善施工条件、修改施工方案、优化资源配置、调整作业计划等手段，保证计划实施所需的施工条件和资源得以满足，使施工进度始终与计划保持动态平衡，确保合同工期目标的最终实现。

⑥ 建立每周例会制度，举行与业主、设计、施工单位联席会议，及时解决施工生产中出现的问题，加强预见性，力求把阻滞进度的各种因素消除在萌芽之中。

⑦ 加强季节性施工管理，针对冬、雨、酷热等不同自然条件，采取相应的技术组织措施，为确保工期质量目标创造条件。

⑧ 本工程按合同工期逾期竣工，每逾期 10 d 罚款 5 万元，故必须充分发挥经济杠杆的作用，将工程量的结算单位与施工进度计划的完成情况挂钩，促使各分承包方和作业队伍从根本上重视施工进度计划。

⑨ 做好外部交通组织工作，创造良好通畅的施工作业外部环境。

1.3.5.2 施工质量保证措施

1. 建立质检制度保证体系

① 建立以项目经理为首的技术负责人、施工队长、项目质检员、班组质检员组成的内部质量控制体系。另外，由公司总工程师领导下的公司质监站对项目工程质量实行强制的内部监督，该站独立于项目班子，其工作职责、监督权等依照公司内部专门文件中的有关规定执行。

② 实行质量认证制。每道工序完工后，由公司质监站派驻人员与项目质检员一起及时验收和评定等级，未经验收不得进入下道工序，不得结算，验收不合格坚决返工，其质量等级，作为工人结算的依据。

③ 实行质量工资制。项目管理人员奖金与质量挂钩，具体办法为：奖金＝基数×当月分项优良期×当月合格率。生产一线工人实行优质优价，凡优良分项，结算单价为合格分项的 1.3～1.5 倍，不合格分项返工损失费由责任者承担。

④ 实行质量回访制。工程竣工后，每隔半年作一次回访，及时了解质量情况，并对存在问题及时整改，并备档作为项目管理的业绩考核依据。

2. 建立各环节质量控制措施

以公司编制的质量手册和程序文件为依据，把好五道关：人员素质关、材料验收关、操作工艺关、预检复验关、信息管理关。

（1）人员素质关

通过业绩、能力和技术水平考核择优选用项目班子，建立一支高水平的项目管理队伍，把好操作工人素质关，对新技术、新工艺、新材料的操作人员应先进行培训上岗，外墙装饰装修工程、安装工程，分包严格总包管理，要求管理人员和特殊工种人员均必须持证上岗，严禁无证上岗。

（2）材料验收关

把好采购、运输、储存、使用等质量环节关，所有材料除符合规范要求外，要有出厂合格证，要求先检验后使用，严禁不合格材料进场。

(3) 操作工艺关

严格按设计和施工规范要求施工,尤其是对渗、漏、堵、蜂窝、麻面、胀模、钢筋偏位等质量通病,建立工序控制标准和技术复核制度,实行施工全过程中的监控,积极采用新技术提高工程质量。

(4) 预检复验关

每道工序前,施工负责人须对工人进行详细的技术交底,施工过程中把好质量管理关,严格执行"三检制度",实行层层把关,并做到工程档案资料与工程同步。

(5) 信息管理关

项目部按公司质量体系程序文件的要求负责项目质量信息的收集、整理、反馈,项目总工程师是质量的具体负责人,应根据收集到的质量信息作好全过程的质量预控,及时下达质量整改意见书,指导项目质量管理全面工作。

3. 成本保护措施

① 在编制作业计划时,既要考虑工期的需要,又要考虑相互交叉作业的工序之间不至于产生较大的干扰。合理安排工序,防止盲目施工和不合理赶工期及不采取成品保护措施造成相互损坏、反复污染等现象。

② 成立项目成品保护小组,小组设组长一名,组员由 5~7 名工程技术管理人员和 10 名左右的操作工人组成。

③ 过程产品在检验前,由该工序的作业队伍负责人组织保护;过程产品检验后,如有紧后工序,由紧后工序的作业队伍负责人组织保护,如无紧后工序,则由成品保护小组负责保护,待有作业队伍进入该作业面作业时,再交后工序作业队伍保护;交替作业的工序由滞后工序的作业队伍负责人组织保护。

④ 一道工序开始时,由施工员和成品保护小组的代表一起向该工序的作业队伍负责人进行成品保护的技术交底。一道工序完毕后,由该工序的作业队伍向成品保护小组进行成品交接,再由成品保护小组向下道工序的作业队伍进行成品交接。

⑤ 根据分部分项工程或部位施工特点,建立相应的成品保护的技术措施。

4. 季节性施工措施

① 做好现场排水系统,将地面雨水排至城市排水系统,围墙内地面用素混凝土封闭。

② 地下室施工时,设排水沟及集水井、备用水泵,及时排除积水和上层渗水。

③ 施工时应做好防雷设施。

④ 暑期施工梁板混凝土时,宜采用低水化热水泥,以防混凝土出现温度裂缝。

⑤ 冬期混凝土施工时,应掺防冻性外加剂,以提高早期混凝土强度。

1.3.5.3 安全施工措施

1. 建立安全责任制

① 根据本工程特点,建立健全安全监督体系、安全生产岗位责任制,定期组织和进行安全检查,每天进行班前安全活动,对作业层进行安全意识及纪律教育,加强操作人员的自我保护意识。

建立严格的安全条例和奖罚制度,管理层必须以身作则,公司各级领导及项目全体管理人员都必须强化安全意识,坚持"安全第一,预防为主"的原则,正确处理安全与生产、安全与效益的关系。开工前进行安全教育专题会议，在布置生产的同时布置安全生产工作，对民工及新工人进行安全教育，各种教育要有文字记录，施工现场设置有针对性的安全标语和安全警示牌，并设置语言灯箱，进一步明确和落实安全生产责任制。

② 建立健全安全生产责任制，签订好安全目标管理合同，明确安全目标管理。项目经理亲自抓安全生产，质量检查员和安全员负责日常安全生产检查和开展安全生产活动，每栋与每栋之间的质安员每天都交换检查一次，互相提出意见，发现问题及时整改。每个班组均设兼职安全员，班组兼职安全检查员负责本班安全生产工作。公司每月对工地进行安全生产大检查，每旬一次抽查。班组和班组之间，建立自检交接检查制度，发现质量隐患及时督促整改，对发现隐患及时提出合理改进措施的有功人员进行奖励。

2. 建立分部分项工程安全保证措施

① 基础混凝土施工期间，在基坑外围用钢管搭设围护栏杆和在深基坑四周设置临时混凝土排水沟。

② 脚手架等使用的安全防护：脚手架与建筑物按规定要求拉结牢固，设置围栏及挡板。

③ 高处作业的安全防护：正确使用安全网、安全带和安全帽。楼梯口、电梯口、预留洞、通道口等搭设防护栏杆，禁止往下丢物。雨、雪、冰冻天气施工，架子上应有防滑措施，并在施工前，清扫冰雪、积雪后，才能上架施工。

④ 临时用电安全防护措施：施工区以埋设电缆为主，楼层设立电线、管线及通道，所有机电设备采用一机一闸一保险制度。

⑤ 施工机具安全防护：施工机具由专人操作，实行操作人员持证上岗制度。机械设备及电动工具要设置漏电保护器，塔吊、人货电梯等设备要有可靠接地。

⑥ 消防保卫管理：建立明火使用制度，加强管理，配备足够的消防用具及设施，易发火灾区挂灭火器。

3. 加强安全施工检查

施工现场各项安全管理工作采取专职与兼职相结合，平时检查与定期检查相结合，施工高峰与冬雨季施工阶段要组织专项检查。检查的重点应围绕高空作业、电气线路、机械动力等方面进行，防止发生高空坠落、物体打击、触电、机械伤人等事故，检查中发现的问题和隐患必须限期改正，并由项目质安部跟踪检查。

采取全封闭施工，搭设临时防护棚，确保场内作业人员及现场外行人和车辆安全。

1.3.5.4 现场文明施工措施

① 设置文明施工管理组，负责现场的文明施工形象。

② 公司与项目经理部、经理部及各施工队和各分包单位、各施工队与分包单位与各作业层，层层签订文明施工协议，明确目标与责任。

③ 施工现场的各项临时设施严格按总平面布置图的要求进行布置。现场专设垃圾中转堆场、消防栓等临时设施，以及在现场的出入口处设置门卫和临时性建筑牌楼。

④ 施工现场的用水、用电线路统一按规划建设，并尽可能暗埋，不得乱拉电线和随意接水管。围墙内施工场地地面用混凝土封闭。

⑤ 现场的生产、生活污水应进行有组织排放，经沉淀过滤处理后通过临时暗沟或临时排水管道将污水排至城市污水管道内。

⑥ 施工材料进场后，应及时将材料堆放到指定的堆放场地上，材料堆放时，应分门别类，堆码整齐，标识清楚。

⑦ 驶出现场的各类车辆，必须在车辆现场出门冲洗处冲洗干净后，方可进入城市道路。车辆冲洗处设置水池和高压水泵等。

⑧ 施工现场的建筑垃圾每天都须及时清理，要做到工完场清。建筑垃圾的清理由产生垃圾的作业队伍负责进行，检查监督工作则由文明施工管理组负责。各楼层建筑垃圾清理后，用蛇皮袋装好，用手推车和人货电梯运至现场地面指定的垃圾堆场，晚上再由文明施工管理组负责将垃圾用汽车运出现场。在施工过程中，严禁作业人员往楼下和场外抛甩杂物和建筑垃圾。

⑨ 施工现场垃圾筒采用专用塑料桶。流动厕所的清扫工作由文明施工管理小组负责，每天至少清扫两次。

⑩ 尽量降低施工现场的机械噪声，陈旧、噪声大的机械设备不得使用。

⑪ 在施工现场的办公室，人货电梯的出入口等人流较集中的地方设立文明施工标牌，标牌设计要求周正美观、内容清楚。

⑫ 现场办公室要做到整洁、清爽，墙上挂上岗位责任制、施工总平面布置图、施工总进度网络计划等图表。各类图纸、资料文件应分类编号存放，并由专人妥善保管，各种记录准确真实，字迹工整清楚。

⑬ 加强对项目职工的文明施工教育，教育大家遵纪守法，做到人人讲卫生、讲文明、讲道德、讲礼貌，避免与周边市民发生纠纷和冲突。

1.3.6 施工图预算

1.3.6.1 施工图预算的内容与作用

1. 施工图预算的内容

施工图预算是确定建筑安装工程预算造价的文件。它是在施工图设计完成以后，以施工图为依据，根据预算定额费用标准，以及地区人工、材料、机械台班的预算价格进行编制的，所以称为施工图预算，也叫设计预算。

编制施工图预算，首先根据施工图及文件、定额和价格等资料，以一定的方法，编制单位工程的施工图预算；然后汇总所有各单位工程施工图预算，成为单项工程施工图预算；再汇总所有单项工程施工图预算，便是一个建设项目建筑安装工程的预算造价。

单位工程施工图预算包括建筑工程预算和设备安装工程预算。建筑工程预算分为一般土建工程预算、卫生工程预算、电气照明工程预算、特殊构筑物工程预算及工业管道工程预算。设备安装工程预算分为机械设备安装工程预算、电气设备安装工程预算。

2. 施工图预算的作用

① 施工图预算是落实或调整年度基本建设计划的依据。由于施工图预算比设计概算更具体和切合实际，因此，可据以落实或调整年度投资计划。

② 在委托承包时，施工图预算是签订工程承包合同的依据。建设单位和施工单位双方以施工图预算为基础，签订承包工程经济合同，明确甲、乙双方的经济责任。

③ 在委托承包时，施工图预算是办理财务拨款、工程贷款和工程结算的依据。建设银行在施工期间按施工图预算和工程进度办理预支和结算。单项工程或建设项目竣工后，也以施工

图预算为主要依据,办理竣工结算。

④ 施工图预算是施工单位编制施工计划的依据。施工图预算工料统计表列出了单位工程的各类人工和材料的需要量,施工单位据以编制施工计划,控制工程成本,进行施工准备活动。

⑤ 施工图预算是加强施工企业实行经济核算的依据。施工图预算所确定的工程预算造价,是建筑安装企业产品的预算价格。建筑安装企业必须在施工图预算范围内加强经济核算,降低成本,才能增加盈利。

⑥ 施工图预算是实行招标、投标的重要依据。一方面施工图预算是建设单位在实行工程招标时,确定"标底"的依据,另一方面也是施工单位参加投标时报价的依据。

1.3.6.2 施工图预算的编制

1. 编制依据

① 设计资料。设计资料是编制预算的主要工作对象。它包括经审批、会审后的设计施工图,设计说明书及设计选用的国标,市标和各种设备安装、构件、门窗图集,配件图集等。

② 预算文件。预算文件是编制工程预算的基本资料和计算标准。它包括已经批准执行的预算定额、费用定额、单位估价表、该地区的材料预算价格及有关文件。

③ 施工组织设计资料(施工方案)。经批准的施工组织设计是确定单位工程具体施工方法(如打护坡桩、进行地下降水等)、施工进度计划、施工现场总平面布置等的主要施工技术文件,这类资料在计算工程量、选套定额项目及费用计算中都有重要作用。

④ 工具书等辅助资料。在编制预算工作中,有一些工程量直接计算比较繁琐也较易出错,为提高工作效率简化计算过程,预算人员往往需要借助于五金手册、材料手册,或把常用各种标准配件预先编制成工具性图表,在编制预算时直接查用。特别对一些较复杂的工程,收集所涉及的辅助资料不应忽视。

⑤ 建设单位与施工单位的工程合同内容和在材料、设备、加工订货方面的分工也是施工图预算编制的依据。

2. 施工图预算的编制

编制施工图预算的现行方法,就是根据地区统一单位估价表中的各分项工程综合单价,乘以相应的各分项工程的工程量,并相加,得到单位工程的人工费、材料费和机械使用费三者费用之和。再加上其他直接费、间接费、计划利润和税金,即可得到单位工程的施工图预算。其中,所采用的综合单价,是根据建筑安装工程预算定额所规定的人工、材料、施工机械台班的消耗数量,分别乘以工程所在地的人工工资单价、材料预算价格和机械台班费用单价,并相加而计算出的分项工程或结构构件的综合单位价格,也叫预算定额基价。综合单价是单位估价表的主要构成部分。地区单位估价表是由地区造价管理部门根据地区统一预算定额或各专业部门专业定额及统一单价组织编制的,它是计算建筑安装工程造价的基础。另外,其他直接费、间接费和计划利润是根据统一规定的费率乘以相应的计取基础求得的。

编制施工图预算的主要计算公式为:

单位工程施工图预算直接费 = [∑(工程量×预算综合单价)]×(1+直接其他费率)

编制施工图预算的主要步骤如下。

(1) 准备资料,熟悉施工图纸

广泛搜集、准备各种资料，包括施工图纸，施工组织设计，施工方案，现行的建筑安装预算定额、取费标准，统一的工程量计算规则和地区材料预算价格等。

在准备资料的基础上，关键而重要的一环是熟悉施工图纸。施工图纸是了解设计意图和工程全貌，从而准确计算工程量的基础资料。只有对施工图纸有较全面详细的了解，才能结合预算划分项目，正确而全面地分析该工程中各分部分项工程，才能有步骤地计算其工程量。

另外，还要充分了解施工组织设计和施工方案，以便编制预算时注意其影响工程费用的因素，如土方工程中的余土外运或缺土的来源，深基础的施工方法，放坡的坡度，大宗材料的堆放地点，预制件的运输距离及吊装方法等。必要时还需深入现场实地观察，以补充有关资料的不足。

（2）计算工程量

计算工程量的工作，在整个预算编制过程中是最繁重、花费时间最长的一个环节，它直接影响预算的及时性。同时，工程量是预算的主要数据，它的准确与否又直接影响预算的准确性。因此，必须在工程量计算上狠下工夫，才能保证预算的质量。

1）计算工程量的步骤

① 根据工程内容和定额项目，列出计算工程量的分部分项工程。

② 根据一定的计算顺序和计算规则，列出计算式。

③ 根据施工图纸上的设计尺寸及有关数据，代入计算式进行数值计算。

④ 对计算结果的计算单位进行调整，使之与定额中相应的分部分项工程的计量单位保持一致。

2）计算工程量应注意的问题

① 要严格按照定额项目的要求和工程量计算规则，根据图示尺寸和数量进行计算，不能随意加大或缩小各部位的尺寸，对于按图逐个点清的零部件不能任意增加或减少。

② 为了便于核对，在计算土建工程量时要注明层次、部位、轴线、编号、封面符号、结构件编号。在列计算式时，对于计算面积，宽（高）在前面，长在后面；对于计算体积，断面面积在前面，长在后面。计算安装工程量时，要注明设备的型号，管线的管段号或坐标起止点，电气的系统或回路等。所有计算式要力求简单明了，计算准确，按一定次序排列，以便查对。

③ 尽量摘用设计人员已经计算过并在图纸中以清单形式列出的数量。

④ 计算工程量要注意防止重复计算或漏算。为此在动手计算之前，要系统地看懂图纸，然后依照一定的顺序，由下而上，由外而内，由左而右依次进行计算。

3. 套预算综合单价（预算定额基价）

工程量计算完毕核对无误后，用所得到的各分项工程量与单位估价表中的对应分项工程的综合单价相乘，并把各相乘的结果再相加，求得单位工程的人工费、材料费和机械使用费之和。

套单价时，需注意以下几点：

① 分项工程的名称、规格、计量单位必须与预算定额或单位估价表中所列的内容完全一致，否则，重套、漏套或错套预算单价都会引起工程直接费偏高或偏低。

② 某些单价的特征不完全符合设计图纸时，必须根据定额说明对单价进行局部换算或调

整。换算主要是指定额中已经计价的主要材料品种不同而进行的换价,但一般不调量。

③ 在套预算单价时,当设计的分项工程在定额上既不能直接套用,又不能换算、调整,就必须编制补充单位估价表。

④ 在套预算单价时,必须维护定额和单价的严肃性,除定额说明允许换算调整者外,一律只能遵照执行,不得任意修改。

4. 编制工料分析表

根据各分部分项工程项目的实物工程量和相应定额中的项目所列的人工及材料的数量,算出各分部分项工程所需的人工及材料数量,进行汇总计算后,算出该单位工程所需的各类人工、各类材料的数量。

5. 计算其他费用、利税并汇总造价

根据规定的费率和相应的计取基础,分别计算其他直接费、间接费、计划利润和税金。

其他直接费:(人工费+材料费+机械使用费)×其他直接费率

间接费:直接费[或(人工费+材料费)或人工费]×间接费率

计划利润:直接费(或人工费)×计划利润率

税金按有关规定计算。

把上述费用相加,并与前面套综合单价算出的人工费、材料费和机械使用费进行汇总,从而求得单位工程的预算造价。

6. 复核

当单位工程预算编制完后,由有关人员对编制的主要内容及计算情况进行核对检查,以便及时发现差错,及时修改,从而提高预算的准确性。在复核中,应对项目填列、工程量计算公式、计算结果、套用的单价、采用的各项取费费率、数字计算和数据精确度等进行全面复核。

7. 编制说明、填写封面

编制说明是编制方向审核方交代编制的依据,可以逐条分述。主要应写明预算所包括的工程内容范围,不包括哪些内容,依据的图纸号,承包企业的等级,承包方式,有关部门现行的调价文件号,套用单价需要补充说明的问题及其他需说明的问题。

第2章 高层钢筋混凝土框架结构房屋设计例题

2.1 建筑设计

钢筋混凝土框架结构房屋适合于多层和高层办公楼、教学楼、商业建筑、图书馆、住宅等建筑类型。

框架结构的特点是由刚结的梁和柱来传递竖向和侧向荷载,墙体仅起围护作用。在建筑上具有大空间,便于灵活布置不同尺度的房间。在结构上构件分工明确,可以充分发挥不同材料的性质。

本设计例题为高层钢筋混凝土框架结构的办公楼设计。

2.1.1 设计任务书

1. 基本概况

(1) 工程概况

××市××区经上级主管部门批准,拟按一般标准建造一幢高层办公楼(写字楼),建筑基地平面如图2.1.1所示:

工程名称:××办公楼;
建设地点:××市××区;
业　　主:××市××区政府;
施工单位:××市××建筑技术发展有限公司;
设计单位:××市××建筑设计有限公司;
监理单位:××市××建设监理公司。

(2) 工程规模

本工程由一栋办公楼组成,为钢筋混凝土框架结构。

① 层数　主体:地上10层,地下1层;局部突出为电梯机房和水箱间(高4.5 m)。

② 层高　地上首层:3.6 m;其他层:3.3 m;地下一层:3.6 m。

③ 房屋高度　主体:34.500 m;房屋长度:54.800 m;宽度:16.100 m(22.100 m);为L形,建筑占地面积1 019.33 m^2,总建筑面积10 903.78 m^2。

④ 抗震设防烈度　7度,第一组,Ⅱ类场地土。

2. 工程设计主要内容

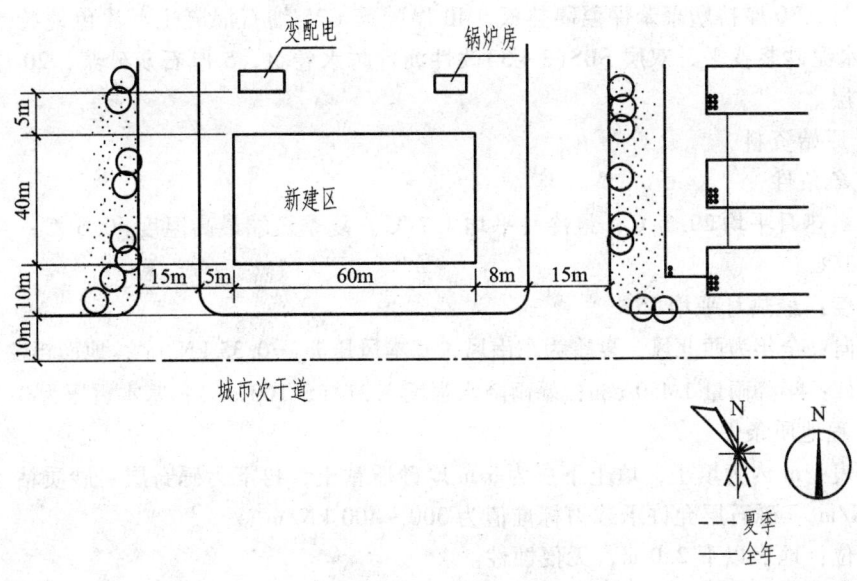

图 2.1.1 地基平面图

（1）地基与基础

基础采用柱下独立基础，基础埋深为 -4.2 m（地下室地面以下 0.6 m）。

（2）主体结构工程

① 采用现浇框架结构。主要部分用肋梁楼盖，局部可采用井字楼盖。

② 混凝土强度等级：混凝土采用 C30。

③ 钢筋：本工程的钢筋采用 HPB235 级和 HRB400 级钢筋。

④ 墙体：本工程 ±0.000 以下部分外墙采用钢筋混凝土墙；±0.000 以上外墙采用标准砖，内墙采用加气混凝土小型砌块。

（3）装饰工程

① 外墙装修：根据立面设计要求，外墙面大部分采用贴面砖饰面，局部采用玻璃幕墙，部分柱面喷真石漆。

② 内墙装修：按照各房间及各部位使用功能的不同，分别采用乳胶漆；瓷砖墙面；水泥砂浆粉面。

③ 顶棚装修：办公室、机房、楼梯间等走廊、门厅采用轻钢龙骨穿硅钙板吊顶，卫生间为条形铝扣板吊顶，会议室采用轻钢龙骨石膏板吊顶。

④ 楼地面装修：按各房间及部位的使用功能不同分别采用细石混凝土面层；花岗岩楼面；防滑地砖楼面。

⑤ 门窗：本工程外门窗采用铝合金门窗，内门为夹板门及木质防火门。

（4）电梯工程

共设电梯两部。

（5）屋面工程

上人屋面各层做法：1:8 水泥陶粒找坡，20 厚 1:2.5 水泥砂浆找平，双层 SBS(3+3) 改性沥青防水卷材，30厚挤塑聚苯保温隔热板，40厚配筋C25细石混凝土，浅色地砖。不上人小屋面：1:3水泥砂浆找平，双层SBS(3+3)改性沥青防水卷材，5厚石灰砂浆，20厚1:2.5水泥砂浆保护层。

3. 设计原始资料

（1）气象条件

温度：最热月平均29.3℃；最冷月平均4.7℃。夏季极端最高温度40.6℃；冬季极端最低温度-5.3℃。

相对湿度：最热月平均75%。

主导风向：全年为西北风，夏季为东南风，基本风压$w_0 = 0.35$ kN/m²，地面粗糙度为C类。

雨雪条件：年降雨量1 450 mm；暴雨降水强度3.31/(S/100 m²)；基本雪压为0.45 kN/m²。

（2）工程地质条件

自然地表1 m内为填土，填土下层为3 m厚砂质粘土，再下为砾石层。砂质粘土承载力特值为250 kN/m²。砾石层允许承载力标准值为300~400 kN/m²。

地下水位：地表以下2.0 m，无侵蚀性。

4. 建筑设计任务及要求

建筑设计深度达到施工图阶段，完成建筑设计图纸及建筑设计说明书。建筑设计图纸内容及要求如表2.1.1所示。

表2.1.1 建筑设计图纸内容及要求

序号	图纸内容	比例	备注
1	总平面图	1:300~1:500	表示风玫瑰图，建筑平面，层数，道路，绿化，停车位置
2	底层平面图	1:100	要求标注三道尺寸，文字、指北针等标注齐全
3	标准层平面图	1:200	适当布置家具、洁具
4	电梯机房、出屋面楼梯间及屋顶平面图	1:100~1:200	屋面排水系统、排水设施、排水坡度、电梯机房等
5	主立面、侧立面图	1:100	
6	主剖面图	1:100	如未经楼梯，楼梯剖面图单独绘制
7	构造详图	1:5~1:20	主墙剖面、楼梯、勒脚、散水、窗台、楼地面、屋面、檐口等处节点图（选画2~4个）
8	门窗表		
9	设计说明书		2 000字左右

图纸工作量A1幅面(594×841)图纸3~3.5张，采用白色绘图纸，铅笔或绘图笔绘制，部分CAD绘制。

2.1.2 设计步骤

办公建筑是公共建筑中十分重要的一种类型，可以是行政办公楼、商业金融办公楼及其他类型的办公楼。本例题是一幢政府行政办公楼。

1. 方案构思

总体布局,即从全局的观点出发,综合考虑和组织室内外空间,合理布置建筑总平面;处理好立面、体型、体量、层数、主要出入口的人流、车流等交通问题;解决好建筑各组成部分之间、内部与外部之间的联系与分隔;解决好通风、采光、朝向和使用等大的原则问题,同时做到与周围的环境协调,如庭院、室外场地、停车场、车库、道路、入口、绿化、建筑小品等。

2. 初步设计

总体设计方案确定后,就要在总体布局原则指导下进行单位工程的初步设计。其步骤是:将建筑的不同组成部分划分为若干基本单元,首先是基本单元空间设计,其次是空间组合设计,最后是立面、体型设计。

办公建筑按其功能、性质可以划分为如下几个基本单元空间:①使用空间,如办公室、传达室、接待室、卫生间、商业服务、会议、文娱、多功能大厅等。②交通联系空间,如楼梯(主梯、辅梯、消防梯)、电梯(客梯、消防梯)、坡道、过道、走廊、门厅等。③设备空间,如计算机中心、电梯机房、水泵房、各种井道等。

空间组合设计是按照各基本单元的功能性质、使用顺序分别进行功能分析和功能分区,处理解决好各建筑空间的"主与辅"、"内与外"、"闹与静"、"污与洁"及不同高度、不同层高之间的关系,合理组织交通流线,使得各种流线符合使用次序,力求简洁通畅,避免交叉迂回,避免相互干扰。

建筑立面体型设计,就是恰当地确定建筑立面、体型及各构件、各体面、体型之间的关系、比例、尺度。运用节奏、韵律、对比等规律和手法来设计体型完美、形式和内容统一的室内外建筑空间。

3. 基本单元设计

办公楼基本单元面积的确定主要依赖于家具、洁具的尺寸,再根据轴网布置适当做调整。框架结构的轴网布置一般为 5~9 m,倘若考虑地下停车场布置,轴网布置宜和所停车型一致,在毕业设计中仅考虑停车场停放小型车辆,其尺寸为 3 m×6 m。所以,轴网布置为:7.8 m×6.0 m。如图 2.1.2 所示。

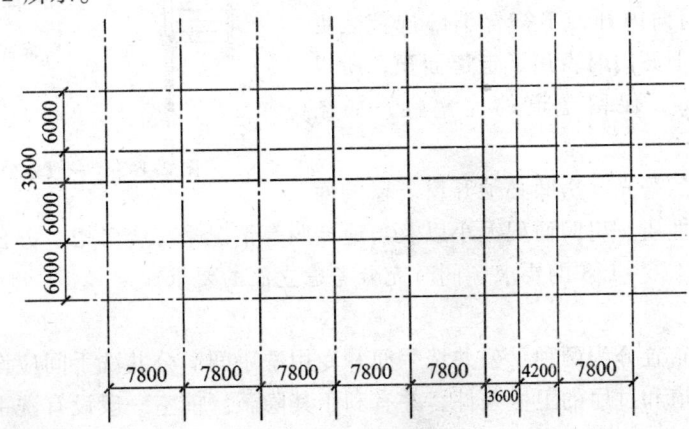

图 2.1.2 轴网布置

(1) 办公室

1) 办公室的面积

办公室是办公楼中最基本的空间单元，可以是单间办公室、成组办公室或开敞办公室。

① 单间办公室　这种传统形式多见于狭长的建筑物中，在一条走廊的两侧，连通着许多的小房间，沿房间的周围布置服务设施。这些房间以自然照明为主，人工照明为辅，房间的大小有所变化，但容纳的人数较少。

② 成组式办公室　这种方式可以成为容纳小于 20 人工作的场所，为了有利于布置家具，房间进深要适当加大。

③ 景观办公室　高层建筑中，商业性的职员办公室、设计室适合于大空间布局的组织形式，所以可以采用大空间的平面布置方式。这样有利于缩短活动路线，节省时间，密切员工之间的关系。

办公室的空间组织也根据其性质不同而不同，如最高管理部门，彼此之间联系较少，需要小空间；设计室或业务办公室，员工有相互交流，大、中、小空间都需要；职员办公室，由于联系密切，需要大空间。

本例题中，设计者根据结构柱网的布置，将柱网划分为若干大小不等的面积，分别是办公室、资料室等使用空间。

2) 办公室的门窗

房间门的作用是供出入交通，有时也兼有通风采光的作用。办公室的门宽通常取 1 000 mm；当房间面积加大，超过 60 m^2 时，则要求至少设置两个门。门沿墙边插入，可保证家具布置，但需为门垛留出 120～240 mm。门的位置与室内走道紧密配合，使得通行路线简捷。办公室门的开启方向一般向内，如图 2.1.3 所示；但面积超过 60 m^2，且使用人数超过 50 人的房间，为了保障安全疏散，门必须向外开，如图 2.1.4 所示的会议室。原方案如图 2.1.4a 所示，门向内开，不符合消防规范。更正后，门向外开，但开门时占用了走道面积，所以将其往内退进 1 m，保留走道的完整性，如图 2.1.4b 所示。

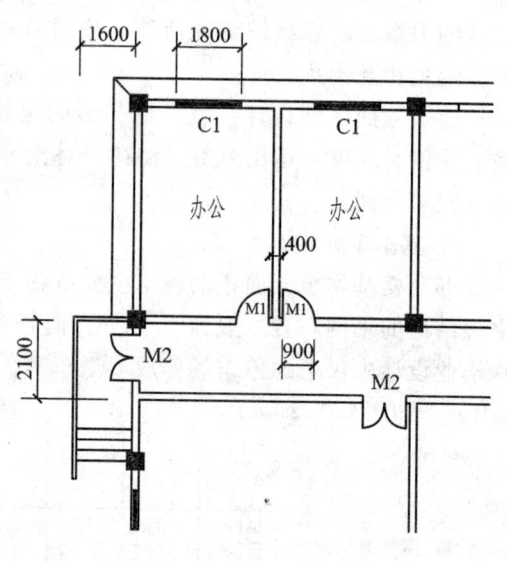

图 2.1.3　一般办公室平面图

为了获取良好的采光，房间必须开窗。窗的面积根据房间的使用性质、房间面积大小以及当地日照等情况来综合考虑。办公室、会议室的窗面积需满足窗地比 1/6～1/8 的要求，同时充分考虑立面的要求。

(2) 洗手间

洗手间的平面布置分为两种：公共洗手间和专用洗手间。公共洗手间应设置前室，可以改善通往洗手间的走道和过厅的卫生条件，并有利于其隐蔽。前室一般设有洗手盆和污水池，为了保证必要的使用空间，前室的深度应不小于 1.5～2.0 m，公共洗手间每层需有布置，专用卫生间适量布置。图 2.1.5 是本例题中洗手间的做法。该洗手间与走道之间未设置高差，应做

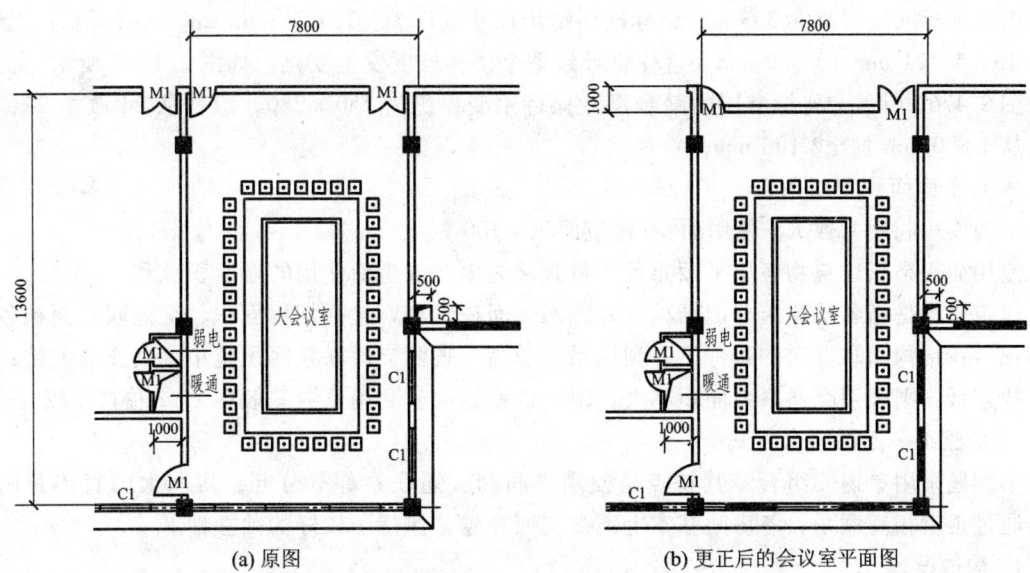

(a) 原图　　　　　　　　　　　　　　(b) 更正后的会议室平面图

图 2.1.4　会议室平面图

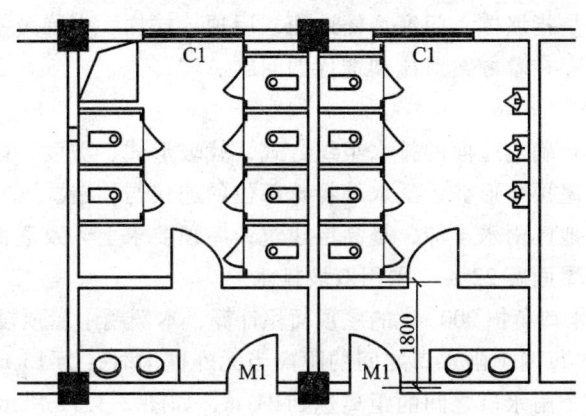

图 2.1.5　洗手间

修改：前室比走道地面标高低 0.02 m。

(3) 走道及楼梯

办公楼的走道是完全为交通而设置的，本例题中走道两侧均布置有房间，走道宽为 2.1 m，满足 2.10～2.40 m 的要求。两楼梯之间走道的最长长度为 28.2 m，袋形走道尽端房间距楼梯的长度为 10.1 m，分别满足规范要求的 40 m 和 22 m。走道的通风主要依靠两端的窗和休息大厅，采光以人工和自然相结合。

楼梯采用双跑，以一个 3.6 m 柱距的开间为楼梯间单元，通行宽度大于 1.5 m，可以满足 3 人同时通过。根据《高层建筑防火规范》，本建筑属于二级防火，楼梯应设置为疏散楼梯，应设防烟前室（防火设计详见 1.1.3）。

本例题中，负一层和首层的标高为 3.6 m，二层以上为 3.3 m，所以标准层和首层之间的楼梯踏步级数是不相等的：负一层和首层为 24 个踏步，保证 150 × 24 mm = 3 600 mm；标准层为 22 个踏步，保证 150 × 22 mm = 3 300 mm；这样每个踏步的高和宽不变。但在本例题中，设计者为保证标准层层高为3.3 m，将标准层踏步尺寸设计为：137.5 mm×280 mm，仍为24级。使得137.5×24 mm=3 300 mm。这样将导致整个楼梯坡度发生变化。如图2.1.6a所示。更正后如图2.1.6b所示，将标准层的踏步尺寸保持不变，仍为150×280，级数从24改至22；平台宽从1 800 mm加至2 100 mm。

（4）平面面积利用系数

平面面积利用系数 K = 使用面积/建筑面积×100%

使用面积是指建筑物各层平面布置中可直接为生产或生活使用的净面积总和。

建筑面积是指各层建筑外墙结构的外围水平面积之和。包括使用面积、交通联系面积和结构面积。在结构面积一定的条件下，利用系数越高，表明交通联系面积越小，则交通拥挤；利用系数越低，则表明交通联系面积越大，浪费也就越大。利用系数一般在75%左右比较合适。

（5）建筑平面的组合方式

本例题采用单内廊组合，其特点是使用房间和交通联系部分分开，房间大门直接开向走道，通过走道相互联系，各房间基本上不被交通穿越，保持了较好的独立性。

4. 构造设计

建筑构造设计不仅是初步设计的延续和深入，同时也自始至终贯穿在建筑设计的各个阶段中。建筑构造设计主要是指墙体、门窗、楼地面、屋顶、楼梯、电梯及室内外装修、变形缝等的设计与选用，它同样存在着方案对比和选优的问题。

（1）屋顶排水设计

屋顶排水设计主要是确定屋面的排水组织方式，找坡形式，坡度，防水层，通风隔热层构造，以及天沟、檐口、屋顶变形缝、泛水等特殊部位的连接与构造。

本例题中，考虑该地区雨水丰沛，是高层建筑，屋顶要求上人及立面的需要，所以采用女儿墙边天沟内排水沟。屋面宽22 m，采用双坡排水。

排水分区按一个雨水口负担200 m^{2}的屋顶面积计算，本例题中屋顶投影面积接近1 000 m^2，应布置5~6个雨水口，每两个雨水口之间的距离当无外檐沟时，为15 m左右。而例题中仅布置了4个雨水口，且两个雨水口之间的距离达到31 m，如图2.1.7a所示。更正后如图2.1.7b所示，雨水口的数量增加至6个。雨水管的直径按雨量丰沛地区取150 mm。

（2）墙体细部

包括勒脚处理、墙身防潮、窗台、窗过梁及墙与梁、板、柱的连接构造、内外装修等。图2.1.8是主墙剖面。图2.1.9是女儿墙泛水处理。图2.1.10是楼梯出屋顶大样。

5. 地下停车场出入口

本例题中，室外标高为-0.6 m，地下室标高为-3.6 m，3.0 m高差大车道需要用坡道连接。例题中坡道坡度为12%，转弯半径为6 m，是符合规范要求的。但是，从N_1=0%至N_2=12%，需有一个长度不小于3.6 m的缓坡，例题中未做，此处需要补充。

《汽车库建筑设计规范》（JGJ 100—1998）规定，汽车库址的车辆出入口，距城市道路的规划红线不应小于7.5 m，此处已有10 m，是满足要求的。如图2.1.11所示。

规范还规定：在距出入口边线2 m处作视点的120°范围内至边线外7.5 m以上不应有遮挡视线的大障碍物。此处亦满足要求。

2.1 建筑设计

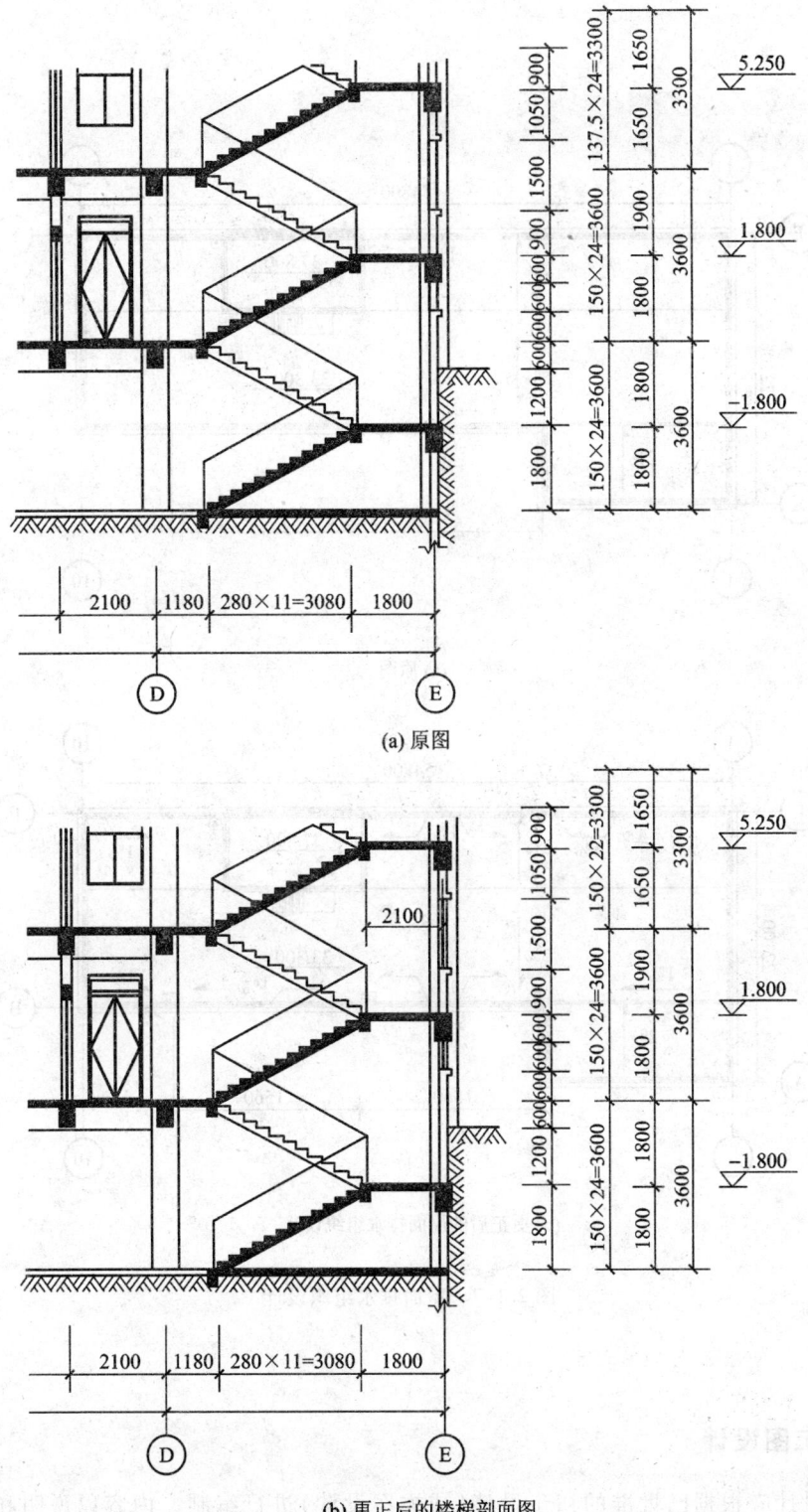

(a) 原图

(b) 更正后的楼梯剖面图

图 2.1.6 楼梯剖面

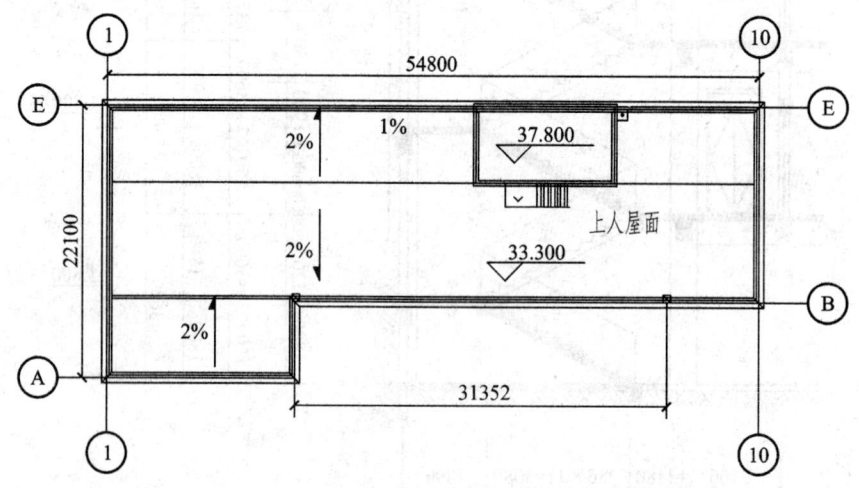

(a) 原图

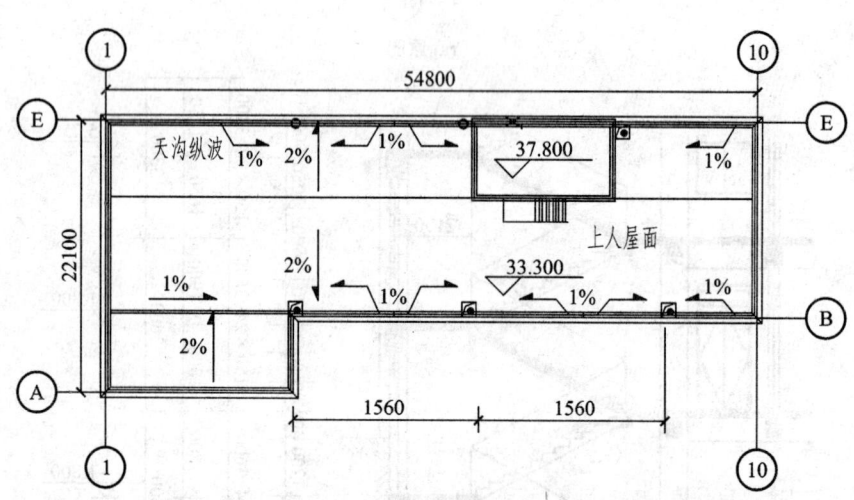

(b) 更正后的屋面排水组织设计

图 2.1.7 屋面排水组织设计

2.1.3 施工图设计

施工图设计应根据已批准的初步设计(或方案设计)进行编制,内容以说明和图纸为主。

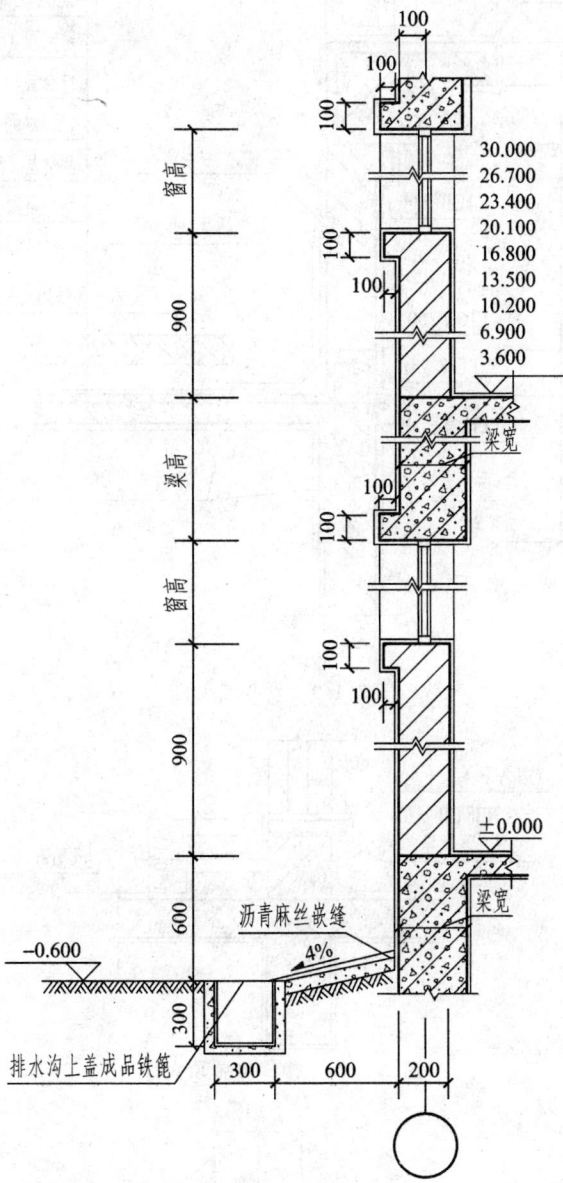

图 2.1.8 主墙剖面图

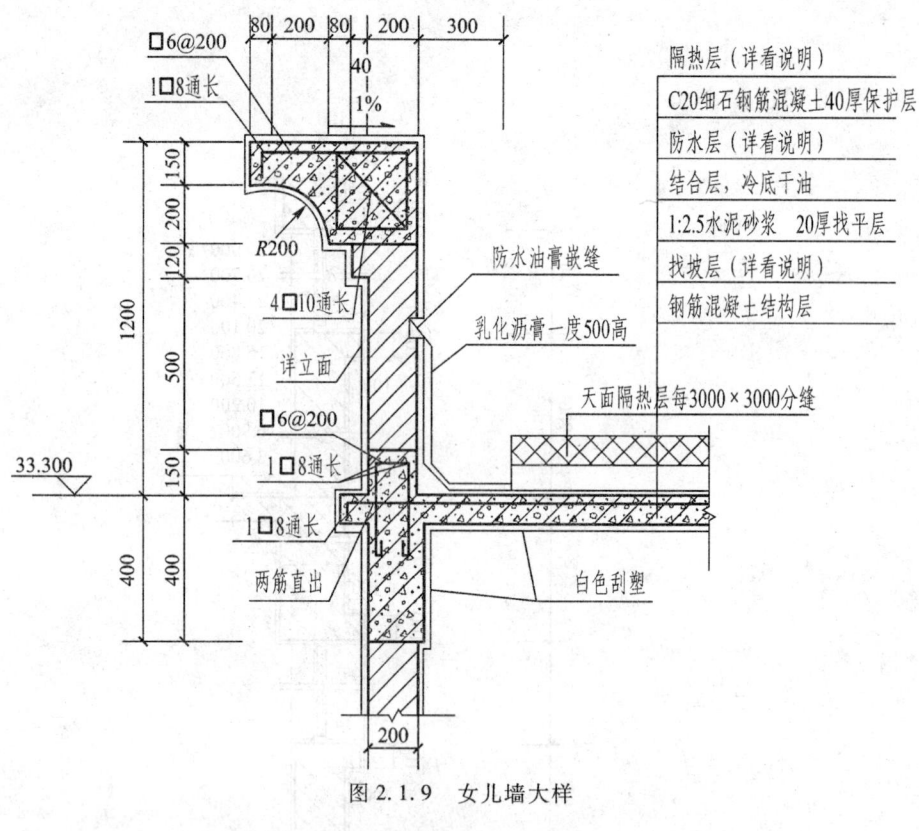

图 2.1.9　女儿墙大样

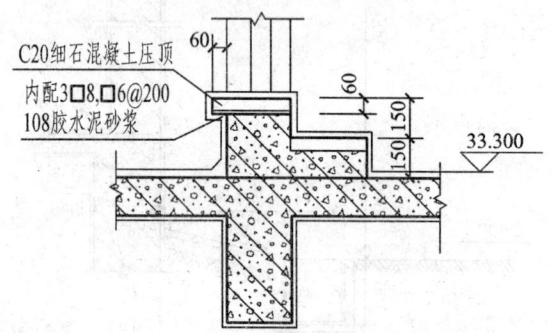

图 2.1.10　楼梯出屋顶大样

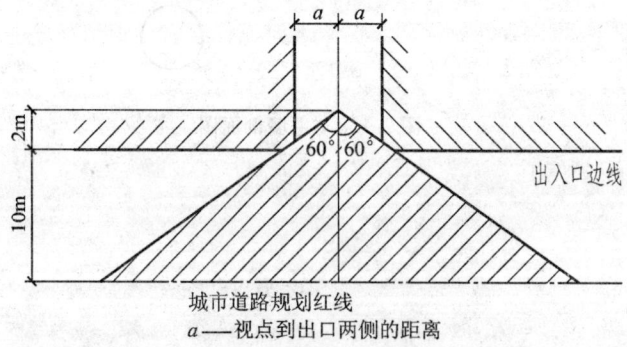

城市道路规划红线
a——视点到出口两侧的距离

图 2.1.11　汽车库库址出入口通视要求

施工图的作用是正确指导施工。施工图设计是建筑师对设计、建造方法及施工工艺的最后决策。

施工图设计必须满足以下基本要求：
① 与设计意图一致，符合功能要求；
② 结构的整体性；
③ 耐久性；
④ 符合规范；
⑤ 正确的施工顺序和加工、安装方法；
⑥ 经济性。

施工图设计文件的深度应满足下列要求：
① 能据此编制施工图预算；
② 能据此安排材料、设备订货和非标准设备的制作；
③ 能据此进行施工和安装；
④ 能据此进行工程验收。

1. 首页图内容

(1) 图纸目录

图纸目录如表 2.1.2 所示。

表 2.1.2 图 纸 目 录

序号	图 纸 名 称	图 号	图 幅	备 注
1	总平面图、技术经济指标、建筑使用功能分区、门窗表及大样、构造说明、设计说明	01	A1	
2	首层平面图	02	A1	
3	标准层平面图	03	A1	
4	1-1剖面图、楼梯平面图	04	A1	
5	南立面图、北立面图、东立面图、西立面图	05	A1	
6	地下室、屋顶平面图、电梯机房及水箱平面图、大样图	06	A1	

(2) 设计说明

设计说明是本工程施工图设计的依据。根据初步设计批准文件和批准的初步设计，说明本工程概况，内容包括工程名称、建设地点、建设单位、建筑面积、建筑占地面积、建筑等级、建筑层数、人防工程等级、抗震设防烈度、主要结构类型等。本工程相对标高与总图绝对标高的关系。材料用料说明和室内外装修，如墙身防潮层、地下室防水、屋面、外墙面、勒脚、散水、台阶、坡道等做法，可用文字说明或部分文字说明，选用标准图的直接在图上注索引号。

(3) 室内装修表

室内装修部分一般用表格表达。如表 2.1.3 所示。

表 2.1.3 室内装修表

	楼、地面	踢脚板	墙裙	内墙面	顶棚	门厅	走廊
材料							
做法							

注:表列项目随工程内容增减。

(4) 门窗表

门窗表如表 2.1.4 所示。

表 2.1.4 门 窗 表

类 别	设计编号	洞口尺寸/mm		樘 数	采用标准图集及编号	备 注
		宽	高			

2. 总平面图纸

① 地形和地物。

② 建筑物、构筑物(人防工程、地下车库、油库、储水池等隐蔽工程以虚线表示)定位的施工坐标或相互关系尺寸、名称或编号、室内设计标高及层数。

③ 道路、铁路和排水沟等的施工坐标或相互关系尺寸,路面宽度及平曲线要素。

④ 指北针、风玫瑰。

总平面示意图如图 2.1.12 所示。

3. 平面图

平面图应表达下列内容:

① 纵横墙、柱、墩、内外门窗位置及编号、门的开启方向、房间名称或编号、轴线编号等。

② 开间进深尺寸、墙体厚度和轴线关系尺寸。

③ 轴线编号及尺寸、门窗洞口尺寸、分段尺寸、外包总尺寸。

④ 电梯、楼梯位置及主要尺寸,楼梯上下方向示意。

⑤ 阳台、雨篷、踏步、坡道、散水、通风道、管线竖井、烟筒、雨水管位置及尺寸。

⑥ 室内外地面标高、设计标高、楼地层标高(底层地面标高为 ±0.000)。

4. 立面图

各个方向的立面应绘全,但差异极小、不难推定的立面可以省略。立面图应表达下列

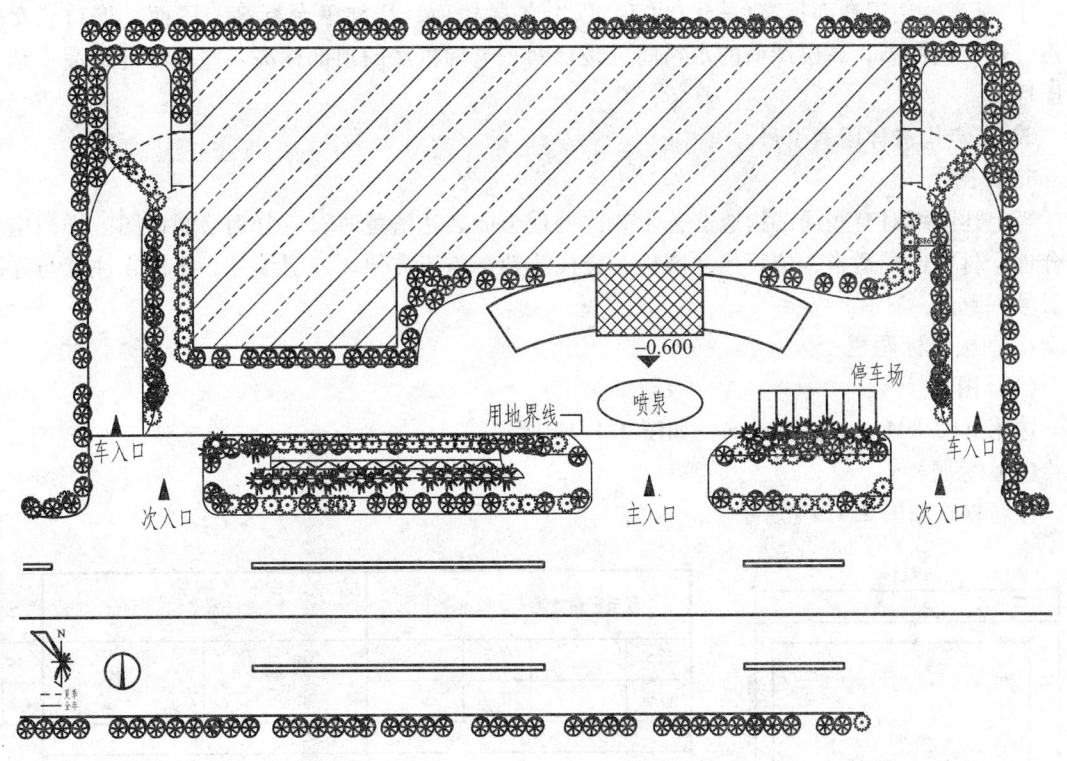

图 2.1.12 总平面示意图

内容：

① 建筑物两端及分段轴线编号。

② 女儿墙顶、檐口、柱、伸缩缝、沉降缝、抗震缝、消防梯、楼梯、阳台、栏杆、台阶、踏步、花台、雨篷、线条、墙、留洞、门窗、门头、雨水管，其他装饰构件和粉刷分格线示意等。外墙的留洞应注尺寸与标高(宽×高×深)及关系尺寸。

③ 门窗可适当典型示范一些具体形式与分格，在平面图上表示不出的窗编号，应在立面图上标注，平、剖面未表示出来的窗台高度，应在立面图上分别注明。

④ 各部分构造、装饰节点详图索引、用料名称和符号。

5. 剖面图

剖面图应选在楼梯、层高不同，内外空间比较复杂，最有代表性的部分。剖面图应表达下列内容：

① 墙、柱、轴线、轴线编号，并标注其间距尺寸。

② 室外地面、底层地(楼)面、地沟、各层楼板、平面、屋架、屋顶、出屋顶烟筒、天窗、挡风板、消防梯、檐口、女儿墙、门窗、楼梯、台阶、坡道、散水、防潮层、平台、阳台、雨篷、留洞、墙裙、踢脚板、雨水管及其他装修可见的内容(对细小部分无法表达时，可在"主墙剖面图"中表达)。

③ 高度尺寸：外部尺寸，如门窗、洞口(包括洞口顶端和窗台)高度、层间高度、总高度(室外地面至檐口或女儿墙顶)。

④ 标高：底层地面标高(±0.000)，以上各层楼面、楼梯平台标高，屋面、檐口、女儿墙顶、烟筒顶标高，高层屋面的水箱间、楼梯间、电梯机房的顶部标高。室外地坪标高、地下各层标高。

⑤ 节点构造详图索引号。

6. 详图

当上述图纸对有些局部构造、艺术装饰处理未能表达清楚时，应分别绘制详图。详图应构造合理，材料选择适当，位置尺寸准确，交代清楚，施工方便。注明编号、比例，注意与详图索引号一致。

7. 图幅及标题栏

（1）图幅

选用 A1，841 mm × 594 mm，如图 2.1.13 所示。

（2）标题栏

标题格式如图 2.1.14 所示。

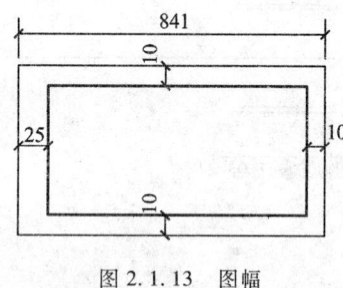

图 2.1.13 图幅

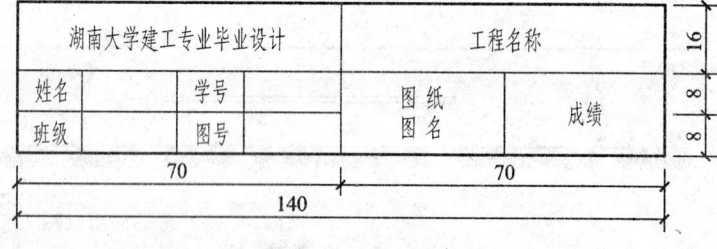

图 2.1.14 标题栏

2.2 结构设计

2.2.1 结构选型和布置

2.2.1.1 结构选型

根据办公建筑功能的要求，为使建筑平面布置灵活，获得较大的使用空间，本结构设计采用钢筋混凝土框架结构体系。

2.2.1.2 结构布置

根据建筑功能要求及建筑物可用的占地平面地形，横向尺寸较短，纵向尺寸较长，故把框架结构横向布置，即采用横向框架承重方案，具体布置详见图 2.2.1。施工方案采用梁、板、柱整体现浇方案。楼盖方案采用整体式肋形梁板结构。电梯井采用钢筋混凝土筒体。楼梯采用整体现浇板式楼梯。基础方案采用柱下独立基础。

2.2.1.3 初估截面尺寸

① 根据本项目房屋的结构类型、抗震设防烈度和房屋的高度查表 1.2.33，得本建筑的抗震等级为二级。楼盖、屋盖均采用现浇钢筋混凝土结构，楼板厚度取为 100 mm，各层梁柱板混凝土强度等级均为 C30，纵向受力钢筋采用 HRB400 级钢筋，其余钢筋用 HPB235 级

钢筋。

根据建筑平面布置确定的结构平面布置图可知,边柱及中柱的承载范围分别为 7.8 m × 3 m 和 7.8 m × 4.95 m。估算结构构件尺寸时,楼面荷载近似取为 12 kN/m² 计算(以中柱计算为例)。

② 梁截面尺寸估算依据。

框架结构的主梁截面高度及宽度可由下式确定:

$$h_b = \left(\frac{1}{10} \sim \frac{1}{18}\right)l_b, \quad b_b = \left(\frac{1}{2} \sim \frac{1}{3}\right)h_b$$

且 $b_b \geq 200$ mm,其中横梁跨度:$l_{BC} = l_{DE} = 6.0$ m,$l_{CD} = 3.9$ m,纵梁 $l_0 = 7.8$ m。由此估算的梁截面尺寸如下:

横向主框架梁:$b \times h = 300$ mm × 650 mm

纵向框架梁:$b \times h = 300$ mm × 650 mm

次梁:$b \times h = 300$ mm × 550 mm

③ 柱截面尺寸估算依据。

由文献[2]可知,柱的轴压比应小于轴压比限值的要求:

$$\frac{N}{b_c h_c f_c} = \frac{N}{A_c f_c} \leq 0.8$$

C30 混凝土:$f_c = 14.3$ N/mm²,$f_t = 1.43$ N/mm²

求得:

$$A_c \geq \frac{1.2 \times 12 \times 10^3 \text{ N/m}^2 \times 7.8 \text{ m} \times 4.95 \text{ m} \times 11}{0.8 \times 14.3 \text{ N/mm}^2} = 534\,600 \text{ mm}^2$$

上式中的 1.2 为荷载分项系数,11 表示底层柱承受其上十一层的荷载。N 按底层中柱的负荷面积考虑。取柱截面为正方形,则柱截面边长为 732 mm。结合实际情况,并综合考虑其他因素,本设计柱截面尺寸为 750 mm × 750 mm。纵向受拉钢筋抗震锚固长度 $l_{aE} = 41d$,梁内钢筋伸至边柱内长度 $\geq 0.4 l_{aE} = 0.4 \times 41d = 16.4d = 16.4 \times 25$ mm = 410 mm,故柱子截面满足此抗震构造要求。

2.2.2 框架计算简图

2.2.2.1 计算简图说明

本设计基础选用柱下独立基础,基础顶面标高为 -4.200 m(地下室地坪以下为 0.600 m)。框架的计算单元如图 2.2.1 所示,取⑤轴上的一榀框架计算,假定框架柱嵌固于基础顶面,框架梁与柱刚接。由于各层柱截面尺寸不变,故梁跨度等于柱截面形心轴线之间的距离。地下室柱高从基础顶面算至底层楼面,地下室高为 3.6 m,故地下室柱计算高度为 4.2 m,其余各层柱计算高度为层高,即首层为 3.6 m,其余各层柱计算高度为 3.3 m。

2.2.2.2 框架梁柱截面特征

由构件的几何尺寸、截面尺寸和材料强度,利用结构力学有关截面惯性矩及线刚度的概念计算梁柱截面的特性,如表 2.2.1 及表 2.2.2 所示。

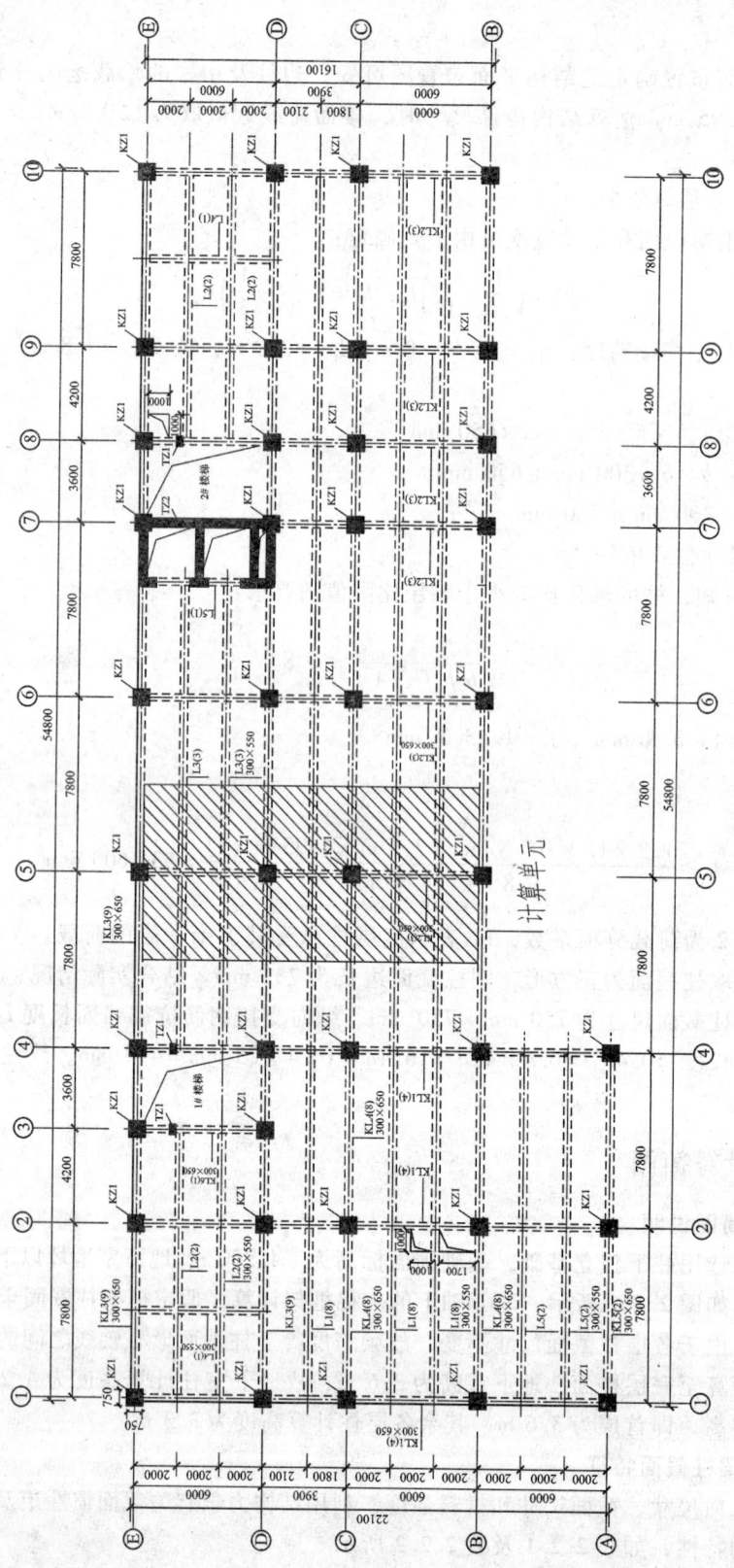

图 2.2.1 标准层结构平面布置图

表 2.2.1 梁截面特性计算表

中框架梁

层数	混凝土强度	梁编号	截面宽 b/mm	截面高 h/mm	梁跨 L/mm	混凝土弹性模量 E_c/Pa	截面惯性矩 I/mm^4	线刚度 i/N·mm	相对线刚度 i'
−1~10	C30	BC 跨	300	650	6 000	30 000	6.866×10^9	$6.865\ 625 \times 10^{10}$	0.29
	C30	CD 跨	300	650	3 900	30 000	6.866×10^9	$1.056\ 25 \times 10^{11}$	0.44
	C30	DE 跨	300	650	6 000	30 000	6.866×10^9	$6.865\ 625 \times 10^{10}$	0.29

边框架梁

层数	混凝土强度	梁编号	截面宽 b/mm	截面高 h/mm	梁跨 L/mm	混凝土弹性模量 E_c/Pa	截面惯性矩 I/mm^4	线刚度 i/N·mm	相对线刚度 i'
−1~10	C30	BC 跨	300	650	6 000	30 000	6.866×10^9	$5.149\ 218\ 75 \times 10^{10}$	0.22
	C30	CD 跨	300	650	3 900	30 000	6.866×10^9	$7.921\ 875 \times 10^{10}$	0.33
	C30	DE 跨	300	650	6 000	30 000	6.866×10^9	$5.149\ 218\ 75 \times 10^{10}$	0.22

表 2.2.2 柱截面特性计算表

层数	混凝土强度	柱子轴号	截面宽 b/mm	截面高 h/mm	柱高 L/mm	混凝土弹性模量 E_c/Pa	截面惯性矩 I/mm^4	线刚度 i/N·mm	相对线刚度 i'
−1	C30	B C D E	750	750	4 200	30 000	2.637×10^{10}	$1.883\ 37 \times 10^{11}$	0.79
1	C30	B C D E	750	750	3 600	30 000	2.637×10^{10}	$2.197\ 27 \times 10^{11}$	0.92
2~10	C30	B C D E	750	750	3 300	30 000	2.637×10^{10}	$2.397\ 02 \times 10^{11}$	1.00

2.2.2.3 框架梁柱的线刚度计算

1. 柱子计算

地下室柱子

$$i_\text{地} = \frac{EI}{L} = \frac{3.00 \times 10^7 \text{ kN/m}^2 \times \frac{1}{12} \times (0.75 \text{ m})^4}{4.2 \text{ m}} = 1.88 \times 10^5 \text{ kN} \cdot \text{m};$$

首层柱子

$$i_1 = \frac{EI}{L} = \frac{3.00 \times 10^7 \text{ kN/m}^2 \times \frac{1}{12} \times (0.75 \text{ m})^4}{3.6 \text{ m}} = 2.197 \times 10^5 \text{ kN} \cdot \text{m};$$

二至十层柱子

$$i_\text{地} = \frac{EI}{L} = \frac{3.00 \times 10^7 \text{ kN/m}^2 \times \frac{1}{12} \times (0.75 \text{ m})^4}{3.3 \text{ m}} = 2.397 \times 10^5 \text{ kN} \cdot \text{m};$$

2. 梁计算

5 轴梁为中框架梁，$I = 2I_0$，各层梁截面均相同。

BC、DE 跨梁

$$i_{边} = \frac{2EI}{L} = \frac{2 \times 3.00 \times 10^7 \text{ kN/m}^2 \times \frac{1}{12} \times 0.3 \text{ m} \times (0.65 \text{ m})^3}{6.0 \text{ m}} = 6.866 \times 10^4 \text{ kN} \cdot \text{m};$$

CD 跨梁

$$i_{中} = \frac{2EI}{L} = \frac{2 \times 3.00 \times 10^7 \text{ kN/m}^2 \times \frac{1}{12} \times 0.3 \text{ m} \times (0.65 \text{ m})^3}{3.9 \text{ m}} = 1.056 \times 10^5 \text{ kN} \cdot \text{m};$$

3. 相对线刚度计算

令二至十层柱子线刚度 $i = 1.0$，则其余各杆件的相对线刚度为：

地下室柱子

$$i'_{地} = \frac{1.88 \times 10^5 \text{ kN} \cdot \text{m}}{2.397 \times 10^5 \text{ kN} \cdot \text{m}} = 0.79;$$

首层柱子

$$i'_1 = \frac{2.197 \times 10^5 \text{ kN} \cdot \text{m}}{2.397 \times 10^5 \text{ kN} \cdot \text{m}} = 0.92;$$

BC、DE 跨梁

$$i'_{边} = \frac{6.866 \times 10^4 \text{ kN} \cdot \text{m}}{2.397 \times 10^5 \text{ kN} \cdot \text{m}} = 0.29;$$

CD 跨梁

$$i'_{中} = \frac{1.056 \times 10^5 \text{ kN} \cdot \text{m}}{2.397 \times 10^5 \text{ kN} \cdot \text{m}} = 0.44;$$

同理可得边框架梁相对线刚度为：

$$i''_{边} = 0.29 \times \frac{1.5}{2.0} = 0.22; \quad i''_{中} = 0.44 \times \frac{1.5}{2.0} = 0.33$$

根据以上计算结果，框架梁柱的相对线刚度如图 2.2.2 所示，是计算各节点杆端的弯矩分配系数的依据。

考虑整体现浇梁板结构中，板对梁的有利作用，对中框架取 $I = 2I_0$，对边框架取 $I = 1.5I_0$。I_0 为矩形截面框架梁的惯性矩。

2.2.3 荷载计算

荷载计算是结构计算中非常重要的基础数据计算。不能漏算荷载，也不能多计荷载。要使荷载计算准确无误，关键应把握荷载的正确传递路径和荷载的正确取值。荷载的传递路径直接与结构布置相关，有什么样的结构布置就有什么样的荷载传递方式；荷载的正确取值又分恒载和活载取值。此外还应特别注意的是，若考虑功能分隔可以灵活布置的隔墙或考虑二次装修荷载，设计之初隔墙位置或装修位置不确定时，可将非固定隔墙的自重取每延米墙重(kN/m)的 1/3 作为楼面活载的附加值(kN/m²)计入，附加值不小于 1.0 kN/m²。

2.2.3.1 恒载标准值计算

1. 上人屋面恒载

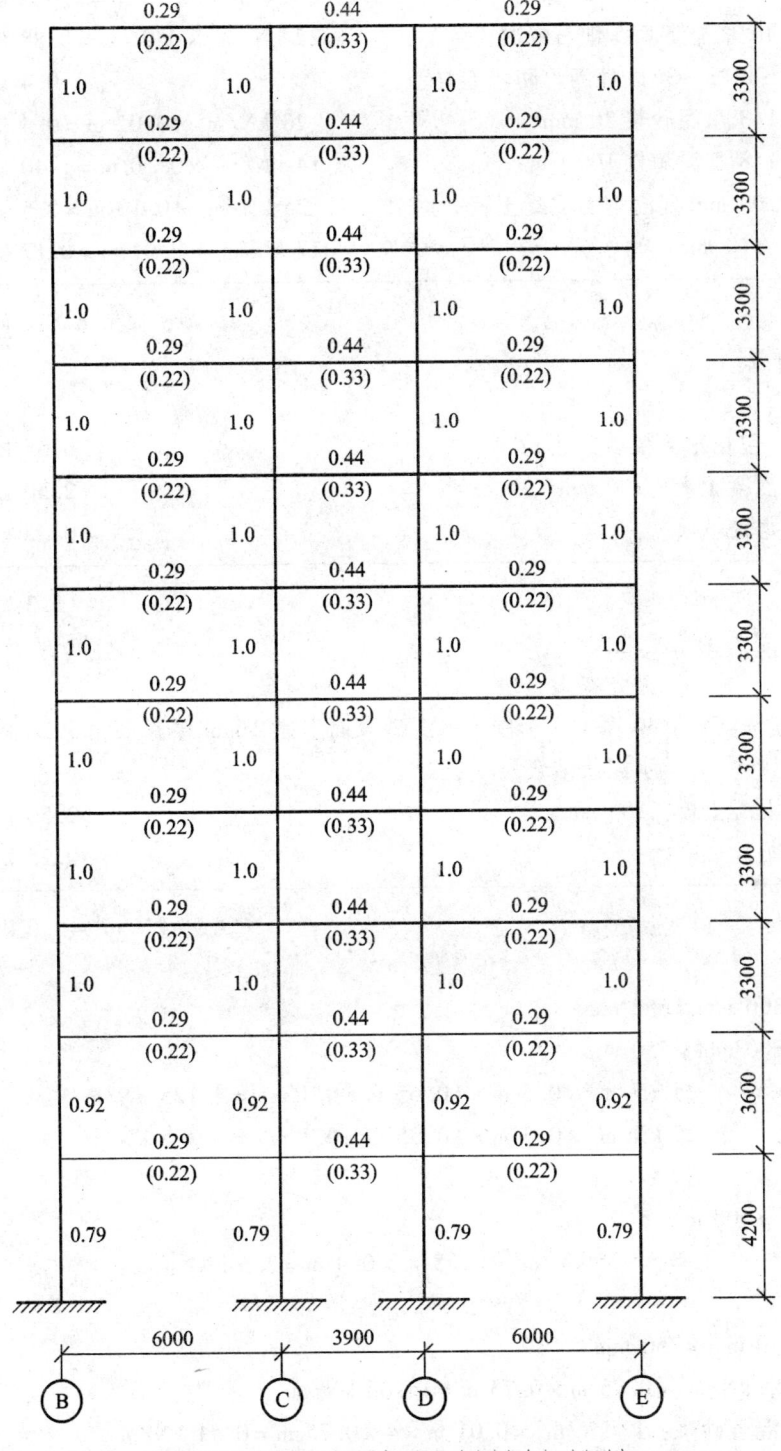

注：括号内为边框架相对线刚度，括号外为中框架相对线刚度。

图 2.2.2 框架梁柱相对线刚度

隔热层： $1/2 \times 11.8 \text{ kN/m}^3 \times 0.18 \text{ m} = 1.062 \text{ kN/m}^2$

保护层：40 厚配筋 C25 细石混凝土　　$22 \text{ kN/m}^3 \times 0.04 \text{ m} = 0.88 \text{ kN/m}^2$

防水层：SBS(3+3)改性沥青防水卷材　　0.4 kN/m^2

找平层：1:3 水泥砂浆 20 mm　　$20 \text{ kN/m}^3 \times 0.02 \text{ m} = 0.4 \text{ kN/m}^2$

找坡层：1:8 水泥陶粒 100 mm　　$14 \text{ kN/m}^3 \times 0.10 \text{ m} = 1.40 \text{ kN/m}^2$

结构层：100 mm 现浇钢筋混凝土板　　$25 \text{ kN/m}^3 \times 0.10 \text{ m} = 2.5 \text{ kN/m}^2$

板底抹灰：10 mm　　$17 \text{ kN/m}^3 \times 0.01 \text{ m} = 0.17 \text{ kN/m}^2$

合计：　　6.812 kN/m^2

2. 楼面恒载

（1）走廊

瓷砖地面（包括水泥粗砂打底）：　　0.55 kN/m^2

现浇钢筋混凝土板：100 mm　　2.50 kN/m^2

V 型轻钢龙骨吊顶：　　0.25 kN/m^2

合计：　　3.3 kN/m^2

（2）会议室及办公室地面

磨光花岗岩地面：$\begin{cases} \text{磨光花岗岩块} \\ \text{30 厚 1:3 干硬性水泥砂浆面上撒 2 mm 厚素水泥} \\ \text{水泥浆结合层一道} \end{cases}$ 1.20 kN/m^2

现浇钢筋混凝土板：100 mm　　2.50 kN/m^2

V 型轻钢龙骨吊顶：　　0.25 kN/m^2

合计：　　$3.95 \text{ kN/m}^2 \approx 4.0 \text{ kN/m}^2$

3. 梁自重

主梁：$b \times h = 300 \text{ mm} \times 650 \text{ mm}$

次梁：$b \times h = 300 \text{ mm} \times 550 \text{ mm}$

主梁自重：　　$25 \text{ kN/m}^3 \times 0.3 \text{ m} \times (0.65 \text{ m} - 0.1 \text{ m}) = 4.125 \text{ kN/m}$

次梁自重：　　$25 \text{ kN/m}^3 \times 0.3 \text{ m} \times (0.55 \text{ m} - 0.1 \text{ m}) = 3.375 \text{ kN/m}$

4. 基础梁

$b \times h = 250 \text{ mm} \times 400 \text{ mm}$

梁自重：　　$25 \text{ kN/m}^3 \times 0.25 \text{ m} \times 0.4 \text{ m} = 2.5 \text{ kN/m}$

5. 柱自重

KZ1：$b \times h = 750 \text{ mm} \times 750 \text{ mm}$

KZ1 柱自重：$25 \text{ kN/m}^3 \times 0.75 \text{ m} \times 0.75 \text{ m} = 14.06 \text{ kN/m}$

抹灰层：10 厚混合砂浆：$17 \text{ kN/m}^3 \times 0.01 \text{ m} \times 4 \times 0.75 \text{ m} = 0.51 \text{ kN/m}$

合计：　　14.57 kN/m

6. 墙自重

(1) 外纵墙自重(混凝土空心小砌块)

首层:

纵墙	$11.8\ kN/m^3 \times 0.9\ m \times 0.2\ m = 2.124\ kN/m$	
铝合金窗	$0.35\ kN/m^2 \times 1.75\ m = 0.612\ 5\ kN/m$	
外墙面贴瓷砖	$0.5\ kN/m^2 \times (3.6 - 1.75)\ m = 0.925\ kN/m$	
内墙面20厚抹灰	$17\ kN/m^3 \times 0.02\ m \times (3.6 - 1.75)\ m = 0.629\ kN/m$	

合计: 4.29 kN/m

标准层:

纵墙	$11.8\ kN/m^3 \times 0.9\ m \times 0.2\ m = 2.124\ kN/m$	
铝合金窗	$0.35\ kN/m^2 \times 1.75\ m = 0.612\ 5\ kN/m$	
外墙面贴瓷砖	$0.5\ kN/m^2 \times (3.3 - 1.75)\ m = 0.775\ kN/m$	
内墙面20厚抹灰	$17\ kN/m^3 \times 0.02\ m \times (3.3 - 1.75)\ m = 0.527\ kN/m$	

合计: 4.04 kN/m

(2) 内纵墙自重及内横墙自重(只考虑位置固定的纵横向墙体,其他位置不定的墙体在附加的活载中体现)

首层:

纵墙(横墙)	$11.8\ kN/m^3 \times 3.6\ m \times 0.2\ m = 8.5\ kN/m$
抹灰厚20 mm(两侧)	$17\ kN/m^3 \times 0.02\ m \times 3.6\ m \times 2 = 2.45\ kN/m$

合计: 10.95 kN/m

标准层:纵墙(横墙) $11.8\ kN/m^3 \times 3.3\ m \times 0.2\ m = 7.8\ kN/m$

$17\ kN/m^3 \times 0.02\ m \times 3.3\ m \times 2 = 2.24\ kN/m$

合计: 10.04 kN/m

(3) 女儿墙自重

墙重及压顶重:

$11.8\ kN/m^3 \times 0.9\ m \times 0.2\ m + 25\ kN/m^3 \times 0.2\ m \times 0.3\ m = 3.624\ kN/m$

外贴瓷砖: $0.5\ kN/m^2 \times 1.2\ m = 0.6\ kN/m$

水泥粉刷内面: $0.36\ kN/m^2 \times 1.2\ m = 0.43\ kN/m$

合计: 4.65 kN/m

2.2.3.2 活载标准值计算

1. 屋面及楼面活载

由表1.2.11和表1.2.12查得:上人屋面为$2.0\ kN/m^2$;办公楼楼面为$2.0\ kN/m^2$;走廊楼面为$2.5\ kN/m^2$。

综合考虑活动隔墙及二次装修,楼面活载标准值均取为$4.0\ kN/m^2$。

(注:本例为计算方便取屋面及楼面活载均为$4.0\ kN/m^2$。实际工程设计中,应根据具体情

况对屋面及不同的楼面活载进行取值计算)。

2. 屋面雪荷载标准值

$$S_k = \mu_r S_0 = 1.0 \times 0.45 \text{ kN/m}^2 = 0.45 \text{ kN/m}^2$$

屋面雪荷载与活载不同时考虑,两者中取大值。

3. 风荷载

按 1.2.2.1 节算得的风荷载详见表 2.2.3。

表 2.2.3 横向风荷载计算

层次	H_i/m	H_i/H	μ_s	μ_z	β_z	w_0	w_k	q_k	H_u	H_l	F_k
女儿墙顶	35.1		1.3	1.07	1.534	0.35	0.747	5.827		1.2	
10	33.9	1.000	1.3	1.05	1.534	0.35	0.733	5.717	1.2	3.3	16.29
9	30.6	0.903	1.3	1.01	1.502	0.35	0.69	5.382	3.3	3.3	17.76
8	27.3	0.805	1.3	0.96	1.47	0.35	0.624	4.867	3.3	3.3	16.06
7	24.0	0.708	1.3	0.91	1.436	0.35	0.595	4.641	3.3	3.3	15.32
6	20.7	0.611	1.3	0.85	1.403	0.35	0.543	4.235	3.3	3.3	13.98
5	17.4	0.513	1.3	0.79	1.364	0.35	0.49	3.822	3.3	3.3	12.61
4	14.1	0.416	1.3	0.74	1.315	0.35	0.443	3.455	3.3	3.3	11.40
3	10.8	0.319	1.3	0.74	1.242	0.35	0.418	3.26	3.3	3.3	10.76
2	7.5	0.221	1.3	0.74	1.168	0.35	0.392	3.058	3.3	3.3	10.09
1	4.2	0.124	1.3	0.74	1.094	0.35	0.368	2.87	3.3	3.6	9.90
-1	0.6	0.018	1.3	0.74	1.014	0.35	0.341	2.66	3.6	0.6	6.384

2.2.4 竖向荷载作用下框架受载总图

当结构布置图确定后,荷载的传递路径就已确定。从本例的结构布置图中可知:屋盖和楼盖布置的梁格将板划分为单向板体系$\left(\dfrac{l_2}{l_1} = \dfrac{7.8 \text{ m}}{2.0 \text{ m}} = 3.9 > 3\right)$。由此可知板面均布荷载传给纵向次梁及纵向框架梁,纵向次梁及纵向框架梁的荷载以集中力的方式传给横向承重的框架主梁,为计算方便将框架主梁的自重简化为集中荷载(详见图 2.2.4)。受载总图中荷载位置的大小及作用位置的正确是结构内力分析的基础。

2.2.4.1 顶层梁柱

1. 恒载计算

(1) BC 及 DE 跨梁

1) 板传给次梁(纵向)

中间次梁 $g_k = 6.812 \text{ kN/m}^2 \times 2 \text{ m} = 13.624 \text{ kN/m}$

边框架梁 $g_{k1} = 6.812 \text{ kN/m}^2 \times 1 \text{ m} = 6.812 \text{ kN/m}$

B 轴、E 轴 $g_{k2} = 4.65 \text{ kN/m}$ （女儿墙）

中框架梁

    C 轴 $g_k = 6.812 \text{ kN/m}^2 \times (1 \text{ m} + 0.9 \text{ m}) = 12.943 \text{ kN/m}$

    D 轴 $g_k = 6.812 \text{ kN/m}^2 \times (1 \text{ m} + 1.05 \text{ m}) = 13.965 \text{ kN/m}$

  2）次梁传给横框架梁（主梁）

中间次梁传递

    次梁自重 $G_{k1} = 3.375 \text{ kN/m} \times (7.8 - 0.3) \text{ m} = 25.313 \text{ kN}$

板→次梁→主梁传递 $G_{k2} = 13.624 \text{ kN/m} \times 7.8 \text{ m} = 106.267 \text{ kN}$

    小计 $G_{1k} = 25.313 \text{ kN} + 106.267 \text{ kN} = 131.58 \text{ kN}$

  3）横框架梁自重 $g_k = 4.125 \text{ kN/m}$

折算为集中荷载 $G_{2k} = 4.125 \text{ kN/m} \times 2 \text{ m} = 8.25 \text{ kN}$

    合计： $G_k = G_{1k} + G_{2k} = 139.83 \text{ kN}$

（2）CD 跨梁

  1）板传给次梁

$$g_k = 6.812 \text{ kN/m}^2 \times (1.05 \text{ m} + 0.9 \text{ m}) = 13.283 \text{ kN/m}$$

  2）次梁传给主梁

    次梁自重 $G_{k1} = 3.375 \text{ kN/m} \times (7.8 - 0.3) \text{ m} = 25.313 \text{ kN}$

    板传递 $G_{k2} = 13.283 \text{ kN/m} \times 7.8 \text{ m} = 103.611 \text{ kN}$

    小计 $G_{1k} = G_{k2} + G_{k1} = 128.924 \text{ kN}$

  3）横框架梁自重

$$g_k = 4.125 \text{ kN/m}$$

折算为集中荷载 $G_{2k} = 4.125 \text{ kN/m} \times 2.1 \text{ m} = 8.66 \text{ kN}$

合计：$G_{\text{中}k} = 128.924 \text{ kN} + 8.66 \text{ kN} = 137.58 \text{ kN}$

（3）柱子

  1）边柱（B 轴、E 轴）

边框架梁传递 $G_{k1} = (6.812 + 4.65) \text{ kN/m} \times 7.8 \text{ m} = 89.404 \text{ kN}$

边框架梁自重 $G_{k2} = 4.125 \text{ kN/m} \times (7.8 - 0.75) \text{ m} = 29.081 \text{ kN}$

    合计： $G_{Bk} = G_{Ek} = G_{k1} + G_{k2} = 118.48 \text{ kN}$

  2）中柱

C 轴   纵向中框架梁传递 $G_{k1} = 12.943 \text{ kN/m} \times 7.8 \text{ m} = 100.955 \text{ kN}$

        纵向中框架梁自重 $G_{k2} = 4.125 \text{ kN/m} \times (7.8 - 0.75) \text{ m} = 29.081 \text{ kN}$

    合计： $G_{Ck} = 130.04 \text{ kN}$

D 轴   纵向中轴框架梁传递 $G_{k1} = 13.965 \text{ kN/m} \times 7.8 \text{ m} = 108.927 \text{ kN}$

        纵向中框架梁自重 $G_{k2} = 4.125 \text{ kN/m} \times (7.8 - 0.75) \text{ m} = 29.081 \text{ kN}$

    合计： $G_{Dk} = 138.01 \text{ kN}$

2. 活载计算

（1）BC 及 DE 跨梁

1）板传给次梁

中间次梁 $q_k = 4.0 \text{ kN/m}^2 \times 2 \text{ m} = 8.0 \text{ kN/m}$

边框架梁（B 轴、E 轴） $q_k = 4.0 \text{ kN/m}^2 \times 1.0 \text{ m} = 4.0 \text{ kN/m}$

中框架梁

C 轴 $q_k = 4.0 \text{ kN/m}^2 \times (0.9 + 1.0) \text{ m} = 7.6 \text{ kN/m}$

D 轴 $q_k = 4.0 \text{ kN/m}^2 \times (1.05 + 1.0) \text{ m} = 8.2 \text{ kN/m}$

2）次梁传给主梁

中间次梁传递 $Q_k = 8.0 \text{ kN/m} \times 7.8 \text{ m} = 62.4 \text{ kN}$

（2）CD 跨梁

1）板传给次梁

$$q_k = 4.0 \text{ kN/m}^2 \times (0.9 + 1.05) \text{ m} = 7.8 \text{ kN/m}$$

2）次梁传给主梁 $Q_k = 7.8 \text{ kN/m} \times 7.8 \text{ m} = 60.84 \text{ kN}$

（3）柱子

1）边柱（B 轴、E 轴）边框架梁传递

$$Q_{Bk} = Q_{Ek} = 4.0 \text{ kN/m} \times 7.8 \text{ m} = 31.2 \text{ kN}$$

2）中柱

C 轴： $Q_k = 7.6 \text{ kN/m} \times 7.8 \text{ m} = 59.28 \text{ kN}$

D 轴： $Q_k = 8.2 \text{ kN/m} \times 7.8 \text{ m} = 63.96 \text{ kN}$

顶层荷载位置如图 2.2.3 所示。

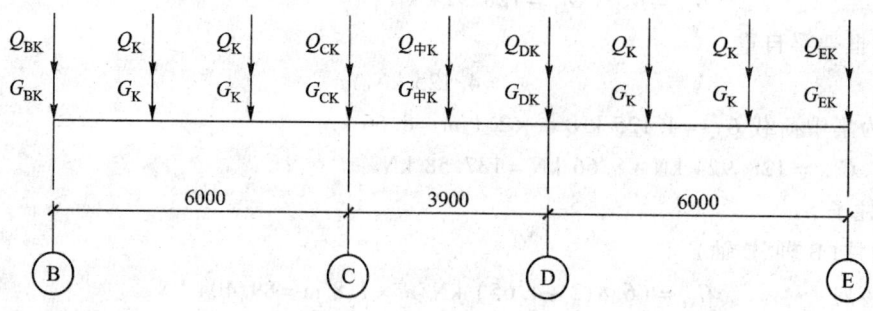

图 2.2.3 顶层荷载位置图

2.2.4.2 标准层梁柱

1. 恒载计算

（1）BC 及 DE 跨梁

1）板传给次梁

中间次梁 $g_k = 4.0 \text{ kN/m}^2 \times 2 \text{ m} = 8.0 \text{ kN/m}$

边框架梁 $g_{k1} = 4.0 \text{ kN/m}^2 \times 1 \text{ m} = 4.0 \text{ kN/m}$

$g_{k2} = 4.04 \text{ kN/m}$ （墙）

中框架梁

C 轴 $\qquad g_k = 4.0 \text{ kN/m}^2 \times (1 \text{ m} + 0.9 \text{ m}) = 7.6 \text{ kN/m}$

D 轴 $\qquad g_k = 4.0 \text{ kN/m}^2 \times (1 \text{ m} + 1.05 \text{ m}) = 8.2 \text{ kN/m}$

2) 次梁传给横框架梁

中间次梁传递

中框架梁自重 $\qquad G_{k1} = 3.375 \text{ kN/m} \times (7.8 - 0.3) \text{ m} = 25.313 \text{ kN}$

中框架梁传递 $\qquad G_{k2} = 8.0 \text{ kN/m} \times 7.8 \text{ m} = 62.4 \text{ kN}$

小计 $\qquad G_{1k} = 87.713 \text{ kN}$

3) 横框架梁自重

$$g_k = 4.125 \text{ kN/m}$$

折算为集中荷载 $\qquad G_{2k} = 4.125 \text{ kN/m} \times 2.0 \text{ m} = 8.25 \text{ kN}$

合计: $\qquad G_k = G_{1k} + G_{2k} = 87.713 \text{ kN} + 8.25 \text{ kN} = 95.96 \text{ kN}$

(2) CD 跨梁

1) 板传给次梁

$$g_k = 4.0 \text{ kN/m}^2 \times (1.05 + 0.9) \text{ m} = 7.8 \text{ kN/m}$$

2) 次梁传给主梁

次梁自重 $\qquad G_{k1} = 3.375 \text{ kN/m} \times (7.8 - 0.3) \text{ m} = 25.313 \text{ kN}$

3) 板传递给次梁重

$$G_{k2} = 7.8 \text{ kN/m} \times 7.8 \text{ m} = 60.84 \text{ kN}$$

小计 $\qquad G_{1k} = G_{k1} + G_{k2} = 86.153 \text{ kN}$

4) 框架梁自重

$$g_k = 4.125 \text{ kN/m}$$

折算为集中荷载 $\qquad G_{2k} = 4.125 \text{ kN/m} \times 2.1 \text{ m} = 8.66 \text{ kN}$

合计: $\qquad G_{\text{中}k} = G_{1k} + G_{2k} = 86.153 \text{ kN} + 8.66 \text{ kN} = 94.81 \text{ kN}$

(3) 柱子

1) 边柱(B 轴、E 轴)

边框架梁传递(板荷载 + 墙荷载)

$$G_{k1} = (4 + 4.04) \text{ kN/m} \times 7.8 \text{ m} = 62.712 \text{ kN}$$

边框架梁及柱自重:

$$G_{k2} = 4.125 \text{ kN/m} \times (7.8 - 0.75) \text{ m} = 29.08 \text{ kN}$$

柱自重

$$G_{k3} = 14.57 \text{ kN/m} \times 3.2 \text{ m} = 46.62 \text{ kN}$$

小计: $\qquad G_{Bk} = G_{k1} + G_{k2} = 91.79 \text{ kN}$

2) 中柱

C 轴

中框架梁传递 $\qquad G_{k1} = 7.6 \text{ kN/m} \times 7.8 \text{ m} = 59.28 \text{ kN}$

中框架梁自重 $\qquad G_{k2} = 4.125 \text{ kN/m} \times (7.8 - 0.75) \text{ m} = 29.08 \text{ kN}$

柱自重 $\qquad G_{k3} = 14.57 \text{ kN/m} \times 3.2 \text{ m} = 46.62 \text{ kN}$

小计 $\qquad G_C = G_{k1} + G_{k2} = 88.36 \text{ kN}$

D 轴

中框架梁传递 $G_{k1} = 8.2 \text{ kN/m} \times 7.8 \text{ m} = 63.96 \text{ kN}$

中框架梁自重 $G_{k2} = 4.125 \text{ kN/m} \times (7.8 - 0.75) \text{ m} = 29.08 \text{ kN}$

柱自重 $G_{k3} = 14.57 \text{ kN/m} \times 3.2 \text{ m} = 46.62 \text{ kN}$

小计 $G_D = G_{k1} + G_{k2} = 93.04 \text{ kN}$

(注:以上式中的柱高取层高减去板厚,3.3 m - 0.1 m = 3.2 m)

2. 活载计算

(1) BC 及 DE 跨梁

1) 板传递给次梁

中间次梁 $g_k = 4.0 \text{ kN/m}^2 \times 2 \text{ m} = 8.0 \text{ kN/m}$

边框架梁(B 轴、E 轴)

$g_k = 4.0 \text{ kN/m}^2 \times 1 \text{ m} = 4.0 \text{ kN/m}$

中框架梁

C 轴 $g_k = 4.0 \text{ kN/m}^2 \times (0.9 + 1.0) \text{ m} = 7.6 \text{ kN/m}$

D 轴 $g_k = 4.0 \text{ kN/m}^2 \times (1.05 + 1.0) \text{ m} = 8.2 \text{ kN/m}$

2) 次梁传给主梁

中间次梁 $Q_k = 8 \text{ kN/m} \times 7.8 \text{ m} = 62.4 \text{ kN}$

(2) CD 跨梁

1) 板传给次梁 $4.0 \text{ kN/m}^2 \times (1.05 + 0.9) \text{ m} = 7.8 \text{ kN/m}$

2) 次梁传给主梁 $7.8 \text{ kN/m} \times 7.8 \text{ m} = 60.84 \text{ kN}$

(3) 柱子

1) 边柱(B 轴、E 轴) $Q_{BK} = Q_{EK} = 4.0 \text{ kN/m} \times 7.8 \text{ m} = 31.2 \text{ kN}$

2) 中柱

C 轴 $Q_{Ck} = 7.6 \text{ kN/m} \times 7.8 \text{ m} = 59.28 \text{ kN}$

D 轴 $Q_{Dk} = 8.2 \text{ kN/m} \times 7.8 \text{ m} = 63.96 \text{ kN}$

2.2.4.3 底层梁柱

1. 恒载计算

(1) BC 及 DE 跨梁

1) 板传递给次梁

中间次梁 $g_k = 4.0 \text{ kN/m}^2 \times 2.0 \text{ m} = 8.0 \text{ kN/m}$

边框架梁 $g_{k1} = 4.0 \text{ kN/m}^2 \times 1.0 \text{ m} = 4.0 \text{ kN/m}$

$g_{k2} = 4.29 \text{ kN/m}(\text{墙})$

中框架梁

C 轴 $g_k = 4.0 \text{ kN/m}^2 \times (0.9 + 1.0) \text{ m} = 7.6 \text{ kN/m}$

D 轴 $g_k = 4.0 \text{ kN/m}^2 \times (1.05 + 1.0) \text{ m} = 8.2 \text{ kN/m}$

2) 次梁传给横框架梁

中间次梁

次梁自重 $G_{k1} = 3.375 \text{ kN/m} \times (7.8 - 0.3) \text{ m} = 25.313 \text{ kN}$

传递 $G_{k2} = 8.0 \text{ kN/m} \times 7.8 \text{ m} = 62.4 \text{ kN}$

小计 $G_{1k} = G_{k1} + G_{k2} = 87.713 \text{ kN}$

3）横框架梁自重

$$g_k = 4.125 \text{ kN/m}$$

折算为集中荷载 $G_{2k} = 4.125 \text{ kN/m} \times 2.0 \text{ m} = 8.25 \text{ kN}$

合计： $G_{中k} = G_{1k} + G_{2k} = 87.713 \text{ kN} + 8.25 \text{ kN} = 95.96 \text{ kN}$

（2） CD 跨梁

1）板传给次梁

$$g_k = 4.0 \text{ kN/m}^2 \times (1.05 + 0.9) \text{ m} = 7.8 \text{ kN/m}$$

2）次梁传给主梁

次梁自重 $G_{k1} = 3.375 \text{ kN/m} \times (7.8 - 0.3) \text{ m} = 25.313 \text{ kN}$

传递 $G_{k2} = 7.8 \text{ kN/m} \times 7.8 \text{ m} = 60.84 \text{ kN}$

小计 $G_{1k} = 86.153 \text{ kN}$

3）框架梁自重

$$g_k = 4.125 \text{ kN/m}$$

折算为集中荷载 $G_{2k} = 4.125 \text{ kN/m} \times 2.1 \text{ m} = 8.66 \text{ kN}$

合计： $G_{中k} = G_{1k} + G_{2k} = 86.153 \text{ kN} + 8.66 \text{ kN} = 94.81 \text{ kN}$

（3）柱子

1）边柱（B 轴、E 轴）

边框架梁传递（板荷载 + 墙荷载）

$$G_{k1} = (4 + 4.29) \text{ kN/m} \times 7.8 \text{ m} = 64.662 \text{ kN}$$

边框架梁自重 $G_{k2} = 4.125 \text{ kN/m} \times (7.8 - 0.75) \text{ m} = 29.08 \text{ kN}$

柱自重 $G_{k3} = 14.57 \text{ kN/m} \times 3.5 \text{ m} = 51 \text{ kN}$

合计： $G_{Bk} = G_{Ek} = G_{k1} + G_{k2} = 93.74 \text{ kN}$

2）中柱

C 轴

中框架梁传递 $G_{k1} = 7.6 \text{ kN/m} \times 7.8 \text{ m} = 59.28 \text{ kN}$

中框架梁自重 $G_{k2} = 4.125 \text{ kN/m} \times (7.8 - 0.75) \text{ m} = 29.08 \text{ kN}$

柱自重 $G_{k3} = 14.57 \text{ kN/m} \times 3.5 \text{ m} = 50.99 \text{ kN}$

小计 $G_{Ck} = G_{k1} + G_{k2} = 88.36 \text{ kN}$

D 轴

中框架梁传递 $G_{k1} = 8.2 \text{ kN/m} \times 7.8 \text{ m} = 63.96 \text{ kN}$

中框架梁自重 $G_{k2} = 4.125 \text{ kN/m} \times (7.8 - 0.75) \text{ m} = 29.08 \text{ kN}$

柱自重 $G_{k3} = 14.57 \text{ kN/m} \times 3.5 \text{ m} = 51 \text{ kN}$

小计 $G_{Dk} = G_{k1} + G_{k2} = 93.04 \text{ kN}$

（注：以上式中的柱高取层高减去板厚，3.6 m - 0.1 m = 3.5 m）

2. 活载计算

底层梁柱活载与标准层的相同。

2.2.4.4 地下室荷载计算

① 柱自重　　　　　　　　$G = 14.57 \text{ kN/m} \times (4.2 - 0.1) \text{ m} = 59.74 \text{ kN}$

② 墙自重（200 厚普通砖墙）$g_{k2} = 18 \text{ kN/m}^3 \times 0.2 \text{ m} \times (4.2 - 0.65) \text{ m} = 12.78 \text{ kN/m}$

抹灰　　　　　　　　　　$g_{k1} = 17 \text{ kN/m}^3 \times 0.02 \text{ m} \times 4.2 \text{ m} = 1.428 \text{ kN/m}$

$G_{k1} = (12.78 + 1.428) \text{ kN/m} \times 7.8 \text{ m} = 110.822 \text{ kN}$

③ 基础梁自重　　　　　$G_{k2} = 2.5 \text{ kN/m} \times (7.8 - 0.75) \text{ m} = 17.625 \text{ kN}$

基础顶面恒载

边柱　　　　　　　　　　$G_{Bk} = G_{Ek} = G_{k1} + G_{k2} = 128.45 \text{ kN}$

中柱　　　　　　　　　　$G_{Ck} = G_{Dk} = G_{k2} = 17.63 \text{ kN}$

④ 以上荷载在计算基础时用。

综合上述各楼层的荷载计算结果，绘出结构竖向受载总图如图 2.2.4 所示。

2.2.5　水平地震作用计算及内力、位移分析

水平地震作用在房屋的纵向和横向，作为毕业设计的练习，本例以横向水平地震作用的计算为例说明。如同 1.2.2.2 节中所述，对于高度不超过 40 m，以剪切变形为主，且质量和刚度沿高度分布比较均匀的结构，可采用底部剪力法的简化方法计算水平地震作用。该方法将结构简化为作用于各楼层位置的多质点葫芦串，结构底部总剪力与地震影响系数及各质点的重力荷载代表值有关。为计算各质点的重力荷载代表值，本例先分别计算各楼面层梁、板、柱的重量，各楼层墙体的重量，然后按以楼层为中心上下各半个楼层的重量集中于该楼层的原则计算各质点的重力荷载代表值。

水平地震作用计算还涉及结构的自振周期，本例采用假想顶点位移法确定。

水平地震作用下内力及位移分析均采用 D 值法进行。

2.2.5.1　重力荷载标准值计算

1. 各层梁、柱、板自重标准值

各层梁、柱、板自重标准值详见表 2.2.4、表 2.2.5、表 2.2.6。

表 2.2.4　柱重力荷载标准值

层　数	柱编号	截面宽/mm	截面高/mm	净高/m	g_k/(kN/m)	数量	G_{ki}/kN	$\sum G_i$/kN
-1	KZ1	750	750	4.1	14.57	41	2 449.217	2 510.717
	TZ	300	500	4.1	3.75	4	61.5	
1	KZ1	750	750	3.5	14.57	41	2 090.795	2 143.295
	TZ	300	500	3.5	3.75	4	52.5	
2~10	KZ1	750	750	3.2	14.57	41	1 911.584	1 959.584
	TZ	300	500	3.2	3.75	4	48	
电梯机房	KZ1	750	750	4.4	14.57	6	384.648	417.648
	TZ	300	500	4.4	3.75	2	33	

注：表中 KZ1 为框架柱，TZ 为楼梯间柱。

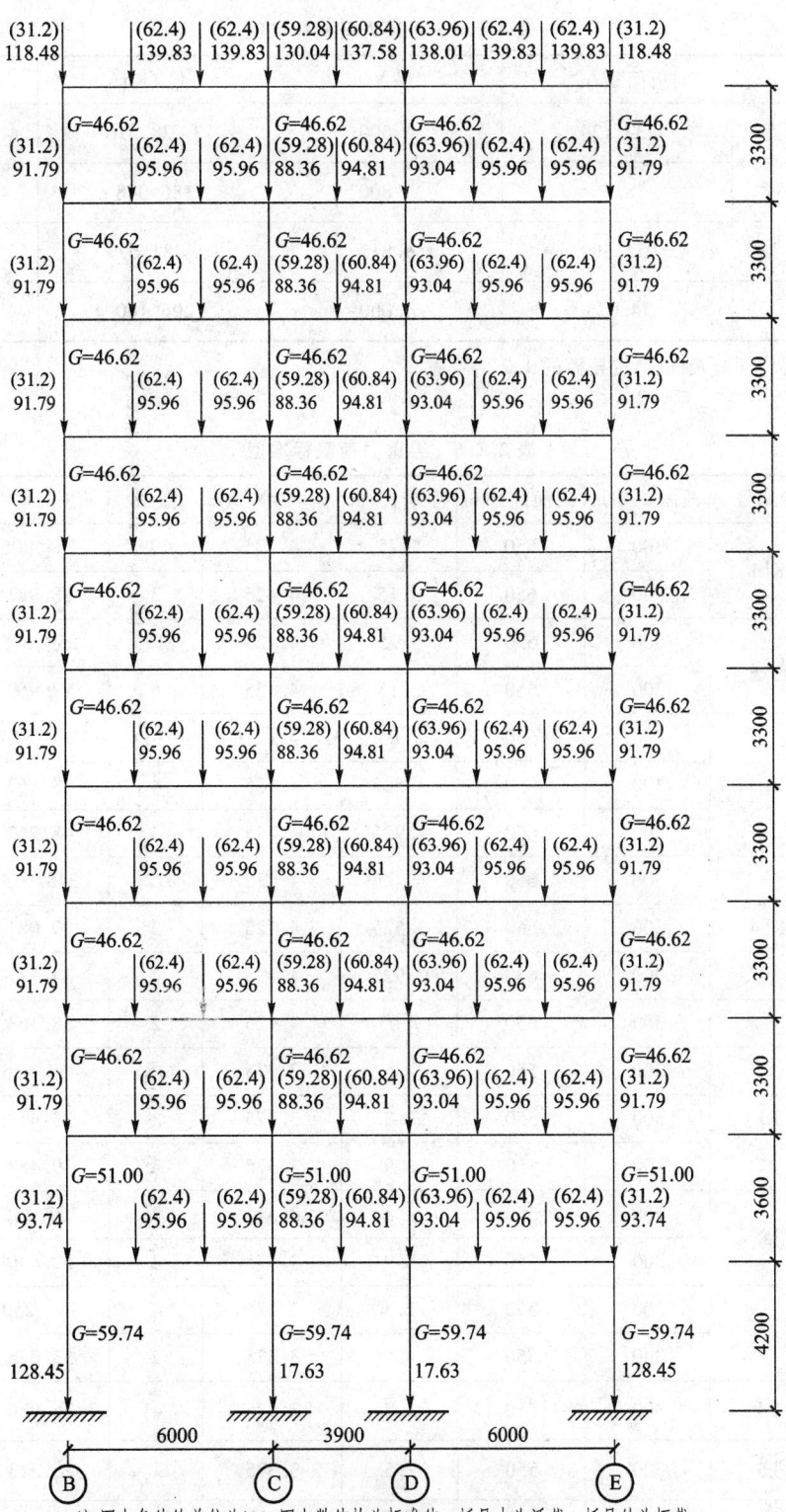

图 2.2.4 框架竖向受载总图

注：图中各值的单位为 kN，图中数值均为标准值，括号内为活载，括号外为恒载。

表 2.2.5 板重力荷载标准值

层 数		板面积/m²	g_k/(kN/m²)	G_{ki}/kN	$\sum G_i$/kN
-1~9	楼面	932.129	4.000	3 728.516	3 914.564
	楼梯	38.76	800	186.048	
屋面		951.509	6.812	6 481.679	6 481.679
电梯机房		74.025	4.000	296.100	296.100

注：表中楼梯部分板的 g_k 按楼面的 1.2 倍考虑。

表 2.2.6 梁重力荷载标准值

层 数	梁编号	截面宽/mm	截面高/mm	净跨长/m	g_k/(kN/m)	数量	G_{ki}/kN	$\sum G_i$/kN
-1~9	KL1	300	650	5.25	4.125	9	194.906	2 398.95
		300	650	3.15	4.125	3	38.981	
	KL2	300	650	5.25	4.125	12	259.875	
		300	650	3.15	4.125	6	77.963	
	KL3	300	650	7.05	4.125	10	290.813	
		300	650	3.525	4.125	4	58.163	
		300	650	2.925	4.125	4	48.263	
	KL4	300	650	7.05	4.125	12	348.975	
		300	650	3.525	4.125	2	29.081	
		300	650	2.925	4.125	2	24.131	
	KL5	300	650	7.05	4.125	2	58.163	
	L1	300	550	7.5	3.375	18	455.625	
		300	550	3.3	3.375	3	33.413	
		300	550	3.9	3.375	3	39.488	
	L2	300	550	7.5	3.375	4	101.250	
		300	550	3.9	3.375	4	52.650	
	L3	300	550	7.5	3.375	4	101.250	
		300	550	4.9	3.375	2	33.075	
	L4	300	550	5.7	3.375	4	76.950	
	L5	300	550	7.5	3.375	1	25.313	
	L6	300	550	7.5	3.375	2	50.625	

续表

层 数	梁编号	截面宽/mm	截面高/mm	净跨长/m	$g_k/(kN/m)$	数量	G_{ki}/kN	$\sum G_i/kN$
屋面梁	KL1	300	650	5.25	4.125	9	194.906	2 388.83
		300	650	3.15	4.125	3	38.981	
	KL2	300	650	5.25	4.125	12	259.875	
		300	650	3.15	4.125	6	77.963	
	KL3	300	650	7.05	4.125	10	290.813	
		300	650	3.525	4.125	4	58.163	
		300	650	2.925	4.125	4	48.263	
	KL4	300	650	7.05	4.125	12	348.975	
		300	650	3.525	4.125	2	29.081	
		300	650	2.925	4.125	2	24.131	
	KL5	300	650	7.05	4.125	2	58.163	
	L1	300	550	7.5	3.375	18	455.625	
		300	550	3.3	3.375	3	33.413	
		300	550	3.9	3.375	3	39.488	
	L2	300	550	7.5	3.375	6	151.875	
		300	550	4.9	3.375	2	33.075	
		300	550	3.9	3.375	2	26.325	
		300	550	3.3	3.375	2	22.275	
	L3	300	550	7.5	3.375	2	50.625	
		300	550	3.9	3.375	2	26.325	
	L4	300	550	7.5	3.375	4	101.250	
	L5	300	550	5.7	3.375	1	19.238	
电梯机房	KL1	300	650	5.25	4.125	3	64.969	197.89
	KL2	300	650	7.05	4.125	2	58.163	
		300	650	2.925	4.125	2	24.131	
	L1	300	550	7.5	3.375	2	50.625	

注：表中 KL 表示框架梁，L 表示次梁或其他小梁。

2. 各层墙（外墙）自重标准值计算

(1) 女儿墙重

$$\text{总长 } L = (54.8 \text{ m} + 22.1 \text{ m}) \times 2 = 153.8 \text{ m}$$

$$\text{总重 } G_{k1} = 4.65 \text{ kN/m} \times 153.8 \text{ m} = 715.17 \text{ kN}$$

（2）标准层墙重

$$总长\ L_0 = 153.8\ \text{m} - 0.75\ \text{m} \times 25 = 135.05\ \text{m}$$
$$总重\ G_{k1} = 4.04\ \text{kN/m} \times 135.05\ \text{m} = 545.6\ \text{kN}$$

（3）首层墙自重

$$G_{k1} = 4.29\ \text{kN/m} \times 135.05\ \text{m} = 579.36\ \text{kN}$$

（4）地下室墙自重

$$G_{k1} = (12.78 + 1.428)\ \text{kN/m} \times 135.05\ \text{m} = 1\ 918.79\ \text{kN}$$

3. 各层（各质点）自重标准值计算

（1）地下室（墙+梁+板+柱）

$$G_k = \frac{(1\ 918.79 + 579.36)}{2}\ \text{kN} + 2\ 398.95\ \text{kN} + 3\ 914.564\ \text{kN} + \frac{(2\ 510.717 + 2\ 143.295)}{2}\ \text{kN} = 9\ 889.6\ \text{kN}$$

（2）首层（墙+梁+板+柱）

$$G_k = \frac{(579.36 + 545.6)}{2}\ \text{kN} + 2\ 398.95\ \text{kN} + 3\ 914.564\ \text{kN} + \frac{(1\ 959.584 + 2\ 143.295)}{2}\ \text{kN} = 8\ 936.43\ \text{kN}$$

（3）标准层（墙+梁+板+柱）

$$G_k = 545.6\ \text{kN} + 2\ 398.95\ \text{kN} + 3\ 914.56\ \text{kN} + 1\ 959.84\ \text{kN} = 8\ 818.7\ \text{kN}$$

（4）顶层（墙+梁+板+柱）

$$G_k = \left(715.17 + \frac{545.6}{2}\right)\ \text{kN} + 2\ 388.83\ \text{kN} + 6\ 481.68\ \text{kN} + \frac{1\ 959.584}{2}\ \text{kN} = 10\ 838.27\ \text{kN}$$

（5）电梯、机房及水箱（设备重+柱+板+梁）

取设备自重重力荷载：

电梯轿箱及设备自重：200 kN

水、水箱及设备自重：400 kN

$$G_k = 200\ \text{kN} + 400\ \text{kN} + 417.648\ \text{kN} + 296.100\ \text{kN} + 197.89\ \text{kN} = 1\ 511.64\ \text{kN}$$

2.2.5.2 重力荷载代表值计算

重力荷载代表值 G 取结构和构件自重标准值和各可变荷载组合值之和，各可变荷载组合值系数取为①雪荷载：0.5，②屋面活载：0.0，③按等效均布荷载计算的楼面活载：0.5。

1. 地下室（墙+梁+板+柱）

$$G_{-1} = 9\ 889.6\ \text{kN} + 0.5 \times (932.129\ \text{m}^2 + 38.76\ \text{m}^2) \times 4.0\ \text{kN/m}^2 = 11\ 831.38\ \text{kN}$$

（注：上式=恒载+0.5×（楼板平面面积+楼梯面积）×活载标准值）

2. 首层

$$G_1 = 8\ 936.43\ \text{kN} + 1\ 941.78\ \text{kN} = 10\ 878.21\ \text{kN}$$

（注：上式中，1 941.78 kN = 0.5×（楼板平面面积+楼梯面积）×活载标准值）

3. 标准层

$$G_i = 8\ 818.7\ \text{kN} + 1\ 941.78\ \text{kN} = 10\ 760.48\ \text{kN}\ (i = 2 \sim 10)$$

（注：上式中，1 941.78 kN = 0.5×（楼板平面面积+楼梯面积）×活载标准值）

4. 顶层

$$G_{10} = 10\ 838.27\ \text{kN} + 0.5 \times 951.51\ \text{m}^2 \times 0.45\ \text{kN/m}^2 = 11\ 052.36\ \text{kN}$$

（注：上式中 0.45 kN/m² 为雪荷载标准值）

5. 电梯、机房及水箱

$$G_{11} = 1\,511.64\text{ kN} + 0.5 \times 74.03\text{ m}^2 \times 0.45\text{ kN/m}^2 = 1\,528.3\text{ kN}$$

集中于各楼层标高处的重力荷载代表值 G_i 计算图如图 2.2.5 所示。

2.2.5.3 等效总重力荷载代表值计算

本设计抗震设防烈度为 7 度，设计地震分组为第一组，场地类别为 Ⅱ 类场地，依此查得：水平地震影响系数最大值 $\alpha_{\max} = 0.08$，特征周期值 $T_g = 0.35$ s，取阻尼比 $\zeta = 0.05$。

结构总的重力荷载代表值

$$\sum G_i = 11\,831.38\text{ kN} + 10\,878.21\text{ kN} + 10\,760.48 \times 8\text{ kN} + 11\,052.36\text{ kN}$$
$$+ 1\,528.3\text{ kN} = 121\,374.09\text{ kN}$$

结构等效重力荷载代表值

$$G_{eq} = 0.85 \sum G_i = 103\,167.977\text{ kN}$$

2.2.5.4 横向框架侧移刚度计算

地震作用是根据各受力构件的抗侧刚度来分配的，同时，若用顶点位移法求结构的自振周期时也要用到结构的抗侧刚度，为此先计算各楼层柱的抗侧刚度。

1. 中框架柱侧移刚度计算

$$D_i = \alpha_c \frac{12 i_c}{h^2}$$

（1）一般层

1）边柱

$$\bar{k} = \frac{0.29 + 0.29}{2 \times 1.0} = 0.29\ ;\quad \alpha_c = \frac{0.29}{0.29 + 2.0} = 0.127$$

2）中柱

$$\bar{k} = \frac{0.29 + 0.29 + 0.44 + 0.44}{2 \times 1.0} = 0.73\ ;\quad \alpha_c = \frac{0.73}{0.73 + 2.0} = 0.267$$

2 轴与 B 轴汇交处及 4 轴与 B 轴汇交处柱的抗侧刚度计算的参数为：

$$\bar{k} = \frac{0.29 + 0.29 + 0.29 + 0.29}{2 \times 1.0} = 0.58\ ;\quad \alpha_c = \frac{0.58}{2 + 0.58} = 0.225$$

（2）第一层

1）边柱

$$\bar{k} = \frac{0.29 + 0.29}{2 \times 0.92} = 0.315\ ;\quad \alpha_c = \frac{0.315}{0.315 + 2.0} = 0.136$$

2）中柱

$$\bar{k} = \frac{0.29 + 0.29 + 0.44 + 0.44}{2 \times 0.92} = 0.793\ ;\quad \alpha_c = \frac{0.793}{0.793 + 2.0} = 0.284$$

2 轴与 B 轴汇交处及 4 轴与 B 轴汇交处柱的抗侧刚度计算的参数为：

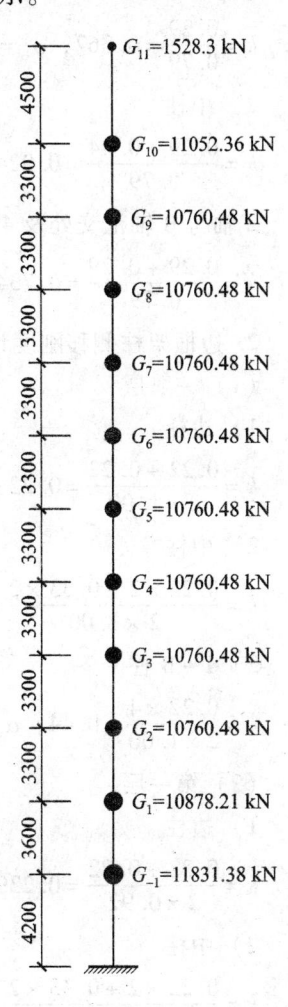

图 2.2.5　结构重力荷载代表值

$$\bar{k} = \frac{0.29 + 0.29 + 0.29 + 0.29}{2 \times 0.92} = 0.63 ; \quad \alpha_c = \frac{0.63}{2 + 0.63} = 0.24$$

(3) -1 层

1) 边柱

$$\bar{k} = \frac{0.29}{0.79} = 0.367 ; \quad \alpha_c = \frac{0.5 + 0.367}{0.367 + 2.0} = 0.366$$

2) 中柱

$$\bar{k} = \frac{0.29 + 0.44}{0.79} = 0.924 ; \quad \alpha_c = \frac{0.5 + 0.924}{0.924 + 2.0} = 0.487$$

2 轴与 B 轴汇交处及 4 轴与 B 轴汇交处柱的抗侧刚度计算的参数为：

$$\bar{k} = \frac{0.29 + 0.29}{0.79} = 0.734 ; \quad \alpha_c = \frac{0.734 + 0.5}{2 + 0.734} = 0.451$$

2. 边框架柱侧移刚度计算

(1) 一般层

1) 边柱

$$\bar{k} = \frac{0.22 + 0.22}{2 \times 1.00} = 0.22 ; \quad \alpha_c = \frac{0.22}{2 + 0.22} = 0.099$$

2) 中柱

$$\bar{k} = \frac{0.22 \times 2 + 0.33 \times 2}{2 \times 1.00} = 0.55 ; \quad \alpha_c = \frac{0.55}{2 + 0.55} = 0.216$$

3) 1 $-$ B 柱

$$\bar{k} = \frac{0.22 \times 4}{2 \times 1.00} = 0.44 ; \quad \alpha_c = \frac{0.44}{2 + 0.44} = 0.18$$

(2) 第一层

1) 边柱

$$\bar{k} = \frac{0.22 + 0.22}{2 \times 0.92} = 0.239 ; \quad \alpha_c = \frac{0.239}{2 + 0.239} = 0.107$$

2) 中柱

$$\bar{k} = \frac{0.22 \times 2 + 0.33 \times 2}{2 \times 0.92} = 0.598 ; \quad \alpha_c = \frac{0.598}{2 + 0.598} = 0.230$$

3) 1 $-$ B 柱

$$\bar{k} = \frac{0.22 \times 4}{2 \times 0.92} = 0.478 ; \quad \alpha_c = \frac{0.478}{2 + 0.478} = 0.193$$

(3) -1 层

1) 边柱

$$\bar{k} = \frac{0.22}{0.79} = 0.278 ; \quad \alpha_c = \frac{0.5 + 0.278}{2 + 0.278} = 0.342$$

2) 中柱

$$\bar{k} = \frac{0.22 + 0.33}{0.79} = 0.696 ; \quad \alpha_c = \frac{0.5 + 0.696}{2 + 0.696} = 0.444$$

3) 1-B 柱

$$\bar{k} = \frac{0.22+0.22}{0.79} = 0.557; \quad \alpha_c = \frac{0.557+0.5}{2+0.557} = 0.413$$

3. 计算结果

计算结果详见表 2.2.7、表 2.2.8、表 2.2.9。

表 2.2.7 中框架柱侧移刚度 D 值

层次	$\bar{k}$	α_c	$i_c/(\times 10^5 \text{ kN} \cdot \text{m})$	h/m	$D_i/(\times 10^5 \text{ kN/m})$	根数
边 柱						
2~10	0.29	0.127	2.397 02	3.3	0.335 450 733	16
1	0.315	0.136	2.197 27	3.6	0.276 693 259	16
-1	0.367	0.366	1.883 37	4.2	0.468 920 694	16
中 柱						
2~10	0.73	0.267	2.397	3.3	0.705 233 058	14
2~10	0.58	0.225	2.397	3.3	0.594 297 521	2
1	0.793	0.284	2.197	3.6	0.577 729 63	14
1	0.63	0.24	2.197	3.6	0.488 222 222	2
-1	0.924	0.487	1.883	4.2	0.623 823 81	14
-1	0.734	0.451	1.883	4.2	0.577 709 524	2
$\sum D_i/(\times 10^5 \text{ kN/m})$						
2~10	16.429 069 6					
1	13.491 751 4					
-1	17.391 683 5					

表 2.2.8 边框架柱侧移刚度 D 值

层次	$\bar{k}$	α_c	$i_c/(\times 10^5 \text{ kN} \cdot \text{m})$	h/m	$D_i/(\times 10^5 \text{ kN/m})$	根数
边 柱						
2~10	0.22	0.099	2.397 02	3.3	0.261 493 091	4
1	0.239	0.107	2.197 27	3.6	0.217 692 491	4
-1	0.278	0.342	1.883 37	4.2	0.438 171 796	4
中 柱						
2~10	0.55	0.216	2.397	3.3	0.570 525 62	4
2~10	0.44	0.18	2.397	3.3	0.475 438 017	1
1	0.598	0.23	2.197	3.6	0.467 879 63	4
1	0.478	0.193	2.197	3.6	0.392 612 037	1
-1	0.696	0.444	1.883	4.2	0.568 742 857	4
-1	0.557	0.413	1.883	4.2	0.529 033 333	1
$\sum D_i/(\times 10^5 \text{ kN/m})$						
2~10	3.803 512 86					
1	3.134 900 52					
-1	4.556 691 95					

表 2.2.9 横向框架层间侧移刚度

层 次	-1	1	2	3	4	5
$\sum D_i/(\times 10^5 \text{kN/m})$	21.948 38	16.626 65	20.232 58	20.232 58	20.232 58	20.232 58
层 次	6	7	8	9	10	
$\sum D_i/(\times 10^5 \text{kN/m})$	20.232 58	20.232 58	20.232 58	20.232 58	20.232 58	

2.2.5.5 横向自振周期计算

1. 把 G_{11} 折算到主体结构的顶层(图 2.2.5)

$$G_e = G_{11} \times \left(1 + \frac{3}{2} \times \frac{4.5}{37.5}\right) = 1\ 528.3 \times (1 + 0.18) \text{kN} = 1\ 803.4 \text{ kN}$$

2. 结构顶点的假想侧移计算

先由式(2.2.1)计算楼层剪力,再由式(2.2.2)计算层间相对位移,最后由式(2.2.3)计算结构的顶点位移。

$$V_{Gi} = \sum_{i=1}^{n} G_k \tag{2.2.1}$$

$$(\Delta u)_i = V_{Gi}/\sum D_i \tag{2.2.2}$$

$$u_T = \sum_{k=1}^{n} (\Delta u)_k \tag{2.2.3}$$

计算过程见表 2.2.10,其中第 10 层的 G_i 为 G_{10} 和 G_e 的和。

$$G_{10} = 11\ 052.36 \text{ kN} + 1\ 803.4 \text{ kN} = 12\ 855.76 \text{ kN}$$

表 2.2.10 结构顶点的假想侧移计算

层 次	G_i/kN	V_{Gi}/kN	$\sum D_i/(\text{kN/m})$	Δu_i/m	u_T/m
10	12 855.76	12 855.76	2 023 258	0.006 354	0.370 122
9	10 760.48	23 616.24	2 023 258	0.011 672	0.363 768
8	10 760.48	34 376.72	2 023 258	0.016 991	0.352 096
7	10 760.48	45 137.2	2 023 258	0.022 309	0.335 105
6	10 760.48	55 897.68	2 023 258	0.027 628	0.312 796
5	10 760.48	66 658.16	2 023 258	0.032 946	0.285 169
4	10 760.48	77 418.64	2 023 258	0.038 264	0.252 223
3	10 760.48	88 179.12	2 023 258	0.043 583	0.213 958
2	10 760.48	98 939.6	2 023 258	0.048 901	0.170 376
1	10 878.21	109 817.81	1 662 665	0.066 049	0.121 474
-1	11 831.38	121 649.19	2 194 838	0.055 425	0.055 425

由 $T_1 = 1.7\psi_T \sqrt{u_T}$ 计算基本周期,取 $\psi_T = 0.7$,由表 2.2.10 可知 $u_T = 0.37$ m。

所以，
$$T_1 = 1.7\psi_T \sqrt{u_T} = 1.7 \times 0.7 \times \sqrt{0.37} \text{ s} = 0.72 \text{ s}$$

2.2.5.6 水平地震作用及楼层地震剪力计算

1. 水平地震作用及楼层地震剪力计算

由房屋的抗震设防烈度、场地类别及设计地震分组而确定的地震作用计算参数如下：
$$\alpha_{max} = 0.08; \quad T_g = 0.35 \text{ s}; \quad \zeta = 0.05$$

由此计算的相应于结构基本自振周期的水平地震影响系数为：
$$\alpha_1 = \left(\frac{T_g}{T_1}\right)^{0.9} \times 0.08 = 0.0418$$

结构等效总重力荷载为：
$$G_{eq} = 0.85 \times \sum G_i = 103\,167.977 \text{ kN}$$

又因为：
$$T_1 = 0.72 \text{ s} > 1.4 T_g = 1.4 \times 0.35 \text{ s} = 0.49 \text{ s}$$

故应考虑顶部附加地震作用，顶部附加地震作用系数为：
$$\delta_n = 0.08 T_1 + 0.07 = 0.1276$$
$$F_{Ek} = \alpha_1 G_{eq} = 0.0418 \times 103\,167.977 \text{ kN} = 4\,312.42 \text{ kN}$$
$$\Delta F_{10} = \delta_n F_{Ek} = 0.1276 \times 4\,312.42 \text{ kN} = 550.26 \text{ kN}$$
$$F_{Ek}(1 - \delta_n) = 3\,762.16 \text{ kN}$$

2. 各质点水平地震作用的标准值
$$F_i = 3\,762.16 \frac{G_i H_i}{\sum_{j=1}^{10} G_j H_j}$$

计算结果详见表 2.2.11 以及图 2.2.6。

表 2.2.11 各质点横向水平地震作用及楼层地震剪力计算表

层次	H_i/m	G_i/kN	$G_i H_i$/(kN·m)	$\dfrac{G_i H_i}{\sum_{j=1}^{10} G_j H_j}$	F_i/kN	V_i/kN
11	42.0	1 528.30	64 188.60	0.025	94.22	94.22
10	37.5	11 052.36	414 463.50	0.162	1 158.64	1 252.86
9	34.2	10 760.48	368 008.42	0.144	540.19	1 793.05
8	30.9	10 760.48	332 498.83	0.130	488.07	2 281.12
7	27.6	10 760.48	296 989.25	0.116	435.94	2 717.07
6	24.3	10 760.48	261 479.66	0.102	383.82	3 100.89
5	21.0	10 760.48	225 970.08	0.088	331.70	3 432.58
4	17.7	10 760.48	190 460.50	0.074	279.57	3 712.15
3	14.4	10 760.48	154 950.91	0.060	227.45	3 939.60

续表

层 次	H_i/m	G_i/kN	G_iH_i/(kN·m)	$\dfrac{G_iH_i}{\sum_{j=1}^{10}G_jH_j}$	F_i/kN	V_i/kN
2	11.1	10 760.48	119 441.33	0.047	175.33	4 114.93
1	7.8	10 878.21	84 850.04	0.033	124.55	4 239.48
−1	4.2	11 831.38	49 691.80	0.019	72.94	4 312.42
Σ		121 374.09	2 562 992.91	1.000	4 312.42	

注：1. $F_{10}=608.38$ kN $+550.26$ kN $=1\ 158.64$ kN。

2. 考虑局部突出屋顶部分的鞭梢效应，11 层的楼层剪力 $V_{11}=3\times94.22$ kN $=282.66$ kN。

3. 鞭梢效应增大的部分不往下传，故表中计算各楼层剪力时仍采用原值。

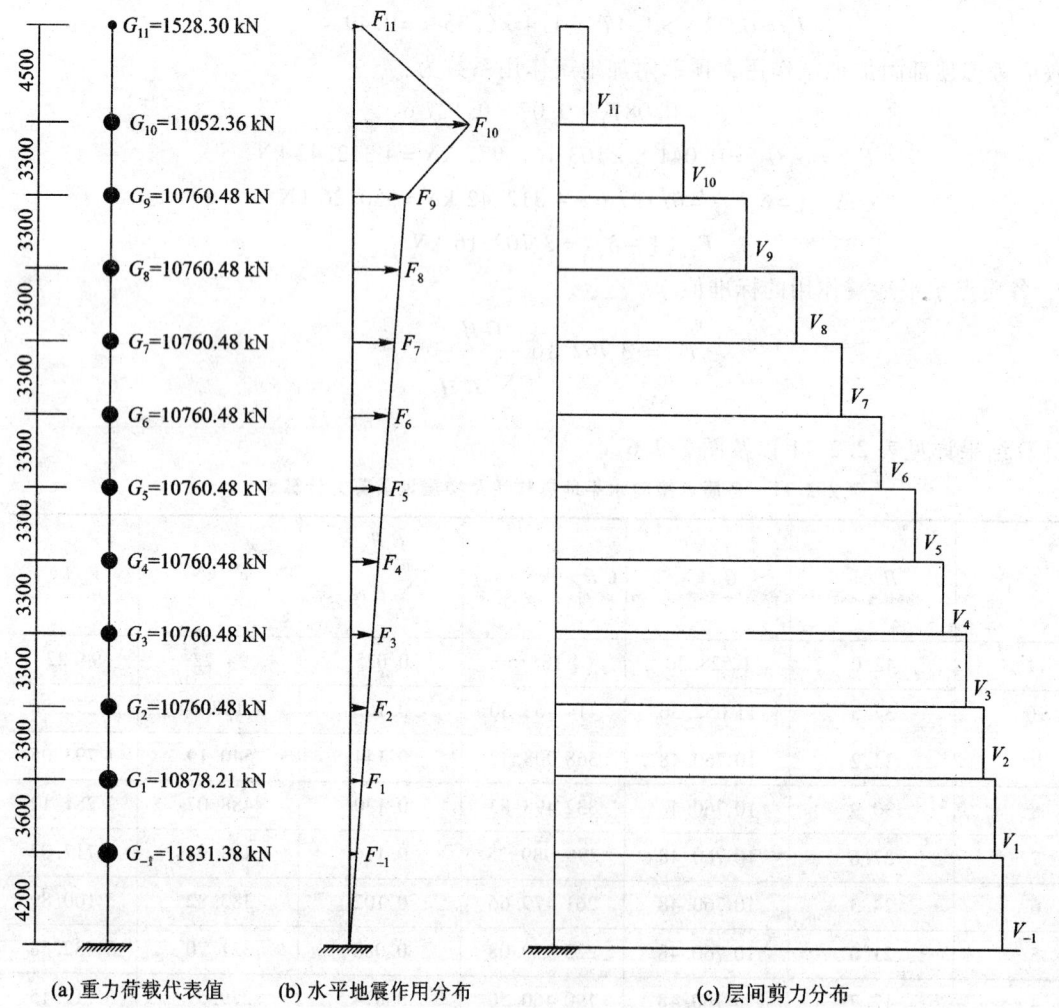

(a) 重力荷载代表值　　(b) 水平地震作用分布　　(c) 层间剪力分布

图 2.2.6　横向水平地震作用及楼层地震剪力

2.2.5.7 水平地震作用下的位移验算

水平地震作用下框架结构的层间位移 Δu_i 和顶点位移 u_i 分别由式(2.2.4)和式(2.2.5)计算得出结果

$$\Delta u_i = V_i / \sum_{j=1}^{n} D_{ij} \tag{2.2.4}$$

$$u_i = \sum_{k=1}^{n} \Delta u_k \tag{2.2.5}$$

其详细计算过程见表2.2.12，表中还计算了各层的层间弹性位移角：$\theta_e = \Delta u_i / h_i$。

由表2.2.12可知，最大层间弹性位移角发生在第一层，其值为1/1 413 < $[\theta_e]$ = 1/550（满足要求）。其中$[\theta_e]$为钢筋混凝土框架弹性层间位移角限值。

表 2.2.12 横向水平地震作用下的位移验算

层 次	V_i/kN	$\sum D_i/(\text{kN/m})$	Δu_i/m	u_T/m	h_i/m	$\theta_e = \Delta u_i / h_i$
10	1 215.86	2 023 258	0.000 601	0.017 515	3.3	1/5 491
9	1 793.05	2 023 258	0.000 886	0.016 914	3.3	1/3 724
8	2 281.12	2 023 258	0.001 127	0.016 028	3.3	1/2 927
7	2 717.07	2 023 258	0.001 343	0.014 901	3.3	1/2 457
6	3 100.89	2 023 258	0.001 533	0.013 558	3.3	1/2 153
5	3 432.58	2 023 258	0.001 697	0.012 025	3.3	1/1 945
4	3 712.15	2 023 258	0.001 835	0.010 328	3.3	1/1 799
3	3 939.48	2 023 258	0.001 947	0.008 494	3.3	1/1 695
2	4 114.93	2 023 258	0.002 034	0.006 547	3.3	1/1 623
1	4 236.48	1 662 665	0.002 548	0.004 513	3.6	1/1 413
-1	4 312.42	2 194 838	0.001 965	0.001 965	4.2	1/2 138

2.2.5.8 水平地震作用下的框架内力计算

对第5轴线横向框架内力进行计算。框架在水平节点荷载作用下，采用 D 值法分析内力。

1. 计算依据

由 $V_i = \sum_{k=1}^{n} F_k$ 求得框架第 i 层的层间剪力 V_i 后，i 层 j 柱分配的剪力 V_{ij} 及该柱上、下端的弯矩 M_{ij}^u 和 M_{ij}^b 分别按下列各式计算：

$$\text{柱端剪力}: V_{ij} = \frac{D_{ij}}{\sum_{j=1}^{4} D_{ij}} V_i \tag{2.2.6}$$

$$\text{下端弯矩}: M_{ij}^b = V_{ij} y h \tag{2.2.7}$$

$$\text{上端弯矩}: M_{ij}^u = V_{ij}(1-y)h \tag{2.2.8}$$

上式中：

$$y = y_n + y_1 + y_2 + y_3$$

其中 D_{ij}、$\sum D_{ij}$ 取自表2.2.7、表2.2.8和表2.2.9，V_i 取自表2.2.11，y_n、y_1、y_2、y_3 查附录5中的表可得。各层梁线刚度不变，取 $y_1 = 0$，-1 层柱，1层柱考虑修正值 y_2，1、2层柱考虑修正值 y_3。

2. 计算结果

横向水平地震作用下，5轴框架边柱柱端弯矩和剪力计算结果见表2.2.13，中柱计算结果见表2.2.14。并根据表2.2.13及表2.2.14计算出横向水平地震作用下的框架梁的弯矩 M、剪力 V 及柱的轴力 N（见表2.2.15、表2.2.16）。由此所绘 M、N 图详见图2.2.7、图2.2.8。

表2.2.13 横向水平地震作用下5轴框架各层柱端弯矩及剪力计算表

					边柱(B、E柱)				
层次	h_i/m	V_i/kN	$\sum D_i/(\text{kN/m})$	$D_i/(\text{kN/m})$	$V_i(\text{B,E})$/kN	$\bar{k}$	y	$M^b/(\text{kN}\cdot\text{m})$	$M^u/(\text{kN}\cdot\text{m})$
10	3.3	1 215.86	2 023 258	33 545	20.16	0.29	0.35	23.28	43.24
9	3.3	1 793.05	2 023 258	33 545	29.73	0.29	0.45	44.15	53.96
8	3.3	2 281.12	2 023 258	33 545	37.82	0.29	0.5	62.40	62.40
7	3.3	2 717.07	2 023 258	33 545	45.05	0.29	0.5	74.33	74.33
6	3.3	3 100.89	2 023 258	33 545	51.41	0.29	0.5	84.83	84.83
5	3.3	3 432.58	2 023 258	33 545	56.91	0.29	0.5	93.90	93.90
4	3.3	3 712.15	2 023 258	33 545	61.55	0.29	0.5	101.55	101.55
3	3.3	3 939.48	2 023 258	33 545	65.32	0.29	0.5	107.77	107.77
2	3.3	4 114.93	2 023 258	33 545	68.22	0.29	0.52	117.07	108.07
1	3.6	4 236.48	1 662 665	27 669	70.50	0.315	0.52	95.32	87.98
-1	4.2	4 312.42	2 194 838	46 892	92.13	0.367	0.833	322.34	64.62

表2.2.14 横向水平地震作用下5轴框架各层柱端弯矩及剪力计算表

					中柱(C、D柱)				
层次	h_i/m	V_i/kN	$\sum D_i/(\text{kN/m})$	$D_i/(\text{kN/m})$	$V_i(\text{C,D})$/kN	$\bar{k}$	y	$M^b/(\text{kN}\cdot\text{m})$	$M^u/(\text{kN}\cdot\text{m})$
10	3.3	1 215.86	2 023 258	70 523	42.38	0.73	0.42	58.74	81.12
9	3.3	1 793.05	2 023 258	70 523	62.50	0.73	0.5	103.12	103.12
8	3.3	2 281.12	2 023 258	70 523	79.51	0.73	0.5	131.19	131.19
7	3.3	2 717.07	2 023 258	70 523	94.71	0.73	0.5	156.27	156.27
6	3.3	3 100.89	2 023 258	70 523	108.09	0.73	0.5	178.34	178.34
5	3.3	3 432.58	2 023 258	70 523	119.65	0.73	0.5	197.42	197.42
4	3.3	3 712.15	2 023 258	70 523	129.39	0.73	0.5	213.50	213.50
3	3.3	3 939.48	2 023 258	70 523	137.32	0.73	0.5	226.57	226.57
2	3.3	4 114.93	2 023 258	70 523	143.43	0.73	0.5	236.66	236.66
1	2.6	4 236.48	1 662 665	57 773	147.21	0.793	0.55	210.50	172.23
-1	4.2	4 312.42	2 194 838	62 382	122.57	0.924	0.65	334.61	180.18

表 2.2.15 横向水平地震作用下 5 轴框架各层梁端弯矩、剪力计算表

层次	柱端待分配弯矩之和/(kN·m)	BC 跨或 DE 跨梁					CD 跨梁		
		M^l/(kN·m)	M^r/kN·m	V_b/kN	$\dfrac{i_l}{i_l+i_r}$	$\dfrac{i_r}{i_l+i_r}$	M^l/(kN·m)	M^r/(kN·m)	V_b/kN
10	81.12	43.24	32.22	12.58	0.397	0.603	48.89	48.89	25.07
9	161.86	77.24	64.30	23.59	0.397	0.603	97.56	97.56	50.03
8	234.32	106.55	93.08	33.27	0.397	0.603	141.23	141.23	72.43
7	287.46	136.73	114.20	41.82	0.397	0.603	173.26	173.26	88.85
6	334.61	159.16	132.93	48.68	0.397	0.603	201.68	201.68	103.43
5	375.76	178.73	149.27	54.67	0.397	0.603	226.48	226.48	116.15
4	410.91	195.45	163.24	59.78	0.397	0.603	247.67	247.67	127.01
3	440.07	209.32	174.82	64.02	0.397	0.603	265.25	265.25	136.02
2	463.23	215.84	184.02	66.64	0.397	0.603	279.21	279.21	143.18
1	408.89	205.06	162.44	61.25	0.397	0.603	246.46	246.46	126.39
-1	390.68	159.94	155.20	52.52	0.397	0.603	235.48	235.48	120.76

表 2.2.16 横向水平地震作用下 5 轴框架各层柱轴力计算表

层次	BC、DE 跨梁端剪力 V_b/kN	CD 跨梁端剪力 V_b/kN	边柱轴力 N/kN	中柱轴力 N/kN
10	12.58	25.07	-12.58	-12.50
9	23.59	50.03	-36.17	-38.94
8	33.27	72.43	-69.44	-78.09
7	41.82	88.85	-111.26	-125.12
6	48.68	103.43	-159.94	-179.87
5	54.67	116.15	-214.61	-241.34
4	59.78	127.01	-274.39	-308.57
3	64.02	136.02	-338.42	-380.57
2	66.64	143.18	-405.06	-457.11
1	61.25	126.39	-466.31	-522.25
-1	52.52	120.76	-518.83	-590.49

注：表中柱轴力中的负号表示拉力，当为左震作用时，左侧两根柱为拉力，对应的右侧两根柱为压力。

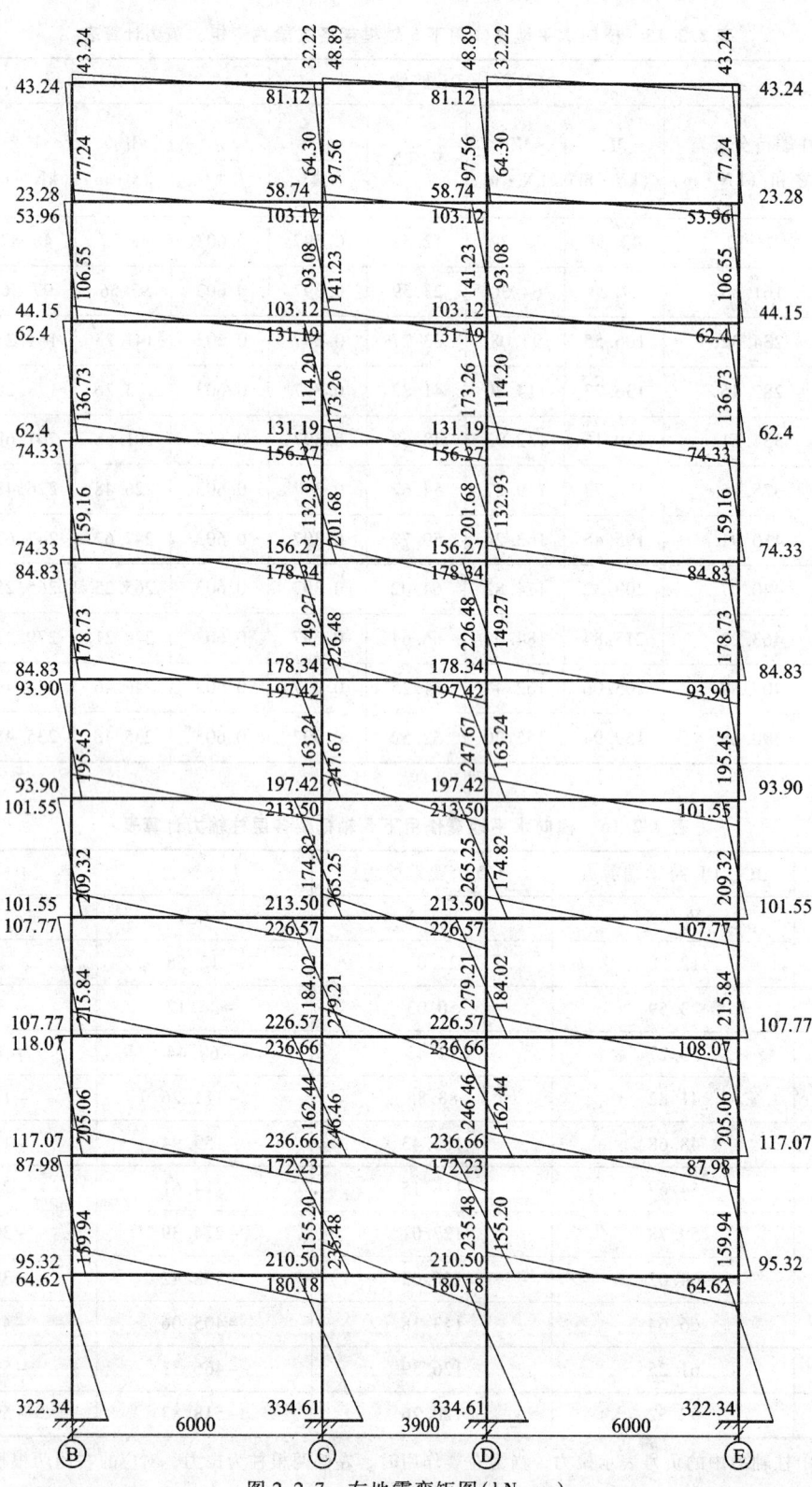

图 2.2.7 右地震弯矩图(kN·m)

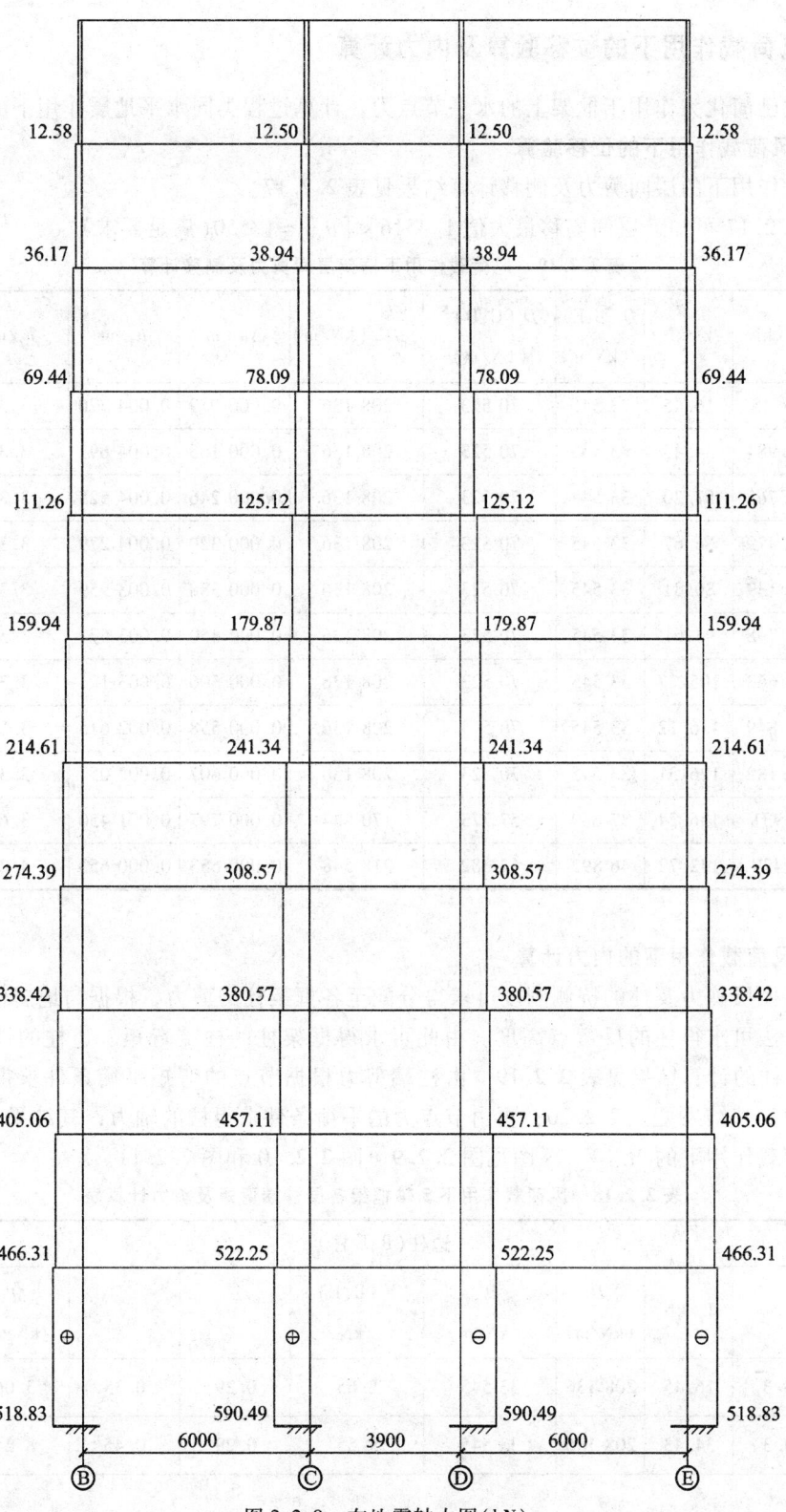

图 2.2.8 右地震轴力图(kN)

2.2.6 风荷载作用下的位移验算及内力计算

风荷载已简化为作用于框架上的水平节点力。计算过程类同水平地震作用下的情况。

2.2.6.1 风荷载作用下的位移验算

风荷载作用下的层间剪力及侧移计算结果见表 2.2.17。

由表 2.2.17 可知,层间侧移最大值 $1/4516 < [\theta_e] = 1/550$(满足要求)

表 2.2.17 风荷载作用下框架层间剪力及侧移计算

层次	F_k/kN	V_i/kN	$D_i(B,E)$/(kN/m)	$D_i(C,D)$/(kN/m)	$\sum D_i$/(kN/m)	Δu_i/m	u_T/m	h_i/m	$\theta_e = \Delta u_i/h_i$
10	16.45	16.45	33 545	70 523	208 136	0.000 079	0.004 770	3.3	1/41 754
9	17.984	34.43	33 545	70 523	208 136	0.000 165	0.004 691	3.3	1/19 947
8	16.761	51.20	33 545	70 523	208 136	0.000 246	0.004 525	3.3	1/13 416
7	15.479	66.67	33 545	70 523	208 136	0.000 320	0.004 279	3.3	1/10 302
6	14.139	80.81	33 545	70 523	208 136	0.000 388	0.003 959	3.3	1/8 499
5	12.798	93.61	33 545	70 523	208 136	0.000 450	0.003 571	3.3	1/7 337
4	11.663	105.27	33 545	70 523	208 136	0.000 506	0.003 121	3.3	1/6 524
3	10.849	116.12	33 545	70 523	208 136	0.000 558	0.002 615	3.3	1/5 915
2	10.182	126.31	33 545	70 523	208 136	0.000 607	0.002 057	3.3	1/5 438
1	9.931	136.24	27 669	57 773	170 884	0.000 797	0.001 450	3.6	1/4 516
-1	6.479	142.72	46 892	62 382	218 548	0.000 653	0.000 653	4.2	1/6 432

2.2.6.2 风荷载作用下的内力计算

根据各楼层剪力及柱的抗侧刚度可求得分配至各框架柱的剪力,根据与地震作用下内力分析的相同方法可求得柱的反弯点高度。由此可求得框架柱的柱端弯矩。边柱的计算结果见表 2.2.18,中柱的计算结果见表 2.2.19。由柱端剪力根据节点的弯矩平衡条件求得各梁端弯矩及梁端剪力,其结果见表 2.2.20;再由节点力的平衡条件求得柱的轴力,其结果见表 2.2.21。由此作风荷载作用下的 M、V、N 图见图 2.2.9、图 2.2.10 和图 2.2.11。

表 2.2.18 风荷载作用下 5 轴框架各层柱端弯矩及剪力计算表

层次	边柱(B、E柱)								
	h_i/m	V_i/kN	$\sum D_i$/(kN/m)	D_i/(kN/m)	$V_i(B,E)$/kN	$\bar{k}$	y	M^b/kN·m	M^u/kN·m
10	3.3	16.45	208 136	33 545	2.65	0.29	0.35	3.06	5.69
9	3.3	34.43	208 136	33 545	5.55	0.29	0.45	8.24	10.07

续表

边柱(B、E柱)

层次	h_i/m	V_i/kN	$\sum D_i$/(kN/m)	D_i/(kN/m)	V_i(B,E)/kN	$\bar{k}$	y	M^b/kN·m	M^u/kN·m
8	3.3	51.2	208 136	33 545	8.25	0.29	0.5	13.62	13.62
7	3.3	66.67	208 136	33 545	10.75	0.29	0.5	17.73	17.73
6	3.3	80.81	208 136	33 545	13.02	0.29	0.5	21.49	21.49
5	3.3	93.61	208 136	33 545	15.09	0.29	0.5	24.89	24.89
4	3.3	105.27	208 136	33 545	16.97	0.29	0.5	27.99	27.99
3	3.3	116.12	208 136	33 545	18.71	0.29	0.5	30.88	30.88
2	3.3	126.31	208 136	33 545	20.36	0.29	0.52	34.93	32.25
1	3.6	136.24	170 884	27 669	22.06	0.315	0.52	29.82	27.53
-1	4.2	142.72	218 548	46 892	30.62	0.367	0.833	107.13	21.48

表 2.2.19 风荷载作用下 5 轴框架各层柱端弯矩及剪力计算表

中柱(C、D柱)

层次	h_i/m	V_i/kN	$\sum D_i$/(kN/m)	D_i/(kN/m)	V_i(C,D)/kN	$\bar{k}$	y	M^b/kN·m	M^u/kN·m
10	3.3	16.45	208 136	70 523	5.57	0.73	0.42	7.73	10.67
9	3.3	34.43	208 136	70 523	11.67	0.73	0.5	19.25	19.25
8	3.3	51.2	208 136	70 523	17.35	0.73	0.5	28.62	28.62
7	3.3	66.67	208 136	70 523	22.59	0.73	0.5	37.27	37.27
6	3.3	80.81	208 136	70 523	27.38	0.73	0.5	45.18	45.18
5	3.3	93.61	208 136	70 523	31.72	0.73	0.5	52.33	52.33
4	3.3	105.27	208 136	70 523	35.67	0.73	0.5	58.85	58.85
3	3.3	116.12	208 136	70 523	39.35	0.73	0.5	64.92	64.92
2	3.3	126.31	208 136	70 523	42.80	0.73	0.5	70.62	70.62
1	2.6	136.24	170 884	57 773	46.06	0.793	0.55	65.87	53.89
-1	4.2	142.72	218 548	62 382	40.74	0.924	0.65	111.21	59.88

表 2.2.20　风荷载作用下 5 轴框架各层梁端弯矩、剪力计算表

层次	柱端待分配弯矩之和/kN·m	BC 跨或 DE 跨梁					CD 跨梁		
		M^l /kN·m	M^r /kN·m	V_b /kN	$\dfrac{i_l}{i_l+i_r}$	$\dfrac{i_r}{i_l+i_r}$	M^l /kN·m	M^r /kN·m	V_b /kN
10	10.67	5.69	4.24	1.65	0.397	0.603	6.43	6.43	3.30
9	26.97	13.13	10.72	3.97	0.397	0.603	16.26	16.26	8.34
8	47.87	21.86	19.02	6.81	0.397	0.603	28.86	28.86	14.80
7	65.90	31.34	26.18	9.59	0.397	0.603	39.72	39.72	20.37
6	82.45	39.22	32.75	12.00	0.397	0.603	49.70	49.70	25.49
5	97.51	46.38	38.74	14.19	0.397	0.603	58.78	58.78	30.14
4	111.19	52.89	44.17	16.18	0.397	0.603	67.02	67.02	34.37
3	123.77	58.87	49.17	18.01	0.397	0.603	74.60	74.60	38.26
2	135.54	63.13	53.84	19.49	0.397	0.603	81.69	81.69	41.89
1	124.51	62.46	49.46	18.65	0.397	0.603	75.05	75.05	38.48
-1	125.75	51.30	49.96	16.88	0.397	0.603	75.80	75.80	38.87

表 2.2.21　风荷载作用下 5 轴框架各层柱轴力计算表

层次	BC、DE 跨梁端剪力 V_b/kN	CD 跨梁端剪力 V_b/kN	边柱轴力 N/kN	中柱轴力 N/kN
10	1.65	3.30	-1.65	-1.64
9	3.97	8.34	-5.63	-6.01
8	6.81	14.80	-12.44	-13.99
7	9.59	20.37	-22.03	-24.77
6	12.00	25.49	-34.02	-38.26
5	14.19	30.14	-48.21	-54.22
4	16.18	34.37	-64.39	-72.41
3	18.01	38.26	-82.39	-92.66
2	19.49	41.89	-101.39	-115.05
1	18.65	38.48	-120.54	-134.89
-1	16.88	38.87	-137.42	-156.88

注：表中柱轴力中的负号表示拉力，当为左风作用时，左侧两根柱为拉力，对应的右侧两根柱为压力。

2.2 结构设计

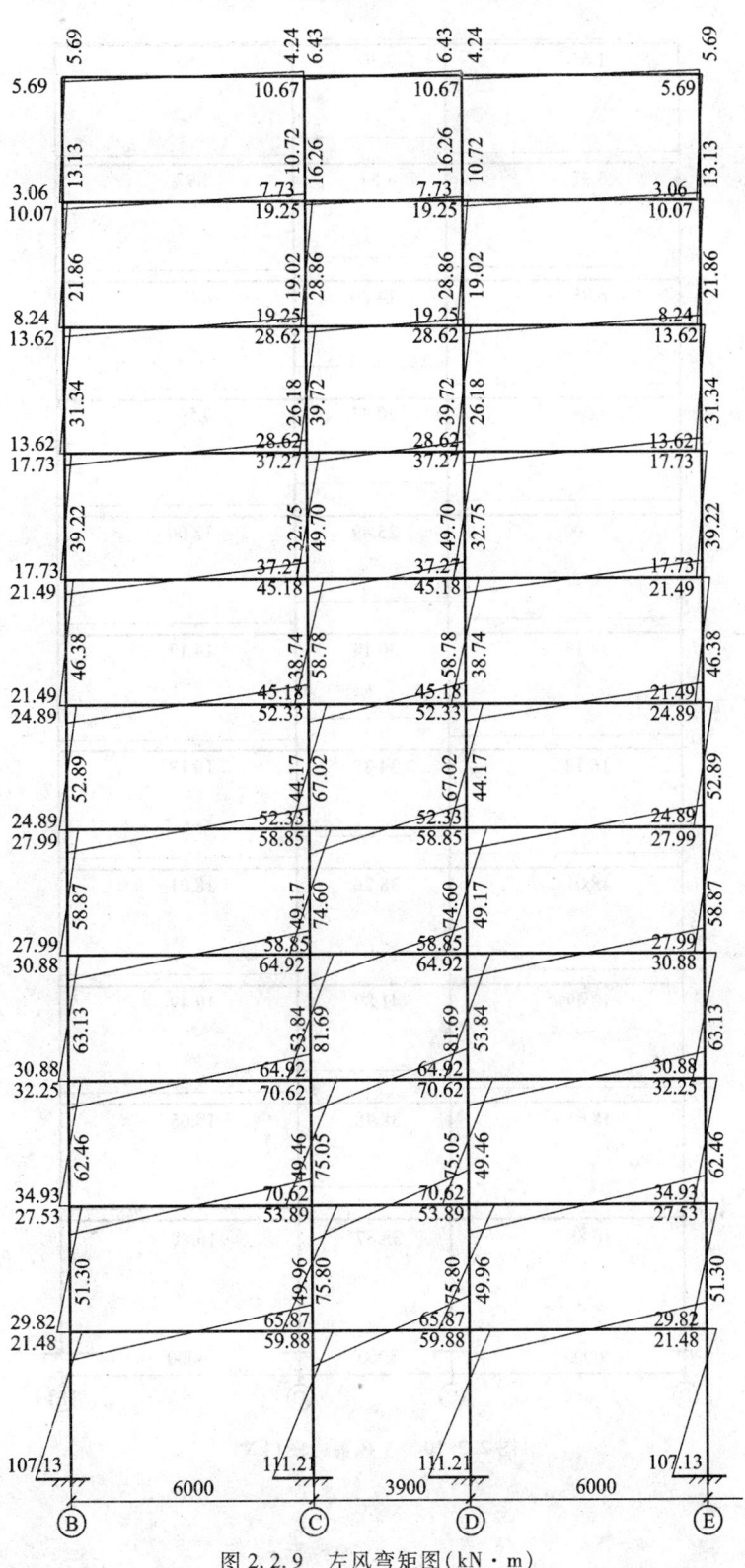

图 2.2.9 左风弯矩图(kN·m)

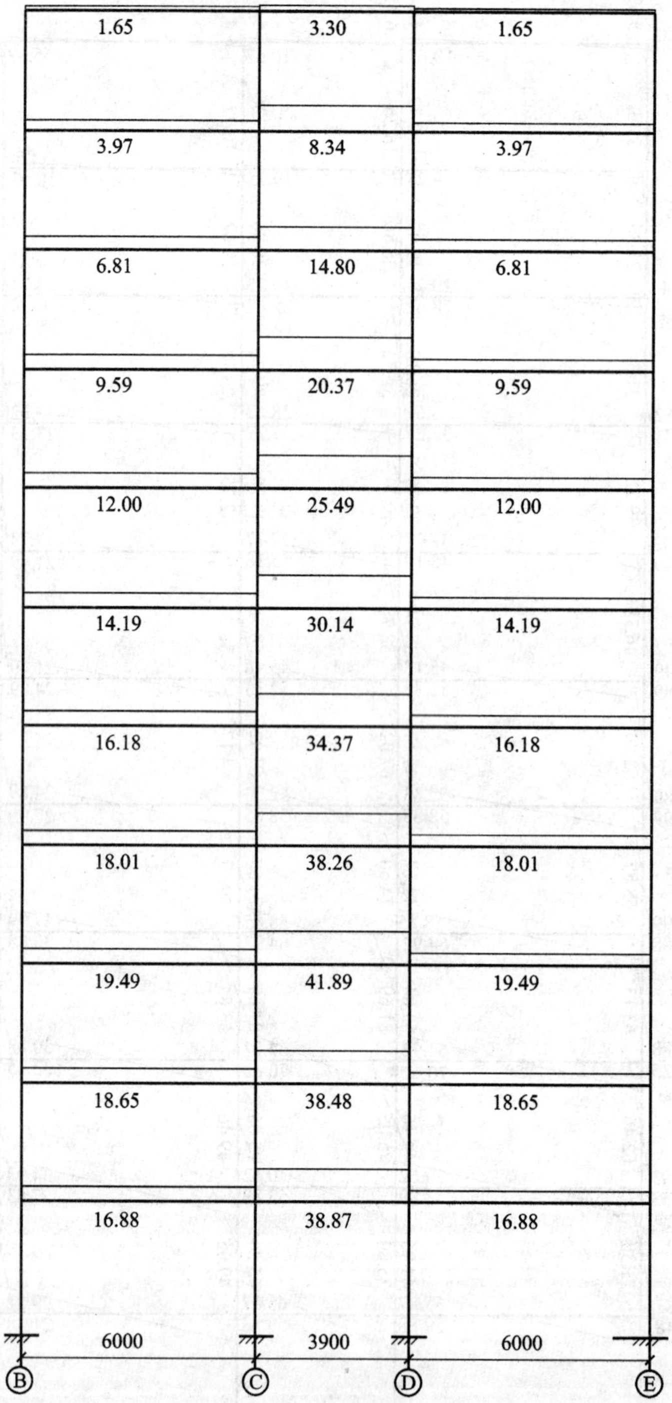

1.65	3.30	1.65
3.97	8.34	3.97
6.81	14.80	6.81
9.59	20.37	9.59
12.00	25.49	12.00
14.19	30.14	14.19
16.18	34.37	16.18
18.01	38.26	18.01
19.49	41.89	19.49
18.65	38.48	18.65
16.88	38.87	16.88
6000	3900	6000
Ⓑ	Ⓒ Ⓓ	Ⓔ

图 2.2.10 左风剪力图(kN)

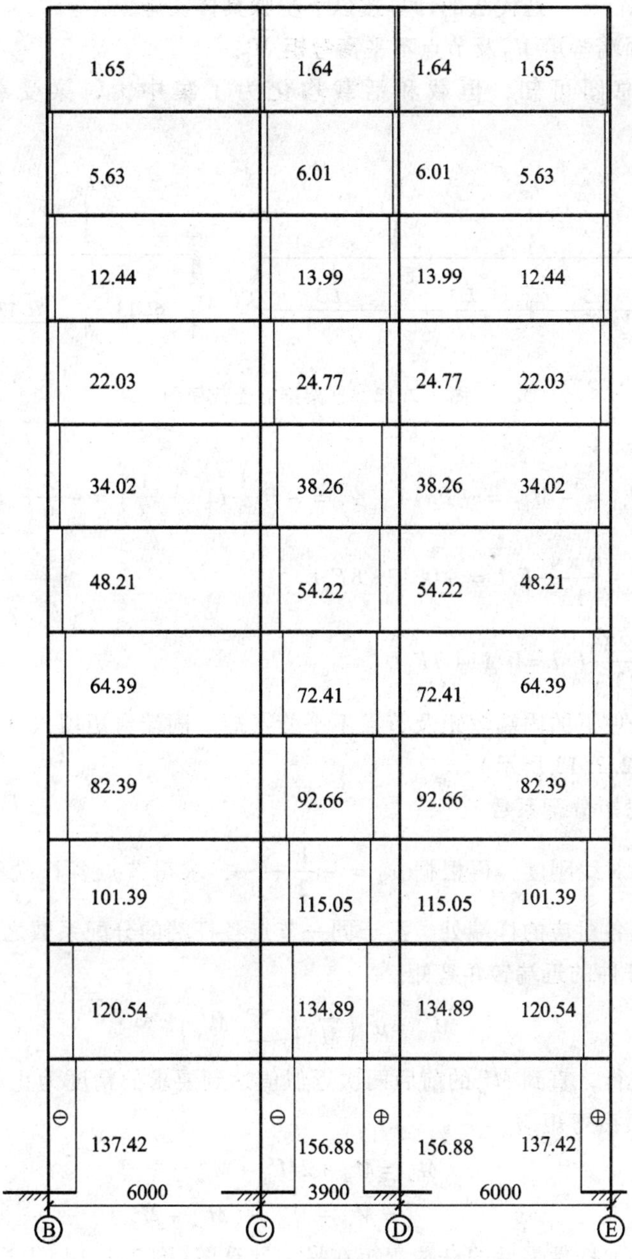

图 2.2.11 左风轴力图(kN)

2.2.7 迭代法计算竖向荷载作用下框架结构内力

竖向荷载作用下,框架的侧移量很小,按不考虑侧移的迭代法进行结构内力分析。考虑内力组合的需要,对恒载、活载作用于 BC 跨,活载作用于 CD 跨,活载作用于 DE 跨,并受重力荷载代表值作用的框架内力分别进行分析。

根据本例的实际情况，迭代法的计算按以下步骤具体实施：

1. 计算杆端的固端弯矩 $\overline{M}_{ik}$ 及节点不平衡弯矩 $\overline{M}_i$：

从框架的受载总图可知，恒载和活载均化为了集中力，梁受载情况如图 2.2.12 所示。

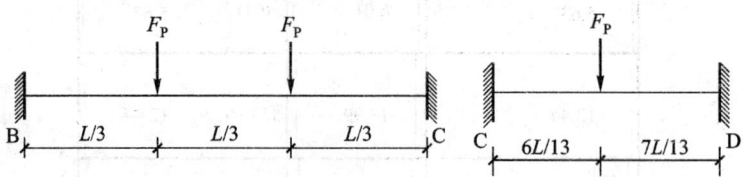

图 2.2.12 框架梁的受载简图

固端弯矩：

$$\overline{M}_{BC} = \overline{M}_{DE} = -\overline{M}_{CB} = -\overline{M}_{ED} = -Pa(1-\alpha) = -P\frac{1}{3}L\left(1-\frac{1}{3}\right) = -\frac{2}{9}F_pL$$

$$\overline{M}_{CD} = -\frac{F_p ab^2}{L^2} = -\frac{6 \times 47}{13^2}F_pL = -0.1338F_pL$$

$$\overline{M}_{DC} = \frac{F_p ba^2}{L^2} = \frac{7 \times 36}{13^2}F_pL = 0.1147F_pL$$

依次算得各种条件下的固端弯矩及节点不平衡弯矩。固端弯矩填入杆端，节点不平衡弯矩填入内方框中（如图 2.2.13 所示）。

2. 计算杆端的弯矩分配系数

由图 2.2.2 的相对线刚度，再根据 $\mu_{ik} = -\frac{1}{2}\frac{i_{ik}}{\sum i_{ik}}$，求得节点各杆端的弯矩分配系数；将分配系数填入内外框各对应的杆端处。汇于同一节点各杆端的分配系数之和为 -0.5。

3. 计算节点各杆件的近端转角弯矩

$$M'_{ik} = \mu_{ik}\left(\overline{M}_i + \sum_{(i)} M'_{ki}\right) \quad (2.2.9)$$

该计算过程在图上进行，直到 M'_{ik} 的前后两次近似值达到要求的精度为止。

4. 计算杆端的最后弯矩 M_{ik}

$$\begin{aligned}M_{ik} &= \overline{M}_{ik} + 2M'_{ik} + M'_{ki}\\&= \overline{M}_{ik} + M'_{ik} + (M'_{ik} + M'_{ki})\end{aligned} \quad (2.2.10)$$

为便于计算，叠加杆件最后的杆端弯矩在另一计算图（图 2.2.14）上进行。

由于迭代过程的计算所占篇幅大，本例只给出恒载作用下内力分析迭代计算的详细过程，对于其他荷载作用情况，只给出固端弯矩的计算及内力分析汇总表及内力图。

竖向荷载作用下的工况多，每一种工况迭代次数多，计算工作量大且容易出错，建议在电子表格中完成。

2.2.7.1 恒载作用下的内力分析

1. 标准层固端弯矩

$$\overline{M}_{BC} = \overline{M}_{DE} = -\overline{M}_{CB} = -\overline{M}_{ED} = -2/9 \times 95.96 \text{ kN} \times 6.0 \text{ m} = -127.95 \text{ kN} \cdot \text{m}$$

$\overline{M}_{CD} = -0.133\ 8 \times 94.81\ \text{kN} \times 3.9\ \text{m} = -49.47\ \text{kN} \cdot \text{m}$

$\overline{M}_{DC} = 0.114\ 7 \times 94.81\ \text{kN} \times 3.9\ \text{m} = 42.41\ \text{kN} \cdot \text{m}$

2. 屋面固端弯矩

$\overline{M}_{BC} = \overline{M}_{DE} = -\overline{M}_{CB} = -\overline{M}_{ED} = -2/9 \times 139.83\ \text{kN} \times 6.0\ \text{m} = -186.44\ \text{kN} \cdot \text{m}$

$\overline{M}_{CD} = -0.133\ 8 \times 137.58\ \text{kN} \times 3.9\ \text{m} = -71.80\ \text{kN} \cdot \text{m}$

$\overline{M}_{DC} = 0.114\ 7 \times 137.58\ \text{kN} \times 3.9\ \text{m} = 61.54\ \text{kN} \cdot \text{m}$

采用前述迭代法的步骤,框架在恒载作用下的迭代计算过程见图 2.2.13,框架在恒载作用下的最后杆端弯矩计算见图 2.2.14。根据迭代结果绘制的恒载作用下框架的弯矩图见图 2.2.15,由弯矩图根据构件平衡条件可以绘制结构的剪力图(图 2.2.16),由节点平衡条件可绘出结构的轴力图(图 2.2.17)。

2.2.7.2 活载在第 I 跨(BC 跨)的内力分析

各层 C 柱集中力为:31.2 kN

$$\overline{M}_{BC} = -\overline{M}_{CB} = -2/9 \times 62.4\ \text{kN} \times 6.0\ \text{m} = -83.2\ \text{kN} \cdot \text{m}$$

分析方法及分析过程与恒载作用下框架的迭代分析相同。其迭代过程不再重述,给出该工况的弯矩(图 2.2.18)、剪力(图 2.2.19)和轴力图(图 2.2.20)。

2.2.7.3 活载在第 II 跨(CD 跨)的内力分析

各层 C 柱集中力为:59.28 kN − 31.2 kN = 28.08 kN

各层 D 柱集中力为:63.96 kN − 31.2 kN = 32.76 kN

$$\overline{M}_{CD} = -0.133\ 8 \times 60.84\ \text{kN} \times 3.9\ \text{m} = -31.75\ \text{kN} \cdot \text{m}$$

$$\overline{M}_{DC} = 0.114\ 7 \times 60.84\ \text{kN} \times 3.9\ \text{m} = 27.22\ \text{kN} \cdot \text{m}$$

分析方法及分析过程与恒载作用下框架的迭代分析相同。其迭代过程不再重述,给出该工况的弯矩(图 2.2.21)、剪力(图 2.2.22)和轴力图(图 2.2.23)。

2.2.7.4 活载在第 III 跨(DE 跨)的内力分析

各层受力同活载在第 I 跨(BC 跨)时的情况对称。分析过程和结果不再重述,只是在内力组合时考虑此种工况,其内力的方向和符号与活载作用在第 I 跨时对称考虑。

2.2.7.5 重力荷载代表值作用下的内力分析

此时重力荷载代表值作用的位置与受载总图一致,其数值要经计算。重力荷载代表值的取值:

一般层:G_{Ei} = 恒载 + 0.5 楼面活载

屋面层:G_{Ei} = 恒载 + 0.5 雪荷载

重力荷载代表值作用下框架的受载总图与恒载或活载下的受载总图类似。以下分别计算各作用点的荷载大小。

1. 屋面

$G_{EB} = G_{EE} = 118.48\ \text{kN} + 0.5 \times 0.45\ \text{kN/m}^2 \times 7.8\ \text{m} \times 1.0\ \text{m} = 120.24\ \text{kN}$

(注:上式 = G_{Bk} + 0.5 × 雪荷载 × 跨度 × 负载宽度)

$G_{E(BC跨1,2)} = G_{E(DE跨1,2)} = 139.83\ \text{kN} + 0.5 \times 0.45\ \text{kN/m}^2 \times 7.8\ \text{m} \times 2.0\ \text{m} = 143.34\ \text{kN}$

(注:上式 = G_k + 0.5 × 雪荷载 × 跨度 × 负载宽度)

$$G_{E(CD跨)} = 137.58 \text{ kN} + 0.5 \times 0.45 \text{ kN/m}^2 \times 7.8 \text{ m} \times (1.05 + 0.9) \text{ m} = 141 \text{ kN}$$

（注：上式 = $G_{中k}$ + 0.5 × 雪荷载 × 跨度 × 负载宽度）

$$G_{EC} = 130.04 \text{ kN} + 0.5 \times 0.45 \text{ kN/m}^2 \times 7.8 \text{ m} \times (1.0 \text{ m} + 0.9 \text{ m}) = 133.37 \text{ kN}$$

（注：上式 = G_{Ck} + 0.5 × 雪荷载 × 跨度 × 负载宽度）

$$G_{ED} = 138.01 \text{ kN} + 0.5 \times 0.45 \text{ kN/m}^2 \times 7.8 \text{ m} \times (1.05 \text{ m} + 1.0 \text{ m}) = 141.61 \text{ kN}$$

（注：上式 = G_{Dk} + 0.5 × 雪荷载 × 跨度 × 负载宽度）

2. 标准层

$$G_{EB} = G_{EE} = 91.79 \text{ kN} + 0.5 \times 31.2 \text{ kN} = 107.39 \text{ kN}$$
$$G_{E(BC跨1,2)} = G_{E(DE跨1,2)} = 95.96 \text{ kN} + 0.5 \times 62.4 \text{ kN} = 127.16 \text{ kN}$$

（注：上式 = G_k + 0.5 × 活载）

$$G_{E(CD跨)} = 94.81 \text{ kN} + 0.5 \times 60.84 \text{ kN} = 125.23 \text{ kN}$$

（注：上式 = $G_{中k}$ + 0.5 × 活载）

$$G_{EC} = 88.36 \text{ kN} + 0.5 \times 59.28 \text{ kN} = 118 \text{ kN}$$

（注：上式 = G_C + 0.5 × 活载）

$$G_{ED} = 93.04 \text{ kN} + 0.5 \times 63.96 \text{ kN} = 125.02 \text{ kN}$$

（注：上式 = G_D + 0.5 × 活载）

3. 首层

$$G_{EB} = G_{EE} = 93.74 \text{ kN} + 0.5 \times 31.2 \text{ kN} = 109.34 \text{ kN}$$

（注：同上）

$$G_{E(BC跨1,2)} = G_{E(DE跨1,2)} = 95.96 \text{ kN} + 0.5 \times 62.4 \text{ kN} = 127.16 \text{ kN}$$
$$G_{E(CD跨)} = 94.81 \text{ kN} + 0.5 \times 60.84 \text{ kN} = 125.23 \text{ kN}$$
$$G_{EC} = 88.36 \text{ kN} + 0.5 \times 59.28 \text{ kN} = 118 \text{ kN}$$
$$G_{ED} = 93.04 \text{ kN} + 0.5 \times 63.96 \text{ kN} = 125.02 \text{ kN}$$

4. 固端弯矩

（1）屋面固端弯矩

$$\overline{M}_{BC} = \overline{M}_{DE} = -\overline{M}_{CB} = -\overline{M}_{ED} = -2/9 \times 143.34 \text{ kN} \times 6.0 \text{ m} = -191.12 \text{ kN} \cdot \text{m}$$
$$\overline{M}_{CD} = -0.1338 \times 141 \text{ kN} \times 3.9 \text{ m} = -73.577 \text{ kN} \cdot \text{m}$$
$$\overline{M}_{DC} = 0.1147 \times 141 \text{ kN} \times 3.9 \text{ m} = 63.074 \text{ kN} \cdot \text{m}$$

（2）标准层固端弯矩

$$\overline{M}_{BC} = \overline{M}_{DE} = -\overline{M}_{CB} = -\overline{M}_{ED} = -2/9 \times 127.16 \text{ kN} \times 6.0 \text{ m} = -169.547 \text{ kN} \cdot \text{m}$$
$$\overline{M}_{CD} = -0.1338 \times 125.23 \text{ kN} \times 3.9 \text{ m} = -65.348 \text{ kN} \cdot \text{m}$$
$$\overline{M}_{DC} = 0.1147 \times 125.23 \text{ kN} \times 3.9 \text{ m} = 56.02 \text{ kN} \cdot \text{m}$$

由迭代分析计算出结构的弯矩（图2.2.24）、剪力（图2.2.25）及轴力图（图2.2.26）。

高层建筑通常还应按1.2.3.3节和1.2.3.4节进行结构的刚重比和剪重比验算，以确保结构的稳定性和地震作用下的安全性。考虑到本例题地面以上只有10层，房屋高度也不是很高，因此未对它们进行验算。

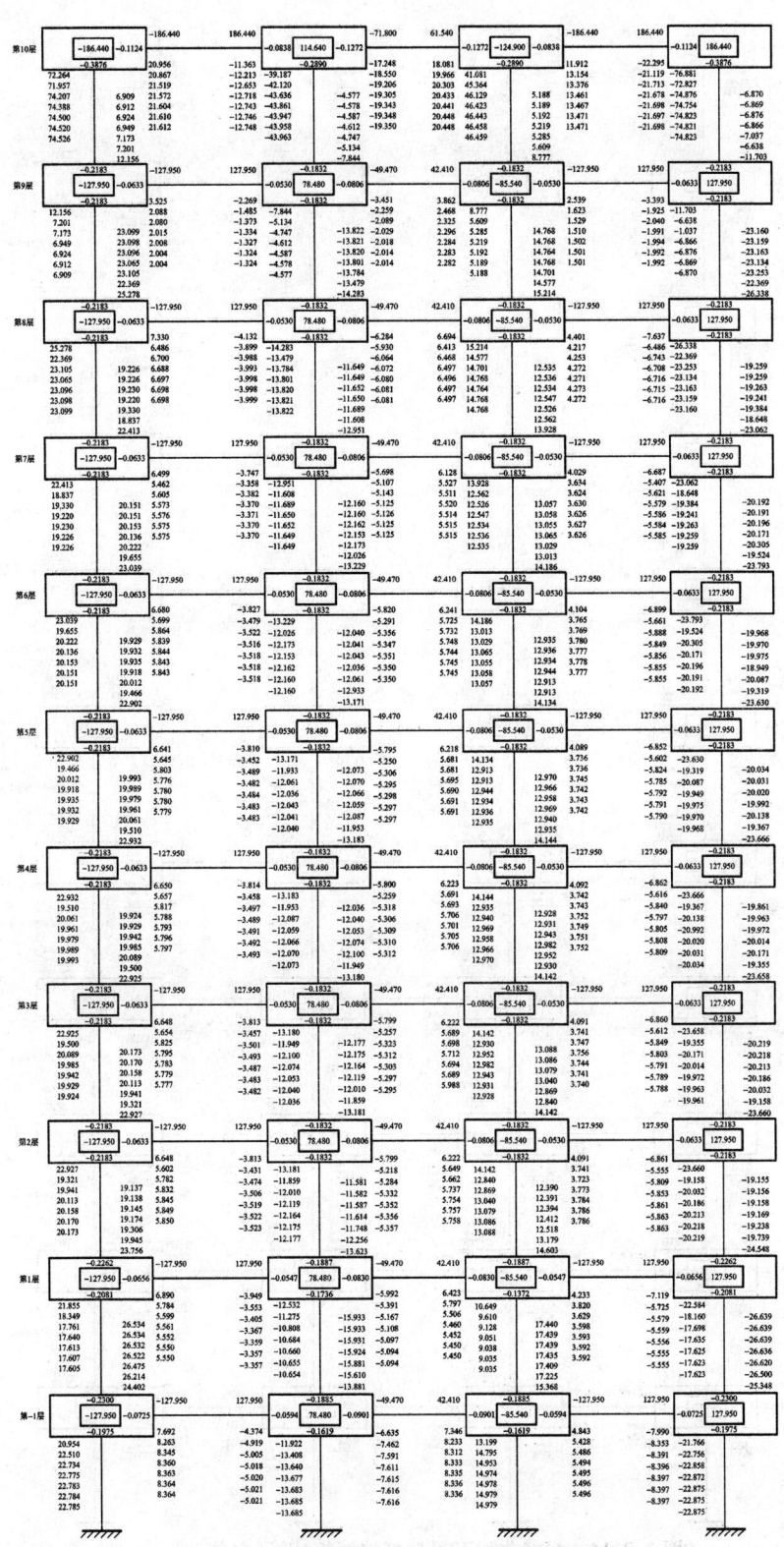

图 2.2.13 恒载作用下的迭代计算(单位:kN)

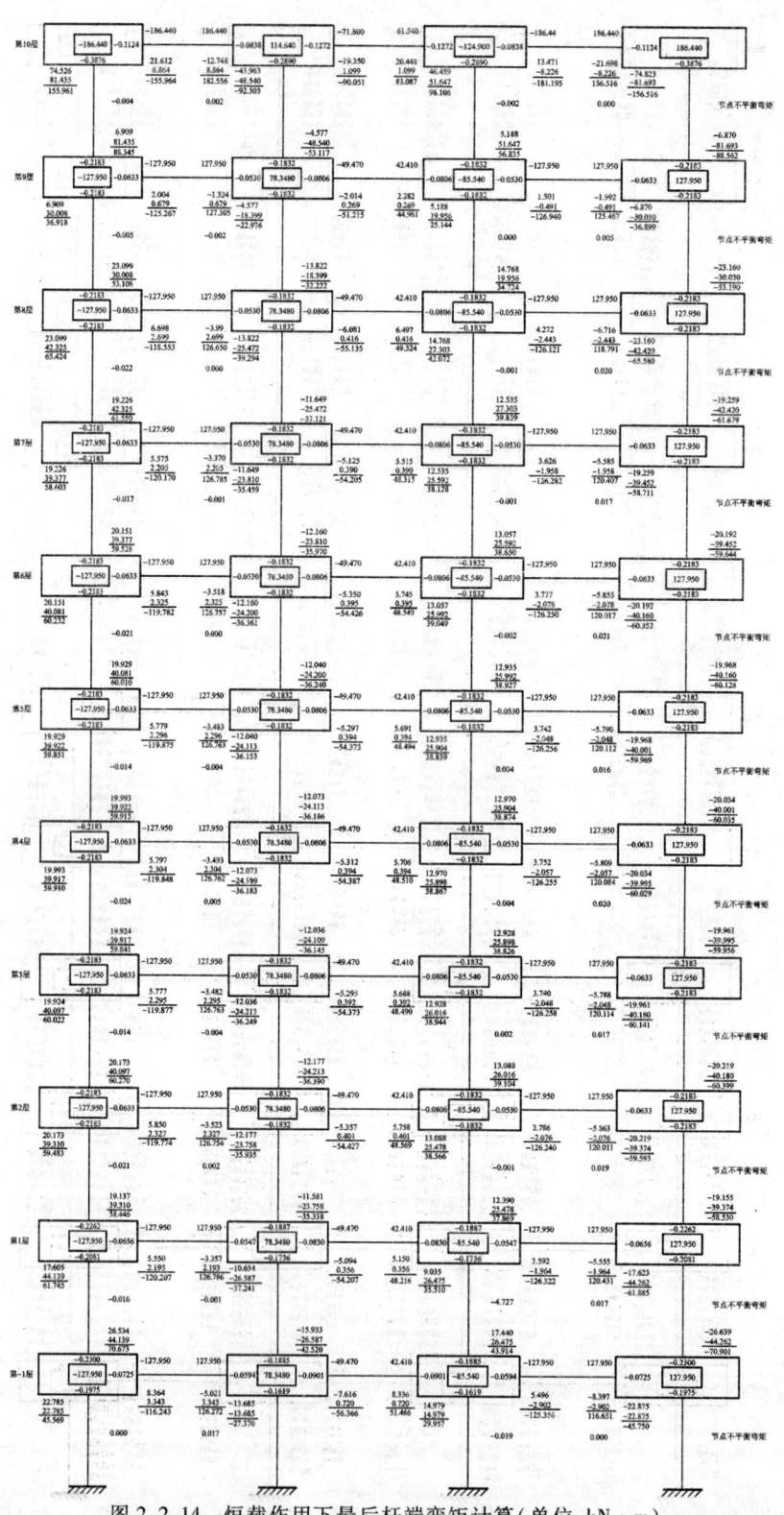

图 2.2.14 恒载作用下最后杆端弯矩计算(单位:kN·m)

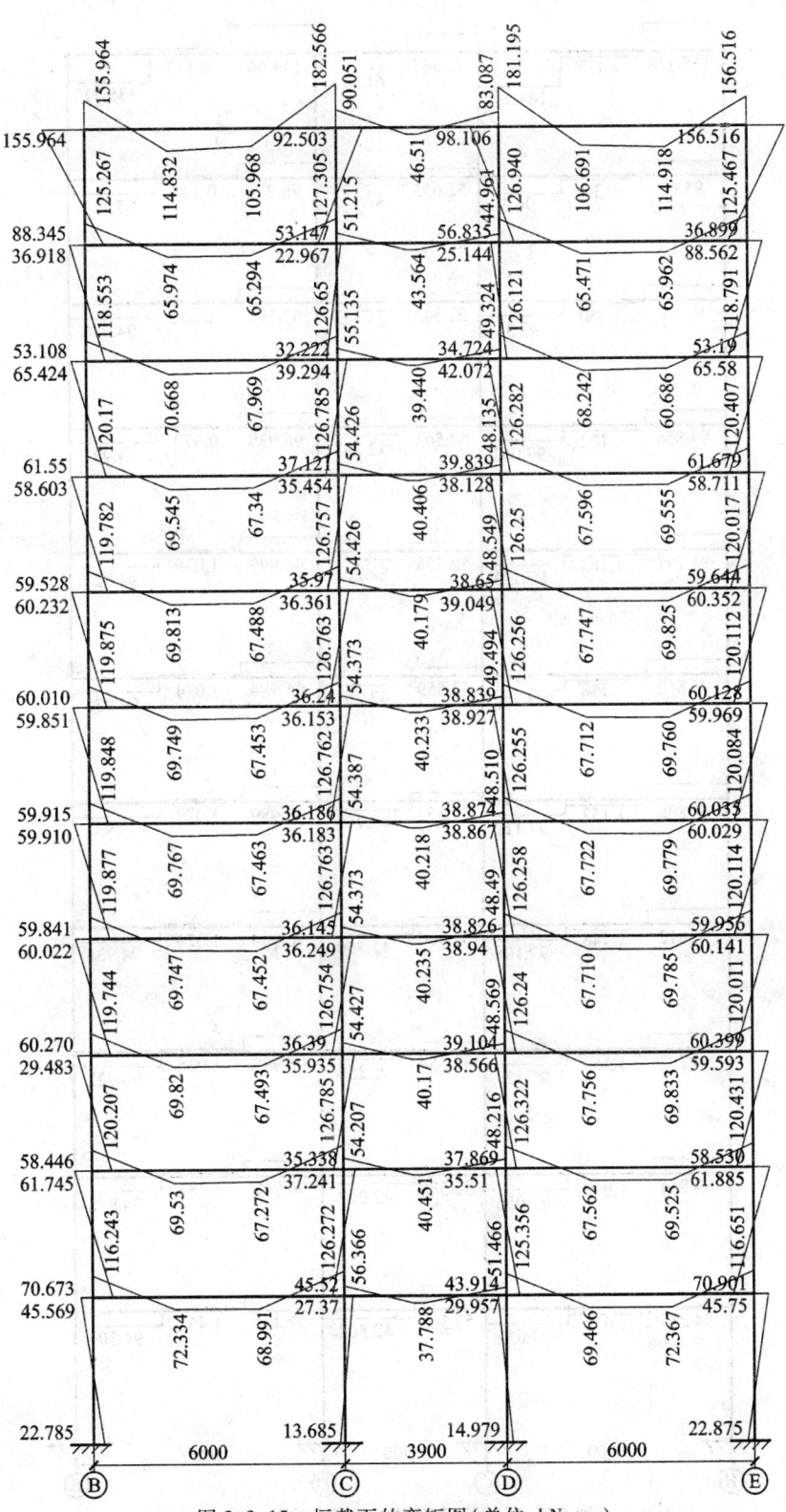

图 2.2.15 恒载下的弯矩图(单位:kN·m)

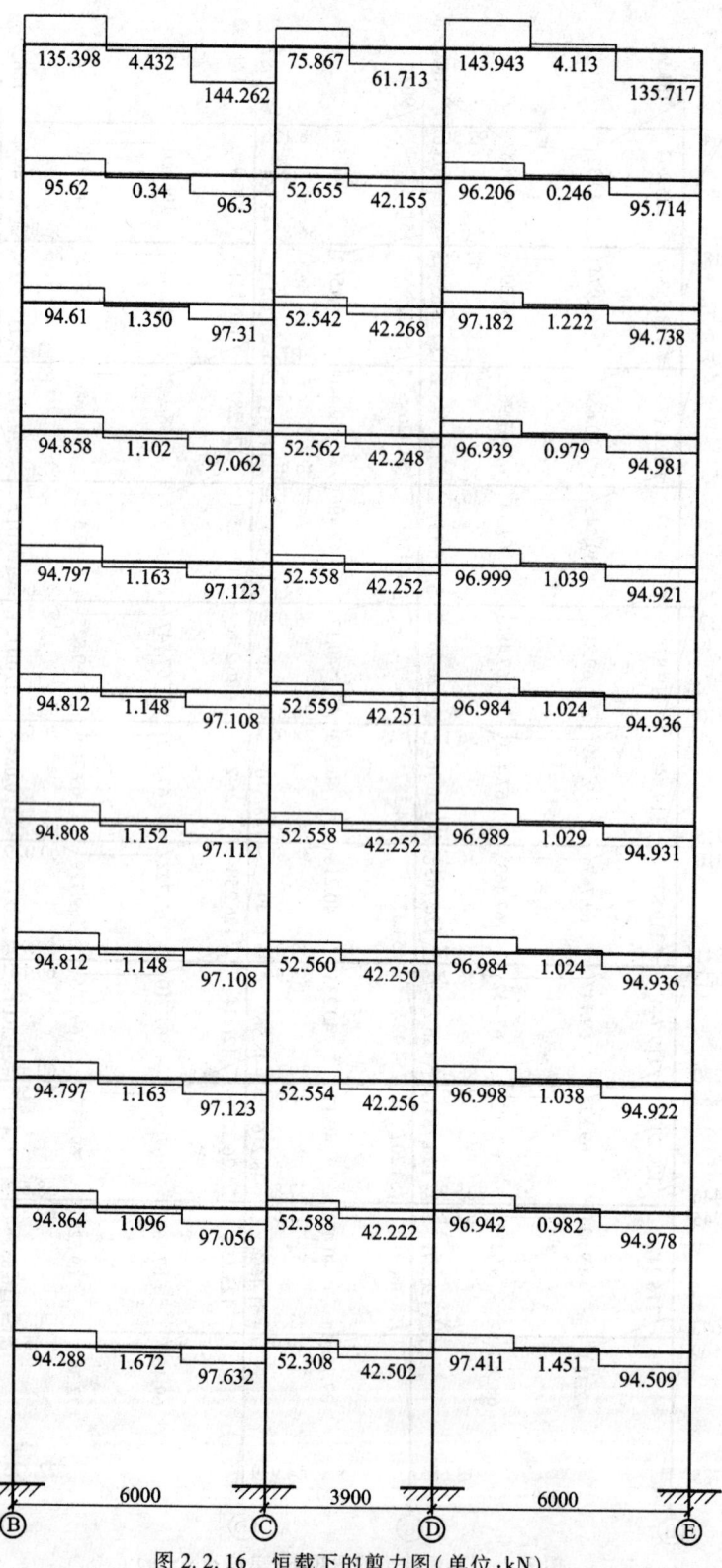

图 2.2.16 恒载下的剪力图(单位:kN)

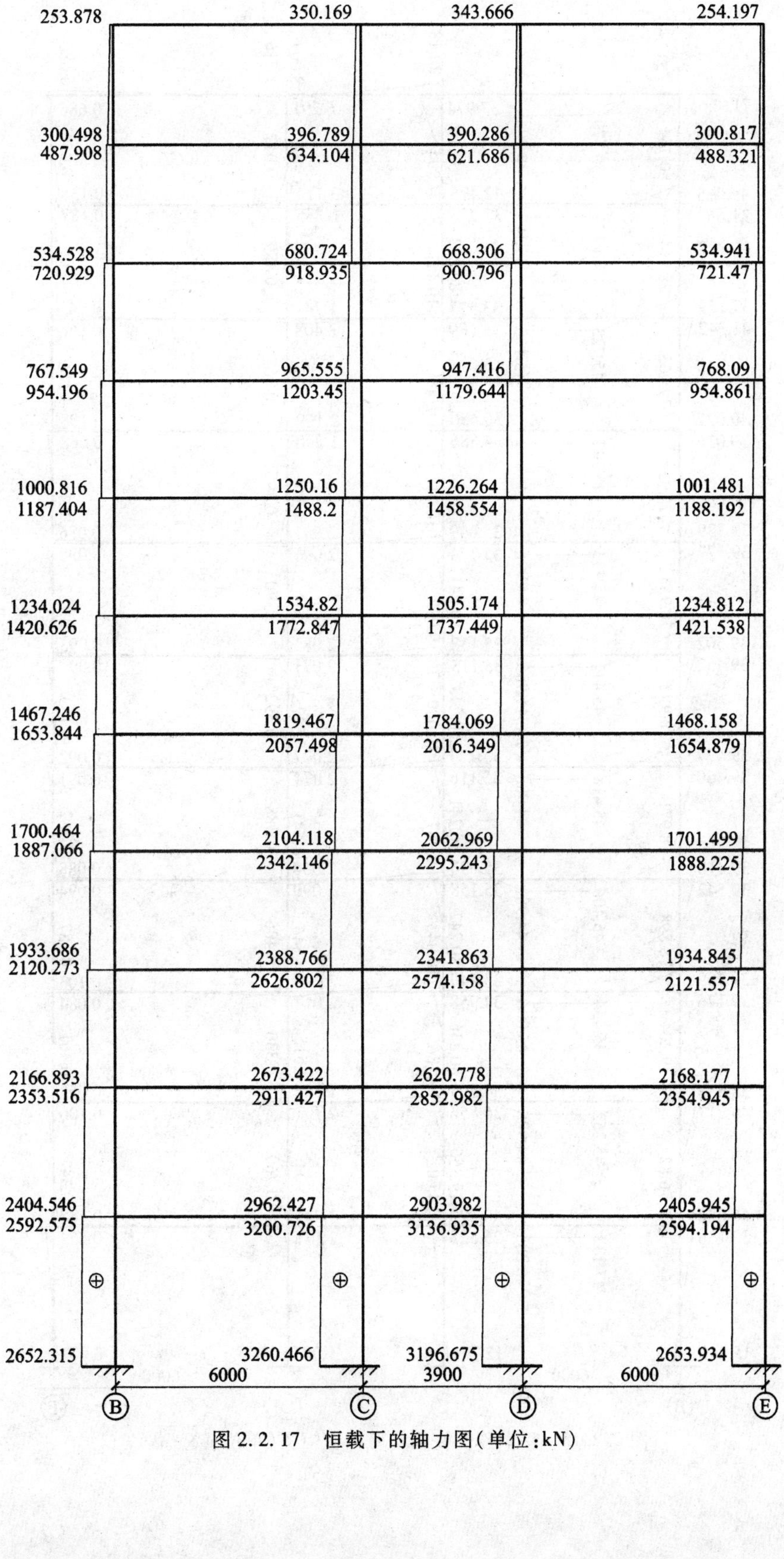

2.2 结构设计

	253.878		350.169	343.666		254.197	
	300.498		396.789	390.286		300.817	
	487.908		634.104	621.686		488.321	
	534.528		680.724	668.306		534.941	
	720.929		918.935	900.796		721.47	
	767.549		965.555	947.416		768.09	
	954.196		1203.45	1179.644		954.861	
	1000.816		1250.16	1226.264		1001.481	
	1187.404		1488.2	1458.554		1188.192	
	1234.024		1534.82	1505.174		1234.812	
	1420.626		1772.847	1737.449		1421.538	
	1467.246		1819.467	1784.069		1468.158	
	1653.844		2057.498	2016.349		1654.879	
	1700.464		2104.118	2062.969		1701.499	
	1887.066		2342.146	2295.243		1888.225	
	1933.686		2388.766	2341.863		1934.845	
	2120.273		2626.802	2574.158		2121.557	
	2166.893		2673.422	2620.778		2168.177	
	2353.516		2911.427	2852.982		2354.945	
	2404.546		2962.427	2903.982		2405.945	
	2592.575		3200.726	3136.935		2594.194	
	2652.315		3260.466	3196.675		2653.934	
	Ⓑ	6000	Ⓒ	3900	Ⓓ	6000	Ⓔ

图 2.2.17 恒载下的轴力图(单位:kN)

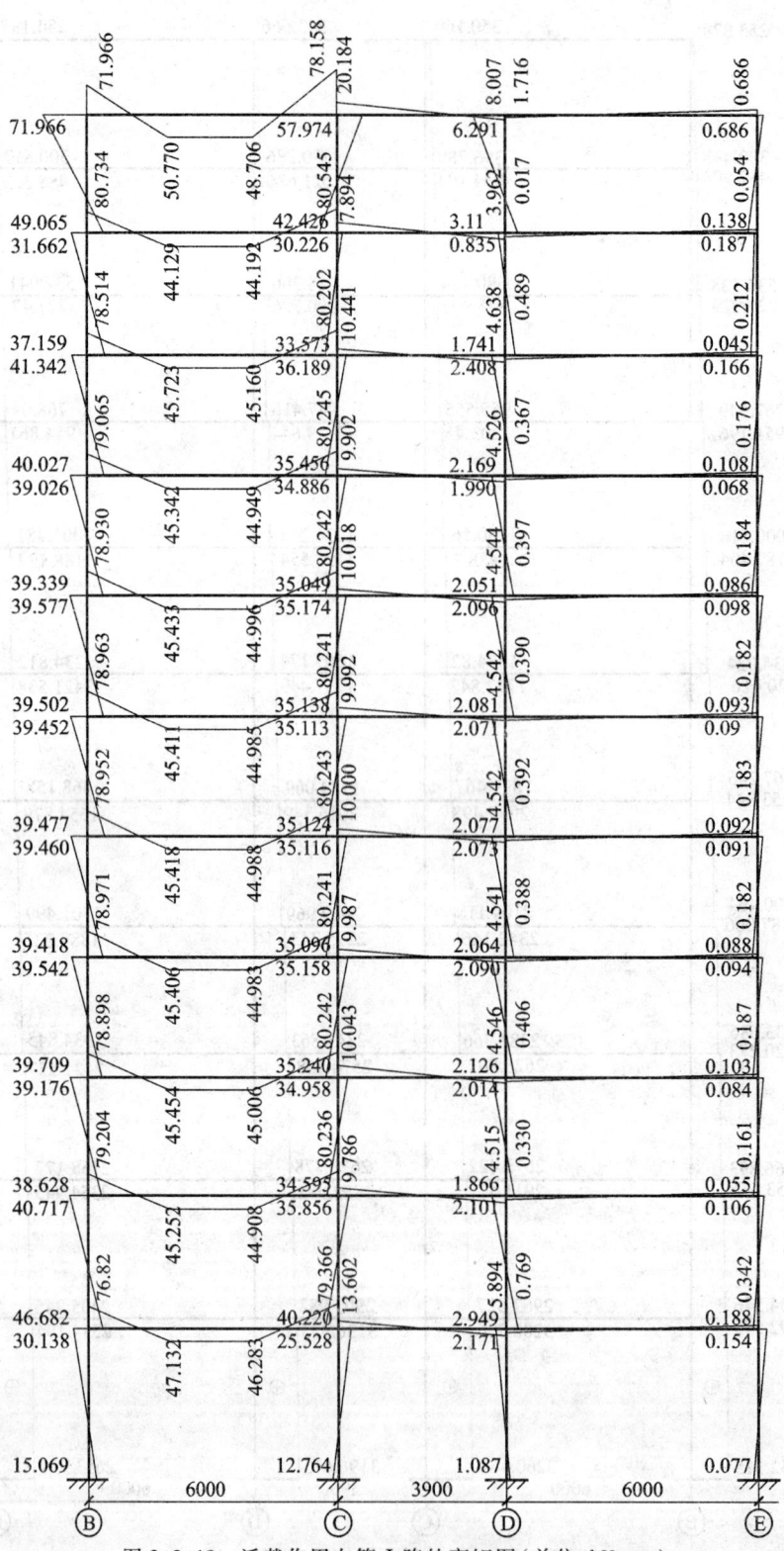

图 2.2.18 活载作用在第Ⅰ跨的弯矩图(单位:kN·m)

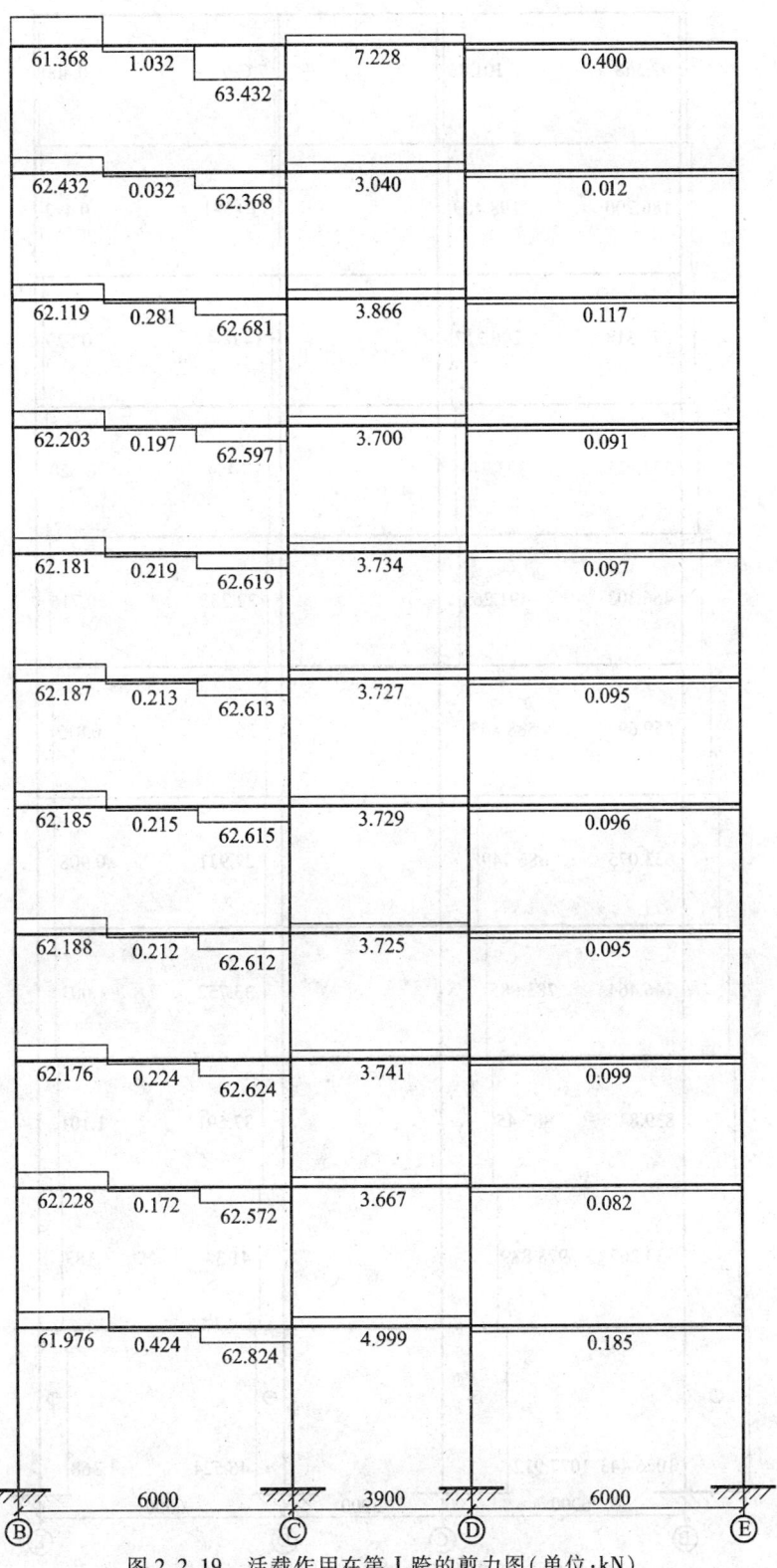

图 2.2.19 活载作用在第 Ⅰ 跨的剪力图(单位:kN)

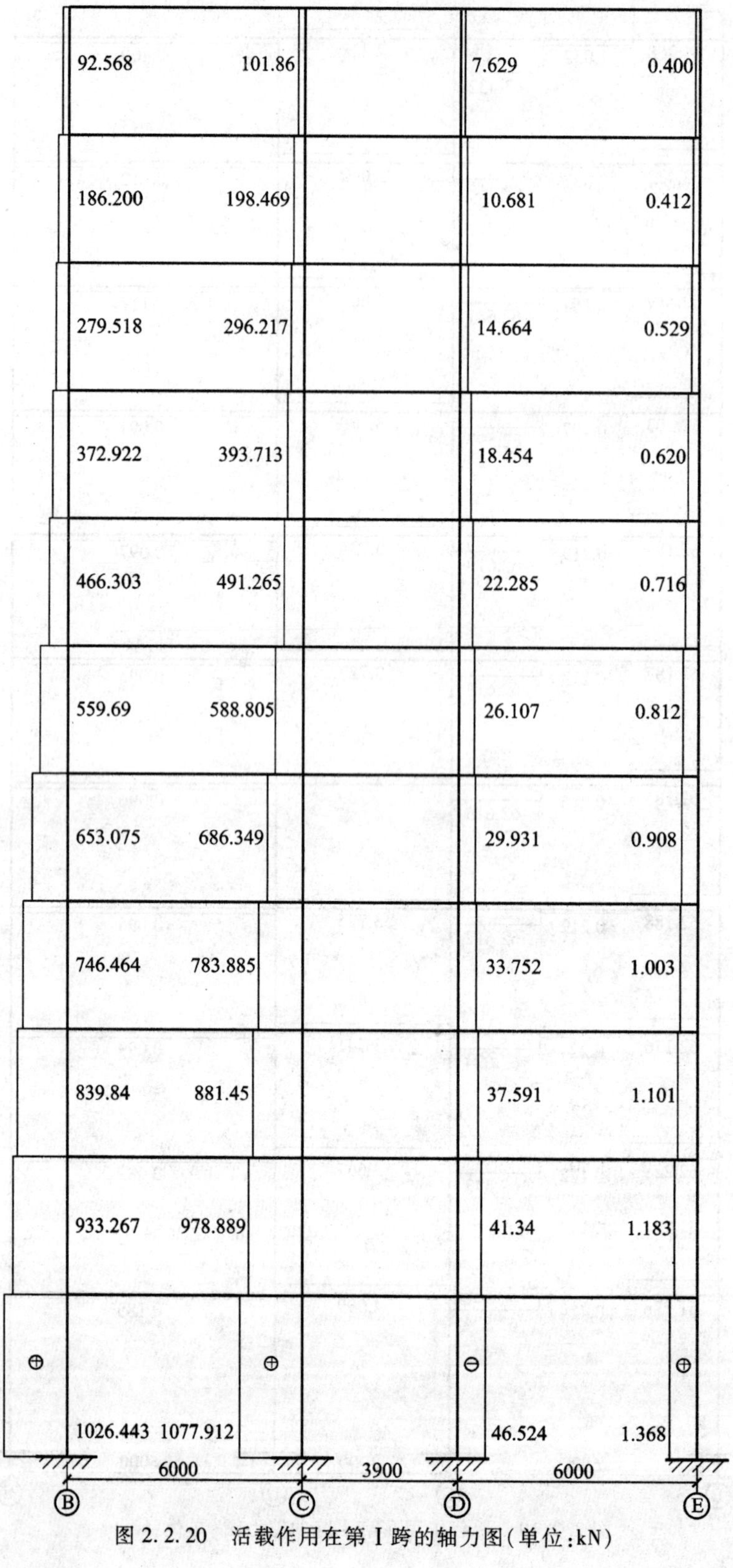

92.568	101.86	7.629	0.400
186.200	198.469	10.681	0.412
279.518	296.217	14.664	0.529
372.922	393.713	18.454	0.620
466.303	491.265	22.285	0.716
559.69	588.805	26.107	0.812
653.075	686.349	29.931	0.908
746.464	783.885	33.752	1.003
839.84	881.45	37.591	1.101
933.267	978.889	41.34	1.183
1026.443	1077.912	46.524	1.368

6000	3900	6000
Ⓑ	Ⓒ Ⓓ	Ⓔ

图 2.2.20 活载作用在第Ⅰ跨的轴力图(单位:kN)

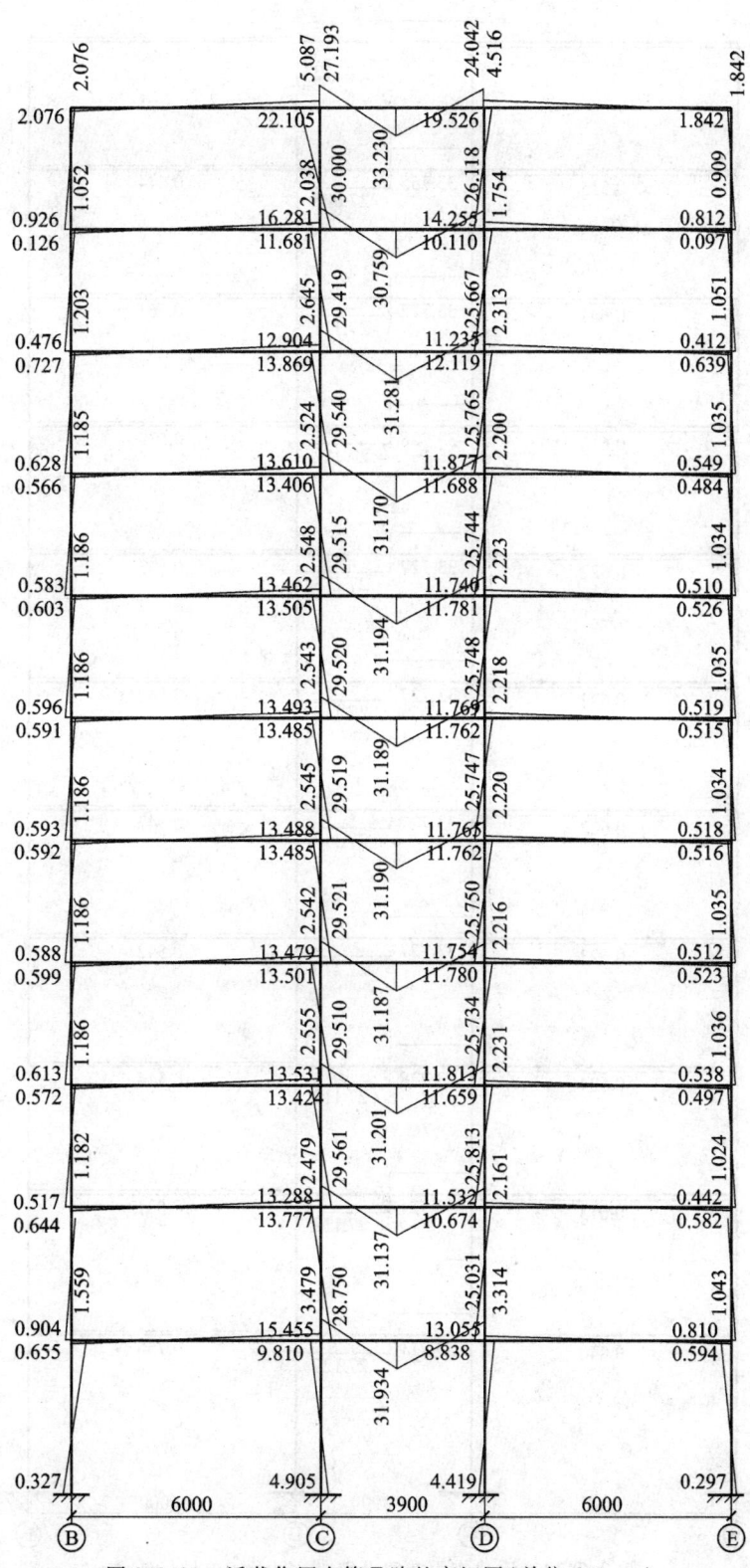

图 2.2.21 活载作用在第Ⅱ跨的弯矩图(单位:kN·m)

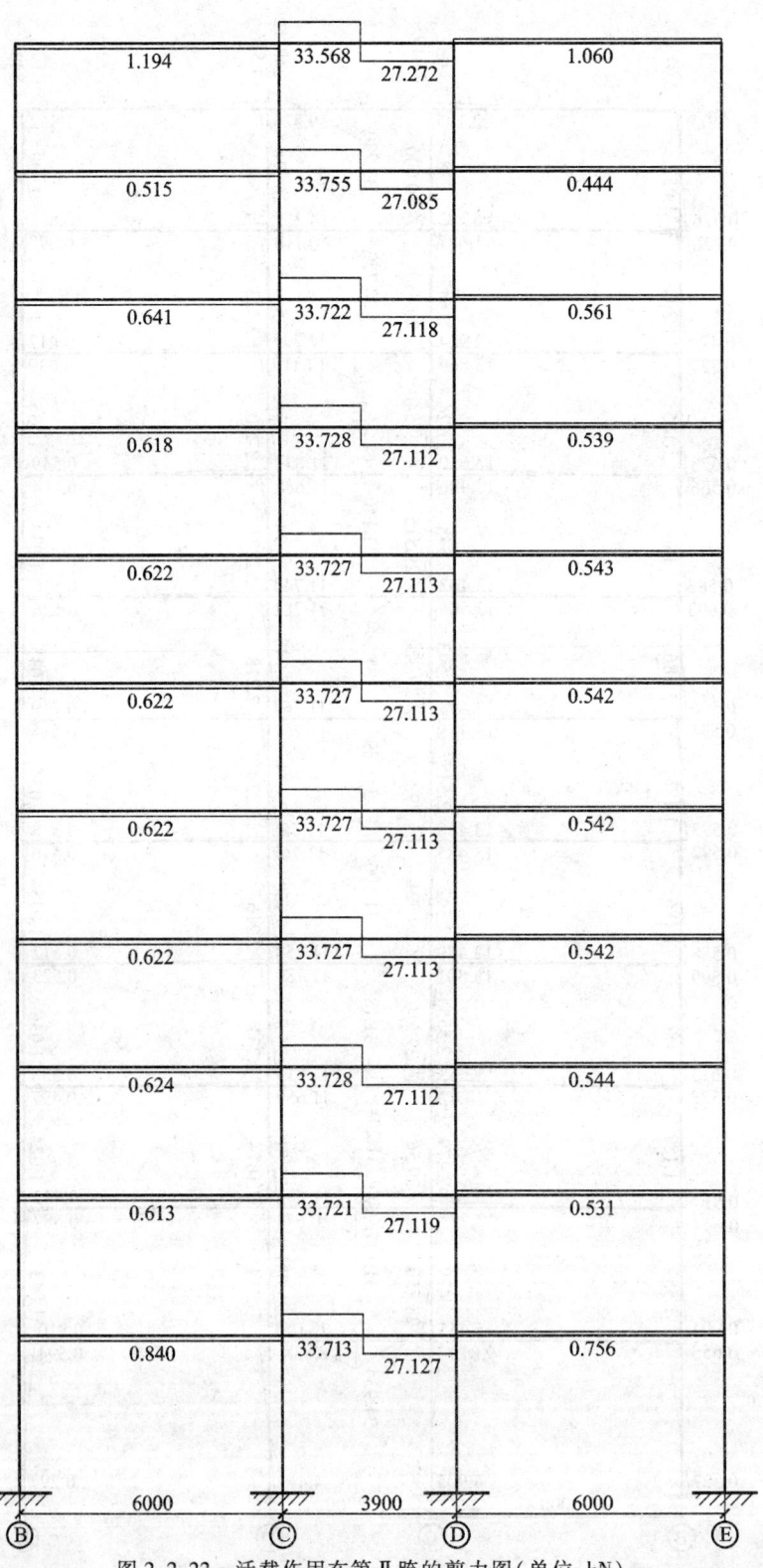

图 2.2.22 活载作用在第Ⅱ跨的剪力图(单位:kN)

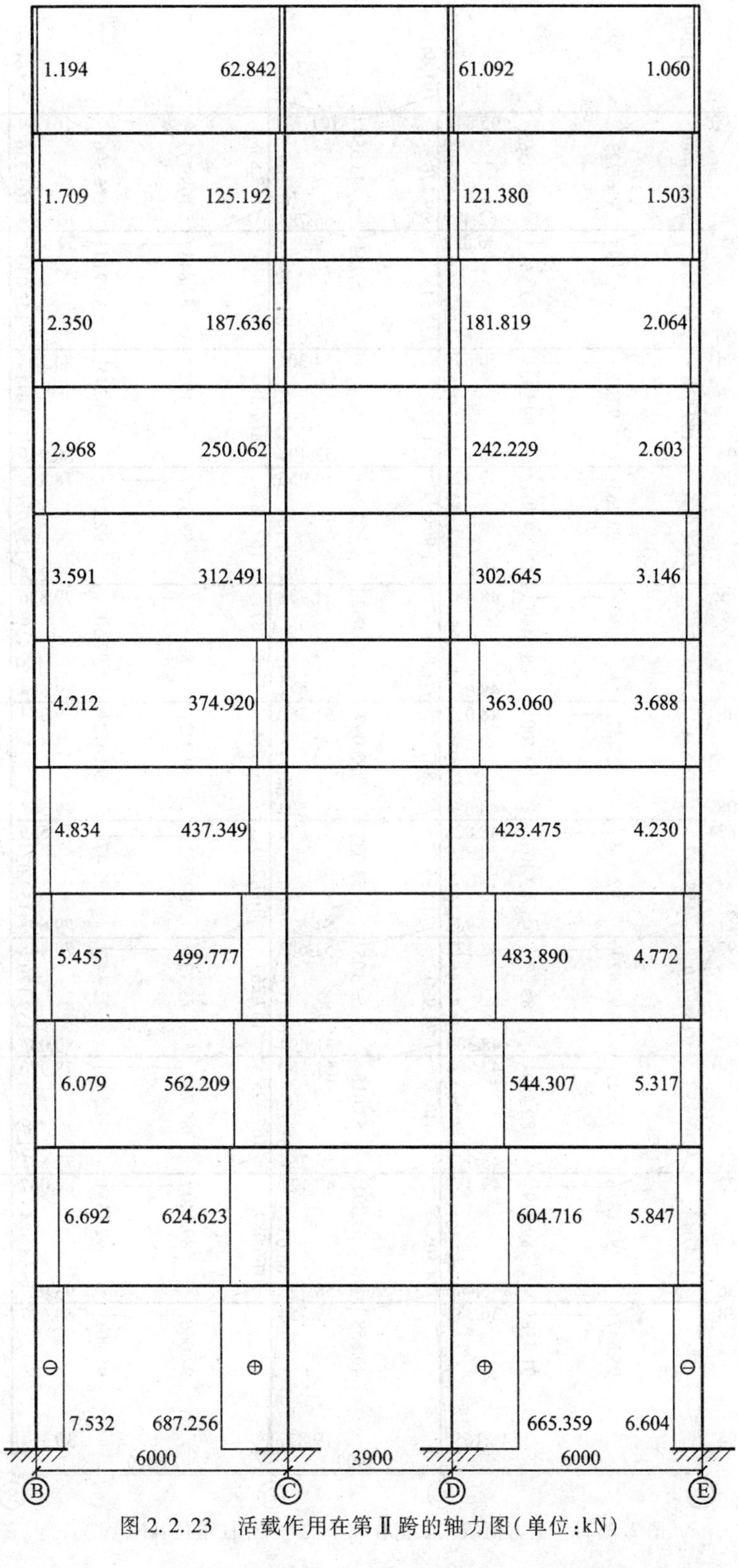

1.194	62.842		61.092	1.060
1.709	125.192		121.380	1.503
2.350	187.636		181.819	2.064
2.968	250.062		242.229	2.603
3.591	312.491		302.645	3.146
4.212	374.920		363.060	3.688
4.834	437.349		423.475	4.230
5.455	499.777		483.890	4.772
6.079	562.209		544.307	5.317
6.692	624.623		604.716	5.847
⊖ 7.532	⊕ 687.256		⊕ 665.359	⊖ 6.604
Ⓑ 6000	Ⓒ 3900		Ⓓ 6000	Ⓔ

图 2.2.23 活载作用在第Ⅱ跨的轴力图(单位:kN)

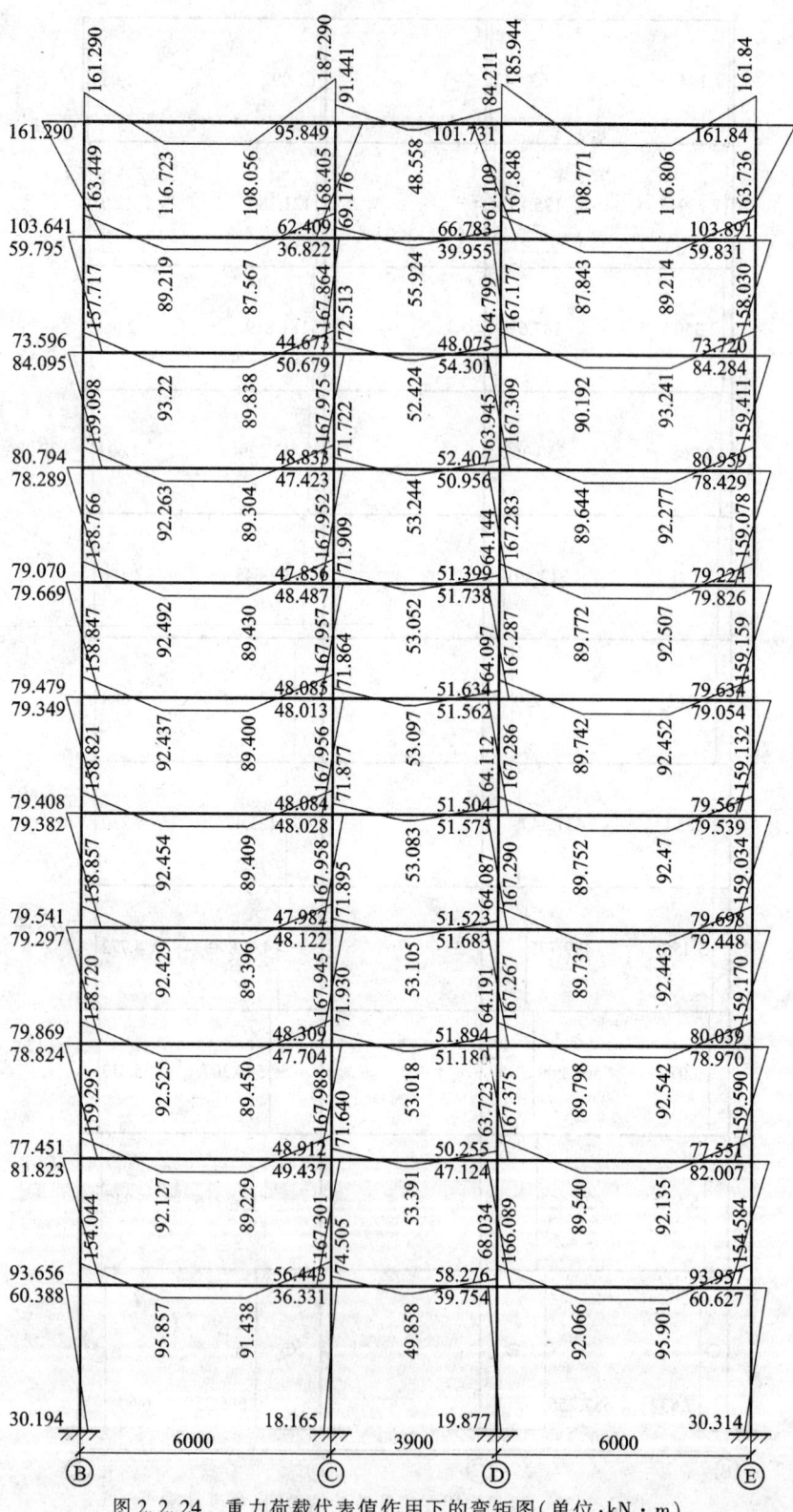

图 2.2.24 重力荷载代表值作用下的弯矩图(单位:kN·m)

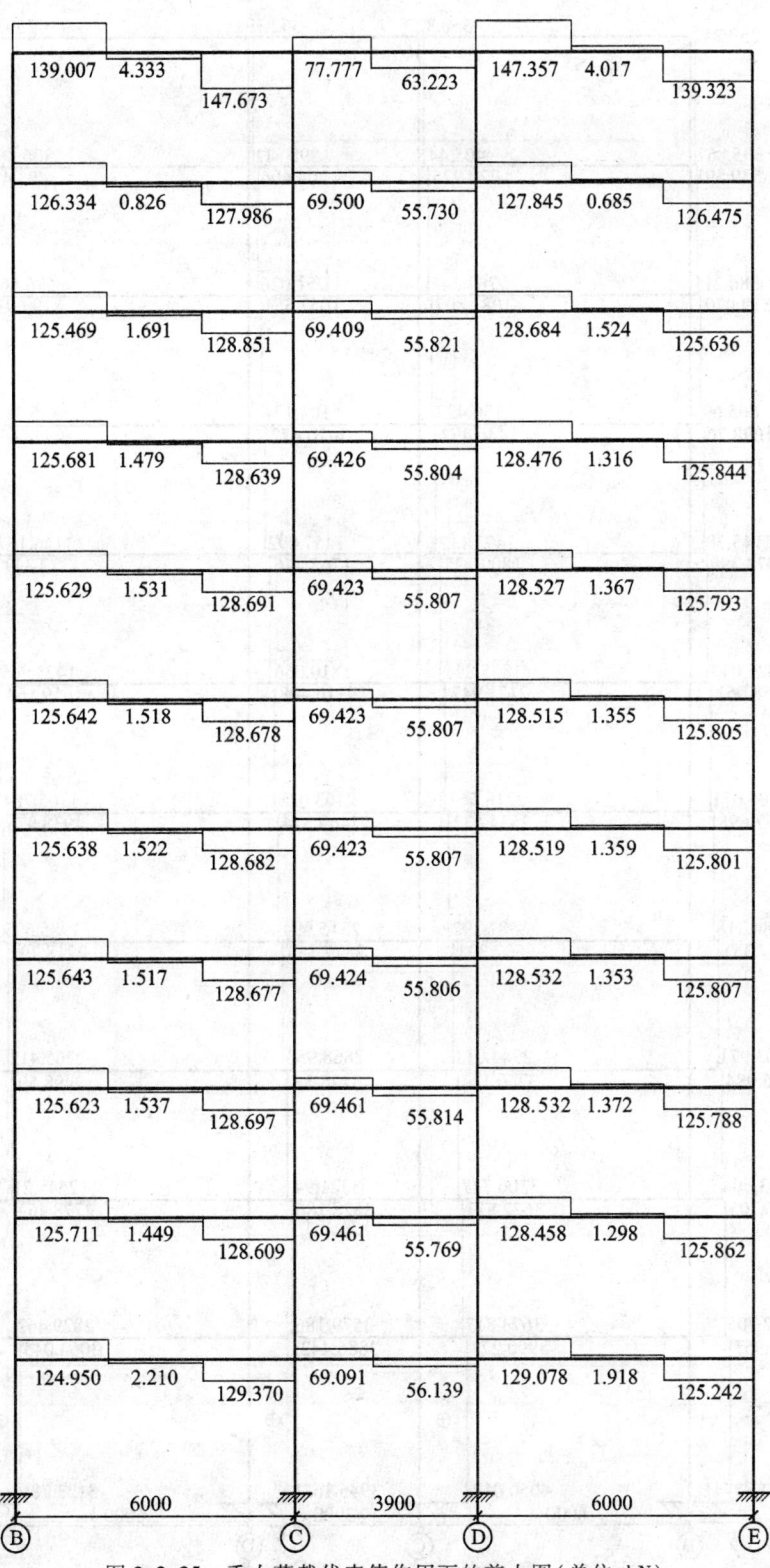

图 2.2.25　重力荷载代表值作用下的剪力图(单位:kN)

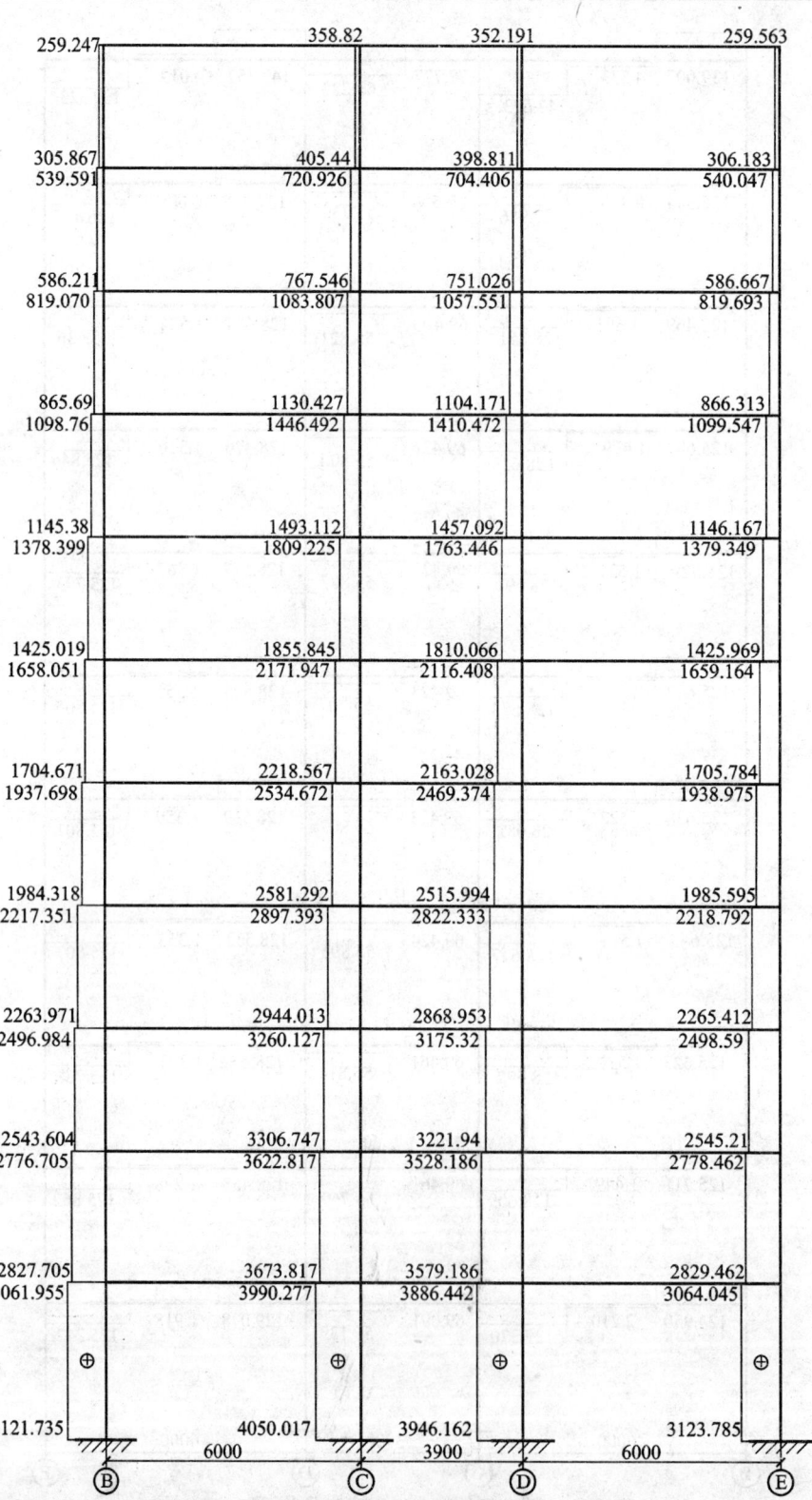

图 2.2.26 重力荷载代表值作用下的轴力图(单位:kN)

2.2.8 内力组合

各种荷载分别作用下的内力分析结果取得后,结构的所有构件要根据 1.2.4 节的方法进行内力组合。组合时一般是针对受力较大构件的最不利截面进行,对于梁而言,左、右梁端及跨中为最不利截面;对于柱而言,柱顶和柱底为最不利截面。本例取底层,顶层 BC 和 CD 跨梁,以及底层、5 层和顶层 B 柱、C 柱进行内力组合。本结构应考虑抗震设防,应比较抗震和非抗震内力组合后确定截面设计的内力依据。

本例为了同学们核查数据方便,组合的基础数据均采用框架计算轴线处的数据。实际工程中应采用梁端和柱端数据,这样会更准确也更经济。

以上各种内力组合具体过程详见内力组合表,用于承载力计算的框架梁由可变荷载效应控制的基本组合表见表 2.2.22,用于承载力计算的框架梁由永久荷载效应控制的基本组合表见表 2.2.23。同理给出两种组合下 B 柱及 C 柱的内力组合表,如表 2.2.24、表 2.2.25、表 2.2.26 和表 2.2.27 所示。

非抗震组合相对比较简单,但也应注意确定组合项时一定要多种方案进行比较,使组合出来的目标值最大。当只有一种活载参与组合时,组合系数取 1.0。

用于承载力计算的框架梁考虑地震作用效应与其他荷载效应的组合表见表 2.2.28,由于抗震要求应考虑强剪弱弯,故梁的剪力应考虑框架抗震等级进行调整,现就表 2.2.28 中几个带 * 号的数据加以说明:

梁 WL—BC 左端最大负弯矩组合:
$$M^l = \gamma_{RE}(1.2① + 1.3③)$$
$$= 0.75[1.2 \times (-161.29) + 1.3 \times (-43.24)] \text{ kN} \cdot \text{m}$$
$$= -187.32 \text{ kN} \cdot \text{m}$$

剪力组合应考虑强剪弱弯的调整:
$$V = \gamma_{RE}[\eta_{Vb}(M_b^l + M_b^r)/L_n + V_{Gb}]$$
$$= 0.85 \times [-1.2 \times (-187.32 + 109.05)/(5.25 \times 0.75) + 139.01] \text{ kN}$$
$$= 0.85 \times (23.85 + 139.01) \text{ kN}$$
$$= 138.43 \text{ kN}$$

式中 5.25 m 为梁的净跨;式中 0.75 是梁端弯矩在组合表中乘的(受弯)承载力调整系数,在计算剪力时应除以它,以还原内力。

用于承载力计算的框架柱考虑地震作用效应与其他荷载效应的基本组合表分别为表 2.2.29 和表 2.2.30(B 柱),表 2.2.31 和表 2.2.32(C 柱)。

由于有抗震设计要求,柱端弯矩除考虑一般组合外,还要考虑强柱弱梁的作用,对柱端弯矩组合值之和的计算应考虑在相应梁端弯矩组合值之和的基础上作相应的调整(二级抗震,增大系数为 1.2),然后再按柱端线刚度的比例分配给各柱端,得到柱端弯矩的组合值。所以表和表是配合使用的,现就表 2.2.29 中带 * 号的数据加以说明:

5 层 B 柱上端弯矩:
$$M_c^u = \gamma_{RE} \eta_c \sum M_b \frac{k_c(i)}{k_c(i) + k_c(i+1)}$$

$$= 0.8 \times 1.2 \times (-422.97) \times \frac{1}{2} \text{ kN} \cdot \text{m}$$

$$= -203.03 \text{ kN} \cdot \text{m}$$

式中 0.8 为偏心受压构件的抗震承载力调整系数;1/2 为柱端弯矩抗柱线刚度的分配系数,因上、下柱线刚度相同,故取一半;1.2 为二级抗震强柱弱梁的调整系数。

5 层 B 柱下端弯矩:

$$M_c^l = \gamma_{RE} \eta_c \sum M_b \frac{k_c(i)}{k_c(i) + k_c(i+1)}$$

$$= 0.8 \times 1.2 \times (-444.67) \times \frac{1}{2} \text{ kN} \cdot \text{m}$$

$$= -213.44 \text{ kN} \cdot \text{m}$$

柱剪力:

$$V = \eta_{Vc}(M_c^u + M_c^l)/0.8L_n$$

$$= -1.2 \times (203.03 + 213.44) / (2.65 \times 0.8) \text{ kN}$$

$$= -235.74 \text{ kN}$$

式中 1.2 为二级抗震时强剪弱弯的调整系数,2.65 为一般层的净高,0.8 是偏压构件的调整系数,在剪力计算时予以还原。

底层柱上端弯矩:

$$M_c^u = \gamma_{RE} \eta_c \sum M_b \frac{k_c(i)}{k_c(i) + k_c(i+1)}$$

$$= 0.8 \times 1.2 \times (-392.77) \times \frac{0.79}{0.79 + 0.922} \text{ kN} \cdot \text{m}$$

$$= -174.20 \text{ kN} \cdot \text{m}$$

底层柱柱底弯矩:

$$M_c^l = \eta_c M_c$$

$$= 1.25 \times 364.22 \text{ kN} \cdot \text{m}$$

$$= 455.27 \text{ kN} \cdot \text{m}$$

底层柱柱底弯矩,对于二级抗震直接由柱组合值乘以扩大系数 1.25。

柱剪力:

$$V = \eta_{Vc}(M_c^u + M_c^l)/0.8L_n$$

$$= -1.2 \times (174.2 + 455.27)/(3.55 \times 0.8) \text{ kN}$$

$$= -265.97 \text{ kN}$$

式中 3.55 为底层柱的净高,0.8 仍为还原系数。

最后为基础设计对柱底(即基顶)进行了内力标准值及设计值的组合,因为基底面积计算时要用到标准值组合,而基础高度的抗冲切验算及基底配筋计算用到设计值组合。基顶作用效应非抗震标准值组合见表 2.2.33,设计值组合见表 2.2.34;基顶作用效应抗震标准值组合见表 2.2.35,设计值组合见表 2.2.36。

表 2.2.22　用于承载力计算的框架梁由可变荷载效应控制的基本组合表

kN(kN·m)

梁号	截面	内力	恒载 ①	活载 ②	活载 ③	活载 ④	风载 ⑤-左	风载 ⑥-右	M_{max} 及相应的 V		M_{min} 及相应的 V		$\|V\|_{max}$ 及相应的 M	
									组合项目	组合值	组合项目	组合值	组合项目	组合值
WL-BC	左	M	−155.96	−71.97	2.08	−0.69	5.69	−5.69			1.2①+1.4②	−287.91	1.2①+1.4②	−287.91
		V	135.40	61.37	−1.19	0.40	−1.65	1.65	1.2①+1.4②	208.87		248.40		248.40
	中	M	114.83	50.77	−0.31	0.11	2.38	−2.38				—		—
		V	—	—	—	—	—	—	—					
	右	M	−182.57	−78.16	−5.09	1.72	−4.24	4.24			1.2①+1.26(②+③+⑤)	−329.32	1.2①+1.26(②+③+⑤)	−329.32
		V	−144.26	−63.43	−1.19	0.40	−1.65	1.65			1.2①+1.26(②+③+⑤)	−256.61	1.2①+1.26(②+③+⑤)	−256.61
WL-CD	左	M	−90.05	−20.18	−27.19	8.01	6.43	−6.43			1.2①+1.26(②+③+⑥)	−175.85	1.2①+1.26(②+③+⑥)	−175.85
		V	75.87	7.23	33.57	−7.23	−3.30	3.30	1.2①+1.4③	102.33		146.61		146.61
	中	M	46.51	−7.17	33.23	−5.00	0.49	−0.49						
		V	—	—	—	—	—	—						
	右	M	−83.09	8.01	−24.04	−20.18	−6.43	6.43			1.2①+1.26(③+④+⑤)	−163.53	1.2①+1.26(③+④+⑤)	−163.53
		V	−61.71	7.23	−27.27	−7.23	−3.30	3.30			1.2①+1.26(③+④+⑤)	−121.68	1.2①+1.26(③+④+⑤)	−121.68
-1层 KL-BC	左	M	−116.24	−76.82	1.56	−0.35	51.30	−51.30			1.2①+1.26(②+④+⑤)	−301.36	1.2①+1.26(②+④+⑤)	−301.36
		V	94.29	61.98	−0.84	0.19	−16.88	16.88	1.2①+1.26(②+④+⑤)	173.26		212.75		212.75
	中	M	72.33	47.13	−0.12	0.03	21.46	−21.46						
		V	—	—	—	—	—	—						
	右	M	−126.27	−79.37	−3.48	0.78	−49.96	49.96			1.2①+1.26(②+③+⑤)	−318.86	1.2①+1.26(②+③+⑤)	−318.86
		V	−97.63	−62.82	−0.84	0.19	−16.88	16.88			1.2①+1.26(②+③+⑤)	−218.64	1.2①+1.26(②+③+⑤)	−218.64
-1层 KL-CD	左	M	−56.37	−13.60	−28.75	6.08	75.80	−75.80			1.2①+1.26(②+③+⑥)	−216.51	1.2①+1.26(②+③+⑥)	−216.51
		V	52.31	5.00	33.71	−5.15	−38.87	38.87	1.2①+1.26(③+⑤)	92.86		160.52		160.52
	中	M	37.79	−4.60	31.93	−3.19	5.78	−5.78						
		V	—	—	—	—	—	—						
	右	M	−51.47	5.89	−25.03	−14.00	−75.80	75.80			1.2①+1.26(③+④+⑥)	−206.45	1.2①+1.26(③+④+⑥)	−206.45
		V	−42.50	5.00	−27.13	−5.15	−38.87	38.87			1.2①+1.26(③+④+⑤)	−140.65	1.2①+1.26(③+④+⑤)	−140.65

注：恒载、(楼面)活载和风载的荷载分项系数分别为 1.2、1.4、1.4；(楼面)活载和风载的组合系数分别为 0.7、0.6；内力组合值均乘以 $\gamma_0 = 1.0$；为简化计算取 $1.2S_{Gk} + 1.4\psi_c(S_{Qk} + S_{wk})$ 进行组合。

表 2.2.23 用于承载力计算的框架梁由永久荷载效应控制的基本组合表

kN(kN·m)

梁号	截面	内力	恒载 ①	活载 ②	活载 ③	活载 ④	M_{max} 反相应项目	M_{max} 反相应的 V 组合值	M_{min} 反相应项目	M_{min} 反相应的 V 组合值	$\|V\|_{max}$ 反相应项目	$\|V\|_{max}$ 反相应的 M 组合值
WL-BC	左	M	-155.96	-71.97	2.08	-0.69			1.35① + 0.7 × 1.4 × (②+④)	-281.75	1.35① + 0.7 × 1.4 × (②+④)	-281.75
		V	135.40	61.37	-1.19	0.40	1.35① + 0.7 × 1.4 × (②+④)	204.88		243.32		243.32
	中	M	114.83	50.77	-0.31	0.11				—		—
		V	—	—	—	—						
WL-BC	右	M	-182.57	-78.16	-5.09	1.72			1.35① + 0.7 × 1.4 × (②+③)	-328.05	1.35① + 0.7 × 1.4 × (②+③)	-328.05
		V	-144.26	-63.43	-1.19	0.40				-258.08		-258.08
WL-CD	左	M	-90.05	-20.18	-27.19	8.01			1.35① + 0.7 × 1.4 × (②+③)	-167.99	1.35① + 0.7 × 1.4 × (②+③)	-167.99
		V	75.87	7.23	33.57	-7.23	1.35① + 0.7 × 1.4 × ③	95.35		142.41		142.41
	中	M	46.51	-7.17	33.23	-5.00						
		V	—	—	—	—						
WL-CD	右	M	-83.09	8.01	-24.04	-20.18			1.35① + 0.7 × 1.4 × (③+④)	-155.51	1.35① + 0.7 × 1.4 × (③+④)	-155.51
		V	-61.71	7.23	-27.27	-7.23				-117.12		-117.12
-1层 KL-BC	左	M	-116.24	-76.82	1.56	-0.35			1.35① + 0.7 × 1.4 × (②+④)	-232.55	1.35① + 0.7 × 1.4 × (②+④)	-232.55
		V	94.29	61.98	-0.84	0.19	1.35① + 0.7 × 1.4 × (②+④)	143.86		188.22		188.22
	中	M	72.33	47.13	-0.12	0.03				—		—
		V	—	—	—	—						
-1层 KL-BC	右	M	-126.27	-79.37	-3.48	0.78			1.35① + 0.7 × 1.4 × (②+③)	-251.66	1.35① + 0.7 × 1.4 × (②+③)	-251.66
		V	-97.63	-62.82	-0.84	0.19				-194.19		-194.19
-1层 KL-CD	左	M	-56.37	-13.60	-28.75	6.08			1.35① + 0.7 × 1.4 × (②+④)	-117.60	1.35① + 0.7 × 1.4 × (②+④)	-117.60
		V	52.31	5.00	33.71	-5.15	1.35① + 0.7 × 1.4 × ③	82.31		108.55		108.55
	中	M	37.79	-4.60	31.93	-3.19						
		V	—	—	—	—						
-1层 KL-CD	右	M	-51.47	5.89	-25.03	-14.00			1.35① + 0.7 × 1.4 × (③+④)	-107.73	1.35① + 0.7 × 1.4 × (③+④)	-107.73
		V	-42.50	5.00	-27.13	-5.15				-89.01		-89.01

注：恒载、（楼面）活载的荷载分项系数分别为 1.35、1.4；（楼面）活载的组合系数为 0.7；内力组合值均乘以 $\gamma_0 = 1.0$；计算取 $1.35 S_{Gk} + 0.7 \times 1.4 S_{Qk}$ 进行组合。

表 2.2.24 用于承载力计算的框架 B 柱的由可变荷载效应控制的基本组合表

kN(kN·m)

柱号	截面		内力	恒载①	活载②	活载③	活载④	风载⑤-左	风载⑥-右	N_{max}及相应的M 组合项目	组合值	N_{min}及相应的M 组合项目	组合值	$\|M\|_{max}$及相应的N 组合项目	组合值
10层B柱	上		M	-155.96	-71.97	2.08	-0.69	5.69	-5.69	1.2①+1.4②	-287.91	1.2①+1.26(③+⑤)	-177.36	1.2①+1.4②	-287.91
			N	253.88	92.57	-1.19	0.40	-1.65	1.65		434.25		301.08		434.25
	下		M	88.35	49.07	-0.93	0.19	-3.06	3.06	1.2①+1.4②	174.72		100.99	1.2①+1.4②	174.72
			N	300.50	92.57	-1.19	0.40	-1.65	1.65	1.2①+1.4②	490.20	1.2①+1.26(③+⑤)	357.02	1.2①+1.4②	490.20
			V	-74.03	-36.68	0.91	-0.26	2.65	-2.65		-140.19		-84.35		-140.19
5层B柱	上		M	-59.85	-39.45	0.59	-0.09	24.89	-24.89	1.2①+1.4②	-127.05	1.2①+1.4⑤	-36.97	1.2①+1.26(②+④+⑥)	-153.00
			N	1 420.63	559.69	-4.21	0.81	-48.21	48.21	1.2①+1.4②	2 488.32		1 637.26		2 471.73
	下		M	59.92	39.48	-0.59	0.09	-24.89	24.89	1.2①+1.4②	127.18	1.2①+1.4⑤	37.06	1.2①+1.26(②+④+⑥)	153.12
			N	1 467.25	559.69	-4.21	0.81	-48.21	48.21	1.2①+1.4②	2 544.27		1 693.21		2 527.67
			V	-36.29	-23.92	0.36	-0.06	15.09	-15.09		-77.04		-22.42		-92.78
-1层B柱	上		M	-45.57	-30.14	0.66	-0.16	21.48	-21.48	1.2①+1.26(②+④+⑥)	-119.93	1.2①+1.4⑤	-24.61	1.2①+1.26(②+④+⑥)	-119.93
			N	2 592.58	1 026.44	-7.53	1.37	-137.42	137.42	1.2①+1.26(②+④+⑥)	4 579.29		2 918.71		4 579.29
	下		M	22.79	15.07	-0.33	0.08	-107.13	107.13	1.2①+1.26	181.42	1.2①+1.4⑤	-122.63	1.2①+1.26(②+④+⑥)	181.42
			N	2 652.32	1 026.44	-7.53	1.37	-137.42	137.42	1.2①+1.26(②+④+⑥)	4 650.97		2 990.40		4 650.97
			V	-16.28	-10.76	0.23	-0.06	30.62	-30.62		-71.75		23.33		-71.75

注：恒载、(楼面)活载和风载的荷载分项系数分别为 1.2、1.4、1.4；(楼面)活载和风载的组合系数分别为 0.7、0.6；内力组合值均乘以 $\gamma_0 = 1.0$；为简化计算取 $1.2S_{Gk} + 1.4\psi_c(S_{Qk} + S_{wk})$ 进行组合：$V = (M^u + M^b)/H_o$。

表 2.2.25 用于承载力计算的框架 B 柱的由永久荷载效应控制的基本组合表 kN(kN·m)

柱号	截面	内力	恒载 ①	活载 ②	活载 ③	活载 ④	N_{max} 及相应的 M 组合项目	组合值	N_{min} 及相应的 M 组合项目	组合值	$\|M\|_{max}$ 及相应的 N 组合项目	组合值
10层B柱	上	M	−155.96	−71.97	2.08	−0.69	1.35①+0.7×1.4×(②+④)	−208.51	1.35①+0.7×1.4×③	−281.75	1.35①+0.7×1.4×(②+④)	−281.75
		N	253.88	92.57	−1.19	0.40	1.35①+0.7×1.4×(②+④)	341.57	1.35①+0.7×1.4×③	433.85	1.35①+0.7×1.4×(②+④)	433.85
	下	M	88.35	49.07	−0.93	0.19	1.35①+0.7×1.4×(②+④)	118.36	1.35①+0.7×1.4×③	167.55	1.35①+0.7×1.4×(②+④)	167.55
		N	300.50	92.57	−1.19	0.40	1.35①+0.7×1.4×(②+④)	404.51	1.35①+0.7×1.4×③	496.79	1.35①+0.7×1.4×(②+④)	496.79
		V	−74.03	−36.68	0.91	−0.26	1.35①+0.7×1.4×(②+④)	−99.05	1.35①+0.7×1.4×③	−136.14	1.35①+0.7×1.4×(②+④)	−136.14
5层B柱	上	M	−59.85	−39.45	0.59	−0.09	1.35①+0.7×1.4×(②+④)	−80.22	1.35①+0.7×1.4×③	−119.55	1.35①+0.7×1.4×(②+④)	−119.55
		N	1 420.63	559.69	−4.21	0.81	1.35①+0.7×1.4×(②+④)	1 913.72	1.35①+0.7×1.4×③	2 467.14	1.35①+0.7×1.4×(②+④)	2 467.14
	下	M	59.92	39.48	−0.59	0.09	1.35①+0.7×1.4×(②+④)	80.31	1.35①+0.7×1.4×③	119.67	1.35①+0.7×1.4×(②+④)	119.67
		N	1 467.25	559.69	−4.21	0.81	1.35①+0.7×1.4×(②+④)	1 976.66	1.35①+0.7×1.4×③	2 530.08	1.35①+0.7×1.4×(②+④)	2 530.08
		V	−36.29	−23.92	0.36	−0.06	1.35①+0.7×1.4×(②+④)	−48.64	1.35①+0.7×1.4×③	−72.49	1.35①+0.7×1.4×(②+④)	−72.49
−1层B柱	上	M	−45.57	−30.14	0.66	−0.16	1.35①+0.7×1.4×(②+④)	−60.87	1.35①+0.7×1.4×③	−91.21	1.35①+0.7×1.4×(②+④)	−91.21
		N	2 592.58	1 026.44	−7.53	1.37	1.35①+0.7×1.4×(②+④)	3 492.60	1.35①+0.7×1.4×③	4 507.24	1.35①+0.7×1.4×(②+④)	4 507.24
	下	M	22.79	15.07	−0.33	0.08	1.35①+0.7×1.4×(②+④)	30.44	1.35①+0.7×1.4×③	45.61	1.35①+0.7×1.4×(②+④)	45.61
		N	2 652.32	1 026.44	−7.53	1.37	1.35①+0.7×1.4×(②+④)	3 573.25	1.35①+0.7×1.4×③	4 587.89	1.35①+0.7×1.4×(②+④)	4 587.89
		V	−16.28	−10.76	0.23	−0.06	1.35①+0.7×1.4×(②+④)	−21.75	1.35①+0.7×1.4×③	−32.58	1.35①+0.7×1.4×(②+④)	−32.58

注：恒载、(楼面)活载的荷载分项系数分别为 1.35、1.4；(楼面)活载的组合系数为 0.7；计算取 $1.35S_{Gk} + 0.7 \times 1.4S_{Qik}$ 进行组合；$V = (M^t + M^b)/H_0$

2.2 结构设计

表 2.2.26 用于承载力计算的框架 C 柱的由可变荷载效应控制的基本组合表

kN(kN·m)

柱号	截面	内力	恒载 ①	活载 ②	活载 ③	活载 ④	风载 ⑤-左	风载 ⑥-右	N_{max}及相应的M 组合项目	N_{max}及相应的M 组合值	N_{min}及相应的M 组合项目	N_{min}及相应的M 组合值	$\|M\|_{max}$及相应的N 组合项目	$\|M\|_{max}$及相应的N 组合值
10层 C柱	上	M	92.50	57.97	-22.11	6.29	10.67	-10.67	1.2①+1.26(②+③+⑥)	142.74	1.2①+1.26(④+⑤)	132.37	1.2①+1.26(②+④+⑤)	205.41
		N	350.17	101.86	62.84	-7.63	-1.64	1.64	1.2①+1.26(②+③+⑥)	629.79	1.2①+1.26(④+⑤)	408.52	1.2①+1.26(②+④+⑤)	536.87
	下	M	-53.12	-42.43	16.28	-3.11	-7.73	7.73		-86.95		-77.41	1.2①+1.26(②+④+⑤)	-130.87
		N	396.79	101.86	62.84	-7.63	-1.64	1.64	1.2①+1.26(②+③+⑥)	685.74	1.2①+1.26(④+⑤)	464.47	1.2①+1.26(②+④+⑤)	592.81
		V	44.13	30.42	-11.63	2.85	5.57	-5.57		86.68		79.16		126.90
5层 C柱	上	M	36.15	35.11	-13.49	2.07	52.33	-52.33		4.69		111.92	1.2①+1.26(②+④+⑤)	156.16
		N	1772.85	588.81	374.92	-26.11	-54.22	54.22	1.2①+1.26(②+③+⑥)	3410.04	1.2①+1.26(④+⑤)	2026.20	1.2①+1.26(②+④+⑤)	2768.10
	下	M	-36.19	-35.12	13.49	-2.08	-52.33	52.33		-4.75		-111.98	1.2①+1.26(②+④+⑤)	-156.24
		N	1819.47	588.81	374.92	-26.11	-54.22	54.22	1.2①+1.26(②+③+⑥)	3465.98	1.2①+1.26(④+⑤)	2082.15	1.2①+1.26(②+④+⑤)	2824.05
		V	21.92	21.28	-8.17	1.26	31.72	-31.72		3.56		84.49		117.89
-1层 C柱	上	M	27.37	25.53	-9.81	2.21	59.88	-59.88		-22.80		111.08	1.2①+1.26(②+④+⑤)	143.25
		N	3200.73	1077.91	687.26	-46.65	-156.88	156.88	1.2①+1.26(②+③+⑥)	6262.66	1.2①+1.26(④+⑤)	3584.43	1.2①+1.26(②+④+⑤)	4942.59
	下	M	-13.69	-12.76	4.91	-1.10	-111.21	111.21		113.81		-157.94	1.2①+1.26(②+④+⑤)	-174.02
		N	3260.47	1077.92	687.26	-46.65	-156.88	156.88	1.2①+1.26(②+③+⑥)	6334.36	1.2①+1.26(④+⑤)	3656.12	1.2①+1.26(②+④+⑤)	5014.30
		V	9.78	9.12	-3.05	0.79	40.74	-40.74		-38.48		75.78		89.37

注：恒载、(楼面)活载和风载的荷载分项系数分别为 1.2、1.4、1.4；(楼面)活载的组合系数分别为 0.7、0.6；内力组合值均乘以 $\gamma_0 = 1.0$；为简化计算取 $1.2S_{Gk} + 1.4\psi_c(S_{Qk} + S_{wk})$ 进行组合；$V = (M^u + M^b)/H_n$。

表 2.2.27　用于承载力计算的框架 C 柱的由永久荷载效应控制的基本组合表　　　　kN(kN·m)

柱号	截面	内力	恒载 ①	活载 ②	活载 ③	活载 ④	N_{max} 及相应的 M 组合项目	组合值	N_{min} 及相应的 M 组合项目	组合值	$\lvert M \rvert_{max}$ 及相应的 N 组合项目	组合值
10 层 C 柱	上	M	92.50	57.97	-22.11	6.29	$1.35① + 0.7 \times$ $1.4 \times (② + ③)$	160.02	$1.35① + 0.7 \times$ $1.4 \times ④$	131.04	$1.35① + 0.7 \times$ $1.4 \times (② + ④)$	187.85
		N	350.17	101.86	62.84	-7.63		634.14		465.25		565.07
	下	M	-53.12	-42.43	16.28	-3.11	$1.35① + 0.7 \times$ $1.4 \times (② + ③)$	-97.34	$1.35① + 0.7 \times$ $1.4 \times ④$	-74.76	$1.35① + 0.7 \times$ $1.4 \times (② + ④)$	-116.34
		N	396.79	101.86	62.84	-7.63		697.07		528.19		628.01
		V	44.13	30.42	-11.63	2.85		97.12		77.66		114.79
5 层 C 柱	上	M	36.15	35.11	-13.49	2.07	$1.35① + 0.7 \times$ $1.4 \times (② + ③)$	69.99	$1.35① + 0.7 \times$ $1.4 \times ④$	50.83	$1.35① + 0.7 \times$ $1.4 \times (② + ④)$	85.24
		N	1 772.85	588.81	374.92	-26.11		3 337.80		2 367.76		2 944.79
	下	M	-36.19	-35.12	13.49	-2.08	$1.35① + 0.7 \times$ $1.4 \times (② + ③)$	-70.05	$1.35① + 0.7 \times$ $1.4 \times ④$	-50.89	$1.35① + 0.7 \times$ $1.4 \times (② + ④)$	-85.31
		N	1 819.47	588.81	374.92	-26.11		3 400.74		2 430.70		3 007.73
		V	21.92	21.28	-8.17	1.26		52.85		38.39		64.36
-1 层 C 柱	上	M	27.37	25.53	-9.81	2.21	$1.35① + 0.7 \times$ $1.4 \times (② + ③)$	52.36	$1.35① + 0.7 \times$ $1.4 \times ④$	39.12	$1.35① + 0.7 \times$ $1.4 \times (② + ④)$	64.13
		N	3 200.73	1 077.91	687.26	-46.65		6 050.85		4 275.27		5 331.62
	下	M	-13.69	-12.76	4.91	-1.10	$1.35① + 0.7 \times$ $1.4 \times (② + ③)$	-26.17	$1.35① + 0.7 \times$ $1.4 \times ④$	-19.56	$1.35① + 0.7 \times$ $1.4 \times (② + ④)$	-32.06
		N	3 260.47	1 077.92	687.26	-46.65		6 131.51		4 355.92		5 412.28
		V	9.78	9.12	-3.05	0.79		22.12		16.53		27.10

注：恒载、(楼面)活载的荷载分项系数分别为 1.35、1.4；(楼面)活载的组合系数为 0.7；内力组合均乘以 1.35S_{Gk} + 0.7×1.4S_{Qk} 进行组合；$V = (M^u + M^b)/H_n$。为简化计算取 1.35S_{Gk} + 0.7×1.4S_{Qk} 进行组合；$V = (M^u + M^b)/H_n$。

表 2.2.28 用于承载力计算的框架梁考虑地震作用效应与其他荷载效应的基本组合表

kN(kN·m)

梁号	截面	内力	重力荷载代表值 ①	水平地震作用 ②-左	水平地震作用 ③-右	M_{max}及相应的 V 组合项目	M_{max}及相应的 V 组合值	左 M_{min}及相应的 V 组合项目	左 M_{min}及相应的 V $\eta_{vb}\frac{(M^l+M^r)}{L_n}$	左 M_{min}及相应的 V 组合值	右 M_{min}及相应的 V 组合项目	右 M_{min}及相应的 V $\eta_{vb}\frac{(M^l+M^r)}{L_n}$	右 M_{min}及相应的 V 组合值
WL-BC	左	M	-161.29	43.24	-43.24			1.2①+1.3③	23.85*	-187.32*	1.0①+1.3②	—	-78.81
		V	139.01							138.43*			
	中	M	116.72	18.07	-18.07	1.2①+1.3②	122.67						
		V	-147.67										
	右	M	-187.29	-32.22	32.22			1.0①+1.3③	-36.93	-109.05*	1.2①+1.3②	—	-199.98
		V											-156.91
WL-CD	左	M	-91.44	48.89	-48.89	1.2①+1.3②	47.37	1.2①+1.3③	34.89	-129.96	1.0①+1.3②	—	-20.91
		V	77.78										
	中	M	48.56	3.76	-3.76			1.2①+1.3③		95.77			
		V											
	右	M	-84.21	-48.89	48.89	1.0①+1.3②	40.41	1.0①+1.3③	-31.25	-15.49	1.2①+1.3②	—	-123.46
		V	-63.22				17.54						-80.30
-1层 KL-BC	左	M	-154.04	159.94	-159.94	1.0①+1.3②		1.2①+1.3③	97.65	-294.58	1.2①+1.3②	—	40.41
		V	124.95				151.44			189.21			
	中	M	95.86	66.84	-66.84	1.2①+1.3②							
		V											
	右	M	-167.30	-155.20	155.20	1.0①+1.3③	25.85	1.0①+1.3②	97.65	25.85	1.2①+1.3②	-104.32	-301.89
		V	-129.37				-26.96			-26.96			-198.64
-1层 KL-CD	左	M	-74.51	235.48	-235.48	1.0①+1.3②	173.71	1.2①+1.3③	144.83	-296.65	1.0①+1.3②	—	173.71
		V	69.09				-61.61			181.83			
	中	M	49.86	18.11	-18.11	1.2①+1.3②	62.53						
		V											
	右	M	-68.03	-235.48	235.48	1.0①+1.3③	178.57	1.0①+1.3②	144.83	178.57	1.2①+1.3②	-141.57	-290.82
		V	-56.14				75.39			75.39			-168.05

续表

梁号	截面	内力	重力荷载代表值①	水平地震作用 ②-左	水平地震作用 ③-右	左$\|V\|_{max}$及相应的M 组合项目	左$\|V\|_{max}$及相应的M 组合值	左$\|V\|_{max}$及相应的M $\eta_{Vb}\dfrac{(M^l+M^r)}{L_n}$	右$\|V\|_{max}$及相应的M 组合项目	右$\|V\|_{max}$及相应的M 组合值	右$\|V\|_{max}$及相应的M $\eta_{Vb}\dfrac{(M^l+M^r)}{L_n}$
WL-BC	左	M	-161.29	43.24	-43.24	1.2①+1.3③	-187.32	—	1.0①+1.3②	-78.81	—
		V	139.01	—	—	—	138.43	23.85	—	—	—
	中	M	116.72	18.07	-18.07	—	—	—	—	—	—
		V	—	—	—	—	—	—	—	—	—
	右	M	-187.29	-32.22	32.22	1.0①+1.3③	-109.05	—	1.2①+1.3②	-199.98	—
		V	-147.67	—	—	—	—	-36.93	—	-156.91	—
WL-CD	左	M	-91.44	48.89	-48.89	1.2①+1.3③	-129.96	—	1.0①+1.3②	-20.91	—
		V	77.78	—	—	—	95.77	34.89	—	—	—
	中	M	48.56	3.76	-3.76	—	—	—	—	—	—
		V	—	—	—	—	—	—	—	—	—
	右	M	-84.21	-48.89	48.89	1.0①+1.3③	-15.49	—	1.2①+1.3②	-123.46	—
		V	-63.22	—	—	—	—	-31.25	—	-80.30	—
-1层 KL-BC	左	M	-154.04	159.94	-159.94	1.2①+1.3③	-294.58	—	1.0①+1.3②	40.41	—
		V	124.95	—	—	—	189.21	97.65	—	—	17.54
	中	M	95.86	66.84	-66.84	—	—	—	—	—	—
		V	—	—	—	—	—	—	—	—	—
	右	M	-167.30	-155.20	155.20	1.0①+1.3③	25.85	—	1.2①+1.3②	-301.89	—
		V	-129.37	—	—	—	—	-104.32	—	-198.64	—
-1层 KL-CD	左	M	-74.51	235.48	-235.48	1.2①+1.3③	-296.65	—	1.0①+1.3②	173.71	—
		V	69.09	—	—	—	181.83	144.83	—	—	—
	中	M	49.86	18.11	-18.11	—	—	—	—	—	—
		V	—	—	—	—	—	—	—	—	—
	右	M	-68.03	-235.48	235.48	1.0①+1.3③	178.57	—	1.2①+1.3②	-290.82	—
		V	-56.14	—	—	—	—	-141.57	—	-168.05	—

注：重力荷载代表值①和水平地震作用的分项系数分别为1.2、1.0、1.3；内力组合值均乘以调整系数 $\gamma_{RE}=0.75$（弯矩）和0.85（剪力）；弯矩 M 取 $1.2S_{GE}+1.3S_{EhK}$ 或 $1.0S_{GE}+1.3S_{EhK}$ 进行组合，剪力 $V=\gamma_{RE}[\eta_{Vb}(M^l+M^r)/L_n+V_{Gb}]$；$\eta_{Vb}$ 为梁端剪力增大系数，二级取1.2。表中带 * 号的数据在正文中有计算过程的说明。

2.2 结构设计

表 2.2.29 用于承载力计算的框架 B 柱考虑地震作用效应与其他荷载效应的基本组合表

kN(kN·m)

柱号	截面	内力	重力荷载代表值 ①	水平地震作用 ②-左	水平地震作用 ②-右	水平地震作用 ③-左	水平地震作用 ③-右	$\eta_c \sum M_b \dfrac{k_c(i)}{k_c(i)+k_c(i+1)}$	④：①+②	⑤：①+③	N_{max}及相应的 M 组合项目	N_{max}及相应的 M 组合值	N_{min}及相应的 M 组合项目	N_{min}及相应的 M 组合值	$|M|_{max}$及相应的 N 组合项目	$|M|_{max}$及相应的 N 组合值
10层B柱	上	M	-161.29	43.24	-43.24			-84.06	-199.81		1.2①+1.3③	-199.81	1.0①+1.3②	-84.06	1.2①+1.3③	-199.81
		N	259.25	-12.58	12.58						1.2①+1.3③	261.96	1.0①+1.3②	194.32	1.2①+1.3③	261.96
	下	M	103.64	-23.28	23.28			45.95		142.34	1.2①+1.3③	123.71	1.0①+1.3②	58.70	1.2①+1.3③	123.71
		N	305.87	-12.58	12.58						1.2①+1.3③	306.72	1.0①+1.3②	231.61	1.2①+1.3③	306.72
		V						-73.59		-193.67							
5层B柱	上	M	-79.35	93.90	-93.90			35.28	-173.83	-203.03*	1.2①+1.3③	-173.83	1.0①+1.3②	34.18	1.2①+1.3③	-173.83
		N	1658.05	-214.61	214.61				1814.92		1.2①+1.3③	1814.92	1.0①+1.3②	1103.25	1.2①+1.3③	1814.92
	下	M	79.41	-93.90	93.90			-45.73	173.89	213.44*	1.2①+1.3③	173.89	1.0①+1.3②	-34.13	1.2①+1.3③	173.89
		N	1704.67	-241.61	241.61				1887.76		1.2①+1.3③	1887.76	1.0①+1.3②	1112.46	1.2①+1.3③	1887.76
		V						45.85		-235.74*							
-1层B柱	上	M	-60.39	64.62	-64.62			23.90	-125.18	-174.20*	1.2①+1.3③	-125.18	1.0①+1.3②	18.89	1.2①+1.3③	-125.18
		N	3062.00	-518.83	518.83				3479.10		1.2①+1.3③	3479.10	1.0①+1.3②	1910.02	1.2①+1.3③	3479.10
	下	M	30.19	-322.34	322.34			-388.85	364.22	455.27*	1.2①+1.3③	364.22	1.0①+1.3②	-311.08	1.2①+1.3③	364.22
		N	3121.74	-518.83	518.83				3536.45		1.2①+1.3③	3536.45	1.0①+1.3②	1957.81	1.2①+1.3③	3536.45
		V						174.40		-265.97*		-206.79		139.43		-206.79	

注：重力荷载代表值①和水平地震作用①Ehk进行组合；内力组合值均乘以调整系数 $\gamma_{RE}=0.8$（弯矩和轴力）；弯矩 M 取 $1.2S_{GE}+1.3S_{Ehk}$ 进行组合，组合值均乘以调整系数分别为 1.2、1.0、1.3；内力组合值均乘以调整系数 $\gamma_{RE}=0.8$（弯矩和轴力）；剪力 $V=\eta_{Vc}(M_c^u+M_c^b)/L_n$；$\eta_{Vc}$ 为柱端剪力增大系数，二级取 1.2。表中带 * 号的数据在正文中有计算过程说明。

表 2.2.30　与 B 柱柱端弯矩调整有关的框架梁梁端考虑地震作用效应组合表　kN(kN·m)

梁号	截面	内力	重力荷载代表值 ①	水平地震作用 ②-左	水平地震作用 ③-右	M 组合项目	M 组合值	节点梁端弯矩之和 $\sum M_b$	M 组合项目	M 组合值	节点梁端弯矩之和 $\sum M_b$
9层 KL-BC	左	M	-163.45	77.24	-77.24	1.2①+1.3②	-95.73	95.73	1.2①+1.3③	-296.55	296.55
5层 KL-BC	左	M	-158.85	178.73	-178.73	1.0①+1.3②	73.50	-73.50	1.2①+1.3③	-422.97	422.97
4层 KL-BC	左	M	-158.82	195.45	-195.45	1.0①+1.3②	95.27	-95.27	1.2①+1.3③	-444.67	444.67
-1层 KL-BC	左	M	-154.04	159.94	-159.94	1.0①+1.3②	53.88	-53.88	1.2①+1.3③	-392.77	392.77

注：重力荷载代表值①和水平地震作用的分项系数分别为 1.2、1.0、1.3；弯矩 M 取 $1.2S_{GE} + 1.3S_{EhK}$；节点梁端弯矩之和 $\sum M_b$ 以绕节点顺时针转为正。

表 2.2.31　用于承载力计算的框架 C 柱考虑地震作用效应与其他荷载效应的基本组合表

kN(kN·m)

柱号	截面	内力	重力荷载代表值 ①	水平地震作用 ②-左	水平地震作用 ②-右	水平地震作用 ③-左	水平地震作用 ③-右	$\eta_c \sum M_b \frac{k_c(i)}{k_c(i)+k_c(i+1)}$ ④：①+②	⑤：①+③	N_{max} 及相应的 M 组合项目	N_{max} 及相应的 M 组合值	N_{min} 及相应的 M 组合项目	N_{min} 及相应的 M 组合值	$\lvert M \rvert_{max}$ 及相应的 N 组合项目	$\lvert M \rvert_{max}$ 及相应的 N 组合值
10层 C柱	上	M	95.85	81.12	-81.12	12.50	12.50	176.38	7.65	1.2①+1.3③	7.65	1.0①+1.3②	161.04	1.2①+1.3②	176.38
		N	358.82	-12.50	12.50	58.74	58.74	-164.80	—	1.2①+1.3③	357.47	1.0①+1.3②	274.06	1.2①+1.3②	331.47
	下	M	-62.41	-58.74	58.74	-12.50	-12.50		-60.01	1.2①+1.3③	1.18	1.0①+1.3②	-111.02	1.2①+1.3②	-121.00
		N	405.44	-12.50	12.50			193.12	—	1.2①+1.3③	402.22	1.0①+1.3②	311.35	1.2①+1.3②	376.22
		V							38.30						168.33
										1.2①+1.3③	3.67	1.0①+1.3②	154.00	1.2①+1.3②	
5层 C柱	上	M	48.01	197.42	-197.42	241.34	241.34	296.72	-195.24	1.2①+1.3③	-159.23	1.0①+1.3②	243.72	1.2①+1.3②	251.41
		N	2 171.95	-241.34	241.34	-197.42	197.42		217.19	1.2①+1.3③	2 336.07	1.0①+1.3②	1 486.57	1.2①+1.3②	1 834.08
	下	M	-48.04	-197.42	197.42	241.34	241.34	-318.65	-233.45	1.2①+1.3③	159.20	1.0①+1.3②	-243.75	1.2①+1.3②	-251.44
		N	2 218.57	-241.34	241.34			348.32	—	1.2①+1.3③	2 380.82	1.0①+1.3②	1 523.86	1.2①+1.3②	1 878.83
		V							-190.71	1.2①+1.3③	-180.24	1.0①+1.3②	275.93	1.2①+1.3②	284.63
-1层 C柱	上	M	36.33	180.18	-180.18	334.61	334.61	281.24	413.19	1.2①+1.3③	-152.51	1.0①+1.3②	216.45	1.2①+1.3②	222.26
		N	3 990.28	-590.49	590.49	590.49	590.49		—	1.2①+1.3③	4 444.78	1.0①+1.3②	2 578.11	1.2①+1.3②	3 216.56
	下	M	-18.17	-334.61	334.61	590.49	590.49	-456.80	-255.17	1.2①+1.3③	330.55	1.0①+1.3②	-362.53	1.2①+1.3②	-365.44
		N	4 050.02	-590.49	590.49			311.85	—	1.2①+1.3③	4 502.13	1.0①+1.3②	2 625.91	1.2①+1.3②	3 273.91
		V								1.2①+1.3③	-204.11	1.0①+1.3②	244.64	1.2①+1.3②	248.32

注：重力荷载代表值①和水平地震作用的分项系数分别为 1.2、1.0、1.3；内力组合值均乘以调整系数 $\gamma_{RE}=0.8$（弯矩和轴力）；弯矩 M 取 $1.2 S_{GE} + 1.3 S_{Ehk}$ 进行组合；剪力 $V = \eta_{Vc}(M_c^u + M_c^b)/L_n$；$\eta_{Vc}$ 为柱端剪力增大系数，二级取 1.2。

表 2.2.32 与 C 柱柱端弯矩调整有关的框架梁端考虑地震作用效应组合表   kN(kN·m)

梁号	截面	内力	重力荷载代表值 ①	水平地震作用 ②-左	③-右	M 组合项目	组合值	节点梁端弯矩之和 ΣM_b	M 组合项目	组合值	节点梁端弯矩之和 ΣM_b
9层 KL-BC	左	M	-163.45	77.24	-77.24	1.2①+1.3②	-95.73	95.73	1.2①+1.3③	-296.55	296.55
9层 KL-BC	右	M	-168.41	-64.30	64.30	1.2①+1.3②	-285.58	-343.33	1.0①+1.3③	-84.82	125.02
9层 KL-CD	左	M	-69.18	97.56	-97.56	1.0①+1.3②	57.65		1.2①+1.3③	-209.84	
5层 KL-BC	左	M	-158.85	178.73	-178.73	1.2①+1.3②	73.50	-73.50	1.2①+1.3③	-422.97	422.97
5层 KL-BC	右	M	-167.96	-149.27	149.27	1.0①+1.3②	-395.50		1.0①+1.3③	26.09	406.75
5层 KL-CD	左	M	-71.86	226.48	-226.48	1.2①+1.3②	222.55	-618.17	1.2①+1.3③	-380.66	
4层 KL-BC	左	M	-158.82	195.45	-195.45	1.0①+1.3②	95.27	-95.27	1.0①+1.3③	-444.67	444.67
4层 KL-BC	右	M	-167.96	-163.24	163.24	1.2①+1.3②	-413.76	-663.86	1.2①+1.3③	44.25	452.48
4层 KL-CD	左	M	-71.88	247.67	-247.67	1.0①+1.3②	250.09		1.0①+1.3③	-408.23	
-1层 KL-BC	左	M	-154.04	159.94	-159.94	1.2①+1.3②	53.88	-53.88	1.2①+1.3③	-392.77	392.77
-1层 KL-BC	右	M	-167.30	-155.20	155.20	1.0①+1.3②	-402.52		1.0①+1.3③	34.46	430.00
-1层 KL-CD	左	M	-74.51	235.48	-235.48	1.2①+1.3②	231.61	-634.13	1.2①+1.3③	-395.54	

注:重力荷载代表值①和水平地震作用的分项系数分别为 1.2、1.0、1.3;弯矩 M 取 $1.2S_{GE}+1.3S_{Ehk}$;节点梁端弯矩之和 ΣM_b 以绕节点顺时针转为正。

表 2.2.33　基顶荷载的非抗震标准值组合表　kN(kN·m)

柱号	截面	内力	恒载	活载			风载		$N_{k,min}$及相应的 M_k、V_k		$N_{k,max}$及相应的 M_k、V_k		$\|M\|_{k,max}$及相应的 N_k、V_k	
			①	②	③	④	⑤-左	⑥-右	组合项目	组合值	组合项目	组合值	组合项目	组合值
B柱	下	M	-22.79	-15.07	0.33	-0.08	107.13	-107.13	①+②+④+⑥	-145.07	①+③+⑤	84.67	①+②+④+⑥	-145.07
		N	2 780.77	1 026.44	-7.53	1.37	-137.42	137.42		3 946.00		2 635.82		3 946.00
		V	-16.28	-10.76	0.23	-0.06	30.62	-30.62		-57.72		14.57		-57.72
C柱	下	M	13.69	12.76	-4.91	1.10	111.21	-111.21	①+②+③+⑥	-89.67	①+④+⑤	126.00	①+②+④+⑤	138.76
		N	3 278.10	1 077.91	678.26	-46.65	-156.88	156.88		5 191.15		3 074.57		4 152.48
		V	9.78	9.12	-3.05	0.79	40.74	-40.74		-24.89		51.31		60.43

表 2.2.34　基顶荷载的抗震标准值组合表　kN(kN·m)

柱号	截面	内力	重力荷载代表值	水平地震作用		$N_{k,max}$及相应的 M_k、V_k		$N_{k,min}$及相应的 M_k、V_k		$\|M\|_{k,max}$及相应的 N_k、V_k	
			①	②-左	③-右	组合项目	组合值	组合项目	组合值	组合项目	组合值
B柱	下	M	-30.19	322.34	-322.34	①+③	-352.53	①+②	292.15	①+③	-352.53
		N	3 250.19	-518.83	518.83		3 769.02		2 731.36		3 769.02
		V	-21.57	92.13	-92.13		-113.70		70.56		-113.70
C柱	下	M	18.17	334.61	-334.61	①+③	-316.44	①+②	352.78	①+②	352.78
		N	4 067.65	-590.49	590.49		4 658.14		3 477.16		3 477.16
		V	12.98	122.57	-122.57		-109.59		135.55		135.55

表 2.2.35 基顶荷载的非抗震设计值组合表

柱号	截面	内力	恒载 ①	活载 ②	活载 ③	活载 ④	风载 ⑤-左	风载 ⑥-右	N_{max} 及相应的 M、V 组合项目	组合值	N_{min} 及相应的 M、V 组合项目	组合值	$|M|_{max}$ 及相应的 N、V 组合项目	组合值
B柱	下	M	-22.79	-15.07	0.33	-0.08	107.13	-107.13	1.2①+1.26(②+④+⑥)	-181.42	1.2①+1.26(③+⑤)	108.05	1.2①+1.26(②+④+⑥)	-181.42
		N	2 780.77	1 026.44	-7.53	1.37	-137.42	137.42		4 805.11		3 154.29		4 805.11
		V	-16.28	-10.76	0.23	-0.06	30.62	-30.62		-71.75		19.34		-71.75
C柱	下	M	13.69	12.78	-4.91	1.10	111.21	-111.21	1.2①+1.26(②+③+⑥)	-113.78	1.2①+1.26(④+⑤)	157.94	1.2①+1.26(②+④+⑤)	174.04
		N	3 278.10	1 077.91	678.26	-46.65	-156.88	156.88		6 344.16		3 677.27		5 035.44
		V	9.78	9.12	-3.05	0.79	40.74	-40.74		-31.95		64.06		75.56

注: 恒载、(楼面) 活载和风载的荷载分项系数分别为 1.2、1.4、1.4; (楼面) 活载和风载的组合系数分别为 0.7、0.6; 内力组合均以 $\gamma_0 = 1.0$; 为简化计算取 $1.2S_{Gk} + 1.4\psi_c (S_{Qk} + S_{wk})$ 进行组合。

表 2.2.36 基顶荷载的抗震设计值组合表

柱号	截面	内力	重力荷载代表值 ①	水平地震作用 ②-左	水平地震作用 ③-右	N_{max} 及相应的 M、V 组合项目	组合值	N_{min} 及相应的 M、V 组合项目	组合值	$|M|_{max}$ 及相应的 N、V 组合项目	组合值
B柱	下	M	-30.19	322.34	-322.34	1.2①+1.3③	-364.22	1.0①+1.3②	311.08	1.2①+1.3③	-364.22
		N	3 250.19	-518.83	518.83		3 659.77		2 060.57		3 659.77
		V	-21.57	92.13	-92.13		-116.52		78.56		-116.52
C柱	下	M	18.17	334.61	-334.61	1.2①+1.3③	-330.55	1.0①+1.3②	362.53	1.2①+1.3②	365.44
		N	4 067.65	-590.49	590.49		4 519.05		2 640.01		3 290.83
		V	12.98	122.57	-122.57		-115.01		137.86		139.93

注: 重力荷载代表值①和水平地震作用的分项系数分别为 1.2、1.0、1.3; 内力组合值均乘以调整系数 $\gamma_{RE} = 0.80$ (弯矩和轴力); 弯矩 M 取 $1.2S_{GE} + 1.3S_{Ehk}$ 进行组合。

2.2.9 构件截面设计

2.2.9.1 梁截面设计

以 −1 层 CD 梁为例计算,其余各梁通过表格形式计算,具体过程详见截面设计表。框架梁正截面承载力计算见表 2.2.37,框架梁斜截面承载力计算见表 2.2.38。

1. 选取最不利内力组合

(1) 非抗震情况

左端: $M = -216.51 \text{ kN} \cdot \text{m}$, $V = 160.52 \text{ kN}$

跨中: $M = 92.86 \text{ kN} \cdot \text{m}$

右端: $M = -206.45 \text{ kN} \cdot \text{m}$, $V = -140.65 \text{ kN}$

(2) 抗震情况

左端: $M = -296.65 \text{ kN} \cdot \text{m}$, $V = 181.83 \text{ kN}$

$M = 173.71 \text{ kN} \cdot \text{m}$, $V = -61.61 \text{ kN}$

跨中: $M = 62.53 \text{ kN} \cdot \text{m}$

右端: $M = -290.82 \text{ kN} \cdot \text{m}$, $V = -168.05 \text{ kN}$

$M = 178.57 \text{ kN} \cdot \text{m}$, $V = 75.39 \text{ kN}$

设计时将 $\gamma_0 M$ 与 $\gamma_{RE} M_E$ 进行比较,然后取大者进行配筋计算。对于楼面现浇的框架结构,梁支座负弯矩按矩形截面计算纵筋数量;跨中弯矩按 T 形截面计算纵筋数量;跨中截面的计算弯矩应取该跨的跨间最大正弯矩或支座正弯矩与 0.5 倍简支梁弯矩中的较大者。

(3) 实际所用计算内力

综合(1)、(2)选择最不利内力计算:

左端: $M = -296.65 \text{ kN} \cdot \text{m}$, $V = 181.83 \text{ kN}$

跨中: $M = 92.86 \text{ kN} \cdot \text{m}$

右端: $M = -290.82 \text{ kN} \cdot \text{m}$, $V = -168.05 \text{ kN}$

2. 正截面受弯承载力计算

混凝土强度等级:

C30 级 $f_t = 1.43 \text{ N/mm}^2$; $f_c = 14.3 \text{ N/mm}^2$; $f_{tk} = 2.01 \text{ N/mm}^2$

钢筋强度等级:

HRB400 级 $f_y = 360 \text{ N/mm}^2$; $f_{yk} = 400 \text{ N/mm}^2$

HPB235 级 $f_y = 210 \text{ N/mm}^2$; $f_{yk} = 235 \text{ N/mm}^2$

(1) −1 层 CD 梁 C 支座

梁截面尺寸为 300 mm × 650 mm;按矩形截面计算。

$$h_0 = h - a_s = 650 \text{ mm} - 35 \text{ mm} = 615 \text{ mm}$$

$\alpha_s = M/(\alpha_1 f_c b h_0^2) = 296.65 \times 10^6 \text{ N} \cdot \text{mm}/[1.0 \times 14.3 \text{ N/mm}^2 \times 300 \text{ mm} \times (615 \text{ mm})^2] = 0.1828$

$\xi = 1 - \sqrt{1 - 2\alpha_s} = 1 - \sqrt{1 - 2 \times 0.1828} = 0.2035 \leqslant \xi_b = \min\{0.518, 0.35\}$

$A_s = \alpha_1 f_c b h_0 \xi / f_y = 1.0 \times 14.3 \text{ N/mm}^2 \times 300 \text{ mm} \times 615 \text{ mm} \times 0.2035/360 \text{ N/mm}^2 = 1491 \text{ mm}^2$

非抗震时,

$$\rho_{\min} = \max\{0.2\%, (45f_t/f_y)\%\} = 0.2\%$$

二级抗震时,
$$\rho_{\min} = \max\{0.3\%, (65f_t/f_y)\%\} = 0.3\%$$
$$A_{s\min} = \rho_{\min}bh = 0.003 \times 300 \text{ mm} \times 650 \text{ mm} = 585 \text{ mm}^2$$

实配钢筋为 2⊕22 + 3⊕20($A_s = 1\,702 \text{ mm}^2$)。

(2) 跨中截面(跨中截面按 T 形截面计算)

1) 翼缘计算宽度的确定

按计算跨度 l_0 考虑:$b'_f = l/3 = 3\,900 \text{ mm}/3 = 1\,300 \text{ mm}$

按梁肋净距 s_n 考虑:$b'_f = b + s_n = 300 \text{ mm} + 1\,700 \text{ mm} = 2\,000 \text{ mm}$

按翼缘高度 h'_f 考虑:$h_0 = h - a_s = 650 \text{ mm} - 35 \text{ mm} = 615 \text{ mm}$
$$h'_f/h_0 = 100 \text{ mm}/615 \text{ mm} = 0.163\,7 > 0.1$$

故此情况可不考虑。

由以上可知 $b'_f = l/3 = 3\,900 \text{ mm}/3 = 1\,300 \text{ mm}$;

2) T 形截面类形判断
$$\alpha_1 f_c b'_f h'_f (h_0 - h'_f/2) = 1.0 \times 14.3 \text{ N/mm}^2 \times 1\,300 \text{ mm} \times 100 \text{ mm} \times (615 \text{ mm} - 100 \text{ mm}/2)$$
$$= 1\,050 \text{ kN} \cdot \text{m} > 92.86 \text{ kN} \cdot \text{m};$$

故属于第一类 T 形截面。

3) 钢筋面积计算
$$\alpha_s = M/(\alpha_1 f_c b'_f h_0^2) = 92.86 \times 10^6 \text{ N} \cdot \text{mm}/[1.0 \times 14.3 \text{ N/mm}^2$$
$$\times 1\,300 \text{ mm} \times (615 \text{ mm})^2] = 0.013\,2$$
$$\xi = 1 - \sqrt{1 - 2\alpha_s} = 1 - \sqrt{1 - 2 \times 0.013\,2} = 0.013\,3 \leqslant \xi_b = \min\{0.518, 0.35\}$$
$$A_s = \alpha_1 f_c b'_f h_0 \xi/f_y = 1.0 \times 14.3 \text{ N/mm}^2 \times 1\,300 \text{ mm} \times 615 \text{ mm} \times 0.013\,3/360 \text{ N/mm}^2 = 422.23 \text{ mm}^2$$
$$A_{s\min} = \rho_{\min}bh = 0.003 \times 300 \text{ mm} \times 650 \text{ mm} = 585 \text{ mm}^2$$

实配钢筋为 5⊕18($A_s = 1\,272 \text{ mm}^2$)。

3. 斜截面计算

(1) 截面尺寸要求

-1 层 CD 跨梁 C 支座:

$0.2\beta_c f_c bh_0 = 0.2 \times 1.0 \times 14.3 \text{ N/mm}^2 \times 300 \text{ mm} \times 615 \text{ mm} = 527.67 \text{ kN} > V = 181.83 \text{ kN}$

故满足要求(非抗震时 $0.25\beta_c f_c bh_0 > V$ 也满足)。

(2) 是否构造配箍

$0.7 f_t bh_0 = 0.7 \times 1.43 \text{ N/mm}^2 \times 300 \text{ mm} \times 615 \text{ mm} = 184.68 \text{ kN} > V = 181.83 \text{ kN}$

故可按构造要求配箍,取双肢箍φ10@100,非加密区取φ10@200。

4. 裂缝宽度验算

取 WL—BC 跨梁验算

(1) 梁跨中

取 $M_k = 208.87 \text{ kN} \cdot \text{m}/1.4 = 149.19 \text{ kN} \cdot \text{m}$;

裂缝截面钢筋应力:

$$\sigma_{sk} = M_k/(0.87h_0A_s) = 149.19 \times 10^6 \text{ N} \cdot \text{mm}/(0.87 \times 615 \text{ mm} \times 1\,272 \text{ mm}^2) = 219.19 \text{ N/mm}^2$$

有效受拉混凝土截面面积：
$$A_{te} = 0.5bh = 0.5 \times 300 \text{ mm} \times 650 \text{ mm} = 97\,500 \text{ mm}^2$$

有效配筋率：
$$\rho_{te} = A_s/A_{te} = 1\,272/97\,500 = 0.013$$

钢筋应变不均匀系数：
$$\psi = 1.1 - 0.65 f_{tk}/(\rho_{te} \times \sigma_{sk}) = 1.1 - 0.65 \times 2.01 \text{ N/mm}^2/(0.013 \times 219.19 \text{ N/mm}^2)$$
$$= 1.1 - 0.459 = 0.641$$

受拉取纵向钢筋等效直径：
$$d_{eq} = \sum n_i d_i^2 / \sum n_i \upsilon_i d_i = 5 \times (18 \text{ mm})^2/(5 \times 1.0 \times 18 \text{ mm}) = 18 \text{ mm}$$

构件受力特征系数：
$$\alpha_{cr} = 2.1$$

正截面最大裂缝宽度：
$$w_{max} = \alpha_{cr}\psi\frac{\sigma_{sk}}{E_s}\left(1.9c + 0.08\frac{d_{ed}}{\rho_{te}}\right) = 2.1 \times 0.641 \times \frac{219.19 \text{ N/mm}^2}{2 \times 10^5 \text{ N/mm}^2} \times \left(1.9 \times 25 + 0.08 \times \frac{18 \text{ mm}}{0.013}\right)$$
$$= 0.233 \text{ mm} < w_{lim} = 0.3 \text{ mm}$$

故满足要求。

（2）梁支座

取 $M_k = 329.32 \text{ kN} \cdot \text{m}/1.4 = 235.23 \text{ kN} \cdot \text{m}$

裂缝截面钢筋应力：
$$\sigma_{sk} = M_k/(0.87h_0A_s) = 235.23 \times 10^6 \text{ N} \cdot \text{mm}/(0.87 \times 615 \text{ mm} \times 1\,702 \text{ mm}^2) = 258.31 \text{ N/mm}^2$$

有效受拉混凝土截面面积：
$$A_{te} = 0.5bh = 0.5 \times 300 \text{ mm} \times 650 \text{ mm} = 97\,500 \text{ mm}^2$$

有效配筋率：
$$\rho_{te} = A_s/A_{te} = 1\,702/97\,500 = 0.017\,5$$

钢筋应变不均匀系数：
$$\psi = 1.1 - 0.65 f_{tk}/(\rho_{te} \times \sigma_{sk}) = 1.1 - 0.65 \times 2.01 \text{ N/mm}^2/(0.017\,5 \times$$
$$258.31 \text{ N/mm}^2) = 1.1 - 0.289 = 0.811$$

受拉取纵向钢筋等效直径：
$$d_{eq} = \sum n_i d_i^2 / \sum n_i \upsilon_i d_i = 2 \times (22 \text{ mm})^2 + 3 \times (20 \text{ mm})^2/(2 \times 22 \text{ mm} + 3 \times 20 \text{ mm}) = 20.846 \text{ mm}$$

构件受力特征系数：
$$\alpha_{cr} = 2.1$$

正截面最大裂缝宽度：
$$w_{max} = \alpha_{cr}\psi\frac{\sigma_{sk}}{E_s}\left(1.9c + 0.08\frac{d_{eq}}{\rho_{te}}\right) = 2.1 \times 0.811 \times \frac{258.31 \text{ N/mm}^2}{2 \times 10^5 \text{ N/mm}^2} \times$$
$$\left(1.9 \times 25 + 0.08 \times \frac{20.846 \text{ mm}}{0.017\,5}\right)$$
$$= 0.314 \text{ mm} \approx w_{lim} = 0.3 \text{ mm}$$

基本满足要求。

5. 主梁吊筋计算

(1) BC跨屋面梁

由次梁传至主梁的全部集中力为:

$$F = G + Q = 1.2 \times 139.83 \text{ kN} + 1.4 \times 62.4 \text{ kN} = 255.16 \text{ kN}$$

$$A_s = 255.16 \times 10^3 \text{ N}/2 \times 360 \text{ N/mm}^2 \times 0.707 = 501 \text{ mm}^2$$

实配钢筋为 2⏀20 ($A_s = 628 \text{ mm}^2$)。

(2) BC跨标准层梁

由次梁传至主梁的全部集中力为:

$$F = G + Q = 1.2 \times 95.96 \text{ kN} + 1.4 \times 62.4 \text{ kN} = 202.51 \text{ kN}$$

$$A_s = 202.51 \times 10^3 \text{ N}/2 \times 360 \text{ N/mm}^2 \times 0.707 = 397.8 \text{ mm}^2$$

实配钢筋为 2⏀18 ($A_s = 509 \text{ mm}^2$)。

表 2.2.37 框架梁正截面配筋计算表

层次	计算公式	支座截面(按矩形截面计算)			
		梁 BC		梁 CD	
		左	右	左	右
10	$M/\text{kN}\cdot\text{m}$	−287.91	−329.32	−175.85	−163.53
	$b \times h_0/\text{mm} \times \text{mm}$	300×615	300×615	300×615	300×615
	$\alpha_s = M/(\alpha_1 f_c b h_0^2)$	0.1774	0.2030	0.1084	0.1008
	$\xi = 1 - \sqrt{1-2\alpha_s}$	0.1968	0.2292	0.1150	0.1064
		<ξ_b	<ξ_b	<ξ_b	<ξ_b
	$A_s = \alpha_1 f_c b h_0 \xi / f_y / \text{mm}^2$	1442	1680	843	780
	$A_{s,\min} = \rho_{\min} bh / \text{mm}^2$	585	585	585	585
	实配钢筋/mm²	1702	1702	1702	1702
		2⏀22+3⏀20	2⏀22+3⏀20	2⏀22+3⏀20	2⏀22+3⏀20
	纵向受压钢筋/纵向受拉钢筋	0.75	0.75	0.60	0.60
−1	$M/\text{kN}\cdot\text{m}$	−301.36	−318.86	−296.65	−290.82
	$b \times h_0/\text{mm} \times \text{mm}$	300×615	300×615	300×615	300×615
	$\alpha_s = M/(\alpha_1 f_c b h_0^2)$	0.1857	0.1965	0.1828	0.1792
	$\xi = 1 - \sqrt{1-2\alpha_s}$	0.2072	0.2209	0.2035	0.1990
		<ξ_b	<ξ_b	<ξ_b	<ξ_b
	$A_s = \alpha_1 f_c b h_0 \xi / f_y / \text{mm}^2$	1518	1619	1492	1459
	$A_{s,\min} = \rho_{\min} bh / \text{mm}^2$	585	585	585	585
	实配钢筋/mm²	1702	1702	1702	1702
		2⏀22+3⏀20	2⏀22+3⏀20	2⏀22+3⏀20	2⏀22+3⏀20
	纵向受压钢筋/纵向受拉钢筋	0.75	0.75	0.60	0.60

层次	跨中截面（按T形截面计算）		
	计算公式	梁BC	梁CD
10	$M/\text{kN}\cdot\text{m}$	208.87	102.33
	$b'_f \times h_0/\text{mm}\times\text{mm}$	2 000×615	1 300×615
	$\alpha_1 f_c b'_f h'_f(h_0-0.5h'_f)$	1 615.9	1 050.335
	$\alpha_s = M/(\alpha_1 f_c b'_f h_0^2)$	0.019 3	0.014 6
	$\xi = 1-\sqrt{1-2\alpha_s}$	0.019 5	0.014 7
		$<\xi_b$	$<\xi_b$
	$A_s = \alpha_1 f_c b'_f h_0 \xi/f_y/\text{mm}^2$	953	466
	$A_{s,\min} = \rho_{\min}bh/\text{mm}^2$	487.5	487.5
	实配钢筋/mm²	1 272	1 017
		5⌀18	4⌀18
−1	$M/\text{kN}\cdot\text{m}$	173.26	92.86
	$b'_f \times h_0/\text{mm}\times\text{mm}$	2 000×615	1 300×615
	$\alpha_1 f_c b'_f h'_f(h_0-0.5h'_f)$	1 615.9	1 050.335
	$\alpha_s = M/(\alpha_1 f_c b'_f h_0^2)$	0.016 0	0.013 2
	$\xi = 1-\sqrt{1-2\alpha_s}$	0.016 1	0.013 3
		$<\xi_b$	$<\xi_b$
	$A_s = \alpha_1 f_c b'_f h_0 \xi/f_y/\text{mm}^2$	789	422
	$A_{s,\min} = \rho_{\min}bh/\text{mm}^2$	487.5	487.5
	实配钢筋/mm²	1 272	1 017
		5⌀18	4⌀18

表 2.2.38 框架梁斜截面配筋计算表

层次		10				−1			
计算公式		梁BC		梁CD		梁BC		梁CD	
		左	右	左	右	左	右	左	右
V/kN		248.40	−258.08	146.61	−121.68	212.75	−218.64	181.83	−168.05
$b\times h_0/\text{mm}\times\text{mm}$		300×615	300×615	300×615	300×615	300×615	300×615	300×615	300×615
$0.2\beta_c f_c bh_0/\text{kN}$		527.67	527.67	527.67	527.67	527.67	527.67	527.67	527.67
截面尺寸要求		>V满足	>V满足	>V满足	>V满足	>V满足	>V满足	>V满足	>V满足

续表

层 次		10				-1			
计算公式		梁 BC		梁 CD		梁 BC		梁 CD	
		左	右	左	右	左	右	左	右
$0.7f_tbh_0/\text{kN}$		184.68	184.68	184.68	184.68	184.68	184.68	184.68	184.68
是否构造配箍		<V 否	<V 否	>V 是	>V 是	<V 否	<V 否	>V 是	>V 是
$\dfrac{A_{sv}}{S}=\dfrac{V-0.7f_tbh_0}{1.25f_{yv}h_0}$		0.3947 >0	0.4546 >0			0.1738 >0	0.2103 >0		
取双肢箍 $A_{sv}=157/\text{mm}^2$		2Φ10	2Φ10	2Φ10	2Φ10	2Φ10	2Φ10	2Φ10	2Φ10
S		<250	<250	<350	<350	<250	<250	<350	<350
实配箍筋	非加密区	2Φ10@200	2Φ10@200	2Φ10@200	2Φ10@200	2Φ10@200	2Φ10@200	2Φ10@200	2Φ10@200
	加密区	2Φ10@100	2Φ10@100	2Φ10@100	2Φ10@100	2Φ10@100	2Φ10@100	2Φ10@100	2Φ10@100
$\rho_{sv,\min}=0.28f_t/f_{yv}$		0.191%	0.191%	0.191%	0.191%	0.191%	0.191%	0.191%	0.191%
$\rho_{sv}=A_{sv}/bs$		0.262%	0.262%	0.262%	0.262%	0.262%	0.262%	0.262%	0.262%

2.2.9.2 框架柱截面设计

以 -1 层 C 柱为例计算,其余各柱通过表格形式计算,具体过程详见截面设计表(表 2.2.39 ~ 表 2.2.44)。

1. 非抗震设计

(1) 轴压比验算

-1 层 C 柱

$$N_{\max}=6334.36 \text{ kN}$$

轴压比:

$$\mu_N=\frac{N}{f_cA_c}=\frac{6334.36\times 10^3 \text{ N}}{14.3 \text{ N/mm}^2\times 750^2 \text{ mm}^2}=0.787<[1.05]$$

满足要求。

(2) 截面尺寸复核

取 $a_s=a_s'=40 \text{ mm}$

$$h_0=h-a_s'=750 \text{ mm}-40 \text{ mm}=710 \text{ mm},$$

因为 $h_w/b=710/750=0.946<4$

所以 $0.25\beta_c f_c bh_0=0.25\times 1.0\times 14.3 \text{ N/mm}^2\times 750 \text{ mm}\times 710 \text{ mm}=1903.68 \text{ kN}>V_{\max}89.37 \text{ kN}$

满足要求。

(3) 正截面受弯承载力计算

柱同一截面分别承受正反向的弯矩故采用对称配筋。

-1层C柱：

$$N_b = f_c b h_0 \xi_b = 1.0 \times 14.3 \text{ N/mm}^2 \times 710 \text{ mm} \times 750 \text{ mm} \times 0.518 = 3944.4 \text{ kN}$$

根据内力组合表可知，初步确定：

大偏心受压的内力组合有：

$$M = 111.08 \text{ kN} \cdot \text{m}; \ N = 3584.43 \text{ kN}$$

$$M = -157.94 \text{ kN} \cdot \text{m}; \ N = 365.56 \text{ kN}; \ V = 75.78 \text{ kN} \quad (N < N_b)$$

其余都为小偏心受压，选用 M 大 N 大的组合：

$$M = 113.81 \text{ kN} \cdot \text{m}; \ N = 6334.36 \text{ kN}; \ V = -38.48 \text{ kN}$$

大偏心受压的计算：

$$0.3h_0 = 0.3 \times 710 \text{ mm} = 213 \text{ mm}$$

柱的计算高度

$$l_0 = 1.0H = 4.2 \text{ m}$$

$$e_0 = M/N = 111.08 \text{ kN} \cdot \text{m}/3584.43 \text{ kN} \times 10^3 = 30.99 \text{ mm},$$

$$l_0/h = 4200/750 = 5.6 > 5 (长柱)$$

$$e_a = h/30 = 750 \text{ mm}/30 = 25 \text{ mm} > 20 \text{ mm}$$

$$e_i = e_0 + e_a = 30.99 \text{ mm} + 25 \text{ mm} = 55.99 \text{ mm}$$

$$\zeta_1 = 0.5 f_c A/N = (0.5 \times 14.3 \text{ N/mm}^2 \times 750^2 \text{ mm}^2)/(3584.43 \times 10^3 \text{ N}) = 1.12 > 1.0$$

取 1.0。

$$\zeta_2 = 1.15 - 0.01 l_0/h; \ l_0/h = 5.6 < 15$$

取 $\zeta_2 = 1.0$。

$$\eta = 1 + \frac{1}{1400 \frac{e_i}{h_0}} \left(\frac{l_0}{h}\right)^2 \zeta_1 \zeta_2 = 1 + \frac{1}{1400 \times \frac{55.99}{710}} 5.6^2 \times 1.0 \times 1.0 = 1.284$$

$$\eta e_i = 1.284 \times 55.99 = 71.894 \text{ mm} < 0.3h_0 = 213 \text{ mm}$$

$$e = \eta e_i + \frac{h}{2} - a_s = 71.894 \text{ mm} + \frac{750}{2} \text{ mm} - 40 \text{ mm} = 406.89 \text{ mm}$$

$$x = \frac{N}{(\alpha_1 f_c b)} = 3584.43 \times 10^3 \text{ N}/(1 \times 14.3 \text{ N/mm}^2 \times 750 \text{ mm}) = 334.213 \text{ mm}$$

$$\xi = \frac{x}{h_0} = \frac{334.213}{710} = 0.471 < \xi_b = 0.518$$

$$A_s = A_s' = \frac{Ne - \alpha_1 f_c b x (h_0 - x/2)}{f_y' (h_0 - a_s')}$$

$$= \frac{3584.43 \times 10^3 \times 406.89 - 1 \times 14.3 \times 750 \times 334.213 \times (710 - 334.213/2)}{360 \times (710 - 40)} < 0$$

故按构造配筋单侧

$$A_{s\min} = 0.002 \times 750 \times 750 \text{ mm}^2 = 1125 \text{ mm}^2$$

每侧实配钢筋为 2⊕25 + 3⊕22 ($A_s = A_s' = 2122 \text{ mm}^2$)。

其余各组内力计算过程类同，计算详见框架柱正截面受弯承载力计算表。

(4) 垂直于弯矩作用平面的受压承载力验算

-1层C柱

$$N_{max} = 6\ 334.36\ \text{kN}$$
$$l_0/b = 4\ 200/750 = 5.6$$

查表得 $\varphi = 1.0$。

$$0.9\varphi(f'_y A'_s + f_c A) = 0.9 \times 1.0 \times (360 \times 2\ 122 + 14.3 \times 750 \times 750)$$
$$= 8\ 614.43\ \text{kN} > 6\ 334.36\ \text{kN}$$

满足要求。

(5) 裂缝宽度验算

-1层C柱

$$e_0/h_0 = 30.99/710 = 0.044 < 0.55$$

可不验算裂缝宽度。

B柱非抗震正截面受弯承载力计算见表 2.2.39；C柱非抗震正截面受弯承载力计算见表 2.2.40；B、C柱非抗震斜截面受剪承载力计算见表 2.2.41。

2. 抗震设计

(1) 具体计算过程详见截面设计计算表

B柱抗震正截面受弯承载力计算见表 2.2.42；C柱抗震正截面受弯承载力计算见表 2.2.43；B、C柱抗震斜截面受剪承载力计算见表 2.2.44。

(2) 强节点弱构件设计(取第四层框架柱C节点计算)

$$V_j = \frac{\eta_{jb} \sum M_b}{h_{b0} - a'_s}\left(1 - \frac{h_{b0} - a'_s}{H_c - h_b}\right) = \frac{1.2 \times 663.86}{0.615 - 0.035} \times \left(1 - \frac{0.615 - 0.035}{1.25 \times 3.3 - 0.65}\right)\ \text{kN} = 1\ 144.25\ \text{kN}$$

即：

$$V_j = 1\ 144.25\ \text{kN}$$
$$b_j = b_b + 0.5 h_c = 300\ \text{mm} + 0.5 \times 750\ \text{mm} = 675\ \text{mm} < b_j = b_c = 750\ \text{mm}$$

故取 $b_j = 675\ \text{mm}$。

$$\frac{1}{\gamma_{RE}}(0.3 \times \eta_j f_c b_j h_j) = \frac{1}{0.85} \times (0.3 \times 1 \times 14.3\ \text{N/mm}^2 \times 675\ \text{mm} \times 750\ \text{mm}) = 2\ 555.1\ \text{kN} > V_j$$

故节点核心区的剪力设计值符合要求。

(3) 节点核心区受剪承载力验算

节点箍筋选用 8ϕ10@100，则

$$\frac{1}{\gamma_{RE}}\left(1.1 \times \eta_j f_t b_j h_j + 0.05 \eta_j N \frac{b_j}{b_c} + f_{yv} A_{svj} \frac{h_{b0} - a'_s}{s}\right)$$

$$= \frac{1}{0.85} \times \left(1.1 \times 1 \times 1.43\ \text{N/mm}^2 \times 675\ \text{mm} \times 750\ \text{mm} + 0.05 \times 1.0 \times 1\ 523.86 \times 10^3\ \text{N} \times \frac{675\ \text{mm}}{750\ \text{mm}} + 210\ \text{N/mm}^2 \times 561.3\ \text{mm}^2 \times \frac{615\ \text{mm} - 35\ \text{mm}}{100\ \text{mm}}\right)$$

$$= 1\ 741.17\ \text{kN} > V_j = 1\ 144.25\ \text{kN}$$

故节点核心区受剪承载力满足要求。

表 2.2.39 框架 B 柱正截面受弯承载力计算(非抗震)

	计 算 公 式		−1层 B 柱内力组合				5层 B 柱内力组合		10层 B 柱内力组合	
			第4组	第5组	第6组	第8组	第1组	第7组	第1组	第6组
内力	$\lvert M \rvert$/kN·m		122.63	91.21	45.61	30.44	127.05	80.22	287.91	167.55
内力	N/kN		2 990.40	4 507.24	4 587.89	3 573.25	2 488.32	1 913.72	434.25	496.79
内力	$\lvert V \rvert$/kN		23.33		32.58	21.75				136.14
轴压比验算	$\mu_N = N/f_c A_c$		0.372	0.560	0.570	0.444	0.309	0.238	0.054	0.062
轴压比验算	极限轴压比[1.05]		满足	满足	满足	满足	满足	满足	满足	满足
截面	$b \times h$/mm × mm		750×750	750×750	750×750	750×750	750×750	750×750	750×750	750×750
柱高	H/m		4.2	4.2	4.2	4.2	3.3	3.3	3.3	3.3
柱的计算长度	$l_0 = 1.0H$(底层)或 $1.25H$(其他层)		4.2	4.2	4.2	4.2	4.125	4.125	4.125	4.125
柱的计算长度	水平荷载产生的弯矩设计值占总弯矩设计值的75%以上时	$l_0 = [1+0.15(\psi_u+\psi_t)]H$	5.68							
柱的计算长度	水平荷载产生的弯矩设计值占总弯矩设计值的75%以上时	$l_0 = [2+0.2\psi_{\min}]H$	8.4							
柱的计算长度	水平荷载产生的弯矩设计值占总弯矩设计值的75%以上时	两者取较小值	5.68							
基本项目	$a_s = a'_s$/mm		40	40	40	40	40	40	40	40
基本项目	h_0/mm		710	710	710	710	710	710	710	710
基本项目	$e_0 = M/N$/mm		41.009	20.237	9.942	8.520	51.059	41.918	662.999	337.263
基本项目	是否需验算偏心距增大系数 e_0/h_0;极限[0.55]		0.058	0.029	0.014	0.012	0.072	0.059	0.934	0.475
基本项目	$e_a = \text{Max}[20, h/30]$/mm		25	25	25	25	25	25	25	25
基本项目	l_0/h		7.57	5.6	5.6	5.6	5.5	5.5	5.50	5.50
基本项目	是否考虑		>5 考虑	>5 考虑	>5 考虑	>5 考虑	>5 考虑	>5 考虑	>5 考虑	>5 考虑
基本项目	$e_i = e_0 + e_a$/mm		66.009	45.237	34.942	33.520	76.059	66.918	687.999	362.263
基本项目	$\zeta_1 = 0.5f_c A/N$		1.345	0.892	0.877	1.126	1.616	2.102	9.262	8.096
基本项目	>1 时取为 1.0		1.00	0.892	0.877	1.000	1.00	1.00	1.000	1.000
基本项目	$\zeta_2 = 1.15 - 0.01 l_0/h$		1.00	1.00	1.00	1.00	1.00	1.00	1.00	1.00
基本项目	$l_0/h < 15$ 时取为 1.0		1.00	1.00	1.00	1.00	1.00	1.00	1.00	1.00
基本项目	$\eta = 1 + \dfrac{1}{1\,400 e_i/h_0}\left(\dfrac{l_0}{h}\right)^2 \zeta_1\zeta_2$		1.44	1.314	1.399	1.474	1.202	1.229	1.022	1.042

续表

基本项目	计算公式		−1层B柱内力组合				5层B柱内力组合		10层B柱内力组合	
			第4组	第5组	第6组	第8组	第1组	第7组	第1组	第6组
	ηe_i/mm		66.009	59.428	48.884	49.424	91.400	82.259	703.340	377.604
	$0.3h_0$/mm		213	213	213	213	213	213	213	213
	$N_b = \alpha_1 f_c bh_0 \xi_b$/kN		3 944.44	3 944.44	3 944.44	3 944.44	3 944.44	3 944.44	3 944.44	3 944.44
	$\eta e_i - 0.3h_0$/mm	$N - N_b$	−954	563	643	−371	−1 456	−2 031	−3 510.19	−3 447.65
			−118			−164				
			−147			−179				
	大、小偏心受压的判定	类型	大偏压	小偏压	小偏压	大偏压	大偏压	大偏压	大偏压	大偏压
		ξ_b	0.518	0.518	0.518	0.518	0.518	0.518	0.518	0.518
大偏心受压的计算	$e = \eta e_i + 0.5h - a_s$/mm		430.05	394.43	383.88	384.42	426.40	417.26	1 038.34	712.60
	$x = N/\alpha_1 f_c b$/mm		278.825			333.170	232.011	178.436	40.490	46.320
	$x < 2a_s'$ 时取为 $2a_s'$								80	80
	$\xi = x/h_0$		0.393			0.469	0.327	0.251	0.057	0.065
			$<\xi_b$	$>\xi_b$	$>\xi_b$	$<\xi_b$	$<\xi_b$	$<\xi_b$	$<\xi_b$	$<\xi_b$
	$A_s' = A_s = \dfrac{Ne - \alpha_1 f_c bx(h_0 - x/2)}{f_y(h_0 - a_s')}$		−1 742			−2 355	−1 729	−1 615	663	88
				0.637	0.657					
小偏心受压的计算	$\xi = \dfrac{N - \xi_b \alpha_1 f_c bh_0}{\dfrac{Ne - 0.43\alpha_1 f_c bh_0^2}{(\beta_1 - \xi_b)(h_0 - a_s')} + \alpha_1 f_c bh_0} + \xi_b$			$>\xi_b$	$>\xi_b$					
	$A_s' = A_s = \dfrac{Ne - \xi(1 - 0.5\xi)\alpha_1 f_c bh_0^2}{f_y(h_0 - a_s')}$			−2 362	−2 586					
单侧	$A_{s,min} = \rho_{min} bh$/mm², $\rho_{min} = 0.2\%$	单侧	1 125	1 125	1 125	1 125	1 125	1 125	1 125	1 125
全部	$A_{s,min} = \rho_{min} bh$/mm², $\rho_{min} = 0.6\%$	单侧	3 375	3 375	3 375	3 375	3 375	3 375	3 375	3 375
	实配钢筋/mm²					2 122				
						2 ⌀ 25 + 3 ⌀ 22				
		总配筋率				1.225%				

表 2.2.40 框架 C 柱正截面受弯承载力计算（非抗震）

计算公式			-1层 C 柱内力组合				5层 C 柱内力组合		10层 C 柱内力组合		
			第2组	第4组	第8组	第12组	第2组	第6组	第6组	第7组	第8组
内力		$\|M\|/\text{kN}\cdot\text{m}$	113.81	157.94	26.17	32.06	4.75	156.24	130.87	160.02	97.34
		N/kN	6 334.36	3 056.12	6 131.51	5 412.28	3 465.98	2 824.05	592.81	634.14	697.07
		$\|V\|/\text{kN}$	38.48	75.78	22.12	27.10	3.56	117.89	126.90		97.12
轴压比验算		$\mu_N = N/f_c A_c$	0.787	0.455	0.762	0.673	0.431	0.351	0.074	0.079	0.087
		极限轴压比[1.05]	满足	满足	满足	满足	满足	满足	满足	满足	满足
截面		$b\times h/\text{mm}\times\text{mm}$	750×750	750×750	750×750	750×750	750×750	750×750	750×750	750×750	750×750
柱高		H/m	4.2	4.2	4.2	4.2	3.3	3.3	3.3	3.3	3.3
柱的计算长度	$l_0 = 1.0H$（底层）或 $1.25H$（其他层）			4.2	4.2	4.2		4.125	4.125	4.125	4.125
	水平荷载产生的弯矩设计值占总弯矩设计值的75%以上时	$l_0 = [1+0.15(\psi_u+\psi_l)]H$	5.68	5.68			6.01				
		$l_0 = [2+0.2\psi_{\min}]H$	8.4	8.4			8.41				
		两者取较小值	5.68	5.68			6.01				
基本项目		$a_s = a_s'/\text{mm}$	40	40	40	40	40	40	40	40	40
		h_0/mm	710	710	710	710	710	710	710	710	710
		$e_0 = M/N/\text{mm}$	17.967	43.199	4.268	5.924	1.370	55.325	220.762	252.342	139.642
		是否需裂缝宽度验算 e_0/h_0；极限[0.55]	0.025	0.061	0.006	0.008	0.002	0.078	0.311	0.355	0.197
		$e_a = \text{Max}[20, h/30]/\text{mm}$	25	25	25	25	25	25	25	25	25
		$e_i = e_0 + e_a/\text{mm}$	42.967	68.199	29.268	30.924	26.370	80.325	245.762	277.342	164.642
		l_0/h	7.57	7.57	5.6	5.6	8.02	5.5	5.50	5.5	5.5
		是否考虑偏心距增大系数	>5考虑	>5考虑	>5考虑	>5考虑	>5考虑	>5考虑	>5考虑	>5考虑	>5考虑
		$\zeta_1 = 0.5 f_c A/N$	0.635	1.100	0.656	0.743	1.160	1.424	6.784	6.342	5.770
		>1 时取为 1.0	0.635	1.00	0.656	0.743	1.00	1.00	1.000	1.000	1.000
		$\zeta_2 = 1.15 - 0.01 l_0/h$	1.00	1.00	1.00	1.00	1.00	1.00	1.00	1.00	1.00
		$l_0/h < 15$ 时取为 1.0									
		$\eta = 1 + \dfrac{h_0}{1\,400 e_i}\left(\dfrac{l_0}{h}\right)^2 \zeta_1\zeta_2$	1.429	1.426	1.356	1.382	2.236	1.191	1.062	1.055	1.093

续表

计算公式	第2组	−1层C柱内力组合 第4组	第8组	第12组	5层C柱内力组合 第2组	第6组	10层C柱内力组合 第6组	第7组	第8组
$\eta e_i / \mathrm{mm}$	61.408	97.243	39.700	42.742	58.961	95.666	261.103	292.683	179.983
$0.3h_0/\mathrm{mm}$	213	213	213	213	213	213	213	213	213
$N_b = \alpha_1 f_c b h_0 \xi_b /\mathrm{kN}$	3 944.44	3 944.44	3 944.44	3 944.44	3 944.44	3 944.44	3 944.44	3 944.44	3 944.44
大、小偏心受压的判定 $N - N_b$	2 390	−288	2 187	1 468	−478	−1 120	−3 351.63	−3 310.30	−3 247.37
$\eta e_i - 0.3 h_0 /\mathrm{mm}$		−116							
		−145							
类型	小偏压	大偏压	小偏压	小偏压	大偏压	大偏压	大偏压	大偏压	大偏压
ξ_b	0.518	0.518	0.518	0.518	0.518	0.518	0.518	0.518	0.518
$e = \eta e_i + 0.5h - a_s/\mathrm{mm}$	396.41	432.24	374.70	377.74	393.96	430.67	596.10	627.68	514.98
$x = N/\alpha_1 f_c b /\mathrm{mm}$		340.897			323.168	263.315	55.274	59.127	64.995
$x < 2a_s'$ 时取为 $2a_s'$							80	80	80
大偏心受压的计算 $\xi = x/h_0$		0.480			0.455	0.371	0.078	0.083	0.092
$A_s' = A_s = \dfrac{Ne - \alpha_1 f_c b x(h_0 - x/2)}{f_y(h_0 - a_s')}$	$> \xi_b$	$< \xi_b$	$> \xi_b$	$> \xi_b$	$< \xi_b$	$< \xi_b$	$< \xi_b$	$< \xi_b$	$< \xi_b$
		−1 627			−2 219	−1 729	−182	−111	−448
小偏心受压的计算 $\xi = \dfrac{N - \xi_b \alpha_1 f_c b h_0^2}{(\beta_1 - \xi_b)(h_0 - a_s')} + \xi_b$	0.796		0.811	0.757					
$\dfrac{N - 0.43 \alpha_1 f_c b h_0^2}{f_y(h_0 - a_s')} + \alpha_1 f_c b h_0$									
$A_s' = A_s = \dfrac{Ne - \xi(1 - 0.5\xi)\alpha_1 f_c b h_0^2}{f_y(h_0 - a_s')}$	−330		−1 281	−2 072					
单侧 实配钢筋/mm²	1 125	1 125	1 125	1 125	1 125	1 125	1 125	1 125	1 125
全部	3 375	3 375	3 375	3 375	3 375	3 375	3 375	3 375	3 375

单侧 $A_{s,\min} = \rho_{\min} bh /\mathrm{mm}^2, \rho_{\min} = 0.2\%$	单侧	2 ⌀ 25 + 3 ⌀ 22
全部 $A_{s,\min} = \rho_{\min} bh /\mathrm{mm}^2, \rho_{\min} = 0.6\%$	单侧	2 122
	总配筋率	1.225%

表 2.2.41 框架柱斜截面受剪承载力计算表（非抗震）

计 算 公 式	-1层 B柱 第 2 组	5层 B柱 第 2 组	10层 B柱 第 2 组	10层 B柱 第 4 组	-1层 C柱 第 4 组	-1层 C柱 第 6 组	5层 C柱 第 4 组	5层 C柱 第 6 组	10层 C柱 第 4 组	10层 C柱 第 6 组
$\lvert M \rvert /\text{kN} \cdot \text{m}$	181.42	127.18	174.72	100.99	157.94	174.02	111.98	156.24	77.41	130.87
N/kN	4 650.97	2 544.27	490.20	357.02	3 656.12	5 014.30	2 082.15	2 824.05	464.47	592.81
$\lvert V \rvert /\text{kN}$	71.75	77.04	140.19	84.35	75.78	89.37	84.49	117.89	79.16	126.90
$b \times h/\text{mm} \times \text{mm}$	750×750	750×750	750×750	750×750	750×750	750×750	750×750	750×750	750×750	750×750
H/m	4.2	3.3	3.3	3.3	4.2	4.2	3.3	3.3	3.3	3.3
$a_s = a_s'/\text{mm}$	40	40	40	40	40	40	40	40	40	40
$h_0/\text{mm} = h_w/\text{mm}$	710	710	710	710	710	710	710	710	710	710
剪跨比 $\lambda = M/Vh_0 \geq 3$ 时取为 3; ≤ 1 时取为 1	3.56	2.33	1.76	1.69	2.94	2.74	1.87	1.87	1.38	1.45
	3	2.33	1.76	1.69	2.94	2.74	1.87	1.87	1.38	1.45
h_w/b	0.95	0.95	0.95	0.95	0.95	0.95	0.95	0.95	0.95	0.95
$0.25 f_c b h_0/\text{kN}$	1 904	1 904	1 904	1 904	1 904	1 904	1 904	1 904	1 904	1 904
截面尺寸要求	>V 满足	>V 满足	>V 满足	>V 满足	>V 满足	>V 满足	>V 满足	>V 满足	>V 满足	>V 满足
$0.3 f_c A/\text{kN}$	2 413.13	2 413.13	2 413.13	2 413.13	2 413.13	2 413.13	2 413.13	2 413.13	2 413.13	2 413.13
$N \geq 0.3 f_c A$ 时，N 取为 $0.3 f_c A$	2 413.13	2 413.13	490.20	357.02	2 413.13	2 413.13	2 082.15	2 413.13	464.47	592.81
$\dfrac{1.75}{1+\lambda} f_t b h_0 + 0.07 N/\text{kN}$	333.31	400.93	483.67	496.08	338.78	356.23	464.99	465.03	560.57	543.39
是否构造配箍筋	>V 是	>V 是	>V 是	>V 是	>V 是	>V 是	>V 是	>V 是	>V 是	>V 是
$\dfrac{A_{sv}}{s} = \dfrac{V - \dfrac{1.75}{1+\lambda} f_t b h_0 - 0.07 N}{f_{yv} h_0}$										
取井字复合箍 $A_{sv} = 314 \text{ mm}^2$	4Φ10	4Φ10	4Φ10	4Φ10	4Φ10	4Φ10	4Φ10	4Φ10	4Φ10	4Φ10
s	<250	<250	<250	<250	<250	<250	<250	<250	<250	<250
实配箍筋 非加密区	4Φ10@150									
实配箍筋 加密区	4Φ10@100									

表 2.2.42 框架 B 柱正截面受弯承载力计算（抗震）

	计 算 公 式		-1层 B 柱内力组合			5层 B 柱内力组合		10层 B 柱内力组合	
			第 6 组	第 7 组	第 8 组	第 6 组	第 8 组	第 6 组	第 8 组
内力	$\gamma_{RE}\|M\|/kN\cdot m$		388.85	174.20	455.27	45.73	213.44	45.95	142.34
	$\gamma_{RE}N/kN$		1957.81	3479.10	3536.45	1112.46	1887.76	231.61	306.72
	$\|V\|/kN$		171.85		265.97	45.85	235.74	73.59	193.67
轴压比验算	$\mu_N = N/f_c A_c$		0.243	0.433	0.440	0.138	0.235	0.029	0.038
	极限轴压比[0.8]		满足	满足	满足	满足	满足	满足	满足
截面	$b\times h$/mm×mm		750×750	750×750	750×750	750×750	750×750	750×750	750×750
柱高	H/m		4.2	4.2	3.3	4.2	3.3	3.3	3.3
柱的计算长度	水平荷载产生的弯矩设计值占总弯矩设计值的75%以上时	$l_0=1.0H$（底层）或 $1.25H$（其他层）		4.2					
		$l_0=[1+0.15(\psi_u+\psi_l)]H$	5.68		5.68	6.01	4.125	4.125	4.125
		$l_0=[2+0.2\psi_{min}]H$	8.4		8.4	8.41			
		两者取较小值	5.68		5.68	6.01			
基本项目	$a_s=a_s'$/mm		40	40	40	40	40	40	40
	h_0/mm		710	710	710	710	710	710	710
	$e_0=M/N$/mm		198.616	50.070	128.736	41.105	113.066	198.389	464.088
	是否需裂缝宽度验算 e_0/h_0；极限[0.55]		0.280	0.071	0.181	0.058	0.159	0.279	0.654
	$e_a=\text{Max}[20, h/30]$/mm		25	25	25	25	25	25	25
	$e_i=e_0+e_a$/mm		223.616	75.070	153.736	66.105	138.066	223.389	489.088
	l_0/h		7.57	5.60	7.57	8.02	5.50	5.50	5.50
	是否考虑偏心距增大系数		>5 考虑	>5 考虑	>5 考虑	>5 考虑	>5 考虑	>5 考虑	>5 考虑
	$\zeta_1=0.5f_cA/N$		2.054	1.156	1.137	3.615	2.131	17.365	13.113
	>1 时取为 1.0		1.00	1.00	1.00	1.00	1.00	1.000	1.000
	$\zeta_2=1.15-0.01l_0/h$		1.00	1.00	1.00	1.00	1.00	1.00	1.00
	$l_0/h<15$ 时取为 1.0		1.00	1.00	1.00	1.00	1.00	1.00	1.00
	$\eta=1+\dfrac{1}{1400e_i/h_0}\left(\dfrac{l_0}{h}\right)^2\zeta_1\zeta_2$		1.130	1.212	1.189	1.493	1.111	1.069	1.031

2.2 结构设计

续表

基本项目	计算公式	-1层B柱内力组合			5层B柱内力组合		10层B柱内力组合	
		第6组	第7组	第8组	第6组	第8组	第6组	第8组
	ηe_i/mm	252.660	90.974	182.780	98.695	153.407	238.730	504.429
	$0.3h_0$/mm	213	213	213	213	213	213	213
	$N_b = \alpha_1 f_c bh_0 \xi_b$/kN	3 944.44	3 944.44	3 944.44	3 944.44	3 944.44	3 944.44	3 944.44
大、小偏心受压的判定	$N - N_b$	-1 987	-465	-408	-2 832	-2 057	-3 712.83	-3 637.72
	$\eta e_i - 0.3h_0$/mm	40	-122	-30	-114	-60	26	291
	类型	大偏压	小偏压	小偏压	小偏压	小偏压	大偏压	大偏压
	ξ_b	0.518	0.518	0.518	0.518	0.518	0.518	0.518
	$e = \eta e_i + 0.5h - a_s$/mm	587.66	425.97	517.78	433.70	488.41	573.73	839.43
	$x = N/\alpha_1 f_c b$/mm	182.546	324.392	329.739	103.726	176.015	21.596	28.599
	$x < 2a_s'$ 时取为 $2a_s'$						80	80
	$\xi = x/h_0$	0.257	0.457	0.464	0.146	0.248	0.030	0.040
		$<\xi_b$	$<\xi_b$	$<\xi_b$	$<\xi_b$	$<\xi_b$	$<\xi_b$	$<\xi_b$
大偏心受压的计算	$A_s' = A_s = \dfrac{Ne - \alpha_1 f_c bx(h_0 - x/2)}{f_y(h_0 - a_s')}$	-252	-1 757	-401	-1 035	-1 046	-92	215
小偏心受压的计算	$\xi = \dfrac{N - \xi_b \alpha_1 f_c bh_0}{\dfrac{N - 0.43\alpha_1 f_c bh_0^2}{(\beta_1 - \xi_b)(h_0 - a_s')} + \alpha_1 f_c bh_0} + \xi_b$							
	$A_s' = A_s = \dfrac{Ne - \xi(1 - 0.5\xi)\alpha_1 f_c bh_0^2}{f_y(h_0 - a_s')}$							
单侧	$A_{s,\min} = \rho_{\min} bh/\text{mm}^2, \rho_{\min} = 0.2\%$	1 125	1 125	1 125	1 125	1 125	1 125	1 125
全部	$A_{s,\min} = \rho_{\min} bh/\text{mm}^2, \rho_{\min} = 0.8\%$	4 500	4 500	4 500	4 500	4 500	4 500	4 500
实配钢筋/mm²	单侧				2 233			
	单侧				3⊕25+2⊕22			
	总配筋率				1.309%			

表 2.2.43 框架 C 柱正截面受弯承载力计算（抗震）

	计 算 公 式	-1层 C柱内力组合			5层 C柱内力组合		10层 C柱内力组合		
		第 8 组	第 10 组	第 12 组	第 8 组	第 12 组	第 2 组	第 7 组	第 8 组
内力	$\gamma_{RE}\|M\|/\text{kN}\cdot\text{m}$	456.80	456.80	413.19	318.65	271.49	1.18	176.38	164.80
	$\gamma_{RE}N/\text{kN}$	2 625.91	3 273.91	4 502.13	1 523.86	2 380.82	402.22	274.06	311.35
	$\|V\|/\text{kN}$	311.85	311.85	255.17	348.33	233.45	3.67		193.13
轴压比验算	$\mu_N = N/f_c A_c$	0.326	0.407	0.560	0.189	0.296	0.050	0.034	0.039
	极限轴压比[0.8]	满足	满足	满足	满足	满足	满足	满足	满足
截面	$b \times h/\text{mm} \times \text{mm}$	750×750	750×750	750×750	750×750	750×750	750×750	750×750	750×750
柱高	H/m	4.2	4.2	4.2	3.3	3.3	3.3	3.3	3.3
柱的计算长度	$l_0 = 1.0H$（底层）或 $1.25H$（其他层）						4.125	4.125	4.125
	水平荷载产生的 $l_0=[1+0.15(\psi_u+\psi_l)]H$ 弯矩设计值占总弯	5.68	5.68	5.68	6.01	6.01			
	矩设计值的 75% $l_0=[2+0.2\psi_{\min}]H$ 以上时	8.4	8.4	8.4	8.41	8.41			
	两者取较小值	5.68	5.68	5.68	6.01	6.01			
	$a_s = a'_s/\text{mm}$	40	40	40	40	40	40	40	40
	h_0/mm	710	710	710	710	710	710	710	710
	$e_0 = M/N/\text{mm}$	173.959	139.527	91.777	209.107	114.032	2.934	643.582	529.308
	是否需裂缝宽度验算 e_0/h_0；极限[0.55]	0.245	0.197	0.129	0.295	0.161	0.004	0.906	0.746
	$e_a = \text{Max}[20, h/30]/\text{mm}$	25	25	25	25	25	25	25	25
	$e_i = e_0 + e_a/\text{mm}$	198.959	164.527	116.777	234.107	139.032	27.934	668.582	554.308
	l_0/h	7.57	7.57	7.57	8.02	8.02	5.50	5.50	5.50
	是否考虑偏心距增大系数	>5考虑	>5考虑	>5考虑	>5考虑	>5考虑	>5考虑	>5考虑	>5考虑
基本项目	$\zeta_1 = 0.5 f_c A/N$	1.532	1.228	0.893	2.639	1.689	9.999	14.675	12.918
	>1 时取为 1.0	1.00	1.00	0.893	1.00	1.00	1.000	1.000	1.000
	$\zeta_2 = 1.15 - 0.01 l_0/h$								
	$l_0/h < 15$ 时取为 1.0	1.00	1.00	1.00	1.00	1.00	1.00	1.00	1.00
	$\eta = 1 + \dfrac{1}{1\,400 e_i/h_0}\left(\dfrac{l_0}{h}\right)^2 \zeta_1 \zeta_2$	1.146	1.177	1.222	1.139	1.234	1.549	1.023	1.028

续表

基本项目	计 算 公 式	-1层C柱内力组合			5层C柱内力组合		10层C柱内力组合			
		第8组	第10组	第12组	第8组	第12组	第2组	第7组	第8组	
	$\eta e_i /\text{mm}$	228.003	193.571	142.722	266.698	171.623	43.275	683.923	569.649	
	$0.3h_0/\text{mm}$	213	213	213	213	213	213	213	213	
	$N_b = \alpha_1 f_c bh_0 \xi_b /\text{kN}$	3 944.44	3 944.44	3 944.44	3 944.44	3 944.44	3 944.44	3 944.44	3 944.44	
大、小偏心受压的判定	$N - N_b$	-1 319	-671	558	-2 421	-1 564	-3 542.22	-3 670.38	-3 633.1	
	$\eta e_i - 0.3h_0/\text{mm}$	15	-19	-70	54	-41	-170	471	357	
	类型	大偏心压	大偏心压	小偏心压	大偏心压	大偏心压	大偏心压	大偏心压	大偏心压	
	ξ_b	0.518	0.518	0.518	0.518	0.518	0.518	0.518	0.518	
	$e = \eta e_i + 0.5h - a_s /\text{mm}$	563.00	528.57	477.72	601.70	506.62	378.27	1 018.92	904.65	
	$x = N/\alpha_1 f_c b /\text{mm}$	244.840	305.260	419.779	142.085	221.988	37.503	25.553	29.030	
	$x < 2a_s'$ 取为 $2a_s'$						80	80	80	
	$\xi = x/h_0$	0.345	0.430	0.591	0.200	0.313	0.053	0.036	0.041	
		$<\xi_b$	$<\xi_b$		$<\xi_b$	$<\xi_b$	$<\xi_b$	$<\xi_b$	$<\xi_b$	
大偏心受压的计算	$A_s' = A_s = \dfrac{Ne - \alpha_1 f_c bx(h_0 - x/2)}{f_y'(h_0 - a_s')}$	-268	-391		-235	-912	-486	396	303	
小偏心受压的计算	$\xi = \dfrac{N - \xi_b \alpha_1 f_c bh_0}{\dfrac{Ne - 0.43\alpha_1 f_c bh_0^2}{(\beta_1 - \xi_b)(h_0 - a_s')} + \alpha_1 f_c bh_0} + \xi_b$			0.601						
				$>\xi_b$						
	$A_s' = A_s = \dfrac{Ne - \xi(1 - 0.5\xi)\alpha_1 f_c bh_0^2}{f_y(h_0 - a_s')}$			-509						
单侧	$A_{s,\min} = \rho_{\min} bh/\text{mm}^2, \rho_{\min} = 0.2\%$	1 125	1 125	1 125	1 125	1 125	1 125	1 125	1 125	
全部	$A_{s,\min} = \rho_{\min} bh/\text{mm}^2, \rho_{\min} = 0.8\%$	4 500	4 500	4 500	4 500	4 500	4 500	4 500	4 500	
实配钢筋/mm²	单侧					3 $\oplus$ 25 + 2 $\oplus$ 22				
	单侧					2 233				
	总配筋率					1.309%				

表 2.2.44　框架柱斜截面受剪承载力计算表（抗震）

计算公式	-1层B 第2组	-1层B 第8组	-1层B 第6组	5层B柱 第8组	10层B柱 第2组	10层B柱 第8组	-1层C柱 第8组	-1层C柱 第10组	5层C柱 第6组	5层C柱 第8组	5层C柱 第6组	5层C柱 第8组
$\gamma_{RE}\|M\|/\text{kN}\cdot\text{m}$	364.22	455.27	388.85	213.44	123.71	142.34	453.16	456.80	251.44	318.65	121.00	164.80
$\gamma_{RE}N/\text{kN}$	3 536.45	3 536.45	1 957.81	1 887.76	306.72	1 112.46	2 625.91	3 273.91	1 878.83	1 523.86	376.22	311.35
$\gamma_{RE}\|V\|/\text{kN}$	175.77	226.08	148.24	200.38	155.65	164.62	207.94	265.07	241.90	296.08	143.08	164.16
$\mu_N = N/f_c A_c$	0.440	0.440	0.243	0.235	0.038	0.138	0.326	0.407	0.234	0.189	0.047	0.039
$b \times h/\text{mm} \times \text{mm}$	750×750	750×750	750×750	750×750	750×750	750×750	750×750	750×750	750×750	750×750	750×750	750×750
H/m	4.2	4.2	4.2	3.3	3.3	3.3	4.2	4.2	3.3	3.3	3.3	3.3
$a_s = a_s'/\text{mm}$	40	40	40	40	40	40	40	40	40	40	40	40
$h_0/\text{mm} = h_w/\text{mm}$	710	710	710	710	710	710	710	710	710	710	710	710
剪跨比　$\lambda = M/Vh_0 \geq 3$ 时取为 3；≤ 1 时取为 1	2.92	2.84	3.69	1.50	1.12	1.22	3.07	2.43	1.46	1.52	1.19	1.41
	2.92	2.84	3.00	1.50	1.12	1.22	3.00	2.43	1.46	1.52	1.00	1.41
h_w/b	0.95	0.95	0.95	0.95	0.95	0.95	0.95	0.95	0.95	0.95	0.95	0.95
$\lambda > 2$ 时 $0.20\beta_c f_c b h_0/\text{kN}$ $\lambda \leq 2$ 时 $0.15\beta_c f_c b h_0/\text{kN}$	1 523	1 523	1 523	1 142	1 142	1 142	1 523	1 523	1 142	1 142	1 142	1 142
截面尺寸要求	>V满足	>V满足	>V满足	>V满足	>V满足	>V满足	>V满足	>V满足	>V满足	>V满足	>V满足	>V满足

续表

计 算 公 式	-1层 B		-1层 B	5层 B柱	10层 B柱	-1层 C柱		5层 C柱		5层 C柱	
	第2组	第6组	第8组	第8组	第2组	第8组	第8组	第10组	第6组	第8组	第6组	第8组
$0.3f_cA/\text{kN}$ $N \geq 0.3f_cA$ 时, N 取为 $0.3f_cA$	2 413.13	2 413.13	2 413.13	2 413.13	2 413.13	2 413.13	2 413.13	2 413.13	2 413.13	2 413.13	2 413.13	2 413.13
	204.18	1 957.81	208.35	1 887.76	306.72	1 112.46	200.2	233.43	1 878.83	1 523.86	376.22	311.35
$\dfrac{1.05}{1+\lambda}f_tbh_0 + 0.056N/\text{kN}$		200.00		319.89	377.27	360.57			324.60	317.89	399.80	331.24
是否构造配箍筋	$>V$ 是	$>V$ 是	$<V$ 否	$>V$ 是	$>V$ 是	$>V$ 是	$<V$ 否	$<V$ 否	$>V$ 是	$>V$ 是	$>V$ 是	$>V$ 是
$\dfrac{A_{sv}}{s} = \dfrac{V - \dfrac{1.05}{1+\lambda}f_tbh_0 - 0.056N}{f_{yv}h_0}$		0.000 119					0.000 05	0.000 21				
柱最小配箍特征值 λ_v	0.10	0.10	0.10	0.08	0.08	0.08	0.08	0.09	0.08	0.08	0.08	0.08
加密区最小体积配箍率 $\rho_{V,\min} = \lambda_v f_c/f_{yv}$	0.80%	0.80%	0.80%	0.64%	0.64%	0.64%	0.64%	0.72%	0.64%	0.64%	0.64%	0.64%
加密区体积配箍率 ρ_v	0.91%	0.91%	0.91%	0.91%	0.91%	0.91%	0.91%	0.91%	0.91%	0.91%	0.91%	0.91%
非加密区体积配箍率 ρ_v	0.61%	0.61%	0.61%	0.61%	0.61%	0.61%	0.61%	0.61%	0.61%	0.61%	0.61%	0.61%
取井字复合箍 $A_{sV}=314/\text{mm}^2$	4Φ10	4Φ10	4Φ10	4Φ10	4Φ10	4Φ10	4Φ10	4Φ10	4Φ10	4Φ10	4Φ10	4Φ10
s	<250	<250	<250	<250	<250	<250	<250	<250	<250	<250	<250	<250
实配箍筋 非加密区	4Φ10@150											
实配箍筋 加密区	4Φ10@100											

2.2.10 基础设计

2.2.10.1 非抗震设计

取 C 柱基础设计。根据地下室地面标高为 -3.6 m,基顶标高为 -4.2 m,选取砾石层作为持力层,取 $f_{ak}=380$ kN/m²。取基础高度 1 000 mm,砾石层 $\gamma=20$ kN/m³;$\gamma'=10$ kN/m³。

1. 基础尺寸及埋置深度

(1) 按构造要求初步确定基础尺寸

按构造要求初步确定基础尺寸如图 2.2.27 所示,基础埋置深度为 0.6 m + 1.0 m = 1.6 m,采用 100 厚 C10 混凝土垫层,两边各延伸出 100 mm。

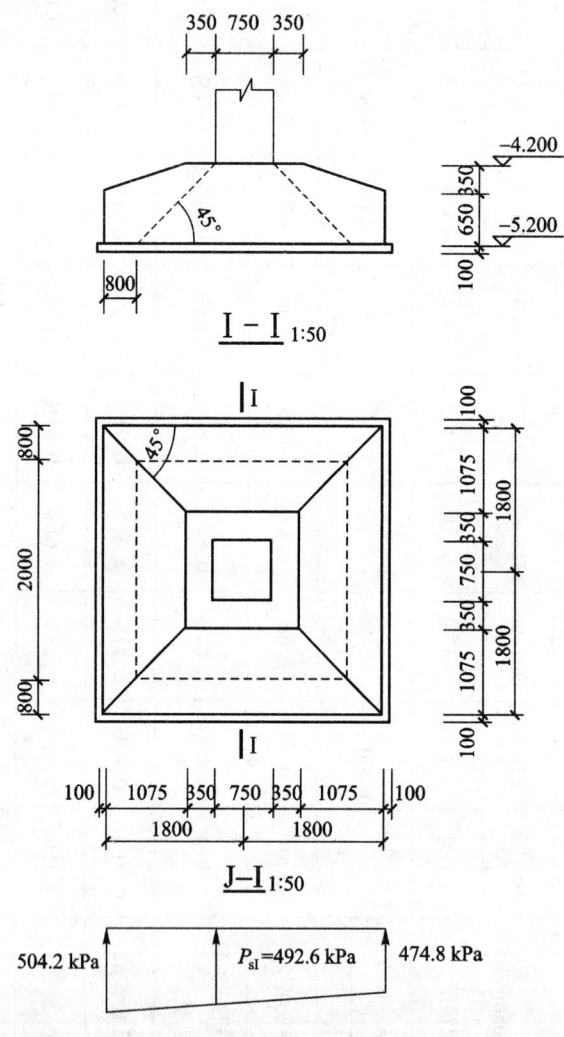

图 2.2.27 基础计算简图

(2) 按轴心受压基础初步估算基础底面积

$f_a = f_{ak} + \eta_d \gamma_m (d - 0.5) = 380 \text{ kPa} + 4.4 \times 10 \times (1.6 - 0.5) \text{ kPa} = 428.4 \text{ kPa}$

$$A_0 = \frac{N_{k,\max}}{f_a - \gamma_m d} = \frac{5\,191.15}{428.4 - 10 \times 1.6} \text{ m}^2 = 12.58 \text{ m}^2$$

$1.2 A_0 = 15.1 \text{ m}^2$

取 $a = b = 3.6$ m，须修正宽度。

$f_a = 428.4 \text{ kPa} + \eta_b \gamma (b - 3) = 428.4 \text{ kPa} + 3 \times 10 \times 0.6 \text{ kPa} = 446.4 \text{ kPa}$

$$\frac{N_{k,\max}}{f_a - \gamma_m d} = \frac{5\,191.15}{446.4 - 10 \times 1.6} \text{ m}^2 = 12.06 \text{ m}^2 < A = 3.6 \times 3.6 \text{ m}^2 = 12.96 \text{ m}^2$$

(3) 计算基底压力

1) 第一组内力组合

$$M_k = -89.65 \text{ kN·m}; \quad N_k = 5\,191.15 \text{ kN}; \quad V_k = -24.89 \text{ kN}$$

基础回填土重：

$G_k = 10 \times 1.6 \times 3.6 \times 3.6 \text{ kN} = 207.36 \text{ kN}$

$$e_k = \frac{M_k}{F_k + G_k} = \frac{89.65}{5\,191.15 + 207.36} \text{ m} = 0.016\,6 \text{ m} < \frac{l}{6} = 0.6 \text{ m}$$

$$W = \frac{1}{6} b a^2 = \frac{1}{6} \times 3.6 \times 3.6^2 \text{ m}^3 = 7.776 \text{ m}^3$$

$$P_{k,\max} = \frac{F_k + G_k}{l \cdot b}\left(1 + \frac{6 e_k}{l}\right) = \frac{5\,191.15 + 207.36}{3.6 \times 3.6}\left(1 + \frac{6 \times 0.016\,6}{3.6}\right) \text{ kPa} = 416.55 \times 1.027$$

$= 427.80 \text{ kPa}$

$$P_{k,\min} = \frac{F_k + G_k}{l \cdot b}\left(1 - \frac{6 e_k}{l}\right) = \frac{5\,191.15 + 207.36}{3.6 \times 3.6}\left(1 - \frac{6 \times 0.016\,6}{3.6}\right) \text{ kPa} = 416.55 \times 0.973$$

$= 405.30 \text{ kPa}$

$$P_k = \frac{P_{k,\max} + P_{k,\max}}{2} = 416.55 \text{ kPa}$$

2) 第二组内力组合

$$M_k = 126 \text{ kN·m}; \quad N_k = 3\,074.57 \text{ kN}; \quad V_k = 51.31 \text{ kN}$$

则

$$e_k = \frac{M_k}{F_k + G_k} = \frac{126}{3\,074.57 + 207.36} \text{ m} = 0.038 \text{ m} < \frac{l}{6} = 0.6 \text{ m}$$

$$P_{k,\max} = \frac{F_k + G_k}{l \cdot b}\left(1 + \frac{6 e_k}{l}\right) = \frac{3\,281.93}{3.6 \times 3.6}\left(1 + \frac{6 \times 0.038}{3.6}\right) \text{ kPa} = 253.23 \times 1.063\,3 \text{ kPa} = 269.27 \text{ kPa}$$

$$P_{k,\min} = \frac{F_k + G_k}{l \cdot b}\left(1 - \frac{6 e_k}{l}\right) = \frac{3\,281.93}{3.6 \times 3.6}\left(1 - \frac{6 \times 0.038}{3.6}\right) \text{ kPa} = 253.23 \times 0.936\,7 \text{ kPa} = 237.2 \text{ kPa}$$

$P_k = 253.23 \text{ kPa}$

（注：计算方法同第一组内力组合。）

3) 第三组内力组合

$M_k = 138.78 \text{ kN·m}; \quad N_k = 4\,152.48 \text{ kN}; \quad V_k = 60.43 \text{ kN}$

则

$$e_k = \frac{M_k}{F_k + G_k} = \frac{138.78}{4\,152.48 + 207.36}\ \text{m} = 0.031\,8\ \text{m} < \frac{l}{6} = 0.6\ \text{m}$$

$$P_{k,\max} = \frac{F_k + G_k}{l \cdot b}\left(1 + \frac{6e_k}{l}\right) = \frac{4\,359.29}{3.6 \times 3.6}\left(1 + \frac{6 \times 0.031\,8}{3.6}\right)\text{kPa} = 336.41 \times 1.053\ \text{kPa} = 354.24\ \text{kPa}$$

$$P_{k,\min} = \frac{F_k + G_k}{l \cdot b}\left(1 - \frac{6e_k}{l}\right) = \frac{4\,359.24}{3.6 \times 3.6}\left(1 - \frac{6 \times 0.031\,8}{3.6}\right)\text{kPa} = 336.41 \times 0.947\ \text{kPa} = 318.58\ \text{kPa}$$

$$P_k = 336.41\ \text{kPa}$$

综合以上三种内力组合可知最大边界应力为：

$$P_{k\max} = 427.8\ \text{kPa};\ P_{k\min} = 237.2\ \text{kPa};\ P_k = 416.55\ \text{kPa}$$

（4）持力层承载力验算

$$P_k = 415.55\ \text{kPa} < f_a = 446.4\ \text{kPa}$$

$$P_{k,\max} = 427.8\ \text{kPa} < 1.2f_a = 535.68\ \text{kPa}$$

$$P_{k,\min} = 237.2\ \text{kPa} > 0$$

均满足要求。

2. 基础高度验算

$M = -113.78\ \text{kN} \cdot \text{m};\ N = 6\,344.16\ \text{kN};\ V = -31.95\ \text{kN}$

$$e_0 = \frac{M}{N} = \frac{113.78}{6\,344.16}\ \text{m} = 0.018\ \text{m} < \frac{l}{6} = 0.6\ \text{m};$$

$$\left.\begin{array}{l}P_{n,\max}\\P_{n,\min}\end{array}\right\} = \frac{N}{lb}\left(1 \pm \frac{6e_0}{l}\right) = \frac{6\,344.16}{3.6 \times 3.6}\left(1 \pm \frac{6 \times 0.018}{3.6}\right)\text{kPa} = 489.5 \times (1 \pm 0.03)\ \text{kPa} = \left\{\begin{array}{l}504.2\ \text{kPa}\\474.8\ \text{kPa}\end{array}\right.$$

只需对柱边基础截面进行抗冲验算：

取 $a_s = 60\ \text{mm}$，$h_0 = 940\ \text{mm}$。

C30 级混凝土

$$f_t = 1.43\ \text{N/mm}^2;$$

$$a_t = a_c = 750\ \text{mm}（柱宽）$$

$$a_b = 750\ \text{mm} + 2 \times 940\ \text{mm} = 2\,630\ \text{mm}$$

$$a_m = \frac{1}{2}(a_t + a_b) = \frac{1}{2}(750 + 2\,630)\ \text{mm} = 1\,690\ \text{mm} = 1.69\ \text{m}$$

因偏心受压：

$$P_n = P_{n,\max} = 504.2\ \text{kPa}$$

$$A_l = \frac{1}{2}(2 + 3.6) \times 0.8\ \text{m}^2 = 2.24\ \text{m}^2$$

$$F_l = P_n A_l = 504.2 \times 2.24\ \text{kN} = 1\,129.41\ \text{kN}$$

$$\beta_h = 0.983\,3$$

$$0.7\beta_h f_t a_m h_0 = 0.7 \times 0.983\,3 \times 1.43\ \text{N/mm}^2 \times 1\,690\ \text{mm} \times 940\ \text{mm} = 1\,563.7\ \text{kN}$$

故 $0.7\beta_h f_t a_m h_0 > F_l$，满足冲切要求。

3. 配筋计算

$$P_n = \frac{1}{2}(504.2 + 492.6)\ \text{kPa} = 498.39\ \text{kPa}$$

$$M_I = \frac{P_n}{24}(l-a_c)^2(2b+b_c)$$
$$= \frac{1}{24} \times 498.38 \text{ kPa} \times (3.6 \text{ m} - 0.75 \text{ m})^2 \times (2 \times 3.6 \text{ m} + 0.75 \text{ m})$$
$$= \frac{1}{24} \times 498.39 \text{ kPa} \times 8.1225 \text{ m}^2 \times 7.95 \text{ m}$$
$$= 1340.93 \text{ kN} \cdot \text{m}$$

基础受力筋采用 HRB400 级 ($f_y = 360 \text{ N/mm}^2$) 钢筋,
$$A_{SI} = \frac{M_I}{0.9 h_0 f_y} = \frac{1340.93 \times 10^6}{0.9 \times 940 \times 360} \text{ mm}^2 = 4403 \text{ mm}^2;$$

选用 ⊥14@120,($A_s = 4618.8 \text{ mm}^2$);另一方向选用 ⊥14@150,($A_s = 3693.6 \text{ mm}^2$)。

2.2.10.2 抗震设计

两组最不利内力组合为:

$$\begin{cases} M_k = -316.44 \text{ kN} \cdot \text{m} \\ N_k = 4640.51 \text{ kN} \\ V_k = -109.59 \text{ kN} \end{cases} \quad \begin{cases} M_k = 352.78 \text{ kN} \cdot \text{m} \\ N_k = 3459.53 \text{ kN} \\ V_k = 135.35 \text{ kN} \end{cases}$$

(1)第一组内力计算

$$e_k = \frac{M_k}{F_k + G_k} = \frac{316.44}{4640.51 + 207.36} \text{ m} = 0.065 \text{ m} < l/6 = 0.6 \text{ m}$$

$$\left. \begin{array}{l} P_{kmax} \\ P_{kmin} \end{array} \right\} = \frac{4640.51 + 207.36}{3.6 \times 3.6} \times \left(1 \pm \frac{6 \times 0.065}{3.6}\right) \text{ kPa} = \begin{cases} 414.5 \text{ kPa} \\ 333.66 \text{ kPa} > 0 \end{cases}$$

(2)第二组内力计算

$$e_k = \frac{M_k}{F_k + G_k} = \frac{352.78}{3459.53 + 207.36} \text{ m} = 0.096 \text{ m} < l/6 = 0.6 \text{ m}$$

$$\left. \begin{array}{l} P_{kmax} \\ P_{kmin} \end{array} \right\} = \frac{3666.9}{3.6 \times 3.6} \times \left(1 \pm \frac{6 \times 0.096}{3.6}\right) \text{ kPa} = \begin{cases} 328.16 \text{ kPa} \\ 237.64 \text{ kPa} > 0 \end{cases}$$

(3)结论

根据以上两组内力计算可知:
$$P_{kmax} = 414.5 \text{ kPa} < 1.2 f_{aE} = 1.2 \zeta_a f_a = 1.2 \times 1.5 \times 446.4 \text{ kPa} = 803.5 \text{ kPa}$$
$$P = 374.06 < f_{aE} = 1.5 \times 446.4 \text{ kPa} = 669.6 \text{ kPa}$$

故基础满足抗震承载力要求。

2.2.11 施工图

工程结构计算的结果,最终要形成工程师的语言——施工图。结构设计一般应表达的内容包括:基础平面布置图,基础详图,二层结构平面布置图,标准层结构平面布置图,屋面结构平面布置图,以及框架模板配筋图。图纸应将结构位置、配筋数量、钢筋形状及构造做法一一表达清楚,对于材料、安全等级、尺寸单位等可在设计说明中表达。本例图2.2.28给出基础平面布置图,图2.2.29给出J-1及J-2的基础详图,图2.2.30给出标准层结构平面布置图,图2.2.32给出屋面结构平面布置图,图2.2.32给出框架模板配筋图(局部)。

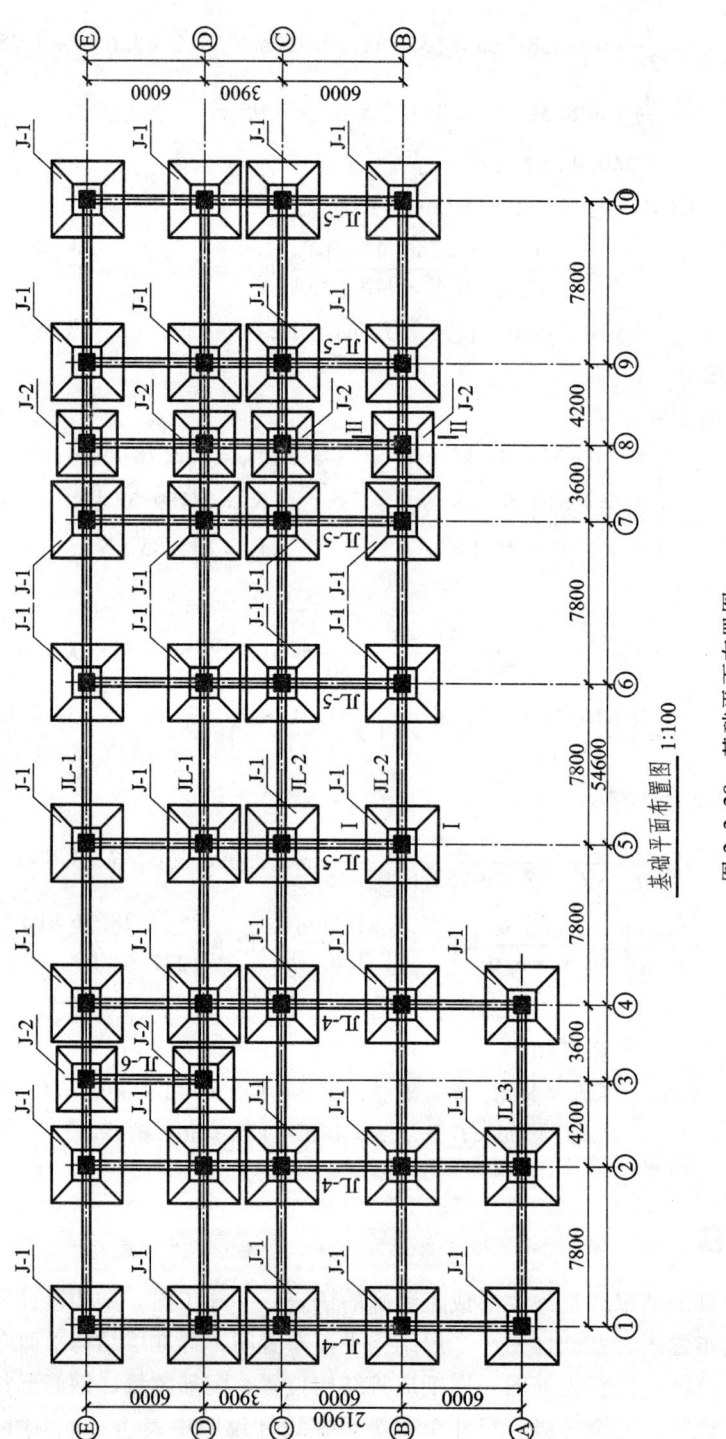

图 2.2.28 基础平面布置图

2.2 结构设计

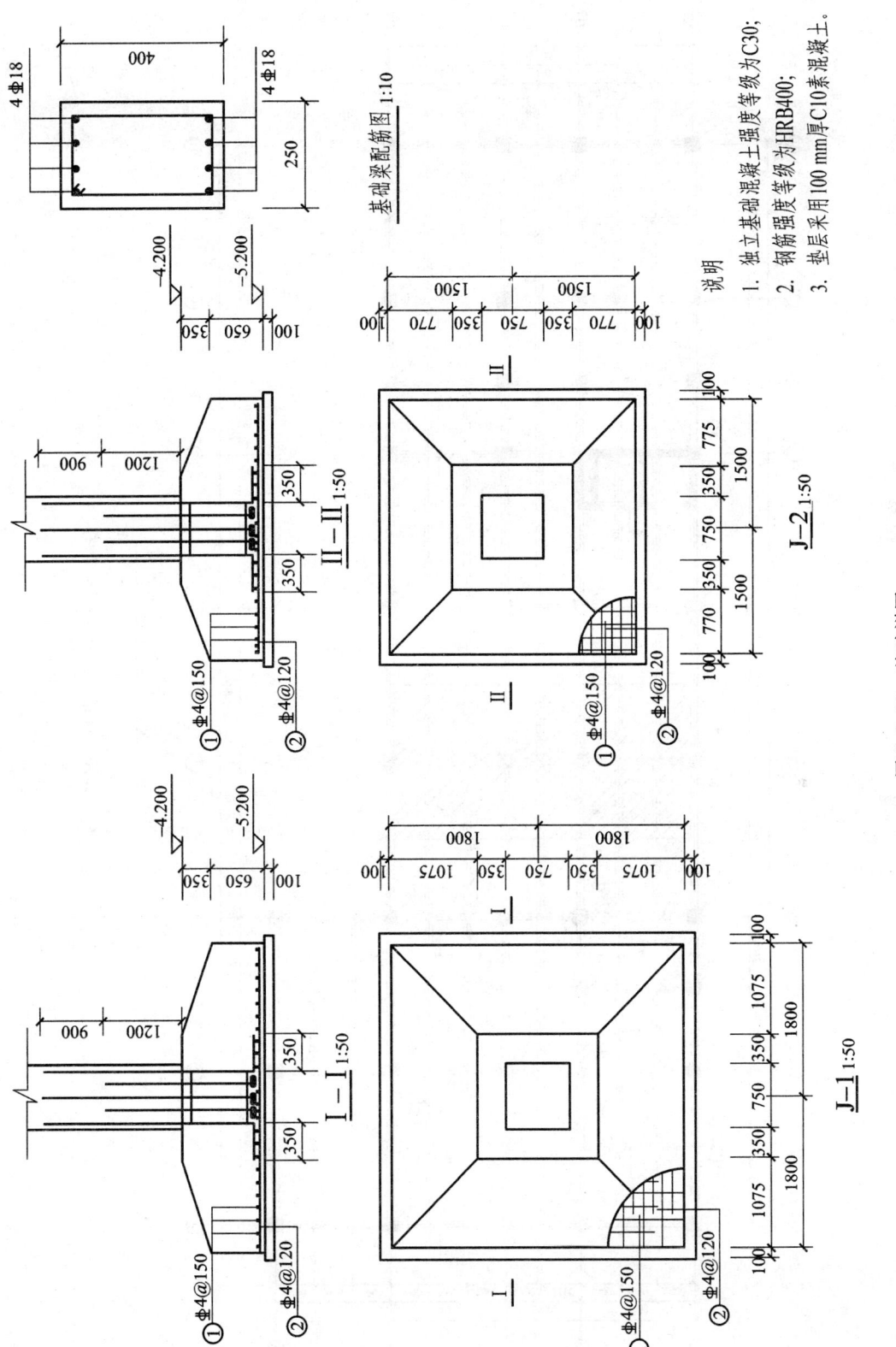

图 2.2.29 基础详图

第 2 章 高层钢筋混凝土框架结构房屋设计例题

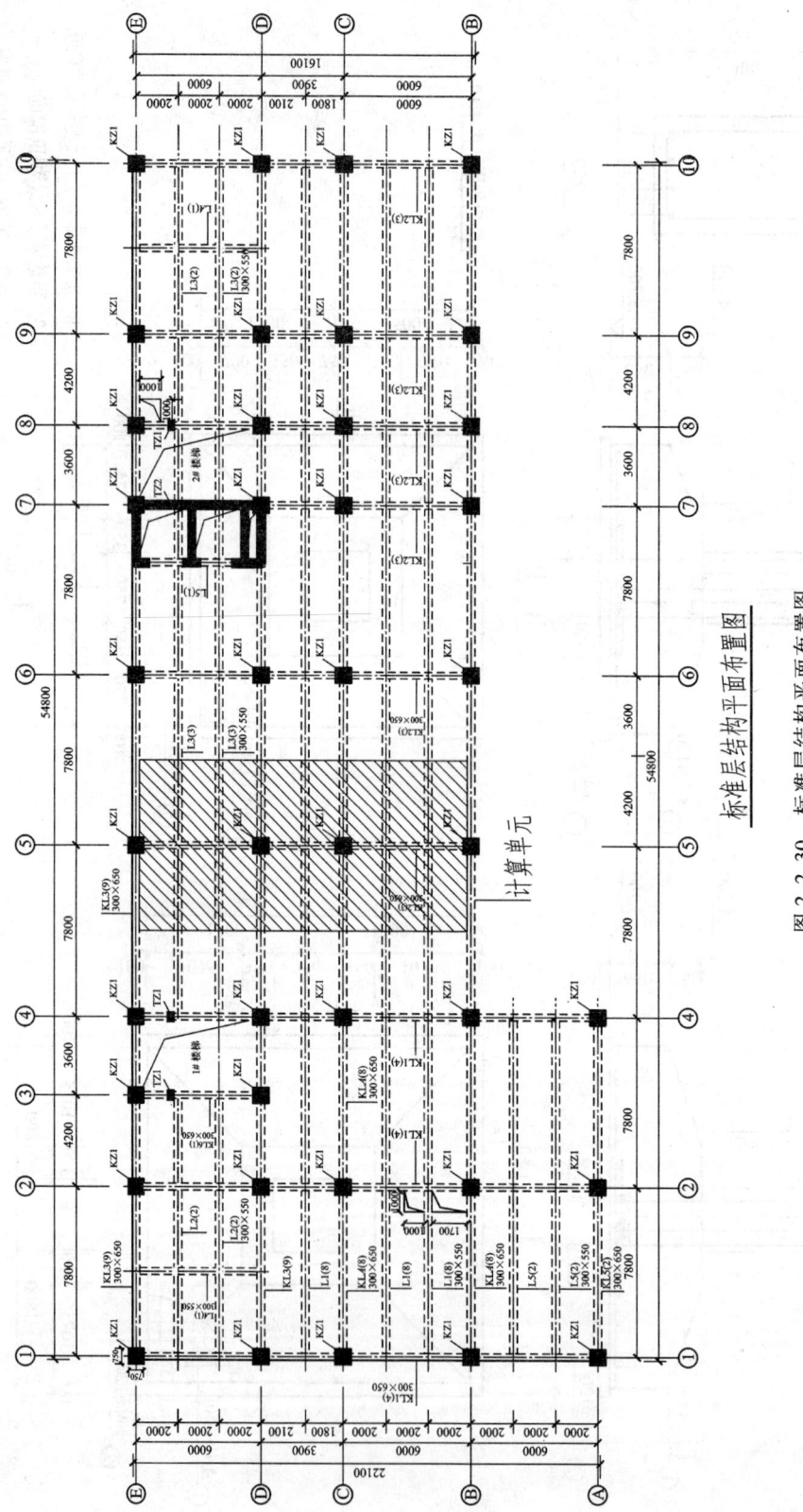

图 2.2.30 标准层结构平面布置图

2.2 结构设计

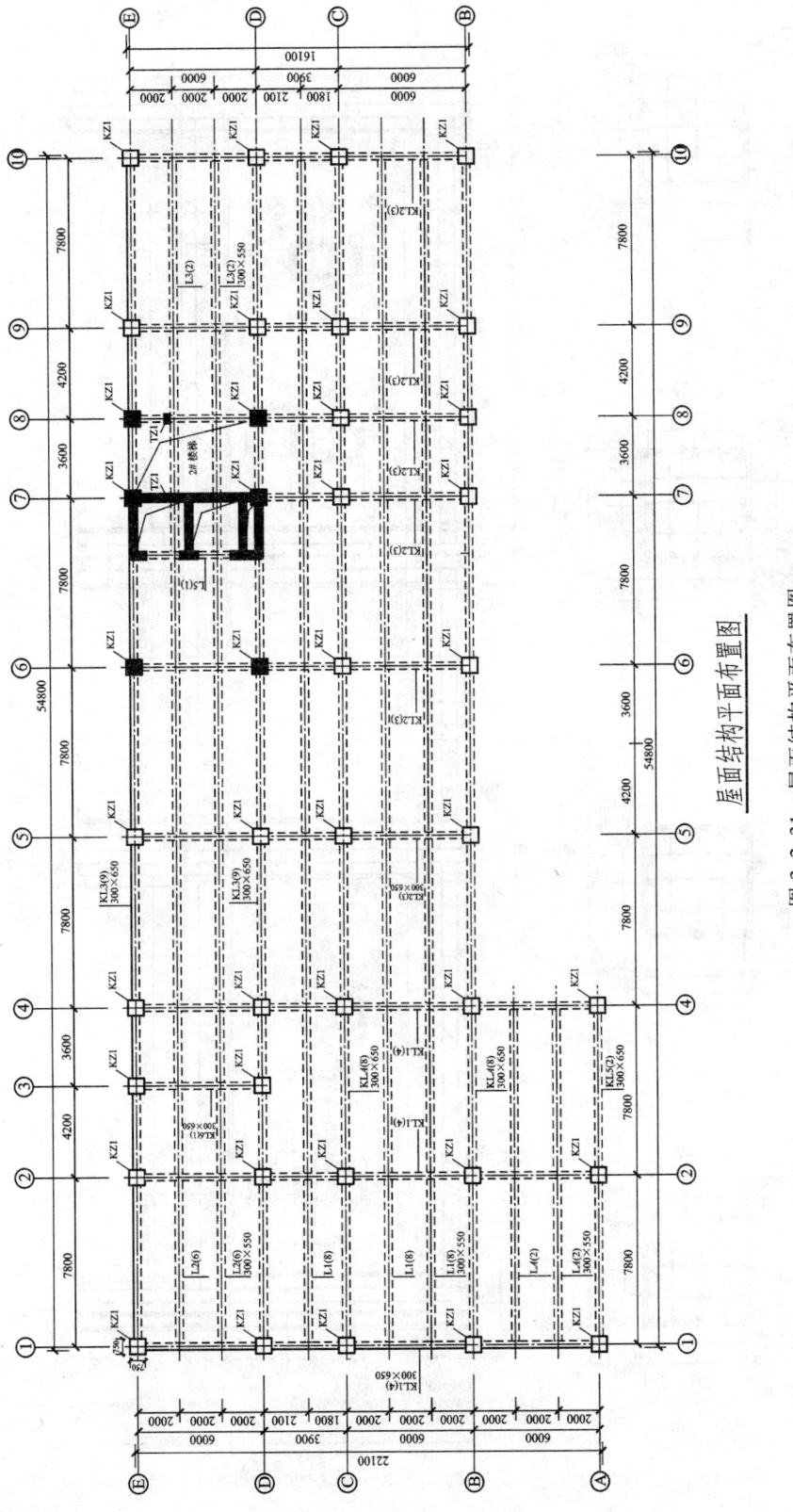

图 2.2.31 屋面结构平面布置图

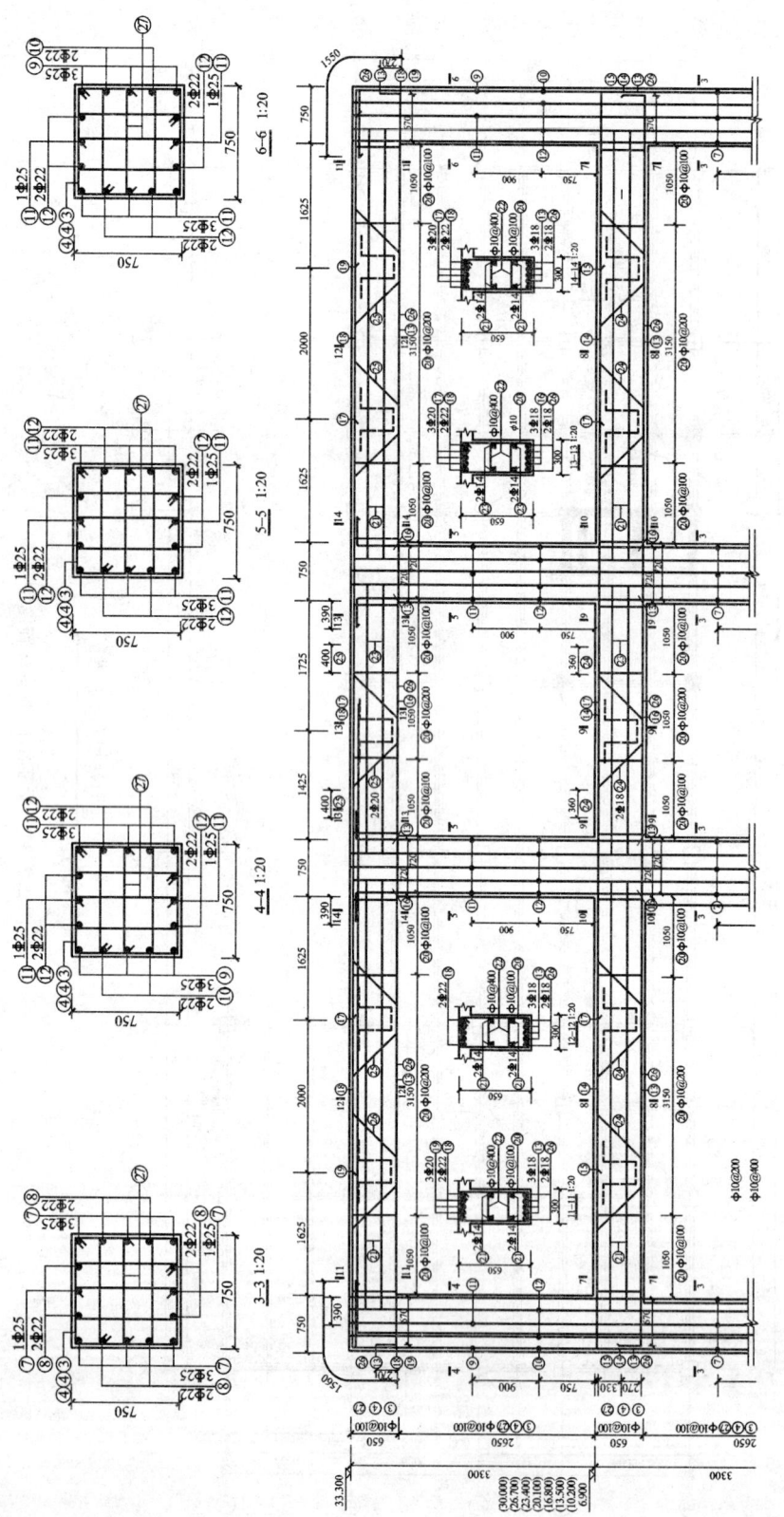

图 2.2.32 框架模板配筋图（局部）

2.3 施工组织设计

2.3.1 工程概况及目标

1. 工程概况

工程名称：××办公楼；

建设地点：××市某区；

业　　主：××市某区政府；

施工单位：××市某建筑技术发展有限公司；

设计单位：××市某建筑设计有限公司；

监理单位：××市某建设监理公司。

其他情况见 2.1.1 节。

2. 工程总目标

（1）质量目标

本工程业主要求为"优良工程"，但我们承诺将以创"精品"优质工程的质量标准来要求自己，创出精品工程，本工程我方质量标准为"优良工程"。

（2）施工工期目标

为了确保业主施工总工期目标的顺利实现，决定将本工程的施工总工期按 350 个日历天控制，如图 2.3.6 和图 2.3.7 所示。

（3）文明安全施工目标

① 确保无重大设备和人员伤亡安全事故；

② 确保"××市标化工地"、"××市文明工地"。

施工总平面布置图如图 2.3.8 所示。

2.3.2 项目施工管理班子配备

1. 项目管理组织构架图（图 2.3.1）

2. 管理人员配备情况

① 项目工程师，由具有丰富的总承包施工管理经验，曾经担任过多个重大工程的高级工程师担任。

② 项目部内部设项目副经理、项目工程师、专职质量员、专职安全员、材料员等专业技术人员及相关人员，分别进行技术、质量、安全监督管理，材料管理，以及施工总协调，以形成完善的组织管理网络。

3. 项目施工技术工人配备情况

① 本工程按施工进展情况及工序分类，及时配备充足的技术工人进场。

② 在技术工人中设质量工程师，对关键工序进行全过程旁站监督以确保工程质量全过程受控。

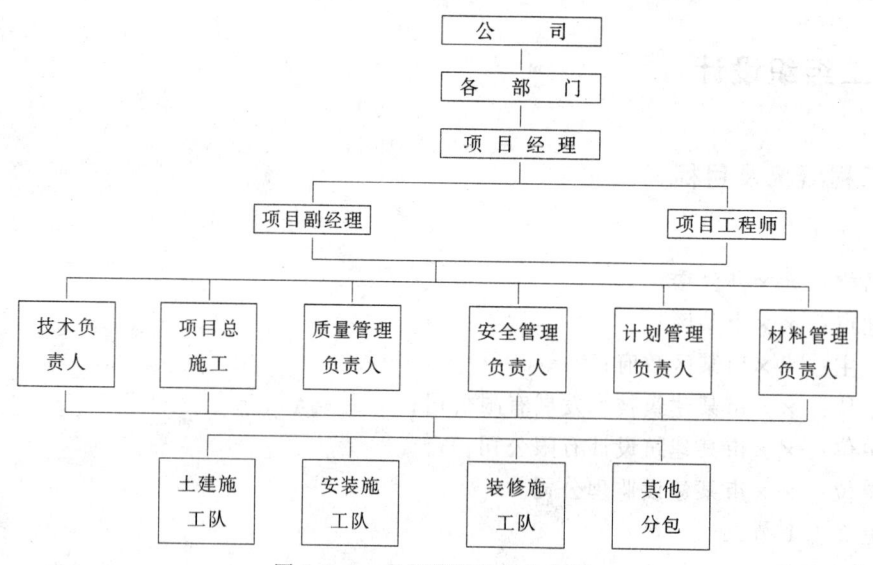

图 2.3.1 项目管理组织构架图

③ 劳务队伍选择：挑选施工经验丰富、吃苦耐劳的优秀专业施工队伍，特别是选定参加过类似工程建设的施工队伍参加本工程施工。

2.3.3 施工总体部署

1. 施工安排的总则

① 在确保安全质量的前提下，加快施工进度，使本工程早日完工。

② 在进行施工场地内临设、施工道路、材料堆场的规划、大型施工机械的布置、施工部署、施工方法的确定时，将以提高施工进度、不与指定分包商发生任何冲突并且积极配合为原则，同时做到合理、经济、安全且利于文明施工管理，以此进行施工场地的总体合理规划。

③ 对于进出施工现场的主要大门通道，采用浇捣 15 cm 厚钢筋混凝土面层。

④ 加强施工准备，如大型施工机械配备、场地规划、轴线复测，以使工程顺利开工。

2. 施工组织部署指导思想

① 本工程上部工程可分为结构施工期、装饰施工期及总体施工期，水电安装交叉进行，不占工期，通过工序间合理搭接、平衡协调及计划调度，紧密地组织成一体。

② 本工程施工期间以工程进度及质量、安全文明施工为控制前提，一切施工协调管理，即人、材、物应首先满足以上先决条件，以确保结构施工总进度计划达到要求。

3. 施工顺序及施工段的划分

（1）施工顺序

本工程施工程序基本遵循"先地下，后地上"，"先框架，后砌体"，"先结构，后装饰"，最后做室外工程的程序。

针对工程实际情况，按 1 轴→10 轴和 A 轴→E 轴的施工顺序分段进行施工，为确保工程工期，部分施工工序之间计划进行交叉施工。主要施工顺序如下：

① 土方开挖施工：包括轻型井点降水、土方开挖。

② 基础部分施工：包括地下室防水、垫层、独立基础、基础梁、回填土施工。

③ 主体结构部分施工：包括主体钢筋混凝土结构、砌体及管线预埋的施工等。

④ 屋面工程、室内装修、外墙装修工程和部分安装工程。

⑤ 环境工程：包括室外道路、排水沟、散水。

⑥ 尾工清理，调试交付使用，退场。

（2）根据主体进度目标计划和总进度计划，将本工程划分为二个施工段

第一施工段：1轴—5轴；第二施工段：5轴—10轴。在5轴右侧2 m处留置一条0.8 m宽的后浇带作为分界线，两段建筑面积近似相等。建筑物竖向施工按楼层划分施工段。

4. 上部结构施工布置

（1）机械布置

① 上部结构混凝土浇筑时，混凝土的垂直运输主要采用汽车泵泵送，必要时采用塔吊吊运混凝土浇筑墙、柱混凝土，其他材料的垂直运输采用塔吊。

② 本工程在施工阶段布置1台塔吊，2台井架，塔吊型号为QTZ63固定，考虑本工程的实际情况，塔吊回转半径 $R = 40$ m。

（2）轴线及建筑物几何尺寸的控制

采用全站仪（测角精度为2级，测距精度为2+2PPM）进行控制点的测设，采用垂直仪进行垂直控制点的引测（精度为1/300 000），在人员配备上考虑1~2名各专业测量人员负责本工程的测量工作。

（3）模板支撑

① 现浇楼板模板：平板模板以18 mm厚胶合板模为主，配以各种尺寸和规格的阴角模，确保与梁柱模板的良好连接。

② 梁、柱模板：梁、柱模板采用18 mm厚胶合板，圆柱采用木模板定制。

③ 楼梯间：针对楼梯间混凝土表面常存在质量通病这一情况，决定对楼梯间的楼梯踏步采用釉面竹胶板作侧板、踢角板，确保楼梯间的几何尺寸，墙面平整度、垂直度及层与层的接缝质量。

（4）砌体工程

在每层混凝土结构模板拆除清理结束后，砌体工程及时跟上施工。

（5）脚手架体系

根据本工程的具体情况，全部采用落地式扣件式双排$\phi 48 \times 3.5$钢管脚手架进行施工。

（6）标准结构层施工程序

弹柱、梁中心线及外边线，测水平标高，并做好标志—焊接柱模板限位撑筋—柱钢筋电渣压力焊连接—搭设绑扎柱钢筋的脚手架—绑扎柱钢筋—预埋件等隐蔽工程验收，安装管线及隐蔽工程验收—封柱模板—浇筑柱混凝土—拆柱模板—搭设楼梯支撑梁、平台支撑排架—铺设楼梯楼层底模（包括连系梁底模）—弹线（轴线、标高尺寸验收）—绑扎主梁钢筋—绑扎次梁、楼板、楼梯钢筋、管线安装—隐蔽工程验收（包括钢筋、管线、埋件、孔洞）—清理垃圾，浇水—浇筑楼板混凝土、楼梯混凝土—养护—拆模（保证强度）。每个楼层均按此顺序循环，施工工序不得颠倒。

2.3.4 施工准备

1. 技术准备

① 认真学习领会合同条款,结合国家现行规范、标准,仔细阅读设计图纸,理解业主对工程的要求。搞好图纸的自审与会审,做好前期技术资料准备。

② 及时统计材料、构配件数量、规格、型号,提出加工订货的需用计划。

③ 根据设计要求及施工工艺,委托有资质的实验室进行各种强度等级混凝土配合比的设计、试验和优化,以满足施工要求。

2. 生产准备

(1) 场地与道路

本工程在进场前"三通一平"以完成,进场道路可直接利用大楼周围已有道路,路宽4米,最小转弯半径大于7米,只需对周边进行清理,设置围墙和安全文明施工维护,并做好道路的排水措施。

(2) 交通组织

本工程施工区域位于大道主干道一侧,处于建设的中心地带,施工车辆往来频繁。因此,考虑在施工便道和大道的交汇处设施工交通联络员2名,在路口指挥我们施工车辆的进出,保证施工的正常进行和员工的正常工作而不对当地的交通造成影响。

3. 施工临时用水

(1) 本工程主要用水

本工程主要用水为生活用水和施工养护用水。现场的供水水源利用业主提供的水源。管道布置见附图二"施工总平面布置图"。

(2) 用水量及水管管径计算

计算方法见教材。

(3) 临时用水设计方案

根据施工现场考察情况,参照相应的施工规范,做出本工程临时用水设计方案,本方案包括临时消防系统、施工生产、生活给水系统及现场临时排水系统。现场主干管均用 $\phi 100$ 钢管埋地铺设(详见施工总平面布置图)。

① 临时消防系统:现场消防系统采用消防用水系统与施工用水系统相结合的方式,给水管道采用焊接钢管埋地铺设。从市政管网就近接入管道,供室外、5层及以下消防施工用水,并在建筑外设置一消防水池;从市政管网就近接入管道经加压泵加压后供5层以上消防、施工用水。结合结构施工生产用水要求,对于本建筑物的消防和施工用水进行统一考虑,现场随结构施工在5层、10层布置消防、施工用水水箱,满足作业层消防、施工用水,并结合实际楼层内及施工作业面布置灭火器等消防器材,消防器材配置数量满足现场需求。

② 生产给水系统:在施工现场各用水点预留施工生产用水甩口,楼层内用水泵将施工用水送达楼层内水箱及作业面。

③ 排水系统:厕所设化粪池,施工用污水设沉淀池,污水澄清后按有关规定排入市政污水管道。按照有关现场施工卫生设施的设置要求,设计相应的排水管道。

④ 管径选取:根据消防要求,消火栓支管采用 DN100,施工用水点甩口根据用水量选用 DN50 或 DN65。

4. 施工临时用电

(1) 现场临电设计

参见教材。

(2) 确定导线截面和电器类型、规格

根据

$$I = \frac{P_{机}}{\sqrt{3}V\eta\cos\varphi}$$

式中 $P_{机}$——电动机铭牌上的额定功率；
  V——额定电压(V)；
  η——效率。

① 施工用机械设备的导线选择，主要是从用电设备的容量和导线的机械强度两方面考虑，由电流计算的导线引至现场临时用电总箱的电缆宜选为橡套软电缆 Yc3×25+1×16 mm²。电缆直埋于室外自然地面 -0.8 m 以下深处，由总配电箱引至分配电箱用电导线截面为 Yc500V3×4+1×2.5 mm²，由分配电箱引至开关箱的导线截面分别为：

至塔吊：Yc500V 3×4+1×2.5 mm²；至调直机：Yc500V 3×4+1×2.5 mm²

至电焊机：Yc500V 3×4+1×2.5 mm²；至搅拌机：Yc500V 3×4+1×2.5 mm²

至弯曲机：Yc500V 3×4+1×2.5 mm²；至切断机：Yc500V 3×4+1×2.5 mm²

至电锯：Yc500V 3×4+1×2.5 mm²；至暂设及现场照明：Yc500V 3×4+1×2.5 mm²

② 依据电流计算值选现场总配电箱的总漏电保护开关，其额定电流值为 100 A，保护脱扣为过流和漏电复式脱扣，漏电保护为 30 mA/0.1 s 脱扣值，塔吊不能用漏电开关控制，只能用空气开关控制。

选择：

塔吊的空气保护开关的额定电流值为 90 A；

切断机的漏电保护开关的额定电流值为 30 A；

电锯的漏电保护开关的额定电流值为 30 A；

搅拌机的漏电保护开关的额定电流值为 30 A；

调直机的漏电保护开关的额定电流值为 30 A；

电焊机的漏电保护开关的额定电流值为 30 A；

弯曲机的漏电保护开关的额定电流值为 30 A；

暂设及现场照明的漏电保护开关的额定电流值为 30 A。

(3) 配电系统布置和安装

1) 系统形式选择

本工程采用 400 kW 变压器直接供电。根据施工平面图中各用电设备的位置、数量及现场情况，拟采用放射式与树干式混合的配电系统方式，由分配电箱到用电设备均采用放射式，设备相互之间无干扰(具体布置见平面图)。

2) 线路敷设

配电干线除由总配电箱引出的场区照明支路和移动配电箱外，均采用五芯橡皮绝缘线缆敷设。移动配电箱和各支路均采用 500 V VV 橡皮绝缘电缆线。

3) 电气装置选择

① 配电箱及分配电箱均设总自动开关及分路自动空气开关或刀闸开关，用电设备处工作

电流大于60 A用自动空气开关。自动空气开关选用DZ10型,刀闸开关用HK型。

② 每台用电设备均有各自专用的开关箱,实行"一机一闸一漏一箱"制。

③ 总配电箱装设一块0~450 A的电流表。

④ 照明和动力合用一配电箱,但照明与动力分路设置,每一个配电箱照明部位安装一个两级漏电保护器和刀闸开关。

(4) 配电系统的保护装置

① 整个系统采用TN—S三相五线制保护接零系统。在总配电箱处及分箱处做重复接地,接地电阻小于10 Ω。保护线专用一根黄、绿间色BVR2.5 mm^2 的多股铜软线,敷设方式为直埋。所有用电设备及配电箱均做保护接零。

② 采用保护接零的同时还需设置漏电保护器,实行配电箱、分配电箱、开关箱三级配电两级保护。总箱选用DZ15LE400/430漏电保护。

(5) 电缆敷设方法

电缆直埋于室外自然地面-0.8 m以下深处,并在电缆上下均匀铺设50 mm厚的细砂,然后覆盖砖作保护,电缆引出地面时,自地面以下200 mm至配电箱一段采用阻燃聚氯乙烯塑料防护套防护。移动配电箱,随脚手架穿塑料管保护敷设。

(6) 电器设备的设置应符合以下要求

① 同一级电箱内,动力和照明线路分路设置,照明线路宜接在动力开关上侧。

② 开关箱由分配电箱配电,开关箱内设一机一闸漏电,严禁一闸多用。

③ 分配电箱与开关箱的距离不得超过30 m,开关箱与其控制的用电设备的水平距离不得超过3 m。

④ 配电箱、开关箱应装设在干燥通风及常温的场所,周围应有足够二人同时工作的空间,周围不得堆放任何有碍操作、维修的物品。

⑤ 配电箱、开关箱内的工作零线,通过接线端子板连接,并与保护零线端子板分设,配电箱的外壳均作保护接零。每台配电箱由DZ型短路器作总控,下设漏电保护器,各设工作零和保护零接线端,完全达到三相五线制要求,每台固定配电箱都有独立的重复接地线与箱内保护零相接,重复接地电阻值都不得大于10 Ω。

(7) 室内配线

① 室内配线必须使用绝缘导线,采用穿管敷设,距地面高度不小于2.5 m。

② 室内配线所用导线截面不小于2.5 mm^2,铜线截面不小于1.5 mm^2。

③ 室内灯具不得低于2.4 m,如低于2.4 m必须使用安全电压。

④ 室内各处接头必须用分线盒保护好。

⑤ 场区照明采用1 000 W碘钨灯,照明灯距地3.0 m,开关采用防水拉线开关。

(8) 室外配电箱

① 配电箱周围应有足够两人同行的空间。不得堆放任何妨碍操作、维修的物品。

② 配电箱内的工作零线应能过接线端子板,连接应与保护零线端子板分设。

③ 配电箱内的连接线采用绝缘导线,接头不得松动,不得有外露带电部位。配电箱的下底与地面的垂直距离为1.4 m,移动式配电箱下底与地面的垂直距离为0.8 m。

(9) 未尽事项

未尽事项按《建筑电器安装图集》及现行规范施工。

(10) 现场电路布置

根据现场施工要求,配电箱与电缆线路详见施工总平面布置图(图2.3.8)。主要设备配置见表2.3.1。

表2.3.1 主要设备配置表

机械名称	型号	单位	数量	功率/kW	总功率/kW
塔吊	QTZ63	台	1	30	30
施工井架	SJLD2-10A	台	2	11	22
强制式混凝土搅拌机	JZ350	台	2	7.5	15
砂浆机	HJ-200	台	2	2.2	4.4
钢筋切断机	GJ5-40	台	1	4	4
钢筋弯曲机	GW-40	台	1	4	4
电渣压力焊	—	套	8	4.5	36
闪光对焊机	UN2-100	台	1	100	100
电焊机	BS9-500	台	4	38.6	154.4
插入式振动棒	HZ-50	根	8	2.5	20
平板式振动器	PZ-50	台	4	4	16
水电加工				40	40
木工加工设备		套	1	10	10
潜水泵	QY-25	台	4	2.2	8.8
高压水泵	G-15	台	2	1.5	3
现场临时照明				20	20
现场办公				20	20
合计				$P=392$ kW	

2.3.5 土方工程施工方案

本工程基础为独立基础,基坑底埋深为 -5.200 m,而本工程室内外高差为0.600 m,独立基础部分实际挖深为4.600 m左右,非基础部分实际挖深为3.6 m。根据以往施工经验,基坑土方采用1:0.5放坡大开挖,先分层挖至 -4.200 m(挖深为3.6 m)处,再进行独立基础部分的开挖,挖土时机械与人工相结合。根据本工程的地质勘测资料,自然地表1 m内为填土,填土下层3 m厚砂质粘土,再下层为砾石层,故本工程土方开挖范围内土质以砂质粘土为主,较易开挖。

1. 土方开挖施工准备

(1) 轻型井点降水

在基坑开挖之前,在基坑四周环形布置井点进行降水。

(2) 测量放线及测量桩点的保护

① 在基坑开挖之前，场内所有的红线桩及建筑物的定位桩，全部经市政规划部门测量核准。明确在桩基施工阶段红线桩及定位桩是否产生移位，若有移位应会合规划部门、设计单位、建设单位研究处理方案。

② 对场边道路及场内的临时设施做好定位标记，以备观测。在基坑开挖前，要根据施工图纸的位置放出土方开挖放坡边线。

2. 基坑开挖方法

(1) 边坡确定

本工程基坑开挖，根据以往的施工经验结合本地区土质基本情况，放坡坡度定为1∶0.5，为防止泥土滑坡，禁止所挖出土方就地堆放在基坑边。

(2) 土方开挖顺序

由中间同时进行向两边开挖。基坑开挖程序一般是：测量放线→切线分层开挖→排降水→修坡→整平→留足预留土层等。相邻基坑开挖时，应遵循先深后浅或同时进行的施工程序。挖土应自上而下水平分段分层进行，每层0.3 m左右，边挖边检查坑底宽及坡度，不够时及时修整。每3 m左右修一次坡，至设计标高，再统一进行一次修坡清底，检查坑底宽和标高，要求坑底凹凸不超过1.5 m。基坑开挖应防止对地基土的扰动。采用机械开挖，为避免破坏基底土，应在基底标高以上预留一层人工清理。

(3) 挖土注意事项

① 基坑开挖前及时与市容、交警、环卫等有关部门联系，以决定外运时间与路线。

② 土方开挖过程中距坑壁20 cm土方采用人工修除，及时用手推车运至挖土机开挖半径之内。

③ 基坑周围不得任意堆放材料。基坑开挖后，基坑边1 m内严禁行走汽车。

④ 挖土过程中如土体出现较大位移，应立即停止挖土，分析原因，采取有效措施。

⑤ 基坑周围的地表水应及时排除，防止地表水流入基坑。

3. 土方开挖安全要求和安全保证措施（见1.3节）

2.3.6 钢筋工程施工方案

本工程的质量目标是达到优良，对钢筋工程要求严格。在施工过程中，要加强过程控制，从原材料的入场到钢筋的绑扎成型，每一步都严格管理，精心施工。本工程钢筋集中加工配料，现场绑扎成型。

1. 原材料

(1) 原材料的采购和进场检验

严格按照《采购程序》、《顾客提供产品的控制程序》、《产品标识和可追溯性程序》、《进货检验和试验程序》等有关程序执行。

(2) 抽样试验

钢筋入场后及时抽样试验并做好鉴证取样，试验合格后方可使用。具体要求如下：

① 外观检查：热轧钢筋的表面不得有裂缝，结疤和折叠。钢筋表面允许有凸块但不得超过横肋的最大高度。钢筋的外形尺寸应符合《钢筋混凝土用热轧带肋钢筋》(GB 1499—1998)的规定。

②抽检取样：热轧钢筋进场应分批验收。每批同一牌号、同一规格和同一炉号的钢筋组成，质量不大于60 t。允许由同一牌号同一冶炼和浇筑方法的不同炉罐号的钢筋组成混合批。各炉罐号的含碳量差不超过0.02%，含锰量差不得超过0.15%。

③力学性能试验：从每批钢筋中任选两根钢筋，每根取两个试样分别进行拉力试验和冷弯试验，如有一项不满足规范要求，则从同一批中另取2倍数量的试样重做各项试验。

（3）屈强比核算

用于框架梁、柱及暗柱的纵向受力筋应核算其屈强比，符合要求后方可使用。

2. 钢筋的加工

①钢筋加工前，应先去除钢筋上的铁锈，油渍等杂物。

②钢筋加工要严格按料表进行，料表上应按设计和规范要求，注明需加工钢筋的型号、形状、尺寸及使用部位和数量。

③根据钢筋使用部位、接头形式、接头比例合理配料。加工时，要本着"长料长用、短料短用、长短搭配"的原则，不得随意切断整根钢筋。

④弯曲钢筋时，要用机械冷弯，不得用气焊烤弯。

⑤HPB235级圆盘钢筋加工前，应先调直去锈。调直时，要严格控制其冷拉率。HPB235级钢筋的末端需做180°的弯钩。

⑥钢筋的定位梯、定位卡具、马凳等需提前加工并检查，确保尺寸准确。

⑦加工好的钢筋半成品要在现场指定范围内堆放，且挂牌标识，注明钢筋的型号、尺寸、使用部位及数量，防止使用时发生误用。

3. 钢筋接头形式的选择

（1）钢筋下料时，钢筋之间采用闪光对焊连接，接头数量及位置严格按规范要求设置。

（2）直径大于14 mm的柱主筋采用电渣压力焊连接，水平钢筋分别采用机械连接与焊接。

（3）直径14 mm以下的钢筋采用绑扎连接。

4. 钢筋施工程序

①柱子立筋挤压(电渣压力焊)连接→绑扎柱子钢筋→绑扎梁(包括框架梁、次梁)钢筋→绑扎平板筋。

②钢筋绑扎、安装质量要求，保证做到不低于国家及地方新规定、施工及验收规范要求。

③套筒挤压和电渣压力焊连接均严格按规范要求与操作程序施工并达到相应的质量标准。

5. 钢筋绑扎

（1）独立基础钢筋

钢筋绑扎工艺流程：在垫层上弹出钢筋位置线→按照钢筋位置线绑扎下层钢筋→绑扎基础梁钢筋→绑扎墙体、柱及暗柱插筋→绑扎上层网片钢筋→钢筋隐检→转入下一道工序。

（2）剪力墙钢筋

①墙内钢筋均为双排设置，双排钢筋之间用拉结钢筋连接。拉结钢筋直径：墙厚<250 mm时为6 mm，墙厚≥250 mm时为8 mm，横向和竖向间距均为600 mm，采用梅花形布置。

②剪力墙在每层结构标高处均设一道暗梁，上下各配3φ22，箍筋φ8@150。

③墙上孔洞必须预留。在图中未注明洞口加筋者，按下述要求进行：如洞口尺寸≤200 mm时，洞边不再设附加筋，墙内钢筋由洞边绕过不得截断，当洞口尺寸>200 mm时设置洞口

加筋。

④ 墙上套管必须预留，当套管直径 <φ300 时，墙内钢筋从管边绕过，不得截断，当套管直径 >φ300 时，管边加筋。

⑤ 墙体水平方向分布筋采用搭接接头，接头位置错开至少 500 mm。

⑥ 墙体竖向分布筋应每隔一根接头错开。

⑦ 墙体边缘构件纵向钢筋接头采用电渣压力焊连接，纵向钢筋的接头位置应每隔一根相互错开，相邻接头间距不得小于 35d，且不小于 500 mm。

⑧ 墙体钢筋绑扎：

a. 工艺流程：暗柱筋焊接→修整预留搭接筋→绑扎、搭接 2~4 根竖筋和梯子筋→画横筋分档标志→绑二根横筋→画竖筋分档标志→绑横、竖筋及拉结筋。

b. 各层墙钢筋绑扎前应在楼板上按施工图放出所有墙、暗柱的边线和控制线。

c. 根据所弹墙、暗柱的边线校正连接筋。在墙两边立钢梯，在下部 1 m 处绑扎 2 根定位横筋，并在横筋上画好分档标志，然后焊其余竖筋、绑扎墙筋。绑扎时双排墙体水平筋应在外侧，竖向筋在内侧，并按要求设置拉结固定筋，呈梅花形布设，施工时一次成型。

d. 修整合模以后，对伸出的墙体钢筋进行修整，并绑一道临时定位筋，墙体浇灌混凝土时安排专人看管钢筋，发现钢筋位移和变形及时调整。

(3) 梁、柱钢筋

① 主梁内在次梁作用处，未注明箍筋者均在此梁两侧各设 3 组箍筋，箍筋肢数、直径同梁箍筋，间距 50。次梁加吊筋时，在次梁两侧各设 2 组箍筋。

② 主次梁高度相同时，次梁的下部纵筋应置于主梁下部纵筋之上，并锚入主梁内 15d。

③ 梁内箍筋除单肢外，其余采用封闭形式，并做成 135 度，纵向钢筋为多排时，应增加直线段弯钩在两排或三排钢筋以下弯折。梁纵筋应对称地布置在梁截面中心线两侧。

④ 底部纵向钢筋的接长，可选择在支座或支座两侧 1/3 跨度范围，不应在跨中接长；梁的上部纵向钢筋可选择在跨中 1/3 跨度范围接长，不应在支座处接长。

⑤ 框架柱的纵向钢筋接头采用电渣压力焊连接，当框架柱纵筋每边不超过 4 根时，可在同一截面接头，每边为 5~8 根时，应分两次搭接，当纵筋在两个或两个以上截面连接时，相邻接头间距应按规范取值。

⑥ 因框架层高不同，主筋连接位置应保证高出楼面 500 mm、大于柱边长、大于楼层净高 1/6。

⑦ 柱纵向钢筋错开 50%，错开间距大于 35d 且大于 500 mm。

(4) 钢筋混凝土现浇板钢筋

① 板下钢筋伸入支座内长度 ≥10d，同时应伸至支座中心线。

② 板的中间支座上部钢筋(负筋)两端直钩长度为板厚减 15 mm，板的边支座负筋在梁内锚固长度应满足受拉钢筋的最小锚固长度。

③ 当板底与梁底平时，板的下部钢筋伸入梁内须置于梁的下部纵向钢筋之上。现浇板中的分布筋除注明者外，分布筋的断面面积为主筋的 10%，(每米宽度内)且不小于φ6@250。

④ 施工中应参照专业图将需穿楼板及混凝土墙体的管线洞口预留，避免事后剔凿，如需增加新洞口时，应视现场情况与设计人商定。

⑤ 楼板上后隔墙的位置应严格遵守建筑施工图,不可随意砌筑。对墙下无梁的后砌隔墙,应按建筑图所示位置在墙下板内设置 3 Φ16 的纵向加强筋(沿墙通长,两端锚入支座 250 mm)。

⑥ 过后浇板的钢筋不断,待设备安装完毕后,浇注比原混凝土更高一级的混凝土。

⑦ 板内分布筋凡未注明者按板厚≤120 mm 时为 Φ6@250,板厚 >120 mm 时为 Φ8@250,屋面分布筋间距加密至 200 mm。

⑧ 楼板钢筋绑扎:

a. 工艺流程:核验模板标高→弹钢筋位置线→绑扎底层钢筋→安放垫块→敷设专业管线→安放马蹄铁→标志上层钢筋网间距→绑扎上层钢筋→申报隐检→隐检验收签证→转入下道工序。

b. 双层钢筋网片之间设钢筋马凳,以确保上部钢筋的位置。

c. 板筋绑扎好后,严禁踩在上面行走。为防止浇筑混凝土时工人踩坏钢筋,铺脚手板作行走平台,供人行走,浇灌混凝土时派钢筋工专门负责钢筋修理。

d. 在负弯筋处加设矮马凳。在钢筋绑扎成型后应及时铺脚手板防止踩踏钢筋。

6. 钢筋的混凝土保护层厚度

按结构设计图纸说明取值。

7. 钢筋定位措施

(1) 墙体钢筋定位

① 竖直钢筋:竖直钢筋位置和保护层用水平钢筋梯子和塑料卡进行内挤外顶控制。钢筋梯子上小横筋间距与竖直钢筋间距相同。

② 水平钢筋:水平钢筋间距及保护层厚度采用竖向钢筋梯子进行控制。梯子间距为 800 ~ 1 000 mm,竖向钢筋梯子小横筋间距与水平筋间距相同,在钢筋网片上用塑料卡子保证钢筋位置,竖向钢筋梯子用比墙体竖向钢筋直径大一级的钢筋制作,以代替竖向钢筋。

(2) 柱钢筋

框架柱合模以后,对上部伸出的钢筋进行修整,柱立筋用内侧定位箍和外侧定位箍内外夹紧。并在上部绑一道临时定位箍筋,浇灌框架柱混凝土时安排专人看管钢筋,发现钢筋位移和变形及时调整。

8. 质量保证措施

① 楼板上所有电气管线必须在楼板底层筋铺设后安装,使楼板底面混凝土保护层达到设计和规范要求。

② 柱、梁、板的钢筋保护层垫块必须按间距 0.7 ~ 1 m 用铁丝与主筋扎牢。

③ 钢筋在施工过程中,派专人对钢筋规格、品种、间距、尺寸、根数、搭接位置与长度进行复核验收。不符合之处应及时派人整改直至合格。

④ 柱子的竖向主筋与模板间应有相应的加固措施,即主筋与箍筋电焊点牢、与水平筋电焊点牢,箍筋、水平筋与模板间用垫块撑住,以免混凝土浇捣时冲动柱主筋,从而保证立柱的轴线正确。

⑤ 在混凝土浇捣过程中,应派专人"看筋",如发现松动,移位,保护层不符合均应及时修整。

⑥ 因楼板配筋直径不大,在浇捣混凝土时,钢筋容易位移变形。为此,在混凝土浇捣过

程中，定岗定部位派人检查、返修平板钢筋，特别注重对平板上皮筋保护层的控制。

⑦ 柱节点核心区的封闭柱箍筋施工有困难时，可改用两个"U"形箍，但绑扎后必须焊成整箍，为保证框架节点核心区有足够的强度和延性，节点区内箍筋必须按框架配筋图的要求施工。

⑧ 模板内下部受力钢筋伸入支座的锚固长度（除设计图中注明的外），在边支座不小于 $5d$（d 为钢筋直径）且不小于 100 mm，在中间支座伸至支座中心，HPB235 级钢筋端部作成弯钩。

⑨ 一层内，同一根柱子钢筋不得有两个接头，梁内纵向受力钢筋的搭接和接头位置严格按设计和规范要求。

⑩ 钢筋规格和间距严格按设计采用，框架梁及柱的钢筋直径不得随意变动，钢筋代换应征得设计单位的同意。

⑪ 落实专人复核砌块墙拉结筋的留设。

2.3.7 模板工程施工方案

本工程主体为现浇混凝土框架结构，模板工程是影响工程质量最关键的因素。为了使混凝土的外形尺寸、外观质量都达到一个较高的标准，满足工程质量的要求。经过受力计算，施工方法、经济效益等比较，选择以下模板及支撑体系。

1. 模板体系

（1）基础模板

结合工程特点，依据模板使用部位，本着经济适用的原则，本工程独立基础施工用模板均采用定型组合钢模板。

（2）梁板模板

本工程主体结构施工的梁板模板拟采用 18 mm 厚胶合板，模板表面光洁，硬度较好，混凝土成型质量好。支撑系统采用普通钢管脚手架早拆支撑体系，立杆间距 1 800 mm × 1 800 mm。搁栅采用 50 mm × 100 mm 木方，搁栅托梁采用 70 mm × 150 mm 木方（图 2.3.2 和图 2.3.3）。采用早拆养护支撑，当混凝土强度达到设计强度的 70% 时，即可拆去大部分模板和顶撑，只保留养护支撑不动，直到混凝土强度完全达到设计强度时再拆除，这样可以加快模板和架料的周转。

（3）柱模板

本工程矩形柱模采用可调截面柱模体系（图2.3.4），矩形柱模板采用 18 mm 厚胶合板，背楞采用 50 mm × 100 mm 木方，柱箍采用 φ48 钢管，断面大于 600 时中间设置 M14 对拉螺栓。柱模板施工前，首先要对轴线、边线进行预检复查，再将边线外用砂浆找平，做好钢筋隐检后，焊好钢筋导模支撑→立柱模板和脚手架临时固定→加水平钢管斜撑→校正模板（垂直度、轴线位置、截面尺寸、对角线方正）→紧固钢管支撑，检查无误后报质检员核验。根据本工程实际，柱模板配置不少于 1.5 个施工段落的配置量，约 500 m² 按流水段周转流水施工。

（4）楼梯模板

楼梯模板底板采用木模，楼梯踏步采用釉面竹胶板作侧板、踢脚板，墙体混凝土先浇，楼梯钢筋先埋入墙内，墙模拆除后剔出扳直与楼板筋焊接，楼梯混凝土与上层梁板一同浇筑。

（5）门、窗洞口模板

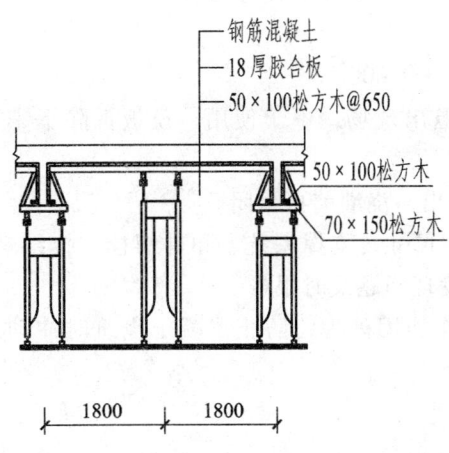

图2.3.2 梁板模支撑图

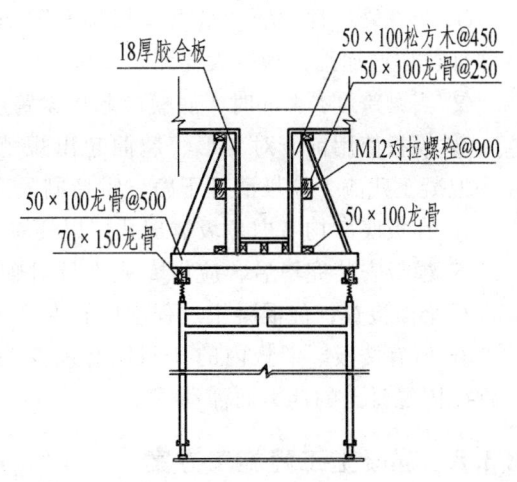

图2.3.3 梁模支撑图

门、窗洞口使用工具式模板,见图2.3.5。

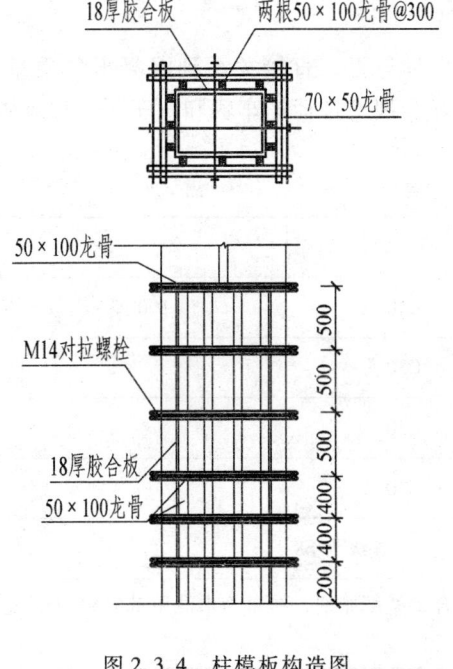

图2.3.4 柱模板构造图

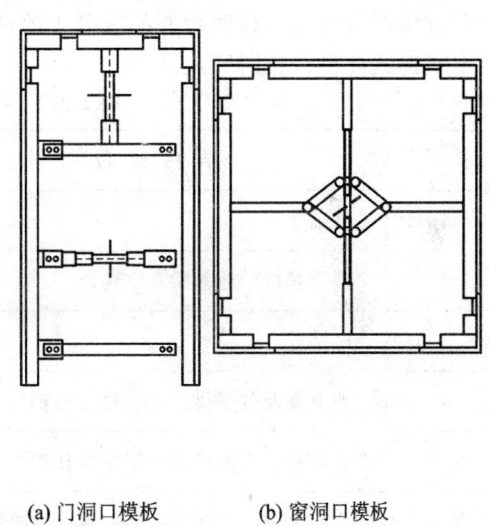

(a) 门洞口模板　　(b) 窗洞口模板

图2.3.5 门、窗洞口模板

2. 支撑体系

① 本工程梁板支撑采用满堂红脚手架(ϕ48钢管),梁、板架体单独搭设,并采用钢管扣件进行联系,保证相对稳定。板下立杆间距原则上为不大于1 200 mm×1 200 mm;梁下立杆间距原则上不大于900 mm。

② 后浇带两侧支撑待后浇带施工完毕满足拆除条件后方可拆除。

3. 模板工程质量保证措施

① 所有梁、柱、墙均给出模板排列图和排架支撑图，经项目工程师审核后交班组施工，特殊部位应增加细部构造大样图。

② 当梁跨度≥4 m时，底模应起拱梁跨度1/1 000～3/1 000。

③ 模板使用前，对变形、翘曲超出规范的应即刻退出现场，不予使用，模板拆除下来，应将混凝土残渣、垃圾清理干净，重新刷隔离剂。

④ 在板底部均考虑垃圾清理孔，以便将垃圾冲洗排出，浇灌前再封闭。

⑤ 模板安装完毕后，应由专业人员对轴线、标高、尺寸、支撑系统、扣件螺栓、拉结螺栓进行全面检查，浇混凝土过程中应有木工"看模"，发现问题及时报告。

⑥ 所有楼板、墙板内的孔洞模必须安装正确，并作加固处理，防止混凝土浇筑时冲动、振跑或因混凝土的浮力而浮动。

2.3.8 混凝土工程施工方案

1. 混凝土工程施工方案的选择

① 混凝土全部采用商品混凝土(除业主指定部分外)，混凝土的浇捣采用混凝土汽车泵一次泵送到位，用机械振捣、人工协同完成混凝土的浇捣工作。各部位混凝土强度等级以设计图纸为准，表2.3.2给出参考值。

② 本工程一次浇筑混凝土量比较大，混凝土供应及时与否，直接关系到混凝土的质量，因此浇筑混凝土前应提前跟商品混凝土搅拌站联系，做好合理安排运输车辆和汽车泵，保证混凝土能连续浇捣，按时完成。

表2.3.2 各部位混凝土强度等级

序号	结构部位	混凝土强度	备注
1	基础垫层	C10	100厚
2	独立基础、地基梁	C30	
3	电梯井	C30	
4	地下室及各层梁、板、柱、楼梯等	C30	
地下室外墙、底板、水池壁及一层室外楼面均为防水混凝土，抗渗等级为S8			
地下室(±0.000 m以下)各梁、板、墙及后浇带均内掺FS复合型微膨胀剂，掺量为水泥用量的9%(后浇带处为12%)			

2. 混凝土施工的材料机具准备

① 充分准备施工所需的浇捣材料和使用机具，并对所有的机具进行检查和试运转，同时准备好应急方案保证人、材、物均能满足浇捣速度的要求，保证水电的供应，防止意外事件的发生造成质量事故。

② 应及早向混凝土供应商提出混凝土配合设计技术要求，据此混凝土供应商必须提供水泥、砂、石、外加剂的质量合格证和检测报告及实际样品，并提供配合比报告，办理准运手

续，在夏季严格控制混凝土的坍落度和出机、入模温度。

③ 对模板及其支架进行检查，确保尺寸正确，强度、刚度、稳定性及严密性满足要求。

3. 施工缝及后浇带的处理和留置

① 施工缝的留设：一般情况下不留设施工缝，需留设施工缝的部位必须事先确定和满足设计要求。若不得已要留时，施工缝宜留在结构剪力较小的部位：柱子宜留在基础顶面、梁的下面；有主次梁楼盖宜顺着次梁方向浇筑，施工缝应留在次梁跨度的中间1/3范围内；楼梯应留在楼梯长度中间1/3长度范围内。

② 楼层施工缝的处理：浇混凝土前水平施工缝必须浇水湿润，并且经过验收。浇混凝土前先用同强度等级的水泥砂浆接浆，若施工缝较为光滑必须进行凿毛处理，并且将松动的石子全部凿除保证接头严密。

③ 浇捣后浇带混凝土应在两侧混凝土凝期达到60 d后，并采取强度高一级的膨胀混凝土浇捣密实，后浇带缝两侧宜采用钢筋支架加专用金属网隔断。

4. 施工要点

① 混凝土浇筑前应对模板浇水湿润，柱模板的清扫口应在清除杂物及积水后再封闭，模板缝隙应严密不漏浆。

② 浇捣混凝土前，应复核模板、支撑、预埋件、预留孔、预埋钢筋、管线、钢筋等符合施工方案和设计图纸，并办理隐蔽验收手续。

③ 浇筑混凝土应连续进行，若必须间歇，则其间歇时间应尽量缩短，并应在前层混凝土初凝之前，将次层混凝土浇筑完毕。

④ 浇筑混凝土时应派专人经常观察模板、钢筋、预留孔洞、预埋件、插筋等有无移位，变形或堵塞情况，发现问题应立即停止浇灌，并应在已浇筑的混凝土初凝前修整完毕。

⑤ 楼板混凝土浇筑的虚铺厚度应略大于板厚，确保混凝土沉实后，楼板厚度符合设计要求。楼板混凝土振捣宜用平板振动器沿垂直浇筑方向来回振捣，注意不断移动以控制混凝土板厚度。振捣完毕，用木抹刀抹平表面。

⑥ 楼梯段混凝土自下而上浇筑。先振实底板混凝土，达到踏步位置时与踏步混凝土一起浇筑，不断继续向上推进，并随时用木抹子将踏步上表面抹平。

⑦ 每一楼层的楼梯混凝土宜连续浇筑完成，且其施工缝宜设在上一楼梯段的1/3范围内。施工缝混凝土截面应垂直于梯段斜板。

⑧ 混凝土浇筑完毕后，应在12 h内用麻袋加以覆盖，并浇水养护。

⑨ 混凝土浇水养护日期一般不少于7 d，屋面板不少于14 d，每日浇水次数应能保持混凝土处于足够的湿润状态。

⑩ 使用振动棒时，注意不要触碰钢筋与埋件、暗管等，如发生变异应及时校正。

⑪ 雨期施工时应有足够的防御措施，及时对已浇筑的部位进行遮盖，以免水泥浆流失而降低混凝土强度，故而产生质量事故。

5. 混凝土泵送质量保证措施

① 混凝土的供应必须保证混凝土泵能连续工作，泵送间歇时间不得超过1 h。

② 当混凝土供应不足或运转不正常时，可放慢压送速度，保持连续泵送。慢速泵送时间，

不超过从搅拌到浇筑完毕的允许连续时间。

③ 混凝土泵送过程中，应注意料斗内有足够混凝土保持不低于料斗上口 200 mm。如遇吸入空气，立即反泵，将混凝土吸入料反送除气后，再进行压送。

④ 泵送中断时间超过 30 min 或遇泵送发生困难时，混凝土泵应做间隔推动每 4～5 min 进行 4 个行程正反转，防止混凝土离析或堵塞。

⑤ 为了防止堵管，喂料斗上设专人将大石块及杂物及时捡出。

6. 混凝土浇捣质量保证措施

① 混凝土浇捣前，模板、支撑、钢筋、预埋件及管线等均应进行检查和签署"隐蔽工程验收单"、"技术复核单"，并由业主监理工程师现场代表认可，最后由主任工程师签发混凝土"浇捣令"，上述工程未结束，未签发"浇捣令"，不得为抢进度擅自施工。

② 混凝土浇筑前，应将模板内的垃圾、杂物、油污清理干净，并浇水湿润模板，模板缝要堵严。

③ 深度较大的竖向结构中，混凝土自高处倾落的自由高度不得超过 2 m，各层柱模在高度 2 m 处留浇灌孔洞，柱沿高度边浇灌边安侧模（骨架先安好）。其余超高度部位用串筒下料浇灌，浇灌竖向结构（柱）混凝土的水灰比和坍落度应随浇灌高度的上升酌予递减。

④ 柱、梁混凝土振捣采用插入式振动器，振动器移动间距不宜大于 400 mm，振动时间 $\geqslant$ 15 s，一般至振实和表面露浆为止，尤其在钢筋埋件较密部位（节点）要多振，以防产生空洞，使用振动器要快插慢拔，振动棒应避免碰钢筋、模板、预埋管线等。混凝土浇捣应分层浇捣，每层厚度控制在 50 cm 以内，上下两层间歇时间不得超过 2 h，振动棒插入下层混凝土应 5 cm 以上，确保两层的紧密结合。楼板混凝土采用平板振动器，平板振动器的移动间距应互相重合，覆盖已捣实混凝土的边缘。

⑤ 混凝土浇捣过程中，要保证混凝土保护层厚度及钢筋位置的正确性。不得踩踏钢筋，不得移动预埋件和预留孔洞的位置，如发现偏差和位移，应及时校正，特别要重视竖向结构的保护层和板及挑梁结构负弯矩部分钢筋的位置。

⑥ 为了确保混凝土浇捣，在每一次混凝土浇捣前，对振动人员进行技术交底，并在施工中加强监督、指导，同时项目经理部对混凝土浇捣人员关于每个楼层混凝土质量进行奖罚，以加强施工人员的责任心和积极性。

⑦ 为确保混凝土构件不产生裂缝，模板的拆模必须符合下列规定：

a. 不承重模板应在混凝土强度能保证其表面及棱角不受损坏时，方可拆除，强度 $R > 1.2$ MPa（夏季在终凝后一天，冬季在终凝后两天）。

b. 梁：跨度 $L < 8$ m 时，强度 $R \geqslant 70\%$；跨度 $L \geqslant 8$ m 时，强度 $R = 100\%$。

c. 楼板强度 $R \geqslant 70\%$，悬臂梁 $R = 100\%$。

⑧ 在拆模过程中，如发现混凝土有影响结构安全质量问题时，应停止拆除，并报技术负责人研究处理后再行拆除。

⑨ 已拆除模板及支架的结构应在混凝土达到设计强度后，才允许承受全部计算荷载，当施工荷载大于设计荷载时，应经研究加设临时支撑。

⑩ 平板混凝土的标高控制：在浇捣混凝土之前，将楼层标高用卷尺及水准仪由标

高基准点引测至楼层各构造柱及受力柱的钢筋上，离楼板混凝土面 50 cm 用红油漆涂红作标记，浇混凝土时，利用此标记，由混凝土工在各柱子间拉墙线控制楼板混凝土的厚度。

⑪ 平板混凝土浇捣完毕，在混凝土初凝之后，终凝之前，待平板混凝土有七、八成干时，用木抹进行两次抹面，有效控制楼板混凝土的微裂缝。梁、柱节点处的模板预先绘出大样图，并预先试拼，确保梁柱节点处的模板拼接严密，以免漏浆。

2.3.9 砌体工程施工方案

1. 施工工艺

砌体施工过程：抄平→测量放线→摆砌块→立皮数杆→砌砌块→清理→验收。

① 抄平：砌筑前应定出标高，并用水泥砂浆或细石混凝土找平，使各段砖墙底部标高符合设计要求。

② 放线：根据结构施工的轴线、图纸标注放出门窗洞口位置。

③ 摆砌块：开始砌筑时先要进行摆砌块排出灰缝宽度，摆砌块时应注意门窗位置。同时要考虑窗间墙的组织砌法，使各皮砌块的竖缝相互错开。在同一墙面上各部位的组砌方法应统一，并使上、下一致。

④ 在砌墙前要立皮数杆，皮数杆上划有砌块的厚度、灰缝厚度、门窗过梁等构件位置。立皮数杆时要用水准仪来进行抄平，使皮数杆上的地面标高位于设计标高位置上，应在房屋四角处设立皮数杆，皮数杆间距不宜超过 15 m。

⑤ 在该段墙体砌筑完毕后，应进行墙面和落地灰的清理。

2. 加气混凝土砌块墙砌筑要点

① 按砌块每皮高度制作皮数杆，并竖立于墙的两端，两相对皮数杆之间拉准线。在砌筑位置放出墙身边线。

② 加气混凝土砌块砌筑时，应向砌筑面适量浇水。

③ 加气混凝土砌块墙底部应用烧结普通砖或多孔砖砌筑，其高度不宜小于 200 mm。

④ 不同密度和强度等级的加气混凝土不应混砌。加气混凝土砌块也不得与其他砖、砌块混砌。但在墙底、墙顶及门窗洞口处局部采用烧结普通砖和多孔砖砌筑不视为混砌。

⑤ 灰缝应横平竖直，砂浆饱满。水平灰缝厚度不得大于 15 mm。竖向灰缝宜用内外临时夹板夹住后灌缝，其宽度不得大于 20 mm。

⑥ 砌块墙的转角处，应隔皮纵、横墙砌块相互搭砌。砌块墙的 T 字交接处，应使横墙砌块隔皮端面露头。

⑦ 砌到接近上层梁、板底时，宜用烧结普通砖斜砌挤紧，砖倾斜度为 60°左右，砂浆应饱满。

⑧ 墙体洞口上部应放置 2 根直径 6 mm 钢筋，伸过洞口两边长度每边不小于 500 mm。

⑨ 加气混凝土砌块墙上不得留脚手眼。

⑩ 切锯砌块应使用专用工具，不得用斧或瓦刀任意砍劈。

⑪ 加气混凝土砌块墙每天砌筑高度不宜超过 1.8 m。

3. 工程质量保证措施

① 砌块的品种、强度等级必须符合设计要求,并应规格一致,砌筑砂浆采用机械拌和,拌和时间从投料完成算起,不得少于1.5 min。严格控制砂浆的配合比,确保砂浆强度,并按规范做好砂浆强度试块。

② 砌块上下皮竖缝相互错开不小于砌块长度的1/3,如不能满足时,在水平灰缝中设置2根直径6 mm的钢筋或直径4 mm钢筋网片,加筋长度不少于700 mm。

③ 砌砖工作大面积展开前,先由技术好的工人砌样板墙,由班组长对每个砌砖人员进行现场指导后,再大面积展开砌砖工作。

④ 砌块墙与承重墙或柱交接处,应在承重墙或柱的水平灰缝内预埋拉结钢筋,拉结钢筋沿墙或柱高每1 m左右设一道,每道为2根直径6 mm的钢筋(带弯钩),伸出墙或柱面长度不小于700 mm,在砌筑砌块时,将此拉结钢筋伸出部分埋置于砌块墙的水平灰缝中。若设计有特别说明则按设计要求来处理。

⑤ 砌砖时,由项目质量员,班组质量员跟踪检查砖墙的平整度、垂直度,若质量不符合要求,及时推倒返工。

⑥ 砂浆的厚度、饱满度主要用眼看、尺量检查,确保砂浆饱满度、厚度在规范要求内,检查应及时,发现有偏差,及时返工。

2.3.10 防水工程施工方案

1. 防水工程概况

(1) 防水设防体系(表2.3.3)

表2.3.3 防水设防体系一览表

序号	设防部位	设防体系	设防做法
1	地下室	卷材外防水	SBS改性沥青防水卷材
2	屋面	单道设防:SBS改性沥青防水卷材	双层SBS(3+3)改性沥青防水卷材
3	室内(卫生间)	单道设防:防水涂料	两道聚氨酯防水涂膜

(2) 施工要求

① 防水工程必须由防水专业队施工。

② 防水施工人员必须持证上岗。

③ 做防水层时基层含水率不得大于9%。

④ 防水材料应选购长沙市建委认证的材料,产品应有合格证,现场取样复试合格后才能使用。

2. 地下室防水

采用地下改性沥青油毡(SBS)防水层施工工艺标准(304—1996)

(1) 操作工艺

工艺流程:基层清理→涂刷基层处理剂→铺贴附加层→热熔铺贴卷材→热熔封边→做保

护层。

① 基层清理：施工前将验收合格的基层清理干净。

② 涂刷基层处理剂：在基层表面满刷一道用汽油稀释的氯丁橡胶沥青胶粘剂，涂刷应均匀，不透底。

③ 铺贴附加层：管根、阴阳角部位加铺一层卷材。按规范及设计要求将卷材裁成相应的形状进行铺贴。

④ 铺贴卷材：将改性沥青防水卷材按铺贴长度进行裁剪并卷好备用，操作时将已卷好的卷材，用 $\phi 30$ 的管穿入卷心，卷材端头比齐开始铺的起点，点燃汽油喷灯或专用火焰喷枪，加热基层与卷材交接处，喷枪距加热面保持 300 mm 左右的距离，往返喷烤、观察当卷材的沥青刚刚熔化时，手扶管心两端向前缓缓滚动铺设，要求用力均匀、不窝气，铺设压边宽度应掌握好，满贴法搭接宽度为 80 mm，条粘法搭接宽度为 100 mm。

⑤ 热熔封边：卷材搭接缝处用喷枪加热，压合至边缘挤出沥青粘牢。卷材末端收头用沥青嵌缝膏嵌固填实。

⑥ 保护层施工：平面做水泥砂浆或细石混凝土保护层；立面防水层施工完，应及时稀撒石碴后抹水泥砂浆保护层。

（2）质量标准

1）保证项目

① 高聚物改性沥青防水卷材和胶粘剂的规格、性能、配合比必须按设计和有关标准采用，应有合格的出厂证明。

② 卷材防水层特殊部位的细部做法，必须符合设计要求和施工及验收规范的规定。

③ 防水层严禁有破损和渗漏现象。

2）基本项目

① 基层应平整，无空鼓、起砂，阴阳角应呈圆弧形或钝角。

② 改性沥青胶粘剂涂刷应均匀，不得有漏刷、透底和麻点等现象。

③ 卷材防水铺附加层的宽度应符合规范要求；分层的接头搭接宽度应符合规范的规定，收头应嵌牢固。

④ 卷材粘结应牢固，无空鼓、损伤、滑移翘边、起泡、皱折等缺陷。

（3）成品保护

① 地下卷材防水层部位预埋的管道，在施工中不得碰损和堵塞杂物。

② 卷材防水层铺贴完成后，应及时做好保护层，防止结构施工碰损防水层；外贴防水层施工完后，应按设计砌好防护墙。

③ 卷材平面防水层施工，不得在防水层上放置材料及作为施工运输车道。

（4）应注意的质量问题

① 卷材搭接不良：接头搭接形式及长边、短边的搭接宽度偏小，接头处的粘结不密实，接槎损坏、空鼓；施工操作中应按程序弹标准线，使与卷材规格相符，操作中齐线铺贴，使卷材接长边不小于 100 mm，短边不小于 150 mm。

② 空鼓：铺贴卷材的基层潮湿，不平整，不洁净产生基层与卷材间窝气、空鼓；铺设时排气不彻底，窝住空气，也可使卷材间空鼓；施工时基层应充分干燥，卷材铺设应

均匀压实。

③ 管根处防水层粘贴不良：清理不洁净、裁剪卷材与根部形状不符、压边不实等造成粘贴不良；施工时清理应彻底干净，注意操作，将卷材压实，不得有张嘴、翘边、折皱等现象。

④ 渗漏：转角、管根、变形缝处不易操作而渗漏。施工时附加层应仔细操作；保护好接槎卷材，搭接应满足宽度要求，保证特殊部位的质量。

3. 屋面防水

屋面采用双层 SBS(3+3) 改性沥青防水卷材。

① 基层条件：找平层已做完隐蔽工程验收，平整、干燥，含水率不得大于 9%。含水率可用以下简单测法：用一块 1 m×1 m 的卷材平铺在找平层表面上，静置 3~4 h 后翻起，如覆盖卷材的基层表面和周围相同（无明显水印），则可认为含水率符合要求。

② 找平层与凸出屋面结构物的连接处及转角处应做成圆弧，圆弧半径不得小于 50 mm，水落口周围应做成略低的凹坑，直径 500 mm 范围内坡度不小于 5%。

③ 基层应牢固，表面应平整光滑，不得有鼓包、凹坑、起砂等缺陷，并在防水层施工前认真清洗干净。

④ 在铺贴防水卷材前，对屋面的阴阳角、管根、水落口等防水薄弱部位用防水涂膜做附加层处理。

⑤ 铺贴卷材时，卷材应按长方向配置，尽量减少接头，并顺流水坡度自下向上按顺序铺贴，顺水接槎。

⑥ 卷材铺贴采用热熔法施工，长边与端头的搭接长度为 100 mm，上下层卷材接头位置要错开，在每层铺设完后用刮刀将搭接部位的卷材封严刮平。

⑦ 在铺设过程中，用长把滚刷从卷材的一端沿卷材横向用力滚压一遍，以便排除卷材与基层的空气。

4. 室内有防水要求的部位防水

① 卫生间做不小于 1.5 mm 聚氨酯涂膜防水层，分 2~3 次涂刷完成。

② 在施工前将基底清理干净，尤其是阴阳角处、管根处等部位不得有尖锐杂物存在。

③ 找平层在转角处要抹成小圆角。地面向地漏处排水坡度应≥2%，从地漏边向外 50 mm 处排水坡度为 3%~5%，不得局部积水。

④ 与找平层相连接的管件、卫生器具、地漏、排水口等必须安装牢固，收头圆滑，用密封膏嵌固之后才能进行防水层施工。

⑤ 小管必须做套管，先做管根防水，用建筑密封膏封严，再做地面防水层与管根密封膏搭接一体。四周涂起 300 mm 高与立墙部分水平接好。

⑥ 在地漏、管道根、阴阳角等易漏水的薄弱部位做补强附加处理。

⑦ 涂膜涂刷施工时要严格掌握好分层涂刷时间，并做到前后两层涂刷方向要垂直，每层涂刷的厚度要均匀一致，并保证总厚度不小于 1.5 mm。

⑧ 防水层作完后，蓄水 24 h 无渗漏后再做面层。

5. 防水工程施工注意事项

① 施工时注意安全，注意防火，严禁焊枪喷口对人。

② 施工人员必须佩带劳保用品，不准穿带铁钉鞋，涂膜未完全固化前，不得进入。

③ 冬季应尽量避免在气温低于 0 ℃以下施工。

④ 在屋面拐角、天沟、水落口、屋脊、卷材搭接、收头等部位，必须仔细铺平，贴紧压实，收头牢靠，符合设计要求和施工验收规范规定。

⑤ 卷材铺贴应避免过分拉紧和皱折，基层与卷材间排气要充分，向横向两侧排气后方可用辊压平粘实，不允许有翘边。

⑥ 卷材防水施工完毕后，应仔细检查铺贴质量，一经发现有不合格之处，应及时进行修补或返工。

2.3.11 装饰工程施工方案

1. 内装修工程

（1）施工流程

内抹灰→管道试压→乳胶漆→吊顶→地面清理→贴地砖→安装门、窗→油漆、涂料、门窗玻璃、五金→灯具、洁具安装→调试→清理→交工。

（2）内墙面砖施工

① 工艺流程：基层处理→找规矩→基层抹灰→弹线→浸砖→粘贴→擦缝。

② 内墙面砖镶贴应采用具有较好装饰效果的面砖，根据工程项目提前做出规格砖与配件砖的需用量计划。面砖的品种、规格、图案、色泽必须符合设计要求，使用前先要选砖，作为一道关键工序认真挑选，并按色泽分别堆放。镶贴时将同一类尺寸色泽的面砖用在同一房间或同一面墙上，这是确保接缝平直、宽窄一致的关键。

③ 面砖镶贴的第二道工序是处理基层与抹灰，要找好规矩，校核墙面是否方正，算出纵横皮数和镶贴块数进行排砖，以使接缝均匀，排列合理。禁止使用小于半砖的条砖。开始镶贴时一般由阳角开始由下而上进行，使不成整块的面砖留在最下面一层阴角部位。门窗口两侧必须用整砖，往两边分贴。有洗脸盆、镜箱的墙面也应以洗脸盆为中心往两边分贴。如基层表面遇有突出的管线、灯具、卫生设备的支架等应采用整砖，利用专用工具套割吻合，做到边缘整齐，不得用非整砖拼凑镶贴，以免影响整体观感质量。

④ 镶贴完成后应检查有无空鼓，接缝是否有不平直等现象，发现问题及时返修，然后用清水擦拭干净、划缝，然后用白水泥素浆均匀擦缝，最后擦净墙面。

（3）白色乳胶漆内墙面施工

① 基层清理：施工前对基层进行全面检查验收，将表面的小颗粒及浮灰清除干净。管线洞口修补平正，如基层有缺角应在刷浆前认真处理，检查合格后方可进行作业，杜绝刷浆后进行其他补修工作的现象。

② 先做样板间经检查鉴定质量达标后再大面积施工。

③ 遵照规范规定的操作工序认真操作，清理基层、填补缝隙、满刮腻子、打砂纸、磨光、分遍刷浆等不得偷工减序。

④ 采用厚腻子薄浆做法，腻子应坚实牢固，不得有起皮、裂缝等缺陷，腻子较厚处要分层刮磨。要求手摸平正光滑无挡手感。潮湿房间的墙面采用防水腻子刮抹，刷浆每遍涂层不应过厚，涂刷均匀，颜色一致。

⑤ 第一遍乳胶漆经 2 h 干燥后,刷第 2 遍漆。施工时的室温保持在 5 ℃度以上,以防止冻结。由于乳胶漆干燥快,涂刷时应流水作业,相互衔接。从一头开始,顺着刷向另一头,以发避免出现接头。每个墙面应一次完成。

⑥ 刷浆时要注意不交叉污染,对门窗、暖气片、各种管道、灯具、开关、插座、箱盒等应临时遮盖,不得污染,刷浆工程结束后应加强管理,认真做好成品保护。

(4) 顶棚施工

采用轻钢龙骨石膏板、轻钢龙骨硅钙板吊顶:

① 安装完顶棚内的各种管线及通风道,确定好灯位、通风口及各种露明孔口位置。

② 各种材料全部配套齐全,罩面板安装前应做完湿作业工程项目。

③ 在大面积施工前,应做一样板间,对顶棚的起拱度、灯槽的构造处理、分块及固定方法等进行试装,并经鉴定认可后方可大面积施工。

④ 弹线:根据楼层标高水平线,用尺竖向量至顶棚设计标高,沿墙、柱四周弹顶棚标高水平线,并沿顶棚的标高水平线,在墙上划好龙骨分档位置线。

⑤ 安装吊杆:吊杆表面应刷防锈漆,在弹好顶棚标高水平线及龙骨位置线后,确定吊杆下端头的标高,按大龙骨位置及吊挂间距,将吊杆无螺栓丝扣的一端与楼板膨胀螺栓固定。

⑥ 安装大龙骨:配装好吊杆螺母,在大龙骨上预先安装好吊挂件,安装大龙骨,将组装吊挂件的大龙骨,按分档线位置使吊挂件穿入相应的吊杆螺栓、拧好螺母。连接大龙骨,装好连接件,拉线调整标高起拱和平直。安装洞口附加大龙骨,按照图集相应节点构造设置连接卡固件、钉固靠边龙骨。

⑦ 安装中龙骨:按已弹好的中龙骨分档线,卡放中龙骨吊挂件。吊挂中龙骨,按设计规定的中龙骨间距,将中龙骨通过吊挂件,吊挂在大龙骨上,一般间距为 500 ~ 600 mm。当中龙骨长度需多根延续接长时,用中龙骨连接件在吊挂中龙骨的同时相接,调直固定。

⑧ 安装罩面板按照石膏板、硅钙板及建筑构造通用图集节点要求安放。

⑨ 质量标准:

a. 轻钢骨架和罩面板的材质、品种、式样、规格应符合设计要求。

b. 轻钢骨架的大、中、小龙骨安装必须正确,连接牢固,无松动。

c. 罩面板应无脱层、翘曲、折裂、缺楞掉角。安装必须牢固。

2. 外墙装修工程

(1) 外墙

外墙采用瓷砖墙面。

(2) 施工程序

抹面层→弹竖线及表面平线→挂线→湿润墙面和浸砖→镶贴→勾缝。

(3) 施工要点

① 清理基层,凹凸不平的墙面应剔除和修补,再湿润表面,抹底层 12 厚 1∶3 水泥砂浆或水泥石灰膏砂浆 1∶0.2∶3 打底,要搓平拍实搓粗。

② 弹竖线:按瓷砖尺寸加砖缝 1 mm 镶贴墙面竖向定位瓷砖带,镶贴墙面竖向定位瓷砖,

然后以此作为标准线逐皮挂线贴砖。

③ 挂线：先用弹好的立线，找出地面高 13 cm 的阴角位置，定出每面墙的两端点，在下面用拖板尺垫平垫牢，使它和墙面底砖下线相平。然后在拖板尺上划尺杆，在尺杆（拖板尺）定好之后，要在竖线上下端适当处钉入钉子，挂紧的线成为竖向表面平整线。表面平整线、横向水平线两端用薄钢片作为钩形，勾在两端砖上拉紧使用。在这两个方向挂好后，经检查无误后，在水平方向由左向右，在竖向由下往上，层层开始镶砖。

④ 湿润墙面和浸砖：砖墙面要提前一天湿润好，混凝土墙提前 3~4 h 湿润，分送后的瓷砖在施工前要浸水，在镶贴前一天放入水中浸泡 2 h 以上，然后取出晾至手按砖背无水迹方可贴砖。

⑤ 镶贴：用 1:2 的砂浆，在瓷砖背面涂满抹灰浆，四角刮成斜面厚度 5 mm 左右。注意边角满浆，瓷砖就位后用灰匙木柄轻击砖面，使之与邻面平齐，粘贴 5~10 块，用靠尺板检查表面平整，并用灰匙将缝拔直。

⑥ 勾缝：墙面瓷砖勾缝用白色水泥浆，待嵌缝材料硬化后再清洗表面。

(4) 技术措施及质量保证措施

① 瓷砖在使用前，必须用套板进行规格剔选，对缺棱、掉角、有暗伤及翘曲变形的都应剔除。

② 瓷砖在使用前，全部用清水浸泡到瓷砖不冒泡为止，且不少于 2 h，待表面晾干后方可镶贴。

③ 瓷砖镶贴，应随贴随纠偏，严禁在镶贴砂浆收水后再纠偏。

④ 镶贴瓷砖时，每块瓷砖上抹砂浆时要估量准确，过多会影响已镶贴的邻块瓷砖，过少易空，若瓷砖上墙后再补灰也易空鼓。因此不得在砖口处塞灰，防止空鼓。

⑤ 镶贴瓷砖时，可用手轻压，或用小铲木把轻敲，但不宜多敲，否则亦易造成空鼓。

⑥ 瓷砖镶贴后应及时清理墙面。嵌缝必须密实，防止漏嵌。

⑦ 瓷砖粘贴前要找好规矩，用水平尺找平，阴阳角必须方正，纵横皮数和块数应事前算好，砖块必须预排，阳角处多用整砖，非整砖用在阴角处，最好不要出现宽度在 30 mm 以内的窄条砖。有镜箱的墙面，应以洗脸盆为中心，往两边排砖。第一皮砖在排砖时，缝子要均匀，不得轧紧，宜留 1 mm 缝。

⑧ 根据水平线，贴好第一皮砖下直尺，作为粘贴第一皮瓷砖的根据，竖缝可每隔 3~5 块弹垂线控制，粘贴瓷砖一般由下往上逐行粘贴，每行从左到右或从右到左进行，每块瓷砖的上口必须平齐，瓷砖的左边口（或右边口）必须与垂线对准，当瓷砖口不平时，可在其下口用竹片等垫平。每贴好一皮砖后，应及时用靠尺板横向靠平竖向靠直，偏差处应及时纠偏，不得在粘贴砂浆收水后再进行纠偏移动，否则会造成墙面空鼓。

3. 楼地面工程

(1) 花岗石、大理石楼面施工

① 工艺流程：基层清理→弹线→试排→试拼→扫浆铺水泥砂浆结合层→铺板→灌缝→擦缝→养护。

② 根据墙面水平基准线，在四周墙面上弹出面层标高线和水泥砂浆结合层线。同时按照板材大小尺寸、纹理、图案、缝隙，在干净的找平层上弹控制线，由房间中心向

进行。

③ 试拼、试排：一般方法是在房间地面纵、横两个方向铺两段略宽于板块的干砂带(砂厚 30 mm)，根据施工大样图拉线校正方正度并排列好。核对板块与墙边、柱边门洞口的相对位置，检查接缝宽度不得大于 1 mm。有拼花图案的应编号。对于较复杂部位的整块面板，应确定相应尺寸，以便于切割。

④ 砂浆应采用干硬性的，相应的砂浆强度为不低于 M15。

⑤ 先洒水湿润基层，然后刷水灰比为 0.5 的水泥素浆一遍，刷铺砂浆结合层，用刮尺压实赶平，再用木抹子搓揉找平，铺完一段结合层即安装一段面板，结合层与板块应分段同时铺砌。

⑥ 铺板：镶贴面板一般从中间向边缘展开退至门口，当有镶边和大厅独立柱之间的面板则应先铺，必须将预拼、预排、对花和已编号的板材对号入座。

⑦ 铺镶时，板块应预先用水浸湿，晾干无明水方可铺设。

⑧ 拉通线将板块跟线平稳铺下，用木锤或橡皮锤垫木块轻击，使砂浆振实，缝隙平整满足要求后，揭开板块，进行找平，再浇一层水灰比为 0.45 的水泥素浆正式铺贴，轻轻锤击，找直找平。铺好一条及时用靠尺或拉线检查各项实测数据。如不符要求，应揭开重铺。

⑨ 灌缝、擦缝：板块铺完养护 2 d 后，在缝隙内灌水泥砂浆擦缝，有颜色要求的应用白水泥加颜料调制。灌浆 1~2 h 后，用棉纱蘸色浆擦缝，粘附在板面上的浆液随手用湿纱头擦拭干净。铺上干净湿润的锯末养护。喷水养护不少于 7 d(3 d 内不得上人)。

⑩ 材料：水泥强度等级不低 42.5 级，块材：技术等级、光泽度、外观等质量符合现行国家标准《天然大理石建筑板材》(GB/T 19766—2005)、《天然花岗岩建筑板材》(GB/T 18601—2001)等有关规定，并同时应符合块料允许偏差。

⑪ 操作要点：

a. 基层应清理干净，凿除浮灰、浮层并处理好安装线管、孔洞的封堵工作，并检查确认其高度不影响铺贴。不可遗漏管线，并确实做好基层防水构造处理。

b. 铺贴时，板材与基层应该用清水湿润但不可有明水，铺贴应用干硬性砂浆。

c. 铺贴时一般按编号应先试铺，检查无误后，方可正式铺贴。务使顺缝紧密(≤1 mm)与其他材料地坪交接处，应先完成相关分界面的有关构造。遇有管线突出，应尽可能设法套割使吻合，避免拼缝。铺贴后一般 3 d 内不得上人行走，7 d 之内严禁有重载。施工条件成熟时即打蜡保护。

(2) 一般地砖楼面施工

① 施工条件：墙面、沟槽、暗管、地漏、排水孔已完工；门已安装并做好保护；墙面水平线已弹好。

② 工艺流程：基层清理→贴灰饼→标筋→铺结合层砂浆→弹线→铺砖→压平拔缝→嵌缝→养护。

③ 铺砖形式一般有"直行"、"人字形"和"对角线"等铺法。按施工大样图要求弹控制线，弹线时在房间纵横或对角两个方向排好砖，其接缝宽度不大于 2 mm，当排至两端边缘不合整砖时(或特殊部位)，量出尺寸将整砖切割或镶边砖。排砖确定后，用方尺规方。每隔 3~

5块砖在结合层上弹纵横或对角控制线。

④ 将选配好的砖清洗干净后,放入清水中浸泡2~3 h后取出晾干备用。结合层做完弹线后,接着按顺序铺砖。铺砖时应抹垫水泥湿浆,按线先铺纵横定位带,定位带各相隔15~20块砖,然后从里往外退着铺定位带内地砖,将地面砖铺贴平整密实。

⑤ 压平、拔缝:每铺完一个段落,用喷壶略洒水,15 min左右用木锤和硬木拍板按铺砖顺序锤拍一遍,不得遗漏。边压实边用水平尺找平,压实后拉通线铺纵缝后横缝进行拔缝调直,使缝口平直、贯通,调缝后再用木锤拍板砸平,即将缝内余浆或砖面上的灰浆擦去。上述工序必须连续作业。

⑥ 嵌缝,养护:铺完地面砖两天后,将缝口清理干净,洒水润湿,用水泥浆抹缝、嵌实、压光,用棉纱将地面擦拭干净。勾缝砂浆终凝后,宜铺锯末洒水养护不得少于7 d。

⑦ 材料要求:水泥强度不低于42.5级,砂浆强度不低于M15,稠度2.5~3.5 cm,块材符合现行国家产品标准及规范规定的允许偏差。

⑧ 施工要点:

a. 基层充分清理,清水冲洗,防止找平层起壳、空鼓。

b. 找平层施工前做好标高控制塌饼,找平层采用1:2水泥砂浆,表面抹光,平整度不大于5 mm。

c. 在墙面内粉时应"捉方",保证地面阴角为直角。

d. 块体地面施工前先要弹线分块,按弹线粘贴。

e. 粘贴材料应按设计要求,建议采用专用粘贴剂(如JCTA粘结剂)。

f. 应一并考虑相关楼梯饰面施工,踏步台阶的相接标高尺寸,应符合要求,不影响踏步的分级尺寸(其分级尺寸级间误差应≤10 mm),休息平台石材块面加工尺寸也要兼顾到与踏步面上面砖砖缝,使其分缝位置合理美观。

g. 做好保护、养护工作。

4. 门窗安装工程

本工程采用铝合金窗,部分外窗为玻璃幕墙。外门采用铝合金门,内门为防火门和夹板门。

(1) 铝合金窗

① 工艺流程:弹线找规矩→窗洞口处理→连接件的处理→窗框安装固定→窗扇安装→门窗口四周密封打胶→安装五金配件→安装纱窗

② 作业条件:铝合金窗质量合格,外墙面砖打底已完成,室内弹好50 cm水平控制线。

③ 操作工艺:

a. 弹线找规矩:由顶层向下弹外窗口的纵边线,横向弹窗口水平位置线,门窗口的水平位置根据室内50 cm水平控制线确定,窗下皮标高应事先弹好,使标高相同的窗均在一条水平线上。

b. 根据外墙面砖在窗洞口的排砖块数确定铝合金门窗的墙厚方向上的位置。

c. 窗框安装时根据已弹好的控制线调整正侧面垂直口水平度和对角线尺寸,待合格后,固定窗框。窗框安装必须牢固,预埋件的数量、位置、埋设连接方法及防腐处理必须符合设计要求。

d. 进行铝合金窗扇安装。平开窗扇应关闭严密，间隙均匀，开关灵活；推拉窗扇应关闭严密，间隙均匀，扇与框搭接量符合设计要求。

e. 安装铝合金窗附件，做到附件齐全，位置正确、牢固、灵活适用，达到各自功能。

f. 铝合金窗框与墙体间的缝隙应填嵌填塞材料（矿棉），填嵌饱满密实，表面平整光滑、无裂缝。

g. 密封条安装时要留自伸缩余量，长出装配边长 20~30 mm。在转角处 45°断开，并用粘接剂粘牢。

（2）玻璃幕墙安装

① 玻璃幕墙所用材料必须符合《玻璃幕墙工程技术规范》（JGJ 102—2003）有关规定，结构胶必须具有相容性试验报告及保险年限的质量证书。进场构件及零部件的材料品种、规格、色泽和性能应符合设计要求。

② 根据幕墙设计方案，绘制出预埋件的埋设形式及埋设位置图，在原结构上做好预埋及角钢支架的安装，要求预埋件加工应符合设计要求，预埋位置准确，埋件位置与设计位置偏差控制在 20 mm 以内。

③ 幕墙必须由具有幕墙安装资质的施工队伍进行安装，安装前应编制施工组织设计，并报甲方监理认可后方可施工。

④ 施工工艺流程：放线→铁件安装→立柱、横梁安装→安装保温、防火矿棉→玻璃幕墙安装→打胶、清洗。

⑤ 放线：玻璃幕墙放线是重点，必须认真按图纸所示进行放线，并制定相应放线方案。

⑥ 铁件安装：连接铁件按正确位置在预埋件上预埋固定，用电焊焊 2~3 个焊点作临时连接，当调整完毕后再满焊。

⑦ 立柱横梁安装：

a. 立柱：安装前检查、校正所有铝板、角钢支架的安装质量，对质量缺陷会同设计进行修正。立柱安装时立柱与铝板、角钢支架连接，连接方式应符合设计要求，立柱安装后应及时进行调整和固定，保证其位置和质量符合要求。

b. 横梁：同一层横梁自下而上安装并随层检查。横梁两端的连接件及弹性橡胶垫必须安装牢固，位置准确，保证接缝严密。

c. 现场焊接或高强螺栓紧固的构件固定后，及时进行防锈处理。

d. 不同金属的接触面应采用垫片作隔离处理。

⑧ 安装保温、防火岩棉：将岩棉保温层用粘结剂粘在钢板上，用已焊的钢钉及不锈钢片固定保温层，岩棉应铺放平整，拼接处不留缝隙。

⑨ 玻璃幕墙安装：

a. 玻璃安装之前，由专业技术人员对立料及横料的位置、尺寸、对角线及牢固程度进行复核，无误后方可进行，并检查各类防水胶条是否脱落。

b. 承重橡胶块及搁置点必须严格按设计要求施工。

c. 玻璃安装顺序从下朝上，从左向右，迅速形成一个完成面，不要跳开装。

d. 安装玻璃幕墙时，玻璃镀膜面应朝向室内。

e. 玻璃安装必须严格按立面编号图对号入座，安装好的板片需采取保护措施。

f. 开启窗安装应关闭严密，间隙均匀，开关灵活，附件齐全，安装位置正确牢固，端正美观，开启角度符合设计要求。

g. 玻璃安装完毕，经专业技术人员、业主及监理部门复核，验收合格后才能封密封胶。

⑩ 打胶、清洗：

a. 耐候硅酮密封胶的施工厚度应大于 3.5 mm，施工宽度不应小于施工厚度的 2 倍。

b. 打胶必须密实，表面应平整光滑，整条胶缝应一次完成，严禁出现漏打、气泡等现象，确保板片不渗水。

c. 全部安装完后，在竣工前利用擦洗机（或其他吊具）将幕墙玻璃擦洗一遍，达到表面洁净、明亮。

⑪ 质量要求：

a. 铁件焊接饱满，无尘渣、气孔、焊瘤等质量问题。

b. 立柱轴线前后偏差不大于 2 mm，相临立柱标高差不大于 3 mm，同层立柱不大于 5 mm。

c. 横梁相临标高不大于 1 mm，横梁与立柱连接紧固。

d. 幕墙垂直度不大于 10 mm，平整度不大于 3 mm，拼缝高低不大于 2.5 mm，缝宽不大于 2 mm。

e. 胶的厚薄均匀、顺直，宽窄一致，表面光滑。

(3) 门安装

① 工艺流程：弹线找规矩→门窗框安装位置→安装标高→门框安装→门扇安装。

② 操作工艺：

a. 依据墙上 +50 cm 水平控制门框安装标高。

b. 木门框靠墙、靠地一面刷防腐涂料，其他各面及扇均刷干性底油一道，刷油后应通风干燥。

c. 木门框安装应在地面工程和墙面抹灰前完成。先用木楔将门框临时固定，调整正侧面垂直、水平度和对角线尺寸合格后，用专用铁脚及木螺钉与专用混凝土砌块内预埋木块固定牢。

d. 门框安装时要注意门的开启方向、墙厚方向的安装位置。如有贴脸时应与墙体保持抹灰面相平。

e. 根据门口尺寸对门扇进行修刨，分两次进行。第一次修刨应使门窗能塞入门口，第二次修刨线可安装合页。

f. 合页安装时，门框和门扇要同时剔凿，并在剔凿时弹线，防止剔凿过大或过深，影响门的安装质量。

g. 木质防火门合页、门锁、闭门器等五金配件由生产加工厂统一配套供应，油漆颜色由设计和甲方选定。

h. 木质防火门搬运时，需轻拿轻放，不得将棍棒穿入门框内挑运，严禁重物挤压碰撞，存放时应架空直立码放，并设与地面不小于 70°倾脚的靠架靠稳，如有变形必须校正后方可进行安装，防火门存放需有防雨、防晒、防潮措施。

(4) 安装质量要求和允许偏差及检验方法

① 铝合金门窗安装质量要求与检查方法,见表 2.3.4 和表 2.3.5。

表 2.3.4　铝合金门窗安装质量要求

序号	种类	质量等级	质量要求	检验方法
1	平开门窗扇	合格	关闭严密,间隙基本均匀,开关灵活	观察和开闭检查
		优良	关闭严密,间隙均匀,开关灵活	
2	推拉门窗扇	合格	关闭严密,间隙基本均匀,扇与框搭接量不小于设计要求的 80%	观察和用深度尺检查
		优良	关闭严密,间隙均匀,扇与框搭接量符合设计要求	
3	弹簧门扇	合格	自动定位准确,开启角度为 90°±3°,关闭时间在 3~15 s 范围之内	用秒表、角度尺检查
		优良	自动定位准确,开启角度为 90°±1.5°,关闭时间在 6~10 s 范围之内	
4	门窗附件安装	合格	附件齐全,安装牢固,灵活适用,达到各自的功能	观察、手扳和尺量检查
		优良	附件齐全、安装牢固,灵活适用,达到各自的功能,端正美观	
5	门窗框与墙体间缝填嵌	合格	填嵌基本饱满密实,表面平整,填塞材料、方法基本符合设计要求	观察检查
		优良	填嵌基本饱满密实,表面平整,填塞材料、方法符合设计要求	
6	门窗外观	合格	表面洁净,无明显划痕、碰伤,基本无锈蚀;涂胶表面基本光滑,无气孔	观察检查
		优良	表面洁净,无划痕、碰伤,无锈蚀;涂胶表面光滑,平整,厚度均匀,无气孔	
7	密封质量	合格	关闭后各配合处无明显缝隙,不透气、透光	观察检查
		优良	关闭后各配合处无缝隙,不透气、透光	

表 2.3.5　铝合金门窗安装检查方法

序号	保证项目及质量要求	检验方法
1	铝合金门窗及附件质量必须符合设计要求和有关标准的规定	观察检查和检查出厂合格证,产品验收凭证
2	铝合金门窗安装的位置、开启方向,必须符合设计要求	观察检查

序号	保证项目及质量要求	检验方法
3	铝合金门窗安装必须牢固；预埋件的数量、位置、埋设连接方法必须符合设计要求	塞缝前观察和手扳检查，并检查隐蔽记录
4	铝合金门窗框与非不锈钢紧固件接触面之间必须做防腐处理；严禁用水泥砂浆作门窗框与墙体间的填塞材料	观察检查

② 铝合金门窗安装质量允许偏差见表2.3.6。

表2.3.6 铝合金门窗安装质量允许偏差

项次	项 目		允许偏差/mm	检验方法
1	门窗框两边角线长度差	≤2 000 mm	3	用钢卷尺检查
		>2 000 mm	5	
2	平开窗	窗扇与框搭接宽度差	1	用深度尺或钢板尺检查
3		同樘门窗相邻扇的横端角高度差	2	用拉线和钢板尺检查
4	推拉窗	门窗开启力限值 扇面积≤1.5 m²	<40 N	用100 N弹簧秤钩住拉手处，启闭5次取平均值
		扇面积>1.5 m²	≤60 N	
5		门窗扇与框或相邻扇立边平行度	2	用1 m钢板尺检查
6	弹簧门扇	门扇对口缝或扇与框间立、横缝留缝限值	2~4	用楔形塞尺检查
7		门扇与地面间隙留缝限值	2~7	
8		门扇对口缝关闭时平整		用深度尺检查
9	门窗(含拼樘正、侧面垂直度)	≤2 000 mm	2	用1 m托线板检查
		>2 000 mm	3	
10	门扇框(含样式樘料)水平度		2	用1 m水平尺和楔形塞尺检查
11	门扇横框标高		≤5	用钢板尺检查与基准线比较
12	双层门窗内外框、梃(含拼樘料)中心距		≤4	用钢板尺检查

(5) 成品测试

一个合格的产品必须经过一系列严格的测试手段方能保证。一般成品门窗的测试包含以下几个内容：

① 门窗的物理性能测试。门窗的性能测试一般包括下列内容：

a. 门窗的风压变形性能是指建筑门窗在垂直于门窗的风压作用下，保证其具有正常使用功能、不发生任何损坏的能力。门窗的分级值是对应于主要受力杆件在瞬时风压作用下的相对挠度值，符合规范要求，其风压数值应和设计计算书中建筑门窗所承受的最大风荷载计算值一致。

b. 门窗的雨水渗漏和空气渗透性是直接涉及门窗的使用功能和寿命的关键性能指标。

② 保温性能：保温性能指在门窗两侧存在空气温度差条件下，门窗阻抗从高温一侧向低温一侧传热的能力。

③ 隔声性能：隔声性能是指通过空气传到门窗外表面的噪声经过门窗反射、吸收和其他能量转化后的减少量，称为门窗的有效隔声量。

④ 喷淋试验：此试验是用水龙头直接冲在门窗的表面，从而证实门窗在实际安装过程中是否有漏水现象。

⑤ 检测方法：抗风压性能检测方法按《建筑外窗抗风压能分级及其检测方法》（GB 7106—2002）规定；空气渗透性能检测方法按《建筑外窗空气渗透性能分级及其检测方法》（GB 7107—2002）规定；雨水渗透性能检测方法按《建筑外窗雨水渗漏性能分级及其检测方法》（GB 7108—2002）规定；保温性能检测方法按《建筑外窗保温性能分级及其检测方法》（GB 8484—2002）规定；隔声性能检测方法按《建筑外窗空气声隔声性能分级及其检测方法》（GB 8485—2002）规定执行。

（6）成品保护

成品保护是一项工程施工中特别重要的问题，特别是进入装饰工程时应派专人进行看管，并按项目制定相应的制度，施工前技术交底时作为一项重要内容与各班组交底，并落实责任人不定期进行检查。

① 铝合金窗入库存放，下皮应垫起、垫平，码放整齐，防止变形；对已装好披水的窗，注意存放时的支垫，防止损坏披水；露天存放时，应采取措施防止日晒雨淋。

② 门窗保护膜要封闭好，再进行安装，安装时及时将门框两侧用木板条捆绑好，防止碰撞损坏。

③ 抹灰前应将铝合金门窗用塑料薄膜包批或粘贴保护起来，在门窗安装前及室内外湿作业未完成前不能破坏保护层，防止砂浆对其表面层的污染侵蚀。

④ 铝合金门窗的保护膜应在交工前再撕去，要轻撕，不可用铲刀铲，防止其表面划伤，影响美观。

⑤ 如铝合金表面有胶状物，应使用棉丝沾专用液进行擦拭干净，如发现局部划痕，用小毛刷沾染色液进行染补。

5. 内外装修质量保证措施

（1）影响装饰工程质量的要素

影响装饰工程质量的要素主要有以下几点：

a. 装饰基层质量。

b. 装饰设计质量。

c. 装饰材质质量。
d. 装饰工艺水平。
e. 工人操作水平。
f. 成品保护水平。
g. 装饰施工管理水平。

为确保本工程内外装饰质量,除重点控制装饰设计质量外,拟在装饰阶段采用以下制度以切实保证装饰工程的施工质量。

(2) 统一放线、验线制度

结构施工完成以后,统一测试楼层楼高基准和坐标基准,逐个房间弹出坐标十字线,作为装饰施工与设备安装统一参照的水平线。

(3) 材料审批检验制度

装饰施工根据装饰设计的要求选购材料,递交样品报设计单位(或甲方、监理)审批。材料进场时对照经核准的样品检查、验收。装饰材料在安装之前须再次检查过关。

(4) 工序流程交接制度

根据装饰工程和设备安装工序的逻辑关系编制统一的工序流程,各工序的施工员按流程先后进入工作面。前后两道工序的交接一律以书面移交。上道工序的施工人员撤出工作面后,施工下道工序时,应注意成品保护工作。

(5) 工艺标准制度

对各装饰分项,分别编制工艺标准,下达到作业队,作为技术交底和施工过程控制的依据。

(6) 样板制度

由选定的材料和工艺做出样板,并经业主和设计单位(或监理单位)确认后方可按样板标准进行大面积施工。

(7) 工人考核上岗制度

采用专业领导下的专业班组的劳动组织形式,施工之前进行技术交底和操作培训,考核不合格的不得上岗操作。

(8) 成品保护制度

明确成品保护的技术措施和责任划分,明确各成品、半成品项目保护的要求。

(9) 质量检查、验收与奖惩制度

① 装饰质量检查验收包括:

a. 隐蔽工程验收。

b. 工序交接验收。

c. 装饰工程完工验收。

② 奖惩措施:

a. 班组经济分配与操作质量挂钩。

b. 质量不合格的坚决返工并对奖金有否决权。

c. 对质量事故的责任人处以罚款或行政处分。

2.3.12 特殊季节施工措施

1. 冬季施工

(1) 冬季施工准备

① 进入冬季后,及时安排资料员进行气温检测并做记录,与气象部门预先联系,防止寒流的突然袭击。

② 在进入冬季施工前,编制详细的冬季施工方案并组织人员学习冬季的施工程序及方法。

③ 在严寒来临前,由材料员负责将保温用品(农用塑料薄膜、草包等)采购到库。

④ 工地内所有的供水管道全部应放在冰冻线以下,外露部分不用水时应临时放空或做好保温措施,避免冻裂,影响施工。

⑤ 预先通知冬季施工混凝土的配合比,提前2周送监理审批。

(2) 冬季钢筋施工

① 所有墙板、楼板钢筋中小规格需冷拉的钢筋应提前冷拉,避免在严寒下冷拉。

② 所有钢筋的焊接,应尽量安排在工棚内进行,工棚内设临时取暖器。

③ 在负温天气下,钢筋必须在室外焊接时,应采用负温焊接参数进行施焊。

④ 组织钢筋焊接人员对冬季焊接的参数(包括闪光对焊,电弧焊等)进行学习,现场练习。

(3) 冬季混凝土施工

① 混凝土的配制和搅拌

a. 配制混凝土时宜优先选用硅酸盐水泥或普通硅酸盐水泥,水泥强度不应低于42.5级,最小水泥用量不少于 $300 \ kg/m^3$,水灰比不应大于0.6。

b. 若要在混凝土中掺入外加剂,则外加剂的型号及掺量必须事先征得监理工程师的同意及取得试验室的配合比。

c. 拌制混凝土时,应检查骨料的情况,骨料必须清洁,不得含有冰雪等冻结物及易冻裂的矿物质。

② 混凝土的浇筑:

a. 若遇雨雪天气或霜冻天气,混凝土在浇筑前,应清除模板和钢筋上的冰雪,以减少热量损失。

b. 浇筑混凝土前,项目部应统筹安排,尽量避开当日的最低气温。

c. 混凝土浇筑时,在严寒天气应做好操作人员的防冻保护工作。

③ 混凝土的养护

a. 确保混凝土表面温度与内部温度的温差在规范允许范围内,混凝土浇筑后,均在混凝土表面覆盖农用塑料薄膜,塑料薄膜上再加盖一层草包。并留设测温点,派专人进行测温,以控制混凝土内外温差,避免温度应力引起的混凝土裂缝。

b. 混凝土浇筑后,由资料员负责加做一组试块,在混凝土拆模前或撤除覆盖措施前试压,确保混凝土强度达到标准值的30%之后方可拆模或去掉覆盖措施。

(4) 冬季施工的安全与防火

① 冬季施工时,施工现场的周边道路及地下室的坡道应有防滑措施。

② 雪后应及时进行检查,必须将脚手架上的积雪清扫干净,并检查马道平台,如有松动

下沉现象,应及时处理。

③ 冬季天气寒冷干燥,对施工现场的木工棚、易燃易爆品仓库应加强管理。

④ 晚上加班,天气寒冷,项目部必须指派专人进行值班检查,禁止职工点火取暖。

⑤ 电源开关,控制箱等设施要加锁,并设专人负责管理,防止漏电、触电。

2. 雨季施工方案

本地区雨水较多,时常有暴雨,所以雨季也必须做好准备,以防不测。根据经验,应着重做好以下事项:

① 合理进行施工安排。做到晴天抓紧室外工作,雨天安排室内工作,尽量缩小雨天室外作业时间和工作面。

② 做好现场排水,施工现场的道路、设施必须做到排水畅通,尽量做到雨停水干,尤其要防止地面水排入地下室。

③ 原材料、成品、半成品的防雨。水泥应放在室内按"先收先发、后收后发"的原则,避免久存受潮而影响水泥的活性。木地板等易受潮变形的半成品应在室内堆放,其他材料也应注意防雨及材料四周排水。

④ 在雨期前应做好现场房屋、设备的排水防雨措施。

⑤ 备足排水需用的水泵及有关器材,准备适量的塑料布、油毡等防雨材料。

⑥ 现场道路发生渍水现象,为防地表水进入基坑,将在临近道路做挡水墙。

3. 夏季施工

本工程的部分装饰工程施工期为夏季,××市的夏季温度较高,在夏季施工时应特别注重以下几点:

① 做好职工的防暑工作,为作业创造良好的条件;

② 混凝土浇捣后应及时进行养护,保证工作质量;

③ 在设计混凝土施工配合比时应考虑天气情况做适当的调整,特别初凝时间应有所延迟。

(1) 准备工作

① 要动员职工,根据施工生产的实际情况,积极采取行之有效的防暑降温措施,充分发挥现有降温设备的效能,添置必要的设施,并及时做好检查维修工作。

② 关心职工的生产、生活,注意劳逸结合,调整作息时间,严格控制加班加点。入暑前,抓紧做好高温、高空作业工人的体验,对不适合高温、高空作业的适当调换工作。

(2) 技术措施

① 钢筋混凝土工程。为了防止夏季钢筋混凝土施工时受高温干热影响而产生裂缝等现象,施工时应采取以下措施:

a. 认真做好混凝土养护工作,混凝土浇捣前必须使木模吸足水分,遇到面积较大时,要用草包加以覆盖,并浇水保持混凝土湿润,一般养护时间:采用硅酸盐水泥、普通硅酸盐水泥和矿渣硅酸盐水泥拌制的混凝土,不得少于七昼夜;掺加缓凝型外加剂及有抗渗性要求的混凝土,不得少于十四昼夜。梁柱框架结构,应尽可能采取带模浇水养护,免受曝晒。

b. 根据气温情况及混凝土的浇捣部位,正确选择混凝土的坍落度,必要时掺外加剂,以保持或改善混凝土的和易性,增大流动性、粘聚性,使其泌水性小。

c. 浇捣大面积混凝土,应尽量采用水化热低的水泥,必要时采用人工降温等措施,亦可掺用缓凝型减水剂，使水泥水化热速度减慢，以降低和延缓混凝土内部温度峰值。

d. 厚度较薄的楼面或屋面，应安排在夜间施工，使混凝土的水分不致蒸发过快而形成收缩裂缝。

e. 遇大雨需中断作业时，应按规范要求留设施工缝。

② 砌体工程：

a. 高温季节砌砖，要特别强调砖块的浇水，除利用清晨或夜间提前将集中堆放的砖块充分浇水湿透外，还应在临砌之前适当地浇水，使砖块保持湿润，防止砂浆失水过快影响砂浆强度和粘结力。

b. 砌筑砂浆的稠度要适当增大，使砂浆有较大的流动性，灰缝容易饱满，亦可在砂浆中掺入塑化剂，以提高砂浆的保水性与和易性。

c. 砂浆应随拌随用，对关键部位砌体，要进行必要的遮盖、养护。

③ 抹灰工程：

a. 抹灰前应在砌体表面洒水湿润，防止砂浆脱水造成开裂、起壳、脱落，抹灰后要加强养护工作。

b. 外墙面的抹灰，应避免在强烈日光直射下操作。

c. 砂浆级配要准确，应根据工作量，有计划地随配随用，为提高砂浆保水性，可按规定要求掺入外加剂。

2.3.13 保证工程质量的技术措施

1. 质量控制的主导过程

从上到下，从先到后，每一过程的质量控制好坏均会影响到下一过程的质量控制，要控制好一个施工项目的质量，必须控制好每一个环节的质量，以上过程中，最关键的是应做好工作质量和工序质量的控制。

2. 各阶段的质量控制内容

（1）事前质量控制

在正式施工前的质量控制重点是做好施工准备工作：

① 施工准备工作应贯穿于施工的全过程，包括全场性施工准备，单位工程施工准备，分项、分部工程施工准备，项目开工前的施工准备，项目开工后各施工阶段的施工准备。

② 所有的施工准备工作均由专人负责，项目管理人员集体参加编制施工准备工作计划，每一计划均落实专人负责，明确最迟应完成的时间。

（2）事中质量控制

① 本工程事中质量控制的策略是：全面控制施工过程，重点控制工序质量。

② 对可能产生质量问题的重点工作：如钢筋工程、模板工程、混凝土工程、砌砖工程等均编制质量预控对策，做到以"预防为主"（见质量控制程序表）。

③ 所有材料的配合比均由质监站指定的试验室配制。

④ 隐蔽工程的验收，提前一天通知监理方及建设方，做到有一定的回旋余地。

⑤ 计量、测量器具等定期送检测站检测，每次使用前均由测量员仔细复核，做好复核记录。

（3）事后质量控制

① 每一分部分项完成后,先组织自检,用目测法(看、摸、敲、照)、实测法(靠、吊、量、套)进行检查。自检之后再由监理、建设方进行检查,分部工程由质监站进行质量检查与核评等级。

② 对质量检查不合格的产品,进行返工修整直至达到要求为止。

3. 工作质量及工序质量的控制

(1) 工序活动条件的质量控制

① 人的控制:对技术复杂、难度大、精度高的工序和操作,操作工人由项目部事前挑选,由技术熟练、经验丰富的工人完成。对搭脚手架、高空作业等要求高的工序和操作由专人负组织班前交底,班前检查,控制职工的思想活动,稳定工人的情绪。

② 材料的控制:合理地、科学地组织材料的采购、加工、储备、运输,建立严密的计划、调度体系,加快材料的周转,减少材料的占用量,按质、按量、如期地满足建设需要,确保施工正常进行。

③ 机械控制:挖掘机选用斗容量为 $1.2 m^3$ 的加长臂型挖掘机,以提高土方挖运速度及开挖质量。所有机械均由机械人员定期检查维修,并填好检查维修表。

④ 施工方法的控制:预定的施工方案,施工技术措施形成书面资料前,均要切合工程实际,能解决施工难题,技术可行。施工方案一经确定,在施工正式展开前,必须组织有关技术人员及施工人员熟悉方案,并做出详细的交底及解释。

⑤ 环境控制:施工现场按标化工地、文明工地的要求布置,保持材料工件堆放有序、道路畅通、工作场所清洁整齐。项目部每月二次定期对施工现场进行综合性检查整理。

(2) 工序活动效果的质量检验

① 每一施工过程均由专职质量员或兼职质量员跟踪检查,严格按照质量评定标准进行及时的质量评定。

② 由质量员负责及时用数理统计的方法掌握各施工过程的质量动态。一旦发现有异常情况,随即研究处理,自始至终使工序活动效果的质量满足规范和标准的要求。

4. 成品保护

工程在施工过程中,有些分项、分部工程已经完成,如果下道工序对已施工成品不加注意,或不采取妥善的措施加以保护,就会造成既有成品的损伤或破坏,影响工程质量。为此,工程项目部必须认真做好以下成品保护工作:

(1) 合理安排施工顺序

合理地安排施工顺序,按正确的施工流程组织施工。

① 装饰工程原则上采取自上而下的流水顺序,这些都有利于保护装饰工程质量。

② 楼梯间踏步楼面,在楼层其余装饰完成后,再自上而下的进行,完工一层便封闭一层,除了维护人员外,其他人员不得进入已完工的楼层。

③ 门窗扇的安装安排在抹灰后进行;每完成一个单间,安装一间。

④ 先做粉刷而后安装灯具,可避免安装灯具后又修理浆活,从而污染灯具。

(2) 对成品直接进行保护

按过去施工经验,比较有效的成品保护措施主要有护、包、盖、封等四种措施。

① 护就是提前保护,以防止成品可能发生的损伤和污染。主要措施有:

a. 各楼层进料口或门口在推车易碰部位，在小车轴高度的门洞口钉上防护条或槽型盖铁。

b. 进出口台阶全部垫砖或方木，搭脚手板过人。

② 包就是进行包裹，以防止成品被损伤或污染。

a. 铝合金门窗应用塑料布包扎。

b. 新装管道污染后不好清理，应包纸保护。

③ 盖就是表面覆盖，防止堵塞、损伤。

a. 落水口和排水管安装好后要加覆盖，以防堵塞。

b. 散水交活后，为保水养护并防止磕碰，可盖一层土或砂子。

c. 其他需要防晒、保温养护的项目，也要采取适当的覆盖措施。

④ 封就是局部封闭。

a. 楼梯面施工完成后，应将楼梯口暂时封闭，待达到上人强度并采取保护措施后再开放。

b. 室内装饰、门窗完成后均应立即锁门；屋面防水做完后，应封闭上屋面的楼梯门或出入口；室内装饰完成后，为调节室内温湿度，有专人开关外窗等。

2.3.14 保证工程安全的技术措施

1. 安全管理目标

实施施工现场标准化管理、文明施工，施工现场无重大人身与设备事故，一般工伤事故不大于 0.4‰。

2. 安全管理措施

（1）首先建立相关的安全生产制度（规程）

项目部成立后应依据××市标准《施工现场安全生产保证体系》(DBJ 08—903—98)的要求，结合本工程具体情况编制"安全生产保证计划"，并建立一些最基本的安全生产制度（安全生产制度详见项目部管理制度汇编）。

（2）安全生产责任制

项目部组建后，立即根据《施工现场安全生产保证体系、程序文件》并结合工程实际情况建立从项目经理、管理人员、班组长到各职工的安全生产责任制，明确各级人员应尽的职责和义务，并严格按责任制内容对各级管理人员进行考核。针对本项目的安全生产责任目标，在与各班组的经济承包合同中将责任目标分解，明确各班组应担负的职责，如杜绝重大伤亡事故，降低轻伤事故频率等。

（3）分部分项工程安全技术交底

各分部分项工程开始施工前，由安全员对各施工班组根据操作规程、施工技术要求等向班组进行口头及书面交底。书面交底一式二份，一份留交底人，一份发被交底班组，签字齐全。交底完成后，所有的安全交底资料均汇编入工程技术档案中。

（4）安全检查

项目部要确保施工全过程的安全生产，必须设专职或兼职的安全技术专业检查员，人员数目可视工程进展情况而定。安全员的主要职责就是每天巡视现场，纠正施工中的违章指挥和违章作业，监督施工技术措施的执行，配合有关技术人员及时解决施工过程中暴露出来的安全技术方面的问题。

(5) 班前安全活动

按班前安全活动制度开展班前安全活动,并由班组兼职安全员作好记录。

(6) 工伤事故处理

若工地不幸发生工伤事故,必须严格按国家有关规定及时报告给有关部门,同时建立工伤事故档案,并按工伤事故调查分析规定严肃处理。

3. 三宝、四口防护措施

① 每个职工进入施工现场都必须戴好安全帽、扣好帽带,未戴好安全帽的人员不准进入现场施工。对施工时未戴安全帽人员、未扣好帽带人员,安全员及管理人员必须对其进行处罚。

② 施工现场进行封闭式防护。

③ 对于高空作业人员,必须按规定系好安全带及安全扣,未按规定操作者按规定处罚。

④ 在建工程必须按规定挂好安全网,脚手架外围挂密目安全网(三证齐全)。

⑤ 临边防护的设置除应符合规范要求外,临边防护栏杆高度不得小于1.2 m。

⑥ 楼梯口用钢管搭设防护栏杆,上下不能少于二道,预留洞口用钢筋焊成网片盖住洞口,对需开挖的坑、洞,先用钢管焊成围护栏,长1.5 m,高1 m,开挖时先设护栏及红灯,对各通道口都用钢管及脚手架搭双层防护棚,对阳台、楼面、屋面边缘用钢管搭设防护栏,高度1.2 m,上下两道钢管。

4. 施工机具安全措施

本工程要认真执行建筑机械使用安全技术规程和施工现场电气安全管理规定,另外还应注意:

① 现场设工地施工用电管理负责人,负责各种电机设备的用电许可证发放。对进入工地的电气工作人员进行用电操作交底,并检查监督工地用电安全。

② 施工中的机械服务于高空与地面,因此机械操作地点与服务作业面要界线清楚,指挥通信设备良好,信号统一及时。并要定机、定人、定指挥。机电作业地点要有安全环境,夜间有足够照明,停机时间要有可靠的防护措施。

③ 使用的电动工具必须符合国家标准,必须有额定漏电电流不大于30 mA,动作时间不大于0.1 s的漏电开关的保护,一切电气设备外壳都要有接地装置。

④ 施工中一切伸向高空的金属架子、机械和建筑,全部设置防雷装置和接地装置,接地电阻不得大于10 Ω。

⑤ 施工中建立本工地的机械电气安全管理规定和各项检查制度,施工期间日夜都设有机电工值班,处理机电事故,非专职人员不得触动机电设备。

⑥ 木工平刨机必须有安全防护装置,刨料时应身体稳定,双手操作。刨小面时手指不低于料高的一半,并不小于3 cm。禁止手在料后推送,进料速度均匀。禁止在刨刃上方回料,刨厚度小于1.5 cm、长度小于30 cm的木料时必须用压板或推棍,禁止用手推进。木工棚必须有消防设施。

⑦ 圆盘锯必须有安全防护装置,操作前应认真检查,锯片不得有裂口,螺栓应上紧,操作时要站在锯片一侧,禁止与锯片同一直线。手臂不得跨越锯片,进料必须紧贴靠山。不得用力过猛,遇硬节慢推,接料要待料出锯片15 cm,不得用手硬拉。

⑧ 钢筋切断机必须有安全防护装置,机械运转正常方准断料。断料时,手与刀口距离不

得少于15 cm。切长钢筋时应有专人扶持。操作时动作要一致，切短钢筋必须用套管或钳子夹料，不得用手直接送料，在钢筋摆动范围和刀口附近，非操作人员不得停留。

⑨ 钢筋弯曲机加工钢筋要贴紧挡板，注意放入插头的位置和回转方向。加工长钢筋要有与弯曲机相平的架子，保持钢筋的平直。更换插头、加油和清理，必须关机后进行。

⑩ 钢筋对焊机应设在干燥的地方，平稳牢固，要有可靠的接地装置，导线绝缘好，焊接前根据钢筋截面调整电压。发现漏电立即更换。操作时应正确使用劳保用品，并站在橡胶板或木板上。工作棚要用防火材料搭设，并有灭火器材。

⑪ 混凝土搅拌机、搅拌台及砂浆机搭设防护棚，装有安全保护装置，设排水沟、沉淀池。操作人员持证上岗。开机前要认真检查机械，不得带病运转。下班前要清理干净，切断电源，挂好保险扣才能下班。

⑫ 乙炔、氧气瓶、压力表应保持灵敏准确，装设回火防止器。乙炔与氧气瓶分别存放间距应大于5 m，与明火操作距离应大于10 m。

5. 临时用电安全措施

① 建立现场临时用电检查制度，按市建委关于现场临时用电管理规定对现场的各种线路和设施进行定期检查和不定期抽查，并将检查、抽查记录存档。

② 现场采用双路供电系统，确保电源供应。临时配电线路必须按规范架设，架空线必须采用绝缘导线，不得采用塑胶软线，不得成束架空敷设，也不得沿地面明敷设。

③ 施工机具、车辆及人员，应与内、外电线路保持安全距离。达不到规范规定的最小距离时，必须采用可靠的防护措施。

④ 配电系统必须实行分级配电。现场内所有电闸箱的内部设置必须符合有关规定，箱内电器必须可靠、完好，其选型、定值要符合有关规定，开关电器应标明用途。电闸箱内电器系统须统一式样、统一配制，箱体统一刷涂橘黄色，并按规定设置围栏和防护棚，流动箱与上一级电闸箱的连接，采用外插连接方式。

⑤ 独立的配电系统必须按部颁标准采用三相五线制的接零保护系统，非独立系统可根据现场的实际情况采取相应的接零或接地保护方式。各种电气设备和电力施工机械的金属外壳、金属支架和底座必须按规定采取可靠的接零或接地保护。

⑥ 在采用接地和接零保护方式的同时，必须设两级漏电保护装置，实行分级保护，形成完整的保护系统。漏电保护装置的选择应符合规定。

⑦ 各种高大设施必须按规定装设避雷装置。

⑧ 手持电动工具的使用应符合国家标准的有关规定。工具的电源线、插头和插座应完好，电源线不得任意接长和调换，工具的外绝缘应完好无损，维修和保管应由专人负责。

⑨ 施工现场的临时照明一般采用220 V电源照明，结构施工时，应在模板施工中预埋线管，临时照明和动力电源应穿管布线，必须按规定装设灯具，并在电源一侧加装漏电保护器。

⑩ 土方基础施工，内部照明应使用24 V低压照明设备，结构施工内部照明使用行灯照明的，其电源电压应不超过36 V，灯体与手柄应坚固，绝缘良好，电源线须使用橡套电缆线，不得使用塑胶线。行灯变压器应有防潮、防雨水设施。外围的强电照明，必须搭设灯架，灯架高度不得低于2 m，并做好绝缘。

⑪ 电焊机应单独设开关。

6. 消防工作管理

(1) 方针目标

① 在施工中,始终贯彻"预防为主,防消结合"的消防工作方针,认真执行《中华人民共和国消防条例》、建设部15号令(即《建设工程施工管理规定》)及其他有关法规,将消防工作纳入施工组织设计和施工管理计划。

② 强化消防工作管理,实现杜绝火灾事故,避免火警事故,尽量减少冒烟事故的目标。

(2) 组织管理

① 建立防火责任制。项目经理部防火负责人与各班组防火负责人签订防火责任书,也要与外包队签订防火责任书,使防火工作层层负责,责任落实到人。

② 成立由项目经理部消防管理负责人为首和各班组消防管理负责人参加的施工现场消防工作的领导与协调。

(3) 管理规定

① 施工现场必须设置消防车道与施工道路合并,其宽度不得小于3.5 m。消防车道不能环行的,应在适当地点修建回转车辆场地。

② 对重点防火部位、易发生火险部位,配备足够的干粉灭火器材,随工程进度及楼层不断增高而及时增加干粉灭火器。

③ 施工现场要配备足够的消防器材,并做到布局合理,经常维护、保养,在寒冷季节应采取防冻保温措施,保护消防器材灵敏有效。

④ 加强用火、用电管理,严格执行电、气焊工的持证上岗制度。

⑤ 使用电气设备和易燃、易爆物品,必须严格落实防火措施,指定防火负责人,配备灭火器材,确保施工安全。

⑥ 施工现场内禁止存放易燃、易爆、有毒物品。因施工需要,进入工程内的可燃材料,要根据工程计划,限量进入,并应采取可靠的防火措施。

⑦ 施工现场内因施工需要使用易燃的稀释剂或添加剂时,应在工程结构外调制完毕后进入工地内使用,各单位对施工过程中的易燃物品应及时清理,消除火险隐患。

⑧ 施工现场内和办公区,未经项目经理批准严禁使用电炉或大功率取暖器取暖。

2.3.15 施工进度计划及保证措施

1. 总工期目标

通过对本工程招标文件中对本工程施工进度的要求、工程资料及施工现场实际条件的分析并结合所选定的施工方法及技术措施,经过细致周密的计划安排,决定确保本工程总工期为350个日历天。

2. 主要项目工程量及综合人工计算

(1) 三线一面

1) 总建筑面积

总建筑面积为10 903.78 m^2。其中地下室建筑面积为1 015.93 m^2;首层建筑面积为1 019.33 m^2;标准层(2~10)建筑面积为997.4 m^2;屋顶机房/梯间/水箱建筑面积为71.92 m^2。

2) 外墙外边线

地下室为 173.1 m，标准层为 153.84 m。

3) 内墙中心线长

地下室为 45.6 m，标准层为 207.6 m。

(2) 土石方工程量及工日计算

1) 基坑开挖量

$V = (1\ 015.93 \times 3.6 + 1.8 \times 173.1 \times 3.6 + 173.1 \times 3.6 \times 3.6/2 + 3.6 \times 25.5 \times 1 \times 3 + 3.6 \times 19.5 \times 1 \times 6)\ m^3 = 6\ 597\ m^3$

95% 采用机械开挖 $V_1 = 6\ 597 \times 0.95\ m^3 = 6\ 267\ m^3$

5% 采用人工开挖 $V_2 = 6\ 597 \times 0.05\ m^3 = 330\ m^3$

2) 人工计算

机械开挖：$6\ 267 \times 0.6 \times 0.8/100 = 30$ 工日

人工开挖：$330 \times 44.23 \times 0.8/100 = 116$ 工日

3) 劳动力的组织准备

劳动力的组织准备见表 2.3.7。

表 2.3.7 主要劳动力的定员及配备表

机械及工种	机械台数	定员人数	班 制	配备人数	备 注
反铲挖掘机司机	2 台	2	2	4	单机双班
自卸式运土汽车司机	12 辆	12	2	24	
机修车司机及机修人员	1	1	2	2	
电工		2	2	4	
修土配合人员		8	2	16	
场地清理人员		4	2	8	
管理指挥人员		3	2	6	

基坑施工期间，总计施工人数为 64 人；基坑开挖不分段施工，预计 12 d 完成。

(3) 基础工程工程量及工日计算

1) 基础工程量

独立基础：

J-1 $V_1 = [3.6 \times 3.6 \times 0.65 + 0.35 \times (3.6^2 + 1.45^2 + \sqrt{3.6^2 + 1.45^2})] \times 35\ m^3 = 15.1 \times 35\ m^3 = 527\ m^3$

J-2 $V_2 = [3.0 \times 3.0 \times 0.65 + 0.35 \times (3.0^2 + 1.45^2 + \sqrt{3.0^2 + 1.45^2})] \times 6\ m^3 = 11 \times 6\ m^3 = 66\ m^3$

基础梁

$V_3 = 0.25 \times 0.4 \times (21.9 \times 3 + 15.9 \times 6 + 6 + 54.6 \times 4 + 15.6)\ m^3 = 40\ m^3$

$\sum V = 633\ m^3$

2) 人工计算

总工日包含支模、浇混凝土、绑扎钢筋,三者所需工日比为 4.5:2:3.5

$633/10 \times 27.62 \times 0.8 = 1399$ 工日

两阶段工程量可大致均分,即每阶段需 700 工日。

3) 劳动力的组织准备

劳动力的组织准备见表 2.3.8。

表 2.3.8 主要劳动力的定员及配备表

施工段	工 种	计算过程	工 日	施工人数	天 数
Ⅰ、Ⅱ	模板	700×0.45	315	60	6
	钢筋	700×0.2	140	30	5
	混凝土	700×0.35	245	60	5

基础工程分两段流水施工,预计 16 d 完成。

(4) 土方回填工程量及工日计算

1) 回填工程量

$V = (1\,015.93 \times 0.6 + 1.8 \times 173.1 \times 0.6 + 3.6 \times 25.5 \times 1 \times 3 + 3.6 \times 19.5 \times 1 \times 6 - 633)\ \mathrm{m}^3 = 860\ \mathrm{m}^3$

2) 人工计算

机械夯填:$860/100 \times 10.08 \times 0.8 = 69$ 工日

两阶段工程量可大致均分,即每阶段需 35 工日。

3) 劳动力的组织准备

预计 1 d 完成。

(5) 地下室地面回填工程量及工日计算

1) 工程量(C100 素混凝土厚 120)

$V = 1\,016 \times 0.12\ \mathrm{m}^3 = 152.4\ \mathrm{m}^3$

2) 人工计算

机械填土:$152.4/10 \times 15.39 \times 0.8 = 150$ 工日

两阶段工程量可大致均分,即每阶段需 75 工日。

3) 劳动力的组织准备

预计 1.5 d 完成,施工人数安排为 60 人。

(6) 混凝土工程

工程量计算见 2.33.22 节建筑工程预算书。

(7) 砌筑工程

工程量计算见 2.33.22 节建筑工程预算书。

3. 主要项目工期计划表

根据以上计算结果,比较分析,考虑到第Ⅰ、Ⅱ施工段的建筑面积相当,第Ⅰ施工段工程量稍大,故以第Ⅰ施工段作为控制依据。土石方工程不分施工段,第一层比标准层工程量稍大,近似按标准层控制。主要占工期的各分部分项工程工程量、人工及工期安排汇总详见表 2.3.9。

表 2.3.9 各分部分项工程工程量、人工及工期安排汇总表

编号	工程项目名称			工程量/m³	人工/工日	人数	班组	工期/日历天
1	机械土方开挖			6 267	30	2	2	12
2	人工土方开挖			330	116	30	2	
3	基础工程			317	700	150	1	16
	①	钢筋			140	30		5
	②	模板			315	60		6
	③	混凝土			245	60		5
4	土方回填			430	35	30	1	1
5	地下室结构							20
	①	素混凝土地面		76	75	60	1	1.5
	②	钢筋				45	1	5.5
		A	混凝土外墙	12	19			0.5
		B	柱	10	56			1.5
		C	梁	11	81			2
		D	板	10	69			1.5
	③	模板				80	1	7
		A	混凝土外墙	27	43			0.5
		B	柱	22	126			2
		C	梁	26	181			2.5
		D	板	23	154			2
	④	混凝土				75	1	5.5
		A	混凝土外墙	21	33			0.5
		B	柱	17	98			1.5
		C	梁	20	141			2
		D	板	8	120			1.5
6	标准层结构						1	15
	①	钢筋				45	1	4.5
		A	柱	8	44			1
		B	梁	11	81			2
		C	板	10	66			1.5
	②	模板				80	1	6
		A	柱	17	98			
		B	梁	26	181			
		C	板	22	147			

续表

编号			工程项目名称	工程量/m³	人工/工日	人数	班组	工期/日历天
6	③		混凝土			75	1	4.5
		A	柱	13	76			1
		B	梁	20	141			2
		C	板	17	115			1.5
7			砌筑工程					35
	①		地下室内墙	16	20	20	1	1
	②		标准层(共10层)			50	1	3
		A	内墙	51	64			1.5
		B	外墙	30	49			1
8			脚手架工程		34	30	1	1
9			屋面工程					80
	①		找坡层	500	33	30	1	1
	②		防水层	500	44	10	1	4.5
	③		隔热层	500	90	30	1	3
10			楼地面工程			60	1	60
	①		地下室					
		A	找平层	508	40			1
		B	面层	508	57			1
	②		标准层			60	1	5
		A	找平层	475	38			1
		B	防滑砖	25	9			0.5
		C	大理石	60	31			0.5
		D	花岗岩	80	45			1
		E	一般面砖	308	121			2
11			装饰装修工程(标准层)					50
	①		内墙抹灰工程			60	1	3
		A	底层	659	122			2
		B	面层	659	25			1
	②		外墙饰面砖工程			70		3
		A	底层	240	45			1
		B	面层	240	128			2
	③		吊顶工程	475	100	30	1	4

续表

编号		工程项目名称	工程量/m³	人工/工日	人数	班组	工期/日历天
12		门窗工程(标准层)			30	1	3
	①	铝合金窗	46	28			1
	②	胶合板门	18	19			1
	③	玻璃门	15	12			0.5

4. 主要材料用量

主要材料用量见表 2.3.10 ~ 表 2.3.13。

表 2.3.10 混凝土用量表

部位	项目名称	商品混凝土用量/m³	∑/m³	钢筋/kg	∑/t	模板/m²	∑/m²
基础	独立基础	593	633	593×22.5=13 342.5	13.7	组合钢模板 633/11×9	518
	基础梁	40		40×8.2=328			
地下室	地面	152.4	607	0	41.5	胶合板 607/11×9	497
	外墙	118		118/10×784=9 251.2			
	柱	97		97×124=12 028			
	梁板	115+102		217×84.5=18 336.5			
	电梯井	23		23/10×784=1 803.2			
地上各层	柱	781	3 113	781×124=96 844	292.7	胶合板 3 113/11×9	2 547
	梁板	1 149+980		2 129×84.5=179 900.5			
	电梯井	203		203/10×784=15 915.2			
∑		4 353		347.9		3 044(518)	

注:商品混凝土中水泥、砂、石用量计算略。

表 2.3.11 脚手架材料用量表

脚手架工程	工程量	计算过程	材料用量/t
钢管		10 903.78/100×104.82	11.43
回转扣件		10 903.78/100×4	0.44
对接扣件	10 903.78 m²	10 903.78/100×4	0.44
直角扣件		10 903.78/100×14.94	1.63
竹架板		10 903.78/100×8.77	0.96

注:采用综合脚手架。

2.3 施工组织设计

表 2.3.12 砌筑工程材料用量表

砌筑工程	工程量/m³	材料	计算过程	用量
外墙	60.31×10=603.1	标准砖	603.1/10×5.28	319 千块
		水泥砂浆(M7.5)	603.1/10×2.25	136 m³
内墙	31.13+101.6×10=1 047.13	混凝土小型空心砌块	1 047.13/10×0.54	57 千块
		混合砂浆(M5.0)	1 047.13/10×0.91	96 m³

表 2.3.13 砂浆用料表

项目	名称	材料	计算过程	用量
砌筑工程	水泥砂浆	水泥	136/10×641.25	8 721.00 kg
		中净砂	136/10×2.88	39.17 m³
	混合砂浆	水泥	96/10×225.15	2 161.44 kg
		中净砂	96/10×1.216	11.67 m³
		石灰膏	96/10×0.086	8.26 m³
抹灰工程	外墙水泥砂浆底	水泥	481×10/100×1.6/10×641.25	4 935.06 kg
		中净砂	481×10/100×1.6/10×2.88	22.16 m³
	内墙混合砂浆底	水泥	1 317×11/100×1.74/10×225.15	5 675.44 kg
		中净砂	1 317×11/100×1.74/10×1.216	30.65 m³
		石灰膏	1 317×11/100×1.74/10×0.086	21.68 m³
楼地面工程	水泥砂浆找平层	水泥	(1 015.93+947×11)/100×1 697	194 016.82 kg
		粗净砂	(1 015.93+947×11)/100×1.535	175.50 m³
	地砖	水泥	(1 015.93+947×11)/100×1 484.66	169 740.14 kg
		白水泥	(1 015.93+947×11)/100×10	1 143.29 kg
		粗净砂	(1 015.93+947×11)/100×2.464	281.71 m³
Σ		水泥		385.3 t
		白水泥		1.2 t
		砂		560.86 m³
		石灰膏		29.93 m³

5. 施工进度计划

详见图 2.3.6(××办公楼施工进度计划网络图)及图 2.3.7(××办公楼施工进度计划横道图)。

计划拟定以下三个主要施工控制点:

第一个施工控制点:土方、基础完→(工程开工后 30 d)。

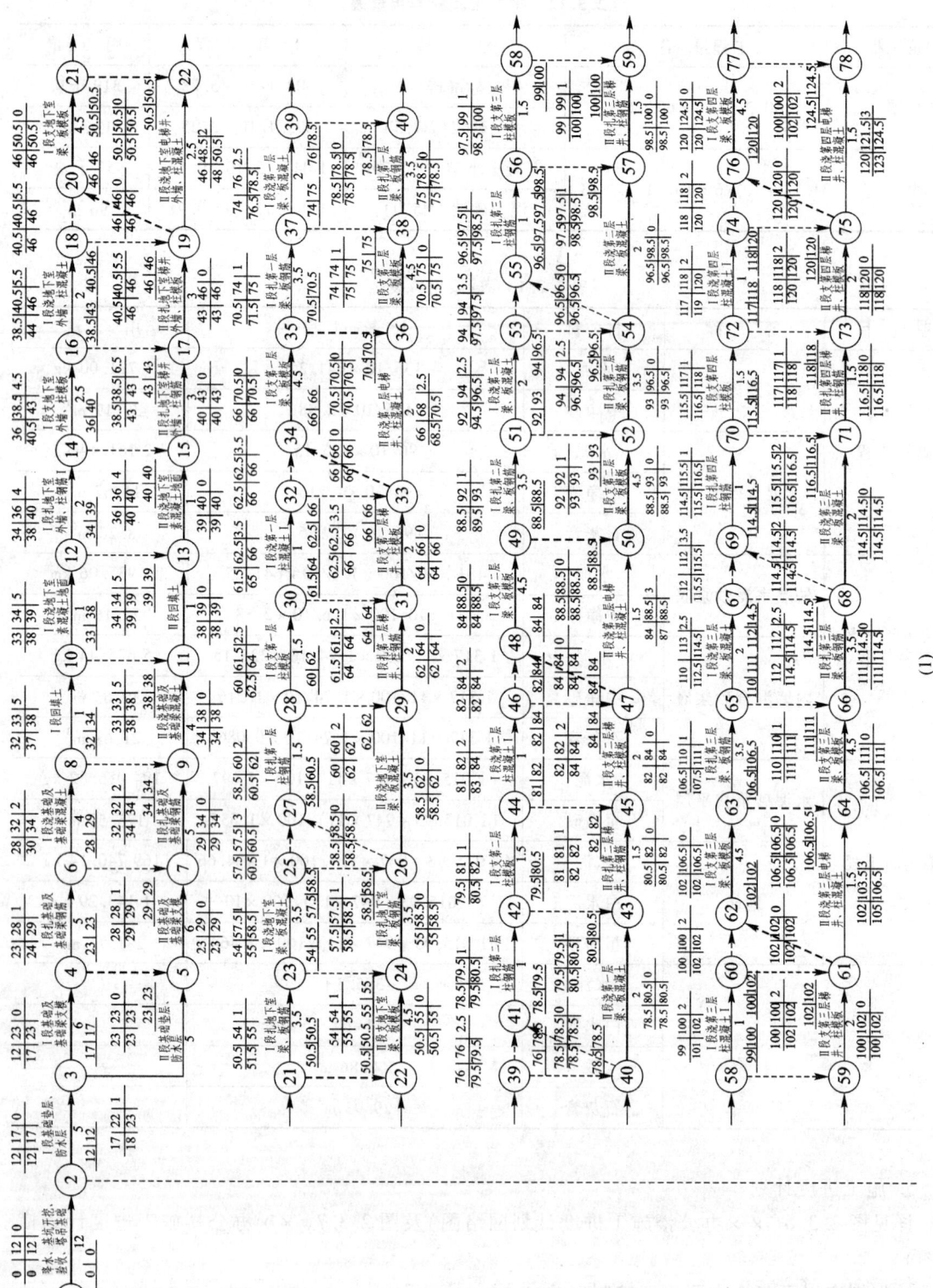

2.3 施工组织设计

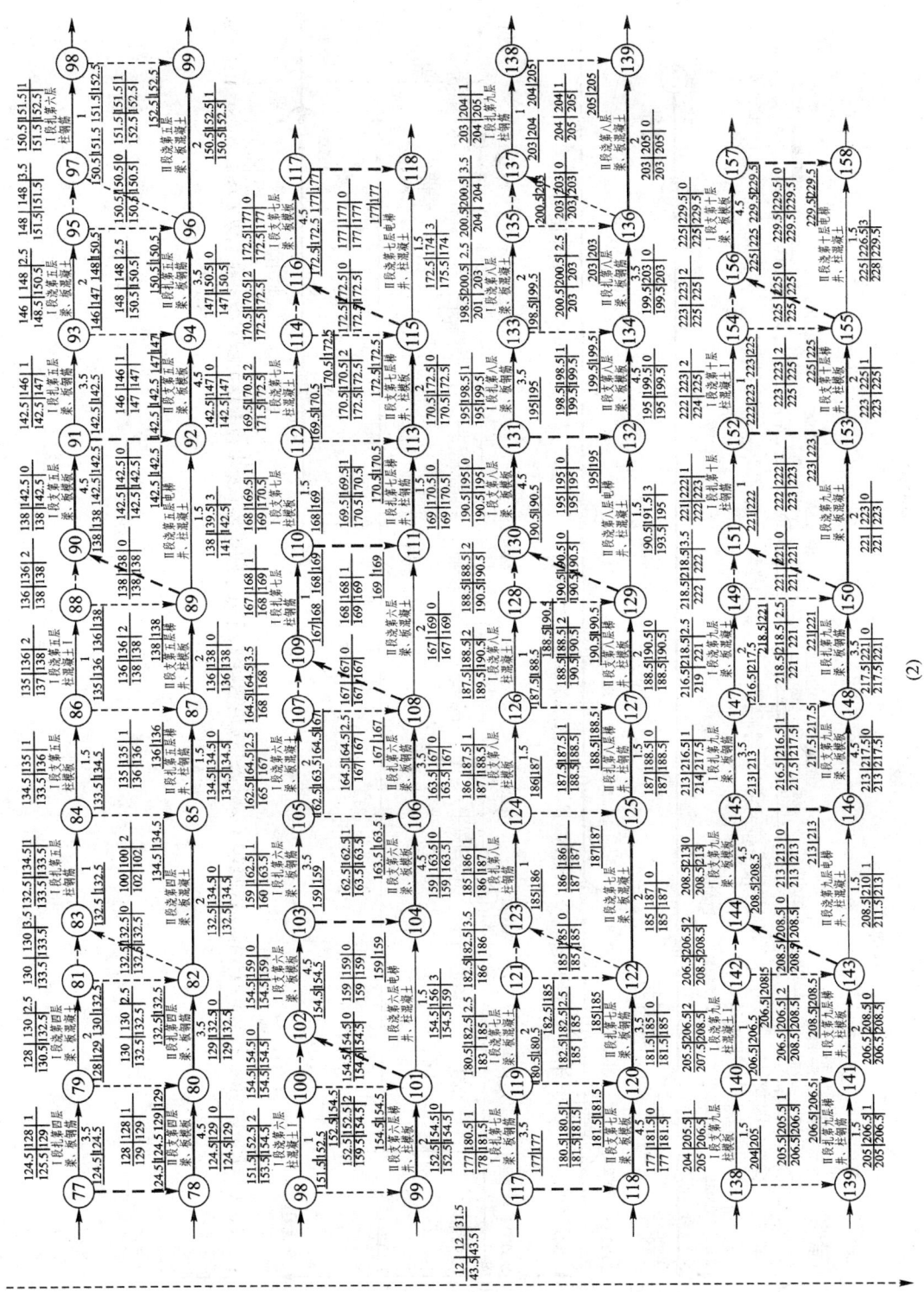

(2)

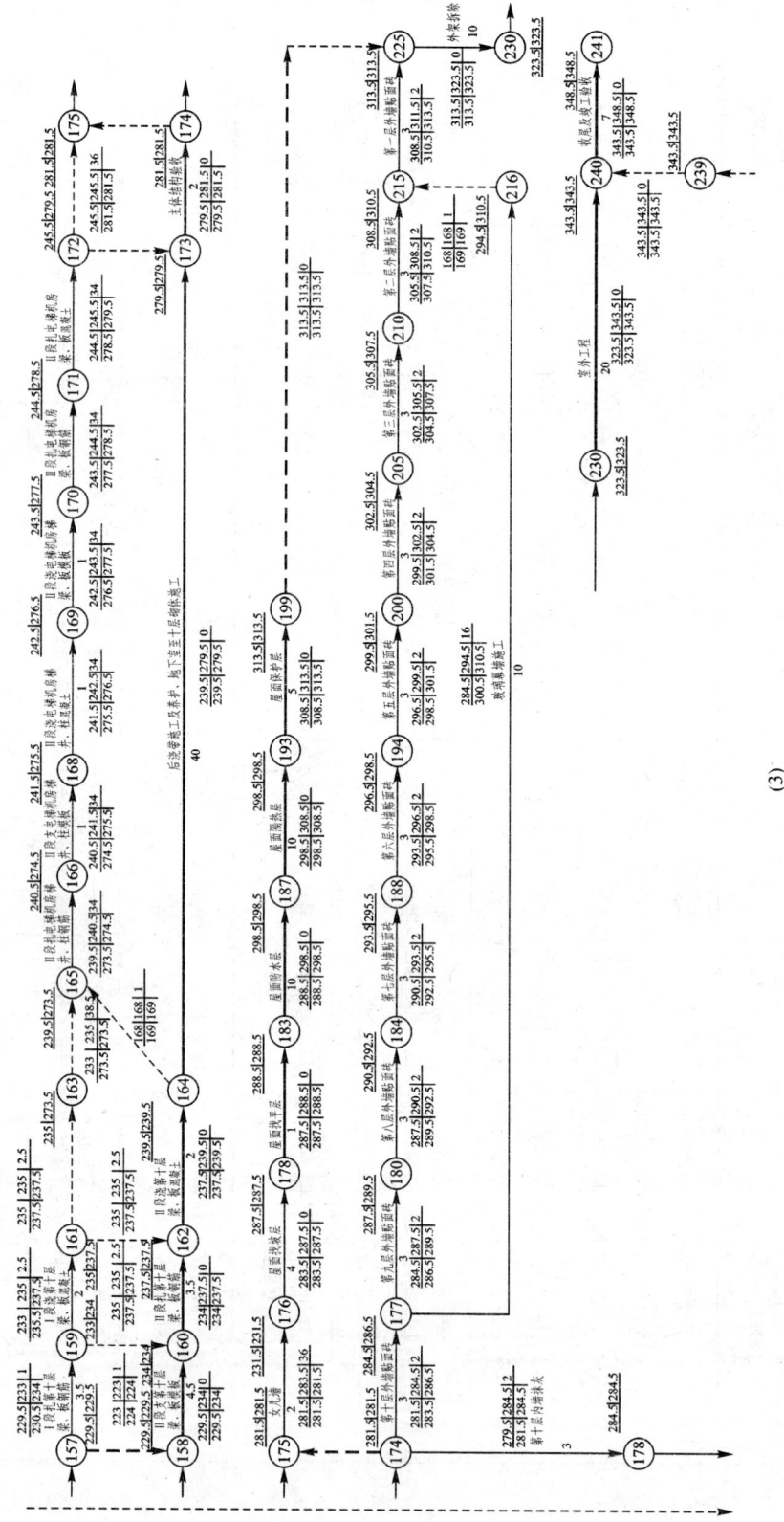

(3)

2.3 施工组织设计

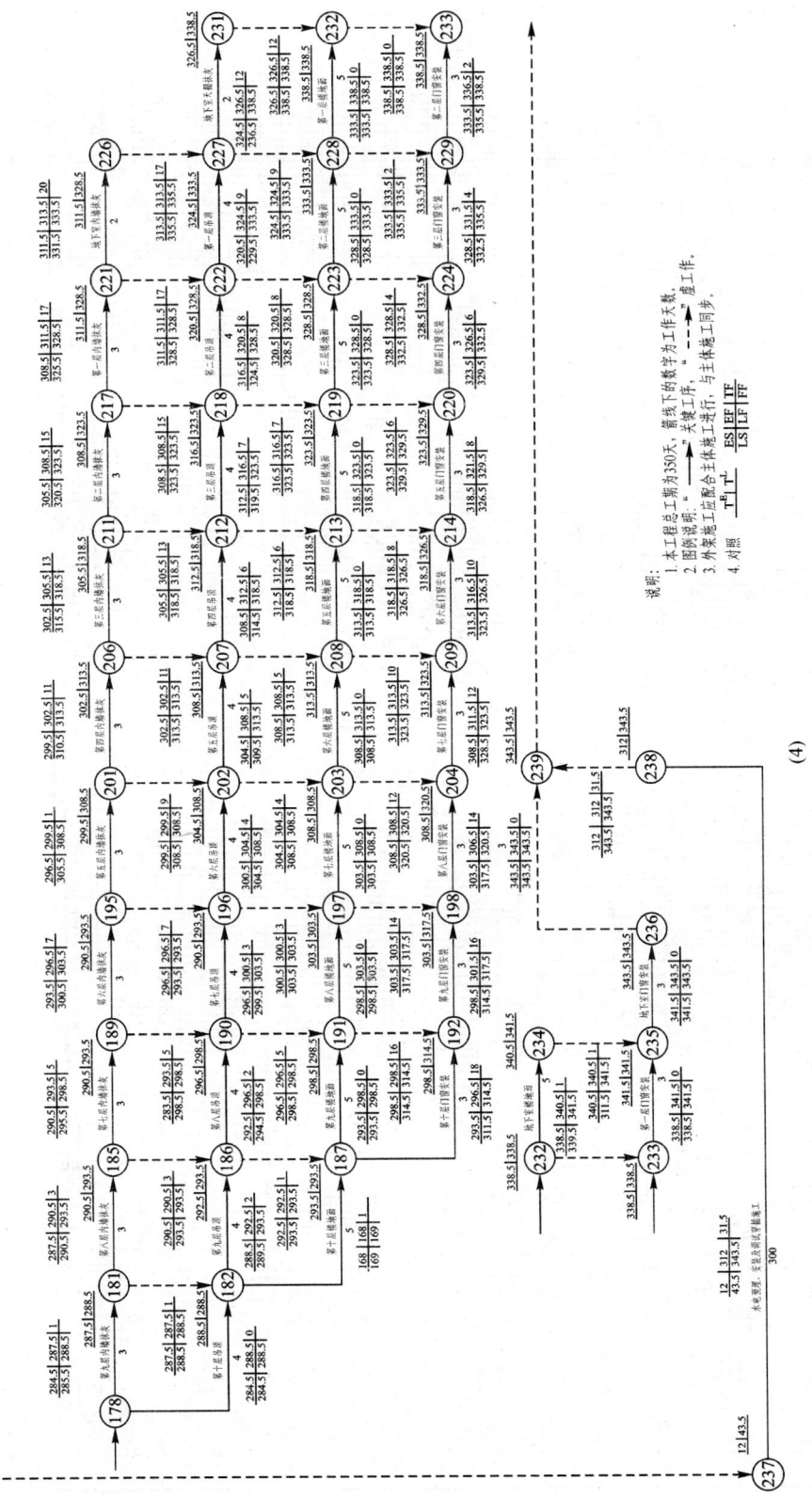

图 2.3.6 ××办公楼施工进度计划网络图

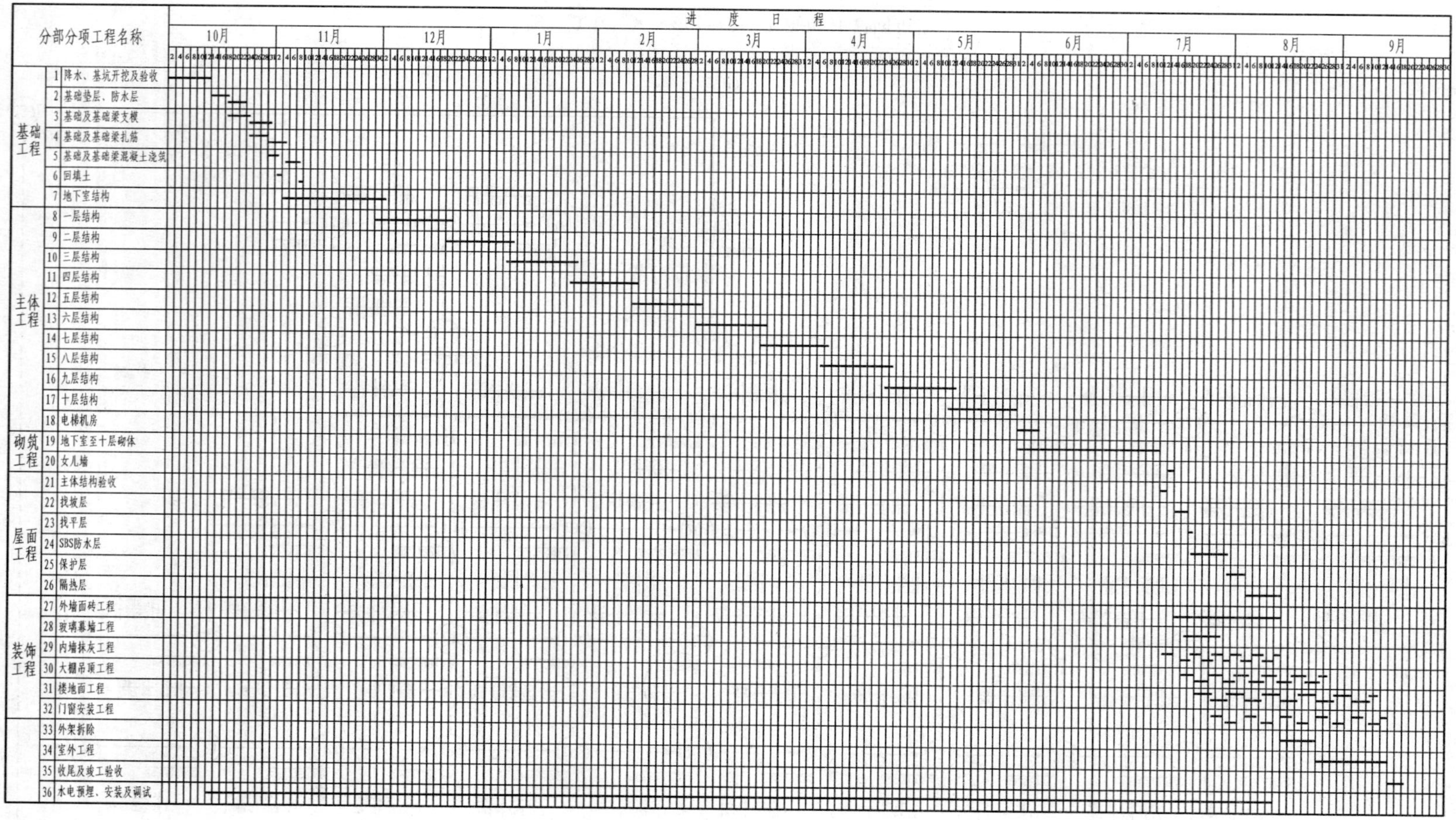

图 2.3.7 ××办公楼施工进度计划横道图

第二个施工控制点：主体结构封顶→（工程开工后 200 d）。

第三个施工控制点：竣工验收→（工程开工后 350 d）。

施工进度控制计划说明：

① 工程总进度计划应综合考虑，统筹安排土建、内外装饰、水电、空调、电梯、消防等各专业分项工程的施工程序和工期计划，使之与主体结构相配合、协调，本工程土方开挖 12 d，基础施工 16 d，土方回填 1 d，地下室结构施工 20 d，标准层结构施工 150 d，屋面工程穿插在装修中施工，围护工程 40 d，内粗装修 115 d，外装修穿插在围护及外装修中施工，安装工程适时插入。工程进度计划网络图见图 2.3.6。

② 标准层结构施工进度计划说明：每层施工计划按 15 d 一层速度，结构完成后，围护 40 d。

③ 装修阶段施工进度说明：装修时每三层分一个施工段，其中砌体围护、门窗工程、内粉刷、地坪施工、室内罩白各为 17 d，施工时在各工序之间组织流水施工，外装修计划工期 30 d。

6. 确保总进度计划实施的措施

（1）技术保证措施

① 为确保本工程施工进度，在施工中合理划分施工流水段，分块组织流水作业，每块施工面按钢筋、模板、管线预埋和混凝土浇捣四道工序进行流水操作。

② 切实搞好周转设备、材料和机械配置。

③ 为了确保各阶段计划顺利完成，周转设备和机械配置将按阶段计划及实物量提前配置。

④ 垂直运输机械及混凝土浇捣设备的配备根据工程实际情况分阶段配置，以最大限度覆盖整个施工层面。

⑤ 根据每一结构层面所划分的施工块各自独立组织流水施工，在材料的供应上，应根据每一施工块需用材料计划，做到及时充足，并在施工过程中加以调整。

⑥ 抓紧熟悉设计图纸，及时组织图纸会审。

⑦ 按施工进度计划及时订购设备和材料，按时进场等。

⑧ 制定详细深入且有针对性的各阶段施工组织设计，并且在施工前报请建设单位和监理工程师批准实施。

⑨ 定关键、特殊工序及质量控制点，制定相应的技术保证措施及质量保证计划，并及时做好对于施工班组的逐级交底以确保在施工中得以确实贯彻实施。

（2）劳动力保证措施

① 根据方案实施要求及施工进度和劳动力需求计划，集结施工队伍，组织劳动力分批进场，并建立相应的领导体系和管理制度。

② 根据工程项目需要，雇佣卓有成效的劳务施工队伍进场施工。

③ 对劳务施工人员所需生活后勤作充分的考虑，以保证满足施工需要。

（3）组织保证措施

① 根据合同要求，制定出详尽的工期进度计划，包括其施工计划的细部优化。

② 由于要保证缩短工期，则必须调整好劳动力、机械设备及各种材料的使用、供应中的各种关系，保证供应的及时性、合理性。

③ 在本工程施工期间，按工程进度需要，取消节假日、休息日，必要时采取 2 班制昼夜

施工方法来缩短工期，并配备足够的劳动力。

④ 视施工进度需要，组织设备材料超常规投入，配备足够的模板，确保相应的设备和材料，保证工程施工顺利进行。

⑤ 加强施工组织管理，使各分部分项工序以最大限度进行合理搭接，保证施工流水能按计划正常运转。前道工序施工为后道工序创造良好环境，提高工作效率。

⑥ 加强施工质量的过程控制，及时组织隐蔽工程的质量检验，不能因未及时验收而影响进度。

⑦ 确保每一环节施工质量，使一次验收合格率达100%，消除质量缺陷引起的返工、修改。

（4）施工机械准备

① 本工程进度较紧，因此大中型施工机械设备的准备，需根据本工程总体施工部署并结合各分布分项工程施工顺序，拟定施工机械进出场计划，按计划要求及时安排精良的机械设备进场，进行保养和调试。

② 对于小型施工机械设备，如混凝土搅拌机、砂浆机、振动器、电焊机等机械则根据工程各施工阶段施工进度实际，需要进行经济、合理地配置，有计划地组织进场。

③ 所有机械设备进场后均事先规划适当的位置停放，小型设备则规划房间集中储存备用。

④ 垂直运输机械的使用是施工的关键，故进入施工区后则立即着手施工所需大中型垂直运输机械的定位及安装，以符合实际、安全可行、覆盖全部为原则，着重考虑设置位置。

（5）施工物资准备

① 物资准备工作要符合施工进度的要求，做到及时充足。

② 施工用常规物资，搭建临设的用料，临时办公桌、办公椅，各类施工工具，测量定位仪器，消防器材等，均提前准备，合同生效后即进场。

③ 施工用建筑材料应按施工阶段进展情况计划材料进场时间，并均保证及时进场。

④ 所有进场物资预先定场分类别堆放，并作好标识及产品保护工作。

2.3.16 主要施工机械选用表

1. 施工机械设备配备

施工机械设备是施工现场人、料、机三大投入的重要组成部分，施工机械配备的合理与否，直接影响着进度计划的实施、劳动力的投入及成本的降低，特别是垂直运输的配备更与工程的施工进度密切相关。为了确保本工程的进度计划得以实施，并尽可能的缩短工期，减少劳动力的投入和降低成本，根据本工程的实际特点和建设方的工期要求，对施工机械的周密安排如下：

（1）着重解决垂直运输机械，根据设计图纸提供的建筑物尺寸，为确保工程的进度与质量，计划配备1台塔吊、2台井架以确保主体及装饰阶段垂直运输要求。

（2）其他机具设备主要包括钢筋制作机械、木工机械、混凝土施工机械、砂浆搅拌机械等，详细的机具配备计划见施工机械设备表（在施工需要时随时增补）。

2. 试验、测量仪器及主要施工机械选用表

试验、测量仪器及主要施工机械选用表见表2.3.14和表2.3.15。

2.3 施工组织设计

表 2.3.14 试验、测量仪器表

序 号	名 称	单 位	数 量	型 号
1	全站仪	台	1	GTS301D
2	激光经纬仪	台	1	J2JD
3	水准仪	台	1	DS3
4	鉴定钢尺	把	2	50 m；30 m
5	弹簧秤	把	4	50 kg
6	温度计	套	2	
7	天平	台	2	
8	台称	台	2	

表 2.3.15 主要施工机械选用表

序 号	名 称	型号规格	单 位	数 量
1	塔吊	QTZ63	台	1
2	挖土机	反铲	台	2
3	运土汽车	自卸式	辆	12
4	混凝土汽车泵	—	台	1
5	强制式混凝土搅拌机	JZ350	台	2
6	砂浆机	HJ-200	台	2
7	钢筋切断机	GJ5-40	台	1
8	钢筋弯曲机	GW-40	台	1
9	电渣压力焊	—	套	8
10	闪光对焊机	UN2-100	台	1
11	电焊机	BS9-500	台	4
12	插入式振动棒	HZ-50	根	8
13	平板式振动器	PZ-50	台	4
14	木工加工设备		套	1
15	潜水泵	QY-25	台	4
16	高压水泵	G-15	台	2
17	电动试压泵	ISG 型	台	4
18	手动试压泵	QDL(F)型	台	4
19	电动煨弯机	$\phi32-\phi83$	台	4
20	电动坡口机	$\phi108-\phi133$	台	4
21	滚槽机	GS-5 型	台	4
22	施工井架	SJLD2-10A	台	2

2.3.17 主要劳动力使用计划表

1. 劳动力配置

(1) 劳动力配备计划说明

① 本工程劳动力配备计划是根据招标文件提供的工程量清单、有关的预算定额、劳动定额和总进度计划编制的,主要反映工程所需各种技工、普工人数,它是项目部控制劳动力平衡、调配的主要依据。

② 为了确保本工程施工总进度计划目标的实现,达到保障施工进度和施工劳动力投入的需要,劳动力的投入按阶段配备,重点控制基础工程、主体工程、装饰工程、安装工程的劳动力配备。

③ 安装工程在主体施工和粉刷施工时必须服从土建工程的工期安排,随着土建的速度和工作量的增减及时调动配备施工人员,做到决不影响土建工期。

④ 为了确保主体工期,本工程必须能在模板施工中满足柱、梁板各工序同时施工的人员分配,劳动力的投入高峰时达到350人左右,平均250人左右。

(2) 施工队组计划

① 主要施工技术人员及劳动力需用量,按如下配备:基础和主体结构主要考虑木工、混凝土工、钢筋工、泥工、机械工、水电工;装修阶段主要考虑抹灰工、泥工、贴砖工、油漆工、防水工及水电工。

② 以下工种由持有效证书的专业技术工人组成:防水工、架子工、电工、焊工、搅拌工等。

③ 专业技术工种组成的各施工队组,施工队组设队长,全面负责队组的生产工作,各生产班组由班组长率领,工人直接完成施工任务,施工队长、班组均不脱产,为直接生产工人。

2. 主要劳动力使用计划

劳动力实行专业化组织,按不同工种、不同施工部位来划分作业班组,使各专业班组从事性质相同的工作,提高操作的熟练程度和劳动生产率,以确保工程施工质量和施工进度。根据工程实际进度,及时调配劳动力,实行动态管理。主要劳动力使用计划表见表2.3.16。

表 2.3.16 主要劳动力使用计划表

工种、级别	按工程施工阶段投入劳动力情况			
	基础工程	主体工程	装修工程	扫尾工程
普工	12	30	30	10
混凝土工	20	50	20	20
泥工	10	50	20	15
钢筋工	30	45	12	5
木工	16	80	10	10
抹灰工			60	25
外墙砖工			40	20
楼地面砖工			70	10

续表

工种、级别	按工程施工阶段投入劳动力情况			
	基础工程	主体工程	装修工程	扫尾工程
测量工	8	8	4	4
电工	4	4	4	2
电焊工	8	25	10	8
架子工	10	30	20	10
机操工	6	10	6	4
机械司机	28	10	6	8
机修工	2	2	2	2
防水工	10	10	10	6
门窗安装工			30	
水电安装工	6	12	8	6
管理	10	10	10	10
合计	180	376	372	176

2.3.18 施工平面布置图及布置说明

1. 现场施工布置和临时办公的布置

（1）现场出入口及道路

根据施工现场现有布置的情况，在干路布置大门，并且设置警卫室，是材料及人员的主要入口。

本工程的现场施工区域周围两米范围、材料堆放场地及生活区内道路全部用混凝土地面硬化处理，在临时设施、材料堆场、路边均设置排水篦子，场内排水由路面顺坡进入排水篦子，经沉淀处理后，统一汇入市政管道。

（2）垂直、水平运输设置

地上结构施工期间布置1台塔吊。为满足混凝土的需求，安装1台混凝土汽车泵，将混凝土直接输送到工作面，可大大提高混凝土的供应能力和施工速度。

混凝土运输泵及塔吊的布置见施工总平面图。

（3）原材料及加工场地的布置

水泥、砂石等原材料、钢筋半成品和木工房布置在塔吊附近，施工现场全部围档，进行封闭施工，与周围的环境相隔开，具体布置详见施工总平面图（图2.3.8）。为保证结构施工期间的现场道路的顺畅，材料进场严格按照计划执行。

2. 现场临电、临水布置

（1）现场临电布置

现场采用TN-S三相五线制接零保护系统供电，施工用电由甲方提供后按规定接入（具体布置详见施工总平面图）。

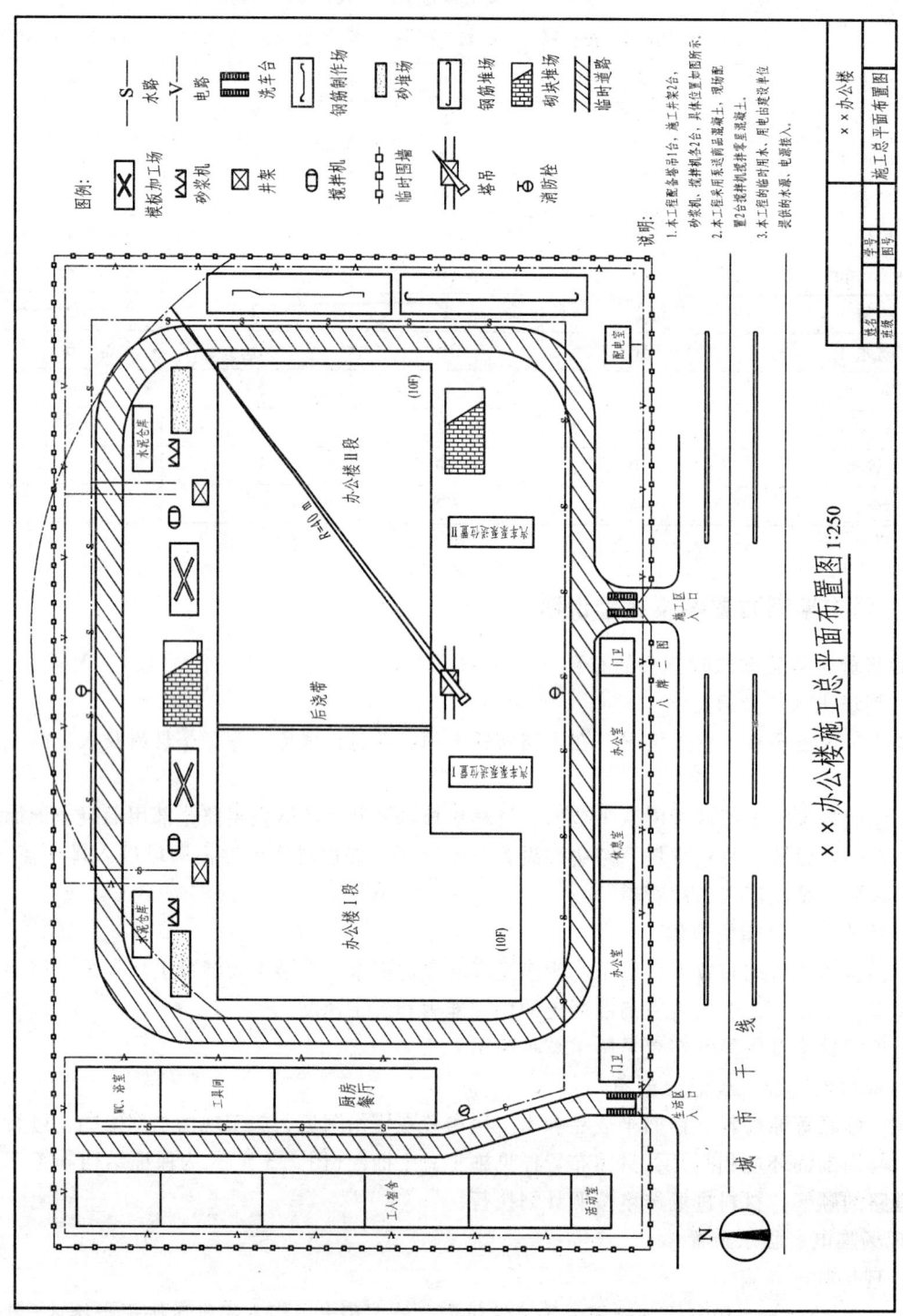

图 2.3.8 ××办公楼施工总平面布置图

(2) 现场临水布置

根据施工现场情况及××市施工现场管理有关规定,作出本临时用水设计方案,本工程施工用水的接入口由业主提供(具体布置详见施工总平面图)。

(3) 排水系统

主要考虑污水和雨水、现场临时厕所污水经化粪池后排入市政污水管网,雨水直接排入市政雨水管网。

3. 现场形象布置

(1) 封闭管理

① 围墙:沿工程四周连续布置高度为2.5 m的围墙,做到坚固、稳定、美观,内外进行粉刷,外立面基调为白色,围墙上书写的内容色调按照要求统一执行。

② 大门:在施工现场进出口设钢制大门,高度为2.5 m;两侧门墩高度3.0~3.2 m;大门的颜色为白色,大门宽度为5.0~6.0 m;大门及两侧门墩书写的内容及色调按照要求统一执行。

③ 大门边设门卫室,门卫有专职保卫人员担任,24 h值勤巡逻。门卫室设门卫制度,张贴保卫人员名单及职责,并建立人员、材料出入登记档案。

(2) 施工现场标牌

① 在大门内的显眼位置上设立"八牌二图"。

② 在大门内外设置两块可活动警示牌,一块为"进入工地,请戴好安全帽",另一块为"施工带来不便,感谢你的协助"。

(3) 施工场地

根据实际情况,在建筑物四周2 m范围内,将主要道路、堆放建筑材料处做硬化处理,其余场地在大门区、办公室前适当搞些绿化工作。

(4) 办公及生活设施

① 临时设施的建设。

② 办公室:要求每个办公室布置整齐有序。

③ 厕所:男厕所坑位设置以施工高峰期人数1/16的标准设计建造,女厕所坑位视项目部具体情况设置,厕所室内高度不得低于2.5 m,上部设天窗,地坪为地砖并不得积水,墙裙为瓷砖,高度不低于1.2 m,并有良好的通风设施。设置定时冲水箱,并落实专人进行每日的卫生保洁工作。

4. 临时用地

临时用地情况见表2.3.17。

表 2.3.17 临时用地表

用　途	面积/m²	位　置	需用时间
门卫	9	详见施工总平面布置图	开工后
办公室	32	详见施工总平面布置图	开工后
会议室	32	详见施工总平面布置图	开工后
资料室	32	详见施工总平面布置图	开工后
甲方办公室	32	详见施工总平面布置图	开工后
管理人员休息室	48	详见施工总平面布置图	开工后

续表

用　　途	面积/m²	位　　置	需用时间
厨房、餐厅	32	详见施工总平面布置图	开工后
工人宿舍	32×5	详见施工总平面布置图	开工后
配电室	15	详见施工总平面布置图	开工后
钢筋加工棚	36	详见施工总平面布置图	开工后
钢筋堆放场	48	详见施工总平面布置图	开工后
木工加工棚	54	详见施工总平面布置图	开工后
材料堆放场	36	详见施工总平面布置图	开工后
砖、砂、水泥临时堆放场	48×2	详见施工总平面布置图	开工后
WC、浴室	32	详见施工总平面布置图	开工后
合计	694		

5. 现场施工总平面布置图

施工总平面布置图详见图2.3.8。

2.3.19 建筑工程预算书

工程名称：××办公楼

建筑面积：11 083.78 m²　　　　　　　　结构类型：钢筋混凝土框架结构

建设单位：××区政府　　　　　　　　　经济指标：

工程总造价：4 618 096.38 元

金额（大写）：肆佰陆拾壹万捌仟零玖拾陆元叁角捌分

编制单位：××市××建筑技术发展有限公司　　　审核单位：××会计师事务所

编制人：×××　　　　　　　　　　　　审核人：×××

证书号：××××××　　　　　　　　　证书号：××××××

编制日期：2006 年 7 月 26 日　　　　　　审核日期：2006 年 7 月 26 日

1. 投标总价

建设单位：　　　　　　××市××区政府

工程名称：　　　　　　××办公楼

投标总价（小写）：　　　4 618 096.38 元

（大写）：肆佰陆拾壹万捌仟零玖拾陆元叁角捌分

2. 编制说明

（1）工程概况

该工程建筑面积为 11 083.78 m²，钢筋混凝土框架结构，基础采用柱下独立基础。

（2）编制依据

① ×××设计院设计的××办公楼工程图纸。

② 本施工图预算按1999年湖南省建筑工程单位估价表编制。

③ 各项费用计取标准,按"湘建价[2002]578号文"及有关规定计算,其中技术措施项目费已包含在直接工程费内。
④ 人工工资标准按2005年湘建计[2005]04号文件规定计取。
⑤ 材料价差按2006年《长沙建设造价》第二期进行调整计算,有部分材料未予调整。
⑥ 因设计图纸不明,故钢筋工程量未计算。
(3) 本施工图预算不包括以下内容:
室外下水道、化粪池及上下水、电器照明等;水电安装另行编制预算。
(4) 本施工图预算不考虑以下内容:
① 钢筋混凝土预制构件场内二次搬运费。
② 建筑原材料地面水平运距超运距增加费。
3. 工程造价表(表2.3.18)

表2.3.18 工程造价表

序 号	费用名称	费率/%	计算基础与计算式	合价/元
1	直接工程费		1.1+1.2+1.3	3 064 521.93
1.1	定额直接费		按定额计算之和	2 855 940.78
1.1.1	人工费			548 533.61
1.1.2	材料费			2 039 557.64
1.1.3	机械费			267 849.48
1.1.4	设备(主材)费			
1.1.5	其他费			0.05
1.2	人工(机械)费调整		工日数×(22-19.7)	64 042
1.3	措施项目费			144 539.15
1.3.1	技术措施项目费		按措施项目费一览表规定	
1.3.2	综合措施项目费	4.95	(1.1+1.2+1.3.1)×综合措施项目费	144 539.15
2	施工管理费(含财务费)	11	1×施工管理费率(含财务费率)	337 097.41
3	利润	7.75	1×利润费率	237 500.45
4	价差			546 149.78
4.1	人工差		工日数×(38-22)	445 509.53
4.2	材料费			100 640.25
4.3	机械费			
5	其他		根据工程具体情况计算	
6	不可竞争费用	6.7	(1+2+3+4+5)×规费费率	280 413.06
7	税金	3.413	(1+2+3+4+5+6)×税率	152 413.75
8	工程造价		1+2+3+4+5+6+7	4 618 096.38
	工程造价(大写)		肆佰陆拾壹万捌仟零玖拾陆元叁角捌分	4 618 096.38

日期:2006年7月26日

4. 工程预(结)算表(表2.3.19)

表 2.3.19 工程预(结)算表

工程名称：××办公楼

序号	定额编号	工程项目	单位	数量	单价/元	合价/元	人工费	材料费	机械费
								其 中	
1	01001	人工挖土普通土深度 2.0 m 以内	100 m³	3.3	459.01	1 514.73	1 514.73		
2	01041	挖掘机挖土方坚土	1 000 m³	6.267	1 910.15	11 970.91	740.76		11 230.15
3	01011	回填土人工夯填	100 m³	8.6	772.7	6 645.22	4 980.95		1 664.27
4	01042	装载机铲装，自卸汽车运土方，松散土方，运距 1 000 m 以内	1 000 m³	5.737	8 160.01	46 813.98	678.11	61.27	46 074.59
5	03012	综合脚手架多层建筑物(层高在 3.6 m 以内)檐口高度 45 m 以内	100 m²	109.038	981.45	107 015.35	31 554.51	62 709.93	12 750.9
6	04004	砖墙(墙厚)1 砖混合砂浆 M5	10 m³	6.031	1 895.45	11 431.46	1 910.5	8 580	940.96
7	04069	混凝土小型空心砌块墙混合砂浆 M5	10 m³	10.16	1 722.46	17 500.19	2 455.88	13 735	1 309.32
8	05007 换	独立基础有筋混凝土现浇(场)C30 砾 40(425)	10 m³	59.3	2 503	148 427.9	19 625.93	121 018.25	7 783.72
9	05048 换	基础梁现浇(场)C30 砾 40(425)	10 m³	4	3 801.06	15 204.24	3 546.8	11 013.4	644.04
10	05034 换	直形墙厚 20 cm 以内现浇(场)C30 砾 40(425)	10 m³	14.913	4 165.77	62 124.13	16 593.1	38 451.38	7 079.65
11	05029 换	矩形柱断面周长 3.0 m 以内现浇(场)C30 砾 40(425)	10 m³	85.44	3 529.9	301 594.66	77 038.68	194 798.93	29 757.04
12	05027 换	矩形柱断面周长 1.8 m 以内现浇(场)C30 砾 40(425)	10 m³	2.316	4 333.49	10 036.36	2 727.92	6 304.64	1 003.8
13	05049 换	单梁、连续梁、悬臂梁现浇(场)C30 砾 40(425)	10 m³	126.44	4 433.95	560 628.64	161 259.05	338 918.63	60 450.96
14	05060 换	平板、无梁板厚 10 cm 以内现浇(场)C30 砾 40(425)	10 m³	108.183	4 625.45	500 395.06	125 208.84	315 890.03	59 296.18
15	08079	铝合金推拉窗三扇不带亮	100 m²	0.918	19 029.01	17 468.63	2 750.67	14 102.96	615
16	08376	铝合金三扇拉窗五金配件	套	28	32.68	915.04		915.04	
17	08011	胶合板门带纱不带亮子	100 m²	0.36	11 296.83	4 066.86	440.27	3 355.34	271.24
18	08020	全玻璃自由门带固定亮子	100 m²	0.3	15 468.34	4 640.5	370.03	4 143.25	127.22

续表

序号	定额编号	工程项目	工程量 单位	工程量 数量	单价/元	合价/元	人工费	其中 材料费	机械费
19	09019-4	找平层混凝土或硬基层上厚20 mm水泥砂浆，1:2.5	100 m²	105.357	645.99	68 059.57	16 189.16	43 918.07	7 952.35
20	09027-3	整体面层加浆抹光随捣随抹5 mm水泥砂浆，1:2	100 m²	10.159	309.97	3 148.99	1 506.99	1 448.06	193.94
21	09080	陶瓷锦砖楼地面拼花	100 m²	5	3 358.89	16 794.45	4 830.45	11 459.45	504.55
22	09052	块料面层楼地面	100 m²	28	15 765.08	441 422.24	13 232.8	422 182.88	6 006.56
23	09064	瓷质地砖楼地面每块周长2 000 mm以内	100 m²	61.7	4 938.37	304 697.43	30 837.04	267 634.24	6 226.15
24	10035	石油沥青改性卷材热熔铺贴（单层）	100 m²	19.948	3 170.75	63 250.12	4 306.97	57 928.59	1 014.56
25	10018	架空隔热层陶质大阶砖	100 m²	9.974	4 234.66	42 236.5	4 428.85	36 712.6	1 095.05
26	12028	墙面、墙裙抹混合砂浆墙	100 m²	13.17	674.9	8 888.43	3 562.22	4 337.54	988.67
27	12010	石灰砂浆二遍、纸筋灰浆面内砖墙	100 m²	13.17	586.34	7 722.1	3 479.25	3 259.84	983.01
28	12476	乳胶漆灰面二遍	100 m²	13.17	207.28	2 729.88	985.91	1 743.97	
29	12017	墙面、墙裙抹水泥砂浆墙	100 m²	4.81	763.44	3 672.15	1 373.01	1 938.05	361.09
30	12090	240 mm×60 mm面砖（砂浆粘贴）密缝	100 m²	4.81	3 560.26	17 124.85	4 413.8	12 125.77	585.28
31	12196	不上人型装配式U型轻钢天棚龙骨规格（600 mm×600 mm以上）二～三级	100 m²	9.47	3 227.89	30 568.12	3 762.9	26 155	650.21
32	12253	天棚面层石膏板安在U型轻钢龙骨上	100 m²	9.47	1 819.65	17 232.09	2 227.53	14 715.53	289.02
		直接费项目（特项栏中不标，取默认行费率）							
		分部小计				2 855 940.78	548 533.61	2 039 557.64	267 849.48
		计时工、协商项目等（在特项栏"×"）							
		分部小计							
		合计							

日期：2006 年 7 月 26 日

5. 材料汇总(表 2.3.20)

表 2.3.20 材料汇总及价差调整表

工程名称：××办公楼

序号	编号	名称及规格	单位	数量	定额价/元	编制价/元	价差/元	合价/元	备注
1	110020	水泥 42.5 级	kg	1 843 733.419	0.28	0.282	0.002	3 687.47	
2	110050	白水泥	kg	997	0.53	0.443	-0.087	-86.74	
3	130010	红青砖 240×115×53	千块	57.639	219	308.7	89.7	5 170.22	
4	130140	过筛细砂	m³	0.377	23	23			
5	130180	中净砂(过筛)	m³	1 856.249	34	47.07	13.07	24 261.17	
6	130190	粗净砂	m³	665.59	39	50.01	11.01	7 328.15	
7	130290	石膏粉	kg	26.999	0.5	0.5			
8	130300	石灰膏	m³	21.65	144	174.39	30.39	657.94	
9	130510	砾石最大粒径 40 mm	m³	3 511.784	43	51.76	8.76	30 763.23	
10	130600	混凝土小型空心砌块(综合)	m³	91.44	131.24	131.24			
11	140250	密封毛条	m	350.878	2.7	2.7			
12	150010	U 型轻钢龙骨大龙骨 $h=45$	m	1 686.228	3.61	3.61			
13	150020	U 型轻钢龙骨中龙骨 $h=19$	m	1 375.044	3.04	3.04			
14	150030	U 型轻钢龙骨小龙骨 $h=19$	m	321.696	2.21	2.21			
15	150040	轻钢中龙骨横撑 $h=19$	m	1 552.796	1.98	1.98			
16	150050	轻钢小龙骨横撑 $h=19$	m	287.13	1.82	1.82			
17	150060	U 型轻钢龙骨主接件(不上人型)	个	947	0.84	0.84			
18	150080	U 型轻钢龙骨次接件(不上人型)	个	1 628.84	0.95	0.95			
19	150100	U 型轻钢龙骨小接件(不上人型)	个	123.11	0.4	0.4			
20	150120	轻钢大龙骨垂直吊挂件(不上人型)	个	1 789.83	0.4	0.4			
21	150140	轻钢中龙骨垂直吊挂件(不上人型)	个	2 698.95	0.4	0.4			
22	150160	轻钢小龙骨垂直吊挂件(不上人型)	个	1 183.75	0.36	0.36			
23	150180	轻钢中龙骨平面连接件(不上人型)	个	3 664.89	0.36	0.36			

续表

序号	编号	名称及规格	单位	数量	定额价/元	编制价/元	价差/元	合价/元	备注
24	150200	轻钢小龙骨平面连接件(不上人型)	个	1 183.75	0.29	0.29			
25	150440	吊筋	kg	321.033	4	4			
26	160220	块料石板	m²	2 842	140	140			
27	160320	石膏板 12 mm 厚	m²	994.35	14.6	14.6			
28	170030	平板玻璃 5 mm 厚	m²	91.8	19	18.28	-0.72	-66.1	
29	170040	平板玻璃 6 mm 厚	m²	22.737	24.5	24.82	0.32	7.28	
30	170440	陶瓷锦砖(马赛克)	m²	530	16	16			
31	170450	面砖 60×240	千块	34.247	270	270			
32	170580	地面砖 500×500	m²	6 293.4	36.7	36.7			
33	170640	陶瓷大阶砖 370×370×40	m²	965.483	31.5	31.5			
34	180130	大白粉	kg	18.833	0.25	0.25			
35	190220	膨胀螺栓	套	897.804	0.48	0.48			
36	190260	螺母	百个	40.721	24.9	24.9			
37	190340	机螺栓	kg	8.523	3.72	3.72			
38	190370	螺钉铝合金门窗用	百个	8.978	5	5			
39	200150	射钉	百个	14.679	4.7	4.7			
40	200180	铁钉(圆钉)	kg	717.227	5.37	5.37			
41	200330	垫圈	百个	20.361	1.04	1.04			
42	200450	其他铁件	kg	464.915	4	4			
43	200510	镀锌铁丝 8#	kg	2 805.644	4.24	4.24			
44	200530	镀锌铁丝 10#	kg	163.557	3.3	3.3			
45	200570	镀锌铁丝 22#	kg	50.693	4.04	4.04			
46	200840	地脚	个	448.902	0.4	0.4			
47	200980	梁卡具模板用	kg	3 350.216	4	4			
48	200990	零星卡具	kg	13 672.82	4	4			
49	201080	砂纸	张	79.02	1.05	1.05			

续表

序号	编号	名称及规格	单位	数量	定额价/元	编制价/元	价差/元	合价/元	备注
50	210350	尼龙帽	个	5 843.373	0.5	0.5			
51	220010	草板纸	张	10 481.878	0.75	0.75			
52	220050	胶纸	m²	108.324	3.95	3.95			
53	220090	白布(幅0.9 m宽)	m²	0.659	2.44	2.44			
54	220180	草袋子	m²	2 429.496	1.7	1.7			
55	220220	麻刀	kg	1.796	3.27	3.27			
56	220230	麻袋	只	1 368.92	5	5			
57	220290	棉纱头	kg	104.51	5.68	5.68			
58	240020	组合钢模板	kg	25 596.998	4.23	4.23			
59	240070	回转扣件	kg	436.152	4.8	4.8			
60	240080	对接扣件	kg	436.152	4.8	4.8			
61	240090	直角扣件	kg	1 629.028	4.8	4.8			
62	240120	脚手架底座	kg	95.953	3.9	3.9			
63	240150	支承件(支撑钢管及扣件)	kg	17 314.766	3.8	3.8			
64	270130	水	m³	5 404.349	0.89	0.89			
65	270150	木柴	kg	464.988	0.34	0.34			
66	270170	锯木屑	m³	53.82	15.6	15.6			
67	270240	铁砂纸	张	1 477.465	0.62	0.62			
68	280030	其他材料费	元	28.486	1	1			
69	280060	小五金费	元	1 236.174	1	1			
70	280120	木材加工费	元	4 188.568	1	1			
71	300010	杉原条	m³	78.272	700	829.02	129.02	10 098.65	
72	300060	松原木	m³	70.687	620	827.92	207.92	14 697.24	
73	310080	胶合板(三夹)3.5 mm厚	m²	73.008	10.02	10.02			
74	320030	竹架板(侧编)	m²	956.263	11.5	11.5			
75	330030	扁钢-4	kg	14.584	2.82	3.786	0.966	14.09	
76	330150	钢板6 mm	kg	4.451	2.97	4.083	1.113	4.95	
77	330310	圆钢 $\phi6$	kg	87.372	2.68	3.294	0.614	53.65	

续表

序号	编号	名称及规格	单位	数量	定额价/元	编制价/元	价差/元	合价/元	备注
78	330730	钢丝绳 φ8 绳 1×19	kg	83.959	7.6	7.6			
79	340090	铝合金型材	kg	479.242	19.24	19.24			
80	350030	焊接钢管	kg	7 811.482	3.23	3.827	0.597	4 663.45	
81	380060	方钢管 25×25×2.5	m	57.956	4.81	4.81			
82	470180	防锈漆	kg	926.823	12.24	10.93	-1.31	-1 214.14	
83	470320	乳胶漆	kg	366.126	3.87	3.87			
84	470340	清油	kg	1.155	15.14	15.14			
85	470410	滑石粉	kg	182.536	0.47	0.47			
86	470440	油灰	kg	25.521	4.04	4.04			
87	480050	隔离剂	kg	2 990.625	1.66	1.66			
88	480280	软填料	kg	36.169	7.99	7.99			
89	480300	SBS 改性沥青卷材	m²	2 457.394	20	20			
90	490020	石油沥青 30#	kg	312.529	1.8	3.719	1.919	599.74	
91	490110	汽油	kg	1 619.762	2.85	2.85			
92	490130	防腐油	kg	14.989	8.24	8.24			
93	490170	SBS 油膏	kg	512.065	4.21	4.21			
94	490180	油漆溶剂油 200#	kg	105.343	3.12	3.12			
95	490500	聚酯酸乙烯乳液	kg	22.389	5.11	5.11			
96	490740	羧甲基纤维素	kg	4.478	5.35	5.35			
97	500030	108 胶	kg	3 005.143	1.46	1.46			
98	500090	玻璃胶 350 g	支	39.749	16.8	16.8			
99	500180	乳白胶	kg	6.638	5.64	5.64			
100	500280	SBS 粘胶	kg	335.326	2.67	2.67			
101	500440	密封油膏	kg	32.681	3.74	3.74			
102	580070	锁	把	56	3.56	3.56			
103	580080	滑轮	套	168	4	4			
104	580090	铰拉	套	28	1.56	1.56			

日期 2006 年 7 月 26 日

6. 工程量计算(表2.3.21)

表 2.3.21　工程量计算表

建设单位：××市某区政府

工程名称：××办公楼　　　　2006 年 7 月 3 日　　　　共　页　第　页

顺序号	分部分项项目名称	计 算 式	单位	数 量
一	三线一面			
1	建筑面积		m^2	11 083.78
		地下室建筑面积：1 015.93 m^2		
		首层建筑面积：1 019.33 m^2		
		标准层建筑面积：997.4 m^2 ×9 层 = 8 976.60 m^2		
		屋顶机房/梯间/水箱建筑面积：71.92 m^2		
		小计：11 083.78 m^2		
2	外墙外边线	地下室：173.1 m		
		标准层：153.84 m		
3	内墙中心线	地下室：45.6 m		
		标准层：207.6 m		
二	土石方工程			
1	人工挖土(01001)	(1 015.93 × 3.6 + 1.8 × 173.1 × 3.6 + 173.1 × 3.6 × 3.6/2 + 3.6 × 25.5 × 1 × 3 + 3.6 × 19.5 × 1 × 6) × 5% m^3 = 330 m^3	m^3	330
2	机械挖土(01041)	(1 015.93 × 3.6 + 1.8 × 173.1 × 3.6 + 173.1 × 3.6 × 3.6/2 + 3.6 × 25.5 × 1 × 3 + 3.6 × 19.5 × 1 × 6) × 95% m^3 = 6 267 m^3	m^3	6 267
3	土方回填(01011)	1 015.93 × 0.6 + 1.8 × 173.1 × 0.6 + 3.6 × 25.5 × 1 × 3 + 3.6 × 19.5 × 1 × 6 − 633 m^3 = 860 m^3	m^3	860
4	余土外运(01042)	(6 267 + 330) m^3 − 860 m^3 = 5 737 m^3	m^3	5 737
三	脚手架工程			
1	综合脚手架(03012)	11 083.78 m^2	m^2	11 083.78

共 页 第 页

顺序号	分部分项项目名称	计算式	单位	数量
四	砖石工程			
1	1砖墙混 M5(04004)		m^3	60.31
		标准层外墙：		
		$(153.84-5.4)\times 0.24\times(3.3-0.65)\ m^3-(22\times 1.5\times 1.8+1.5\times 3+3\times 1.5\times 5.4+2\times 1.5\times 1.2)\times 0.2\ m^3=60.31\ m^3$		
2	加气混凝土砌块(04069)			
		标准层内墙：$207.6\times 0.2\times(3.3-0.65)\ m^3-(14\times 0.9\times 2.1+6\times 2.2\times 1.2)\times 0.2\ m^3=101.6\ m^3$	m^3	101.6
五	钢筋混凝土工程			
1	独立基础 C30(05007)		m^3	593
		J-1：$[3.6\times 3.6\times 0.65+0.35\times(3.6^2+1.45^2+\sqrt{3.6^2+1.45^2})]\times 35\ m^3=527\ m^3$		
		J-2：$[3.0\times 3.0\times 0.65+0.35\times(3.0^2+1.45^2+\sqrt{3.0^2+1.45^2})]\times 6\ m^3=66\ m^3$		
		小计：593 m^3		
2	基础梁 C30(05048)	$0.25\times 0.4\times(21.9\times 3+15.9\times 6+6\times 54.6\times 4+15.6)\ m^3=40\ m^3$	m^3	40
3	20 cm厚墙 C30(05034)		m^3	149.13
		地下室外墙：$(173.1-3.5\times 2)\times 0.2\times(4.2-0.65)\ m^3=118\ m^3$		
		地下室内墙：$[45.6\times(4.2-0.65)-1.2\times 2.6\times 2]\times 0.2\ m^3=31.13\ m^3$		
		小计：149.13 m^3		
4	矩形柱周长3 m内(05029)	KZ1：$0.75\times 0.75\times[(4.1+3.5+3.2\times 9)\times 41个+4.4\times 6个]\ m^3=854.4\ m^3$	m^3	854.4

共 页 第 页

顺序号	分部分项项目名称	计 算 式	单位	数 量
5	矩形柱周长1.8 m 内（05027）	TZ：0.3×0.5×[(4.1+3.5+3.2×9)×4个+4.4×2个] m³ = 23.16 m³	m³	23.16
6	现浇梁 C30(05049)	①+②+③=1 264.4 m³	m³	1 264.4
①	−1层至9层	KL1：		
		0.3×0.65×5.25×9 m³ = 9.214 m³		
		0.3×0.65×3.15×3 m³ = 1.843 m³		
		KL2：		
		0.3×0.65×5.25×12 m³ = 12.285 m³		
		0.3×0.65×3.15×6 m³ = 3.686 m³		
		KL3：		
		0.3×0.65×7.05×10 m³ = 13.748 m³		
		0.3×0.65×3.525×4 m³ = 2.75 m³		
		0.3×0.65×2.925×4 m³ = 2.282 m³		
		KL4：		
		0.3×0.65×7.05×12 m³ = 16.497 m³		
		0.3×0.65×3.525×2 m³ = 1.375 m³		
		0.3×0.65×2.925×2 m³ = 1.141 m³		
		KL5：0.3×0.65×7.05×2 m³ = 2.75 m³		
		L1：		
		0.3×0.55×7.5×18 m³ = 22.275 m³		
		0.3×0.55×3.3×3 m³ = 1.634 m³		
		0.3×0.55×3.9×3 m³ = 1.931 m³		
		L2：		
		0.3×0.55×7.5×4 m³ = 4.95 m³		
		0.3×0.55×3.9×4 m³ = 2.574 m³		
		L3：		

2.3 施工组织设计

共 页 第 页

顺序号	分部分项项目名称	计 算 式	单位	数 量
		$0.3 \times 0.55 \times 7.5 \times 4 \text{ m}^3 = 4.95 \text{ m}^3$		
		$0.3 \times 0.55 \times 4.9 \times 2 \text{ m}^3 = 1.617 \text{ m}^3$		
		L4：$0.3 \times 0.55 \times 5.7 \times 4 \text{ m}^3 = 3.762 \text{ m}^3$		
		L5：$0.3 \times 0.55 \times 7.5 \times 1 \text{ m}^3 = 1.238 \text{ m}^3$		
		L6：$0.3 \times 0.55 \times 7.5 \times 2 \text{ m}^3 = 2.475 \text{ m}^3$		
		小计：$114.97 \times 10 \text{ m}^3 = 1\,149.7 \text{ m}^3$		
②	屋面	KL1：		
		$0.3 \times 0.65 \times 5.25 \times 9 \text{ m}^3 = 9.214 \text{ m}^3$		
		$0.3 \times 0.65 \times 3.15 \times 3 \text{ m}^3 = 1.843 \text{ m}^3$		
		KL2：		
		$0.3 \times 0.65 \times 5.25 \times 12 \text{ m}^3 = 12.285 \text{ m}^3$		
		$0.3 \times 0.65 \times 3.15 \times 6 \text{ m}^3 = 3.686 \text{ m}^3$		
		KL3：		
		$0.3 \times 0.65 \times 7.05 \times 10 \text{ m}^3 = 13.748 \text{ m}^3$		
		$0.3 \times 0.65 \times 3.525 \times 4 \text{ m}^3 = 2.75 \text{ m}^3$		
		$0.3 \times 0.65 \times 2.925 \times 4 \text{ m}^3 = 2.282 \text{ m}^3$		
		KL4：		
		$0.3 \times 0.65 \times 7.05 \times 12 \text{ m}^3 = 16.497 \text{ m}^3$		
		$0.3 \times 0.65 \times 3.525 \times 2 \text{ m}^3 = 1.375 \text{ m}^3$		
		$0.3 \times 0.65 \times 2.925 \times 2 \text{ m}^3 = 1.141 \text{ m}^3$		
		KL5：$0.3 \times 0.65 \times 7.05 \times 2 \text{ m}^3 = 2.75 \text{ m}^3$		
		L1：		
		$0.3 \times 0.55 \times 7.5 \times 18 \text{ m}^3 = 22.275 \text{ m}^3$		
		$0.3 \times 0.55 \times 3.3 \times 3 \text{ m}^3 = 1.634 \text{ m}^3$		
		$0.3 \times 0.55 \times 3.9 \times 3 \text{ m}^3 = 1.931 \text{ m}^3$		
		L2：		

顺序号	分部分项项目名称	计 算 式	单位	数 量
		$0.3 \times 0.55 \times 7.5 \times 6\ m^3 = 7.425\ m^3$		
		$0.3 \times 0.55 \times 4.9 \times 2\ m^3 = 1.617\ m^3$		
		$0.3 \times 0.55 \times 3.9 \times 2\ m^3 = 1.287\ m^3$		
		$0.3 \times 0.55 \times 3.3 \times 2\ m^3 = 1.089\ m^3$		
		L3:		
		$0.3 \times 0.55 \times 7.5 \times 2\ m^3 = 2.475\ m^3$		
		$0.3 \times 0.55 \times 3.9 \times 2\ m^3 = 1.287\ m^3$		
		L4: $0.3 \times 0.55 \times 7.5 \times 4\ m^3 = 4.95\ m^3$		
		L5: $0.3 \times 0.55 \times 5.7 \times 1\ m^3 = 0.941\ m^3$		
		小计: $105.26\ m^3$		
③	电梯机房	KL1: $0.3 \times 0.65 \times 5.25 \times 3\ m^3 = 3.071\ m^3$		
		KL2:		
		$0.3 \times 0.65 \times 7.05 \times 2\ m^3 = 2.75\ m^3$		
		$0.3 \times 0.65 \times 2.925 \times 2\ m^3 = 1.141\ m^3$		
		L1: $0.3 \times 0.55 \times 7.5 \times 2\ m^3 = 2.475\ m^3$		
		小计: $9.44\ m^3$		
7	现浇板板厚 10 cmC30 (05060)		m^3	1 081.83
		-1层: $1\,016 \times 0.1\ m^3 = 101.6\ m^3$		
		1-9层: $970.89 \times 0.1\ m^3/层 \times 9\ 层 = 873.8\ m^3$		
		屋面: $990.27 \times 0.1\ m^3 = 99.03\ m^3$		
		电梯机房: $74.02 \times 0.1\ m^3 = 7.4\ m^3$		
		小计: $1\,081.83\ m^3$		
六	门窗工程			

2.3 施工组织设计

共 页 第 页

顺序号	分部分项项目名称	计 算 式	单位	数 量
1	铝合金(08079)	$22 \times 1.5 \times 1.8 \text{ m}^2 + 1.5 \times 3 \text{ m}^2 + 3 \times 1.5 \times 5.4 \text{ m}^2 + 2 \times 1.5 \times 1.2 \text{ m}^2 = 91.8 \text{ m}^2$	m^2	91.8
2	胶合板门不带亮(08011)	$16 \times 0.9 \times 2.1 \text{ m}^2 + 4 \times 0.7 \times 2.1 \text{ m}^2 = 36 \text{ m}^2$	m^2	36
3	玻璃门带亮(08020)	$8 \times 2.6 \times 1.2 \text{ m}^2 + 1.8 \times 2.7 \text{ m}^2 = 30 \text{ m}^2$	m^2	30
七	楼地面工程			
1	20 mm 1:2.5 水泥砂浆找平 (09019)	地下室：1 015.93 m^2	m^2	10 535.73
		地面：1 019.33 m^2 − (207.6 + 153.84) × 0.2 m^2 = 947 m^2		
		二至九层楼面：947 m^2/层 × 8 层 = 7 576 m^2		
		屋面：997.4 m^2		
		小计：10 535.73 m^2		
2	10 mm 1:2 水泥砂浆压光抹面 (09027)	地下室：1 015.93 m^2	m^2	1 015.93
3	防滑面砖(09080)	卫生间：50 m^2/层 × 10 层 = 500 m^2	m^2	500
4	大理石、花岗岩楼地面 (09052)	门厅：120 m^2/层 × 10 层 = 1 200 m^2	m^2	2 800
		会议室：160 m^2/层 × 10 层 = 1 600 m^2		
		小计：2 800 m^2		
5	瓷质地砖(09064)	(947 − 50 − 120 − 160) m^2/层 × 10 层 = 6 170 m^2	m^2	6 170
八	屋面工程			
1	改性沥青防水卷材 (10035)	997.4 m^2/层 × 2 层 = 1 994.8 m^2	m^2	1 994.8
2	架空隔热层(10018)	997.4 m^2	m^2	997.4

共 页 第 页

顺序号	分部分项项目名称	计 算 式	单位	数 量
九	装饰装修工程			
1	砖墙面抹混合砂浆 (12028)	$(153.84-5.4) \times (3.3-0.65) - (22 \times 1.5 \times 1.8 + 1.5 \times 3 + 3 \times 1.5 \times 5.4 + 2 \times 1.5 \times 1.2) + 2 \times [207.6 \times (3.3-0.65) - (14 \times 0.9 \times 2.1 + 6 \times 2.2 \times 1.2)] = 1317 \text{ m}^2$	m²	1 317
2	纸筋灰浆面(12010)	1 317 m²	m²	1 317
3	刷白色乳胶漆(12476)	1 317 m²	m²	1 317
4	砖墙面 1∶2 水泥砂浆 (12017)	$153.84 \times 3.3 \text{ m}^2 - 22 \times 1.5 \times 1.8 \text{ m}^2 + 1.5 \times 93 \text{ m}^2 + 3 \times 1.5 \times 5.4 + 2 \times 1.5 \times 1.2 \text{ m}^2 = 481 \text{ m}^2$	m²	481
5	水泥浆贴面砖(12090)	481 m²	m²	481
6	不上人轻钢龙骨 (12196)	$1019.33 \text{ m}^2 - (207.6 + 153.84) \times 0.2 \text{ m}^2 = 947 \text{ m}^2$	m²	947
7	石膏板吊顶(12253)	947 m²	m²	947

主管　　　　　　　　　　　　　审核　　　　　　　　　　　　　计算

第3章 高层框架—剪力墙房屋设计例题

3.1 建筑设计

3.1.1 设计任务书

1. 设计题目：高层图书馆设计

本设计为我国南方地区某综合性大学图书馆建筑，主要为全校师生员工的教学和科研服务，有时也对有关单位开放。

2. 建筑环境

馆址位于学校教学区与学生宿舍区之间。地点适中，场地宽敞，地势平坦，附近有池塘、小丘、丛树、草坪，四周自然景色优美。

具体基建场地有两个位置可供设计人选择。详见图 3.1.1。

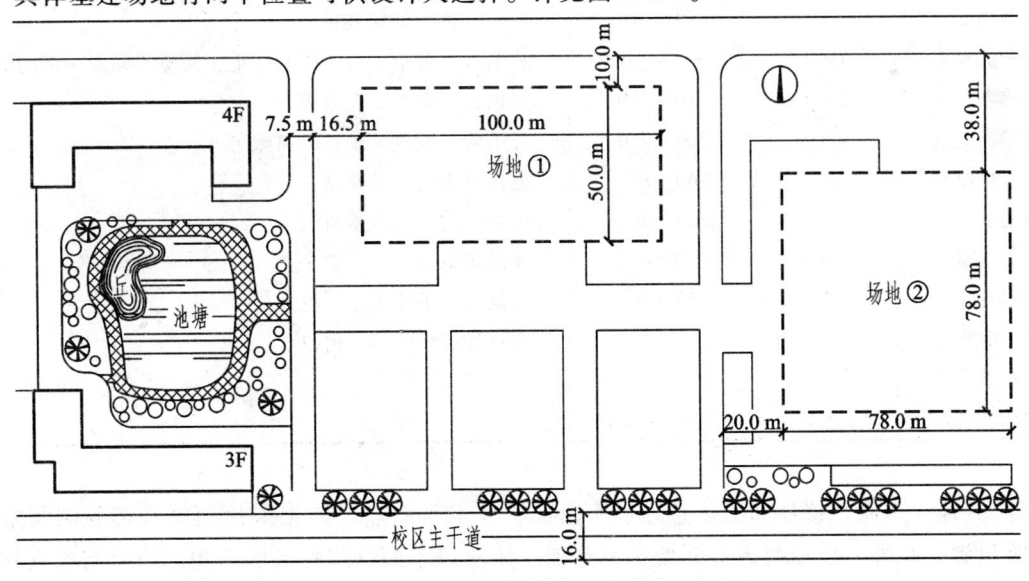

图 3.1.1 基建场地平面示意图

场地①——位于小区中央，建筑主入口朝南。
场地②——位于小区右侧，建筑主入口朝西。设计人可选择一基地位置进行设计。

3. 建筑规模与设计要求

(1) 规模

① 建筑总面积:约 11 000 m^2。

② 建筑层数:主体地上 10 层,地下 1 层。

③ 建筑层高:大阅览室 ≥3.6~4.2 m;书库约 2.4~2.8 m,或与阅览室同高;办公室 ≥3.0 m。

④ 设计规模:师生人数约 6 000 人,藏书容量 100 万册,学生阅览座位 1 000 席。

(2) 设计要求

① 设计总则:对本馆各藏书和阅览空间的柱网尺寸、面积、层高及荷载等设计应有较大适应性和使用灵活性,适当考虑藏阅空间的互换,且要结合国情和地方特点,符合先进管理方式,适应现代化服务手段,并适当考虑在今后发展过程中,具有调整和改造的可能性。

② 各组成用房的面积与具体要求,详见表 3.1.1。

表 3.1.1 图书馆各类用房面积分配与要求

房间名称	间 数	使用面积/m^2	具 体 要 求
门厅	1	200	含验证、收发、值班等
检索出纳厅	1~2	200~250	设检索终端、出纳台,与书库靠近
书库	若干间	1 500~2 500	可设工作梯及提升设备
学生阅览室	若干间	1 500~2 000	应分大、中型多间
教师阅览室	1~2	500~800	可设开架和研究厢
期刊阅览室	1~2	1 000~1 500	内分隔小工作间
报纸阅览室	1	350~500	同上,再外设报刊廊
特种阅览室	1~3	1 500~2 000	分缩微、善本、视听资料、电子阅览、储藏、借阅等
行政办公室	3~5	180~200	分馆长、财会、党政等
图书内业室	4~6	200~250	分采购、验收、编目、典藏等
装订修复室	1	60~80	内部分隔出小储藏室
静电复印室	1	60~80	读者可用,内设柜台
会议室	1~2	100	兼做接待室
多功能厅	1	300~400	设储藏、小休息室、机房
传达值班室	1	15~20	设对外的传达室、窗口
男女卫生间	若干间		
载人电梯	2 梯间	按 15 kN 计算	

③ 其他:走廊、楼梯间、休息厅、小卖部、开水供应点、纸张卡片和家具杂务储藏室等均按需设置。此外,设计时因对开架、半开架、闭架等不同管理形式的选用,师生阅览室和书库之间的面积,可酌情相互调整,但控制总面积不变。

4. 内容及图纸要求

设计分建筑、结构和施工组织三个部分,本节主要讲述建筑部分。建筑设计共完成 A1 图 4 张,其内容与要求见表 3.1.2。

表 3.1.2 建筑图纸内容及要求

内容	比例	要求
总平面图	1:500	表示建筑及其周围环境——道路、停车场、大门入口绿化小品、指北针
底层平面图	1:100 或 1:150	要求三道尺寸线、室外散水等构件也应表达出来，布置卫生间
楼层平面图 2~3 个	1:150 或 1:200	尺寸标注可适当简化，但下层的雨篷等投影应画出来，在某一个平面上绘出开架式阅览室的家具布置
立面图 2 个	1:100~1:200	一个正立面、一个有代表性的侧立面，要求能反映主要外貌
剖面图 2 个	1:100	一个特征剖面，一个主楼梯剖面（中间层可只画局部）
节点详图 2~3 个	1:10~20	在檐口、天沟、变形缝、楼梯间出屋面、大门雨篷等处任选
门窗表		内容含门窗代号、编号、洞口尺寸、类别等
设计说明书		内容形式参见本节设计指导第 6 条

5. 建筑技术条件

（1）气象条件

① 温度：最热月平均 29.3 ℃，最冷月平均 4.7 ℃。
夏季极端最高温度 40.6 ℃，冬季极端最低温度 -11.3 ℃。

② 相对湿度：最热月平均 75%。

③ 主导风向：全年为西北风，夏季为东南风，基本风压 $w_0 = 0.3$ kN/m², 地面粗糙度为 B 类。

④ 雨雪条件：降雨量 1 450 mm，暴雨降水强度 3.31/S·100 m²，最大积雪深 80 mm。

（2）工程地质条件

① 自然地表 3 m 内为填土，填土下层为 2.5 m 厚砂质粘土，再下层为砾石层。砂质粘土承载力特征值为 260 kN/m²，砾石层承载力特征值为 300~400 kN/m²。

② 地下水位：地表以下 6.0 m，无侵蚀性。

③ 抗震设防烈度：7 度（第一组），Ⅱ类场地土。

（3）材料供应

① 三材由建材公司供应，品种齐全。

② 墙体材料可选用：空心粘土砖、陶粒砌块、钢丝网架轻质墙板。

（4）环境类别

一类。

上述条件各校也可根据当地情况自拟。

3.1.2 图书馆建筑设计指导

1. 图书馆建筑的类别和组成

图书馆是现代社会中文化教育和学术研究的重要机构，是人类文化科学知识的宝库，也是传播现代文明和交流时代信息的重要场所。

(1) 图书馆建筑的类别

① 按使用性质和服务对象,可分为:

公共图书馆:有国家、省、市、县、区等级别,甚至到街道等基层。

学校图书馆:有高校(又可分校、系两级)、中学、小学等区别。

专业图书馆:这类图书馆的藏书内容与服务方法都比较专深。

② 按书库规模(以藏书量为准),可分为:

小型图书馆:藏书量在 10 万册以下。

中型图书馆:藏书量在 10~50 万册。如南京医学院图书馆(30 万册)、长沙交通学院图书馆(50 万册)。

大型图书馆:藏书量在 50~150 万册。如上海师范大学图书馆(120 万册)、湖南大学图书馆(150 万册)。

特大型图书馆:藏书量在 150 万册以上。如湖南省图书馆(450 万册)、北京图书馆(新馆)(2 000 万册)。

(2) 图书馆建筑的组成

图书馆的主要功能是搜集、管理和借阅书籍、报刊、图册,提供基于 IP 的电子阅览,以及传播文化科学知识,并为读者提供一个优雅的学习环境,现代图书馆一般由以下几个部分组成:

① 入口区——包括入口、存物、出入口的控制台及指示性的标记区。

② 情报服务中心区——类似于传统图书馆的目录厅与出纳台,承担信息检索与提供服务。

③ 阅览区——是图书馆最重要的部分,阅览区不是传统的阅览室,它融阅、藏、借、管于一体。它应是读者最容易、最方便到达之地。

④ 藏书区——包括基本书库、辅助书库、阅览室藏书及各种特藏书库。

⑤ 馆员工作与办公区——包括行政办公与业务用房两部分。业务用房包括采编、加工、技术服务和研究用房。

⑥ 公共活动区——图书馆一般都设有多功能厅以作为读者开展学术交流等各种形式活动的空间。

⑦ 技术设备区——现代图书馆需设服务器机房、电子计算机房、空调机房、电话机房等技术设备用房,以适应现代科技的发展,尤其是信息化、网络化的发展。

2. 高校图书馆建筑的特点、面积指标及有关等级规范

(1) 特点

本图书馆建筑属高校校级图书馆,是学生的第二课堂,除进行科技知识传播和文化思想教育外,还是反映本校教学科研水平和学生精神文明的重要标志。

(2) 面积指标

本校在校师生约 6 000 人,根据 1992 年教育部制定的《普通高等学校建筑规划面积指标》规定:书库藏书量约 100 万册,属大型规模的高校图书馆,其建筑面积规定 1.8 m^2/人,所以本馆建筑面积至少 10 800 m^2 左右。另外,考虑多种功能需要和今后发展前景,需增设多功能厅 300~400 m^2。因此,需相应扩大或增添若干辅助面积,如休息厅、小卖间、厕所、储藏室、接待室等,所以总建筑面积约 11 000 m^2。

(3) 建筑等级及有关规范

① 建筑等级：一般大型图书馆属一类高层，其使用年限为50～100年。本图书馆设计使用年限为50年。

② 耐火等级：一类高层的图书馆，其耐火等级不应低于一级。

③ 采光等级：阅览室和装订修复间为Ⅲ级，其窗地面积比为1:5；其他一般用房为Ⅳ级，其窗地面积比为1:6；而闭架书库、门厅、走廊、楼梯间、厕所和储藏室等定为Ⅴ级，其窗地面积比可为1:10。

3. 图书馆建筑各主要组成部分的设计要点

总的原则应符合"适用、经济和美观"。具体体现在：房间面积合适、空间关系协调、环境条件良好，且结构、构造和施工等要简单、合理而且方便。

（1）藏书区——书库设计

1）书库分类

藏书空间按其不同的收藏管理图书和为读者服务方式，主要可分为基本书库、辅助书库、特藏书库和阅览室藏书四种形式，各馆可根据实际情况选择采用。

基本书库又叫总书库或主书库，是图书贮存的最主要部门，有许多独特的特点和要求，设计时应仔细推敲，周密考虑。

辅助书库是存放常用的、急需的参考书、工具书和最近出版新书。其特点是流动快速、借还频繁，所以常以半开架管理形式，方便读者自己选择，持证借阅。此辅助书库虽单独布置，但应与同层阅览室毗连相邻，其间隔墙上还可开设玻璃窗口或工作柜台，这样，借还书籍和管理工作更为方便。

特藏书库是收藏善本、特种文献、文物、手稿、缩微读物、视听资料等特藏书籍或非书本形式的读物书库，需特殊的存放设备与存放条件。

阅览室藏书，其室内书架可分散成周边式或凹室式布置，也可集中于一个区段成单层式或带夹层式书库，这些书籍的管理形式可用开架式或半开架式。

辅助书库和阅览室藏书的设计方法，可参考以下基本书库和普通阅览室的设计要点。

2）基本书库平面位置

首先要与目录厅、出纳台、检索室密切相连，以便读者查检目录后即可借书外出，还要对新书内业部分设置专用的出入口，且直接相通，以便新书入库上架或由提升设备把书籍运送到各楼层。书库或出纳台附近要有典藏间，以便管理和检索图书卡片和图书目录，登记账本。

3）书库平面布局和书架排列

首先要有利于朝向、采光、通风和缩短提书距离，同时也要考虑结构形式和柱网尺寸的合理和经济性。

为合理考虑书库的平面布局，有必要了解标准书架尺寸，见表3.1.3。

表3.1.3 标准书架尺寸

名称		尺寸/mm	名称		尺寸/mm
书架高度	开架	1 700～1 800	书架分隔	6格	320～350
	闭架	2 000～2 200		7格	300～320
书架宽度	单面	200～220	书架支柱中距		900～1 100
	双面	400～440			

一般书架布置及主次走道相关尺寸见表 3.1.4。

表 3.1.4　一般书库常用书架、排长及主次走道尺寸

代号	名称		尺寸/mm	代号	名称		尺寸/mm
a	书架宽度	单面书架	220～240	e	档头走道宽		600～700
		双面书架	440～480	f	排架长	两端有走道	≤8 000
b	双面书架中距	常用书	1 200～1 300			一端有走道	≤4 000
		非常用书	1 100	g	书架支柱中距		900～1 100
c	夹道宽度	常用书	800～900	h	库内阅览台		400～500
		非常用书	600～700	i	阅览台中距		1 300
d	排端走道宽度		1 200～1 300	j	书架距阅览台		1 000 左右
				k	门宽		≥1 000

注：在端头走道为主要走道时 e 为 1 200～1 300 mm；书架距阅览台宽度在非主要走道时 i 为 600～700 mm。

如上所述，双面书架宽度一般采用 440 mm 的较多，书架中距常有 1 200 mm、1 250 mm、1 300 mm 甚至 1 500 mm，而国内大多采用 1 250 mm 的中心距，按书架的中距尺度即可确定较合适的开间尺寸。见图 3.1.2。目前国内开间一般为书架中距的 3～4 倍。一般开间越大，书库收藏能力越高。现代图书馆由于其适应性与灵活性的要求，开间一般取到书架中距的 5～7 倍。本设计为高层框—剪结构图书馆，采取 5～7 倍书架中距的柱距是较经济的。书库的进深与采光、通风、书架的布置都有密切关系，一般单面采光时进深不超过 8～9 m，双面采光时进深不大于 16～18 m，如果采取人工照明及机械通风，其进深可适当加大。高层图书馆一般为 2～3 跨，按与开间适宜的柱网，一般进深可达 20 m 左右。这样的进深对藏书比较经济，采光通风也不成问题。

4) 书架高度与书库层高之间的关系

开架书架高度为 1 700～1 800 mm，闭架书架高度为 2 000～2 200 mm，因此，书库层高 ≥ 书架高度 + 楼板层构造高度 = 2 500 mm（约）。按规范定：书库内净高不应低于 2 400 mm，有梁（或管线）时其底面净高不低于 2 200 mm。有时当各层阅览室层高较低（采用无梁楼盖），书库也为多层空间时，为使书库和阅览室二者在各楼层上能方便地直接相通，或因功能需要二者能灵活地相互调配使用时，二者层高可取相同值。所以书库与阅览室层高关系有以下三种情况：

书库二层高 = 阅览室一层高

书库三层高 = 阅览室二层高

书库一层高 = 阅览室一层高

本设计为高层图书馆，只能以垂直布置为主，故不必考虑书库与阅览室空间的平面组合，一般以藏阅空间可互换为主要考虑因素，以上述第三种层高关系为主。藏阅结合的书库以阅览

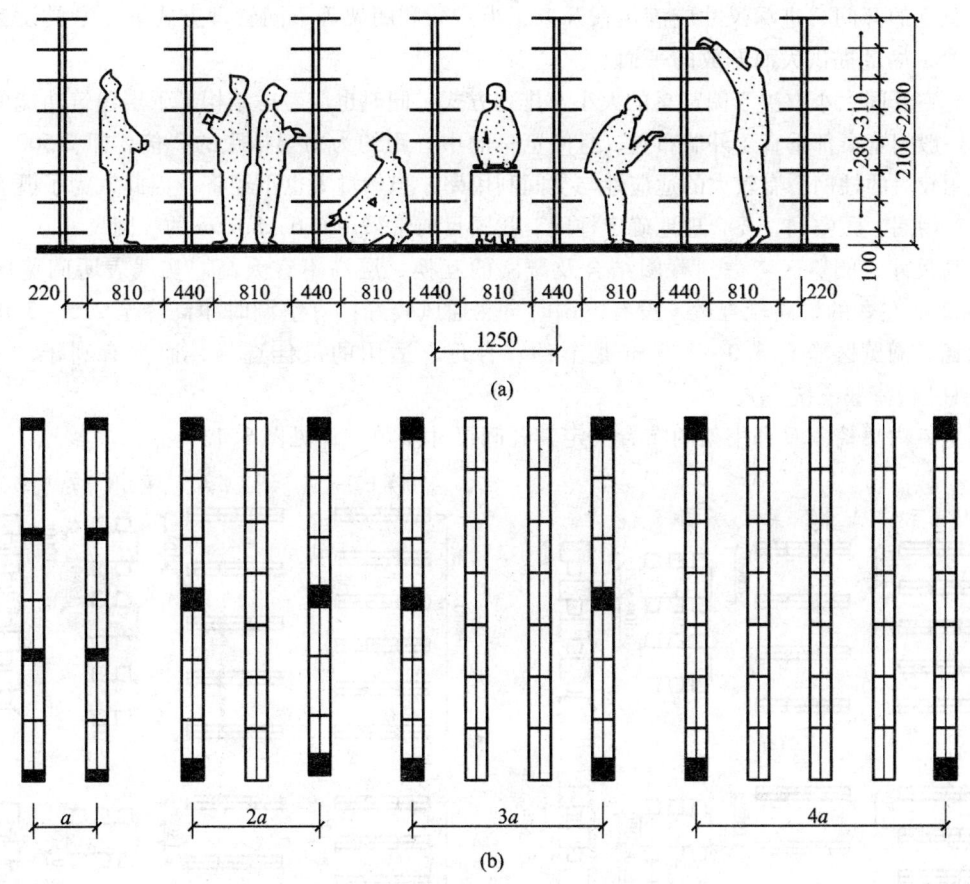

图 3.1.2 书架布置与书库开间
(a) 书架布置间距；(b) 书库开间

室定层高，而以藏书为主的基本书库则以书库最低净空要求决定层高。

5) 书库外墙和窗户

主要根据其使用要求和建筑等级来确定其构造、面积和形式，窗户一般宜采用竖向条形的狭长窗，并正对两书架间行道，既要避免遮光，也要防止直晒，一般东、西墙不宜直接开窗。

6) 书库疏散出口

一般书库均设有两个安全出入口，并安装防火门。书库尽端要设安全疏散楼梯，直通室外。

(2) 阅览部分——各种阅览室设计

1) 平面位置

阅览室在图书馆建筑中占有重要的地位，因它和读者关系最为密切，使用人数最多，其总面积占全馆之首，且读者在内阅读时间长，是辛勤的脑力劳动场所，因此，要将其安放在最良好的或最合适的位置上。要求有安静、舒适的学习环境，要朝向良好、光线充足、照度均匀、避免眩光、通风换气流畅。为适应发展变化的灵活性及适应性，各阅览室空间应具有互换性管理方式及房间大小应可变。

2) 空间尺寸

阅览室的开间、进深尺寸应满足在开架、半开架和闭架等不同管理方式下，家具设备均能合理布置，尽量提供大而开放的平面。

阅览室开间大小取决于阅览桌的大小及排列方式，同时也应考虑结构上下层建筑功能的不同要求。一般阅览桌都垂直于外墙布置，且阅览桌的中心距约为书架排距的2倍，即2 500 mm左右。选用较大的柱网会有较大的适应性与空间利用率，当然过大也不经济。因此，为了既有效又经济地利用阅、藏空间，要合理地确定柱网。我国目前常采用6.6~8.1 m的柱网尺寸。

层高尺寸，阅览区考虑到藏阅结合及藏阅的互换，层高不宜太高。实践表明阅览区采用3.6~4.2 m左右的层高较合适，没有空调时自然通风较好；有空调时净高降至2.5~3.0 m可减少能耗。阅览区净高3.0~3.3 m是节约、合理、适用的最佳选择，而且有利于"三统"（层高、柱网、荷载三统一）。

阅览室内桌椅家具和书架的布置决定其开间尺寸参数，详见图3.1.3。

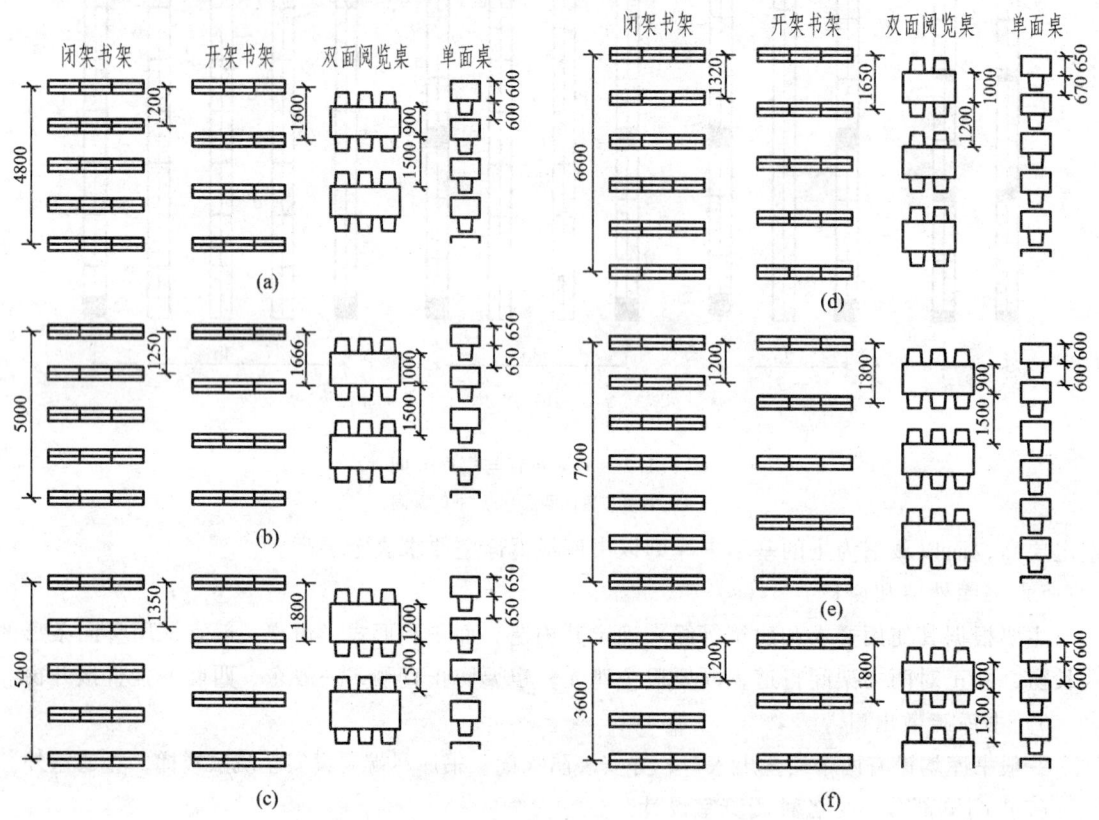

图3.1.3 阅览室开间尺寸参数

3) 各种阅览室设计的具体要求

① 报纸阅览室：因读者为浏览性质，流动量大，应尽可能靠近底层，并专设对外出入口，便于闭馆期间单独开放。在室内一角落要分隔出小工作室，并对内设工作窗或服务台。

② 期刊阅览室：此室位置在多层建筑中宜适中，既方便阅览，又方便管理，且要与装订修复间和书库联系方便。

③ 学生阅览室：因其使用人数多，面积较大，宜集中于1~2个楼层内，再分若干间布

置。每间面积不宜太大，以 < 500 m² 为宜，以免人多嘈杂，相互干扰，不便管理。该类阅览室既有纯自习性的阅览室，也有带开架、半开架的藏阅结合阅览室。书架置于一侧或中间，也有书架与座位间隔布置的。本设计以书架置于中跨为宜。

④ 教师阅览室：内设较多的参考书，藏书一般开架。另外此室虽面积不大，使用人数不多，但也较为重要，在位置上要给以优越条件，要求周围环境幽静，没有干扰，并有休息场所。若有条件，此室局部范围内可用轻质隔断间隔出研究室或研究厢，集团研究室房间使用面积不应小于 10 m²，单人研究厢使用面积不应小于 3.6 m²。

⑤ 特种阅览室：主要为多媒体阅览、缩微阅览和珍善本阅览。可按需分若干小间：有目录、出纳台、资料室和阅览室，相互联系方便。此室的环境功能条件要求较高，如温度、湿度、采光等，所以房间朝向以北和南向为宜，避免西晒。

⑥ 电子阅览室：为信息化与网络发展产生的新阅览室形式，图书馆应设有内部局域网，并可接入互联网，且拥有独立的网站和管理系统。通过综合布线提供信息化接口，利用电脑终端实现数字化的阅览并提供文件下载，其内部最好提供读者使用的无线网络环境。

(3) 目录厅、出纳台

① 当采取集中布置时，目录厅和出纳台应紧密相连，宜设在图书馆首层，与基本书库联系紧密，并靠近门厅，以方便读者外借并保证阅览区的安静。

② 目录厅、检索出纳台有时也可设计成开敞空间，但为管理要求，出纳台处需设有隔断，出纳台前要有足够面积以便于读者办理借还手续，此活动区的深度应不小于 3 m。出纳台内要留有足够的工作人员活动余地，以及存放读者借书卡片柜、运书小车和临时存放书籍的书架等设备面积。

③ 当采取分离式布置时，将总目录厅设在入口附近，而把出纳台设在阅览区内，以极大地方便读者。高校图书馆更是按学科分设借书处(出纳台)，一般采取分层设置的办法。

(4) 信息服务中心

① 信息服务中心提供计算机联机检索与咨询服务，在现代图书馆里已代替了目录厅，使目录厅的功能弱化。它与出纳台一起组成情报服务中心，宜靠近门厅，以方便对外服务。

② 信息服务服务台要配备打印机及必要的电信设备用以馆际互借、联机检索。

③ 由于图书馆的数字化与互联网的应用，使检索室小型化，更便于按学科分层、分类设置出纳台。

(5) 采编用房

① 采编用房的位置应和读者活动区分开，并与典藏室、书库和书刊外入口有便捷联系。

② 采编用房平面布置应符合工艺流程顺序，可分组置于几个房间内进行，最后由典藏人员验收，分别将书籍、卡片入库上架。

③ 采编用房邻近要有供临时存放卡片、账本等文具物品的储藏柜或小储藏室。

(6) 装订修复间

应与期刊阅览室、书库有方便的联系。要求光线充足，并设有机械通风装置。室内要设上、下水道和加热电源。

(7) 复印室

复印室对师生服务，位置要方便读者。为使读者能快速、方便地搜集图书资料，所采用设备一般为静电复印机。本室需布置出纳台以供读者办理登记、复印、交款等手续。

(8) 多功能厅

① 多功能厅在使用过程中比较嘈杂，首先应满足闹静分区，最好与主楼隔开，能单独设出入口，做到能分能合为最佳。

② 本厅内设讲台、小储藏室、机房等。除进行学术活动、展品陈列外，在节假日可开展文娱活动，所以应满足放映幻灯、录像、电影投影、扩音等要求。

③ 本厅应与同层休息廊、小卖部、厕所及其他可对外的房间，如会议室、接待室等联系便捷，以方便观众休息、活动。

④ 多功能厅堂使用面积定额是每座不小于 $0.8\ m^2$，所以本厅堂可安放 300 人以上席位，要设 2 个以上出入口，以满足人流安全疏散，且出入口宜单设以便于闭馆期间单独使用。

⑤ 多功能厅为满足观众的视、听要求或便于开展其他文娱活动，此室内跨中不宜设立柱子，所以此室宜布置在建筑物顶层或单设。

(9) 门厅

门厅是读者出入必经之地，人流频繁，是整个图书馆的流线组织的枢纽。但人流并不集中，所以面积不必很大，设计时要考虑能满足较多功能，如验证、告示、收发、监理、陈列新书、寄存等。据其管理制度设置必要的岗位、房间和相应的设备。门厅应可直通传达值班室，并一般包含主楼梯在内，指示标牌及方向性应明确。

(10) 读者休息处

读者中途休息、社交、饮水和吸烟等活动用。设计上可同时采用专用休息厅和楼梯处加宽式过厅，或室外小阳台、大平台等处理手法。休息处除安设桌、椅、饮水设备外，还可适当安放报架和图片、新书展览橱窗等。

(11) 卫生间

图书馆内宜分别设置公用卫生间和专用卫生间。卫生用具按使用人数计算：男厕每 60 人设大便器一具，每 30 人设小便斗一具；女厕每 30 人设大便器一具；各厕所均设洗手盆，每 60 人设一具；公用卫生间内应设污水池一个。男女卫生间不必每层都设，可分层设置。卫生间给水排水管道宜左右、上下集中，并尽量避免影响邻室墙身的干燥。公用卫生间要设有前室，且其地面低于走廊。专用卫生间仅供书库和内业工作人员使用，内设大便器、洗手池、挂衣钩等，其位置邻近书库，但不得设在书库内。

4. 建筑总平面布局要点

① 根据建筑使用功能要求，按照人流和书流的活动路线，合理分区、分层的安排房间，并使各相关房间之间取得有机的联系，又互不干扰。

② 各主要用房的平面位置，要满足上述"设计要点"中所提出的环境条件要求，如朝向、采光和通风等。

③ 建筑布局和空间组合要紧凑、合理、简洁、经济，因地制宜尽量缩短交通路线，提高平面系数，加大房间进深，选择合适的楼层数量，节约占地面积，减少管道线路和室外工程。

④ 建构结构布置要合理、经济，要有简洁的平面空间形式。结构传力体系明确，柱网尺寸统一合理，开间尺寸尽量一致，以便减少构件规格的型号。

⑤ 空间组合要考虑建筑造型艺术，要对其内部空间处理、立面形式、体型组合、体量大

小及建筑物与周围环境的统一和协调等问题,均仔细推敲,妥善解决。

⑥ 要有必要的室外场地。注意设置室外活动场地、休息绿化用地及道路停车场用地。

5. 建筑空间的组合

① 高校图书馆主要用房的组成和功能关系如图 3.1.4 所示。

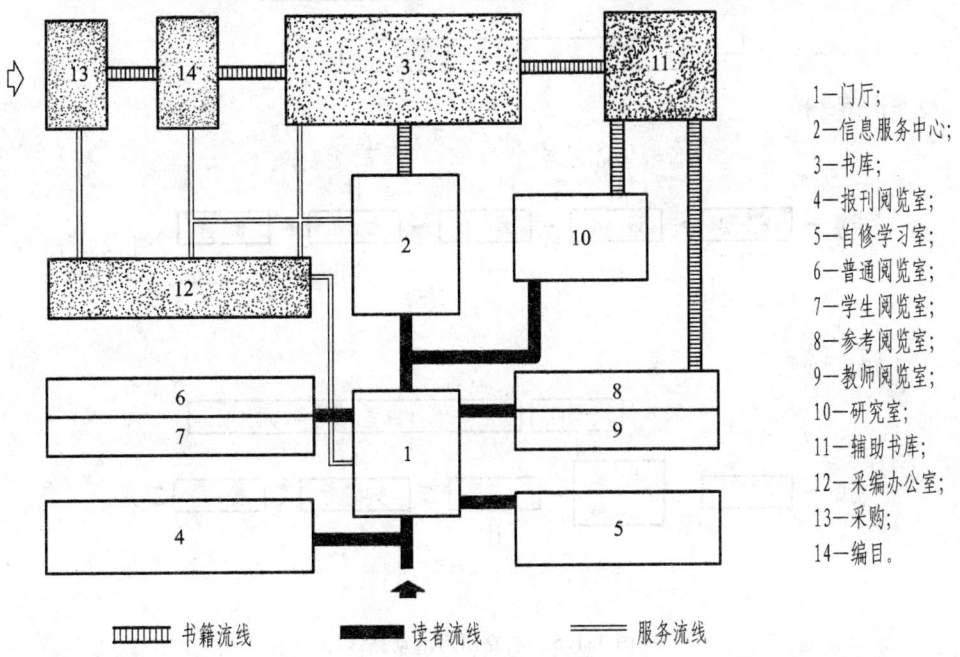

1—门厅;
2—信息服务中心;
3—书库;
4—报刊阅览室;
5—自修学习室;
6—普通阅览室;
7—学生阅览室;
8—参考阅览室;
9—教师阅览室;
10—研究室;
11—辅助书库;
12—采编办公室;
13—采购;
14—编目。

图 3.1.4 高校图书馆的组成及功能关系

② 图书馆主要组成用房应满足如下的活动路线(图 3.1.5):

③ 现代图书馆空间组合按"模块式"设计的原则与方法。

a. 模块式图书馆功能分区:

入口区——即门厅部分,为人流交通组织的枢纽。

读者区——图书馆最主要的部分,包括咨询服务区(目录厅出纳台、信息检索)、各种阅览区和信息资源区(即包含存有书籍、数据光盘等多种载体形式的开架书库)。

研究区——与一般的阅览室有所不同,大学图书馆这方面的要求越来越多。

基藏区——基本藏书空间对于大型图书馆仍是必备的,故可自成一区。

公共活动区——该区为一个动态、开放、相对独立的空间,与图书馆要求安静矛盾,内部空间也要求大。

技术设备区——该区为现代图书馆提供较好的物理环境与技术环境,因管线、设备安排与技术要求较为复杂而不易变动,加上噪声、震动的干扰,应远离其他分区。

b. 分区模数化设计:国外模数式图书馆实行三统一,易造成空间与结构的浪费,灵活性的换取所花代价较高。而模块式图书馆实事求是,具体分析,区别对待,对各功能块采取分区确定统一荷载、柱网与层高,即分区模数化设计。而将楼梯、电梯、厕所等服务性空间组成服务功能块,位置相对独立,尽量避免主要使用空间的切割或插入,由服务功能块串起各功能区。

c. 模块式图书馆的总体布局方式:

读者借阅书刊：

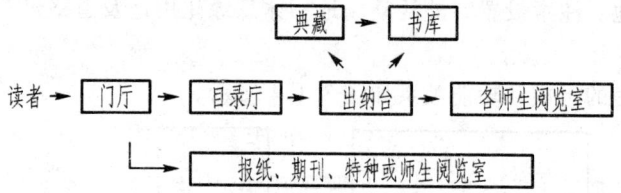

图书内部业务：

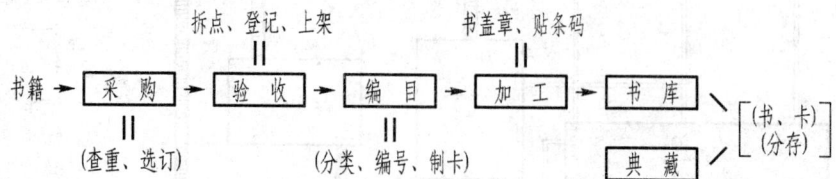

多功能大厅使用：

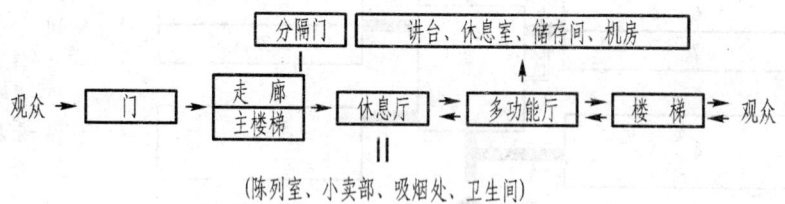

图 3.1.5　主要用房活动路线图

（a）平面并联组织。即分散式布局，不同功能块主要在水平方向上由服务功能块并联组织，各区实行三统一，以实现最大的灵活性。详见图 3.1.6a。

（b）垂直串联组织。即集中式布局，各功能区按垂直方向安排在不同的层上，由服务功能块的垂直交通枢纽串联，某一层或几层为一个功能分区。各楼层统一柱网，但视各功能区要求采取不同的荷载与层高，这样在每个楼层内，都具有相当的灵活性与适应性。该方式较紧凑，占地小。详见图 3.1.6b。

（c）混合式空间组织。即混合式布局，是前两种形式的组合，具有两者的优点，既有高大的主体，又有低矮的裙房，且便于设置内庭院，其内外空间及功能的组织都较为灵活，具有较强的适应性。详见图 3.1.6c。本设计采用混合式为宜。

④ 空间组合时应注意的几个问题：

a. 要处理好"主"与"辅"的关系——要主次分明，重点突出。图书馆的首要任务是读者借书还书的过程要简单、方便和快速，以及阅览室的环境要安静、舒适。

b. 处理好"内"与"外"的关系——要内外有别、互不干扰。图书馆对外服务部分即为读者活动场所，如书籍借还、报刊阅读、资料复印及多功能厅的活动等。而内业工作，是指采购、编目、加工，一直到书卡典藏入库，这应与读者区明显隔开。

c. 处理好"过矮"、"过高"与"正常"空间高度的关系——这是图书馆建筑的特点，又是其设计的难点。

6. 设计方法、步骤与进度安排

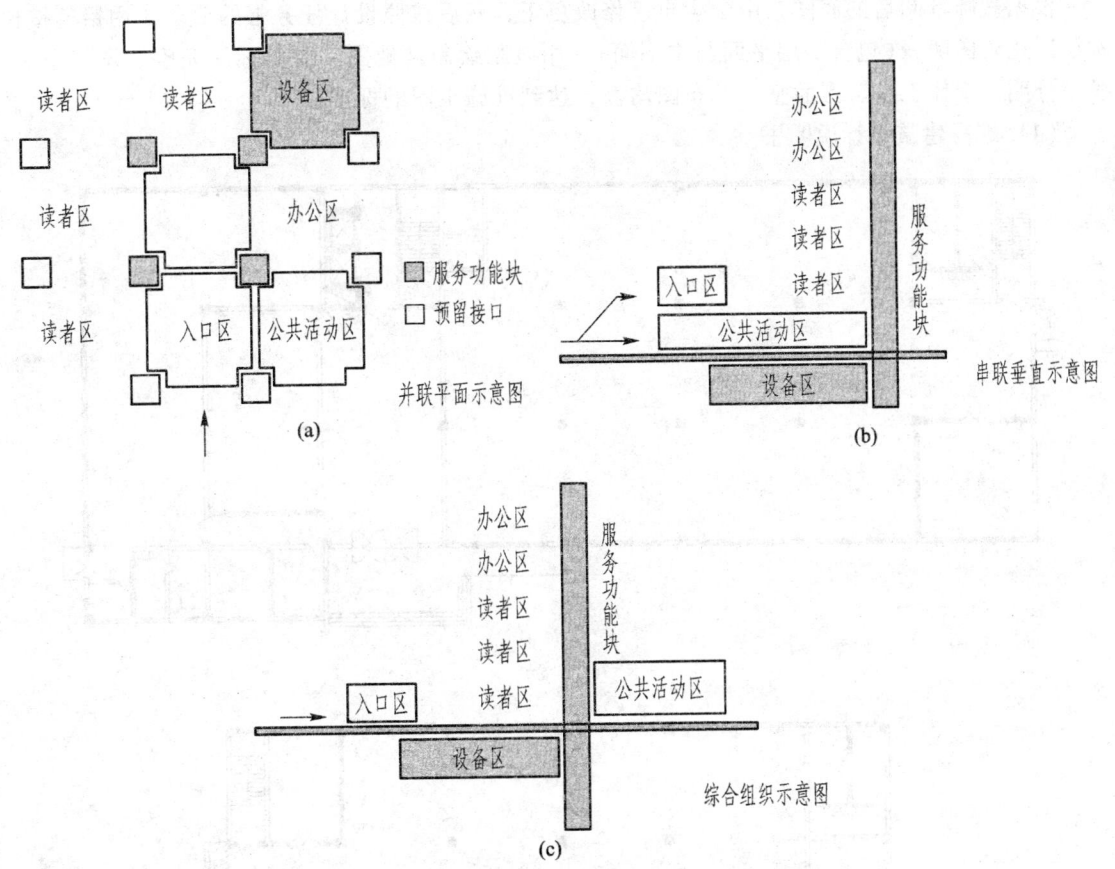

图 3.1.6 模块式图书馆的空间组织
(a) 平面并联组织；(b) 垂直串联组织；(c) 混合式空间组织

(1) 方案草图阶段(比例不限,可用单线条表示)

本阶段要求完成建筑设计的方案草图。参照下面提供的三个平面示意图参考方案(图 3.1.7),认真分析研究设计任务书,深入了解和熟悉设计内容和具体要求,并通过参观实习,学习有关资料,了解图书馆的功能要求,熟悉各主要空间的设计要点和读者、书籍、工作人员三股流线的关系。经过对所提供方案的分析和比较,从中选定一个方案,进行修改、补充和调整,作出平面草图,然后提交指导教师批改审定。

(2) 扩初底图阶段

此阶段务必要用制图仪器,按比例绘制图样,为以后正式图纸打下基础。本图具体做法:在指导教师批阅的方案草图基础上,再次修改、补充和调整,直到正式方案完成。这一阶段在毕业设计实践中,为学生绘制正式施工图的草图阶段。目的是将毕业设计中碰到的技术问题在这一阶段解决,避免施工图的反复。要求完成的扩初底图如下:底层平面(1:100 或 1:150),2~3 个楼层平面(包含标准层平面,比例 1:150 或 1:200),屋顶排水平面(1:300),主楼梯出屋顶平面(1:100),横向特征剖面和主楼梯剖面(1:100)。

(3) 绘制正图阶段

根据教师批阅后的底图,由学生自己修改更正,然后按照设计任务书的要求,用铅笔按比例绘制正式图两张(包含一层平面与主剖面)。用电脑绘制其他图。要求标注完整、图例正确、线型分明、字体工整、图面整洁、布图均衡,达到准施工图的标准。

(4) 编写建筑设计说明书

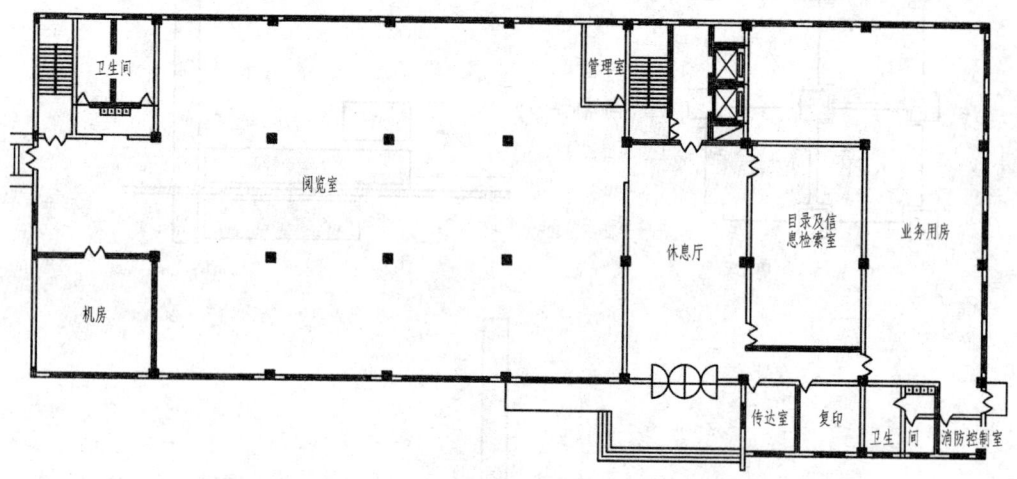

(a) 方案一

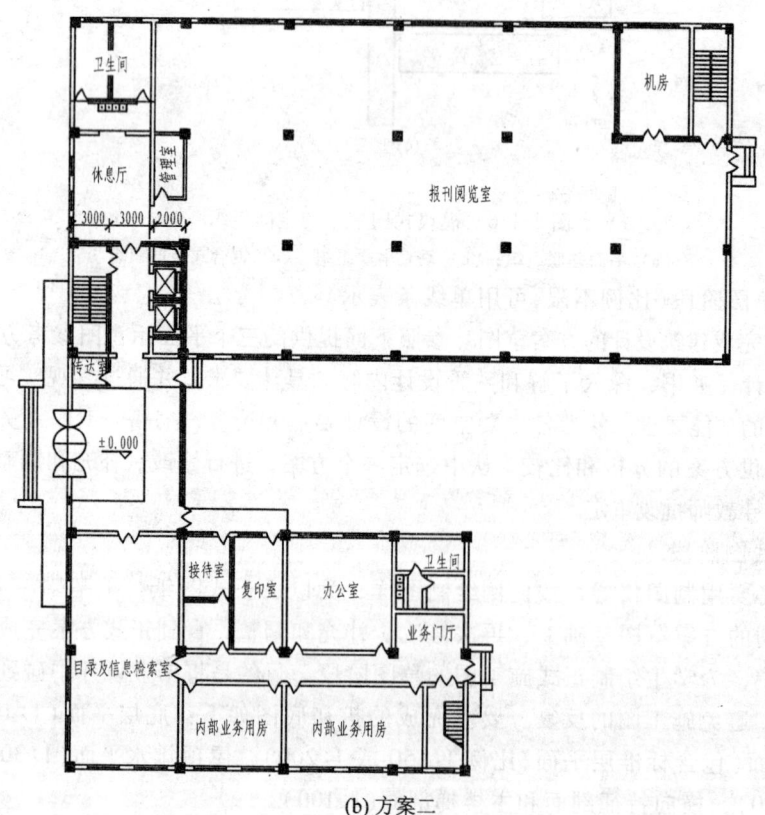

(b) 方案二

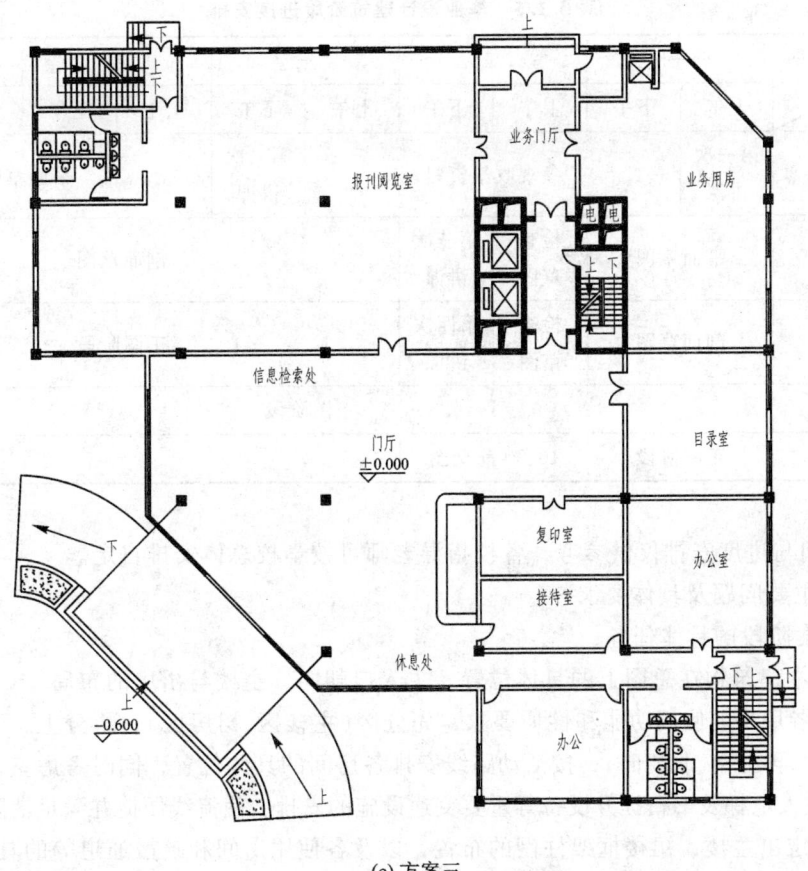

(c) 方案三

图 3.1.7 参考方案

① 建筑设计概况:一般要包括建筑名称、建设地点、占地面积、建筑规模、建筑高度、耐久年限、建筑的各等级、抗震设防烈度。对总平面图中场地位置的选择、层数组合等也可加以说明。

② 建筑主楼及裙房的结构选型。

③ 各主要组成房间的分区、分层和分段及具体位置,在使用功能、相互联系、交通流线等方面是如何考虑和安排的。

④ 各主要用房的采光、通风、朝向、遮阳等问题是如何考虑和设计的。

⑤ 各主次出入口、走廊、楼梯等设计如何满足功能需要,安全疏散和防火规范等要求。

⑥ 室内空间、立面造型及其他重要部位的装修意图、处理手法和构造方法。

⑦ 建筑各主要组成部件(如基础、墙身、框架、楼地板层、楼梯、屋顶、门窗及室内外装修等)的材料选用、构造形式、特点要求以及施工方法等必要的文字说明。

⑧ 本设计的优缺点及尚待解决的问题等。

设计说明书应以设计文本的形式编写,并与设计图一起交上来,其中(1)、(2)及不便在图上引注的装修构造说明还应在图纸的说明文字里体现。

(5) 设计进度安排

毕业设计建筑阶段时间安排如表 3.1.5 所示:

表 3.1.5　毕业设计建筑阶段进度安排

星期 周次	一		二		三		四		五	
	上午	下午	上午	下午	上午	下午	上午	下午	上午	下午
1	第一次讲课		参观收集资料		第二次讲课		平面草图			
2	平面草图		检查草图	第三次讲课	剖面草图					
3	剖面草图		检查草图	第四次讲课	正图阶段					
4	正图阶段									
5	正图阶段		16:30 前交图							

上述时间与进度安排仅供参考,各校指导老师可按学校总体安排自定。

7. 各图主要问题及具体要求

(1) 方案阶段的具体任务

① 确定本建筑物在总图上的具体位置、主入口朝向、主楼与裙房的布局。

② 根据各用房的使用功能和性质要求,先分区(主楼区、裙房区),再分上、下层,后分段(先分左、右边,再分南、北朝向),按活动路线安排各房间的具体位置,同时考虑室内主楼梯、室外疏散梯、载人电梯及书籍提升设备等重要交通设施的安排,使流线便捷并满足消防要求。

③ 初步定出主楼、裙楼框架柱网的布置,以及各使用房间和疏散通道等的具体位置。

④ 在总图场地位置选择和建筑平面的布局中,均要同时考虑到建筑体型和立面形式的美观,以及结构和构造的合理性和经济性。

(2) 底层平面图

可按 1:100 或 1:150 绘制,要求确定主楼框架柱网尺寸;柱子位置和断面,剪力墙的布置,墙身与柱子的关系;裙房开间与进深尺寸;各用房的墙身位置,走廊与楼梯间的布置,楼梯上下行方向、剖断线,门窗尺寸与位置和门扇开启方式与方向;确定各变形缝的位置及变形缝外墙与梁柱的布置,台阶与坡道等的设置;卫生间的布置。还要表示室内外地坪标高、指北针、剖面图剖切线等;标注各主要用房名称;外标三道尺寸线。

(3) 楼层平面图

要求按 1:150 或 1:200 绘出二层、三层及标准层的平面图,其要求与底层平面相同,但可适当简化。外标二道尺寸线,下层的雨篷等构件应画出其投影线。

(4) 屋顶排水平面图

可按 1:300 绘制,首先按层数或高度划分不同屋顶面块,各屋面要求画出分水线、天沟、集水口、女儿墙及排水管,要表示各流水线的坡向和坡值,必要的定位轴线及层数符号。

(5) 主楼梯出屋顶平面图

按 1:100 绘制,为考查学生对电梯机房、楼梯间出屋面的构造与技术要求及空间关系的掌握,本设计要求绘制该平面,要表达出楼梯顶层平面与电梯机房的关系及出入口的布置,要有二道尺寸线及必要的标高标注。

(6) 剖面图

按 1:100 或 1:50 绘制两个剖面,一般为横向特征剖面和主楼梯剖面。特征剖面如剖到楼梯也可画一个局部纵剖面。剖面图要求表示的内容有:体现框架柱及梁板布置关系,墙身与柱的平面位置。主楼梯的各层平台布置及梯段设计,标志楼梯的踏步尺寸、平台宽度、变形缝处楼层梁板或屋顶梁板与墙身交接处构造,檐口、墙脚构造。室内各主要楼屋标高,楼梯平台标高;室外地坪、门窗洞口及墙身各段标高;用多层构造引出线和文字简要说明地面、楼板、屋顶的各构造层次。

(7) 立面图

按 1:150 或 1:200 绘制,要求立面轮廓主次、前后体块分明,画出门窗、雨篷、台阶、室外楼梯和坡道等构件,墙面用文字注明其装修材料及颜色。

(8) 节点详图

按 1:10 或 1:20 选绘 2~3 个节点详图,一般都选择构造复杂而小比例的剖面图无法表示清楚的部位。本设计所选部位为:侧墙檐口、天沟、女儿墙构造;墙脚构造;变形缝处楼面、屋顶、外墙构造;楼梯间出屋面处门槛泛水构造;大门雨篷处梁板与泛水构造等。节点详图应在剖面、立面、平面图上有索引符号或剖切符号,应标注必要的尺寸、标高、轴线号,材料图例应准确并用文字说明其构造层次、选材及做法。

(9) 门窗表

对各门窗进行编号,在平面图上标注编号并统计其数量。门窗表参考表 3.1.6

表 3.1.6 门窗表(示例)

门窗编号	采用标准图集及编号	洞口尺寸/mm		数量	备注
		宽	高		
M1	M—1527	1 500	2 700	5	有亮子镶板门
...					
C1	C—1218	1 200	1 800	10	平开铝合金窗
...					

(10) 图签样式参见图 3.1.8。

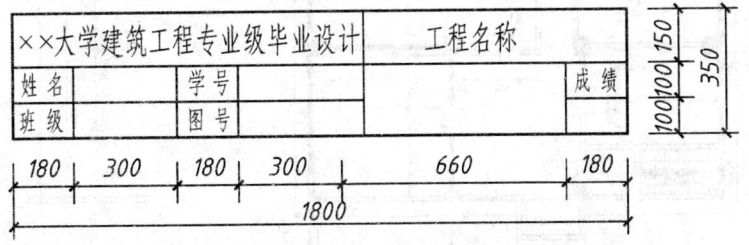

图 3.1.8 图签样式

8. 毕业设计实例见图 3.1.9~图 3.1.14。

第3章 高层框架—剪力墙房屋设计例题

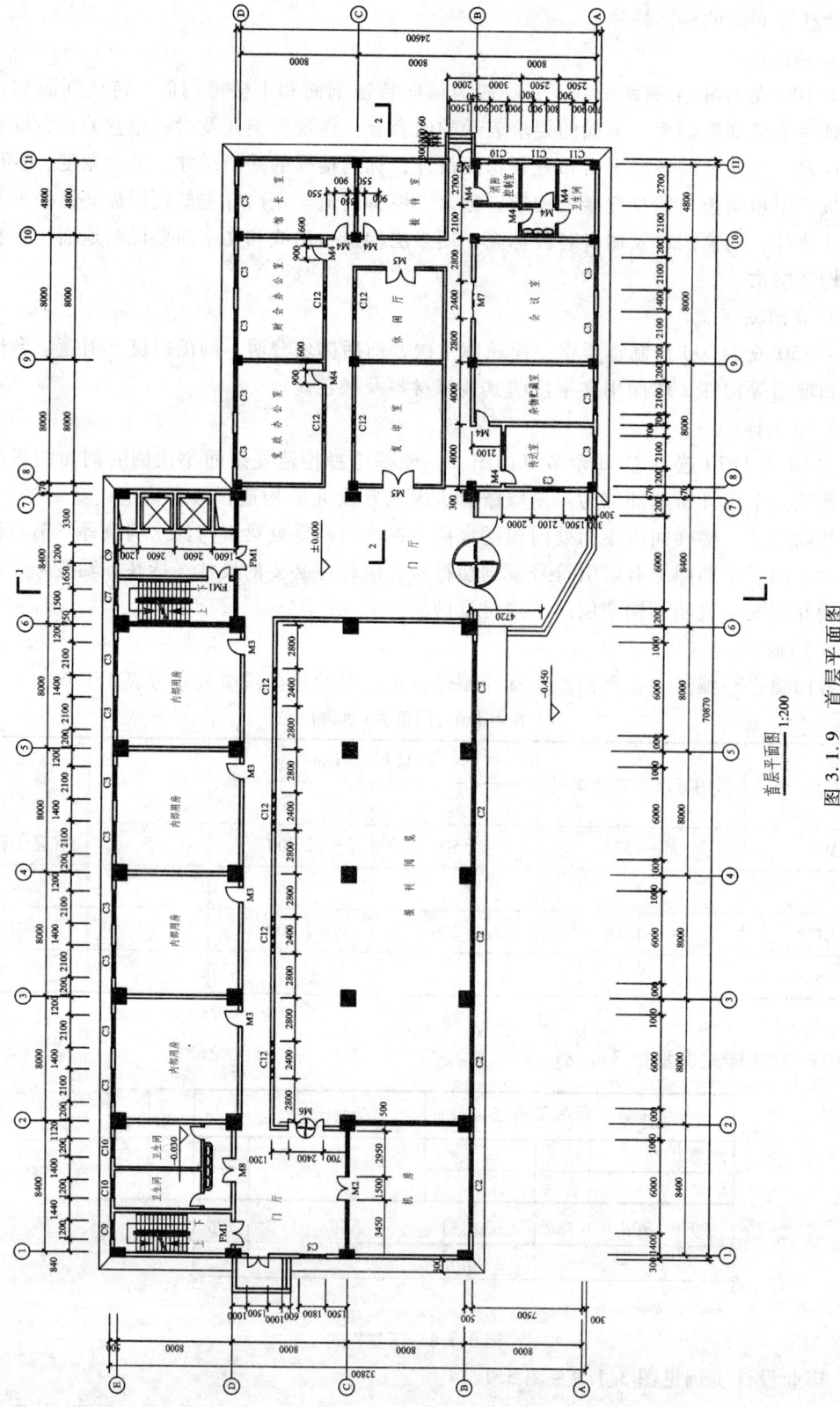

图 3.1.9 首层平面图

3.1 建筑设计

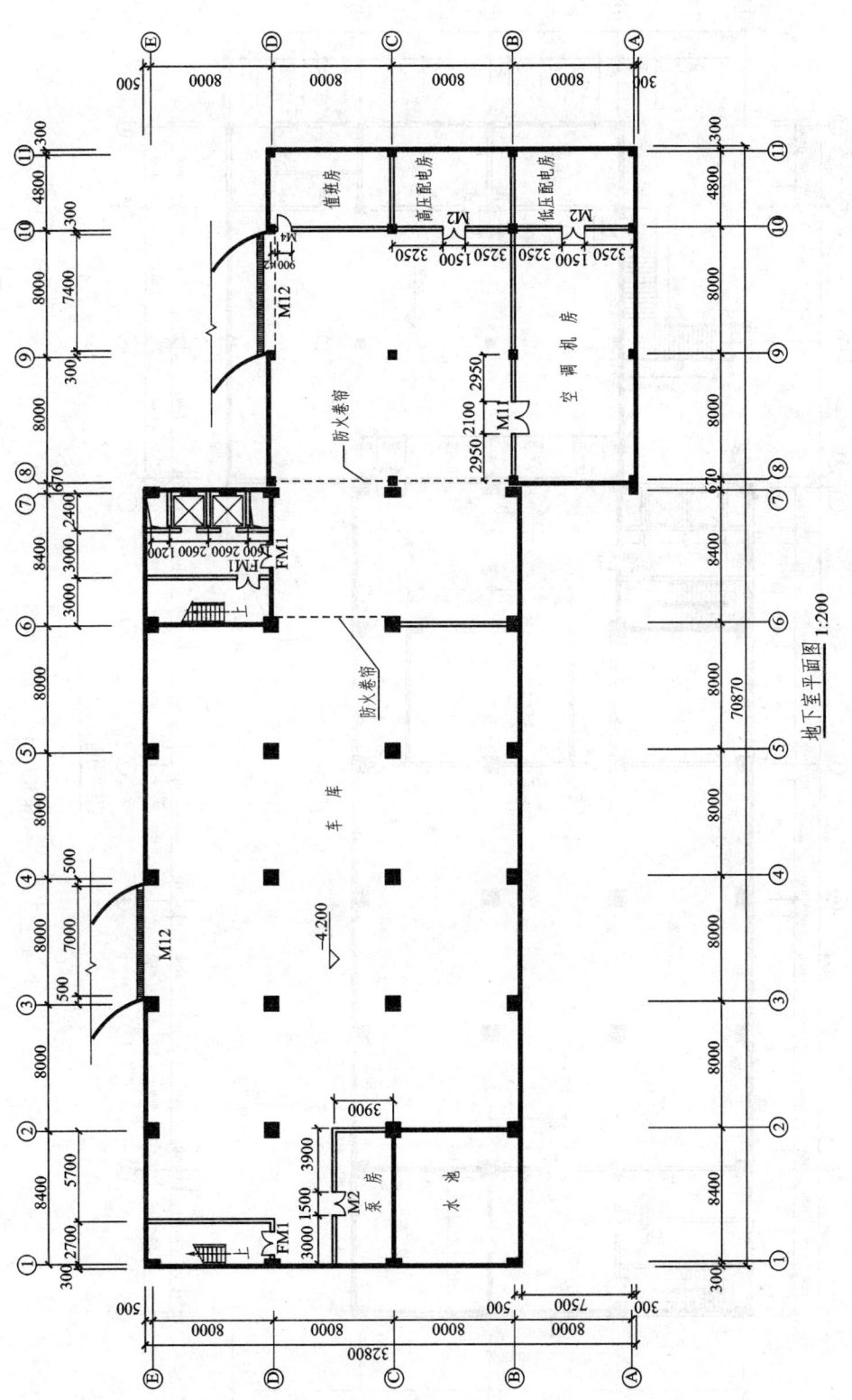

图 3.1.10 地下室平面图

第3章 高层框架—剪力墙房屋设计例题

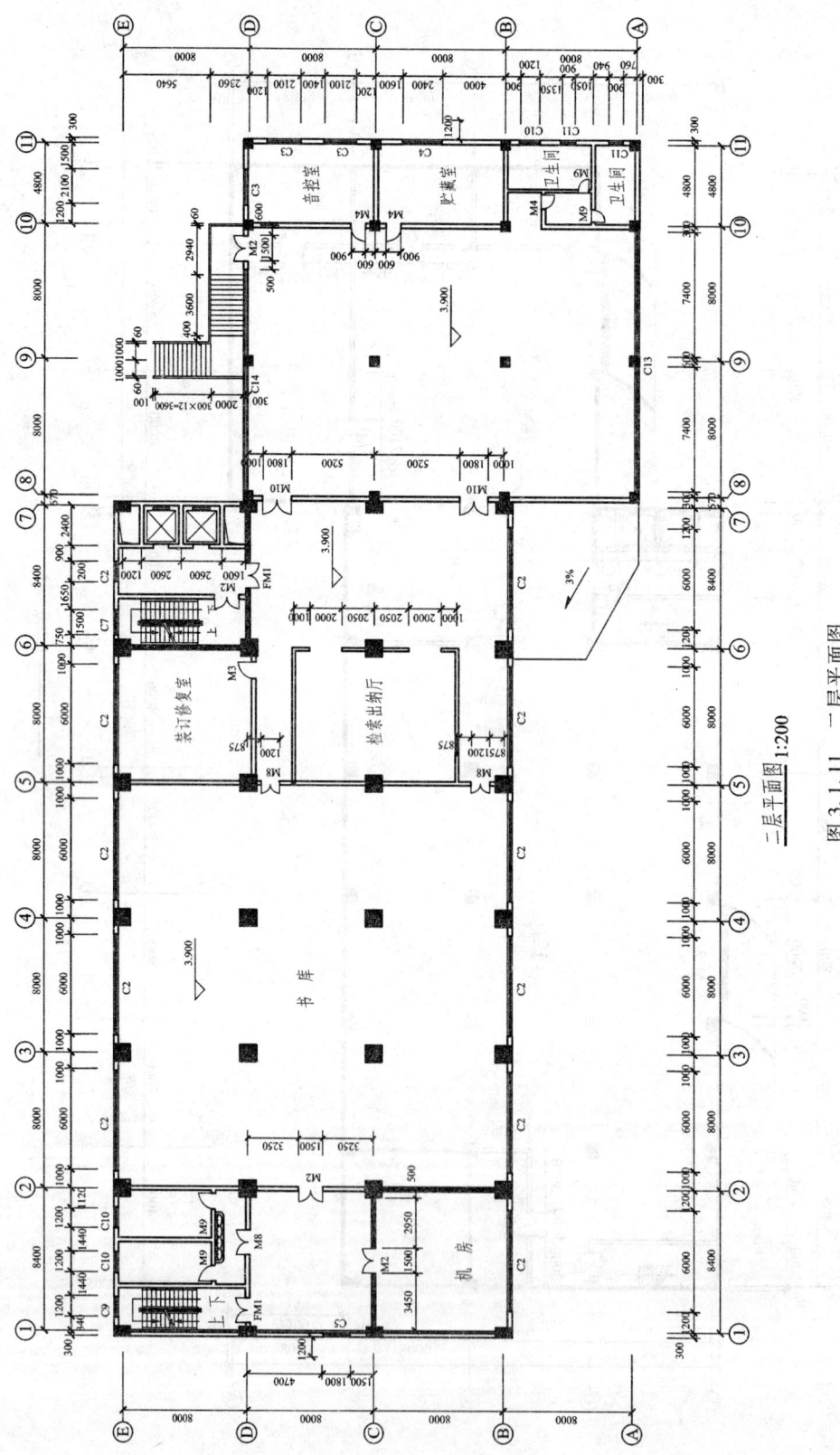

图 3.1.11 二层平面图

3.1 建筑设计

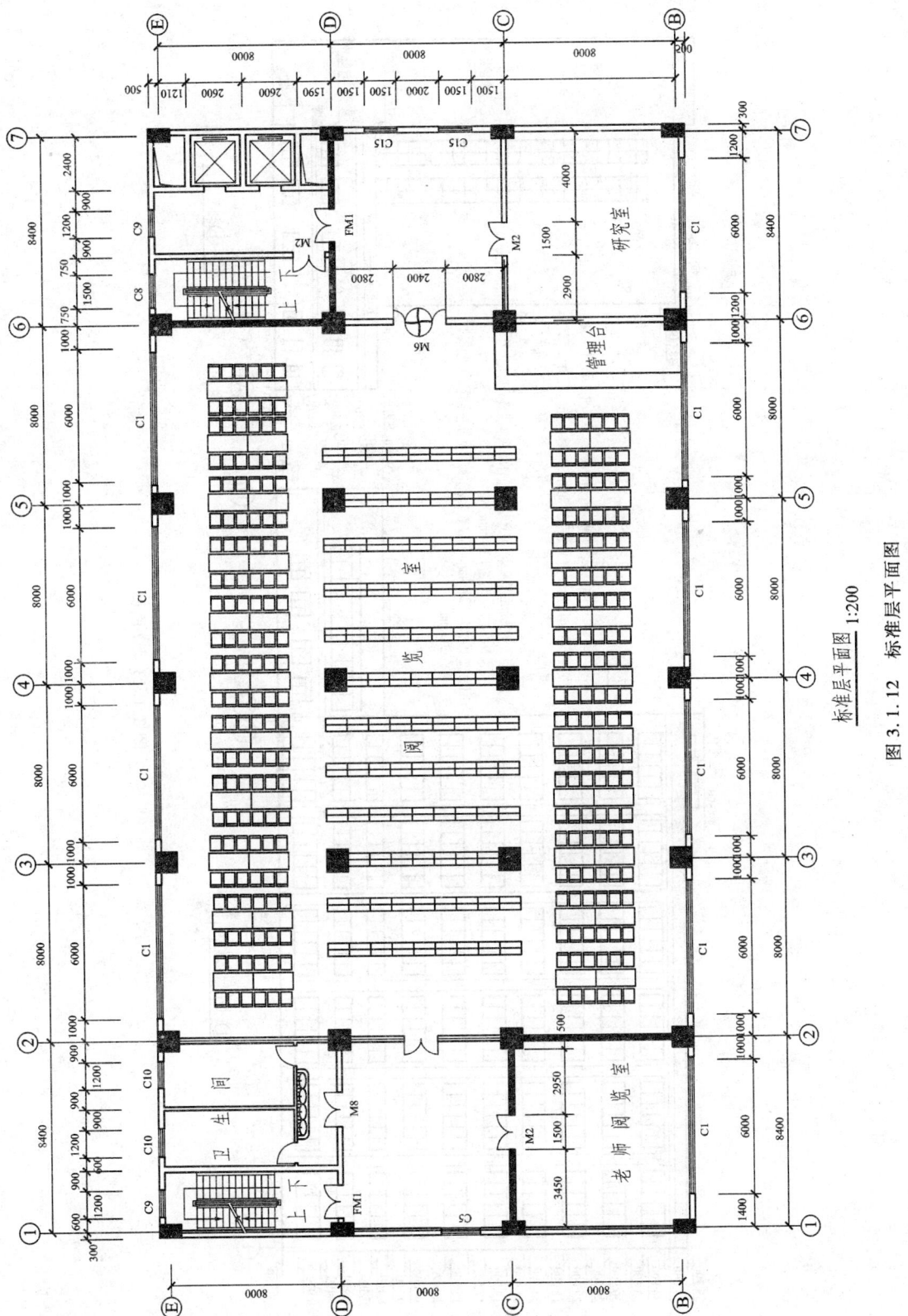

图 3.1.12 标准层平面图

第 3 章 高层框架—剪力墙房屋设计例题

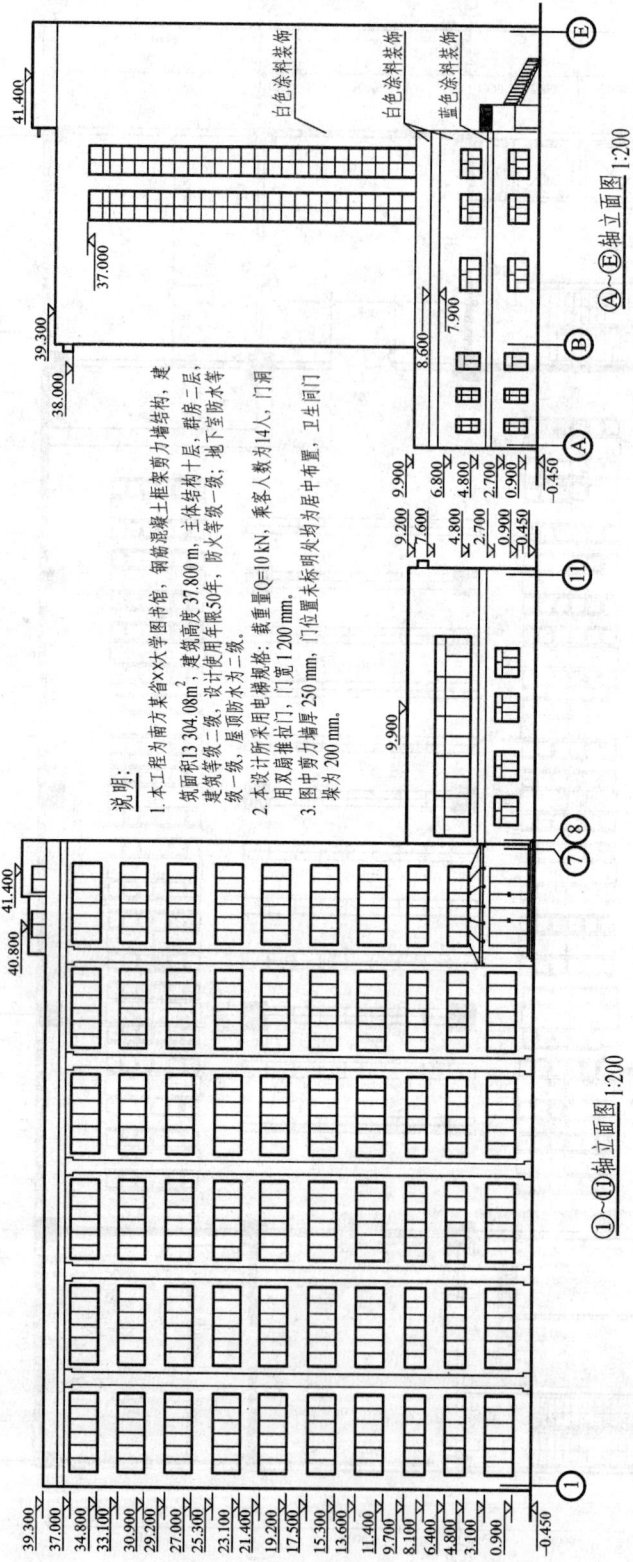

图 3.1.13 立面图

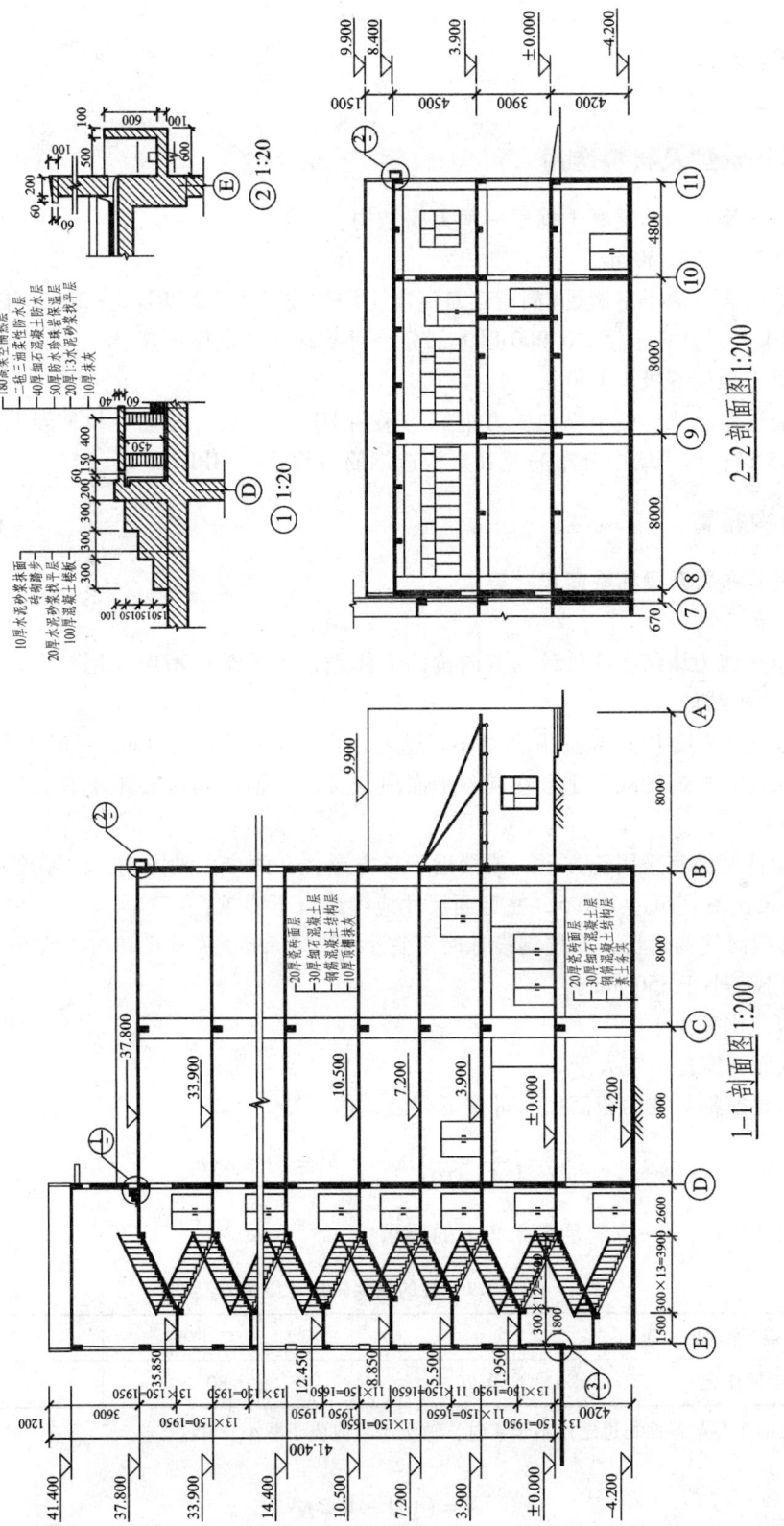

图 3.1.14 剖面图

3.2 结构设计

3.2.1 结构选型及材料选用

① 结构选型：钢筋混凝土框架—剪力墙结构。
② 设计使用年限 50 年。
③ 计算时假定地下室满足《高层建筑混凝土结构技术规程》(JGJ 3—2002)第 5.3.7 条关于嵌固端的要求，只计算主楼 ±0.000 以上部分，对基础部分未作计算。
④ 混凝土强度等级为 C40。
⑤ 钢筋选用：梁、柱中纵向受力钢筋均采用 HRB400 级，箍筋、拉筋及其余构造钢筋均采用 HPB235 级；剪力墙中分布筋及其余构造钢筋也均采用 HPB235 级。

3.2.2 结构布置

3.2.2.1 框架布置及梁柱截面尺寸要求

1. 设计要点

① 框架—剪力墙结构应设计为双向抗侧力体系，主体结构不应采用铰结。故框架应采用纵横双向梁柱刚结体系。
② 框架—剪力墙中框架的柱网尺寸不宜过大，不宜超过 10 m×10 m，一般在 8 m×8 m 左右。
③ 框架梁、柱的轴线宜重合在同一平面内，梁、柱轴线间偏心距不宜大于柱截面在该方向边长的 1/4。
④ 框架柱截面宜采用正方形，或接近于正方形，在两个主轴方向上，刚度不宜相差太大，矩形柱的边长比不宜超过 1:1.5，柱截面尺寸应考虑以下要求：
  a. 矩形截面柱的边长，非抗震设计时不宜小于 250 mm，抗震设计时不宜小于 300 mm；圆柱截面直径不宜小于 350 mm。
  b. 柱剪跨比宜大于 2。
  c. 柱截面高宽比不宜大于 3。
  d. 高层建筑框架柱的截面尺寸可按下列公式估算

$$b_c = \left(\frac{1}{4} \sim \frac{1}{10}\right)H_i \qquad h_c = (1 \sim 2)b_c$$

  e. 柱的轴压比 $\dfrac{N}{b_c h_c f_c}$ 应满足表 3.2.1 的要求。

表 3.2.1 柱的最大轴压比限值 μ_c

抗震等级	一	二	三
最大轴压比	0.70	0.80	0.90

注：当柱的净高与截面长边之比小于 4 时，轴压比限值应予减小 0.05。

$$N = (1.1 \sim 1.2)N_v$$

式中 N_v——柱支承的楼面荷载面积竖向荷载产生的轴向力设计值。近似将楼面板沿柱轴线之间的中线划分,恒载和活载的分项系数均取 1.25。或近似取 $12\sim14\ kN/m^2/$层进行计算。

⑤ 框架梁的截面尺寸可按下式估算

$$h_b = \left(\frac{1}{10}\sim\frac{1}{18}\right)l_0 \qquad b_b = \left(\frac{1}{2}\sim\frac{1}{3}\right)h_b$$

在高层建筑中,随着层高的不断减小,有时将框架梁设计成扁梁。扁梁的截面尺寸为

$$h_b = \left(\frac{1}{12}\sim\frac{1}{18}\right)l_0 \qquad b_b = (1\sim3)h_b$$

扁梁的宽度不能大于柱截面的宽度,应满足刚度和裂缝的有关要求。

另外,梁净跨与截面高度之比不宜小于 4。梁的截面宽度不宜小于 200 mm,梁截面的高宽比不宜大于 4。

以上梁柱截面尺寸的估算公式并不是完全适用,必要时要根据初估的荷载进行初步计算。

2. 算例情况

本例的结构平面布置图如图 3.2.1 所示,主梁截面尺寸为 300 mm×600 mm,次梁截面尺寸为 250 mm×500 mm,中框架柱截面尺寸为 800 mm×800 mm,边框架柱截面尺寸为 600 mm×800 mm。

3.2.2.2 剪力墙布置及截面尺寸要求

1. 设计要点

(1) 框架—剪力墙结构中剪力墙的布置要求

① 剪力墙宜均匀布置在建筑物的周边附近、楼梯间、电梯间、平面形状变化及恒载较大的部位,剪力墙间距不宜过大。

② 平面形状凹凸较大时,宜在凸出部分的端部附近布置剪力墙。

③ 纵、横剪力墙宜组成 L 形、T 形和 I 形等形式。

④ 单片剪力墙底部承担的水平剪力不宜超过结构底部总水平剪力的 40%。

⑤ 剪力墙宜贯通建筑物的全高,宜避免刚度突变;剪力墙开洞时,洞口宜上下对齐。

⑥ 楼、电梯间等竖井宜尽量与靠近的抗侧力结构结合布置。

⑦ 抗震设计时,剪力墙的布置宜使结构各主轴方向的侧向刚度接近。

(2) 长矩形平面或平面有一部分较长的建筑中,其剪力墙的布置要求

① 横向剪力墙沿长方向的间距宜满足表 3.2.2 的要求,当这些剪力墙之间的楼盖有较大开洞时,剪力墙的间距应适当减小。

表 3.2.2 剪力墙间距

楼盖形式	非抗震设计	抗震设防烈度		
		6 度、7 度(取较小值)	8 度(取较小值)	9 度(取较小值)
现浇	5.0B, 60	4.0B, 50	3.0B, 40	2.0B, 30
装配整体	3.5B, 50	3.0B, 40	2.5B, 30	—

注:1. 表中 B 为楼面宽度,单位为 m;
2. 装配整体式楼盖的现浇层应符合规范的相应规定;
3. 现浇层厚度大于 60 mm 的叠合楼板可作为现浇板考虑。

② 纵向剪力墙不宜集中布置在房屋的两尽端。

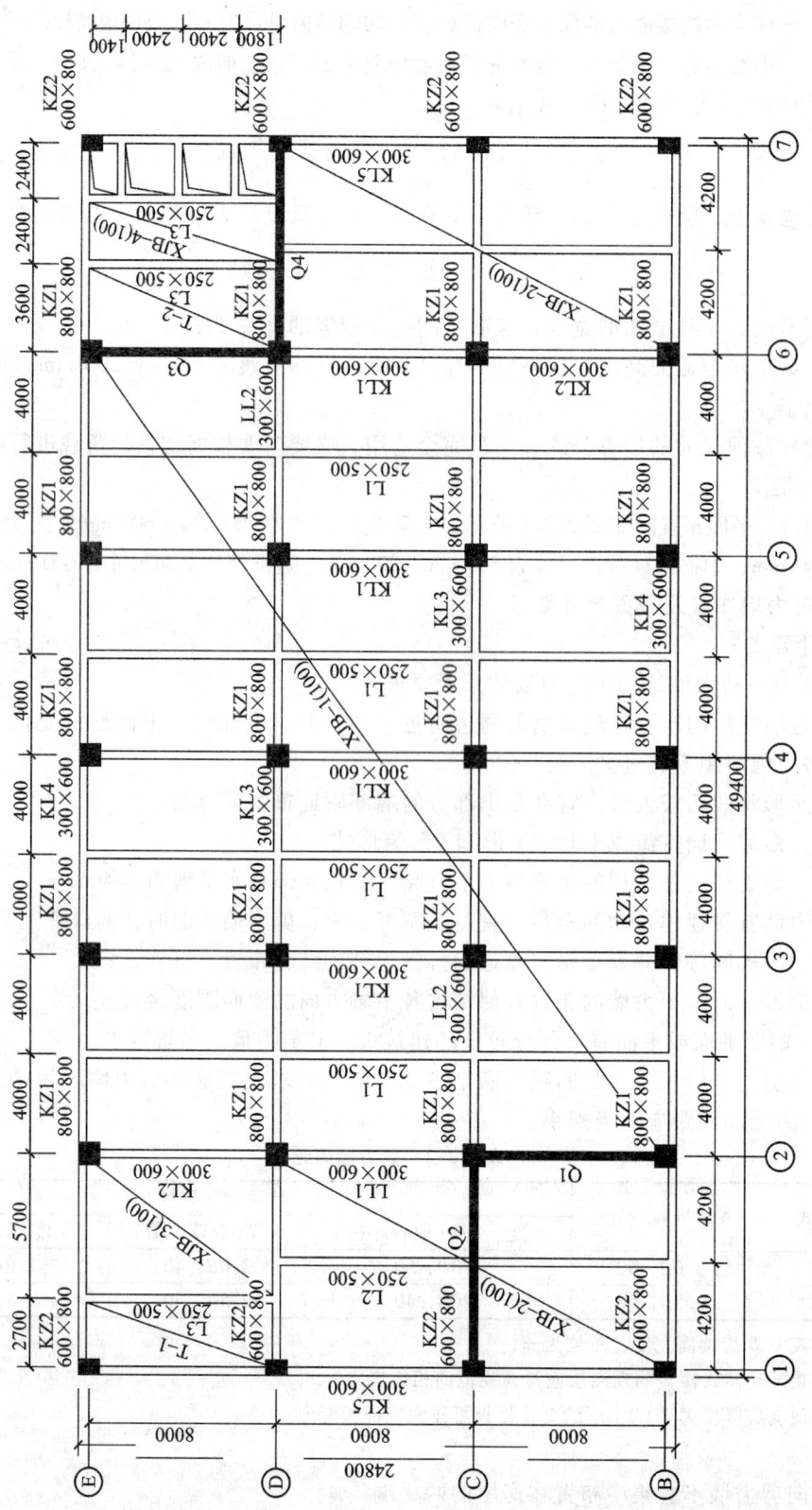

图 3.2.1 结构平面布置图

(3) 剪力墙的截面

1) 最小厚度

按一、二级抗震等级设计的剪力墙的截面厚度，底部加强部位不应小于层高或剪力墙无支长度的 1/16，且不应小于 200 mm；其他部位不应小于层高或剪力墙无支长度的 1/20，且不应小于 160 mm。当为无端柱或翼墙的一字形剪力墙时，其底部加强部位截面厚度尚不应小于层高的 1/12；其他部位尚不应小于层高的 1/15，且不应小于 180 mm。

按三、四级抗震等级设计的剪力墙的截面厚度，底部加强部位不应小于层高或剪力墙无支长度的 1/20，且不应小于 160 mm；其他部位不应小于层高或剪力墙无支长度的 1/25，且不应小于 160 mm。

非抗震设计的剪力墙，其截面厚度不应小于层高或剪力墙无支长度的 1/25，且不应小于 160 mm。

剪力墙井筒中，分隔电梯井或管道井的墙肢截面厚度可适当减小，但不宜小于 160 mm。

框架—剪力墙结构中，周边有梁、柱的剪力墙，抗震设计时，一、二级剪力墙的底部加强部位均不应小于 200 mm，且不应小于层高的 1/16；除此之外，剪力墙厚度不应小于 160 mm 且不应小于层高的 1/20。剪力墙的厚度可以从下至上逐渐减薄，每次减薄的厚度不宜超过 100 mm。剪力墙不宜在中部楼层中断。

2) 剪力墙的边缘构件

框剪结构中，剪力墙宜设计成周边有梁柱（或暗梁柱）的带边框剪力墙。即框剪结构中，剪力墙端部的框架柱及剪力墙上的框架梁应予以保留。与剪力墙重合的框架梁可做成宽度与墙厚相同的暗梁，暗梁截面高度可取墙厚的 2 倍或与该片框架梁截面等高，暗梁的配筋可按构造配置且应符合一般框架梁相应抗震等级的最小配筋要求。

3) 纵横墙成组配置

剪力墙宜成组配置成 L 形、T 形、I 形和口字形。纵墙的一部分可以作为横墙的有效翼缘，横墙的一部分也可以作为纵墙的有效翼缘。每一侧的有效翼缘宽度可取翼缘厚度的 6 倍、墙间距的一半和总高度的 1/20 中的最小值，且不大于至洞口边缘的距离。

4) 剪力墙的长度

较长的剪力墙宜开设洞口，将其分成长度较为均匀的若干墙段，墙段之间宜采用弱连系梁连接，每个独立墙段的总高度与其截面高度之比不应小于 2。墙肢截面高度不宜大于 8 m。必要时可加设施工洞变为双肢墙，等施工完毕后用轻质材料封闭。

5) 洞口

框架—剪力墙结构中，剪力墙数量很少，又是主要的抗侧力构件，因此尽量不开洞、少开洞、开小洞。洞口宜上下对齐、成列布置，形成明确的墙肢和连系梁，不宜采用错洞墙。洞口设置应避免墙肢刚度相差悬殊。墙身洞口应尽量居中布置，不要太靠近边柱，洞两边应配暗柱（见图 3.2.2）。

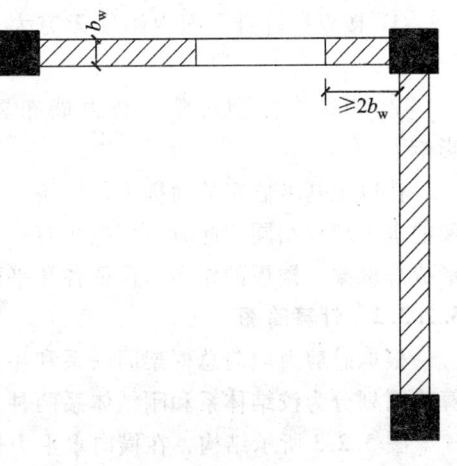

图 3.2.2 洞口位置

2. 算例情况

本例剪力墙布置见图3.2.1，剪力墙厚度为250 mm。

3.2.2.3 结构抗震等级

1. 设计要点

抗震设计的钢筋混凝土高层建筑结构，根据设防烈度、结构类型、房屋高度区分为不同的抗震等级，采用相应的计算和构造措施，抗震等级的高低，体现了对结构抗震性能要求的严格程度。特殊要求时则提升至特一级，其计算和构造措施比一级更严格。框剪结构中框架、剪力墙的抗震等级确定见表1.2.33。

框架—剪力墙结构中，由于剪力墙部分刚度远大于框架部分的刚度，因此对框架部分的抗震能力要求比纯框架结构可以适当降低。当剪力墙部分的刚度相对较少时，则框架部分的设计仍应按普通框架考虑，不应降低要求。

2. 算例情况

根据表1.2.33，本例框架部分抗震等级为三级，剪力墙部分抗震等级为二级。

3.2.2.4 楼盖结构

1. 设计要点

楼盖选择原则见1.2.11节。

2. 算例情况

本例楼盖采用现浇板肋形楼盖，屋面板厚120 mm，楼面板厚100 mm。

3.2.3 基本假定和计算简图

框架—剪力墙结构在竖向荷载（恒载、活载）作用下计算主要与楼屋盖结构平面布置有关，不考虑每榀框架、每片剪力墙之间的相互影响，而框剪结构在水平荷载作用下的计算较复杂，要考虑协同工作，这里主要讲框剪结构水平荷载作用下的计算简图。

3.2.3.1 基本假定

框架—剪力墙结构体系在水平荷载作用下的内力分析是一个三维超静定问题，分析起来比较复杂，为简化计算常把它作为平面结构来计算，并在结构分析中作如下假设：

① 楼板在自身平面内刚度无穷大。在水平荷载作用下，框架和剪力墙之间不产生相对位移。

② 当结构体型规整、剪力墙布置对称均匀时，结构在水平荷载作用下不计扭转的影响。

在以上基本假定的前提下，结构在水平荷载作用时，处于同一楼面标高处各片剪力墙及框架的水平位移相同。此时，可把所有剪力墙综合在一起形成总剪力墙；将所有框架综合在一起形成总框架。楼板的作用是保证各片平面结构具有相同的水平侧移。

3.2.3.2 计算简图

根据总剪力墙与总框架间联系和相互作用的方式不同，可将框剪结构水平荷载作用下的计算简图划分为铰结体系和刚结体系两种。

图3.2.3所示结构，在横向水平力作用下，因框架和剪力墙间仅靠楼板连系而楼板平面外刚度为0，它对各平面结构不产生约束弯矩，可以把楼板简化为铰结连杆。铰结连杆、总框架

和总剪力墙构成框架—剪力墙结构简化分析的铰结计算体系。图3.2.4为其计算简图。图中总剪力墙包含2片墙,总框架包含6榀框架。

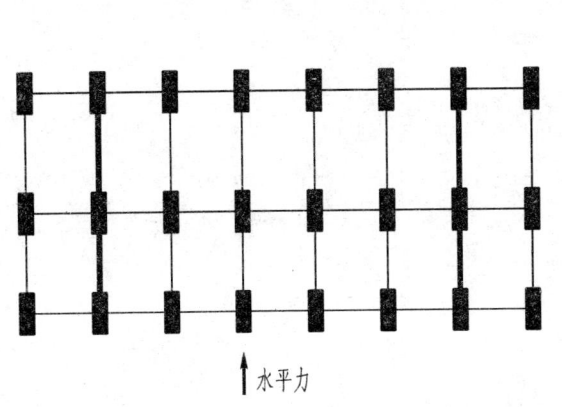

图3.2.3 框架—剪力墙结构平面

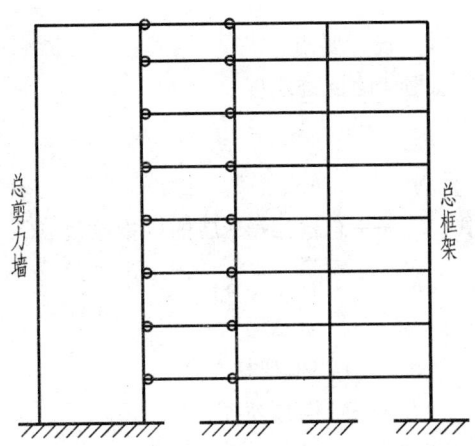

图3.2.4 铰结体系计算简图

图3.2.5所示结构,在横向水平力作用下,剪力墙之间由连系梁连接,连系梁对墙产生约束弯矩,此时,宜将结构简化为刚结计算体系,图3.2.6为其计算简图。图中总剪力墙包含4片墙,总框架包含6片框架。每层总连系梁包含4个刚结端(每根梁有两个刚结端)。

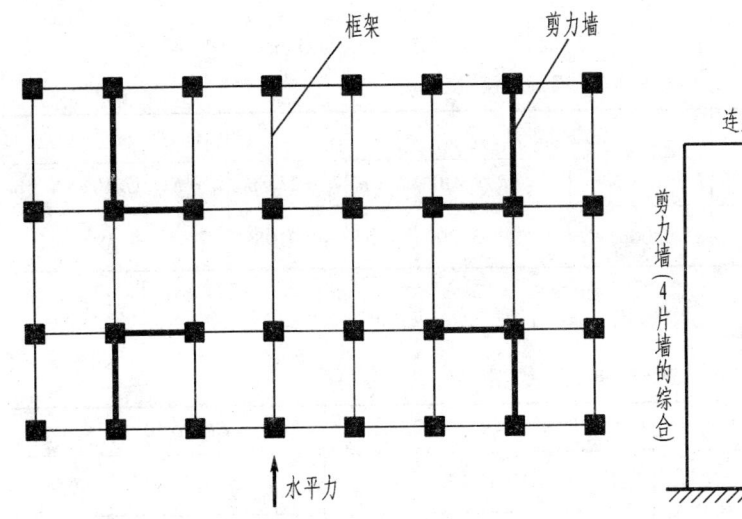

图3.2.5 框架—剪力墙结构平面

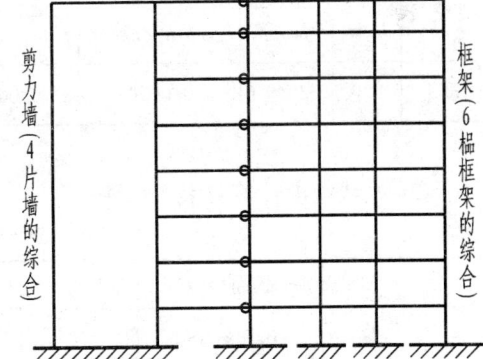

图3.2.6 刚结体系计算简图

图3.2.5所示结构,在纵向水平力作用下,计算简图也为图3.2.6所示的刚结体系。此时,总剪力墙包含4片墙,总框架包含2榀多跨框架、2榀单跨框架和4根柱子,每层总连系梁包含8个刚结端(每根梁一个刚结端)。

在工程设计中,通常根据连系梁截面尺寸的大小,选用图3.2.4所示的铰结体系或选用图3.2.6所示的刚结体系。如果连系梁截面尺寸较小,其刚度就小,约束作用很弱,也可忽略它对墙肢的约束作用,把连系梁处理成铰结的连杆。

3.2.3.3 总框架、总剪力墙、总连系梁的刚度

1. 总框架

(1) 设计要点

总框架的抗推刚度

$$C_f = \sum_{j=1}^{n} \overline{C_{fj}} h_j / H \tag{3.2.1}$$

式中 $\overline{C_{fj}}$——总框架第 j 层的抗推刚度:$\overline{C_{fj}} = \sum_{i=1}^{m} C_{fi}$;

h_j——第 j 层层高;

n——框架总层数;

m——j 层框架柱总数;

H——结构总高度;

C_{fi}——框架 j 层第 i 根柱的抗推刚度,$C_{fi} = D_i h$,$D_i = \alpha_{ci} \dfrac{12 E_c I_{ci}}{h^3}$。$\alpha_c$ 的计算方法见附录4。

当框架高度大于50 m 或框架高度与其宽度之比大于4时,可用考虑柱轴向变形影响后的等效刚度来代替框架的刚度。

(2) 算例情况

① 梁线刚度计算见表3.2.3。

主梁截面尺寸:300 mm×600 mm;次梁截面尺寸:250 mm×500 mm。

表3.2.3 梁线刚度

梁编号	跨度 l_b/m	截面 /m×m	惯性矩 $I_0 = b_b h_b^3/12$/m⁴	边框架梁 $I_b = 1.5 I_0$/m⁴	$i_b = EI_b/l_b/10^4$ kN·m	中框架梁 $I_b = 2 I_0$/m⁴	$i_b = EI_b/l_b/10^4$ kN·m
KL1	8.0	0.3×0.6	0.0054	0.0081	3.29	0.0108	4.39

② 柱线刚度计算见表3.2.4。

表3.2.4 柱线刚度

层号	柱截面/m×m	层高/m	惯性矩 $I_0 = b_c h_c^3/12$/m⁴	$i_c = EI_c/h/10^5$ kN·m
1, 4~10	0.8×0.8	3.9	0.034 13	2.84
	0.6×0.8		0.025 6	2.13
2~3	0.8×0.8	3.3	0.034 13	3.36
	0.6×0.8		0.025 6	2.52

③ 框架柱抗推刚度计算见表3.2.5。

3.2 结构设计

表 3.2.5 框架柱抗侧刚度

框架	截面/m×m	层号	层高/m	轴线	$\bar{i}$	α_c	D/(kN/m)	$\sum D$/(kN/m)
边框架	0.6×0.8	4~10	3.9	Ⓑ/Ⓔ	$\dfrac{2\times 3.29\times 10^4}{2\times 2.13\times 10^5}=0.154$	0.0715	12 015	138 132
				Ⓒ/Ⓓ	$\dfrac{4\times 3.29\times 10^4}{2\times 2.13\times 10^5}=0.309$	0.134	22 518	
		2~3	3.3	Ⓑ/Ⓔ	$\dfrac{2\times 3.29\times 10^4}{2\times 2.52\times 10^5}=0.131$	0.061	16 939	195 492
				Ⓒ/Ⓓ	$\dfrac{4\times 3.29\times 10^4}{2\times 2.52\times 10^5}=0.261$	0.115	31 934	
		1	3.9	Ⓑ/Ⓔ	$\dfrac{3.29\times 10^4}{2.13\times 10^5}=0.154$	0.304	51 086	439 612
				Ⓒ/Ⓓ	$\dfrac{2\times 3.29\times 10^4}{2.13\times 10^5}=0.309$	0.350	58 817	
中框架	0.8×0.8	4~10	3.9	Ⓑ/Ⓔ	$\dfrac{2\times 4.39\times 10^4}{2\times 2.84\times 10^5}=0.155$	0.072	16 133	369 256
				Ⓒ/Ⓓ	$\dfrac{4\times 4.39\times 10^4}{2\times 2.84\times 10^5}=0.309$	0.134	30 024	
		2~3	3.3	Ⓑ/Ⓔ	$\dfrac{2\times 4.39\times 10^4}{2\times 3.36\times 10^5}=0.131$	0.061	22 585	521 312
				Ⓒ/Ⓓ	$\dfrac{4\times 4.39\times 10^4}{2\times 3.36\times 10^5}=0.261$	0.115	42 579	
		1	3.9	Ⓑ/Ⓔ	$\dfrac{4.39\times 10^4}{2.84\times 10^5}=0.155$	0.304	68 115	1 172 296
				Ⓒ/Ⓓ	$\dfrac{2\times 4.39\times 10^4}{2.84\times 10^5}=0.309$	0.350	78 422	

横向楼层总抗推刚度 $\bar{C}_{fi}$：

4~10 层：$\sum \bar{C}_{f4\sim 10}=(138\ 132+369\ 256)\times 3.9\ \text{kN/m}\cdot\text{m}=1\ 978\ 813.2\ \text{kN/m}\cdot\text{m}$

2~3 层：$\sum \bar{C}_{f2\sim 3}=(195\ 492+521\ 312)\times 3.3\ \text{kN/m}\cdot\text{m}=2\ 365\ 453.2\ \text{kN/m}\cdot\text{m}$

底层：$\sum \bar{C}_{f1}=(439\ 612+1\ 172\ 296)\times 3.9\ \text{kN/m}\cdot\text{m}=6\ 286\ 441.2\ \text{kN/m}\cdot\text{m}$

总框架抗推刚度 C_f：

$$C_f = \frac{1}{H}\sum_{i=1}^{10} C_{fi}h_i$$

$$= \frac{1}{37.8}\times (1\ 978\ 813.2\times 7\times 3.9+2\ 365\ 453.2\times 2\times 3.3+6\ 286\ 441.2\times 3.9)\text{kN/m}\cdot\text{m}$$

$$= 2\ 490\ 759.6\ \text{kN/m}\cdot\text{m}$$

2. 总剪力墙

(1) 设计要点

总剪力墙的刚度为

$$EI_w = \sum_{j=1}^{n} \overline{EI}_{wj} h_j / H \qquad (3.2.2)$$

式中　h_j——第 j 层层高；

　　　n——结构总层数；

　　　H——结构总高度；

　　　$\overline{EI}_{wj}$——总剪力墙第 j 层的等效抗弯刚度，可根据剪力墙的类型取其各自的等效刚度和，即 $\overline{EI}_{wj} = \sum_{i=1}^{m} EI_{wi}$；

　　　m——j 层剪力墙总片数

　　　EI_{wi}——j 层 i 片剪力墙的等效抗弯刚度。计算时应注意：

① 剪力墙刚度计算时，可以考虑纵、横墙间的共同工作。

② 剪力墙类型判别：

a. 整截面墙

当剪力墙洞口满足下列要求时为整截面墙：

$$\frac{A_{op}}{A_f} \leq 0.16 \qquad (3.2.3)$$

$$l_w > l_{0\max} \qquad (3.2.4)$$

式中　A_{op}——墙面洞口面积；

　　　A_f——墙面面积；

　　　l_w——洞口间距或洞口边至墙边的距离；

　　　$l_{0\max}$——洞口长边尺寸。

b. 整体小开口墙

当剪力墙由成列洞口划分为若干墙肢，各列墙肢和连系梁的刚度比较均匀，并满足下式时，可按整体小开口墙计算。

$$\alpha \geq 10 \qquad (3.2.5)$$

$$\frac{I_n}{I} \leq \zeta \qquad (3.2.6)$$

$$\alpha = H \sqrt{\frac{12 I_b a^2}{h(I_1 + I_2) l_b^3} \frac{I}{I_n}} \quad （双肢墙） \qquad (3.2.7)$$

$$\alpha = H \sqrt{\frac{12}{\tau h \sum_{j=1}^{k+1} I_j} \sum_{j=1}^{k} \frac{I_{bj} a_j^2}{l_{bj}^3}} \quad （多肢墙） \qquad (3.2.8)$$

$$I_n = I - \sum_{j=1}^{m+1} I_j \qquad (3.2.9)$$

$$I_{bj} = \frac{I_{bj0}}{1 + \frac{30 \mu I_{bj0}}{A_{bj} l_{bj}^2}} \qquad (3.2.10)$$

式中　α——整体性系数；

I——剪力墙对组合截面形心的惯性矩；

I_n——扣除各墙肢惯性矩后剪力墙的惯性矩；

ζ——系数，由 α 及层数 n 查表 3.2.6 确定；

I_j——第 j 墙肢的截面惯性矩；

I_{bj0}——第 j 列连系梁截面惯性矩（刚度不折减）；

I_{bj}——第 j 列连系梁的折算惯性矩；

A_{bj}——第 j 列连系梁的截面面积；

μ——截面形状系数，矩形截面时 $\mu=1.2$；

$a_j(a)$——第 j 列洞口两侧墙肢轴线距离；

$l_j(l)$——第 j 列连系梁计算跨度，取洞口宽度加连系梁高度的一半；

h——层高；

H——剪力墙总高度；

τ——剪力墙变形影响系数，当为 3~4 肢时，取 0.8；5~7 肢时取 0.85；8 肢以上时，取 0.9；

k——洞口列数。

表 3.2.6 系数 ζ 的数值

α \ 层数 n	8	10	12	16	20	≥30
10	0.886	0.948	0.975	1.000	1.000	1.000
12	0.866	0.924	0.950	0.994	1.000	1.000
14	0.853	0.908	0.934	0.978	1.000	1.000
16	0.844	0.896	0.923	0.964	0.988	1.000
18	0.836	0.888	0.914	0.952	0.978	1.000
20	0.831	0.880	0.906	0.945	0.970	1.000
22	0.827	0.875	0.901	0.940	0.965	1.000
24	0.824	0.871	0.897	0.936	0.960	0.989
26	0.822	0.867	0.894	0.932	0.955	0.986
28	0.820	0.864	0.890	0.929	0.952	0.982
≥30	0.818	0.861	0.887	0.926	0.950	0.979

c. 取肢墙

当剪力墙满足下式时，按联肢墙计算。

$$\alpha < 10 \tag{3.2.11}$$

$$\frac{I_n}{I} \leq \zeta \tag{3.2.12}$$

d. 壁式框架

当剪力墙开洞较大，满足下式时，按壁式框架计算。

$$\alpha \geqslant 10 \tag{3.2.13}$$

$$\frac{I_n}{I} > \zeta \tag{3.2.14}$$

③ 剪力墙等效刚度计算

a. 单肢墙、整截面墙的等效抗弯刚度为：

$$EI_{eqi} = \frac{E_c I_w}{1 + \frac{9\mu I_w}{A_w H^2}} \tag{3.2.15}$$

式中　EI_{eq}——第 i 片墙的等效刚度；

E_c——混凝土的弹性模量，如果各层 E_c 不同，应按竖向取加权平均值；

I_w——无洞口墙的截面惯性矩，整截面墙的组合截面惯性矩，整体小开口墙组合截面惯性矩的 80%，当各层惯性矩不同时，可按竖向取加权平均值。

$$I_w = \frac{\sum_{i=1}^{n} I_i h_i}{H} \tag{3.2.16}$$

式中　I_i——剪力墙沿竖向各段的惯性矩，如图 3.2.7 所示，有洞口时扣除洞口；

h_i——各段相应的高度；

A_w——无洞口墙的截面面积，整截面墙取折算面积。

$$A_w = \left[1 - 1.25\sqrt{\frac{A_{op}}{A_f}}\right] A \tag{3.2.17}$$

整体小开口墙取墙肢截面面积之和 $A_w = \sum_{i=1}^{n} A_i$

如果各层墙截面面积不同时，应按竖向取加权平均值。

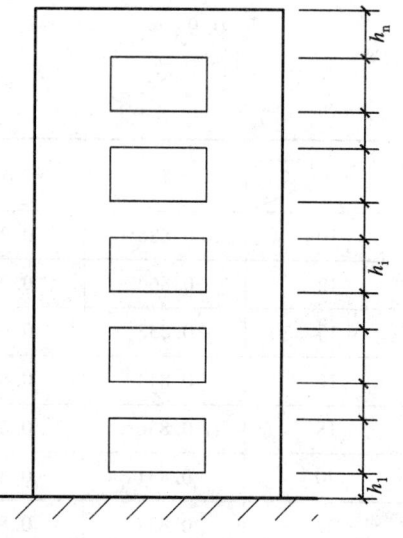

图 3.2.7　有洞口墙体

式中　A——墙截面毛面积；

A_{op}——墙面洞口面积；

A_f——墙面总面积；

H——剪力墙总高度；

μ——截面形状系数，矩形截面 $\mu = 1.2$，I 形截面取 μ 等于墙全截面面积除以腹板毛截面面积；T 形截面按表 3.2.7 取值。

b. 联肢墙

联肢墙的等效刚度为：

$$E_c I_{eq} = \frac{E_c \sum I_j}{1 + \tau(\psi_a - 1) + 3.64\gamma^2} \quad \text{（倒三角形荷载）} \tag{3.2.18}$$

$$E_c I_{eq} = \frac{E_c \sum I_j}{1 + \tau(\psi_a - 1) + 4\gamma^2} \quad \text{（均布荷载）} \tag{3.2.19}$$

$$E_c I_{eq} = \frac{E_c \sum I_j}{1 + \tau(\psi_a - 1) + 3\gamma^2} \quad \text{(顶点集中荷载)} \quad (3.2.20)$$

式中 ψ_a——整体性系数 α 的函数，可按下式计算。

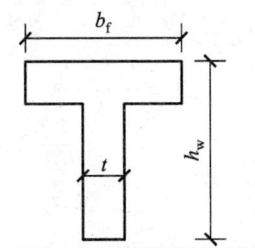

表 3.2.7 T 形截面形状系数 μ

h_w/t \ b_f/t	2	4	6	8	10	12
2	1.383	1.496	1.521	1.511	1.483	1.445
4	1.441	1.876	2.287	2.682	3.061	3.242
6	1.362	1.097	2.033	2.367	2.698	3.026
8	1.313	1.572	1.838	2.106	2.374	2.641
10	1.283	1.489	1.707	1.927	2.148	2.370
12	1.264	1.432	1.614	1.800	1.988	2.178
15	1.245	1.374	1.519	1.669	1.820	1.973
20	1.228	1.317	1.422	1.534	1.648	1.763
30	1.214	1.264	1.328	1.399	1.473	1.549
40	1.208	1.240	1.284	1.334	1.387	1.442

$$\psi_a = \frac{60}{11} \frac{1}{\alpha^2} \left(\frac{2}{3} + \frac{2\sh \alpha}{\alpha^3 \ch \alpha} - \frac{2}{\alpha^2 \ch \alpha} - \frac{\sh \alpha}{\alpha \ch \alpha} \right) \quad \text{(倒三角形荷载)} \quad (3.2.21)$$

$$\psi_a = \frac{8}{\alpha^2} \left(\frac{1}{2} + \frac{1}{\alpha^2} - \frac{1}{\alpha^2 \ch \alpha} - \frac{\sh \alpha}{\alpha \ch \alpha} \right) \quad \text{(均布荷载)} \quad (3.2.22)$$

$$\psi_a = \frac{3}{\alpha^2} \left(1 - \frac{\sh \alpha}{\alpha \ch \alpha} \right) \quad \text{(顶点集中荷载)} \quad (3.2.23)$$

γ——墙肢剪切变形系数，

$$\gamma^2 = \frac{2.5\mu \sum I_j}{H^2 \sum A_j} \quad (3.2.24)$$

A_j——第 j 墙肢截面面积。

τ——墙肢轴向变形影响系数，$\tau = \frac{\alpha_1^2}{\alpha^2}$，双肢墙按此式计算 τ；对多肢墙，为简化计算，当为 3~4 肢时，取 0.8；5~7 肢时，取 0.85；8 肢以上时，取 0.9。

α_1——不考虑墙肢轴向变形时，联肢墙的整体工作系数

$$\alpha_1^2 = \frac{6H^2 \sum D_j}{h \sum I_j} \quad (3.2.25)$$

D_j——第 j 列连系梁的刚度系数

$$D_j = \frac{2\alpha_j^2 \sum I_{bj}}{l_{bj}^3} \quad (3.2.26)$$

式中 α——联肢墙整体工作系数，对多肢墙 $\alpha = \sqrt{\dfrac{\alpha_1^2}{\tau}}$，对双肢墙 $\alpha^2 = \alpha_1^2 + \dfrac{6H^2 D}{hSa}$。

S——墙肢1和墙肢2对组合截面形心轴的面积矩，$S = \dfrac{aA_1 A_2}{A_1 + A_2}$。

(2) 算例情况

剪力墙截面如图 3.2.8 所示，剪力墙厚 250 mm，混凝土强度等级 C40。

有效翼缘宽度 $b_f = b + 6t = 0.25 \text{ m} + 6 \times 0.25 \text{ m} = 1.75 \text{ m}$
$b_f = b + H/20 = 0.25 \text{ m} + 37.8/20 \text{ m} = 2.14 \text{ m}$ 取小值，

$b_f = 1.75$ m。

墙肢面积 $A_w = 1.225 \times 0.25 \text{ m}^2 + 0.8^2 \times 2 \text{ m}^2 + 7.2 \times 0.25 \text{ m}^2 = 3.386 \text{ m}^2$

墙肢形心 $y_0 = \dfrac{7.2 \times 0.25 \times 4 + 0.8^2 \times 8}{3.386} \text{ m}^2 = 3.64 \text{ m}$

墙肢惯性矩

$I_w = \dfrac{1.225 \times 0.25^3}{12} \text{m}^4 + 1.225 \times 0.25 \times 3.64^2 \text{ m}^4 + \dfrac{0.8^4}{12} \text{m}^4 + 0.8^2 \times$

$3.64^2 \text{ m}^4 + \dfrac{0.25 \times 7.2^3}{12} \text{m}^4 + 0.25 \times 7.2 \times 0.36^2 \text{ m}^4 + \dfrac{0.8^4}{12} \text{m}^4 +$

$0.8^2 \times 4.36^2 \text{ m}^4 = 32.78 \text{ m}^4$

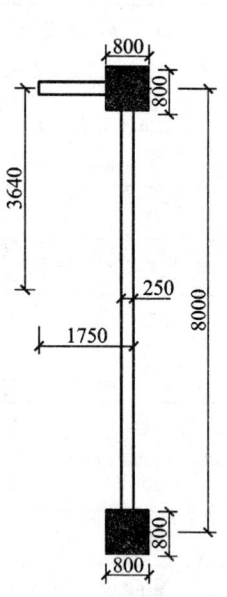

图 3.2.8 剪力墙截面

两片剪力墙均为整截面墙，截面相同，由 $b_f/t = 7$，$h_w/t = 35.2$，查得 $\mu = 1.335$。

$$EI_{eq} = \dfrac{EI_w}{1 + \dfrac{9\mu I_w}{A_w H^2}} = \dfrac{3.25 \times 10^7 \times 32.78}{1 + \dfrac{9 \times 1.335 \times 32.78}{3.386 \times 37.8^2}} \text{kN} \cdot \text{m}^2 = 9.85 \times 10^8 \text{ kN} \cdot \text{m}^2$$

按层高加权平均，总剪力墙刚度为：

$$EI_w = \dfrac{2 \times 9.85 \times 10^8 \times (8 \times 3.9 + 2 \times 3.3)}{37.8} \text{kN} \cdot \text{m}^2 = 1.97 \times 10^9 \text{ kN} \cdot \text{m}^2$$

3. 总连系梁的刚度

(1) 设计要点

总连系梁的等效约束刚度：

$$C_b = \sum_{j=1}^n \overline{C}_{bj} h_j / H \quad (3.2.27)$$

式中 h_j——第 j 层层高；

n——结构总层数；

3.2 结构设计

H——结构总高度;

$\overline{C}_{bj}$——j 层总连系梁的刚度,即 $\overline{C}_{bj} = \sum_{i=1}^{m} C_{bi}$。

m——为每层连系梁的根数;

C_{bi}——j 层第 i 根连系梁的刚度,在框剪结构刚结体系中,形成刚结连杆的连系梁有两种(图 3.2.9),一种是连接墙肢与框架的连系梁,另一种是连接墙肢与墙肢的连系梁。这两种连系梁都可以简化为带刚域的梁(图 3.2.10)来计算 C_{bi}。

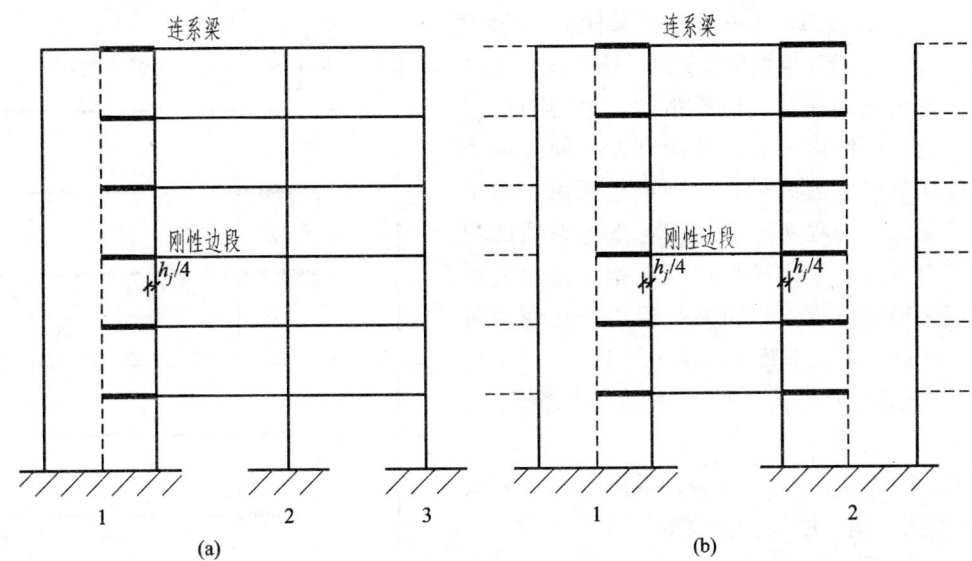

图 3.2.9 两种连系梁

(a) 连接墙肢与框架的连系梁;(b) 连接墙肢与墙肢的连系梁

$$C_{bi} = \frac{m_{12} + m_{21}}{h_j} \quad \text{(用于连接墙肢与墙肢的连系梁)} \quad (3.2.28)$$

$$C_{bi} = \frac{m_{12}}{h_j} \quad \text{(用于连接墙肢与框架的连系梁)} \quad (3.2.29)$$

式中,连接墙肢与框架的连系梁

$$m_{12} = \frac{6(1+a)}{(1+\beta)(1-a)^3} \cdot \frac{EI_b}{l} \quad (3.2.30)$$

另一端与框架柱相连

$$m_{21} = \frac{6}{(1+\beta)(1-a)^2} \cdot \frac{EI_b}{l} \quad (3.2.31)$$

但在计算中不用。

连接墙肢与墙肢的连系梁

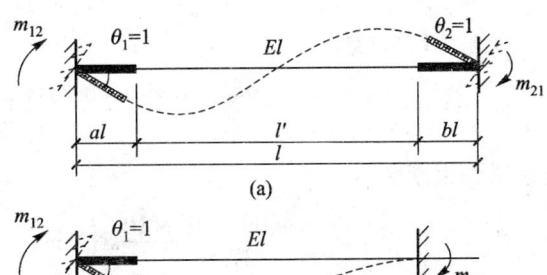

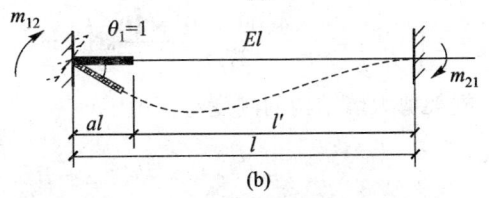

图 3.2.10 带刚域的梁

$$m_{12} = \frac{6(1+a-b)}{(1+\beta)(1-a-b)^3} \cdot \frac{EI_b}{l} \tag{3.2.32}$$

$$m_{21} = \frac{6(1-a+b)}{(1+\beta)(1-a-b)^3} \cdot \frac{EI_b}{l} \tag{3.2.33}$$

式中　E、I_b——连系梁的混凝土弹性模量和截面惯性矩。

　　　　β——考虑剪切变形时的影响系数，$\beta = \dfrac{12\mu EI_b}{GAl'^2}$，当不考虑剪切变形影响时，$\beta = 0$。

　　　　l'——连系梁的净跨。

　　　　l——剪力墙形心轴至框架柱中心的距离。

　　　　al、bl——连系梁刚性段长度。刚性段长度 al、bl 取墙肢形心轴至洞边距离减去梁高的 1/4。

需要特别强调的是：框剪结构在内力与位移计算中，所有构件均采用弹性刚度。框架与剪力墙之间的连系梁和剪力墙墙肢间的连系梁，为了减少配筋量，在工程实际中允许考虑连系梁的塑性变形能力，对连系梁进行塑性调幅。调幅的办法是对连系梁的刚度予以折减，但为防止使用阶段连系梁开裂，折减系数不应小于0.55。

在计算地震周期时，连系梁的刚度不考虑折减。

（2）算例情况

连系梁截面 0.3 m × 0.6 m，混凝土强度等级 C40，连系梁一端有刚域，刚域如图 3.2.11 所示。连系梁计算时不考虑剪切变形影响 $\beta = 0$。

惯性矩

$$I_b = 0.005\ 4\ \text{m}^4$$
$$al = 3.64\ \text{m} + 0.4\ \text{m} - 0.6/4\ \text{m} = 3.89\ \text{m}$$
$$l = 3.64\ \text{m} + 8\ \text{m} = 11.64\ \text{m}$$
$$a = 3.89/11.64 = 0.334$$
$$l' = l - al = 11.64\ \text{m} - 3.89\ \text{m} = 7.75\ \text{m}$$

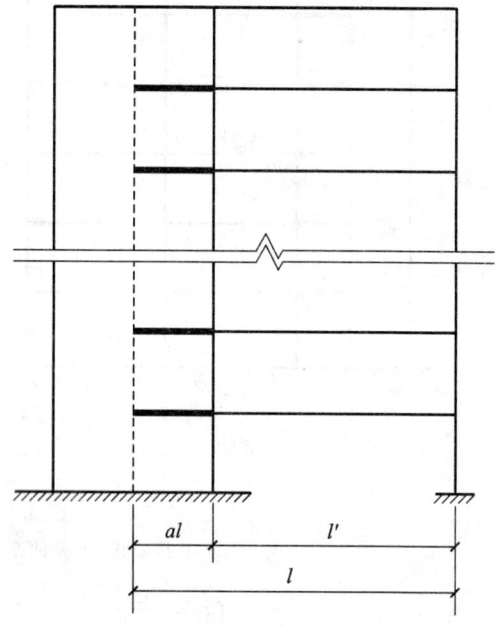

图 3.2.11　框架剪力墙连系梁刚域图

连系梁约束弯矩

$$m_{12} = \frac{1+a}{(1+\beta)(1-a)^3} \cdot \frac{6EI_b}{l} = \frac{6 \times (1+0.334) \times 3.25 \times 10^7 \times 0.005\ 4}{(1-0.334)^3 \times 11.64}\ \text{kN} \cdot \text{m} = 4.09 \times 10^5\ \text{kN} \cdot \text{m}$$

连系梁约束刚度

$$C_b = \sum \left(\frac{m_{12i}}{H} \right) = \frac{2 \times 4.09 \times 10^5 \times 10}{37.8}\ \text{kN} \cdot \text{m/m} = 2.16 \times 10^5\ \text{kN} \cdot \text{m/m}$$

4. 框架剪力墙结构的刚度特征值

$$\lambda = H\sqrt{\frac{C_f + C_b}{EI_w}} \tag{3.2.34}$$

当为铰结体系时，取 $C_b = 0$。

λ 值影响整个结构的内力和变形，$\lambda \leqslant 1$，墙多，以弯曲变形为主，与剪力墙体系区别不大；$\lambda \geqslant 6$，墙少，以剪切变形为主，与框架相仿；$\lambda = 1.5 \sim 2.0$，剪力墙适中。毕业设计时，$\lambda = 2$ 左右合适，$2 \sim 3$ 都可以。

3.2.3.4 荷载计算

高层建筑的特点是高，由于很高，使得水平力(风力与地震作用)成为第一位的、起控制作用的荷载，而竖向荷载(恒载、活载)的作用成为第二位的作用荷载，这是高层建筑不同于低层建筑的一个显著特点。

1. 竖向荷载

高层建筑的竖向荷载主要是结构自重(恒载)和使用荷载(活载)。目前国内的高层建筑大多为钢筋混凝土结构，而且强度不高(一般低于C40级)，截面较大，因而结构自重较大。从大量工程设计的结果来看，钢筋混凝土高层建筑单位建筑面积的重量(竖向总荷载)大约在 $12 \sim 16 \text{ kN/m}^2$ 之间。框架—剪力墙结构大约为 $12 \sim 14 \text{ kN/m}^2$。在初步设计阶段，这些数据可以用来估算地基承载力、估算地震力、初步决定截面尺寸等。

结构自重可由构件截面尺寸、长度、装修材料等直接计算，建筑材料单位体积重量按荷载规范取值。使用荷载(活载)按荷载规范取值。楼面活载折减系数，按荷载规范取值。

在计算竖向荷载下产生的内力时，一般可以不考虑活载的不利布置，可以按满布考虑。因为高层民用建筑楼面活载不大，一般为 $2.0 \sim 2.5 \text{ kN/m}^2$，只占全部竖向荷载的 $10\% \sim 15\%$，其不利分布产生的影响较小。在活载较大的情况下，可以把满载计算的梁跨中乘以 $1.1 \sim 1.2$ 的放大系数。

(1) 框架竖向荷载计算

取④轴线的一榀框架作为计算单元。

① 恒载标准值计算(具体计算过程从略)

屋面	6.82 kN/m^2
标准层楼面	4.07 kN/m^2
屋面框架梁	3.81 kN/m
屋面次梁	2.55 kN/m
楼面框架梁	3.97 kN/m
楼面次梁	2.68 kN/m
800×800 柱自重	16.54 kN/m
600×800 柱自重	12.48 kN/m
墙体	3.12 kN/m^2
铝合金窗	0.35 kN/m^2
女儿墙	5.23 kN/m
天沟	3.90 kN/m

② 活载标准值计算

楼屋面活载标准值

上人屋面	2.0 kN/m^2

楼面	阅览室	2.0 kN/m^2
	书库	5.0 kN/m^2
	消防楼梯	3.5 kN/m^2
	卫生间、门厅	2.0 kN/m^2
	电梯机房	7.0 kN/m^2
雪荷载		0.35 kN/m^2

屋面活载与雪荷载不同时考虑,计算时取两者中的较大值。

③ 竖向荷载作用下框架受载总图(见图 3.2.12)

(2) 剪力墙竖向荷载计算

剪力墙受载面积如图 3.2.13 中阴影部分所示。

受载面积为:
$$S = (4.2 + 4) \times (4 + 8) = 98.4 \text{ m}^2$$

屋面 恒载
  屋面恒载 $6.82 \text{ kN/m}^2 \times 98.4 \text{ m}^2 = 671.09 \text{ kN}$
  框架梁自重 $3.81 \text{ kN/m} \times (3.6 \times 3 + 3.8) \text{ m} = 55.63 \text{ kN}$
  次梁自重 $2.55 \text{ kN/m} \times (12 + 0.4 - 0.2) \text{ m} = 31.11 \text{ kN}$
  女儿墙和天沟 $(5.23 + 3.9) \text{ kN/m} \times 8.2 \text{ m} = 74.87 \text{ kN}$
  合计   832.7 kN
  活载 $2.0 \text{ kN/m}^2 \times 98.4 \text{ m}^2 = 196.8 \text{ kN}$

楼面 恒载
  楼面恒载 $4.07 \text{ kN/m}^2 \times 98.4 \text{ m}^2 = 400.49 \text{ kN}$
  框架梁自重 $3.97 \text{ kN/m} \times (3.6 \times 3 + 3.8) \text{ m} = 57.96 \text{ kN}$
  次梁自重 $2.68 \text{ kN/m} \times (12 + 0.4 - 0.2) \text{ m} = 32.70 \text{ kN}$
  合计   491.15 kN

活载
  3~9 层 $2.0 \text{ kN/m}^2 \times 98.4 \text{ m}^2 = 196.8 \text{ kN}$
  1~2 层 $5.0 \text{ kN/m}^2 \times (98.4 - 4.2 \times 8) \text{ m}^2 + 7.0 \text{ kN/m}^2 \times (4.2 \times 8) \text{ m}^2 = 559.2 \text{ kN}$

隔墙自重
  1、4~10 层   39.39 kN
  2~3 层   34.95 kN

柱自重
  1、4~10 层   64.51 kN
  2~3 层   54.58 kN

剪力墙自重
  1、4~10 层   195.72 kN
  2~3 层   165.60 kN

竖向荷载作用下剪力墙内力见表 3.2.8。

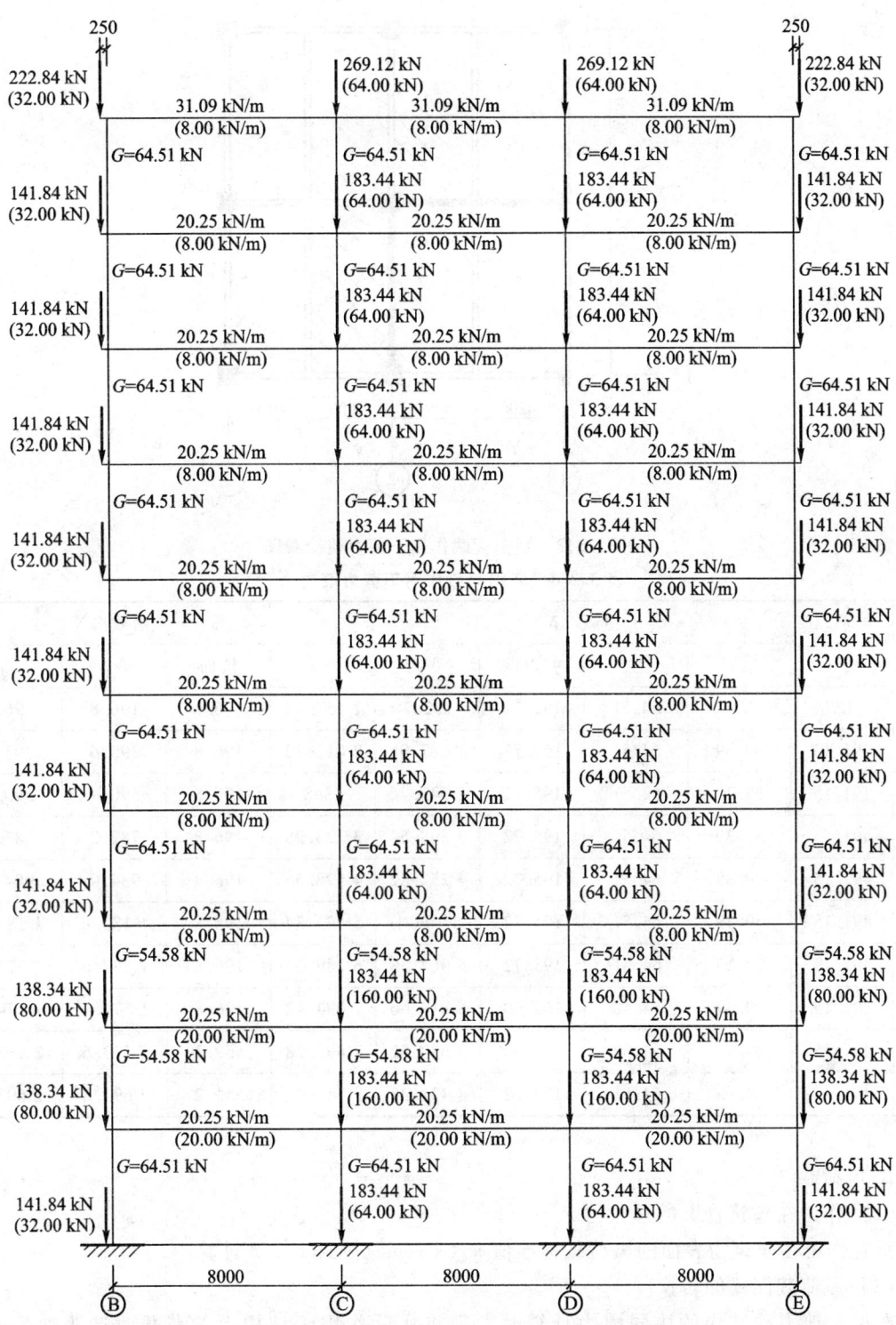

注：图中框架柱所受集中荷载包括框架梁所受荷载，图中括号内数据为活载作用下的内力

图 3.2.12 竖向荷载作用下框架载荷总图

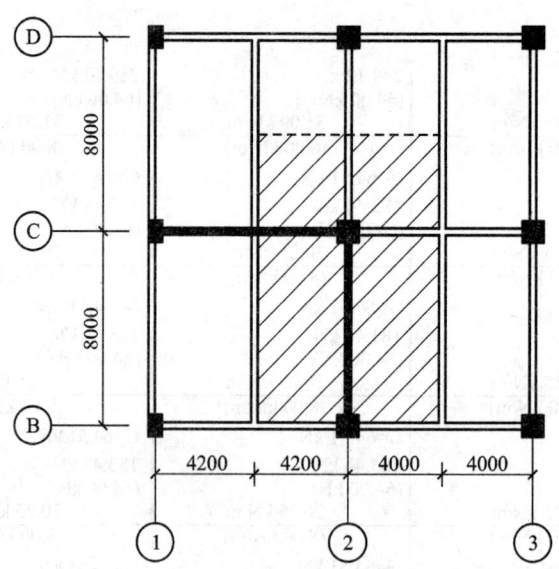

图 3.2.13 竖向荷载作用下剪力墙受载图

表 3.2.8 竖向荷载作用下剪力墙内力

层	恒载/kN						活载/kN		
	楼面	隔墙	柱	剪力墙	$N_上$	$N_下$	楼面	$N_上$	$N_下$
10	832.7	0	64.51	195.72	832.7	1 157.44	196.8	196.8	196.8
9	491.15	39.39	64.51	195.72	1 687.98	2 012.72	196.8	393.6	393.6
8	491.15	39.39	64.51	195.72	2 543.26	2868	196.8	590.4	590.4
7	491.15	39.39	64.51	195.72	3 398.54	3 723.28	196.8	787.2	787.2
6	491.15	39.39	64.51	195.72	4 253.82	4 578.56	196.8	984.0	984.0
5	491.15	39.39	64.51	195.72	5 109.1	5 433.84	196.8	1 180.8	1 180.8
4	491.15	39.39	64.51	195.72	5 964.38	6 289.12	196.8	1 377.6	1 377.6
3	491.15	39.39	54.58	165.60	6 819.66	7 094.42	196.8	1 574.4	1 574.4
2	491.15	34.95	54.58	165.60	7 620.52	7 895.28	559.2	2 133.6	2 133.6
1	491.15	34.95	64.51	195.72	8 421.38	8 746.12	559.2	2 692.8	2 692.8

2. 风荷载

(1) 作用在建筑物上的总风力

垂直作用在建筑物表面的风荷载标准值 $w_k(kN/m^2)$ 按式 1.2.2 计算。

(2) 风荷载图式的转换

在框架剪力墙结构的协同内力计算时,需将实际作用于结构上的荷载改造为典型的顶点集中荷载、均布荷载和倒三角形荷载,以适应现有的协同内力计算图表。作用于出屋面小阁楼(电梯机房、水箱等)的风载传至下部结构上可按集中力 F 计算,然后取一层楼面处的风荷载值为均布荷载 q,再将剩余风荷载按对基础顶面弯矩等效的原则简化为倒三角形荷载(如图 3.2.14 所示)。

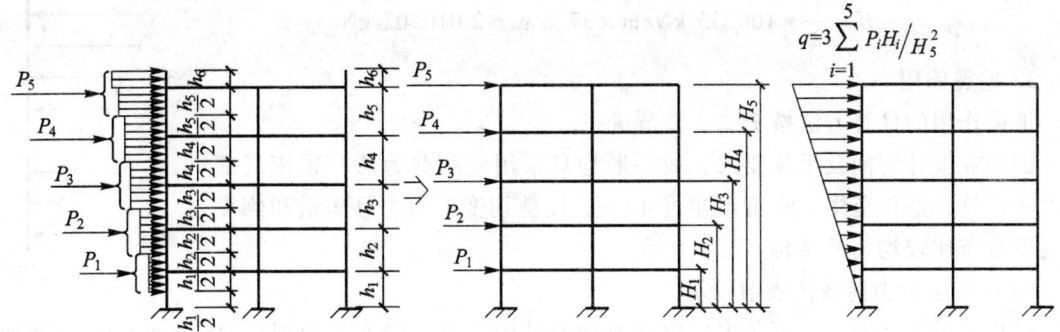

图 3.2.14 风荷载图式的转换

本设计地面粗糙度为 B 类,基本风压 $w_0 = 0.5 \text{ kN/m}^2$,迎风面宽度 $B = 49.4$ m,自振周期 $T_1 = 0.08n = 0.08 \times 10 \text{ s} = 0.8 \text{ s}$,$w_0 T_1^2 = 0.32 \text{ kNs}^2/\text{m}^2$,查表 1.2.18 和表 1.2.19 得脉动增大系数 $\xi = 1.32$,脉动影响系数 $v = 0.84$,其余计算见表 3.2.9。

表 3.2.9 集中风荷载标准值计算

层	离地高度 z_i/m	H_i/m	φ_z	μ_z	β_z	μ_s	h_i	h_j	W_k /kN	$W_k H_i$ /kN·m
10	38.25	37.8	1.0	1.54	1.720	1.3	3.9	3.0	293.43	11 091.65
9	34.35	33.9	0.856	1.48	1.641	1.3	3.9	3.9	304.14	10 310.35
8	30.45	30.0	0.736	1.43	1.571	1.3	3.9	3.9	281.33	8 439.90
7	26.55	26.1	0.648	1.36	1.528	1.3	3.9	3.9	260.24	6 792.26
6	22.65	22.2	0.440	1.30	1.375	1.3	3.9	3.9	223.85	4 969.47
5	18.75	18.3	0.362	1.22	1.329	1.3	3.9	3.9	203.04	3 715.63
4	14.85	14.4	0.250	1.14	1.243	1.3	3.9	3.9	177.45	2 555.28
3	10.95	10.5	0.150	1.03	1.161	1.3	3.9	3.9	138.23	1 451.42
2	7.65	7.2	0.074	1.00	1.082	1.3	3.3	3.3	114.65	825.48
1	4.35	3.9	0.038	1.00	1.042	1.3	4.35	3.3	127.98	499.12
Σ										50 650.56

注:表中 h_i 为下层柱高;h_j 为上层柱高;顶层为女儿墙高度的 2 倍。

将楼层处集中力按基底等弯矩折算成三角形荷载(见图 3.2.15):

$$M_0 = \frac{1}{2}qH \times \frac{2}{3}H = \frac{1}{3}qH^2$$

$$q = \frac{3M_0}{H^2} = \frac{3 \times 50\,650.56 \text{ kN} \cdot \text{m}}{37.8^2 \text{ m}^2} = 106.35 \text{ kN/m}$$

$$V_0 = \frac{1}{2}qH = \frac{1}{2} \times 106.35 \text{ kN/m} \times 37.8 \text{ m} = 2\,010.02 \text{ kN}$$

3. 地震作用

地震作用的计算方法按 1.2.2.2 节进行。

因毕业设计时间及手算要求,故一般均只采用底部剪力法。采用底部剪力法计算,适用范围:高度不超过 40 m,以剪切变形为主且质量和刚度沿高度分布比较均匀的结构。

(1) 各层重力荷载代表值计算

结构自重取楼面上、下各半层层高范围内结构自重;屋面取顶层层高一半及出屋面结构自重之和。

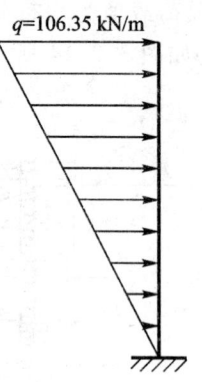

图 3.2.15 折算的倒三角形荷载

表 3.2.10 一层重力荷载代表值 G_1 计算

项 目	单位面积重量 /(kN/m²)	面积 /m²	单位长度重量 /(kN/m)	长度 /m	重量 /kN
外墙	3.12	223.62			697.69
内墙	3.12	251.83			785.71
门	0.2	29.75			5.95
窗	0.35	134.28			47.00
楼板	4.07	1 147.36			4 669.76
楼梯间	4.07×1.2=4.88	49.29			240.54
梁			3.97	330.4	1 310.26
			2.68	137.58	368.71
柱			16.54	72	1 190.88
			12.48	28.8	359.42
剪力墙	0.25×25=6.25	98.28			614.25
楼面活载	2.0	572.14			1 144.28
	3.5	22.07			77.25
	5.0	590.49			2 952.45
G_1					13 262.90
重力荷载设计值 =1.2G+1.4Q					18 191.78

同理可计算出其他各层的重力荷载代表值和设计值,具体过程从略,结果见表 3.2.11。

表 3.2.11 各层重力荷载代表值和设计值

项目 \ 层数	1	2	3	4~9	10	总和
代表值/kN	13 262.90	13 669.01	11 365.53	11 812.19	15 351.64	124 522.22
设计值/kN	18 191.78	18 791.91	15 556.80	16 092.79	20 544.85	169 642.08

3.2 结构设计

（2）总地震力作用

采用底部剪力法近似计算水平地震作用。

$$G_{eq} = 0.85 G_E = 0.85 \times 124\,522.22 \text{ kN} = 105\,843.89 \text{ kN}$$

$$q = \frac{\sum G_i}{H} = \frac{124\,522.22}{37.8} \text{kN} = 3\,294.24 \text{ kN/m}$$

$$\lambda = H\sqrt{\frac{C_f + C_b}{EI_w}} = 37.8 \times \sqrt{\frac{2\,490\,759.6 + 2.16 \times 10^5}{1.97 \times 10^9}} = 1.4$$

自振周期 $T_j = \psi_T \varphi_j H^2 \sqrt{\dfrac{q}{gEI_w}}$，$g = 9.8 \text{ m/s}^2$，由 λ 图查得 $\varphi_1 = 1.34$，则

$$T_1 = 0.8 \times 1.34 \times 37.8^2 \times \sqrt{\frac{3\,294.24}{9.8 \times 1.97 \times 10^9}} \text{ s} = 0.633 \text{ s}$$

由场地土Ⅱ类土，设防烈度7度，设计地震分组为第一组，查抗震规范得 $\alpha_{max} = 0.08$，$T_g = 0.35$ s。

$$T_g < T_1 < 5T_g \quad \alpha_1 = \left(\frac{T_g}{T_1}\right)^\gamma \eta_2 \alpha_{max} (\gamma \text{ 为衰减指数，取 } 0.9; \eta_2 = 1.0)$$

$$\alpha_1 = \left(\frac{T_g}{T_1}\right)^{0.9} \alpha_{max} = \left(\frac{0.35}{0.633}\right)^{0.9} \times 0.08 = 0.047$$

总地震力为

$$F_{EK} = \alpha_1 G_{eq} = 0.047 \times 105\,843.89 \text{ kN} = 4\,974.66 \text{ kN}$$

因为 $T_1 = 0.633$ s $> 1.4 T_g = 0.49$ s，需考虑顶点附加水平地震作用影响。

$$\delta_n = 0.08 T_1 + 0.07 \text{ s} = 0.121 \text{ s}$$

$$F_i = \frac{G_i H_i}{\sum G_i H_i}(1 - \delta_n) F_{EK} = (1 - 0.121) \times 4\,974.66 \frac{G_i H_i}{\sum G_i H_i} = 4\,372.73 \frac{G_i H_i}{\sum G_i H_i}$$

计算结果详见表3.2.12。

表3.2.12 各楼层质点的水平地震作用

层	h_i/m	H_i/m	G_i/kN	$G_i H_i$/kN·m	$\dfrac{G_i H_i}{\sum G_i H_i}$	F_i/kN	V_i/kN	$F_i H_i$/(10^3 kN·m)
10	3.9	37.8	15 351.64	580 291.99	0.227	1 592.60	1 592.60	60.200
9	3.9	33.9	11 812.19	400 433.24	0.156	683.62	2 276.22	23.175
8	3.9	30	11 812.19	354 365.70	0.138	604.97	2 881.19	18.149
7	3.9	26.1	11 812.19	308 298.16	0.120	526.32	3 407.51	13.737
6	3.9	22.2	11 812.19	262 230.62	0.102	447.68	3 855.19	9.938
5	3.9	18.3	11 812.19	216 163.08	0.084	369.03	4 224.22	6.753
4	3.9	14.4	11 812.19	170 095.54	0.066	290.39	4 514.61	4.182
3	3.3	10.5	11 365.53	119 338.07	0.047	203.73	4 718.34	2.139

续表

层	h_i/m	H_i/m	G_i/kN	G_iH_i/kN·m	$\dfrac{G_iH_i}{\sum G_iH_i}$	F_i/kN	V_i/kN	F_iH_i/(10^3kN·m)
2	3.3	7.2	13 669.01	98 416.87	0.038	168.02	4 886.36	1.210
1	3.9	3.9	13 262.90	51 725.31	0.020	88.31	4 974.66	0.344
				2 561 358.57	1.000	4 974.66		139.83

注：顶层地震作用 $F_{10} = 4\ 372.73 \times 0.227$ kN $+ \delta_n F_{EK}$。

将楼层处集中力按基底等弯矩折算成三角形荷载（图 3.2.16）

$$q = \frac{3M_0}{H^2} = \frac{3 \times 139.83 \times 10^3 \text{ kN} \cdot \text{m}}{37.8^2 \text{ m}^2} = 293.59 \text{ kN/m}$$

$$V_0 = \frac{1}{2}qH = \frac{1}{2} \times 293.59 \text{ kN/m} \times 37.8 \text{ m} = 5\ 548.85 \text{ kN}$$

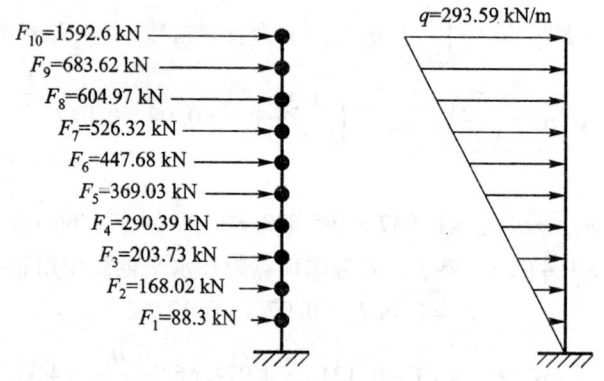

图 3.2.16 水平地震作用折算成三角形荷载

3.2.3.5 侧移计算

1. 设计要点

在正常使用条件下，高层建筑结构应具有足够的刚度，避免产生过大的位移而影响结构的承载力、稳定性和使用要求。由表 1.2.26 可以查得按弹性方法计算的高度不大于 150 m 的框—剪结构的楼层层间最大位移与层高之比 $\Delta u/h$ 不宜大于 1/800。

在水平力作用下框架—剪力墙结构的位移按下列公式计算：

（1）均布荷载

$$u_x = \frac{1}{\lambda^4}\left[\left(\frac{\lambda\,\text{sh}\lambda + 1}{\text{ch}\lambda}\right)(\text{ch}\lambda\xi - 1) - \lambda\,\text{sh}\lambda\xi + \lambda^2\left(\xi - \frac{\xi^2}{2}\right)\right]\frac{qH^4}{EI_w} = \theta_u u_H \quad (3.2.35)$$

$$u_H = \frac{qH^4}{8EI_w} \quad (3.2.36)$$

（2）倒三角形分布荷载

$$u_x = \frac{1}{\lambda^2}\left[\left(\frac{\text{sh}\lambda}{2\lambda} - \frac{\text{sh}\lambda}{\lambda^3} + \frac{1}{\lambda^2}\right)\left(\frac{\text{ch}\lambda\xi - 1}{\text{ch}\lambda}\right) + \left(\xi - \frac{\text{sh}\lambda\xi}{\lambda}\right)\left(\frac{1}{2} - \frac{1}{\lambda^2}\right) - \frac{\xi^3}{6}\right]\frac{q_{max}H^4}{EI_w}$$
$$= \theta'_u u_H \quad (3.2.37)$$

$$u_H = \frac{11 q_{max} H^4}{120 EI_w} \tag{3.2.38}$$

(3) 顶部集中荷载

$$u_x = \left[\frac{\mathrm{sh}\lambda}{\lambda^3 \mathrm{ch}\lambda}(\mathrm{ch}\lambda\xi - 1) - \frac{\mathrm{sh}\lambda\xi}{\lambda^3} + \frac{\xi}{\lambda^2}\right]\frac{FH^3}{EI_w} = \theta''_u u_H \tag{3.2.39}$$

$$u_H = \frac{FH^3}{3EI_w} \tag{3.2.40}$$

式中 u_x——高度 x 处的水平位移；

u_H——顶点水平位移；

ξ——相对高度，$\xi = x/H$；

x——计算楼层距底部高度；

H——结构总高度；

EI_w——总剪力墙刚度；

λ——框剪结构的刚度特征值，此时，计算 λ 可考虑连系梁刚度折减。

系数 θ_u、θ'_u、θ''_u 查图 3.2.17。计算 Δu、u 时，q、q_{max}、F 均应用标准值。

2. 算例情况

考虑连系梁塑性调幅，其刚度乘以折减系数 0.55，重新计算 λ 值。

$$\lambda = H\sqrt{\frac{C_f + C_b}{EI_w}} = 37.8 \times \sqrt{\frac{2\,490\,759.6 + 0.55 \times 2.16 \times 10^5}{1.97 \times 10^9}} = 1.38$$

$$u_{H\text{风}} = \frac{11qH^4}{120EI_w} = \frac{11 \times 106.35 \times 10^3 \times 37.8^4}{120 \times 1.97 \times 10^9} \text{ mm} = 10.10 \text{ mm}$$

$$u_{H\text{地震}} = \frac{11qH^4}{120EI_w} = \frac{11 \times 293.59 \times 10^3 \times 37.8^4}{120 \times 1.97 \times 10^9} \text{ mm} = 27.89 \text{ mm}$$

水平荷载作用下的侧移计算见表 3.2.13。

表 3.2.13 水平荷载作用下的侧移计算

层	H_i/m	$\xi = x/H$	θ'_u	u_x		Δu	
				风荷载	地震作用	风荷载	地震作用
10	37.8	1.000	0.578	5.836	16.116	0.748	2.065
9	33.9	0.897	0.504	5.089	14.051	0.756	2.088
8	30	0.794	0.429	4.333	11.964	0.770	2.126
7	26.1	0.690	0.353	3.563	9.838	0.757	2.091
6	22.2	0.587	0.278	2.805	7.746	0.732	2.021
5	18.3	0.484	0.205	2.073	5.725	0.679	1.874
4	14.4	0.381	0.138	1.395	3.851	0.590	1.629
3	10.5	0.278	0.080	0.805	2.222	0.403	1.112
2	7.2	0.190	0.040	0.402	1.110	0.276	0.762
1	3.9	0.103	0.012	0.126	0.348	0.126	0.348

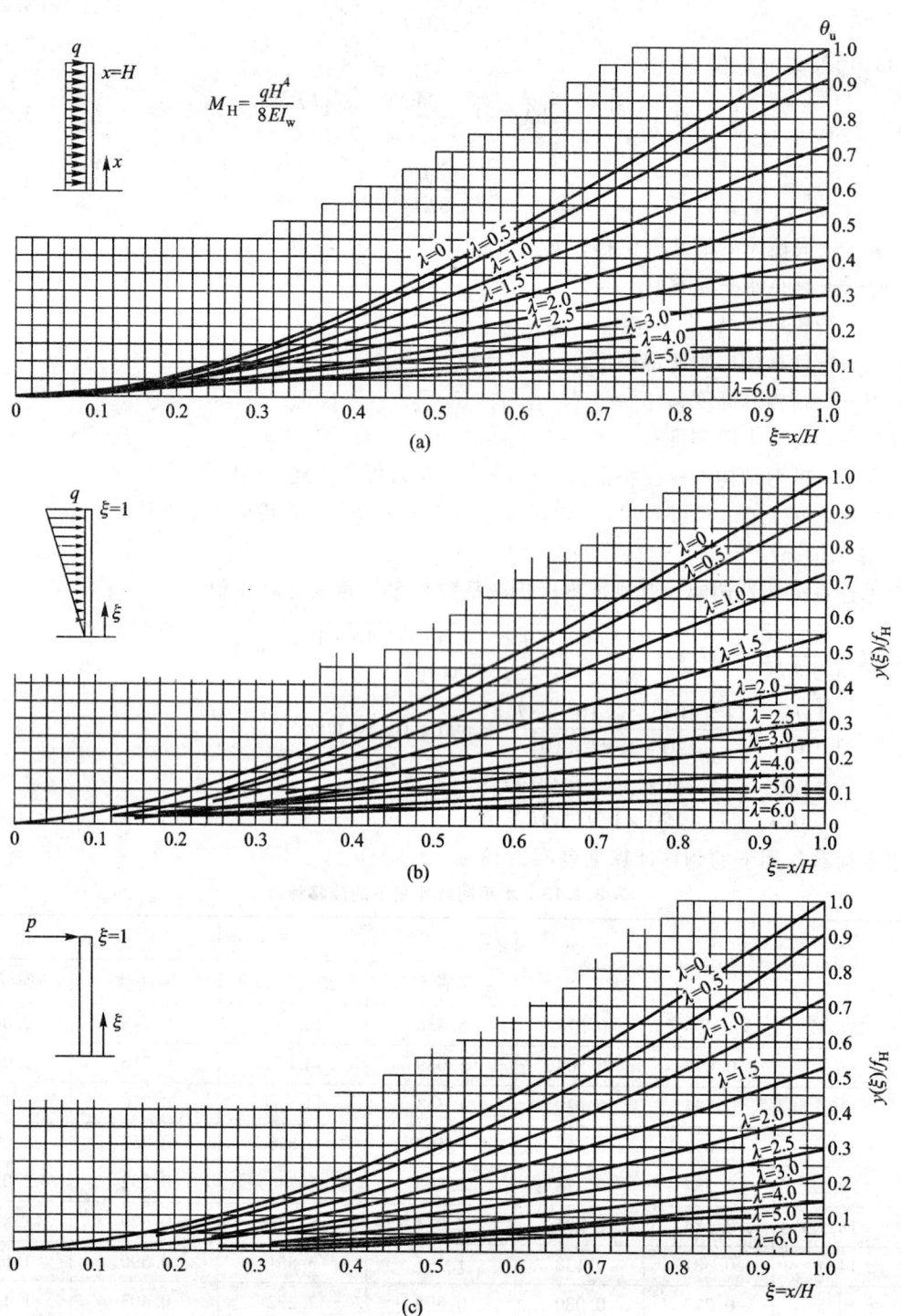

图 3.2.17 位移系数

(a) 均布荷载位移系数; (b) 倒三角形荷载位移系数 θ'_u; (c) 集中荷载位移系数 θ''_u

由表 3.2.13 可知层间位移：

风荷载 $\dfrac{\Delta u_{\max}}{h} = \dfrac{0.77}{3\,900} = \dfrac{1}{5\,065} < \left[\dfrac{1}{800}\right]$ 满足要求

地震作用 $\dfrac{\Delta u_{\max}}{h} = \dfrac{2.126}{3\,900} = \dfrac{1}{1\,834} < \left[\dfrac{1}{800}\right]$ 满足要求

3.2.4 重力二阶效应及结构稳定

在水平力作用下，高层建筑结构应进行重力二阶效应及稳定验算，验算方法见 1.2.3.3 节。

倒三角形荷载下，$q = 293.59$ kNm，$u = 0.016\,12$ m，$H = 37.8$ m。

等效侧向刚度

$$EJ_d = \dfrac{11qH^4}{120u} = \dfrac{11 \times 293.59 \times 37.8^4}{120 \times 0.016\,12}\ \mathrm{kN \cdot m^2} = 340.84 \times 10^7\ \mathrm{kN \cdot m^2}$$

$$\dfrac{EJ_d}{H^2 \sum_{i=1}^{10} G_i} = \dfrac{340.84 \times 10^7}{37.8^2 \times 169\,642.08} = 14.06 > 2.7$$

不考虑重力二阶效应的不利影响，稳定也符合规定。

3.2.5 剪重比验算

各层剪重比见表 3.2.14。抗震验算时，结构任一楼层的水平地震剪力应符合式（1.2.37）的要求：

表 3.2.14 各层剪重比

层	G_i/kN	$\sum_{j=i}^{n} G_j$/kN	V_{EKi}/kN	$\dfrac{V_{EKi}}{\sum_{j=i}^{n} G_j}$
10	15 351.64	15 351.64	1 592.60	0.104
9	11 812.19	27 163.83	2 276.22	0.084
8	11 812.19	38 976.02	2 881.19	0.074
7	11 812.19	50 788.21	3 407.51	0.067
6	11 812.19	62 600.40	3 855.19	0.062
5	11 812.19	74 412.59	4 224.22	0.057
4	11 812.19	86 224.78	4 514.61	0.052
3	11 365.53	97 590.31	4 718.34	0.048
2	13 669.01	111 259.32	4 886.36	0.044
1	13 262.90	124 522.22	4 974.66	0.040

各层的剪重比均大于 0.016，满足要求。

3.2.6 内力计算

3.2.6.1 水平荷载作用下的内力计算

1. 设计要点

（1）先求总框架、总剪力墙承受的内力

框架—剪力墙结构体系在水平荷载作用下的计算简图、刚度特征值 λ 及荷载大小前面已经求得，在计算框架、剪力墙水平荷载作用下的内力时，应考虑协同工作条件进行计算。

计算的思路是：水平力首先在总框架与总剪力墙之间分配，然后将总框架分得的份额按各榀框架的抗推刚度进行再分配；将总剪力墙分得的份额按各片剪力墙的等效刚度进行再分配。最后计算单榀框架和单片剪力墙的内力。

水平荷载下内力计算步骤如下：

① 计算总剪力墙、总框架、总连系梁刚度：EI_w、C_f、C_b。

② 计算刚度特征值 λ。

内力计算时，可考虑连系梁刚度折减。

③ 框剪结构采用现有图表计算（侧移法）内力时，要将水平荷载转化为顶层集中力、倒三角形分布、均布三种标准图式。一般将风荷载转化为顶层集中力、倒三角分布、均布三种叠加，将水平地震作用转化为顶层集中力、倒三角分布荷载二种叠加，当顶层集中力不大时也可转化为倒三角分布一种荷载形式。

每一种标准图式下的内力计算公式为：

a. 均布荷载：

总剪力墙承担的剪力

$$V_w = \frac{1}{\lambda}\left[\lambda\,\text{ch}\lambda\xi - \frac{\lambda\,\text{sh}\lambda + 1}{\text{ch}\lambda}\text{sh}\lambda\xi\right]qH = \theta_w V_0 \qquad (3.2.41)$$

总框架承担的剪力

$$V_f = (1-\xi)qH - V_w \qquad (3.2.42)$$

总剪力墙的弯矩

$$M_w = \frac{1}{\lambda^2}\left[\frac{\lambda\,\text{sh}\lambda + 1}{\text{ch}\lambda}\text{ch}\lambda\xi - \lambda\,\text{sh}\lambda\xi - 1\right]qH^2 = \theta_M M_0 \qquad (3.2.43)$$

式中　$V_0 = qH$，$M_0 = \frac{1}{2}qH^2$。

b. 倒三角形分布荷载：

总剪力墙承担剪力

$$V_w = \frac{1}{\lambda^2}\left[1 + \left(\frac{\lambda^2}{2} - 1\right)\text{ch}\lambda\xi - \left(\frac{\lambda^2\,\text{sh}\lambda}{2} - \text{sh}\lambda + \lambda\right)\frac{\text{sh}\lambda\xi}{\text{ch}\lambda}\right]q_{max}H = \theta'_w V_0 \qquad (3.2.44)$$

总框架承担的剪力

$$V_f = \frac{1}{2}(1-\xi^2)q_{max}H - V_w \qquad (3.2.45)$$

总剪力墙的弯矩

$$M_w = \frac{1}{\lambda^3}\left[\left(\frac{\lambda^2 \mathrm{sh}\lambda}{2} - \mathrm{sh}\lambda + \lambda\right)\frac{\mathrm{ch}\lambda\xi}{\mathrm{ch}\lambda} - \left(\frac{\lambda^2}{2} - 1\right)\mathrm{sh}\lambda\xi - \lambda\xi\right]q_{max}H^2 = \theta'_M M_0 \quad (3.2.46)$$

式中　$V_0 = \frac{1}{2}q_{max}H$，$M_0 = \frac{1}{3}q_{max}H^2$。

c. 顶部集中荷载：

总剪力墙承担剪力

$$V_w = (\mathrm{ch}\lambda\xi - \mathrm{th}\lambda\,\mathrm{sh}\lambda\xi)F = \theta''_w F \quad (3.2.47)$$

总框架承担的剪力

$$V_f = F - V_w \quad (3.2.48)$$

总剪力墙的弯矩

$$M_w = \frac{1}{\lambda}(\mathrm{th}\lambda\,\mathrm{ch}\lambda\xi - \mathrm{sh}\lambda\xi)FH = \theta''_M M_0 \quad (3.2.49)$$

式中　$M_0 = FH$。

ξ——相对高度，$\xi = x/H$；

x——计算楼层距底部高度；

H——结构总高度。

θ_w、θ_M、θ'_w、θ'_M、θ''_w、θ''_M等系数，分别可从图3.2.18查得。

④ 框剪内力计算。

a. 如框剪结构为铰结体系计算简图，因无连系梁约束影响，则由步骤③求得的M_w、V_w、V_f即为总剪力墙弯矩、总剪力墙剪力、总框架剪力。

计算时，可根据每楼层相对高度ξ，列表求得每楼层标高处的M_w、V_w、V_f。

b. 如果框剪结构为刚结体系计算简图，因有连系梁约束影响，则应考虑连系梁约束影响，按下列公式求各总框架剪力V_f、总剪力墙弯矩M_w、总剪力墙剪力V_w、总连系梁弯矩M_b。为叙述方便，下列公式中将步骤3求得的M_w、V_w、V_f用$\overline{M}_w$、$\overline{V}_w$、$\overline{V}_f$代替，则：

总框架剪力V_f

$$V_f = \frac{C_f}{C_f + C_b}\overline{V}_f \quad (3.2.50)$$

总剪力墙弯矩M_w

$$M_w = \overline{M}_w \quad (3.2.51)$$

总剪力墙剪力V_w

$$V_w = \overline{V}_w + m \quad (3.2.52)$$

式中　m——总连系梁约束力矩，$m = \frac{C_b}{C_b + C_f}\overline{V}_f$。

总连系梁弯矩M_b：

$$M_b = m(h_i + h_{i+1})/2 \quad (3.2.53)$$

⑤ 框架梁、柱内力计算。

a. 框架剪力的调整。

框剪结构的内力是按弹性方法算得的。起初剪力墙将承担绝大部分水平力，框架受力很

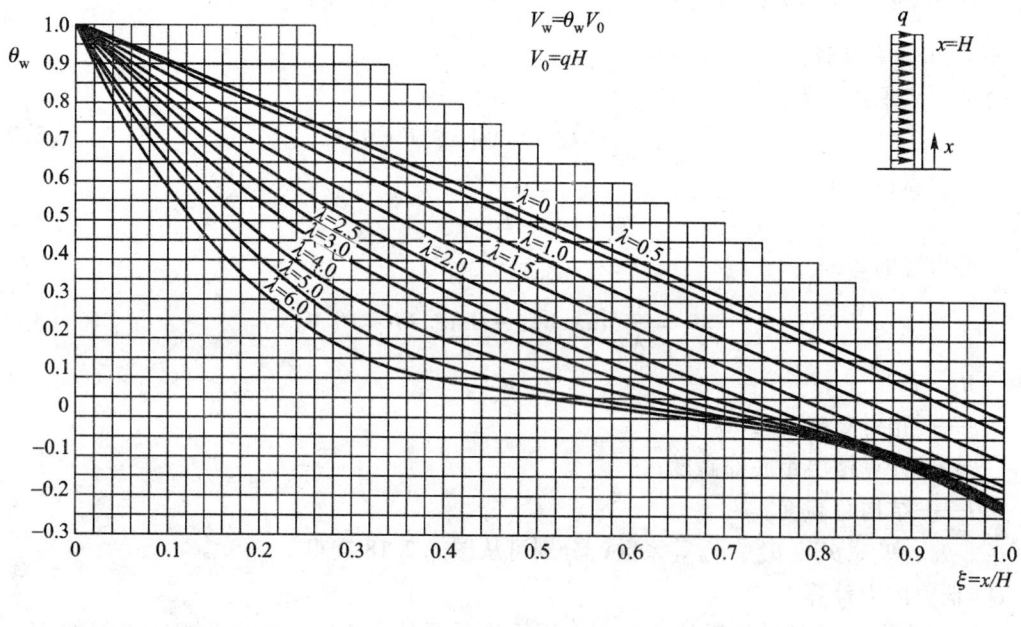

(a)

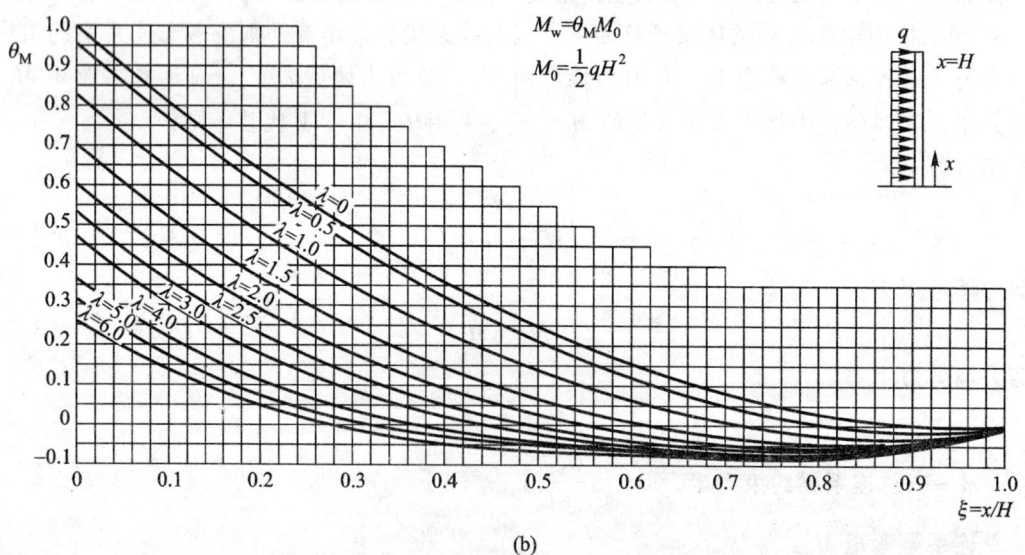

(b)

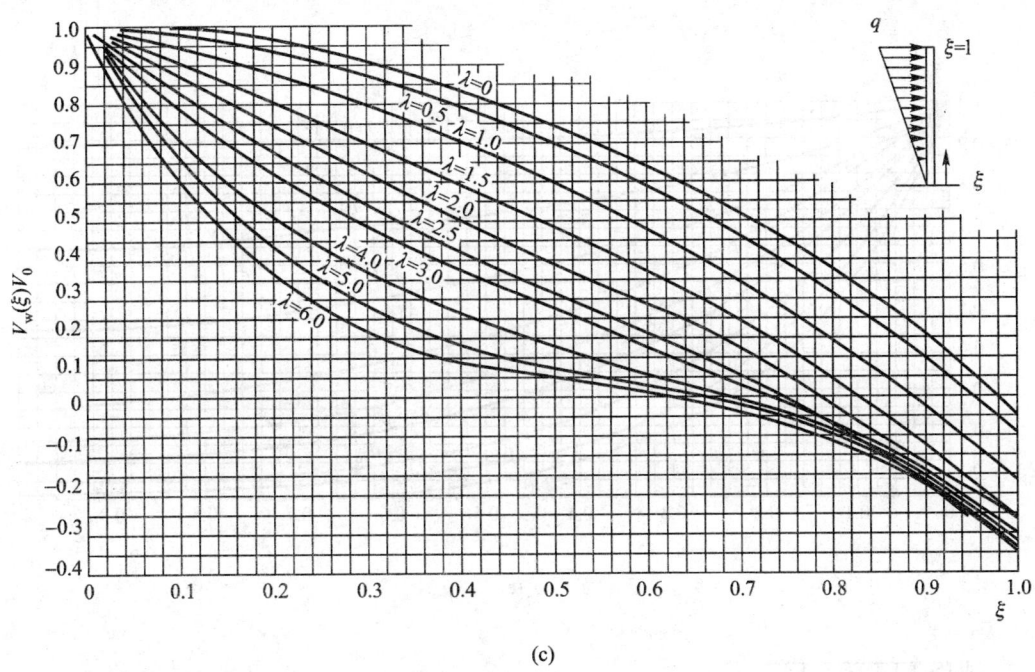

(c)

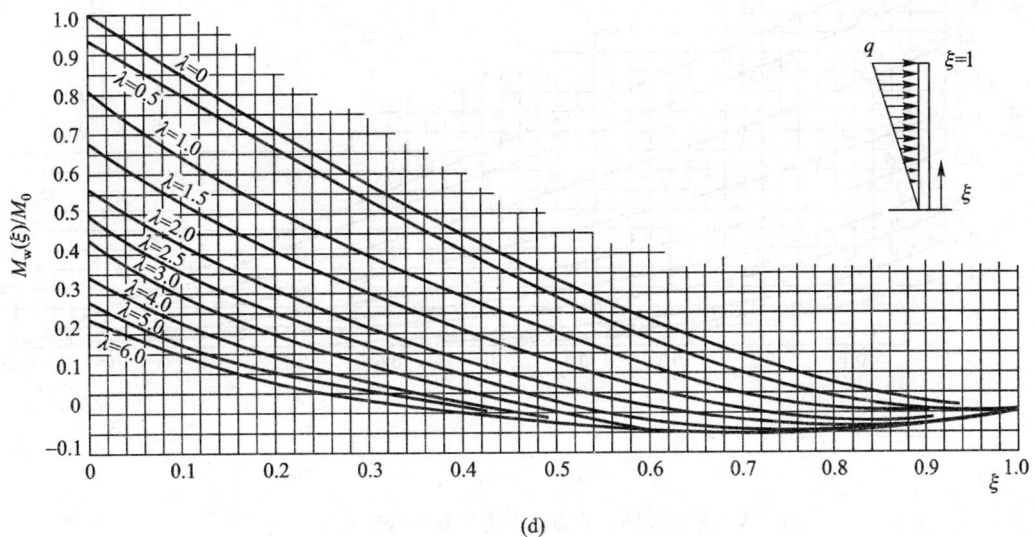

(d)

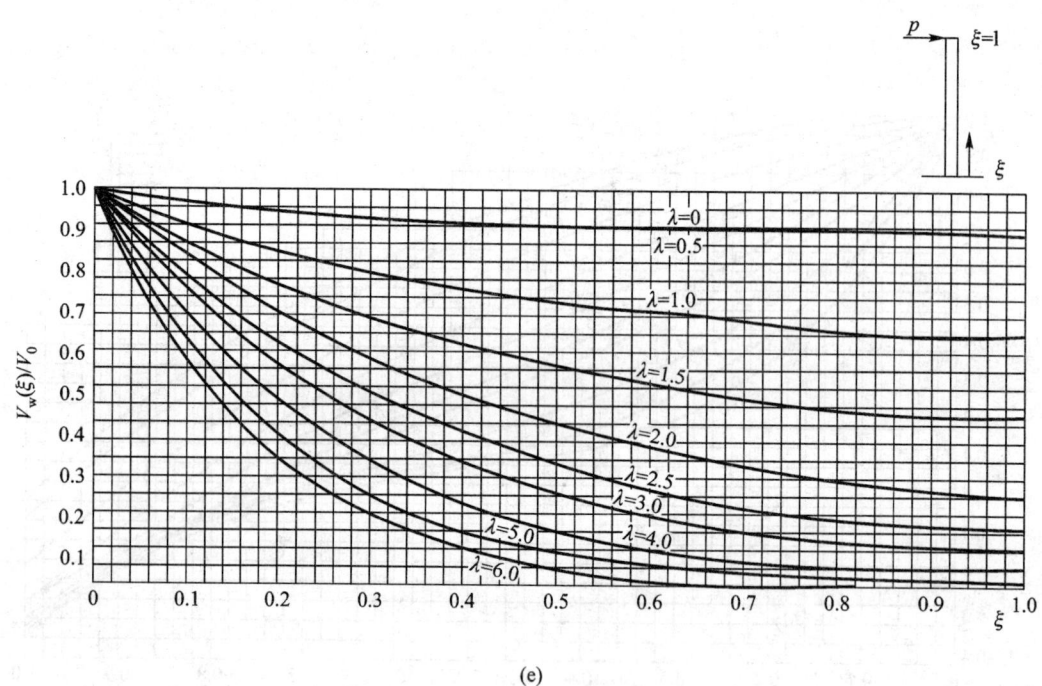

(e)

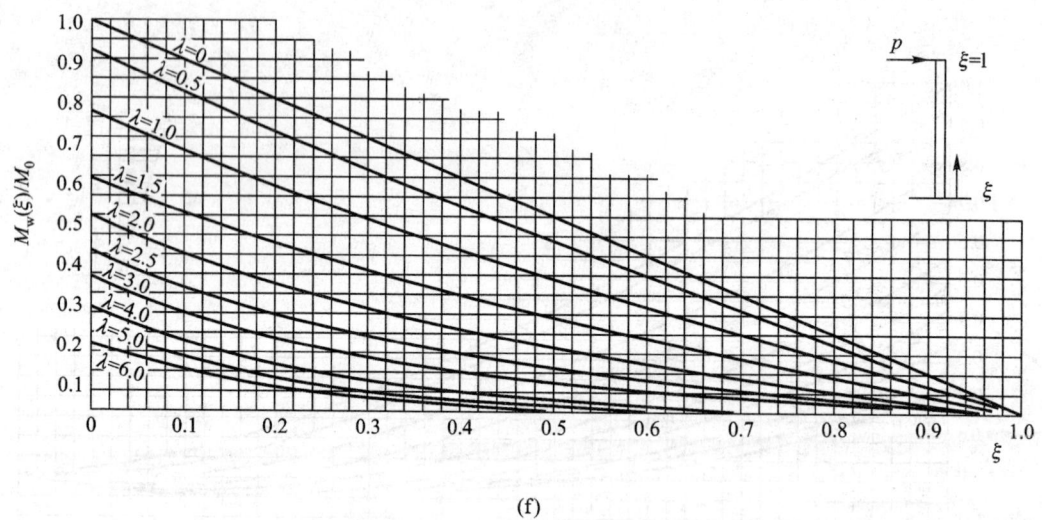

(f)

图 3.2.18 剪力墙剪力系数和弯矩系数
(a) 均布荷载剪力墙剪力系数 θ_w；(b) 均布荷载剪力墙弯矩系数 θ_M；
(c) 倒三角形荷载剪力墙剪力系数 θ'_w；(d) 倒三角形荷载剪力墙弯矩系数 θ'_M；
(e) 集中荷载剪力墙剪力系数 θ''_w；(f) 集中荷载剪力墙弯矩系数 θ''_M

小。在横向水平地震作用下,墙体开裂,刚度降低,剪力墙随即把一部分水平力让给框架,使框架承受的水平力大于按弹性计算所得。为了确保安全,规范规定:抗震设计时,框架—剪力墙结构对应于地震作用标准值的各层框架总剪力应符合下列规定:

(a) 满足 $V_f \geq 0.2V_0$ (V_0 对框架柱数量从下至上基本不变的规则建筑,应取对应于地震作用标准值的结构底部总剪力;对框架柱数量从下至上分段有规律变化的结构,应取每段最下一层结构对应于地震作用标准值的总剪力;V_f 对应于地震作用标准值且未经调整的各层(或某一段内各层)框架承担的地震总剪力。)要求的楼层,其框架总剪力不必调整;不满足 $V_f \geq 0.2V_0$ 要求的楼层,其框架总剪力应按 $0.2V_0$ 和 $1.5V_{f,max}$ ($V_{f,max}$ 对框架柱数量从下至上基本不变的规则建筑,应取对应于地震作用标准值且未经调整的各层框架承担的地震总剪力中的最大值;对框架柱数量从下至上分段有规律变化的结构,应取每段中对应于地震作用标准值且未经调整的各层框架承担的地震总剪力中的最大值)二者的较小值采用。

(b) 各层框架所承担的地震总剪力按上一点要求调整后,应按调整前、后总剪力的比值调整每根框架柱和与之相连框架梁的剪力及端部弯矩标准值,框架柱的轴力标准值可不予调整。

(c) 按振型分解反应谱法计算地震作用时,第一点所规定的调整可在振型组合之后进行。

这里应当注意的是在框架内力调整后,剪力墙部分仍保持原协同工作计算值而不作调整。

b. 框架柱剪力的计算。

步骤③求得的 V_f 总框架剪力为框架楼板标高处的剪力,我们以 V_{fj} 表示第 j 层总框架剪力,每根框架柱剪力 V_{fij} 可按每层框架各柱的抗侧刚度 C_{fij} 值把 V_{fj} 分配给各柱。这时 V_{fj} 应当是柱反弯点标高处的剪力,但实际计算中为简化计算常近似地取各层柱中点作为反弯点位置,用各楼层上、下高层楼板标高处的剪力 V_{fj} 的平均值作为该层柱中点处剪力。

因此,j 层第 i 个柱子的剪力为:

$$V_{fij} = \frac{C_{fij}}{\overline{C}_{fj}} \cdot \frac{(V_{fj} + V_{fj-1})}{2} \tag{3.2.54}$$

式中 V_{fj}, V_{fj-1} ——第 j 层柱上、下两层楼板标高处的总框架剪力;

$\overline{C}_{fj}$ ——总框架第 j 层的抗推刚度:$\overline{C}_{fj} = \sum\limits_{i=1}^{m} C_{fi}$;

C_{fij} ——框架 j 层第 i 根柱的抗推刚度。

c. 框架柱弯矩、轴力及框架梁弯矩、剪力的计算

求得各柱的剪力之后即可确定柱端弯矩,再根据节点平衡条件,由上、下柱端弯矩求得梁端弯矩,再由梁端弯矩确定梁端剪力;由各层框架梁的梁端剪力可以求得各柱的轴向力。

需要强调说明的是:在计算框架柱轴力时,若 V_f 是由于上述 a. 原因调整的,则柱轴力应按调整前 V_f 求得;框剪刚结体系,在计算与连系梁相连的框架柱轴力时,考虑连系梁剪力对柱轴力的影响,应在求得每根连系梁的剪力后,由平衡条件求得柱的轴力。

⑥ 单片剪力墙内力计算。

前面计算已求出总剪力墙承担的弯矩 M_w 及总剪力墙承担的剪力 V_w。我们所求得的 M_w、

V_w 为楼板标高处总剪力墙承担的弯矩及总剪力墙承担的剪力,以 M_{wj}、V_{wj} 表示第 j 层总剪力墙承担的弯矩及总剪力墙承担的剪力。每片剪力墙承担的弯矩 M_{wij} 及每片剪力墙承担的剪力 V_{wij} 将按各片剪力墙等效刚度 EI_{wij} 来分配。

框剪刚结体系,在计算每片剪力墙承担的弯矩 M_{wij}、每片剪力墙承担的剪力 V_{wij} 及每片剪力墙承担的轴力 N_{wij} 时,还需考虑与连系梁相接的剪力墙受连系梁弯矩、剪力的影响。因此,j 层第 i 片剪力墙承担的弯矩 M_{wij}、承担的剪力 V_{wij} 及承担的轴力 N_{wij} 公式分别为:

$$M_{wij} = \frac{EI_{wij}}{\overline{EI_{wj}}} M_{wj} \tag{3.2.55}$$

$$V_{wij} = \frac{EI_{wij}}{\overline{EI_{wj}}} V_{wj} \tag{3.2.56}$$

$$N_{wij} = \sum_{k=j}^{n} V_{bik} \tag{3.2.57}$$

式中 $\overline{EI_{wj}}$ ——总剪力墙第 j 层的等效抗弯刚度,可根据剪力墙的类型取其各自的等效刚度和,即 $\overline{EI_{wj}} = \sum_{i=1}^{m} EI_{wi}$;

EI_{wij} ——j 层 i 片剪力墙的等效抗弯刚度。

M_{bij},V_{bik} 为与剪力墙相接的连系梁对墙形心线的弯矩及 j 层以上 k 层连系梁剪力,计算方法见下面的步骤⑦。

⑦ 每根连系梁的内力计算。

前面计算已求出总连系梁承担的弯矩 M_{bj}。M_{bj} 为 j 层总连系梁承担的弯矩。则每根(j 层第 i 根)连系梁承担的弯矩 M_{bij} 可按每根连系梁刚度 C_{bij} 来分配。

$$M_{bij} = \frac{C_{bij}}{\overline{C_{bj}}} M_{bj} \tag{3.2.58}$$

式中 $\overline{C_{bj}}$ ——j 层总连系梁的刚度,即 $\overline{C_{bj}} = \sum_{i=1}^{m} C_{bij}$;

C_{bij} ——j 层第 i 根连系梁的刚度。

求得每根连系梁的约束弯矩后(此弯矩对墙形心线的弯矩),再根据以下连系梁两种不同形式,按杆端弯矩系数求得连系梁支座弯矩(需折算到墙边),再由平衡条件求得连系梁剪力,如图 3.2.19 所示。

则连系梁弯矩:

$$M_{b12} = \frac{x - al}{x} M_{12} \tag{3.2.59}$$

$$M_{b21} = \frac{l - x - bl}{x} M_{12} \tag{3.2.60}$$

式中 M_{12} ——$M_{12} = \frac{m_{12}}{m_{12} + m_{21}} M_{bij}$;

m_{12},m_{21} ——梁端约束弯矩系数。

连系梁设计剪力:

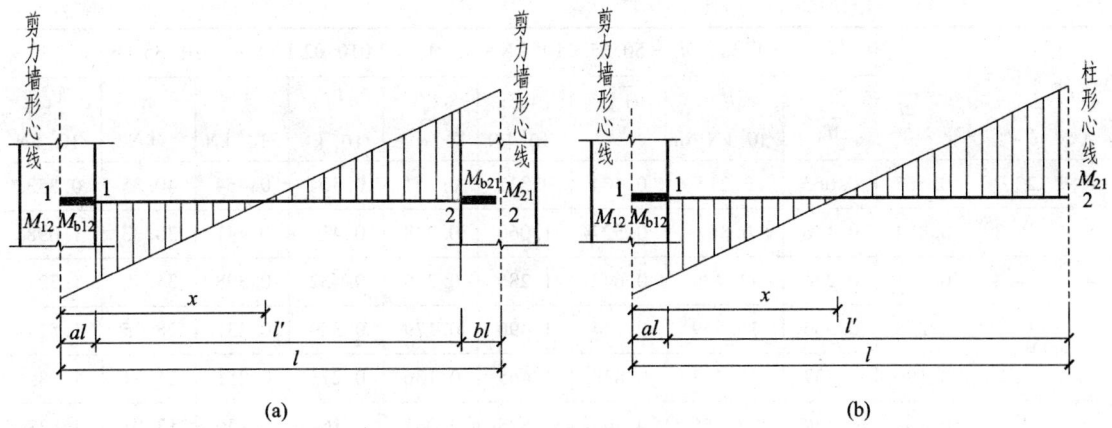

图 3.2.19 连系梁弯矩计算
(a) 连接墙肢与墙肢的连系梁;(b) 连接墙肢与框架的连系梁

$$V_{bij} = \frac{M_{12} + M_{21}}{l} \tag{3.2.61}$$

2. 算例情况

(1) 风荷载作用下结构内力计算

① 由 λ 值及荷载类型查图表计算。

总框架分担的剪力

$$V_f = \frac{C_f}{C_f + C_b}\overline{V}_f = \frac{2\,490\,759.6}{2\,490\,759.6 + 2.16 \times 10^5}\overline{V}_f = 0.92\,\overline{V}_f$$

总连系梁的线约束弯矩

$$m = \frac{C_b}{C_f + C_b}\overline{V}_f = \frac{2.16 \times 10^5}{2\,490\,759.6 + 2.16 \times 10^5}\overline{V}_f = 0.08\,\overline{V}_f$$

总剪力墙剪力

$$V_w = \overline{V}'_w + m$$

计算过程见表 3.2.15 $\left(\text{注}: \dfrac{\overline{V}_f}{V_0} = (1-\xi^2) - \dfrac{\overline{V}'_w}{V_0}\right)$。

表 3.2.15 风荷载作用下结构内力计算

层	标高 x /m	$\xi = \dfrac{x}{H}$	$\lambda = 1.38$, $M_0 = 50.65 \times 10^3$ kN·m, $V_0 = 2\,010.02$ kN, $q = 106.35$ kN/m								
			$\dfrac{M_w}{M_0}$	M_w /10^3 kN·m	$\dfrac{\overline{V}'_w}{V_0}$	$\overline{V}'_w$ /10^3 kN	$\dfrac{\overline{V}_f}{V_0}$	$\overline{V}_f$ /10^3 kN	V_f /10^3 kN	m /kN	V_w /10^3 kN
10	37.8	1.000	0.000	0.000	-0.250	-0.503	0.250	0.503	0.463	40.25	-0.463
9	33.9	0.897	-0.023	-1.186	-0.057	-0.114	0.252	0.507	0.467	40.60	-0.073
8	30	0.794	-0.019	-0.947	0.114	0.230	0.256	0.514	0.473	41.12	0.271
7	26.1	0.690	0.011	0.575	0.268	0.539	0.255	0.513	0.472	41.05	0.580

续表

层	标高 x /m	$\xi=\dfrac{x}{H}$	$\dfrac{M_w}{M_0}$	M_w /10^3 kN·m	$\dfrac{\overline{V}'_w}{V_0}$	$\overline{V}'_w$ /10^3 kN	$\dfrac{\overline{V}_f}{V_0}$	$\overline{V}_f$ /10^3 kN	V_f /10^3 kN	m /kN	V_w /10^3 kN
			$\lambda=1.38$, $M_0=50.65\times10^3$ kN·m, $V_0=2010.02$ kN, $q=106.35$ kN/m								
6	22.2	0.587	0.063	3.215	0.404	0.812	0.251	0.504	0.464	40.35	0.853
5	18.3	0.484	0.136	6.867	0.527	1.060	0.238	0.479	0.441	38.33	1.098
4	14.4	0.381	0.226	11.439	0.640	1.286	0.215	0.432	0.398	34.58	1.321
3	10.5	0.278	0.333	16.859	0.744	1.496	0.179	0.359	0.331	28.75	1.524
2	7.2	0.190	0.437	22.117	0.828	1.665	0.136	0.273	0.251	21.81	1.686
1	3.9	0.103	0.550	27.856	0.908	1.825	0.081	0.164	0.150	13.08	1.838
0	0	0.000	0.697	35.323	1.000	2.010	0.000	0.000	0.000	0.00	2.010

② 总内力计算：

a. 各层剪力墙底部截面内力 M_w、V_w 见表 3.2.16。

b. 各层总框架柱剪力应由上、下层处 V_f 值近似计算。

$$V_{fi}=(V_{fi-1}+V_{fi})/2$$

c. 各层连系梁总约束弯矩由下式求得

$$M_{bj}=\dfrac{m(h_i+h_{i-1})}{2}$$

计算结果见表 3.2.16。

表 3.2.16　风荷载作用下结构内力计算汇总

层	总剪力墙		总框架	总连梁
	M_w/10^3 kN·m	V_w/10^3 kN	V_f/kN	M_{bj}/kN·m
10	0.000	-0.463	464.86	78.48
9	-1.186	-0.073	469.90	158.33
8	-0.947	0.271	472.50	160.39
7	0.575	0.580	468.04	160.09
6	3.215	0.853	452.39	157.36
5	6.867	1.098	419.23	149.47
4	11.439	1.321	364.17	134.87
3	16.859	1.524	290.71	103.50
2	22.117	1.686	200.62	71.96
1	27.856	1.838	75.23	47.10
0	35.323	2.010		

③ 连系梁内力计算。

每层中两根连系梁相同,内力相同。

$a = 0.334$;$\beta = 0$;$l = 11.64$ m

约束弯矩

$$m_{12} = 4.09 \times 10^5 \text{ kN} \cdot \text{m}$$

$$m_{21} = \frac{6EI_b}{(1-a)^2(1+\beta)l} = \frac{6 \times 3.25 \times 10^7 \times 0.0054}{(1-0.334)^2 \times 11.64} \text{ kN} \cdot \text{m} = 2.04 \times 10^5 \text{ kN} \cdot \text{m}$$

$$x = \frac{m_{12}}{m_{12} + m_{21}}l = \frac{4.09}{4.09 + 2.04} \times 11.64 \text{ m} = 7.77 \text{ m}$$

连系梁计算弯矩

$$M_{b12} = \frac{x - al}{x}M_{12} = \frac{7.77 - 3.89}{7.77}M_{12} = 0.499 M_{12}$$

$$M_{b21} = \frac{l - x}{x}M_{12} = \frac{11.64 - 7.77}{7.77}M_{12} = 0.498 M_{12}$$

计算剪力

$$V_{bj} = \frac{M_{b12} + M_{b21}}{l'} = \frac{0.499 + 0.498}{7.75}M_{12} = 0.129 M_{12}$$

计算结果见表 3.2.17(单根连系梁)。

表 3.2.17 风荷载作用下连系梁内力计算

层	$M_{12}/\text{kN} \cdot \text{m}$	$M_{b12}/\text{kN} \cdot \text{m}$	$M_{b21}/\text{kN} \cdot \text{m}$	V_{bj}/kN	$\sum V_{bj}/\text{kN}$
10	39.24	19.58	19.54	5.06	5.06
9	79.16	39.50	39.42	10.21	15.27
8	80.19	40.02	39.94	10.34	25.62
7	80.05	39.94	39.86	10.33	35.94
6	78.68	39.26	39.18	10.15	46.09
5	74.74	37.29	37.22	9.64	55.73
4	67.44	33.65	33.58	8.70	64.43
3	51.75	25.82	25.77	6.68	71.11
2	35.98	17.95	17.92	4.64	75.75
1	23.55	11.75	11.73	3.04	78.79

注:每层两根连系梁刚度相同,$M_{12} = M_{bj}/2$。

④ 内力在剪力墙上的分配。

第 j 层第 i 个墙肢的内力为:

$$M_{wij} = \frac{EI_{eqi}}{\sum EI_{eqi}}M_{wj}; \quad V_{wij} = \frac{EI_{eqi}}{\sum EI_{eqi}}V_{wj}; \quad N_{wij} = \sum V_{bj}$$

每层横向 2 片剪力墙等效刚度相同,所以:
$M_{wij} = 0.5 M_{wj}$,$V_{wij} = 0.5 V_{wj}$,其内力分配见表 3.2.18。

表 3.2.18 风荷载作用下内力在剪力墙上的分配

层	$M_{wj}/10^3 \text{kN} \cdot \text{m}$	$M_{wij}/10^3 \text{kN} \cdot \text{m}$	$V_{wj}/10^3 \text{kN}$	$V_{wij}/10^3 \text{kN}$	N_{wij}/kN
10	0.000	0.000	-0.463	-0.231	5.06
9	-1.186	-0.593	-0.073	-0.037	15.27
8	-0.947	-0.473	0.271	0.136	25.62
7	0.575	0.288	0.580	0.290	35.94
6	3.215	1.607	0.853	0.426	46.09
5	6.867	3.433	1.098	0.549	55.73
4	11.439	5.720	1.321	0.660	64.43
3	16.859	8.429	1.524	0.762	71.11
2	22.117	11.058	1.686	0.843	75.75
1	27.856	13.928	1.838	0.919	78.79
0	35.323	17.661	2.010	1.005	

单片剪力墙在风荷载作用下的剪力、弯矩、轴力图如图 3.2.20 所示。

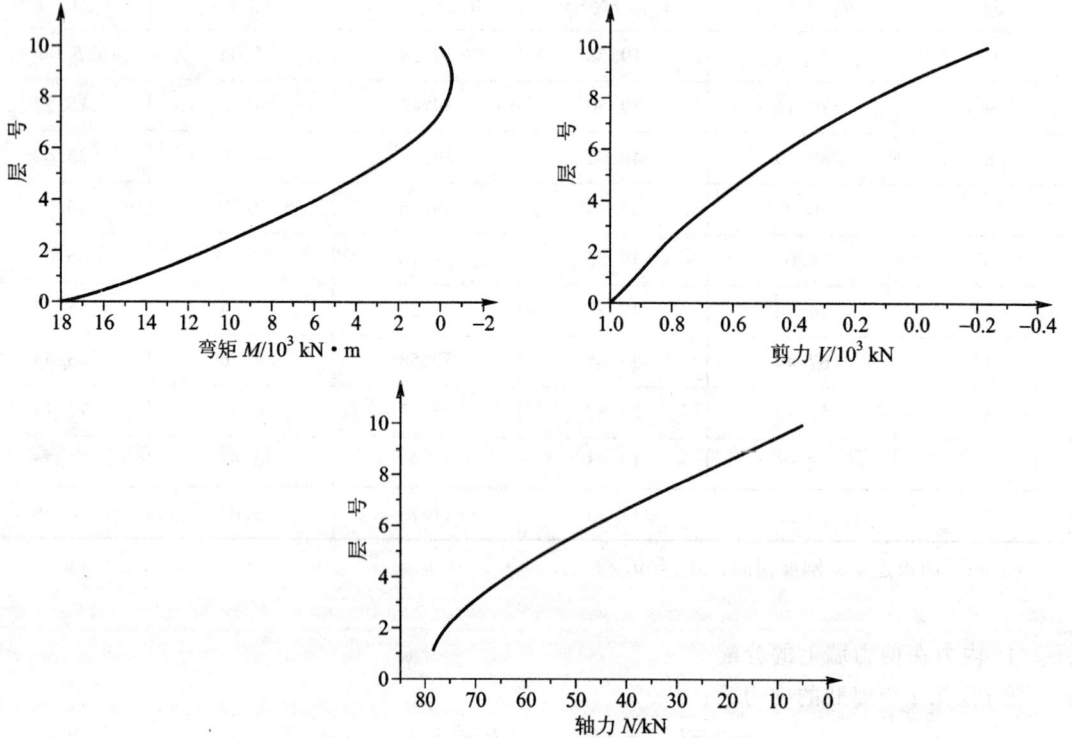

图 3.2.20 剪力墙在风荷载作用下的剪力、弯矩、轴力图

⑤ 框架内力计算。

a. 框架风荷载作用下的剪力 V_f 在各框架柱间分配（取 4 轴一榀横向框架），第 i 层第 m 柱所分配剪力为 $V_{im} = \dfrac{D_{im}}{\sum D_{im}} V_{fi}$。

b. 框架柱反弯点位置由式 $y = y_0 + y_1 + y_2 + y_3$ 确定，y_0、y_1、y_2、y_3 的值可由附表 5 中的表查得，反弯点位置计算结果见表 3.2.19。

表 3.2.19 框架柱反弯点位置

层	B/4 轴柱（边柱）						C/4 轴柱（中柱）					
	$\bar{i}$	y_0	y_1	y_2	y_3	y	$\bar{i}$	y_0	y_1	y_2	y_3	y
10	0.155	-0.113	0	0	0	-0.113	0.309	0.155	0	0	0	0.155
9	0.155	0.088	0	0	0	0.088	0.309	0.305	0	0	0	0.305
8	0.155	0.210	0	0	0	0.210	0.309	0.355	0	0	0	0.355
7	0.155	0.283	0	0	0	0.283	0.309	0.400	0	0	0	0.400
6	0.155	0.355	0	0	0	0.355	0.309	0.405	0	0	0	0.405
5	0.155	0.428	0	0	0	0.428	0.309	0.450	0	0	0	0.450
4	0.155	0.473	0	0	0.039	0.512	0.309	0.450	0	0	0.035	0.485
3	0.131	0.585	0	0.046	0	0.631	0.261	0.520	0	0.046	0	0.566
2	0.131	0.788	0	0	-0.046	0.742	0.261	0.620	0	0	-0.046	0.574
1	0.155	1.158	0	-0.039	0	1.119	0.309	0.891	0	-0.035	0	0.856

c. 框架柱节点弯矩分配：

$$M_{c上} = V_{im}(1-y)h; \quad M_{c下} = V_{im}yh$$

边柱

$$M_{b总} = M_{c上j} + M_{c下j+1}$$

中柱

$$M_{b左} = \frac{i_b^{左}}{i_b^{左} + i_b^{右}}(M_{c上j} + M_{c下j+1}) = \frac{1}{2}M_b^{总}$$

$$M_{b右} = \frac{i_b^{右}}{i_b^{左} + i_b^{右}}(M_{c上j} + M_{c下j+1}) = \frac{1}{2}M_b^{总}$$

计算结果见表 3.2.20 和表 3.2.21。

表 3.2.20 风荷载作用下 B/4 轴框架柱剪力及梁柱端弯矩计算

层	层高 /m	V_{fi} /kN	$\sum D_{im}$ /(kN/m)	D_{im} /(kN/m)	V_{im} /kN	yh /m	$M_c^{上}$ /(kN·m)	$M_c^{下}$ /(kN·m)	$M_b^{总}$ /(kN·m)
10	3.9	464.86	507 388	16 133	14.78	-0.441	64.16	-6.51	64.16
9	3.9	469.90	507 388	16 133	14.94	0.343	53.14	5.13	46.63

续表

层	层高 /m	V_{fi} /kN	$\sum D_{im}$ /kN/m	D_{im} /kN/m	V_{im} /kN	yh /m	$M_c^{上}$ /kN·m	$M_c^{下}$ /kN·m	$M_b^{总}$ /kN·m
8	3.9	472.50	507 388	16 133	15.02	0.819	46.29	12.30	51.42
7	3.9	468.04	507 388	16 133	14.88	1.104	41.61	16.43	53.92
6	3.9	452.39	507 388	16 133	14.38	1.385	36.18	19.91	52.61
5	3.9	419.23	507 388	16 133	13.33	1.669	29.74	22.25	49.65
4	3.9	364.17	507 388	16 133	11.58	1.997	22.04	23.12	44.29
3	3.3	290.71	716 804	22 585	9.16	2.082	11.15	19.07	34.28
2	3.3	200.62	716 804	22 585	6.32	2.449	5.38	15.48	24.45
1	3.9	75.23	1 611 908	68 115	3.18	4.364	-1.48	13.87	14.00

表 3.2.21 风荷载作用下 C/4 轴框架柱剪力及梁柱端弯矩计算

层	层高 /m	V_{fi} /kN	$\sum D_{im}$ /kN/m	D_{im} /(kN/m)	V_{im} /kN	yh /m	$M_c^{上}$ /kN·m	$M_c^{下}$ /kN·m	$M_b^{总}$ /kN·m	$M_b^{左}/M_b^{右}$ /kN·m
10	3.9	464.86	507 388	30 024	27.51	0.605	90.65	16.63	90.65	45.33
9	3.9	469.90	507 388	30 024	27.81	1.190	75.37	33.07	92.00	46.00
8	3.9	472.50	507 388	30 024	27.96	1.385	70.33	38.71	103.41	51.70
7	3.9	468.04	507 388	30 024	27.70	1.560	64.81	43.21	103.52	51.76
6	3.9	452.39	507 388	30 024	26.77	1.580	62.12	42.28	105.32	52.66
5	3.9	419.23	507 388	30 024	24.81	1.755	53.21	43.54	95.49	47.75
4	3.9	364.17	507 388	30 024	21.55	1.892	43.28	40.76	86.82	43.41
3	3.3	290.71	716 804	42 579	17.27	1.868	24.73	32.25	65.49	32.75
2	3.3	200.62	716 804	42 579	11.92	1.894	16.75	22.57	49.01	24.50
1	3.9	75.23	1 611 908	78 422	3.66	3.338	2.06	12.22	24.63	12.31

d. 框架柱轴力与框架梁剪力计算。

框架梁剪力

梁 BC $\quad V_{BCj} = V_{CBj} = -\dfrac{M_{bBCj} + M_{bCBj}}{l} = -\dfrac{M_{bBCj} + M_{bCBj}}{8}$ （顺时针为正）

梁 CD $\quad V_{CDj} = V_{DCj} = -\dfrac{M_{bCDj} + M_{bDCj}}{l} = -\dfrac{M_{bCDj} + M_{bDCj}}{8}$ （顺时针为正）

梁 DE $\quad V_{DEj} = V_{EDj} = -\dfrac{M_{bDEj} + M_{bEDj}}{l} = -\dfrac{M_{bDEj} + M_{bEDj}}{8}$ （顺时针为正）

框架柱轴力

柱 B $\quad N_{CjB} = \sum V_{BCj}$ 柱 C $\quad N_{CjC} = \sum(-V_{BCj} + V_{CDj})$

柱 D $N_{CjD} = \sum(-V_{CDj} + V_{DEj})$ 柱 E $N_{CjE} = -\sum V_{DEj}$

计算结果见表 3.2.22。

表 3.2.22 风荷载作用下框架梁端剪力与框架柱轴力

层	梁端剪力 V_{bj}/kN			柱轴力 N/kN					
	BC 跨 V_{BCj}	CD 跨 V_{CDj}	DE 跨 V_{DEj}	柱 B N_{CjB}	$-V_{BCj}+V_{CDj}$	柱 C N_{CjC}	$-V_{CDj}+V_{DEj}$	柱 D N_{CjD}	柱 E N_{CjE}
10	-13.69	-11.33	-13.69	-13.69	2.35	2.35	-2.35	-2.35	13.69
9	-11.58	-11.50	-11.58	-25.27	0.08	2.43	-0.08	-2.43	25.27
8	-12.89	-12.93	-12.89	-38.16	-0.04	2.39	0.04	-2.39	38.16
7	-13.21	-12.94	-13.21	-51.37	0.27	2.66	-0.27	-2.66	51.37
6	-13.16	-13.17	-13.16	-64.53	-0.01	2.66	0.01	-2.66	64.53
5	-12.17	-11.94	-12.17	-76.70	0.24	2.89	-0.24	-2.89	76.70
4	-10.96	-10.85	-10.96	-87.66	0.11	3.00	-0.11	-3.00	87.66
3	-8.38	-8.19	-8.38	-96.04	0.19	3.20	-0.19	-3.20	96.04
2	-6.12	-6.13	-6.12	-102.16	-0.01	3.19	0.01	-3.19	102.16
1	-3.29	-3.08	-3.29	-105.45	0.21	3.40	-0.21	-3.40	105.45

风荷载作用下的内力图见图 3.2.21～图 3.2.23。

(2) 水平地震作用下结构内力计算

① 由 λ 值及荷载类型查图表计算。

计算过程见表 3.2.23 $\left(注: \dfrac{\overline{V}_f}{V_0} = (1-\xi^2) - \dfrac{\overline{V}'_w}{V_0}\right)$。

表 3.2.23 水平地震作用下结构内力计算

层	标高 x/m	$\xi = \dfrac{x}{H}$	$\lambda = 1.38$, $M_0 = 139.83\times 10^3$ kN·m, $V_0 = 5548.85$ kN, $q = 293.59$ kN/m							
			$\dfrac{M_w}{M_0}$	M_w /10^3 kN·m	$\dfrac{\overline{V}'_w}{V_0}$	$\overline{V}'_w$ /10^3 kN	$\dfrac{\overline{V}_f}{V_0}$	$\overline{V}_f$ /10^3 kN	V_f /10^3 kN	m /kN	V_w /10^3 kN
10	37.8	1.000	0.000	0.000	-0.250	-1.389	0.250	1.389	1.278	111.11	-1.278
9	33.9	0.897	-0.023	-3.273	-0.057	-0.315	0.252	1.401	1.289	112.07	-0.203
8	30	0.794	-0.019	-2.614	0.114	0.635	0.256	1.419	1.306	113.53	0.748
7	26.1	0.690	0.011	1.588	0.268	1.487	0.255	1.417	1.303	113.32	1.600
6	22.2	0.587	0.063	8.874	0.404	2.243	0.251	1.392	1.281	111.39	2.354
5	18.3	0.484	0.136	18.957	0.527	2.926	0.238	1.323	1.217	105.80	3.032
4	14.4	0.381	0.226	31.580	0.640	3.550	0.215	1.193	1.098	95.47	3.646
3	10.5	0.278	0.333	46.541	0.744	4.129	0.179	0.992	0.913	79.37	4.208
2	7.2	0.190	0.437	61.056	0.828	4.595	0.136	0.752	0.692	60.20	4.655
1	3.9	0.103	0.550	76.900	0.908	5.038	0.081	0.451	0.415	36.12	5.074
0	0	0.000	0.697	97.514	1.000	5.549	0.000	0.000	0.000	0.00	5.549

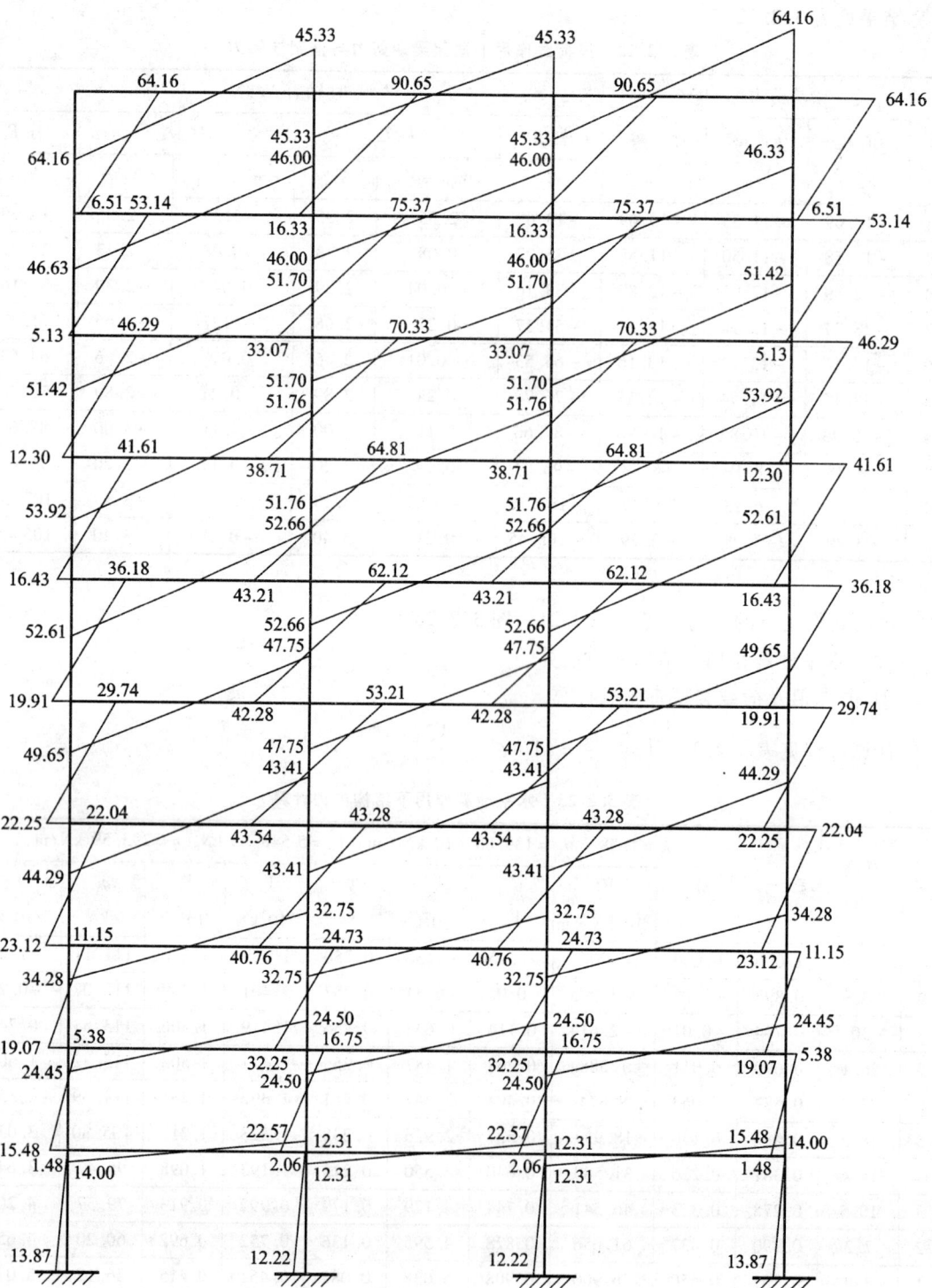

图 3.2.21　框架在左风荷载作用下的弯矩图(单位:kN·m)

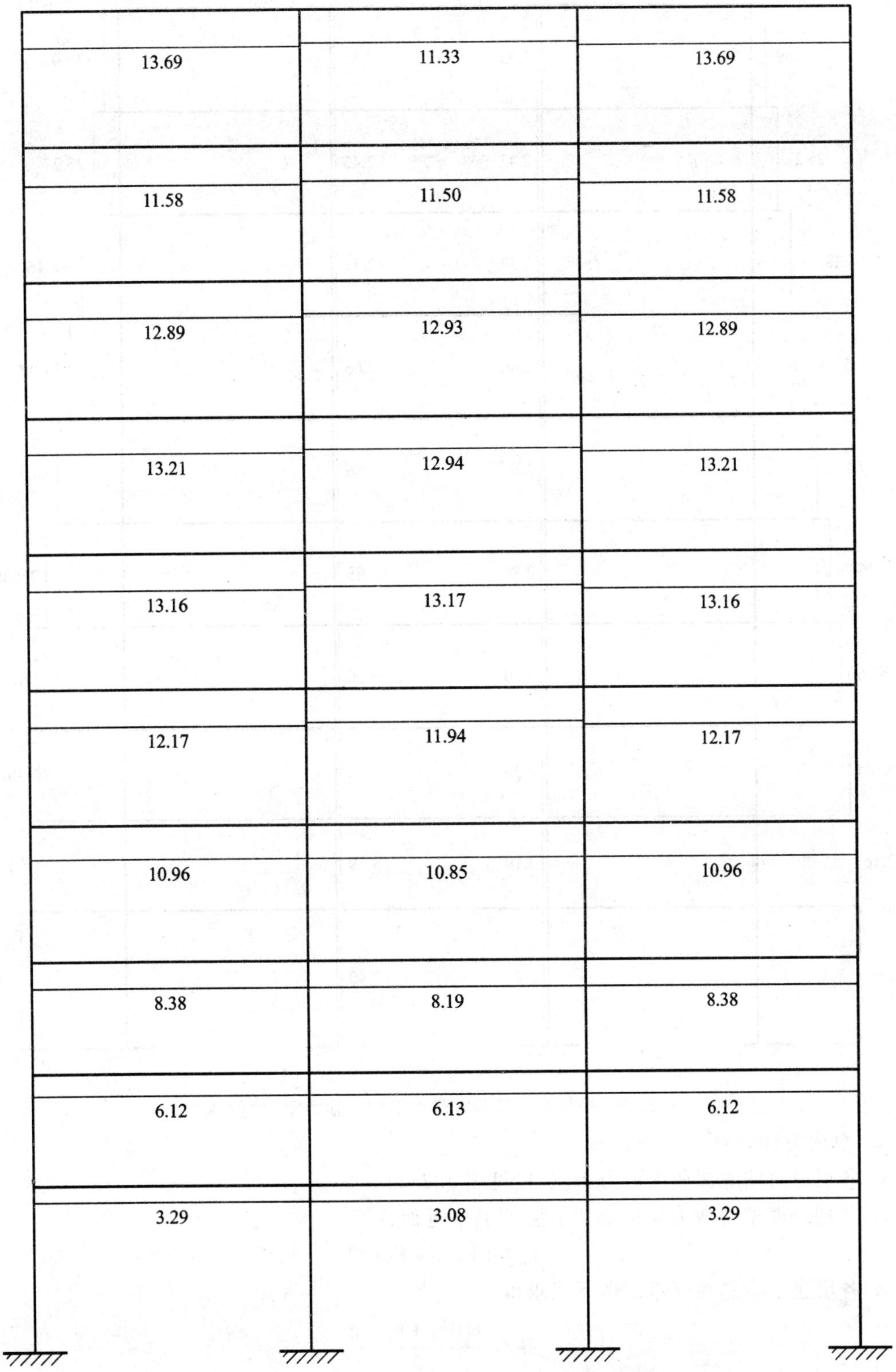

13.69	11.33	13.69
11.58	11.50	11.58
12.89	12.93	12.89
13.21	12.94	13.21
13.16	13.17	13.16
12.17	11.94	12.17
10.96	10.85	10.96
8.38	8.19	8.38
6.12	6.13	6.12
3.29	3.08	3.29

图 3.2.22 框架在左风荷载作用下的梁端剪力图(单位:kN)

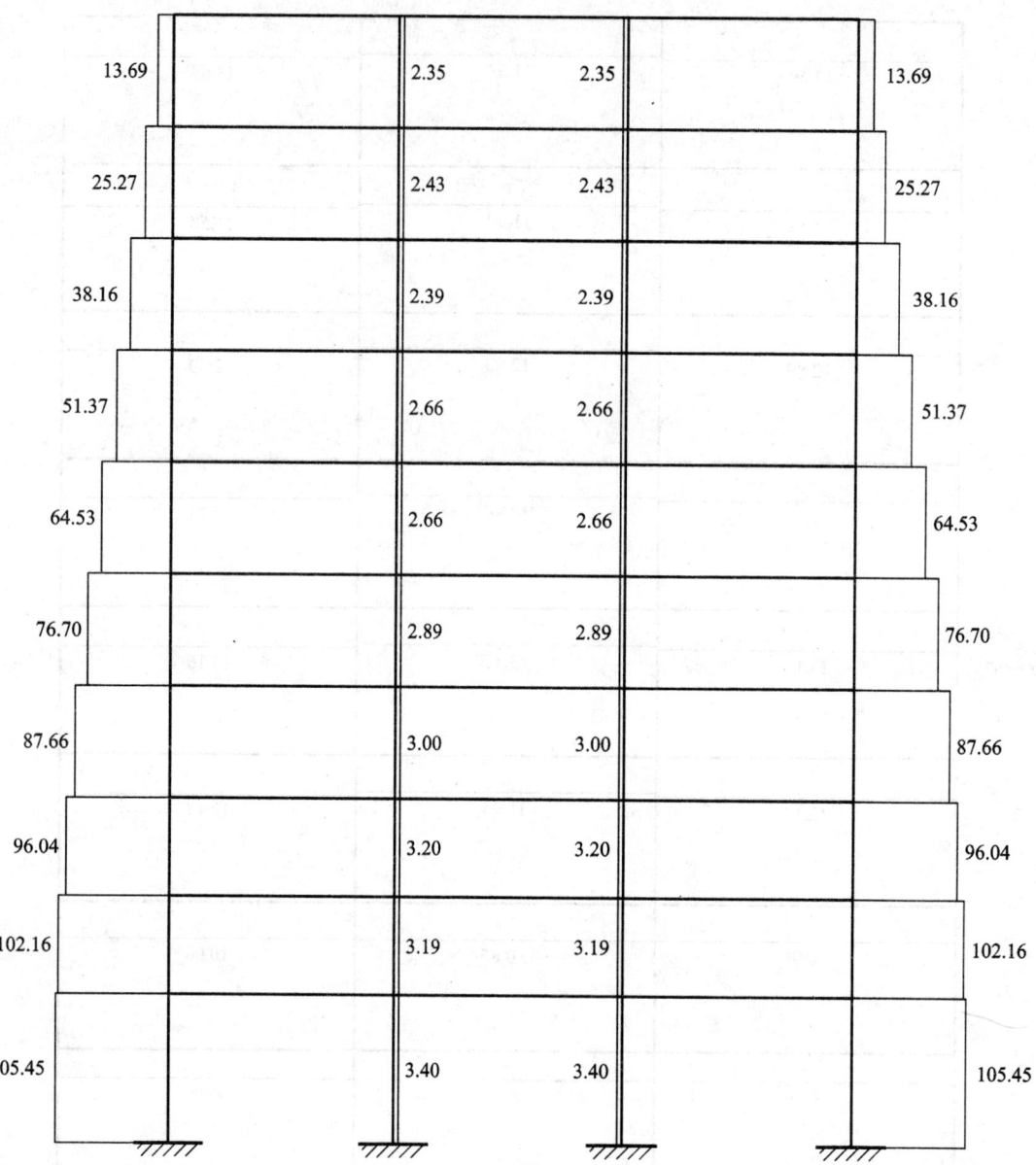

图 3.2.23　框架在左风荷载作用下的柱轴力图(单位:kN)

② 总内力计算:

a. 各层剪力墙底部截面内力 M_w、V_w 见表 3.2.24。

b. 各层总框架柱剪力应由上、下层处 V_f 值近似计算。

$$V_{fi} = (V_{fi-1} + V_{fi})/2$$

c. 各层连系梁总约束弯矩由下式求得

$$M_{bj} = \frac{m(h_i + h_{i-1})}{2}$$

计算结果见表 3.2.24。

表 3.2.24 水平地震作用下结构内力计算汇总

层	总剪力墙		总框架	总连梁
	$M_w/10^3 \text{kN}\cdot\text{m}$	$V_w/10^3 \text{kN}$	V_f/kN	$M_{bj}/\text{kN}\cdot\text{m}$
10	0.000	-1.278	1283.29	216.66
9	-3.273	-0.203	1 297.20	437.08
8	-2.614	0.748	1 304.39	442.76
7	1.588	1.600	1 292.08	441.96
6	8.874	2.354	1 248.85	434.41
5	18.957	3.032	1 157.33	412.64
4	31.580	3.646	1 005.33	372.33
3	46.541	4.208	802.52	285.73
2	61.056	4.655	553.83	198.66
1	76.900	5.074	207.68	130.03
0	97.514	5.549		

③ 连系梁内力计算

计算结果见表 3.2.25(单根连系梁)。

表 3.2.25 水平地震作用下连系梁内力计算

层	$M_{12}/\text{kN}\cdot\text{m}$	$M_{b12}/\text{kN}\cdot\text{m}$	$M_{b21}/\text{kN}\cdot\text{m}$	V_{bj}/kN	$\sum V_{bj}/\text{kN}$
10	108.33	54.06	53.95	13.97	13.97
9	218.54	109.05	108.83	28.19	42.17
8	221.38	110.47	110.25	28.56	70.72
7	220.98	110.27	110.05	28.51	99.23
6	217.20	108.39	108.17	28.02	127.25
5	206.32	102.95	102.75	26.62	153.87
4	186.17	92.90	92.71	24.02	177.88
3	142.87	71.29	71.15	18.43	196.31
2	99.33	49.57	49.47	12.81	209.12
1	65.01	32.44	32.38	8.39	217.51

注:每层两根连系梁刚度相同,$M_{12} = M_{bj}/2$。

④ 内力在剪力墙上的分配。

第 j 层第 i 个墙肢的内力为:

$$M_{wij} = \frac{EI_{eqi}}{\sum EI_{eqi}} M_{wj}; \quad V_{wij} = \frac{EI_{eqi}}{\sum EI_{eqi}} V_{wj}; \quad N_{wij} = \sum V_{bj}$$

每层横向 2 片剪力墙等效刚度相同，所以：$M_{wij} = 0.5M_{wj}$，$V_{wij} = 0.5V_{wj}$，其内力分配见表 3.2.26。

表 3.2.26　水平地震作用下内力在剪力墙上的分配

层	$M_{wj}/10^3$ kN·m	$M_{wij}/10^3$ kN·m	$V_{wj}/10^3$ kN	$V_{wij}/10^3$ kN	$N_{wij}/$kN
10	0.000	0	-1.278	-0.639	13.97
9	-3.273	-1.637	-0.203	-0.101	42.17
8	-2.614	-1.307	0.748	0.374	70.72
7	1.588	0.794	1.600	0.800	99.23
6	8.874	4.437	2.354	1.177	127.25
5	18.957	9.478	3.032	1.516	153.87
4	31.580	15.790	3.646	1.823	177.88
3	46.541	23.271	4.208	2.104	196.31
2	61.056	30.528	4.655	2.328	209.12
1	76.900	38.450	5.074	2.537	217.51
0	97.514	48.757	5.549	2.774	

单片剪力墙在地震荷载作用下的剪力、弯矩、轴力图如图 3.2.24 所示。

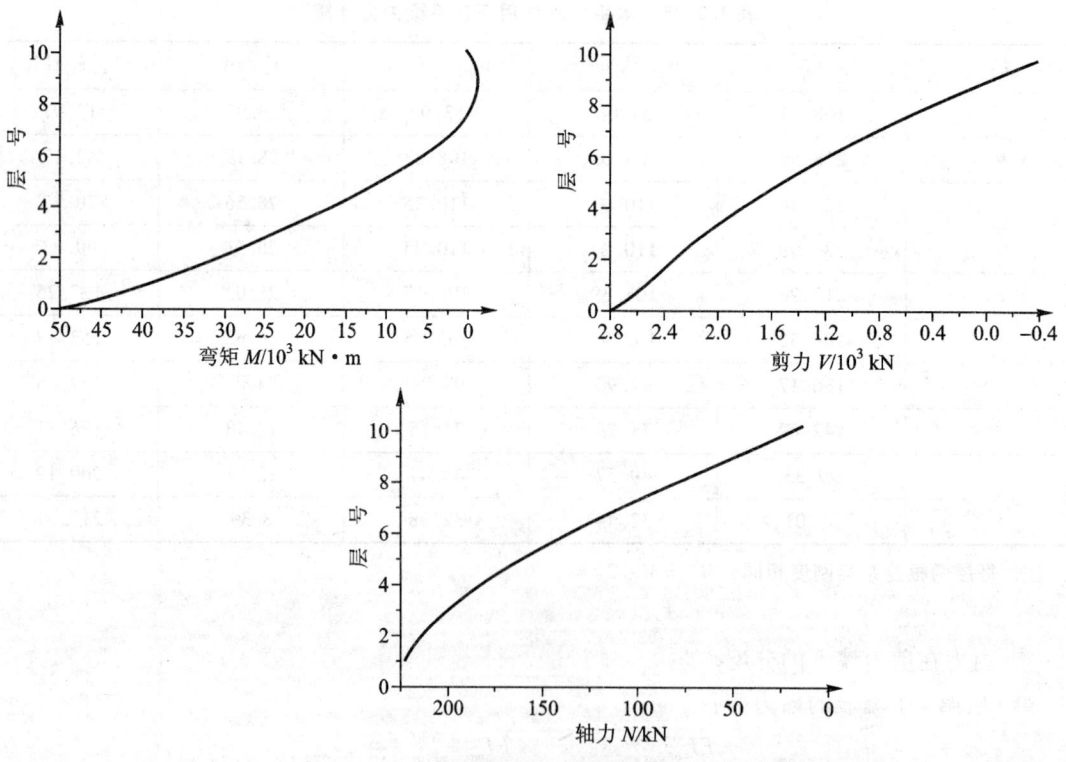

图 3.2.24　剪力墙在地震荷载作用下的剪力、弯矩、轴力图

⑤ 框架内力计算

a. 框架剪力调整。

框架中 5～10 层所有 $V_{fi} > 0.2V_0 = 0.2 \times 5\,548.85$ kN $= 1\,109.77$ kN，不必调整。

1～4 层 $V_{fi} < 0.2V_0$，所以需调整。

$1.5V_{fmax} = 1.5 \times 1\,304.39$ kN $= 1\,956.59$ kN，取 $V_{fi} = \min(1.5V_{fmax}, 0.2V_0) = 1\,109.77$ kN。

b. 框架风荷载作用下的剪力 V_f 在各框架柱间分配（取 4 轴一榀横向框架），第 i 层第 m 柱所分配剪力为 $V_{im} = \dfrac{D_{im}}{\sum D_{im}} V_{fi}$。

c. 框架柱节点弯矩分配

$$M_{c上} = V_{im}(1-y)h; \quad M_{c下} = V_{im}yh$$

边柱

$$M_{b总} = M_{c上j} + M_{c下j+1}$$

中柱

$$M_{b左} = \frac{i_b^{左}}{i_b^{左} + i_b^{右}}(M_{c上j} + M_{c下j+1}) = \frac{1}{2}M_b^{总}$$

$$M_{b右} = \frac{i_b^{右}}{i_b^{左} + i_b^{右}}(M_{c上j} + M_{c下j+1}) = \frac{1}{2}M_b^{总}$$

计算结果见表 3.2.27 和表 3.2.28。

表 3.2.27 水平地震作用下 B/4 轴框架柱剪力及梁柱端弯矩计算

层	层高 /m	V_{fi} /kN	$\sum D_{im}$ /(kN/m)	D_{im} /(kN/m)	V_{im} /kN	yh /m	$M_c^{上}$ /kN·m	$M_c^{下}$ /kN·m	$M_b^{总}$ /kN·m
10	3.9	1 283.29	507 388	16 133	40.80	-0.441	177.12	-17.98	177.12
9	3.9	1 297.20	507 388	16 133	41.25	0.343	146.70	14.16	128.72
8	3.9	1 304.39	507 388	16 133	41.47	0.819	127.78	33.97	141.94
7	3.9	1 292.08	507 388	16 133	41.08	1.104	114.88	45.34	148.85
6	3.9	1 248.85	507 388	16 133	39.71	1.385	99.89	54.98	145.23
5	3.9	1 157.33	507 388	16 133	36.80	1.669	82.09	61.42	137.07
4	3.9	1 109.77	507 388	16 133	35.29	1.997	67.16	70.46	128.58
3	3.3	1 109.77	716 804	22 585	34.97	2.082	42.58	72.81	113.04
2	3.3	1 109.77	716 804	22 585	34.97	2.449	29.77	85.62	102.58
1	3.9	1 109.77	1 611 908	68 115	46.90	4.364	-21.76	204.66	63.85

表 3.2.28 水平地震作用下 C/4 轴框架柱剪力及梁柱端弯矩计算

层	层高 /m	V_{fi} /kN	$\sum D_{im}$ /(kN/m)	D_{im} /(kN/m)	V_{im} /kN	yh /m	$M_c^{上}$ /kN·m	$M_c^{下}$ /kN·m	$M_b^{总}$ /kN·m	$M_b^{左}/M_b^{右}$ /kN·m
10	3.9	1 283.29	507 388	30 024	75.94	0.605	250.25	45.90	250.25	125.13
9	3.9	1 297.20	507 388	30 024	76.76	1.190	208.06	91.31	253.96	126.98
8	3.9	1 304.39	507 388	30 024	77.19	1.385	194.16	106.86	285.47	142.73
7	3.9	1 292.08	507 388	30 024	76.46	1.560	178.91	119.27	285.77	142.89
6	3.9	1 248.85	507 388	30 024	73.90	1.580	171.48	116.72	290.76	145.38
5	3.9	1 157.33	507 388	30 024	68.48	1.755	146.90	120.19	263.62	131.81
4	3.9	1 109.77	507 388	30 024	65.67	1.892	131.90	124.21	252.08	126.04
3	3.3	1 109.77	716 804	42 579	65.92	1.868	94.41	123.13	218.63	109.31
2	3.3	1 109.77	716 804	42 579	65.92	1.894	92.67	124.87	215.80	107.90
1	3.9	1 109.77	1 611 908	78 422	53.99	3.338	30.32	180.25	155.19	77.60

d. 框架柱轴力与框架梁剪力计算，计算结果见表 3.2.29。

表 3.2.29 水平地震作用下框架梁端剪力与框架柱轴力

层	梁端剪力 V_{bj}/kN			柱轴力 N/kN					
	BC 跨 V_{BCj}	CD 跨 V_{CDj}	DE 跨 V_{DEj}	柱 B N_{CjB}	柱 C $-V_{BCj}+V_{CDj}$	N_{CjC}	柱 D $-V_{CDj}+V_{DEj}$	N_{CjD}	柱 E N_{CjE}
10	-37.78	-31.28	-37.78	-37.78	6.50	6.50	-6.50	-6.50	37.78
9	-31.96	-31.75	-31.96	-69.74	0.22	6.72	-0.22	-6.72	69.74
8	-35.58	-35.68	-35.58	-105.33	-0.10	6.62	0.10	-6.62	105.33
7	-36.47	-35.72	-36.47	-141.79	0.75	7.36	-0.75	-7.36	141.79
6	-36.33	-36.34	-36.33	-178.12	-0.02	7.34	0.02	-7.34	178.12
5	-33.61	-32.95	-33.61	-211.73	0.66	8.00	-0.66	-8.00	211.73
4	-31.83	-31.51	-31.83	-243.56	0.32	8.32	-0.32	-8.32	243.56
3	-27.79	-27.33	-27.79	-271.35	0.47	8.78	-0.47	-8.78	271.35
2	-26.31	-26.98	-26.31	-297.66	-0.66	8.12	0.66	-8.12	297.66
1	-17.68	-19.40	-17.68	-315.34	-1.72	6.40	1.72	-6.40	315.34

水平地震作用下的内力图见图 3.2.25 ~ 图 3.2.27。

3.2.6.2 竖向荷载作用下的内力计算
1. 设计要点

竖向荷载作用下内力计算首先需根据楼盖的结构平面布置，将竖向荷载传递给每榀框架及每片剪力墙。

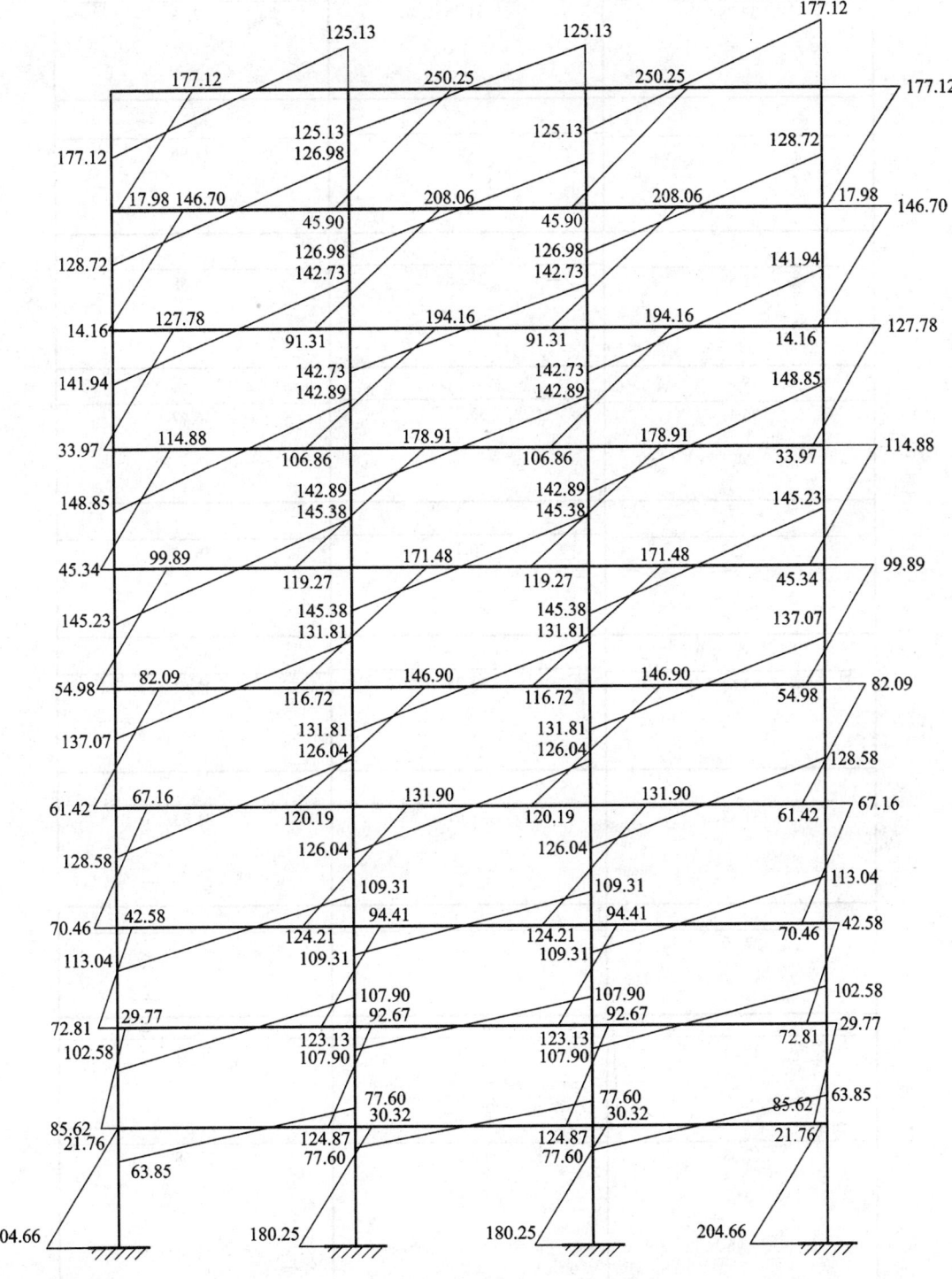

图 3.2.25 框架在水平地震作用下的弯矩图(单位:kN·m)

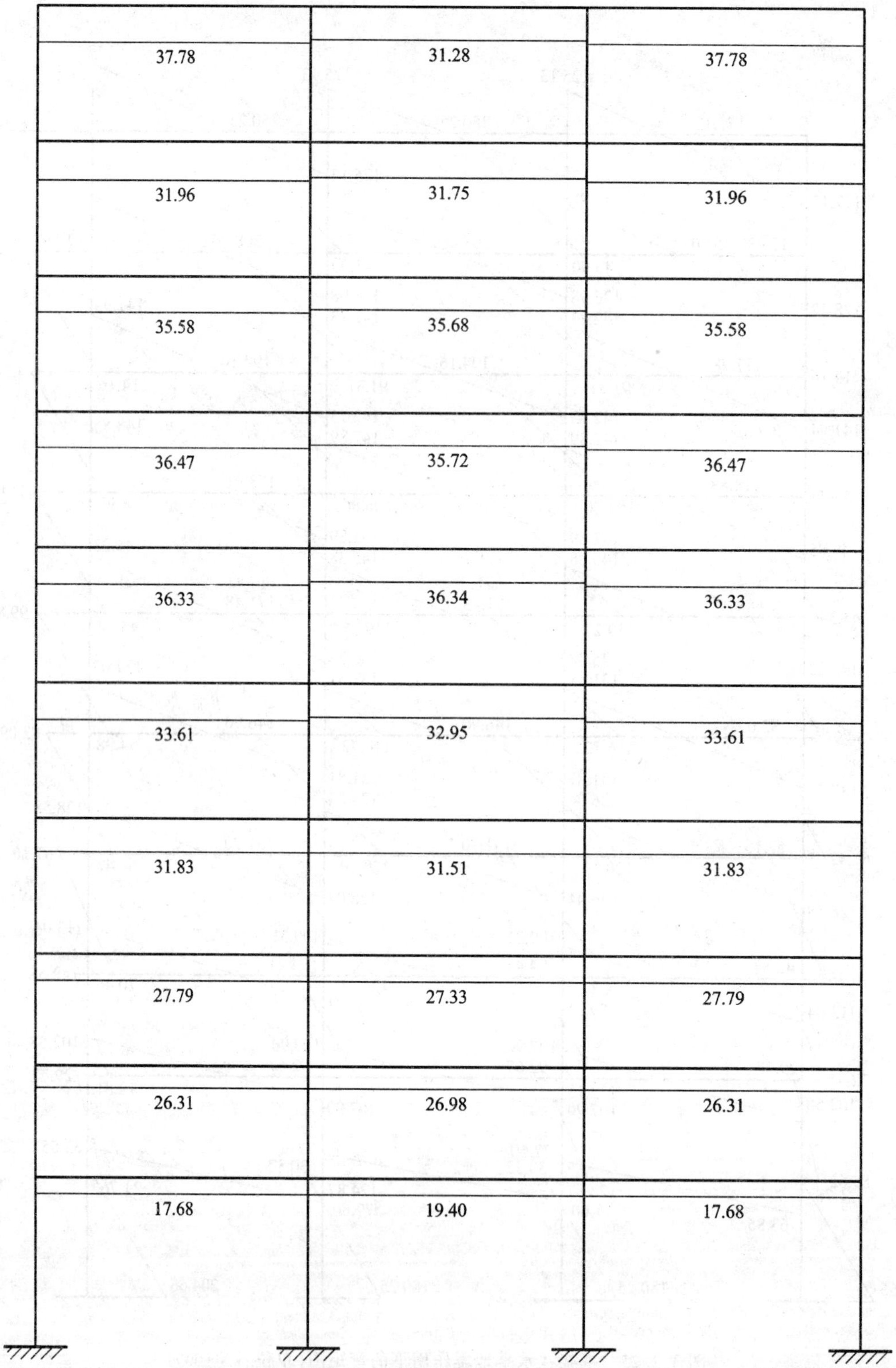

37.78	31.28	37.78
31.96	31.75	31.96
35.58	35.68	35.58
36.47	35.72	36.47
36.33	36.34	36.33
33.61	32.95	33.61
31.83	31.51	31.83
27.79	27.33	27.79
26.31	26.98	26.31
17.68	19.40	17.68

图 3.2.26　框架在水平地震作用下的梁端剪力图(单位:kN)

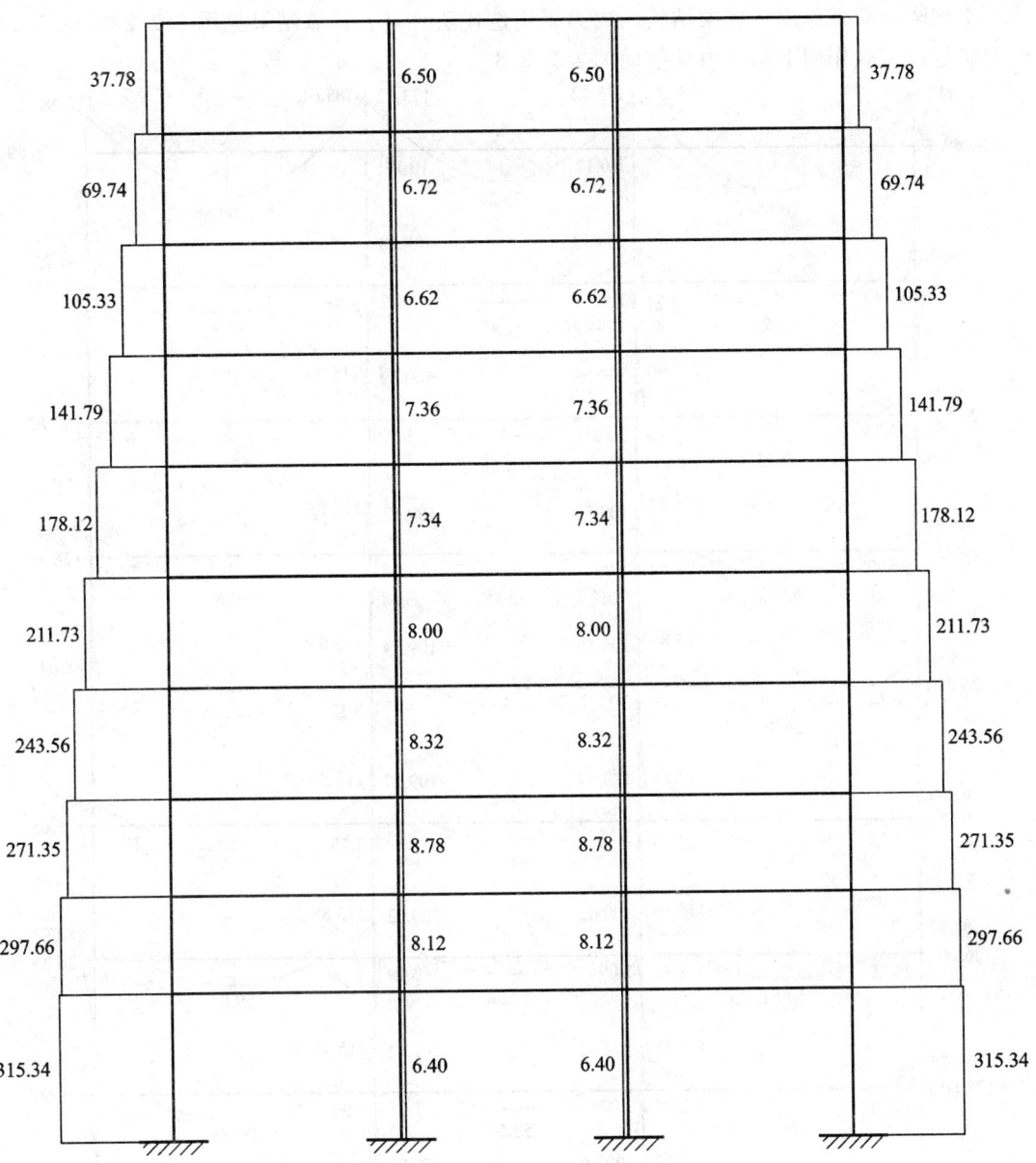

图 3.2.27 框架在水平地震作用下的柱轴力图(单位:kN)

(1) 框架结构在竖向荷载作用下的内力计算。

框架结构在竖向荷载作用下的内力计算可用分层法、迭代法、UBC 法等。

(2) 剪力墙在竖向荷载作用下的内力计算

作用于剪力墙上的竖向荷载包括由各层楼盖传来的荷载、各层连系梁传来的荷载、各层纵向连系梁传来荷载和各层剪力墙自重荷载,这些荷载一般多均匀、对称作用于剪力墙上,故剪力墙常按轴心受压计算截面内力,忽略较小弯矩的影响。但当有纵向剪力墙作为横向剪力墙的翼缘,截面重心存在明显偏移时,其内力计算以考虑、计算其弯矩为宜。

2. 算例情况

本例竖向荷载作用下框架结构的内力采用迭代法计算，计算结果见图 3.2.28～图 3.2.36。剪力墙竖向荷载作用下的内力见前面的表 3.2.8。

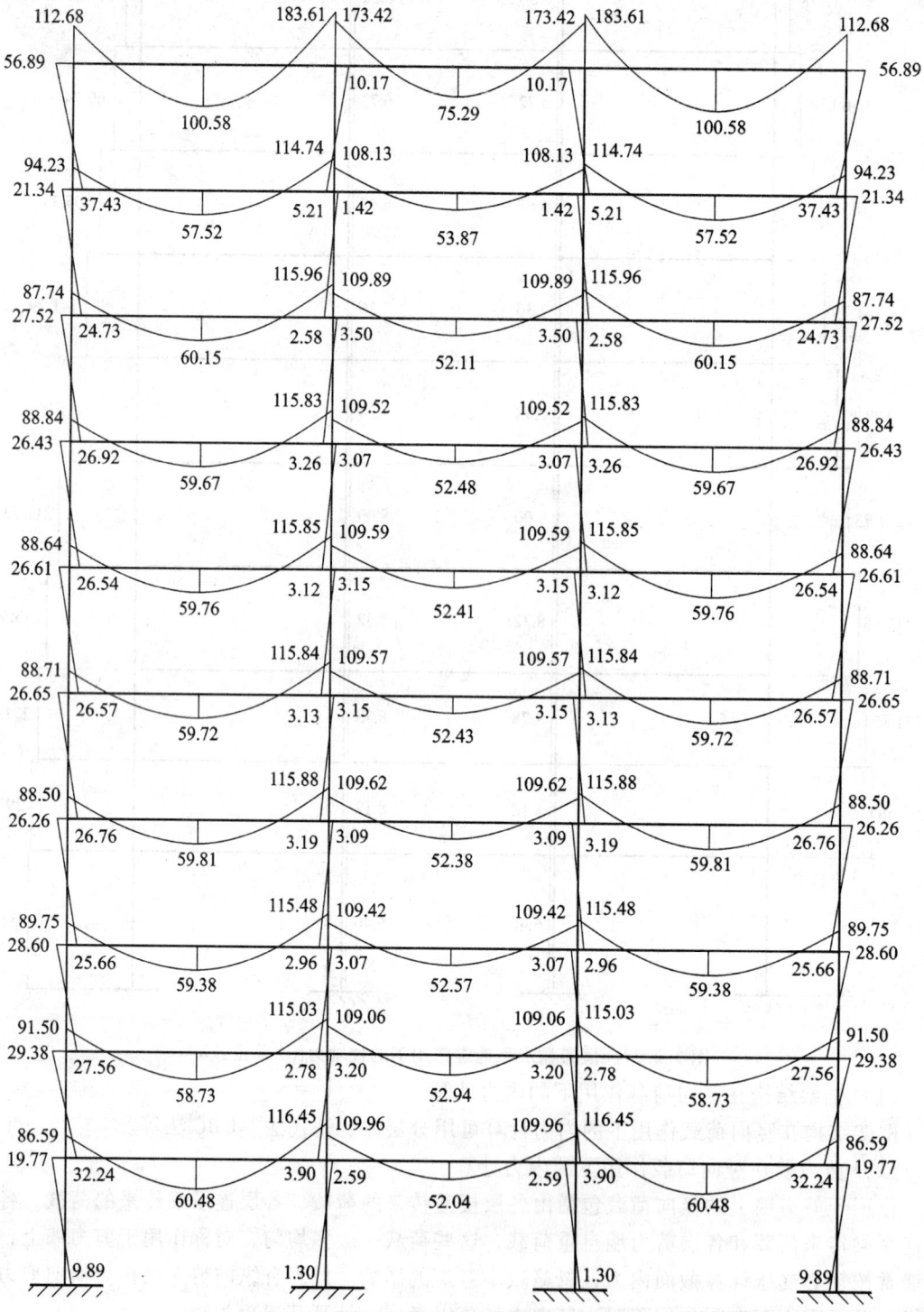

注：节点弯矩不平衡是因为节点有等代力矩的缘故
图 3.2.28 框架在恒载作用下的弯矩图（单位：kN·m）

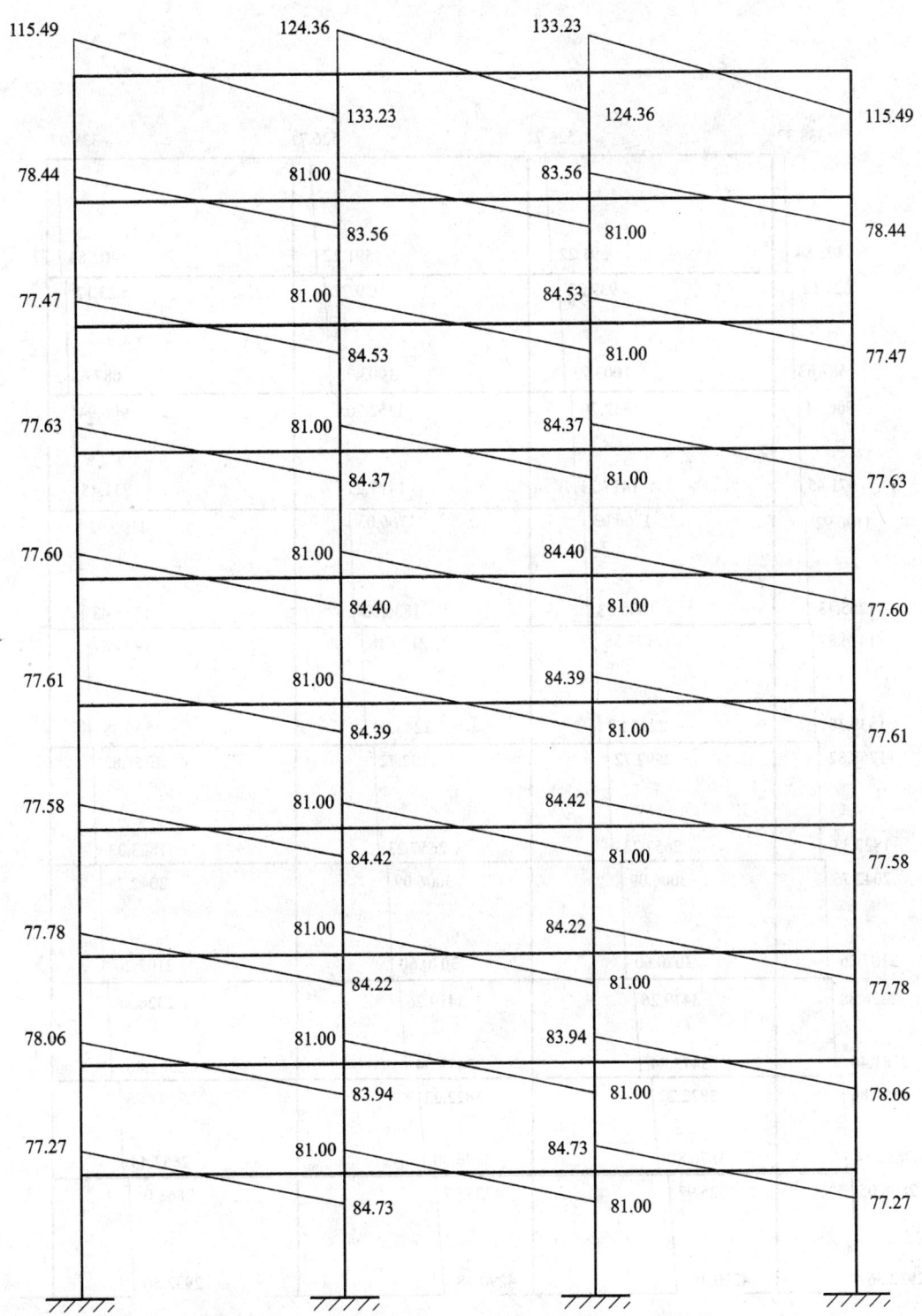

图 3.2.29 框架在恒载作用下的梁端剪力图(单位:kN)

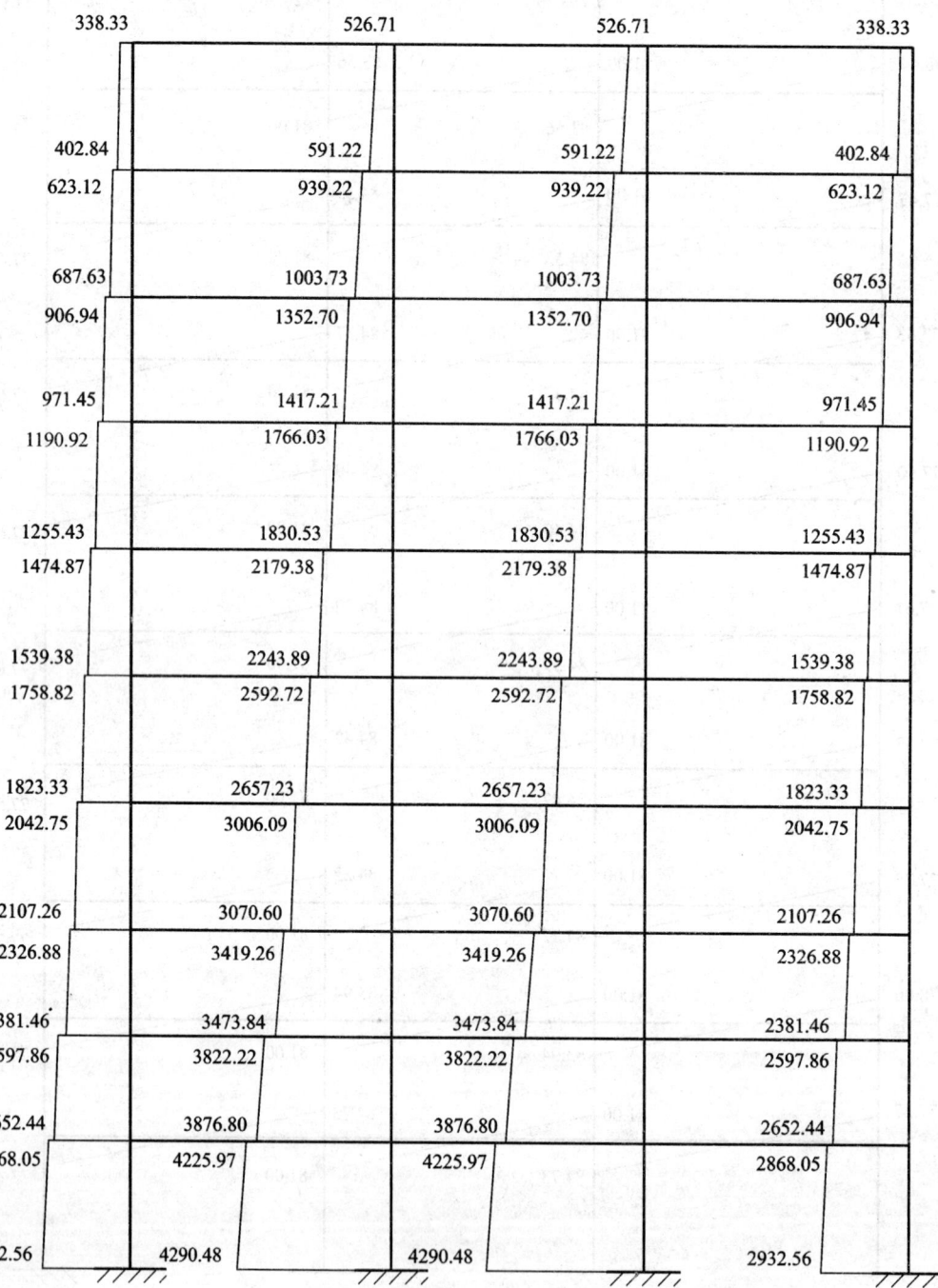

图 3.2.30　框架在恒载作用下的柱轴力图(单位:kN)

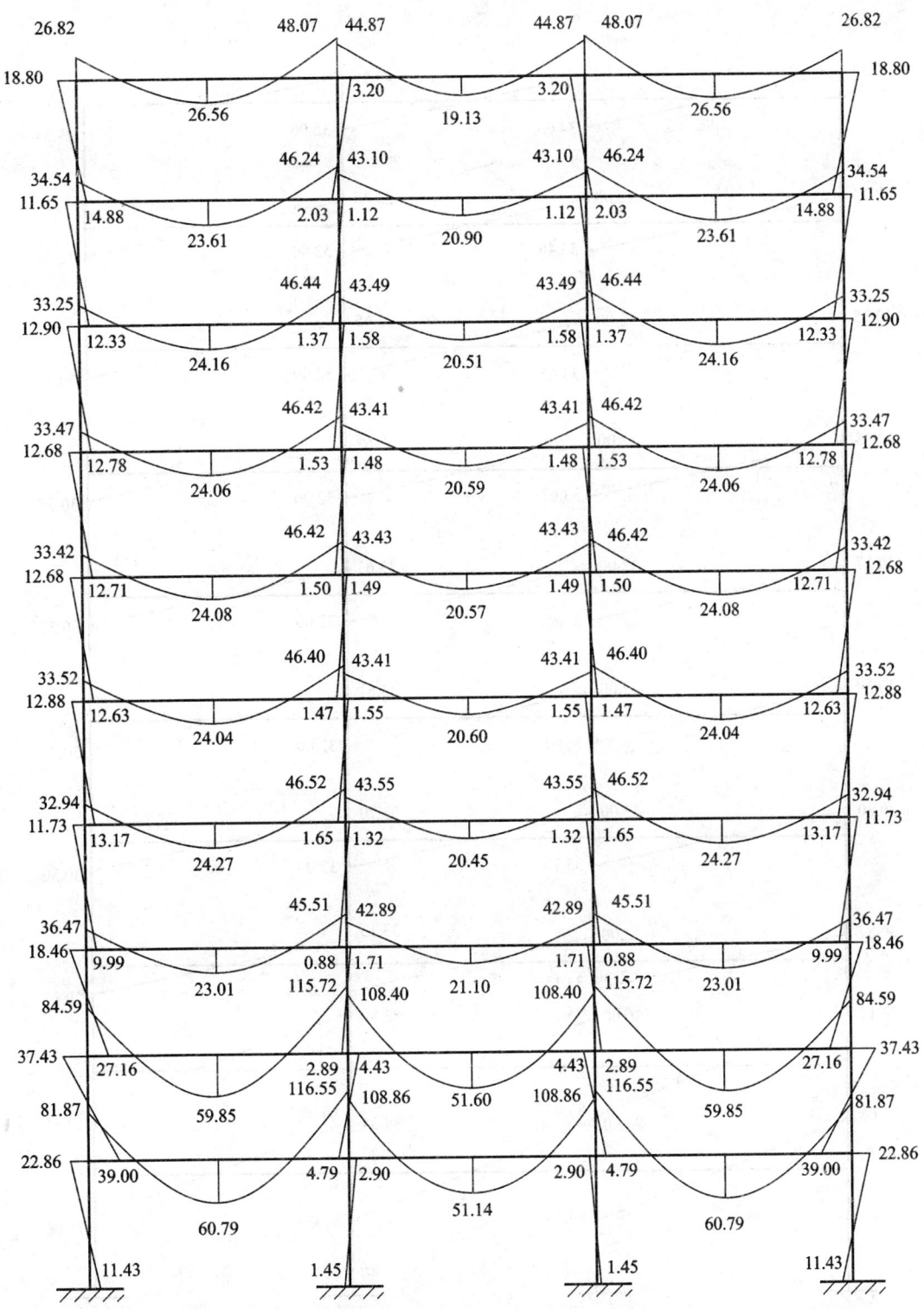

注：节点弯矩不平衡是因为节点有等代力矩的缘故。

图 3.2.31 框架在活载作用下的弯矩图（单位：kN·m）

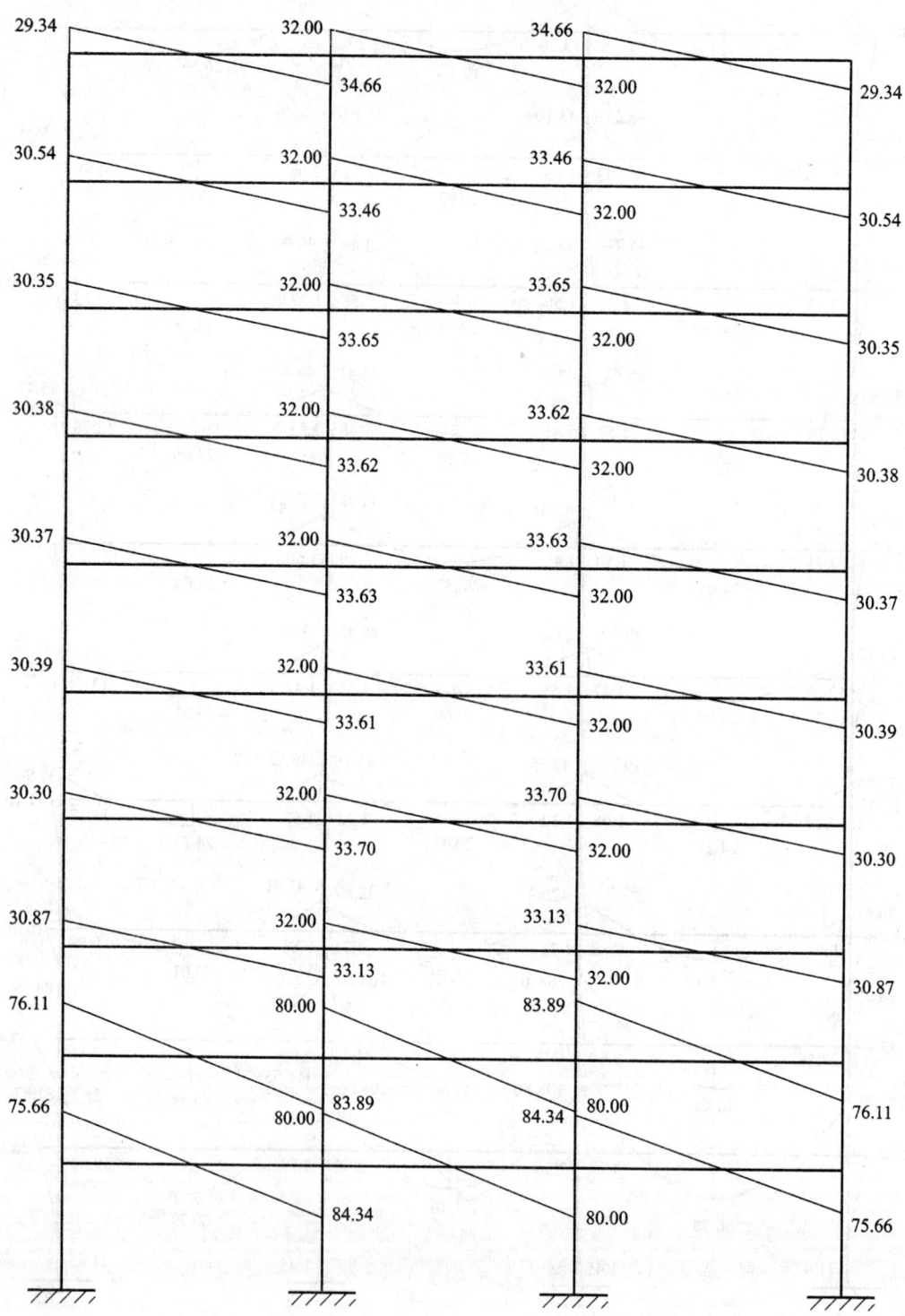

图 3.2.32 框架在活载作用下的梁端剪力图(单位:kN)

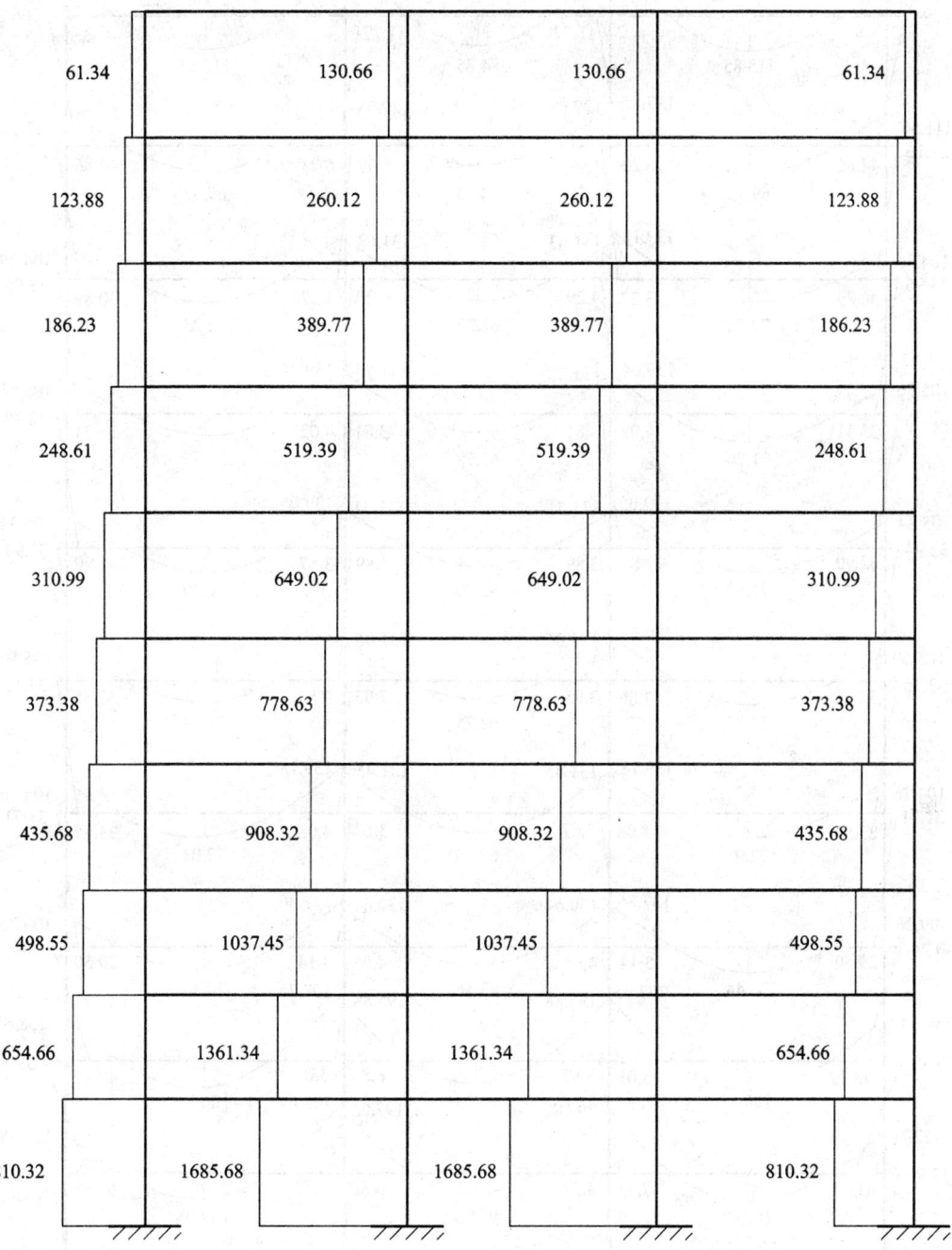

图 3.2.33 框架在活载作用下的柱轴力图(单位:kN)

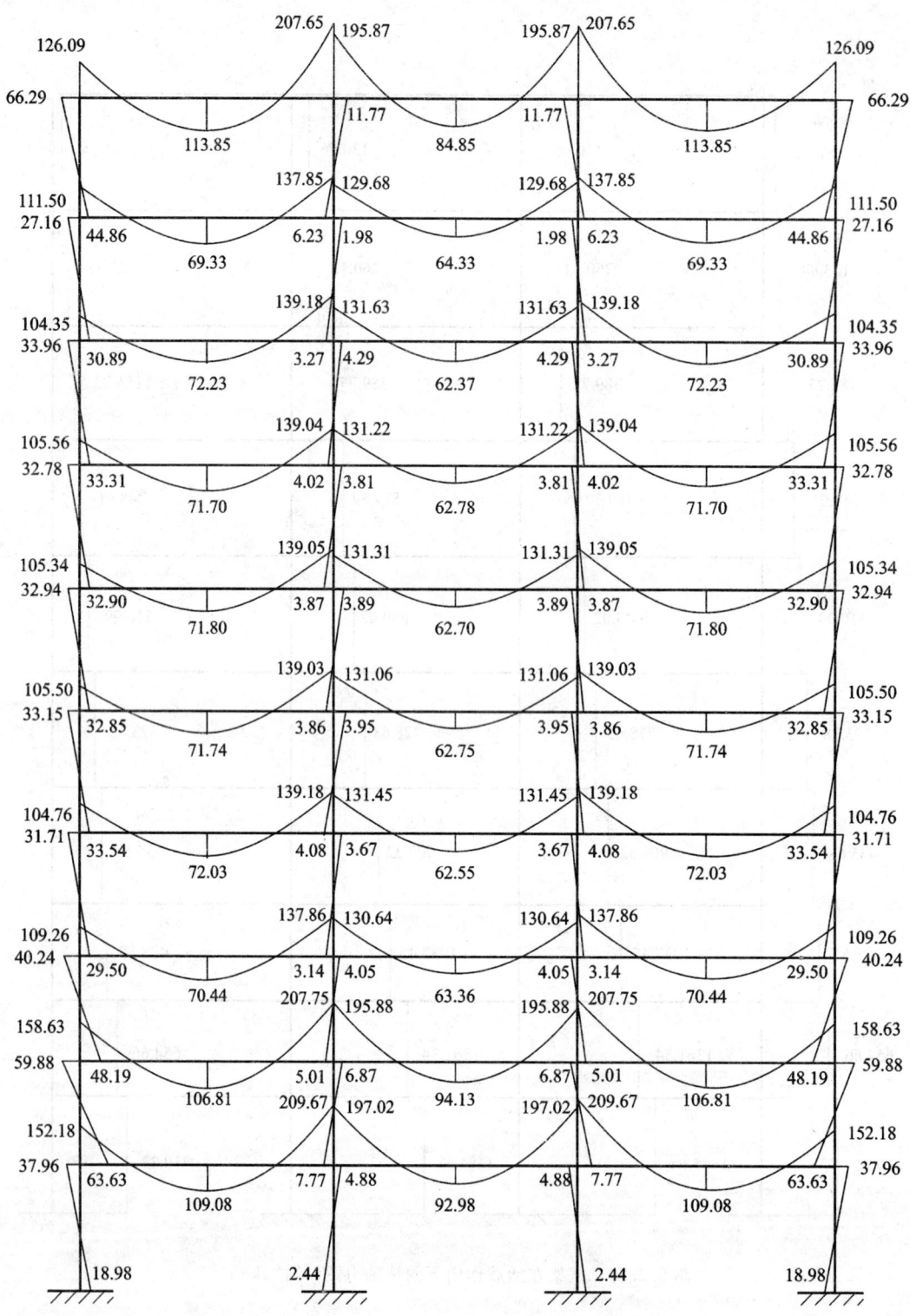

注：节点弯矩不平衡是因为节点有等代力矩的缘故。

图 3.2.34 框架在重力荷载代表值作用下的弯矩图（单位：kN·m）

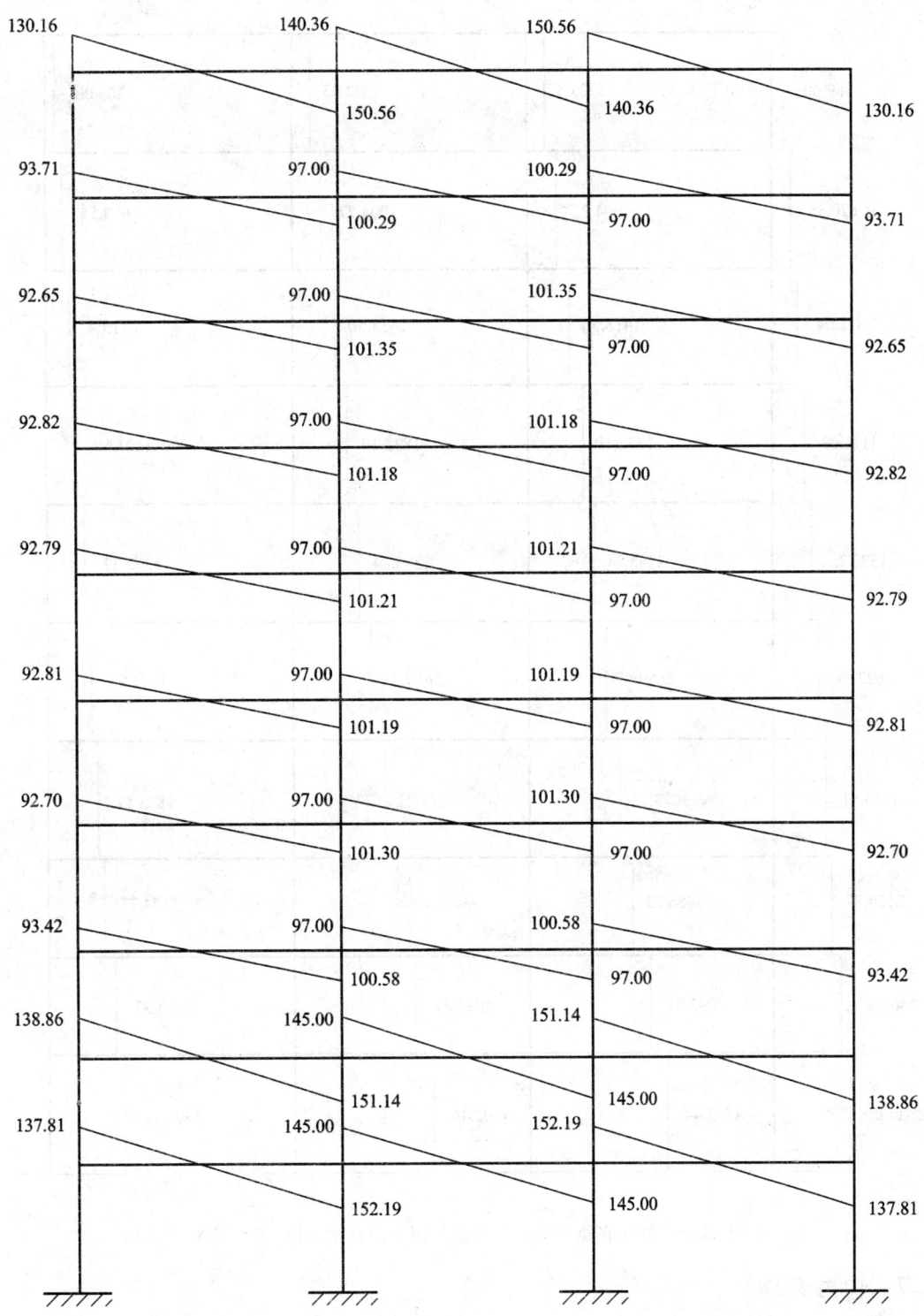

图 3.2.35 框架在重力荷载代表值作用下的梁端剪力图（单位：kN）

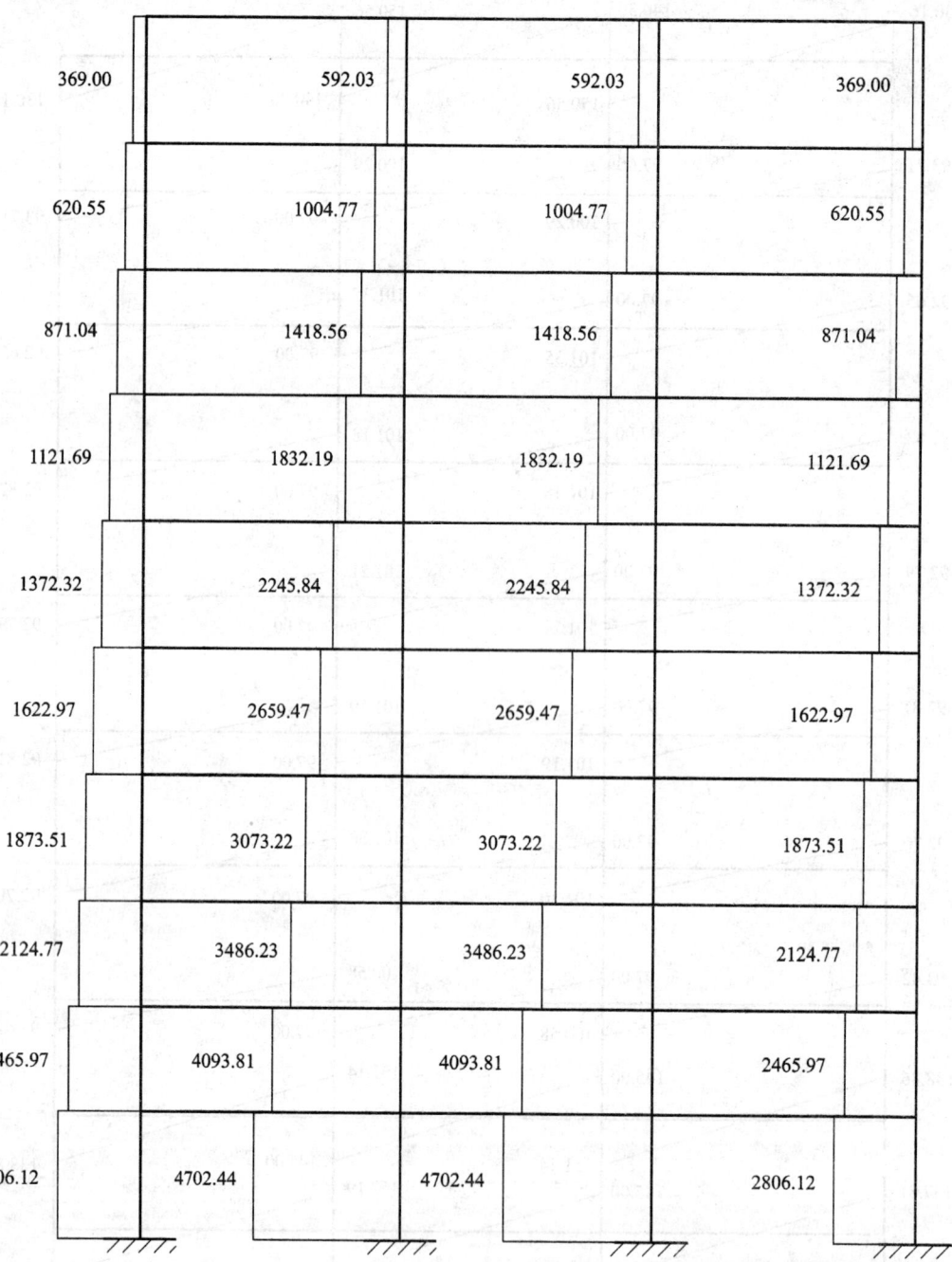

图 3.2.36 框架在重力荷载代表值作用下的柱轴力图(单位:kN)

3.2.7 内力组合

3.2.7.1 设计要点

内力组合的目的是为了求得框架每根梁、柱,每片剪力墙,每根连系梁截面设计时的最不利内力。组合方法见 1.2.4.1 节。由前面的计算，已得到框架每根梁、柱，每片剪力墙，每根连系梁在恒载、活载、风荷载、地震作用下的内力。内力组合时要注意：

① 前面计算得出的内力值是设计值，还是标准值？
② 无地震与有地震应分别组合得出最不利内力。

抗震设防验算时，为保证延性框架要求，要注意：

① 柱设计弯矩要调整，保证"强柱弱梁"。

抗震设计时，四级框架柱的柱端弯矩设计值可直接取考虑地震作用组合的弯矩值；一、二、三级框架的梁、柱节点处除顶层和柱轴压比小于 0.15 者外，柱端考虑地震作用组合的弯矩设计值应按下列公式予以调整：

$$\sum M_c = \eta_c \sum M_b \tag{3.2.62}$$

式中　$\sum M_c$——节点上、下柱端截面顺时针或逆时针方向组合弯矩设计值之和。上、下柱端的弯矩设计值，可按弹性分析的弯矩比例进行分配。

　　　$\sum M_b$——节点左、右梁端截面逆时针或顺时针方向组合弯矩设计值之和。当抗震等级为一级且节点左、右梁端均为负弯矩时，绝对值较小的弯矩应取零。

　　　η_c——柱端弯矩增大系数，一、二、三级分别取 1.4、1.2 和 1.1。

② 梁柱剪力设计值要调整，保证"强剪弱弯"。

抗震设计的框架柱、框支柱端部截面的剪力设计值，一、二、三级时应按下列公式计算；四级时可直接取考虑地震作用组合的剪力计算值。

$$V = \eta_{vc}(M_c^t + M_c^b)/H_n \tag{3.2.63}$$

式中　M_c^t、M_c^b——分别为柱上、下端顺时针或逆时针方向截面组合的弯矩设计值；

　　　H_n——柱的净高；

　　　η_{vc}——柱端剪力增大系数，一、二、三级分别取 1.4、1.2 和 1.1。

抗震设计时，框架梁端部截面组合的剪力设计值，一、二、三级应按下列公式计算；四级时可直接取考虑地震作用组合的剪力计算值。

$$V = \eta_{vb}(M_b^l + M_b^r)/l_n + V_{Gb} \tag{3.2.64}$$

式中　M_b^l、M_b^r——分别为梁左、右端逆时针或顺时针方向截面组合的弯矩设计值。当抗震等级为一级且梁两端弯矩均为负弯矩时，绝对值较小一端的弯矩应取零；

　　　l_n——梁的净跨；

　　　η_{vb}——梁剪力增大系数，一、二、三级分别取 1.3、1.2 和 1.1；

　　　V_{Gb}——考虑地震作用组合的重力荷载代表值作用下，按简支梁分析的梁端截面剪力设计值。

③ 底层柱弯矩要加大。

抗震设计时，一、二、三级框架结构的底层柱底截面的弯矩设计值，应分别采用考虑地震作用组合的弯矩值与增大系数 1.5、1.25 和 1.15 的乘积。

④ 框架角柱应按双向偏心受力构件设计。

抗震设计时，框架角柱应按双向偏心受力构件进行正截面承载力设计。一、二、三级框架角柱经按有关规定调整后的弯矩、剪力设计值应乘以不小于 1.1 的增大系数。

⑤ 剪力墙底部加强部位的剪力调整。

剪力墙底部加强部位墙肢截面的剪力设计值,一、二、三级抗震等级时应按下式调整,四级抗震等级及无地震作用组合时可不调整。

$$V = \eta_{vw} V_w \quad (3.2.65)$$

式中 V——考虑地震作用组合的剪力墙墙肢底部加强部位截面的剪力设计值;

V_w——考虑地震作用组合的剪力墙墙肢底部加强部位截面的剪力计算值;

η_{vw}——剪力增大系数,一级为1.6,二级为1.4,三级为1.2。

⑥ 连系梁的剪力设计值调整。

连系梁的剪力设计值 V_b 应按下列规定计算:

有地震作用组合的一、二、三级抗震等级时,连系梁的剪力设计值应按下式进行调整:

$$V_b = \eta_{vb}(M_b^l + M_b^r)/l_n + V_{Gb} \quad (3.2.66)$$

式中 M_b^l、M_b^r——分别为梁左、右端逆时针或顺时针方向考虑地震作用组合的弯矩设计值。当抗震等级为一级且梁两端弯矩均为负弯矩时,绝对值较小一端的弯矩应取零。

l_n——梁的净跨。

η_{vb}——梁剪力增大系数,一、二、三级分别取1.3、1.2和1.1。

V_{Gb}——考虑地震作用组合的重力荷载代表值作用下,按简支梁分析的梁端截面剪力设计值。

3.2.7.2 算例情况

1. 梁柱内力组合

(1) 柱内力组合

组合见表3.2.30~表3.2.33,其中弯矩组合时,因柱间无荷载作用,轴力和剪力沿柱高线性变化,取各层柱上、下两端截面为控制截面。

(2) 梁内力组合

组合见表3.2.34~表3.2.37。

2. 剪力墙内力组合

组合见表3.2.38~表3.2.39。

3. 连系梁内力组合

组合见表3.2.40。

3.2.8 截面配筋计算

框架截面设计包括梁、柱及节点的配筋设计。要根据荷载效应组合所得内力按构件正截面抗弯、斜截面抗剪承载力要求计算构件的配筋数量。对梁、柱及节点还有相应的构造要求。配筋计算时,先按非抗震设计配筋,再按抗震设计验算截面配筋。

3.2.8.1 框架梁柱截面配筋设计

1. 设计要点

(1) 梁、柱正截面计算

公式有震、无震组合下一样,但注意:

表 3.2.30 B 轴框架柱非抗震设计内力组合

层数			恒载(1)	活载(2)	右风(3)	左风(4)	N_{max}相应的M、V 组合项目	数值	N_{min}相应的M、V 组合项目	数值	$\|M_{max}\|$相应的N、V 组合项目	数值
10	上	M	56.89	18.80	64.16	-64.16	$1.35\times(1)+1.4\times0.7\times(2)$	95.23	$1.2\times(1)+1.4\times(3)$	158.09	$1.2\times(1)+1.4\times0.9\times[(2)+(3)]$	172.80
		N	338.33	61.34	-13.69	13.69		516.86		386.83		466.04
	下	M	37.43	14.88	-6.51	6.51	$1.35\times(1)+1.4\times0.7\times(2)$	65.11	$1.2\times(1)+1.4\times(3)$	35.80	$1.2\times(1)+1.4\times0.9\times[(2)+(4)]$	71.87
		N	402.84	61.34	-13.69	13.69		603.95		464.24		577.95
		V	-24.18	-8.64	-14.78	14.78		-41.11		-49.72		-21.28
9	上	M	21.34	11.65	53.14	-53.14	$1.35\times(1)+1.4\times0.7\times(2)$	40.23	$1.2\times(1)+1.4\times(3)$	100.00	$1.2\times(1)+1.4\times0.9\times[(2)+(3)]$	107.24
		N	623.12	123.88	-11.58	11.58		962.61		731.53		889.24
	下	M	24.73	12.33	5.13	-5.13	$1.35\times(1)+1.4\times0.7\times(2)$	45.47	$1.2\times(1)+1.4\times(3)$	36.86	$1.2\times(1)+1.4\times0.9\times[(2)+(3)]$	51.68
		N	687.63	123.88	-11.58	11.58		1049.70		808.94		966.65
		V	-11.81	-6.15	-14.94	14.94		-21.97		-35.09		-40.75
8	上	M	27.52	12.90	46.29	-46.29	$1.35\times(1)+1.4\times0.7\times(2)$	49.79	$1.2\times(1)+1.4\times(3)$	97.83	$1.2\times(1)+1.4\times0.9\times[(2)+(3)]$	107.60
		N	906.94	186.23	-12.89	12.89		1406.87		1070.28		1306.74
	下	M	26.92	12.78	12.30	-12.30	$1.35\times(1)+1.4\times0.7\times(2)$	48.87	$1.2\times(1)+1.4\times(3)$	49.52	$1.2\times(1)+1.4\times0.9\times[(2)+(3)]$	63.90
		N	971.45	186.23	-12.89	12.89		1493.96		1147.69		1384.15
		V	-13.96	-6.58	-15.02	15.02		-25.30		-37.78		-43.98
7	上	M	26.43	12.68	41.61	-41.61	$1.35\times(1)+1.4\times0.7\times(2)$	48.11	$1.2\times(1)+1.4\times(3)$	89.97	$1.2\times(1)+1.4\times0.9\times[(2)+(3)]$	100.12
		N	1190.92	248.61	-13.21	13.21		1851.38		1410.61		1725.71
	下	M	26.54	12.71	16.43	-16.43	$1.35\times(1)+1.4\times0.7\times(2)$	48.28	$1.2\times(1)+1.4\times(3)$	54.85	$1.2\times(1)+1.4\times0.9\times[(2)+(3)]$	68.56
		N	1255.43	248.61	-13.21	13.21		1938.47		1488.02		1803.12
		V	-13.58	-6.51	-14.88	14.88		-24.72		-37.13		-43.25
6	上	M	26.61	12.68	36.18	-36.18	$1.35\times(1)+1.4\times0.7\times(2)$	48.35	$1.2\times(1)+1.4\times(3)$	82.58	$1.2\times(1)+1.4\times0.9\times[(2)+(3)]$	93.50
		N	1474.87	310.99	-13.16	13.16		2295.84		1751.42		2145.11
	下	M	26.57	12.63	19.91	-19.91	$1.35\times(1)+1.4\times0.7\times(2)$	48.25	$1.2\times(1)+1.4\times(3)$	59.76	$1.2\times(1)+1.4\times0.9\times[(2)+(3)]$	72.88
		N	1539.38	310.99	-13.16	13.16		2382.93		1828.83		2222.52
		V	-13.64	-6.49	-14.38	14.38		-24.77		-36.50		-42.66

续表

层数			恒载 (1)	活载 (2)	右风 (3)	左风 (4)	N_{max} 相应的 M、V 组合项目	数值	N_{min} 相应的 M、V 组合项目	数值	$\lvert M_{max}\rvert$ 相应的 N、V 组合项目	数值
5	上	M	26.65	12.88	29.74	−29.74	1.35×(1) + 1.4×0.7×(2)	48.60	1.2×(1) + 1.4×(3)	73.62	1.2×(1)+1.4×0.9× [(2)+(3)]	85.68
		N	1 758.82	373.38	−12.17	12.17	1.35×(1) + 1.4×0.7×(2)	2 740.32	1.2×(1) + 1.4×(3)	2 093.35	1.2×(1)+1.4×0.9× [(2)+(3)]	2 565.71
	下	M	26.76	13.17	22.25	−22.25	1.35×(1) + 1.4×0.7×(2)	49.03	1.2×(1) + 1.4×(3)	63.26	1.2×(1)+1.4×0.9× [(2)+(3)]	76.74
		N	1 823.33	373.38	−12.17	12.17	1.35×(1) + 1.4×0.7×(2)	2 827.41	1.2×(1) + 1.4×(3)	2 170.96	1.2×(1)+1.4×0.9× [(2)+(3)]	2 643.12
		V	−13.69	−6.68	−13.33	13.33	1.35×(1) + 1.4×0.7×(2)	−25.03	1.2×(1) + 1.4×(3)	−35.10	1.2×(1)+1.4×0.9× [(2)+(3)]	−41.65
4	上	M	26.26	11.73	22.04	−22.04	1.35×(1) + 1.4×0.7×(2)	46.95	1.2×(1) + 1.4×(3)	62.37	1.2×(1)+1.4×0.9× [(2)+(3)]	74.06
		N	2 042.75	435.68	−10.96	10.96	1.35×(1) + 1.4×0.7×(2)	3 184.68	1.2×(1) + 1.4×(3)	2 435.96	1.2×(1)+1.4×0.9× [(2)+(3)]	2 986.45
	下	M	25.66	9.99	23.12	−23.12	1.35×(1) + 1.4×0.7×(2)	44.43	1.2×(1) + 1.4×(3)	63.16	1.2×(1)+1.4×0.9× [(2)+(3)]	72.51
		N	2 107.26	435.68	−10.96	10.96	1.35×(1) + 1.4×0.7×(2)	3 271.77	1.2×(1) + 1.4×(3)	2 513.37	1.2×(1)+1.4×0.9× [(2)+(3)]	3 063.86
		V	−13.31	−5.57	−11.58	11.58	1.35×(1) + 1.4×0.7×(2)	−23.43	1.2×(1) + 1.4×(3)	−32.19	1.2×(1)+1.4×0.9× [(2)+(3)]	−37.58
3	上	M	28.60	18.46	11.15	−11.15	1.35×(1) + 1.4×0.7×(2)	56.70	1.2×(1) + 1.4×(3)	49.93	1.2×(1)+1.4×0.9× [(2)+(3)]	71.63
		N	2 326.88	498.55	−8.38	8.38	1.35×(1) + 1.4×0.7×(2)	3 629.87	1.2×(1) + 1.4×(3)	2 780.52	1.2×(1)+1.4×0.9× (2)+(3)	3 409.87
	下	M	27.56	27.16	19.07	−19.07	1.35×(1) + 1.4×0.7×(2)	63.82	1.2×(1) + 1.4×(3)	59.77	1.2×(1)+1.4×0.9× [(2)+(3)]	91.32
		N	2 381.46	498.55	−8.38	8.38	1.35×(1) + 1.4×0.7×(2)	3 703.55	1.2×(1) + 1.4×(3)	2 846.02	1.2×(1)+1.4×0.9× [(2)+(3)]	3 475.37
		V	−17.02	−13.82	−9.16	9.16	1.35×(1) + 1.4×0.7×(2)	−36.52	1.2×(1) + 1.4×(3)	−33.24	1.2×(1)+1.4×0.9× [(2)+(3)]	−49.38
2	上	M	29.38	37.43	5.38	−5.38	1.35×(1) + 1.4×0.7×(2)	76.34	1.2×(1) + 1.4×(3)	42.79	1.2×(1)+1.4×0.9× [(2)+(3)]	89.20
		N	2 597.86	654.66	−6.12	6.12	1.35×(1) + 1.4×0.7×(2)	4 148.68	1.2×(1) + 1.4×(3)	3 108.86	1.2×(1)+1.4×0.9× [(2)+(3)]	3 934.59
	下	M	32.24	39.00	15.48	−15.48	1.35×(1) + 1.4×0.7×(2)	81.74	1.2×(1) + 1.4×(3)	60.36	1.2×(1)+1.4×0.9× [(2)+(3)]	107.33
		N	2 652.44	654.66	−6.12	6.12	1.35×(1) + 1.4×0.7×(2)	4 222.36	1.2×(1) + 1.4×(3)	3 174.36	1.2×(1)+1.4×0.9× [(2)+(3)]	4 000.09
		V	−18.67	−23.16	−6.32	6.32	1.35×(1) + 1.4×0.7×(2)	−47.91	1.2×(1) + 1.4×(3)	−31.26	1.2×(1)+1.4×0.9× [(2)+(3)]	−59.55
1	上	M	19.77	22.86	−1.48	1.48	1.35×(1) + 1.4×0.7×(2)	49.09	1.2×(1) + 1.4×(3)	21.65	1.2×(1)+1.4×0.9× [(2)+(3)]	55.73
		N	2 868.05	810.32	−3.29	3.29	1.35×(1) + 1.4×0.7×(2)	4 665.98	1.2×(1) + 1.4×(3)	3 437.05	1.2×(1)+1.4×0.9× [(2)+(3)]	4 576.11
	下	M	9.89	11.43	13.87	−13.87	1.35×(1) + 1.4×0.7×(2)	24.55	1.2×(1) + 1.4×(3)	31.29	1.2×(1)+1.4×0.9× [(2)+(3)]	43.75
		N	2 932.56	810.32	−3.29	3.29	1.35×(1) + 1.4×0.7×(2)	4 753.07	1.2×(1) + 1.4×(3)	3 514.47	1.2×(1)+1.4×0.9× [(2)+(3)]	4 535.93
		V	−7.61	−8.79	−3.18	3.18	1.35×(1) + 1.4×0.7×(2)	−18.88	1.2×(1) + 1.4×(3)	−13.57	1.2×(1)+1.4×0.9× (2)	1.00

注：弯矩单位为 kN·m，力单位为 kN。

表 3.2.31 B 轴框架柱抗震设计内力组合

层数			重力荷载代表(1)	水平地震作用(2)	水平地震作用(3)	组合① 1.2×(1)+1.3×(2)	组合② 1.2×(1)+1.3×(3)	调整后的组合①	调整后的组合②
10	上	M	66.29	177.12	-177.12	309.80	-150.71	340.78	-165.78
		N	369.00	-37.78	37.78	393.69	491.91	393.69	491.91
	下	M	44.86	-17.98	17.98	30.46	77.21	33.50	84.93
		N	369.00	-37.78	37.78	393.69	491.91	393.69	491.91
		V	-28.50	-40.81	40.81	-87.25	18.85	-108.92	23.53
9	上	M	27.16	146.70	-146.70	223.30	-158.12	245.63	-173.93
		N	620.55	-69.74	69.74	654.00	835.32	654.00	835.32
	下	M	30.89	14.16	-14.16	55.48	18.66	61.02	20.53
		N	620.55	-69.74	69.74	654.00	835.32	654.00	835.32
		V	-14.88	-41.25	41.25	-71.48	35.76	-88.77	44.41
8	上	M	33.96	127.78	-127.78	206.87	-125.36	227.55	-137.90
		N	871.04	-105.33	105.33	908.32	1 182.18	908.32	1 182.18
	下	M	33.31	33.97	-33.97	84.13	-4.19	92.55	-4.61
		N	871.04	-105.33	105.33	908.32	1 182.18	908.32	1 182.18
		V	-17.25	-41.47	41.47	-74.62	33.22	-92.66	41.25
7	上	M	32.78	114.88	-114.88	188.68	-110.01	207.55	-121.01
		N	1 121.69	-141.79	141.79	1 161.70	1 530.36	1 161.70	1 530.36
	下	M	32.90	45.34	-45.34	98.42	-19.46	108.26	-21.41
		N	1 121.69	-141.79	141.79	1 161.70	1 530.36	1 161.70	1 530.36
		V	-16.84	-41.08	41.08	-73.62	33.20	-91.42	41.23
6	上	M	32.94	99.89	-99.89	169.39	-90.33	186.32	-99.36
		N	1 372.32	-178.12	178.12	1 415.23	1 878.34	1 415.23	1 878.34
	下	M	32.85	54.98	-54.98	110.89	-32.05	121.98	-35.26
		N	1 372.32	-178.12	178.12	1 415.23	1 878.34	1 415.23	1 878.34
		V	-16.87	-39.71	39.71	-71.87	31.38	-89.25	38.97

续表

层数			重力荷载代表(1)	水平地震作用(2)	水平地震作用(3)	组合① 1.2×(1)+1.3×(2)	组合② 1.2×(1)+1.3×(3)	调整后的组合①	调整后的组合②
5	上	M	33.15	82.09	-82.09	146.50	-66.94	161.15	-73.63
		N	1 622.97	-211.73	211.73	1 672.32	2 222.81	1 672.32	2 222.81
	下	M	33.54	61.42	-61.42	120.09	-39.60	132.10	-43.56
		N	1 622.97	-211.73	211.73	1 672.32	2 222.81	1 672.32	2 222.81
		V	-17.10	-36.80	36.80	-68.36	27.32	-84.89	33.92
4	上	M	31.71	67.16	-67.16	125.36	-49.26	137.90	-54.18
		N	1 873.51	-243.56	243.56	1 931.58	2 564.84	1 931.58	2 564.84
	下	M	29.50	70.46	-70.46	127.00	-56.20	139.70	-61.82
		N	1 873.51	-243.56	243.56	1 931.58	2 564.84	1 931.58	2 564.84
		V	-15.69	-35.29	35.29	-64.71	27.04	-80.36	33.58
3	上	M	40.24	42.58	-42.58	103.64	-7.07	114.01	-7.77
		N	2 124.77	-271.35	271.35	2 196.97	2 902.48	2 196.97	2 902.48
	下	M	48.19	72.81	-72.81	152.48	-36.83	167.73	-40.51
		N	2 124.77	-271.35	271.35	2 196.97	2 902.48	2 196.97	2 902.48
		V	-26.80	-34.97	34.97	-77.61	13.30	-96.85	16.60
2	上	M	59.88	29.77	-29.77	110.56	33.16	121.61	36.47
		N	2 465.97	-297.66	297.66	2 572.21	3 346.12	2 572.21	3 346.12
	下	M	63.63	85.62	-85.62	187.66	-34.95	206.43	-38.45
		N	2 465.97	-297.66	297.66	2 572.21	3 346.12	2 572.21	3 346.12
		V	-37.43	-34.97	34.97	-90.37	0.54	-112.76	0.68
1	上	M	37.96	-21.76	21.76	17.26	73.84	18.99	81.22
		N	2 806.12	-315.34	315.34	2 957.40	3 777.29	2 957.40	3 777.29
	下	M	18.98	204.66	-204.66	288.83	-243.28	332.16	-279.77
		N	2 806.12	-315.34	315.34	2 957.40	3 777.29	2 957.40	3 777.29
		V	-14.60	-46.90	46.90	-78.49	43.45	-101.65	57.48

注：弯矩单位为 kN·m，力单位为 kN。

表 3.2.32 C 轴框架柱非抗震设计内力组合

层数			恒载 (1)	活载 (2)	右风 (3)	左风 (4)	N_{max} 相应项目 组合项目	N_{max} 相应的 M、V 数值	N_{min} 相应项目 组合项目	N_{min} 相应的 M、V 数值	$\|M_{max}\|$ 相应项目 组合项目	$\|M_{max}\|$ 相应的 N、V 数值
10	上	M	-10.17	-3.20	90.65	-90.65	$1.35\times(1)+1.4\times0.7\times(2)$	-16.87	$1.2\times(1)+1.4\times(4)$	-139.11	$1.2\times(1)+1.4\times(4)$	-139.11
		N	526.71	130.66	2.35	-2.35		839.11		628.76		628.76
	下	M	-5.21	-2.03	16.63	-16.63	$1.35\times(1)+1.4\times0.7\times(2)$	-9.02	$1.2\times(1)+1.4\times(4)$	-29.53	$1.2\times(1)+1.4\times0.9\times[(2)+(4)]$	-29.76
		N	591.22	130.66	2.35	-2.35		926.19		706.17		871.13
		V	3.94	1.34	-27.51	27.51		6.64		43.24		41.08
9	上	M	-1.42	-1.12	75.37	-75.37	$1.35\times(1)+1.4\times0.7\times(2)$	-3.01	$1.2\times(1)+1.4\times(4)$	-107.22	$1.2\times(1)+1.4\times(4)$	-107.22
		N	939.22	260.12	2.43	-2.43		1522.86		1123.66		1123.66
	下	M	-2.58	-1.37	33.07	-33.07	$1.35\times(1)+1.4\times0.7\times(2)$	-4.83	$1.2\times(1)+1.4\times(4)$	-49.39	$1.2\times(1)+1.4\times(4)$	-49.39
		N	1003.73	260.12	2.43	-2.43		1609.95		1201.07		1201.07
		V	1.03	0.64	-27.81	27.81		2.01		40.16		40.16
8	上	M	-3.50	-1.58	70.33	-70.33	$1.35\times(1)+1.4\times0.7\times(2)$	-6.27	$1.2\times(1)+1.4\times(4)$	-102.66	$1.2\times(1)+1.4\times(4)$	-102.66
		N	1352.70	389.77	2.39	-2.39		2208.12		1619.89		1619.89
	下	M	-3.26	-1.53	38.71	-38.71	$1.35\times(1)+1.4\times0.7\times(2)$	-5.90	$1.2\times(1)+1.4\times(4)$	-58.11	$1.2\times(1)+1.4\times(4)$	-58.11
		N	1417.21	389.77	2.39	-2.39		2295.21		1697.31		1697.31
		V	1.73	0.80	-27.96	27.96		3.12		41.22		41.22
7	上	M	-3.07	-1.49	64.81	-64.81	$1.35\times(1)+1.4\times0.7\times(2)$	-5.60	$1.2\times(1)+1.4\times(4)$	-94.42	$1.2\times(1)+1.4\times(4)$	-94.42
		N	1766.02	519.39	2.66	-2.66		2893.13		2115.50		2115.50
	下	M	-3.12	-1.50	43.21	-43.21	$1.35\times(1)+1.4\times0.7\times(2)$	-5.68	$1.2\times(1)+1.4\times(4)$	-64.24	$1.2\times(1)+1.4\times(4)$	-64.24
		N	1830.53	519.39	2.66	-2.66		2980.22		2192.91		2192.91
		V	1.59	0.77	-27.70	27.70		2.89		40.68		40.68
6	上	M	-3.15	-1.49	62.12	-62.12	$1.35\times(1)+1.4\times0.7\times(2)$	-5.71	$1.2\times(1)+1.4\times(4)$	-90.75	$1.2\times(1)+1.4\times(4)$	-90.75
		N	2179.38	649.02	2.66	-2.66		3578.20		2611.53		2611.53
	下	M	-3.13	-1.47	42.28	-42.28	$1.35\times(1)+1.4\times0.7\times(2)$	-5.67	$1.2\times(1)+1.4\times(4)$	-62.95	$1.2\times(1)+1.4\times(4)$	-62.95
		N	2243.89	649.02	2.66	-2.66		3665.29		2688.94		2688.94
		V	1.61	0.76	-26.77	26.77		2.92		39.41		39.41

续表

层数			恒载 (1)	活载 (2)	右风 (3)	左风 (4)	N_{max}相应的 M、V			N_{min}相应的 M、V			$\|M_{max}\|$相应的 N、V		
							组合项目		数值	组合项目		数值	组合项目		数值
5	上	M	-3.15	-1.56	53.21	-53.21	$1.35×(1)+$		-5.78	$1.2×(1)+$		-78.27	$1.2×(1)+1.4×(4)$		-78.27
		N	2 592.72	778.63	2.89	-2.89	$1.4×0.7×(2)$		4 263.23	$1.4×(4)$		3 107.22			3 107.22
	下	M	-3.19	-1.65	43.54	-43.54	$1.35×(1)+$		-5.92	$1.2×(1)+$		-64.78	$1.2×(1)+1.4×(4)$		-64.78
		N	2 657.23	778.63	2.89	-2.89	$1.4×0.7×(2)$		4 350.32	$1.4×(4)$		3 184.63			3 184.63
		V	1.63	0.82	-24.81	24.81			3.00			36.68			36.68
4	上	M	-3.09	-1.32	43.28	-43.28	$1.35×(1)+$		-5.47	$1.2×(1)+$		-64.30	$1.2×(1)+1.4×(4)$		-64.30
		N	3 006.09	908.32	3.00	-3.00	$1.4×0.7×(2)$		4 948.38	$1.4×(4)$		3 603.11			3 603.11
	下	M	-2.96	-0.88	40.76	-40.76	$1.35×(1)+$		-4.86	$1.2×(1)+$		-60.62	$1.2×(1)+1.4×(4)$		-60.62
		N	3 070.60	908.32	3.00	-3.00	$1.4×0.7×(2)$		5 035.46	$1.4×(4)$		3 680.52			3 680.52
		V	1.55	0.56	-21.55	21.55			2.65			32.03			32.03
3	上	M	-3.07	-1.71	24.73	-24.73	$1.35×(1)+$		-5.82	$1.2×(1)+$		-38.31	$1.2×(1)+1.4×(4)$		-38.31
		N	3 419.26	1 037.45	3.20	-3.20	$1.4×0.7×(2)$		5 632.70	$1.4×(4)$		4 098.63			4 098.63
	下	M	-2.78	-2.89	32.25	-32.25	$1.35×(1)+$		-6.59	$1.2×(1)+$		-48.49	$1.2×(1)+1.4×(4)$		-48.49
		N	3 473.84	1 037.45	3.20	-3.20	$1.4×0.7×(2)$		5 706.39	$1.4×(4)$		4 164.13			4 164.13
		V	1.77	1.39	-17.27	17.27			3.76			26.30			26.30
2	上	M	-3.20	-4.43	16.75	-16.75	$1.35×(1)+$		-8.66	$1.2×(1)+$		-27.29	$1.2×(1)+1.4×0.9×$		-30.53
		N	3 822.22	1 361.34	3.19	-3.19	$1.4×0.7×(2)$		6 494.11	$1.4×(4)$		4 582.20	$[(2)+(4)]$		6 297.93
	下	M	-3.90	-4.79	22.57	-22.57	$1.35×(1)+$		-9.96	$1.2×(1)+$		-36.28	$1.2×(1)+1.4×0.9×$		-39.15
		N	3 876.80	1 361.34	3.19	-3.19	$1.4×0.7×(2)$		6 567.79	$1.4×(4)$		4 647.69	$[(2)+(4)]$		6 363.43
		V	2.15	2.79	-11.92	11.92			5.64			19.26			21.12
1	上	M	-2.59	-2.90	2.06	-2.06	$1.2×(1)+$		-7.17	$1.2×(1)+$		-5.99	$1.2×(1)+1.4×0.9×$		-9.36
		N	4 225.97	1 685.68	3.40	-3.40	$1.4×(2)$		7 431.12	$1.4×(4)$		5 066.40	$[(2)+(4)]$		7 190.84
	下	M	-1.30	-1.45	12.22	-12.22	$1.2×(1)+$		-3.59	$1.2×(1)+$		-18.67	$1.2×(1)+1.4×0.9×$		-18.78
		N	4 290.48	1 685.68	3.40	-3.40	$1.4×(2)$		7 508.53	$1.4×(4)$		5 143.82	$[(2)+(4)]$		7 268.25
		V	1.00	1.12	-3.66	3.66			2.76			6.32			7.22

注：弯矩单位为 kN·m，力单位为 kN。

表 3.2.33　C 轴框架柱抗震设计内力组合

层数			重力荷载代表 (1)	水平地震作用 (2)	水平地震作用 (3)	组合① 1.2×(1)+1.3×(2)	组合② 1.2×(1)+1.3×(3)	调整后的组合①	调整后的组合②
10	上	M	-11.77	250.25	-250.25	311.20	-339.45	342.32	-373.39
		N	592.03	6.50	-6.50	718.89	701.99	718.89	701.99
	下	M	-6.23	45.90	-45.90	52.19	-67.15	57.41	-73.86
		N	592.03	6.50	-6.50	718.89	701.99	718.89	701.99
		V	4.62	-75.94	75.94	-93.18	104.26	-116.32	130.15
9	上	M	-1.98	208.06	-208.06	268.10	-272.85	294.91	-300.14
		N	1 004.77	6.72	-6.72	1 214.46	1 196.99	1 214.46	1 196.99
	下	M	-3.27	91.31	-91.31	114.78	-122.63	126.26	-134.89
		N	1 004.77	6.72	-6.72	1 214.46	1 196.99	1 214.46	1 196.99
		V	1.35	-76.76	76.76	-98.17	101.41	-121.92	125.93
8	上	M	-4.29	194.16	-194.16	247.26	-257.56	271.99	-283.31
		N	1 418.56	6.62	-6.62	1 710.88	1 693.67	1 710.88	1 693.67
	下	M	-4.02	106.86	-106.86	134.09	-143.74	147.50	-158.12
		N	1 418.56	6.62	-6.62	1 710.88	1 693.67	1 710.88	1 693.67
		V	2.13	-77.18	77.18	-97.78	102.90	-121.43	127.78
7	上	M	-3.81	178.91	-178.91	228.01	-237.16	250.81	-260.87
		N	1 832.19	7.36	-7.36	2 208.20	2 189.06	2 208.20	2 189.06
	下	M	-3.87	119.27	-119.27	150.41	-159.70	165.45	-175.66
		N	1 832.19	7.36	-7.36	2 208.20	2 189.06	2 208.20	2 189.06
		V	1.97	-76.46	76.46	-97.03	101.76	-120.50	126.37
6	上	M	-3.89	171.48	-171.48	218.26	-227.59	240.08	-250.35
		N	2 245.84	7.34	-7.34	2 704.55	2 685.47	2 704.55	2 685.47
	下	M	-3.86	116.72	-116.72	147.10	-156.37	161.81	-172.00
		N	2 245.84	7.34	-7.34	2 704.55	2 685.47	2 704.55	2 685.47
		V	1.99	-73.90	73.90	-93.68	98.45	-116.34	122.26

续表

层数			重力荷载代表(1)	水平地震作用(2)	水平地震作用(3)	组合① 1.2×(1)+1.3×(2)	组合② 1.2×(1)+1.3×(3)	调整后的组合①	调整后的组合②
5	上	M	-3.95	146.90	-146.90	186.23	-195.71	204.85	-215.28
		N	2 659.47	8.00	-8.00	3 201.76	3 180.96	3 201.76	3 180.96
	下	M	-4.08	120.19	-120.19	151.35	-161.14	166.49	-177.26
		N	2 659.47	8.00	-8.00	3 201.76	3 180.96	3 201.76	3 180.96
		V	2.06	-68.48	68.48	-86.56	91.50	-107.49	113.63
4	上	M	-3.67	131.90	-131.90	167.07	-175.87	183.77	-193.46
		N	3 073.22	8.32	-8.32	3 698.68	3 677.05	3 698.68	3 677.05
	下	M	-3.14	124.21	-124.21	157.71	-165.24	173.48	-181.77
		N	3 073.22	8.32	-8.32	3 698.68	3 677.05	3 698.68	3 677.05
		V	1.75	-65.67	65.67	-83.27	87.47	-103.41	108.62
3	上	M	-4.05	94.41	-94.41	117.87	-127.59	129.66	-140.35
		N	3 486.23	8.78	-8.78	4 194.89	4 172.06	4 194.89	4 172.06
	下	M	-5.01	123.13	-123.13	154.06	-166.08	169.46	-182.69
		N	3 486.23	8.78	-8.78	4 194.89	4 172.06	4 194.89	4 172.06
		V	2.75	-65.92	65.92	-82.40	88.99	-102.82	111.05
2	上	M	-6.87	92.67	-92.67	112.23	-128.72	123.45	-141.59
		N	4 093.81	8.12	-8.12	4 923.13	4 902.02	4 923.13	4 902.02
	下	M	-7.77	124.87	-124.87	153.01	-171.66	168.31	-188.82
		N	4 093.81	8.12	-8.12	4 923.13	4 902.02	4 923.13	4 902.02
		V	4.44	-65.92	65.92	-80.37	91.02	-100.29	113.58
1	上	M	-4.88	30.32	-30.32	33.56	-45.27	36.92	-49.80
		N	4 702.44	6.40	-6.40	5 651.25	5 634.61	5 651.25	5 634.61
	下	M	-2.44	180.25	-180.25	231.40	-237.25	266.11	-272.84
		N	4 702.44	6.40	-6.40	5 651.25	5 634.61	5 651.25	5 634.61
		V	1.88	-53.99	53.99	-67.94	72.44	-87.72	93.40

注：弯矩单位为 kN·m，力单位为 kN。

表 3.2.34 框架梁非抗震设计内力组合（BC 梁）

层数			恒载 (1)	活载 (2)	右风 (3)	左风 (4)	M_{max} 相应的 V 组合项目	数值	M_{min} 相应的 V 组合项目	数值	$\|V\|_{max}$ 相应的 M 组合项目	数值
10	左	M	−112.68	−26.82	−64.16	64.16	1.2×(1)+1.4×(4)	−45.39	1.2×(1)+1.4×(1)+0.9×[(2)+(4)]	−249.85	1.2×(1)+1.4×0.9×[(2)+(4)]	−88.17
		V	115.49	29.34	−13.69	13.69		157.75		158.31		192.81
	中	M	100.58	26.56	−9.42	9.42	1.2×(1)+1.4×0.9×[(2)+(4)]	166.02				
	右	M	−183.61	−48.07	45.33	−45.33	1.2×(1)+1.4×(3)	−156.87	1.2×(1)+1.4×0.9×[(2)+(4)]	−338.02	1.2×(1)+1.4×0.9×[(2)+(4)]	−223.78
		V	−133.23	−34.66	−13.69	13.69		−179.04		−186.30		−220.80
9	左	M	−94.23	−34.54	−46.63	46.63	1.2×(1)+1.4×(4)	−47.79	1.2×(1)+1.4×0.9×[(2)+(3)]	−215.35	1.2×(1)+1.4×0.9×[(2)+(3)]	−97.84
		V	78.44	30.54	−11.58	11.58		110.34		118.02		147.20
	中	M	57.52	23.61	−0.32	0.32	1.2×(1)+1.4×(2)	102.08				
	右	M	−114.74	−46.24	46.00	−46.00	1.2×(1)+1.4×(3)	−73.29	1.2×(1)+1.4×0.9×[(2)+(4)]	−253.91	1.2×(1)+1.4×0.9×[(2)+(4)]	−137.99
		V	−83.56	−33.46	−11.58	11.58		−116.48		−127.84		−157.02
8	左	M	−87.74	−33.25	−51.42	51.42	1.2×(1)+1.4×(4)	−33.30	1.2×(1)+1.4×0.9×[(2)+(4)]	−211.97	1.2×(1)+1.4×0.9×[(2)+(4)]	−82.39
		V	77.47	30.35	−12.89	12.89		111.01		114.96		147.45
	中	M	60.15	24.16	0.14	−0.14	1.2×(1)+1.4×(2)	106.00				
	右	M	−115.96	−46.44	51.70	−51.70	1.2×(1)+1.4×(3)	−66.77	1.2×(1)+1.4×0.9×[(2)+(4)]	−262.81	1.2×(1)+1.4×0.9×[(2)+(3)]	−132.52
		V	−84.53	−33.65	−12.89	12.89		−119.48		−127.59		−160.08
7	左	M	−88.84	−33.47	−53.92	53.92	1.2×(1)+1.4×(4)	−31.12	1.2×(1)+1.4×0.9×[(2)+(4)]	−216.72	1.2×(1)+1.4×0.9×[(2)+(4)]	−80.84
		V	77.63	30.38	−13.21	13.21		111.65		114.79		148.08
	中	M	59.67	24.06	−1.08	1.08	1.2×(1)+1.4×(2)	105.29				
	右	M	−115.83	−46.42	51.76	−51.76	1.2×(1)+1.4×(3)	−66.53	1.2×(1)+1.4×0.9×[(2)+(4)]	−262.70	1.2×(1)+1.4×0.9×[(2)+(3)]	−132.27
		V	−84.37	−33.62	−13.21	13.21		−119.74		−126.96		−160.25
6	左	M	−88.64	−33.42	−52.61	52.61	1.2×(1)+1.4×(4)	−32.71	1.2×(1)+1.4×0.9×[(2)+(4)]	−214.77	1.2×(1)+1.4×0.9×[(2)+(4)]	−82.19
		V	77.60	30.37	−13.16	13.16		111.54		114.80		147.97
	中	M	59.76	24.08	0.02	−0.02	1.2×(1)+1.4×(2)	105.42				
	右	M	−115.85	−46.42	52.66	−52.66	1.2×(1)+1.4×(3)	−65.30	1.2×(1)+1.4×0.9×[(2)+(4)]	−263.86	1.2×(1)+1.4×0.9×[(2)+(3)]	−131.16
		V	−84.40	−33.63	−13.16	13.16		−119.70		−127.07		−160.24

续表

层数			恒载(1)	活载(2)	右风(3)	左风(4)	M_{max}相应的V 组合项目	数值	M_{min}相应的V 组合项目	数值	$\|V\|_{max}$相应的M 组合项目	数值
5	左	M	−88.71	−33.52	−49.65	49.65	1.2×(1)+1.4×(4)	−36.94	1.2×(1)+1.4×[0.9×((2)+(3))]	−211.25	1.2×(1)+1.4×[0.9×((2)+(4))]	−86.13
		V	77.61	30.39	−12.17	12.17	1.2×(1)+1.4×(2)	110.17		116.09		146.76
	中	M	59.72	24.04	−0.95	0.95	1.2×(1)+1.4×(2)	105.32				
	右	M	−115.84	−46.40	47.75	−47.75	1.2×(1)+1.4×(3)	−72.16	1.2×(1)+1.4×[0.9×((2)+(4))]	−257.64	1.2×(1)+1.4×[0.9×((2)+(3))]	−137.31
		V	−84.39	−33.61	−12.17	12.17		−118.31		−128.28		−158.95
4	左	M	−88.50	−32.94	−44.29	44.29	1.2×(1)+1.4×(4)	−44.19	1.2×(1)+1.4×[0.9×((2)+(3))]	−203.51	1.2×(1)+1.4×[0.9×((2)+(4))]	−91.90
		V	77.58	30.30	−10.96	10.96	1.2×(1)+1.4×(2)	108.44		117.46		145.08
	中	M	59.81	24.27	−0.44	0.44	1.2×(1)+1.4×(2)	105.75				
	右	M	−115.88	−46.52	43.41	−43.41	1.2×(1)+1.4×(3)	−78.28	1.2×(1)+1.4×[0.9×((2)+(4))]	−252.37	1.2×(1)+1.4×[0.9×((2)+(3))]	−142.97
		V	−84.42	−33.70	−10.96	10.96		−116.65		−129.96		−157.58
3	左	M	−89.75	−36.47	−34.28	34.28	1.2×(1)+1.4×(4)	−59.71	1.2×(1)+1.4×[0.9×((2)+(3))]	−196.85	1.2×(1)+1.4×[0.9×((2)+(4))]	−110.46
		V	77.78	30.87	−8.38	8.38	1.2×(1)+1.4×(2)	105.07		121.67		142.79
	中	M	59.38	23.01	−0.77	0.77	1.2×(1)+1.4×(2)	103.47				
	右	M	−115.48	−45.51	32.75	−32.75	1.2×(1)+1.4×(3)	−92.73	1.2×(1)+1.4×[0.9×((2)+(4))]	−237.18	1.2×(1)+1.4×[0.9×((2)+(3))]	−154.65
		V	−84.22	−33.13	−8.38	8.38		−112.80		−132.25		−153.37
2	左	M	−91.50	−84.59	−24.45	24.45	1.2×(1)+1.4×(4)	−75.57	1.2×(1)+1.4×[0.9×((2)+(3))]	−247.19	1.2×(1)+1.4×[0.9×((2)+(4))]	−228.23
		V	78.06	76.11	−6.12	6.12	1.2×(1)+1.4×(2)	102.24		181.86		200.23
	中	M	58.73	59.85	0.03	−0.03	1.2×(1)+1.4×(2)	154.27				
	右	M	−115.03	−115.72	24.50	−24.50	1.2×(1)+1.4×(3)	−103.74	1.2×(1)+1.4×[0.9×((2)+(4))]	−314.71	1.2×(1)+1.4×((2))	−300.04
		V	−83.94	−83.89	−6.12	6.12		−109.30		−198.72		−218.17
1	左	M	−86.59	−81.87	−14.00	14.00	1.2×(1)+1.4×(4)	−84.31	1.2×(1)+1.4×[0.9×((2)+(3))]	−224.70	1.2×(1)+1.4×((2))	−218.53
		V	77.27	75.66	−3.29	3.29	1.2×(1)+1.4×(2)	97.33		183.91		198.65
	中	M	60.48	60.79	−0.85	0.85	1.2×(1)+1.4×(2)	157.68				
	右	M	−116.45	−116.55	12.31	−12.31	1.2×(1)+1.4×(3)	−122.51	1.2×(1)+1.4×[0.9×((2)+(4))]	−302.91	1.2×(1)+1.4×((2))	−302.91
		V	−84.73	−84.34	−3.29	3.29		−106.28		−219.75		−219.75

注：弯矩单位为 kN·m，力单位为 kN。

表 3.2.35 框架梁抗震设计内力组合（BC 梁）

层数			重力荷载代表 (1)	水平地震作用 (2)	水平地震作用 (3)	组合① 1.2×(1)+1.3×(2)	组合② 1.2×(1)+1.3×(3)
10	左	M	-126.09	-177.12	177.12	-381.56	78.95
	中	M	113.85	-26.00	26.00	102.83	170.41
	右	M	-207.65	125.13	-125.13	-86.51	-411.85
			调整后的 V			-213.51	243.41
9	左	M	-111.50	-128.20	128.20	-300.46	32.86
	中	M	69.33	-0.61	0.61	82.40	83.99
	右	M	-137.85	126.98	-126.98	-0.35	-330.49
			调整后的 V			-162.25	171.91
8	左	M	-104.35	-141.94	141.94	-309.74	59.30
	中	M	72.23	0.39	-0.39	87.19	86.16
	右	M	-139.18	142.73	-142.73	18.53	-352.57
			调整后的 V			-166.55	179.32
7	左	M	-105.56	-148.85	148.85	-320.18	66.83
	中	M	71.70	-2.98	2.98	82.17	89.91
	右	M	-139.04	142.89	-142.89	18.91	-352.61
			调整后的 V			-168.20	180.48
6	左	M	-105.34	-145.23	145.23	-315.21	62.39
	中	M	71.80	0.08	-0.08	86.26	86.06
	右	M	-139.05	145.38	-145.38	22.13	-355.85
			调整后的 V			-167.94	180.30
5	左	M	-105.50	-137.07	137.07	-304.79	51.59
	中	M	71.74	-2.63	2.63	82.67	89.51
	右	M	-139.03	131.81	-131.81	4.52	-338.19
			调整后的 V			-163.66	175.95
4	左	M	-104.76	-128.58	128.58	-292.87	41.44
	中	M	72.03	-1.27	1.27	84.79	88.09
	右	M	-139.18	126.04	-126.04	-3.16	-330.87
			调整后的 V			-160.66	173.28
3	左	M	-109.26	-113.04	113.04	-278.06	15.84
	中	M	70.44	-1.87	1.87	82.10	86.95
	右	M	-137.86	109.31	-109.31	-23.33	-307.54
			调整后的 V			-155.32	165.80
2	左	M	-158.63	-102.58	102.58	-323.71	-57.00
	中	M	106.81	2.66	-2.66	131.63	124.71
	右	M	-207.75	107.90	-107.90	-109.03	-389.57
			调整后的 V			-206.80	224.81
1	左	M	-152.18	-63.85	63.85	-265.62	-99.61
	中	M	109.08	6.88	-6.88	139.83	121.96
	右	M	-209.67	77.60	-77.60	-150.72	-352.48
			调整后的 V			-191.55	212.63

注：弯矩单位为 kN·m，力单位为 kN。

表 3.2.36 框架梁非抗震设计内力组合（CD 梁）

层数			恒载(1)	活载(2)	右风(3)	左风(4)	M_{max} 相应的 V 组合项目	数值	M_{min} 相应的 V 组合项目	数值	$\|V\|_{max}$ 相应的 M 组合项目	数值
10	左	M	−173.43	−44.87	−45.33	45.33	$1.2 \times (1) + 1.4 \times (4)$	−144.65	$1.2 \times (1) + 1.4 \times (3)$ $0.9 \times [(2) + (4)]$	−321.77 175.28	$1.2 \times (1) + 1.4 \times (3)$ $0.9 \times [(2) + (4)]$	−207.54 203.83
		V	124.36	32.00	−11.33	11.33		165.09				
	中	M	75.29	19.13	0.00	0.00	$1.35 \times (1) + 1.4 \times 0.7 \times (2)$	120.39				
	右	M	−173.43	−44.87	45.33	−45.33	$1.2 \times (1) + 1.4 \times (3)$	−144.65	$1.2 \times (1) + 1.4 \times (4)$ $0.9 \times [(2) + (3)]$	−321.77 −175.28	$1.2 \times (1) + 1.4 \times (4)$ $0.9 \times [(2) + (3)]$	−207.54 −203.83
		V	−124.36	−32.00	−11.33	11.33		−165.09				
9	左	M	−108.13	−43.10	−46.00	46.00	$1.2 \times (1) + 1.4 \times (4)$	−65.36	$1.2 \times (1) + 1.4 \times (3)$ $0.9 \times [(2) + (4)]$	−242.02 123.03	$1.2 \times (1) + 1.4 \times (3)$ $0.9 \times [(2) + (4)]$	−126.10 152.01
		V	81.00	32.00	−11.50	11.50		113.30				
	中	M	53.87	20.90	0.00	0.00	$1.2 \times (1) + 1.4 \times (2)$	93.90				
	右	M	−108.13	−43.10	46.00	−46.00	$1.2 \times (1) + 1.4 \times (3)$	−65.36	$1.2 \times (1) + 1.4 \times (4)$ $0.9 \times [(2) + (3)]$	−242.02 −123.03	$1.2 \times (1) + 1.4 \times (4)$ $0.9 \times [(2) + (3)]$	−126.10 −152.01
		V	−81.00	−32.00	−11.50	11.50		−113.30				
8	左	M	−109.89	−43.49	−51.70	51.70	$1.2 \times (1) + 1.4 \times (4)$	−59.49	$1.2 \times (1) + 1.4 \times (3)$ $0.9 \times [(2) + (4)]$	−251.81 121.23	$1.2 \times (1) + 1.4 \times (3)$ $0.9 \times [(2) + (4)]$	−121.52 153.81
		V	81.00	32.00	−12.93	12.93		115.30				
	中	M	52.11	20.51	0.00	0.00	$1.2 \times (1) + 1.4 \times (2)$	91.25				
	右	M	−109.89	−43.49	51.70	−51.70	$1.2 \times (1) + 1.4 \times (3)$	−59.49	$1.2 \times (1) + 1.4 \times (4)$ $0.9 \times [(2) + (3)]$	−251.81 −121.23	$1.2 \times (1) + 1.4 \times (4)$ $0.9 \times [(2) + (3)]$	−121.52 −153.81
		V	−81.00	−32.00	−12.93	12.93		−115.30				
7	左	M	−109.52	−43.41	−51.76	51.76	$1.2 \times (1) + 1.4 \times (4)$	−58.96	$1.2 \times (1) + 1.4 \times (3)$ $0.9 \times [(2) + (4)]$	−251.34 121.22	$1.2 \times (1) + 1.4 \times (3)$ $0.9 \times [(2) + (4)]$	−120.90 153.82
		V	81.00	32.00	−12.94	12.94		115.32				
	中	M	52.48	20.59	0.00	0.00	$1.2 \times (1) + 1.4 \times (2)$	91.80				
	右	M	−109.52	−43.41	51.76	−51.76	$1.2 \times (1) + 1.4 \times (3)$	−58.96	$1.2 \times (1) + 1.4 \times (4)$ $0.9 \times [(2) + (3)]$	−251.34 −121.22	$1.2 \times (1) + 1.4 \times (4)$ $0.9 \times [(2) + (3)]$	−120.90 −153.82
		V	−81.00	−32.00	−12.94	12.94		−115.32				
6	左	M	−109.59	−43.43	−52.66	52.66	$1.2 \times (1) + 1.4 \times (4)$	−57.78	$1.2 \times (1) + 1.4 \times (3)$ $0.9 \times [(2) + (4)]$	−252.58 120.93	$1.2 \times (1) + 1.4 \times (3)$ $0.9 \times [(2) + (4)]$	−119.88 154.11
		V	81.00	32.00	−13.17	13.17		115.64				
	中	M	52.41	20.57	0.00	0.00	$1.2 \times (1) + 1.4 \times (2)$	91.69				
	右	M	−109.59	−43.43	52.66	−52.66	$1.2 \times (1) + 1.4 \times (3)$	−57.78	$1.2 \times (1) + 1.4 \times (4)$ $0.9 \times [(2) + (3)]$	−252.58 −120.93	$1.2 \times (1) + 1.4 \times (4)$ $0.9 \times [(2) + (3)]$	−119.88 −154.11
		V	−81.00	−32.00	−13.17	13.17		−115.64				

续表

层数			恒载 (1)	活载 (2)	右风 (3)	左风 (4)	M_{max}相应的 V 组合项目	数值	M_{min}相应的 V 组合项目	数值	$|V|_{max}$相应的 M 组合项目	数值
5	左	M	-109.57	-43.41	-47.75	47.75	$1.2\times(1)+1.4\times(4)$	-64.63	$1.2\times(1)+1.4\times[(2)+(3)]$	-246.35	$1.2\times(1)+1.4\times[(2)+(4)]$	-126.02
		V	81.00	32.00	-11.94	11.94	$1.2\times(1)+1.4\times(2)$	113.92		122.48	$0.9\times[(2)+(4)]$	152.56
	中	M	52.43	20.60	0.00	0.00		91.76				
	右	M	-109.57	-43.41	47.75	-47.75	$1.2\times(1)+1.4\times(3)$	-64.63	$1.2\times(1)+1.4\times[(2)+(4)]$	-246.35	$1.2\times(1)+1.4\times[(2)+(3)]$	-126.02
		V	-81.00	-32.00	-11.94	11.94		-113.92		-122.48	$0.9\times[(2)+(3)]$	-152.56
4	左	M	-109.62	-43.55	-43.41	43.41	$1.2\times(1)+1.4\times(4)$	-70.77	$1.2\times(1)+1.4\times[(2)+(3)]$	-241.11	$1.2\times(1)+1.4\times[(2)+(4)]$	-131.72
		V	81.00	32.00	-10.85	10.85	$1.2\times(1)+1.4\times(2)$	112.39		123.85	$0.9\times[(2)+(4)]$	151.19
	中	M	52.38	20.45	0.00	0.00		91.49				
	右	M	-109.62	-43.55	43.41	-43.41	$1.2\times(1)+1.4\times(3)$	-70.77	$1.2\times(1)+1.4\times[(2)+(4)]$	-241.11	$1.2\times(1)+1.4\times[(2)+(3)]$	-131.72
		V	-81.00	-32.00	-10.85	10.85		-112.39		-123.85	$0.9\times[(2)+(3)]$	-151.19
3	左	M	-109.42	-42.89	-32.75	32.75	$1.2\times(1)+1.4\times(4)$	-85.45	$1.2\times(1)+1.4\times[(2)+(3)]$	-226.61	$1.2\times(1)+1.4\times[(2)+(4)]$	-144.08
		V	81.00	32.00	-8.19	8.19	$1.2\times(1)+1.4\times(2)$	108.67		127.20	$0.9\times[(2)+(4)]$	147.84
	中	M	52.57	21.10	0.00	0.00		92.62				
	右	M	-109.42	-42.89	32.75	-32.75	$1.2\times(1)+1.4\times(3)$	-85.45	$1.2\times(1)+1.4\times[(2)+(4)]$	-226.61	$1.2\times(1)+1.4\times[(2)+(3)]$	-144.08
		V	-81.00	-32.00	-8.19	8.19		-108.67		-127.20	$0.9\times[(2)+(3)]$	-147.84
2	左	M	-109.06	-108.40	-24.50	24.50	$1.2\times(1)+1.4\times(4)$	-96.57	$1.2\times(1)+1.4\times[(2)+(3)]$	-298.33	$1.2\times(1)+1.4\times(2)$	-282.63
		V	81.00	80.00	-6.13	6.13	$1.2\times(1)+1.4$	105.78		190.28		209.20
	中	M	52.94	51.60	0.00	0.00		135.77				
	右	M	-109.06	-108.40	24.50	-24.50	$1.2\times(1)+1.4\times(3)$	-96.57	$1.2\times(1)\times0.9\times[(2)+(4)]$	-298.33	$1.2\times(1)+1.4\times(2)$	-282.63
		V	-81.00	-80.00	-6.13	6.13		-105.78		-190.28		-209.20
1	左	M	-109.96	-108.86	-12.31	12.31	$1.2\times(1)+1.4\times(4)$	-114.72	$1.2\times(1)+1.4\times[(2)+(3)]$	-284.63	$1.2\times(1)+1.4\times(2)$	-284.36
		V	81.00	80.00	-3.08	3.08	$1.2\times(1)+1.4\times(2)$	101.51		194.12		209.20
	中	M	52.04	51.14	0.00	0.00		134.04				
	右	M	-109.96	-108.86	12.31	-12.31	$1.2\times(1)+1.4\times(3)$	-114.72	$1.2\times(1)+1.4\times[(2)+(4)]$	-284.63	$1.2\times(1)+1.4\times(2)$	-284.36
		V	-81.00	-80.00	-3.08	3.08		-101.51		-194.12		-209.20

注：弯矩单位为 kN·m，力单位为 kN。

表 3.2.37 框架梁抗震设计内力组合（CD 梁）

层数			重力荷载代表 (1)	水平地震作用 (2)	水平地震作用 (3)	组合① 1.2×(1)+1.3×(2)	组合② 1.2×(1)+1.3×(3)
10	左	M	-195.87	-125.13	125.13	-397.71	-72.38
	中	M	84.85	0.00	0.00	101.82	101.82
	右	M	-195.87	125.13	-125.13	-72.38	-397.71
	调整后的 V					-218.13	218.13
9	左	M	-129.68	-126.98	126.98	-320.69	9.46
	中	M	64.33	0.00	0.00	77.20	77.20
	右	M	-129.68	126.98	-126.98	9.46	-320.69
	调整后的 V					-166.84	166.84
8	左	M	-131.63	-142.73	142.73	-343.51	27.59
	中	M	62.37	0.00	0.00	74.84	74.84
	右	M	-131.63	142.73	-142.73	27.59	-343.51
	调整后的 V					-173.10	173.10
7	左	M	-131.22	-142.89	142.89	-343.22	28.29
	中	M	62.78	0.00	0.00	75.34	75.34
	右	M	-131.22	142.89	-142.89	28.29	-343.22
	调整后的 V					-173.16	173.16
6	左	M	-131.31	-145.38	145.38	-346.57	31.42
	中	M	62.70	0.00	0.00	75.24	75.24
	右	M	-131.31	145.38	-145.38	31.42	-346.57
	调整后的 V					-174.15	174.15
5	左	M	-131.26	-131.81	131.81	-328.87	13.84
	中	M	62.75	0.00	0.00	75.30	75.30
	右	M	-131.26	131.81	-131.81	13.84	-328.87
	调整后的 V					-168.76	168.76
4	左	M	-131.45	-126.04	126.04	-321.59	6.11
	中	M	62.55	0.00	0.00	75.06	75.06
	右	M	-131.45	126.04	-126.04	6.11	-321.59
	调整后的 V					-166.47	166.47
3	左	M	-130.64	-109.31	109.31	-298.87	-14.67
	中	M	63.36	0.00	0.00	76.03	76.03
	右	M	-130.64	109.31	-109.31	-14.67	-298.87
	调整后的 V					-159.82	159.82
2	左	M	-195.88	-107.90	107.90	-375.33	-94.79
	中	M	94.13	0.00	0.00	112.96	112.96
	右	M	-195.88	107.90	-107.90	-94.79	-375.33
	调整后的 V					-216.86	216.86
1	左	M	-197.02	-77.60	77.60	-337.30	-135.54
	中	M	92.98	0.00	0.00	111.58	111.58
	右	M	-197.02	77.60	-77.60	-135.54	-337.30
	调整后的 V					-204.82	204.82

注：弯矩单位为 kN·m，力单位为 kN。

表 3.2.38 剪力墙非抗震设计内力组合

层			恒载 (1)	活载 (2)	左风 (3)	右风 (4)	N_{max} 相应的 M、V 组合项目	数值	N_{min} 相应的 M、V 组合项目	数值	$\|M_{max}\|$ 相应的 N、V 组合项目	数值
10	上	M	0.00	0.00	0.00	0.00	$1.35\times(1)+1.4\times0.7\times(2)$	0.00	$1.2\times(1)+1.4\times(4)$	0.00	$1.2\times(1)+1.4\times(3)+1.4\times0.6\times(2)$	0.00
		N	832.70	196.80	5.06	-5.06		1 317.01		992.16		1 279.01
		V	0.00	0.00	-231.00	231.00		0.00		323.40		-194.04
	下	M	0.00	0.00	-593.00	593.00	$1.35\times(1)+1.4\times0.7\times(2)$	0.00	$1.2\times(1)+1.4\times(4)$	830.20	$1.2\times(1)+1.4\times(3)+1.4\times0.7\times(2)$	-830.20
		N	1 157.44	196.80	5.06	-5.06		1 755.41		1 381.84		1 588.88
		V	0.00	0.00	-37.00	37.00		0.00		51.80		-51.80
9	上	M	0.00	0.00	-593.00	593.00	$1.35\times(1)+1.4\times0.7\times(2)$	0.00	$1.2\times(1)+1.4\times(4)$	830.20	$1.2\times(1)+1.4\times(3)+1.4\times0.7\times(2)$	-830.20
		N	1 687.98	393.60	15.27	-15.27		2 664.50		2 004.20		2 432.68
		V	0.00	0.00	-37.00	37.00		0.00		51.80		-51.80
	下	M	0.00	0.00	-473.00	473.00	$1.35\times(1)+1.4\times0.7\times(2)$	0.00	$1.2\times(1)+1.4\times(4)$	662.20	$1.2\times(1)+1.4\times(3)+1.4\times0.7\times(2)$	-662.20
		N	2 012.72	393.60	15.27	-15.27		3 102.90		2 393.89		2 822.37
		V	0.00	0.00	136.00	-136.00		0.00		-190.40		190.40
8	上	M	0.00	0.00	-473.00	473.00	$1.35\times(1)+1.4\times0.7\times(2)$	0.00	$1.2\times(1)+1.4\times(4)$	-662.20	$1.2\times(1)+1.4\times(3)+1.4\times0.7\times(2)$	-662.20
		N	2 543.26	590.40	25.62	-25.62		4 011.99		3 016.04		3 666.37
		V	0.00	0.00	136.00	-136.00		0.00		-190.40		190.40
	下	M	0.00	0.00	288.00	-288.00	$1.35\times(1)+1.4\times0.7\times(2)$	0.00	$1.2\times(1)+1.4\times(4)$	-403.20	$1.2\times(1)+1.4\times(3)+1.4\times0.7\times(2)$	403.20
		N	2 868.00	590.40	25.62	-25.62		4 450.39		3 405.73		4 056.06
		V	0.00	0.00	290.00	-290.00		0.00		-406.00		406.00
7	上	M	0.00	0.00	288.00	-288.00	$1.35\times(1)+1.4\times0.7\times(2)$	0.00	$1.2\times(1)+1.4\times(4)$	-403.20	$1.2\times(1)+1.4\times(3)+1.4\times0.7\times(2)$	403.20
		N	3 398.54	787.20	35.94	-35.94		5 359.49		4 027.93		4 900.02
		V	0.00	0.00	290.00	-290.00		0.00		-406.00		406.00

续表

层			恒载(1)	活载(2)	左风(3)	右风(4)	N_{max} 相应的 M、V 组合项目	数值	N_{min} 相应的 M、V 组合项目	数值	$\|M\|_{max}$ 相应的 N、V 组合项目	数值
7	下	M	0.00	0.00	1 607.00	-1 607.00	$1.35 \times (1) +$ $1.4 \times 0.7 \times (2)$	0.00	$1.2 \times (1) +$ $1.4 \times (4)$	-2 249.80	$1.2 \times (1) + 1.4 \times (3) +$ $1.4 \times 0.7 \times (2)$	2 249.80
		N	3 723.28	787.20	35.94	-35.94		5 797.88		4 417.62		5 289.71
		V	0.00	0.00	426.00	-426.00		0.00		-596.40		596.40
6	上	M	0.00	0.00	1 607.00	-1 607.00	$1.35 \times (1) +$ $1.4 \times 0.7 \times (2)$	0.00	$1.2 \times (1) +$ $1.4 \times (4)$	-2 249.80	$1.2 \times (1) + 1.4 \times (3) +$ $1.4 \times 0.7 \times (2)$	2 249.80
		N	4 253.82	984.00	46.09	-46.09		6 706.98		5 040.06		6 133.43
		V	0.00	0.00	426.00	-426.00		0.00		-596.40		596.40
	下	M	0.00	0.00	3 433.00	-3 433.00	$1.35 \times (1) +$ $1.4 \times 0.7 \times (2)$	0.00	$1.2 \times (1) +$ $1.4 \times (4)$	-4 806.20	$1.2 \times (1) + 1.4 \times (3) +$ $1.4 \times 0.7 \times (2)$	4 806.20
		N	4 578.56	984.00	46.09	-46.09		7 145.38		5 429.75		6 523.12
		V	0.00	0.00	549.00	-549.00		0.00		-768.60		768.60
5	上	M	0.00	0.00	3 433.00	-3 433.00	$1.35 \times (1) +$ $1.4 \times 0.7 \times (2)$	0.00	$1.2 \times (1) +$ $1.4 \times (4)$	-4 806.20	$1.2 \times (1) + 1.4 \times (3) +$ $1.4 \times 0.7 \times (2)$	4 806.20
		N	5 109.10	1 180.80	55.73	-55.73		8 054.47		6 052.90		7 366.13
		V	0.00	0.00	549.00	-549.00		0.00		-768.60		768.60
	下	M	0.00	0.00	5 720.00	-5 720.00	$1.35 \times (1) +$ $1.4 \times 0.7 \times (2)$	0.00	$1.2 \times (1) +$ $1.4 \times (4)$	-8 008.00	$1.2 \times (1) + 1.4 \times (3) +$ $1.4 \times 0.7 \times (2)$	8 008.00
		N	5 433.84	1 180.80	55.73	-55.73		8 492.87		6 442.59		7 755.81
		V	0.00	0.00	660.00	-660.00		0.00		-924.00		924.00
4	上	M	0.00	0.00	5 720.00	-5 720.00	$1.35 \times (1) +$ $1.4 \times 0.7 \times (2)$	0.00	$1.2 \times (1) +$ $1.4 \times (4)$	-8 008.00	$1.2 \times (1) + 1.4 \times (3) +$ $1.4 \times 0.7 \times (2)$	8 008.00
		N	5 964.38	1 377.60	64.43	-64.43		9 401.96		7 067.05		8 597.51
		V	0.00	0.00	660.00	-660.00		0.00		-924.00		924.00
	下	M	0.00	0.00	8 429.00	-8 429.00	$1.35 \times (1) +$ $1.4 \times 0.7 \times (2)$	0.00	$1.2 \times (1) +$ $1.4 \times (4)$	-11 800.60	$1.2 \times (1) + 1.4 \times (3) +$ $1.4 \times 0.7 \times (2)$	11 800.60
		N	6 289.12	1 377.60	64.43	-64.43		9 840.36		7 456.74		8 987.19
		V	0.00	0.00	762.00	-762.00		0.00		-1 066.80		1 066.80

续表

层	位置		恒载(1)	活载(2)	左风(3)	右风(4)	N_{max}相应的 M、V 组合项目	数值	N_{min}相应的 M、V 组合项目	数值	$|M_{max}|$相应的 N、V 组合项目	数值
3	上	M	0.00	0.00	8 429.00	-8 429.00	$1.35 \times (1) + 1.4 \times 0.7 \times (2)$	0.00	$1.2 \times (1) + 1.4 \times (4)$	-11 800.60	$1.2 \times (1) + 1.4 \times (3) + 1.4 \times 0.7 \times (2)$	11 800.60
		N	6 819.66	1 574.40	71.11	-71.11		10 749.45		8 084.04		9 826.06
		V	0.00	0.00	762.00	-762.00		0.00		-1 066.80		1 066.80
	下	M	0.00	0.00	11 058.00	-11 058.00	$1.35 \times (1) + 1.4 \times 0.7 \times (2)$	0.00	$1.2 \times (1) + 1.4 \times (4)$	-15 481.20	$1.2 \times (1) + 1.4 \times (3) + 1.4 \times 0.7 \times (2)$	15 481.20
		N	7 094.42	1 574.40	71.11	-71.11		11 120.38		8 413.75		10 155.77
		V	0.00	0.00	843.00	-843.00		0.00		-1 180.20		1 180.20
2	上	M	0.00	0.00	11 058.00	-11 058.00	$1.35 \times (1) + 1.4 \times 0.7 \times (2)$	0.00	$1.2 \times (1) + 1.4 \times (4)$	-15 481.20	$1.2 \times (1) + 1.4 \times (3) + 1.4 \times 0.7 \times (2)$	15 481.20
		N	7 620.52	2 133.60	75.75	-75.75		12 378.63		9 038.57		11 341.60
		V	0.00	0.00	843.00	-843.00		0.00		-1 180.20		1 180.20
	下	M	0.00	0.00	13 928.00	-13 928.00	$1.35 \times (1) + 1.4 \times 0.7 \times (2)$	0.00	$1.2 \times (1) + 1.4 \times (4)$	-19 499.20	$1.2 \times (1) + 1.4 \times (3) + 1.4 \times 0.7 \times (2)$	19 499.20
		N	7 895.28	2 133.60	75.75	-75.75		12 749.56		9 368.29		11 671.31
		V	0.00	0.00	919.00	-919.00		0.00		-1 286.60		1 286.60
1	上	M	0.00	0.00	13 928.00	-13 928.00	$1.35 \times (1) + 1.4 \times 0.7 \times (2)$	0.00	$1.2 \times (1) + 1.4 \times (4)$	-19 499.20	$1.2 \times (1) + 1.4 \times (3) + 1.4 \times 0.7 \times (2)$	19 499.20
		N	8 421.38	2 692.80	78.79	-78.79		14 007.81		9 995.35		12 854.91
		V	0.00	0.00	919.00	-919.00		0.00		-1 286.60		1 286.60
	下	M	0.00	0.00	17 661.00	-17 661.00	$1.35 \times (1) + 1.4 \times 0.7 \times (2)$	0.00	$1.2 \times (1) + 1.4 \times (4)$	-24 725.40	$1.2 \times (1) + 1.4 \times (3) + 1.4 \times 0.7 \times (2)$	24 725.40
		N	8 746.12	2 692.80	78.79	-78.79		14 446.21		10 385.04		13 244.59
		V	0.00	0.00	1 005.00	-1 005.00		0.00		-1 407.00		1 407.00

注:弯矩单位为 kN·m,力单位为 kN。

表 3.2.39 剪力墙抗震设计内力组合

层数			重力荷载代表 (1)	水平地震作用 (2)	水平地震作用 (3)	组合① 1.2×(1)+1.3×(2)	组合② 1.2×(1)+1.3×(3)	调整后的组合①	调整后的组合②
10	上	M	0.00	0.00	0.00	0.00	0.00	0.00	0.00
		N	931.10	13.97	-13.97	1 135.48	1 099.16	1 135.48	1 099.16
		V	0.00	-639.00	639.00	-830.70	830.70	-830.70	830.70
	下	M	0.00	-1 637.00	1 637.00	-2 128.10	2 128.10	-2 128.10	2 128.10
		N	1 255.84	13.97	-13.97	1 525.17	1 488.85	1 525.17	1 488.85
		V	0.00	-101.00	101.00	-131.30	131.30	-131.30	131.30
9	上	M	0.00	-1 637.00	1 637.00	-2 128.10	2 128.10	-2 128.10	2 128.10
		N	1 884.78	42.17	-42.17	2 316.56	2 206.92	2 316.56	2 206.92
		V	0.00	-101.00	101.00	-131.30	131.30	-131.30	131.30
	下	M	0.00	-1 307.00	1 307.00	-1 699.10	1 699.10	-1 699.10	1 699.10
		N	2 209.52	42.17	-42.17	2 706.25	2 596.60	2 706.25	2 596.60
		V	0.00	374.00	-374.00	486.20	-486.20	486.20	-486.20
8	上	M	0.00	-1 307.00	1 307.00	-1 699.10	1 699.10	-1 699.10	1 699.10
		N	2 838.46	70.72	-70.72	3 498.09	3 314.22	3 498.09	3 314.22
		V	0.00	374.00	-374.00	486.20	-486.20	486.20	-486.20
	下	M	0.00	794.00	-794.00	1 032.20	-1 032.20	1 032.20	-1 032.20
		N	3 163.20	70.72	-70.72	3 887.78	3 703.90	3 887.78	3 703.90
		V	0.00	800.00	-800.00	1 040.00	-1 040.00	1 040.00	-1 040.00
7	上	M	0.00	794.00	-794.00	1 032.20	-1 032.20	1 032.20	-1 032.20
		N	3 792.14	99.23	-99.23	4 679.57	4 421.57	4 679.57	4 421.57
		V	0.00	800.00	-800.00	1 040.00	-1 040.00	1 040.00	-1 040.00
	下	M	0.00	4 437.00	-4 437.00	5 768.10	-5 768.10	5 768.10	-5 768.10
		N	4 116.88	99.23	-99.23	5 069.26	4 811.26	5 069.26	4 811.26
		V	0.00	1 177.00	-1 177.00	1 530.10	-1 530.10	1 530.10	-1 530.10
6	上	M	0.00	4 437.00	-4 437.00	5 768.10	-5 768.10	5 768.10	-5 768.10
		N	4 745.82	127.25	-127.25	5 860.41	5 529.56	5 860.41	5 529.56
		V	0.00	1 177.00	-1 177.00	1 530.10	-1 530.10	1 530.10	-1 530.10
	下	M	0.00	9 478.00	-9 478.00	12 321.40	-12 321.40	12 321.40	-12 321.40
		N	5 070.56	127.25	-127.25	6 250.10	5 919.25	6 250.10	5 919.25
		V	0.00	1 516.00	-1 516.00	1 970.80	-1 970.80	1 970.80	-1 970.80

续表

层数			重力荷载代表(1)	水平地震作用(2)	水平地震作用(3)	组合① 1.2×(1)+1.3×(2)	组合② 1.2×(1)+1.3×(3)	调整后的组合①	调整后的组合②
5	上	M	0.00	9 478.00	-9 478.00	12 321.40	-12 321.40	12 321.40	-12 321.40
		N	5 699.50	153.87	-153.87	7 039.43	6 639.37	7 039.43	6 639.37
		V	0.00	1 516.00	-1 516.00	1 970.80	-1 970.80	1 970.80	-1 970.80
	下	M	0.00	15 790.00	-15 790.00	20 527.00	-20 527.00	20 527.00	-20 527.00
		N	6 024.24	153.87	-153.87	7 429.12	7 029.06	7 429.12	7 029.06
		V	0.00	1 823.00	-1 823.00	2 369.90	-2 369.90	2 369.90	-2 369.90
4	上	M	0.00	15 790.00	-15 790.00	20 527.00	-20 527.00	20 527.00	-20 527.00
		N	6 653.18	177.88	-177.88	8 215.06	7 752.57	8 215.06	7 752.57
		V	0.00	1 823.00	-1 823.00	2 369.90	-2 369.90	2 369.90	-2 369.90
	下	M	0.00	23 271.00	-23 271.00	30 252.30	-30 252.30	30 252.30	-30 252.30
		N	6 977.92	177.88	-177.88	8 604.75	8 142.26	8 604.75	8 142.26
		V	0.00	2 104.00	-2 104.00	2 735.20	-2 735.20	2 735.20	-2 735.20
3	上	M	0.00	23 271.00	-23 271.00	30 252.30	-30 252.30	30 252.30	-30 252.30
		N	7 606.86	196.31	-196.31	9 383.44	8 873.03	9 383.44	8 873.03
		V	0.00	2 104.00	-2 104.00	2 735.20	-2 735.20	2 735.20	-2 735.20
	下	M	0.00	30 528.00	-30 528.00	39 686.40	-39 686.40	39 686.40	-39 686.40
		N	7 881.62	196.31	-196.31	9 713.15	9 202.74	9 713.15	9 202.74
		V	0.00	2 328.00	-2 328.00	3 026.40	-3 026.40	3 026.40	-3 026.40
2	上	M	0.00	30 528.00	-30 528.00	39 686.40	-39 686.40	39 686.40	-39 686.40
		N	8 687.32	209.12	-209.12	10 696.64	10 152.93	10 696.64	10 152.93
		V	0.00	2 328.00	-2 328.00	3 026.40	-3 026.40	4 236.96	-4 236.96
	下	M	0.00	38 450.00	-38 450.00	49 985.00	-49 985.00	49 985.00	-49 985.00
		N	8 962.08	209.12	-209.12	11 026.35	10 482.64	11 026.35	10 482.64
		V	0.00	2 537.00	-2 537.00	3 298.10	-3 298.10	4 617.34	-4 617.34
1	上	M	0.00	38 450.00	-38 450.00	49 985.00	-49 985.00	49 985.00	-49 985.00
		N	9 767.78	217.51	-217.51	12 004.10	11 438.57	12 004.10	11 438.57
		V	0.00	2 537.00	-2 537.00	3 298.10	-3 298.10	4 617.34	-4 617.34
	下	M	0.00	48 757.00	-48 757.00	63 384.10	-63 384.10	63 384.10	-63 384.10
		N	10 092.52	217.51	-217.51	12 393.79	11 828.26	12 393.79	11 828.26
		V	0.00	2 774.00	-2 774.00	3 606.20	-3 606.20	5 048.68	-5 048.68

注：1. $H=37.8$ m，$H/8=4.725$ m，取底下两层为底部加强部位进行剪力调整，剪力墙的抗震等级为二级，调整系数为1.4。

2. 弯矩单位为 kN·m，力单位为 kN。

表 3.2.40 连系梁内力组合表

层数	水平地震作用 左 震		水平地震作用 右 震		内力组合 1.3 地		
	M	V	M	V	M_{max}	M_{min}	V_{max}
10	-54.06	13.97	54.06	-13.97	70.28	-70.28	21.47
9	-109.05	28.19	109.05	-28.19	141.77	-141.77	43.32
8	-110.47	28.56	110.47	-28.56	143.61	-143.61	43.88
7	-110.27	28.51	110.27	-28.51	143.35	-143.35	43.80
6	-108.39	28.02	108.39	-28.02	140.91	-140.91	43.05
5	-102.95	26.62	102.95	-26.62	133.84	-133.84	40.89
4	-92.90	24.02	92.90	-24.02	120.77	-120.77	36.90
3	-71.29	18.43	71.29	-18.43	92.68	-92.68	28.32
2	-49.57	12.81	49.57	-12.81	64.44	-64.44	19.69
1	-32.44	8.39	32.44	-8.39	42.17	-42.17	12.89

注：1. 为简化计算，忽略连系梁自重，忽略相邻框架竖向荷载的影响。
2. $V = \eta_{vb}(M_b^l + M_b^r)/l_n + V_{Gb}$
3. 弯矩单位为 kN·m，力单位为 kN。

① 有震公式中需考虑抗震承载力调整系数 γ_{RE}；
② 有震、无震，计算公式的适用条件不一样；
③ 如果现浇楼盖，则梁截面一般支座为矩形截面，跨中为 T 形截面。
（2）梁柱斜截面计算
公式有震、无震组合下不一样，要注意：
① 有震要考虑 γ_{RE} 且适用条件有震、无震也不一样。
框架梁、柱，其受剪截面应符合下列要求：
无地震作用组合时，

$$V \leqslant 0.25\beta_c f_c b h_0 \tag{3.2.67}$$

有地震作用组合时，跨高比大于 2.5 的梁及剪跨比大于 2 的柱：

$$V \leqslant \frac{1}{\gamma_{RE}}(0.2\beta_c f_c b h_0) \tag{3.2.68}$$

跨高比不大于 2.5 的梁及剪跨比不大于 2 的柱：

$$V \leqslant \frac{1}{\gamma_{RE}}(0.15\beta_c f_c b h_0) \tag{3.2.69}$$

框架柱的剪跨比

$$\lambda = M^c/(V^c h_0)$$

式中 M^c——柱端截面未经调整的组合弯矩计算值，可取柱上、下端的较大值；

V^c——柱端截面与组合弯矩计算值对应的组合剪力计算值。

② 斜截面受剪承载力计算公式不一样。

矩形截面偏心受压框架柱,其斜截面受剪承载力应按下列公式计算:

无地震作用组合时:

$$V \leqslant \frac{1.75}{\lambda+1} f_t b h_0 + f_{yv} \frac{A_{sv}}{s} h_0 + 0.07N \tag{3.2.70}$$

有地震作用组合时:

$$V \leqslant \frac{1}{\gamma_{RE}} \left(\frac{1.05}{\lambda+1} f_t b h_0 + f_{yv} \frac{A_{sv}}{s} h_0 + 0.056N \right) \tag{3.2.71}$$

式中 λ——框架柱的剪跨比。当 $\lambda<1$ 时,取 $\lambda=1$;当 $\lambda>3$ 时,取 $\lambda=3$。

N——考虑风荷载或地震作用组合的框架柱轴向压力设计值,当 N 大于 $0.3 f_c A_c$ 时,取 N 等于 $0.3 f_c A_c$。

当矩形截面框架柱出现拉力时,其斜截面受剪承载力按下列公式计算:

无地震作用组合时:

$$V \leqslant \frac{1.75}{\lambda+1} f_t b h_0 + f_{yv} \frac{A_{sv}}{s} h_0 - 0.2N \tag{3.2.72}$$

有地震作用组合时:

$$V \leqslant \frac{1}{\gamma_{RE}} \left(\frac{1.05}{\lambda+1} f_t b h_0 + f_{yv} \frac{A_{sv}}{s} h_0 - 0.2N \right) \tag{3.2.73}$$

当式(3.2.72)右端的计算值或式(3.2.73)右端括号内的计算值小于 $f_{yv} \frac{A_{sv}}{s} h_0$ 时,应取等于 $f_{yv} \frac{A_{sv}}{s} h_0$,且 $f_{yv} \frac{A_{sv}}{s} h_0$ 的值不应小于 $0.36 f_t b h_0$。

矩形、T形和工字形截面的框架梁,如果是现浇楼盖,其斜截面受剪承载力应符合下列规定:

无地震作用组合时:

$$V \leqslant 0.7 f_t b h_0 + 1.25 f_{yv} \frac{A_{sv}}{s} h_0 \tag{3.2.74}$$

有地震作用组合时:

$$V \leqslant \frac{1}{\gamma_{RE}} \left(0.42 f_t b h_0 + 1.25 f_{yv} \frac{A_{sv}}{s} h_0 \right) \tag{3.2.75}$$

(3) 框架梁构造要求

① 抗震设计时,计入受压钢筋作用的梁端截面混凝土受压区高度与有效高度之比值,一级不应大于 0.25,二、三级不应大于 0.35。

② 纵向受拉钢筋的最小配筋率 ρ_{min}(%),非抗震设计时,不应小于 0.2 和 $45 f_t/f_y$ 二者的较大值;抗震设计时,不应小于表 3.2.41 规定的数值。

③ 抗震设计时,梁端纵向受拉钢筋的配筋率不应大于 2.5%。

④ 抗震设计时,梁端截面的底面和顶面纵向钢筋截面面积的比值,除按计算确定外,一级不应小于 0.5,二、三级不应小于 0.3。

⑤ 抗震设计时，梁端箍筋的加密区长度、箍筋最大间距和最小直径应符合表 3.2.42 的要求；当梁端纵向钢筋配筋率大于 2% 时，表中箍筋最小直径应增大 2 mm。

表 3.2.41　梁纵向受拉钢筋最小配筋百分率 $\rho_{\min}$　　　　　　　　　　　　%

抗震等级	位　　置		抗震等级	位　　置	
	支座（取较大值）	跨中（取较大值）		支座（取较大值）	跨中（取较大值）
一级	0.40 和 $80f_t/f_y$	0.30 和 $65f_t/f_y$	三、四级	0.25 和 $55f_t/f_y$	0.20 和 $45f_t/f_y$
二级	0.30 和 $65f_t/f_y$	0.25 和 $55f_t/f_y$			

表 3.2.42　梁端箍筋加密区的长度、箍筋最大间距和最小直径

抗震等级	加密区长度（取较大值）/mm	箍筋最大间距（取最小值）/mm	箍筋最小直径/mm	抗震等级	加密区长度（取较大值）/mm	箍筋最大间距（取最小值）/mm	箍筋最小直径/mm
一	$2.0h_b$, 500	$h_b/4$, 6d, 100	10	三	$1.5h_b$, 500	$h_b/4$, 8d, 150	8
二	$1.5h_b$, 500	$h_b/4$, 8d, 100	8	四	$1.5h_b$, 500	$h_b/4$, 8d, 150	6

注：d 为纵向钢筋直径，h_b 为梁截面高度。

⑥ 梁的纵向钢筋配置，尚应符合下列规定：

a. 沿梁全长顶面和底面应至少各配置两根纵向钢筋，一、二级抗震设计时钢筋直径不应小于 14 mm，且分别不应小于梁两端顶面和底面纵向配筋中较大截面面积的 1/4；三、四级抗震设计和非抗震设计时钢筋直径不应小于 12 mm。

b. 一、二级抗震等级的框架梁内贯通中柱的每根纵向钢筋的直径，对矩形截面柱，不宜大于柱在该方向截面尺寸的 1/20；对圆形截面柱，不宜大于纵向钢筋所在位置柱截面弦长的 1/20。

⑦ 抗震设计时，框架梁的箍筋尚应符合下列构造要求：

a. 框架梁沿梁全长箍筋的面积配筋率应符合下列要求：

一级　　　　　　　　　　　　　$\rho_{sv} \geq 0.30f_t/f_{yv}$　　　　　　　　　　　　　（3.2.76）

二级　　　　　　　　　　　　　$\rho_{sv} \geq 0.28f_t/f_{yv}$　　　　　　　　　　　　　（3.2.77）

三、四级　　　　　　　　　　　$\rho_{sv} \geq 0.26f_t/f_{yv}$　　　　　　　　　　　　　（3.2.78）

b. 第一个箍筋应设置在距支座边缘 50 mm 处。

c. 在箍筋加密区范围内的箍筋肢距：一级不宜大于 200 mm 和 20 倍箍筋直径的较大值，二、三级不宜大于 250 mm 和 20 倍箍筋直径的较大值，四级不宜大于 300 mm。

d. 箍筋应有 135° 弯钩，弯钩端头直段长度不应小于 10 倍的箍筋直径和 75 mm 的较大值。

e. 在纵向钢筋搭接长度范围内的箍筋间距，钢筋受拉时不应大于搭接钢筋较小直径的 5 倍，且不应大于 100 mm；钢筋受压时不应大于搭接钢筋较小直径的 10 倍，且不应大于 200 mm。

f. 框架梁非加密区箍筋最大间距不宜大于加密区箍筋间距的 2 倍。

⑧ 非抗震设计时，框架梁箍筋配筋构造应符合下列规定：

a. 应沿梁全长设置箍筋。

b. 截面高度大于 800 mm 的梁，其箍筋直径不宜小于 8 mm；其余截面高度的梁不应小于 6 mm。在受力钢筋搭接长度范围内，箍筋直径不应小于搭接钢筋最大直径的 0.25 倍。

c. 箍筋间距不应大于表 3.2.43 的规定；在纵向受拉钢筋的搭接长度范围内，箍筋间距尚不应大于搭接钢筋较小直径的 5 倍，且不应大于 100 mm；在纵向受压钢筋的搭接长度范围内，箍筋间距尚不应大于搭接钢筋较小直径的 10 倍，且不应大于 200 mm。

表 3.2.43 非抗震设计梁箍筋最大间距 mm

h_b/mm	$V > 0.7f_t bh_0$	$V \leq 0.7f_t bh_0$	h_b/mm	$V > 0.7f_t bh_0$	$V \leq 0.7f_t bh_0$
$h_b \leq 300$	150	200	$500 < h_b \leq 800$	250	350
$300 < h_b \leq 500$	200	300	$h_b > 800$	300	400

d. 当梁的剪力设计值大于 $0.7f_t bh_0$ 时，其箍筋面积配筋率应符合下列要求：

$$\rho_{sv} \geq 0.24 f_t / f_{yv} \tag{3.2.79}$$

e. 当梁中配有计算需要的纵向受压钢筋时，其箍筋配置尚应符合下列要求：箍筋的直径不应小于纵向受压钢筋最大直径的 0.25 倍。箍筋应做成封闭式；箍筋间距不应大于 $15d$ 且不应大于 400 mm；当一层内的受压钢筋多于 5 根且直径大于 18 mm 时，箍筋间距不应大于 $10d$（d 为纵向受压钢筋的最小直径）；当梁截面宽度大于 400 mm 且一层内的纵向受压钢筋多于 3 根时，或当梁截面宽度不大于 400 mm，但一层内的纵向受压钢筋多于 4 根时，应设置复合箍筋。

（4）框架柱构造要求

① 柱纵向钢筋和箍筋配置应符合下列要求：

a. 柱全部纵向钢筋的配筋率，不应小于表 3.2.44 的规定值，且柱截面每一侧纵向钢筋配筋率不应小于 0.2%；抗震设计时，对Ⅳ类场地上较高的高层建筑，表 3.2.44 中的数值应增加 0.1。

表 3.2.44 柱纵向钢筋最小配筋百分率 %

柱类型	抗震等级				非抗震
	一级	二级	三级	四级	
中柱、边柱	1.0	0.8	0.7	0.6	0.6
角柱	1.2	1.0	0.9	0.8	0.6
框支柱	1.2	1.0	—	—	0.8

注：1. 当混凝土强度等级大于 C60 时，表中的数值应增加 0.1；
2. 当采用 HRB400、RRB400 级钢筋时，表中数值应允许减小 0.1。

b. 抗震设计时，柱箍筋在规定的范围内应加密，加密区的箍筋间距和直径，应符合下列要求：

（a）一般情况下，箍筋的最大间距和最小直径，应按表 3.2.45 采用。

表 3.2.45 柱端箍筋加密区的构造要求

抗 震 等 级	箍筋最大间距/mm	箍筋最小直径/mm
一级	$6d$ 和 100 的较小值	10
二级	$8d$ 和 100 的较小值	8
三级	$8d$ 和 150（柱根 100）的较小值	8
四级	$8d$ 和 150（柱根 100）的较小值	6（柱根 8）

注：1. d 为柱纵向钢筋直径(mm)；
　　2. 柱根指框架柱底部嵌固部位。

(b) 二级框架柱箍筋直径不小于 10 mm、肢距不大于 200 mm 时，除柱根外最大间距应允许采用 150 mm；三级框架柱的截面尺寸不大于 400 mm 时，箍筋最小直径应允许采用 6 mm；四级框架柱的剪跨比不大于 2 或柱中全部纵向钢筋的配筋率大于 3% 时，箍筋直径不应小于 8 mm。

(c) 剪跨比不大于 2 的柱，箍筋间距不应大于 100 mm，一级时尚不应大于 6 倍的纵向钢筋直径。

② 柱的纵向钢筋配置，尚应满足下列要求：

a. 抗震设计时宜采用对称配筋。

b. 抗震设计时截面尺寸大于 400 mm 的柱，其纵向钢筋间距不宜大于 200 mm；非抗震设计时，柱纵向钢筋间距不应大于 350 mm；柱纵向钢筋净距均不应小于 50 mm。

c. 全部纵向钢筋的配筋率，非抗震设计时不宜大于 5%、不应大于 6%，抗震设计时不应大于 5%。

d. 一级且剪跨比不大于 2 的柱，其单侧纵向受拉钢筋的配筋率不宜大于 1.2%。

e. 边柱、角柱及剪力墙端柱考虑地震作用组合产生小偏心受拉时，柱内纵筋总截面面积应比计算值增加 25%。

③ 柱的纵筋不应与箍筋、拉筋及预埋件等焊接。

④ 抗震设计时，柱箍筋加密区的范围应符合下列要求：

a. 底层柱的上端和其他各层柱的两端，应取矩形截面柱之长边尺寸（或圆形截面柱之直径）、柱净高之 1/6 和 500 mm 三者之最大值范围；

b. 底层柱刚性地面上、下各 500 mm 的范围；

c. 底层柱柱根以上 1/3 的柱净高的范围；

d. 剪跨比不大于 2 的柱和因填充墙等形成的柱净高与截面高度之比不大于 4 的柱全高范围；

e. 一级及二级框架角柱的全高范围；

f. 剪力墙底部加强部位边框柱的箍筋宜沿全高加密；

g. 当带边框剪力墙上的洞口紧邻边框柱时，边框柱的箍筋宜沿全高加密；

h. 需要提高变形能力的柱的全高范围。

⑤ 加密区范围内箍筋的体积配箍率，应符合下列规定：

a. 柱箍筋加密区箍筋的体积配箍率,应符合下式要求:

$$\rho_v \geq \lambda_v f_c / f_{yv} \tag{3.2.80}$$

式中 ρ_v ——柱箍筋的体积配箍率;

λ_v ——柱最小配箍特征值,宜按表 3.2.46 采用;

f_c ——混凝土轴心抗压强度设计值。当柱混凝土强度等级低于 C35 时,应按 C35 计算;

f_{yv} ——柱箍筋或拉筋的抗拉强度设计值,超过 360 N/mm² 时,应按 360 N/mm² 计算。

表 3.2.46 柱端箍筋加密区最小配箍特征值 λ_v

抗震等级	箍筋形式	柱轴压比								
		≤0.3	0.40	0.50	0.60	0.70	0.80	0.90	1.00	1.05
一	普通箍、复合箍	0.10	0.11	0.13	0.15	0.17	0.20	0.23	—	—
	螺旋箍、复合或连续复合螺旋箍	0.08	0.09	0.11	0.13	0.15	0.18	0.21	—	—
二	普通箍、复合箍	0.08	0.09	0.11	0.13	0.15	0.17	0.19	0.22	0.24
	螺旋箍、复合或连续复合螺旋箍	0.06	0.07	0.09	0.11	0.13	0.15	0.17	0.20	0.22
三	普通箍、复合箍	0.06	0.07	0.09	0.11	0.13	0.15	0.17	0.20	0.22
	螺旋箍、复合或连续复合螺旋箍	0.05	0.06	0.07	0.09	0.11	0.13	0.15	0.18	0.20

注:普通箍指单个矩形箍或单个圆形箍;螺旋箍指单个连续螺旋箍筋;复合箍指由矩形、多边形、圆形箍或拉筋组成的箍筋;复合螺旋箍指由螺旋箍与矩形、多边形、圆形箍或拉筋组成的箍筋;连续复合螺旋箍指全部螺旋箍由同一根钢筋加工而成的箍筋。

b. 对一、二、三、四级框架柱,其箍筋加密区范围内箍筋的体积配箍率尚且分别不应小于 0.8%、0.6%、0.4% 和 0.4%。

c. 剪跨比不大于 2 的柱宜采用复合螺旋箍或井字复合箍,其体积配箍率不应小于 1.2%;设防烈度为 9 度时,不应小于 1.5%。

d. 计算复合箍筋的体积配箍率时,应扣除重叠部分的箍筋体积;计算复合螺旋箍筋的体积配箍率时,其非螺旋箍筋的体积应乘以换算系数 0.8。

⑥ 抗震设计时,柱箍筋设置尚应符合下列要求:

a. 箍筋应为封闭式,其末端应做成 135°弯钩且弯钩末端平直段长度不应小于 10 倍箍筋直径,且不应小于 75 mm。

b. 箍筋加密区的箍筋肢距,一级不宜大于 200 mm,二、三级不宜大于 250 mm 和 20 倍箍筋直径的较大值,四级不宜大于 300 mm。每隔一根纵向钢筋宜在两个方向有箍筋约束;采用拉筋组合箍时,拉筋宜紧靠纵向钢筋并钩住封闭箍。

c. 柱非加密区的箍筋,其体积配箍率不宜小于加密区的一半;其箍筋间距,不应大于加密区箍筋间距的 2 倍,且一、二级不应大于 10 倍纵向钢筋直径,三、四级不应大于 15 倍纵向钢筋直径。

⑦ 框架节点核心区应设置水平箍筋,抗震设计时,箍筋的最大间距和最小直径宜符合以上有关柱箍筋的规定。一、二、三级框架节点核心区配箍特征值分别不宜小于0.12、0.10和0.08,且箍筋体积配箍率分别不宜小于0.6%、0.5%和0.4%。柱剪跨比不大于2的框架节点核心区的配箍特征值不宜小于核心区上、下柱端配箍特征值中的较大值。

2. 算例情况

(1) 框架柱配筋计算

以底层B柱为例。

混凝土强度 C40

$$f_c = 19.1 \text{ N/mm}^2; \quad f_t = 1.71 \text{ N/mm}^2$$

钢筋强度

HRB400 $f_y = 360 \text{ N/mm}^2; \quad E_s = 2 \times 10^5 \text{ N/mm}^2$

HPB235 $f_y = 210 \text{ N/mm}^2$

框架抗震等级:三级。

① 柱截面尺寸:

a. 验算轴压比。

非抗震设计底层轴力最大设计值 $N_c = 4\,753.07$ kN。

$$\mu_N = \frac{N}{f_c A_c} = \frac{4\,753.07 \times 10^3 \text{ N}}{19.1 \text{ N/mm}^2 \times 800 \text{ mm} \times 800 \text{ mm}} = 0.389 < [1.05],\text{满足要求}。$$

抗震设计底层轴力最大设计值 $N_c = 3\,777.29$ kN。

$$\mu_N = \frac{N}{f_c A_c} = \frac{3\,777.29 \times 10^3 \text{ N}}{19.1 \text{ N/mm}^2 \times 800 \text{ mm} \times 800 \text{ mm}} = 0.309 < [0.95],\text{满足要求}。$$

b. 截面尺寸复核。

非抗震设计

$$V = 18.88 \text{ kN}$$

$$0.25\beta_c f_c b h_0 = 0.25 \times 1.0 \times 19.1 \text{ N/mm}^2 \times 800 \text{ mm} \times 760 \text{ mm} = 2\,903.20 \text{ kN} > V = 18.88 \text{ kN}$$

抗震设计

$$V = 101.65 \text{ kN}$$

$$\lambda = \frac{332.16 \text{ kN} \cdot \text{m}}{101.65 \text{ kN} \times 0.765 \text{ m}} = 4.271 > 2$$

$$\frac{1}{\gamma_{RE}}(0.2\beta_c f_c b h_0) = \frac{1}{0.85} \times (0.2 \times 19.1 \text{ N/mm}^2 \times 800 \text{ mm} \times 760 \text{ mm}) = 2\,732.42 \text{ kN} > V = 101.65 \text{ kN},\text{满足要求}。$$

② 柱的计算长度。现浇框架底层柱:$l_0 = 1.0H = 3.9$ m。

③ 正截面设计,对称配筋。

最不利荷载组合 $\begin{cases} M = 55.73 \text{ kN} \cdot \text{m} \\ N = 4\,576.11 \text{ kN} \end{cases}$

$$e_0 = \frac{M}{N} = 12.18 \text{ mm}$$

$$e_a = \max(20 \text{ mm}, h/30) = 26.67 \text{ mm}$$

$$e_i = e_0 + e_a = 12.18 \text{ mm} + 26.67 \text{ mm} = 38.85 \text{ mm}$$

$$\zeta_1 = \frac{0.5 f_c A}{N} = 1.34 > 1.0,\ \text{取}\ \zeta_1 = 1.0$$

$$\frac{l_0}{h} = 4.875 < 15.0,\ \text{取}\ \zeta_2 = 1.0$$

$$\eta = 1 + \frac{1}{1\,400 e_i/h_0}\left(\frac{l_0}{h}\right)^2 \zeta_1 \zeta_2 = 1.332$$

$$e = \eta e_i + h/2 - a_s = 411.75 \text{ mm}$$

$$\xi = \frac{N}{\alpha_1 f_c b h_0} = 0.394 \leqslant \xi_b \qquad \text{属于大偏压}$$

$$x = \xi h_0 = 299.48 \text{ mm} \geqslant 2a'_s = 80 \text{ mm}$$

$$A_s = A'_s = \frac{Ne - \alpha_1 f_c b x (h_0 - x/2)}{f'_y (h_0 - a'_s)} < 0$$

故按构造配筋

$$\rho_{\min} = 0.2\%,\ A_s = A'_s = 1\,224 \text{ mm}^2,\ (5\underline{\Phi}20, A_s = 1\,570 \text{ mm}^2)$$

考虑地震作用的配筋验算

$$S \leqslant R/\gamma_{RE},\ (\gamma_{RE} = 0.8)$$

最不利组合 $\begin{cases} M = 332.16 \text{ kN} \cdot \text{m} \\ N = 2\,957.40 \text{ kN} \end{cases}$

$$e_0 = \frac{M}{N} = 112.31 \text{ mm}$$

$$e_i = e_0 + e_a = 138.98 \text{ mm}$$

$$\eta = 1 + \frac{1}{1\,400 e_i/h_0}\left(\frac{l_0}{h}\right)^2 \zeta_1 \zeta_2 = 1.093$$

$$e = \eta e_i + h/2 - a_s = 511.91 \text{ mm}$$

$$\xi = \frac{\gamma_{RE} N_E}{\alpha_1 f_c b h_0} = 0.204 \leqslant \xi_b,\ x = \xi h_0 = 155.04 \text{ mm} > 2a'_s$$

$$A_s = A'_s = \frac{\gamma_{RE} N_E e - \alpha_1 f_c b x (h_0 - x/2)}{f'_y (h_0 - a'_s)} < 0$$

构造配筋即可。

④ 斜截面设计，不考虑地震作用时

$$\frac{1.75}{\lambda + 1} f_t b h_0 + 0.07 N$$

$$= \frac{1.75}{4.271 + 1} \times 1.71 \text{ N/mm}^2 \times 800 \text{ mm} \times 760 \text{ mm} + 0.07 \times 3\,437.05 \times 10^3 \text{ N}$$

$$= 585.77 \text{ kN} > V = 18.88 \text{ kN}$$

按构造配筋，选用 $4\phi10@200$。

考虑地震作用时

$$\frac{1}{\gamma_{RE}}\left(\frac{1.05}{\lambda+1}f_t bh_0 + 0.056N\right)$$

$$= \frac{1}{0.85} \times \left(\frac{1.05}{4.271+1} \times 1.71 \text{ N/mm}^2 \times 800 \text{ mm} \times 760 \text{ mm} + 0.056 \times 2\,057.40 \times 10^3 \text{ N}\right)$$

$$= 379.20 \text{ kN} > V = 101.65 \text{ kN}$$

满足按构造配筋要求。

⑤ 构造检验：

a. 全部纵向钢筋最小配筋百分率 $= \dfrac{314 \text{ mm}^2 \times 16}{800 \text{ mm} \times 800 \text{ mm}} = 0.79\% > 0.5\%$，满足要求。纵向钢筋配筋率 $= 0.79\% < 5\%$，满足要求。

b. 纵筋间距 < 200 mm，满足要求。

c. 箍筋加密区选用 $4\phi 10@100$，体积配箍率

$$\rho_v = 0.83\% > \max\left\{0.4\%, \ \frac{\lambda f_c}{f_{yv}} = 0.64\%\right\} = 0.64\%$$

满足要求。

其余柱的配筋设计过程略，结果如下：

所有柱的纵向配筋全部采用 5⊕20（1 570 mm²），四面对称配筋。柱的箍筋在加密区采用 $4\phi 10@100$，其他部位采用 $4\phi 10@200$。

（2）框架梁截面配筋设计

以底层 BC 梁为例

混凝土强度 C40

$$f_c = 19.1 \text{ N/mm}^2; \ f_{tk} = 2.39 \text{ N/mm}^2$$

钢筋强度

HRB400 $\quad f_y = 360 \text{ N/mm}^2; \ E_s = 2 \times 10^5 \text{ N/mm}^2$

HPB235 $\quad f_y = 210 \text{ N/mm}^2$

① 跨中截面正截面受弯承载力计算。

梁截面尺寸 $300 \text{ mm} \times 600$ m，不考虑地震作用时 $M = 157.68$ kN·m，按 T 形截面考虑。

$b = 300$ mm；$h = 600$ mm；$h'_f = 100$ mm

$h'_f/h_0 = 0.18 \geqslant 0.1$

$$b'_f = \min\left\{\frac{l_0}{3}, \ b + s_n\right\} = 2\,666.67 \text{ mm}$$

$$M = \alpha_1 f_c b'_f h'_f (h_0 - h'_f/2) = 2\,623.07 \text{ kN·m} > M_{\max} = 157.68 \text{ kN·m}$$

属于第一类 T 形截面。

$$\alpha_s = \frac{M}{\alpha_1 f_c b'_f h_0^2} = 0.009\,7$$

$$\xi = 1 - \sqrt{1 - 2\alpha_s} = 0.009\,7 \leqslant \xi_b = 0.518$$

截面满足

$$A_s = \frac{\alpha_1 f_c b'_f \xi h_0}{f_y}$$

$$= \frac{19.1 \text{ N/mm}^2 \times 2\,666.67 \text{ mm} \times 0.009\,7 \times 565 \text{ mm}}{360}$$

$$= 775.39 \text{ mm}^2 > \rho_{\min} bh = 360 \text{ mm}^2$$

选用 3 ⊈ 20($A_s = 942 \text{ mm}^2$)。

考虑地震作用时

$$M = 139.83 \text{ kN} \cdot \text{m} \leqslant M_{\max} = 157.68 \text{ kN} \cdot \text{m}$$

配筋满足要求。

两支座正截面受弯承载力计算过程从略。

② 裂缝宽度验算。

$M_k = 122.12 \text{ kN} \cdot \text{m}$；$c = 25 \text{ mm}$；$A_s = 942 \text{ mm}^2$

$d_{eq} = \dfrac{\sum n_i d_i}{\sum n_i v_i d_i} = 20 \text{ mm}$；$\alpha_{cr} = 2.1$

$A_{te} = 0.5bh = 90\,000 \text{ mm}^2$

$\rho_{te} = A_s / A_{te} = 0.010\,5 > 0.01$

$\sigma_{sk} = \dfrac{M_k}{0.87 h_0 A_s} = 264 \text{ N/mm}^2$

$\psi = 1.1 - \dfrac{0.65 f_{tk}}{\rho_{te} \sigma_{sk}} = 0.537$，$0.2 < \psi < 1$

$\omega_{\max} = \alpha_{cr} \psi \dfrac{\sigma_{sk}}{E_s} \left(1.9c + 0.08 \dfrac{d_{eq}}{\rho_{te}}\right) = 0.298 \text{ mm} < 0.3 \text{ mm}$

满足要求。

③ 挠度验算。

$M_k = 122.12 \text{ kN} \cdot \text{m}$，$M_q = 109.11 \text{ kN} \cdot \text{m}$

$A_{te} = 0.5bh = 90\,000 \text{ mm}^2$

$\rho_{te} = A_s / A_{te} = 0.010\,5 > 0.01$

$\sigma_{sk} = \dfrac{M_k}{0.87 h_0 A_s} = 264 \text{ N/mm}^2$

$\psi = 1.1 - \dfrac{0.65 f_{tk}}{\rho_{te} \sigma_{sk}} = 0.537$，$0.2 < \psi < 1$

$\rho = \dfrac{A_s}{bh_0} = 0.005\,56$，$\sigma_E = \dfrac{E_s}{E_c} = 6.154$

$B_s = \dfrac{E_s A_s h_0^2}{1.15\psi + 0.2 + \dfrac{6\alpha_E}{1 + 3.5\gamma_f'}} = 7.05 \times 10^{13} \text{ N} \cdot \text{mm}^2$

$\theta = 2.0 - 0.4 \dfrac{\rho'}{\rho} = 2.0$

$B = \dfrac{M_k}{(\theta - 1) M_g + M_k} B_s = 3.73 \times 10^{13} \text{ N} \cdot \text{mm}^2$

$$a_f = \frac{5}{48} \frac{M_k l_0^2}{B} = 21.86 \text{ mm} = \frac{l_0}{366} < \frac{l_0}{250}$$

满足要求。

④ 斜截面受剪承载力计算。

不考虑地震作用时

$$V = 219.75 \text{ kN}$$
$$\beta_c = 1$$
$$h_w/b = 565 \text{ mm}/300 \text{ mm} = 1.883 < 4$$
$$0.25\beta_c f_c b h_0 = 809.36 \text{ kN} > V_{\max} = 219.75 \text{ kN}$$

截面满足。

$$0.7 f_t b h_0 = 0.7 \times 1.71 \text{ N/mm}^2 \times 300 \text{ mm} \times 565 \text{ mm} = 202.89 \text{ kN} < V$$

应按计算配箍。

选用双肢φ10 箍筋,

$$A_{sv} = 2 \times 78.5 \text{ mm}^2 = 157 \text{ mm}^2$$
$$s = \frac{1.25 f_{yv} A_{sv} h_0}{V - 0.7 f_t B h_0} = 1381 \text{ mm}$$

选 $s = 200$ mm,满足要求。

$$\rho_v = \frac{A_{sv}}{bs} = \frac{157 \text{ mm}^2}{300 \text{ mm} \times 200 \text{ mm}} = 0.262\% > 0.24 \frac{f_t}{f_{yv}} = 0.195\%$$

满足要求。

考虑地震作用时

$V = 212.63$ kN

$$\frac{1}{\gamma_{RE}}\left(0.42 f_t b h_0 + 1.25 f_{yv} \frac{A_{sv}}{s} h_0\right)$$
$$= \frac{1}{0.85}\left(0.42 \times 1.71 \text{ N/mm}^2 \times 300 \text{ mm} \times 565 \text{ mm} + 1.25 \times 210 \text{ N/mm}^2 \times \frac{157 \text{ mm}^2}{200 \text{ mm}} \times 565 \text{ mm}\right)$$
$$= 280.19 \text{ kN} > V$$

满足要求。

⑤ 构造检验:

a. $x/h_0 < 0.35$,满足要求。

b. 支座配箍率 $\max\{0.25, 55 f_t/f_y\} = 0.26$

$$\rho_{左} = 0.894\%, \quad 0.26\% < \rho_{左} < 2.5\%$$
$$\rho_{右} = 1.17\%, \quad 0.26\% < \rho_{左} < 2.5\%$$

满足要求。

c. $\rho_{sv} = 0.26\% > 0.26 \frac{f_t}{f_{yv}} = 0.212\%$

d. 箍筋加密区采用 2φ10@100。

其余框架梁的配筋设计过程略,结果如表 3.2.47 所示。

表 3.2.47 框架梁正截面配筋表

层 \ 配筋	BC 跨			CD 跨		
	左 支 座	跨 中	右 支 座	左 支 座	跨 中	右 支 座
10	2Φ25+3Φ20 (1 924 mm^2)	2Φ20+2Φ16 (1 030 mm^2)	3Φ25+2Φ20 (2 101 mm^2)	3Φ25+2Φ20 (2 101 mm^2)	2Φ20+1Φ16 (829 mm^2)	3Φ25+2Φ20 (2 101 mm^2)
3~9	2Φ25+2Φ20 (1 610 mm^2)	2Φ20+1Φ16 (829 mm^2)	2Φ25+2Φ20 (1 610 mm^2)	2Φ25+2Φ20 (1 610 mm^2)	2Φ20 (628 mm^2)	2Φ25+2Φ20 (1 610 mm^2)
1~2	2Φ25+2Φ20 (1 610 mm^2)	3Φ20 (942 mm^2)	3Φ25+2Φ20 (2 101 mm^2)	3Φ25+2Φ20 (2 101 mm^2)	2Φ20+1Φ16 (829 mm^2)	3Φ25+2Φ20 (2 101 mm^2)

注：梁中钢筋 DE 跨与 BC 跨关于 CD 跨中对称。

梁的箍筋加密区为 2ϕ10@100，其他部位均采用 2ϕ10@200。

3.2.8.2 剪力墙的截面设计

1. 设计要点

剪力墙的截面设计，应进行正截面偏心受压、偏心受拉、平面外竖向荷载轴心受压和斜截面抗剪的承载力计算。墙体在集中荷载作用下(如支承楼面梁)，还应进行局部受压承载力验算。

(1) 矩形、T 形、I 形偏心受压剪力墙正截面承载力计算

矩形、T 形、I 形偏心受压剪力墙(图 3.2.37)的正截面受压承载力可按下列公式计算。

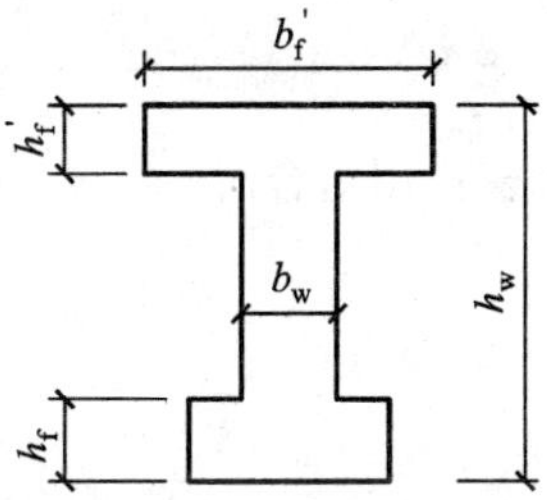

图 3.2.37 截面尺寸

无地震作用组合时：

$$N \leqslant A_s'f_y' - A_s\sigma_s - N_{sw} + N_c \tag{3.2.81}$$

$$N\left(e_0 + h_{w0} - \frac{h_w}{2}\right) \leqslant A_s'f_y'(h_{w0} - a_s') - M_{sw} + M_c \tag{3.2.82}$$

当 $x > h_f'$ 时

$$N_c = \alpha_1 f_c b_w x + \alpha_1 f_c (b_f' - b_w) h_f' \tag{3.2.83}$$

$$M_c = \alpha_1 f_c b_w x\left(h_{w0} - \frac{x}{2}\right) + \alpha_1 f_c (b_f' - b_w) h_f'\left(h_{w0} - \frac{h_f'}{2}\right) \tag{3.2.84}$$

当 $x \leqslant h_f'$ 时

$$N_c = \alpha_1 f_c b_f' x \tag{3.2.85}$$

$$M_c = \alpha_1 f_c b_f' x\left(h_{w0} - \frac{x}{2}\right) \tag{3.2.86}$$

当 $x \leqslant \xi_b h_{w0}$ 时

$$\sigma_s = f_y \tag{3.2.87}$$

$$N_{sw} = (h_{w0} - 1.5x) b_w f_{yw} \rho_w \tag{3.2.88}$$

$$M_{sw} = \frac{1}{2}(h_{w0} - 1.5x)^2 b_w f_{yw} \rho_w \tag{3.2.89}$$

当 $x > \xi_b h_{w0}$ 时

$$\sigma_s = \frac{f_y}{\xi_b - 0.8}\left(\frac{x}{h_{w0}} - \beta_1\right) \qquad (3.2.90)$$

$$N_{sw} = 0 \qquad (3.2.91)$$

$$M_{sw} = 0 \qquad (3.2.92)$$

$$\xi_b = \frac{\beta_1}{1 + \dfrac{f_y}{E_s \varepsilon_{cu}}} \qquad (3.2.93)$$

式中 f_{yw}——剪力墙墙体竖向分布钢筋强度设计值;

h_{w0}——剪力墙截面有效高度,$h_{w0} = h_w - a_s'$;

ρ_w——剪力墙竖向分布钢筋配筋率。

有地震作用组合时,式(3.2.81)和式(3.2.82)右端应除以承载力抗震调整系数 γ_{RE},γ_{RE} 取 0.85。

(2) 矩形截面偏心受拉剪力墙正截面承载力计算

矩形截面偏心受拉剪力墙的正截面承载力可按下列近似公式计算:

无地震作用组合时

$$N \leqslant \frac{1}{\dfrac{1}{N_{0u}} - \dfrac{e_0}{M_{wu}}} \qquad (3.2.94)$$

地震作用组合时

$$N \leqslant \frac{1}{\gamma_{RE}}\left(\frac{1}{\dfrac{1}{N_{0u}} + \dfrac{e_0}{M_{wu}}}\right) \qquad (3.2.95)$$

$$N_{0u} = 2A_s f_y + A_{sw} f_{yw} \qquad (3.2.96)$$

$$M_{wu} = A_s f_y (h_{w0} - a_s') + A_{sw} f_{yw} \frac{(h_{w0} - a_s')}{2} \qquad (3.2.97)$$

式中 A_{sw}——剪力墙腹板竖向分布钢筋的全部截面面积。

(3) 偏心受压剪力墙的斜截面受剪承载力计算

偏心受压剪力墙的斜截面受剪承载力应按下列公式进行计算:

无地震作用组合时

$$V \leqslant \frac{1}{\lambda - 0.5}\left(0.5 f_t b_w h_{w0} + 0.13 N \frac{A_w}{A}\right) + f_{yh} \frac{A_{sh}}{s} h_{w0} \qquad (3.2.98)$$

有地震作用组合时

$$V \leqslant \frac{1}{\gamma_{RE}}\left[\frac{1}{\lambda - 0.5}\left(0.4 f_t b_w h_{w0} + 0.1 N \frac{A_w}{A}\right) + 0.8 f_{yh} \frac{A_{sh}}{s} h_{w0}\right] \qquad (3.2.99)$$

式中 N——剪力墙的轴向压力设计值,抗震设计时,应考虑地震作用效应组合;当 N 大于 $0.2 f_c b_w h_w$ 时,应取 $0.2 f_c b_w h_w$。

A——剪力墙截面面积。

A_w——T 形或 I 形截面剪力墙腹板的面积,矩形截面时应取 A。

λ——计算截面处的剪跨比。计算时,当 λ 小于 1.5 时应取 1.5,当 λ 大于 2.2 时应取

2.2；当计算截面与墙底之间的距离小于 $0.5h_{w0}$ 时，λ 应按距墙底 $0.5h_{w0}$ 处的弯矩值与剪力值计算。

s——剪力墙水平分布钢筋间距。

(4) 偏心受拉剪力墙斜截面受剪承载力计算

偏心受拉剪力墙斜截面受剪承载力应按下列公式进行计算：

无地震作用组合时

$$V \leqslant \frac{1}{\lambda - 0.5}\left(0.5f_t b_w h_{w0} - 0.13N\frac{A_w}{A}\right) + f_{yh}\frac{A_{sh}}{s}h_{w0} \tag{3.2.100}$$

上式右端的计算值小于 $f_{yh}\dfrac{A_{sh}}{s}h_{w0}$ 时，取等于 $f_{yh}\dfrac{A_{sh}}{s}h_{w0}$。

有地震作用组合时

$$V \leqslant \frac{1}{\gamma_{RE}}\left[\frac{1}{\lambda - 0.5}\left(0.4f_t b_w h_{w0} - 0.1N\frac{A_w}{A}\right) + 0.8f_{yh}\frac{A_{sh}}{s}h_{w0}\right] \tag{3.2.101}$$

上式右端的计算值小于 $0.8f_{yh}\dfrac{A_{sh}}{s}h_{w0}$ 时，取等于 $0.8f_{yh}\dfrac{A_{sh}}{s}h_{w0}$。

(5) 剪力墙的构造要求

① 剪力墙受剪截面应符合下列要求：

无地震作用组合时

$$V_w \leqslant 0.25\beta_c f_c b_w h_{w0} \tag{3.2.102}$$

地震作用组合时

剪跨比 λ 大于 2.5 时

$$V_w \leqslant \frac{1}{\gamma_{RE}}(0.20\beta_c f_c b_w h_{w0}) \tag{3.2.103}$$

剪跨比 λ 不大于 2.5 时

$$V_w \leqslant \frac{1}{\gamma_{RE}}(0.15\beta_c f_c b_w h_{w0}) \tag{3.2.104}$$

式中 V_w——剪力墙截面剪力设计值；

h_{w0}——剪力墙截面有效高度；

β_c——混凝土强度影响系数；

λ——计算截面处的剪跨比，即 $M_c/(V_c h_{w0})$，其中 M_c、V_c 应分别取与 V_w 同一组组合的未按式(3.2.65)调整的弯矩和剪力设计值。

② 抗震设计时，一、二级抗震等级的剪力墙底部加强部位，其重力荷载代表值作用下墙肢的轴压比不宜超过表 3.2.48 的限值。

表 3.2.48 剪力墙轴压比限值

轴 压 比	一级(9 度)	一级(7、8 度)	二 级
$\dfrac{N}{f_c A}$	0.4	0.5	0.6

注：N——重力荷载代表值作用下剪力墙墙肢的轴向压力设计值；

A——剪力墙墙肢截面面积。

③ 框架—剪力墙结构中剪力墙竖向和水平分布钢筋的配筋率，抗震设计时不应小于 0.25%，非抗震设计时不应小于 0.20%，并应至少双排布置。各排分布钢筋之间应设置拉筋，拉筋直径不应小于 6 mm，间距不应大于 600 mm；当剪力墙截面厚度大于 400 mm，但不大于 700 mm 时，宜采用三排配筋；当剪力墙截面厚度大于 700 mm 时，宜采用四排配筋。受力钢筋可均匀分布成数排。一般剪力墙竖向和水平分布钢筋间距均不应大于 300 mm；分布钢筋直径均不应小于 8 mm，不宜大于墙肢截面厚度的 1/10。

房屋顶层剪力墙及长矩形平面房屋的楼梯间和电梯间剪力墙、端开间的纵向剪力墙、端山墙的水平和竖向分布钢筋的间距不应大于 200 mm。

④ 抗震设计的双肢剪力墙中，墙肢不宜出现小偏心受拉；当任一墙肢大偏心受拉时，另一墙肢的弯矩设计值及剪力设计值应乘以增大系数 1.25。

⑤ 一、二级抗震设计的剪力墙底部加强部位及其上一层的墙肢端部应按下列要求设置约束边缘构件（图 3.2.38）：

a. 约束边缘构件沿墙肢方向的长度 l_c 和箍筋配箍特征值 λ_v 宜符合表 3.2.49 的要求，且一、二级抗震设计时箍筋直径均不应小于 8 mm，箍筋间距分别不应小于 100 mm 和 150 mm。箍筋的配筋范围如图 3.2.38 中的阴影面积所示，其体积配箍率 ρ_v 应按下式计算：

$$\rho_v = \lambda_v \frac{f_c}{f_{yv}} \tag{3.2.105}$$

式中 f_{yv}——箍筋或拉筋的抗拉强度设计值，超过 360 MPa 时，应按 360 MPa 计算。

表 3.2.49 约束边缘构件范围 l_c 及其配箍特征值 λ_v

项　目	一级(9度)	一级(7、8度)	二　级
λ_v	0.20	0.20	0.20
l_c（暗柱）	$0.25h_w$	$0.20h_w$	$0.20h_w$
l_c（翼墙或端柱）	$0.20h_w$	$0.15h_w$	$0.15h_w$

注：1. λ_v 为约束边缘构件的配箍特征值，h_w 为剪力墙墙肢长度；
2. l_c 为约束边缘构件沿墙方向的长度，不应小于表中数值、$1.5b_w$ 和 450 mm 三者的较大值，有翼墙或端柱时尚不应小于翼墙厚度或端柱沿墙肢方向截面高度加 300 mm；
3. 翼墙长度小于其厚度 3 倍或端柱截面边长小于墙厚的 2 倍时，视为无翼墙或无端柱。

b. 约束边缘构件纵向钢筋的配筋范围不应小于图 3.2.38 中的阴影面积，其纵向钢筋最小截面面积，一、二级抗震设计时分别不应小于图中阴影面积的 1.2% 和 1.0% 并分别不应小于 6φ16 和 6φ14。

⑥ 一、二级抗震设计剪力墙的其他部位及三、四级抗震设计和非抗震设计的剪力墙墙肢端部应按下列要求设置构造边缘构件：

a. 构造边缘构件的范围和计算纵向钢筋用量的截面面积 A_c 宜取图 3.2.39 中的阴影部分。

b. 构造边缘构件的纵向钢筋应满足受弯承载力要求。

c. 抗震设计时，构造边缘构件的最小配筋应符合表 3.2.50 的规定，箍筋的无支长度不应大于 300 mm，拉筋的水平间距不应大于纵向钢筋间距的 2 倍。当剪力墙端部为端柱时，端柱

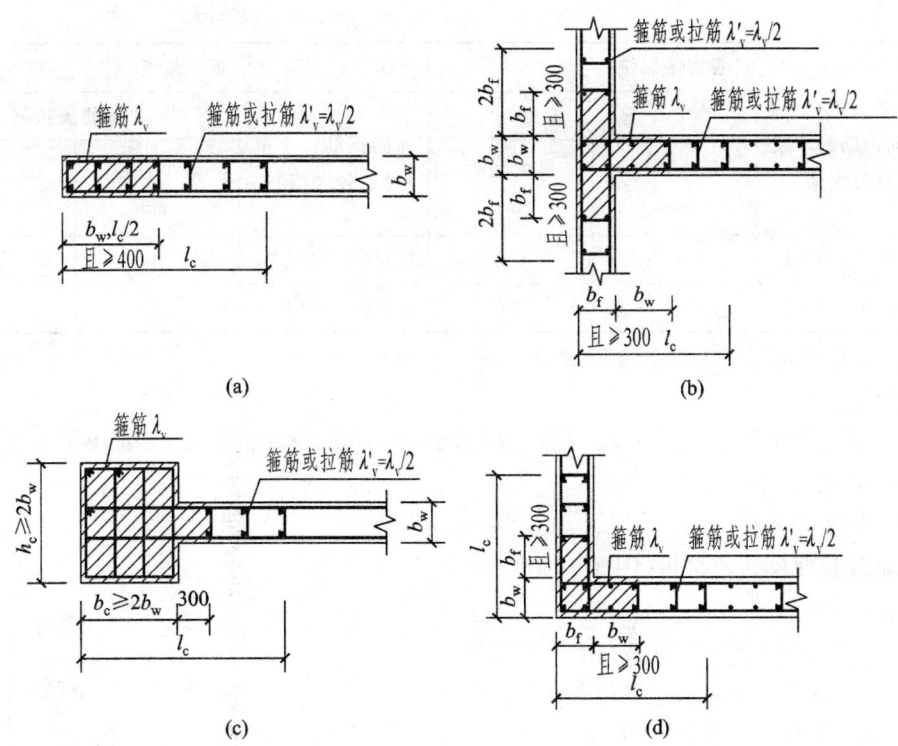

图 3.2.38 剪力墙的约束边缘构件
(a) 暗柱;(b) 有翼墙;(c) 有端柱;(d) 转角墙(L形墙)

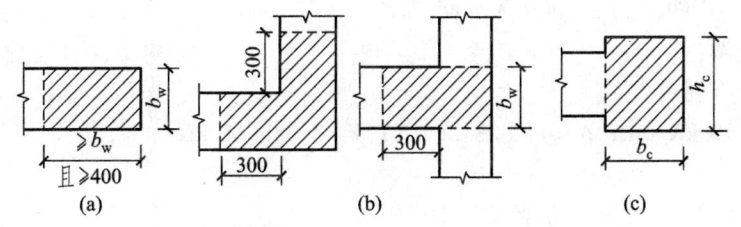

图 3.2.39 剪力墙的构造边缘构件
(a) 暗柱;(b) 翼柱;(c) 端柱

中纵向钢筋及箍筋宜按框架柱的构造要求配置。

表 3.2.50 剪力墙构造边缘构件的配筋要求

抗震等级	底部加强部位			其他部位		
	纵向钢筋最小量（取较大值）	箍筋		纵向钢筋最小量（取较大值）	箍筋或拉筋	
		最小直径/mm	最大间距/mm		最小直径/mm	最大间距/mm
一	—	—	—	$0.008A_c$，$6\phi14$	8	150
二	—	—	—	$0.006A_c$，$6\phi12$	8	200

续表

抗震等级	底部加强部位			其他部位		
	纵向钢筋最小量（取较大值）	箍筋		纵向钢筋最小量（取较大值）	箍筋或拉筋	
		最小直径/mm	最大间距/mm		最小直径/mm	最大间距/mm
三	$0.005A_c$，$4\phi12$	6	150	$0.004A_c$，$4\phi12$	6	200
四	$0.005A_c$，$4\phi12$	6	200	$0.004A_c$，$4\phi12$	6	250

注：对转角墙的暗柱，表中拉筋宜采用箍筋。

d. 箍筋的配筋范围宜取图3.2.39中的阴影部分，其配箍特征值 λ_v 不宜小于0.1。

2. 算例情况

以底层为例。

（1）墙肢截面尺寸及材料（图3.2.40）

混凝土强度 C40

$f_c = 19.1 \text{ N/mm}^2$；$f_t = 1.71 \text{ N/mm}^2$

截面尺寸　$h_w = 8800 \text{ mm}$，$b_w = 250 \text{ mm}$

$b'_f = 800 \text{ mm}$，$h'_f = 800 \text{ mm}$

$a_s = a'_s = 400 \text{ mm}$，$h_{w0} = h_w - a'_s = 8400 \text{ mm}$

分布钢筋网片　HPB235　$f_{yw} = 210 \text{ N/mm}^2$

端部明柱主筋　HRB400　$f_{yw} = 360 \text{ N/mm}^2$

（2）配筋计算

抗震设计最不利内力

$M = 63384.10 \text{ kN·m}$；$N = 11828.26 \text{ kN}$；$V = 5048.68 \text{ kN}$

轴压比

$$\mu_w = \frac{N}{b_w h_w f_c} = \frac{1.2 \times 10092.52 \times 10^3 \text{ N}}{250 \text{ mm} \times 8800 \text{ mm} \times 19.1 \text{ N/mm}^2} = 0.288 < [0.6]$$

满足要求。

$$\lambda = \frac{M}{V h_{w0}} = \frac{63384.10 \times 10^6 \text{ N·mm}}{5048.68/1.4 \times 10^3 \text{ N} \times 8400 \text{ mm}} = 2.092 < 2.5$$

$$\frac{1}{\gamma_{RE}}(0.15\beta_c f_c b_w h_{w0}) = 7078.24 \text{ kN} > 5048.68 \text{ kN}$$

截面满足要求。

墙肢竖向钢筋采用 $\phi10@200$ 配置

$$\rho_{sw} = \frac{2 \times 0.785 \text{ cm}^2}{25 \text{ cm} \times 20 \text{ cm}} = 0.314\% > 0.25\%$$

满足要求。

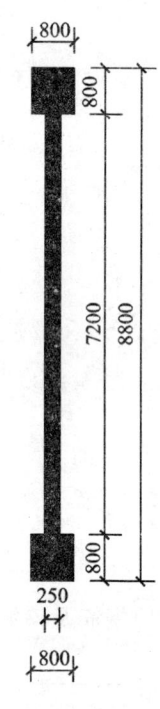

图3.2.40　剪力墙截面

$$x = \frac{\gamma_{RE} N}{\alpha_1 f_c b'_f} = \frac{0.85 \times 11\,828.26 \times 10^3 \text{ N}}{1.0 \times 19.1 \text{ N/mm}^2 \times 800 \text{ mm}} = 657.99 \text{ mm} < h'_f = 800 \text{ mm}$$

初步估算 $x < h'_f$，

$$x = \frac{\gamma_{RE} N + h_{w0} b_w \rho_w f_{yw}}{\alpha_1 f_c b'_f + 1.5 b_w \rho_w f_{yw}} = 760.92 \text{ mm}$$

$$\xi = \frac{x}{h_{w0}} = 0.091 < \xi_b = 0.518$$

判定为大偏心受压。

$$M_{sw} = \frac{1}{2}(h_{w0} - 1.5x)^2 b_w \rho_w f_{yw} = 4\,342.77 \text{ kN} \cdot \text{m}$$

$$M_c = \alpha_1 f_c b'_f x (h_{w0} - x/2) = 93\,242.05 \text{ kN} \cdot \text{m}$$

$$e_0 = \frac{M}{N} = \frac{63\,384.10 \text{ kN} \cdot \text{m}}{11\,828.26 \text{ kN}} = 5\,358.70 \text{ mm}$$

$$e_0 + h_{w0} - h_w/2 = 5\,358.70 \text{ mm} + 8\,400 \text{ mm} - 8\,800 \text{ mm}/2 = 9\,358.70 \text{ mm}$$

$$A_s = \frac{\gamma_{RE} N(e_0 + h_{w0} - h_w/2) + M_{sw} - M_c}{f'_y (h_{w0} - a'_s)} = 1\,803.22 \text{ mm}^2$$

纵向钢筋最小截面面积

$$A_{s,\min} = 1.0\% \times (800 \times 800 + 300 \times 250) \text{ mm}^2 = 7\,150 \text{ mm}^2$$

选配 18⌀25(8 831 mm²)，端部明柱箍筋选用φ10@100。

非抗震设计最不利内力组合 $M = 0.0$ kN·m，$N = 14\,446.21$ kN，$V = 0.0$ kN。按轴心受压构件设计。

$$N_u = 0.9\varphi(f_c A + f_y A_s + f_{yw} A_{sw})$$
$$= 0.9 \times 1.0 \times (19.1 \times 2.44 \times 10^6 + 360 \times 8\,831 \times 2 + 210 \times 0.003\,14 \times 250 \times 7\,200) \text{ kN} =$$
$$48\,734.32 \text{ kN} > 14\,446.21 \text{ kN}$$

满足要求。

$$\rho_v = 2.1\% > [\rho_v] = \frac{\lambda_v f_c}{f_{yv}} = 1.8\%，满足要求。$$

端部主筋配筋率验算

$$\rho_w = \frac{A_s}{b h_0} = 1.44\% > [\rho_w] = 1.0\%，满足要求。$$

(3) 剪力墙水平钢筋计算

$$0.2 f_c b_w h_w = 0.2 \times 19.1 \text{ N/mm}^2 \times 250 \text{ mm} \times 8\,800 \text{ mm} = 8\,404 \text{ kN} < N$$

取 $N = 8\,404$ kN，水平分布筋选用φ12@100。

无地震作用组合时 $M = 24\,725.40$ kN·m，$N = 10\,385.04$ kN，$V = 1\,407.00$ kN。

距墙底 $0.5 h_{w0}$ 处的 $M = 19\,133.93$ kN·m，$V = 1\,276.93$ kN。

$$\lambda = \frac{M}{V h_{w0}} = \frac{19\,133.93 \times 10^6}{1\,276.93 \times 10^3 \times 8\,400} = 1.784 > 1.5$$

$$[V_w] = \frac{1}{\lambda - 0.5}\left(0.5 f_t b_w h_{w0} + 0.13 N \frac{A_w}{A}\right) + f_{yh} \frac{A_{sh}}{s} h_{w0}$$

$$= \frac{1}{1.784 - 0.5} \times \left(0.5 \times 1.71 \times 250 \times 8\,400 + 0.13 \times 8\,404\,000 \times \right.$$

$$\left.\frac{1.8 \times 10^6}{2.44 \times 10^6}\right) \text{kN} + 210 \times \frac{226}{100} \times 8\,400 \text{ kN}$$

$$= 6\,012.70 \text{ kN} > V = 1\,407.00 \text{ kN}$$

满足要求。

有地震作用组合时,距墙底 $0.5h_{w0}$ 处的 $M = 49\,048.76$ kN·m, $V = 4\,582.76$ kN。

$$\lambda = \frac{M}{Vh_{w0}} = \frac{49\,048.76 \times 10^6}{4\,582.76 \times 10^3 \times 8\,400} = 1.274 < 1.5$$

取 $\lambda = 1.5$。

$$[V_w] = \frac{1}{\gamma_{RE}}\left[\frac{1}{\lambda - 0.5}\left(0.4 f_t b_w h_{w0} + 0.1 N \frac{A_w}{A}\right) + 0.8 f_{yh} \frac{A_{sh}}{s} h_{w0}\right]$$

$$= \frac{1}{0.85} \times \frac{1}{1.5 - 0.5} \times \left(0.4 \times 1.71 \times 250 \times 8\,400 + 0.1 \times 8\,404\,000 \times \right.$$

$$\left.\frac{1.8 \times 10^6}{2.44 \times 10^6}\right) \text{kN} + 0.8 \times 210 \times \frac{226}{100} \times 8\,400 \text{ kN}$$

$$= 6\,172.72 \text{ kN} > V = 5\,048.68 \text{ kN}$$

满足要求。

3.2.8.3 连系梁的截面设计

1. 设计要点

(1) 剪力墙连系梁的截面尺寸要求

剪力墙连系梁的截面尺寸应符合下列要求:

无地震作用组合时

$$V_b \leq 0.25 \beta_c f_c b_b h_{b0} \qquad (3.2.106)$$

有地震作用组合时

跨高比大于 2.5 时

$$V_b \leq \frac{1}{\gamma_{RE}}(0.2 \beta_c f_c b_b h_{b0}) \qquad (3.2.107)$$

跨高比不大于 2.5 时

$$V_b \leq \frac{1}{\gamma_{RE}}(0.15 \beta_c f_c b_b h_{b0}) \qquad (3.2.108)$$

(2) 连系梁的斜截面受剪承载力计算

连系梁的斜截面受剪承载力应按下列公式计算:

无地震作用组合时

$$V_b \leq 0.7 f_t b_b h_{b0} + f_{yv} \frac{A_{sv}}{s} h_{b0} \qquad (3.2.109)$$

有地震作用组合时

跨高比大于 2.5 时

$$V_b \leq \frac{1}{\gamma_{RE}}\left(0.42 f_t b_b h_{b0} + f_{yv} \frac{A_{sv}}{s} h_{b0}\right) \qquad (3.2.110)$$

跨高比不大于 2.5 时

$$V_b \leqslant \frac{1}{\gamma_{RE}}\left(0.38f_t b_b h_{b0} + 0.9f_{yv}\frac{A_{sv}}{s}h_{b0}\right) \quad (3.2.111)$$

（3）连系梁的构造要求

连系梁配筋（图3.2.41）应满足下列要求：

① 连系梁顶面、底面纵向受力钢筋伸入墙内的锚固长度，抗震设计时不应小于 l_{aE}，非抗震设计时不应小于 l_a，且不应小于 600 mm。

② 抗震设计时，沿连系梁全长箍筋的构造应按框架梁梁端加密区箍筋的构造要求采用；非抗震设计时，沿连系梁全长的箍筋直径不应小于 6 mm，间距不应大于 150 mm。

③ 顶层连系梁纵向钢筋伸入墙体的长度范围内，应配置间距不大于 150 mm 的构造箍筋，箍筋直径应与该连系梁的箍筋直径相同。

④ 墙体水平分布钢筋应作为连系梁的腰筋在连系梁范围内拉通连续配置；当连系梁截面高度大于 700 mm 时，其两侧面沿梁高范围设置的纵向构造钢筋（腰筋）的直径不应小于 10 mm，间距不应大于

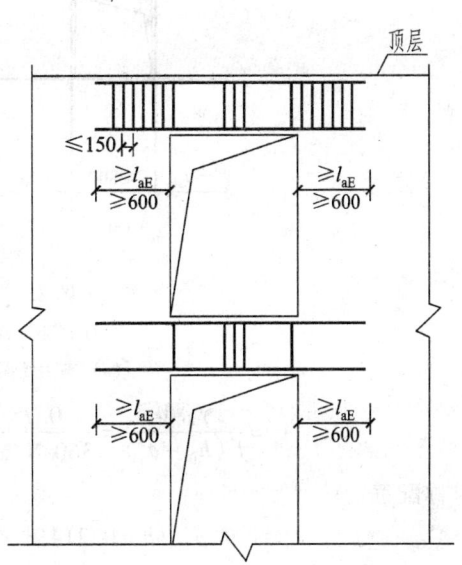

图 3.2.41 连系梁配筋构造示意
注：非抗震设计时图中 l_{aE} 应取 l_a

200 mm；对跨高比不大于 2.5 的连系梁，梁两侧的纵向构造钢筋（腰筋）的面积配筋率不应小于 0.3%。

（4）剪力墙墙面开洞和连系梁开洞时，应符合下列要求：

① 当剪力墙墙面开有非连续小洞口（其各边长度小于 800 mm），且在整体计算中不考虑其影响时，应将洞口处被截断的分布筋量分别集中配置在洞口上、下和左、右两边（图 3.2.42a），且钢筋直径不应小于 12mm。

② 穿过连系梁的管道宜预埋套管，洞口上、下的有效高度不宜小于梁高的 1/3，且不宜小于 200 mm，洞口处宜配置补强钢筋，被洞口削弱的截面应进行承载力验算（图3.2.42b）。

2. 算例情况

以 8 层连系梁为例。

（1）截面尺寸及材料

混凝土强度 C40　$f_c = 19.1 \text{ N/mm}^2$；$f_t = 1.71 \text{ N/mm}^2$；$f_{tk} = 2.39 \text{ N/mm}^2$

钢筋强度

　　HRB400　$f_y = 360 \text{ N/mm}^2$；$E_s = 2 \times 10^5 \text{ N/mm}^2$

　　HPB235　$f_y = 210 \text{ N/mm}^2$

截面尺寸

　　$b = 300 \text{ mm}$；$h = 600 \text{ mm}$；$h_0 = 565 \text{ mm}$；$l_n = 7\,200 \text{ mm}$

（2）正截面设计

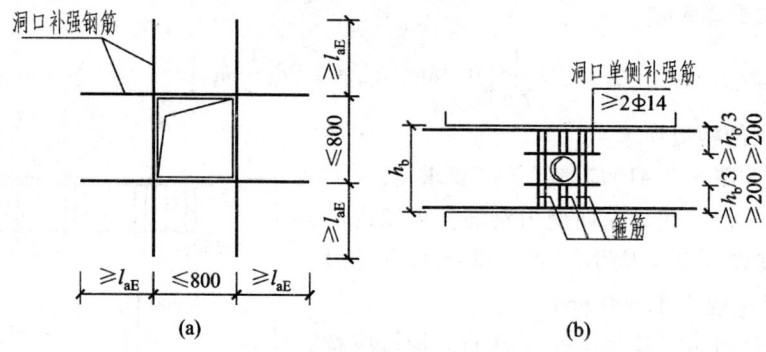

图 3.2.42 洞口补强配筋示意
注：非抗震设计时，图中锚固长度取 l_a
(a) 剪力墙洞口补强；(b) 连系梁洞口补强

$$A_s = \frac{\gamma_{RE}M}{f_y(h_0 - a_s')} = \frac{0.75 \times 143.61 \times 10^6 \text{ N} \cdot \text{mm}}{360 \text{ N/mm}^2 \times (565 \text{ mm} - 35 \text{ mm})} = 564.50 \text{ mm}^2$$

对称配筋。

$$\rho_{min}bh = 0.214\% \times 300 \text{ mm} \times 600 \text{ mm} = 385.2 \text{ mm}^2$$

选配 4⏀16（804 mm²）。

（3）斜截面设计

$$V = 43.88 \text{ kN}$$

跨高比

$$l_0/h = 7.2 \text{ m}/0.6 \text{ m} = 12 > 2.5$$

截面验算

$$\frac{1}{\gamma_{RE}}(0.2\beta_c f_c bh_0) = 761.75 \text{ kN} > V = 43.88 \text{ kN}$$

满足要求。

又

$$\frac{1}{\gamma_{RE}} \times 0.42 f_c bh_0 = 143.22 \text{ kN} > V$$

可由构造配筋。

连系梁箍筋与框架加密区箍筋相同，选用φ10@100。

3.3 施工组织设计

3.3.1 施工条件与工程施工特点

本工程为南方地区某综合性大学图书馆，由主楼和裙房组成，基本情况见 3.1.1 节。

1. 施工条件

① 三通一平：本工程位于大学校园内，学校基本设施较为完善，故水电供应较为充足，

均可从附近已有的电路、水管网接入施工现场；现场四周均为校区道路，材料运输可沿校区原有道路运输，较方便。

② 施工中所用各种建筑材料由建筑工程公司材料科按需要计划供应。

③ 施工中所用机构设备类型不受限制，可任意选择。

2. 工程施工特点

① 该工程体量大，工期紧，质量要求高，资源一次性投入量大。

② 施工过程中，要注意楼地面标高和平整度控制，模板强度、刚度、稳定性的控制，抹灰层厚度控制。

③ 地下室结构有防水要求，施工时应针对混凝土结构渗漏原因如结构开裂、温度裂缝、收缩裂纹、混凝土结构不密实等渗漏原因，采取相应措施。

④ 本工程工期跨越冬季，故应注意冬季施工，混凝土运输速度要快，运输距离要短，倒运次数要少，尽量缩短运输时间。运输和浇筑混凝土用的容器应有保温措施。浇筑承受内力接头的混凝土，宜先将结构处的表面加热到正温。浇筑后的接头混凝土在温度不超过45 ℃的条件下，应养护至设计要求强度。

⑤ 本工程为高校图书馆，施工会对师生生活带来较大影响，故施工过程中应该采取减少施工噪声的措施，并着重注意施工安全措施，尽量减少给师生带来的不便。

3.3.2 施工方案

本工程施工主要划分为：基础工程阶段、主体结构阶段、屋面施工阶段、装饰工程及建筑设备安装工程阶段。

1. 施工起点、流向的确定，施工段的划分

本工程主楼和裙房间设置伸缩缝，以伸缩缝为界分两期施工，主楼为一期工程，裙楼为二期工程，考虑工程地理条件，周围环境等因素，确定施工起点流向为从1轴~2轴。组织流水施工，充分利用工程面，避免窝工，以缩短工期，划分施工段。主楼平面较为规则，按1轴~4轴，4轴~7轴划分为两个施工段，竖向由基础开始，按结构层逐层水平向上。

2. 施工顺序

本工程总的施工工艺流程为：桩基工程→土方工程→地下结构→主体钢筋混凝土工程→屋面工程→砌体工程→装饰工程及建筑设备安装工程。

水电安装从基础工程施工阶段起，就配合土建施工进行埋设管线，到装修工程施工段进行水、暖、电、卫等工程最后组装；结构施工阶段以土建施工为主，安装各种预留预埋穿插进行，施工过程中，充分利用平面、空间组织立体交叉作业，为及早插入装修和安装各专业施工创造条件，做到均衡施工。

基础工程：基础施工完成一部分后，施工地下室墙，做完防潮层后，浇筑地下室楼板，最后回填土。

主体工程：搭脚手架→扎柱、墙筋→支梁、板底模和柱、墙模→扎梁、板筋→支梁板侧模→浇柱、墙、梁、板混凝土→养护、拆模→墙体砌筑→安门窗框。

屋面装饰工程：找平层→柔性防水层→刚性防水层→砾石层→堆土→草皮层面工程与室内装饰工程可以搭接或平行施工。

装饰工程:先内后外。

① 室内装饰:由上向下单向跟进,逐层展开包括天棚、地面和墙抹灰,门窗安装和油漆、门窗安玻璃、做踢脚线、楼梯抹灰。

② 室外装饰:外墙涂料刷涂→勒脚→散水→台阶→明沟。

外墙装饰自上而下,同时安装落水斗、落水管和拆脚手架。

建筑设备安装工程:与土建中有关分部分项工程紧密配合,穿插进行。

① 基础施工时,应将相应的上下水管,暖气管埋设后方可安排回填土。

② 主体施工时,按设计图纸要求预留设备孔洞、预埋件、电线孔槽。

3. 生产设施规划

(1) 混凝土、砂浆制备与运输

混凝土采用现场搅拌混凝土,在施工现场设置一个混凝土搅拌站,该搅拌站配置1台500 L强制性搅拌机,一台WNP65输送泵。混凝土运输主要采用输送泵泵送至混凝土浇注地点,垫层混凝土、保护层混凝土等零星混凝土及砂浆采用塔吊进行运输。

(2) 垂直、水平运输

本工程配置1台QT80塔吊保证施工的垂直和水平运输,配置两台人员电梯进行人员、砂浆和砌块的垂直运输,整个施工现场的水平运输采用两台10 t载重汽车进行。

(3) 钢筋工程

现场设置钢筋加工棚一座,配置钢筋加工设备一套及钢筋加工机构一套。

(4) 模板工程

现场设木工棚一座,设置木工加工机构设备一套。

(5) 现场排水

现场进行有组织排水,沿围墙和道路修建排水沟,经沉淀后用水泵抽入城市排水管网。

(6) 生活办公设施

消防设施:生活区设置泡沫灭火器和干粉灭火器两种,以应付不同类型的火灾事故,布置于醒目处,间距宜控制在 20~30 m。

办公、民工生活设施:在规划红线内修建临时建筑作业生活办公设施。

4. 施工准备

(1) 现场三通一平

施工现场场地基本平整。工程临时用电主要包括钢筋加工棚。施工现场电渣压力焊、电弧焊和输送泵、现场照明用电、混凝土搅拌站、施工作业区用电、安装用电、施工用电从建设单位引入现场的接电处接至总配电箱;工程临时用水主要为混凝土养护用水,混凝土和砂浆搅拌用水和生活区用水、消防用水。现场施工用水从建设单位引入现场的供水点,接至各用水部位。在地下室设置一个水池,安装高压水泵将水抽至施工作业层,保证施工的正常用水。

(2) 现场施工道路

根据现场所处位置利用校区道路,进场入口设置在校区道路旁。

(3) 机构设备的准备

主要机具必须及时运输到位,所有机构设备在安装和使用前都要集中维修和保养,以保证机构处于完好状态。根据施工计划安排要建立统一的机械设备集中管理机构,统筹进场、安装、使用、维修和保养,并建立相应健全的岗位责任制度。

(4) 劳动力的准备

根据工程结构和工期要求,对各种人员、数量分散分批进场,首先进场的是与主体结构相关工种和少数砌筑粉刷工种,所有进场人员都要经过严格的工种培训,具备良好的施工操作技术和身体素质,以适应施工现场高节奏的工作。

(5) 原材料的准备

本工程所需的原材料,在工程开工前要组织材料供应部门认真落实货源和材料质量,做到优质优价。对大宗材料(如混凝土、钢材、水泥等)要根据施工进度安排和货源情况,组织分批进场。施工用模板和架设材料要先期进场。

(6) 技术准备

认真阅读和熟悉图纸,了解设计意图,进行图纸会审,组织各级施工人员的技术交底工作,绘制有关施工大样图(如模板、钢筋);编制施工组织计划,制定先进的施工方法和有效的组织措施,确保工程质量、安全文明施工和施工总进度。

3.3.3 主要分部分项工程施工方法

1. 测量工程

本工程形状较规则,工程定位测量较容易,但已布设的测量网点可能因土方回填、桩基施工、土方开挖被破坏。因此,地下结构施工时,测量工作量较大。

(1) 主要测量仪器及设备(表 3.3.1)

表 3.3.1 主要测量仪器及设备表

名 称	规格型号	数 量	名 称	规格型号	数 量
经纬仪	J2	4	水准仪	DS3	2
激光铅垂仪		2	钢卷尺	50 m	4
水准仪	DS2	1	塔尺	5 m	4

(2) 测量精度要求

① 水平角观测:一个测回中的误差不大于 ±2 s。

② 垂直度投测:严格按仪器的操作规程,精心操作,对点调平,圆心气泡在 360°范围内保持在中心位置,准线必须与仪器机轴重合。

施工测量的精度控制见表 3.3.2。

表 3.3.2 施工测量精度控制表

序号	项 目	允许偏差/mm	序号	项 目	允许偏差/mm
1	楼层标高允许偏差	10	4	主体封顶总垂直偏差	20
2	主体封顶标高总允许偏差	30	5	沉降观测闭合差	$0.3n$(n 为测站数)
3	层间竖向测量每层轴线尺寸偏差	3			

(3) 工程测量内容

1) 施工前准备

复核业主及规划部门提供的测量控制点(坐标控制点、高程控制点、控制主轴线)及相关资料。

2) 建立施工测量控制网

① 整体平面控制网的建立。

本工程外型较规则,以轴线建立平面轴线控制网。以规划部门提供并测放的控制主轴线为依据,根据建筑施工图反算各角点坐标;基础施工时,将各角点测放于工程桩上,并为基础进行细部测放,在先施工的区域进行控制轴线加密,当施工至±0.000时将控制轴线引至地下室外墙及车库平顶面上,并根据进度向上引弹。

② 建立整体高程控制网。

以规划部门提供的水准控制点为依据,建立本工程整体高程控制网。高程控制桩与整体平面控制轴线桩采用同一桩,埋设于场地周围道路的外侧,高程控制网设立以后每15d进行校核,同时作好记录。

(4) 测量方法

1) 定位测量

以平面控制网为依据,用经纬仪和钢卷尺测放定出建筑物轴线位置。

2) 高程控制

① ±0.000以下标高测量方法:基础开挖过程中,在塔吊基础和基坑四周护壁上做水准点作为基础施工使用,每3d进行复核校准。

② 高程传递。

基础工程和±0.000结构施工开始前,应把建筑物场地所设的高程水准点,精确地转测到建筑物上,作为结构往上施工的高程控制起算点,每次往上传递时都必须由起算控制点开始传递。高程传递到施测层应首先进行闭合校核,再进行高层传递。向上传递时,尺身要竖直并使用拉力器,测量过程中要考虑尺长和温度修正。

③ 垂直度控制。

本工程为高层建筑,垂直度控制较重要。首先,在高层建筑物的第一层内部布设垂直度测量和控制的内部控制点。施工中主要依据内部控制点进行轴线的竖向传递。根据外控制线在施工中用J2经纬仪严格控制剪力墙、柱的垂直度。

④ 沉降观测。

按设计要求在指定点埋设好沉降观测点,观测点布置合理、点位安全。当工程至±0.000以上时,在外墙面0.500位置按设计规范要求埋设沉降观测点,一星期后进行首次观测,沉降观测每次记录归档。

2. 桩基工程

本工程采用人工挖孔灌注桩,桩径1m,桩长10m,采用现浇混凝土护壁。

(1) 施工机具

① 挖土工具:铁镐、铁锹、铁钎、铁锤等。

② 出土工具:电动葫芦和土桶。

③ 降水工具：潜水泵抽出孔内积水。
④ 通风工具：1.5 kW 的鼓风机，配以直径为 100 mm 的薄膜塑料送风管。
⑤ 护壁模板：木结构。

（2）施工程序

1）放位定线

在桩位外设置定位龙门桩，安装护壁模板必须用桩心点校正模板位置，并由专人负责。

2）开挖土方

孔径 1.2 m。

3）测量控制

4）构筑混凝土护壁

护壁厚 150 mm，素混凝土，混凝土强度等级为 C25，采用木模板，结构形式为斜阶形，上下节间用钢筋拉结，上下节护壁的搭接长度不得小于 50 mm，每节护壁均应在当日连续施工完毕；护壁混凝土必须保证密实；护壁模板的拆除宜在 24 h 后进行，发现有蜂窝、漏水现象时，应及时补救以防造成事故。

5）挖土至设计标高及基底验收

挖至设计标高时，孔底不应积水，终孔后应清理好护壁上的淤泥和孔底残渣、积水，然后进行隐蔽工程验收，验收合格后，立即封底和浇注桩身混凝土。

6）安放钢筋笼

钢筋笼的绑扎是先将主筋间距布置好，待固定住架立筋后，再按规定的间距绑扎箍筋，主筋与架立筋、箍筋间的接点用电弧焊固定。

钢筋笼入孔前，要先进行清孔。清孔时应把泥渣清理干净，保证实际有效孔深满足设计要求，以免钢筋笼放不到设计深度，钢筋安放入孔要对准孔位，垂直缓慢地放入孔内，避免碰撞孔壁。钢筋笼放入孔内后，要立即采取措施固定好位置。钢筋笼安放采用吊车起吊，安放后，拉线和尺量检查其顶面和底面是否符合设计标高，是否符合规范规定的定位标高允许偏差 ±50 mm，尺量检查钢筋笼中心与桩孔中心是否重合，偏差是否符合允许偏差 10 mm。

7）浇注桩身混凝土

浇灌方法采用导管法。浇注时，混凝土必须通过溜槽，高度超过 3 m 时，应用串筒，串筒末端离孔底不宜大于 2 m。采用插入式振捣器振实，浇注必须连续进行，不得中断，从开始搅拌混凝土后，在 1.5 h 内尽量浇注完毕。

3. 土方工程

（1）准备工作

① 场地清理：清理地面及地下各种障碍。
② 排除地面水：采用排水沟排除场地内低洼地区积水及保证雨水畅通排除，使场地保持干燥，以利土方施工。
③ 修筑好临时道路及供电、供水等临时设施。
④ 做好材料、机具及土方机械的进场工作。
⑤ 做好土方测量、放线工作。

（2）基坑开挖

开挖土方约为 5 129.81 m³,基坑采用放坡形式,无需支护,放坡系数 1:0.33。施工中要估计各种可能出现的情况,特别要注意及时排除雨水、地面水、防止坡顶集中堆荷及振动。

土方分两次开挖:由于本工程有地下室,桩顶标高低,因此在桩基施工前,先用反铲挖掘机将土方整体开挖至地下室底板标高,然后进行桩基施工;开挖出的土方采用 5 t 载重汽车进行外运,桩基施工完毕后,根据底板、地梁、承台的标高、位置进行土方的二次开挖。二次开挖主要采用人工进行开挖,以防挖土机械出现超挖现象。开挖放坡系数 1:0.5,沟底每边预留 30 cm 工作面。开挖出的土方人工运转上载重汽车外运。施工中应注意挖土机与车辆的配合,使有足够车辆以保证挖土机连续工作。

(3) 土方回填

① 土方回填可利用施工场地内原土作为回填的土料,填土的压实采用常规的蛙式打夯机,施工时,采用分层填土夯实(以 25 cm 左右为一层),每层夯实 3~4 遍,对于低洼部分的积水,杂物软土,必须进行换土回填;填筑时,防止地面水流入,并预留一定的下流高度。

② 地下室外侧壁以外基坑土方回填及压实。地下室外侧壁土方回填应待外侧壁附加防水层及其保护层施工完毕后回填。本部分填方位于基坑边坡与地下室外壁之间,填筑时应先将基坑边坡(斜坡)改成阶梯状,然后分层(层厚控制在 300 mm 左右)填土以防止填土滑动。

地下室外侧壁回填面积较大,深度较深。因此,必须采用碾压法及夯实法相结合。对于回填下部 1.5 m 内,可采用蛙式打夯机及平板振动器。上部较开敞部位,采用轮胎式装载机碾压,碾压遍数 6~8 遍。

(4) 主要机械设备(表 3.3.3)

表 3.3.3 主要机械设备表

机械名称	规格型号	数量	功率/kW
反铲挖掘机	WY100	2 台	132
轮胎式装载机	ZL40	2 台	135
蛙式打夯机	HW—60	8 台	3
平板振动器	ZB11	8 台	1.1
机动翻斗车	1 t	8 台	
载重自卸汽车	8 t	6 台	
真空泵	V5	4 台	11.5
潜水泵	100JC×10	15 台	5.5
离心式水泵	3BA—9	4 台	7.5

4. 模板工程

(1) 模板安装

配板原则为尽量选用大规格的板块，再以较小规格的板块拼凑尺寸，不足50 mm空缺，由枋补缺，用螺栓将枋与板块边框上的孔洞连接。

1) 柱模板

采用组合钢模板，以2.5厚P6015型钢模板为主，阴角阳角处支设阴阳角模，保证大角方正。柱顶部与梁相交处需留出梁的缺口，在梁底标高以下用钢模板，以上与梁接头部位用木板镶拼。柱模板安装前，应先沿边线用1:3水泥砂浆找平并调整柱模板安装底面的标高，找平厚度不大于10 mm，6 h后可支模。模板采用现场拼装，根据已弹好的柱边线按配板图逐块安装钢模板，板与板之间用U形卡、L形插销连接，先安装最下一圈，然后逐圈而上直至柱顶。混凝土浇筑孔的盖板也同时安装。

相邻两侧面模板端缝宜错开布置，角模端缝也宜与平模缝错开，柱箍采用间距500 mm的槽钢型柱箍，柱下第一道距楼面200 mm。

2) 梁模板

本工程梁截面尺寸只有主梁、次梁两种截面，仍采用组合钢模板。

梁模板由三片模板组成，底模板及两侧模板用连接角模连接，梁侧模板用阳角模板与楼板模板相接，采用钢管支柱支撑。

在柱混凝土达到一定强度时支梁模。先立好支柱，调整好柱顶标高。本工程中梁跨度较大(8 m)，起拱10 mm，并以水平及斜向拉杆加固。支柱应设在垫板上，垫厚5 cm，长5 m，支柱间距1.5 m。将梁底模板安装在支柱顶上，最后安装梁侧模板，两侧模板间设对拉螺栓。支设底模时应从两头向中间铺设，将不符合组合钢模板模数的缝隙留在跨中，用木模拼合。施工时，先支设底模及一半侧模并校正固定，梁钢筋绑扎完后，再封合另一半侧模。

3) 板模板

采用木胶板拼装，利用满堂脚手架上的标高控制点翻侧模板标高，用伸缩式桁架支模，调平后上铺15 mm厚定型木胶板做底模。

4) 墙模板

采用组合钢模大模板施工，模板系统由面板、横肋、竖肋及竖向龙骨组成。面板用5 mm厚钢板焊接而成。横肋采用[8槽钢，间距400 mm，竖肋采用[8号槽钢成对放置，间距500 mm。竖向龙骨用[10槽钢成对放置，用螺栓与横肋相连接，两槽钢间间距1 m，用8 mm厚钢板作连接板。龙骨与横板、肋孔用M12钩头螺栓连接，底部用∟60×6封底。

竖肋、横肋与面板同用断续焊焊接，竖龙骨与横肋应满焊。

支撑系统由三角架和地脚螺栓组成，安装时，必须认真检查各连接螺栓是否拧紧，保证模板整体性，防止变形，同时必须保证位置准确，立面垂直。

5) 楼梯模板

楼梯模板由梯板底模板、梯板侧模板、梯级模板、梯级侧模板组成，梯板的底模板和侧模板用平面钢模板拼成，其上、下端与楼梯梁连接部分，用木模板镶拼。梯级侧模板用U形卡固定于梯板的侧模板上。

模板安装要用现场拼装，在已调整好高度的支架上，先拼装梯板底模板、侧模板、梯级侧模板，然后绑扎楼梯钢筋，梯级模板则插入槽钢口内，用木楔固定。

6）安装质量要求

模板安装完毕，验收合格后才可浇筑混凝土，现浇整体式结构模板安装允许偏差见表3.3.4。

表 3.3.4　现浇整体式结构模板安装允许偏差表

项次	项　　目	允许偏差/mm	项次	项　　目	允许偏差/mm
1	轴线位置	5	4	层高垂直 (1) 全高≤5 m (2) 全高>5 m	6 8
2	底模上表面标高	±5			
3	截面内部尺寸 (1) 基础 (2) 柱、墙、梁	±10 +4，-5	5	相邻两板表面高低差	2
			6	表面平整（用2 m直尺检查）	5

（2）模板的拆除

① 不承重的模板，其混凝土的强度应达到其表面及棱角不致因拆模而受损时，方可拆除。

② 承重模板应在混凝土强度达到表3.3.5规定强度时，方能拆除。

表 3.3.5　承重模板拆除时混凝土强度表

项次	结构类型	结构跨度/m	按设计强度等级的百分率计/%
1	板	≤2	50
		>2，≤8	75
		>8	100
2	梁、拱、壳	≤8	75
		>8	100
3	悬臂构件	≤2	75
		>2	100

（3）模板的拆除顺序和方法

① 模板的拆除顺序和方法，应按照配板设计的规定进行，遵循先支后拆，先拆非承重部位，后拆承重部位及自上而下的原则。拆除顺序为柱、墙→楼板→梁侧板→梁底板。拆模时，严禁用大锤和撬棍硬砸硬撬。

② 每次脱模板，应立即清除粘附的砂浆，修补嵌缝，再次安装前，应在清理干净的模板面上涂刷隔离剂。

③ 拆除竖直面模板，应自上而下进行，拆除跨度较大的梁下支柱，应从跨中开始，分别拆向两端。

④ 拆除柱、墙模板及梁侧模时，应先分块或分段拆除其支撑、卡具及连接件，然后拆除模板。若模板与混凝土粘接较紧，可用木槌敲击使之松动，然后拉下，不得乱砸。

⑤ 拆除梁、楼板底模，应先松动木楔或降低支架，逐块或分片拆除。拆除的模板用绳吊至地面，不得从高空扔下。

⑥ 拆模过程中，如发现混凝土有影响结构安全的质量问题，应暂停拆除。经过处理后，方可继续拆除。

⑦ 楼梯模板的拆除顺序是梯级板→梯级侧板→梯板侧板→梯板底板。

⑧ 剪力墙当墙体混凝土达到 1 N/mm² 时，可拆除大模块。拆模顺序：先拆纵墙模板，后拆横墙模板和门洞模板及组合柱模板。

5. 钢筋工程

（1）施工准备

① 熟悉设计图纸，国家标准、规范，编制钢筋配料表、工程钢筋需用量计划、钢筋加工计划。

② 及时组织钢筋加工人员和钢筋设备进场，根据施工进度计划，钢筋需用量计划，组织钢筋进场和加工制作。

③ 钢筋加工制作。钢筋进场时，检查钢材合格证、材质检验报告，并取样送检，送检结果及时通知加工队。加工队按"钢筋配料表"、"钢筋加工计划"进行钢筋加工，加工后的钢筋，由钢筋加工队按钢筋使用部位分规模堆码、标志。

（2）施工方法

1）承台钢筋

可以根据设计图纸先做成钢筋笼，然后绑上垫块后直接放在桩上。

2）柱钢筋

柱纵向钢筋采用电渣压力焊，接头位置按图纸要求相互错开。在施工层的上一层留出不小于 40d 的柱纵筋，将锈皮、水泥浆等污垢清除干净，整理调直插筋。将计算好的箍筋数量套在基础或楼层顶预留插筋上，先立四角柱筋，与插筋扎牢，并扎好箍筋，再立其余主筋，每根钢筋与插筋绑扎不得少于 3 扣，绑扎扣要向里，按设计的箍筋间距将箍筋向上移动，由上往下宜采用缠扣绑扎。箍筋与主筋垂直，箍筋转角与主筋的交点均要绑扎，主筋与箍筋平直部分的相交点成梅花式交错绑扎，箍筋的接头即弯钩重合处，沿柱子竖向交错布置。为防止浇柱时钢筋移位，要求将柱顶及柱中两处箍筋与主筋焊接，柱顶箍筋还要与主筋焊牢。封柱模时，按柱子保护层厚度每边按 1 m 间距将塑料垫块绑扎在柱子钢筋上，以保证混凝土保护层厚度的正确性。

3）梁板钢筋

梁纵向筋采用绑扎接头，φ16 以上采用闪光对焊，板水平筋搭接连接。梁与柱交接处，梁钢筋锚入柱内长度、钢筋搭接位置及搭接长度按图纸要求。同一截面内接头的钢筋面积受拉区不大于钢筋总面积的 25%，受压区不大于 50%。严禁斜扎箍筋，保证其相互间距。梁箍筋弯钩的叠合处，在梁中应交错绑扎，箍筋弯钩 135°。梁筋绑扎好经检查后可全面封板底模，板上预留洞口留好后可开始绑扎板下排钢筋网，待底排钢筋、预埋管件及预埋件就位后交质检员复查。清理模板面，绑扎上排钢筋，绑扎用十字扣，除外围两根筋的相交点应全部绑扎外，其余各点可隔点交错绑扎。板中直径大、间距密的钢筋应设置于底部。绑扎负弯矩筋每个扣均要绑扎。负弯矩钢筋位置要正确，防止被踩下，特别是雨篷等悬挑板，严格控制负筋位置，以免拆模后断裂。为保证板负筋位置正确，底筋与负筋间设通长马凳，并与负筋焊牢。按设计保护层厚度制作对应垫块，楼板底筋垫块采用20 mm厚C20的砂浆垫块，以1 000 mm间距绑扎，梁底及两侧每100 mm在各面上垫上两块垫块。同时保证主次梁交接处钢筋的标高不高于设计的板顶标高。

4）墙钢筋

剪力墙竖向及水平分布钢筋采用搭接连接，搭接长度及接头位置按设计图纸要求设置。端柱竖向钢筋采用电渣压力焊接头。墙钢筋网的绑扎同板钢筋网，钢筋弯钩朝向混凝土内。拉筋及箍筋构造按设计图纸要求设置。剪力墙、柱插筋与底板交接处增设与剪力墙水平筋同直径的钢筋作定位筋。并与底板筋点焊牢固，以防止根部位移。

(3) 钢筋的运输、绑扎

钢筋的运输采用载重汽车运输、塔吊运输和人工转运配合进行。钢筋进场后，通过塔吊吊运至钢筋加工棚，钢筋在钢筋棚进行加工，加工完毕后通过塔吊和人工二次转运至施工现场。因地下室面积大，又无法一次同时施工，以后浇带为界，对整个地下室分段施工。先施工段的作业队伍负责将钢筋伸过膨胀带，以满足钢筋连接长度及接头相互错开的要求，后施工段的作业队伍负责后浇带处钢筋的连接。

(4) 验收

钢筋绑扎完毕，浇混凝土之前，必须核对设计图纸和有关规范要求，经施工班级自检合格，即报专职质量检验员、工长、项目工程师，由三人共同检查验收合格后，再由项目工程师邀请建设方、质量监督部门共同检查检验并办理钢筋隐蔽验收手续，经验收合格后才能进行下道工序。

6. 混凝土工程

(1) 工程特点

整个结构为全现浇混凝土，混凝土体量较大，梁柱接头钢筋密度较大，混凝土浇筑困难。地下室底板、围护剪力墙为抗渗混凝土。

(2) 混凝土施工

1) 混凝土配合比

本工程混凝土C40配料选用：普通硅酸盐水泥，石子粒径5~40 mm，52.5级水泥、中砂、碎石。坍落度30~50 mm。配合比如下：水185 kg，水泥430 kg，砂490 kg，石子1 325 kg。

2) 混凝土搅拌

采用JD500单卧轴强制式搅拌机

① 工作班前，在搅拌机控制台旁以文字形式标明所搅拌的混凝土采用的水泥品种和强度等级、混凝土配合比及每盘混凝土各组成材料的实际用量。

② 每次应用搅拌机拌和第一罐混凝土前，应先开动搅拌机空机运转，运转正常后，再加料搅拌。拌第一罐混凝土时，宜按配合比加入10%的水泥、水、细骨料的用量或减少10%的粗骨料量，使富裕的砂浆布满搅拌筒内壁及搅拌叶片，防止第一罐混凝土拌合物中砂浆偏少。

③ 拌制混凝土期间，宜采取措施保持砂、石骨料具有稳定的含水率，每一工作班应至少测定砂、石含水率一次。

④ 混凝土拌合物必须搅拌均匀。拌和程序和时间，通过拌和试验确定。

3) 混凝土运输

现场施工所需零星混凝土、垫层混凝土的水平运输采用塔吊吊运至浇注地点。结构混凝土采用混凝土输送泵进行混凝土运输。现场设2台混凝土泵，混凝土泵的位置根据现场道路的具体情况及混凝土的浇筑强度确定。

4) 施工缝的设置

每施工段地下结构的底板（含承台）一次性浇注，施工缝留置在膨胀带，内剪力墙、柱留设在底板顶面。

5) 施工缝的处理

在施工缝处继续浇筑混凝土时，已浇筑的混凝土抗压强度必须大于$1.2\ \text{N/mm}^2$。支模前，必须清除已硬化混凝土表面的水泥薄膜、松动的砂石和软弱混凝土层，然后安设止水带并加以保护。浇注前用水清洗干净并充分润湿（施工缝混凝土清理完毕后，不得振动或碰撞施工缝位置处的钢筋）。然后，先铺10~15 mm厚水泥砂浆层，其配合比与混凝土内的砂浆成分相同。

（3）混凝土浇筑

施工工艺：报混凝土浇注申请→输送管道布设→混凝土浇注→混凝土签证取样→混凝土收平→输送管道拆除情况→混凝土覆盖养护。

1) 浇注前的准备

钢筋隐蔽验收合格后，施工员向甲方提出混凝土浇注申请，由甲方合同监理公司签发浇注令后，准备混凝土浇注。施工员组织劳务队布设输送管道，并检查施工用电用水情况，检查机械设备状态，向劳务队作书面交底。

2) 柱浇筑

柱采用分层浇筑，第一层浇300 mm，振捣密实后，第二层起可每层浇500 mm，每层混凝土施工间隔应控制在混凝土初凝前，柱混凝土浇筑时留出斜槎，再浇筑梁板。

3) 底板浇筑

由于底板混凝土要求一次连续浇筑完毕，浇筑方法是斜面分层浇筑。底板混凝土首先采用插入式振动器振捣。浇筑方向及宽度的确定：采用从短边开始，往长边方向浇筑，浇筑时必须精确确定浇筑每一幅混凝土的宽度，以满足第二幅时，已浇的第一幅尚未初凝。

4) 楼板浇筑

楼板的梁板与柱同时浇筑，浇筑方法同地下室底板。在浇筑与柱和墙连成整体的梁和板时，应在柱和墙浇筑完1~1.5 h，使混凝土获得初步沉实后，再继续浇筑，以防止接缝处出现裂缝。

5) 剪力墙浇筑

采取斜面分层浇筑法，从一端开始向另一端方向浇筑。浇筑前，先在其底部铺设5 cm厚的同混凝土内砂石配合比相同的砂浆。

（4）混凝土养护

① 采用覆盖麻袋并浇水的自然养护法，即在混凝土浇筑8~12 h内用麻袋进行覆盖，并及时浇水养护，以保持混凝土有足够湿润状态。

② 养护时间：防水混凝土不得少于14 d，普通混凝土不得少于7 d。

（5）底板、楼板混凝土浇筑平整度控制

本工程平面分段施工，施工中需采取措施控制地下室平整度及先后施工区段的标高差。

① 地下室垫层施工，采用水泥砂浆灰饼控制垫层标高，灰饼间距 2 m×2 m，灰饼顶标高与垫层标高齐平。

② 底板浇筑混凝土前，在柱与剪力墙或框架柱的竖向钢筋抄出水平标高控制点，用红油漆标志。竖向钢筋采用箍筋点焊固定，以防标高点位移，标高点位于底板结构层以上 500 mm 处。顶板浇筑混凝土前，在顶板钢筋上每隔 3 m（双向）焊接标高控制钢筋桩进行混凝土摊铺面的粗略控制。

③ 底板混凝土浇筑时，标高点之间拉细钢丝作为水平控制线，用钢卷尺往下量测，以确定混凝土顶面。顶板混凝土浇捣时，采用现场架设水准仪来控制其顶面标高。

④ 用铝合金刮杠根据标高控制点，将混凝土面赶平。最后人工用木抹子，搓后抹压平混凝土面，使混凝土呈现毛面，但平整顺畅。

⑤ 楼板平整度控制参照底板。

(6) 防水混凝土施工

1）泵送防水混凝土选料

水泥：52.5 级普通硅酸盐水泥。

细骨料：中粗砂，含泥量不得大于 3%，通过 0.315 mm 筛孔的砂石不得少于 15%。

粗骨料：采用卵石，粒径 5~30 mm，含泥量不得大于 1%。

水：生活饮用水。

外加剂：U 型混凝土膨胀剂。

2）泵送防水混凝土施工

底板与墙趾的混凝土浇筑：墙趾浇筑须在底板浇注完毕，尚未初凝前浇筑。防水混凝土外墙模板的对拉螺杆：外墙对拉螺杆采用 $\phi12$ 螺杆，中间加焊 50×50×5 的钢板止水片。混凝土与两侧模板之间加垫木，垫木中间钻穿螺杆孔。拆模后，垫木取出，并从混凝土面割掉螺杆，凹坑用膨胀水泥砂浆封堵。防水混凝土侧壁穿墙管道：加焊止水环。同时注意套管选用内径要求与穿墙管道间有 10~20 mm 的缝隙，管道安装后用聚氨酯灌缝密封，且管道根部做防腐、防水处理。

防水混凝土的养护：混凝土浇筑完，终凝后，用麻袋覆盖，浇水湿润养护，浇水频率视环境温度而定，但须始终保持混凝土表面处于湿润状态下，养护时间不得少于 14 d。

7. 砌体工程

本工程砌体主要采用 M5.0 混合砂浆砌筑 MU10 混凝土空心砌块。

(1) 施工准备

① 砌体运至现场应整齐堆放，场地平整，做好排水，砌体堆置高度不得超过 1.6 m。

② 砌体排列时，应先根据砌体尺寸及水平、垂直灰缝厚度计算皮数及排数。

(2) 砌块、砂浆的使用

选用砌块龄期不应小于 28 d，且不能太潮湿，砌块一般不需润水，当天气炎热干燥时，可洒水湿润。砂浆拌成后和使用时，均应盛入贮灰器内，如砂浆出现泌水现象，应在砌筑前再次拌和，砂浆应随拌随用，必须在拌成后 4 h 内使用完毕，如施工期间气温超过 30 ℃，必须在拌成后 3 h 内使用完毕。

(3) 砌块的施工

① 砌筑前根据一层轴线控制点，分出建筑各部位轴线，并检查是否正确。

② 准备所用材料及工具，施工中所需门窗框、预制构件、拉结筋、预埋件等事先安排好，配合砌筑进度及时送到现场。

③ 砌块施工前，根据砌块尺寸和灰缝厚度计算皮数，制作皮数杆。

④ 找平放线后，将皮数杆立于墙的转角处和交接处，间距不大于 15 m。

⑤ 砌筑前应清除砌块表面污物。

⑥ 应尽量使用主规格小砌块，承重墙体不能与粘土砖等其他块体材料混砌。严禁使用断裂小砌块。

⑦ 砌筑时，必须遵守"反砌"原则，即砌块的底面朝上进行砌筑。

⑧ 砌块应对孔错缝搭砌，个别情况下无法对孔砌筑时，允许错孔砌筑，但搭接长度不应小于 90 mm。当不能满足此要求时，应在砌体的水平灰缝内设置拉结钢筋和钢筋网片。钢筋用 2ϕ6 筋，网片由 ϕ4 筋焊成。其长度均不应小于 700 mm，且此时，通缝不超过两皮砌块。

⑨ 砌筑时从转角或定位处开始，内外墙同时进行。纵横墙交错搭接。

⑩ 砌块墙体的转角处和交接处应同时砌筑，如不能同时砌筑，应留斜槎，斜槎长度不应小于高度的 2/3。如留斜槎确实困难，除外墙转角处及抗震设防区外，可留直槎，即从墙面伸出 200 mm 砌成阳槎，并每隔三皮砌块高在水平灰缝内设 2ϕ6 的拉结筋，其长度从留槎处算起，每边均不小于 600 mm。

⑪ 砌体灰缝应横平竖直，全部灰缝应铺填砂浆；水平灰缝的砂浆饱满度不得低于 90%，竖向灰缝不得低于 80%。砌筑中不得出现瞎缝、透明缝，灰缝厚度 8~12 mm。砌筑时铺灰长度不超过 800 mm，严禁用水冲浆灌缝。

⑫ 砌块与框架中预埋的拉结筋连接，砌至顶面最后一皮时，与上部结构的接触处用实心小砌块斜砌楔紧。

⑬ 砌块墙表面不得预留或打凿水平沟槽，对设计规定的洞口、管道、沟槽和预埋件等，应在砌筑时预留或预埋，严禁在砌好的墙上打凿。

⑭ 砌体内不宜设脚手眼，如必须设置，可用 190 mm × 190 mm × 190 mm 小砌块侧砌，利用其孔洞作脚手眼，砌体完工后用 C15 混凝土灌实。但在墙体下列部位不得设置脚手眼：

a. 过梁上部与过梁成 60°角的三角形及过梁跨度 1/2 范围内。

b. 宽度不大于 800 mm 的窗间墙。

c. 梁和梁垫下及其左右各 500 mm 的范围内。

d. 门窗洞口两侧 200 mm 内和墙体交接处 400 mm 范围内。

e. 设计规定不允许设脚手架的部位。

⑮ 砌体相邻工作段的高度差不得大于一个楼层，每天砌筑高度 1.8 m 以内。

8. 脚手架工程

内架采用满堂钢管脚手架，外架采用双排钢管脚手架。上部外部脚手架采用挑架。外架主要满足支模、混凝土浇筑、外侧壁防水施工、安全防护需要。外架搭设时，因地下室外壁有防水要求，架体与外壁不便于拉结，架体外侧须加设斜撑。为满足安全施工需要，操作架上铺满竹架板，架外挂满安全网，同时设置踢脚板和防护栏杆。

9. 防水工程

本工程防水主要包括屋面防水，厨房、卫生间防水。

防水工程为易发质量通病的分部工程，防水工程的好坏，直接影响房屋的使用功能，必须引起高度重视。

(1) 屋面防水

本工程屋面采用细混凝土刚性防水和合成高分子卷材防水，细混凝土层兼作柔性防水的保护层，合成高分子卷材选用聚氯乙烯防水卷材，施工方法如下：

1）基层处理

① 在基层上抹水泥砂浆找平层，并按设计要求找坡，做到平整光滑，无尖锐颗粒，表面清洁。用 2 m 直尺检查，最大空隙不超过 5 mm。

② 屋面与女儿墙、天窗、变形缝等突出屋面结构相连的阴角，与檐口、天沟、排水口等连接的阳角，均应抹成半径为 100~150 mm 的圆弧。

2）涂刷基层处理剂

在清理干净并且干燥的基层表面用长把滚刷均匀涂刷基层处理剂，干燥 4~12 h 后，才能进行下道工序。

3）易渗漏部位的增强处理

对排水口、天沟、管根、女儿墙、天窗、变形缝等处阴阳角及易渗漏部位，先按设计要求进行增强处理。

4）涂刷基层胶粘剂

① 在基层处理剂已干燥并已弹线的基层表面和卷材底面，均匀涂刷基层胶粘剂，卷材接头部位 100 mm 不涂刷。

② 涂刷完后，静置 15~25 min，待胶膜基本干燥，指触不粘时，即可进行卷材铺贴。

5）铺贴卷材

卷材应平行于屋脊方向铺贴，并从排水坡度的下端开始，由下向上铺设。当有高低错层屋面时，应先高后低，先远后近。铺设过程中不得出现折皱现象，也不得拉伸卷材。

6）卷材接头粘贴

将与卷材配套的接缝粘结剂用油漆刷均匀涂刷在卷材接缝的两个粘合面上。

7）收头处理

卷材末端收头处用氯磺化聚乙烯密封膏或聚氨酯密封膏密封，然后用阳离子氯丁胶乳水泥砂浆压缝封闭。

8）保护层施工

防水卷材铺贴完毕，经验收合格后，即可浇筑 40 mm 厚细石混凝土。

(2) 厨房、卫生间防水

采用氯丁胶乳沥青涂膜防水。

工艺流程：基层处理→易渗漏部位刷涂增强层→涂刷第一层涂料→表干后铺贴第一层玻璃纤维布紧接着刷第二层涂料→实干后刷第三层涂料→表干后铺贴第二层玻璃纤维布跟着刷第四层涂料→实干后做蓄水试验，合格→施工刚性保护层。

10. 装饰工程

结构与装饰，室内与室外、上与下均交叉流水施工；粗装饰在前，精装饰在后，样板在前，大面积施工在后；所有工序严格按施工总进度计划施工。

(1) 外墙

本工程外墙采用 NW—811 无机外墙薄质涂料，按图纸装饰要求刷涂施工。

1) 基层处理

将砌块缝中凸起的砂浆剔平，清扫掉表面灰土，浇水充分湿润后，用 1:1:6 混合砂浆勾缝及用掺水量 20% 的 108 胶水泥浆涂刷一遍，并对缺棱掉角的砌块分层补平，但每层修补厚度应控制在 7~9 mm 以内。

2) 施工操作要点

① 刷涂前，必须用清水冲洗清洁墙面，待墙面无明水方可刷涂涂料。

② 刷涂时，因涂料干燥较快，应勤蘸短刷，待初干后不得反复刷涂。刷涂方向、长短应一致，且刷涂的接槎必须在分格缝处。

③ 一般刷涂二遍盖底，可以两遍连续刷涂，注意每涂一遍要均匀一致。

3) 质量控制及要求

① 待涂料完全干燥后，检查验收涂料工程质量，项目监理、业主、施工单位的有关人员组织在一起，按饰面涂层面积抽查 10% 进行检查。

② 检查所用材料品种、颜色，应符合设计和选定的样品要求。

③ 涂料表面质量：颜色均匀一致，允许少量轻微泛碱、咬色、疙瘩、砂眼。

4) 涂料施工成品保护

① 刷涂操作前，应将门窗等处易污染的部位遮挡保护好。

② 已涂完的涂料饰面，设专人看护，并及时采取有效保护措施，以防污染和损坏。

③ 拆除脚手架等时，轻搬轻放，严防碰坏已涂完的涂料饰面。

5) 施工中注意事项

① 涂料使用前及使用过程中，应经常搅拌，稀释方法、施工温度及使用方法，应严格执行说明书的规定。

② 建筑涂料施工最低温度，不得低于 0~5 ℃，夏季避免日光照射。

③ 雨天应停止施工，并在涂后 12 h 内不得遭雨淋。

(2) 室内装饰

装饰顺序：天棚→墙面→地面，采用自上而下进行流水作业。

① 采用室内仿瓷涂料饰面工程流程：墙面抹灰检验验收→墙面处理→调制仿瓷涂料料浆→基层(墙面)刮腻子→打磨砂纸→补刮腻子→打磨砂布(或砂纸)→清擦浮灰尘→涂刷涂料(底漆)→漆刷面漆→成品保护。

② 地面按设计采用水泥砂浆地面，按普通施工进行。

3.3.4 施工进度计划及保证措施

1. 施工进度计划

本工程施工进度计划采用施工进度计划横道图分部、分项工程的劳动量，施工天数和每天工作人数计算后，结合施工段划分情况，实际施工经验等因素确定。施工人数的确定，主要是根据工作面的大小，各分部分项工程的性质，以及工程量的多少等因素确定。具体施工进程见施工进度计划横道图及网络进度计划图。

2. 进度计划保证措施

① 工地成立项目班子，实际项目法施工，从组织上保证总进度的实现。

② 施工队做好施工前的各项准备工作：技术准备、物资准备、现场准备、人员准备；合理组织、科学安排，充分利用作业面，及时协调好各工种各班组间的关系；做好成品保护工作。

③ 重视计划管理，工程开工前，项目班子成员与项目工程技术部根据合同工期共同编制"施工总进度计划"，确定总的控制工期，然后根据施工总进度计划编制进度计划，确定各分部工程的工期及各楼层的控制工期。

④ 施工过程中，有关部门根据单位工程施工进度计划编制季度、月度及旬作业和资源计划。

⑤ 施工前，应分析预测施工计划实施过程中可能出现的各种问题和不利因素，制定并采用相应的应对措施。

⑥ 建立每旬的建设单位和管理承包单位的例会制度，及时解决施工中出现的问题和资源协调及各工序、各工种交叉、搭接作业时所面临和存在的问题。

⑦ 推广运用新技术，减少施工时间，优化施工方法。

⑧ 采用分区、分块组织流水施工，以便后续工作尽早穿插，充分利用作业面和周转材料，尽可能的减少或避免工人窝工。

⑨ 制定切实可行的夏季、雨季施工措施，保证在高温季节、下雨天能连续施工。

3.3.5 施工平面布置

本工程场地较为宽敞，交通便捷，故现场设置混凝土搅拌站，配模、钢筋加工在现场加工。施工工人住在现场，现场设置工人的住宿和食堂及值班管理人员的休息、办公室。进场材料要合理安排堆置场地，以便于施工和运输。车辆进场道路合理规划，具体布置详见施工总平面布置图（图3.3.3）。

3.3.6 质量及技术管理措施

① 加强技术管理，分部分项工程施工前进行书面技术交底，难度较大的编制专项施工方案。

② 工程开工前或工程开工前期，项目总工程师组织项目工程技术人员认真作好施工前的技术准备工作，如测量控制网的建立、图纸会审、施工组织设计和作业指导书及专题施工方案的编制，混凝土、砂浆试配等，以充分有效的技术准备工作来保证工期目标的实现。

③ 工程材料进场后，材料员、试验员按相关要求，对材料进行现场验收和试验检验，验收主要内容：产品合格证、材质报告、批号、产品说明书等证件是否齐全，对照供货合同、产品说明书、材料规范等对其外观质量、品种、规格、数量进行检查验收。不合格的材料由材料采购员组织退货处理。

④ 加强技术复核工作，着重对模板、轴线、标高等项进行复核，隐蔽项目请有关单位签字认可后再进入下一道工序。

⑤ 对高层垂直偏差和高程严格控制，设立专门的测量放样小组，配备高精密度的先进测

量仪器，保证工程的结构精确度。

⑥ 做好样板工作，装修施工前先做样板间或样品，再做大面积施工。

⑦ 严格执行班组自检、互检、交接检、专职检制度，工地设两名专职质检员和一名试验员。

⑧ 加强成品保护，避免因产品和过程产品反复污染或损坏的修补而延误工期。

⑨ 进行全面质量管理，开展群众性的 QC 活动。重要分部、分项成立 QC 小组，推广 ISO 9000 系列标准管理方法。

3.3.7 安全保障措施

① 成立安全生产领导小组，制订出安全制度、各级管理人员的安全职责。

② 建立安全交底和安全验收制度，各分部、分项施工前均向操作人员作安全技术交底。

③ 工地设专职安全员一名，负责安全工作的宣传、安全制度的落实。

④ 加强对施工用电的管理，工程施工前编制《施工组织用电设计》，供电一律实行三相五线制，三级漏电保护，一机一闸一漏电保护器，现场管线要按规定架空，橡胶绝缘的电线电缆通过道路时要加套管，以免开裂触电，并严禁挂在钢脚手架上。

⑤ 重点做好防止空高坠落、物体打击措施，搭设好安全防护网，在各井口、洞口等处设防护栏杆。

⑥ 整体提升架、吊篮等应有专项设计；塔吊、高速井架等应有专项安全方案。

⑦ 土方施工按规定坡度放坡，松软部位要加支撑以防塌方。

⑧ 实行持证上岗制度，无证或违反安全规定者不准其施工。

⑨ 进入现场必须戴安全帽，设有固定的出入口，供人员进出使用，该出入口要搭设保护棚。

⑩ 高空作业时，系好安全带，挂好安全网。

⑪ 加强对大型机械设备的保养、维修，设立防雷措施。

⑫ 做好防火工作，配备足够的灭火器。

3.3.8 现场文明施工措施

① 设置文明施工管理组，负责现场文明施工。公司与项目经理部、经理部及各施工队和分包单位，各施工队与分包单位与各作业层层层签订文明施工协议，明确目标和责任。

② 施工现场各种临时设施严格按照施工平面图布置，现场专设消防栓等设施，在现场出入口处设置门卫和临时性建筑标记。

③ 施工材料进场后，应及时将材料堆放到指定的场地，材料堆放时，应分门别类，对码整齐，标志清楚。

④ 施工现场用水、用电线路统一规划建设，并尽可能暗埋，不得乱拉电线、接水管。

⑤ 施工现场生活、生产污水应进行有组织排放，经过滤沉淀后通过临时排水管将污水排放到城市污水管道内。

⑥ 施工现场建筑垃圾每天都必须进行清理，做到工完场清。建筑垃圾应有专门作业队伍负责进行清理，夜间运输，并有专人进行监督检查。

⑦ 在现场施工办公室，人货电梯的出入口等人流密集的地方设立标志牌，标志牌要求周正美观、内容清楚。

⑧ 现场办公室要做到整洁、清楚,墙上挂岗位责任制,施工总进度计划,现场总平面布置图等图表。

⑨ 施工有关各类图纸、资料文件应分类编号放存并由专人保管,各种记录准确真实,工整清晰。

⑩ 尽量降低现场施工机械噪声,以免影响周边宿舍区学生生活休息,陈旧,噪声大的机械不得使用。

⑪ 加强对职工及工人文明施工教育,做到人人守法、讲卫生、讲文明、讲道德,尤其避免与学生发生冲突。

3.3.9 工日计算

1. 混凝土工程

剪力墙按现浇柱定额套用,表 3.3.6 和表 3.3.7 中有一栏为柱、剪力墙工程量之和。

工日计算针对一个施工段,由于主楼平面基本对称,故各施工段工程量按每层工程量的 1/2 计算。

(1) 地下室(表 3.3.6)

表 3.3.6 地下室工日表

		底板	柱、剪力墙	梁	板	外墙	楼梯/m²
混凝土	工程量/m³	122.51	34.94+15.25=50.19	36.88	86.61	47.5	25.52
	定额/(工日/10m³)	6.5	12.9	8.69	6.06	11.7	3.4
	工日	80	65	32	52.5	56	9
模板	定额/(工日/10m³)	10.31	22.55	24.84	11.25	20.49	13.29
	工日	126.5	113.5	92	97.5	97.5	34
钢筋	定额/(工日/10m³)	1.93	3.93	3.73	3.7	2.07	0.79
	工日	24	20	14	32	10	2

(2) 主体工程(表 3.3.7)

表 3.3.7 主体工程工日表

			柱、剪力墙/m³	梁/m³	板/m³	楼梯/m²	雨篷/m²
一层	混凝土	工程量/m³	32.45+13.24=46.19	36.88	57.74	25.52	4.41
		定额/(工日/10m³)	12.9	8.69	6.45	3.4	1.04
		工日	60	32	37.5	9	5
	模板	定额/(工日/10m³)	22.55	24.84	18.24	13.29	2.38
		工日	104.5	92	105.5	34	10.5
	钢筋	定额/(工日/10m³)	3.93	3.73	3.95	0.79	1.26
		工日	18.5	14	23	2	6

3.3 施工组织设计

续表

			柱、剪力墙/m³	梁/m³	板/m³	楼梯/m²	雨篷/m²
二层	混凝土	工程量/m³	27.46+11.51=38.97	36.88	57.74	25.52	
		定额/(工日/10m³)	12.9	8.69	6.45	3.4	
		工日	50.5	32	37.5	9	
	模板	定额/(工日/10m³)	22.55	24.84	18.24	13.29	
		工日	88	92	105.5	34	
	钢筋	定额/(工日/10m³)	3.93	3.73	3.95	0.79	
		工日	15.5	14	23	2	
三层	混凝土	工程量/m³	38.97	36.88	57.74	25.52	
		定额/(工日/10m³)	12.9	8.69	6.45	3.4	
		工日	50.5	32	37.5	9	
	模板	定额/(工日/10m³)	22.55	24.84	18.24	13.29	
		工日	88	92	105.5	34	
	钢筋	定额/(工日/10m³)	3.93	3.73	3.95	0.79	
		工日	15.5	14	23	2	
四层~九层	混凝土	工程量/m³	46.19	36.88	57.74	25.52	
		定额/(工日/10m³)	12.9	8.69	6.45	3.4	
		工日	60	32	37.5	9	
	模板	定额/(工日/10m³)	22.55	24.84	18.24	13.29	
		工日	104.5	92	105.5	34	
	钢筋	定额/(工日/10m³)	3.93	3.73	3.95	0.79	
		工日	18.5	14	23	2	
			柱、剪力墙	梁	板	楼梯/m²	天沟
十层	混凝土	工程量/m³	46.19	36.88	68.99	25.52	5.16
		定额/(工日/10m³)	12.9	8.69	6.06	3.4	17.1
		工日	60	32	42	9	9
	模板	定额/(工日/10m³)	22.55	24.84	11.25	13.29	83.11
		工日	104.5	92	78	34	43
	钢筋	定额/(工日/10m³)	3.93	3.73	3.7	0.79	16.45
		工日	18.5	14	26	2	44.5

2. 砌筑工程

工日计算针对各楼层整层(表 3.3.8)。

本工程内外墙由 390×190×190 的混凝土空心砌块砌筑,按 3/4 砖混水墙定额套用。

表 3.3.8 砌筑工程工日表

层 数		工程量/m²	定额/(工日/10m³)	工 日	合 计
地下室	内墙	31.93	12.74	41	41
一层	外墙	50.03	13.69	69	
	内墙	91.80	12.74	117	186
二层	外墙	37.85	13.69	52	
	内墙	41.03	12.74	52.5	104.5
三层	外墙	45.70	13.69	63	
	内墙	35.17	12.74	45	108
四~十层	外墙	52.35	13.69	72	
	内墙	44.26	12.74	56.5	128.5

3. 装饰工程

工日计算针对各楼层整层(表 3.3.9)。

墙面装饰套用石灰砂浆装饰(中级)。

表 3.3.9 装饰工程工日表

层 数		工程量/m²	定额/(工日/10m³)	工 日	合 计
地下室	天棚	1 482.24	10.71	159	159
	室内	711.51	10.32	73.5	103.5
	剪力墙	244.02	12.19	30	
一层	天棚	1 418.42	10.71	152	152
	室外	380.81	10.32	39.5	39.5
	室内	1 050.63	10.32	108.5	143
	剪力墙	219.84	12.19	27	
	卫生间	68.46	10.32	7.5	
二层	天棚	1 432.78	10.71	153.5	153.5
	室外	310.59	10.32	32	32
	室内	499.13	10.32	51.5	82.5
	剪力墙	201.36	12.19	25	
	卫生间	56.16	10.32	6	

续表

层 数		工程量/m²	定额/(工日/10m³)	工 日	合 计
三层	天棚	1 434.12	10.71	154	154
	室外	362.91	10.32	37.5	37.5
	室内	454.59	10.32	47	78
	剪力墙	201.36	12.19	25	
	卫生间	56.16	10.32	6	
四~十层	天棚	1 434.12	10.71	154	154
	室外	406.23	10.32	42	42
	室内	557.73	10.32	57.5	92
	剪力墙	219.84	12.19	27	
	卫生间	68.46	10.32	7.5	

4. 屋面防水工程

(1) 围护结构(女儿墙)(表3.3.10)

表3.3.10 围护结构工日表

工程量/m²	定额/(工日/10m³)	工 日
44.52	13.69	61

(2) 屋面防水(表3.3.11)

表3.3.11 屋面防水工程工日表

	工程量/m²	定额/(工日/10m³)	工 日
找平层	1 149.89	4.82	55.5
高分子卷材	1 184.38	2.87	34
细石混凝土刚性防水层	1 149.89	14.12	162.5

5. 门窗工程(表3.3.12)

表3.3.12 门窗工程工日表

层 数	门代号	门框定额/(工日/樘)	门扇定额/(工日/扇)	工 日	合 计
地下室	M2	2.38	5.03	5	5
一层	M1	12.62	5.25	3.5	21
	M2	2.38	5.03	6.5	
	M3	2.38	5.32	3	
	M6	10.38	3.91	5.5	

续表

层　数	门代号	门框定额/(工日/榀)	门扇定额/(工日/扇)	工　日	合　计
一层	M8	2.38	3.79	1	21
	M9	2.38	4.05	1.5	
二层	M2	2.38	5.03	5	10.5
	M3	2.38	5.32	1	
	M8	2.38	3.79	3	
	M9	2.38	4.05	1.5	
三层	M2	2.38	5.03	5	13
	M6	10.38	3.91	5.5	
	M8	2.38	3.79	1	
	M9	2.38	4.05	1.5	
四~十层	M2	2.38	5.03	5	13
	M6	10.38	3.91	5.5	
	M8	2.38	3.79	1	
	M9	2.38	4.05	1.5	

门窗工程工日合计如表 3.3.13 所示。

表 3.3.13

层　数		工程量/m²	定额/(工日/10m³)	工　日	合　计
一层	门			5	40
	窗	127.08	27.35	35	
二层	门			21	55.5
	窗	125.01	27.35	34.5	
三层	门			10.5	45.5
	窗	126.81	27.35	35	
四~十层	门			13	60.5
	窗	172.53	27.35	47.5	

6. 楼地面工程(表 3.3.14)

地面采用一遍成活，水泥砂浆面层，楼梯及台阶计入相应层。

表 3.3.14 楼地面工程工日表

层 数		工程量/m²	定额/(工日/10m³)	工 日	合 计
一层	30厚细混凝土找平	1 066.14	4.57	49	200
	20厚水泥砂浆面层	1 066.14	9.66	103	
	楼 梯	51.03	57.15	29.5	
	台 阶	6.82+55.35=62.17	23.39	14.5	
	防滑坡道	2×6=12	30.92	4	
二层	30厚细混凝土找平	1 080.5	4.57	49.5	183.5
	20厚水泥砂浆面层	1 080.5	9.66	104.5	
	楼 梯	51.03	57.15	29.5	
三层~十层	30厚细混凝土找平	1 081.84	4.57	49.5	183.5
	20厚水泥砂浆面层	1 081.84	9.66	104.5	
	楼 梯	51.03	57.15	29.5	
地下室	30厚细混凝土找平	1 165.19	4.57	53.5	195.5
	20厚水泥砂浆面层	1 165.19	9.66	112.5	
	楼 梯	51.03	57.15	29.5	

3.3.10 工期计算

1. 施工准备阶段

本工程施工准备估计为 20 d。

2. 基础工程

预估为 60 d，包括桩孔的人工挖孔，桩基施工，承台施工，混凝土垫层施工及部分土的回填。

3. 土方工程

挖土：采用 W_3—100 型反铲挖掘机，每天两台机械共同工作1班，台班产量为 400~600 m³，挖土工程量 5 129.81 m³，工期 5 d。

填土：填土夯实采用蛙式打夯机 HW—60，8 台机械工作 1 班，机械定额 0.4 班/10 m³（夯实厚度每层 30 cm 左右），需 22 台班，工期 3 d。

4. 地下室工期（表 3.3.15）

表 3.3.15 地下室工期表

层 数		工种	每施工段总工日	劳动力或机械			工期
				人工或机械	每日工作班组	每班组人数	
地下室	底板	支模	126.5		2	35	2
		扎筋	24	人工	1	22	1
		浇混凝土	80		2	30	1

续表

层 数	工种		每施工段总工日	劳动力或机械			工期
				人工或机械	每日工作班组	每班组人数	
地下室	柱 剪力墙 外墙	扎筋	30		1	22	1.5
		支模	211	人工	2	35	3
		浇混凝土	121		2	30	1
	梁、板、梯	支模	223.5		2	35	3.5
		扎筋	48	人工	1	22	2
		浇混凝土	94		2	30	1.5

5. 主体工程工期(表 3.3.16)

表 3.3.16 主体工程工期表

层数	工种		每施工段总工日	劳动力或机械			工期
				人工或机械	每日工作班组	每班组人数	
一层	柱 剪力墙	扎筋	18.5	人工	1	22	1
		支模	104.5	人工	2	35	1.5
		浇混凝土	60	人工	2	30	1
	梁、板、梯 雨篷	支模	242	人工	2	35	3.5
		扎筋	45	人工	1	22	2
		浇混凝土	83.5	人工	2	30	1.5
二层	柱 剪力墙	扎筋	15.5	人工	1	22	1
		支模	88	人工	2	35	1.5
		浇混凝土	50.5	人工	2	30	1
	梁、板、梯	支模	231.5	人工	2	35	3.5
		扎筋	39	人工	1	22	2
		浇混凝土	78.5	人工	2	30	1.5
三层	柱 剪力墙	扎筋	15.5	人工	1	22	1
		支模	88	人工	2	35	1.5
		浇混凝土	50.5	人工	2	30	1
	梁、板、梯	支模	231.5	人工	2	35	3.5
		扎筋	39	人工	1	22	2
		浇混凝土	78.5	人工	2	30	1.5

续表

层数		工种	每施工段总工日	劳动力或机械			工期
				人工或机械	每日工作班组	每班组人数	
四~九层	柱 剪力墙	扎筋	18.5	人工	1	22	1
		支模	104.5	人工	2	35	1.5
		浇混凝土	60	人工	2	30	1
	梁、板、梯	支模	231	人工	2	35	3.5
		扎筋	39	人工	1	22	2
		浇混凝土	78.5	人工	2	30	1.5
十层	柱 剪力墙	扎筋	18.5	人工	1	22	1
		支模	104.5	人工	2	35	1.5
		浇混凝土	60	人工	2	30	1
	梁、板、梯	支模	247	人工	2	35	3.5
		扎筋	86.5	人工	1	22	2
		浇混凝土	92	人工	2	30	1.5

6. 砌体工程工期(表3.3.17)

表3.3.17 砌体工程工期表

层 数	每层总工日	劳动力或机械			工 期
		人工或机械	每日工作班组	每班组人数	
地下室	41	人工	1	32	1.5
一层	186	人工	1	32	6
二层	104.5	人工	1	32	3.5
三层	108	人工	1	32	3.5
四~十层	128.5	人工	1	32	4

7. 装饰工程工期(表3.3.18)

表3.3.18 装饰工程工期

层 数	工 种	每层总工日	劳动力或机械			工 期
			人工或机械	每日工作班组	每班组人数	
地下室	天棚	159	人工	1	22	7.5
	室内	103.5	人工	1	22	5

续表

层数	工种	每层总工日	劳动力或机械			工期
			人工或机械	每日工作班组	每班组人数	
一层	天棚	152	人工	1	22	7
	室内	143	人工	1	22	6.5
	室外	39.5	人工	1	22	2
二层	天棚	153.5	人工	1	22	7
	室内	82.5	人工	1	22	4
	室外	32	人工	1	22	1.5
三层	天棚	154	人工	1	22	7
	室内	80	人工	1	22	4
	室外	37.5	人工	1	22	2
四~十层	天棚	154	人工	1	22	7
	室内	92	人工	1	22	4.5
	室外	42	人工	1	22	2

8. 楼地面工程工期（表 3.3.19）

表 3.3.19　楼地面工程工期表

层数	每层总工日	劳动力或机械			工期
		人工或机械	每日工作班组	每班组人数	
地下室底板	195.5	人工	1	21	9.5
一层	200	人工	1	21	10
二层	183.5	人工	1	21	9
三~十层	183.5	人工	1	21	9

9. 屋面防水工程工期（表 3.3.20）

表 3.3.20　屋面防水工程工期表

工种	每层总工日	劳动力或机械			工期
		人工或机械	每日工作班组	每班组人数	
找平层	55.5	人工	1	20	3
卷材防水	34	人工	1	20	2
细混凝土	162.5	人工	1	35	5
围护结构	61	人工	1	16	4

10. 门窗工程工期(表 3.3.21)

表 3.3.21 门窗工程工期表

层 数	每层总工日	劳动力或机械			工 期
		人工或机械	每日工作班组	每班组人数	
地下室	5	人工	1	25	0.5
一层	40	人工	1	25	2
二层	55.5	人工	1	25	2.5
三层	45.5	人工	1	25	2
四～十层	60.5	人工	1	25	2.5

3.3.11 施工机械及劳动力需用计划

1. 主要施工机械需用计划(表 3.3.22)

表 3.3.22 主要施工机械需用计划表

类别	名 称	规格型号	功率/kW	数 量	总用电量/kW
土方机械	反铲挖土机	W_3—100		2 台	
	轮胎式装载机	ZL40		2 台	
	蛙式打夯机	HW—60	3	8 台	24
运输机械	塔吊	QT80	55.5	1 台	55.5
	机动翻斗车	1 t		8 台	
	自卸汽车	5～10 t		3 辆	
	平板汽车	5～10 t		2 辆	
	工具车	1.5 t		1 辆	
混凝土砂浆施工机械	混凝土搅拌机	JW500	30	1 台	30
	混凝土输送泵	WNP65		2 台	
	平板振动器	ZB11	1.1	8 台	8.8
	插入式振动器	ZX70	1.5	15 根	22.5
	灰浆搅拌机	UJ325	3	2 台	6
	灰浆泵	UB3	4	2 台	8

续表

类别	名称	规格型号	功率/kW	数量	总用电量/kW
钢筋机械	钢筋切断机	QJ5—40	5.5	1台	5.5
	钢筋调直机	GT6/8	5.5	1台	5.5
	钢筋弯曲机	WJ40—1	3	1台	3
	钢筋对焊机	UN1—100	100	1台	100
	交流电焊机	BX3—300—2	23.4	2台	46.8
木工机械	木工圆锯	MJ104	3	1台	3
	木工平刨床	MB504A	3	1台	3
	木工车床	MCD616B	3	1台	3
其他	离心式水泵	3BA—9	7.5	3台	22.5
	高扬程水泵			6台	

2. 主要劳动力需用计划(表 3.3.23)

表 3.3.23 主要劳动力需用计划表

分部分项工程	木工	钢筋工	混凝土工	砖工	抹灰工	安装工	普工	电焊工	小计
地下室	70	22	60				10	8	170
主体工程	70	22	60			15	10	8	185
砌筑工程				32		10	10	8	60
屋面防水工程			35	16	20		20	8	99
装饰工程					66	10	20	8	104
楼地面工程					21	10	10	8	49
门窗工程	25					25	6	8	64
实际所需人数	70	22	60	32	107	25	50	8	374

3.3.12 编制说明

1. 主体施工同时,搭设脚手架,脚手架不单独计算工期。
2. 本工程一期工程(主楼)施工工期预估为 450 d,后续 15 d 清理场地,总工期约为 465 d。
3. 施工平面布置中,充分考虑材料进出场的便捷,堆场尽量安排在施工临时道路两边,各类临时生活设施面积以每日工地工人总数量最大值为基准计算,各工种工人分批进场。

4. 主楼施工时,裙房占地可用作材料堆场,并在二期工程开始前及时清理场地,保证二期工程按时开工。

3.3.13 建筑工程预算书

建筑工程预(结)算书

工程名称:

建筑面积: 12 251.2 m²　　　　　　　　　　　结构类型:框剪结构

建设单位:　　　　　　　　　　　　　　　　经济指标:

工程总造价: 4 326 342.74 元

金额(大写):肆佰叁拾贰万陆仟叁佰肆拾贰元柒角肆分

编制单位:　　　　　　　　　　　　　　　　审核单位:

编制人:　　　　　　　　　　　　　　　　　 审核人:

证书号:　　　　　　　　　　　　　　　　　 证书号:

编制日期:2006 年 8 月 11 日　　　　　　　　审核日期:2006 年 8 月 11 日

1. 投标总价

建设单位:　　　××市某区政府

工程名称:　　　××办公楼

投标总价(小写):　4 326 342.74 元

(大写):肆佰叁拾贰万陆仟叁佰肆拾贰元柒角肆分

2. 编制说明

(1) 工程概况

该工程建筑面积为 12 251.2m²,框剪结构,基础采用人工挖孔桩基础。

(2) 编制依据

① ×××设计院设计的×××工程图纸。

② 本施工图预算按 1999 年湖南省建筑工程单位估价表编制。

③ 各项费用计取标准,按"湘建价[2002]578 号文"及有关规定计算,其中技术措施项目费已包含在直接工程费内。

④ 人工工资标准按 2005 年湘建计[2005]04 号文件规定计取。

⑤ 材料价差按 2006 年《长沙建设造价》第二期进行调整计算,有部分材料未予调整。

(3) 本施工图预算不考虑以下内容:

① 钢筋混凝土预制构件场内二次搬运费。

② 建筑原材料地面水平运输超运距增加费。

(4) 其他

① 本工程不包括明沟、散水及水电等工作内容,水电安装请另行编制预算。

② 本施工图预算只做主楼工程量计算,裙房工程量未计入。

③ 因图纸不详,本施工图预算不包括桩基础、脚手架、钢筋等工程量。

3. 工程造价表(表 3.3.24)

表 3.3.24 工程造价表

工程名称：

序号	费用名称	费率(%)	计算基础与计算式	合价/元
1	直接工程费		1.1+1.2+1.3	2 977 681.06
1.1	定额直接费		按定额计算之和	2 754 650.33
1.1.1	人工费			707 379.52
1.1.2	材料费			1 664 098.89
1.1.3	机械费			383 171.93
1.1.4	设备(主材)费			
1.1.5	其他费			-0.01
1.2	人工(机械)费调整		工日数×(22-19.7)	82 587.46
1.3	措施项目费			140 443.27
1.3.1	技术措施项目费		按措施项目费一览表规定	
1.3.2	综合措施项目费	4.95	(1.1+1.2+1.3)×综合措施项目费	140 443.27
2	施工管理费(含财务费)	11	1×施工管理费率(含财务费率)	327 544.92
3	利润	7.75	1×利润费率	230 770.28
4	价差			384 864.01
4.1	人工费		工日数×(28-22)	215 445.54
4.2	材料费			169 418.47
4.3	机械费			
5	其他		根据工程具体情况计算	
6	不可竞争费用	6.7	(1+2+3+4+5)×规费费率	262 697.64
7	税金	3.413	(1+2+3+4+5+6)×税率	142 784.83
8	工程造价		1+2+3+4+5+6+7	4 326 342.74
	工程造价(大写)		肆佰叁拾贰万陆仟叁佰肆拾贰元柒角肆分	4 326 342.74

日期：2006 年 8 月 11 日

3.3 施工组织设计

4. 工程预(结)算表(表3.3.25)

工程名称:

表3.3.25 工程预(结)算表

序号	定额编号	工程项目	工程量 单位	工程量 数量	单价/元	合价/元	其中 人工费	其中 材料费	其中 机械费
1	01004	人工挖沟槽、基坑坚土深度2.0 m以内	100 m³	51.298	1 555.51	79 794.55	79 794.55		
2	01011	回填土人工夯填	100 m³	5.356	772.7	4 138.58	3 102.09		1 036.49
3	01052	人工装,自卸汽车运土运距1 000 m以内	1 000 m³	4.594	11 617.74	53 371.9	14 986.18	49.06	38 336.65
4	18*01053	人工装,自卸汽车运土运距每增加500 m	1 000 m³	4.594	22 986.16	105 598.42			105 598.42
5	04004	砖墙(墙厚)1砖混合砂浆M5	10 m³	126.516	1 895.45	239 804.75	40 077.74	179 987.99	19 739.03
6	05048换	基础梁现浇(场)C35砾40(52.5)	10 m³	7.377	4 024.36	29 687.7	6 541.19	21 958.75	1 187.77
7	05062换	平板、无梁板板厚20 cm以内现浇(场)C35砾40(52.5)	10 m³	24.502	3 727.74	91 337.09	18 018.77	63 957.82	9 360.5
8	05056换	有梁板板厚15 cm以内现浇(场)C25砾40(42.5)	10m³	46.65	3 951.24	184 325.35	44 755.54	117 934.93	21 634.87
9	05055换	有梁板板厚10 cm以内现浇(场)C25砾40(42.5)	10m³	173.556	4 334.46	752 271.54	190 201.76	472 447.2	89 622.58
10	05030换	矩形柱断面周长3.6 m以内现浇(场)C30砾40(42.5)	10m³	53.752	3 309.92	177 914.82	44 093.3	116 269.34	17 552.18
11	05029换	矩形柱断面周长3.0 m以内现浇(场)C30砾40(42.5)	10m³	16.128	3 529.9	56 930.23	14 542.13	36 771.03	5 617.06
12	05034换	直形墙墙厚20 cm以内现浇(场)C35砾40(52.5)	10m³	9.501	4 383.13	41 644.12	10 571.38	26 562.33	4 510.41
13	05035换	直形墙墙厚40 cm以内现浇(场)C30砾40(42.5)	10m³	29.636	3 799.81	112 611.17	29 162.42	71 139.74	12 309.02
14	05067换	楼梯段整体式现浇(场)C30砾40(42.5)	10 m²	51.03	1 563.38	79 779.28	18 276.39	53 655.49	7 847.39
15	05071	雨篷(普通)现浇(场)C20砾40(42.5)	10 m³	0.882	11 360.67	10 020.11	1 984.27	7 215.74	820.1
16	05074	天沟现浇C20砾40(42.5)	10 m³	1.081	12 178.95	13 165.44	3 515.28	7 062.99	2 587.17
17	08020	全玻璃自由门带固定亮子	100 m²	0.084	15 468.34	1 299.34	103.61	1 160.11	35.62
18	08014	半截玻璃门不带纱扇带亮子	100 m²	0.302	10 856.73	3 278.73	346.32	2 759.08	173.33
19	08004	镶板门门不带纱扇不带亮子	100 m²	2.119	11 442.78	24 247.25	2 640.34	20 273.51	1 333.4
20	08079	铝合金推拉窗三扇不带亮子	100 m²	15.866	19 029.01	301 914.27	47 540.41	243 744.6	10 629.27

426　第3章　高层框架—剪力墙房屋设计例题

续表

序号	定额编号	工程项目	工程量 单位	工程量 数量	单价/元	合价/元	人工费	其中 材料费	其中 机械费
21	09019换	找平层混凝土或硬基层上厚20 mm水泥砂浆,1:3	100 m²	120.346	599.61	72 160.67	18 492.37	44 584.58	9 083.72
22	09022-2	细石混凝土找平层厚30 mm现浇(场)C20砾10(42.5)	100 m²	11.499	817.16	9 396.52	1 839.38	6 372.17	1 184.97
23	2×09023	细石混凝土找平层每增减5 mm现浇C20砾10(42.5)	100 m²	11.499	245.67	2 824.96	638.77	1 791.08	395.11
24	10032	聚氯乙烯防水卷材空铺	100 m²	11.844	5 572.94	66 005.9	20 626.09	44 777.43	602.39
25	12017	墙面、墙裙抹水泥砂浆砖墙	100 m²	66.115	763.44	50 474.84	18 872.53	26 639.06	4 963.25
26	12018	墙面、墙裙抹水泥砂浆砼墙	100 m²	24.055	836.28	20 116.72	7 411.59	10 899.32	1 805.81
27	12047	干粘石砖、混凝土墙面	100 m²	38.979	1 348.02	52 544.47	19 673.09	28 458.57	4 412.81
28	12158	混凝土面天棚水泥砂浆现浇	100 m²	158.064	746.48	117 991.61	49 572.03	57 626.97	10 792.61
		分部小计							
		直接费项目(特项栏中不标,取默认行费率)							
		计时工、协商项目等(在特项栏"X")							
		分部小计							
		合计				2 754 650.33	707 379.52	1 664 098.89	383 171.93

日期:2006年8月11日

5. 材料汇总(表 3.3.26)

表 3.3.26 材料汇总及价差调整表

工程名称:

序号	编码	名称及规格	单位	数量	定额价/元	编制价/元	价差/元	合价/元
1	110020	水泥 42.5	kg	1 698 345.033	0.28	0.282	0.002	3 396.69
2	110030	水泥 52.5	kg	147 774.372	0.36	0.335	-0.025	-3 694.36
3	130010	红青砖 240×115×53	千块	671.8	219	308.7	89.7	60 260.46

3.3 施工组织设计

续表

序号	编码	名称及规格	单位	数量	定额价/元	编制价/元	价差/元	合价/元
4	130180	中净砂（过筛）	m³	2 194.592	34	47.07	13.07	28 683.32
5	130190	粗净砂	m³	1 052.232	39	50.01	11.01	11 585.07
6	130300	石灰膏	m³	42.779	144	174.39	30.39	1 300.05
7	130380	白石子	kg	29 117.313	0.16	0.16		98.44
8	130480	砾石最大粒径 10 mm	m³	9.149	41	51.76	10.76	
9	130510	砾石最大粒径 40 mm	m³	3 270.57	43	51.76	8.76	28 650.19
10	130530	碎石最大粒径 10 mm	m³	26.48	53	73.19	20.19	534.63
11	140250	密封毛条	m	6 064.303	2.7	2.7		
12	160610	铝合金压条 3 mm×30 mm	m	1 243.62	6.7	6.7		
13	170010	平板玻璃 3 mm 厚	m²	4.596	10.3	12.84	2.54	11.67
14	170030	平板玻璃 5 mm 厚	m²	1 595.443	19	18.28	-0.72	-1 148.72
15	170040	平板玻璃 6 mm 厚	m²	6.366	24.5	24.82	0.32	2.04
16	190220	膨胀螺栓	套	15 516.948	0.48	0.48		
17	190370	螺钉铝合金门窗用	百个	155.169	5	5		
18	200150	射钉	百个	62.418	4.7	4.7		
19	200180	铁钉[园钉]	kg	1 686.634	5.37	5.37		
20	200450	其他铁件	kg	190.819	4	4		
21	200510	镀锌铁丝 8#	kg	4 793.871	4.24	4.24		
22	200570	镀锌铁丝 22#	kg	42.432	4.04	4.04		
23	200840	地脚	个	7 758.474	0.4	0.4		
24	200980	梁卡具模板用	kg	1 270.57	4	4		
25	200990	零星卡具	kg	12 222.056	4	4		
26	210350	尼轮帽	个	2 552.77	0.5	0.5		
27	220010	草板纸	张	9 323.2	0.75	0.75		
28	220050	胶纸	m²	1 872.188	3.95	3.95		

续表

序号	编码	名称及规格	单位	数量	定额价/元	编制价/元	价差/元	合价/元
29	220180	草袋子	m²	2 962.245	1.7	1.7		
30	220220	麻刀	kg	7.949	3.27	3.27		
31	240020	组合钢模板	kg	22 482.715	4.23	4.23		
32	240150	支承件(支撑钢管及扣件)	kg	15 149.923	3.8	3.8		
33	270130	水	m³	5 736.715	0.89	0.89		
34	280030	其他材料费	元	2 520.133	1	1		
35	280060	小五金费	元	1 345.372	1	1		
36	280120	木材加工费	元	6 782.811	1	1		
37	300010	杉原条	m³	132.309	700	829.02	129.02	17 070.51
38	300060	松原木	m³	109.025	620	827.92	207.92	22 668.48
39	340090	铝合金型材	kg	8 282.845	19.24	19.24		
40	470340	清油	kg	4.384	15.14	15.14		
41	470440	油灰	kg	22.228	4.04	4.04		
42	480050	隔离剂	kg	2 919.797	1.66	1.66		
43	480280	软填料	kg	625.12	7.99	7.99		
44	480290	PVC防水卷材	m²	1 539.72	14.88	14.88		
45	490130	防腐油	kg	72.001	8.24	8.24		
46	490180	油漆溶剂油 200#	kg	2.53	3.12	3.12		
47	490570	嵌缝膏	kg	169.266	0.95	0.95		
48	500030	108胶	kg	592.581	1.46	1.46		
49	500090	玻璃胶 350 g	支	686.998	16.8	16.8		
50	500150	密封膏	支	153.972	14.74	14.74		
51	500180	乳白胶	kg	17.886	5.64	5.64		
52	500440	密封油膏	kg	564.83	3.74	3.74		
53	500480	303胶	kg	532.98	16.78	16.78		

日期:2006年8月11日

6. 工程量计算表(表3.3.27)

建设单位：_____
工程名称：_____

表3.3.27 工程量计算表

2006年8月9日　　　　共　页　第　页

顺序号	分部分项项目名称	计算式	单位	数量
一	建筑面积	$S = (49.4 \times 24.8) \times 10$ m² $= 12\ 251.2$ m²	m²	12 251.2
二	土石方工程			
1	挖基础土方	$F_1 = 50 \times 25.4 = 1\ 270$ m²	m³	5 129.81
		$F_2 = (50 + 0.33 \times 1.925 \times 2) \times (25.4 + 0.33 \times 1.925 \times 2)$ m² $= 1\ 367.4$ m²		
		$F_3 = (50 + 0.33 \times 3.85 \times 2) \times (25.4 + 0.33 \times 3.85 \times 2)$ m² $= 1\ 468.05$ m²		
		$V_{挖} = 3.75/6 \times (1\ 270 + 4 \times 1\ 367.41 + 1\ 468.05) = 5\ 129.81$ m³		
2	土方回填	$5\ 129.81 - (49.4 \times 24.8 \times 3.75)$ 地下室 $= 535.61$ m³	m³	535.61
3	余土外运	$5\ 129.81 - 535.61$ m³ $= 4\ 594.2$ m³	m³	4 594.2
三	砖石工程			
1	一砖墙		m³	1 265.16
①	地下室	$(2.5 \times 3.6 + 8.1 \times 3.7 + 3.6 \times 3.7 + 8.4 \times 4.1 + 8.1 \times 3.7 + 8.1 \times 3.7 + 2.4 \times 3 \times 3.7 - 1.5 \times 2.1 \times 3 - 1.2 \times 2.1 \times 2) \times 0.24$ m³ $= 38.32$ m³		
②	一层	外墙：$[(48.8 + 24) \times 2 - 16 - 0.8 \times 10 - 0.6 \times 2 - 0.8 \times 3 - 0.8 \times 3] \times 3.3$ m² $= 384.12$ m²		

主管　　　　　审核　　　　　计算

顺序号	分部分项项目名称	计 算 式	单位	数量
③	二层	内墙：$[384.12 - (5\times6\times2.4 + 1.8\times8 + 1.2\times2 - 4\times1 + 1.2\times1.8\times3 + 2.1\times1.8\times8 + 1.5\times2.4) - (4\times3.1 + 1.5\times2.1)]\times0.24\ \text{m}^3 = 60.04\ \text{m}^3$		
		外墙：$[(7.2\times6)\times3.3 + 8.1\times3.4 + 16.1\times3.8 + 5.2\times3.3 + (5.2 + 7.2\times4)\times3.3 + 16.1\times3.8 + (8.1\times2 + 2.4\times3)\times3.4 - (1.5\times2.1\times2 + 2.4\times2.4\times2 + 2.4\times0.9\times4 + 1.2\times2.1\times2)]\times0.24\ \text{m}^3 = 110.16\ \text{m}^3$		
	三层	内墙：$(129.6 - 0.8\times10 - 0.6\times2 - 0.8\times5)\times2.7\ \text{m}^2 = 314.28\ \text{m}^2$		
		$[314.28 - (1.2\times2.7 + 1.2\times1.8\times3 + 6\times1.8\times10 + 1.8\times1.8 + 1.5\times2.7)]\times0.24\ \text{m}^3 = 45.42\ \text{m}^3$		
④	三层	外墙：$[(7.2\times2.7\times7 + 8.1\times2.8\times3 + 2.4\times3\times2.8) - (1.5\times2.1\times3 + 1.2\times2.1\times3 - 1\times2.1 + 1.2\times2.1\times2)]\times0.24\ \text{m}^3 = 49.24\ \text{m}^3$		
		内墙：$[(48.8 + 24)\times2 - 0.8\times10 - 0.6\times2 - 0.8\times6]\times2.7\ \text{m}^2 = 355.32\ \text{m}^2$		
		$[355.32 - (1.8\times6\times10 + 1.8\times1.8 + 1.5\times0.6\times2 + 1.2\times2.7 + 1.2\times1.8\times3 + 1.5\times2.7)]\times0.24\ \text{m}^3 = 54.84\ \text{m}^3$		
⑤	四至十层	外墙：$[(7.7\times2\times2.7 + 7.2\times4 + 7.2\times2.8 + 8.1\times3 + 2.4\times3\times2.8) - (1.5\times2.1\times2 + 1.2\times2.1 + 2.4\times2.4\times2) - 5.04]\times0.24\ \text{m}^3 = 42.20\ \text{m}^3$		
		内墙：$[(145.6 - 0.8\times10 - 0.6\times2 - 0.8\times6)\times3.3]\ \text{m}^2 = 434.28\ \text{m}^2$		
		$[434.28 - (2.4\times6\times10 + 1.8\times1.8 + 1.5\times3.3\times2 + 1.2\times2.3\times3 + 1.2\times1.8\times3 + 1.5\times3.3)]\times0.24\ \text{m}^3 = 439.74\ \text{m}^3$		
⑥	女儿墙	$[(7.7\times2\times3.3 + 7.2\times4\times3.3) + (8.1\times3 + 2.4\times3)\times3.4 - 26.64 - 5.04]\times0.24\ \text{m}^3 = 371.78\ \text{m}^3$		
		$(49.4 + 24.8)\times1.5\times0.24\times2\ \text{m}^2 = 53.42\ \text{m}^2$		
		小计：$1\,265.16\ \text{m}^3$		

3.3 施工组织设计

顺序号	分部分项项目名称	计算式	单位	数量
四	钢筋混凝土工程			
1	基础梁 C35	主梁：$7.2 \times 0.3 \times 0.6 \times 35 + 7.7 \times 0.3 \times 0.6 \times 6 \ m^2 = 53.68 \ m^3$ 次梁：$(8.1 \times 3 \times 3 + 8.1 \times 3 \times 3 + 8.1 + 2.275 \times 3) \times 0.25 \times 0.5 \ m^3 = 20.09 \ m^3$ 小计：$73.77 \ m^3$	m^3	73.77
2	现浇板厚 20 cm 内 C35	地下室：$49.4 \times 24.8 \times 0.2 \ m^3 = 245.02 \ m^3$	m^3	245.02
3	有梁板 15 cm 内 C25	一层板：$(49.4 \times 24.8 - 2.7 \times 8.1 - 3.6 \times 8.1 - 2.4 \times 8.1) \times 0.15 \ m^3 = 173.20 \ m^3$ 屋面板：$1\,154.65 \times 0.12 \ m^3 = 138.56 \ m^3$ 一层梁及屋面梁：$77.37 \times 2 \ m^3 = 154.74 \ m^3$ 小计：$466.50 \ m^3$	m^3	466.50
4	有梁板 10 cm 内 C25	二至十层楼面板：$(49.4 \times 24.8 - 2.7 \times 8.1 - 3.6 \times 8.1 - 2.4 \times 8.1) \times 0.1 \times 9 \ m^3 = 1\,039.23 \ m^3$ 二至十层楼面梁：$77.37 \times 9 \ m^3 = 696.33 \ m^3$ 小计：$1\,735.56 \ m^3$	m^3	1 735.56
5	矩形柱周长 3.6 m 内 C30	地下室：$0.64 \times 4.2 \times 20 \ m^3 = 53.76 \ m^3$ 一层及四至十层：$0.64 \times 3.9 \times 20 \times 8 \ m^3 = 399.36 \ m^3$	m^3	537.52

主 管　　　　　　　　　审 核　　　　　　　　　计 算

顺序号	分部分项项目名称	计 算 式	单位	数量
6	矩形柱周长 3.0 m 内 C30	二至三层：$0.64 \times 3.3 \times 20 \times 2$ m³ $= 84.4$ m³ 小计：537.52 m³		
		地下室：$0.48 \times 4.2 \times 8$ m³ $= 16.13$ m³	m³	161.28
		一层及四至十层：$0.48 \times 3.9 \times 8$ m³ $= 119.81$ m³		
		二至三层：$0.48 \times 3.3 \times 8 \times 2$ m³ $= 25.34$ m³		
		小计：161.28 m³		
7	剪力墙厚 20 cm 内 C35	地下室：$[(49.4 + 24.8) \times 2 - 7.2 \times 3 - 0.8 \times 14 - 0.6 \times 4] \times 4.2 \times 0.2$ m³ $= 95.01$ m³	m³	95.01
8	剪力墙厚 40 cm 内 C30	地下室：$[(7.2 + 7.7) \times 4.2 + (7.2 + 7.7) \times 4.2 - 1.5 \times 2.1] \times 0.25$ m³ $= 30.50$ m³	m³	296.36
		一层及四至十层：$[(7.2 + 7.7) \times 3.9 - 1.5 \times 2.1] \times 0.25 \times 2 \times 8$ m³ $= 219.84$ m³		
		二至三层：$(14.9 \times 3.3 - 1.5 \times 2.1) \times 2 \times 0.25 \times 2$ m³ $= 46.02$ m³		
		小计：296.36 m³		
9	现浇整体楼梯 C30	$(2.7 \times 8.1 + 3.6 \times 8.1) \times 10$ m² $= 510.3$ m²	m²	510.3
10	现浇雨篷	$(3.1 \times 2.2 + 2.5 \times 0.8) \times 0.1 \times 10$ m³ $= 8.82$ m³	m³	8.82
11	现浇天沟	$(0.7 - 0.1 + 0.6) \times (49.4 + 40.7) \times 0.1$ m³ $= 10.81$ m³	m³	10.81

顺序号	分部分项项目名称	计算式	单位	数量
五	门窗工程			
1	全玻璃门带亮制安	M1：$2.1 \times 1.0 \times 4 \text{ m}^2 = 8.4 \text{ m}^2$	m^2	8.4
2	半玻璃门带亮制安	M6：$1.26 \text{ m}^2/扇 \cdot 樘 \times 4 扇 \times 18 樘 = 90.72 \text{ m}^2$	m^2	30.24
3	木门制安	M2：$1.575 \text{ m}^2/扇 \cdot 樘 \times 2 扇 \times 45 樘 = 141.75 \text{ m}^2$	m^2	211.89
		M3：$2.1 \text{ m}^2/扇 \cdot 樘 \times 1 扇 \times 5 樘 = 10.5 \text{ m}^2$		
		M8：$1.26 \text{ m}^2/扇 \cdot 樘 \times 2 扇 \times 12 樘 = 30.24 \text{ m}^2$		
		M9：$1.47 \text{ m}^2/扇 \cdot 樘 \times 1 扇 \times 20 樘 = 29.4 \text{ m}^2$		
		小计：211.89 m^2		
4	铝合金推拉窗制安	一层：$118.44 \text{ m}^2 + 2.4 \times 0.9 \times 4 \text{ m}^2 = 127.08 \text{ m}^2$	m^2	1 586.61
		二层：125.01 m^2		
		三层：126.81 m^2		
		四至十层：$172.53 \times 7 \text{ m}^2 = 1 207.71 \text{ m}^2$		
		小计：$1 586.61 \text{ m}^2$		
六	楼地面工程			
1	20厚1:3水泥砂浆找平			
①	屋面	$49.4 \times 24.8 \text{ m}^2 - (8.4 + 0.3 + 0.125) \times (8.4 + 0.125) \text{ m}^2 = 1 149.88 \text{ m}^2$	m^2	12 034.59

顺序号	分部分项项目名称	计 算 式	单位	数量
②	地下室	$49 \times 24.4 \text{ m}^2 - (2.5 + 8.1 + 3.6 + 8.4) \times 0.2 \text{ m}^2 - (8.1 \times 2 + 2.4 \times 3) \times 0.2 - 0.25 \times (7.2 + 7.7) \times 2 \text{ m}^2 - (0.64 \times 10 + 0.48 \times 10 + 0.32 \times 4 + 0.24 \times 4) \text{ m}^2 = 1\,165.19 \text{ m}^2$		
③	一层	$49 \times 24.4 \text{ m}^2 - (2.5 + 8.1) \times 2.7 \text{ m}^2 - 8.1 \times 3.625 \text{ m}^2 - 8.1 \times 2.4 \text{ m}^2 - (72.6 + 50.1 + 8.1 \times 2) \times 0.2 \text{ m}^2 - 0.25 \times (7.2 + 7.7) \times 2 \text{ m}^2 - 13.44 \text{ m}^2 = 1\,066.14 \text{ m}^2$		
④	二层	$49 \times 24.4 \text{ m}^2 - 8.1 \times 2.9 \text{ m}^2 - 8.1 \times 3.625 \text{ m}^2 - 8.1 \times 2.4 \text{ m}^2 - (7.2 \times 6 + 7.7 + 8.1) \times 0.2 \text{ m}^2 - 7.45 \text{ m}^2 - 13.44 \text{ m}^2 = 1\,080.5 \text{ m}^2$		
⑤	三层	$49 \times 24.4 \text{ m}^2 - 8.1 \times 2.9 \text{ m}^2 - 8.1 \times 3.625 \text{ m}^2 - 8.1 \times 2.4 \text{ m}^2 - (7.2 \times 4 + 7.7 \times 2 + 8.1) \times 0.2 \text{ m}^2 - 0.25 \times (7.2 + 7.7) \times 2 \text{ m}^2 - 13.44 \text{ m}^2 = 1\,081.84 \text{ m}^2$		
⑥	四至十层	$1\,081.84 \times 7 \text{ m}^2 = 7\,572.88 \text{ m}^2$ 小计:$12\,034.59 \text{ m}^2$		
2	40 厚细石混凝土刚性防水层	$1\,149.88 \text{ m}^2$	m²	1 149.88
七	屋面工程			
1	聚氯乙烯防水卷材	$1\,149.88 \times (1 + 3\%) \text{ m}^2 = 1\,184.38 \text{ m}^2$	m²	1 184.38
八	装饰工程			
1	砖墙面抹水泥砂浆		m²	6 611.48
①	地下室	室内:$475.44 \text{ m}^2 + (159.66 - 2.4 \times 3 \times 2.7) \times 2 \text{ m}^2 - 8.1 \times 3.7 \text{ m}^2 = 711.51 \text{ m}^2$		
②	一层	室内:$(458.96 - 2.4 \times 3 \times 3.4) \times 2 \text{ m}^2 - 68.46 \text{ m}^2 + 250.13 \text{ m}^2 = 1\,050.63 \text{ m}^2$ 卫生间:$8.1 \times 3.4 \text{ m}^2 + 7.2 \times 3.3 \text{ m}^2 + 5.2 \times 3.3 \text{ m}^2 = 68.46 \text{ m}^2$		
③	二层	室内:$205.17 \times 2 \text{ m}^2 - 56.16 \text{ m}^2 - 2.4 \times 3 \times 2.8 \times 2 \text{ m}^2 = 309.86 \text{ m}^2$ 卫生间:$8.1 \times 2.8 \text{ m}^2 + 7.2 \times 2.7 \text{ m}^2 + 5.2 \times 2.7 \text{ m}^2 = 56.16 \text{ m}^2$		
④	三层	室内:$[(7.7 \times 2 + 7.2 \times 4 + 8.1 \times 3) \times 2.7 - 26.64 - 5.04] \times 2 \text{ m}^2 - 56.16 \text{ m}^2 -$ $8.1 \times 3 \text{ m}^2 + 228.51 \text{ m}^2 = 454.59 \text{ m}^2$		

3.3 施工组织设计

共　页　第　页

顺序号	分部分项项目名称	计　算　式	单位	数　量
⑤	四至十层	卫生间：56.16 m² 室内：{[(7.7×2+7.2×4+8.1×3)×3.3-26.64-5.04]×2-68.46-8.1×3+261.75}×7 m²=3 904.11 m² 小计：6 611.48 m²		
2	剪力墙抹水泥砂浆		m²	2 405.46
①	地下室	122.01×2 m²=244.02 m²		
②	一层	109.92×2 m²=219.84 m²		
③	二层	[(7.7+7.2)×3.3-3.15]×2×2 m²=201.36 m²		
④	三层	201.36 m²		
⑤	四至十层	219.84×7 m²=1 538.88 m² 小计：2 405.46 m²		
3	外墙干粘石		m²	3 897.92
①	一层	[(49.4+24.8)×2-16.4]×3.9 m²-118.44 m²-15.55 m²=380.81 m²		
②	二层	(148.4-16.4)×3.3 m²-125.01 m²=310.59 m²		
③	三层	148.4×3.3 m²-126.81 m²=362.91 m²		
④	四至十层	(148.4×3.9-172.53)×7 m²=2 843.61 m² 小计：3 897.92 m²		
4	现浇天棚抹灰		m²	15 806.4
①	地下室	[(7.2×35+7.7×6)×0.45+8.1×19×0.35] m²+1 165.19 m²=1 482.24 m²		
②	一层	[(7.2×35+7.7×6)×0.5+8.1×19×0.4] m²+1 066.14 m²=1 418.42 m²		
③	二层	1 080.5 m²+352.28 m²=1 432.78 m²		
④	三至十层	(1 081.84+352.28)×8 m²=11 472.96 m² 小计：15 806.4 m²		

主　管　　　　　　　　　　　　　　　　审　核　　　　　　　　　　　　　　　　计　算

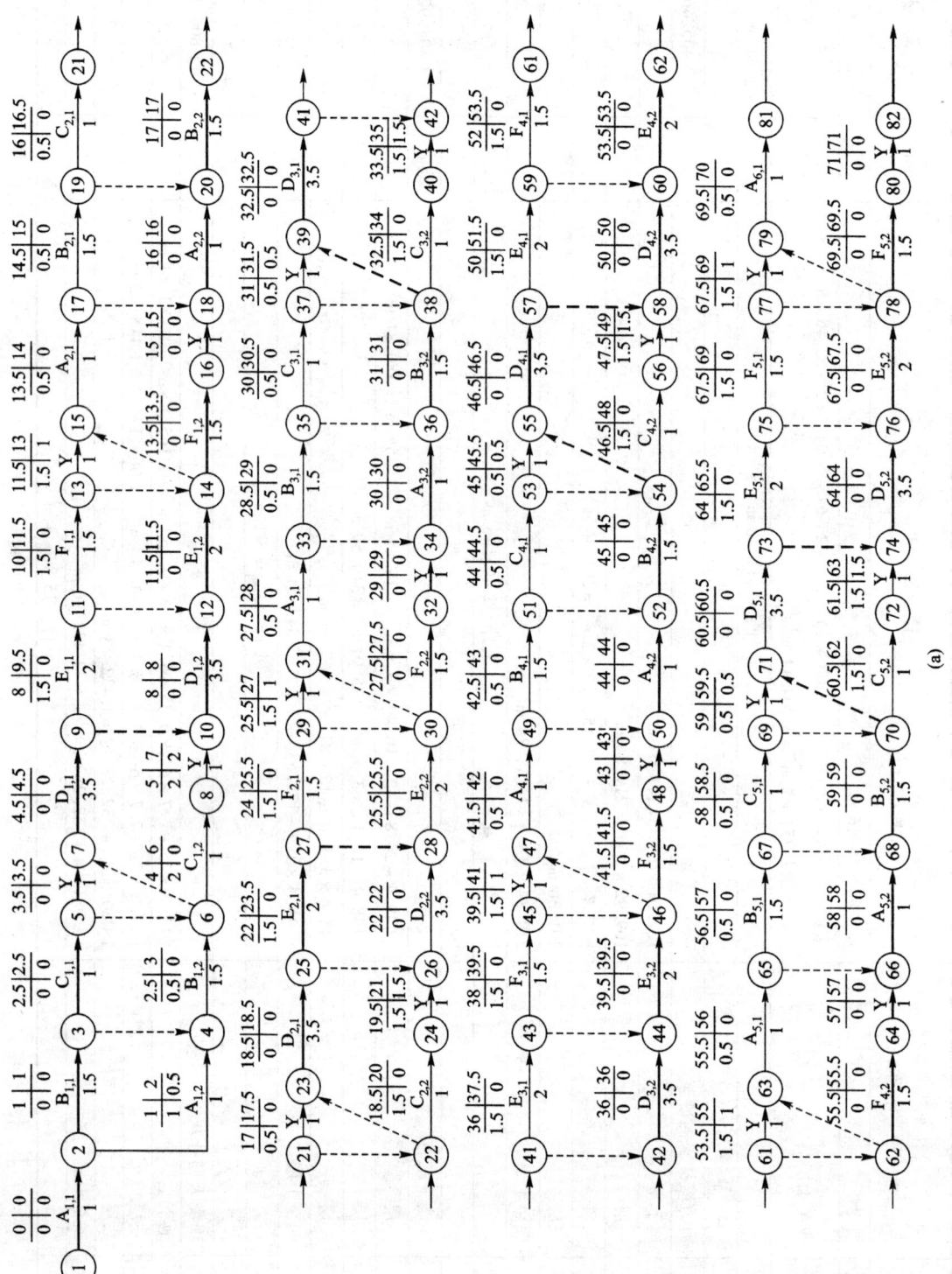

(a)

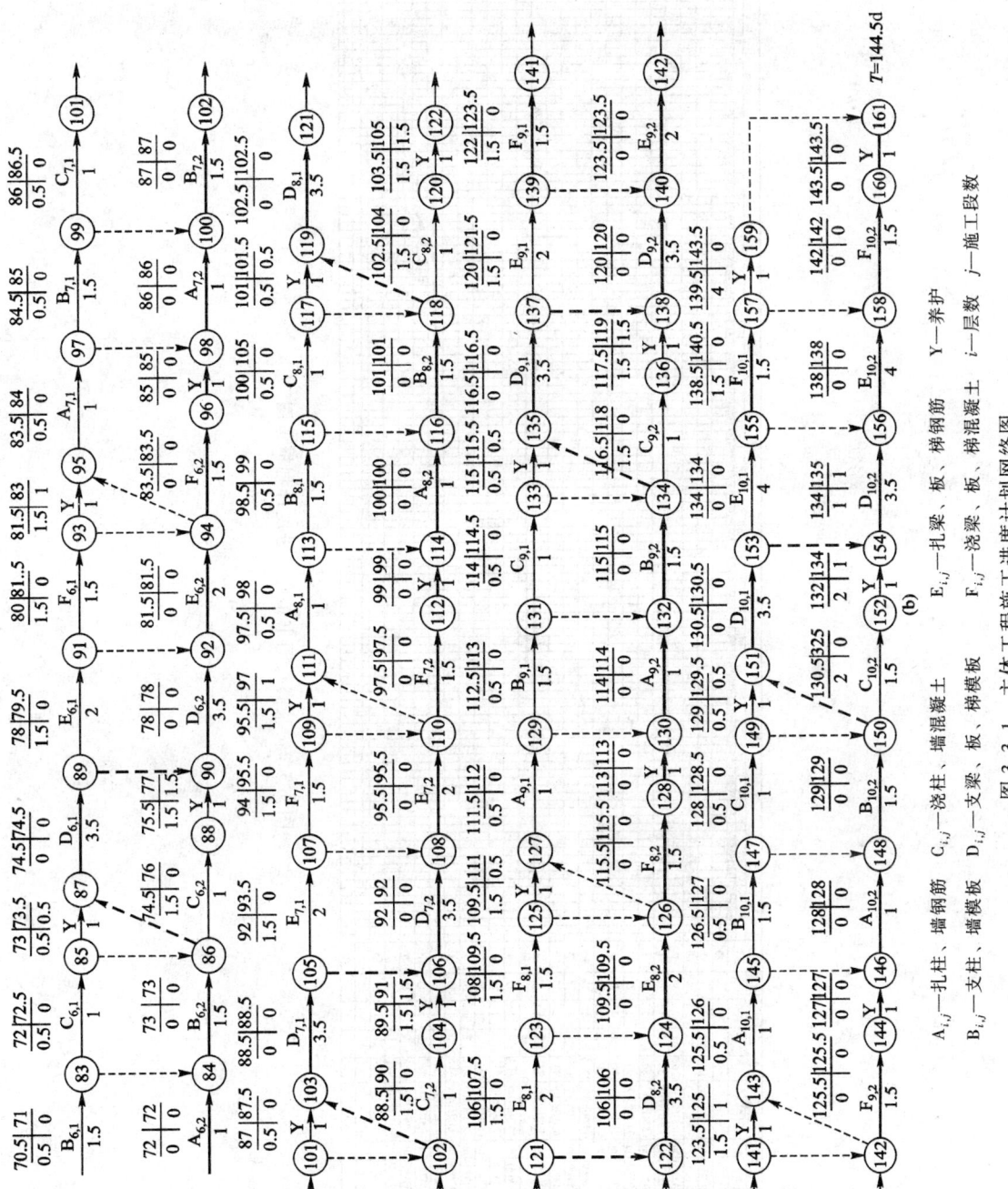

图 3.3.1 主体工程施工进度计划网络图

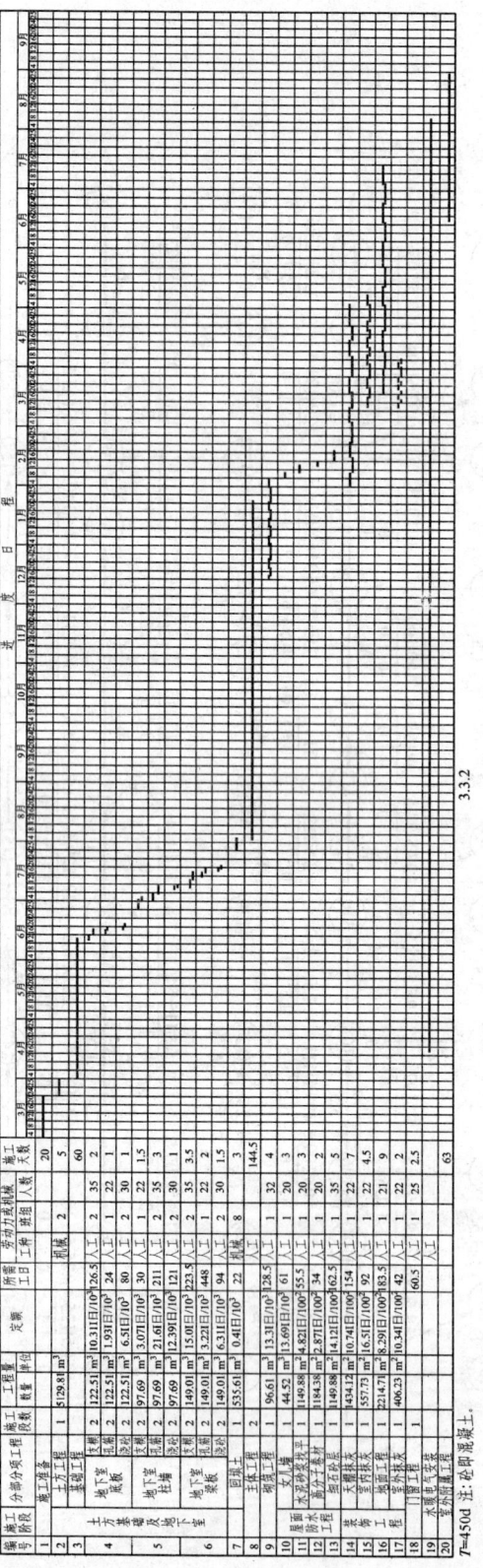

图 3.3.2 某高校图书馆施工进度计划横道图

3.3 施工组织设计

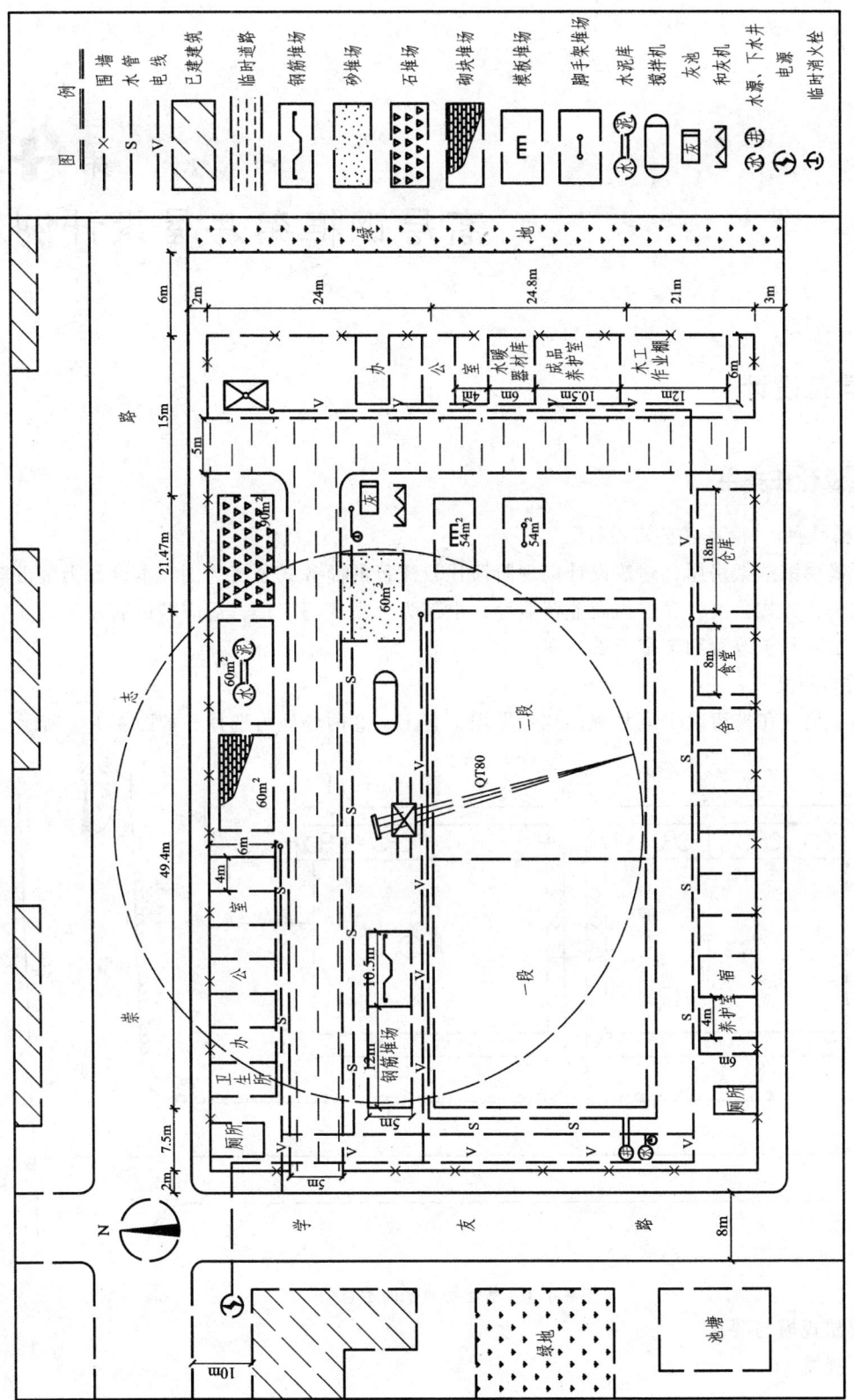

图 3.3.3 施工总平面布置图

第4章 高层钢框架房屋设计例题

4.1 建筑设计

4.1.1 设计任务书

1. 设计题目：商务式公寓设计

对于高层钢框架房屋，建筑设计以现阶段比较流行的商务式公寓为例。本设计为某市繁华地段的临街商务式公寓，底层为商业营业厅，上部为公寓式写字楼，适应城市商业区的商务需求，同时也有利于改善和丰富街景。

2. 建筑环境

拟建场地处在城市次干道北侧，地势平坦，有①、②两场地可选择，如图4.1.1所示。

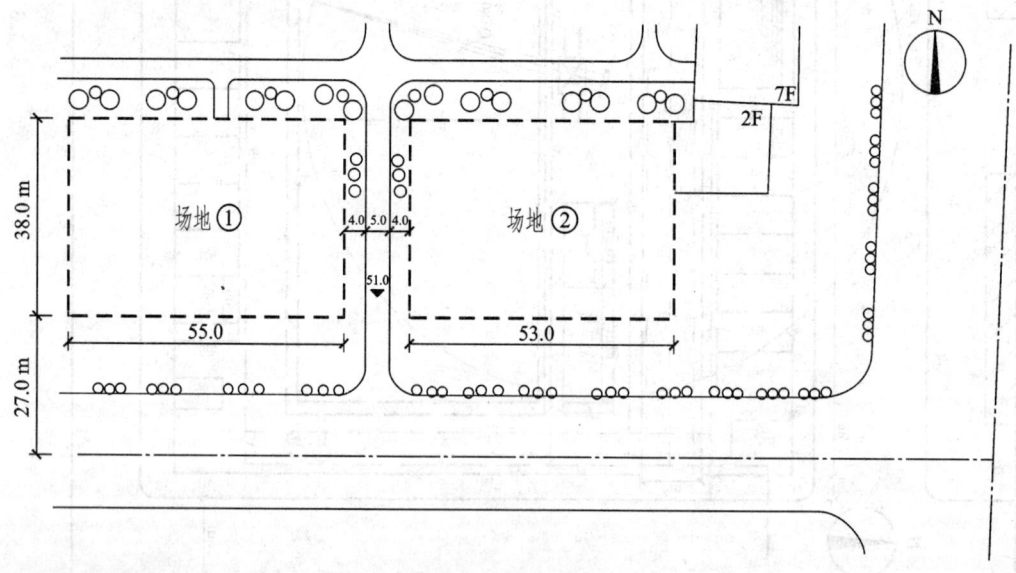

图 4.1.1 基建场地平面示意图

3. 建筑规模与要求

（1）规模

① 建筑面积：约 6 500 m²。
② 建筑层数：10 层，底层为商业门面，上部为公寓式写字楼。
③ 层高：底层 3.6～4.2 m，上部各层 3.0～3.3 m，控制总高≤32 m。
④ 公寓式写字楼套数：设计约 70 套，一室一厅与二室一厅大小搭配。

(2) 设计要求

① 设计总则。无论是底层营业厅还是公寓式写字楼都应考虑使用中的适应性与灵活性，并适应现代信息技术的要求。营业部分与写字楼要流线顺畅并互不干扰，室外有适当人流集散场地与停车场。

② 营业厅部分面积要 >500 m²，要配备管理用房、卫生间及给水点。

③ 公寓式写字楼每个办公空间要成套，每套配备厨、卫、卧室、办公室(厅)。其中一室一厅约 50～60 m²/套，二室一厅约 70～80 m²/套，办公室(厅)的面积宜≥15 m²，开间 >3.6 m。卫生间、厨房尽量相对集中布置，厨房应有直接采光通风。

④ 内部空间处理上，营业厅与公寓要相互配合协调，以满足结构与构造的技术要求。

⑤ 沿街面造型与立面装修，应作重点处理。

4. 设计内容与图纸要求

设计分建筑、结构和施工组织三部分，本节主要讲述建筑部分。建筑设计共完成 A1 图 3 张，其内容与要求见表 4.1.1。

表 4.1.1 建筑图纸内容及要求

内　容	比　例	要　求
总平面	1:500	示意出停车与集散场地
底层平面	1:100	要求三道尺寸线，室外构件也应表达出来，布置卫生间
二层或标准平面层	1:100	对称时可只画一半，对某一户型进行家具布置
屋顶平面	1:100 或 1:300	对称时可只画一半，表示屋面分坡与排水组织
立面 2 个	1:100	沿街立面与侧立面，要求能反映主要外貌
剖面 2 个	1:100 或 1:50	一个横面特征剖面，一个楼梯剖面
节点详图 2～3 个	1:10 或 1:20	在檐口、天沟、墙角、梯间出屋面等处任选
门窗表		内容含门窗代号、编号、洞口尺寸、类别等
设计说明书		

5. 建筑技术条件

(1) 气象条件

① 温度：最热月平均 29.3 ℃，最冷月平均 -4.7 ℃，夏季极端最高温度 40.6 ℃，冬季极端最低温度 -11.3 ℃。

② 相对湿度：最热平均 75%。

③ 主导风向：全年为西北风，夏季为东南风，基本风压 $w_0 = 0.35 \text{ kN/m}^2$。

④ 雨雪条件：年降雨量 1 450 mm，暴雨降水强度 3.3 L/g·100 m²，最大积雪深 80 mm，基本雪压 0.45 kN/m^2。

(2) 工程地质条件

① 自然地表 1 m 内为填土，填土下层为 3 m 厚砂质粘土，再下为砾石层。砂质粘土承载力标准值 235 kN/m²，砾石层允许承载力标准值 350 kN/m²。

② 地下水位：地表以下 2.0 m，无侵蚀性。

③ 抗震设防烈度为 7 度（第一组），抗震等级为二级，Ⅲ类场地土。

(3) 材料供应

① 三材由建材公司供应，品种齐全。

② 墙体材料可选用：混凝土空心砌块、陶粒砌块、钢丝网架轻质墙板。

(4) 环境类别：一类。

上述条件各校也可根据当地情况自拟。

4.1.2 商务式公寓建筑设计指导

1. 商务式公寓的特点与设计难点

(1) 特点

随着经济的发展，创业实践的频繁，中小公司如雨后春笋般涌现，公寓式写字楼以其运营成本及总价低，宜商宜住的灵活性等优点适应这些中小企业的需求应运而生。这些公寓式写字楼往往处在交通便利的繁华商贸区，其沿街的底层或下部几层通常设置成商业性的营业空间（可做超市、商场、餐饮、娱乐、银行及电信营业、与办公配套的商务中心等），从而形成了商务式公寓（如上部以住宅为主也称商住楼）。

(2) 设计难点

① 大小空间的配合问题。底层营业空间面积要求大，而上部公寓要求分割成较小的空间，这样易造成结构的复杂化和头重脚轻，对抗震不利。

② 设备管线上下不一致。公寓的给水排水、煤气、强弱电等管线多而分散，对下层营业厅影响大，往往需设夹层来转换。

③ 空间环境的处理难度大。营业厅流线与公寓流线要截然分开，并要求尽量减少环境上（包括噪声、视线、卫生条件、活动场所等）的相互干扰。

④ 要解决好房间的朝向问题。当街道为南北向时，为考虑临街营业厅，往往造成建筑的朝向布局不好考虑，有时必须采取遮阳等措施。

2. 各组成单元设计要点

(1) 底层营业空间的组成与设计要点

营业空间一般由营业厅、辅助用房（值班、办公、卫生间）组成。各空间设计要点：

① 营业厅：临街布置；具有较大的柱距与开敞空间，柱距 7~8 m，即与上部公寓两开间协调，层高 3.6~4.5 m，考虑各种商业用途的适用性；大门位置醒目，恰当。主次入口宜分开，交通流线顺畅，具有较好的自然通风与采光条件。

② 值班、办公室：值班办公空间一般在非临街面，靠近次入口并利用边角小空间布置。

本设计因为是高层建筑,还应布置一个能直接对外开门的消防控制中心。

③ 卫生间:靠非临街面,宜与上层对齐,考虑营业厅分开出租和使用的方便性。

(2) 公寓式写字楼办公空间的组成与设计要点

公寓式办公空间主要由办公室(厅)、卧室、卫生间、厨房组成,套型空间较大的还有会客室(兼做餐厅)、阳台、贮藏室。各主要空间设计要点如下。

① 办公室(厅):公寓式办公室内一般以厅为办公室,也有好几间办公室配一个厨房、卫生间的。办公室的开间宜 > 3.6 m,面积宜 > 15 m²,应有自然通风、采光。其常规办公室家具布置间距如图 4.1.2 所示。

② 卧室:卧室应有自然通风、采光,可酌情设置壁柜与阳台,卧室最小开间进深尺寸如图 4.1.3 所示。

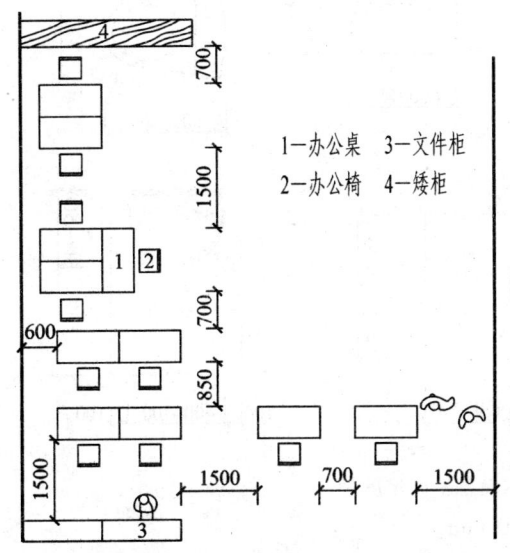

图 4.1.2 办公室家具布置间距

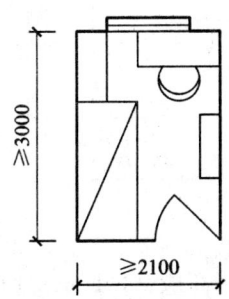

图 4.1.3 卧室最小尺度

卧室内常用家具基本尺寸见表 4.1.2。

表 4.1.2 卧室内常用家具基本尺寸

常用家具	基本尺寸	常用家具	基本尺寸
单人床	2 050 mm × 900 m	双人床	2 050 mm × 1 400 mm
床头柜	450 mm × 350 mm	写字台	1 100 mm × 550 mm
椅子	420 mm × 370 mm	组合柜	2 000 ~ 3 600 mm × 550 mm
书柜	800 mm × 350 mm	床头柜	420 mm × 400 mm

③ 厨房:应有自然通风、采光,最小面积 > 4 m²,短边净宽 ≥ 1 500 mm。应设置烟道,宜设置水平和垂直的管线区,厨房主要设施平面尺度如图 4.1.4 所示。

④ 卫生间:布置盥洗、淋浴与蹲位,卫生间基本设备平面尺度如图 4.1.5 所示。

⑤ 阳台:主要设置生活阳台供生活起居用,可设于办公室(厅)或卧室外部,宽度宜

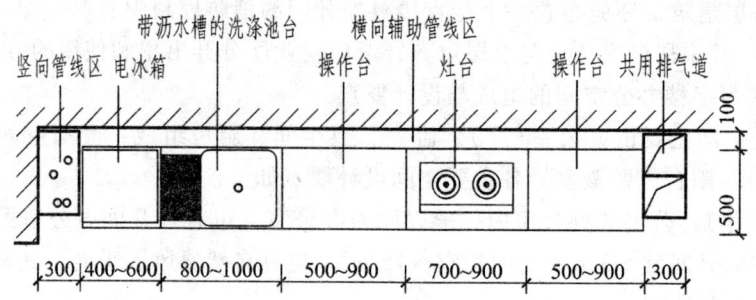

图 4.1.4 厨房主要设施平面尺度

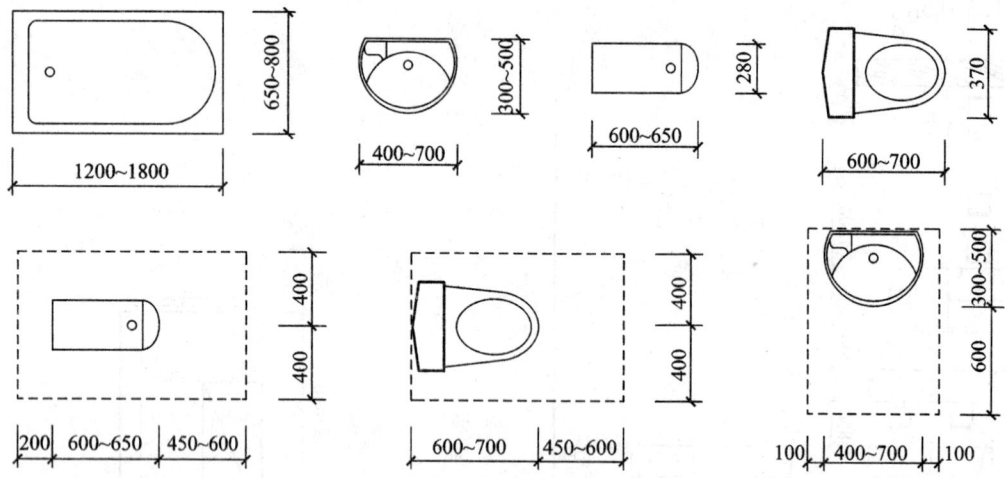

图 4.1.5 卫生间基本设备平面尺度

≥1.5 m，栏杆高应≥1.1 m，地面比室内低 20~50 mm。

（3）公寓式写字楼交通空间设计要点

① 电梯：电梯按每 5 000 m² 设一台，按规范可不设消防电梯。电梯按载重量 1 200 kg 以上设计。

② 楼梯：楼梯按 2 股人流考虑，开间应 >2.7 m，本设计楼梯可按封闭梯考虑，并与电梯靠近。

3. 公寓式写字楼平面组合设计

（1）平面类型的选择

目前公寓式写字楼常见平面类型有：长外廊式、长内廊式、短内廊式、短外廊式、天井式、独立单元式等六种。

① 长外廊与长内廊式是一种一梯多户的类型，即每座楼梯服务的每层户数在四户以上，这种类型对底层的营业厅比较有利，其本身是一种办公楼的常用组合方式。

② 天井式能比较好地解决各套公寓式办公室的采光通风问题，如天井不到底，则需解决好二层楼面的排水问题。天井若通到底层，则需解决好营业厅的保卫问题，且占去营业空间。

③ 独立单元式一般每层面积较小，其底层布置大空间营业厅不方便。但造型别致、地形适应性强，在东西向地形中常采用。此时，常将公寓式写字楼与营业厅在结构上脱离，并用营

业厅作连接体将公寓式写字楼底层连在一起,公寓式写字楼底层可以部分用作商业门面或其辅助用房,部分仍为公寓。

④ 短内廊式与短外廊式为一梯2~4户或更多。由于其使用功能较好,是商务式公寓采用较多的两种形式。

短内廊式公寓的人户位置在建筑物的中部,这样就缩短了室内交通面积和穿套房间的数量,较受居民的欢迎,但由于楼梯嵌在建筑物中间,故对底层营业厅影响较大。

短外廊式公寓如采用外楼梯,则交通空间独立于营业厅之外,使营业厅空间方正规整,具有极大的灵活性与适应性。

(2) 公寓写字楼部分组合设计方法

1)"单元—栋"法(图4.1.6)

每栋建筑由若干个平面布局相同的单元组合而成,这种组合方法简单明了,结构与施工较简单,但户型变化受到限制。

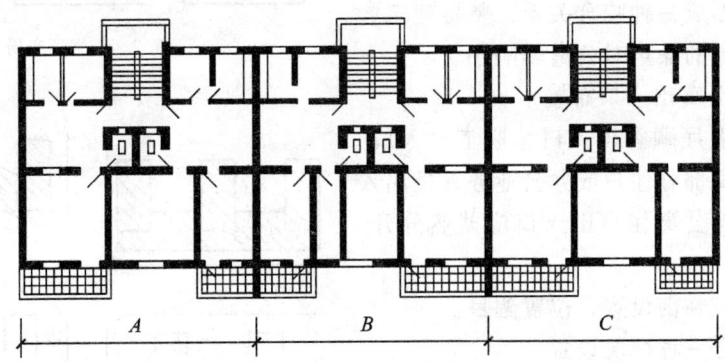

图4.1.6 "单元—栋"组合方法

2)"户—单元—栋"法(图4.1.7)

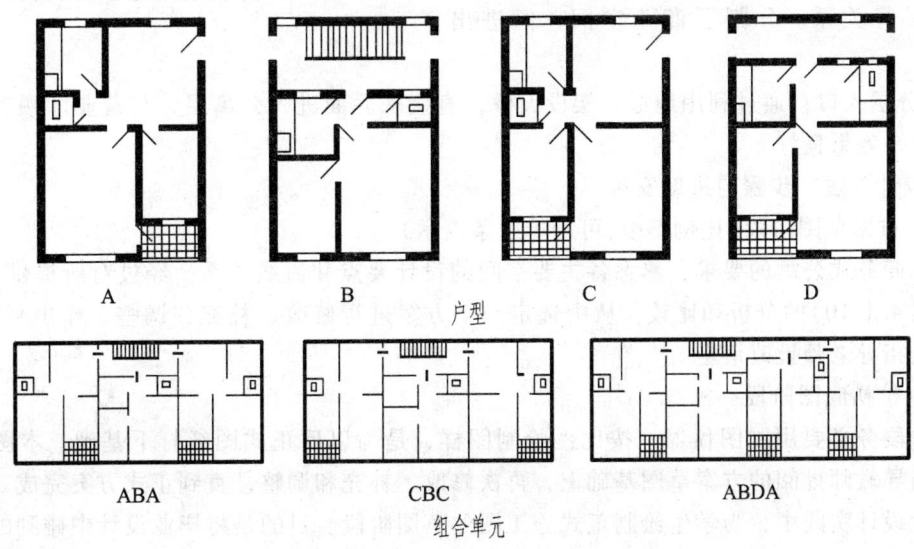

图4.1.7 "户—单元—栋"组合方法

以户为最小组合单位，一种户型的平面可以在不同的组合单元中重复出现。因而设计几个户型就可以做出多种组合单元，使成套设计显得丰富灵活。总的原则是平面尽量规整，主要承重墙应对齐，上下重叠，便于底层营业厅的框架柱布置。

4. 商务式公寓总平面设计

（1）商务式公寓总平面布置方式

1）"一"字形布局（图4.1.8a）

营业空间与公寓式写字楼均为条状布置，上下基本重叠。适合于南朝向的基地。建筑物占地少，采光通风良好，结构布置简单。但造型上易形成一整条，较呆板，街上的噪声对公寓影响大。

2）"山"字形布局（图4.1.8b）

即商店的朝向为非南北向，而上层公寓为南北向。这种布置形成一种咬合关系，整栋建筑参差错落有致。街上的噪声对公寓影响小。

（2）商务式公寓出入口布置

出入口有营业厅顾客出入口、职工出入口、货物出入口、公寓部分住户或办公业务人员出入口。顾客出入口与公寓住户出入口应截然分开，互不干扰。

顾客出入口应临街设置，位置醒目。

住户出入口分三种情况设置

① 办公后入口：与顾客人流互不干扰，入口安静，为常用方式。

② 办公前入口：布置在临街面，与顾客入口具有平行关系。分割了商业空间，但进出方便。

③ 分层入口：通过利用地形，架设天桥，直接从后面进入公寓层，与营业厅顾客出入口形成立交，效果良好。

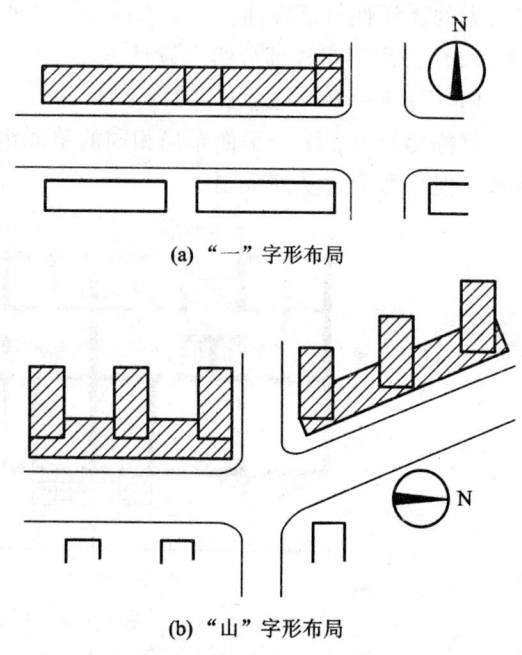

(a)"一"字形布局

(b)"山"字形布局

图 4.1.8 商务式公寓总平面布置方式

5. 设计方法、步骤与进度安排

（1）方案草图阶段（比例不限，可用单线条表示）

了解商务式公寓的要求，熟悉各主要空间的设计要点和流线关系。经过对所提供方案（图4.1.9、图4.1.10）的分析和比较，从中选定一个方案进行修改、补充和调整，作出平面草图，然后提交指导老师批改审定。

（2）扩初底图阶段

此阶段务必要用制图仪器，按比例绘制图样，是为以后正式图纸打下基础。本图具体做法：在指导教师批阅的方案草图基础上，再次修改、补充和调整，直到正式方案完成。这一阶段在毕业设计实践中，为学生绘制正式施工图的草图阶段。目的是将毕业设计中碰到的技术问题在这一阶段解决，避免施工图的反复。要求完成的扩初底图如下：底层平面（1：100 或

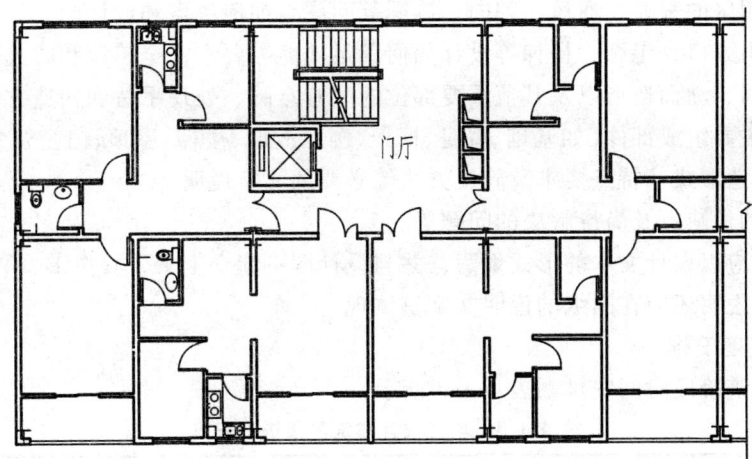

图 4.1.9 方案一

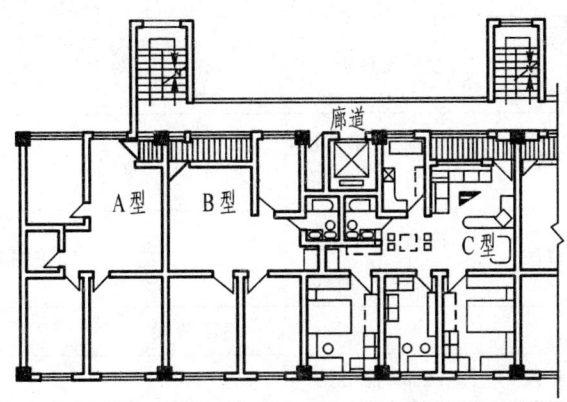

图 4.1.10 方案二

1∶150），标准层平面（1∶100 或 1∶150），层顶排水平面（1∶300），楼梯出屋顶平面（1∶100），横向特征剖面和主楼梯剖面（1∶100）。如建筑对称，则可将标准层与屋顶排水平面分左右对称画在一起。

（3）绘制正图阶段

根据教师批阅后的底图，由学生自己修改更正，然后按照设计任务书的要求，用铅笔、按比例绘制正式图两张（包含一层平面与主剖面）。用电脑绘制其他图。要求标注完整、图例正确、线型分明、字体工整、图面整洁、布图均衡，达到准施工图的标准。

（4）编写建筑设计说明书

① 建筑设计概况：一般要包括建筑名称、建设地点、占地面积、建筑规模、建筑高度、耐久年限、建筑的各等级、抗震设防烈度。套型组合、各套型面积、营业面积。对总平面图中场地位置的选择、层数组合等也可加以说明。

② 结构选型及墙体材料选择。

③ 各主要组成房间的分区、分层和分段及具体位置，在使用功能、相互联系、交通流线等方面是如何考虑和安排的。

④ 各主要用房的采光、通风、朝向、遮阳等问题是如何考虑和设计的。
⑤ 各主次出入口、走廊、楼梯等设计如何满足使用功能需要，安全疏散和防火规范等要求。
⑥ 室内空间、立面造型以及其他重要部位的装修意图、处理手法和构造方法。
⑦ 建筑各主要组成部件（如基础、墙身、框架、楼地板层、楼梯、屋顶、门窗及室内外装修等）的材料选用、构造形式、特点要求及施工方法等必要的文字说明。
⑧ 本设计的优缺点及尚待解决的问题等。

设计说明书应以设计文本的形式编写，并与设计图一起交上来，其中①、②及不便在图上引注的装修构造说明还应在图纸的说明文字里体现。

（5）设计进度安排

毕业设计建筑阶段时间安排如表4.1.3所示：

表4.1.3 毕业设计建筑阶段进度安排

周次 \ 星期	一		二		三		四		五	
	上午	下午	上午	下午	上午	下午	上午	下午	上午	下午
1	第一次讲课		参观收集资料			第二次讲课	平面草图			
2	平面草图		检查草图	第三次讲课			剖面草图			
3	剖面草图		检查草图	第四次讲课			正图阶段			
4	正图阶段									
5	正图阶段		16:30前交图							

上述时间与进度安排仅供参考，各校指导老师可按学校总体安排自定。

6. 各图主要问题及具体要求

（1）方案阶段的具体任务要解决以下几个问题：
① 确定本建筑物在总图上的具体位置、主入口朝向、主楼与裙房的布局。
② 根据各用房的使用功能和性质要求，进行分区分层布置，以及套型的组合布置，同时考虑室内主楼梯、室外疏散梯、载人电梯等重要交通设施的安排，使流线便捷并满足消防要求。
③ 考虑上下空间的对应关系，初步定出框架柱网的布置，以及各使用房间和疏散通道等的具体位置。
④ 在总图场地位置选择和建筑平面的布局中，均要同时考虑到建筑体型和立面形式的美观，以及结构和构造的合理性和经济性。

（2）其他各图主要问题与要求及门窗表、图签样式参见第3章相应部分。

7. 毕业设计实例

见图4.1.11、图4.1.12、图4.1.13和图4.1.14。

4.1 建筑设计

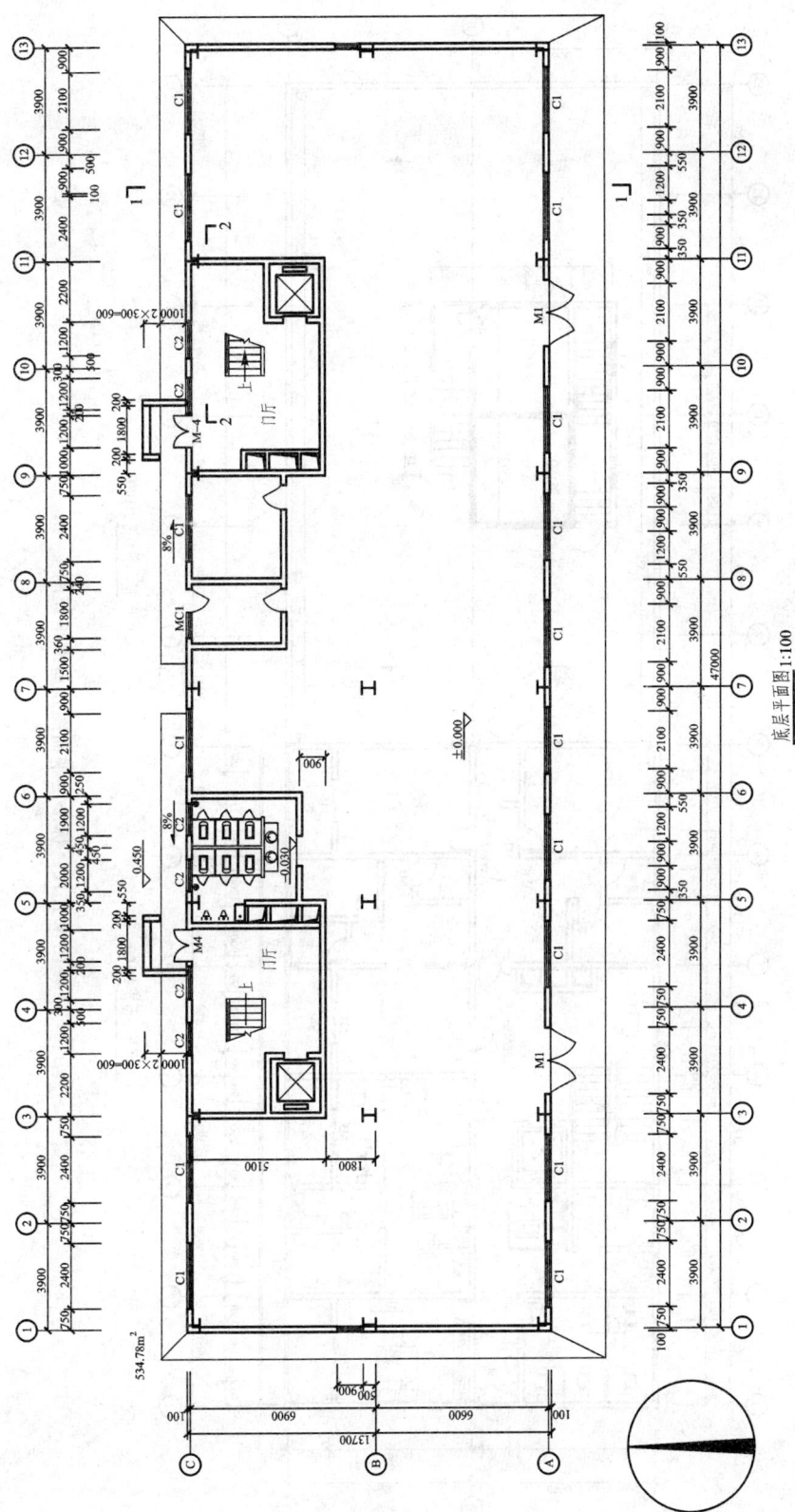

图 4.1.11 底层平面图

第 4 章 高层钢框架房屋设计例题

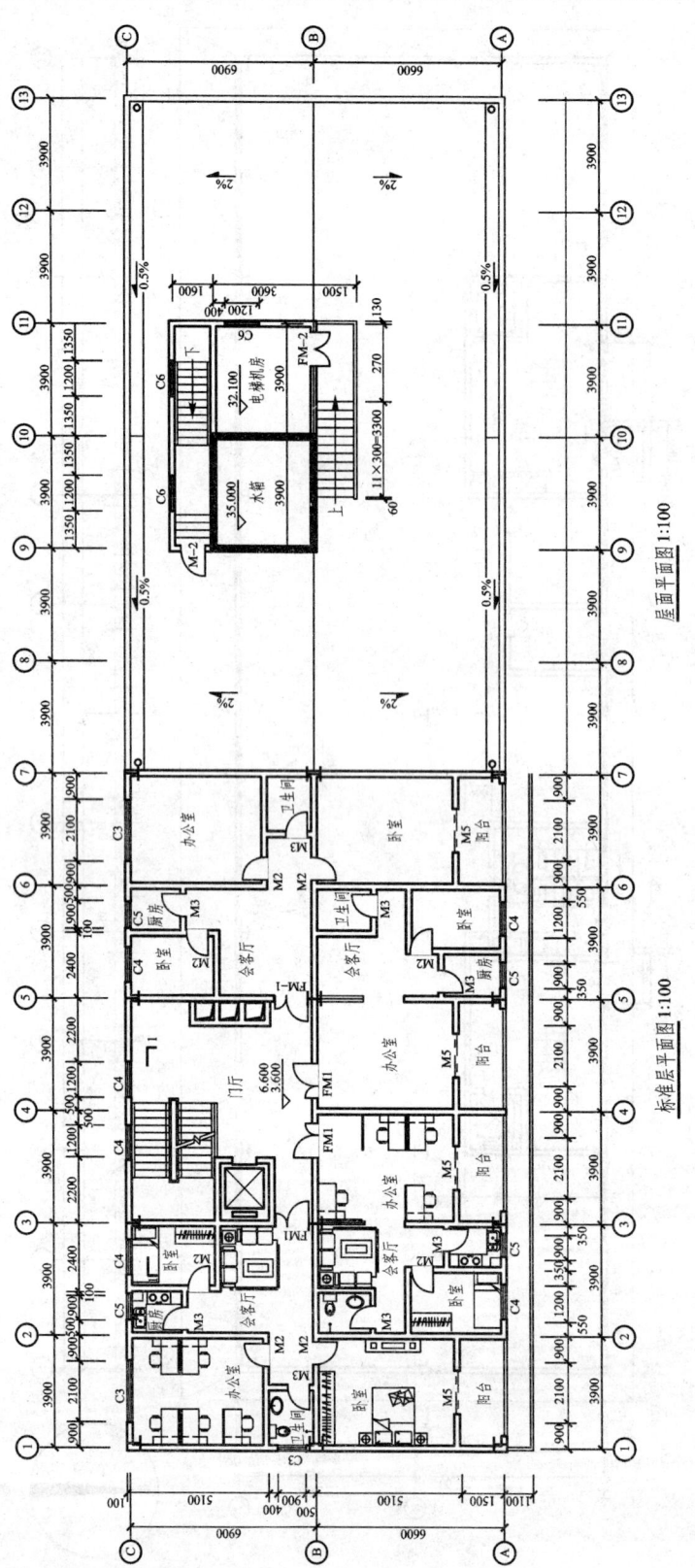

图 4.1.12 标准层平面图及屋面平面图

4.1 建筑设计

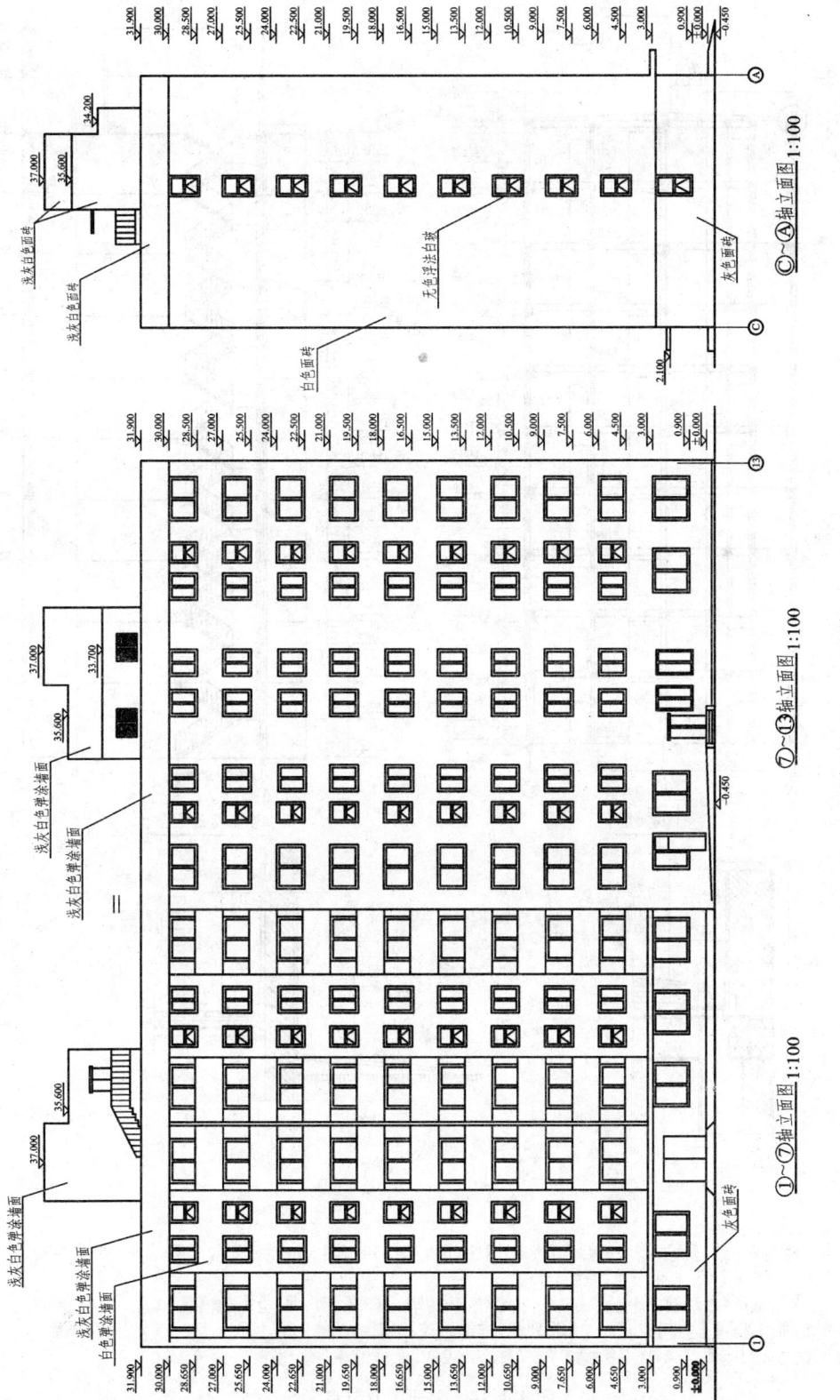

图 4.1.13 立面图

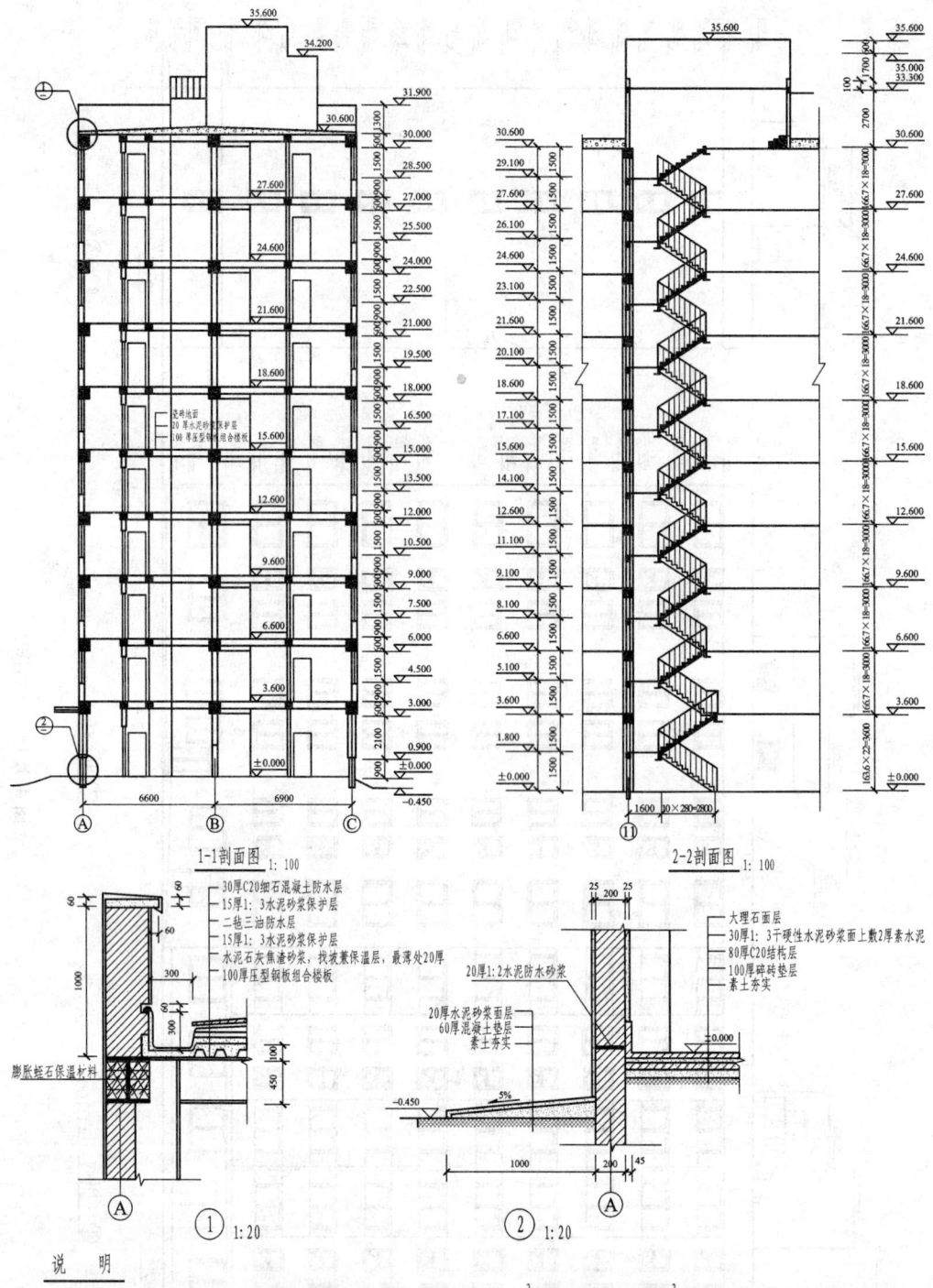

图 4.1.14 剖面图及节点详图

说 明

1. 本商务公寓共10层，套间为72户，占地面积及标准层建筑面积均为643.9 m²，总建筑面积为6482 m²，三室一厅与二室一厅各36户。
2. 本商务公寓总高度为31.05 m，采用钢框架结构。
3. 本工程设计使用年限为50年，建筑等级为二级，抗震设防烈度为7度，防火等级为一级，屋面防水等级为二级。
4. 外墙采用190厚混凝土空心小砌块，内墙采用190和100厚混凝土空心小砌块，外墙装修见立面，厨房卫生间墙采用瓷砖墙面，其他内墙采用仿瓷涂料墙面，一层顶棚轻钢龙骨矿棉板吊顶，其他层顶棚为仿瓷涂料。

4.2 结构设计

4.2.1 设计资料

1. 结构平面布置

本工程为××地区一10层纯钢框架民用住宅楼,钢材均采用Q345-B钢,结构平面布置如图4.2.1所示,横向两跨,跨度为6.9 m和6.6 m。7榀横向框架,柱距7.8 m。

2. 设计基本资料

① 建筑结构的安全等级为二级,设计使用年限为50年。

② 抗震设防烈度为7度,设计基本地震加速度值为0.05 g,建筑场地类别为Ⅲ类,设计地震分组为第一组;建筑抗震设防类别为丙类。

③ 该场地岩土层按性质分为三层,从上往下为杂填土、红粘土、微风化岩石。杂填土0.5 m,红粘土8 m,以下为微风化岩石,地下水位为室外地坪下3 m。红粘土的含水比为0.4,地基承载力特征值为235 kN/m²,各层土的重度均为20 kN/m³。

④ 基本风压值$w_0 = 0.35$ kN/m²,地面粗糙度为B类。

4.2.2 框架计算简图及梁柱线刚度

1. 确定框架的计算简图

框架的计算简图如图4.2.2所示,取4轴上的一榀框架计算。假定框架柱嵌固于基础顶面,框架梁与柱采用刚性连结,梁跨等于轴线之间的距离。底层柱高从基础顶面算至二层楼面,底层柱高为:3.0 m + 0.6 m = 3.6 m,其余各层柱高从该层楼面算至上一层楼面(即层高),本算例除底层各层均为3.0 m。由此可绘出框架的计算简图如图4.2.2所示。

2. 框架梁柱的线刚度计算

4轴框架为中框架,其中梁的$I = 1.5I_0$,I_0为梁截面转动惯量,框架梁柱的尺寸及线刚度计算如下:

(1) A~B跨梁选用HN450×200×9×14

$$i_{A \sim B} = EI/l = 1.5 \times 2.06 \times 10^5 \text{ N/mm}^2 \times 33\ 700 \times 10^4 \text{ mm}^4/6\ 900 \text{ mm}$$
$$= 15.09 \times 10^9 \text{ N} \cdot \text{mm} = 1.509 \times 10^4 \text{ kN} \cdot \text{m}$$

(2) B~C跨梁选用HN450×200×9×14

$$i_{B \sim C} = EI/l = 1.5 \times 2.06 \times 10^5 \text{ N/mm}^2 \times 33\ 700 \times 10^4 \text{ mm}^4/6\ 600 \text{ mm}$$
$$= 15.77 \times 10^9 \text{ N} \cdot \text{mm} = 1.577 \times 10^4 \text{ kN} \cdot \text{m}$$

(3) 边柱 1~3层选用500×500×16×24

  4~7层选用400×400×14×22

  8~10层选用300×300×10×14

$$i_{底层柱} = EI/l = 2.06 \times 10^5 \text{ N/mm}^2 \times 148\ 373.52 \times 10^4 \text{ mm}^4/3\ 600 \text{ mm}$$
$$= 8.490 \times 10^4 \text{ kN} \cdot \text{m}$$

$$i_{2 \sim 3} = EI/l = 2.06 \times 10^5 \text{ N/mm}^2 \times 148\ 373.52 \times 10^4 \text{ mm}^4/3\ 000 \text{ mm}$$

第 4 章 高层钢框架房屋设计例题

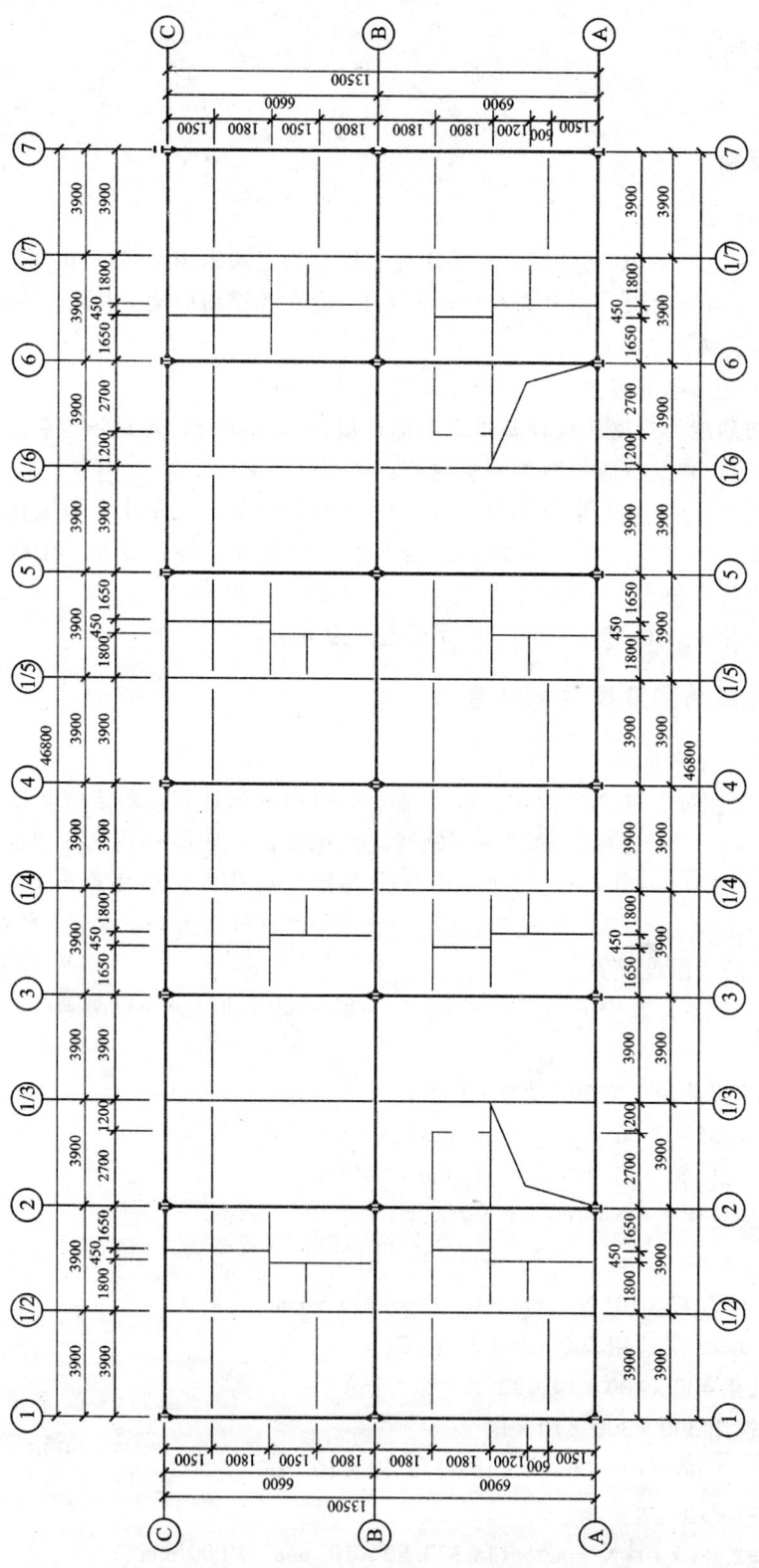

图 4.2.1 结构平面布置图

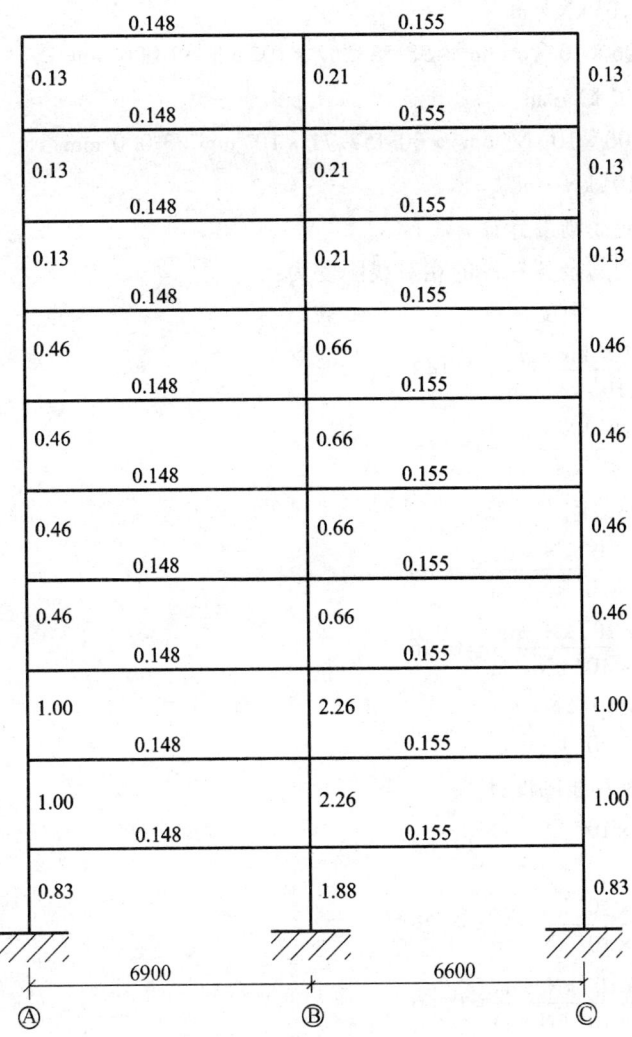

图 4.2.2 框架相对线刚度图

$= 10.188 \times 10^4 \text{ kN} \cdot \text{m}$

$i_{4 \sim 7} = EI/l = 2.06 \times 10^5 \text{ N/mm}^2 \times 68\ 203.71 \times 10^4 \text{ mm}^4 / 3\ 000 \text{ mm}$

$= 4.683 \times 10^4 \text{ kN} \cdot \text{m}$

$i_{8 \sim 10} = EI/l = 2.06 \times 10^5 \text{ N/mm}^2 \times 18\ 867.85 \times 10^4 \text{ mm}^4 / 3\ 000 \text{ mm}$

$= 1.296 \times 10^4 \text{ kN} \cdot \text{m}$

(4) 中柱 1~3 层选用 $650 \times 650 \times 16 \times 24$

4~7 层选用 $450 \times 450 \times 14 \times 22$

8~10 层选用 $350 \times 350 \times 10 \times 14$

$i_{\text{底层柱}} = EI/l = 2.06 \times 10^5 \text{ N/mm}^2 \times 334\ 902 \times 10^4 \text{ mm}^4 / 3\ 600 \text{ mm}$

$= 19.164 \times 10^4 \text{ kN} \cdot \text{m}$

$i_{2 \sim 3} = EI/l = 2.06 \times 10^5 \text{ N/mm}^2 \times 334\ 902 \times 10^4 \text{ mm}^4 / 3\ 000 \text{ mm}$

$$= 22.997 \times 10^4 \text{ kN} \cdot \text{m}$$

$$i_{4\sim7} = EI/l = 2.06 \times 10^5 \text{ N/mm}^2 \times 98\,563.67 \times 10^4 \text{ mm}^4/3\,000 \text{ mm}$$
$$= 6.768 \times 10^4 \text{ kN} \cdot \text{m}$$

$$i_{8\sim10} = EI/l = 2.06 \times 10^5 \text{ N/mm}^2 \times 30\,457.71 \times 10^4 \text{ mm}^4/3\,000 \text{ mm}$$
$$= 2.091 \times 10^4 \text{ kN} \cdot \text{m}$$

3. 框架梁柱相对线刚度计算

令边柱 $i_{2\sim3} = 1.0$，则其余各杆件的相对线刚度为：

（1）框架梁相对线刚度计算

$$i'_{A\sim B} = \frac{1.509 \times 10^4 \text{ kN} \cdot \text{m}}{10.188 \times 10^4 \text{ kN} \cdot \text{m}} = 0.148$$

$$i'_{B\sim C} = \frac{1.577 \times 10^4 \text{ kN} \cdot \text{m}}{10.188 \times 10^4 \text{ kN} \cdot \text{m}} = 0.155$$

（2）框架柱相对线刚度计算

边柱 $i'_{底层柱} = \frac{8.490 \times 10^4 \text{ kN} \cdot \text{m}}{10.188 \times 10^4 \text{ kN} \cdot \text{m}} = 0.83$

$$i'_{4\sim7} = \frac{4.683 \times 10^4 \text{ kN} \cdot \text{m}}{10.188 \times 10^4 \text{ kN} \cdot \text{m}} = 0.46$$

$$i'_{8\sim10} = \frac{1.296 \times 10^4 \text{ kN} \cdot \text{m}}{10.188 \times 10^4 \text{ kN} \cdot \text{m}} = 0.13$$

（3）框架中柱相对线刚度计算

中柱 $i'_{底层柱} = \frac{19.164 \times 10^4 \text{ kN} \cdot \text{m}}{10.188 \times 10^4 \text{ kN} \cdot \text{m}} = 1.88$

$$i'_{2\sim3} = \frac{22.997 \times 10^4 \text{ kN} \cdot \text{m}}{10.188 \times 10^4 \text{ kN} \cdot \text{m}} = 2.26$$

$$i'_{4\sim7} = \frac{6.768 \times 10^4 \text{ kN} \cdot \text{m}}{10.188 \times 10^4 \text{ kN} \cdot \text{m}} = 0.66$$

$$i'_{8\sim10} = \frac{2.091 \times 10^4 \text{ kN} \cdot \text{m}}{10.188 \times 10^4 \text{ kN} \cdot \text{m}} = 0.21$$

框架梁柱的相对线刚度如图 4.2.2 所示，作为计算各节点杆端弯矩分配系数的依据。

4.2.3 荷载取值及荷载组合

1. 可变荷载取值

（1）屋面和楼面活荷载标准值

根据《建筑结构荷载规范》(GB 20009—2001)查得：

上人屋面： 2.0 kN/m²

楼面（住宅楼）： 2.0 kN/m²

（2）风荷载标准值

基本风压：按长沙地区 50 年一遇风荷载取其标准值为：0.35 kN/m²。

（3）雪荷载

$$S_k = 1.0 \times 0.45 \text{ kN/m}^2 = 0.45 \text{ kN/m}^2$$

屋面活荷载与雪荷载不能同时考虑，两者中取大值。

(4) 地震荷载

本示例中考虑地震荷载的作用。

2. 永久荷载取值

(1) 女儿墙自重

做法：墙高 1 100 mm，100 mm 的混凝土压顶，则女儿墙自重为

$1.1 \text{ m} \times 0.19 \text{ m} \times 11.8 \text{ kN/m}^3 + 0.1 \text{ m} \times 0.19 \text{ m} \times 25 \text{ kN/m}^3 = 2.94 \text{ kN/m}$

(2) 屋面

防水层(刚性)30 厚 C20 细石混凝土防水	1.0 kN/m^2
找平层：15 厚水泥砂浆	$0.015 \text{ m} \times 20 \text{ kN/m}^3 = 0.30 \text{ kN/m}^2$
防水层(柔性)二毡三油铺小石子	0.40 kN/m^2
找平层：15 厚水泥砂浆	$0.015 \text{ m} \times 20 \text{ kN/m}^3 = 0.30 \text{ kN/m}^2$
找坡层：40 厚水泥石灰焦渣砂浆	$0.04 \text{ m} \times 14 \text{ kN/m}^3 = 0.56 \text{ kN/m}^2$
保温层：80 厚矿渣水泥	$0.08 \text{ m} \times 14.5 \text{ kN/m}^3 = 1.16 \text{ kN/m}^2$
结构层：100 厚压型钢板组合楼板混凝土部分	$0.10 \text{ m} \times 25 \text{ kN/m}^3 = 2.50 \text{ kN}$
双波型 W-500 压型钢板	0.11 kN/m^2
装饰层：	0.30 kN/m^2
合计：	6.63 kN/m^2

(3) 楼面

陶瓷地砖面层，水泥砂浆擦缝 30 厚 1:3 干硬性水泥砂浆，面上撒 2 厚素水泥 水泥砂浆结合层一道	1.16 kN/m^2
结构层：100 厚压型钢板组合楼板混凝土部分：	$0.10 \text{ m} \times 25 \text{ kN/m}^3 = 2.50 \text{ kN}$
双波型 W-500 压型钢板：	0.11 kN/m^2
装饰层：	0.30 kN/m^2
合计：	4.07 kN/m^2

(4) 梁自重

主梁 HN450×200×9×14：	76.5 kg/m = 0.76 kN/m
装饰层：	0.30 kN/m
合计：	1.06 kN/m
纵次梁 HN300×150×6.5×9：	$0.004\ 753 \text{ m}^2 \times 78.5 \text{ kN/m}^3 = 0.37 \text{ kN/m}$
装饰层：	0.30 kN/m
合计：	0.67 kN/m
横次梁 HN350×175×7×11：	$0.006\ 366 \text{ m}^2 \times 78.5 \text{ kN/m}^3 = 0.50 \text{ kN/m}$
装饰层：	0.30 kN/m

合计： 0.80 kN/m

基础梁（用于基础计算）：$b \times h = 250 \text{ mm} \times 400 \text{ mm}$

$$25 \text{ kN/m}^3 \times 0.25 \text{ m} \times 0.4 \text{ m} = 2.5 \text{ kN/m}$$

(5) 柱自重

1~3 层：边柱 HW500×500×16×24： 245.17 kg/m = 2.45 kN/m

装饰层： 0.50 kN/m

合计： 2.95 kN/m

中柱 HW650×650×16×24： 320.53 kg/m = 3.21 kN/m

装饰层： 0.50 kN/m

合计： 3.71 kN/m

4~7 层：边柱 HW400×400×14×22： 177.28 kg/m = 1.77 kN/m

装饰层： 0.50 kN/m

合计： 2.27 kN/m

中柱 HW450×450×14×22： 200.04 kg/m = 2.00 kN/m

装饰层： 0.50 kN/m

合计： 2.50 kN/m

8~10 层：边柱 HW300×300×10×14： 87.29 kg/m = 0.87 kN/m

装饰层： 0.50 kN/m

合计： 1.37 kN/m

中柱 HW350×350×10×14： 102.2 kg/m = 1.02 kN/m

装饰层： 0.50 kN/m

合计： 1.52 kN/m

(6) 外纵墙自重

底层

纵墙：

$(3.6 \text{ m} \times 3.9 \text{ m} \times 0.19 \text{ m} - 2.1 \text{ m} \times 1.5 \text{ m} \times 0.19 \text{ m}) \times 11.8 \text{ kN/m}^3 / 3.9 \text{ m} = 6.26 \text{ kN/m}$

铝合金窗： $0.35 \text{ kN/m}^2 \times 1.5 \text{ m} \times 2.1 \text{ m} / 3.9 \text{ m} = 0.28 \text{ kN/m}$

水刷石外墙面： $0.5 \text{ kN/m}^2 \times (3.1 \text{ m} \times 3.9 \text{ m} - 2.1 \text{ m} \times 1.5 \text{ m}) / 3.9 \text{ m} = 1.15 \text{ kN/m}$

水泥粉刷内墙： $0.36 \text{ kN/m}^2 \times (3.1 \text{ m} \times 3.9 \text{ m} - 2.1 \text{ m} \times 1.5 \text{ m}) / 3.9 \text{ m} = 0.83 \text{ kN/m}$

合计： 8.52 kN/m

标准层

纵墙：$(3.0 \text{ m} \times 3.9 \text{ m} \times 0.19 \text{ m} - 2.1 \text{ m} \times 1.5 \text{ m} \times 0.19 \text{ m}) \times 11.8 \text{ kN/m}^3 / 3.9 \text{ m} = 4.92 \text{ kN/m}$

铝合金窗： $0.35 \text{ kN/m}^2 \times 1.5 \text{ m} \times 2.1 \text{ m} / 3.9 \text{ m} = 0.28 \text{ kN/m}$

水刷石外墙面： $0.5 \text{ kN/m}^2 \times (2.5 \text{ m} \times 3.9 \text{ m} - 2.1 \text{ m} \times 1.5 \text{ m}) / 3.9 \text{ m} = 0.85 \text{ kN/m}$

水泥粉刷内墙： $0.36 \text{ kN/m}^2 \times (2.5 \text{ m} \times 3.9 \text{ m} - 2.1 \text{ m} \times 1.5 \text{ m}) / 3.9 \text{ m} = 0.61 \text{ kN/m}$

合计： 6.66 kN/m

(7) 内隔墙自重

纵横隔墙均采用 290×290×140 水泥空心砖（不计隔墙中门窗洞口）： $\gamma = 9.8 \text{ kN/m}^3$

墙体： $9.8 \text{ kN/m}^3 \times 0.14 \text{ m} \times (2.5 \text{ m} \times 3.9 \text{ m} - 2.1 \text{ m} \times 0.9 \text{ m}) \times 11.8 \text{ kN/m}^3 = 10.78 \text{ kN}$

木门自重： $0.2 \text{ kN/m}^2 \times 2.1 \text{ m} \times 0.9 \text{ m} = 0.38 \text{ kN}$

合计： 11.16 kN

线荷载： 11.16 kN/3.9 m = 2.86 kN/m

3. 框架荷载计算

(1) A～B 轴间框架梁

屋面板传均布荷载：

恒载：$3.9 \text{ m} \times 6.63 \text{ kN/m}^2 = 25.86 \text{ kN/m}$

活载：$3.9 \text{ m} \times 2.00 \text{ kN/m}^2 = 7.80 \text{ kN/m}$

楼面板传均布荷载：

恒载：$3.9 \text{ m} \times 4.07 \text{ kN/m}^2 = 15.87 \text{ kN/m}$

活载：$3.9 \text{ m} \times 2.00 \text{ kN/m}^2 = 7.80 \text{ kN/m}$

A～B 轴间框架梁集中荷载（均为恒载）：

屋面梁：因不布置次梁，故无集中荷载。

楼面梁：

恒载 = 次梁自重 + 次梁上墙体自重
 = $(0.67 \text{ kN/m}^2 + 6.66 \text{ kN/m}^2) \times 3.9 \text{ m} = 28.59 \text{ kN}$

A～B 轴间框架梁均布荷载：

屋面梁：主梁自重 + 屋面板传荷载 = $1.06 \text{ kN/m} + 25.86 \text{ kN/m} = 26.92 \text{ kN/m}$

楼面梁：主梁自重 + 楼面板传荷载 + 内横墙自重 = $1.06 \text{ kN/m} + 15.87 \text{ kN/m} + 6.66 \text{ kN/m}$
$= 23.59 \text{ kN/m}$

屋面、楼面梁活载 = 板传活载 = 7.80 kN/m

(2) B～C 轴间框架梁

屋面板传均布荷载：

恒载：$3.9 \text{ m} \times 6.63 \text{ kN/m}^2 = 25.86 \text{ kN/m}$

活载：$3.9 \text{ m} \times 2.00 \text{ kN/m}^2 = 7.80 \text{ kN/m}$

楼面板传均布荷载：

恒载：$3.9 \text{ m} \times 4.07 \text{ kN/m}^2 = 15.87 \text{ kN/m}$

活载：$3.9 \text{ m} \times 2.00 \text{ kN/m}^2 = 7.80 \text{ kN/m}$

B～C 轴间框架梁集中荷载为（均为恒载）：

屋面梁：因不布置次梁，故无集中荷载。

楼面梁：

恒载 = 次梁自重 + 次梁上墙体自重
 = $(0.67 \text{ kN/m}^2 + 6.66 \text{ kN/m}^2) \times 3.9 \text{ m} = 28.59 \text{ kN}$

B～C 轴间框架梁均布荷载：

屋面梁：主梁自重 + 屋面板传荷载 = 1.06 kN/m + 25.86 kN/m = 26.92 kN/m

楼面梁：主梁自重 + 楼面板传荷载 + 内横墙自重 = 1.06 kN/m + 15.87 kN/m + 6.66 kN/m
= 23.59 kN/m

屋面、楼面梁活载 = 板传活载 = 7.80 kN/m

（3）A 轴柱纵向集中荷载的计算

A～B 跨 1/4 轴线次梁上荷载：

屋面板传均布荷载：

恒载：$3.9 \text{ m} \times 6.63 \text{ kN/m}^2 = 25.86$ kN/m

活载：$3.9 \text{ m} \times 2.00 \text{ kN/m}^2 = 7.80$ kN/m

楼面板传均布荷载：

恒载：$3.9 \text{ m} \times 4.07 \text{ kN/m}^2 = 15.87$ kN/m

活载：$3.9 \text{ m} \times 2.00 \text{ kN/m}^2 = 7.80$ kN/m

1/4 轴间框架梁集中荷载（均为恒载）：

屋面梁：

1/4 轴线次梁自重 = 6.9 m × 0.80 kN/m = 5.52 kN

楼面梁：

恒载 = 1/4 轴线次梁自重 + 次梁上墙体自重 + 二级次梁的自重与其上墙体的自重
= 5.52 kN + 6.9 m × 2.86 kN/m + $(0.67 \text{ kN/m}^2 + 2.86 \text{ kN/m}^2) \times 1.95 \text{ m} \times 5 = 59.67$ kN

A、B 柱分别受次梁所传荷载为：

恒载：屋面 = 板传荷载 + 梁传荷载 = (25.86 kN/m × 6.90 m + 5.52 kN)/4 = 45.99 kN
      楼面 = 板传荷载 + 梁传荷载 = (15.87 kN/m × 6.90 m + 59.67 kN)/4 = 42.30 kN

活载：屋面 = 板传荷载 = (2.00 kN/m × 3.90 m × 6.90 m)/4 = 13.46 kN
      楼面 = 板传荷载 = (2.00 kN/m × 3.90 m × 6.90 m)/4 = 13.46 kN

顶层柱：

天沟自重（采用 0.3 厚彩钢天沟，内天沟，可不考虑自重）

顶层柱恒载 = 女儿墙自重 + 纵主梁自重 + 1/4 轴线次梁所传荷载 + 1/5 轴线次梁所传荷载
= 2.94 kN/m × 7.8 m + 1.06 kN/m × 7.8 m + 45.99 kN + 45.99 kN
= 123.18 kN

顶层柱活载 = 次梁板传活载
= (2.00 kN/m × 3.90 m × 6.90 m/2)/2 = 13.46 kN

标准层柱恒载 = 纵主梁自重及其上墙体自重 + 1/4 轴线次梁所传荷载 + 1/5 轴线次梁所传
荷载
= (1.06 kN/m + 2.86 kN/m) × 7.8 m + 42.30 kN + 42.30 kN
= 115.18 kN

标准层柱活载 = 次梁板传活载
= (2.00 kN/m × 3.90 m × 6.90 m)/4 = 13.46 kN

（4）B 轴柱纵向集中荷载的计算

B~C跨 1/4轴线次梁上荷载：
屋面板传均布荷载：
恒载：$3.9 \text{ m} \times 6.63 \text{ kN/m}^2 = 25.86 \text{ kN/m}$
活载：$3.9 \text{ m} \times 2.00 \text{ kN/m}^2 = 7.80 \text{ kN/m}$
楼面板传均布荷载：
恒载：$3.9 \text{ m} \times 4.07 \text{ kN/m}^2 = 15.87 \text{ kN/m}$
活载：$3.9 \text{ m} \times 2.00 \text{ kN/m}^2 = 7.80 \text{ kN/m}$
1/4轴间框架梁集中荷载（均为恒载）：
屋面梁：
1/4轴线次梁自重 $= 6.6 \text{ m} \times 0.80 \text{ kN/m} = 5.28 \text{ kN}$
楼面梁：
恒载 = 1/4轴线次梁自重 + 次梁上墙体自重 + 二级次梁上墙体自重
　　 $= 5.28 \text{ kN} + 6.6 \text{ m} \times 2.86 \text{ kN/m} + (0.67 \text{ kN/m}^2 + 2.86 \text{ kN/m}^2) \times 1.95 \text{ m} \times 3 = 44.81 \text{ kN}$
B、C柱分别受次梁所传荷载：
恒载：屋面 = 板传荷载 + 梁传荷载 $= (25.86 \text{ kN/m} \times 6.60 \text{ m} + 5.28 \text{ kN})/4 = 43.99 \text{ kN}$
　　　楼面 = 板传荷载 + 梁传荷载 $= (15.87 \text{ kN/m} \times 6.60 \text{ m} + 44.81 \text{ kN})/4 = 37.39 \text{ kN}$
活载：屋面 = 板传荷载 $= (2.00 \text{ kN/m} \times 3.90 \text{ m} \times 6.60 \text{ m})/4 = 12.87 \text{ kN}$
　　　楼面 = 板传荷载 $= (2.00 \text{ kN/m} \times 3.90 \text{ m} \times 6.60 \text{ m})/4 = 12.87 \text{ kN}$
顶层柱：
天沟自重（采用0.3厚彩钢天沟，内天沟，可不考虑自重）：
顶层柱恒载 = 纵主梁自重 + 1/4轴线次梁所传荷载 + 1/5轴线次梁所传荷载
　　　　　 $= 1.06 \text{ kN/m} \times 7.8 \text{ m} + (45.99 \text{ kN} + 43.99 \text{ kN}) \times 2$
　　　　　 $= 188.23 \text{ kN}$
顶层柱活载 = 次梁板传活载
　　　　　 $= 2.00 \text{ kN/m} \times 3.90 \text{ m} \times (6.90 \text{ m} + 6.6 \text{ m})/4 = 26.33 \text{ kN}$
标准层柱：
标准层柱恒载 = 纵主梁自重及其上墙体自重 + 1/4轴线次梁所传荷载 + 1/5轴线次梁所传荷载
　　　　　　 $= (1.06 \text{ kN/m} + 6.66 \text{ kN/m}) \times 7.8 \text{ m} + (42.30 \text{ kN} + 37.39 \text{ kN}) \times 2$
　　　　　　 $= 219.60 \text{ kN}$
标准层柱活载 = 次梁板传活载
　　　　　　 $= 2.00 \text{ kN/m} \times 3.90 \text{ m} \times (6.90 \text{ m} + 6.6 \text{ m})/4 = 26.33 \text{ kN}$

(5) C轴柱纵向集中荷载的计算
顶层柱：
天沟自重（采用0.3厚彩钢天沟，内天沟，可不考虑自重）
顶层柱恒载 = 女儿墙自重 + 纵主梁自重 + 1/4轴线次梁所传荷载 + 1/5轴线次梁所传荷载
　　　　　 $= 2.94 \text{ kN/m} \times 7.8 \text{ m} + 1.06 \text{ kN/m} \times 7.8 \text{ m} + 43.99 \text{ kN} + 43.99 \text{ kN}$
　　　　　 $= 119.18 \text{ kN}$

顶层柱活载 = 次梁板传活载
$$= 2.00 \text{ kN/m} \times 3.90 \text{ m}/2 \times 6.60 \text{ m}/2 = 12.87 \text{ kN}$$

标准层柱：

标准层柱恒载 = 纵主梁自重及其上墙体自重 + 1/4 轴线次梁所传荷载 + 1/5 轴线次梁所传荷载

$$= (1.06 \text{ kN/m} + 2.86 \text{ kN/m}) \times 7.8 \text{ m} + 37.39 \text{ kN} + 37.39 \text{ kN}$$
$$= 105.36 \text{ kN}$$

标准层柱活载 = 次梁板传活载
$$= 2.00 \text{ kN/m} \times 3.90 \text{ m} \times 6.60 \text{ m}/4 = 12.87 \text{ kN}$$

(6) 柱自重

边柱：

9~12 层柱自重：	1.37 kN/m × 3.0 m = 4.11 kN
4~8 柱自重：	2.27 kN/m × 3.0 m = 6.81 kN
2~3 层柱自重：	2.95 kN/m × 3.0 m = 8.85 kN
底层柱自重：	2.95 kN/m × 3.6 m = 10.62 kN

中柱：

9~12 层柱自重：	1.52 kN/m × 3.0 m = 4.56 kN
4~8 柱自重：	2.50 kN/m × 3.0 m = 7.50 kN
2~3 层柱自重：	3.71 kN/m × 3.0 m = 11.13 kN
底层柱自重：	3.71 kN/m × 3.6 m = 13.36 kN

4. 荷载计算汇总

(1) 竖向集中荷载标准值计算

根据以上计算所得数据，列出竖向集中荷载标准值，如表 4.2.1 所示。

表 4.2.1 竖向集中荷载标准值计算   kN

楼面	集中荷载位置	女儿墙重①	外纵墙重②	柱自重③	内隔墙④	纵向主梁重⑤	次梁和墙体重⑥	楼屋面荷载 恒载⑦	楼屋面荷载 活载⑧	竖向集中荷载 恒载(①~⑦之和)	竖向集中荷载 活载⑧
屋面	A 轴线	22.93	—	—	—	8.27	91.98	—	13.46	123.18	13.46
屋面	AB 跨	—	—	—	—	—	—	—	—	—	—
屋面	B 轴线	—	—	—	—	8.27	179.96	—	26.33	188.23	26.33
屋面	BC 跨	—	—	—	—	—	—	—	—	—	—
屋面	C 轴线	22.93	—	—	—	—	87.98	—	12.87	119.18	12.87
标准层	A 轴线	—	60.22	—	—	—	84.60	—	13.46	115.18	13.46
标准层	AB 跨中	—	—	—	—	—	28.59	—	—	28.59	—
标准层	B 轴线	—	60.22	—	—	—	159.38	—	26.33	219.60	26.33
标准层	BC 跨中	—	—	—	—	—	28.59	—	—	28.59	—
标准层	C 轴线	—	60.22	—	—	—	74.78	—	12.87	105.36	12.87

(2) 竖向均布荷载标准值计算

框架梁自重和横向轻质隔墙自重以均布荷载的形式作用在框架梁上,竖向均布荷载标准值如表4.2.2所示。

表4.2.2 竖向均布荷载标准值计算表　　　　　　　　　　　　　　kN/m

楼层	均布力位置	横 梁 型 号	梁自重①	隔墙自重②	板传荷载②	均布荷载值①+②
屋面	AB跨(6.9 m)	HN450×200×9×14	1.06	—	25.86	26.92
	BC跨(6.6 m)	HN450×200×9×14	1.06	—	25.86	26.92
标准层楼面	AB跨(6.9 m)	HN450×200×9×14	1.06	6.66	15.87	23.59
	BC跨(6.9 m)	HN450×200×9×14	1.06	6.66	15.87	23.59

(3) 水平集中荷载标准值计算

作用在屋面梁和楼面梁节点处的集中风荷载标准值(表4.3.2):

$$F_i = \beta_z \mu_s \mu_z w_0 (h_i + h_j) B/2 \tag{4.2.1}$$

式中　w_0——基本风压,本算例 $w_0 = 0.35 \text{ kN/m}^2$;

　　　μ_z——风压高度变化系数,本算例见表4.2.3;

　　　μ_s——风荷载体型系数,该建筑物的体型系数 $\mu_s = 1.3$;

　　　β_z——风振系数,基本自振周期对于钢框架结构可用 $T_1 = (0.10 \sim 0.15)n$,应考虑风压脉动对结构发生顺风向风振的影响,$\beta_z = 1 + \dfrac{\xi \nu \varphi_z}{\mu_z}$,查表1.2.18和表1.2.19得 $\xi = 1.9216$,$\nu = 0.42$;

　　　h_i——下层柱高;

　　　h_j——上层柱高,对顶层为女儿墙高度的2倍;

　　　B——迎风面的宽度,本算例取 $B = 7.8$ m。

表4.2.3 集中风荷载标准值

离地高度 Z/m	μ_z	φ_z	β_z	μ_s	$w_0/(\text{kN/m}^2)$	h_i/m	h_j/m	w_k/kN
30.6	1.43	1.00	1.56	1.3	0.35	3.0	2.4	21.38
27.6	1.38	0.86	1.50	1.3	0.35	3.0	3.0	22.04
24.6	1.33	0.74	1.45	1.3	0.35	3.0	3.0	20.53
21.6	1.28	0.67	1.42	1.3	0.35	3.0	3.0	19.35
18.6	1.22	0.45	1.30	1.3	0.35	3.0	3.0	16.89
15.6	1.15	0.38	1.27	1.3	0.35	3.0	3.0	15.55
12.6	1.07	0.27	1.20	1.3	0.35	3.0	3.0	13.67
9.6	1.00	0.17	1.14	1.3	0.35	3.0	3.0	12.14
6.6	1.00	0.08	1.06	1.3	0.35	3.0	3.0	11.29
3.6	1.00	0.02	1.02	1.3	0.35	3.6	3.0	11.95

以上各工况的荷载见图4.2.3。

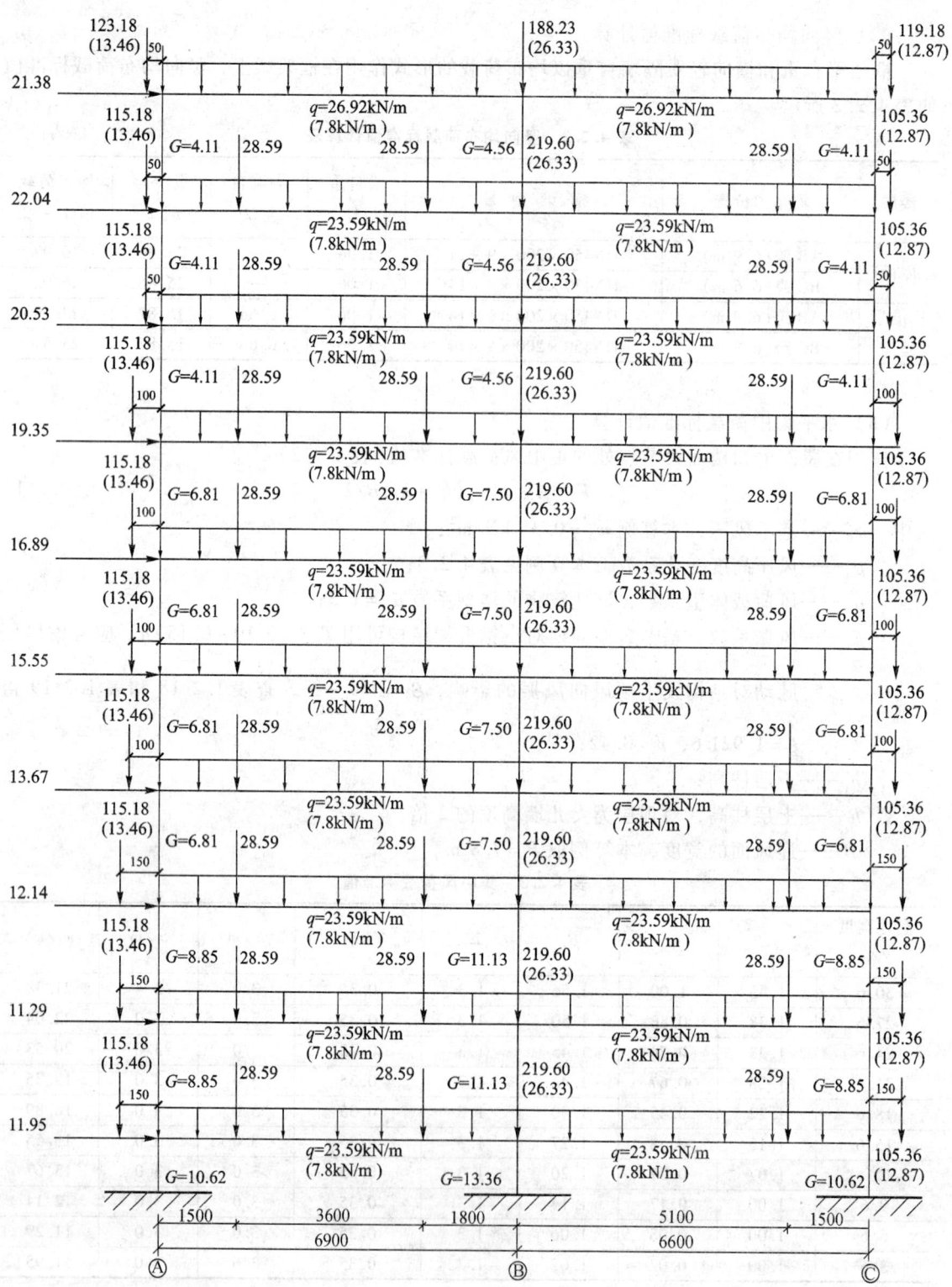

图 4.2.3 受载总图

4.2.4 风荷载作用下的位移验算

1. 侧移刚度

见表 4.2.4 ~ 表 4.2.7。

表 4.2.4 横向 8 ~ 10 层 D 值的计算

构件名称	$\bar{i} = \dfrac{\sum i_b}{2i_c}$	$\alpha_c = \dfrac{\bar{i}}{2+\bar{i}}$	$D = \alpha_c i_c \dfrac{12}{h^2} /(\text{kN/m})$
A 轴柱	1.14	0.36	6 406
B 轴柱	1.44	0.42	11 955
C 轴柱	1.19	0.37	6 596

$\sum D = 6\,406 \text{ kN/m} + 11\,955 \text{ kN/m} + 6\,596 \text{ kN/m} = 24\,956 \text{ kN/m}$

表 4.2.5 横向 4 ~ 7 层 D 值的计算

构件名称	$\bar{i} = \dfrac{\sum i_b}{2i_c}$	$\alpha_c = \dfrac{\bar{i}}{2+\bar{i}}$	$D = \alpha_c i_c \dfrac{12}{h^2} /(\text{kN/m})$
A 轴柱	0.32	0.139	8 659
B 轴柱	0.46	0.187	16 738
C 轴柱	0.34	0.144	9 010

$\sum D = 8\,659 \text{ kN/m} + 16\,738 \text{ kN/m} + 9\,010 \text{ kN/m} = 34\,407 \text{ kN/m}$

表 4.2.6 横向 2 ~ 3 层 D 值的计算

构件名称	$\bar{i} = \dfrac{\sum i_b}{2i_c}$	$\alpha_c = \dfrac{\bar{i}}{2+\bar{i}}$	$D = \alpha_c i_c \dfrac{12}{h^2} /(\text{kN/m})$
A 轴柱	0.15	0.069	9 360
B 轴柱	0.13	0.063	19 287
C 轴柱	0.16	0.072	9 770

$\sum D = 9\,360 \text{ kN/m} + 19\,287 \text{ kN/m} + 9\,770 \text{ kN/m} = 38\,417 \text{ kN/m}$

表 4.2.7 横向底层 D 值的计算

构件名称	$\bar{i} = \dfrac{\sum i_b}{i_c}$	$\alpha_c = \dfrac{0.5+\bar{i}}{2+\bar{i}}$	$D = \alpha_c i_c \dfrac{12}{h^2} /(\text{kN/m})$
A 轴柱	0.18	0.312	24 526
B 轴柱	0.16	0.305	54 120
C 轴柱	0.19	0.315	24 762

$\sum D = 24\,526 \text{ kN/m} + 54\,120 \text{ kN/m} + 24\,762 \text{ kN/m} = 103\,408 \text{ kN/m}$

2. 风荷载作用下框架侧移计算

水平荷载作用下框架的层间侧移可按下式计算：

$$\Delta u_j = \frac{V_j}{\sum D_{ij}} \tag{4.2.2}$$

式中 V_j——第 j 层的总剪力；

$\sum D_{ij}$——第 j 层所有柱的抗侧刚度之和；

Δu_j——第 j 层的侧移刚度；

j 层侧移

$$u_j = \sum_{j=1}^{j} \Delta u_j \tag{4.2.3}$$

顶层侧移

$$u = \sum_{j=1}^{n} \Delta u_j \tag{4.2.4}$$

该榀钢框架在风荷载作用下侧移的计算见表 4.2.8。

表 4.2.8 风荷载作用下框架侧移计算

层 数	W_i/kN	V_i/kN	$\sum D$/(kN/m)	Δu/m	$\Delta u/h$
10	21.38	21.38	24 956	0.000 9	1/3 333
9	22.04	43.42	24 956	0.001 7	1/1 756
8	20.53	63.95	24 956	0.002 6	1/1 154
7	19.35	83.3	34 407	0.002 4	1/1 250
6	16.89	100.19	34 407	0.002 9	1/1 034
5	15.55	115.74	34 407	0.003 4	1/882
4	13.67	129.41	34 407	0.003 8	1/789
3	12.14	141.55	38 417	0.003 7	1/811
2	11.29	152.84	38 417	0.004 0	1/750
1	11.95	164.79	103 408	0.001 6	1/2 259

$$u = \sum \Delta u = 0.027 \text{ m}$$

侧移验算：

层间侧移最大值：$1/750 < 1/400$，满足要求。

柱顶侧移最大值：$\sum \Delta u/h_{总} = 0.027/30.6 = 1/1\ 134 < 1/500$，满足要求。

4.2.5 水平地震作用下的计算

1. 该建筑高度为 30.6 m，可以采用底部剪力法计算水平地震作用下的荷载效应。

作用于屋面梁和各层楼面梁处的重力荷载代表值为：

屋面梁处：G_w = 结构与构件自重 + 50% 雪载

楼面梁处：G_{Ei} = 结构与构件自重 + 50%活载

其中结构和构件自重取楼面上下$\frac{1}{2}$高范围内(屋面梁处取顶层的一半)的结构和构件自重，重力荷载代表值计算如表4.2.9~表4.2.14所示：

表4.2.9　A柱　　　　　　　　　　　　　　　　　　　　　　　　　　　　kN

层　数	恒　载	活　载
10	$G_w = 123.18 + 4.11 \times 0.5 + 60.22 \times 0.5 = 155.345$	13.46
8~9	$G_w = 115.18 + 4.11 = 119.29$	13.46
7	$G_w = 115.18 + (4.11 + 6.81) \times 0.5 = 120.64$	13.46
4~6	$G_w = 115.18 + 6.81 = 121.99$	13.46
3	$G_w = 115.18 + (6.81 + 8.85) \times 0.5 = 123.01$	13.46
2	$G_w = 115.18 + 8.85 = 124.03$	13.46
1	$G_w = 115.18 + (8.85 + 10.62) \times 0.5 = 124.92$	13.46

表4.2.10　B柱　　　　　　　　　　　　　　　　　　　　　　　　　　　　kN

层　数	恒　载	活　载
10	$G_w = 188.23 + 4.56 \times 0.5 + 60.22 \times 0.5 = 220.62$	26.33
8~9	$G_w = 219.6 + 4.56 = 224.16$	26.33
7	$G_w = 219.6 + (4.56 + 7.5) \times 0.5 = 225.63$	26.33
4~6	$G_w = 219.6 + 7.8 = 227.1$	26.33
3	$G_w = 219.6 + (7.5 + 11.13) \times 0.5 = 228.92$	26.33
2	$G_w = 219.6 + 11.13 = 230.73$	26.33
1	$G_w = 219.6 + (11.13 + 13.36) \times 0.5 = 231.85$	26.33

表4.2.11　C柱　　　　　　　　　　　　　　　　　　　　　　　　　　　　kN

层　数	恒　载	活　载
10	$G_w = 119.18 + 4.11 \times 0.5 + 60.22 \times 0.5 = 151.345$	12.87
8~9	$G_w = 105.36 + 4.11 = 109.47$	12.87
7	$G_w = 105.36 + (4.11 + 6.81) \times 0.5 = 110.82$	12.87
4~6	$G_w = 105.36 + 6.81 = 112.17$	12.87
3	$G_w = 105.36 + (6.81 + 8.85) \times 0.5 = 113.19$	12.87
2	$G_w = 105.36 + 8.85 = 114.21$	12.87
1	$G_w = 105.36 + (8.85 + 10.62) \times 0.5 = 115.1$	12.87

表 4.2.12　AB 梁

AB 梁	恒　载		活　载
	均布荷载	集中荷载（2 个）	
10	26.92 kN/m²	28.59 kN	7.8 kN/m²
1~9	23.59 kN/m²	28.59 kN	7.8 kN/m²

表 4.2.13　BC 梁

BC 梁	恒　载		活　载
	均布荷载	集中荷载（1 个）	
10	26.92 kN/m²	28.59 kN	7.8 kN/m²
1~9	23.59 kN/m²	28.59 kN	7.8 kN/m²

表 4.2.14　各层重力荷载代表值　　　　　　　　　　　　　　　　　　　kN

层　数	G_i
10	155.35 + 220.62 + 151.35 + 26.92 × 6.9 + 26.92 × 6.6 + (13.46 + 26.33 + 12.87) × 0.5 + 7.8 × 13.5 × 0.5 = 969.72
8~9	119.29 + 224.16 + 109.47 + 23.59 × 13.5 + 28.59 × 3 + 26.33 + 7.8 × 13.5 × 0.5 = 119.29 + 24.16 + 109.47 + 483.215 = 936.24
7	120.64 + 225.63 + 110.82 + 483.215 = 940.31
4~6	121.99 + 227.1 + 112.17 + 483.215 = 944.48
3	123.01 + 228.92 + 113.19 + 483.215 = 948.34
2	124.03 + 230.73 + 114.21 + 483.215 = 952.19
1	124.92 + 231.85 + 115.1 + 483.215 = 955.09
	$\sum G_i = 9\,471.57$

重力荷载标准值下的荷载总图如图 4.2.4 所示。

2. 多遇地震作用标准值和位移验算

由设防烈度为 7 度，设计地震分组为第一组；查表可得 $\alpha_{max} = 0.08$，$T_g = 0.45$，$T_1 = (0.1 \sim 0.12)n$，取 1.1。

因为 $T_g < T_1 < 5T_g$，所以横向地震影响系数：

$\alpha_1 = (T_g/T_1)^{0.9} \alpha_{max} = 0.036$

$T_1 = 1.1 s > 1.4 T_g = 1.4 \times 0.45 = 0.63$ s

$\delta_n = 0.08 T_1 + 0.01 = 0.08 \times 1.3 + 0.01 = 0.114$

$F_{Ek} = \alpha_1 G_{eq} = \alpha_1 \times 0.85 \sum G_i = 0.036 \times 0.85 \times 9\,471.57$ kN $= 289.83$ kN

顶部附加作用力 $\Delta F_n = \delta_n F_{Ek} = 0.114 \times 290.45$ kN $= 33.12$ kN

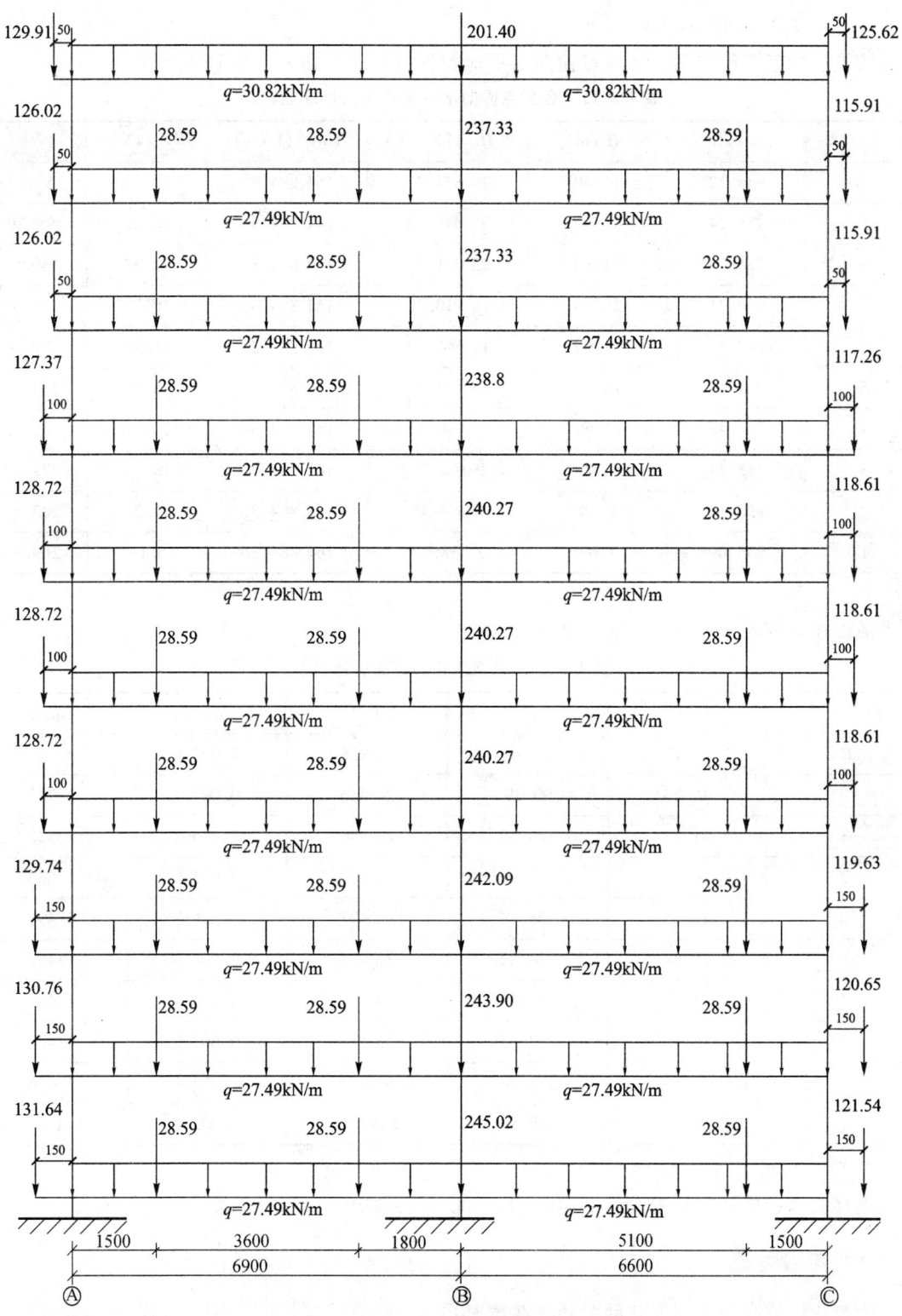

图 4.2.4 重力荷载代表值作用下的荷载总图

$F_{Ek}(1-\delta_n) = 257.34$ kN

按抗震规范算得作用于各质点横向水平地震作用标准值如表 4.2.15 所示。

表 4.2.15 各质点横向水平地震作用标准值计算

层 数	G_i/kN	H_i/m	G_iH_i/(kN·m)	$\sum G_iH_i$/(kN·m)	F_i/kN	V_i/kN
10	969.72	30.60	29 673.43	161 884.36	53.13	53.13
9	936.24	27.60	25 840.22	161 884.36	46.26	99.39
8	936.24	24.60	23 031.50	161 884.36	41.23	140.62
7	940.31	21.60	20 310.70	161 884.36	36.36	176.99
6	944.48	18.60	17 567.33	161 884.36	31.45	208.44
5	944.48	15.60	14 733.89	161 884.36	26.38	234.82
4	944.48	12.60	11 900.45	161 884.36	21.31	256.12
3	948.34	9.60	9 104.06	161 884.36	16.30	272.42
2	952.19	6.60	6 284.45	161 884.36	11.25	283.67
1	955.09	3.60	3 438.32	161 884.36	6.16	289.83

地震作用下框架侧移计算如表 4.2.16 所示。

表 4.2.16 地震作用下框架侧移计算

层 数	F_i/kN	V_i/kN	$\sum D$/(kN/m)	$\Delta\mu$/m	$\Delta\mu/h$
10	53.13	53.13	24 956	0.002 1	1/1 409
9	46.26	99.39	24 956	0.004 0	1/753
8	41.23	140.62	24 956	0.005 6	1/532
7	36.36	176.99	34 407	0.005 1	1/583
6	31.45	208.44	34 407	0.006 1	1/495
5	26.38	234.82	34 407	0.006 8	1/439
4	21.31	256.12	34 407	0.007 4	1/403
3	16.30	272.42	38 417	0.007 1	1/423
2	11.25	283.67	38 417	0.007 4	1/406
1	6.16	289.83	103 408	0.002 8	1/1 284

侧移验算：层间侧移最大值 1/403 < 1/300，满足要求。

4.2.6 内力计算

为简化计算，考虑如下几种单独受载情况：

① 恒载作用。

② 活载满跨布置。
③ 风荷载作用(从左向右,或从右向左)。
④ 地震荷载作用。

对于①、② 2 种情况,在竖向荷载作用下,框架内力采用迭代法计算;对于第③、④两种情况,在水平荷载作用下,框架内力采用 D 值法计算。

在内力分析以前,还应计算节点各杆的弯矩分配系数及在竖向荷载作用下各杆端的固端弯矩。

1. 恒载作用下内力计算

由前述的刚度比可根据下式求得节点各杆端的弯矩分配系数如图 4.2.5 所示。

$$\mu'_{ik} = -\frac{1}{2} \frac{i_{ik}}{\sum_{(i)} i_{ik}} \tag{4.2.5}$$

均布荷载和集中荷载偏心引起的固端弯矩构成节点不平衡弯矩:

$$M_{均载} = -\frac{1}{12}ql^2; \quad M_{集中荷载} = -Fe; \quad M_{梁固端} = M_1 + M_2$$

根据上述公式计算的梁固端弯矩如图 4.2.5 所示。

将固端弯矩及节点不平衡弯矩填入图 4.2.5 中节点的方框中,即可进行迭代计算,直至杆端弯矩趋于稳定,在最后按下式求得各杆端弯矩,如图 4.2.5 所示。

$$M_{ik} = M^g_{ik} + M'_{ik} + (M'_{ik} + M'_{ki}) \tag{4.2.6}$$

式中　M_{ik}——杆端最后弯矩;

M^g_{ik}——各杆端固端弯矩;

M'_{ik}——迭代所得的固端近端转角弯矩;

M'_{ki}——迭代所得的固端远端转角弯矩。

恒载作用下的弯矩、剪力和轴力图见图 4.2.6 ~ 图 4.2.8。

2. 活载标准值作用下的内力计算(图省略,方法同恒载)

活载标准值作用在 A ~ B 轴间的迭代图,最后杆端弯矩、弯矩、剪力和轴力图见图 4.2.13 ~ 图 4.2.16。

3. 风荷载标准值作用下的内力计算

框架在风荷载作用(从左向右吹)下的内力用 D 值法(改进的反弯点法)进行计算。其步骤为:

① 求各柱反弯点处的剪力值。

第 i 层第 m 柱所分配的剪力为

$$V_{im} = \frac{D_{im}}{\sum D} V_i, \quad V_i = \sum w_i, \quad w_i$$

见表 4.2.3。

② 求各柱反弯点高度。

框架柱反弯点位置

$$y = y_0 + y_1 + y_2 + y_3$$

计算结果如表 4.2.17 ~ 4.2.19 所示。

③ 求各柱的杆端弯矩及梁端弯矩。

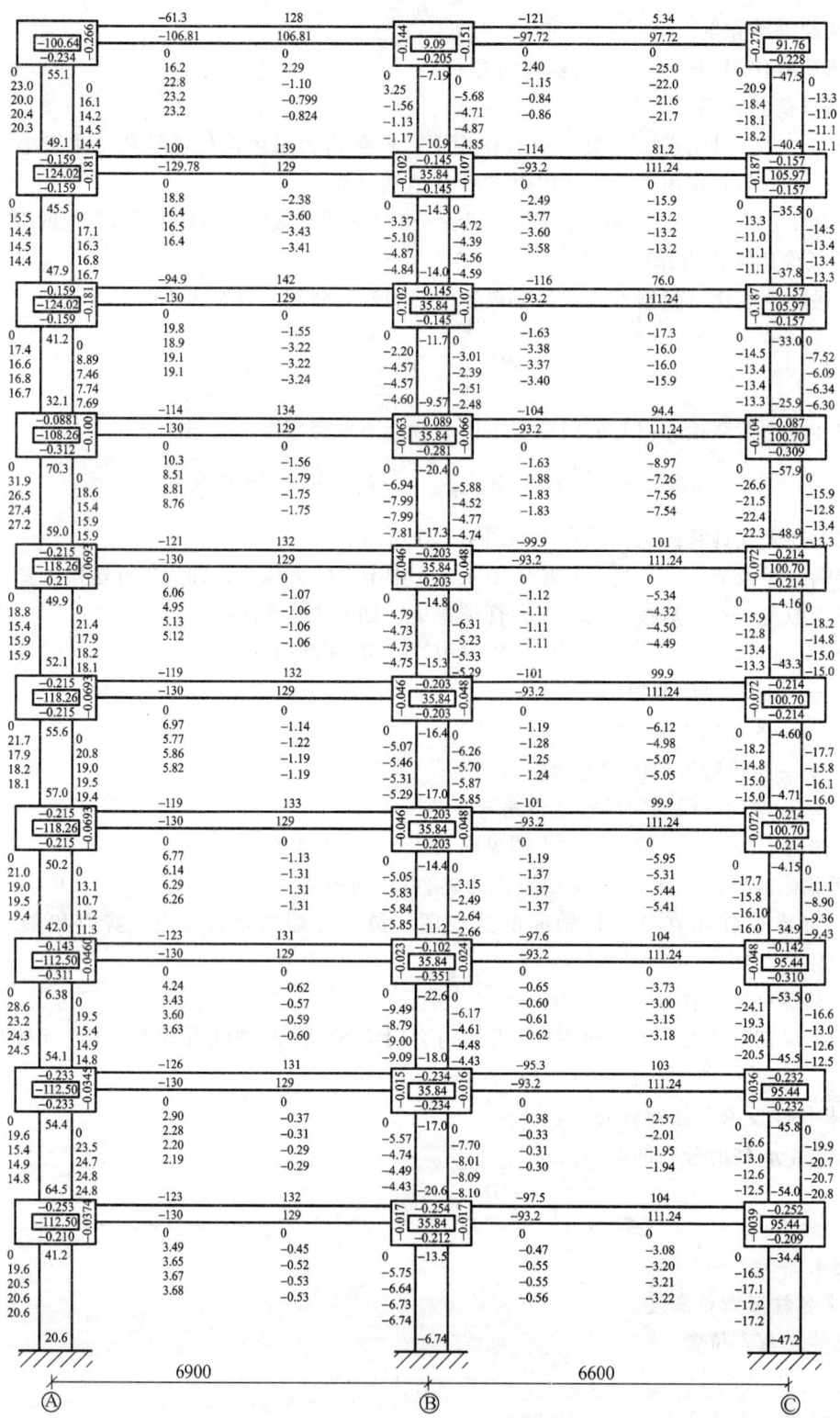

图 4.2.5 恒载作用下的迭代图及杆端弯矩计算图

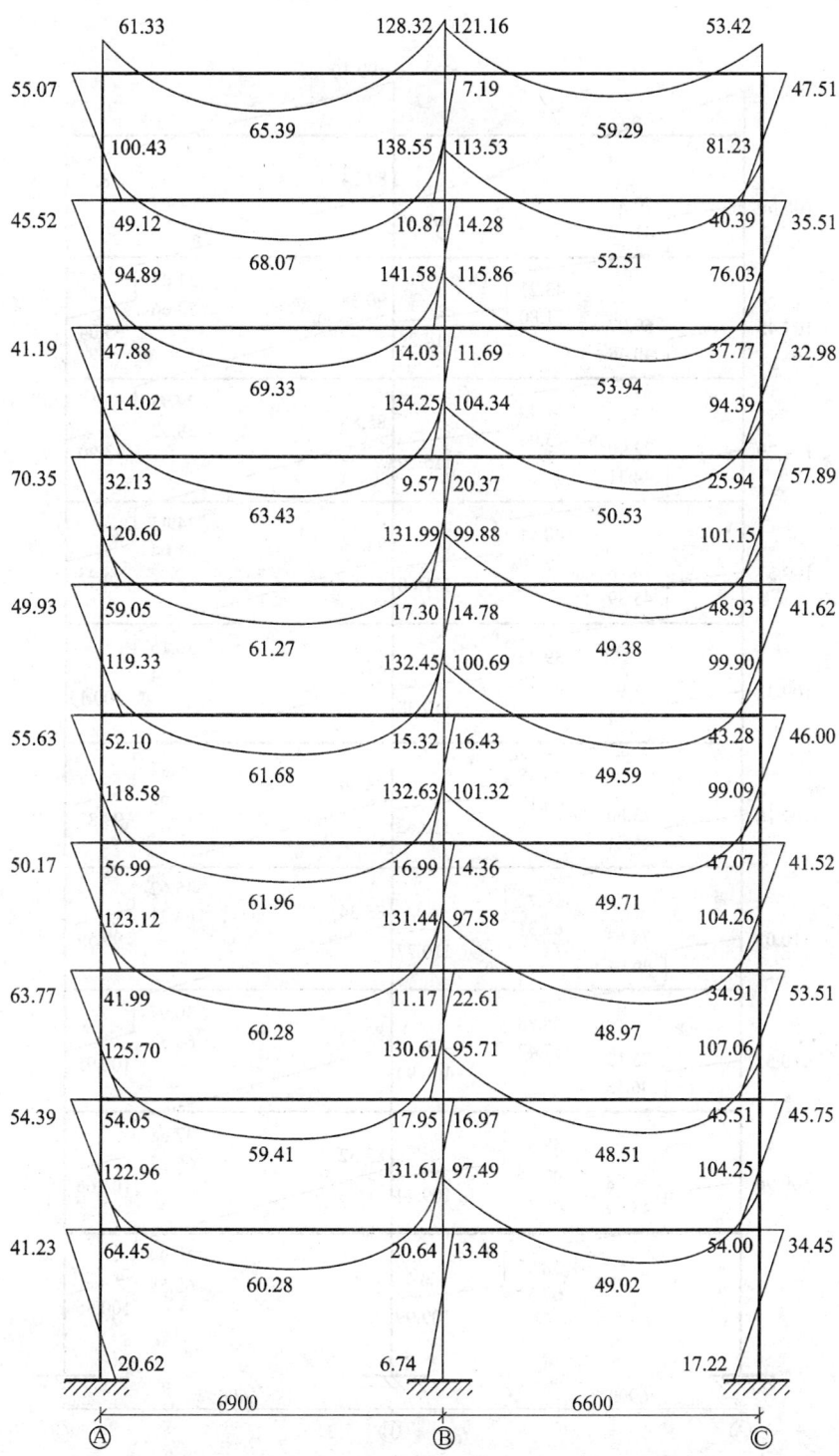

图 4.2.6 恒载作用下的弯矩图(单位:kN·m)

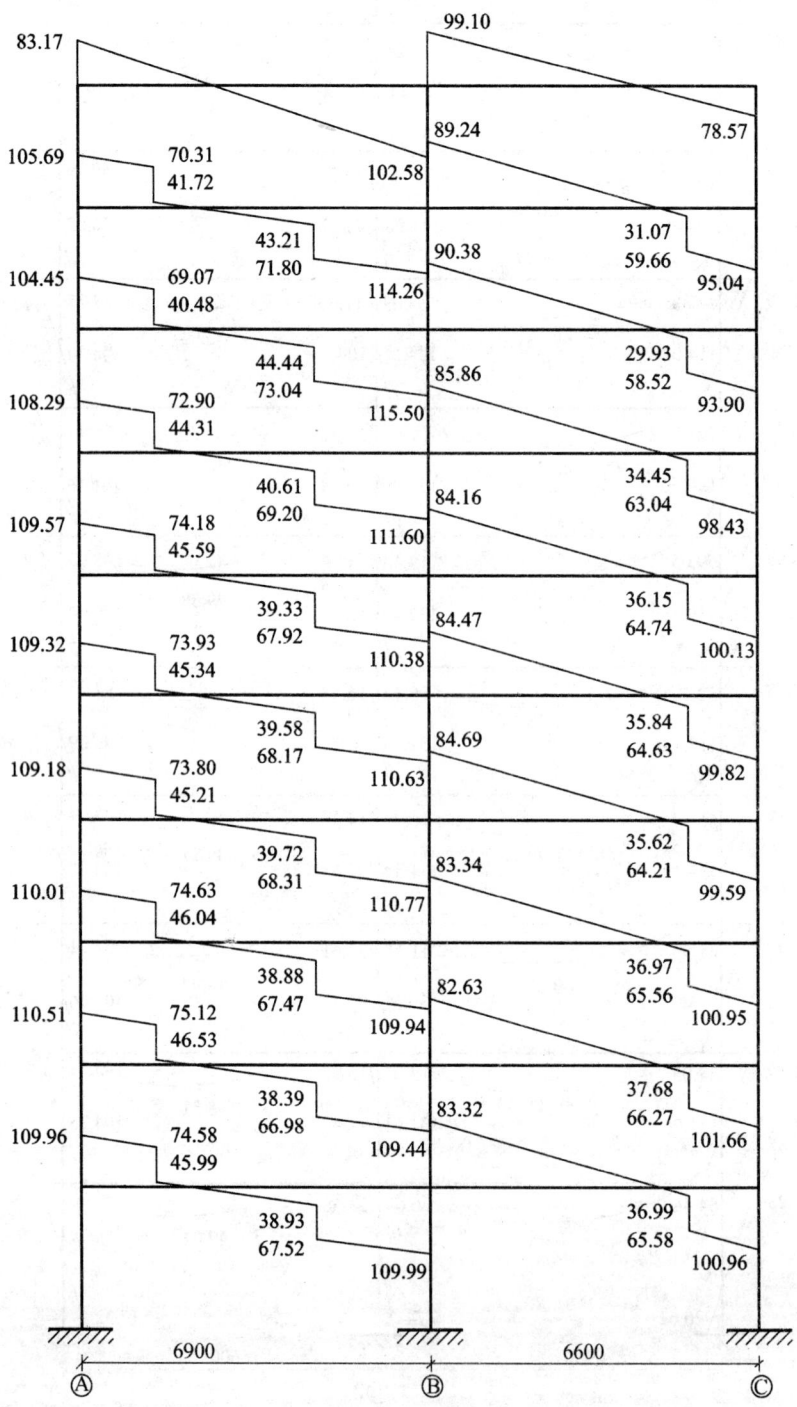

图 4.2.7 恒载作用下的剪力图(单位:kN)

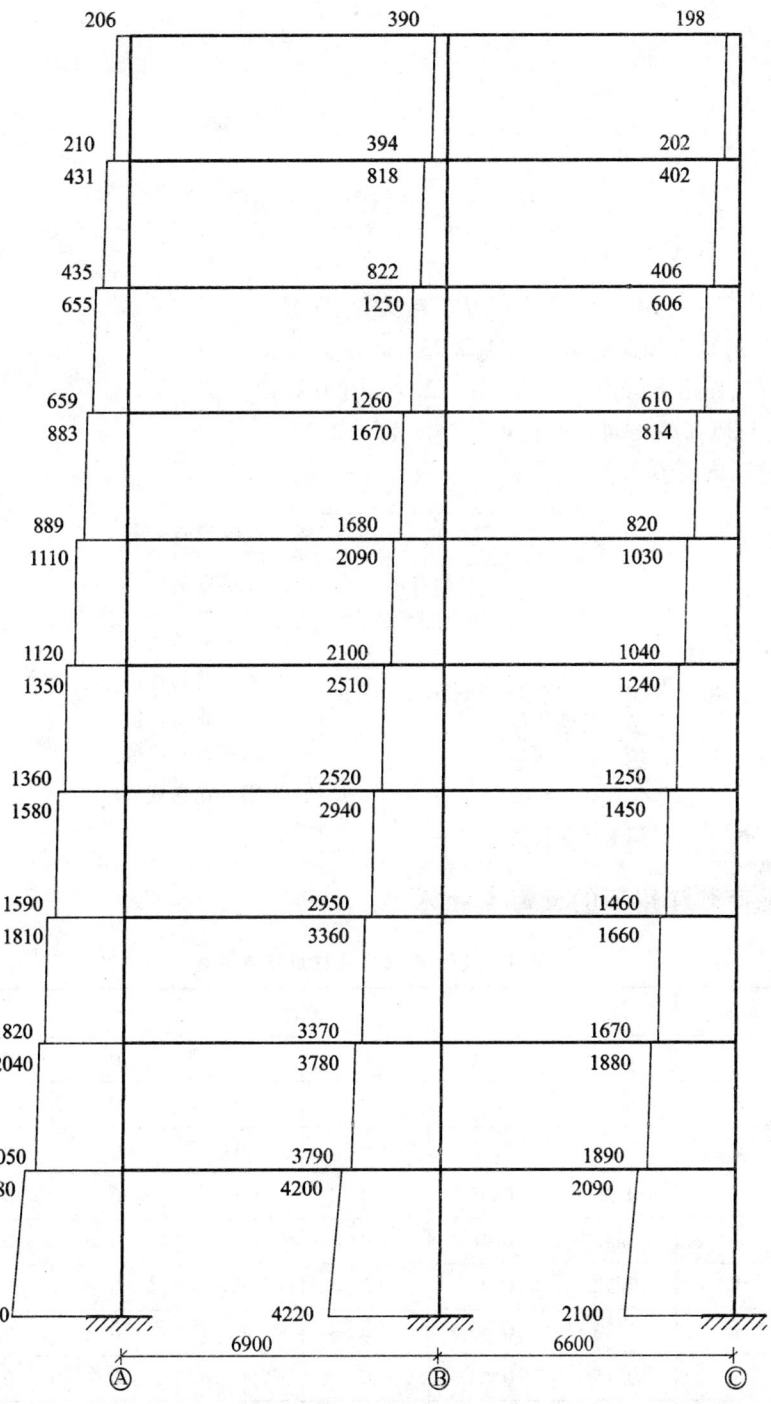

图 4.2.8 恒载作用下的轴力图(单位:kN)

框架各柱的杆端弯矩、梁端弯矩按下式计算，计算过程如表 4.2.20 ~ 4.2.23 所示。

$$M_{c\text{上}} = V_{im}(1-y)h \tag{4.2.7}$$

$$M_{c\text{下}} = V_{im}yh \tag{4.2.8}$$

中柱

$$M_{b\text{左}j} = \frac{i_b^{\text{左}}}{i_b^{\text{左}} + i_b^{\text{右}}}(M_{c\text{下}j+1} + M_{c\text{上}j}) \tag{4.2.9}$$

$$M_{b\text{右}j} = \frac{i_b^{\text{右}}}{i_b^{\text{左}} + i_b^{\text{右}}}(M_{c\text{下}j+1} + M_{c\text{上}j}) \tag{4.2.10}$$

边柱

$$M_{b\text{总}j} = M_{c\text{下}j+1} + M_{c\text{上}j} \tag{4.2.11}$$

④ 求各柱的轴力和梁剪力见表 4.2.23。

4. 地震荷载作用下的内力计算（图 4.2.9 ~ 图 4.2.12）

计算方法与风荷载相同。见表 4.2.24 ~ 表 4.2.27。

5. 迭代图示格式说明

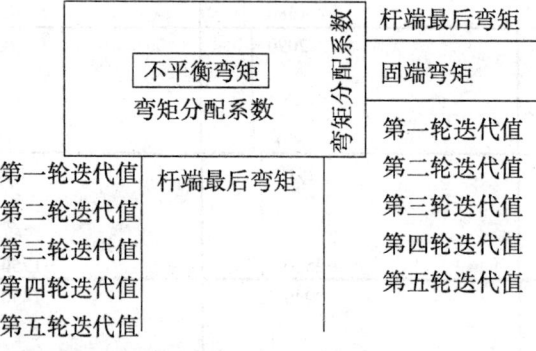

4.2.7 水平荷载作用下的反弯点计算

表 4.2.17 A 轴框架柱反弯点位置

层 号	h/m	$\bar{i}$	y_0	y_1	y_2	y_3	y	yh/m
10	3	1.14	0.36	0	0	0	0.36	1.08
9	3	1.14	0.41	0	0	0	0.41	1.23
8	3	1.14	0.45	0	0	0	0.45	1.35
7	3	0.32	0.36	0	0	0	0.36	1.08
6	3	0.32	0.40	0	0	0	0.40	1.20
5	3	0.32	0.41	0	0	0	0.41	1.23
4	3	0.32	0.45	0	0	0	0.45	1.35
3	3	0.15	0.53	0	0	0	0.53	1.59
2	3	0.15	0.73	0	0	0.05	0.78	2.34
1	3.6	0.18	1.06	0	−0.04	0	1.02	3.67

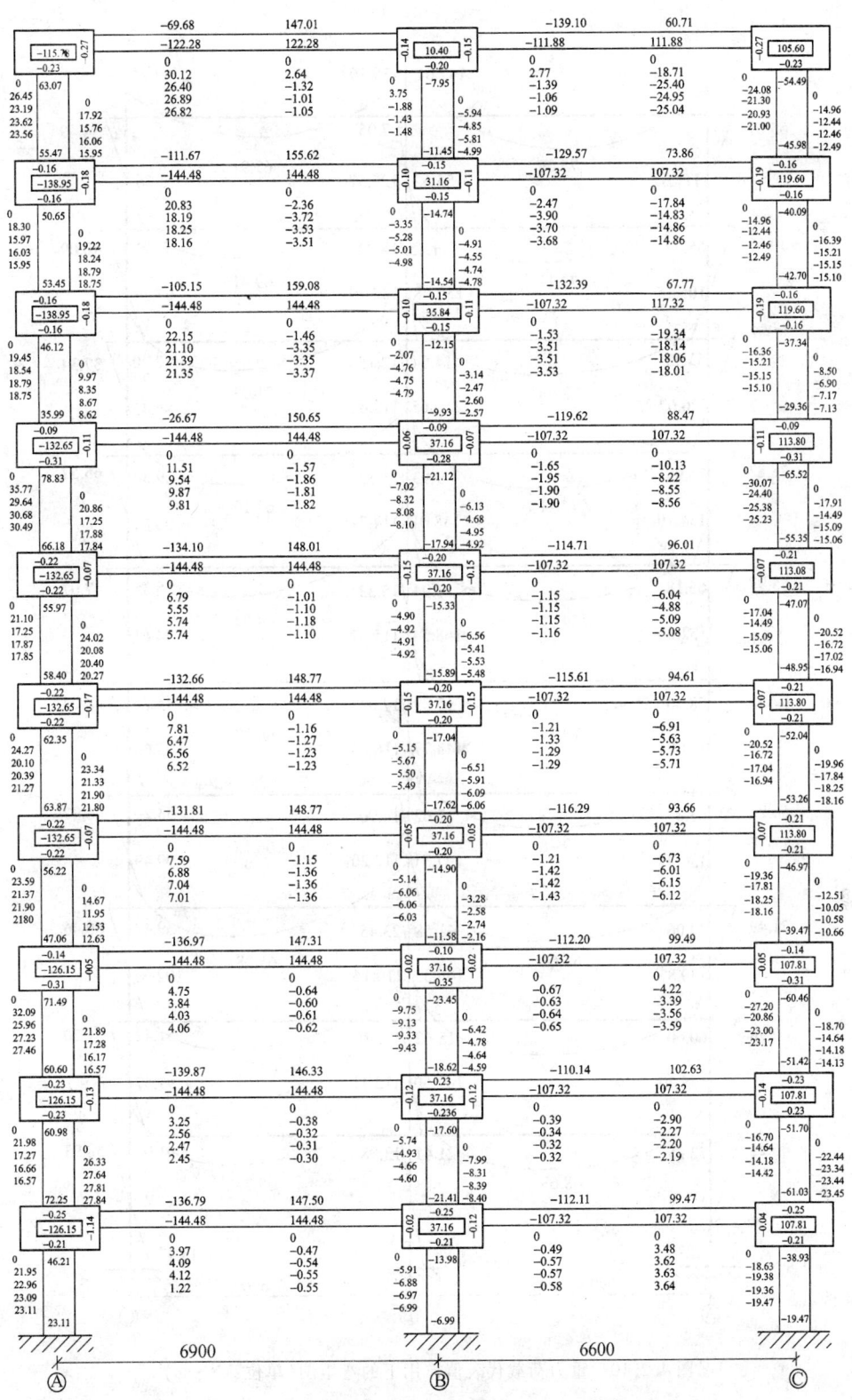

图 4.2.9 重力荷载代表值下的迭代图及杆端弯矩计算图

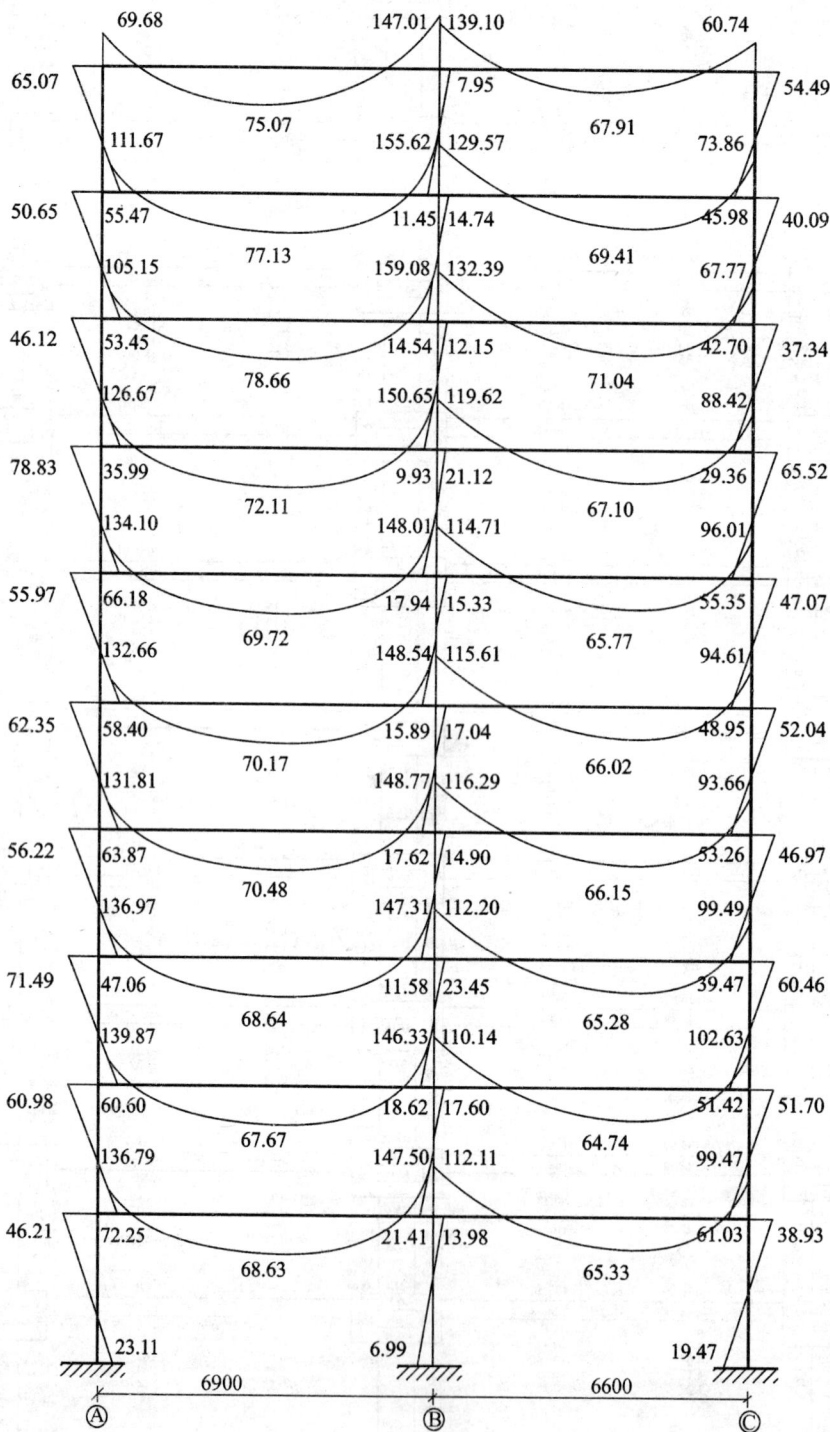

图 4.2.10 重力荷载代表值作用下的弯矩图(单位:kN·m)

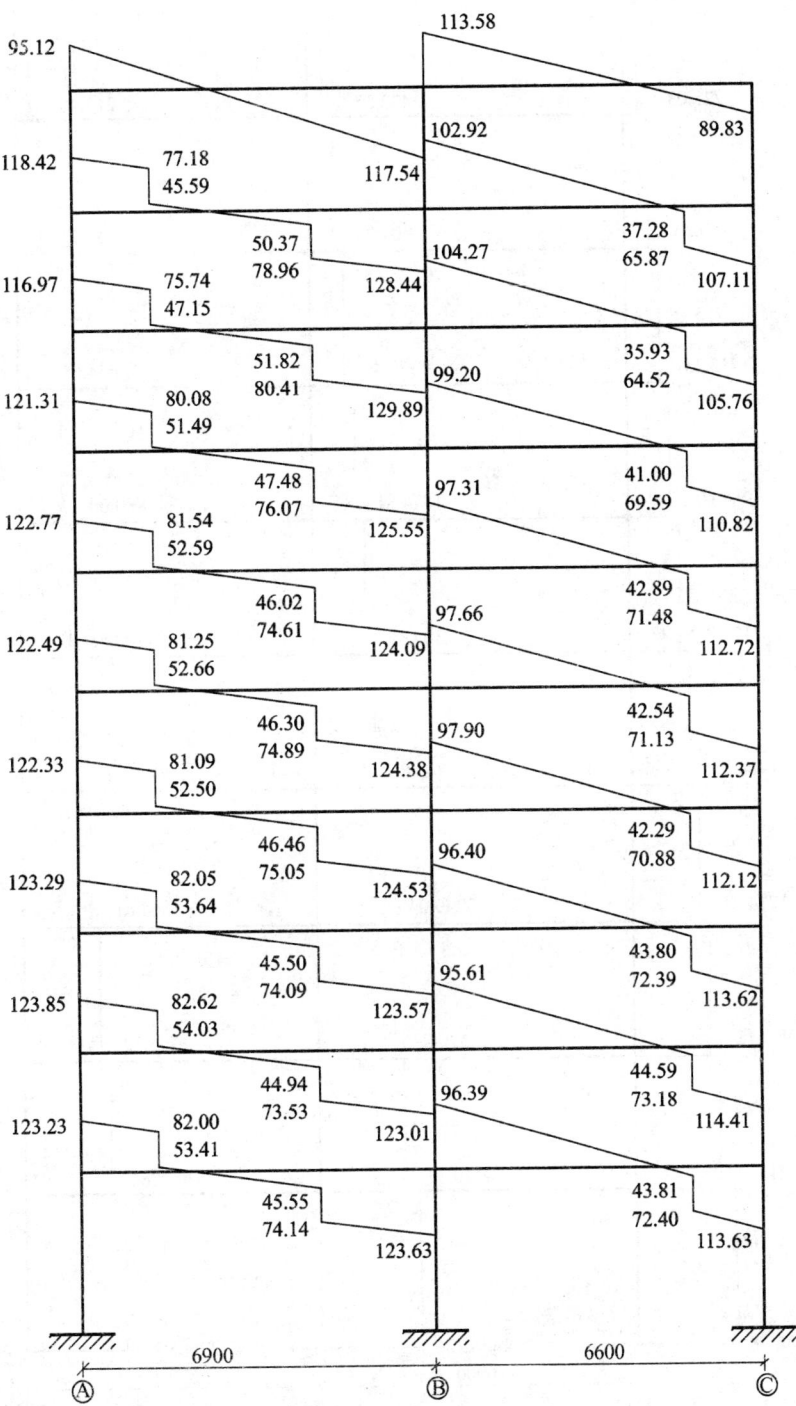

图 4.2.11 重力荷载代表值作用下的剪力图(单位:kN)

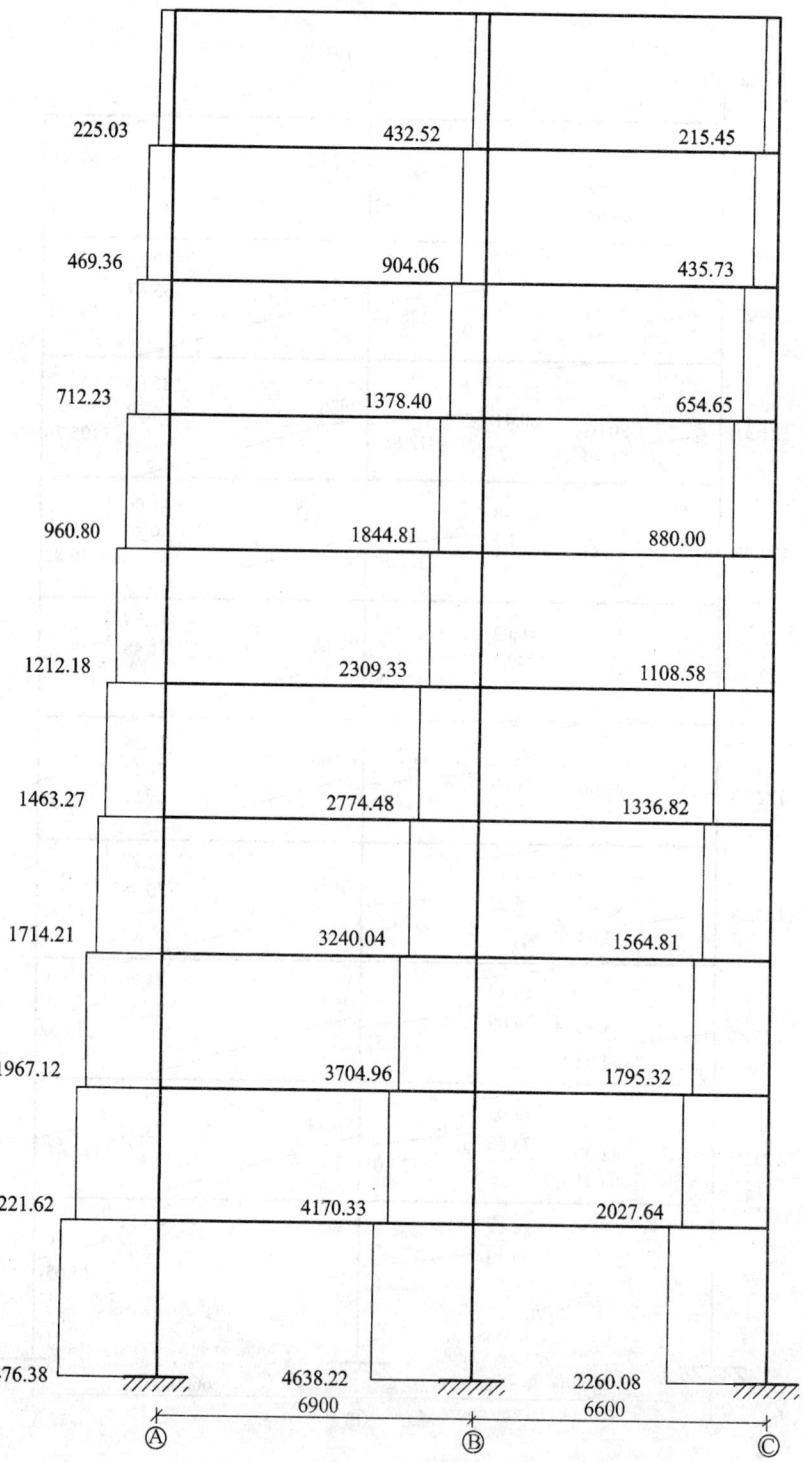

图 4.2.12 重力荷载代表值作用下的轴力图(单位:kN)

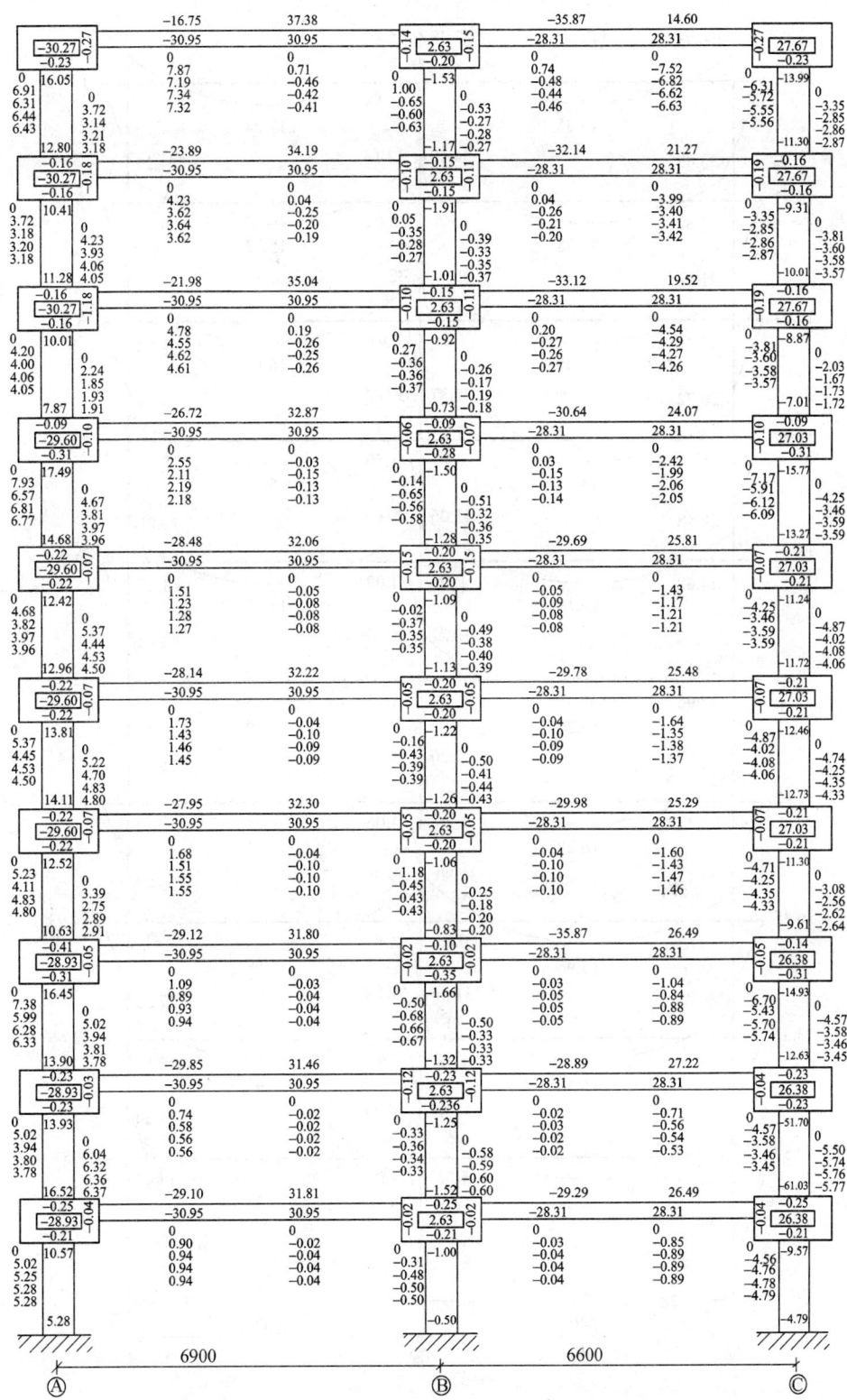

图 4.2.13 活载作用下的迭代图及杆端弯矩计算图

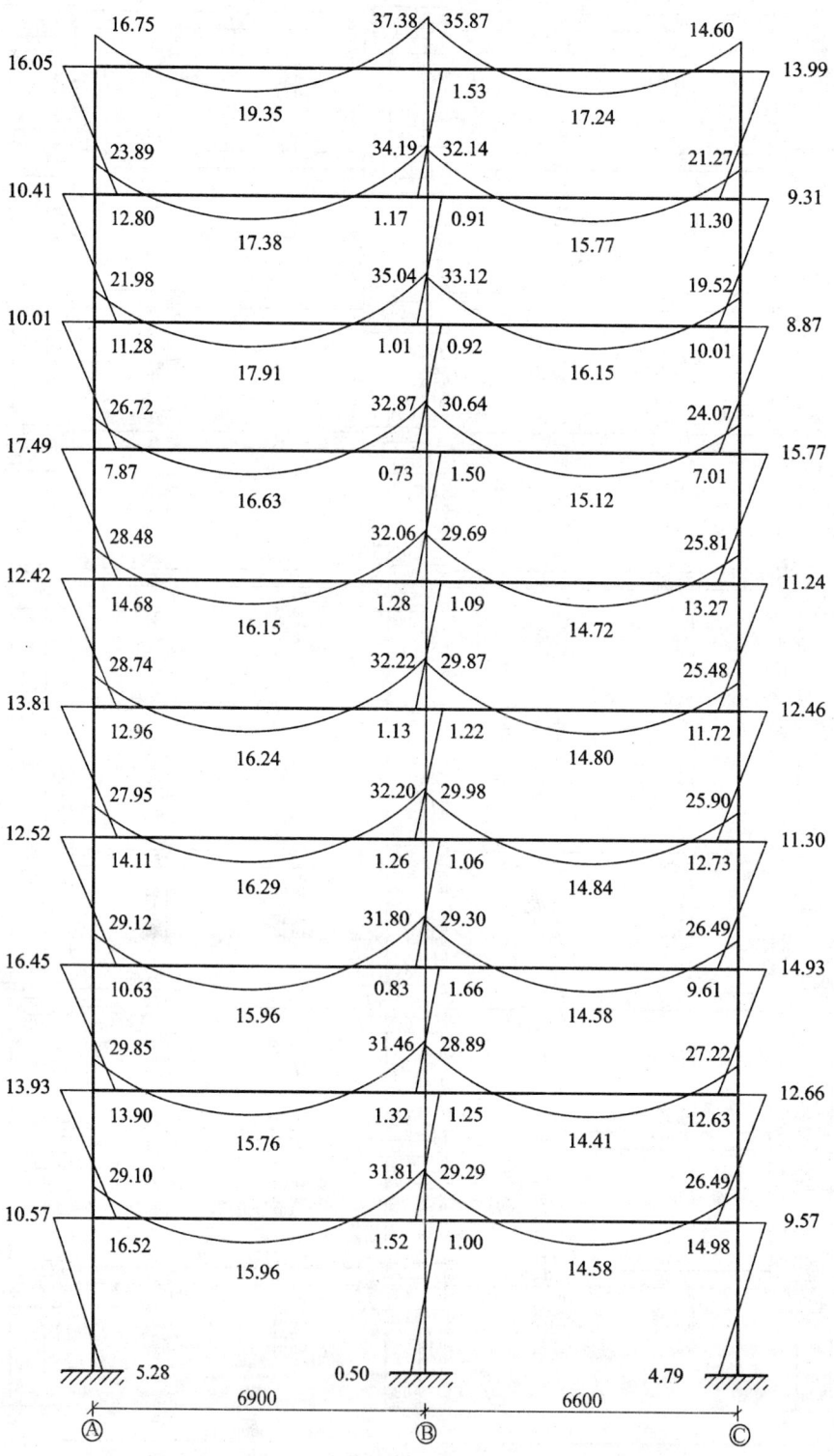

图 4.2.14 活载作用下的弯矩图(单位:kN·m)

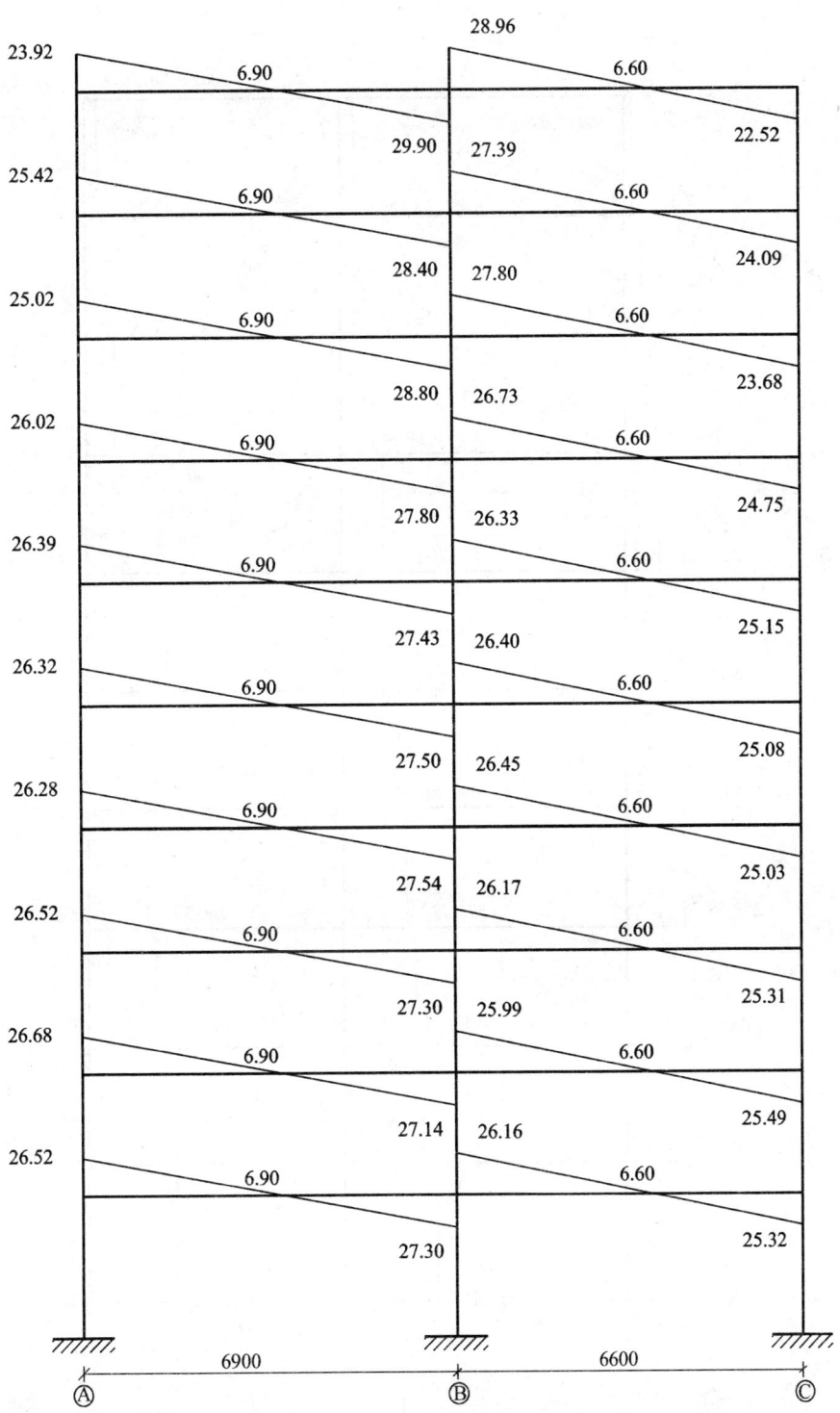

图 4.2.15 活载作用下的剪力图(单位:kN)

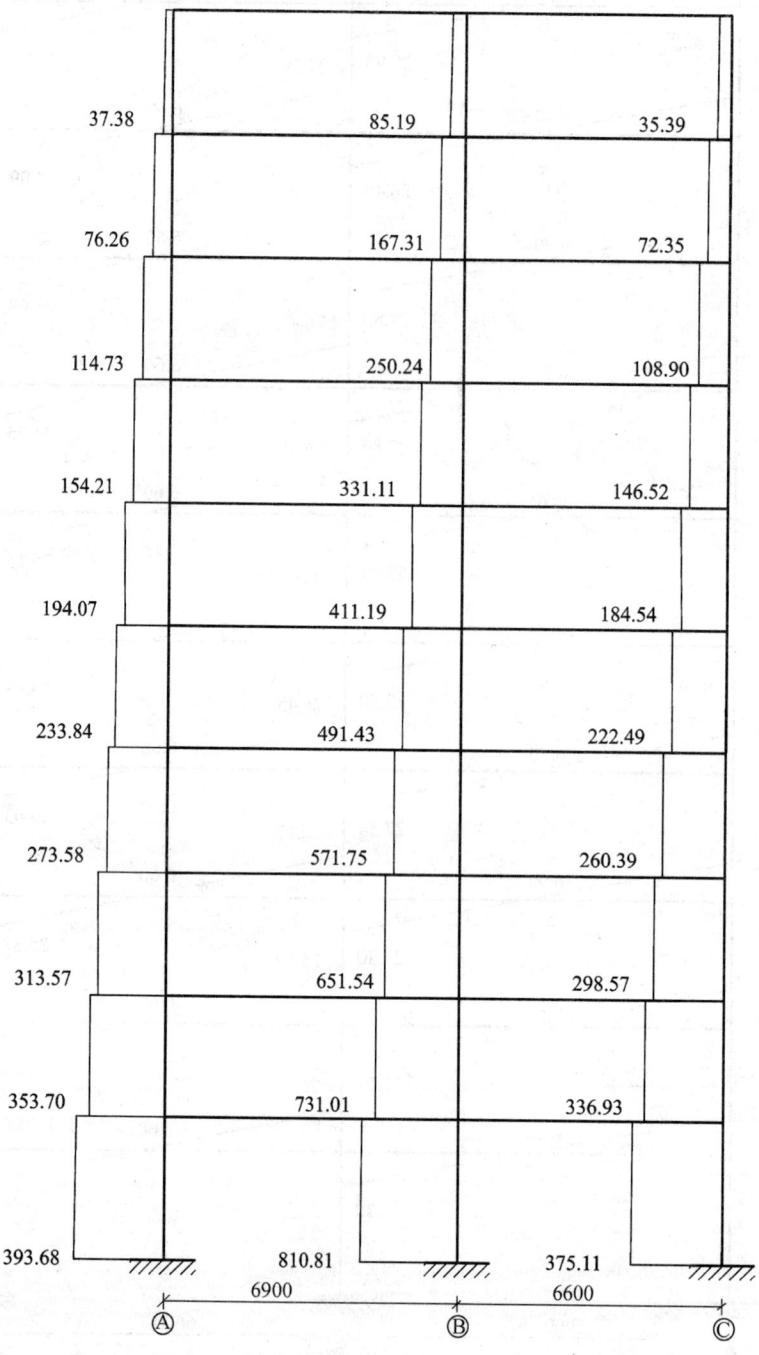

图 4.2.16 活载作用下的轴力图(单位:kN)

表 4.2.18 B 轴框架柱反弯点位置

层 号	h/m	$\bar{i}$	y_0	y_1	y_2	y_3	y	yh/m
10	3	1.44	0.37	0	0	0	0.37	1.11
9	3	1.44	0.42	0	0	0	0.42	1.26
8	3	1.44	0.45	0	0	0	0.45	1.35
7	3	0.46	0.40	0	0	0	0.40	1.20
6	3	0.46	0.43	0	0	0	0.43	1.29
5	3	0.46	0.45	0	0	0	0.45	1.35
4	3	0.13	0.45	0	0	0	0.45	1.35
3	3	0.13	0.53	0	0	0	0.53	1.59
2	3	0.13	0.76	0	0	0.05	0.81	2.43
1	3.6	0.16	1.12	0	−0.04	0	1.08	3.89

表 4.2.19 C 轴框架柱反弯点位置

层 号	h/m	$\bar{i}$	y_0	y_1	y_2	y_3	y	yh/m
10	3	1.19	0.36	0	0	0	0.36	1.08
9	3	1.19	0.41	0	0	0	0.41	1.23
8	3	1.19	0.45	0	0	0	0.45	1.35
7	3	0.34	0.37	0	0	0	0.37	1.11
6	3	0.34	0.40	0	0	0	0.40	1.20
5	3	0.34	0.42	0	0	0	0.42	1.26
4	3	0.34	0.45	0	0	0	0.45	1.35
3	3	0.16	0.52	0	0	0	0.52	1.56
2	3	0.16	0.72	0	0	0.05	0.77	2.31
1	7.2	0.19	1.03	0	−0.04	0	0.99	3.56

表 4.2.20 风荷载作用下 A 轴框架柱剪力和梁柱端弯矩的计算

层 号	V_i/kN	$\sum D$	D_{im}	$D_{im}/\sum D$	V_{im}/kN	yh/m	$M_{c上}$/(kN·m)	$M_{c下}$/(kN·m)	$M_{b总}$/(kN·m)
10	21.38	24 956	6 406	0.26	5.49	1.08	10.54	5.93	10.54
9	43.42	24 956	6 406	0.26	11.15	1.23	19.73	13.71	25.65
8	63.95	24 956	6 406	0.26	16.42	1.35	27.09	22.16	40.79
7	83.3	34 407	8 659	0.25	20.96	1.08	40.25	22.64	62.41

续表

层号	V_i/kN	$\sum D$	D_{im}	$D_{im}/\sum D$	V_{im}/kN	yh/m	$M_{c上}$/(kN·m)	$M_{c下}$/(kN·m)	$M_{b总}$/(kN·m)
6	100.19	34 407	8 659	0.25	25.21	1.20	45.39	30.26	68.03
5	115.74	34 407	8 659	0.25	29.13	1.23	51.56	35.83	81.81
4	129.41	34 407	8 659	0.25	32.57	1.35	53.74	43.97	89.56
3	141.55	38 417	9 360	0.24	34.49	1.59	48.63	54.84	92.59
2	152.84	38 417	9 360	0.24	37.24	2.34	24.58	87.14	79.41
1	164.79	93 762	24 526	0.26	43.11	3.67	−3.10	158.28	84.03

表 4.2.21 风荷载作用下 B 轴框架柱剪力和梁柱端弯矩的计算

层号	V_i/kN	$\sum D$	D_{im}	$D_{im}/\sum D$	V_{im}/kN	yh/m	$M_{c上}$/(kN·m)	$M_{c下}$/(kN·m)	$M_{b左}$/(kN·m)	$M_{b右}$/(kN·m)
10	21.38	24 956	11 955	0.48	10.24	1.11	19.36	11.37	9.46	9.90
9	43.42	24 956	11 955	0.48	20.80	1.26	36.19	26.21	23.23	24.33
8	63.95	24 956	11 955	0.48	30.63	1.35	50.55	41.36	37.49	39.26
7	83.3	34 407	16 738	0.49	40.52	1.20	72.94	48.63	55.83	58.47
6	100.19	34 407	16 738	0.49	48.74	1.29	83.34	62.87	64.46	67.51
5	115.74	34 407	16 738	0.49	56.30	1.35	92.90	76.01	76.09	79.69
4	129.41	34 407	16 738	0.49	62.95	1.35	103.87	84.99	87.86	92.02
3	141.55	38 417	19 287	0.50	71.06	1.59	100.20	112.99	90.46	94.73
2	152.84	38 417	19 287	0.50	76.73	2.43	43.74	186.46	76.55	80.18
1	164.79	93 762	54 120	0.58	95.12	3.89	−27.39	369.82	77.70	81.37

表 4.2.22 风荷载作用下 C 轴框架柱剪力和梁柱端弯矩的计算

层号	V_i/kN	$\sum D$	D_{im}	$D_{im}/\sum D$	V_{im}/kN	yh/m	$M_{c上}$/(kN·m)	$M_{c下}$/(kN·m)	$M_{b总}$/(kN·m)
10	21.38	24 956	26 596	0.26	5.65	1.08	10.85	6.10	10.85
9	43.42	24 956	26 596	0.26	11.48	1.23	20.31	14.12	26.42
8	63.95	24 956	26 596	0.26	16.90	1.35	27.89	22.82	42.00
7	83.3	34 407	39 010	0.26	21.81	1.11	41.23	24.21	64.05
6	100.19	34 407	39 010	0.26	26.24	1.20	47.23	31.48	71.44
5	115.74	34 407	39 010	0.26	30.31	1.26	52.74	38.19	84.22

续表

层号	V_i/kN	$\sum D$	D_{im}	$D_{im}/\sum D$	V_{im}/kN	yh/m	$M_{c上}$/(kN·m)	$M_{c下}$/(kN·m)	$M_{b总}$/(kN·m)
4	129.41	34 407	39 010	0.26	33.89	1.35	55.92	45.75	94.10
3	141.55	38 417	39 770	0.25	36.00	1.56	51.84	56.16	97.59
2	152.84	38 417	39 770	0.25	38.87	2.31	26.82	89.79	82.98
1	164.79	103 408	24 762	0.24	39.46	3.56	1.42	140.64	91.21

表 4.2.23　风荷载作用下框架柱轴力与梁端剪力

层数	柱轴力/kN					
	AB 跨 V_{bAB}	BC 跨 V_{bBC}	A 轴 N_{cA}	B 轴 $V_{bAB}-V_{bBC}$	N_{cB}	C 轴 N_{cC}
10	-2.89	-3.14	-2.90	0.25	0.25	3.14
9	-7.08	-7.69	-9.98	0.60	0.85	10.83
8	-11.35	-12.31	-21.33	0.97	1.82	23.15
7	-17.14	-18.56	-38.46	1.43	3.24	41.71
6	-19.20	-21.05	-57.67	1.85	5.10	62.76
5	-22.88	-24.83	-80.55	1.95	7.04	87.60
4	-25.71	-28.20	-106.26	2.48	9.53	115.80
3	-26.53	-29.14	-132.79	2.61	12.14	144.94
2	-22.60	-24.72	-155.40	2.12	14.26	169.66
1	-23.44	-26.15	-178.84	2.70	16.97	195.80

表 4.2.24　地震作用下 A 轴框架柱剪力和梁柱端弯矩的计算

层号	V_i/kN	$\sum D$	D_{im}	$D_{im}/\sum D$	V_{im}/kN	yh/m	$M_{c上}$/(kN·m)	$M_{c下}$/(kN·m)	$M_{b总}$/(kN·m)
10	53.13	24 956	6 406	0.26	13.64	1.08	26.18	14.73	26.19
9	99.39	24 956	6 406	0.26	25.51	1.23	45.16	31.38	59.89
8	140.62	24 956	6 406	0.26	36.10	1.35	59.56	48.73	90.94
7	176.99	34 407	8 659	0.25	44.54	1.08	85.52	48.11	134.25
6	208.44	34 407	8 659	0.25	52.46	1.20	94.42	62.95	142.53
5	234.82	34 407	8 659	0.25	59.19	1.23	104.60	72.69	167.55
4	256.12	34 407	8 659	0.25	64.46	1.35	106.35	87.02	179.04

续表

层号	V_i/kN	$\sum D$	D_{im}	$D_{im}/\sum D$	V_{im}/kN	yh/m	$M_{c上}$/(kN·m)	$M_{c下}$/(kN·m)	$M_{b总}$/(kN·m)
3	272.42	38 417	9 360	0.24	66.37	1.59	93.59	105.53	180.60
2	283.67	38 417	9 360	0.24	69.11	2.34	45.62	161.73	151.15
1	289.83	93 762	24 526	0.26	75.81	3.67	-5.46	278.39	156.27

表 4.2.25 地震作用下 B 轴框架柱剪力和梁柱端弯矩的计算

层号	V_i/kN	$\sum D$	D_{im}	$D_{im}/\sum D$	V_{im}/kN	yh/m	$M_{c上}$/(kN·m)	$M_{c下}$/(kN·m)	$M_{b左}$/(kN·m)	$M_{b右}$/(kN·m)
10	53.13	24 956	11 955	0.48	25.45	1.11	48.10	28.25	23.50	24.61
9	99.39	24 956	11 955	0.48	47.61	1.26	82.84	59.99	54.26	56.83
8	140.62	24 956	11 955	0.48	67.36	1.35	111.15	90.94	83.59	87.55
7	176.99	34 407	16 738	0.49	86.10	1.20	154.98	103.32	120.12	125.80
6	208.44	34 407	16 738	0.49	101.40	1.29	173.39	130.80	135.16	141.55
5	234.82	34 407	16 738	0.49	114.23	1.35	188.48	154.21	155.96	163.33
4	256.12	34 407	16 738	0.49	124.59	1.35	205.58	168.20	175.74	184.05
3	272.42	38 417	19 287	0.50	136.77	1.59	192.84	217.46	176.35	184.69
2	283.67	38 417	19 287	0.50	142.41	2.43	81.18	346.07	145.87	152.77
1	289.83	93 762	54 120	0.58	167.29	3.89	-48.18	650.43	145.50	152.38

表 4.2.26 地震作用下 C 轴框架柱剪力和梁柱端弯矩的计算

层号	V_i/kN	$\sum D$	D_{im}	$D_{im}/\sum D$	V_{im}/kN	yh/m	$M_{c上}$/(kN·m)	$M_{c下}$/(kN·m)	$M_{b总}$/(kN·m)
10	53.13	24 956	6 596	0.27	14.04	1.08	26.96	15.17	26.96
9	99.39	24 956	6 956	0.27	26.27	1.23	46.50	32.31	61.66
8	140.62	24 956	6 596	0.27	37.17	1.35	61.32	50.17	93.64
7	176.99	34 407	9 010	0.26	46.35	1.11	87.60	51.46	137.77
6	208.44	34 407	9 010	0.26	54.58	1.20	98.25	65.50	149.70
5	234.82	34 407	9 010	0.26	61.49	1.26	106.99	77.48	172.49
4	256.12	34 407	9 010	0.26	67.07	1.35	110.66	90.54	188.14
3	272.42	38 417	9 770	0.26	69.28	15.56	99.76	108.08	190.30
2	283.67	38 417	9 770	0.25	72.14	2.31	49.78	166.65	157.85
1	289.83	103 408	24 762	0.24	69.40	3.56	2.50	247.35	169.15

表 4.2.27 地震作用下框架柱轴力与梁端剪力

层 数	柱轴力/kN					
	AB 跨 V_{bAB}	BC 跨 V_{bBC}	A 轴 N_{cA}	B 轴 $V_{bAB} - V_{bBC}$	B 轴 N_{cB}	C 轴 N_{cC}
10	-7.20	-7.81	-7.20	0.61	0.61	7.81
9	-16.54	-17.95	-23.74	1.41	2.02	25.77
8	-25.29	-27.45	-49.04	2.16	4.18	53.22
7	-36.87	-39.94	-85.90	3.07	7.25	93.15
6	-40.24	-44.13	-126.15	3.88	11.13	137.28
5	46.88	-50.88	-173.03	3.99	15.13	188.17
4	-51.41	-56.39	-224.45	4.97	20.11	244.56
3	-51.73	-56.82	-276.18	5.09	25.19	301.38
2	-43.05	-47.06	-319.23	4.01	29.21	348.44
1	-43.73	-48.72	-362.96	4.98	34.19	397.16

4.2.8 内力组合

各种荷载情况下的框架内力求得后,根据最不利又是可能的原则进行内力组合。当考虑结构塑性内力重分布的有利影响时,应在内力组合之前对竖向荷载作用下的内力进行调幅。分别考虑恒载和活载由可变荷载效应控制的组合和永久荷载效应控制的组合,并比较两种组合的内力,取最不利者。由于构件控制截面的内力值应取支座边缘处,为此,进行组合前,应先计算各控制截面处(支座边缘处)内力值。

梁支座边缘处的内力值:

$$M_{边} = M - V \times \frac{b}{2} \quad (4.2.12)$$

$$V_{边} = V - q \times \frac{b}{2} \quad (4.2.13)$$

式中 $M_{边}$——支座边缘截面的弯矩标准值;
$V_{边}$——支座边缘截面的剪力标准值;
M——梁柱中线交点处的弯矩标准值;
V——与 M 相应的梁柱中线交点处的剪力标准值;
q——梁单位长度的均布荷载标准值;
b——梁端支座宽度(即柱截面高度)。

柱上端控制截面在该层的梁底,柱下端的控制截面在下层的梁顶。按轴线计算简图算得的柱端内力值,宜换算到控制截面处的值。为了简化起见,也可采用轴线处内力值。

各内力组合见表 4.2.28~表 4.2.33。

表 4.2.28 用于承载力计算的框架梁由可变荷载效应控制的基本组合表（AB 梁）

层数			恒载	活载	左风	右风	M_{max}相应的 V		M_{min}相应的 V		$|V|_{max}$相应的 M	
			①	②	③	④	组合项目	数值	组合项目	数值	组合项目	数值
10	左	M	-61.33	-16.75	10.54	-10.54	1.2×①+ 1.4×②+ 1.4×0.6× ④		1.2×①+ 1.4×②+ 1.4×0.6× ④	-105.89	1.2×①+ 1.4×②+ 1.4×0.6× ④	-105.89
		V	83.17	23.92	-2.90	2.90				135.72		135.72
	中	M	65.39	19.35	0.54	-0.54		105.1				
	右	M	-128.32	-37.38	-9.46	9.46			1.2×①+ 1.4×②+ 1.4×0.6× ③	-214.26	1.2×①+ 1.4×②+ 1.4×0.6× ③	-214.26
		V	-102.58	-29.90	-2.90	2.90				-167.39		-167.39
8	左	M	-94.89	-21.98	40.79	-40.79	1.2×①+ 1.4×②+ 1.4×0.6× ④		1.2×①+ 1.4×0.7× ②+1.4× ④	-192.52	1.2×①+ 1.4×②+ 1.4×0.6× ④	-178.91
		V	104.45	25.02	-11.35	11.35				165.74		169.90
	中	M	69.33	17.91	1.65	-1.65		106.88				
	右	M	-141.58	-35.04	-37.49	37.49			1.2×①+ 1.4×0.7× ②+1.4× ③	-256.72	1.2×①+ 1.4×②+ 1.4×0.6× ③	-250.45
		V	-115.50	-28.80	-11.35	11.35				-182.71		-188.45
4	左	M	-118.58	-27.95	89.56	-89.56	1.2×①+ 1.4×②+ 1.4×0.6× ④		1.2×①+ 1.4×0.7× ②+1.4× ④	-295.08	1.2×①+ 1.4×②+ 1.4×0.6× ④	-256.66
		V	109.18	26.28	-25.71	25.71				192.77		189.41
	中	M	61.96	16.29	0.85	-0.85		96.45				
	右	M	-132.63	-32.30	-87.86	87.86			1.2×①+ 1.4×0.7× ②+1.4× ③	-313.82	1.2×①+ 1.4×②+ 1.4×0.6× ③	-278.18
		V	-110.77	-27.54	-25.71	25.71				-195.91		-193.08
1	左	M	-122.96	-29.10	84.03	-84.03	1.2×①+ 1.4×②+ 1.4×0.6× ④		1.2×①+ 1.4×0.7× ②+1.4× ④	-293.72	1.2×①+ 1.4×②+ 1.4×0.6× ④	-258.88
		V	109.96	26.52	-23.44	23.44				190.76		188.7
	中	M	60.28	15.96	3.17	-3.17		92.02				
	右	M	-131.61	-31.81	-77.70	77.70			1.2×①+ 1.4×0.7× ②+1.4× ③	-297.89	1.2×①+ 1.4×②+ 1.4×0.6× ③	-267.74
		V	-109.98	-27.30	-23.44	23.44				-191.55		-189.89

注：M 单位为 kN·m，V 单位为 kN。

表 4.2.29　用于承载力计算的框架梁由永久荷载效应控制的基本组合表（AB 梁）

层数			恒载 ①	活载 ②	M_{max}相应的V		M_{min}相应的V		$\|V\|_{max}$相应的M	
					组合项目	数值	组合项目	数值	组合项目	数值
10	左	M	-61.33	-16.75	1.35×①+ 1.4×0.7×②		1.35×①+ 1.4×0.7×②	-99.20	1.35×①+ 1.4×0.7×②	-99.20
		V	83.17	23.92				135.71		135.71
	中	M	65.39	19.35		107.24				
	右	M	-128.32	-37.38			1.35×①+ 1.4×0.7×②	-209.86	1.35×①+ 1.4×0.7×②	-209.86
		V	-102.58	-29.90				-167.79		-167.79
8	左	M	-94.89	-21.98	1.35×①+ 1.4×0.7×②		1.35×①+ 1.4×0.7×②	-149.64	1.35×①+ 1.4×0.7×②	-149.64
		V	104.45	25.02				165.53		165.53
	中	M	69.33	17.91		111.15				
	右	M	-141.58	-35.04			1.35×①+ 1.4×0.7×②	-225.47	1.35×①+ 1.4×0.7×②	-225.47
		V	-115.50	-28.00				-184.15		-184.15
4	左	M	-118.58	-27.95	1.35×①+ 1.4×0.7×②		1.35×①+ 1.4×0.7×②	-187.47	1.35×①+ 1.4×0.7×②	-187.47
		V	109.18	26.28				173.15		173.15
	中	M	61.96	16.29		99.61				
	右	M	-132.63	-32.30			1.35×①+ 1.4×0.7×②	-210.71	1.35×①+ 1.4×0.7×②	-210.71
		V	-110.77	-27.54				-176.52		-176.52
1	左	M	-122.96	-29.10	1.35×①+ 1.4×0.7×②		1.35×①+ 1.4×0.7×②	-194.51	1.35×①+ 1.4×0.7×②	-194.51
		V	109.96	26.52				174.44		174.44
	中	M	60.28	15.96		97.02				
	右	M	-131.61	-31.81			1.35×①+ 1.4×0.7×②	-208.85	1.35×①+ 1.4×0.7×②	-208.85
		V	-109.98	-27.30				-175.24		-175.24

注：M 单位为 kN·m，V 单位为 kN。

表 4.2.30 用于承载力计算的框架梁由地震效应控制的基本组合表(AB 梁)

层数			重力荷载代表①	水平地震作用②	水平地震作用③	M_{max}相应的V 组合项目	数值	M_{min}相应的V 组合项目	数值	$|V|_{max}$相应的M 组合项目	数值
10	左	M	-69.68	26.19	-26.19	1.2×①+1.3×②	91.84	1.2×①+1.3×③	-117.65	1.2×①+1.3×③	-117.65
		V	95.12	-7.20	7.20				123.51		123.51
	中	M	75.07	1.34	-1.34						
	右	M	-147.01	-23.50	23.50			1.2×①+1.3×②	-206.56	1.2×①+1.3×②	-206.56
		V	-117.54	-7.20	7.20				-150.40		-150.40
8	左	M	-105.15	90.94	-90.94	1.2×①+1.3×②	99.16	1.2×①+1.3×③	-244.4	1.2×①+1.3×③	-244.4
		V	116.86	-25.29	25.29				173.1		173.1
	中	M	78.66	3.67	-3.67						
	右	M	-159.08	-83.59	83.59			1.2×①+1.3×②	-299.6	1.2×①+1.3×②	-299.6
		V	-130.00	-25.29	25.29				-188.89		-188.89
4	左	M	-131.81	179.04	-179.04	1.2×①+1.3×②	86.72	1.2×①+1.3×③	-390.9	1.2×①+1.3×③	-390.9
		V	122.22	-51.42	51.42				213.5		213.5
	中	M	70.48	1.65	-1.65						
	右	M	-148.77	-175.74	175.74			1.2×①+1.3×②	-406.99	1.2×①+1.3×②	-406.99
		V	-124.64	-51.42	51.42				-216.4		-216.4
1	左	M	-136.79	156.27	-156.27	1.2×①+1.3×②	89.36	1.2×①+1.3×③	-367.3	1.2×①+1.3×③	-367.3
		V	123.12	-43.73	43.73				204.6		204.6
	中	M	68.63	5.38	-5.38						
	右	M	-147.5	-145.5	145.50			1.2×①+1.3×②	-366.2	1.2×①+1.3×②	-366.2
		V	-123.74	-43.73	43.73				-205.34		-205.34

注：M 单位为 kN·m，V 单位为 kN。

表 4.2.31 用于承载力计算的框架柱由活载效应控制的基本组合表（B 柱）

层数			恒载 ①	活载 ②	左风 ③	右风 ④	N_{max} 相应的 M 组合项目	数值	N_{min} 相应的 M 组合项目	数值	$\|M\|_{max}$ 相应的 N 组合项目	数值
10	上	M	7.19	1.53	19.36	-19.36	1.2×①+1.4×②+1.4×0.6×③	27.02	1.2×①+1.4×②+1.4×0.6×④	-5.50	1.2×①+1.4×0.7×②+1.4×③	37.22
		N	389.9	85.19	0.25	-0.25		587.4		586.96		551.73
	下	M	-10.87	-1.17	-11.37	11.37	1.2×①+1.4×②+1.4×0.6×③	-24.23	1.2×①+1.4×②+1.4×0.6×④	-5.13	1.2×①+1.4×0.7×②+1.4×③	-30.11
		N	394.5	85.19	0.25	-0.25		592.8		592.43		557.20
		V	-1.23	0.12	2.66	-2.66		0.93		-3.54		2.37
8	上	M	11.69	0.92	50.55	-50.55	1.2×①+1.4×②+1.4×0.6×③	57.77	1.2×①+1.4×②+1.4×0.6×④	-27.15	1.2×①+1.4×0.7×②+1.4×③	85.69
		N	1 247.6	250.24	1.82	-1.82		1 849		1 845.9		1 744.91
	下	M	-9.57	-0.73	-41.36	41.36	1.2×①+1.4×②+1.4×0.6×③	-47.24	1.2×①+1.4×②+1.4×0.6×④	22.24	1.2×①+1.4×0.7×②+1.4×③	-70.10
		N	1 252.2	250.24	1.82	-1.82		1 854.5		1 851.4		1 750.4
		V	0.71	0.06	3.06	-3.06		3.51		-1.64		5.20
4	上	M	14.36	1.06	103.87	-103.9	1.2×①+1.4×②+1.4×0.6×③	105.98	1.2×①+1.4×②+1.4×0.6×④	-68.53	1.2×①+1.4×0.7×②+1.4×③	163.7
		N	2 935.7	571.75	9.53	-9.53		4 331.3		4 315.3		4 096.5
	下	M	-11.17	-0.83	-84.99	84.99	1.2×①+1.4×②+1.4×0.6×③	-85.95	1.2×①+1.4×②+1.4×0.6×④	56.83	1.2×①+1.4×0.7×②+1.4×③	-133.2
		N	2 943.2	571.75	9.53	-9.53		4 340.3		4 324.3		4 105.5
		V	1.07	0.08	6.30	-6.30		6.68		-3.90		10.17
1	上	M	13.48	1.00	-27.39	27.39	1.2×①+1.4×②+1.4×0.6×③	-5.44	1.2×①+1.4×②+1.4×0.6×④	40.58	1.2×①+1.4×0.7×②+1.4×③	-21.20
		N	4 202.9	810.81	16.97	-16.97		6 192.9		6 164.3		5 861.8
	下	M	-6.74	-0.50	-369.8	369.8	1.2×①+1.4×②+1.4×0.6×③	-319.4	1.2×①+1.4×②+1.4×0.6×④	301.86	1.2×①+1.4×0.7×②+1.4×③	-526.3
		N	4 216.3	810.81	16.97	-16.97		6 208.9		6 180.4		5 877.8
		V	1.87	0.14	-110.3	110.3		-90.24		95.12		-152.09

注：M 单位为 kN·m，V 单位为 kN。

表 4.2.32　用于承载力计算的框架柱由永久荷载效应控制的基本组合表(B柱)

层数			恒载 ①	活载 ②	N_{max}相应的M		N_{min}相应的M		$\|M\|_{max}$相应的N	
					组合项目	数值	组合项目	数值	组合项目	数值
10	上	M	7.19	1.53	1.35×①+ 1.4×0.7×②	10.12	1.35×①+ 1.4×0.7×②	10.12	1.35×①+ 1.4×0.7×②	10.12
		N	389.91	85.19		551.38		551.38		551.38
	下	M	−10.87	−1.17	1.35×①+ 1.4×0.7×②	−14.19	1.35×①+ 1.4×0.7×②	−14.19	1.35×①+ 1.4×0.7×②	−14.19
		N	394.47	85.19		556.86		556.86		556.86
		V	−1.23	0.12		−1.36		−1.36		−1.36
8	上	M	11.69	0.92	1.35×①+ 1.4×0.7×②	14.92	1.35×①+ 1.4×0.7×②	14.92	1.35×①+ 1.4×0.7×②	14.92
		N	1 247.6	250.24		1 742.4		1 742.4		1 742.4
	下	M	−9.57	−0.73	1.35×①+ 1.4×0.7×②	−12.20	1.35×①+ 1.4×0.7×②	−12.20	1.35×①+ 1.4×0.7×②	−12.20
		N	1 252.2	250.24		1 747.8		1 747.8		1 747.8
		V	0.71	0.06		0.91		0.91		0.91
4	上	M	14.36	1.06	1.35×①+ 1.4×0.7×②	18.28	1.35×①+ 1.4×0.7×②	18.28	1.35×①+ 1.4×0.7×②	18.28
		N	2 935.7	571.75		4 083.1		4 083.1		4 083.1
	下	M	−11.17	−0.83	1.35×①+ 1.4×0.7×②	−14.21	1.35×①+ 1.4×0.7×②	−14.21	1.35×①+ 1.4×0.7×②	−14.21
		N	2 943.2	571.75		4 092.1		4 092.1		4 092.1
		V	1.07	0.08		1.36		1.36		1.36
1	上	M	13.48	1.00	1.35×①+ 1.4×0.7×②	17.15	1.35×①+ 1.4×0.7×②	17.15	1.35×①+ 1.4×0.7×②	17.15
		N	4 202.9	810.81		5 838.1		5 838.1		5 838.1
	下	M	−6.74	−0.50	1.35×①+ 1.4×0.7×②	−8.58	1.35×①+ 1.4×0.7×②	−8.58	1.35×①+ 1.4×0.7×②	−8.58
		N	4 216.3	810.81		5 854.1		5 854.1		5 854.1
		V	1.87	0.14		2.38		2.38		2.38

注：M 单位为 kN·m，V 单位为 kN。

表 4.2.33 用于承载力计算的框架柱由地震效应控制的基本组合表(B柱)

层数			重力荷载代表值 ①	水平地震作用 ②	水平地震作用 ③	M_{max}相应的V 组合项目	数值	M_{min}相应的V 组合项目	数值	$\|V\|_{max}$相应的M 组合项目	数值
10	上	M	7.95	48.10	-48.10	1.2×① + 1.3×②	72.08	1.2×① + 1.3×③	-52.99	1.2×① + 1.3×②	72.08
		N	432.52	0.61	-0.61		519.82		518.23		519.82
	下	M	-11.45	-28.25	28.25		-50.47		22.98		-50.47
		N	432.52	0.61	-0.61		519.82		518.23		519.82
		V	-1.17	6.62	-6.62		7.20		-10.00		7.20
8	上	M	12.15	111.15	-111.15	1.2×① + 1.3×②	159.07	1.2×① + 1.3×③	-129.92	1.2×① + 1.3×②	159.07
		N	1 378.4	4.18	-4.18		1 659.52		1 648.65		1 659.52
	下	M	-9.93	-90.94	90.94		-130.14		106.30		-130.14
		N	1 378.4	4.18	-4.18		1 659.52		1 648.65		1 659.52
		V	0.74	6.74	-6.74		9.64		-7.87		9.64
4	上	M	14.90	205.58	-205.58	1.2×① + 1.3×②	285.13	1.2×① + 1.3×③	-249.38	1.2×① + 1.3×②	285.13
		N	3 240.0	20.11	-20.11		3 914.19		3 861.91		3 914.19
	下	M	-11.58	-168.2	168.2		-232.56		204.77		-232.56
		N	3 240.0	20.11	-20.11		3 914.19		3 861.91		3 914.19
		V	1.10	12.46	-12.46		17.52		-14.87		17.52
1	上	M	13.98	-48.18	48.18	1.2×① + 1.3×②	-45.86	1.2×① + 1.3×③	79.41	1.2×① + 1.3×②	-45.86
		N	4 638.2	34.19	-34.19		5 610.32		5 521.41		5 610.32
	下	M	-6.99	-650.43	650.43		-853.95		837.17		-853.95
		N	4 638.2	34.19	-34.19		5 610.32		5 521.41		5 610.32
		V	1.94	-194.1	194.1		-249.95		254.61		-249.95

注：M 单位为 kN·m，V 单位为 kN。

4.2.9 截面验算

1. 梁验算

本文所用的钢材为 Q345 钢,当 $t \leqslant 16$ 时,$f = 310 \text{ kN/m}^2$,$f_y = 344.4 \text{ kN/m}^2$;当 $16 \leqslant t \leqslant 35$ 时,$f = 295 \text{ kN/m}^2$,$f_y = 327.75 \text{ kN/m}^2$。

根据内力组合表选取最不利的一组内力为 $\begin{cases} M = 313.82 \text{ kN} \cdot \text{m} \\ V = 195.91 \text{ kN} \end{cases}$

（1）强度验算

该梁采用 HN450×200×9×14,如图 4.2.17 所示,查表可得 $W_x = 1\,500 \text{ cm}^3$,$I_x = 33\,700 \text{ cm}^4$。

$$\frac{M_x}{\gamma_x W_{nx}} = \frac{313.82 \times 10^6}{1.05 \times 1\,500\,000} \text{ N/mm}^2 = 199.25 \text{ N/mm}^2 < f$$
$$= 310 \text{ N/mm}^2$$

该梁采用型刚,故可不必验算梁的抗剪承载力。

$$\sigma_A = \frac{M_x \cdot h_1}{I_x} = \frac{313.82 \times 10^6 \times 211}{33\,700 \times 10^4} \text{ N/mm}^2$$
$$= 196.4 \text{ N/mm}^2$$

$$\tau_A = \frac{V_y s_x}{I_x t} = \frac{195.91 \times 10^3 \times 14 \times 200 \times 218}{33\,700 \times 10^4 \times 9} \text{ N/mm}^2$$
$$= 39.4 \text{ N/mm}^2$$

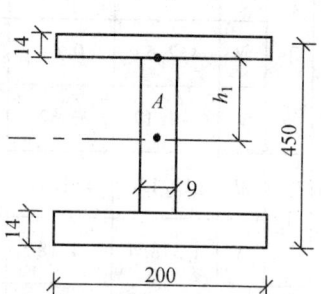

图 4.2.17 HN450×200× 9×14 截面图

$$\sigma = \sqrt{\sigma_A^2 + 3\tau_A^2} = \sqrt{196.4^2 + 3 \times 39.4^2} \text{ N/mm}^2$$
$$= 207.9 \text{ N/mm}^2 < \beta_1 f = 1.1 \times 310 \text{ N/mm}^2 = 341 \text{ N/mm}^2$$

故满足要求。

（2）刚度验算（由结构力学中的图层法求出）

$$v = \frac{102.8 \times 10^{12}}{2.06 \times 10^5 \times 322\,589\,400} \times 10^{-3} = 0.001\,5 < [v]$$

满足要求。

（3）整体稳定验算

由《钢结构设计规范》（GB 50017—2003）中第 4.2.1 条可知,由于压型钢板组合楼面的作用,可不必验算梁的整体稳定性。

（4）局部稳定性验算

翼缘：$\dfrac{b_1}{t} = \dfrac{200 - 9}{2 \times 14} = 6.82 < 13 \sqrt{\dfrac{235}{f_y}} = 11$

腹板：$\dfrac{h_0}{t_w} = \dfrac{450 - 2 \times 14}{9} = 46.89 < 80 \sqrt{\dfrac{235}{f_y}} = 66.08$

满足要求,不需要设加劲肋。

（5）抗震验算

选取最不利一组内力 $\begin{cases} M = 406.99 \text{ kN} \cdot \text{m} \\ V = 216.42 \text{ kN} \end{cases}$

取 $\gamma_{RE} = 0.75$,

$$\frac{M_x}{\gamma_x W_{nx}} = \frac{406.99 \times 10^6}{1.05 \times 15 \times 10^5} \text{ N/mm}^2 = 258.4 \text{ N/mm}^2 < f/\gamma_{RE} = 413 \text{ N/mm}^2$$

$$\sigma_A = \frac{M_x \cdot h_1}{I_x} = \frac{406.99 \times 10^6 \times 211}{33\,700 \times 10^4} \text{ N/mm}^2 = 254.8 \text{ N/mm}^2$$

$$\tau_A = \frac{V_y s_x}{I_x t} = \frac{216.42 \times 10^3 \times 14 \times 200 \times 218}{33\,700 \times 10^4 \times 9} \text{ N/mm}^2 = 43.6 \text{ N/mm}^2$$

$$\sigma = \sqrt{\sigma_A^2 + 3\tau_A^2} = \sqrt{254.8^2 + 3 \times 43.6^2} = 265.8 \text{ N/mm}^2 < \beta_1 f/\gamma_{RE} = 454.3 \text{ N/mm}^2$$

满足要求。

2. 柱验算

由于柱截面发生变化，因此分别取一层，四层，八层柱来进行验算。一层 B 柱：

根据内力组合表选取最不利的一组内力为 $\begin{cases} M = 526.32 \text{ kN} \cdot \text{m} \\ N = 5\,877.84 \text{ kN} \\ V = 152.09 \text{ kN} \end{cases}$

（1）强度验算

$$\sigma_n = \frac{N}{A} + \frac{M}{\gamma_x W_{nx}} = \frac{5\,877.84 \times 10^3}{40\,832} \text{ N/mm}^2 + \frac{526.32 \times 10^6}{1.05 \times 10\,304\,670} \text{ N/mm}^2$$
$$= 144.0 \text{ N/mm}^2 + 48.6 \text{ N/mm}^2 = 192.6 \text{ N/mm}^2 < f = 310 \text{ N/mm}^2$$

满足要求。

（2）刚度验算

$$K_1 = \frac{0.41}{1.88} = 0.2; \quad K_2 = 10$$

查表可得出 $\mu = 1.52$。

$$\lambda_{0x} = \frac{l_{0x}}{i_x} = \frac{360 \times 1.52}{28.63} = 19.11$$

$$\lambda_{0y} = \frac{l_{0y}}{i_y} = \frac{360 \times 1.52}{16.4} = 33.37$$

$$\lambda = 33.37 < [\lambda] = 150$$

满足要求。

（3）整体稳定性验算

1）验算弯矩作用平面内的整体稳定性

查表得 $\varphi_x = 0.96$。

$$N_{Ex} = \frac{\pi^2 EA}{\lambda_x^2} = \frac{3.14^2 \times 206\,000 \times 40\,832}{19.11^2} \times 10^{-3} \text{ kN} = 227\,094 \text{ kN}$$

$$\beta_{mx} = 0.65 + 0.35 \frac{M_2}{M_1} = 0.65 + 0.35 \times \frac{21.20}{526.32} = 0.66$$

$$\frac{N}{\varphi_x A} + \frac{\beta_{mx} M_x}{\gamma_{1x} W_{1x} \left(1 - 0.8 \frac{1.1 N_E}{N_{Ex}}\right)}$$

$$= \frac{5\,877.84 \times 10^3}{0.96 \times 40\,832}\ \text{N/mm}^2 + \frac{0.66 \times 526.32 \times 10^6}{1.05 \times 10\,304\,670 \times \left(1 - 0.8 \times \frac{1.1 \times 5\,877.84}{227\,094}\right)}\ \text{N/mm}^2$$

$$= 182.8\ \text{N/mm}^2 < f = 310\ \text{N/mm}^2$$

满足要求。

2) 验算弯矩作用平面外的整体稳定性

查表得 $\varphi_y = 0.899$。

$$\varphi_b = 1.07 - \frac{\lambda_y^2}{44\,000} \times \frac{f_y}{235} = 1.07 - \frac{33.37^2}{44\,000} \times \frac{345}{235} = 1.03$$

$\beta_{tx} = 1.0$；$\eta = 1.0$

$$\frac{N}{\varphi_y A} + \eta \frac{\beta_{tx} M_x}{\varphi_b W_{1x}} = \frac{5\,877.84 \times 10^3}{0.899 \times 40\,832}\ \text{N/mm}^2 + \frac{1.0 \times 526.32 \times 10^6}{1.03 \times 10\,304\,670} \times 1.0\ \text{N/mm}^2$$

$$= 209.7\ \text{N/mm}^2 < f = 310\ \text{N/mm}^2$$

故满足要求。

(4) 局部稳定验算

翼缘：

$$\frac{b_1}{t} = \frac{650 - 16}{2 \times 24} = 13.2 > 13\sqrt{\frac{235}{f_y}} = 11$$

故要设加劲肋。

腹板：

$$\frac{h_0}{t_w} = \frac{650 - 2 \times 24}{16} = 37.6$$

$$\sigma_{max} = \frac{N}{A} + \frac{M}{W} = \frac{5\,877.84 \times 10^3}{40\,832}\ \text{N/mm}^2 + \frac{526.32 \times 10^6}{10\,304\,670}\ \text{N/mm}^2$$

$$= 144.0\ \text{N/mm}^2 + 51.1\ \text{N/mm}^2 = 195.1\ \text{N/mm}^2$$

$$\sigma_{min} = \frac{N}{A} - \frac{M}{W} = 144.0\ \text{N/mm}^2 - 51.1\ \text{N/mm}^2 = 92.9\ \text{N/mm}^2$$

$$\alpha_0 = \frac{\sigma_{max} - \sigma_{min}}{\sigma_{max}} = \frac{195.1 - 92.9}{195.1} = 0.52 < 1.6$$

$$(16\alpha_0 + 0.5\lambda + 25)\sqrt{\frac{235}{f_y}} = (16 \times 0.52 + 0.5 \times 33.37 + 25)\sqrt{\frac{235}{f_y}} = 41.3$$

$$\frac{h_0}{t_w} \leqslant (16\alpha_0 + 0.5\lambda + 25)\sqrt{\frac{235}{f_y}}$$

满足要求。

(5) 抗震验算

选取最不利内力 $\begin{cases} M = 853.95\ \text{kN} \cdot \text{m} \\ N = 5\,610.32\ \text{kN} \\ V = 249.95\ \text{kN} \end{cases}$

4.2 结构设计

$$\sigma_n = \frac{N}{A} + \frac{M}{\gamma_x W_{nx}} = \frac{5\,610.32 \times 10^3}{40\,832} \text{ N/mm}^2 + \frac{853.95 \times 10^6}{1.05 \times 10\,304\,670} \text{ N/mm}^2$$

$$= 216.3 \text{ N/mm}^2 < f/\gamma_{RE} = 413 \text{ N/mm}^2$$

满足要求。

四层 B 柱：

根据内力组合表选取最不利的一组内力为 $\begin{cases} M = 133.19 \text{ kN·m} \\ N = 4\,105.48 \text{ kN} \\ V = 10.17 \text{ kN} \end{cases}$

（1）强度验算

$$\sigma_n = \frac{N}{A} + \frac{M}{\gamma_x W_{nx}} = \frac{4\,105.48 \times 10^3}{25\,484} \text{ N/mm}^2 + \frac{133.19 \times 10^6}{1.05 \times 4\,380\,600} \text{ N/mm}^2$$

$$= 190.06 \text{ N/mm}^2 < f = 310 \text{ N/mm}^2$$

满足要求。

（2）刚度验算

$$K_1 = \frac{0.41}{0.66} = 0.62; \quad K_2 = 0.62$$

查表可得出 $\mu = 1.56$。

$$\lambda_{0x} = \frac{l_{0x}}{i_x} = \frac{300 \times 1.56}{19.66} = 23.8$$

$$\lambda_{0y} = \frac{l_{0y}}{i_y} = \frac{300 \times 1.56}{11.45} = 40.8$$

$$\lambda = 40.8 < [\lambda] = 150$$

满足要求。

（3）整体稳定性验算

1）验算弯矩作用平面内的整体稳定性

查表得 $\varphi_x = 0.939$。

$$N_{Ex} = \frac{\pi^2 EA}{\lambda_x^2} = \frac{3.14^2 \times 206\,000 \times 25\,484}{23.8^2} \times 10^{-3} \text{ kN} = 91\,378 \text{ kN}$$

$$\beta_{mx} = 0.65 + 0.35 \frac{M_2}{M_1} = 0.65 - 0.35 \times \frac{133.19}{163.7} = 0.22$$

$$\frac{N}{\varphi_x A} + \frac{\beta_{mx} M_x}{\gamma_{1x} W_{1x}\left(1 - 0.8 \frac{1.1 N_E}{N_{Ex}}\right)}$$

$$= \frac{4\,105.48 \times 10^3}{0.939 \times 25\,484} \text{ N/mm}^2 + \frac{0.22 \times 133.19 \times 10^6}{1.05 \times 4\,380\,600 \times \left(1 - 0.8 \times \frac{1.1 \times 4\,105.48}{91\,378}\right)} \text{ N/mm}^2$$

$$= 178.2 \text{ N/mm}^2 < f = 310 \text{ N/mm}^2$$

满足要求。

2）验算弯矩作用平面外的整体稳定性

查表得 $\varphi_y = 0.861$。

$\varphi_b = 1.07 - \dfrac{\lambda_y^2}{44\,000} \times \dfrac{f_y}{235} = 1.07 - \dfrac{40.8^2}{44\,000} \times \dfrac{345}{235} = 1.01$

$\beta_{tx} = 1.0$；$\eta = 1.0$

$\dfrac{N}{\varphi_y A} + \eta \dfrac{\beta_{tx} M_x}{\varphi_b W_{1x}} = \dfrac{4\,105.48 \times 10^3}{0.861 \times 25\,484}\ \text{N/mm}^2 + \dfrac{1.0 \times 133.19 \times 10^6}{1.01 \times 4\,380\,600} \times 1.0\ \text{N/mm}^2$

$= 215.8\ \text{N/mm}^2 < f = 310\ \text{N/mm}^2$

故满足要求。

(4) 局部稳定验算

翼缘：

$$\dfrac{b_1}{t} = \dfrac{450 - 14}{2 \times 22} = 9.9 < 13 \sqrt{\dfrac{235}{f_y}} = 11$$

故不要设加劲肋。

$\dfrac{h_0}{t_w} = \dfrac{450 - 2 \times 22}{14} = 29$

$\sigma_{\max} = \dfrac{N}{A} + \dfrac{M}{W} = \dfrac{4\,105.48 \times 10^3}{25\,484}\ \text{N/mm}^2 + \dfrac{133.19 \times 10^6}{4\,380\,600}\ \text{N/mm}^2 = 191.5\ \text{N/mm}^2$

$\sigma_{\min} = \dfrac{N}{A} - \dfrac{M}{W} = 130.7\ \text{N/mm}^2$

腹板：

$\alpha_0 = \dfrac{\sigma_{\max} - \sigma_{\min}}{\sigma_{\max}} = \dfrac{191.5 - 130.7}{191.5} = 0.32 < 1.6$

$(16\alpha_0 + 0.5\lambda + 25) \sqrt{\dfrac{235}{f_y}} = (16 \times 0.32 + 0.5 \times 40.8 + 25) \sqrt{\dfrac{235}{f_y}} = 41.66$

$\dfrac{h_0}{t_w} \leq (16\alpha_0 + 0.5\lambda + 25) \sqrt{\dfrac{235}{f_y}}$

满足要求。

(5) 抗震验算

选取最不利内力 $\begin{cases} M = 232.56\ \text{kN} \cdot \text{m} \\ N = 3\,914.19\ \text{kN} \\ V = 17.52\ \text{kN} \end{cases}$

$\sigma_n = \dfrac{N}{A} + \dfrac{M}{\gamma_x W_{nx}} = \dfrac{3\,914.19 \times 10^3}{25\,484} + \dfrac{232.56 \times 10^6}{1.05 \times 4\,380\,600} = 204.15\ \text{N/mm}^2 < f/\gamma_{RE} = 413\ \text{N/mm}^2$

满足要求。

八层 B 柱：

根据内力组合表选取最不利的一组内力为 $\begin{cases} M = 70.10\ \text{kN} \cdot \text{m} \\ N = 1\,750.39\ \text{kN} \\ V = 5.20\ \text{kN} \end{cases}$

(1) 强度验算

$$\sigma_n = \frac{N}{A} + \frac{M}{\gamma_x W_{nx}} = \frac{1\,750.39 \times 10^3}{13\,019} \text{ N/mm}^2 + \frac{70.1 \times 10^6}{1.05 \times 1\,740\,440} \text{ N/mm}^2$$
$$= 172.80 \text{ N/mm}^2 < f = 310 \text{ N/mm}^2$$

满足要求。

（2）刚度验算

$$K_1 = \frac{0.41}{0.21} = 1.95; \quad K_2 = 1.95$$

查表可得出 $\mu = 1.16$。

$$\lambda_{0x} = \frac{l_{0x}}{i_x} = \frac{300 \times 1.16}{15.29} = 22.76$$

$$\lambda_{0y} = \frac{l_{0y}}{i_y} = \frac{300 \times 1.16}{8.76} = 39.73$$

$$\lambda = 39.73 < [\lambda] = 150$$

满足要求。

（3）整体稳定性验算

1）验算弯矩作用平面内的整体稳定性

查表得 $\varphi_x = 0.943$。

$$N_{Ex} = \frac{\pi^2 EA}{\lambda_x^2} = \frac{3.14^2 \times 206\,000 \times 13\,019}{22.76^2} \times 10^{-3} = 51\,045.8 \text{ kN}$$

$$\beta_{mx} = 0.65 + 0.35 \frac{M_2}{M_1} = 0.65 + 0.35 \times \frac{49.40}{53.24} = 0.22$$

$$\frac{N}{\varphi_x A} + \frac{\beta_{mx} M_x}{\gamma_{1x} W_{1x}\left(1 - 0.8 \frac{1.1 N_E}{N_{Ex}}\right)}$$

$$= \frac{1\,750.39 \times 10^3}{0.943 \times 13\,019} \text{ N/mm}^2 + \frac{0.22 \times 70.1 \times 10^6}{1.05 \times 1\,740\,440 \times \left(1 - 0.8 \times \frac{1.1 \times 1\,750.39}{51\,045.8}\right)} \text{ N/mm}^2$$

$$= 151.4 \text{ N/mm}^2 < f = 310 \text{ N/mm}^2$$

满足要求。

2）验算弯矩作用平面外的整体稳定性

查表得 $\varphi_y = 0.865$。

$$\varphi_b = 1.07 - \frac{\lambda_y^2}{44\,000} \times \frac{f_y}{235} = 1.07 - \frac{39.73^2}{44\,000} \times \frac{345}{235} = 1.02$$

$\beta_{tx} = 1.0; \quad \eta = 1.0$

$$\frac{N}{\varphi_y A} + \eta \frac{\beta_{tx} M_x}{\varphi_b W_{1x}} = \frac{1\,750.39 \times 10^3}{0.865 \times 13\,019} \text{ N/mm}^2 + \frac{1.0 \times 70.1 \times 10^6}{1.02 \times 1\,740\,440} \times 1.0 \text{ N/mm}^2$$

$$= 193.0 \text{ N/mm}^2 < f = 310 \text{ N/mm}^2$$

故满足要求。

（4）局部稳定验算

翼缘：$\dfrac{b_1}{t} = \dfrac{350-10}{2\times 14} = 12.14 > 13\sqrt{\dfrac{235}{f_y}} = 11$

故要设加劲肋。

$$\dfrac{h_0}{t_w} = \dfrac{350 - 2\times 14}{10} = 32.2$$

$$\sigma_{\max} = \dfrac{N}{A} + \dfrac{M}{W} = \dfrac{1\,750.39\times 10^2}{13\,019}\,\text{N/mm}^2 + \dfrac{70.1\times 10^6}{1\,740\,440}\,\text{N/mm}^2 = 174.7\,\text{N/mm}^2$$

$$\sigma_{\min} = \dfrac{N}{A} - \dfrac{M}{W} = 94.2\,\text{N/mm}^2$$

腹板：

$$\alpha_0 = \dfrac{\sigma_{\max} - \sigma_{\min}}{\sigma_{\max}} = \dfrac{174.7 - 94.2}{174.7} = 0.46 < 1.6$$

$$(16\alpha_0 + 0.5\lambda + 25)\sqrt{\dfrac{235}{f_y}} = (16\times 0.46 + 0.5\times 39.73 + 25)\sqrt{\dfrac{235}{f_y}} = 43.6$$

$$\dfrac{h_0}{t_w} \leqslant (16\alpha_0 + 0.5\lambda + 25)\sqrt{\dfrac{235}{f_y}}$$

满足要求。

(5) 抗震验算

选取最不利内力 $\begin{cases} M = 130.14\,\text{kN}\cdot\text{m} \\ N = 1\,659.52\,\text{kN} \\ V = 9.64\,\text{kN} \end{cases}$

$$\sigma_n = \dfrac{N}{A} + \dfrac{M}{\gamma_x W_{nx}} = \dfrac{1\,659.52\times 10^3}{13\,019}\,\text{N/mm}^2 + \dfrac{130.14\times 10^6}{1.05\times 1\,740\,440}\,\text{N/mm}^2$$

$$= 198.7\,\text{N/mm}^2 < f/\gamma_{RE} = 413\,\text{N/mm}^2$$

满足要求。

3. 节点验算

此处只验算梁与柱的连接节点，腹板与柱采用高强螺栓连接，上、下翼缘采用高强熔透焊，焊条采用 E50 型。

从组合表中选取一组不利内力为 $\begin{cases} M = 313.82\,\text{kN}\cdot\text{m} \\ V = 195.91\,\text{kN} \end{cases}$

计算假定：腹板抗剪，翼缘抗弯。采用 10.9 级摩擦型高强度螺栓 M24，摩擦系数 $\mu = 0.4$。

单个螺栓的承载力：$N_v^b = 0.9\times 1\times 0.4\times 225\,\text{kN} = 81\,\text{kN}$

所需螺栓个数：$n = \dfrac{V}{N_v^b} = \dfrac{205.88}{81} = 2.54 \approx 3$ 个。

上下翼缘焊缝需承受的拉(压)力为：

$$F' = \dfrac{M}{h} = \dfrac{313.82}{0.5}\,\text{kN} = 627.64\,\text{kN}$$

$$N = \sigma A = 310\times (450\times 14)\times 10^{-3}\,\text{kN} = 1\,953\,\text{kN} > F' = 627.64\,\text{kN}$$

4. 节点抗震验算

$$W_{pb1} = W_{pb2} = 1\ 500\ 000 \quad W_{pc1} = W_{pc2} = 4\ 380\ 600$$

$$\sum W_{pc}(f_{yc} - N/A_c) \geq \eta \sum W_{pb}f_{yb}$$

$$4\ 380\ 600 \times 2 \times (345 - 3\ 914.19 \times 10^3/25\ 484) \geq 1.035 \times 10^9$$

满足要求。

节点域的抗剪强度，屈服承载力和稳定性验算：

$$V_p = h_b h_c t_w = 422 \times 406 \times 14 \text{ mm}^3 = 2.4 \times 10^6 \text{ mm}^3$$

抗剪强度：

$$\frac{M_{b1} + M_{b2}}{V_p} \leq 4f_v/3\gamma_{RE}$$

$$\frac{(451.60 + 406.99) \times 10^6}{2.4 \times 10^6} \text{ N/mm}^2 = 357 \text{ N/mm}^2 < \frac{4 \times 180}{3 \times 0.85} \text{ N/mm}^2 = 282 \text{ N/mm}^2$$

需加厚节点域厚度，加至20mm厚，计算满足。

屈服承载力：

$$V_p = h_b h_c t_w = 422 \times 406 \times 20 \text{ mm}^3 = 3.43 \times 10^6 \text{ mm}^3$$

$$\psi(M_{pb1} + M_{pb2})/V_p \leq 4f/3$$

$$\frac{0.6 \times (1\ 500\ 000 + 1\ 500\ 000) \times 310}{3.43 \times 10^6} \text{ N/mm}^2 = 163 \text{ N/mm}^2$$

$$< \frac{4 \times 180}{3} \text{ N/mm}^2 = 240 \text{ N/mm}^2$$

稳定性

$$t_w \geq \frac{h_b + h_c}{90}$$

$$20 > \frac{422 + 406}{90} = 9.2$$

满足要求。

5. 埋入式柱脚设计（图4.2.18）

（1）按翼缘栓钉的抗剪承载力设计

$$N_f = \left(N \cdot \frac{A_f}{A} + \frac{M}{h_c}\right) \cdot \frac{2}{3} = \left(5\ 877.84 \times \frac{650 \times 24}{40\ 832} + \frac{526\ 320}{650}\right) \times \frac{2}{3} \text{ kN} = 3\ 055.32 \text{ kN}$$

$$N_{vc} = 0.43A_s\sqrt{E_c f_{cc}} = 0.43 \times \frac{3.14}{4} \times 1\ 600\sqrt{3 \times 10^4 \times 14.3} \text{ kN} = 353.74 \text{ kN}$$

$$N_f < N_{vc}$$

则

$$n \geq \frac{3\ 055.32}{353.74} = 8.63 \approx 9 \text{ 个}$$

（2）按翼缘的混凝土承压设计

$$\sigma = \frac{M}{W} \leq f_{cc} \quad W = \frac{bh_1^2}{6}$$

则

$$h_1 \geqslant \sqrt{\frac{6M}{f_{cc} \cdot b}} = \sqrt{\frac{6 \times 526.32 \times 10^6}{14.3 \times 650}} \text{ mm} = 582.9 \text{ mm}$$

取 $h_1 = 600$ mm。

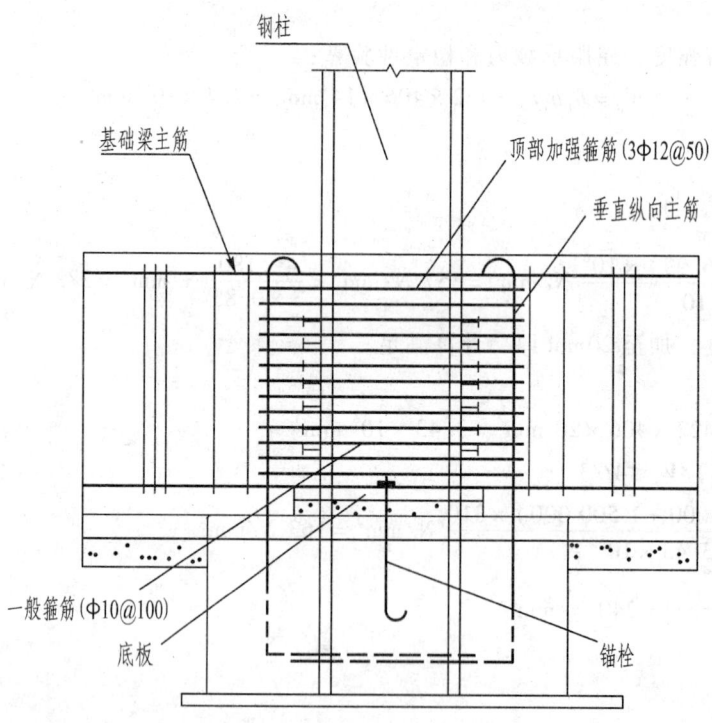

图 4.2.18 埋入式柱脚

4.2.10 基础设计

该建筑选用条形基础,基础埋深初步确定为 2.4 m。

1. 确定基础底面宽度

选取如下标准组合:

A 柱:$\begin{cases} M_k = 182.60 \text{ kN} \cdot \text{m} \\ N_k = 2\ 384.58 \text{ kN} \\ V_k = 63.37 \text{ kN} \end{cases}$;B 柱:$\begin{cases} M_k = 376.91 \text{ kN} \cdot \text{m} \\ N_k = 4\ 800.78 \text{ kN} \\ V_k = 108.37 \text{ kN} \end{cases}$;C 柱:$\begin{cases} M_k = 120.07 \text{ kN} \cdot \text{m} \\ N_k = 2\ 562.77 \text{ kN} \\ V_k = 22.32 \text{ kN} \end{cases}$

根据建筑场地的地质资料确定地基的承载力特征值。在基础底面宽度未知的情况下,地基的承载力特征值只进行深度修正。

$$f_a = f_{ak} + n_\alpha \gamma_m (d - 0.5) 235 \text{ kN/m}^2 + 1.4 \times 20 \times (2.4 - 0.5) \text{ kN/m}^2 = 288.2 \text{ kN/m}^2$$

条形基础两端每端外挑 2.0 m,所以条形基础长度

$$l = 2 \times 2 + 13.5 = 17.5 \text{ m}$$

$$A \geqslant \frac{N_k}{f_a - \gamma_G d} = \frac{4\ 800.78 + 2\ 384.58 + 2\ 562.77}{288.2 - 20 \times 2.4} \text{ m}^2 = 40.6 \text{ m}^2$$

$$b = \frac{A}{l} = \frac{40.6}{17.5} \text{ m} = 2.32 \text{ m}$$

取 $b = 2.5$ m。

$$A = 2.5 \times 17.5 \text{ m}^2 = 43.75 \text{ m}^2$$

$$P_k = \frac{F_k + G}{A} = \frac{9\ 748.13 + 43.75 \times 0.8 \times 20}{43.75} \text{kN/m}^2 = 238.8 \text{ kN/m}^2 < f_a$$

$$P_{k\max} = \frac{F_k + G_k}{A} + \frac{M_k}{W}$$

$$= \frac{9\ 748.13 + 43.75 \times 0.8 \times 20}{43.75} \text{kN/m}^2 + \frac{376.91 + 182.60 + 120.07}{2.5 \times 17.5^2 \times \frac{1}{6}} \text{kN/m}^2$$

$$= 244 \text{ kN/m}^2 < 1.2 f_a$$

$$P_{k\min} = \frac{F_k + G_k}{A} - \frac{M_k}{W}$$

$$= \frac{9\ 748.13 + 43.75 \times 0.8 \times 20}{43.75} \text{kN/m}^2 - \frac{376.91 + 182.60 + 120.07}{2.5 \times 17.5^2 \times \frac{1}{6}} \text{kN/m}^2$$

$$= 233 \text{ kN/m}^2 > 0$$

满足要求。

2. 计算基础梁内力

选取如下基本组合：

A 柱：$\begin{cases} M = 251.52 \text{ kN} \cdot \text{m} \\ N = 2\ 880.85 \text{ kN} \\ V = 85.28 \text{ kN} \end{cases}$; B 柱：$\begin{cases} M = 526.32 \text{ kN} \cdot \text{m} \\ N = 5\ 877.84 \text{ kN} \\ V = 152.09 \text{ kN} \end{cases}$; C 柱：$\begin{cases} M = 171.54 \text{ kN} \cdot \text{m} \\ N = 3\ 167.00 \text{ kN} \\ V = 34.11 \text{ kN} \end{cases}$

地基净反力 $q_n = \frac{11\ 925.7}{17.5}$ kN/m = 681.5 kN/m

按倒梁法计算内力。

用力矩分配法算得条形基础弯矩、剪力如图 4.2.19 和图 4.2.20 所示。

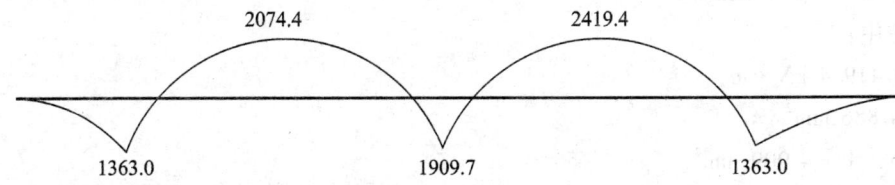

图 4.2.19 弯矩图（单位：kN·m）

支座控制截面　$M = 1\ 909.7$ kN·m

跨中控制截面　$M = 2\ 419.4$ kN·m

剪力最大值为 2 980.9 kN。

3. 基础底板计算

基底宽 3 m，主肋宽 1.1 m[取法见《建筑地基基础设计规范》(GB 50007—2002)]，翼缘外

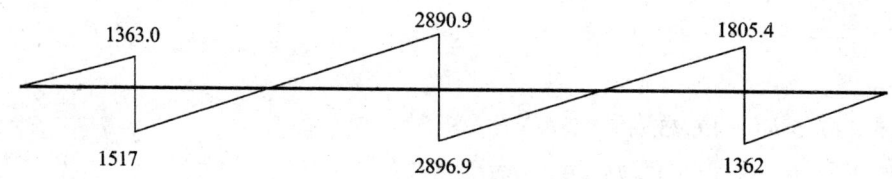

图 4.2.20 剪力图(单位:kN)

挑长度 $\frac{1}{2}(2\,500 - 1\,100)$ mm $= 700$ mm,翼板处边缘厚度 300 mm,梁肋处厚 450 mm,基础底板采用 C20 混凝土,HRB335 钢筋,80 mm 厚 C10 混凝土垫层。基底净反力 $P_n = \frac{q_n}{b} = \frac{681.5}{3}$ kPa $= 227$ kPa

(1) 基础底板斜截面抗剪强度计算(按每米长计)

$V = 227 \times 1.0$ kN/m $= 227$ kN/m

$h_0 = \frac{V}{0.7f_t} = \frac{227}{0.7 \times 1.1 \times 10^3}$ m $= 0.295$ m

实际 $h_0 = (450 - 40 - 5)$ mm $= 405$ mm > 295 mm(假定受力直径 10 mm,有垫层)。

(2) 基础底板底筋计算

$M = \frac{1}{2} \times 227 \times 1.0^2$ kN·m $= 114$ kN·m

$A_s = \frac{M}{0.9 h_0 f_y} = \frac{114 \times 10^6}{0.9 \times 405 \times 300}$ mm^2 $= 1\,043$ mm^2

4. 肋梁计算

肋梁高取 1.8 m,宽 1.1 m,主筋选用 HRB335,箍筋选用 HPB235,C20 混凝土。

(1) 正截面强度计算

① 支座处:

$M = 1\,909.7$ kN·m

$A_s = 3\,822$ mm^2

配 8 Φ 25, $A_s = 3\,827$ mm^2。

② 跨中:

$M = 2\,419.4$ kN·m

$A_s = 4\,886$ mm^2

配 10 Φ 25, $A_s = 4\,909$ mm^2。

(注:顶部钢筋全部贯通,底部钢筋 4 根全部贯通)

(2) 斜截面强度计算

最不利截面

$V = 2\,980.9$ kN

$0.7 f_t b h_0 = 0.7 \times 1.1 \times 1\,100 \times 1\,720$ kN $= 1\,457$ kN

$1.25 f_{yv} \frac{A_{sv}}{S} h_0 = 2\,980.9$ kN $- 1\,457$ kN $= 1\,523$ kN

图 4.2.21 钢结构设计总说明

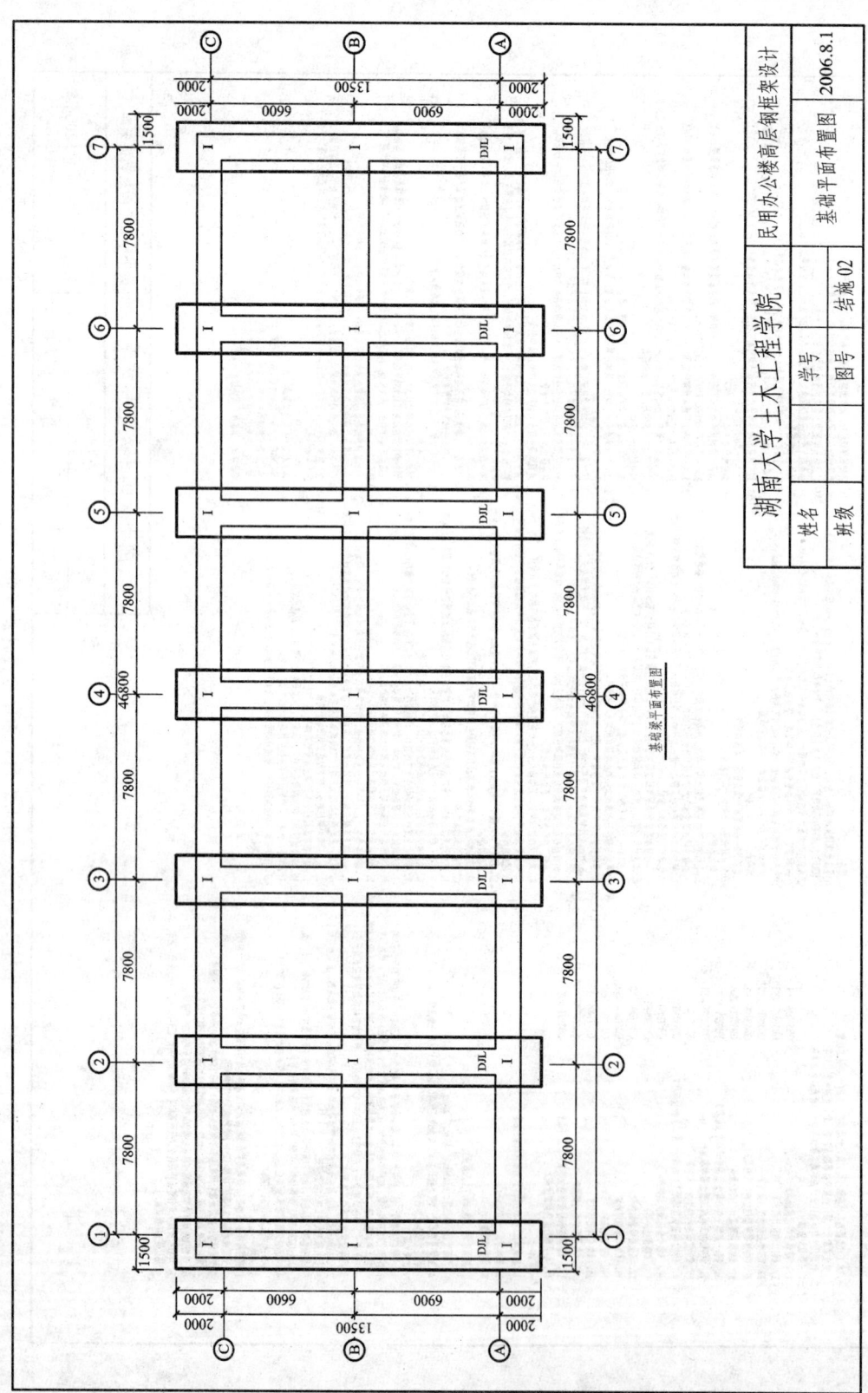

图 4.2.22 基础梁平面布置图

4.2 结构设计

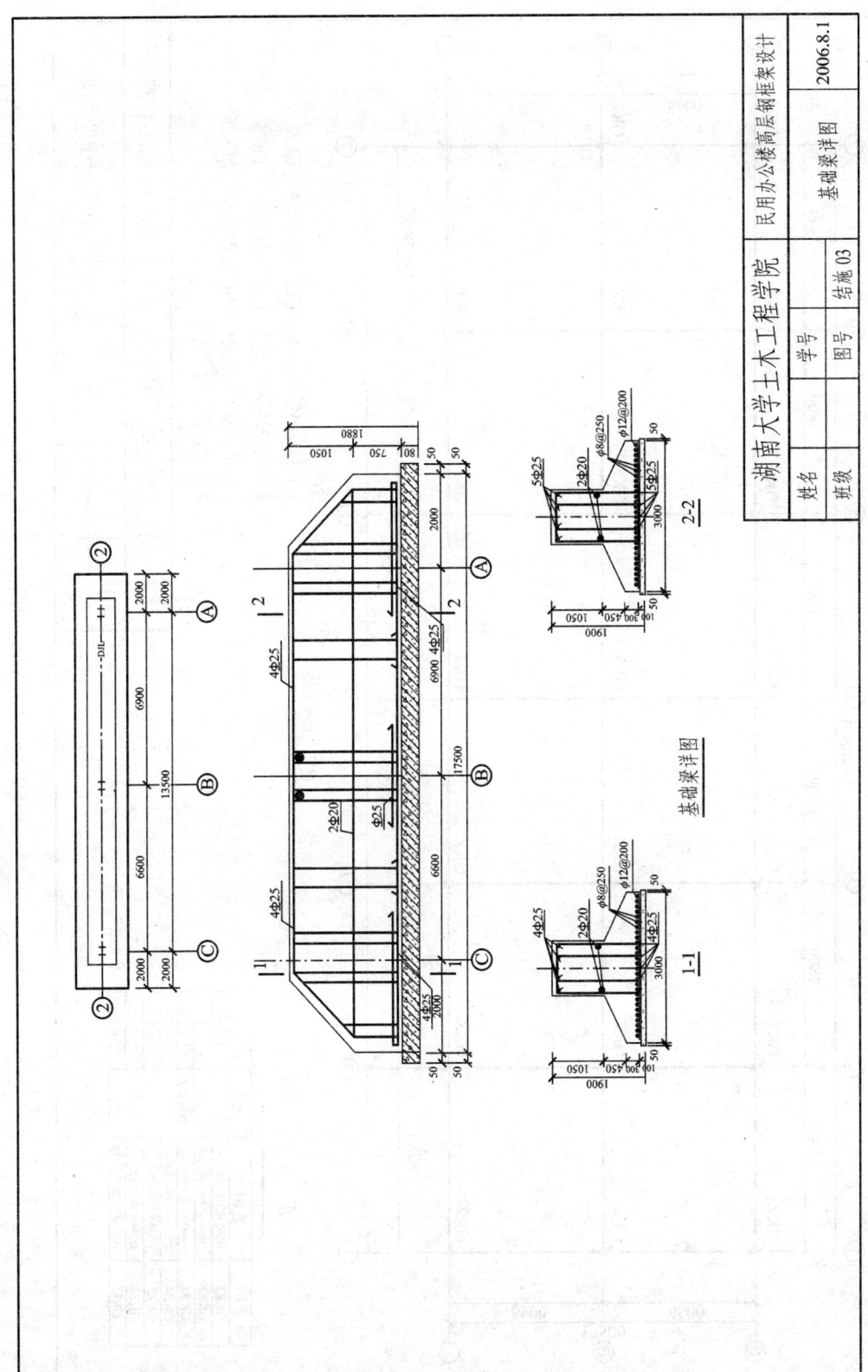

图4.2.23 基础梁详图

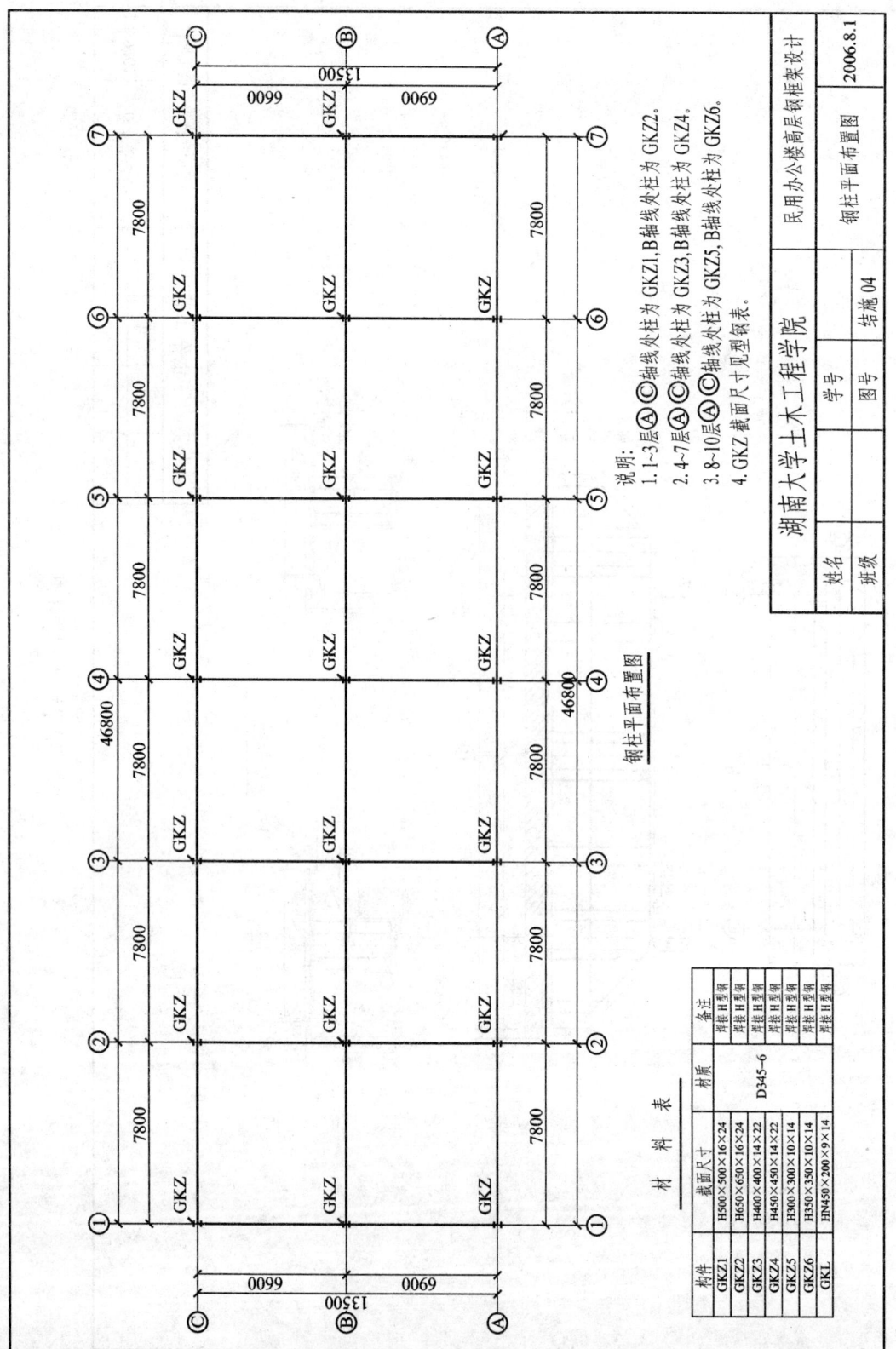

图 4.2.24 钢柱平面布置图

4.2 结构设计

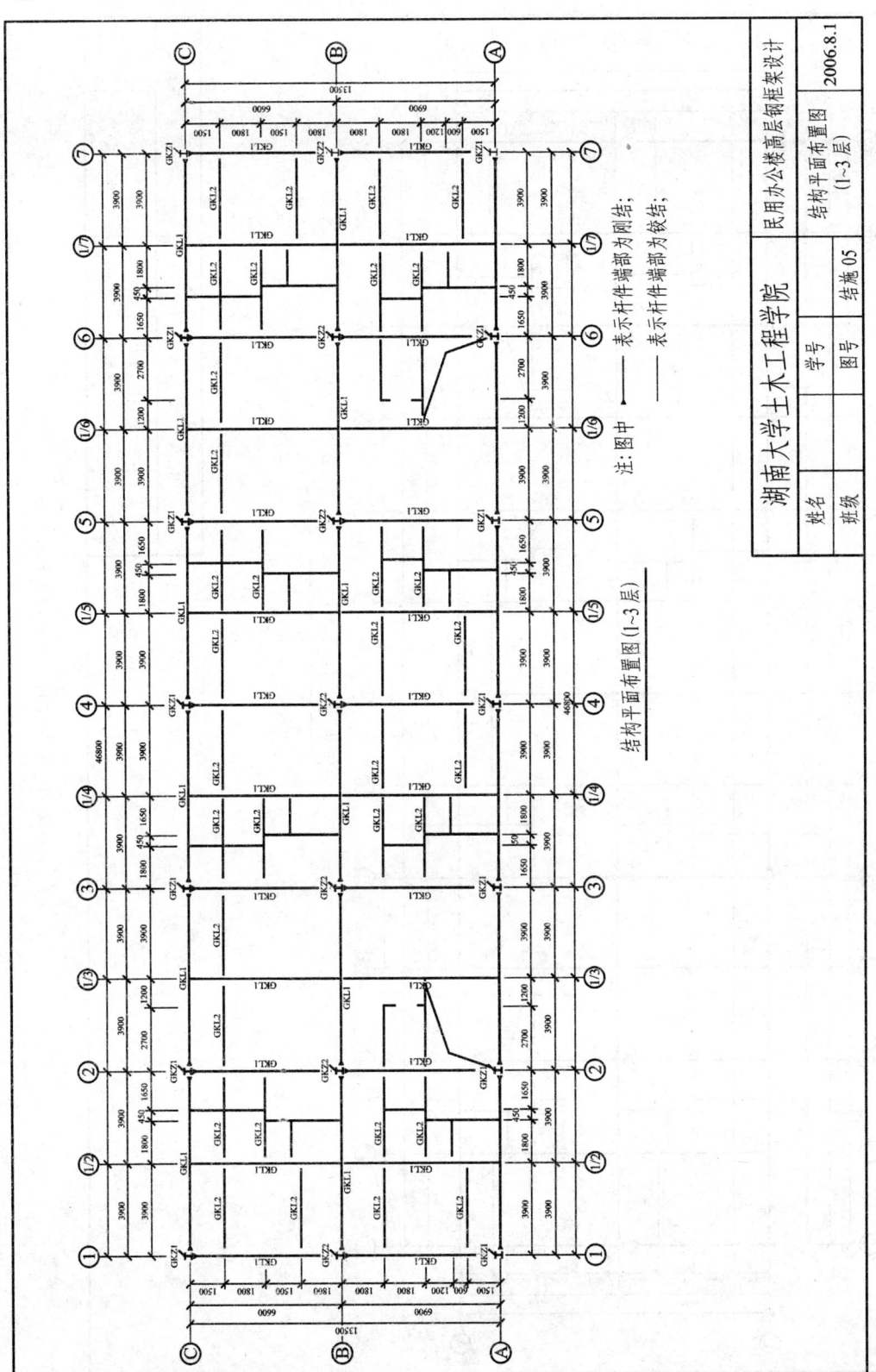

图 4.2.25 结构平面布置图（1～3层）

512 第4章 高层钢框架房屋设计例题

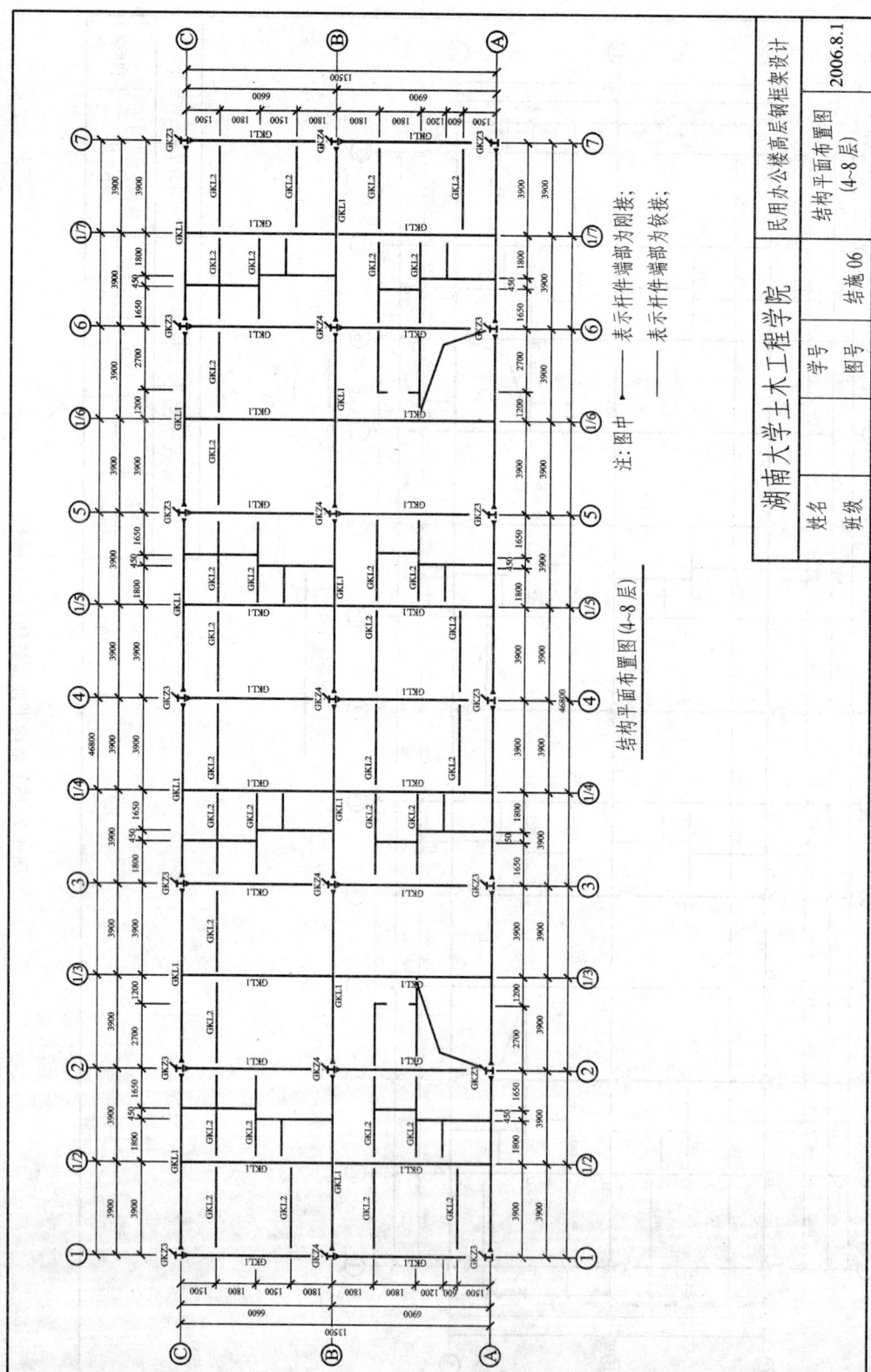

图 4.2.26 结构平面布置图（4~8层）

4.2 结构设计

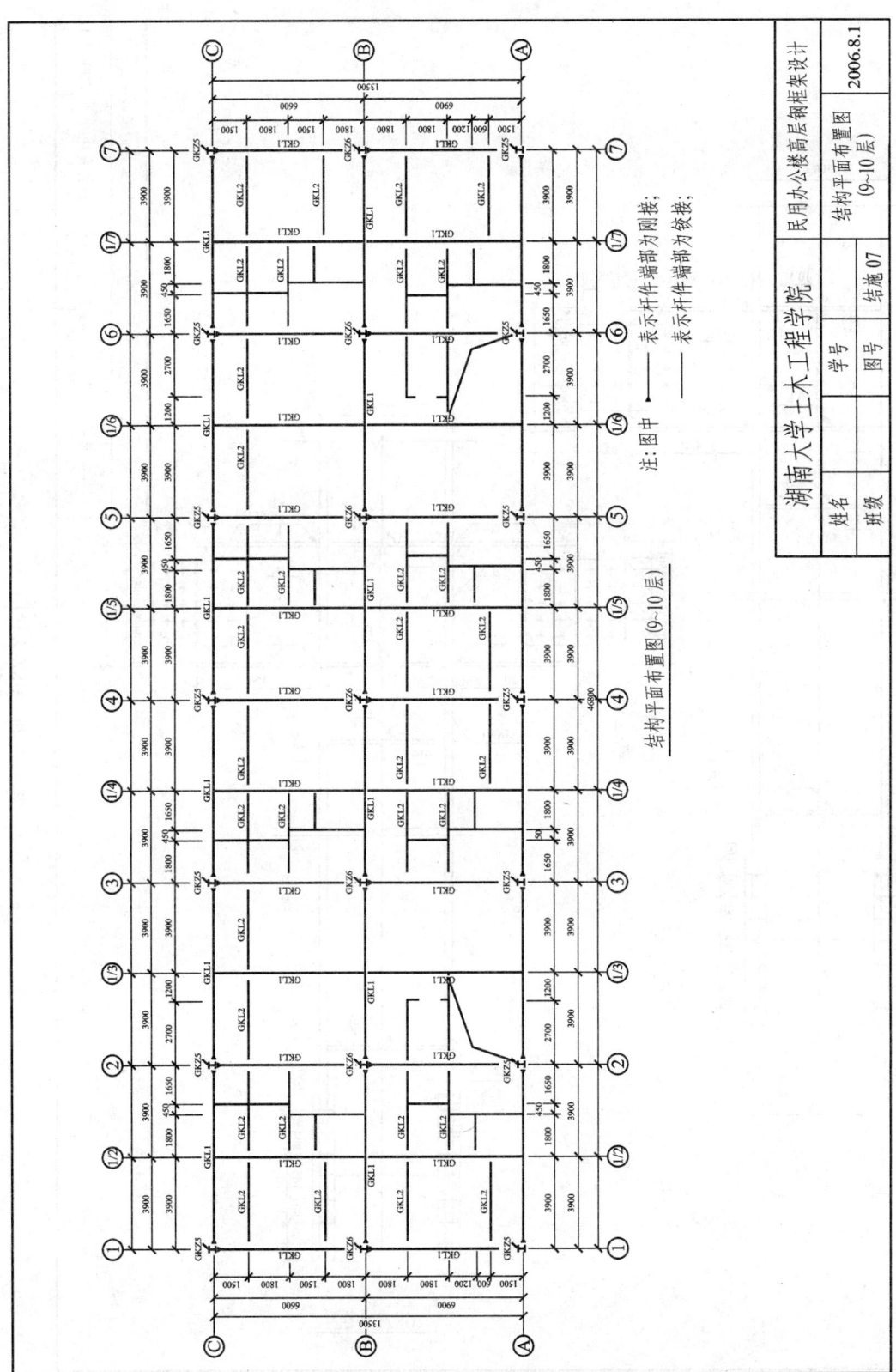

图 4.2.27 结构平面布置图（9～10层）

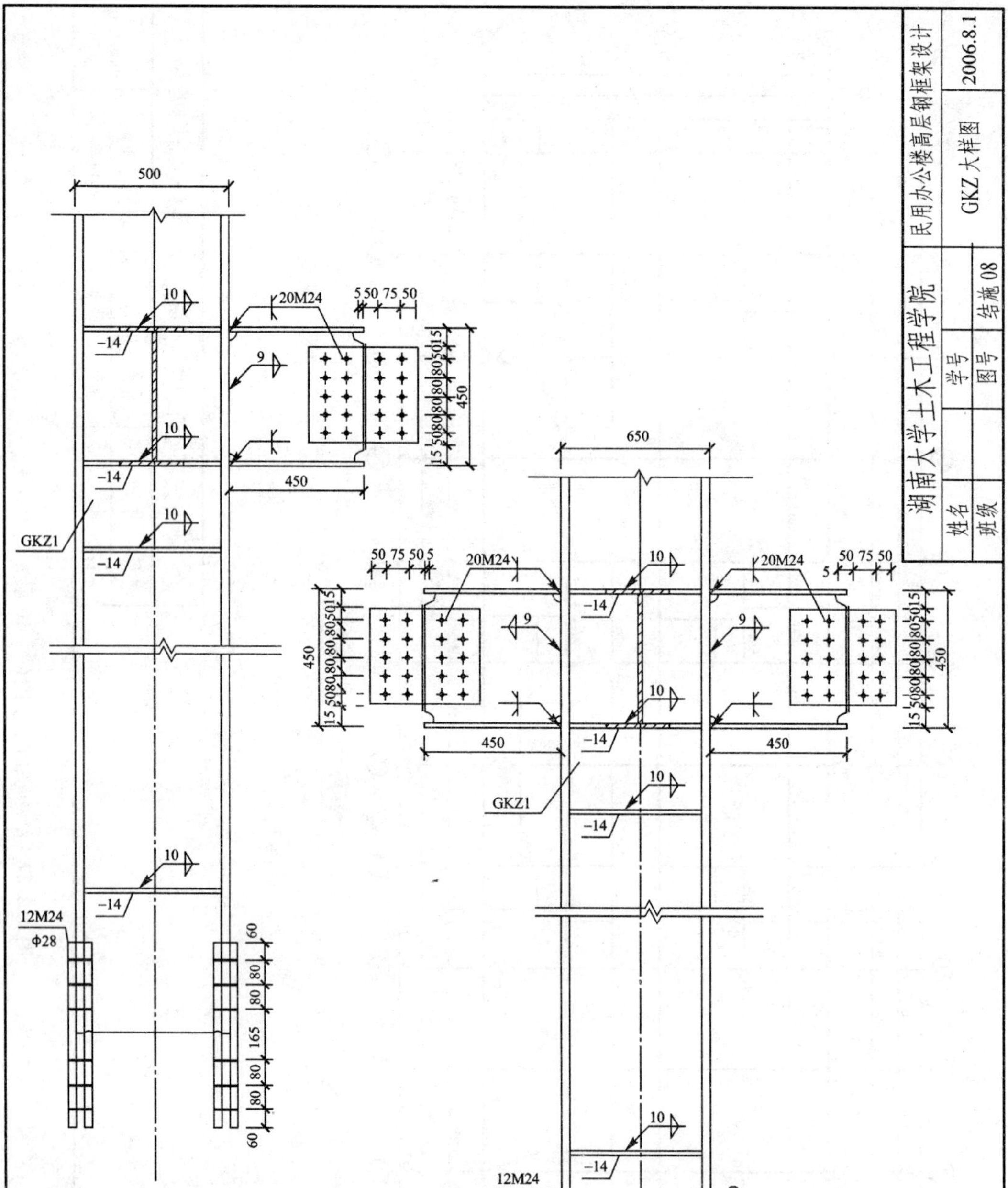

图 4.2.28 GKZ 大样图

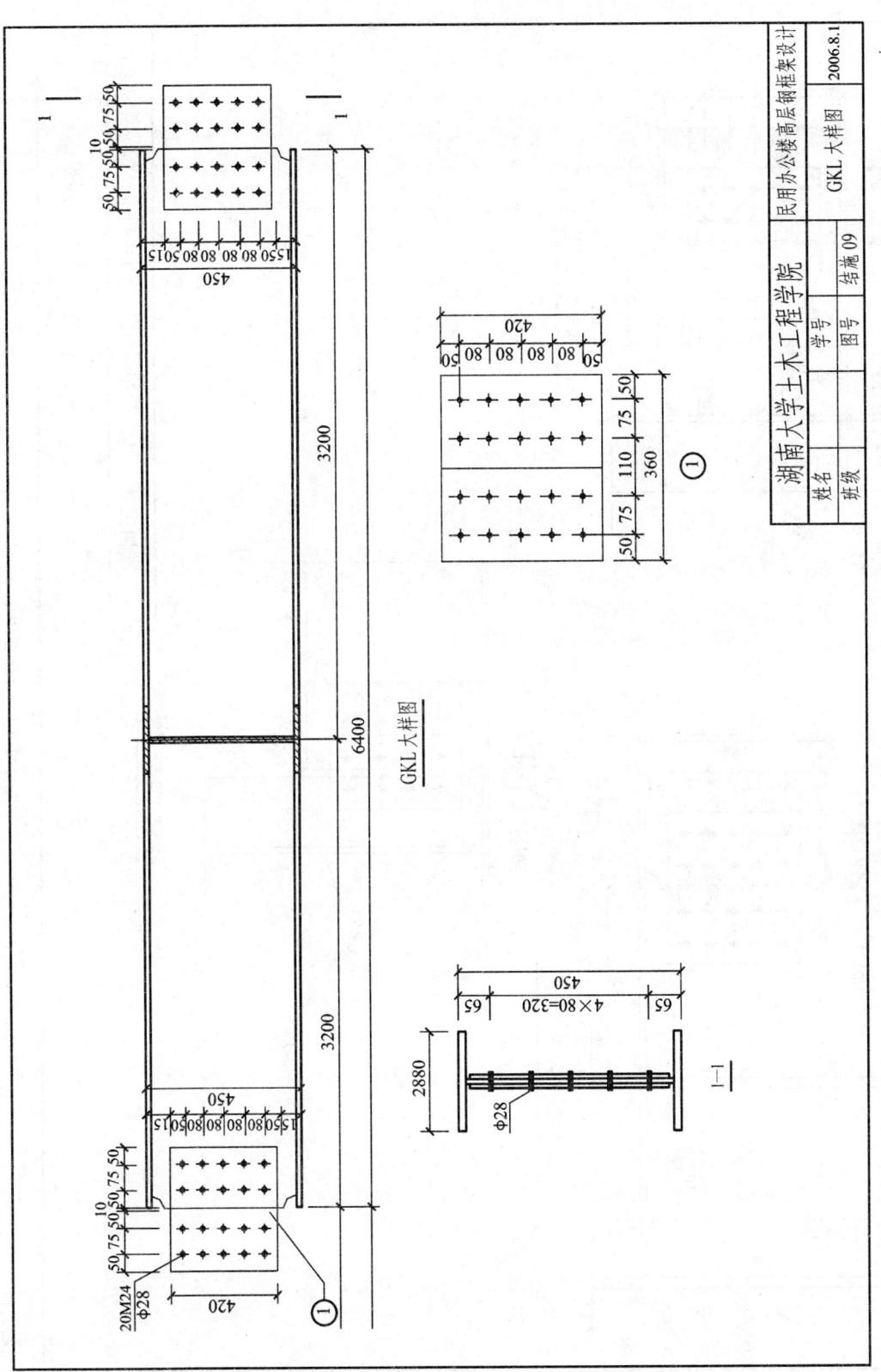

图 4.2.29 GKL 大样图

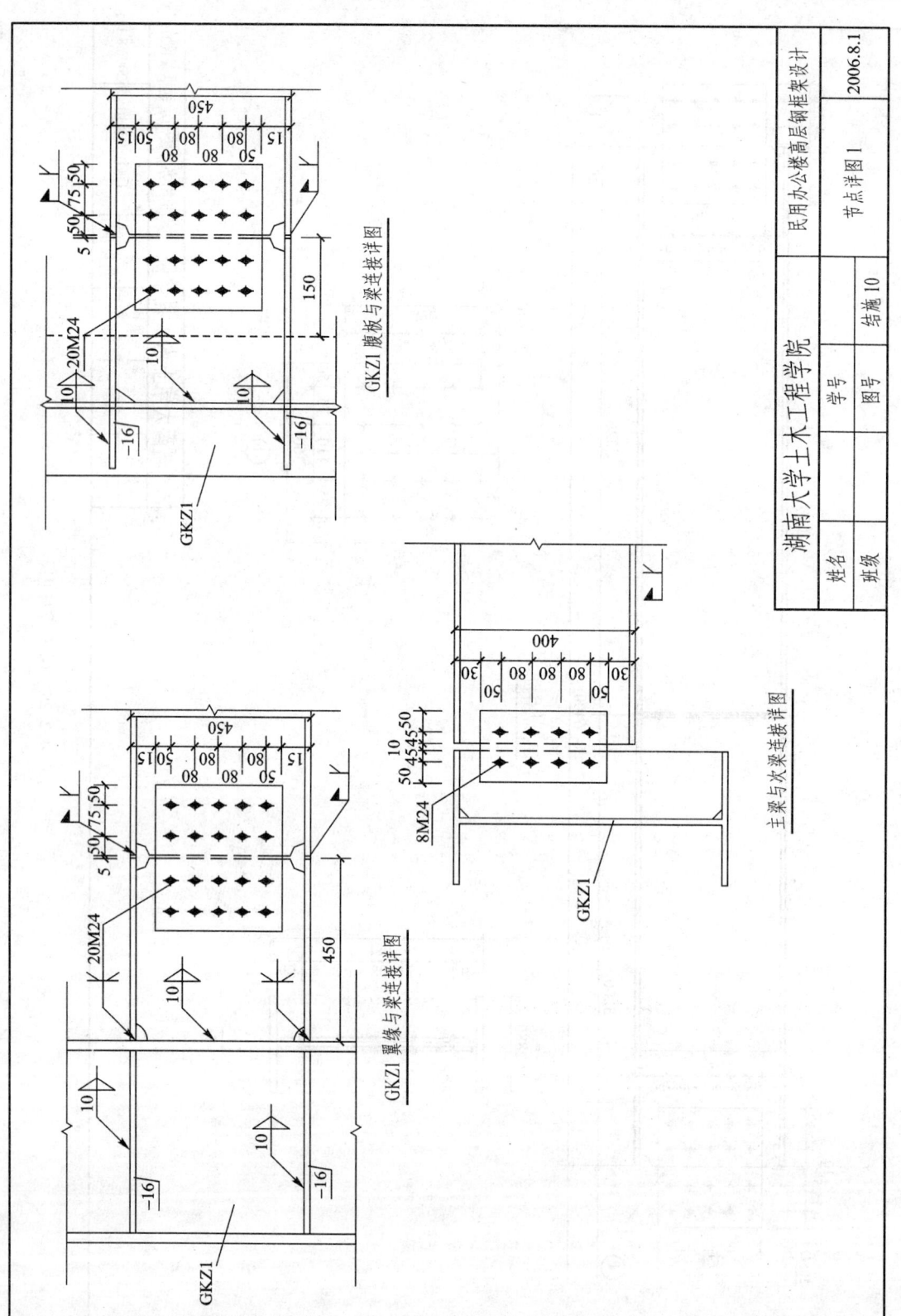

图 4.2.30 节点详图 1

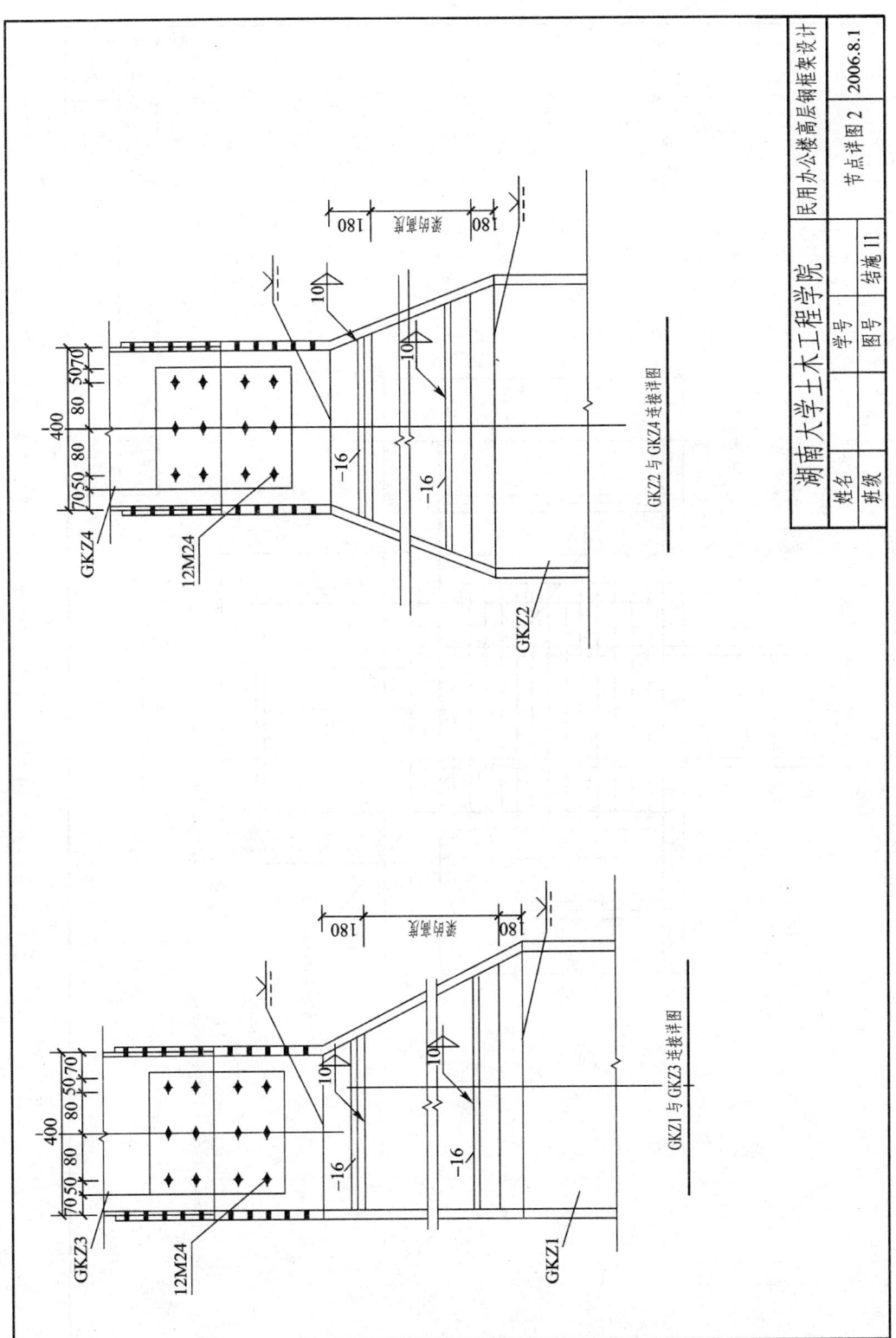

图 4.2.31 节点详图 2

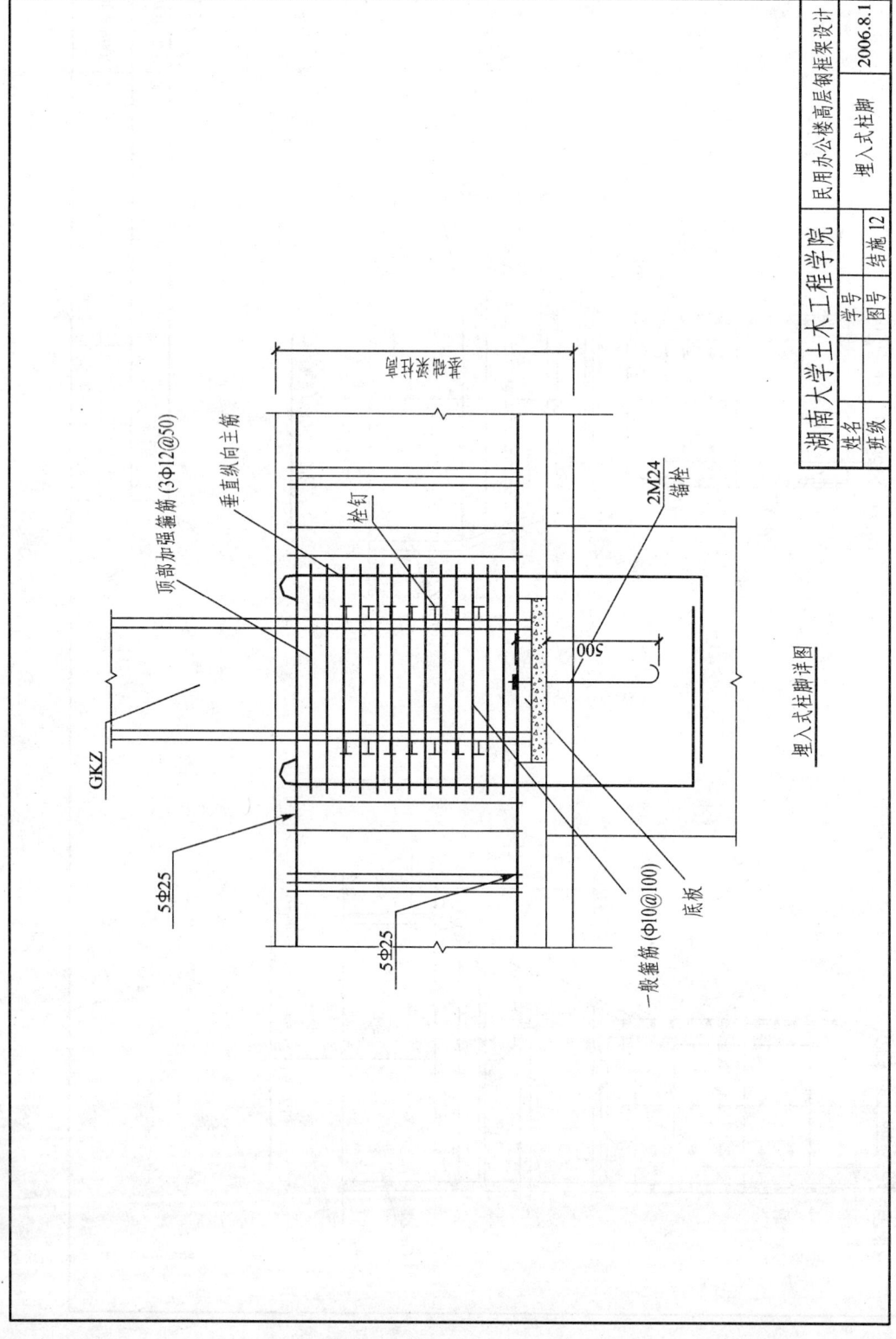

图 4.2.32 埋入式柱脚

得 $\frac{A_{sv}}{S} = 3.37$。

选用四肢箍($n=4$)($A_{sv1} = 78.5 \text{ mm}^2$)有

$$S = \frac{nA_{sv1}}{3.37} = \frac{4 \times 78.5}{3.37} \text{ mm}^2 = 93.7 \text{ mm}^2$$

实选 φ10@90，满足计算要求。

5. 基础沉降

基础沉降此处不再详述。

4.2.11 结构施工图

结构施工图如图 4.2.21～图 4.2.32 所示。

4.3 施工组织设计

4.3.1 编制依据

1. 工程涉及的主要的现行国家或行业规范、标准和文件(表 4.3.1)

表 4.3.1 工程涉及的主要的现行国家规范、标准和文件

序 号	名 称	编 号
2	建筑工程施工质量验收统一标准	GB 50300—2001
3	钢结构制作安装施工规程	YB 9254—1995
4	钢结构工程施工质量验收规范	GB 50205—2001
5	建筑钢结构焊接技术规程	JGJ 81—2002
6	钢结构高强螺栓连接的设计、施工及验收规程	JGJ 82—1991
7	建筑防腐蚀工程质量检验评定标准	GB 50224—1995
8	建筑防腐蚀工程施工及验收规范	GB 50212—1991

2. 其他文件

① ××市房地产开发公司招标文件；
② 民用办公楼建筑施工图、结构施工图及图纸说明；
③ 现场施工条件并结合公司施工装备技术能力、管理经验及施工成果。

4.3.2 工程概况及施工条件

1. 建筑概况

本工程是××市房地产开发公司的办公楼工程，建设地址在市区内，地处交通主干道旁，

人口稠密，车流量大。

本工程坐北向南，南侧为一条城市主干道，东、西、北均为原有建筑物。建筑占地面积 643.9 m²，建筑总面积 6 482 m²，1~7 轴长 7.8×6 m = 46.8 m，A~C 轴长 13.5 m。本工程共有 10 层，底层层高 3.6 m，其余层高 3.0 m，建筑总高度 31.05 m。垂直交通设有 2 部电梯，2 部消防楼梯。

本建筑外墙采用 190 厚混凝土空心小砌块，内墙采用 190 和 100 厚混凝土空心小砌块。底层外墙装修采用灰色面砖，2~10 层外墙正面及背面采用白色弹涂墙面，侧面采用白色面砖，厨房卫生间墙采用瓷砖墙面，其他内墙采用仿瓷涂料墙面。一层顶棚轻钢龙骨矿棉板吊顶，其他层顶棚为仿瓷涂料。

2. 结构概况

本工程基础采用柱下条形基础，埋深为 1.9 m，混凝土强度等级为 C30，垫层混凝土强度等级为 C10。主体结构为全钢框架结构形式。钢结构构件材料等级 Q345-B，结构尺寸详见结构施工图（图 4.2.19~图 4.2.30），楼板采用压型钢板组合楼板。

3. 施工场地条件

（1）气象条件

① 温度：最热月平均 29.3 ℃，最冷月平均 -4.7 ℃，夏季极端最高温度 40.6 ℃，冬季极端最低温度 -11.3 ℃。

② 相对湿度：最热月平均 75%。

③ 主导风向：全年为西北风，夏季为东南风，基本风压 $w_0 = 350 \text{ N/m}^2$。

④ 雨雪条件：年降雨量 1 450 mm，暴雨降水强度 3.3 L/g·100 m²，最大积雪深 80 mm，基本雪压 0.45 kN/m²。

（2）工程地质条件

① 自然地表 1 m 内为填土，填土下层为 3 m 厚砂质粘土，再下为砾石层。砂质粘土承载力标准值 250 kN/m²，砾石层允许承载力标准值 350 kN/m²。

② 地下水位：地表以下 2.0 m，无侵蚀性。

③ 抗震设防烈度为 7 度，抗震等级为二级，Ⅲ类场地土。

（3）施工现场条件

① 本工程地处市区，场地平坦，建筑场地南面面临交通主干道。外部运输道路畅通，施工现场建筑物已拆除完毕，场地较充裕。施工条件已经具备。

② 市政自来水管道已铺设至施工现场，总管直径为 φ100，电力增容已经全部完成，可以提供 500 kVA 电源。

③ 三材（钢构件材料、木材、水泥）、特殊材料（陶瓷地砖等）由建材公司供应。混凝土为现场搅拌，模板采用木模板。模板支撑，脚手架采用 φ48 钢管。模板、钢筋均采用现场加工。

4.3.3 施工准备工作

1. 技术准备

① 组织现场施工人员熟悉理解施工图和有关技术资料，认真做好图纸会审、图纸设计交底及施工技术交底工作。

② 编制施工图预算及各分部分项工程的施工组织设计。

2. 施工水电准备

敷设现场临时供水管线、现场施工临时用电线路。

3. 临时设施准备

场地南面和西面有充裕空间，可以设置各种加工厂，宿舍、食堂、厨房和办公室。因此，所有钢筋、模板、金属构件均现场加工、安装，所有工人均居住在场地内。

各类临时房屋需求量见表4.3.2～表4.3.4。

表4.3.2 生产性临时设施

序号	名 称	所需面积	实际面积	备 注
1	混凝土搅拌站	0.022 m²/m³	50 m²	
2	现场钢筋调直、冷拉棚	3 m²/人	75 m²	
3	卷扬机棚	6～12 m²/台	10×2 m²	
4	钢筋对焊棚	15～24 m²	15 m²	包括材料和成品堆放
5	木工棚	2 m²/人	50 m²	
6	焊工房	20～40 m²	30 m²	
7	电工房	15 m²	15 m²	
8	油漆工房	20 m²	20 m²	
9	机钳工修理房	20 m²	20 m²	
10	塔吊停放场	200～300 m²/台	200 m²	/露天

表4.3.3 物资储存临时设施

序号	材料名称	每平方米储存量	堆置限高	类型	占地面积
1	工字钢	0.8～0.9 t	0.5 m	露天	100 m²
2	钢筋（直）	1.8～2.4 t	1.2 m	露天	15 m²
3	钢筋（盘）	0.8～1.2 t	1.0 m	棚	10 m²
4	钢板	2.4～2.7 t	1.0 m	露天	20 m²
5	木材	0.8 m³	2.0 m	库	50 m²
6	水泥	1.4 t	1.5	库棚	20 m²
7	砌块	1.0 m³	1.2 m	露天	100 m²
8	金属结构	0.16～0.24 t	—	露天	10 m²

表4.3.4 办公生活临时设施

序号	名 称	参考指标/(m²/人)	占地面积/m²
1	办公室	3～4	60

续表

序 号	名 称	参考指标/(m²/人)	占地面积/m²
2	宿舍	3.5~4.0	400~600
3	食堂	0.5~0.8	60~100
4	医务室	0.05~0.07	10~20
5	开水房	10~40	20
6	厕所	0.02~0.07	50
7	浴室	0.07~0.1	50
8	其他合计	0.5~0.6	60

4. 塔吊安装

根据现场条件和本工程情况，选用一台 QT_4—10 附着式塔式起重机，臂长 35 m，起升高度 50 m，塔吊中心位置选定在 6 轴线南立面。

5. 劳动组织准备

劳动组织按基础、主体结构、装饰装修等不同阶段分别考虑和安排。各工作队劳动力需求见表 4.3.5。

表 4.3.5 项目劳动力需求表

工 种	人 数	备 注
土方杂工	16	人工开挖，清除余土，工作面内排水，边坡清理
木工	35	模板制作、安装、拆除，刷润滑剂
混凝土工	26	混凝土浇筑、振捣、养护
安装工人	9	构件绑扎就位、吊装、校正，高强螺栓连接
钢筋工	24	钢筋制作、安装、绑扎
焊工	4	钢构件焊接
油漆工	10	除锈，涂刷油漆
架子工	10	选料，底座安装，立杆，绑扎杆件，铺板子，架子留门，拆除保养，材料内外运输
抹灰工	27	清理，修补，湿润表面，调运砂浆，抹灰找平，刷浆
砌筑工	21	调运砂浆，砌筑墙体，安装木砖、铁件
门窗安装工	24	划定位线，凿洞，安门窗，拼装组合，小五金安装
内装修工	25	顶棚、隔墙安装，装饰
电工	8	场地接线，电源管理

注：表中人数均为操作中最多人数。

6. 机械设备配备

根据施工部署和施工方法,工程所需机具如表4.3.6所示。

表4.3.6 工程项目主要施工机械需求表

序号	机械或设备名称	规格或型号	数量	工作范围
1	单斗挖掘机	W_1—50	1台	挖土方,土方转移
2	自卸汽车	8 t	2辆	余土外运
3	推土机	T_1—100	1台	场地土方移动,回填土
4	蛙式夯土机	HW—60	2台	回填土夯实
5	混凝土搅拌机	JD200	1台	零星水泥混凝土搅拌
6	混凝土输送泵	IPF—185B	1台	混凝土输送
7	卷扬机	1 t,3 t	2台	垂直运输机械
8	塔吊	QT_4—10	1台	垂直运输机械,主要吊装露天材料
9	插入式振动器		2台	混凝土振捣
10	平板振动器		2台	垫层、楼板混凝土振捣
11	水泵		2台	基坑排水,混凝土养护提供用水
12	焊机	V—300—1	4台	钢构件焊接
13	钢筋调直机	4—14	1台	钢筋调直加工范围$\phi 4 \sim 14$
14	卷扬机式冷拉5 t	JJM—5	1台	冷拉钢筋,加工范围$\phi 14 \sim 32$
15	钢筋切断机	GJ5—40	1台	加工范围$\phi 6 \sim 40$
16	钢筋弯曲机	WJ40—1	1台	加工范围$\phi 6 \sim 40$
17	点焊机	DN—75	1台	钢筋焊接,焊接厚8~10 mm
18	对焊机	UN_1—75	1台	最大焊件截面600 m^2
19	H型钢矫正机		2台	钢结构焊接
20	气割机	JO1—30	2套	钢结构焊接
21	八头抛丸除锈机	DG×90×180	1台	钢结构焊接
22	数控平面钻床		1台	钢构件钻孔
23	水准仪	TGJ—1000	1台	测量,校正
24	经纬仪	J6	1台	测量,校正
25	手推车		4部	运输
26	扭矩扳手		4把	紧固螺栓
27	无空气喷涂机		2套	油漆用
28	焊接检验尺	40型	5把	钢结构焊接检验
29	钢卷尺	3 m,5 m,10 m~50 m	20只	测量检验用

4.3.4 施工部署与施工顺序

1. 施工部署

本着项目法施工的原则,成立项目经理部,并明确部门各自的职责。其组织结构图见图4.3.1。

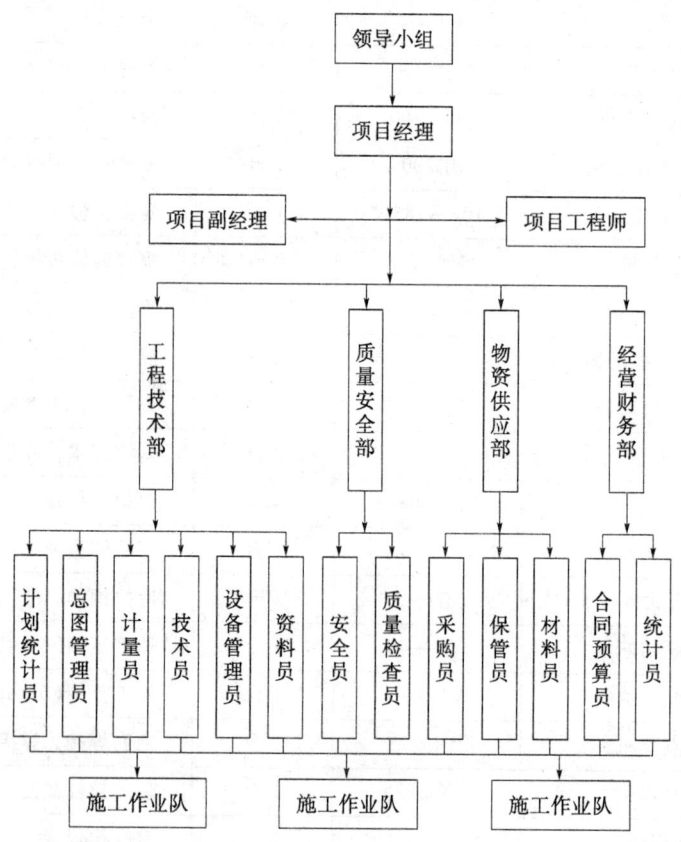

图 4.3.1 项目经理部组织结构图

工期目标:根据对办公楼工程有关资料的了解,并结合该地区的实际情况和施工单位技术装备及经济实力,确定办公楼主体工程工期目标为 140 d。

质量目标:根据国家现行建筑工程施工质量验收标准,确保合格。

安全生产目标:杜绝重大人员伤亡事故和重大机械安全事故,轻伤频率控制在 1.5‰以下。

文明施工目标:达到该市标准化工地标准。

2. 施工顺序

遵循"先地下,后地上,先结构,后围护,±0.000 以下一次施工完成"的施工顺序,根据本工程特点,施工阶段可分为:施工准备→基础工程→主体工程→围护结构及屋面工程→室内外装修工程。

(1) 基础工程施工顺序

施工准备→土方开挖→安垫层模板→垫层混凝土浇筑→基础钢筋绑扎→钢柱预埋件预埋→基础模板安装→基础混凝土浇筑→养护→拆模→回填土。

施工准备包括：清理场地、井点降水、基槽放线。

(2) 主体结构施工顺序

钢结构柱吊装(分节)→主梁吊装(分层)→主梁连接(高强螺栓连接+焊接)→次梁吊装(分层)→次梁连接(高强螺栓连接+焊接)→压型钢板吊装(分层)→压型钢板连接(剪力钉布置+焊接)→楼板钢筋绑扎→混凝土浇筑→养护→楼面清理→砌筑。

(3) 室内外装饰装修施工顺序

内装饰：结构处理→放线→护角→墙柱面抹灰→轻型龙骨隔墙安装→顶棚装饰→地面清理→地面面层→门窗安装→灯具安装→调试→清理交工。

外装饰：结构处理→放线→护角→刮底灰→水泥砂浆面层→外墙高级涂料饰面。

4.3.5 主要项目施工方法

1. 测量工程

(1) 轴线坐标测定

根据建筑总平面图上的坐标系，用经纬仪建立施工现场测量控制方格网，继而定出建筑物在场地上的相对位置，再根据施工图纸用钢尺定出建筑物的定位轴线，最后设置龙门桩，做好轴线标志，并加以保护。钢结构柱下条形基础轴线坐标在浇混凝土前必须复核一次，混凝土浇筑后再复核一次，误差控制在 2 mm 内。

(2) 高程的引测

±0.000 以下部分标高引测采用现有的高程坐标，±0.000 以上部分标高控制采用在±0.000 层柱上弹出的 +0.500 高线往上引测。

(3) 沉降观测

定出沉降观测点位置，设置永久性沉降观测标志，并做好保护措施；在施工过程中设专人用水准仪对建筑定期观测，及时整理沉降记录，测出各点沉降值，发现异常情况，立即反馈。

(4) 轴线控制

底层建筑的轴线利用基坑周边控制桩控制。在浇筑一层楼面混凝土时预埋 200×200×6 的铁板，一层楼盖轴线在钢板上做好"+"标志，上面各层在相应位置留出 180 mm×180 mm 的方洞，上层楼盖浇筑完成后，用光学铅垂仪把四个点引测至楼层，校核后用经纬仪放出楼面控制轴线。

2. 降水处理

在柱下条形基础两端各设一个集水井，直径 0.6 m，井深低于工作面 1 m，井壁用木板简易加固，井底铺 0.2 m 厚砾石，以免泥沙堵塞水泵。开挖后在坑底四周设明沟，明沟与集水井连通，井内放置潜水泵，井内水经水泵抽至坑上沉淀池，经沉淀后排入市政排水管道。

3. 土方工程

(1) 施工工艺流程

施工准备→基坑放样→机械挖土→人工挖余土、修整基坑→基础施工→基础回填。

(2) 施工要点

基础土方开挖深度约为 1.9 m，砂质粘土属Ⅲ类土，故需放坡，工作面取至垫层外每边 0.3 m。挖土时严格控制好开挖深度，以防超挖扰动地基土，施工人员随时跟随挖土机测设好标高。测设标高用毛竹桩，并作上标记。基槽土方分两层开挖，首先将表面层杂填土挖出外运，下层砂质粘土挖出放在房心土上。机械挖土于基底留 0.2 m 厚由人工挖除。回填土采用蛙式打夯机夯实，夯实遍数不少于 6 遍。正式回填前应进行填土压实实验。在满足压实系数的前提下，确定每层铺土厚度、压实遍数、填土最优含水率。

4. 模板工程

（1）施工工艺流程

熟悉图纸→模板拼制→刷隔离剂→弹线复核→翻样校对→支模板→清理杂物→拆模清理刷油→分类堆放。

（2）施工要求

所有支撑体系均采用 φ48 钢管扣件支撑，模板及其支撑系统应具有足够的强度、刚度和稳定性，确保结构构件位置、形状和尺寸的正确性。

模板安装过程中要进行钢筋、预埋件的技术复核及隐蔽工程验收。

拆模时按后支先拆、先支后拆、先拆非承重部分的顺序进行。

5. 钢筋工程

（1）施工工艺流程

钢筋验收→物理试验→钢筋加工制作→钢筋运输→钢筋绑扎。

（2）施工要点

钢筋接头形式：基础主筋优先采用闪光对焊连接，焊接钢筋总长度超过 2 倍定尺长度时，受拉钢筋宜采用现场搭接电弧焊接长，φ20 以下钢筋除图纸要求外均采用绑扎接头，搭接长度$\leqslant 40d$。楼板钢筋 φ10 以上钢筋优先采用搭接电弧焊，φ10 以下采用绑扎搭接连接。

钢筋翻样：钢筋翻样总的原则是按设计图纸、施工规范及结构构造手册精确进行计算，如业主及监理单位提出特殊要求，只要可行均予接受。

6. 混凝土工程施工要点

当混凝土投料高度超过 2.0 m 时，须加串筒或在模板上开窗。浇筑混凝土时应分段连续进行，每层浇筑高度根据结构特点、钢筋疏密决定，一般分层高度为振捣器作用部分长度的 1.25 倍，最大不超过 50 cm。设专人操作振动棒，使用插入式振捣器应快插慢拔，插点要均匀排列，逐点移动，循序渐进，不得遗漏，做到均匀振实。振捣上一层时应插入下层 5 cm 以上，以消除两层间的接缝。表面振动器的移动间距应能保证振动器的平板覆盖已振实部分边缘。浇筑混凝土应连续进行。如必须间歇应尽量缩短，并应在前层混凝土凝结之前，将次层混凝土浇筑完毕。

7. 钢构件焊接

（1）安装焊接工艺

1）一般顺序

在吊装、校正和栓焊混合节点的高强螺栓终拧完成若干节间以后开始焊接，以利于形成稳定框架，焊接时应根据结构体型选择若干基准节间，由此开始焊接主梁与柱之间的焊缝，然后向四周扩展施焊，以避免收缩变形向一个方向累积，一节柱之各层梁安装好后应先焊上层梁后焊下层梁以使框架稳固，便于施工，栓焊混合节点中，应先栓后焊，以避免焊接收缩引起栓孔间位移。柱—梁节点两侧对称的两根梁端应同时与柱相焊，既可以减小拘束度，避免焊接裂纹产生，又可以防止柱的偏斜。柱—柱节点焊接由下层往上层顺序焊接，由于焊缝横向收缩，再加上重力引起的沉降，有可能使标高误差累积。在安装焊接若干柱节后应视实际偏差情况及时要求构件制作厂调整柱长，以保证高度方向的安装精度达到设计和规范要求。

2）各种节点焊接顺序

柱—柱拼接节点的焊接顺序主要考虑避免柱截面两对称侧焊缝收缩不均衡而使柱产生倾斜，以控制好结构的外形尺寸，但同时尽量减小焊接时拘束度，以防止产生焊接裂纹，H型柱的两翼缘板首先应由两名焊工同时施焊，这样可以防止钢柱因两面三刀翼缘板收缩不相同而在焊后出现严重的倾斜。腹板较厚或超过翼板厚度时，要求在翼板焊至1/3板厚以后，两名焊工同时移至腹板的坡口两侧，对称施焊至1/3腹板厚度再移至两翼板对称施焊，接着继续对称焊接腹板。如此顺序轮流施焊直至完成整个接头。如腹腔板厚度小可以由两名焊工先焊完两翼板后，再同时在腹板两侧焊接。腹板厚度不大于20 mm厚时，也可采用V形带垫板坡口由单面焊完成腹板焊接。柱—梁和梁—梁连接节点先栓后焊产生变形的可能性较小，而拘束应力较大，翼缘的焊接顺序一般采用先焊下翼缘后焊上翼缘，翼板厚度大于30 mm时宜上、下翼缘轮流施焊。在下翼板的腹板两侧坡口内顺序轮换分层填充焊接至满坡口，再焊接上翼缘的全焊透焊缝。下翼缘填充焊通过腹板的圆弧孔时各道次焊缝的熄弧点要适当错开，以避免夹渣、未熔合缺陷聚集在同一截面上。

3）焊接工艺方法

焊接方法一般采用药皮焊条手工电弧焊，还宜采用CO_2保护半自动焊接。焊接坡口应在满足焊条(丝)能达到坡口底部的条件下尽可能采用小角度、小间隙。如板厚大，坡口深致使CO_2保护焊的焊炬保护嘴与坡口壁相碰而妨碍焊接时，可以采用混合焊接方法，即先用药皮焊条手工电弧打底焊若干层，然后继续用CO_2保护焊填充并盖面焊。为避免焊缝交叉，H形梁或柱腹板的接口两端均应切割加工出圆弧状缺口，以免产生三向应力和减小局部应力集中。CO_2保护焊时电流密度应足够大，以致电弧达到颗粒过渡状态，有条件可采用$Ar+CO_2$保护焊，使达到喷射过渡。喷射过渡时，电弧稳定，穿透力强，易于保证焊道间和焊道与坡口边缘的良好熔合。

(2) 焊接变形的焊后矫正方法

焊后残余变形的矫正方法采取加热矫正和施力矫正两种方法相结合。

8. 高强度螺栓连接施工

(1) 一般高强度螺栓连接施工要点

① 高强度螺栓连接在施工前应对连接物和摩擦面进行检验和复验，合格后才能进入安装施工。

② 对每一个连接接头，应先用临时螺栓或冲钉定位，为防止损伤螺纹引起扭矩系数的变化，严禁把高强度螺栓作为临时螺栓使用。

③ 高强度螺栓的穿入，应在结构中心位置调整后进行，其穿入方向应以施工方便为准，力求一致，安装时要注意垫圈的正反面。

④ 高强度螺栓的安装应能自由穿入孔，严禁强行穿入，如不能自由穿入时，该孔应用铰

刀进行修整，修整后孔的最大直径应小于1.2倍螺栓直径。

⑤ 高强度螺栓连接中连接钢板的孔径略大于螺栓直径，并必须采用钻孔成型方法，钻孔后的钢板表面应平整，孔边无飞边和毛刺，连接板表面应无焊接飞溅物、油污等。

(2) 大六角头高强度螺栓施工要点

初拧：采用定扭扳手，从栓群中心顺序向外拧紧螺栓。一般对于常用螺栓（M20，M22，M24），初拧（创造）扭矩定在 200~300 N·m 比较合适，原则上应使连接板缝密贴为准。

初拧检查：一般采用敲击法，即用小锤逐个检查，目的是防止螺栓漏拧。

划线：初拧后对螺栓逐个进行划线标记。

终拧：用专用扳手（电动扭断器）使螺母旋转一个额定角度，螺栓尾部扭断后为施拧合格。

终拧检查：对终拧后的螺母返回 30°~50°，再拧至原位测定扭矩，该扭矩应在检查扭矩的 ±10% 以内。

作标记：对终拧完的螺栓用不同于初拧的标记进行标记，并做好记录。

9. 钢结构安装工程

(1) 施工工艺流程

施工准备→钢柱分节吊装、初校、固定→主梁安装（分层），钢柱垂直度监测→次梁安装（分层），钢柱垂直度，轴线校正→高强螺栓连接→焊接→压型钢板铺设（分层）→栓钉、焊接→检查验收。

(2) 施工要点

1) 柱的安装

吊点设置在与柱相连接的耳板上，采用专门的吊具进行安装，起吊时在柱的根部垫好枕木，以避免柱的底部与地面接触。柱在安装前，要将校正用的垫板和钢楔，连接板和高强螺栓吊装在柱底部耳板上。在下柱另外方向两个连接耳板上装上用来调节扭转的卡具。当柱子吊至安装位置时，将上一节柱的连接耳板插入下一节柱上端的卡具内，另外两个连接耳板用高强螺栓作临时连接，先调整标高（按上下柱标高线间距进行调整），然后利用安装的卡具调整上下两节柱的扭转，最后调整柱的垂直度。吊装就位后，用大六角高强螺栓通过连接板固定上下耳板，但不夹紧，通过起落吊钩并用撬棍调解柱间间隙。通过上下节柱的标高线间距离与设计标高比较，并考虑焊接收缩量和压缩变形，将标高偏差调整在 ±5 mm 内。柱的扭转偏差是在其制造、运输、贮存、安装过程中产生的。扭转的存在对钢柱的垂直度的影响较大，在垂直度校正前消除扭转的影响。通过上下耳板在不同界面夹入垫板，在连接板拧紧大六角螺栓来调节扭转，每次调整扭转在 3 mm 以内，若偏差过大可分 2~3 次调整。

2) 主梁安装

主梁吊装采用专门的卡具，梁的吊索与水平方向角度不小于 45°，绑扎必须牢固，在地面上用临时螺栓把连接板固定在梁的两端，连接用的高强螺栓也要绑扎到梁端。梁的吊装顺序与柱对应，即吊完一节柱时，就安装与该柱相连接的主梁，对同一跨梁安装时先安装下层柱再安装上层柱，当连接板栓孔对正后对与主梁先用至少三分之一孔数的临时螺栓拧紧固定，即可脱钩。接着由专门人员继续投放高强螺栓，按高强螺栓施工工艺进行初拧、终拧。

3) 次梁安装

次梁安装与主梁基本相同，在与主梁连接时不采用临时螺栓。直接投放高强螺栓，可节省安装时间同时可以保证工程质量。

4) 压型钢板安装

压型钢板铺设→剪刀钉布置→压型钢板焊接。楼面承压板施工安装之前，绘制相应的排板图，依据图纸施工。金属压型钢板铺设顺序原则上是由下而上，边铺设边调整其位置，边固定。遇到洞口处，先安装压型钢板，然后根据实际洞口位置切割洞口大小尺寸。在焊接前对使用栓钉材质和规格进行核实，焊接工艺根据现场焊机确定。

10. 钢结构涂装工程

（1）工艺流程

搅拌机拌料→振动筛过滤→将料倒入料桶→涂于结构表面→防火涂料固化→重复4、5两道工序若干遍至要求厚度。

（2）施工要点

① 防火涂装前主体框架隐蔽工程验收合格，工地焊缝刷防腐底漆。

② 防腐涂装表面处理：表面处理应严格按设计规定的除锈方法进行，并达到规定的除锈等级，钢材表面的毛刺、电焊药皮、焊瘤、飞溅物、灰尘、油污、酸、碱、盐等污染物均清除干净。

11. 砌筑工程

（1）施工工艺流程

确定内外墙体轴线，定皮数杆→根据轴线将墙体边缘线放到地面上→砌块、砂浆运输→砌筑。

（2）砌筑要求

砌筑前应对所有砂浆进行检验，通过制作试块检验其强度。砌筑前对进场的砌块进行外观尺寸和强度抽检。砌筑前对砌墙地面进行湿润，空心砌块应提前浇水湿润。砌筑顺序应先下后上，先远后近，先外后内。砌筑时墙面上的孔洞、预埋件应在砌筑时留好，不得在砌好的墙体上开洞。砌筑时，灰缝应横平竖直，砂浆饱满，内外搭接，上下错缝。

4.3.6 施工进度计划

工程主要由三个部分即基础工程分部，主体结构吊装，装饰装修工程分部组成。工程量、劳动量的计算如下。

（1）基础工程

1) 土方开挖工程量

采用机械开挖，坑内作业，Ⅲ类土，放坡系数 $k=0.25$，放坡宽度 b，h 为放坡深度。$b=kh=0.25 \text{ m} \times 1.9 \text{ m} = 0.475 \text{ m}$，$b$ 取 0.5 m，每边工作面取 0.3 m，顶面开挖（横断面见图 4.3.2）。

基坑截面面积：

$S = (3.1 + 0.3 \times 2 + 3.1 + 0.3 \times 2 + 0.5 \times 2) + 1.9/2 \text{ m}^2 = 7.98 \text{ m}^2$

横向土方开挖量 V_1：

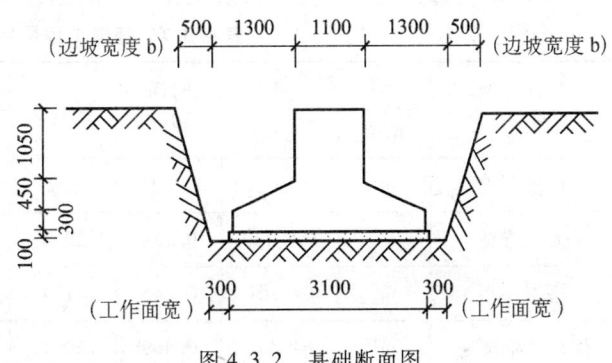

图 4.3.2 基础断面图

$$V_1 = (13.5 + 2 \times 2 + 0.3 \times 2) \times 7.98 \times 7 \text{ m}^3 + 0.5 \times 1.9/2 \times 2 \times 3.7 \times 7 \text{ m}^3$$
$$= 1\ 011.066 \text{ m}^3 + 24.605 \text{ m}^3 = 1\ 035.671 \text{ m}^3$$

纵向土方开挖量 V_2：
$$V_2 = (7.8 - 3.7) \times 7.98 \times 18 \text{ m}^3 - 0.5 \times 1.9/2 \times 3.7 \times 2 \times 6 \times 3 \text{ m}^3$$
$$= 588.924 \text{ m}^3 - 63.270 \text{ m}^3 = 525.654 \text{ m}^3$$

总的土方开挖量：
$$V = V_1 + V_2 = 1\ 035.671 \text{ m}^3 + 525.654 \text{ m}^3 = 1\ 561.325 \text{ m}^3$$

其中，

机械开挖 $= V \times 90\% = 1\ 561.325 \times 90\% \text{ m}^3 = 1\ 405.193 \text{ m}^3$

人工修整 $= V \times 10\% = 1\ 561.325 \times 10\% \text{ m}^3 = 156.132 \text{ m}^3$

2）垫层工程量（C10 混凝土）

$V = 3.1 \times 0.1 \times [(13.5 + 2 \times 2) + (7.8 - 3.1) \times 6 \times 3] \text{ m}^3 = 64.201 \text{ m}^3$

3）基础混凝土体积

基础截面面积：

$S = 0.3 \times 3 \text{ m}^2 + (1.1 + 3.0) \times 0.45/2 \text{ m}^2 + 1.05 \times 1.1 \text{ m}^2 = 2.978 \text{ m}^2$

横向基础混凝土体积 $V_横$：

$$V_横 = 2.978 \times 13.5 \times 7 \text{ m}^3 + \left\{ \left[0.3 \times 3 + (1.1 + 3.0) \times \frac{0.45}{2} \right] \times 2 \times 2 + \right.$$
$$\left. (0.55 + 2) \times \frac{1.05}{2} \times 1.1 \times 2 \right\} \times 7 \text{ m}^3$$
$$= 281.421 \text{ m}^3 + 71.647 \text{ m}^3 = 353.068 \text{ m}^3$$

纵向基础基础混凝土体积 $V_纵$：

$$V_纵 = (7.8 - 3.0) \times 6 \times 3 \times 2.978 \text{ m}^3 + 1.05 \times 1.1 \times 0.95 \times 2 \times 6 \times 3 \text{ m}^3$$
$$= 257.299 \text{ m}^3 + 39.501 \text{ m}^3 = 296.8 \text{ m}^3$$

则基础混凝土总体积为：

$V = V_横 + V_纵 = 353.068 \text{ m}^3 + 296.8 \text{ m}^3 = 649.868 \text{ m}^3$

4）回填土夯实

$V = 1\ 561.325 \text{ m}^3 - 649.868 \text{ m}^3 = 911.457 \text{ m}^3$

基础工程每日工作班数和每班工作人数的选择及持续时间计算见表 4.3.7。

表 4.3.7 基础工程量持续时间计算

分部分项工程	工程量		时间定额	劳动量	机械		每日工作班数	每班工作人数	持续时间/天
	单位	数量			名称	数量			
机械开挖	m³	1 405.193	0.002 6	3.7	挖掘机		2		2
人工修整	m³	156.132	0.188	29.4			1	15	2
垫层模板	m³	64.201	0.645	41.4			1	21	2
浇垫层混凝土	m³	64.201	0.469	30.1			1	16	2

续表

分部分项工程	工程量		时间定额	劳动量	机械		每日工作班数	每班工作人数	持续时间/天
	单位	数量			名称	数量			
拆垫层模板	m³	64.201	0.323	20.7			1	11	2
扎基础钢筋及钢柱预埋	m³	649.868	0.18	117			1	20	6
安基础模板	m³	649.868	0.211	137.1			1	23	6
浇基础混凝土	m³	649.868	0.469	304.8			2	26	6
拆基础模板	m³	649.868	0.105	68.2			1	35	2
回填夯实	m³	911.457	0.04	36.5	夯土机		1	19	2

(2) 主体结构工程

1) 钢构件吊装工程

钢柱分节吊装,主梁、次梁,压型钢板均分层吊装:

第一节柱 $n=21$ 根,主梁 $n=32\times3$ 根,次梁 $n=78\times3$ 根,压型钢板 $n=24\times3$ 块;

第二节柱 $n=21$ 根,主梁 $n=32\times2$ 根,次梁 $n=78\times2$ 根,压型钢板 $n=24\times2$ 块;

第三节柱 $n=21$ 根,主梁 $n=32\times2$ 根,次梁 $n=78\times2$ 根,压型钢板 $n=24\times2$ 块;

第四节柱 $n=21$ 根,主梁 $n=32\times3$ 根,次梁 $n=78\times3$ 根,压型钢板 $n=24\times3$ 块;

2) 楼地面混凝土

楼板为 100 厚压型钢板组合楼板,考虑双波型 W—500 压型钢板凹凸不平,混凝土厚度取平均厚度 $h=0.75\ \text{mm}$ (图 4.3.3),则楼地面混凝土工程量为:

图 4.3.3 组合楼板剖面图

$V=[(13.5+0.5)\times(46.8+0.5)-2.7\times1.8\times2-3.9\times3.3\times2]\times0.075\times10\ \text{m}^3=470.46\ \text{m}^3$

3) 屋面工程

屋面为刚性防水屋面,工程量按平方米计算。

$S=(13.5+0.5)\times(46.8+0.5)\ \text{m}^2-2.7\times1.8\times2-3.9\times3.3\times2\ \text{m}^2=626.74\ \text{m}^2$

主体结构安装工程每日工作班数和每班工作人数的选择及持续时间见表 4.3.8。

表 4.3.8 主体结构持续时间计算

分部分项工程	工程量		时间定额	劳动量	机械		每日工作班数	每班工作人数	持续时间/天
	单位	数量			名称	数量			
第一节柱吊装	根	21	0.48	10.1	塔吊	1	1	4	3
1~3 层主梁吊装	根	32×3	0.42	13.4×3	塔吊		1	5	3×3
1~3 层次梁吊装	根	78×3	0.42	32.8×3	塔吊		1	9	4×3
1~3 层压型板吊装	块	24×3	0.174	4.2×3	塔吊		1	5	1×3

续表

分部分项工程	工程量 单位	工程量 数量	时间定额	劳动量	机械 名称	机械 数量	每日工作班数	每班工作人数	持续时间/天
第二节柱吊装	根	21	0.48	10.1	塔吊	1	1	4	3
4~5层主梁吊装	根	32×2	0.42	13.4×2	塔吊		1	5	3×2
4~5层次梁吊装	根	78×2	0.42	32.8×2	塔吊		1	9	4×2
4~5层压型板吊装	块	24×2	0.174	4.2×2	塔吊		1	5	1×2
第三节柱吊装	根	21	0.48	10.1	塔吊	1	1	4	3
6~7层主梁吊装	根	32×2	0.42	13.4×2	塔吊		1	5	3×2
6~7层次梁吊装	根	78×2	0.42	32.8×2	塔吊		1	9	4×2
6~7层压型板吊装	块	24×2	0.174	4.2×2	塔吊		1	5	1×2
第四节柱吊装	根	21	0.48	10.1	塔吊	1	1	4	3
8~10层主梁吊装	根	32×3	0.42	13.4×3	塔吊		1	5	3×3
8~10层次梁吊装	根	78×3	0.42	32.8×3	塔吊		1	9	4×3
8~10层压型板吊装	块	24×3	0.174	4.2×3	塔吊		1	5	1×3
楼地面钢筋绑扎	m³	470.46	0.398	18.7×10			1	10	2×10
楼地面混凝土浇筑	m³	470.46	0.707	33.3×10			1	17	2×10
屋面工程	m²	626.74	0.091	57.0			1	10	6

施工进度计划见双代号网络图(图4.3.4)施工进度计划横道图(图4.3.5)。施工控制进度按每月26个工作日进行日程控制,每月剩余天数作为雨雪等的影响,社会停水、停电,机械临时故障等不可预见因素的调整余地,现场作业实行全天候作业,并尽可能组织夜间施工。

4.3.7 施工平面图

根据计算的工程量,确定劳动力组合、机械台班及所需的材料,从而确定工程施工的施工平面布置(施工平面布置见图4.3.6)。

4.3.8 冬季施工方案

对于冬季施工的项目,施工过程中根据现场施工环境和施工操作的规范规程和技术要求,针对低温、雨、雪、雾及大风等不利天气,做出相应的冬季施工技术措施和方案,保证冬季施工的安全和质量。

4.3.9 成品保护措施

对参与本工程的施工人员进行构件保护教育,与人员安全教育同步进行。构件成品与半成

4.3 施工组织设计

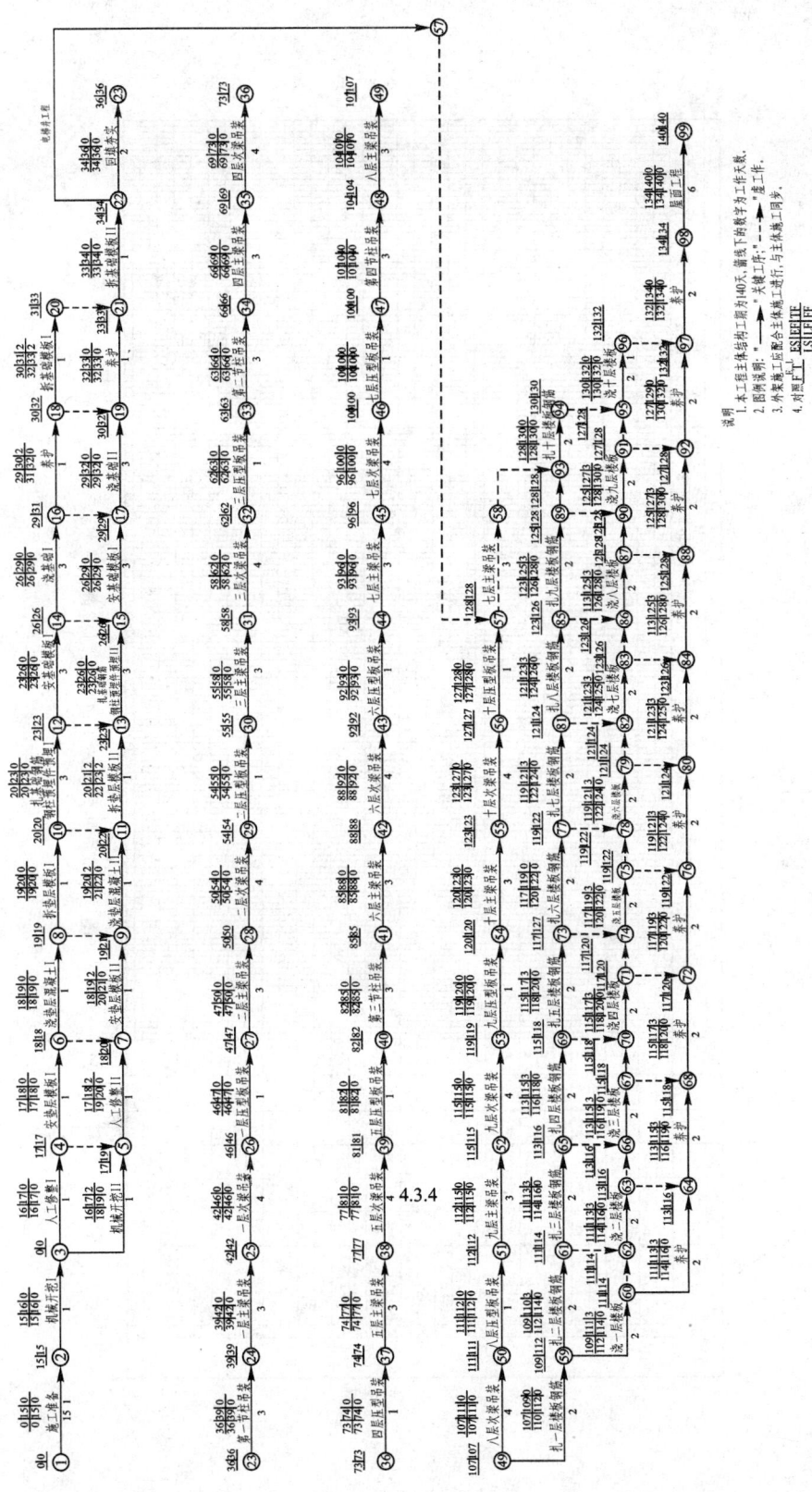

图 4.3.4 办公楼施工进度计划网络图

分部分项工程名称			工程量 单位	工程量 数量	时间定额	劳动量	工作人数	持续时间
基础工程	1	施工准备						15
	2	机械开挖	m^3	1405.193	0.0026	3.7		2
	3	人工修整	m^3	156.312	0.188	29.4	15	2
	4	安垫层模板	m^3	64.201	0.645	41.4	21	2
	5	浇垫层混凝土	m^3	64.201	0.469	30.1	16	2
	6	拆垫层模板	m^3	64.201	0.323	20.7	11	2
	7	扎基础钢筋及埋设钢柱预埋件	m^3	649.868	0.18	117	20	6
	8	安基础模板	m^3	649.868	0.211	137.1	23	6
	9	浇基础混凝土	m^3	649.868	0.469	304.8	26	6
	10	拆基础模板	m^3	649.868	0.105	68.2	35	2
	11	土方回填夯实	m^3	91.457	0.04	36.5	19	2
主体工程	12	电梯井工程	m^3		1.135			
	13	第一节柱吊装	根	21	0.48	10.1	4	3
	14	1~3层主梁吊装	根	32×2	0.42	13.4×3	5	3×3
	15	1~3层次梁吊装	根	78×3	0.42	32.8.×3	9	4×3
	16	1~3层压型钢板吊装	块	24×3	0.174	4.2×3	5	1×3
	17	第二节柱吊装	根	21	0.48	10.1	4	3
	18	4~5层主梁吊装	根	32×2	0.42	13.4×3	5	3×2
	19	4~5层次梁吊装	根	78×2	0.42	32.8.×3	9	4×2
	20	4~5层压型钢板吊装	块	24×2	0.174	4.2×3	9	1×2
	21	第三节柱吊装	根	21	0.48	10.1	4	3
	22	6~7层主梁吊装	根	32×2	0.42	13.4×3	55	3×2
	23	6~7层次梁吊装	根	78×2	0.42	32.8.×3	9	4×2
	24	6~7层压型钢板吊装	块	24×2	0.174	4.2×3	5	1×2
	25	第四节柱吊装	根	21	0.48	10.1	4	3
	26	8~10层主梁吊装	根	32×3	0.42	13.4×3	5	3×3
	27	8~10层次梁吊装	根	78×3	0.42	32.8×3	9	4×3
	28	8~10层压型钢板吊装	块	24×3	0.174	4.2×3	5	1×3
	29	楼面钢筋绑扎	m^3	470.46	0.398	18.7×10	10	2×10
	30	楼面混凝土浇筑	m^3	470.46	0.707	33.3×10	57	2×10
	31	屋面工程	m^2	626.74	0.091	57	10	6
	32	水电安装						

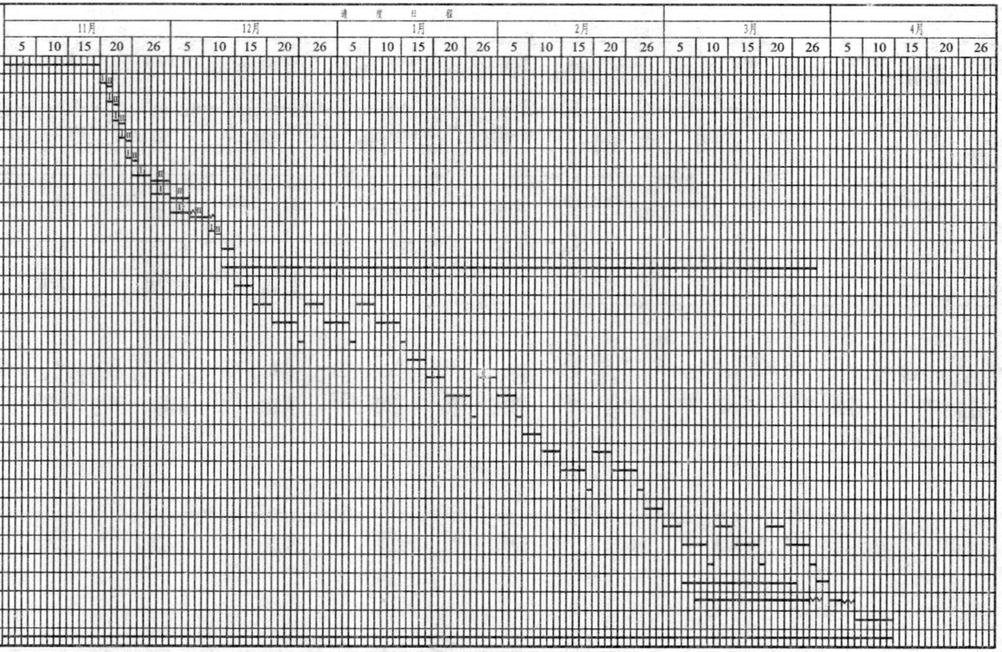

图 4.3.5 办公楼施工进度计划横道图

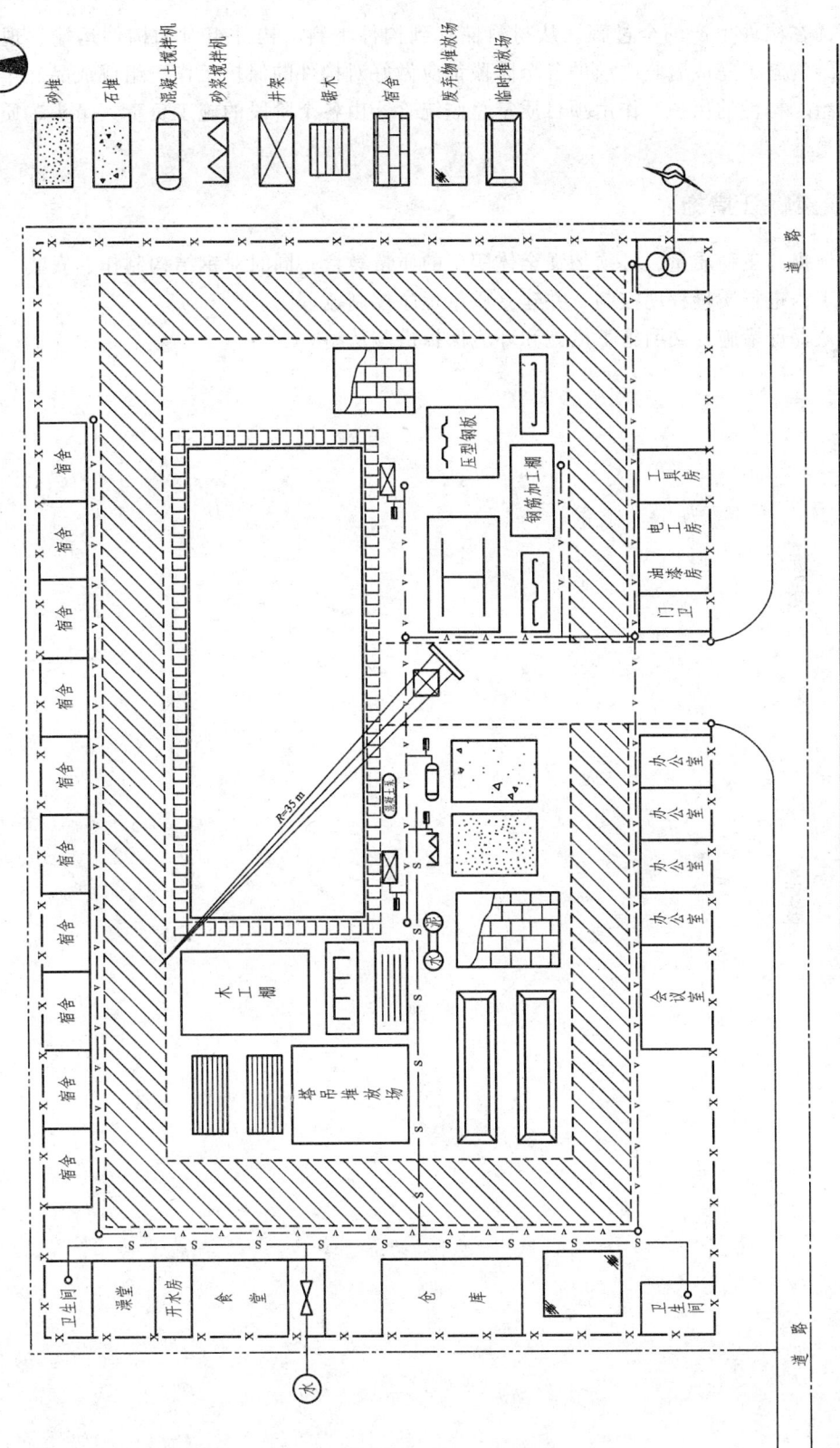

图 4.3.6 施工平面布置图

品的保护穿插在构件生产的全过程。从材料储存到构件下料、构件组对和构件运输、现场组装、吊装及结构施工完成验收之前的各个阶段都应做好对构件的保护工作。组成成品、半成品保护领导小组。构件的保护工作由项目质量总监统管，由各个阶段的施工负责人牵头，质量员监管，施工员落实。

4.3.10 质量保证措施

为了保证提高工程质量，必须加强全体职工的质量教育。同时对钢结构制作、安装、焊接及混凝土等工程进行质量程序控制，并建立质量程序控制流程图。

有关安全保证措施、文明施工措施和环境保护措施从略。

附 录

附录1 常用构件代号

附表1.1 常用构件代号

序号	名称	代号	序号	名称	代号	序号	名称	代号
1	板	B	19	圈梁	QL	37	承台	CT
2	屋面板	WB	20	过梁	GL	38	设备基础	SJ
3	空心板	KB	21	连系梁	LL	39	桩	ZH
4	槽形板	CB	22	基础梁	JL	40	挡土墙	DQ
5	折板	ZB	23	楼梯梁	TL	41	地沟	DG
6	密肋板	MB	24	框架梁	KL	42	柱间支撑	ZC
7	楼梯板	TB	25	框支梁	KZL	43	垂直支撑	CC
8	盖板或沟盖板	GB	26	屋面框架梁	WKL	44	水平支撑	SC
9	挡雨板或檐口板	YB	27	檩条	LT	45	梯	T
10	吊车安全走道板	DB	28	屋架	WJ	46	雨篷	YP
11	墙板	QB	29	托架	TJ	47	阳台	YT
12	天沟板	TGB	30	天窗架	CJ	48	梁垫	LD
13	梁	L	31	框架	KJ	49	预埋件	M
14	屋面梁	WL	32	刚架	GJ	50	天窗端壁	TD
15	吊车梁	DL	33	支架	ZJ	51	钢筋网	W
16	单轨吊车梁	DDL	34	柱	Z	52	钢筋骨架	G
17	轨道连接	DGL	35	框架柱	KZ	53	基础	J
18	车挡	CD	36	构造柱	GZ	54	暗柱	AZ

注：1. 预制钢筋混凝土构件、现浇钢筋混凝土构件、钢构件和木构件，一般可直接采用本附录中的构件代号；在绘图中，当需要区别上述构件的材料种类时，可在构件代号前加注材料代号，并在图纸中加以说明；
2. 预应力钢筋混凝土构件的代号，应在构件代号前加注"Y-"，如Y-DL表示预应力钢筋混凝土吊车梁。

附录 2 全国各城市的雪压值和风压值

全国各城市重现期为 10 年、50 年和 100 年的雪压值和风压值见附表 2.1。

附表 2.1 全国各城市的 50 年一遇雪压和风压

省市名	城 市 名	海拔高度/m	风压/(kN/m²)			雪压/(kN/m²)			雪荷载准永久值系数分区
			$n=10$	$n=50$	$n=100$	$n=10$	$n=50$	$n=100$	
北京		54.0	0.30	0.45	0.50	0.25	0.40	0.45	II
天津	天津市	3.3	0.30	0.50	0.60	0.25	0.40	0.45	II
	塘沽	3.2	0.40	0.55	0.60	0.20	0.35	0.40	II
上海		2.8	0.40	0.55	0.60	0.10	0.20	0.25	III
重庆		259.1	0.25	0.40	0.45				
河北	石家庄市	80.5	0.25	0.35	0.40	0.20	0.30	0.35	II
	蔚县	909.5	0.20	0.30	0.35	0.20	0.30	0.35	II
	邢台市	76.8	0.20	0.30	0.35	0.25	0.35	0.40	II
	丰宁	659.7	0.30	0.40	0.45	0.15	0.25	0.30	II
	围场	842.8	0.35	0.45	0.50	0.20	0.30	0.35	II
	张家口市	724.2	0.35	0.55	0.60	0.15	0.25	0.30	II
	怀来	536.8	0.25	0.35	0.40	0.15	0.20	0.25	II
	承德市	377.2	0.30	0.40	0.45	0.20	0.30	0.35	II
	遵化	54.9	0.30	0.40	0.45	0.25	0.40	0.50	II
	青龙	227.2	0.25	0.30	0.35	0.25	0.40	0.45	II
	秦皇岛市	2.1	0.35	0.45	0.50	0.15	0.25	0.30	II
	霸县	9.0	0.25	0.40	0.45	0.20	0.30	0.35	II
	唐山市	27.8	0.30	0.40	0.45	0.20	0.35	0.40	II
	乐亭	10.5	0.30	0.40	0.45	0.25	0.40	0.45	II
	保定市	17.2	0.30	0.40	0.45	0.20	0.35	0.40	II
	饶阳	18.9	0.30	0.35	0.40	0.20	0.30	0.35	II
	沧州市	9.6	0.30	0.40	0.45	0.20	0.30	0.35	II
	黄骅	6.6	0.30	0.40	0.45	0.20	0.30	0.35	II
	南宫市	27.4	0.25	0.35	0.40	0.15	0.25	0.30	II
山西	太原市	778.3	0.30	0.40	0.45	0.25	0.35	0.40	II
	右玉	1345.8				0.20	0.30	0.35	II

续表

省市名	城市名	海拔高度/m	风压/(kN/m²)			雪压/(kN/m²)			雪荷载准永久值系数分区
			$n=10$	$n=50$	$n=100$	$n=10$	$n=50$	$n=100$	
山西	大同市	1 067.2	0.35	0.55	0.65	0.15	0.25	0.30	Ⅱ
	河曲	861.5	0.30	0.50	0.60	0.20	0.30	0.35	Ⅱ
	五寨	1 401.0	0.30	0.40	0.45	0.20	0.25	0.30	Ⅱ
	兴县	1 012.6	0.25	0.45	0.55	0.20	0.25	0.30	Ⅱ
	原平	828.2	0.30	0.50	0.60	0.20	0.30	0.35	Ⅱ
	离石	950.8	0.30	0.45	0.50	0.20	0.30	0.35	Ⅱ
	阳泉市	741.9	0.30	0.40	0.45	0.20	0.35	0.40	Ⅱ
	榆社	1 041.4	0.20	0.30	0.35	0.20	0.30	0.35	Ⅱ
	隰县	1 052.7	0.25	0.35	0.40	0.20	0.30	0.35	Ⅱ
	介休	743.9	0.25	0.40	0.45	0.20	0.30	0.35	Ⅱ
	临汾市	449.5	0.25	0.40	0.45	0.15	0.25	0.30	Ⅱ
	长治县	991.8	0.30	0.50	0.60				
	运城市	376.0	0.30	0.40	0.45	0.15	0.25	0.30	Ⅱ
	阳城	659.5	0.30	0.45	0.50	0.20	0.30	0.35	Ⅱ
内蒙古	呼和浩特市	1 063.0	0.35	0.55	0.60	0.25	0.40	0.45	Ⅱ
	额右旗拉布达林	581.4	0.35	0.50	0.60	0.35	0.45	0.50	Ⅰ
	牙克石布图里河	732.6	0.30	0.40	0.45	0.40	0.60	0.70	Ⅰ
	满洲里市	661.7	0.50	0.65	0.70	0.20	0.30	0.35	Ⅰ
	海拉尔市	610.2	0.45	0.65	0.75	0.35	0.45	0.50	Ⅰ
	鄂伦春小二沟	286.1	0.30	0.40	0.45	0.35	0.50	0.55	Ⅰ
	新巴尔虎右旗	554.2	0.45	0.60	0.65	0.25	0.40	0.45	Ⅰ
	新巴尔虎左旗阿木古朗	642.0	0.40	0.55	0.60	0.25	0.35	0.40	Ⅰ
	牙克石市博克图	739.7	0.40	0.55	0.60	0.35	0.55	0.65	Ⅰ
	扎兰屯市	306.5	0.30	0.40	0.45	0.35	0.55	0.65	Ⅰ
	科右翼前旗阿尔山	1 027.4	0.35	0.50	0.55	0.45	0.60	0.70	Ⅰ
	科右翼前旗索伦	501.8	0.45	0.55	0.60	0.25	0.35	0.40	Ⅰ
	乌兰浩特市	274.7	0.40	0.55	0.60	0.20	0.30	0.35	Ⅰ
	东乌珠穆沁旗	838.7	0.35	0.55	0.65	0.20	0.30	0.35	Ⅰ
	额济纳旗	940.50	0.40	0.60	0.70	0.05	0.10	0.15	Ⅱ
	额济纳旗拐子湖	960.0	0.45	0.55	0.60	0.05	0.10	0.10	Ⅱ

续表

省市名	城市名	海拔高度/m	风压/(kN/m²)			雪压/(kN/m²)			雪荷载准永久值系数分区
			n=10	n=50	n=100	n=10	n=50	n=100	
内蒙古	阿左旗巴彦毛道	1 328.1	0.40	0.55	0.60	0.05	0.10	0.15	Ⅱ
	阿拉善右旗	1 510.1	0.45	0.55	0.60	0.05	0.10	0.10	Ⅱ
	二连浩特市	964.7	0.55	0.65	0.70	0.15	0.25	0.30	Ⅱ
	那仁宝力格	1 181.6	0.40	0.55	0.60	0.20	0.30	0.35	Ⅰ
	达茂旗满都拉	1 225.2	0.50	0.75	0.85	0.15	0.20	0.25	Ⅱ
	阿巴嘎旗	1 126.1	0.35	0.50	0.55	0.25	0.35	0.40	Ⅰ
	苏尼特左旗	1 111.4	0.40	0.50	0.55	0.25	0.35	0.40	Ⅰ
	乌拉特后旗海力素	1 509.6	0.45	0.50	0.55	0.10	0.15	0.20	Ⅱ
	苏尼特右旗朱日和	1 150.8	0.50	0.65	0.75	0.15	0.20	0.25	Ⅱ
	乌拉特中旗海流图	1 288.0	0.45	0.60	0.65	0.20	0.30	0.35	Ⅱ
	百灵庙	1 376.6	0.50	0.75	0.85	0.25	0.35	0.40	Ⅱ
	四子王旗	1 490.1	0.40	0.60	0.70	0.30	0.45	0.55	Ⅱ
	化德	1 482.7	0.45	0.75	0.85	0.15	0.25	0.30	Ⅱ
	杭锦后旗陕坝	1 056.7	0.30	0.45	0.50	0.15	0.20	0.25	Ⅱ
	包头市	1 067.2	0.35	0.55	0.60	0.15	0.25	0.30	Ⅱ
	集宁市	1 419.3	0.40	0.60	0.70	0.25	0.35	0.40	Ⅱ
	阿拉善左旗古兰泰	1 031.8	0.35	0.50	0.55	0.5	0.10	0.15	Ⅱ
	临河市	1 039.3	0.30	0.50	0.60	0.15	0.25	0.30	Ⅱ
	鄂托克旗	1 380.3	0.35	0.55	0.65	0.15	0.20	0.20	Ⅱ
	东胜市	1 460.4	0.30	0.50	0.60	0.25	0.35	0.40	Ⅱ
	阿腾席连	1 329.3	0.40	0.50	0.55	0.20	0.30	0.35	Ⅱ
	巴彦浩特	1 561.4	0.40	0.60	0.70	0.15	0.20	0.25	Ⅱ
	西乌珠穆沁旗	995.9	0.45	0.55	0.60	0.30	0.40	0.45	Ⅰ
	扎鲁特鲁北	265.0	0.40	0.55	0.60	0.20	0.30	0.35	Ⅱ
	巴林左旗林东	484.4	0.40	0.55	0.60	0.20	0.30	0.35	Ⅱ
	锡林浩特市	989.5	0.40	0.55	0.60	0.25	0.40	0.45	Ⅰ
	林西	799.0	0.45	0.60	0.70	0.25	0.40	0.45	Ⅰ
	开鲁	241.0	0.40	0.55	0.60	0.20	0.30	0.35	Ⅱ
	通辽市	178.5	0.40	0.55	0.60	0.20	0.30	0.35	Ⅱ
	多伦	1245.4	0.40	0.55	0.60	0.20	0.30	0.35	Ⅰ

附录2 全国各城市的雪压值和风压值

续表

省市名	城市名	海拔高度/m	风压/(kN/m²)			雪压/(kN/m²)			雪荷载准永久值系数分区
			n=10	n=50	n=100	n=10	n=50	n=100	
内蒙古	翁牛特旗乌丹	631.8				0.20	0.30	0.35	Ⅱ
	赤峰市	571.1	0.30	0.55	0.65	0.20	0.30	0.35	Ⅱ
	敖汉旗宝国图	400.5	0.40	0.50	0.55	0.25	0.40	0.45	Ⅱ
辽宁	沈阳市	42.8	0.40	0.55	0.60	0.30	0.50	0.55	Ⅰ
	彰武	79.4	0.35	0.45	0.50	0.20	0.30	0.35	Ⅱ
	阜新市	144.0	0.40	0.60	0.70	0.25	0.40	0.45	Ⅱ
	开原	98.2	0.30	0.45	0.50	0.30	0.40	0.45	Ⅰ
	清原	234.1	0.25	0.40	0.45	0.35	0.50	0.60	Ⅰ
	朝阳市	169.2	0.40	0.55	0.60	0.30	0.45	0.55	Ⅱ
	建平县叶柏寿	421.7	0.30	0.35	0.40	0.25	0.35	0.40	Ⅱ
	黑山	37.5	0.45	0.65	0.75	0.30	0.45	0.50	Ⅱ
	锦州市	65.9	0.40	0.60	0.70	0.30	0.40	0.45	Ⅱ
	鞍山市	77.3	0.30	0.50	0.60	0.30	0.40	0.45	Ⅱ
	本溪市	185.2	0.35	0.45	0.50	0.40	0.55	0.60	Ⅰ
	抚顺市章党	118.5	0.30	0.45	0.50	0.35	0.45	0.50	Ⅰ
	桓仁	240.3	0.25	0.30	0.35	0.35	0.50	0.55	Ⅰ
	绥中	15.3	0.25	0.40	0.45	0.25	0.35	0.40	Ⅱ
	兴城市	8.8	0.35	0.45	0.50	0.20	0.30	0.35	Ⅱ
	营口市	3.3	0.40	0.60	0.70	0.30	0.40	0.45	Ⅱ
	盖县熊岳	20.4	0.30	0.40	0.45	0.25	0.40	0.45	Ⅱ
	本溪县草河口	233.4	0.25	0.45	0.55	0.35	0.55	0.60	Ⅰ
	岫岩	79.3	0.30	0.45	0.50	0.35	0.50	0.55	Ⅱ
	宽甸	260.1	0.30	0.50	0.60	0.40	0.60	0.70	
	丹东市	15.1	0.35	0.55	0.65	0.30	0.40	0.45	Ⅱ
	瓦房店市	29.3	0.35	0.50	0.55	0.20	0.30	0.35	Ⅱ
	新金县皮口	43.2	0.35	0.50	0.55	0.20	0.30	0.35	Ⅱ
	庄河	34.8	0.35	0.50	0.55	0.25	0.35	0.40	Ⅱ
	大连市	91.5	0.40	0.65	0.75	0.25	0.40	0.45	Ⅱ
吉林	长春市	236.8	0.45	0.65	0.75	0.25	0.35	0.40	Ⅰ
	白城市	155.4	0.45	0.65	0.75	0.15	0.20	0.25	Ⅱ

续表

省市名	城市名	海拔高度/m	风压/(kN/m²)			雪压/(kN/m²)			雪荷载准永久值系数分区
			n=10	n=50	n=100	n=10	n=50	n=100	
吉林	乾安	146.3	0.35	0.45	0.50	0.15	0.20	0.25	Ⅱ
	前郭尔罗斯	134.7	0.30	0.45	0.50	0.15	0.25	0.30	Ⅱ
	通榆	149.5	0.35	0.50	0.55	0.15	0.20	0.25	Ⅱ
	长岭	189.3	0.30	0.45	0.50	0.15	0.20	0.25	Ⅱ
	扶余市三岔河	196.6	0.35	0.55	0.65	0.20	0.30	0.35	Ⅰ
	双辽	114.9	0.35	0.50	0.55	0.20	0.30	0.35	Ⅱ
	四平市	164.2	0.40	0.55	0.60	0.20	0.35	0.40	Ⅰ
	磐石县烟筒山	271.6	0.30	0.40	0.45	0.25	0.40	0.45	Ⅰ
	吉林市	183.4	0.40	0.50	0.55	0.30	0.45	0.50	Ⅰ
	蛟河	295.0	0.30	0.45	0.50	0.40	0.65	0.75	Ⅰ
	敦化市	523.7	0.30	0.45	0.50	0.30	0.50	0.60	Ⅰ
	梅河口市	339.9	0.30	0.40	0.45	0.30	0.45	0.50	Ⅰ
	桦甸	263.8	0.30	0.40	0.45	0.40	0.65	0.75	Ⅰ
	靖宇	549.2	0.25	0.35	0.40	0.40	0.60	0.70	Ⅰ
	抚松县东岗	774.2	0.30	0.40	0.45	0.60	0.90	1.05	Ⅰ
	延吉市	176.8	0.35	0.50	0.55	0.35	0.55	0.65	Ⅰ
	通化市	402.9	0.30	0.50	0.60	0.50	0.80	0.90	Ⅰ
	浑江市临江	332.7	0.20	0.30	0.35	0.45	0.70	0.80	Ⅰ
	集安市	177.7	0.20	0.30	0.35	0.45	0.70	0.80	Ⅰ
	长白	1 016.7	0.35	0.45	0.50	0.40	0.60	0.70	Ⅰ
黑龙江	哈尔滨市	142.3	0.35	0.55	0.65	0.30	0.45	0.50	Ⅰ
	漠河	296.0	0.25	0.35	0.40	0.50	0.65	0.70	Ⅰ
	塔河	357.4	0.25	0.30	0.35	0.45	0.60	0.65	Ⅰ
	新林	494.6	0.25	0.35	0.40	0.40	0.50	0.55	Ⅰ
	呼玛	177.4	0.30	0.50	0.60	0.35	0.45	0.50	Ⅰ
	加格达奇	371.7	0.25	0.35	0.40	0.40	0.55	0.60	Ⅰ
	黑河市	166.4	0.35	0.50	0.55	0.45	0.60	0.65	Ⅰ
	嫩江	242.2	0.40	0.55	0.60	0.40	0.55	0.60	Ⅰ
	孙吴	234.5	0.40	0.60	0.70	0.40	0.55	0.60	Ⅰ
	北安市	269.7	0.30	0.50	0.60	0.40	0.55	0.60	Ⅰ

省市名	城市名	海拔高度/m	风压/(kN/m²)			雪压/(kN/m²)			雪荷载准永久值系数分区
			n=10	n=50	n=100	n=10	n=50	n=100	
黑龙江	克山	234.6	0.30	0.45	0.50	0.30	0.50	0.55	I
	富裕	162.4	0.30	0.40	0.45	0.25	0.35	0.40	I
	齐齐哈尔市	145.9	0.35	0.45	0.50	0.25	0.40	0.45	I
	海伦	239.2	0.35	0.55	0.65	0.30	0.40	0.45	I
	明水	249.2	0.35	0.45	0.50	0.25	0.40	0.45	I
	伊春市	240.9	0.25	0.35	0.40	0.45	0.60	0.65	I
	鹤岗市	227.9	0.30	0.40	0.45	0.45	0.65	0.70	I
	富锦	64.2	0.30	0.45	0.50	0.35	0.45	0.50	I
	泰来	149.5	0.30	0.45	0.50	0.20	0.30	0.35	I
	绥化市	179.6	0.35	0.55	0.65	0.35	0.50	0.60	I
	安达市	149.3	0.35	0.55	0.65	0.20	0.30	0.35	I
	铁力	210.5	0.25	0.35	0.40	0.50	0.75	0.85	I
	佳木斯市	81.2	0.40	0.65	0.75	0.45	0.65	0.70	I
	依兰	100.1	0.45	0.65	0.75				
	宝清	83.0	0.30	0.40	0.45	0.35	0.50	0.55	I
	通河	108.6	0.35	0.50	0.55	0.50	0.75	0.85	I
	尚志	189.7	0.35	0.55	0.60	0.40	0.55	0.60	I
	鸡西市	233.6	0.40	0.55	0.65	0.45	0.65	0.75	I
	虎林	100.2	0.35	0.45	0.50	0.50	0.70	0.80	I
	牡丹江市	241.4	0.35	0.50	0.55	0.40	0.60	0.65	I
	绥芬河市	496.7	0.40	0.60	0.70	0.40	0.55	0.60	I
山东	济南市	51.6	0.30	0.45	0.50	0.20	0.30	0.35	II
	德州市	21.2	0.30	0.45	0.50	0.20	0.35	0.40	II
	惠民	11.3	0.40	0.50	0.55	0.25	0.35	0.40	II
	寿光县羊角沟	4.4	0.30	0.45	0.50	0.15	0.25	0.30	II
	龙口市	4.8	0.45	0.60	0.65	0.25	0.35	0.40	II
	烟台市	46.7	0.40	0.55	0.60	0.30	0.40	0.45	II
	威海市	46.6	0.45	0.65	0.75	0.30	0.45	0.50	II
	荣成市成山头	47.7	0.60	0.70	0.75	0.25	0.40	0.45	II
	莘县朝城	42.7	0.35	0.45	0.50	0.25	0.35	0.40	II

续表

省市名	城市名	海拔高度/m	风压/(kN/m²)			雪压/(kN/m²)			雪荷载准永久值系数分区
			$n=10$	$n=50$	$n=100$	$n=10$	$n=50$	$n=100$	
山东	泰安市泰山	1 533.7	0.65	0.85	0.95	0.40	0.55	0.60	Ⅱ
	泰安市	128.8	0.30	0.40	0.45	0.20	0.35	0.40	Ⅱ
	淄博市张店	34.0	0.30	0.40	0.45	0.30	0.45	0.50	Ⅱ
	沂源	304.5	0.30	0.35	0.40	0.20	0.30	0.35	Ⅱ
	潍坊市	44.1	0.30	0.40	0.45	0.25	0.35	0.40	Ⅱ
	莱阳市	30.5	0.30	0.40	0.45	0.15	0.25	0.30	Ⅱ
	青岛市	76.0	0.45	0.60	0.70	0.15	0.20	0.25	Ⅱ
	海阳	65.2	0.40	0.55	0.60	0.10	0.15	0.15	Ⅱ
	荣成市石岛	33.7	0.40	0.55	0.65	0.10	0.15	0.15	Ⅱ
	菏泽市	49.7	0.25	0.40	0.45	0.20	0.30	0.35	Ⅱ
	兖州	51.7	0.25	0.40	0.45	0.25	0.35	0.45	Ⅱ
	莒县	107.4	0.25	0.35	0.40	0.20	0.35	0.40	Ⅱ
	临沂	87.9	0.30	0.40	0.45	0.25	0.40	0.45	Ⅱ
	日照市	16.1	0.30	0.40	0.45				
江苏	南京市	8.9	0.25	0.40	0.45	0.40	0.65	0.75	Ⅱ
	徐州市	41.0	0.25	0.35	0.40	0.25	0.35	0.40	Ⅱ
	赣榆	2.1	0.30	0.45	0.50	0.25	0.35	0.40	Ⅱ
	盱眙	34.5	0.25	0.35	0.40	0.20	0.30	0.35	Ⅱ
	淮阴市	17.5	0.25	0.40	0.45	0.25	0.40	0.45	Ⅱ
	射阳	2.0	0.30	0.40	0.45	0.15	0.20	0.25	Ⅲ
	镇江	26.5	0.30	0.40	0.45	0.25	0.35	0.40	Ⅲ
	无锡	6.7	0.30	0.45	0.50	0.30	0.40	0.45	Ⅲ
	泰州	6.6	0.25	0.40	0.45	0.25	0.35	0.40	Ⅲ
	连云港	3.7	0.35	0.55	0.65	0.25	0.40	0.45	Ⅱ
	盐城	3.6	0.25	0.45	0.55	0.20	0.35	0.40	Ⅲ
	高邮	5.4	0.25	0.40	0.45	0.20	0.35	0.40	Ⅲ
	东台市	4.3	0.30	0.40	0.45	0.20	0.30	0.35	Ⅲ
	南通市	5.3	0.30	0.45	0.50	0.15	0.25	0.30	Ⅲ
	启东县吕泗	5.5	0.35	0.50	0.55	0.10	0.20	0.25	Ⅲ
	常州市	4.9	0.25	0.40	0.45	0.20	0.35	0.40	Ⅲ

附录 2　全国各城市的雪压值和风压值

续表

省市名	城市名	海拔高度/m	风压/(kN/m²)			雪压/(kN/m²)			雪荷载准永久值系数分区
			n=10	n=50	n=100	n=10	n=50	n=100	
江苏	溧阳	7.2	0.25	0.40	0.45	0.30	0.50	0.55	Ⅲ
	吴县东山	17.5	0.30	0.45	0.50	0.25	0.40	0.45	Ⅲ
浙江	杭州市	41.7	0.30	0.45	0.50	0.30	0.45	0.50	Ⅲ
	临安县天目山	1 505.9	0.55	0.70	0.80	0.100	0.160	0.185	Ⅱ
	平湖县乍浦	5.4	0.35	0.45	0.50	0.25	0.35	0.40	Ⅲ
	慈溪市	7.1	0.30	0.45	0.50	0.25	0.35	0.40	Ⅲ
	嵊泗	79.6	0.85	1.30	1.55				
	嵊泗县嵊山	124.6	0.95	1.50	1.75				
	舟山市	35.7	0.50	0.85	1.00	0.30	0.50	0.60	Ⅲ
	金华市	62.6	0.25	0.35	0.40	0.35	0.55	0.65	Ⅲ
	嵊县	104.3	0.25	0.40	0.50	0.35	0.55	0.65	Ⅲ
	宁波市	4.2	0.30	0.50	0.60	0.20	0.30	0.35	Ⅲ
	象山县石浦	128.4	0.75	1.20	1.40	0.20	0.30	0.35	Ⅲ
	衢州市	66.9	0.25	0.35	0.40	0.30	0.50	0.60	Ⅲ
	丽水市	60.8	0.20	0.30	0.35	0.30	0.45	0.50	Ⅲ
	龙泉	198.4	0.20	0.30	0.35	0.35	0.55	0.65	Ⅲ
	临海市括苍山	1 383.1	0.60	0.90	1.05	0.40	0.60	0.70	Ⅲ
	温州市	6.0	0.35	0.60	0.70	0.25	0.35	0.40	Ⅲ
	椒江市洪家	1.3	0.35	0.55	0.65	0.20	0.30	0.35	Ⅲ
	椒江市下大陈	86.2	0.90	1.40	1.65	0.25	0.35	0.40	Ⅲ
	玉环县坎门	95.9	0.70	1.20	1.45	0.20	0.35	0.40	Ⅲ
	瑞安市北麂	42.3	0.95	1.60	1.90				
安徽	合肥市	27.9	0.25	0.35	0.40	0.40	0.60	0.70	Ⅱ
	砀山	43.2	0.25	0.35	0.40	0.25	0.40	0.45	Ⅱ
	亳州市	37.7	0.25	0.45	0.55	0.25	0.40	0.45	Ⅱ
	宿县	25.9	0.25	0.40	0.50	0.25	0.40	0.45	Ⅱ
	寿县	22.7	0.25	0.35	0.40	0.30	0.50	0.55	Ⅱ
	蚌埠市	18.7	0.25	0.35	0.40	0.30	0.45	0.55	Ⅱ
	滁县	25.3	0.25	0.35	0.40	0.25	0.40	0.45	Ⅱ
	六安市	60.5	0.20	0.35	0.40	0.35	0.55	0.60	Ⅱ

续表

省市名	城市名	海拔高度/m	风压/(kN/m²)			雪压/(kN/m²)			雪荷载准永久值系数分区
			n=10	n=50	n=100	n=10	n=50	n=100	
安徽	霍山	68.1	0.20	0.35	0.40	0.40	0.60	0.65	Ⅱ
	巢县	22.4	0.25	0.35	0.40	0.30	0.45	0.50	Ⅱ
	安庆市	19.8	0.25	0.40	0.45	0.20	0.35	0.40	Ⅲ
	宁国	89.4	0.25	0.35	0.40	0.30	0.50	0.55	Ⅲ
	黄山	1 840.4	0.50	0.70	0.80	0.35	0.45	0.50	Ⅲ
	黄山市	142.7	0.25	0.35	0.40	0.30	0.45	0.50	Ⅲ
	阜阳市	30.6				0.35	0.55	0.60	Ⅱ
江西	南昌市	46.7	0.30	0.45	0.55	0.30	0.45	0.50	Ⅲ
	修水	146.8	0.20	0.30	0.35	0.25	0.40	0.50	Ⅲ
	宜春市	131.3	0.20	0.30	0.35	0.25	0.40	0.45	Ⅲ
	吉安	76.4	0.25	0.30	0.35	0.25	0.35	0.45	Ⅲ
	宁冈	263.1	0.20	0.30	0.35	0.30	0.45	0.50	Ⅲ
	遂川	126.1	0.20	0.30	0.35	0.30	0.45	0.55	Ⅲ
	赣州市	123.8	0.20	0.30	0.35	0.20	0.35	0.40	Ⅲ
	九江	36.1	0.25	0.35	0.40	0.30	0.40	0.45	Ⅲ
	庐山	1 164.5	0.40	0.55	0.60	0.55	0.75	0.85	Ⅲ
	波阳	40.1	0.25	0.40	0.45	0.35	0.60	0.70	Ⅲ
	景德镇市	61.5	0.25	0.35	0.40	0.25	0.35	0.40	Ⅲ
	樟树市	30.4	0.20	0.30	0.35	0.25	0.40	0.45	Ⅲ
	贵溪	51.2	0.20	0.30	0.35	0.35	0.50	0.60	Ⅲ
	玉山	116.3	0.20	0.30	0.35	0.35	0.55	0.65	Ⅲ
	南城	80.8	0.25	0.30	0.35	0.20	0.35	0.40	Ⅲ
	广昌	143.8	0.20	0.30	0.35	0.30	0.45	0.50	Ⅲ
	寻乌	303.9	0.25	0.30	0.35				
福建	福州市	83.8	0.40	0.70	0.85				
	邵武市	191.5	0.20	0.30	0.35	0.25	0.35	0.40	Ⅲ
	铅山县七仙山	1 401.9	0.55	0.70	0.80	0.40	0.60	0.70	Ⅲ
	浦城	276.9	0.20	0.30	0.35	0.35	0.55	0.65	Ⅲ
	建阳	196.9	0.25	0.35	0.40	0.35	0.50	0.55	Ⅲ
	建瓯	154.9	0.25	0.35	0.40	0.25	0.35	0.40	Ⅲ

附录2 全国各城市的雪压值和风压值

续表

省市名	城市名	海拔高度/m	风压/(kN/m²)			雪压/(kN/m²)			雪荷载准永久值系数分区
			n=10	n=50	n=100	n=10	n=50	n=100	
福建	福鼎	36.2	0.35	0.70	0.90				
	泰宁	342.9	0.20	0.30	0.35	0.30	0.50	0.60	Ⅲ
	南平市	125.6	0.20	0.35	0.45				
	福鼎县台市	106.6	0.75	1.00	1.10				
	长汀	310.0	0.20	0.35	0.40	0.15	0.25	0.30	Ⅲ
	上杭	197.9	0.25	0.30	0.35				
	永安市	206.0	0.25	0.40	0.45				
	龙岩市	342.3	0.20	0.35	0.45				
	德化县九仙山	1 653.5	0.60	0.80	0.90	0.25	0.40	0.50	Ⅲ
	屏南	896.5	0.20	0.30	0.35	0.25	0.45	0.50	Ⅲ
	平潭	32.4	0.75	1.30	1.60				
	崇武	21.8	0.55	0.80	0.90				
	厦门市	139.4	0.50	0.80	0.95				
	东山	53.3	0.80	1.25	1.45				
陕西	西安市	397.5	0.25	0.35	0.40	0.20	0.25	0.30	Ⅱ
	榆林市	1 057.5	0.25	0.40	0.45	0.20	0.25	0.30	Ⅱ
	吴旗	1 272.6	0.30	0.40	0.50	0.15	0.20	0.20	Ⅱ
	横山	1 111.0	0.30	0.40	0.45	0.15	0.25	0.30	Ⅱ
	绥德	929.7	0.30	0.40	0.45	0.20	0.35	0.40	Ⅱ
	延安市	957.8	0.25	0.35	0.40	0.15	0.25	0.30	Ⅱ
	长武	1 206.5	0.20	0.30	0.35	0.20	0.30	0.35	Ⅱ
	洛川	1 158.3	0.25	0.35	0.40	0.25	0.35	0.40	Ⅱ
	铜川市	978.9	0.20	0.35	0.40	0.15	0.20	0.25	Ⅱ
	宝鸡市	612.4	0.20	0.35	0.40	0.15	0.20	0.25	Ⅱ
	武功	447.8	0.20	0.35	0.40	0.20	0.25	0.30	Ⅱ
	华阴县华山	2 064.9	0.40	0.50	0.55	0.50	0.70	0.75	Ⅱ
	略阳	794.2	0.25	0.35	0.40	0.10	0.15	0.15	Ⅲ
	汉中市	508.4	0.20	0.30	0.35	0.15	0.20	0.25	Ⅲ
	佛坪	1 087.7	0.25	0.30	0.35	0.15	0.25	0.30	Ⅲ
	商州市	742.2	0.25	0.30	0.35	0.20	0.30	0.35	Ⅱ

续表

省市名	城市名	海拔高度/m	风压/(kN/m²)			雪压/(kN/m²)			雪荷载准永久值系数分区
			$n=10$	$n=50$	$n=100$	$n=10$	$n=50$	$n=100$	
陕西	镇安	693.7	0.20	0.30	0.35	0.20	0.30	0.35	Ⅲ
	石泉	484.9	0.20	0.30	0.35	0.20	0.30	0.35	Ⅲ
	安康市	290.8	0.30	0.45	0.50	0.10	0.15	0.20	Ⅲ
甘肃	兰州市	1 517.2	0.20	0.30	0.35	0.10	0.15	0.20	Ⅱ
	吉诃德	966.5	0.45	0.55	0.60				
	安西	1 170.8	0.40	0.55	0.60	0.10	0.20	0.25	Ⅱ
	酒泉市	1 477.2	0.40	0.55	0.60	0.20	0.30	0.35	Ⅱ
	张掖市	1 482.7	0.30	0.50	0.60	0.05	0.10	0.15	Ⅱ
	武威市	1 530.9	0.35	0.55	0.65	0.15	0.20	0.25	Ⅱ
	民勤	1 367.0	0.40	0.50	0.55	0.05	0.10	0.10	Ⅱ
	乌鞘岭	3 045.1	0.35	0.40	0.45	0.35	0.55	0.60	Ⅱ
	景泰	1 630.5	0.25	0.40	0.45	0.10	0.15	0.20	Ⅱ
	靖远	1 398.2	0.20	0.30	0.35	0.15	0.20	0.25	Ⅱ
	临夏市	1 917.0	0.20	0.30	0.35	0.15	0.25	0.30	Ⅱ
	临洮	1 886.6	0.20	0.30	0.35	0.30	0.50	0.55	Ⅱ
	华家岭	2 450.6	0.30	0.40	0.45	0.25	0.40	0.45	Ⅱ
	环县	1 255.6	0.20	0.30	0.35	0.15	0.25	0.30	Ⅱ
	平凉市	1 346.6	0.25	0.30	0.35	0.15	0.25	0.30	Ⅱ
	西峰镇	1 421.0	0.20	0.30	0.35	0.25	0.40	0.45	Ⅱ
	玛曲	3 471.4	0.25	0.30	0.35	0.15	0.20	0.25	Ⅱ
	夏河县合作	2 910.0	0.25	0.30	0.35	0.25	0.40	0.45	Ⅱ
	武都	1 079.1	0.25	0.35	0.40	0.05	0.10	0.15	Ⅲ
	天水市	1 141.7	0.20	0.35	0.40	0.15	0.20	0.25	Ⅱ
	马宗山	1 962.7				0.10	0.15	0.20	Ⅱ
	敦煌	1 139.0				0.10	0.15	0.20	Ⅱ
	玉门市	1 526.0				0.15	0.20	0.25	Ⅱ
	金塔县鼎新	1 177.4				0.05	0.10	0.15	Ⅱ
	高台	1 332.2				0.05	0.10	0.15	Ⅱ
	山丹	1 764.6				0.15	0.20	0.25	Ⅱ
	永昌	1 976.1				0.10	0.15	0.20	Ⅱ

续表

省市名	城市名	海拔高度/m	风压/(kN/m²)			雪压/(kN/m²)			雪荷载准永久值系数分区
			n=10	n=50	n=100	n=10	n=50	n=100	
甘肃	榆中	1 874.1				0.15	0.20	0.25	Ⅱ
	会宁	2 012.2				0.20	0.30	0.35	Ⅱ
	岷县	2 315.0				0.10	0.15	0.20	Ⅱ
宁夏	银川市	1 111.4	0.40	0.65	0.75	0.15	0.20	0.25	Ⅱ
	惠农	1 091.0	0.45	0.65	0.70	0.05	0.10	0.10	Ⅱ
	陶乐	1 101.6				0.05	0.10	0.10	Ⅱ
	中卫	1 225.7	0.30	0.45	0.50	0.05	0.10	0.15	Ⅱ
	中宁	1 183.3	0.30	0.35	0.40	0.10	0.15	0.20	Ⅱ
	盐池	1 347.8	0.30	0.40	0.45	0.20	0.30	0.35	Ⅱ
	海源	1 854.2	0.25	0.30	0.35	0.25	0.40	0.45	Ⅱ
	同心	1 343.9	0.20	0.30	0.35	0.10	0.10	0.15	Ⅱ
	固原	1 753.0	0.25	0.35	0.40	0.30	0.40	0.45	Ⅱ
	西吉	1 916.5	0.20	0.30	0.35	0.15	0.20	0.20	Ⅱ
青海	西宁市	2 261.2	0.25	0.35	0.40	0.15	0.20	0.25	Ⅱ
	茫崖	3 138.5	0.30	0.40	0.45	0.05	0.10	0.10	Ⅱ
	冷湖	2 733.0	0.40	0.55	0.60	0.05	0.10	0.10	Ⅱ
	祁连县托勒	3 367.0	0.30	0.40	0.45	0.20	0.25	0.30	Ⅱ
	祁连县野牛沟	3 180.0	0.30	0.40	0.45	0.15	0.20	0.20	Ⅱ
	祁连	2 787.4	0.30	0.35	0.40	0.10	0.15	0.15	Ⅱ
	格尔木市小灶火	2 767.0	0.30	0.40	0.45	0.05	0.10	0.10	Ⅱ
	大柴旦	3 173.2	0.30	0.40	0.45	0.10	0.15	0.15	Ⅱ
	德令哈市	2 981.5	0.25	0.35	0.40	0.10	0.15	0.20	Ⅱ
	刚察	3 301.5	0.25	0.35	0.40	0.20	0.25	0.30	Ⅱ
	门源	2 850.0	0.25	0.35	0.40	0.15	0.25	0.30	Ⅱ
	格尔木市	2 807.6	0.30	0.40	0.45	0.10	0.20	0.25	Ⅱ
	都兰县诺木洪	2 790.4	0.35	0.50	0.60	0.05	0.10	0.10	Ⅱ
	都兰	3 191.1	0.30	0.45	0.55	0.20	0.25	0.30	Ⅱ
	乌兰县茶卡	3 087.6	0.25	0.35	0.40	0.15	0.20	0.25	Ⅱ
	共和县恰卜恰	2 835.0	0.25	0.35	0.40	0.10	0.15	0.15	Ⅱ
	贵德	2 237.1	0.25	0.30	0.35	0.05	0.10	0.10	Ⅱ

续表

省市名	城市名	海拔高度/m	风压/(kN/m²)			雪压/(kN/m²)			雪荷载准永久值系数分区
			$n=10$	$n=50$	$n=100$	$n=10$	$n=50$	$n=100$	
青 海	民和	1 813.9	0.20	0.30	0.35	0.10	0.10	0.15	Ⅱ
	唐古拉山五道梁	4 612.2	0.35	0.45	0.50	0.20	0.25	0.30	Ⅰ
	兴海	3 323.2	0.25	0.35	0.40	0.15	0.20	0.20	Ⅱ
	同德	3 289.4	0.25	0.30	0.35	0.20	0.30	0.35	Ⅱ
	泽库	3 662.8	0.25	0.30	0.35	0.30	0.40	0.45	Ⅱ
	格尔木市托托河	4 533.1	0.40	0.50	0.55	0.25	0.35	0.40	Ⅰ
	治多	4 179.0	0.25	0.30	0.35	0.15	0.20	0.25	Ⅰ
	杂多	4 066.4	0.25	0.35	0.40	0.20	0.25	0.30	Ⅱ
	曲麻莱	4 231.2	0.25	0.35	0.40	0.15	0.25	0.30	Ⅰ
	玉树	3 681.2	0.20	0.30	0.35	0.15	0.20	0.25	Ⅱ
	玛多	4 272.3	0.30	0.40	0.45	0.25	0.35	0.40	Ⅰ
	称多县清水河	4 415.4	0.25	0.30	0.35	0.20	0.25	0.30	Ⅰ
	玛沁县仁峡姆	4 211.1	0.30	0.35	0.40	0.15	0.25	0.30	Ⅰ
	达日县吉迈	3 967.5	0.25	0.35	0.40	0.20	0.25	0.30	Ⅰ
	河南	3 500.0	0.25	0.40	0.45	0.20	0.25	0.30	Ⅱ
	久治	3 628.5	0.20	0.30	0.35	0.20	0.25	0.30	Ⅱ
	昂欠	3 643.7	0.25	0.30	0.35	0.10	0.20	0.25	Ⅱ
	班玛	3 750.0	0.20	0.30	0.35	0.15	0.20	0.25	Ⅱ
新 疆	乌鲁木齐市	917.9	0.40	0.60	0.70	0.60	0.80	0.90	Ⅰ
	阿勒泰市	735.3	0.40	0.70	0.85	0.85	1.25	1.40	Ⅰ
	博乐市阿拉山口	284.8	0.95	1.35	1.55	0.20	0.25	0.25	Ⅰ
	克拉玛依市	427.3	0.65	0.90	1.00	0.20	0.30	0.35	Ⅰ
	伊宁市	662.5	0.40	0.60	0.70	0.70	1.00	1.15	Ⅰ
	昭苏	1 851.0	0.25	0.40	0.45	0.55	0.75	0.85	Ⅰ
	乌鲁木齐县达坂城	1 103.5	0.55	0.80	0.90	0.15	0.20	0.20	Ⅰ
	和静县巴音布鲁克	2 458.0	0.25	0.35	0.40	0.45	0.65	0.75	Ⅰ
	吐鲁番市	34.5	0.50	0.85	1.00	0.15	0.20	0.25	Ⅱ
	阿克苏市	1 103.8	0.30	0.45	0.50	0.15	0.25	0.30	Ⅱ
	库车	1 099.0	0.35	0.50	0.60	0.15	0.25	0.30	Ⅱ
	库尔勒市	931.5	0.30	0.45	0.50	0.15	0.25	0.30	Ⅱ

附录 2　全国各城市的雪压值和风压值

续表

省市名	城市名	海拔高度/m	风压/(kN/m²)			雪压/(kN/m²)			雪荷载准永久值系数分区
			n=10	n=50	n=100	n=10	n=50	n=100	
新疆	乌恰	2 175.7	0.25	0.35	0.40	0.35	0.50	0.60	II
	喀什市	1 288.7	0.35	0.55	0.65	0.30	0.45	0.50	II
	阿合奇	1 984.9	0.25	0.35	0.40	0.25	0.35	0.40	II
	皮山	1 375.4	0.20	0.30	0.35	0.15	0.20	0.25	II
	和田	1 374.6	0.25	0.40	0.45	0.10	0.20	0.25	II
	民丰	1 409.3	0.20	0.30	0.35	0.10	0.15	0.15	II
	民丰县安的河	1 262.8	0.20	0.30	0.35	0.05	0.05	0.05	II
	于田	1 422.0	0.20	0.30	0.35	0.10	0.15	0.15	II
	哈密	737.2	0.40	0.60	0.70	0.15	0.20	0.25	II
	哈巴河	532.6				0.55	0.75	0.85	I
	吉木乃	984.1				0.70	1.00	1.15	I
	福海	500.9				0.30	0.45	0.50	I
	富蕴	807.5				0.65	0.95	1.05	I
	塔城	534.9				0.95	1.35	1.55	I
	和布克赛尔	1 291.6				0.25	0.40	0.45	I
	青河	1 218.2				0.55	0.80	0.90	I
	托里	1 077.8				0.55	0.75	0.85	I
	北塔山	1 653.7				0.55	0.65	0.70	I
	温泉	1 354.6				0.35	0.45	0.50	I
	精河	320.1				0.20	0.30	0.35	I
	乌苏	478.7				0.40	0.55	0.60	I
	石河子	442.9				0.50	0.70	0.80	I
	蔡家湖	440.5				0.40	0.50	0.55	I
	奇台	793.5				0.55	0.75	0.85	I
	巴仑台	1 752.5				0.20	0.30	0.35	II
	七角井	873.2				0.05	0.10	0.15	II
	库米什	922.4				0.05	0.10	0.10	II
	焉耆	1 055.8				0.15	0.20	0.25	II
	拜城	1 229.2				0.20	0.30	0.35	II
	轮台	976.1				0.15	0.25	0.30	II

续表

省市名	城市名	海拔高度/m	风压/(kN/m²)			雪压/(kN/m²)			雪荷载准永久值系数分区
			n=10	n=50	n=100	n=10	n=50	n=100	
新疆	吐尔格特	3 504.4				0.35	0.50	0.55	Ⅱ
	巴楚	1 116.5				0.10	0.15	0.20	Ⅱ
	柯坪	1 161.8				0.05	0.10	0.15	Ⅱ
	阿拉尔	1 012.2				0.05	0.10	0.10	Ⅱ
	铁干里克	846.0				0.10	0.15	0.15	Ⅱ
	若羌	888.3				0.10	0.15	0.20	Ⅱ
	塔吉克	3 090.9				0.15	0.25	0.30	Ⅱ
	莎车	1 231.2				0.15	0.20	0.25	Ⅱ
	且末	1 247.5				0.10	0.15	0.20	Ⅱ
	红柳河	1 700.0				0.10	0.15	0.15	Ⅱ
河南	郑州市	110.4	0.30	0.45	0.50	0.25	0.40	0.45	Ⅱ
	安阳市	75.5	0.25	0.45	0.55	0.25	0.40	0.45	Ⅱ
	新乡市	72.7	0.30	0.40	0.45	0.20	0.30	0.35	Ⅱ
	三门峡市	410.1	0.25	0.40	0.45	0.15	0.20	0.25	Ⅱ
	卢氏	568.8	0.20	0.30	0.35	0.20	0.30	0.35	Ⅱ
	孟津	323.3	0.30	0.45	0.50	0.30	0.40	0.50	Ⅱ
	洛阳市	137.1	0.25	0.40	0.45	0.25	0.35	0.40	Ⅱ
	栾川	750.1	0.20	0.30	0.35	0.25	0.40	0.45	Ⅱ
	许昌市	66.8	0.30	0.40	0.45	0.25	0.40	0.45	Ⅱ
	开封市	72.5	0.30	0.45	0.50	0.20	0.30	0.35	Ⅱ
	西峡	250.3	0.25	0.35	0.40	0.20	0.30	0.35	Ⅱ
	南阳市	129.2	0.25	0.35	0.40	0.30	0.45	0.50	Ⅱ
	宝丰	136.4	0.25	0.35	0.40	0.20	0.30	0.35	Ⅱ
	西华	52.6	0.25	0.45	0.55	0.30	0.45	0.50	Ⅱ
	驻马店市	82.7	0.25	0.40	0.45	0.30	0.45	0.50	Ⅱ
	信阳市	114.5	0.25	0.35	0.40	0.35	0.55	0.65	Ⅱ
	商丘市	50.1	0.20	0.35	0.45	0.30	0.45	0.50	Ⅱ
	固始	57.1	0.20	0.35	0.40	0.35	0.50	0.60	Ⅱ
湖北	武汉市	23.3	0.25	0.35	0.40	0.30	0.50	0.60	Ⅱ
	郧县	201.9	0.20	0.30	0.35	0.25	0.40	0.45	Ⅱ

附录2 全国各城市的雪压值和风压值

续表

省市名	城市名	海拔高度/m	风压/(kN/m²)			雪压/(kN/m²)			雪荷载准永久值系数分区
			$n=10$	$n=50$	$n=100$	$n=10$	$n=50$	$n=100$	
湖北	房县	434.4	0.20	0.30	0.35	0.20	0.30	0.35	Ⅲ
	老河口市	90.0	0.20	0.30	0.35	0.25	0.35	0.40	Ⅱ
	枣阳市	125.5	0.25	0.40	0.45	0.25	0.40	0.45	Ⅱ
	巴东	294.5	0.15	0.30	0.35	0.15	0.20	0.25	Ⅲ
	钟祥	65.8	0.20	0.30	0.35	0.25	0.35	0.40	Ⅱ
	麻城市	59.3	0.20	0.35	0.45	0.35	0.55	0.65	Ⅱ
	恩施市	457.1	0.20	0.30	0.35	0.15	0.20	0.25	Ⅲ
	巴东县绿葱坡	1 819.3	0.30	0.35	0.40	0.55	0.75	0.85	Ⅲ
	五峰县	908.4	0.20	0.30	0.35	0.25	0.35	0.40	Ⅲ
	宜昌市	133.1	0.20	0.30	0.35	0.20	0.30	0.35	Ⅲ
	江陵县荆州	32.6	0.20	0.30	0.35	0.25	0.40	0.45	Ⅱ
	天门市	34.1	0.20	0.30	0.35	0.25	0.35	0.45	Ⅱ
	来凤	459.5	0.20	0.30	0.35	0.15	0.20	0.25	Ⅲ
	嘉鱼	36.0	0.20	0.35	0.45	0.25	0.35	0.40	Ⅲ
	英山	123.8	0.20	0.30	0.35	0.25	0.40	0.45	Ⅲ
	黄石市	19.6	0.25	0.35	0.40	0.25	0.35	0.40	Ⅲ
湖南	长沙市	44.9	0.25	0.35	0.40	0.30	0.45	0.50	Ⅲ
	桑植	322.2	0.20	0.30	0.35	0.25	0.35	0.40	Ⅲ
	石门	116.9	0.25	0.30	0.35	0.25	0.35	0.40	Ⅲ
	南县	36.0	0.25	0.40	0.50	0.30	0.45	0.50	Ⅲ
	岳阳市	53.0	0.25	0.40	0.45	0.35	0.55	0.65	Ⅲ
	吉首市	206.6	0.20	0.30	0.35	0.20	0.30	0.35	Ⅲ
	沅陵	151.6	0.20	0.30	0.35	0.20	0.35	0.40	Ⅲ
	常德市	35.0	0.25	0.40	0.50	0.30	0.50	0.60	Ⅱ
	安化	128.3	0.20	0.30	0.35	0.30	0.45	0.50	Ⅱ
	沅江市	36.0	0.25	0.30	0.45	0.35	0.55	0.65	Ⅲ
	平江	106.3	0.20	0.30	0.35	0.25	0.40	0.45	Ⅲ
	芷江	272.2	0.20	0.30	0.35	0.25	0.35	0.45	Ⅲ
	雪峰山	1 404.9				0.50	0.75	0.85	Ⅱ
	邵阳市	248.6	0.20	0.30	0.35	0.20	0.30	0.35	Ⅲ

续表

省市名	城市名	海拔高度/m	风压/(kN/m²)			雪压/(kN/m²)			雪荷载准永久值系数分区
			n=10	n=50	n=100	n=10	n=50	n=100	
湖南	双峰	100.0	0.20	0.30	0.35	0.25	0.40	0.45	Ⅲ
	南岳	1 265.9	0.60	0.75	0.85	0.45	0.65	0.75	Ⅲ
	通道	397.5	0.25	0.30	0.35	0.15	0.25	0.30	Ⅲ
	武岗	341.0	0.20	0.30	0.35	0.20	0.30	0.35	Ⅲ
	零陵	172.6	0.25	0.40	0.45	0.15	0.25	0.30	Ⅲ
	衡阳市	103.2	0.25	0.40	0.45	0.20	0.35	0.40	Ⅲ
	道县	192.2	0.25	0.35	0.40	0.15	0.20	0.25	Ⅲ
	郴州市	184.9	0.20	0.30	0.35	0.20	0.30	0.35	Ⅲ
广东	广州市	6.6	0.30	0.50	0.60				
	南雄	133.8	0.20	0.30	0.35				
	连县	97.6	0.20	0.30	0.35				
	韶关	69.3	0.20	0.35	0.45				
	佛岗	67.8	0.20	0.30	0.35				
	连平	214.5	0.20	0.30	0.35				
	梅县	87.8	0.20	0.30	0.35				
	广宁	56.8	0.20	0.30	0.35				
	高要	7.1	0.30	0.50	0.60				
	河源	40.6	0.20	0.30	0.35				
	惠阳	22.4	0.35	0.55	0.60				
	五华	120.9	0.20	0.30	0.35				
	汕头市	1.1	0.50	0.80	0.95				
	惠来	12.9	0.45	0.75	0.90				
	南澳	7.2	0.50	0.80	0.95				
	信宜	84.6	0.35	0.60	0.70				
	罗定	53.3	0.20	0.30	0.35				
	台山	32.7	0.35	0.55	0.65				
	深圳市	18.2	0.45	0.75	0.90				
	汕尾	4.6	0.50	0.85	1.00				
	湛江市	25.3	0.50	0.80	0.95				
	阳江	23.3	0.45	0.70	0.80				

附录2 全国各城市的雪压值和风压值

续表

省市名	城市名	海拔高度/m	风压/(kN/m²)			雪压/(kN/m²)			雪荷载准永久值系数分区
			$n=10$	$n=50$	$n=100$	$n=10$	$n=50$	$n=100$	
广东	电白	11.8	0.45	0.70	0.80				
	台山县上川岛	21.5	0.75	1.05	1.20				
	徐闻	67.9	0.45	0.75	0.90				
广西	南宁市	73.1	0.25	0.35	0.40				
	桂林市	164.4	0.20	0.30	0.35				
	柳州市	96.8	0.20	0.30	0.35				
	蒙山	145.7	0.20	0.30	0.35				
	贺山	108.8	0.20	0.30	0.35				
	百色市	173.5	0.25	0.45	0.55				
	靖西	739.4	0.20	0.30	0.35				
	桂平	42.5	0.20	0.30	0.35				
	梧州市	114.8	0.20	0.30	0.35				
	龙州	128.8	0.20	0.30	0.35				
	灵山	66.0	0.20	0.30	0.35				
	玉林	81.8	0.20	0.30	0.35				
	东兴	18.2	0.45	0.75	0.90				
	北海市	15.3	0.45	0.75	0.90				
	涠州岛	55.2	0.70	1.00	1.15				
海南	海口市	14.1	0.45	0.75	0.90				
	东方	8.4	0.55	0.85	1.00				
	儋县	168.7	0.40	0.70	0.85				
	琼中	250.9	0.30	0.45	0.55				
	琼海	24.0	0.50	0.85	1.05				
	三亚市	5.5	0.50	0.85	1.05				
	陵水	13.9	0.50	0.85	1.05				
	西沙岛	4.7	1.05	1.80	2.20				
	珊瑚岛	4.0	0.70	1.10	1.30				
四川	成都市	506.1	0.20	0.30	0.35	0.10	0.10	0.15	Ⅲ
	石渠	4 200.0	0.25	0.30	0.35	0.30	0.45	0.50	Ⅱ
	若尔盖	3 439.6	0.25	0.30	0.35	0.30	0.40	0.45	Ⅱ

续表

省市名	城市名	海拔高度/m	风压/(kN/m²)			雪压/(kN/m²)			雪荷载准永久值系数分区
			$n=10$	$n=50$	$n=100$	$n=10$	$n=50$	$n=100$	
四川	甘孜	3 393.5	0.35	0.45	0.50	0.25	0.40	0.45	Ⅱ
	都江堰市	706.7	0.20	0.30	0.35	0.15	0.25	0.30	Ⅲ
	绵阳市	470.8	0.20	0.30	0.35				
	雅安市	627.6	0.20	0.30	0.35	0.10	0.20	0.20	Ⅲ
	资阳	357.0	0.20	0.30	0.35				
	康定	2 615.7	0.30	0.35	0.40	0.30	0.50	0.55	Ⅱ
	汉源	795.9	0.20	0.30	0.35				
	九龙	2 987.3	0.20	0.30	0.35	0.15	0.20	0.20	Ⅲ
	越西	1 659.0	0.25	0.30	0.35	0.15	0.25	0.30	Ⅲ
	昭觉	2 132.4	0.25	0.30	0.35	0.25	0.35	0.40	Ⅲ
	雷波	1 474.9	0.20	0.30	0.35	0.20	0.30	0.35	Ⅲ
	宜宾市	340.8	0.20	0.30	0.35				
	盐源	2 545.0	0.20	0.30	0.35	0.20	0.30	0.35	Ⅲ
	西昌市	1 590.9	0.20	0.30	0.35	0.20	0.30	0.35	Ⅲ
	会理	1 787.1	0.20	0.30	0.35				
	万源	674.0	0.20	0.30	0.35	0.50	0.10	0.15	Ⅲ
	阆中	382.6	0.20	0.30	0.35				
	巴中	358.9	0.20	0.30	0.35				
	达县市	310.4	0.20	0.35	0.45				
	奉节	607.3	0.25	0.35	0.40	0.20	0.35	0.40	Ⅲ
	遂宁市	278.2	0.20	0.30	0.35				
	南充市	309.3	0.20	0.30	0.35				
	梁平	454.6	0.20	0.30	0.35				
	万县市	186.7	0.15	0.30	0.35				
	内江市	347.1	0.25	0.40	0.50				
	涪陵市	273.5	0.20	0.30	0.35				
	泸州市	334.8	0.20	0.30	0.35				
	叙永	377.5	0.20	0.30	0.35				
	德格	3 201.2				0.15	0.20	0.25	Ⅱ
	色达	3 893.9				0.30	0.40	0.45	Ⅱ

附录 2　全国各城市的雪压值和风压值

续表

省市名	城　市　名	海拔高度/m	风压/(kN/m²)			雪压/(kN/m²)			雪荷载准永久值系数分区
			$n=10$	$n=50$	$n=100$	$n=10$	$n=50$	$n=100$	
四川	道孚	2 957.2				0.15	0.20	0.25	Ⅱ
	阿坝	3 275.1				0.25	0.40	0.45	Ⅱ
	马尔康	2 664.4				0.15	0.25	0.30	Ⅱ
	红原	3 491.6				0.25	0.40	0.45	Ⅱ
	小金	2 369.2				0.10	0.15	0.15	Ⅱ
	松潘	2 850.7				0.20	0.30	0.35	Ⅱ
	新龙	3 000.0				0.10	0.15	0.15	Ⅱ
	理塘	3 948.9				0.35	0.50	0.60	Ⅱ
	稻城	3 727.7				0.20	0.30	0.35	Ⅲ
	峨嵋山	3 047.4				0.40	0.50	0.55	Ⅱ
	金佛山	1 905.9				0.35	0.50	0.60	Ⅱ
贵州	贵阳市	1 074.3	0.20	0.30	0.35	0.10	0.20	0.25	Ⅲ
	威宁	2 237.5	0.25	0.35	0.40	0.25	0.35	0.40	Ⅲ
	盘县	1 515.2	0.25	0.35	0.40	0.25	0.35	0.45	Ⅲ
	桐梓	972.0	0.20	0.30	0.35	0.10	0.15	0.20	Ⅲ
	习水	1 180.2	0.20	0.30	0.35	0.15	0.20	0.25	Ⅲ
	毕节	1 510.6	0.20	0.30	0.35	0.15	0.25	0.30	Ⅲ
	遵义市	843.9	0.20	0.30	0.35	0.10	0.15	0.20	Ⅲ
	湄潭	791.8				0.15	0.20	0.25	Ⅲ
	思南	416.3	0.20	0.30	0.35	0.10	0.20	0.25	Ⅲ
	铜仁	279.7	0.20	0.30	0.35	0.20	0.30	0.35	Ⅲ
	黔西	1 251.8				0.15	0.20	0.25	Ⅲ
	安顺市	1 392.9	0.20	0.30	0.35	0.20	0.30	0.35	Ⅲ
	凯里市	720.3	0.20	0.30	0.35	0.15	0.20	0.25	Ⅲ
	三穗	610.5				0.20	0.30	0.35	Ⅲ
	兴仁	1 378.5	0.20	0.30	0.35	0.20	0.35	0.40	Ⅲ
	罗甸	440.3	0.20	0.30	0.35				
	独山	1 013.3				0.20	0.30	0.35	Ⅲ
	榕江	285.7				0.10	0.15	0.20	Ⅲ
云南	昆明市	1 891.4	0.20	0.30	0.35	0.20	0.30	0.35	Ⅲ

续表

省市名	城市名	海拔高度/m	风压/(kN/m²)			雪压/(kN/m²)			雪荷载准永久值系数分区
			n=10	n=50	n=100	n=10	n=50	n=100	
云南	德钦	3 485.0	0.25	0.35	0.40	0.60	0.90	1.05	Ⅱ
	贡山	1 591.3	0.20	0.30	0.35	0.50	0.85	1.00	Ⅱ
	中甸	3 276.1	0.20	0.30	0.35	0.50	0.80	0.90	Ⅱ
	维西	2 325.6	0.20	0.30	0.35	0.40	0.55	0.65	Ⅲ
	昭通市	1 949.5	0.25	0.35	0.40	0.15	0.25	0.30	Ⅲ
	丽江	2 393.2	0.25	0.30	0.35	0.20	0.30	0.35	Ⅲ
	华坪	1 244.8	0.25	0.35	0.40				
	会泽	2 109.5	0.25	0.35	0.40	0.25	0.35	0.40	Ⅲ
	腾冲	1 654.6	0.20	0.30	0.35				
	泸水	1 804.9	0.20	0.30	0.35				
	保山市	1 653.5	0.20	0.30	0.35				
	大理市	1 990.5	0.45	0.65	0.75				
	元谋	1 120.2	0.25	0.35	0.40				
	楚雄市	1 772.0	0.20	0.35	0.40				
	曲靖市沾益	1 898.7	0.25	0.30	0.35	0.25	0.40	0.45	Ⅲ
	瑞丽	776.6	0.20	0.30	0.35				
	景东	1 162.3	0.20	0.30	0.35				
	玉溪	1 636.7	0.20	0.30	0.35				
	宜良	1 532.1	0.25	0.40	0.50				
	泸西	1 704.3	0.25	0.30	0.35				
	孟定	511.4	0.25	0.40	0.45				
	临沧	1 502.4	0.20	0.30	0.35				
	澜沧	1 054.8	0.20	0.30	0.35				
	景洪	552.7	0.20	0.40	0.50				
	思茅	1 302.1	0.25	0.45	0.55				
	元江	400.9	0.25	0.30	0.35				
	勐腊	631.9	0.20	0.30	0.35				
	江城	1 119.5	0.20	0.40	0.50				
	蒙自	1 300.7	0.25	0.30	0.35				
	屏边	1 414.1	0.20	0.30	0.35				

附录2 全国各城市的雪压值和风压值

续表

省市名	城市名	海拔高度/m	风压/(kN/m²)			雪压/(kN/m²)			雪荷载准永久值系数分区
			$n=10$	$n=50$	$n=100$	$n=10$	$n=50$	$n=100$	
云南	文山	1 271.6	0.20	0.30	0.35				
	广南	1 249.6	0.25	0.35	0.40				
西藏	拉萨市	3 658.0	0.20	0.30	0.35	0.10	0.15	0.20	Ⅲ
	班戈	4 700.0	0.35	0.55	0.65	0.20	0.25	0.30	Ⅰ
	安多	4 800.0	0.45	0.75	0.90	0.20	0.30	0.35	Ⅰ
	那曲	4 507.0	0.30	0.45	0.50	0.30	0.40	0.45	Ⅰ
	日喀则市	3 836.0	0.20	0.30	0.35	0.10	0.15	0.15	Ⅲ
	乃东县泽当	3 551.7	0.20	0.30	0.35	0.10	0.15	0.15	Ⅲ
	隆子	3 860.0	0.30	0.45	0.50	0.10	0.15	0.20	Ⅲ
	索县	4 022.8	0.25	0.40	0.45	0.20	0.25	0.30	Ⅰ
	昌都	3 306.0	0.20	0.30	0.35	0.15	0.20	0.20	Ⅱ
	林芝	3 000.0	0.25	0.35	0.40	0.10	0.15	0.15	Ⅲ
	葛尔	4 278.0				0.10	0.15	0.15	Ⅰ
	改则	4 414.9				0.20	0.30	0.35	Ⅰ
	普兰	3 900.0				0.50	0.70	0.80	Ⅰ
	申扎	4 672.0				0.15	0.20	0.20	Ⅰ
	当雄	4 200.0				0.25	0.35	0.40	Ⅱ
	尼木	3 809.4				0.15	0.20	0.25	Ⅲ
	聂拉木	3 810.0				1.85	2.90	3.35	Ⅰ
	定日	4 300.0				0.15	0.25	0.30	Ⅱ
	江孜	4 040.0				0.10	0.10	0.15	Ⅲ
	错那	4 280.0				0.50	0.70	0.80	Ⅲ
	帕里	4 300.0				0.60	0.90	1.05	Ⅱ
	丁青	3 873.1				0.25	0.35	0.40	Ⅱ
	波密	2 736.0				0.25	0.35	0.40	Ⅲ
	察隅	2 327.6				0.35	0.55	0.65	Ⅲ
台湾	台北	8.0	0.40	0.70	0.85				
	新竹	8.0	0.50	0.80	0.95				
	宜兰	9.0	1.10	1.85	2.30				
	台中	78.0	0.50	0.80	0.90				

省市名	城市名	海拔高度/m	风压/(kN/m²)			雪压/(kN/m²)			续表 雪荷载准永久值系数分区
			$n=10$	$n=50$	$n=100$	$n=10$	$n=50$	$n=100$	
台湾	花莲	14.0	0.40	0.70	0.85				
	嘉义	20.0	0.50	0.80	0.95				
	马公	22.0	0.85	1.30	1.55				
	台东	10.0	0.65	0.90	1.05				
	冈山	10.0	0.55	0.80	0.95				
	恒春	24.0	0.70	1.05	1.20				
	阿里山	2 406.0	0.25	0.35	0.40				
	台南	14.0	0.60	0.85	1.00				
香港	香港	50.0	0.80	0.90	0.95				
	横澜岛	55.0	0.95	1.25	1.40				
澳门		57.0	0.75	0.85	0.90				

注：1. n 为雪压和风压的重现期。
  2. 本表摘自《建筑结构荷载规范》(GB 50009—2001)。

附录3 我国主要城镇抗震设防烈度、设计基本地震加速度和设计地震分组[①]

本附录仅提供我国抗震设防区各县级及县级以上城镇的中心地区建筑工程抗震设计时所采用的抗震设防烈度、设计基本地震加速度值和所属的设计地震分组。

注：本附录一般把"设计地震第一、二、三组"简称为"第一组、第二组、第三组"。

3.0.1 首都和直辖市

1 抗震设防烈度为8度，设计基本地震加速度值为$0.20g$：
北京（除昌平、门头沟外的11个市辖区），平谷，大兴，延庆，宁河，汉沽。

2 抗震设防烈度为7度，设计基本地震加速度值为$0.15g$：
密云，怀柔，昌平，门头沟，天津（除汉沽、大港外的12个市辖区），蓟县，宝坻，静海。

3 抗震设防烈度为7度，设计基本地震加速度值为$0.10g$：
大港，上海（除金山外的15个市辖区），南汇，奉贤

4 抗震设防烈度为6度，设计基本地震加速度值为$0.05g$：
崇明，金山，重庆（14个市辖区），巫山，奉节，云阳，忠县，丰都，长寿，壁山，合川，铜梁，大足，荣昌，永川，江津，綦江，南川，黔江，石柱，巫溪*。

注：1 首都和直辖市的全部县级及县级以上设防城镇，设计地震分组均为第一组；
  2 上标*指该城镇的中心位于本设防区和较低设防区的分界线，下同。

[①] 摘自《建筑抗震设计规范》(GB 50011—2001)。

3.0.2 河北省

1 抗震设防烈度为8度，设计基本地震加速度值为0.20g：

第一组：廊坊(2个市辖区)，唐山(5个市辖区)，三河，大厂，香河，丰南，丰润，怀来，涿鹿

2 抗震设防烈度为7度，设计基本地震加速度值为0.15g：

第一组：邯郸(4个市辖区)，邯郸县，文安，任丘，河间，大城，涿州，高碑店，涞水，固安，永清，玉田，迁安，卢龙，滦县，滦南，唐海，乐亭，宣化，蔚县，阳原，成安，磁县，临漳，大名，宁晋

3 抗震设防烈度为7度，设计基本地震加速度值为0.10g：

第一组：石家庄(6个市辖区)，保定(3个市辖区)，张家口(4个市辖区)，沧州(2个市辖区)，衡水，邢台(2个市辖区)，霸州，雄县，易县，沧县，张北，万全，怀安，兴隆，迁西，抚宁，昌黎，青县，献县，广宗，平乡，鸡泽，隆尧，新河，曲周，肥乡，馆陶，广平，高邑，内丘，邢台县，赵县，武安，涉县，赤城，涞源，定兴，容城，徐水，安新，高阳，博野，蠡县，肃宁，深泽，安平，饶阳，魏县，藁城，栾城，晋州，深州，武强，辛集，冀州，任县，柏乡，巨鹿，南和，沙河，临城，泊头，永年，崇礼，南宫*

第二组：秦皇岛(海港、北戴河)，清苑，遵化，安国

4 抗震设防烈度为6度，设计基本地震加速度值为0.05g：

第一组：正定，围场，尚义，灵寿，无极，平山，鹿泉，井陉，元氏，南皮，吴桥，景县，东光

第二组：承德(除鹰手营子外的2个市辖区)，隆化，承德县，宽城，青龙，阜平，满城，顺平，唐县，望都，曲阳，定州，行唐，赞皇，黄骅，海兴，孟村，盐山，阜城，故城，清河，山海关，沽源，新乐，武邑，枣强，威县

第三组：丰宁，滦平，鹰手营子，平泉，临西，邱县

3.0.3 山西省

1 抗震设防烈度为8度，设计基本地震加速度值为0.20g：

第一组：太原(6个市辖区)，临汾，忻州，祁县，平遥，古县，代县，原平，定襄，阳曲，太谷，介休，灵石，汾西，霍州，洪洞，襄汾，晋中，浮山，永济，清徐

2 抗震设防烈度为7度，设计基本地震加速度值为0.15g：

第一组：大同(4个市辖区)，朔州(朔城区)，大同县，怀仁，浑源，广灵，应县，山阴，灵丘，繁峙，五台，古交，交城，文水，汾阳，曲沃，孝义，侯马，新绛，稷山，绛县，河津，闻喜，翼城，万荣，临猗，夏县，运城，芮城，平陆，沁源*，宁武*

3 抗震设防烈度为7度，设计基本地震加速度值为0.10g：

第一组：长治(2个市辖区)，阳泉(3个市辖区)，长治县，阳高，天镇，左云，右玉，神池，寿阳，昔阳，安泽，乡宁，垣曲，沁水，平定，和顺，黎城，潞城，壶关

第二组：平顺，榆社，武乡，娄烦，交口，隰县，蒲县，吉县，静乐，盂县，沁县，陵川，平鲁

4 抗震设防烈度为6度，设计基本地震加速度值为0.05g：

　　第二组：偏关，河曲，保德，兴县，临县，方山，柳林

　　第三组：晋城，离石，左权，襄垣，屯留，长子，高平，阳城，泽州，五寨，岢岚，岚县，中阳，石楼，永和，大宁

3.0.4 内蒙自治区

　　1 抗震设防烈度为8度，设计基本地震加速度值为0.30g：

　　第一组：土默特右旗，达拉特旗*

　　2 抗震设防烈度为8度，设计基本地震加速度值为0.20g：

　　第一组：包头（除白云矿区外的5个市辖区），呼和浩特（4个市辖区），土默特左旗，乌海（3个市辖区），杭锦后旗，磴口，宁城，托克托*

　　3 抗震设防烈度为7度，设计基本地震加速度值为0.15g：

　　第一组：喀喇沁旗，五原，乌拉特前旗，临河，固阳，武川，凉城，和林格尔，赤峰（红山*，元宝山区）

　　第二组：阿拉善左旗

　　4 抗震设防烈度为7度，设计基本地震加速度值为0.10g：

　　第一组：集宁，清水河，开鲁，敖汉旗，乌特拉后旗，卓资，察右前旗，丰镇，扎兰屯，乌特拉中旗，赤峰（松山区），通辽*

　　第三组：东胜，准格尔旗

　　5 抗震设防烈度为6度，设计基本地震加速度值为0.05g：

　　第一组：满洲里，新巴尔虎右旗，莫力达瓦旗，阿荣旗，扎赉特旗，翁牛特旗，兴和，商都，察右后旗，科左中旗，科左后旗，奈曼旗，库伦旗，乌审旗，苏尼特右旗

　　第二组：达尔罕茂明安联合旗，阿拉善右旗，鄂托克旗，鄂托克前旗，白云

　　第三组：伊金霍洛旗，杭锦旗，四王子旗，察右中旗

3.0.5 辽宁省

　　1 抗震设防烈度为8度，设计基本地震加速度值为0.20g：

　　普兰店，东港

　　2 抗震设防烈度为7度，设计基本地震加速度值为0.15g：

　　营口（4个市辖区），丹东（3个市辖区），海城，大石桥，瓦房店，盖州，金州

　　3 抗震设防烈度为7度，设计基本地震加速度值为0.10g：

　　沈阳（9个市辖区），鞍山（4个市辖区），大连（除金州外的5个市辖区），朝阳（2个市辖区），辽阳（5个市辖区），抚顺（除顺城外的3个市辖区），铁岭（2个市辖区），盘锦（2个市辖区），盘山，朝阳县，辽阳县，岫岩，铁岭县，凌源，北票，建平，开原，抚顺县，灯塔，台安，大洼，辽中

　　4 抗震设防烈度为6度，设计基本地震加速度值为0.05g：

　　本溪（4个市辖区），阜新（5个市辖区），锦州（3个市辖区），葫芦岛（3个市辖区），昌图，西丰，法库，彰武，铁法，阜新县，康平，新民，黑山，北宁，义县，喀喇沁，凌海，兴

城，绥中，建昌，宽甸，凤城，庄河，长海，顺城

注：全省县级及县级以上设防城镇的设计地震分组，除兴城、绥中、建昌、南票为第二组外，均为第一组。

3.0.6 吉林省

1 抗震设防烈度为8度，设计基本地震加速度值为0.20g：

前郭尔罗斯，松原

2 抗震设防烈度为7度，设计基本地震加速度值为0.15g：

大安*

3 抗震设防烈度为7度，设计基本地震加速度值为0.10g：

长春(6个市辖区)，吉林(除丰满外的3个市辖区)，白城，乾安，舒兰，九台，永吉*

4 抗震设防烈度为6度，设计基本地震加速度值为0.05g：

四平(2个市辖区)，辽源(2个市辖区)，镇赉，洮南，延吉，汪清，图们，珲春，龙井，和龙，安图，蛟河，桦甸，梨树，磐石，东丰，辉南，梅河口，东辽，榆树，靖宇，抚松，长岭，通榆，德惠，农安，伊通，公主岭，扶余，丰满

注：全省县级及县级以上设防城镇，设计地震分组均为第一组。

3.0.7 黑龙江省

1 抗震设防烈度为7度，设计基本地震加速度值为0.10g：

绥化，萝北，泰来

2 抗震设防烈度为6度，设计基本地震加速度值为0.05g：

哈尔滨(7个市辖区)，齐齐哈尔(7个市辖区)，大庆(5个市辖区)，鹤岗(6个市辖区)，牡丹江(4个市辖区)，鸡西(6个市辖区)，佳木斯(5个市辖区)，七台河(3个市辖区)，伊春(伊春区，乌马河区)，鸡东，望奎，穆棱，绥芬河，东宁，宁安，五大连池，嘉荫，汤原，桦南，桦川，依兰，勃利，通河，方正，木兰，巴彦，延寿，尚志，宾县，安达，明水，绥棱，庆安，兰西，肇东，肇州，肇源，呼兰，阿城，双城，五常，讷河，北安，甘南，富裕，龙江，黑河，青冈*，海林*

注：全省县级及县级以上设防城镇，设计地震分组均为第一组。

3.0.8 江苏省

1 抗震设防烈度为8度，设计基本地震加速度值为0.30g：

第一组：宿迁，宿豫*

2 抗震设防烈度为8度，设计基本地震加速度值为0.20g：

第一组：新沂，邳州，睢宁

3 抗震设防烈度为7度，设计基本地震加速度值为0.15g：

第一组：扬州(3个市辖区)，镇江(2个市辖区)，东海，沭阳，泗洪，江都，大丰

4 抗震设防烈度为7度，设计基本地震加速度值为0.10g：

第一组：南京(11个市辖区)，淮安(除楚州外的3个市辖区)，徐州(5个市辖区)，铜山，

沛县，常州(4个市辖区)，泰州(2个市辖区)，赣榆，泗阳，盱眙，射阳，江浦，武进，盐城，盐都，东台，海安，姜堰，如皋，如东，扬中，仪征，兴化，高邮，六合，句容，丹阳，金坛，丹徒，溧阳，溧水，昆山，太仓

第三组：连云港(4个市辖区)，灌云

5 抗震设防烈度为6度，设计基本地震加速度值为0.05g：

第一组：南通(2个市辖区)，无锡(6个市辖区)，苏州(6个市辖区)，通州，宜兴，江阴，洪泽，金湖，建湖，常熟，吴江，靖江，泰兴，张家港，海门，启东，高淳，丰县

第二组：响水，滨海，阜宁，宝应，金湖

第三组：灌南，涟水，楚州

3.0.9 浙江省

1 抗震设防烈度为7度，设计基本地震加速度值为0.10g：

岱山，嵊泗，舟山(2个市辖区)

2 抗震设防烈度为6度，设计基本地震加速度值为0.05g：

杭州(6个市辖区)，宁波(3个市辖区)，湖州，嘉兴(2个市辖区)，温州(3个市辖区)，绍兴，绍兴县，长兴，安吉，临安，奉化，鄞县，象山，德清，嘉善，平湖，海盐，桐乡，余杭，海宁，萧山，长虞，慈溪，余姚，瑞安，富阳，平阳，苍南，乐清，永嘉，泰顺，景宁，云和，庆元，洞头

注：全省县级及县级以上设防城镇，设计地震分组均为第一组。

3.0.10 安徽省

1 抗震设防烈度为7度，设计基本地震加速度值为0.15g：

第一组：五河，泗县

2 抗震设防烈度为7度，设计基本地震加速度值为0.10g：

第一组：合肥(4个市辖区)，蚌埠(4个市辖区)，阜阳(3个市辖区)，淮南(5个市辖区)，枞阳，怀远，长丰，六安(2个市辖区)，灵璧，固镇，凤阳，明光，定远，肥东，肥西，舒城，庐江，桐城，霍山，涡阳，安庆(3个市辖区)*，铜陵县*

3 抗震设防烈度为6度，设计基本地震加速度值为0.05g：

第一组：铜陵(3个市辖区)，芜湖(4个市辖区)，巢湖，马鞍山(4个市辖区)，滁州(2个市辖区)，芜湖县，砀山，萧县，亳州，界首，太和，临泉，阜南，利辛，蒙城，凤台，寿县，颍上，霍丘，金寨，天长，来安，全椒，含山，和县，当涂，无为，繁昌，池州，岳西，潜山，太湖，怀宁，望江，东至，宿松，南陵，宣城，郎溪，广德，泾县，青阳，石台

第二组：濉溪，淮北

第三组：宿州

3.0.11 福建省

1 抗震设防烈度为8度，设计基本地震加速度值为0.20g：

第一组：金门*

2 抗震设防烈度为7度，设计基本地震加速度值为0.15g：

第一组：厦门(7个市辖区)，漳州(2个市辖区)，晋江，石狮，龙海，长泰，漳浦，东山，诏安

第二组：泉州(4个市辖区)

3 抗震设防烈度为7度，设计基本地震加速度值为0.10g：

第一组：福州(除马尾外的4个市辖区)，安溪，南靖，华安，平和，云霄

第二组：莆田(2个市辖区)，长乐，福清，莆田县，平潭，惠安，南安，马尾

4 抗震设防烈度为6度，设计基本地震加速度值为0.05g：

第一组：三明(2个市辖区)，政和，屏南，霞浦，福鼎，福安，柘荣，寿宁，周宁，松溪，宁德，古田，罗源，沙县，尤溪，闽清，闽侯，南平，大田，漳平，龙岩，永定，泰宁，宁化，长汀，武平，建宁，将乐，明溪，清流，连城，上杭，永安，建瓯

第二组：连江，永泰，德化，永春，仙游

3.0.12 江西省

1 抗震设防烈度为7度，设计基本地震加速度值为0.10g：

寻乌，会昌

2 抗震设防烈度为6度，设计基本地震加速度值为0.05g：

南昌(5个市辖区)，九江(2个市辖区)，南昌县，进贤，余干，九江县，彭泽，湖口，星子，瑞昌，德安，都昌，武宁，修水，靖安，铜鼓，宜丰，宁都，石城，瑞金，安远，定南，龙南，全南，大余

注：全省县级及县级以上设防城镇，设计地震分组均为第一组。

3.0.13 山东省

1 抗震设防烈度为8度，设计基本地震加速度值为0.20g：

第一组：郯城，临沭，莒南，莒县，沂水，安丘，阳谷

2 抗震设防烈度为7度，设计基本地震加速度值为0.15g：

第一组：临沂(3个市辖区)，潍坊(4个市辖区)，菏泽，东明，聊城，苍山，沂南，昌邑，昌乐，青州，临朐，诸城，五莲，长岛，蓬莱，龙口，莘县，鄄城，寿光*

3 抗震设防烈度为7度，设计基本地震加速度值为0.10g：

第一组：烟台(4个市辖区)，威海，枣庄(5个市辖区)，淄博(除博山外的4个市辖区)，平原，高唐，茌平，东阿，平阴，梁山，郓城，定陶，巨野，成武，曹县，广饶，博兴，高青，桓台，文登，沂源，蒙阴，费县，微山，禹城，冠县，莱芜(2个市辖区)*，单县*，夏津*

第二组：东营(2个市辖区)，招远，新泰，栖霞，莱州，日照，平度，高密，垦利，博山，滨州*，平邑*

4 抗震设防烈度为6度，设计基本地震加速度值为0.05g：

第一组：德州，宁阳，陵县，曲阜，邹城，鱼台，乳山，荣成，兖州

第二组：济南(5个市辖区)，青岛(7个市辖区)，泰安(2个市辖区)，济宁(2个市辖区)，武城，乐陵，庆云，无棣，阳信，宁津，沾化，利津，惠民，商河，临邑，济阳，齐

河，邹平，章丘，泗水，莱阳，海阳，金乡，滕州，莱西，即墨

第三组：胶南，胶州，东平，汶上，嘉祥，临清，长清，肥城

3.0.14 河南省

1 抗震设防烈度为8度，设计基本地震加速度值为0.20g：

第一组：新乡（4个市辖区），新乡县，安阳（4个市辖区），安阳县，鹤壁（3个市辖区），原阳，延津，汤阴，淇县，卫辉，获嘉，范县，辉县

2 抗震设防烈度为7度，设计基本地震加速度值为0.15g：

第一组：郑州（6个市辖区），濮阳，濮阳县，长垣，封丘，修武，武陟，内黄，浚县，滑县，台前，南乐，清丰，灵宝，三门峡，陕县，林州*

3 抗震设防烈度为7度，设计基本地震加速度值为0.10g：

第一组：洛阳（6个市辖区），焦作（4个市辖区），开封（5个市辖区），南阳（2个市辖区），开封县，许昌县，沁阳，博爱，孟州，孟津，巩义，偃师，济源，新密，新郑，民权，兰考，长葛，温县，荥阳，中牟，杞县*，许昌*

4 抗震设防烈度为6度，设计基本地震加速度值为0.05g：

第一组：商丘（2个市辖区），信阳（2个市辖区），漯河，平顶山（4个市辖区），登封，义马，虞城，夏邑，通许，尉氏，睢县，宁陵，柘城，新安，宜阳，嵩县，汝阳，伊川，禹州，郏县，宝丰，襄城，郾城，鄢陵，扶沟，太康，鹿邑，郸城，沈丘，项城，淮阳，周口，商水，上蔡，临颍，西华，西平，栾川，内乡，镇平，唐河，邓州，新野，社旗，平舆，新县，驻马店，泌阳，汝南，桐柏，淮滨，息县，正阳，遂平，光山，罗山，潢川，商城，固始，南召，舞阳*

第二组：汝州，睢县，永城

第三组：卢氏，洛宁，渑池

3.0.15 湖北省

1 抗震设防烈度为7度，设计基本地震加速度值为0.10g：

竹溪，竹山，房县

2 抗震设防烈度为6度，设计基本地震加速度值为0.05g：

武汉（13个市辖区），荆州（2个市辖区），荆门，襄樊（2个市辖区），襄阳，十堰（2个市辖区），宜昌（4个市辖区），宜昌县，黄石（4个市辖区），恩施，咸宁，麻城，团风，罗田，英山，黄冈，鄂州，浠水，蕲春，黄梅，武穴，郧西，郧县，丹江口，谷城，老河口，宜城，南漳，保康，神农架，钟祥，沙洋，远安，兴山，巴东，秭归，当阳，建始，利川，公安，宣恩，咸丰，长阳，宜都，枝江，松滋，江陵，石首，监利，洪湖，孝感，应城，云梦，天门，仙桃，红安，安陆，潜江，嘉鱼，大冶，通山，赤壁，崇阳，通城，五峰*，京山*

注：全省县级及县级以上设防城镇，设计地震分组均为第一组。

3.0.16 湖南省

1 抗震设防烈度为7度，设计基本地震加速度值为0.15g：

常德(2个市辖区)

2 抗震设防烈度为7度,设计基本地震加速度值为0.10g:

岳阳(2个市辖区),岳阳县,汨罗,湘阴,临澧,澧县,津市,桃源,安乡,汉寿

3 抗震设防烈度为6度,设计基本地震加速度值为0.05g:

长沙(5个市辖区),长沙县,益阳(2个市辖区),张家界(2个市辖区),郴州(2个市辖区),邵阳(3个市辖区),邵阳县,泸溪,沅陵,娄底,宜章,资兴,平江,宁乡,新化,冷水江,涟源,双峰,新邵,邵东,隆回,石门,慈利,华容,南县,临湘,沅江,桃江,望城,溆浦,会同,靖州,韶山,江华,宁远,道县,临武,湘乡*,安化*,中方*,洪江*

注:全省县级及县级以上设防城镇,设计地震分组均为第一组。

3.0.17 广东省

1 抗震设防烈度为8度,设计基本地震加速度值为0.20g:

汕头(5个市辖区),澄海,潮安,南澳,徐闻,潮州*

2 抗震设防烈度为7度,设计基本地震加速度值为0.15g:

揭阳,揭东,潮阳,饶平

3 抗震设防烈度为7度,设计基本地震加速度值为0.10g:

广州(除花都外的9个市辖区),深圳(6个市辖区),湛江(4个市辖区),汕尾,海丰,普宁,惠来,阳江,阳东,阳西,茂名,化州,廉江,遂溪,吴川,丰顺,南海,顺德,中山,珠海,斗门,电白,雷州,佛山(2个市辖区)*,江门(2个市辖区)*,新会*,陆丰*

4 抗震设防烈度为6度,设计基本地震加速度值为0.05g:

韶关(3个市辖区),肇庆(2个市辖区),花都,河源,揭西,东源,梅州,东莞,清远,清新,南雄,仁化,始兴,乳源,曲江,英德,佛冈,龙门,龙川,平远,大埔,从化,梅县,兴宁,五华,紫金,陆河,增城,博罗,惠州,惠阳,惠东,三水,四会,云浮,云安,高要,高明,鹤山,封开,郁南,罗定,信宜,新兴,开平,恩平,台山,阳春,高州,翁源,连平,和平,蕉岭,新丰*

注:全省县级及县级以上设防城镇,设计地震分组均为第一组。

3.0.18 广西自治区

1 抗震设防烈度为7度,设计基本地震加速度值为0.15g:

灵山,田东

2 抗震设防烈度为7度,设计基本地震加速度值为0.10g:

玉林,兴业,横县,北流,百色,田阳,平果,隆安,浦北,博白,乐业*

3 抗震设防烈度为6度,设计基本地震加速度值为0.05g:

南宁(6个市辖区),桂林(5个市辖区),柳州(5个市辖区),梧州(3个市辖区),钦州(2个市辖区),贵港(2个市辖区),防城港(2个市辖区),北海(2个市辖区),兴安,灵川,临桂,永福,鹿寨,天峨,东兰,巴马,都安,大化,马山,融安,象州,武宣,桂平,平南,上林,宾阳,武鸣,大新,扶绥,邕宁,东兴,合浦,钟山,贺州,藤县,苍梧,容县,岑溪,陆川,凤山,凌云,田林,隆林,西林,德保,靖西,那坡,天等,崇左,上思,龙州,

宁明，融水，凭祥，全州

注：全自治区县级及县级以上设防城镇，设计地震分组均为第一组。

3.0.19 海南省

1 抗震设防烈度为8度，设计基本地震加速度值为0.30g：

海口（3个市辖区），琼山

2 抗震设防烈度为8度，设计基本地震加速度值为0.20g：

文昌，定安

3 抗震设防烈度为7度，设计基本地震加速度值为0.15g：

澄迈

4 抗震设防烈度为7度，设计基本地震加速度值为0.10g：

临高，琼海，儋州，屯昌

5 抗震设防烈度为6度，设计基本地震加速度值为0.05g：

三亚，万宁，琼中，昌江，白沙，保亭，陵水，东方，乐东，通什

注：全省县级及县级以上设防城镇，设计地震分组均为第一组。

3.0.20 四川省

1 抗震设防烈度不低于9度，设计基本地震加速度值不小于0.40g：

第一组：康定，西昌

2 抗震设防烈度为8度，设计基本地震加速度值为0.30g：

第一组：冕宁*

3 抗震设防烈度为8度，设计基本地震加速度值为0.20g：

第一组：松潘，道孚，泸定，甘孜，炉霍，石棉，喜德，普格，宁南，德昌，理塘

第二组：九寨沟

4 抗震设防烈度为7度，设计基本地震加速度值为0.15g：

第一组：宝兴，茂县，巴塘，德格，马边，雷波

第二组：越西，雅江，九龙，平武，木里，盐源，会东，新龙

第三组：天全，荥经，汉源，昭觉，布拖，丹巴，芦山，甘洛

5 抗震设防烈度为7度，设计基本地震加速度值为0.10g：

第一组：成都（除龙泉驿、清白江的5个市辖区），乐山（除金口河外的3个市辖区），自贡（4个市辖区），宜宾，宜宾县，北川，安县，绵竹，汶川，都江堰，双流，新津，青神，峨边，沐川，屏山，理县，得荣，新都*

第二组：攀枝花（3个市辖区），江油，什邡，彭州，郫县，温江，大邑，崇州，邛崃，蒲江，彭山，丹棱，眉山，洪雅，夹江，峨眉山，若尔盖，色达，壤塘，马尔康，石渠，白玉，金川，黑水，盐边，米易，乡城，稻城，金口河，朝天区*

第三组：青川，雅安，名山，美姑，金阳，小金，会理

6 抗震设防烈度为6度，设计基本地震加速度值为0.05g：

第一组：泸州（3个市辖区），内江（2个市辖区），德阳，宣汉，达州，达县，大竹，邻水，

渠县，广安，华蓥，隆昌，富顺，泸县，南溪，江安，长宁，高县，珙县，兴文，叙永，古蔺，金堂，广汉，简阳，资阳，仁寿，资中，犍为，荣县，威远，南江，通江，万源，巴中，苍溪，阆中，仪陇，西充，南部，盐亭，三台，射洪，大英，乐至，旺苍，龙泉驿，清白江

第二组：绵阳（2个市辖区），梓潼，中江，阿坝，筠连，井研

第三组：广元（除朝天区外的2个市辖区），剑阁，罗江，红原

3.0.21 贵州省

1 抗震设防烈度为7度，设计基本地震加速度值为0.10g：

第一组：望谟

第二组：威宁

2 抗震设防烈度为6度，设计基本地震加速度值为0.05g：

第一组：贵阳（除白云外的5个市辖区），凯里，毕节，安顺，都匀，六盘水，黄平，福泉，贵定，麻江，清镇，龙里，平坝，纳雍，织金，水城，普定，六枝，镇宁，惠水，长顺，关岭，紫云，罗甸，兴仁，贞丰，安龙，册亨，金沙，印江，赤水，习水，思南*

第二组：赫章，普安，晴隆，兴义

第三组：盘县

3.0.22 云南省

1 抗震设防烈度不低于9度，设计基本地震加速度值不小于0.40g：

第一组：寻甸，东川

第二组：澜沧

2 抗震设防烈度为8度，设计基本地震加速度值为0.30g：

第一组：剑川，嵩明，宜良，丽江，鹤庆，永胜，潞西，龙陵，石屏，建水

第二组：耿马，双江，沧源，勐海，西盟，孟连

3 抗震设防烈度为8度，设计基本地震加速度值为0.20g：

第一组：石林，玉溪，大理，永善，巧家，江川，华宁，峨山，通海，洱源，宾川，弥渡，祥云，会泽，南涧

第二组：昆明（除东川外的4个市辖区），思茅，保山，马龙，呈贡，澄江，晋宁，易门，漾濞，巍山，云县，腾冲，施甸，瑞丽，梁河，安宁，凤庆*，陇川*

第三组：景洪，永德，镇康，临沧

4 抗震设防烈度为7度，设计基本地震加速度值为0.15g：

第一组：中甸，泸水，大关，新平*

第二组：沾益，个旧，红河，元江，禄丰，双柏，开远，盈江，永平，昌宁，宁蒗，南华，楚雄，勐腊，华坪，景东*

第三组：曲靖，弥勒，陆良，富民，禄劝，武定，兰坪，云龙，景谷，普洱

5 抗震设防烈度为7度，设计基本地震加速度值为0.10g：

第一组：盐津，绥江，德钦，水富，贡山

第二组：昭通，彝良，鲁甸，福贡，永仁，大姚，元谋，姚安，牟定，墨江，绿春，镇

沅，江城，金平

　　第三组：富源，师宗，泸西，蒙自，元阳，维西，宣威

　6　抗震设防烈度为6度，设计基本地震加速度值为0.05g：

　　第一组：威信，镇雄，广南，富宁，西畴，麻栗坡，马关

　　第二组：丘北，砚山，屏边，河口，文山

　　第三组：罗平

3.0.23　西藏自治区

　1　抗震设防烈度不低于9度，设计基本地震加速度值不小于0.40g：

　　第二组：当雄，墨脱

　2　抗震设防烈度为8度，设计基本地震加速度值为0.30g：

　　第一组：申扎

　　第二组：米林，波密

　3　抗震设防烈度为8度，设计基本地震加速度值为0.20g：

　　第一组：普兰，聂拉木，萨嘎

　　第二组：拉萨，堆龙德庆，尼木，仁布，尼玛，洛隆，隆子，错那，曲松

　　第三组：那曲，林芝(八一镇)，林周

　4　抗震设防烈度为7度，设计基本地震加速度值为0.15g：

　　第一组：札达，吉隆，拉孜，谢通门，亚东，洛扎，昂仁

　　第二组：日土，江孜，康马，白朗，扎囊，措美，桑日，加查，边坝，八宿，丁青，类乌齐，乃东，琼结，贡嘎，朗县，达孜，日喀则*，噶尔*

　　第三组：南木林，班戈，浪卡子，墨竹工卡，曲水，安多，聂荣

　5　抗震设防烈度为7度，设计基本地震加速度值为0.10g：

　　第一组：改则，措勤，仲巴，定结，芒康

　　第二组：昌都，定日，萨迦，岗巴，巴青，工布江达，索县，比如，嘉黎，察雅，左贡，察隅，江达，贡觉

　6　抗震设防烈度为6度，设计基本地震加速度值为0.05g：

　　第一组：革吉

3.0.24　陕西省

　1　抗震设防烈度为8度，设计基本地震加速度值为0.20g：

　　第一组：西安(8个市辖区)，渭南，华县，华阴，潼关，大荔

　　第二组：陇县

　2　抗震设防烈度为7度，设计基本地震加速度值为0.15g：

　　第一组：咸阳(3个市辖区)，宝鸡(2个市辖区)，高陵，千阳，岐山，凤翔，扶风，武功，兴平，周至，眉县，宝鸡县，三原，富平，澄城，蒲城，泾阳，礼泉，长安，户县，蓝田，韩城，合阳

　　第二组：凤县

3 抗震设防烈度为7度，设计基本地震加速度值为0.10g：

第一组：安康，平利，乾县，洛南

第二组：白水，耀县，淳化，麟游，永寿，商州，铜川(2个市辖区)*，柞水*

第三组：太白，留坝，勉县，略阳

4 抗震设防烈度为6度，设计基本地震加速度值为0.05g：

第一组：延安，清涧，神木，佳县，米脂，绥德，安塞，延川，延长，定边，吴旗，志丹，甘泉，富县，商南，旬阳，紫阳，镇巴，白河，岚皋，镇坪，子长*

第二组：府谷，吴堡，洛川，黄陵，旬邑，洋县，西乡，石泉，汉阴，宁陕，汉中，南郑，城固

第三组：宁强，宜川，黄龙，宜君，长武，彬县，佛坪，镇安，丹凤，山阳

3.0.25 甘肃省

1 抗震设防烈度不低于9度，设计基本地震加速度值不小于0.40g：

第一组：古浪

2 抗震设防烈度为8度，设计基本地震加速度值为0.30g：

第一组：天水(2个市辖区)，礼县，西和

3 抗震设防烈度为8度，设计基本地震加速度值为0.20g：

第一组：宕昌，文县，肃北，武都

第二组：兰州(5个市辖区)，成县，舟曲，徽县，康县，武威，永登，天祝，景泰，靖远，陇西，武山，秦安，清水，甘谷，漳县，会宁，静宁，庄浪，张家川，通渭，华亭

4 抗震设防烈度为7度，设计基本地震加速度值为0.15g：

第一组：康乐，嘉峪关，玉门，酒泉，高台，临泽，肃南

第二组：白银(2个市辖区)，永靖，岷县，东乡，和政，广河，临潭，卓尼，迭部，临洮，渭源，皋兰，崇信，榆中，定西，金昌，两当，阿克塞，民乐，永昌

第三组：平凉

5 抗震设防烈度为7度，设计基本地震加速度值为0.10g：

第一组：张掖，合作，玛曲，金塔，积石山

第二组：敦煌，安西，山丹，临夏，临夏县，夏河，碌曲，泾川，灵台

第三组：民勤，镇原，环县

6 抗震设防烈度为6度，设计基本地震加速度值为0.05g：

第二组：华池，正宁，庆阳，合水，宁县

第三组：西峰

3.0.26 青海省

1 抗震设防烈度为8度，设计基本地震加速度值为0.20g：

第一组：玛沁

第二组：玛多，达日

2 抗震设防烈度为7度，设计基本地震加速度值为0.15g：

第一组：祁连，玉树

第二组：甘德，门源

3 抗震设防烈度为7度，设计基本地震加速度值为0.10g：

第一组：乌兰，治多，称多，杂多，囊谦

第二组：西宁(4个市辖区)，同仁，共和，德令哈，海晏，湟源，湟中，平安，民和，化隆，贵德，尖扎，循化，格尔木，贵南，同德，河南，曲麻莱，久治，班玛，天峻，刚察

第三组：大通，互助，乐都，都兰，兴海

4 抗震设防烈度为6度，设计基本地震加速度值为0.05g：

第二组：泽库

3.0.27 宁夏自治区

1 抗震设防烈度为8度，设计基本地震加速度值为0.30g：

第一组：海原

2 抗震设防烈度为8度，设计基本地震加速度值为0.20g：

第一组：银川(3个市辖区)，石嘴山(3个市辖区)，吴忠，惠农，平罗，贺兰，永宁，青铜峡，泾源，灵武，陶乐，固原

第二组：西吉，中卫，中宁，同心，隆德

3 抗震设防烈度为7度，设计基本地震加速度值为0.15g：

第三组：彭阳

4 抗震设防烈度为6度，设计基本地震加速度值为0.05g：

第三组：盐池

3.0.28 新疆自治区

1 抗震设防烈度不低于9度，设计基本地震加速度值不小于0.40g：

第二组：乌恰，塔什库尔干

2 抗震设防烈度为8度，设计基本地震加速度值为0.30g：

第二组：阿图什，喀什，疏附

3 抗震设防烈度为8度，设计基本地震加速度值为0.20g：

第一组：乌鲁木齐(7个市辖区)，乌鲁木齐县，温宿，阿克苏，柯坪，米泉，乌苏，特克斯，库车，巴里坤，青河，富蕴，乌什*

第二组：尼勒克，新源，巩留，精河，奎屯，沙湾，玛纳斯，石河子，独山子

第三组：疏勒，伽师，阿克陶，英吉沙

4 抗震设防烈度为7度，设计基本地震加速度值为0.15g：

第一组：库尔勒，新和，轮台，和静，焉耆，博湖，巴楚，昌吉，拜城，阜康*，木垒*

第二组：伊宁，伊宁县，霍城，察布查尔，呼图壁

第三组：岳普湖

5 抗震设防烈度为7度，设计基本地震加速度值为0.10g：

第一组：吐鲁番，和田，和田县，昌吉，吉木萨尔，洛浦，奇台，伊吾，鄯善，托克逊，

和硕，尉犁，墨玉，策勒，哈密

第二组：克拉玛依（克拉玛依区），博乐，温泉，阿合奇，阿瓦提，沙雅

第三组：莎车，泽普，叶城，麦盖堤，皮山

6 抗震设防烈度为6度，设计基本地震加速度值为$0.05g$：

第一组：于田，哈巴河，塔城，额敏，福海，和布克赛尔，乌尔禾

第二组：阿勒泰，托里，民丰，若羌，布尔津，吉木乃，裕民，白碱滩

第三组：且末

3.0.29 港澳特区和台湾省

1 抗震设防烈度不低于9度，设计基本地震加速度值不小于$0.40g$：

第一组：台中

第二组：苗栗，云林，嘉义，花莲

2 抗震设防烈度为8度，设计基本地震加速度值为$0.30g$：

第二组：台北，桃园，台南，基隆，宜兰，台东，屏东

3 抗震设防烈度为8度，设计基本地震加速度值为$0.20g$：

第二组：高雄，澎湖

4 抗震设防烈度为7度，设计基本地震加速度值为$0.15g$：

第一组：香港

5 抗震设防烈度为7度，设计基本地震加速度值为$0.10g$：

第一组：澳门

附录4 柱的抗侧刚度

柱的抗侧刚度按下式计算：

$$D = \alpha_c \frac{12EI}{h^3}$$

式中 α_c——柱抗侧移刚度修正系数，按附表4.1计算。

附表4.1 柱抗侧移刚度修正系数表

柱的部位及固定情况	一般层	底层，下端固支	底层，下端铰支
	$\bar{i} = \dfrac{i_1 + i_2 + i_3 + i_4}{2i_c}$	$\bar{i} = \dfrac{i_1 + i_2}{i_c}$	$\bar{i} = \dfrac{i_1 + i_2}{i_c}$
α_c	$\alpha_c = \dfrac{\bar{i}}{2+\bar{i}}$	$\alpha_c = \dfrac{0.5+\bar{i}}{2+\bar{i}}$	$\alpha_c = \dfrac{0.5\bar{i}}{1+2\bar{i}}$

附录 5 柱修正的反弯点高度比 y_0、y_1、y_2 和 y_3

附表 5.1a 均布水平荷载下各层柱标准反弯点高度比 y_0

n	j \ $\bar{i}$	0.1	0.2	0.3	0.4	0.5	0.6	0.7	0.8	0.9	1.0	2.0	3.0	4.0	5.0
1	1	0.80	0.75	0.70	0.65	0.65	0.60	0.60	0.60	0.60	0.55	0.55	0.55	0.55	0.55
2	2	0.45	0.40	0.35	0.35	0.35	0.35	0.40	0.40	0.40	0.40	0.45	0.45	0.45	0.45
	1	0.95	0.80	0.75	0.70	0.65	0.65	0.65	0.60	0.60	0.60	0.55	0.55	0.55	0.50
3	3	0.15	0.20	0.20	0.25	0.30	0.30	0.30	0.35	0.35	0.35	0.40	0.45	0.45	0.45
	2	0.55	0.50	0.45	0.45	0.45	0.45	0.45	0.45	0.45	0.45	0.50	0.50	0.50	0.50
	1	1.00	0.85	0.80	0.75	0.70	0.70	0.65	0.65	0.65	0.60	0.55	0.55	0.55	0.55
4	4	−0.05	0.05	0.15	0.20	0.25	0.30	0.30	0.35	0.35	0.35	0.40	0.45	0.45	0.45
	3	0.25	0.30	0.30	0.35	0.35	0.40	0.40	0.40	0.40	0.45	0.45	0.50	0.50	0.50
	2	0.65	0.55	0.50	0.50	0.45	0.45	0.45	0.45	0.45	0.45	0.50	0.50	0.50	0.50
	1	1.10	0.90	0.80	0.75	0.70	0.70	0.55	0.65	0.55	0.60	0.55	0.55	0.55	0.55
5	5	−0.20	0.00	0.15	0.20	0.25	0.30	0.30	0.30	0.35	0.35	0.40	0.45	0.45	0.45
	4	0.10	0.20	0.25	0.30	0.35	0.35	0.40	0.40	0.40	0.40	0.45	0.45	0.50	0.50
	3	0.40	0.40	0.40	0.40	0.40	0.45	0.45	0.45	0.45	0.45	0.50	0.50	0.50	0.50
	2	0.65	0.55	0.50	0.50	0.50	0.50	0.50	0.50	0.50	0.50	0.50	0.50	0.50	0.50
	1	1.20	0.95	0.80	0.75	0.75	0.70	0.70	0.65	0.65	0.65	0.55	0.55	0.55	0.55
6	6	−0.30	0.00	0.10	0.20	0.25	0.25	0.30	0.30	0.35	0.35	0.40	0.45	0.45	0.45
	5	0.00	0.20	0.25	0.30	0.35	0.35	0.40	0.40	0.40	0.40	0.45	0.45	0.50	0.50
	4	0.20	0.30	0.35	0.35	0.40	0.40	0.40	0.45	0.45	0.45	0.45	0.50	0.50	0.50
	3	0.40	0.40	0.40	0.45	0.45	0.45	0.45	0.45	0.45	0.45	0.50	0.50	0.50	0.50
	2	0.70	0.60	0.55	0.50	0.50	0.50	0.50	0.50	0.50	0.50	0.50	0.50	0.50	0.50
	1	1.20	0.95	0.85	0.80	0.75	0.70	0.70	0.65	0.65	0.65	0.55	0.55	0.55	0.55
7	7	−0.35	−0.05	0.10	0.20	0.20	0.25	0.30	0.30	0.35	0.35	0.40	0.45	0.45	0.45
	6	−0.10	0.15	0.25	0.30	0.35	0.35	0.35	0.40	0.40	0.40	0.45	0.45	0.50	0.50
	5	0.10	0.25	0.30	0.35	0.40	0.40	0.40	0.45	0.45	0.45	0.50	0.50	0.50	0.50
	4	0.30	0.35	0.40	0.40	0.40	0.45	0.45	0.45	0.45	0.45	0.50	0.50	0.50	0.50
	3	0.50	0.45	0.45	0.45	0.45	0.45	0.45	0.45	0.45	0.45	0.50	0.50	0.50	0.50
	2	0.75	0.60	0.55	0.50	0.50	0.50	0.50	0.50	0.50	0.50	0.50	0.50	0.50	0.50
	1	1.20	0.95	0.85	0.80	0.75	0.70	0.70	0.65	0.65	0.65	0.55	0.55	0.55	0.55

附录 5　柱修正的反弯点高度比 y_0、y_1、y_2 和 y_3

续表

n	j \ $\bar{i}$	0.1	0.2	0.3	0.4	0.5	0.6	0.7	0.8	0.9	1.0	2.0	3.0	4.0	5.0
8	8	-0.35	-0.15	0.10	0.10	0.25	0.25	0.30	0.30	0.35	0.35	0.40	0.45	0.45	0.45
	7	0.10	0.15	0.25	0.30	0.35	0.35	0.40	0.40	0.40	0.40	0.45	0.50	0.50	0.50
	6	0.05	0.25	0.30	0.35	0.40	0.40	0.45	0.45	0.45	0.45	0.45	0.50	0.50	0.50
	5	0.20	0.30	0.35	0.40	0.40	0.45	0.45	0.45	0.45	0.45	0.50	0.50	0.50	0.50
	4	0.35	0.40	0.40	0.45	0.45	0.45	0.45	0.45	0.45	0.45	0.50	0.50	0.50	0.50
	3	0.50	0.45	0.45	0.45	0.45	0.45	0.45	0.45	0.50	0.50	0.50	0.50	0.50	0.50
	2	0.75	0.60	0.55	0.55	0.50	0.50	0.50	0.50	0.50	0.50	0.50	0.50	0.50	0.50
	1	1.20	1.00	0.85	0.80	0.75	0.70	0.70	0.65	0.65	0.65	0.55	0.55	0.55	0.55
9	9	-0.40	-0.05	0.10	0.20	0.25	0.25	0.30	0.30	0.35	0.35	0.45	0.45	0.45	0.45
	8	-0.15	0.15	0.25	0.30	0.35	0.35	0.35	0.40	0.40	0.40	0.45	0.45	0.50	0.50
	7	0.05	0.25	0.30	0.35	0.40	0.40	0.40	0.45	0.45	0.45	0.45	0.50	0.50	0.50
	6	0.15	0.30	0.35	0.40	0.40	0.45	0.45	0.45	0.45	0.45	0.50	0.50	0.50	0.50
	5	0.25	0.35	0.40	0.40	0.45	0.45	0.45	0.45	0.45	0.45	0.50	0.50	0.50	0.50
	4	0.40	0.40	0.40	0.45	0.45	0.45	0.45	0.45	0.45	0.45	0.50	0.50	0.50	0.50
	3	0.55	0.45	0.45	0.45	0.45	0.45	0.45	0.45	0.50	0.50	0.50	0.50	0.50	0.50
	2	0.80	0.65	0.55	0.55	0.50	0.50	0.50	0.50	0.50	0.50	0.50	0.50	0.50	0.50
	1	1.20	1.00	0.85	0.80	0.75	0.70	0.70	0.65	0.65	0.65	0.55	0.55	0.55	0.55
10	10	-0.40	-0.05	0.10	0.20	0.25	0.30	0.30	0.30	0.30	0.35	0.40	0.45	0.45	0.45
	9	-0.15	0.15	0.25	0.30	0.35	0.35	0.40	0.40	0.40	0.40	0.45	0.45	0.50	0.50
	8	0.00	0.25	0.30	0.35	0.40	0.40	0.40	0.45	0.45	0.45	0.45	0.50	0.50	0.50
	7	0.10	0.30	0.35	0.40	0.40	0.40	0.45	0.45	0.45	0.45	0.50	0.50	0.50	0.50
	6	0.20	0.35	0.40	0.40	0.45	0.45	0.45	0.45	0.45	0.45	0.50	0.50	0.50	0.50
	5	0.30	0.40	0.40	0.45	0.45	0.45	0.45	0.45	0.45	0.45	0.50	0.50	0.50	0.50
	4	0.40	0.40	0.45	0.45	0.45	0.45	0.45	0.45	0.45	0.45	0.50	0.50	0.50	0.50
	3	0.55	0.50	0.45	0.45	0.45	0.50	0.50	0.50	0.50	0.50	0.50	0.50	0.50	0.50
	2	0.80	0.65	0.55	0.55	0.55	0.50	0.50	0.50	0.50	0.50	0.50	0.50	0.50	0.50
	1	1.30	1.00	0.85	0.80	0.75	0.70	0.70	0.65	0.65	0.65	0.60	0.55	0.55	0.55
11	11	-0.40	-0.05	0.10	0.20	0.25	0.30	0.30	0.30	0.35	0.35	0.40	0.45	0.45	0.45
	10	-0.15	0.15	0.25	0.30	0.35	0.35	0.40	0.40	0.40	0.40	0.45	0.45	0.50	0.50
	9	0.00	0.25	0.30	0.35	0.40	0.40	0.40	0.45	0.45	0.45	0.45	0.50	0.50	0.50

续表

n	j \ $\bar{i}$	0.1	0.2	0.3	0.4	0.5	0.6	0.7	0.8	0.9	1.0	2.0	3.0	4.0	5.0
11	8	0.10	0.30	0.35	0.40	0.40	0.45	0.45	0.45	0.45	0.45	0.50	0.50	0.50	0.50
	7	0.20	0.35	0.40	0.45	0.45	0.45	0.45	0.45	0.45	0.45	0.50	0.50	0.50	0.50
	6	0.25	0.35	0.40	0.45	0.45	0.45	0.45	0.45	0.45	0.45	0.50	0.50	0.50	0.50
	5	0.35	0.40	0.40	0.45	0.45	0.45	0.45	0.45	0.45	0.45	0.50	0.50	0.50	0.50
	4	0.40	0.45	0.45	0.45	0.45	0.45	0.45	0.50	0.50	0.50	0.50	0.50	0.50	0.50
	3	0.55	0.50	0.50	0.50	0.50	0.50	0.50	0.50	0.50	0.50	0.50	0.50	0.50	0.50
	2	0.80	0.65	0.60	0.55	0.55	0.50	0.50	0.50	0.50	0.50	0.50	0.50	0.50	0.50
	1	1.30	1.00	0.85	0.80	0.75	0.70	0.70	0.65	0.65	0.65	0.60	0.55	0.55	0.55
12以上	自上1	-0.40	-0.05	0.10	0.20	0.25	0.30	0.30	0.30	0.35	0.35	0.40	0.45	0.45	0.45
	2	-0.15	0.15	0.25	0.30	0.35	0.35	0.40	0.40	0.40	0.40	0.45	0.45	0.50	0.50
	3	0.00	0.25	0.30	0.35	0.40	0.40	0.40	0.45	0.45	0.45	0.50	0.50	0.50	0.50
	4	0.10	0.30	0.35	0.40	0.40	0.45	0.45	0.45	0.45	0.45	0.50	0.50	0.50	0.50
	5	0.20	0.35	0.40	0.40	0.45	0.45	0.45	0.45	0.45	0.45	0.50	0.50	0.50	0.50
	6	0.25	0.35	0.30	0.45	0.45	0.45	0.45	0.45	0.45	0.45	0.50	0.50	0.50	0.50
	7	0.30	0.40	0.40	0.45	0.45	0.45	0.45	0.45	0.50	0.50	0.50	0.50	0.50	0.50
	8	0.35	0.40	0.45	0.45	0.45	0.45	0.45	0.50	0.50	0.50	0.50	0.50	0.50	0.50
	中间	0.40	0.40	0.45	0.45	0.45	0.45	0.50	0.50	0.50	0.50	0.50	0.50	0.50	0.50
	4	0.45	0.45	0.45	0.45	0.50	0.50	0.50	0.50	0.50	0.50	0.50	0.50	0.50	0.50
	3	0.60	0.50	0.50	0.50	0.50	0.50	0.50	0.50	0.50	0.50	0.50	0.50	0.50	0.50
	2	0.80	0.65	0.60	0.55	0.55	0.50	0.50	0.50	0.50	0.50	0.50	0.50	0.50	0.50
	自下1	1.30	1.00	0.85	0.80	0.75	0.70	0.70	0.65	0.65	0.55	0.55	0.55	0.55	0.55

附表 5.1b 倒三角形荷载下各层柱标准反弯点高比 y_0

n	j \ $\bar{i}$	0.1	0.2	0.3	0.4	0.5	0.6	0.7	0.8	0.9	1.0	2.0	3.0	4.0	5.0
1	1	0.80	0.75	0.70	0.65	0.65	0.60	0.60	0.60	0.60	0.55	0.55	0.55	0.55	0.55
2	2	0.50	0.45	0.40	0.40	0.40	0.40	0.40	0.40	0.40	0.45	0.45	0.45	0.45	0.50
	1	1.00	0.85	0.75	0.70	0.70	0.65	0.65	0.65	0.60	0.60	0.55	0.55	0.55	0.55
3	3	0.25	0.25	0.25	0.30	0.30	0.35	0.35	0.35	0.40	0.40	0.45	0.45	0.45	0.50
	2	0.60	0.50	0.50	0.50	0.50	0.45	0.45	0.45	0.45	0.45	0.50	0.50	0.55	0.50
	1	1.15	0.90	0.80	0.75	0.75	0.70	0.70	0.65	0.65	0.65	0.60	0.55	0.55	0.55
4	4	0.10	0.15	0.20	0.25	0.30	0.30	0.35	0.35	0.35	0.40	0.45	0.45	0.45	0.45
	3	0.35	0.35	0.35	0.40	0.40	0.40	0.40	0.45	0.45	0.45	0.50	0.50	0.50	0.50
	2	0.70	0.60	0.55	0.50	0.50	0.50	0.50	0.50	0.50	0.50	0.50	0.50	0.50	0.50
	1	1.20	0.95	0.85	0.80	0.75	0.70	0.70	0.70	0.65	0.65	0.55	0.55	0.55	0.50

附录 5　柱修正的反弯点高度比 y_0、y_1、y_2 和 y_3

续表

n	$\overline{i}$ / j	0.1	0.2	0.3	0.4	0.5	0.6	0.7	0.8	0.9	1.0	2.0	3.0	4.0	5.0
5	5	-0.05	0.10	0.20	0.25	0.30	0.30	0.35	0.35	0.35	0.35	0.40	0.45	0.45	0.45
	4	0.20	0.25	0.35	0.35	0.40	0.40	0.40	0.40	0.40	0.45	0.45	0.50	0.50	0.50
	3	0.45	0.40	0.45	0.45	0.45	0.45	0.45	0.45	0.45	0.45	0.50	0.50	0.50	0.50
	2	0.75	0.60	0.55	0.55	0.50	0.50	0.50	0.50	0.50	0.50	0.50	0.50	0.50	0.50
	1	1.30	1.00	0.85	0.80	0.75	0.70	0.70	0.65	0.65	0.65	0.65	0.55	0.55	0.55
6	6	-0.15	0.05	0.15	0.20	0.25	0.30	0.30	0.35	0.35	0.35	0.40	0.45	0.45	0.45
	5	0.10	0.25	0.30	0.35	0.35	0.40	0.40	0.40	0.45	0.45	0.45	0.50	0.50	0.50
	4	0.30	0.35	0.40	0.40	0.45	0.45	0.45	0.45	0.45	0.45	0.50	0.50	0.50	0.50
	3	0.50	0.45	0.45	0.45	0.45	0.45	0.45	0.45	0.45	0.50	0.50	0.50	0.50	0.50
	2	0.80	0.65	0.55	0.55	0.55	0.55	0.50	0.50	0.50	0.50	0.50	0.50	0.50	0.50
	1	1.30	1.00	0.85	0.80	0.75	0.70	0.70	0.65	0.65	0.65	0.60	0.55	0.55	0.55
7	7	-0.20	0.05	0.15	0.20	0.25	0.30	0.30	0.35	0.35	0.35	0.45	0.45	0.45	0.45
	6	0.05	0.20	0.30	0.35	0.35	0.40	0.40	0.40	0.40	0.45	0.45	0.50	0.50	0.50
	5	0.20	0.30	0.35	0.40	0.40	0.45	0.45	0.45	0.45	0.45	0.50	0.50	0.50	0.50
	4	0.35	0.40	0.40	0.45	0.45	0.45	0.45	0.45	0.45	0.45	0.50	0.50	0.50	0.50
	3	0.55	0.50	0.50	0.50	0.50	0.50	0.50	0.50	0.50	0.50	0.50	0.50	0.50	0.50
	2	0.80	0.65	0.60	0.55	0.55	0.55	0.50	0.50	0.50	0.50	0.50	0.50	0.50	0.50
	1	1.30	1.00	0.90	0.80	0.75	0.70	0.70	0.70	0.65	0.65	0.60	0.55	0.55	0.55
8	8	-0.20	0.05	0.15	0.20	0.25	0.30	0.30	0.35	0.35	0.35	0.45	0.45	0.45	0.45
	7	0.00	0.20	0.30	0.35	0.35	0.40	0.40	0.40	0.40	0.45	0.45	0.50	0.50	0.50
	6	0.15	0.30	0.35	0.40	0.40	0.45	0.45	0.45	0.45	0.45	0.50	0.50	0.50	0.50
	5	0.30	0.45	0.40	0.45	0.45	0.45	0.45	0.45	0.45	0.45	0.50	0.50	0.50	0.50
	4	0.40	0.45	0.45	0.45	0.45	0.45	0.45	0.50	0.50	0.50	0.50	0.50	0.50	0.50
	3	0.60	0.50	0.50	0.50	0.50	0.50	0.50	0.50	0.50	0.50	0.50	0.50	0.50	0.50
	2	0.85	0.65	0.60	0.55	0.55	0.55	0.50	0.50	0.50	0.50	0.50	0.50	0.50	0.50
	1	1.30	1.00	0.90	0.80	0.75	0.70	0.70	0.70	0.65	0.65	0.60	0.55	0.55	0.55
9	9	-0.25	0.00	0.15	0.20	0.25	0.30	0.30	0.35	0.35	0.40	0.45	0.45	0.45	0.45
	8	-0.00	0.20	0.30	0.35	0.35	0.40	0.40	0.40	0.40	0.45	0.45	0.50	0.50	0.50
	7	0.15	0.30	0.35	0.40	0.40	0.45	0.45	0.45	0.45	0.45	0.50	0.50	0.50	0.50
	6	0.25	0.35	0.40	0.40	0.45	0.45	0.45	0.45	0.45	0.50	0.50	0.50	0.50	0.50
	5	0.35	0.40	0.45	0.45	0.45	0.45	0.45	0.45	0.50	0.50	0.50	0.50	0.50	0.50
	4	0.45	0.45	0.45	0.45	0.45	0.50	0.50	0.50	0.50	0.50	0.50	0.50	0.50	0.50

续表

n	$j\backslash\bar{i}$	0.1	0.2	0.3	0.4	0.5	0.6	0.7	0.8	0.9	1.0	2.0	3.0	4.0	5.0
9	3	0.65	0.50	0.50	0.50	0.50	0.50	0.50	0.50	0.50	0.50	0.50	0.50	0.50	0.50
	2	0.80	0.65	0.65	0.55	0.55	0.55	0.55	0.50	0.50	0.50	0.50	0.50	0.50	0.50
	1	1.35	1.00	1.00	0.80	0.75	0.75	0.70	0.70	0.65	0.65	0.60	0.55	0.55	0.55
10	10	-0.25	0.00	0.15	0.20	0.25	0.30	0.30	0.35	0.35	0.40	0.45	0.45	0.45	0.45
	9	-0.05	0.20	0.30	0.35	0.35	0.40	0.40	0.40	0.40	0.45	0.45	0.50	0.50	0.50
	8	0.10	0.30	0.35	0.40	0.40	0.40	0.45	0.45	0.45	0.45	0.50	0.50	0.50	0.50
	7	0.20	0.35	0.40	0.40	0.45	0.45	0.45	0.45	0.45	0.50	0.50	0.50	0.50	0.50
	6	0.30	0.40	0.40	0.45	0.45	0.45	0.45	0.45	0.45	0.50	0.50	0.50	0.50	0.50
	5	0.40	0.45	0.45	0.45	0.45	0.45	0.45	0.50	0.50	0.50	0.50	0.50	0.50	0.50
	4	0.50	0.45	0.45	0.45	0.50	0.50	0.50	0.50	0.50	0.50	0.50	0.50	0.50	0.50
	3	0.60	0.55	0.50	0.50	0.50	0.50	0.50	0.50	0.50	0.50	0.50	0.50	0.50	0.50
	2	0.85	0.65	0.60	0.55	0.55	0.55	0.55	0.50	0.50	0.50	0.50	0.50	0.50	0.50
	1	1.35	1.00	0.90	0.80	0.75	0.75	0.70	0.70	0.65	0.65	0.60	0.55	0.55	0.55
11	11	-0.25	0.00	0.15	0.20	0.25	0.30	0.30	0.30	0.35	0.35	0.45	0.45	0.45	0.45
	10	-0.05	0.20	0.25	0.30	0.35	0.40	0.40	0.40	0.40	0.45	0.45	0.50	0.50	0.50
	9	0.10	0.30	0.35	0.40	0.40	0.40	0.45	0.45	0.45	0.45	0.50	0.50	0.50	0.50
	8	0.20	0.35	0.40	0.40	0.45	0.45	0.45	0.45	0.45	0.45	0.50	0.50	0.50	0.50
	7	0.25	0.40	0.40	0.45	0.45	0.45	0.45	0.45	0.45	0.50	0.50	0.50	0.50	0.50
	6	0.35	0.40	0.45	0.45	0.45	0.45	0.45	0.50	0.50	0.50	0.50	0.50	0.50	0.50
	5	0.40	0.45	0.45	0.45	0.50	0.50	0.50	0.50	0.50	0.50	0.50	0.50	0.50	0.50
	4	0.50	0.50	0.50	0.50	0.50	0.50	0.50	0.50	0.50	0.50	0.50	0.50	0.50	0.50
	3	0.65	0.55	0.50	0.50	0.50	0.50	0.50	0.50	0.50	0.50	0.50	0.50	0.50	0.50
	2	0.85	0.65	0.60	0.55	0.55	0.55	0.55	0.50	0.50	0.50	0.50	0.50	0.50	0.50
	1	1.35	1.50	0.90	0.80	0.75	0.75	0.70	0.70	0.65	0.65	0.60	0.55	0.55	0.55
12以上	自上1	-0.30	0.00	0.15	0.20	0.25	0.30	0.30	0.30	0.35	0.35	0.40	0.45	0.45	0.45
	2	-0.10	0.20	0.25	0.30	0.35	0.40	0.40	0.40	0.40	0.40	0.45	0.45	0.45	0.50
	3	0.05	0.25	0.35	0.40	0.40	0.40	0.45	0.45	0.45	0.45	0.45	0.50	0.50	0.50
	4	0.15	0.30	0.40	0.40	0.45	0.45	0.45	0.45	0.45	0.45	0.50	0.50	0.50	0.50
	5	0.25	0.30	0.40	0.45	0.45	0.45	0.45	0.45	0.45	0.50	0.50	0.50	0.50	0.50
	6	0.30	0.40	0.40	0.45	0.45	0.45	0.45	0.50	0.50	0.50	0.50	0.50	0.50	0.50

续表

n	j \ $\bar{i}$	0.1	0.2	0.3	0.4	0.5	0.6	0.7	0.8	0.9	1.0	2.0	3.0	4.0	5.0
12以上	7	0.35	0.40	0.40	0.45	0.45	0.45	0.50	0.50	0.50	0.50	0.50	0.50	0.50	0.50
	8	0.35	0.45	0.45	0.45	0.50	0.50	0.50	0.50	0.50	0.50	0.50	0.50	0.50	0.50
	中间	0.45	0.45	0.45	0.45	0.50	0.50	0.50	0.50	0.50	0.50	0.50	0.50	0.50	0.50
	4	0.55	0.50	0.50	0.50	0.50	0.50	0.50	0.50	0.50	0.50	0.50	0.50	0.50	0.50
	3	0.65	0.55	0.50	0.50	0.50	0.50	0.50	0.50	0.50	0.50	0.50	0.50	0.50	0.50
	2	0.70	0.70	0.60	0.55	0.55	0.55	0.55	0.50	0.50	0.50	0.50	0.50	0.50	0.50
	自下1	1.35	1.05	0.70	0.80	0.75	0.70	0.70	0.70	0.65	0.65	0.60	0.55	0.55	0.55

附表 5.2 上、下梁相对刚度变化时修正值 y_1

α_1 \ $\bar{i}$	0.1	0.2	0.3	0.4	0.5	0.6	0.7	0.8	0.9	1.0	2.0	3.0	4.0	5.0
0.4	0.55	0.40	0.30	0.25	0.20	0.20	0.20	0.15	0.15	0.15	0.05	0.05	0.05	0.05
0.5	0.45	0.30	0.20	0.20	0.15	0.15	0.10	0.10	0.10	0.10	0.05	0.05	0.05	0.05
0.6	0.30	0.20	0.15	0.15	0.10	0.10	0.10	0.10	0.05	0.05	0.05	0.05	0.00	0.00
0.7	0.20	0.15	0.10	0.10	0.10	0.05	0.05	0.05	0.05	0.05	0.05	0.00	0.00	0.00
0.8	0.15	0.10	0.05	0.05	0.05	0.05	0.05	0.05	0.05	0.00	0.00	0.00	0.00	0.00
0.9	0.05	0.05	0.05	0.05	0.00	0.00	0.00	0.00	0.00	0.00	0.00	0.00	0.00	0.00

注：当 $i_1 + i_2 < i_3 + i_4$ 时，令 $\alpha_1 = (i_1 + i_2)/(i_3 + i_4)$，当 $i_3 + i_4 < i_1 + i_2$ 时，令 $\alpha_1 = (i_3 + i_4)/(i_1 + i_2)$。对于底层柱不考虑 α_1 值，所以不作此项修正。

附表 5.3 上、下层柱高度变化时的修正值 y_2 和 y_3

α_2	α_3	$\bar{i}$ 0.1	0.2	0.3	0.4	0.5	0.6	0.7	0.8	0.9	1.0	2.0	3.0	4.0	5.0
2.0		0.25	0.15	0.15	0.10	0.10	0.10	0.10	0.10	0.05	0.05	0.05	0.05	0.0	0.0
1.8		0.20	0.15	0.10	0.10	0.10	0.05	0.05	0.05	0.05	0.05	0.05	0.0	0.0	0.0
1.6	0.4	0.15	0.10	0.10	0.05	0.05	0.05	0.05	0.05	0.05	0.05	0.0	0.0	0.0	0.0
1.4	0.6	0.10	0.05	0.05	0.05	0.05	0.05	0.05	0.05	0.05	0.0	0.0	0.0	0.0	0.0
1.2	0.8	0.05	0.05	0.05	0.05	0.0	0.0	0.0	0.0	0.0	0.0	0.0	0.0	0.0	0.0
1.0	1.0	0.0	0.0	0.0	0.0	0.0	0.0	0.0	0.0	0.0	0.0	0.0	0.0	0.0	0.0
0.8	1.2	-0.05	-0.05	-0.05	0.0	0.0	0.0	0.0	0.0	0.0	0.0	0.0	0.0	0.0	0.0
0.6	1.4	-0.10	-0.05	-0.05	-0.05	-0.05	-0.05	-0.05	-0.05	-0.05	-0.05	0.0	0.0	0.0	0.0
0.4	1.6	-0.15	-0.10	-0.10	-0.05	-0.05	-0.05	-0.05	-0.05	-0.05	-0.05	0.0	0.0	0.0	0.0
	1.8	-0.20	-0.15	-0.10	-0.10	-0.10	-0.05	-0.05	-0.05	-0.05	-0.05	0.0	0.0	0.0	0.0
	2.0	-0.25	-0.15	-0.15	-0.10	-0.10	-0.10	-0.05	-0.05	-0.05	-0.05	-0.05	0.0	0.0	0.0

注：$\alpha_2 = h_{上}/h$，y_2 按 α_2 查表求得，上层较高时为正值。但对于最上层，不考虑 y_2 修正值。
$\alpha_3 = h_{下}/h$，y_3 按 α_3 查表求得，对于最下层，不考虑 y_3 修正值。

附录6 构件的挠度与裂缝控制

附表6.1 受弯构件的挠度限值

构件类型	挠度限值
吊车梁：手动吊车 电动吊车	$l_0/500$ $l_0/600$
屋盖、楼盖及楼梯构件： 当 $l_0 < 7$ m 时 当 $7 \text{ m} \leq l_0 \leq 9 \text{ m}$ 时 当 $l_0 > 9$ m 时	$l_0/200 \,(l_0/250)$ $l_0/250 \,(l_0/300)$ $l_0/300 \,(l_0/400)$

注：1. 表中 l_0 为构件的计算跨度；
2. 表中括号内的数值适用于使用上对挠度有较高要求的构件；
3. 如果构件制作时预先起拱，且使用上也允许，则在验算挠度时，可将计算所得的挠度值减去起拱值；对预应力混凝土构件，尚可减去预加力所产生的反拱值；
4. 计算悬臂构件的挠度限值时，其计算跨度 l_0 按实际悬臂长度的 2 倍取用。

附表6.2 结构构件的裂缝控制等级及最大裂缝宽度限值

环境类别	钢筋混凝土结构		预应力混凝土结构	
	裂缝控制等级	$w_{\lim}$/mm	裂缝控制等级	$w_{\lim}$/mm
一	三	0.3(0.4)	三	0.2
二	三	0.2	二	—
三	三	0.2	一	—

注：1. 表中的规定适用于采用热轧钢筋的钢筋混凝土构件和采用预应力钢丝、钢绞线及热处理钢筋的预应力混凝土构件；当采用其他类别的钢丝或钢筋时，其裂缝控制要求可按专门标准确定；
2. 对处于年平均相对湿度小于60%地区一类环境下的受弯构件，其最大裂缝宽度限值可采用括号内的数值；
3. 在一类环境下，对钢筋混凝土屋架、托架及需作疲劳验算的吊车梁，其最大裂缝宽度限值应取为0.2mm；对钢筋混凝土屋面梁和托梁，其最大裂缝宽度限值应取为0.3mm；
4. 在一类环境下，对预应力混凝土屋面梁、托梁、屋架、托架、屋面板和楼板，应按二级裂缝控制等级进行验算；在一类和二类环境下，对需作疲劳验算的预应力混凝土吊车梁，应按一级裂缝控制等级进行验算；
5. 表中规定的预应力混凝土构件的裂缝控制等级和最大裂缝宽度限值仅适用于正截面的验算；预应力混凝土构件的斜截面裂缝控制验算应符合《混凝土结构设计规范》(GB 50010—2002)第8章的要求；
6. 对于烟囱、筒仓和处于液体压力下的结构构件，其裂缝控制要求应符合专门标准的有关规定；
7. 对于处于四、五类环境下的结构构件，其裂缝控制要求应符合专门标准的有关规定；
8. 表中的最大裂缝宽度限值用于验算荷载作用引起的最大裂缝宽度。

附录7 钢筋混凝土轴心受压构件稳定系数表

附表7.1 钢筋混凝土轴心受压构件的稳定系数

l_0/b	≤8	10	12	14	16	18	20	22	24	26	28
l_0/d	≤7	8.5	10.5	12	14	15.5	17	19	21	22.5	24
l_0/i	≤28	35	42	48	55	62	69	76	83	90	97
φ	1.00	0.98	0.95	0.92	0.87	0.81	0.75	0.70	0.65	0.60	0.56
l_0/b	30	32	34	36	38	40	42	44	46	48	50
l_0/d	26	28	29.5	31	33	34.5	36.5	38	40	41.5	43
l_0/i	104	111	118	125	132	139	146	153	160	167	174
φ	0.52	0.48	0.44	0.40	0.36	0.32	0.29	0.26	0.23	0.21	0.19

注：表中 l_0 为构件的计算长度，对钢筋混凝土柱可按《混凝土结构设计规范》(GB 50010—2002)第7.3.11条的规定取用；b 为矩形截面的短边尺寸；d 为圆形截面的直径；i 为截面的最小回转半径。

附录8 轴心受压和偏心受压柱的计算长度 l_0

（1）刚性屋盖单层房屋排架柱、露天吊车柱和栈桥柱，其计算长度 l_0 可按附表8.1取用。

附表8.1 刚性屋盖单层房屋排架柱、露天吊车柱和栈桥柱的计算长度

柱的类别		l_0		
		排架方向	垂直排架方向	
			有柱间支撑	无柱间支撑
无吊车房屋柱	单跨	1.5H	1.0H	1.2H
	两跨及多跨	1.25H	1.0H	1.2H
有吊车房屋柱	上柱	$2.0H_u$	$1.25H_u$	$1.5H_u$
	下柱	$1.0H_l$	$0.8H_l$	$1.0H_l$
露天吊车柱和栈桥柱		$2.0H_l$	$1.0H_l$	—

注：1. 表中 H 为从基础顶面算起的柱子全高；H_l 为从基础顶面至装配式吊车梁底面或现浇式吊车梁顶面的柱子下部高度；H_u 为从装配式吊车梁底面或从现浇式吊车梁顶面算起的柱子上部高度；
2. 表中有吊车房屋排架柱的计算长度，当计算中不考虑吊车荷载时，可按无吊车房屋柱的计算长度采用，但上柱的计算长度仍可按有吊车房屋采用；
3. 表中有吊车房屋排架柱的上柱在排架方向的计算长度，仅适用于 $H_u/H_l \geq 0.3$ 的情况；当 $H_u/H_l < 0.3$ 时，计算长度宜采用 $2.5H_u$。

（2）一般多层房屋中梁柱为刚接的框架结构，各层柱的计算长度 l_0 可按附表8.2取用。

附表8.2 框架结构各层柱的计算长度

楼盖类型	柱的类别	l_0
现浇楼盖	底层柱	$1.0H$
	其余各层柱	$1.25H$
装配式楼盖	底层柱	$1.25H$
	其余各层柱	$1.5H$

注：表中 H 对底层柱为从基础顶面到一层楼盖顶面的高度；对其余各层柱为上、下两层楼盖顶面之间的高度。

（3）当水平荷载产生的弯矩设计值占总弯矩设计值的75%以上时，框架柱的计算长度 l_0 可按下列两个公式计算，并取其中的较小值：

$$l_0 = [1 + 0.15(\psi_u + \psi_l)]H \quad \text{（附8-1）}$$

$$l_0 = (2 + 0.2\psi_{\min})H \quad \text{（附8-2）}$$

式中 ψ_u, ψ_l——柱的上端、下端节点处交汇的各柱线刚度之和与交汇的各梁线刚度之和的比值；

$\psi_{\min}$——比值 ψ_u, ψ_l 中的较小值；

H——柱的高度。

附录9 混凝土和钢筋特征值

附表9.1 混凝土强度标准值　　　　　　　　　　　　　N/mm²

强度种类	混凝土强度等级													
	C15	C20	C25	C30	C35	C40	C45	C50	C55	C60	C65	C70	C75	C80
f_{ck}	10.0	13.4	16.7	20.1	23.4	26.8	29.6	32.4	35.5	38.5	41.5	44.5	47.4	50.2
f_{tk}	1.27	1.54	1.78	2.01	2.20	2.39	2.51	2.64	2.74	2.85	2.93	2.99	3.05	3.11

附表9.2 混凝土强度设计值　　　　　　　　　　　　　N/mm²

强度种类	混凝土强度等级													
	C15	C20	C25	C30	C35	C40	C45	C50	C55	C60	C65	C70	C75	C80
f_c	7.2	9.6	11.9	14.3	16.7	19.1	21.1	23.1	25.3	27.5	29.7	31.8	33.8	35.9
f_t	0.91	1.10	1.27	1.43	1.57	1.71	1.80	1.89	1.96	2.04	2.09	2.14	2.18	2.22

注：1. 计算现浇钢筋混凝土轴心受压及偏心受压构件时，如截面的长边或直径小于300mm，则表中混凝土的强度设计值应乘以系数0.8；当构件质量（如混凝土成型、截面和轴线尺寸等）确有保证时，可不受此限制；

2. 离心混凝土的强度设计值应按专门标准取用。

附录9 混凝土和钢筋特征值

附表9.3 混凝土弹性模量 10^4 N/mm²

混凝土强度等级	C15	C20	C25	C30	C35	C40	C45	C50	C55	C60	C65	C70	C75	C80
E_c	2.20	2.55	2.80	3.00	3.15	3.25	3.35	3.45	3.55	3.60	3.65	3.70	3.75	3.80

附表9.4 普通钢筋强度标准值   N/mm²

种类		符号	d/mm	f_{yk}
热轧钢筋	HPB235(Q235)	Φ	8~20	235
	HRB335(20MnSi)	Φ	6~50	335
	HRB400(20MnSiV,20MnSiNb,20MnTi)	Φ	6~50	400
	RRB400(K20MnSi)	Φ^R	8~40	400

注：1. 热轧钢筋直径 d 系指公称直径；
2. 当采用直径大于 40 mm 的钢筋时，应有可靠的工程经验。

附表9.5 普通钢筋强度设计值   N/mm²

种类		符号	f_y	f_y'
热轧钢筋	HPB235(Q235)	Φ	210	210
	HRB335(20MnSi)	Φ	300	300
	HRB400(20MnSiV,20MnSiNb,20MnTi)	Φ	360	360
	RRB400(K20MnSi)	Φ^R	360	360

注：在钢筋混凝土结构中，轴心受拉和小偏心受拉构件的钢筋抗拉强度设计值大于 300 N/mm² 时，仍应按 300 N/mm² 取用。

附表9.6 钢筋弹性模量 10^5 N/mm²

种类	E_s
HPB235 级钢筋	2.1
HRB335 级钢筋，HRB400 级钢筋，RRB400 级钢筋，热处理钢筋	2.0
消除应力钢丝（光面钢丝、螺旋肋钢丝、刻痕钢丝）	2.05
钢绞线	1.95

附表9.7 钢筋的计算截面面积及理论质量

公称直径 /mm	不同根数钢筋的计算截面面积/mm²									单根钢筋理论质量/(kg/m)
	1	2	3	4	5	6	7	8	9	
6	28.3	57	85	113	142	170	198	226	255	0.222
6.5	33.2	66	100	133	166	199	232	265	299	0.260
8	50.3	101	151	201	252	302	352	402	453	0.395
8.2	52.8	106	158	211	264	317	370	423	475	0.432
10	78.5	157	236	314	393	471	550	628	707	0.617
12	113.1	226	339	452	565	678	791	904	1 017	0.888
14	153.9	308	461	615	769	923	1 077	1 231	1 385	1.21
16	201.1	402	603	804	1 005	1 206	1 407	1 608	1 809	1.58
18	254.5	509	763	1 017	1 272	1 527	1 781	2 036	2 290	2.00
20	314.2	628	942	1 256	1 570	1 884	2 199	2 513	2 827	2.47
22	380.1	760	1 140	1 520	1 900	2 281	2 661	3 041	3 421	2.98
25	490.9	982	1 473	1 964	2 454	2 945	3 436	3 927	4 418	3.85
28	615.8	1 232	1 847	2 463	3 079	3 695	4 310	4 926	5 542	4.83
32	804.2	1 609	2 413	3 217	4 021	4 826	5 630	6 434	7 238	6.31
36	1 017.9	2 036	3 054	4 072	5 089	6 107	7 125	8 143	9 161	7.99
40	1 256.6	2 513	3 770	5 027	6 283	7 540	8 796	10 053	11 310	9.87
50	1 964	3 928	5 892	7 856	9 820	11 784	13 748	15 712	17 676	15.42

注：表中直径 $d=8.2$ mm 的计算截面面积及理论质量仅适用于有纵肋的热处理钢筋。

参 考 文 献

[1] GB 50045—1995 高层民用建筑设计防火规范[S]. 北京：中国计划出版社，2001.
[2] JGJ 3—2002 高层建筑混凝土结构技术规程[S]. 北京：中国建筑工业出版社，2002.
[3] JGJ 99—1998 高层民用建筑钢结构技术规程[S]. 北京：中国建筑工业出版社，1998.
[4] GB 50009—2001 建筑结构荷载规范[S]. 北京：中国建筑工业出版社，2001.
[5] GB 50010—2002 混凝土结构设计规范[S]. 北京：中国建筑工业出版社，2002.
[6] GB 50011—2001 建筑抗震设计规范[S]. 北京：中国建筑工业出版社，2001.
[7] 吴景祥. 高层建筑设计[M]. 北京：中国建筑工业出版社，1987.
[8] 徐培福，黄小坤. 高层建筑混凝土结构技术规程理解与应用[M]. 北京：中国建筑工业出版社，2003.
[9] 包世华. 新编高层建筑结构[M]. 北京：中国水利水电出版社，2001.
[10] 方鄂华，钱稼茹，叶列平. 高层建筑结构设计[M]. 北京：中国建筑工业出版社，2003.
[11] 赵西安. 高层结构设计[M]. 北京：地震出版社，1992.
[12] 沈蒲生. 高层建筑结构设计[M]. 北京：中国建筑工业出版社，2006.
[13] 沈蒲生. 高层建筑结构疑难释义[M]. 北京：中国建筑工业出版社，2003.
[14] 沈蒲生. 高层建筑结构设计例题[M]. 北京：中国建筑工业出版社，2005.
[15] 沈蒲生，梁兴文. 混凝土结构设计原理[M]. 2版. 北京：高等教育出版社，2005.
[16] 沈蒲生，梁兴文. 混凝土结构设计[M]. 2版. 北京：高等教育出版社，2005.
[17] 沈蒲生，罗国强. 混凝土结构疑难释义[M]. 北京：中国建筑工业出版社，2003.
[18] 沈蒲生. 楼盖结构设计原理[M]. 北京：科学出版社，2003.
[19] 郭仁俊. 高层建筑框架—剪力墙结构设计[M]. 北京：中国建筑工业出版社，2004.
[20] GB 50205—2001 钢结构工程施工质量验收规范[S]. 北京：中国计划出版社，2002.
[21] JGJ 81—2002 建筑钢结构焊接技术规程[S]. 北京：中国建筑工业出版社，2003.
[22] GB 50300—2001 建筑工程施工质量验收统一标准[S]. 北京：中国建筑工业出版社，2001.
[23] 现行建筑施工规范大全[M]（修订缩印本）. 北京：中国建筑工业出版社，2002.
[24] 赵志缙，应惠清. 建筑施工[M]. 上海：同济大学出版社，1998.
[25] 贾晓军，伍孝波. 施工组织设计范例50篇[M]. 北京：中国建筑工业出版社，2003.

郑 重 声 明

高等教育出版社依法对本书享有专有出版权。任何未经许可的复制、销售行为均违反《中华人民共和国著作权法》,其行为人将承担相应的民事责任和行政责任,构成犯罪的,将被依法追究刑事责任。为了维护市场秩序,保护读者的合法权益,避免读者误用盗版书造成不良后果,我社将配合行政执法部门和司法机关对违法犯罪的单位和个人给予严厉打击。社会各界人士如发现上述侵权行为,希望及时举报,本社将奖励举报有功人员。

反盗版举报电话:(010) 58581897/58581896/58581879

传　　真:(010) 82086060

E - mail: dd@hep.com.cn

通信地址:北京市西城区德外大街 4 号
　　　　　高等教育出版社打击盗版办公室

邮　　编:100120

购书请拨打电话:(010)58581118